JN114004

東進ハイスクール・東進衛星予備校 講師
田部 眞哉

はじめに

こんにちは。田部です。

現在，高等学校で使用されている「改訂版　生物基礎」「改訂版　生物」の教科書は，2012年の教育課程変更にともない大改訂されたものが，2017年に，さらに改訂されたもの（再改訂版）であり，複数の出版社から出版されています。これらの全教科書（教科書間の用語・項目のバラツキが著しい！）を，徹底的に比較検討し，大学入試はもとより，日常学習（定期試験対策）に最適な一冊を書き上げました。

「生物基礎」と「生物」の各項目を，教科書の流れに従って融合させ，13章77講に振り分けた本書を十分に活用して，入試生物で高得点をとり志望校へ合格して下さい。また，学校での定期試験で良い点をとって下さい。そのために，私からのお願い（下記1～6）を必ず守って下さい。

1．本文は絶対に読んで，その内容を必ず理解・記憶して下さい。

〔なぜなら〕主に，『複数の教科書に記載されている用語・項目』あるいは『一冊の教科書にしか記載はないが，記載量が多い，あるいは**ゴシック文字**などで強調されている用語・項目』などを本書の本文として取り上げたからです。本文を正しく理解・記憶することで，複数の教科書に共通する内容と，個々の教科書で強調されている内容を身につけることができます。これにより，本書に，全教科書に対応する**スーパー教科書ガイド**としての意味合いをもたせました。

〔なお〕本文の内容を正しく理解・記憶できたかどうかの確認に，
★ The Purpose of Study や ★ Visual Study なども利用して下さい。

2．本文に関連した図は，1つ1つていねいに見て下さい。

〔なぜなら〕教科書では，紙面の都合で重要なのに割愛・簡略化されている図もありますが，本書では，複雑な構造・しくみ・経路などを正確に理解してもらうため，「ていねいに，正確に，美しく」をモットーに作成されているからです。

3．田部の裏ワザは必ず読んで下さい。

〔なぜなら〕多くの教科書では，紙面の都合で「この生命現象はなぜ重要なのか」や「この考え方にどのような意味が含まれているか」などが，しばしば省略されていますが，田部の裏ワザではその省略部分を埋めるために，生物学的な意義や根拠をていねいに示してあるからです。

4．※を付した用語の説明は，できるだけ読んで下さい。

〔なぜなら〕用語の不正確な理解の上には，正しい理屈は成り立たないので，※には生物学用語の定義や解釈上の注意，また，教科書間での用語のバラツキなどを示したからです。本文に関連した図，田部の裏ワザ，※などをしっかりマスターすることが，本書を**論理的解説書**として使いこなすことにつながります。

5．もっと広く深くは，必要な人，または興味のある人だけが読んで下さい。

〔なぜなら〕もっと広く深くには，主に，『1～2冊の教科書にしか記載されていない用語・項目』『教科書には記載されていないが，教科書の発展学習となる用語・項目』『最近の生物学における知識や考え方』などを示したからです。

〔なお〕入試生物のほとんどは教科書から出題されるので，「本書の本文」，田部の裏ワザ，※を完璧にすることが多くの大学の入試生物対策に有効です。なお，一部の大学の入試生物対策には，もっと広く深くの学習が役に立ちます。これらにより，本書が**最強の大学入試対策本**となります。

6．参考を付した文は，時間と余裕があったら読んで下さい。

〔なぜなら〕参考を付した文には，『本文を理解する際の補足的な内容』『語源』『こぼれ話』などを示したからです。

本書には本文から参考までのすべてで，約3,500語のさくいん収録語数をもつ**高校生物用語辞典**の意味合いをもたせました。

本書を通じて，君たちを心から応援しています。感染症（☞p.360）にもストレスにも負けずに，マイペースで頑張れ！　手，洗えよ!!　うがい，しろよ!!!

本書の作成にあたり，多くの方々のご助力をいただきました。

中井邦子さんには，全教科書の比較検討と，校正をしていただきました。針ヶ谷和花子さんには，論理的に問題点をご指摘いただきました。橋本紫光くんには，校正のお手伝いをしていただきました。青木隆さん，犬伏昇さん，坂本亜紀子さん，新谷圭子さん，原田敦史さんには，キレイで，楽しく，正確な図やイラストをたくさんたくさん描いていただきました（私も描いています）。和久田希さんには，改訂前から長年にわたり，原稿の受け取りと打ち合わせに来ていただき，膨大な量のページと向き合い，ていねいな編集作業を通して本書を完成まで導いていただきました。

また，八重樫清隆さんをはじめとする東進ブックスの皆さまには，本書の企画・校正・発刊にわたり，ご尽力いただきました。この場を借りて，厚くお礼申し上げます。

2020年6月　田部眞哉

本書の構成と使い方

本文

最重要!

▶主に複数の教科書にある内容を扱っている。**全員必須の重要事項であり，図や表まで含めてしっかりと理解し，覚えよう。**本文中の赤文字は，特に重要な用語である。赤シートで隠せば消えるので，隠して読んで，答えを**1つ1つ確実に覚えていくこと。**

The Purpose of Study

▶その講の学習内容のうちで，必ず理解をし，記憶しなければならない項目を示している。学習後にその講の重要ポイントを**「覚えているか」「言えるか」**を確認しよう。

第23講 異物の侵入阻止と自然免疫

The Purpose of Study 到達目標

Visual Study 視覚的理解

ヒトでの異物の侵入阻止のしくみをイメージしよう！

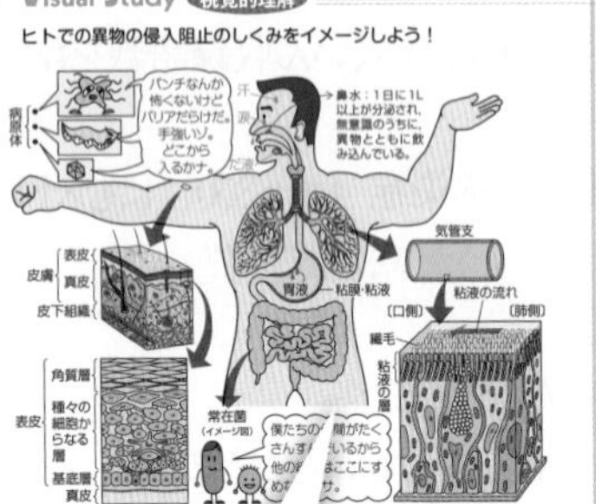

❶▶生体防御

1 生体防御の3段階

(1) 生物体における，体内への異物(病原体，有害物質などの非自己物質)の侵入阻止や，体内に侵入した異物を排除する反応を生体防御という。

(2) ヒトの生体防御は以下のように大きく3つの段階からなっている※。

	第1段階		第2段階	第3段階	
生体防御	異物の侵入阻止		免疫(異物の排除)		
	物理的防御	化学的防御	自然免疫	獲得免疫(適応免疫)	
				体液性免疫	細胞性免疫

※生体防御の第1段階と第2段階をあわせて自然免疫と呼ぶ場合もある。

2 ヒトにおける異物の侵入阻止のしくみ

ヒトにおける異物の侵入阻止は，体表(**皮膚**，**消化管や気管・気管支などの内壁**などの体外に接する部分)で行われ，そのしくみは生まれながらに備わっており，物理的防御や化学的防御などがある。

種類	部位	しくみ
物理的防御	皮膚	①表皮(上皮組織)での細胞の密着により異物の侵入を防ぐ。 ②表面は角質層(ケラチンが蓄積してできる死細胞の層)で覆われ水分の蒸発を防ぐとともに，最外層の古い角質を垢として異物とともに脱落させる。
	気管，気管支，消化管，尿管	内壁は粘膜と呼ばれ，粘性の高い粘液を分泌し，細胞表面への異物の付着を防ぐとともに，粘液に付着した異物を繊毛の運動によって外部へ排除する。
	口，鼻，咽頭	せき，くしゃみ，たんにより異物を排除する。
化学的防御	皮膚(汗腺，皮脂腺)，眼(涙腺)，口(だ腺)，鼻，胃，尿管	①汗，皮脂，涙，だ液，尿は弱酸性であり，酸性環境に弱い多くの細菌の増殖を抑制する。 ②胃液に含まれる胃酸は強酸性であり，食物とともに入ってきた異物のほとんどを殺菌する。 ③汗，涙，だ液，鼻水などに含まれるリゾチーム(酵素)が，細菌の**細胞壁**を破壊する。 ④皮膚表面，粘膜上皮などに分泌される**ディフェンシン**(タンパク質)により，細菌の**細胞膜**を破壊する。
常在菌による防御	皮膚の表面や消化管の粘膜にもとから生息する**常在菌**(多くのヒトのからだに共通してみられ，病原性を示さない細菌)により，外来の細菌の定着・繁殖を抑制する。	

表23-1 異物の侵入阻止のしくみ

Visual Study

▶その講の重要な現象や考え方を理解するためのイメージやまとめの図などを示している。最初に内容のイメージをつかみ，学習後に正しく理解できるようにすること。

語注(※)

▶本文中の用語や図表を正しく読み取るための注意として入れている。本文中の特定の用語や図についての注意と，文章全体を受けての注意がある。本文を理解するために必ず読むこと。

田部の裏づけ

▶学習内容を正しく理解し，覚えるために重要となる「根拠」「理屈」を示している。本文と一緒に読んで，理解を深めよう。

参考

▶用語の語源や，高校生物以外の範囲，教科書によって記述が異なるものへの補足や，「もっと広く深く」の内容のうち簡潔なものなど，さまざまな補足事項を扱っている。特定の用語や図を補足するときには，＊を使っている。必須ではないが，興味がある人は読んでみてほしい。

758

田部の裏づけ　被子植物が裸子植物との競争に勝った理由

右に示したように，被子植物は，裸子植物にはない重複受精を行う能力や，被子性(子房が胚珠を覆い乾燥や昆虫から守っている)をもつことにより，無駄なエネルギーの消費を抑えることができたので，裸子植物との競争に勝ち，現在の地球上で大いに繁栄している。

被子植物が裸子植物より有利な点
- 重複受精を行う → 受精卵と胚乳核がほぼ同時に生じる → 胚乳は必ず胚発生に利用される → 裸子植物のような無駄な胚乳形成の防止
- 被子性あり → 花に来た昆虫から胚珠を守ることができる → 虫媒が可能になるので，少ない花粉で受粉が可能 → 裸子植物のような多量の花粉形成が不要

→ 無駄なエネルギー消費が少ない⇒競争に強い

もっと広く深く　現代の分類学では双子葉植物というグループは認められていない

被子植物は，一般的に2枚の子葉をもち，葉脈が網状脈である双子葉植物(双子葉類)と，子葉が1枚，葉脈が平行脈である単子葉植物(単子葉類)に分類されている。DNAの塩基配列を用いた系統解析により，単子葉植物は，双子葉植物が進化するなかで出現した1つのグループ(1系統)であることが明らかになった。しかし，今まで双子葉植物として1つのグループとみなされてきた植物群は，基部被子植物と呼ばれるグループと真正双子葉植物と呼ばれるグループに分けられることがわかり，基部被子植物は，真正双子葉植物や単子葉植物が出現する以前に多様化したグループであるとされている。

つまり，共通の祖先から同じ系統として出現したと考えられてきた双子葉植物は，単子葉植物が出現する以前に出現していた系統の子孫と，その後に出現した系統の子孫を混合した架空の植物群であった。したがって，現在の植物分類学では，双子葉植物というグループは認められていないのである。

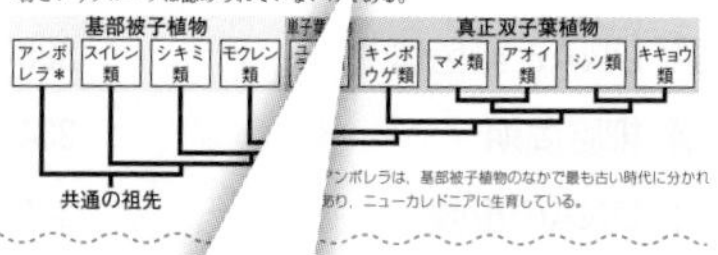

＊アンボレラは，基部被子植物のなかで最も古い時代に分かれ…あり，ニューカレドニアに生育している。

第76講　植物の分類　759

④▶原核生物・原生生物の独立栄養生物と植物の分類

	分類群	生物例	形態	生殖・生活環	細胞壁など	主な光合成色素
原核生物	化学合成細菌	亜硝酸菌，硝酸菌，硫黄細菌，鉄細菌，水素細菌	単細胞・細胞群体	主に分裂（接合することもある）	ペプチドグリカン	なし
	光合成細菌	緑色硫黄細菌，紅色硫黄細菌				バクテリオクロロフィル，(カロテン)
	シアノバクテリア類	ユレモ，ネンジュモ，イシクラゲ，アオコ				クロロフィルa，フィコシアニン
原生生物（水中で生活）	渦鞭毛藻類	ツノモ，ムシモ	単細胞	分裂・接合	セルロース（細胞内の鎧板）	クロロフィルa・c，キサントフィル
	ミドリムシ類（ユーグレナ類）	ミドリムシ		分裂	なし	クロロフィルa・b，カロテン
	ケイ藻類	ハネケイソウ，オビケイソウ		分裂・接合	セルロースなど	クロロフィルa・c，フコキサンチン
	紅藻類	アサクサノリ，テングサ	多細胞（根・茎・葉の分化みられず）	生活環は多様 参考 褐藻類でも，コンブ，ワカメは世代交代(2n世代がn世代より大きい)するが，ホンダワラは世代交代しない(受精のみ)。	セルロースなど	クロロフィルa，フィコエリトリン
	褐藻類	コンブ，ワカメ，ホンダワラ				クロロフィルa・c，フコキサンチン
	緑藻類	アオサ，ミル				クロロフィルa・b，カロテン，キサントフィル
		クラミドモナス，カサノリ	単細胞			
	シャジクモ類	シャジクモ，フラスコモ	多細胞（根・茎・葉の分化みられず）	受精		
植物（主に陸上で生活）	コケ植物	ツノゴケ類 タイ類(ゼニゴケなど) セン類(スギゴケなど)		世代交代あり（配偶体が胞子体より大きい）／重複受精ではない	セルロースなど	クロロフィルa・b，カロテン，キサントフィル 参考 光合成色素の共通性から，緑藻類，シャジクモ類，コケ・シダ・種子植物をまとめて緑色植物ということもある。
	シダ植物	ヒカゲノカズラ類 シダ類(ゼンマイ・ワラビ・スギナなど)	多細胞・維管束あり（根・茎・葉の分化あり）	配偶子は精子／世代交代あり（胞子体が配偶体より大きい）／重複受精ではない	セルロースとリグニンなど	
	種子植物 裸子植物	イチョウ，ソテツ マツ，シラビソ		配偶子は精子／重複受精ではない		
	種子植物 被子植物	ブナ，キク，アサガオ アヤメ，トウモロコシ		配偶子は精細胞／重複受精		

表76-3　独立栄養生物のまとめ

第13章

もっと広く深く

▶教科書の範囲外の，あるいは少数の教科の知識も扱っている。基本的には必須ではないが，入試で満点を狙いたい人，教科書外の最先端の生物学を入試でよく取り上げる大学の志望者は要チェック。

各講の内容を正しく理解し，確実に覚えよう！

ターさん

もくじ

第1章　細胞と生体物質

第2章　動物の反応と行動

第3章　体内環境と恒常性

第4章　生体防御

第5章　酵素と代謝

第6章　遺伝情報の複製と細胞周期

第7章　遺伝子の発現とその調節

各講のタイトルについているアイコンは，本書の「本文」について「生物基礎」「生物」のいずれの分野を扱っているか表したものです。

生基 …「生物基礎」範囲のみ
生 …「生物」範囲のみ
※アイコンなしは「生物基礎」と「生物」両方の範囲を含みます。

本書の使い方のまとめ

◎受験では，必要最低限のことをやれなかった人，ムダなことをやった人が負ける

入試生物の95％以上は，教科書の内容から出題されます。つまり，本書の「本文」にある内容が，大学入試においての必要最低限の知識です。これを受験生は限られた時間で，正確かつコンパクトに身につける必要があります。p.2～3で説明したように，全員が本書のすべてを読んで覚える必要はありません。全員にとって最も大事なことは，

本書の「本文」の内容を，
正しく理解して，正しく覚えて，正しく使えること

です。

◎もっと広く深くの学習について

教科書の範囲外で，過去に出題された，あるいは，今後出題が予想される項目を反則項目と呼びます。本書の「本文」の内容だけきちんと理解していれば，ほとんどの大学の入試問題と十分戦うことができます。ただし，入試で満点を狙いたい人や，反則項目を出題する大学を志望している人は，もっと広く深くまで学習しておき，万全の対策を立てて入試にのぞんで下さい。

「反則項目に関する問題では，点差がつかないので反則項目は無視する」という考え方もありますが，少数ながら，反則項目を好む大学もあります。君の志望大学で反則項目に関する問題が高頻度・高配点で出題されているかどうかを，過去問3年分を分析することにより確認して下さい。その結果，もっと広く深くの内容から知識問題（考察問題は反則項目ではない）が1問でも出題されていれば，もっと広く深くをきちんと学習しましょう。

大学入学後にも役立つ知識が身につくので，生物をより深く学びたいという意欲のある人，生物学の見識を深めたい人も，教養としてぜひ読んでみて下さい。

第1章

細胞と生体物質

生物の多様性と共通性

The Purpose of Study 到達目標

1. 種とは何かを説明できる。 …… p. 11
2. 地球上で確認されている生物，動物，昆虫類，植物のそれぞれについて，およその種数を言える。 …… p. 11
3. すべての生物に共通する特徴を4つ言える。 …… p. 11
4. 進化・系統・系統樹という用語の意味を言える。 …… p. 12
5. 生物に多様性がみられる理由を進化の観点から説明できる。 …… p. 12
6. 生物に共通性がみられる理由を進化の観点から説明できる。 …… p. 12

Visual Study 視覚的理解

生物に多様性と共通性がみられる理由を理解しよう！

・地球上の多様な環境のなかで，生物が長い時間をかけて進化したので，(種の)多様性が生じた。

{海･山･川･湖などの異なった環境}

現在までに，200万種近くの生物が確認されている。

ワタシガソセンデス

進化

チューリップ

トキ

ラクダ

大腸菌

太古の地球

現在の地球

・生物が共通の祖先から進化したので，すべての生物には共通性がみられる。

これらをはじめとして，すべての生物は，
①細胞から成り立っており，
②DNAを遺伝情報として子孫を残し，
③エネルギーを利用して生命活動を行い，
④体内環境を一定に保っている。

1 ▶ 生物の多様性

(1) 地球上には海洋と陸地があり，それぞれに寒冷な地域や温暖な地域がある。さらに，海洋には，サンゴ礁などが形成される浅い海・大陸棚上の海・深海などの環境があり，陸地には山岳地帯・平野・河川・湖沼などの環境がある。

(2) このような多様な環境には，非常に多くの生物が存在しており，それらの生物間にみられる多様さを**生物の多様性**（たようせい）(**生物多様性**)という。

(3) 例えば，「**種**（しゅ）(生物学的種(の)概念☞p.743)」に着目すると，現在，地球上では175万～190万種が確認され，名前(学名)が付けられているが，実際には，1000万～1億種以上の生物が存在しているとも考えられている。

(4) 種とは，生物を分類する際の基本的な単位であり，共通の特徴(形態など)をもち，互いに自然状態で交配し，子孫を残すことができる個体の集まりのことである。

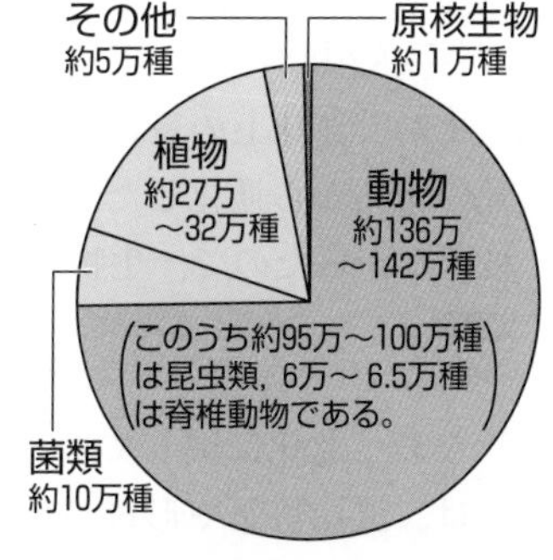

図1-1　地球上の生物の既知種の数

参考 同じ種に属している個体でも，個体ごとに違い(変異)があり，他種との区別が明瞭でない場合もある。また，交配は有性生殖を行う生物の雌雄間でみられる現象であること，異なる種間でも交配が起こる場合があることなどから，種の概念を一律に確定することは難しい。

2 ▶ 生物の共通性

(1) 地球上には多種多様な生物が存在しているが，それらのすべての種のすべての個体には，次の①～④のような共通した特徴がみられる。このような特徴は，生物の共通性であり，生物と無生物を分ける際の基準となる。

①細胞膜で囲まれた**細胞**からなる(細胞が基本単位)。
②**DNA**を遺伝情報として，自分と同じ特徴をもつ個体をつくり，形質を子孫に伝える**遺伝**のしくみをもっている(生殖)。
③生命活動に**エネルギー**を利用している(代謝)。
④**体内環境**を一定に保つしくみをもっている(恒常性)。

参考 1. 形質とは生物がもつ形・色・行動などのあらゆる性質の特徴のことである。
2. ②を，「遺伝情報の本体としてDNAという物質をもつ」と「自分と同じ構造の個体をつくり，形質を子孫に伝える遺伝のしくみをもつ」の2つに分けることがある。

(2) 地球上の生物にこのような共通性と多様性がみられる理由を次のページで述べる。

3 ▶ 生物に多様性と共通性がみられる理由

(1) 地球上の生物には，**多様性**と**共通性**という，一見相反するような性質がみられる。これらの性質がみられるのは，地球の長い歴史のなかで，生物が共通の祖先から**進化**(しんか)したことによると考えられている。

(2) つまり，進化の過程で，生物が地球上の多様な環境に**適応**(てきおう)することにより，多種多様な種に分かれたので，生物の多様性が生じた。

参考 ここでいう「適応」とは，その生物が，その生活環境で生存・繁殖するうえで有利な性質をもつようになることである(☞p.597)。

(3) また，地球上の長い歴史のなかで生み出されてきた多種多様な生物は，共通の祖先から進化したが，共通の祖先がもっていた基本的な性質をほとんど変えなかったので，生物にはp.11で示したような共通性(①〜④)がみられる。

参考 生物のもつ多様性と共通性の両者を説明することができる「進化という現象がみられる」ことを生物の5番目の共通性と考えることもできる。

(4) なお，進化に関しては，第13章で詳しく学習するので，ここでは，「進化とは，遺伝情報や形質が時間とともに変化していくことである」という理解にとどめておいてよい。

(5) 生物の進化してきた道筋と，それによって示される類縁関係(どれくらい近い関係(縁)にあるかという尺度)は**系統**(けいとう)と呼ばれ，図1-2に示すように樹木の形をした図として表される。このような図を**系統樹**(じゅ)という。

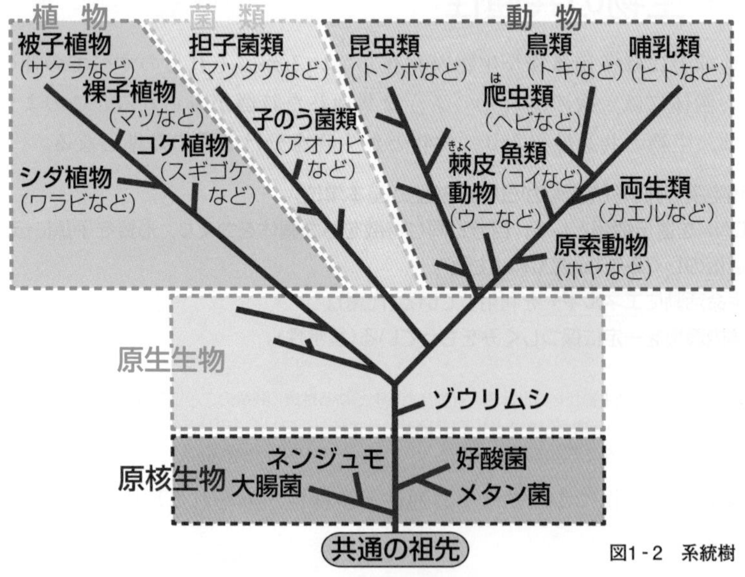

図1-2 系統樹

もっと 広く 深く

1 生物の共通性(補足)

p.11で学習したように地球上の生物には以下の①～④のような共通性がみられる。

①細胞膜で囲まれた細胞からなる(細胞が基本単位)。
②DNAを遺伝情報として，自分と同じ特徴をもつ個体をつくり，形質を子孫に伝える遺伝のしくみをもっている(生殖)。
③生命活動にエネルギーを利用している(代謝)。
④体内環境を一定に保つしくみをもっている(恒常性)。

これらのうち，②・③を詳しくみていくと，さらに次のような共通性をあげることができる。

② ― a．遺伝情報を担う物質は**DNA**である。
② ― b．遺伝情報の流れは**一方向**である(セントラルドグマ☞p.363)。
② ― c．遺伝情報の**翻訳**のしくみは同じである。
② ― d．遺伝情報の翻訳の際の**遺伝暗号**は同じである。

③ ― e．エネルギー変換の仲介を行う物質は**ATP**である。
③ ― f．代謝の主役は酵素であり，その本体は**タンパク質**である。
③ ― g．タンパク質は**20**種類の**アミノ酸**からなっている。

2 生物の連続性

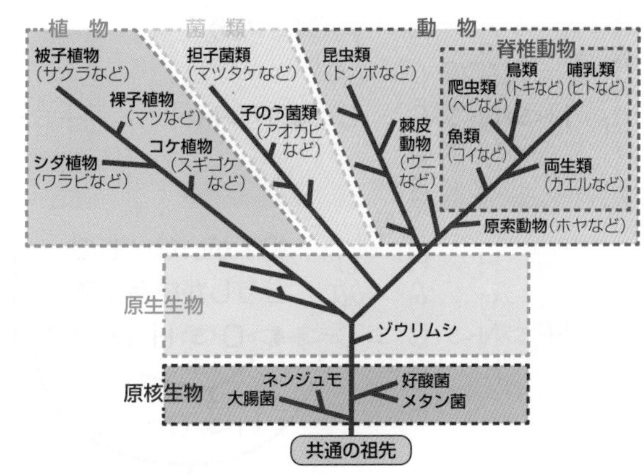

(1) 一般に，系統樹では樹の根元に近い枝ほど起源が古い。

(2) 例えば，右図 ⬚ 内の枝に示されているように，脊椎動物における出現順は，魚類→両生類→爬虫類→哺乳類(鳥類も爬虫類から進化してきたと考えられている)である。

(3) これらの動物の進化(☞p.704, 705, 708～710)には，より陸上生活に適した形態や機能を段階的に獲得するなどの**連続性**がみられる場合が多い。

(4) このような連続性は，生物の共通性と同様に，生物が共通の祖先から進化してきたためにみられると考えられている。

生物のからだを構成する物質

The Purpose of Study 到達目標

1. からだを構成する元素のうち，含有率の高い方から4種類を言える。…… p. 15
2. 生物のからだに含まれる水の働きを2つ以上言える。…… p. 16
3. 脂肪とリン脂質の構成成分について図示しながら説明できる。…… p. 17
4. 単糖類・二糖類・多糖類に属する炭水化物を3種類ずつ言える。…… p. 18
5. 2つのアミノ酸と，その間で形成されるペプチド結合を図示できる。…… p. 20
6. 必須アミノ酸（9種類）の名称を言える。…… p. 21
7. タンパク質の一次～四次構造の特徴をそれぞれ説明できる。…… p. 22, 23
8. タンパク質の変性の意味と，変性の原因について説明できる。…… p. 25

Visual Study 視覚的理解

ペプチド結合の形成を正確に理解し，描けるようにしておこう！

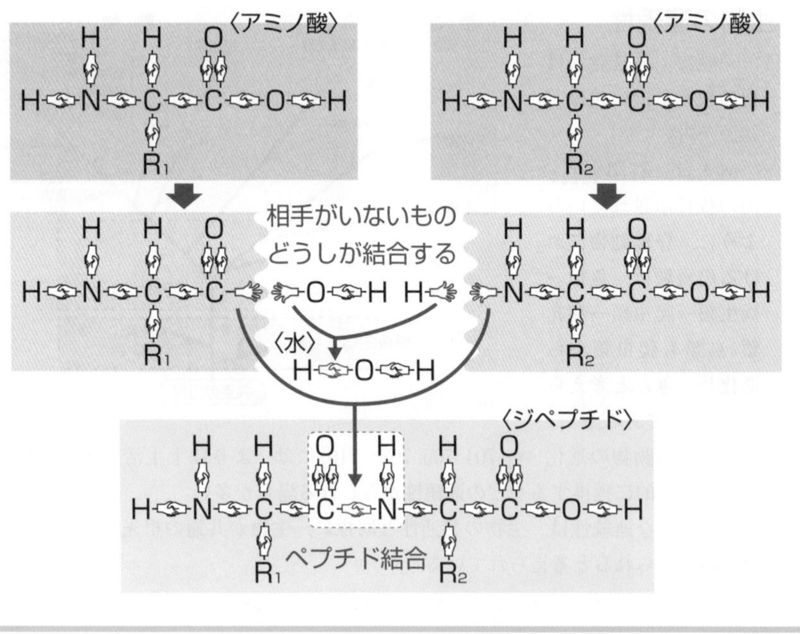

1 ▶ 生物のからだを構成する元素

(1) 物質を構成する基本的な粒子を**原子**といい，原子の種類を**元素**(げんそ)という。

(2) 現在知られている元素(100種類以上)のうち，自然界に存在している元素は約90種類であり，生物のからだを構成している元素は約20～30種類である。

(3) 図2-1は，ヒトのからだを構成する元素の割合(水分を含んだ状態の重量(生重量)に対する元素の重量)を示したものである。

(4) ヒトでは，O(酸素)，C(炭素)，H(水素)，N(窒素)の含有率が特に高いが，Ca(カルシウム)，K(カリウム)，Mg(マグネシウム)，S(硫黄)，P(リン)，Na(ナトリウム)，Cl(塩素)なども微量に含まれている。

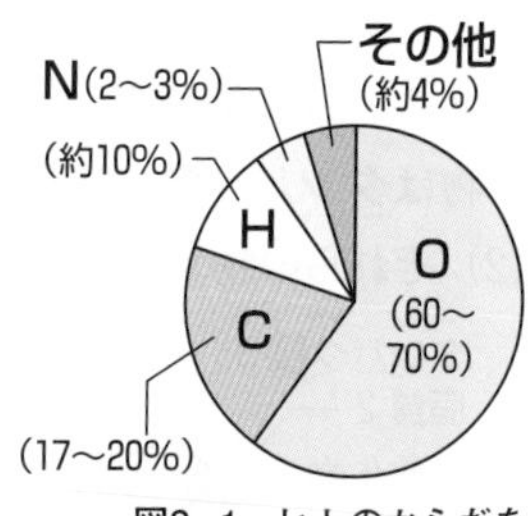

図2-1　ヒトのからだを構成する元素の割合

参考 Mgは，リン酸塩や炭酸塩として骨に沈着している。また，筋肉・脳・神経の細胞内液中に多量に含まれ，多くの酵素を活性化することで種々の代謝に関与している。なお，植物では，光合成色素の一種であるクロロフィルはMgを含んでいる。

もっと広く深く　生元素

(1) 生物が正常な生活活動を営むために必要な元素は**生元素**(せい)(生体元素，不可欠元素，必須元素)とも呼ばれ，ヒトの生元素としては上記1(4)に記したものの他に，ごく微量(0.01%以下)であるが，Fe(鉄)，Zn(亜鉛)，Mo(モリブデン)，Cu(銅)，Mn(マンガン)，Se(セレン)，Co(コバルト)，I(ヨウ素)，Cr(クロム)などもある。

(2) Feはヘモグロビンやミオグロビンの他に，呼吸の電子伝達系の一部を構成するタンパク質であるシトクロムなどに含まれている。Znは，体内でタンパク質と結合し，酵素活性の制御や，タンパク質の構造の維持などに働く。Mo，Cu，Mn，Seなどは一部の酵素の補助因子(☞p.255)として，CoはビタミンB_{12}の成分としてそれぞれ働く。Iは甲状腺から分泌されるホルモンであるチロキシンに含まれている。Crの働きは未確定である。

(3) 植物の生育には，下記の10種類の元素が必要であり，これらを植物の必須10元素ということもある。

〔植物の必須10元素〕

炭素	水素	酸素	窒素	マグネシウム	カルシウム	カリウム	硫黄	リン	鉄
C	H	O	N	Mg	Ca	K	S	P	Fe

(4) したがって，植物の水栽培では，C，H，Oは光合成の材料であるCO_2とH_2Oとして体内に取り込まれるので，残りの7種類の元素を無機塩類として与えればよい。

2 ▶ 生物のからだを構成する物質

(1) 生体内では，ほとんどの元素は化合物やイオンとして存在している。これらの化合物やイオンのうち，炭素原子を含まないもの(CO_2，CO，HCO_3^-，CO_3^{2-}，CN^-などは例外として無機物に含む)を**無機化合物**あるいは**無機物**といい，炭素原子を含むもの(一般に，C，H，Oを含む物質)を**有機化合物**あるいは**有機物**という。無機物は大きく**水**と**無機塩類**に分けられ，主な有機物は**タンパク質**・**脂質**・**炭水化物**・**核酸**である。

(2) それらの物質(生体物質)のおよその割合を示すと図2-2のようになる。

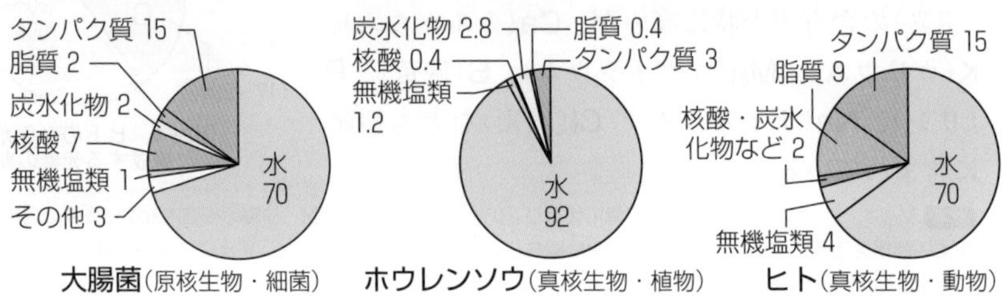

図2-2 生体物質の割合 (数字は重量%を表している)

3 ▶ 水

(1) ほとんどの生物において，その生重量の60％以上を占めている**水**は，さまざまな物質を溶かすことができ，細胞内外での化学反応の場となり，体内での物質輸送を担っている。

(2) 水は比熱が大きく，他の物質に比べて温度が変化しにくいため，生体内の温度を一定に保つことに役立っている。

(3) 水分子内の酸素原子(O)は水素原子(H)より電子(負電荷をもつ)を強く引きつけるのでO側が負(－)に，H側が正(＋)に帯電している。このため分子間で互いのOとHが引きつけあって弱い結合が生じる。この結合は水素結合(☞p.22)と呼ばれ，水の比熱が大きいことなどの原因となっている。

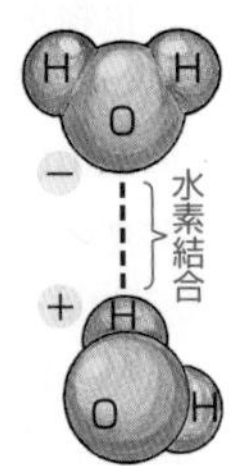

図2-3 水分子と水素結合

4 ▶ 無機塩類

(1) **無機塩類**とは，水に溶けることによって無機イオンとなる物質の総称であり，NaCl(塩化ナトリウム)など，さまざまな種類がある。

(2) 生体内では，無機塩類は水に溶けてイオンとして存在し，体液の塩類濃度・浸透圧・pHの調節に関与したり，生体内の物質の構成成分などとなったりする。

5▶核酸

(1) **核酸**には**DNA**と**RNA**があり，いずれも糖・塩基・リン酸からなるヌクレオチドを構成単位としている。

(2) **DNA**は，2本のヌクレオチド鎖がらせん状に組み合わさってできている。一方，**RNA**は，1本鎖でできており，**DNA**の遺伝情報がタンパク質に翻訳されるときの仲立ちとなる。

(3) 核酸に関しては，第37講，第41講で詳しく説明する。

6▶脂質

(1) **脂質**には，さまざまな種類があり，生物にとって重要な働きを担っているものとして，**脂肪**，**リン脂質**，**ステロイド**などがある。

(2) 脂肪は，図2-4に示すように，1分子の**グリセリン**と3分子の**脂肪酸**からできており，水になじまない性質(**疎水性**)の分子である。

参考　1分子のグリセリンと3分子の脂肪酸からなる脂肪はトリグリセリドという。

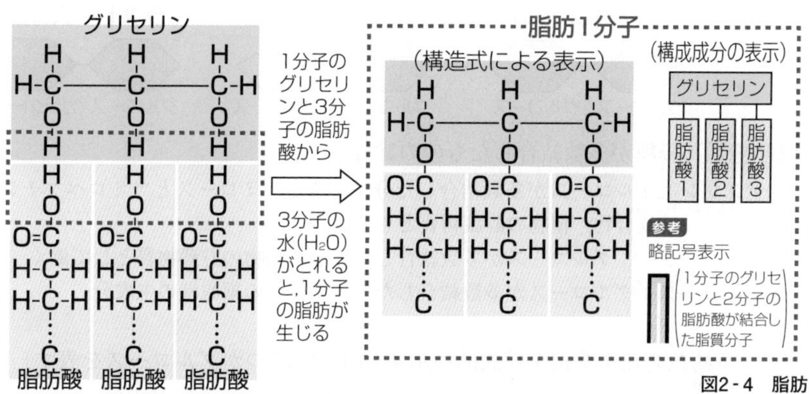

図2-4　脂肪

(3) 脂肪は，生体内ではエネルギー源の役割を果たしている。

(4) リン脂質は，図2-5に示すように，1分子中に水になじむ性質の**親水性**部分と疎水性部分をもち，親水性部分が水に接し，疎水性部分が水を避けるため，それぞれの分子が疎水性部分を内側にした二重層構造をつくりやすい。

(5) リン脂質は，細胞を構成する膜構造(生体膜)の主成分となる。

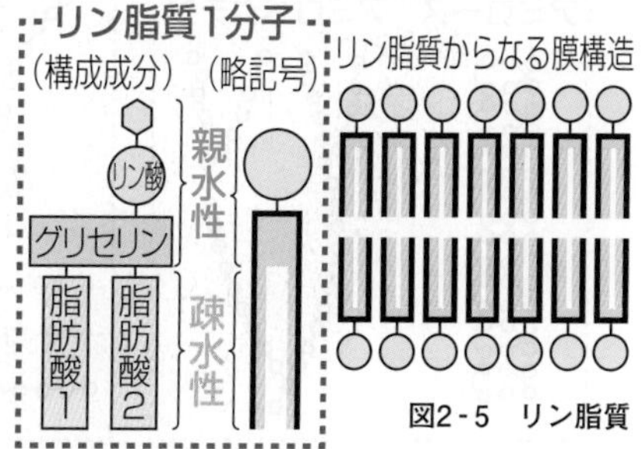

図2-5　リン脂質

7 ▶ 炭水化物

(1) 一般に，炭素，水素，酸素の3元素を$C_m(H_2O)_n$の割合で含む化合物を**炭水化物**(**糖質**(とうしつ))といい，その主な役割は，生体内におけるエネルギー源である。

(2) それ以上小さな分子の糖に分解されない最も単純な炭水化物を**単糖**(たんとう)という。単糖にはいろいろな種類があり，それらを総称して**単糖類**という。

(3) 炭水化物は，それを構成している単糖の数や結合している単糖の種類，結合の仕方により，以下のように分けられる。

〔単糖類〕 炭水化物の構造上の基本単位となる分子の総称

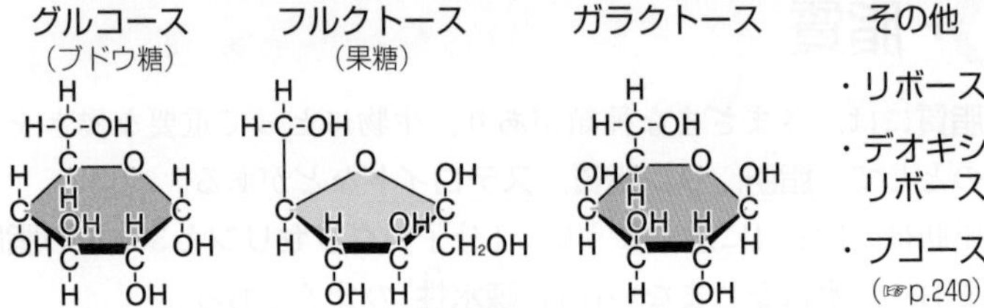

〔二糖類(にとう)**〕** 単糖が2分子結合したものの総称

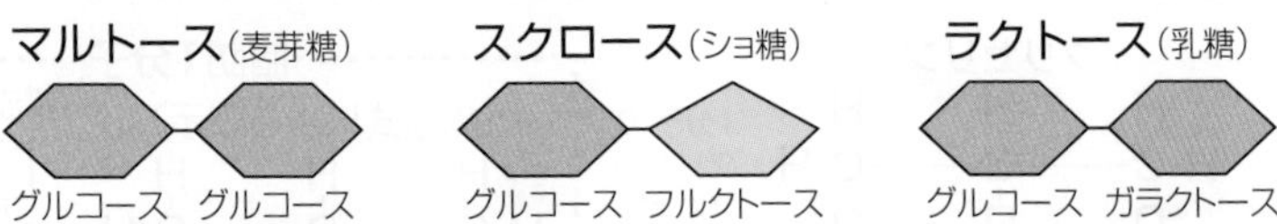

〔多糖類(たとう)**〕** 単糖が多数結合したものの総称

①デンプン：グルコースが多数結合した分子であるアミロースとアミロペクチンの混合物，植物の貯蔵物質として働く

②グリコーゲン：グルコースが多数結合した分子，動物の貯蔵物質として働く

③セルロース：グルコースが多数結合した分子，植物の細胞壁の主成分

主な多糖類の化学構造を模式的に示す(下図の○1つがグルコースを表す)。

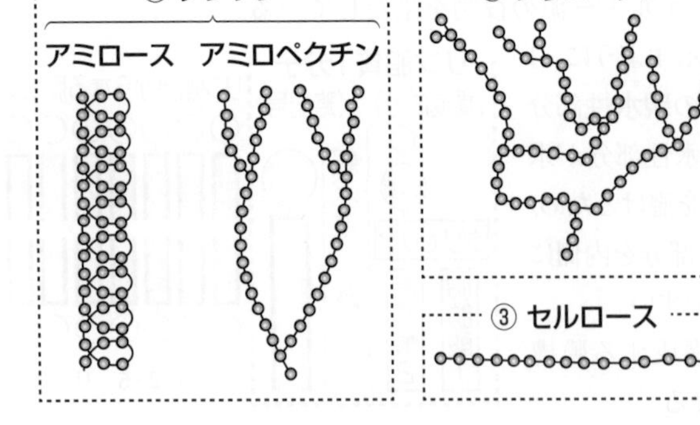

④ イヌリン

フルクトースが多数結合した鎖の末端にグルコースが結合した分子

⑤ マトリックス多糖

上記以外の単糖類(キシロースやマンノースなど)が多数結合した分子(☞p.543)

炭水化物の性質と構造

1 アミロース・アミロペクチン・グリコーゲン・セルロースの構造

(1) アミロース・アミロペクチン・グリコーゲン・セルロースはいずれもグルコースが多数結合した多糖類であるが，グルコースどうしの結合の違い(α-1,4結合，α-1,6結合，β-1,4結合)などにより，アミロースでは，鎖状の分子で規則的に繰り返しらせん構造がみられ，アミロペクチンとグリコーゲンでは鎖状の分子のところどころで枝分かれ構造がみられる。セルロースは，らせん構造も枝分かれ構造もない直鎖状の構造である。

(2) 枝分かれ構造は，アミロペクチンではグルコース約12個ごとに，グリコーゲンではグルコース8～10個ごとにみられる。

(3) 通常のコメ(ウルチ米)のデンプンでは，アミロースとアミロペクチンが約1：4の割合で含まれているが，粘り気の強いモチ米のデンプンでは，アミロースはごくわずかしか含まれていない。

(4) ヨウ素ヨウ化カリウム溶液(I_2・KI溶液)をデンプンに加えると，ヨウ素分子(I_2)がアミロースのらせん構造中にはまり込んで青色を呈し(ヨウ素デンプン反応)，グリコーゲンに加えると赤褐色を呈するが，セルロースに加えても色の変化はみられない。

(5) デンプンを加水分解する酵素であるアミラーゼは，グリコーゲンも分解することができるが，セルロースは分解できない(セルロースを加水分解する酵素はセルラーゼである)。

2 植物の貯蔵物質はデンプン(アミロペクチン)なのに，動物の貯蔵物質はグリコーゲンなのはなぜか？

(1) アミロペクチンもグリコーゲンも枝分かれ構造をもった多糖類であるが，植物にはアミロペクチンが，動物にはグリコーゲンが存在している。

(2) 生物が多糖類をエネルギー源として利用する場合，枝分かれ構造の「枝の先端」に作用する酵素が働きグルコースを切り出す必要がある。

(3) 植物に比べて運動に用いるエネルギー量が多い動物では，下図に示すようにアミロペクチンより多くの枝分かれ構造をもつグリコーゲンを貯蔵物質として体内に蓄えた方が，短時間で多量のグルコースを切り出すことができ，多量のエネルギーを得ることができるので，都合がよい。

デンプン
(アミロペクチン)

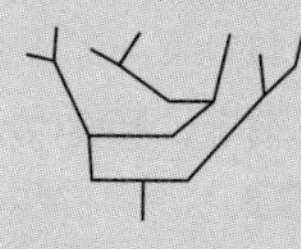
グリコーゲン

⑧▶タンパク質

1 アミノ酸

(1) **タンパク質**は多数の**アミノ酸**（さん）からなる高分子化合物（大きな分子）である。

(2) アミノ酸は，1個の**炭素原子**(**C**)に**カルボキシ基**（き）(−**COOH**と表される原子団)，**アミノ基**(−NH_2と表される原子団)，**水素原子**(**H**)ならびに**側鎖**（そくさ）(**R**と省略される原子団，アミノ酸残基（ざんき）と呼ばれることもある)が結合した低分子化合物（小さな分子）であり，その基本構造は図2-6のように表される。

(3) 側鎖の違いによりアミノ酸の種類が決まり，生体のタンパク質を構成するアミノ酸は表2-1に示す**20**種類に限られている。

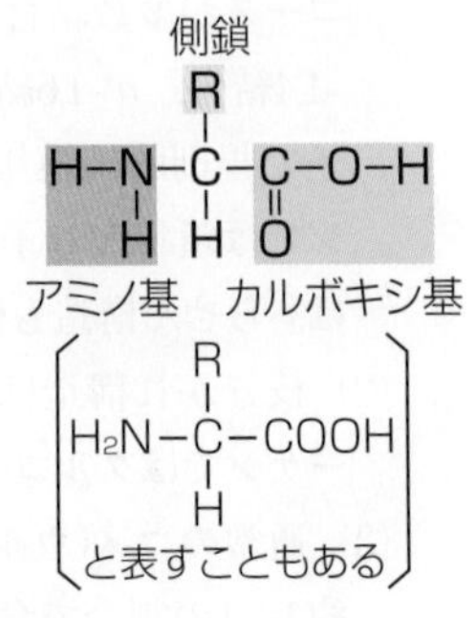

図2-6　アミノ酸の基本構造

2 ペプチド結合

(1) 2個のアミノ酸は，一方のアミノ酸のカルボキシ基と，他方のアミノ酸のアミノ基から，水(H_2O)1分子がとれることで結合できる。この結合は**ペプチド結合**と呼ばれ，加水分解によって切断される。

(2) ペプチド結合によってアミノ酸どうしが結合したものを**ペプチド**といい，多数のアミノ酸がペプチド結合したものを**ポリペプチド**という。多くのタンパク質分子は，数十～数百個のアミノ酸からなる**ポリペプチド**である。タンパク質やペプチドの主鎖において，アミノ基側の末端を**N末端**（アミノ末端）といい，カルボキシ基側の末端を**C末端**（カルボキシ末端）という（図2-7）。

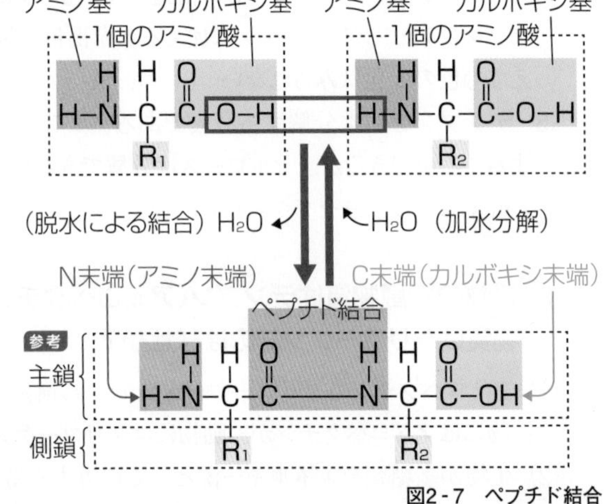

図2-7　ペプチド結合

参考　1．アミノ酸が2個結合したものをジペプチド，3個結合したものをトリペプチドという。
2．分子のなかで最も長い炭素鎖を主鎖という。

3 アミノ酸の種類

(1) アミノ酸は，側鎖の性質(中性・酸性・塩基性，あるいは水に溶けやすい性質(親水性)・水に溶けにくい性質(疎水性)など)によって分けられる。

(2) 動物の体内では合成できない，あるいは合成速度が遅いので，外界から食物の形で摂取する必要のあるアミノ酸は**必須アミノ酸**(ひっす)と呼ばれ，ヒトでは表2-1に 必須 と示した9種類がある。

参考 かつて，ヒスチジンは，ヒトの成人の必須アミノ酸には含まれていなかったが，現在ではヒトの成人にとっても必須アミノ酸であるとされている。なお，表2-1の 必須 の9種類にアルギニンを加えた10種類がヒトの成長期には必要であるという考え方もある。

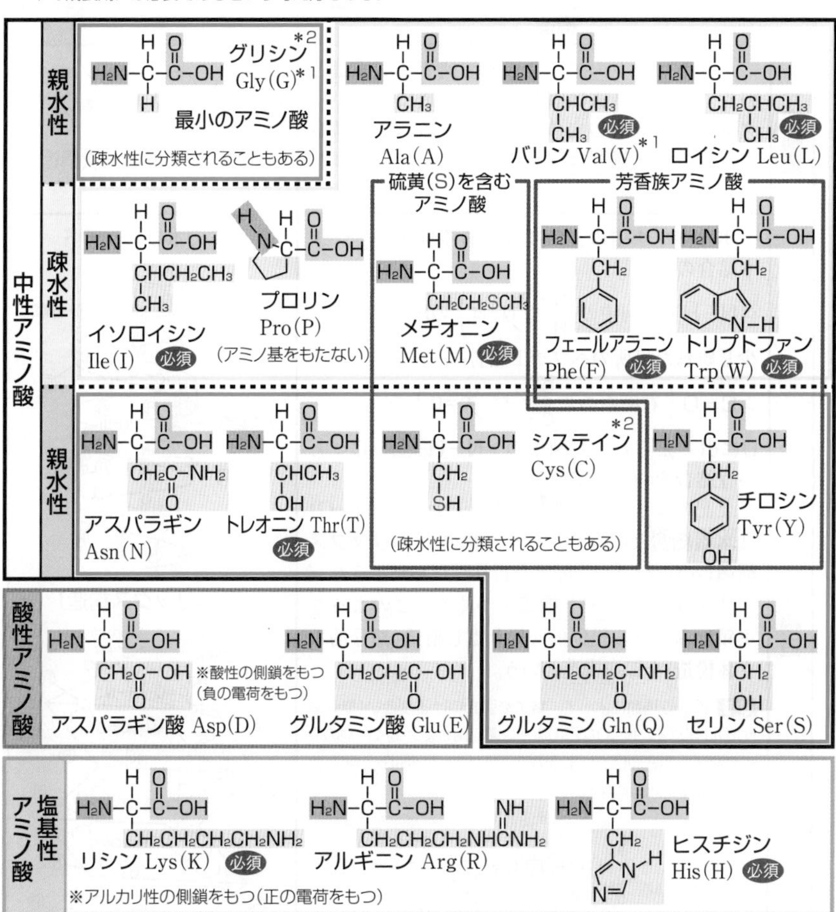

＊1. アミノ酸名の下または右のアルファベット(3文字と1文字)は，ともにアミノ酸の略号である。
＊2. グリシンとシステインは疎水性アミノ酸に分類されることもある。

表2-1　いろいろなアミノ酸

4 タンパク質の構造

タンパク質は，多数のアミノ酸が**ペプチド結合**でつながったひも状(鎖状)の高分子であるが，ひもがそのまま伸びているような状態では，タンパク質としての機能を発揮することはできない。このアミノ酸のひもがらせん状やジグザグ状になり，さらに折りたたまれて立体的(三次元的・空間的)に特有な形をなすことによって，初めてそのタンパク質固有の働きをもつことになる。タンパク質の働きを規定する**立体構造**は，**一次構造**・**二次構造**・**三次構造**・**四次構造**という4つの階層性をなしていると考えることができる。

	構造	例
一次構造	ポリペプチドのアミノ酸の配列を**一次構造**という。タンパク質は固有の一次構造に基づいてタンパク質固有の立体構造をつくる。立体構造が形成される過程は**フォールディング**と呼ばれる。	 アミノ酸1 アミノ酸2 アミノ酸3 アミノ酸4 アミノ酸5 …. 〔ポリペプチドの一次構造〕
二次構造	ポリペプチドの主鎖では，ある場所のペプチド結合の >N−H (右図中の −N(−H)− や >N−H) のHが， 少し離れた場所のペプチド結合の >C=O (右図中の −C(=O)− や >C=O) の Oに引っ張られ，右図中の>N−H---O=C<という結合をつくっている。 上記のような水素を仲立ちとした結合(H---O)は**水素結合**と呼ばれ，らせん状の**αヘリックス構造**(αらせん)や，屏風を折りたたんだようなジグザグ状の**βシート構造**をつくる。このような主鎖にみられる規則的な繰り返し構造(部分的な立体構造)を**二次構造**という。 **参考** 原子の種類によって，電子を引きつける度合い(電気陰性度)は異なる。N，Oなどの原子は電気陰性度が高く，他の原子の電子も引きつけてしまうので，ペプチド結合付近の電気的性質は以下のようになる。 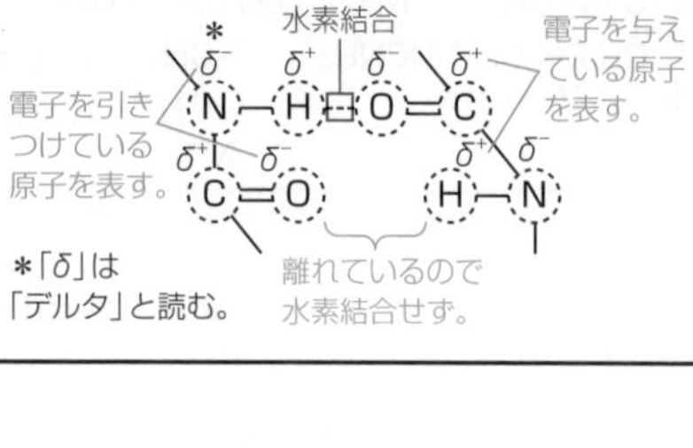 水素結合　電子を引きつけている原子を表す。　電子を与えている原子を表す。 離れているので水素結合せず。 ＊「δ」は「デルタ」と読む。	1本のポリペプチド 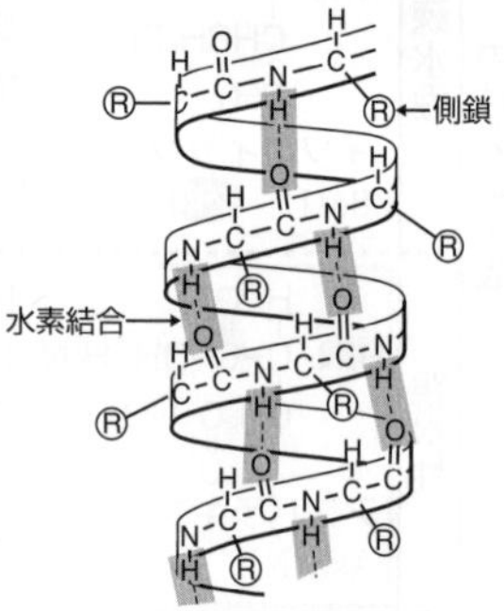 側鎖　水素結合 〔αヘリックス構造〕 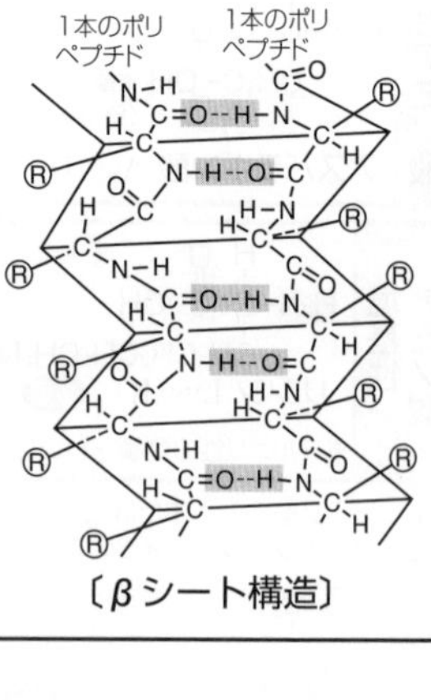 1本のポリペプチド　1本のポリペプチド 〔βシート構造〕

	構造	例
三次構造	二次構造をもつポリペプチドでは，主鎖が絡(から)み合ったり離れすぎたりしないように，各所で側鎖どうしが結合している。この結合により形成された分子全体での複雑な立体構造を，**三次構造**という。 三次構造を維持する結合としては，**S-S結合**[*1]（**ジスルフィド結合**），イオン結合，水素結合などがある[*2]。 あるポリペプチドが低濃度の条件下で合成された場合，一次構造に依存して立体構造が自動的に形成される。 しかし，他のタンパク質などが高密度で存在している細胞内では，合成されたポリペプチドは他のタンパク質などの影響を受けて誤った立体構造を形成しやすいので，タンパク質の正しいフォールディングを助けるタンパク質（**シャペロン**☞p.379）が存在する。	ヘム（1個の鉄原子を含む色素） ミオグロビンは筋肉中に存在するタンパク質であり，酸素と結合して，筋肉中に酸素を蓄える働きをもつ。 〔ミオグロビンの三次構造〕 N末端　S−S結合　S−S　S−S　イオン結合　⊕…⊖　C=O　H−O　水素結合　C末端　（1つの・は1つのアミノ酸を表す） 〔三次構造を維持する結合〕
四次構造	タンパク質には，1本のポリペプチドからできているものだけではなく，複数のポリペプチドが集まってできているものもある。このようなタンパク質においてみられ，三次構造をとっているポリペプチドが複数集まってつくる立体構造を**四次構造**[*3]という。例えば，赤血球中のヘモグロビンは，α鎖，β鎖と呼ばれる2種類のポリペプチドが2個ずつ集まって球状の四次構造を形成しているタンパク質である。	（サブユニット）β鎖　ヘム　（サブユニット）β鎖　Fe　ヘム　ヘム　Fe　α鎖（サブユニット）　α鎖（サブユニット） 〔ヘモグロビンの四次構造〕

表2-2　タンパク質の構造

参考　＊1．S-S結合とは，ポリペプチドを構成している2つのシステイン（SH基をもつアミノ酸）の間で，下図のように2つのHがとれる酸化反応で生じる−S−S−の結合（共有結合の一種）である。

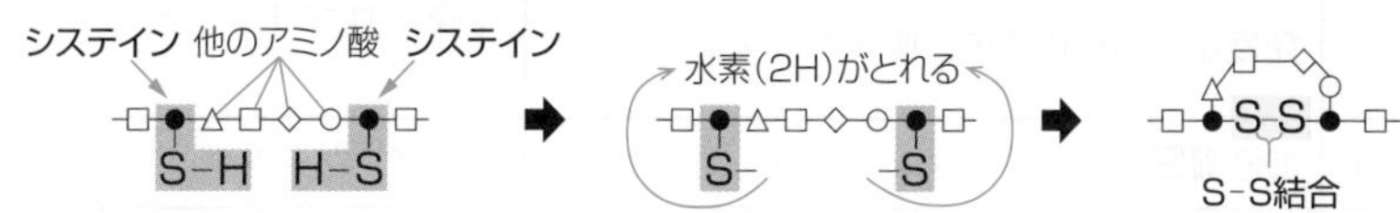

＊2．水などのある種の溶媒中で疎水性部分どうしが集中し，結合しているようにみえることがある。これは疎水結合と呼ばれ，三次構造や四次構造の形成に関与している。

＊3．① タンパク質の四次構造を構成する各ポリペプチドを**サブユニット**という。
② サブユニット間の結合は非共有結合である。例えばヘモグロビンではα鎖とβ鎖がイオン結合と疎水結合することで四次構造がつくられている。
③ 補酵素はサブユニットではない。

5 構造によるタンパク質の分類

1つの生物体にみられるタンパク質の種類は非常に多く，大腸菌では約4000種類，ヒトでは10万種類程度といわれている。タンパク質は，構造によって繊維状のタンパク質と，球状のタンパク質(繊維状ではないタンパク質)とに分けられる。

例 ケラチン(毛髪)，コラーゲン(皮膚，腱(けん)，軟骨)，ミオシン(筋肉)，フィブリン(血液凝固に関与)など

例 酵素，ホルモン，ヘモグロビン，アクチン，チューブリン(微小管の構成成分)，フィブリノーゲン(フィブリンのもとになる物質)，ヒストンなど

6 働きによるタンパク質の分類

タンパク質は，働きによって次のように分けられることもある。

	種類・働き	例
①	生物体内の種々の構造をつくり，細胞・組織・器官に機械的強度をもたせるタンパク質	ケラチン，コラーゲン，アクチン，チューブリンなど
②	化学反応を促進するタンパク質(**酵素**)	アミラーゼ，カタラーゼ，DNAポリメラーゼ，トロンビンなど
③	生物体内の種々の生理作用を調節するタンパク質(**ホルモン**など)	インスリン，グルカゴン，バソプレシン，成長ホルモンなど
④	物質の受容に関与するタンパク質(**受容体**)	ホルモンの受容体など
⑤	生体膜での物質輸送を行うタンパク質(**輸送タンパク質**)	Na^{+}-K^{+}-ATPアーゼ，ナトリウムチャネルなど
⑥	筋収縮や細胞運動に関与するタンパク質(**モータータンパク質**など)	アクチン，ミオシン，チューブリン，ダイニン，キネシンなど
⑦	**免疫**などの生体防御に関与するタンパク質	免疫グロブリン，インターロイキンなど
⑧	**血液凝固**に関与するタンパク質	フィブリン，トロンビンなど
⑨	**酸素**の運搬や保持に関与するタンパク質	ヘモグロビン，ミオグロビンなど

表2-3 働きによるタンパク質の分類

参考 1. 上記の分類以外の分類基準もある。例えば，遺伝子の発現に関与するタンパク質(ヒストン，RNAポリメラーゼなど)や，毒素タンパク質(ヘビ毒，破傷風毒素など)である。
2. アクチン，チューブリン，トロンビンのように複数の種類に属するものもある。

参考 3. 生物の体外の構造をつくるものもあり，例えば，カイコガが生産する絹糸の主要成分はβシート構造をしたフィブロインというタンパク質である。

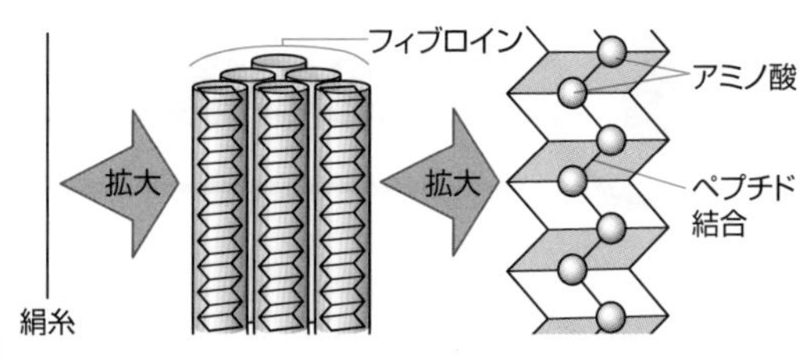

7 タンパク質の変性

(1) 多くのタンパク質は，高温(60～70℃以上)や極端なpH(強酸性，強アルカリ性)などにより，その正常な立体構造が変化することで性質が変化する。このような現象をタンパク質の**変性**(へんせい)という。

(2) タンパク質の変性を，インスリンを例にして図示すると，図2-8のようになる。

(3) 変性によって，機能をもったタンパク質がその働きを失うことを**失活**(しっかつ)という。

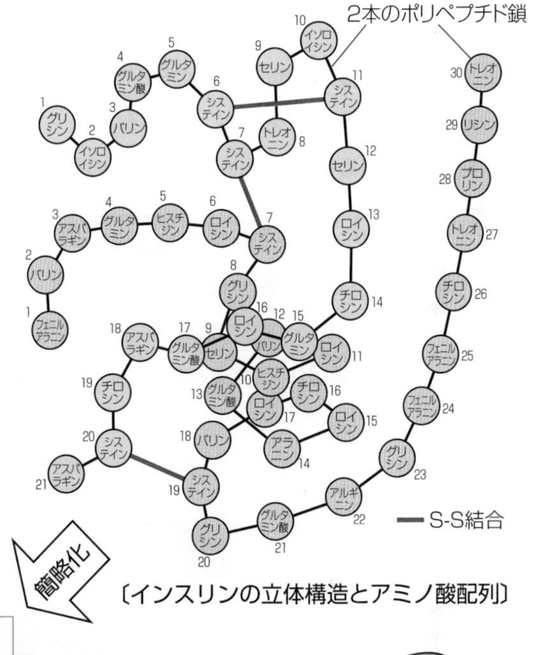

αヘリックス構造(右上図 の●の9～18に対応)

S-S結合

変性

変性したインスリン(アミノ酸配列は変化せず)

図2-8　タンパク質の変性(インスリンの場合)

参考 インスリンを構成する2本のポリペプチド(▭と▭)は，S-S結合(共有結合の一種)をしているので，サブユニットではない。

(4) 変性したタンパク質は，もとの温度条件やpH条件に戻しても，その立体構造や性質はもとに戻らないことが多い。

参考 タンパク質によっては，変性の原因が取り除かれ，特別に調整した溶液に入れられると，立体構造や性質がもとに戻るものもある。これは，立体構造が変化したタンパク質でもアミノ酸の配列順序(一次構造)は変化していないからである。

第3講 細胞の構造と働き

The Purpose of Study 到達目標

Visual Study 視覚的理解

真核細胞（植物細胞・動物細胞）の構造

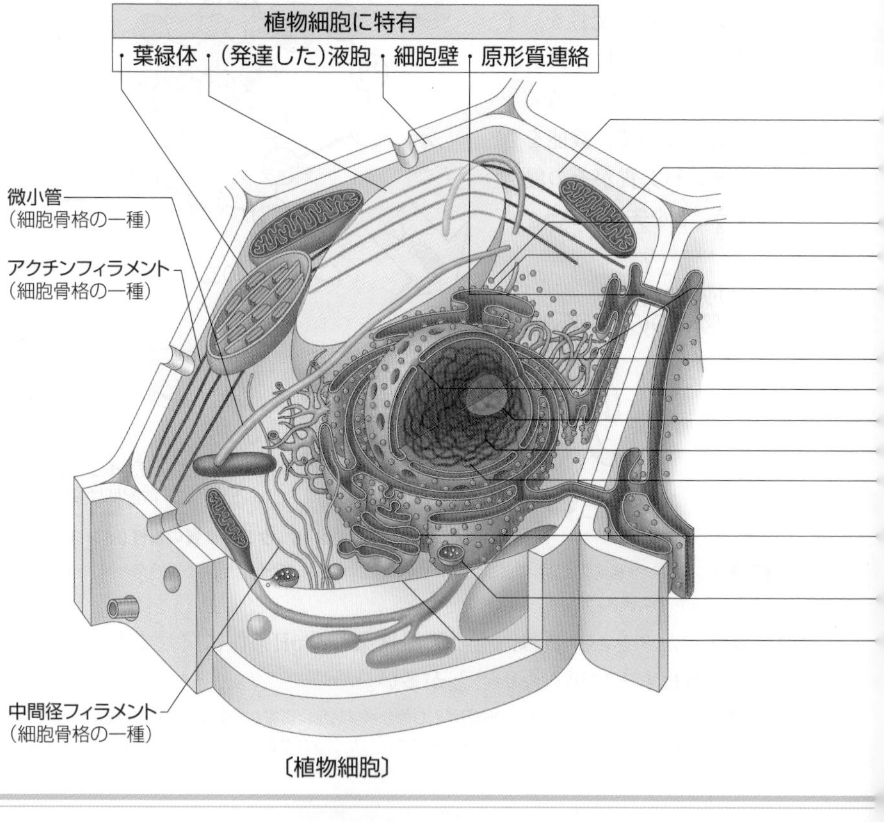
植物細胞に特有
・葉緑体 ・（発達した）液胞 ・細胞壁 ・原形質連絡
微小管
（細胞骨格の一種）
アクチンフィラメント
（細胞骨格の一種）
中間径フィラメント
（細胞骨格の一種）

〔植物細胞〕

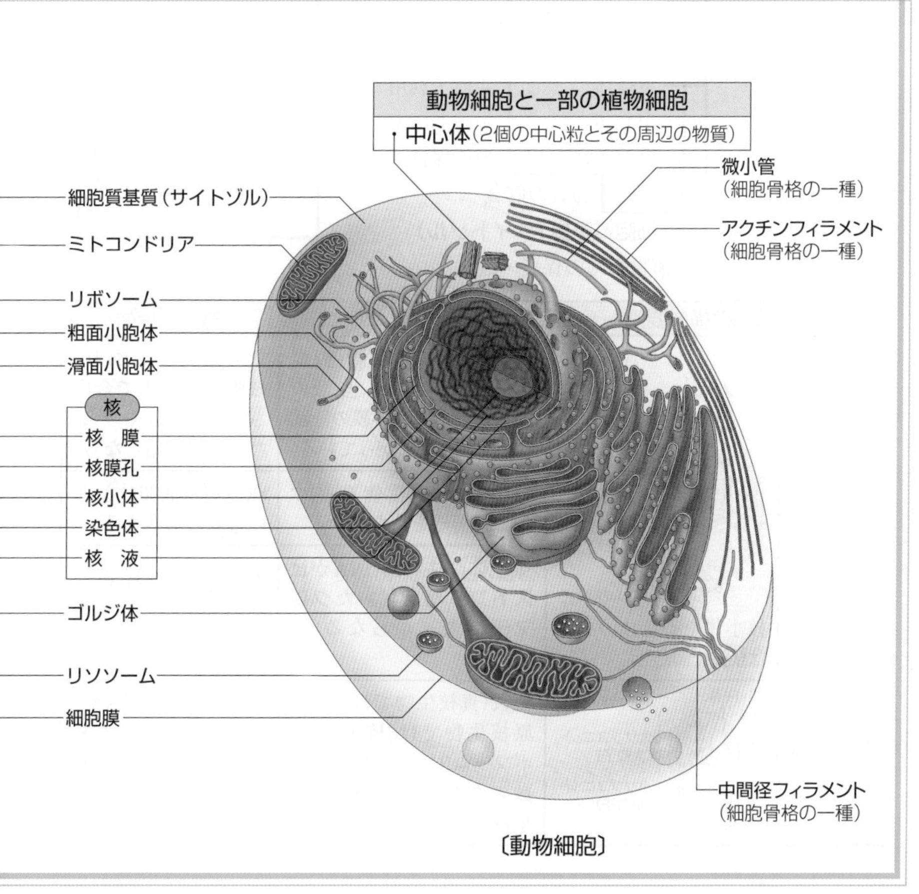
動物細胞と一部の植物細胞
・中心体（2個の中心粒とその周辺の物質）
微小管
（細胞骨格の一種）
細胞質基質（サイトゾル）
アクチンフィラメント
（細胞骨格の一種）
ミトコンドリア
リボソーム
粗面小胞体
滑面小胞体
核
核　膜
核膜孔
核小体
染色体
核　液
ゴルジ体
リソソーム
細胞膜
中間径フィラメント
（細胞骨格の一種）
〔動物細胞〕

 真核細胞の構成要素

(1) 核をもち，染色体が核内にある細胞を**真核細胞**（しんかく）といい，からだが真核細胞からなる生物を**真核生物**という。真核生物には，動物・植物・菌類など，原核生物以外の生物が含まれる。

(2) 真核細胞を構成する要素(構成要素)についてまとめると以下のようになる。

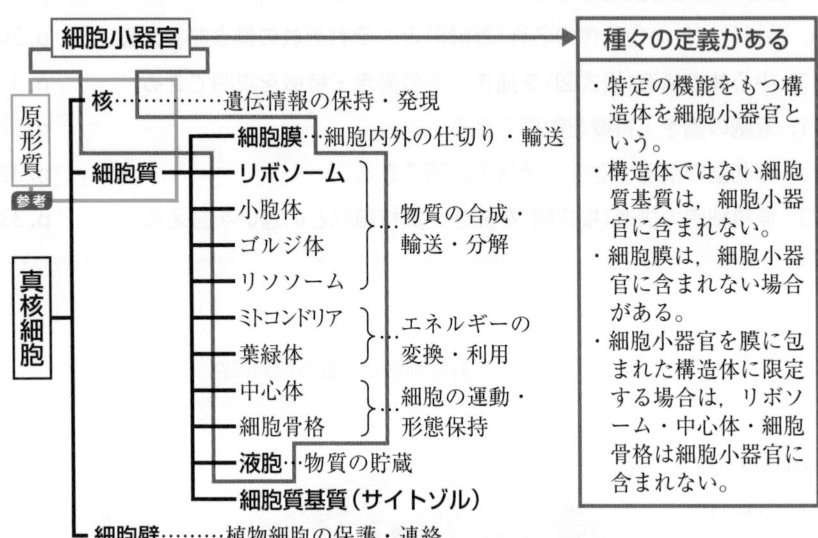

真核細胞の構成要素		構造	働き・特徴
核（かく） (直径 3～10 μm)	リボソーム 核膜孔 核小体や染色体の周囲は核液で満たされている。	**核膜**：2枚の**生体膜**(内膜と外膜)からなる。多数の**核膜孔**がある。外膜の一部は小胞体とつながっている。	核の最外層にあり，核膜孔は核内で合成されたRNAやタンパク質の通路となる。
		核小体：1～数個存在する。膜構造をもたない。	rRNA(☞p.364)などの合成の場となる。
		染色体：主に，DNAが**ヒストン**に巻き付いた**クロマチン繊維**からなる(☞p.332)。	遺伝情報を保持する。細胞分裂時に凝縮する。
リボソーム (☞p.372)	rRNA 25 nm 大サブユニット(大粒子) 小サブユニット(小粒子) rRNA	複数(真核生物では4種類，原核生物では3種類)のリボソームRNA(rRNA)と複数のタンパク質からなる小粒。膜構造をもたない。	細胞質基質中に遊離，あるいは小胞体や核膜上に付着して存在し，タンパク質合成(翻訳)の場となる。

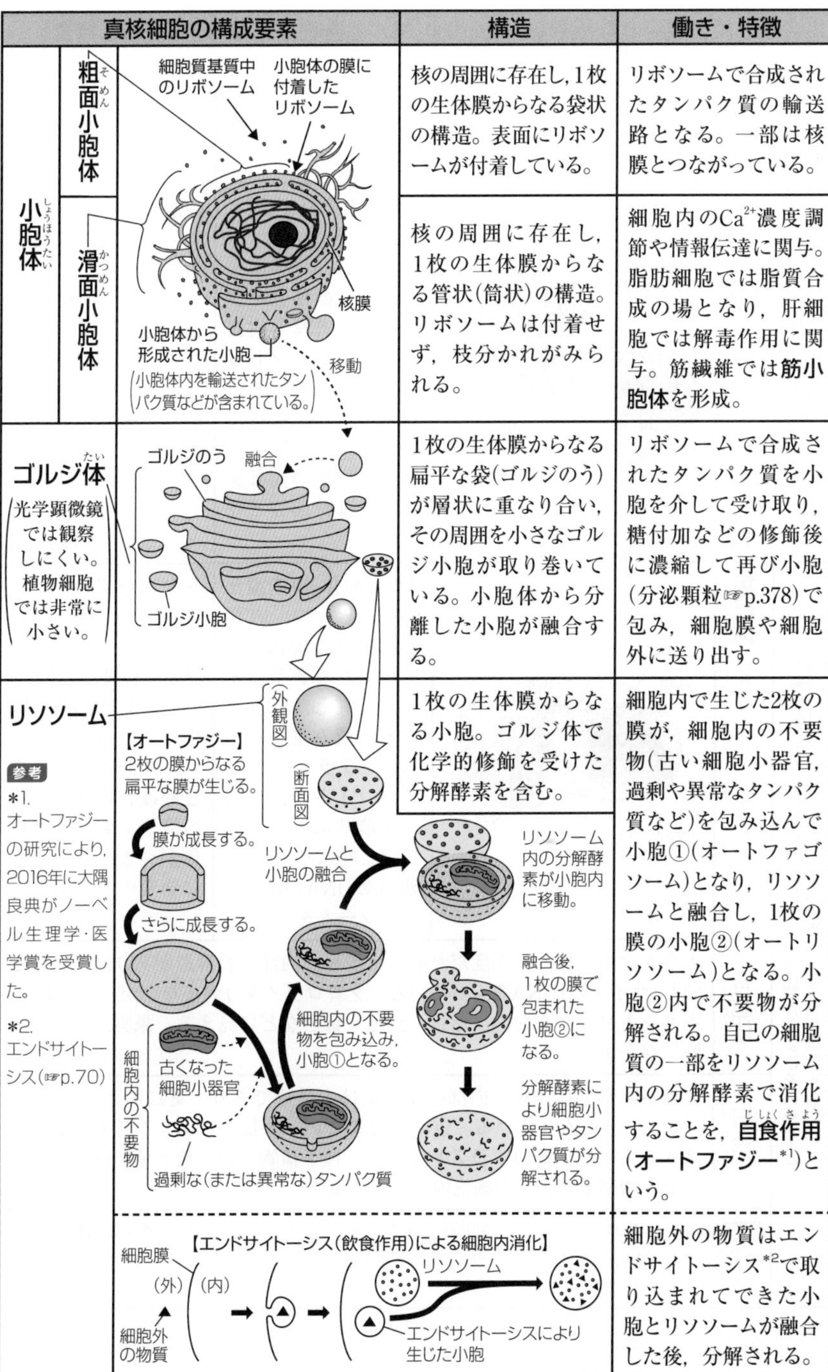

真核細胞の構成要素		構造	働き・特徴
小胞体	粗面小胞体	核の周囲に存在し,1枚の生体膜からなる袋状の構造。表面にリボソームが付着している。	リボソームで合成されたタンパク質の輸送路となる。一部は核膜とつながっている。
	滑面小胞体	核の周囲に存在し，1枚の生体膜からなる管状(筒状)の構造。リボソームは付着せず，枝分かれがみられる。	細胞内のCa^{2+}濃度調節や情報伝達に関与。脂肪細胞では脂質合成の場となり，肝細胞では解毒作用に関与。筋繊維では**筋小胞体**を形成。
ゴルジ体（光学顕微鏡では観察しにくい。植物細胞では非常に小さい。）		1枚の生体膜からなる扁平な袋(ゴルジのう)が層状に重なり合い，その周囲を小さなゴルジ小胞が取り巻いている。小胞体から分離した小胞が融合する。	リボソームで合成されたタンパク質を小胞を介して受け取り，糖付加などの修飾後に濃縮して再び小胞(分泌顆粒☞p.378)で包み，細胞膜や細胞外に送り出す。
リソソーム 参考 *1. オートファジーの研究により，2016年に大隅良典がノーベル生理学・医学賞を受賞した。 *2. エンドサイトーシス(☞p.70)		1枚の生体膜からなる小胞。ゴルジ体で化学的修飾を受けた分解酵素を含む。	細胞内で生じた2枚の膜が，細胞内の不要物(古い細胞小器官，過剰や異常なタンパク質など)を包み込んで小胞①(オートファゴソーム)となり，リソソームと融合し，1枚の膜の小胞②(オートリソソーム)となる。小胞②内で不要物が分解される。自己の細胞質の一部をリソソーム内の分解酵素で消化することを，**自食作用**(**オートファジー**[*1])という。
			細胞外の物質はエンドサイトーシス[*2]で取り込まれてできた小胞とリソソームが融合した後，分解される。

真核細胞の構成要素		構造	働き・特徴
細胞膜 (厚さ5～10nm)	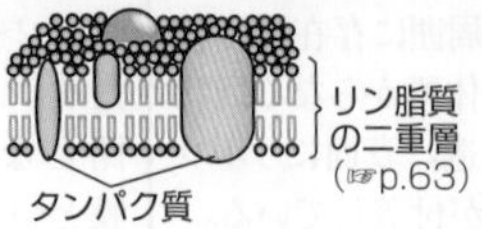 リン脂質の二重層 (☞p.63) タンパク質	細胞質の最外層にある1枚(一重)の生体膜。	細胞内外の仕切りとなり，細胞内外の物質移動の調節や情報伝達を行う。
ミトコンドリア (観察像は幅0.5μm，長さ1～10μm)	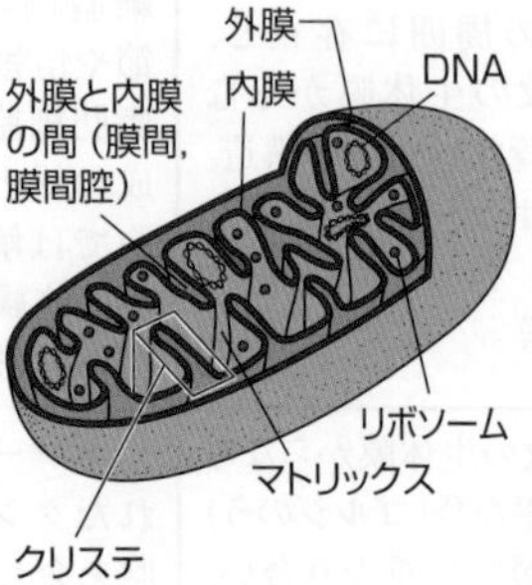 外膜 内膜 DNA 外膜と内膜の間（膜間，膜間腔） リボソーム マトリックス クリステ	2枚の生体膜(**内膜**と**外膜**)をもつ。 内膜が内部に突出したひだ状の部分を**クリステ**，内膜の内側の液状部分を**マトリックス**(基質)という。 独自のDNA(環状)，リボソームをもつ。 外膜と内膜の間は膜間または膜間腔と呼ばれる。	**呼吸**においてクエン酸回路・電子伝達系の場となる。 分裂により増殖する。 顕微鏡観察では球状または糸状だが，生きている細胞内では絶えず融合と分離を繰り返し，球状・糸状の他に網目状に広くつながった構造体として存在する。
色素体(植物細胞に特有であり，葉緑体およびその変形とみなされる，2枚の膜で包まれた細胞小器官の総称) **葉緑体**(直径5～10μm，厚さ2～3μm)	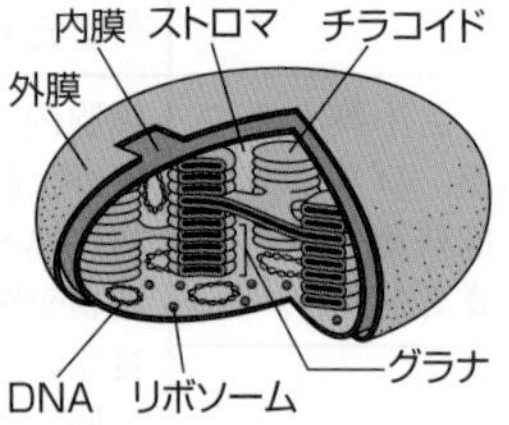 内膜 ストロマ チラコイド 外膜 DNA リボソーム グラナ	2枚の生体膜(**内膜**と**外膜**)をもつ。内部には扁平な袋状の膜構造である**チラコイド**が存在し，チラコイドが積み重なった部分を**グラナ**という。チラコイドの間を満たす液状部分は**ストロマ**と呼ばれる。 独自のDNA(環状)，リボソームをもつ。	光合成色素のクロロフィル，カロテン，キサントフィルを含み，**光合成**の場となる。 分裂により増殖する。 生きている細胞内では，ストロミュールと呼ばれる細い管状の構造で個々の葉緑体がつながり，互いに物質のやり取りを行っている。
有色体	大きさは葉緑体と同程度だが形態は多様。内部に膜構造があり，葉緑体と同じ(サイズの)DNAをもっている。クロロフィルは含まないが，カロテン，キサントフィルを含み，赤色・橙色・黄色などに見える。果実，花弁の細胞に存在する。		
白色体	大きさ，形態は多様。内部の膜構造は未発達であり，葉緑体と同じ(サイズの)DNAをもっている。色素を含まない。多量のデンプン粒を合成・貯蔵するものを**アミロプラスト**という。種子植物の根，地下茎，種子などの分裂・増殖を停止した細胞内に存在する。		
参考	葉緑体・有色体・白色体は，分裂組織の細胞内に存在し，未分化なまま分裂・増殖する**原色素体**(プロプラスチド)という色素体から直接分化するだけではなく，分化した色素体から，他のタイプの色素体に再度分化することがある。		

真核細胞の構成要素		構造	働き・特徴
中心体		2個の**中心粒**(**中心小体**)とその周辺部分からなる。中心粒は，3本の**微小管**(三連微小管)が9組円筒状に並んだ構造体である。 参考 中心粒の周辺部分には中心体基質と呼ばれる構造がある。また，中心体に周囲の微小管を含めることがある。	微小管の形成(伸長)の起点となり，鞭毛・繊毛形成に関与する。動物細胞の細胞分裂時には，複製された中心体が両極付近に移動し，紡錘体形成の起点となる。植物の体細胞にはないが，コケ植物・シダ植物の精子をつくる一部の細胞や藻類の細胞でみられる。
細胞骨格	アクチンフィラメント	アクチン(球状のタンパク質)からなる2本の鎖がらせん状にゆるく巻き付いた構造。	細胞膜のすぐ内側や細胞の突起の内側に多く分布。筋収縮などに関与。
	中間径フィラメント	ケラチンなどの繊維状タンパク質が集合した構造。	細胞膜や核膜の内側に網目状に分布。核の形態保持などに関与。
	微小管	チューブリン(2種類の球状のタンパク質)が多数結合してできた管状の構造。	中心体などの形成中心から細胞の周辺に向かって放射状に分布。繊毛・鞭毛の運動などに関与。
液胞		1枚の生体膜である**液胞膜**で囲まれ，内部は**細胞液**で満たされている。 糖・アミノ酸・無機塩類・酵素などのほか，**アントシアン**などの色素を含む。	栄養物質と老廃物の貯蔵を行う。 成長した植物細胞で特に発達し，細胞質基質内の物質の濃度(細胞の浸透圧)の調節や細胞の成長に関与する。
細胞質基質(サイトゾル)		細胞内に存在し，細胞小器官の間を満たす液状部分。細胞質から細胞小器官や小粒などを除いた流動性に富む成分であるともいえる。光学顕微鏡や電子顕微鏡では，特に構造体は観察できないが，さまざまな生命活動の場であり，細胞運動の場でもある。 参考 細胞質基質と，液胞内を満たす細胞液を混同してはいけない。	さまざまな酵素，タンパク質，アミノ酸，グルコースなどを含み，物質の合成や分解を行う。

真核細胞の構成要素		構造	働き・特徴
細胞壁	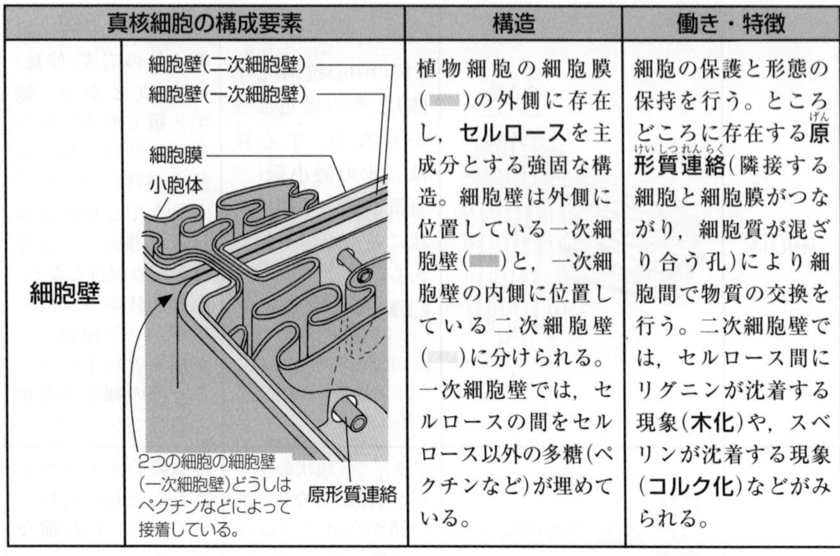	植物細胞の細胞膜(▬)の外側に存在し，**セルロース**を主成分とする強固な構造。細胞壁は外側に位置している一次細胞壁(▬)と，一次細胞壁の内側に位置している二次細胞壁(▬)に分けられる。一次細胞壁では，セルロースの間をセルロース以外の多糖(ペクチンなど)が埋めている。	細胞の保護と形態の保持を行う。ところどころに存在する**原形質連絡**(隣接する細胞と細胞膜がつながり，細胞質が混ざり合う孔)により細胞間で物質の交換を行う。二次細胞壁では，セルロース間にリグニンが沈着する現象(**木化**)や，スベリンが沈着する現象(**コルク化**)などがみられる。

細胞壁の強さの理由

ビルの壁や柱などを構成している鉄筋コンクリートは，複数の鉄筋の間にコンクリート(セメント・砂・砂利・水の混合物)を流し込んだものである。

鉄筋コンクリートは，引っ張る力に対しては強いが，押しつぶす力に対しては弱い鉄筋と，引っ張る力に対しては弱いが，押しつぶす力に対しては強いコンクリートの，それぞれの弱点を補い合った優れた建築材料である。

植物の細胞壁を鉄筋コンクリートにたとえるなら，セルロースが鉄筋，リグニンがコンクリートである。実際の鉄筋コンクリートでは，コンクリートを流し込んでも鉄筋がバラバラにならずにコンクリートとなじむように，鉄筋どうしを針金で結びつけているが，細胞壁においても針金に相当する物質であるマトリックス多糖(☞p.18, 543)が，セルロースどうしを結びつけている。

なお，リグニンは低分子の芳香族化合物が酵素の作用を受けた後の無作為な結合(重合)で生じる高分子化合物であり，細菌や菌類などに分解されにくいので，木化(リグニン化)の進んだ細胞壁は腐りにくい(☞p.569)。

植物の種類によって木化の程度は異なり，木化の程度が高い植物を木本(樹木)，低い植物を草本という。樹木や木造建築のなかには，千年以上も存在し続けるものがあり，それらの高い耐久性は木化した細胞壁の“おかげ”である。

②▶原核細胞の構造

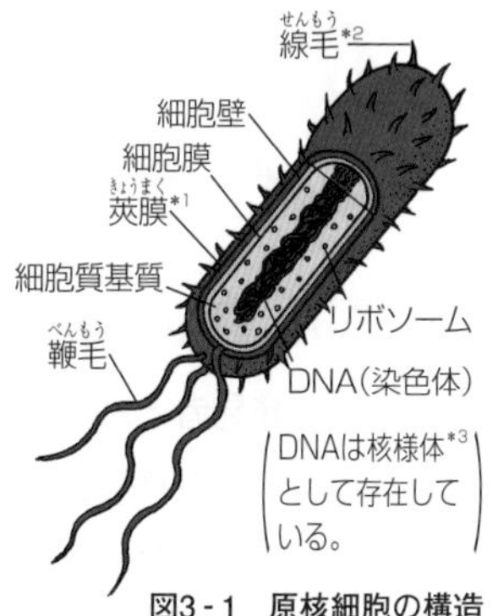

図3-1 原核細胞の構造

(1) 核がなく，DNA(染色体☞p.332)が細胞質基質中にある細胞を**原核細胞**といい，原核細胞からなる生物を**原核生物**という。原核生物には，**細菌**(バクテリア☞p.746)と**古細菌**(アーキア☞p.746)が含まれる。

(2) 原核細胞には，核だけではなく，ミトコンドリアや葉緑体のような細胞小器官も存在しない。なお，リボソームは存在する(図3-1)。

参考 ＊1. 莢膜は，細菌の細胞壁のまわりに存在する粘性の高い被膜構造であり，多糖類を主成分とするものが多い。莢膜をもたない原核生物もいる。

＊2. 線毛は，細菌の細胞表層から直線状に伸びる数十～数百本の繊維状の構造である。運動に関与する繊毛や鞭毛とは異なり，付着や生殖に関与するものが多い。

＊3. 原核生物，ミトコンドリア，葉緑体などのDNAは，複製や転写に関するタンパク質(ヒストン以外)などと結合して，コンパクトに折りたたまれたDNA-タンパク質複合体として，核膜などの生体膜に囲まれることなく存在している。これを核様体という。

(3) 細胞小器官を「膜に包まれた構造体」と限定すれば，リボソームは細胞小器官には含まれないので，原核細胞には核と細胞小器官が存在しないといえる。

(4) 原核細胞は大きさ数μmのものが多く，真核細胞(数十μm以上のものが多い)に比べて小さい。

(5) 原核細胞と真核細胞を比較すると表3-1のようになる(詳細は☞p.746)。

	原核細胞	真核細胞
大きさ	1～10μm程度	10～100μm程度
核	なし	あり
DNA(染色体)〔存在部位〕	あり〔細胞質基質の中央付近に偏在〕	あり〔核内〕
細胞膜	あり	あり
細胞壁	あり	動物にはなし，植物にはあり
膜構造をもつ細胞小器官	なし	あり
中心体	なし	あり
リボソーム	あり	あり

表3-1 原核細胞と真核細胞の比較

第4講 細胞研究の歴史と方法

The Purpose of Study 到達目標

Visual Study 視覚的理解

いろいろな細胞や構造体をよく見て，およその大きさを覚えよう！

1 ▶ 細胞の発見と細胞説

図4-1　フックが使用した顕微鏡

1590年　ヤンセン親子(オランダ)…**顕微鏡**の発明
複数のレンズを組み合わせた複式(ふくしき)顕微鏡を発明した。

1665年　**フック**(イギリス)…**細胞**の発見
自作の複式顕微鏡(最高倍率は約30倍)でコルクの切片(コルクガシという樹木の組織)を観察して，**細胞壁**で囲まれた小室(細胞壁で囲まれた死細胞)を発見し，それを**細胞**(cell)と呼んだ。

1674年　**レーウェンフック**(オランダ)…細菌・精子などの発見
自作の顕微鏡(1個のレンズからなる単式(たんしき)顕微鏡，最高倍率は約300倍)で微生物(細菌・原生生物)や精子など生きている細胞の観察を行った。

参考　17世紀までは，ガラスを研磨してレンズをつくる技術が低く，ヤンセン親子やフックが作製・使用した顕微鏡は，1枚でも物がゆがんで見えるような性能のよくないレンズを2枚組み合わせた複式だった。一方，レーウェンフックは，細いガラス管をバーナーで加熱し，先端を溶かして小球状にしたものをレンズとして1個用いる単式顕微鏡を作製・使用した。

1831年　ブラウン(イギリス)…細胞には**核**があることを発見

1838年　**シュライデン**(ドイツ)…**植物**について**細胞説**(さいぼうせつ)を提唱
顕微鏡観察により，形態学的にすべての植物が細胞から成り立っていることをつきとめ，**「すべての植物体は，細胞という単位から成り立つ」**という考えを提唱した。この考えを**細胞説**という。

1839年　**シュワン**(ドイツ)…**動物**について**細胞説**を提唱

1855年　**フィルヒョー**(ドイツ)…**細胞説**の確立
細胞が分裂によって増殖することを示し，「すべての細胞は細胞から生じる」という説を提唱し，シュライデンとシュワンの細胞説を，「すべての生物体は，細胞という単位から成り立つ」として確立させた。

細胞説の意味について

顕微鏡観察に基づいて提唱された細胞説は，細胞は生物体の「構造上」の単位である，という考え方であった。しかし，その後の研究において，多細胞生物のからだから取り出した細胞を培養・増殖させることや，1個の植物細胞から完全な植物体をつくることが可能になったことから，細胞は構造上だけでなく，「機能上」も生物体の基本単位であると考えられるようになった。

❷ 単位

生物学でよく用いられる単位は，以下に示すように，位取り接頭語と組み合わせて表す。

(1) 単位……m(長さ)，g(重さ)，s(時間)，mol(物質量)，L(体積)など (2) 位取り接頭語…10^{-1}＝d(デシ)，10^{-2}＝c(センチ)，10^{-3}＝m(ミリ)， 10^{-6}＝μ(マイクロ)，10^{-9}＝n(ナノ)，10^{3}＝k(キロ)など

例 長さ……1m＝10^3mm　1mm＝10^3μm　1μm＝10^3nm
重さ……1kg＝10^3g　1g＝10^3mg　1mg＝10^3μg
時間…1s(秒)＝10^3ms(ミリ秒)　物質量…1mol＝10^3mmol
体積……1L＝10dL＝10^3mL＝10^3cm^3＝1000cc

❸ 光学顕微鏡による観察

1 プレパラート(顕微鏡観察のための標本)のつくり方

(1) **固定する**

細胞・組織・器官の生命活動を停止させ，できるだけ生きている状態に近いままで保つための操作を固定という。固定液としては，**エタノール・ホルマリン・酢酸**などを単独あるいは混合して用いる。

参考 1. 固定には，生体から取り出した細胞・組織・器官に起こる，急速な自己分解や腐敗を停止させる目的もある。
2. エタノール，クロロホルム，酢酸を6:3:1で混合した固定液をカルノア液という。

(2) **切片をつくる**

光学顕微鏡観察では，可視光(波長約400～700nmの光)を試料に透過させて像を結ばせるため，そのままでも光が透過できるもの(表皮・原生動物など)以外は薄く切らなければならない。

(3) **染色する**

細胞内の構造の多くは無色である。それらを容易に見分けるために，適当な染色液を用いて特定の構造を染色する。例えば，核と染色体は**酢酸オルセイン**や**酢酸カーミン**などの染色液により，どちらも赤紫色に染色される。

参考 1. 酢酸オルセインや酢酸カーミンは，酢酸(固定液)に色素(オルセインやカーミン)を溶かしたものであり，固定と染色を同時に行う。
2. DNAを特異的に染色するメチルグリーン(青緑色)やRNAを特異的に染色するピロニン(赤紫色)を用いても(ピロニン・メチルグリーン溶液でも)，核や染色体を染色することができる。
3. 染色には，次のような試薬も用いられる。
• ミトコンドリア…TTC(トリフェニルテトラゾリウムクロライド)・ヤヌスグリーン(青緑色)
• 細胞壁…サフラニン(赤色)　• 液胞…中性赤(ニュートラルレッド)(赤色)

2 光学顕微鏡の操作

(1) 片手で**アーム**を握り，もう一方の手を**鏡台**の下にそえて顕微鏡を持ち，**目の保護と，試料が熱をもつことを防ぐため**に，直射日光の当たらない明るい場所の水平な机の上に置く。

(2) **ほこりなどが鏡筒内へ入らないようにするため**，レンズは接眼（せつがん），対物（たいぶつ）の順に取り付ける。

(3) 顕微鏡の倍率(総合倍率)は，接眼レンズの倍率と対物レンズの倍率の積である。はじめは**視野が広く試料を探しやすい**低倍率で観察する。

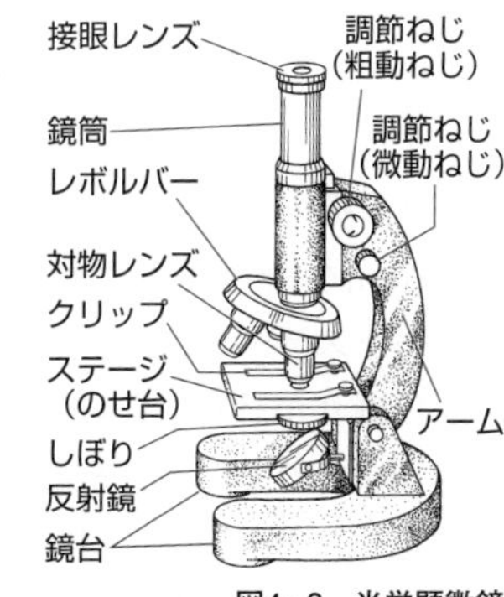

図4-2　光学顕微鏡

(4) 接眼レンズをのぞきながら**反射鏡**を動かし，**できるだけ多くの光がレンズやしぼりの中心を通るように**，視野の明るさを調節した後，プレパラートを**ステージ**にのせ，**クリップ**で押さえる。

(5) ピント(焦点)合わせを次のように行う。

まず，**対物レンズ**を横から見ながら，**調節ねじ**(粗動ねじ)を回して，対物レンズの先端をプレパラートに接触しない範囲で近づける。

次に，**接眼レンズ**をのぞき，調節ねじ(粗動ねじ→微動ねじの順)を対物レンズを近づけたときとは反対方向に回して，**対物レンズとプレパラートの衝突を防ぐため，対物レンズをプレパラートから遠ざけながら，ピントを合わせる**。

参考 例えば，右図のように2層の細胞層からなる試料のピント合わせを，上記のように対物レンズを遠ざけながら行うと，まず下面(例えば右図①)，次に上面(例えば右図②)の順にピントが合う。

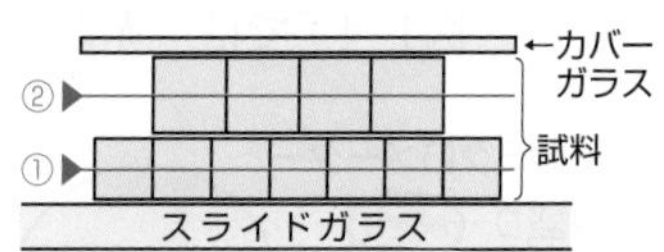

(6) 視野内で試料を移動させるときは，接眼レンズをのぞきながら，視野内で**移動させたい方向とは反対方向に**プレパラートを手で移動させる。

図4-3　視野内の試料の移動

(7) **レボルバー**を回して高倍率の対物レンズに変える。高倍率ほど視野の直径は小さく，視野の明るさは暗くなるので，**しぼり**を操作して視野の明るさを調節する。一般に，しぼりは低倍率では絞（しぼ）り，高倍率では開く。

3 ミクロメーターの使い方

(1) 接眼レンズの上部をはずし，筒の中に**接眼ミクロメーター**を入れる。接眼ミクロメーターには等間隔の(一般に1cmを100等分している)目盛りが刻んであり，その目盛りは焦点に関係なく見えている(図4-4①)。

(2) 1mmを100等分した目盛り(1目盛りは**10μm**)が刻んである**対物ミクロメーター**をステージにセットし，その目盛りにピントを合わせる(図4-4②)。

(3) 目盛りが試料で隠れたり，試料と目盛りに同時にピントを合わせることができないので，試料を直接対物ミクロメーターにのせて測定はしない。まず，設定した観察倍率における接眼ミクロメーターの1目盛りの長さを求める。両ミクロメーターの目盛りを**平行にして，目盛りが一致するところを2か所探し**，その間のそれぞれの目盛りの数を数える(図4-4③)。

(4) 対物ミクロメーターの1目盛りは10μmであるから，接眼ミクロメーターのa目盛りと，対物ミクロメーターのb目盛りが一致した場合，接眼ミクロメーターの1目盛りの長さ(xμm)は，『$x = \frac{b}{a} \times 10$(μm)』で求められる。

例 図4-4③では，接眼ミクロメーターの1目盛りは $\frac{7}{20} \times 10 = 3.5$(μm)。

(5) 対物ミクロメーターを取り除き，ステージにプレパラートをのせ，接眼ミクロメーターの目盛りの数から試料の長さを求める(このとき，対物レンズの倍率はそのままにしておくこと)。

例 図4-4④では，赤血球の直径は 3.5×2＝7.0(μm)。

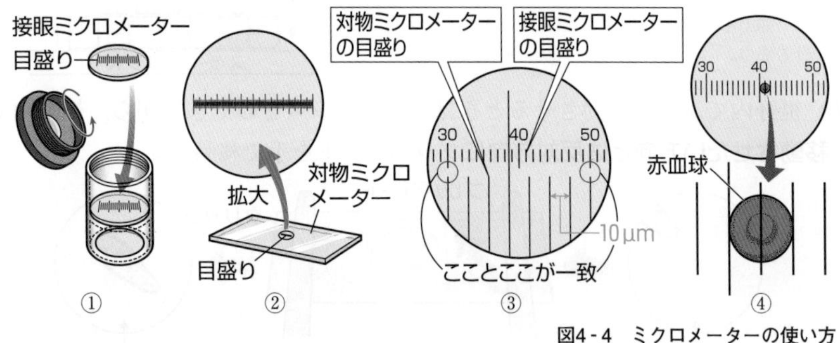

図4-4 ミクロメーターの使い方

(6) 観察倍率を変えると，接眼ミクロメーターの1目盛りの長さが変わる。そこで，(2)～(4)の操作を行い，いろいろな倍率における接眼ミクロメーターの1目盛りの長さを求めて記録した後，試料の長さを求める。

4 ▶ 分解能

(1) 接近した2点を2点として見分けることができる最小距離を**分解能**(ぶんかいのう)という。

分解能		
	肉眼…………	約**0.1mm**(約100μm)
	光学顕微鏡…	約**0.2μm**(約200nm)
	電子顕微鏡…	約**0.2nm**

(2) 顕微鏡の分解能は，主に観察に用いる光(電磁波)の波長によって決まる。

(3) 光学顕微鏡は，可視光(波長約400～700nm)を光源としてガラスレンズを用いるが，電子顕微鏡(☞p.40)は，可視光より短い波長(約0.005nm)の電子線と電磁石を用いるので，その分解能は光学顕微鏡よりはるかに高い。

5 ▶ 種々の細胞と構造体の大きさ

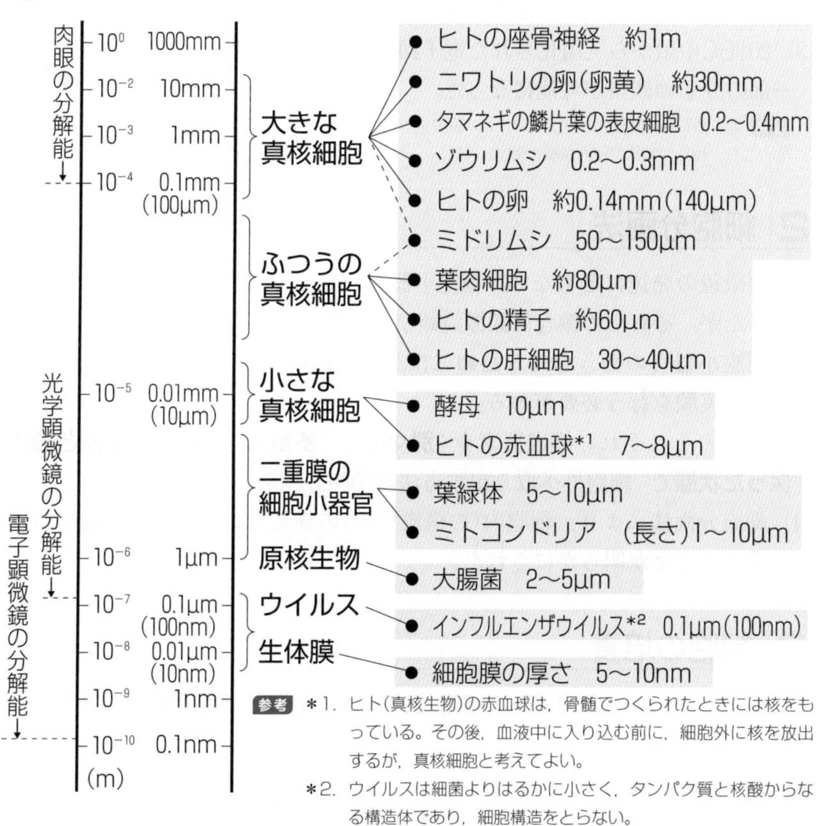

参考 ＊1．ヒト(真核生物)の赤血球は，骨髄でつくられたときには核をもっている。その後，血液中に入り込む前に，細胞外に核を放出するが，真核細胞と考えてよい。

＊2．ウイルスは細菌よりはるかに小さく，タンパク質と核酸からなる構造体であり，細胞構造をとらない。

図4-5　種々の細胞と構造体の大きさ

6 現在の細胞研究

1 電子顕微鏡

(1) 1930年代前半に，ドイツのルスカによって開発された電子顕微鏡は，光より波長の短い電子線を用いて試料を拡大するので，光学顕微鏡より分解能が高く，光学顕微鏡よりもさらに小さい試料の観察が可能となる。

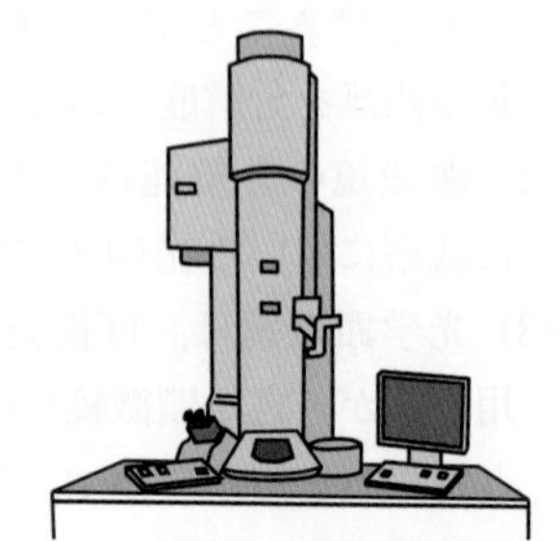

図4-6　透過型電子顕微鏡

(2) 電子顕微鏡には，非常に薄い試料を透過する電子線を像として観察することで，試料の内部構造などを確認できる透過型電子顕微鏡と，特殊な処理をした試料の表面に電子線を当て，反射してくる電子線を像として観察することで，試料表面の立体像が得られる走査型電子顕微鏡がある。

(3) 20世紀中頃から実用化された電子顕微鏡により，細胞内部の微細な構造や，一部の分子の観察が可能になった。

参考 電子顕微鏡の開発(実用化)以降，光学顕微鏡で観察することができないほど小さいウイルスの観察が可能となり，種々の病気の原因が解き明かされた。

2 細胞分画法

(1) 顕微鏡の発達にともない，細胞小器官の微細な構造までわかるようになってきたが，それらの働きは顕微鏡観察だけではわからない。

(2) 細胞小器官の働きを知るためには，細胞の構成要素を分離して取り出し，種々の実験を行う必要がある。

(3) 細胞のそれぞれの構成要素を **“別々に”，“多量に”，“本来の構造と働きを保った状態で”** 細胞外へ取り出す方法を細胞分画法(ぶんかくほう)という。

(4) 細胞分画法により，細胞内(の構成要素)の構造だけでなく，機能についても多くのことが明らかにされた。

3 細胞の培養

生物のからだから取り出した細胞を，体外で生存させたり増殖させたりすること(培養(ばいよう))が可能となった。

参考 微生物，動物，植物のからだの一部(細胞・組織・器官など)を，人工的な条件のもとで生育・増殖させることを培養という。細胞を培養することを細胞培養といい，組織(器官)を培養することを組織培養(器官培養)という。

7 ▶ 細胞分画法の手順

(1) ホモジェナイザーという器具を用い，氷で冷却しながら，細胞と**等張**(とうちょう)**あるいはやや高張**(こうちょう)(☞p.57・58)のスクロース水溶液中で，動物細胞をすりつぶす(図4-7①)。

➲ この手順を低温下で行うことにより，ホモジェナイザー使用の際の発熱で溶液の温度が上昇し，タンパク質が変性することを防ぐことができる。
また，この手順を等張あるいはやや高張の溶液中で行うことにより，細胞小器官(ミトコンドリアや葉緑体など)が吸水・破裂することを防ぐことができる。

(2) 細胞をすりつぶした液を**遠心分離機**(えんしんぶんりき)により，低温下(4℃)で約500g(g(ジー)は重力加速度の単位であり，遠心力の大きさを示す)で10分間の遠心分離を行うと**核**が沈殿する。以降の手順もすべて低温下で行う(図4-7②)。

➲ 細胞分画法の手順を低温下で行うことにより，細胞の構成要素の働きの低下や構造の破壊を引き起こす酵素(細胞内ではリソソーム中に含まれているが，すりつぶしなどの操作によりリソソーム外に放出される)の働きを抑制することができる。

(3) (2)の上澄みを別の容器に入れ，約8000gで20分間の遠心分離を行うと，**ミトコンドリア**が沈殿する(図4-7③)。

➲ 植物細胞では，約8000gで遠心分離を行う前に約3000gで10分間の遠心分離を行うと，主に**葉緑体**が沈殿する。

(4) (3)の上澄みを別の容器に入れ，約100000gで60分間の遠心分離を行うと，電子顕微鏡を用いなければ観察できないほど小さい細胞小器官(**小胞体**と**リボソーム**)が沈殿し，上澄みには**細胞質基質**が含まれる(図4-7④)。

➲ 物体の沈殿する順序は密度の差によって決まるが，各細胞小器官には大きな密度の差がないので，体積の大きいものほど弱い遠心力で沈殿する。

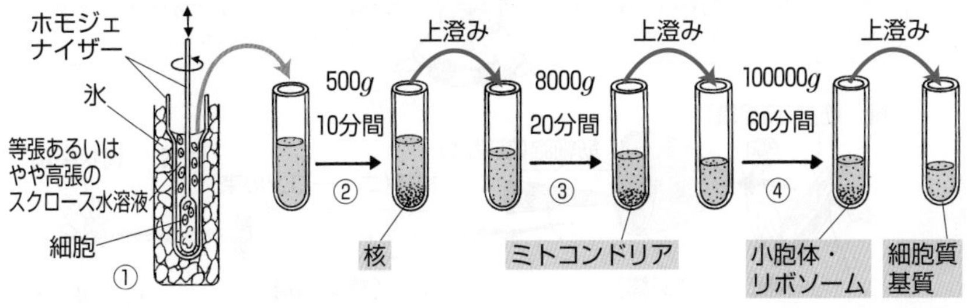

図4-7　細胞分画法

細胞の多様性と生物の階層性

The Purpose of Study 到達目標

1. ゾウリムシとミドリムシの顕微鏡像（各部の名称と働き）を描ける。…… p. 43
2. 動物と植物のそれぞれについて細胞から個体までの階層性を言える。… p. 45
3. 細胞群体について，例をあげて説明できる。…… p. 45
4. 動物の組織の名称を4つ言える。…… p. 46
5. 上皮組織と結合組織の違いを細胞の配置の観点から説明できる。…… p. 46

Visual Study 視覚的理解

動物の4つの組織の特徴を覚えよう！

細胞どうしがピッタリ寄りそっていて，すき間がないですねェ。

細胞

〔上皮組織〕

細胞どうしは離れていて，そのすき間を細胞間物質が埋めているんだナ。

細胞

〔結合組織〕

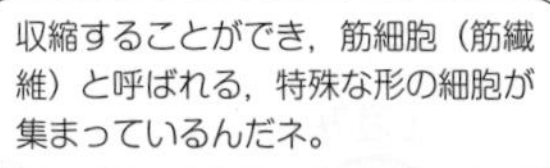

情報（興奮）を伝えやすく，神経細胞（ニューロン）と呼ばれる，特殊な形の細胞が集まっているゾ。

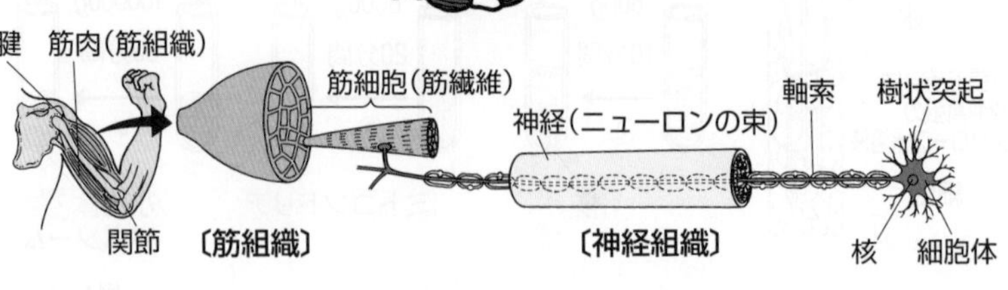

1 ▶ 単細胞生物

(1) 1個体が1個の細胞からなる生物を**単細胞生物**(たんさいぼう)という。

(2) 単細胞生物には，原核生物の大部分，真核生物の原生動物(アメーバ・ゾウリムシなど)，ミドリムシ類，緑藻類(りょくそう)の一部(クラミドモナスなど)が属している(図5-1)。

参考 上記(2)に記した生物の他に，カサノリ・クロレラ(緑藻類)，ハネケイソウ(ケイ藻類)，ヤコウチュウ・ツノモ(渦鞭毛藻類)，酵母(子のう菌・担子菌類)，キイロタマホコリカビ(細胞性粘菌類)，えり鞭毛虫類なども単細胞生物である。

(3) 単細胞生物では，必要なすべての生命活動を1つの細胞内で行うために，ふつうの細胞にみられる細胞小器官の他に，特殊な細胞構成要素が存在・発達している。

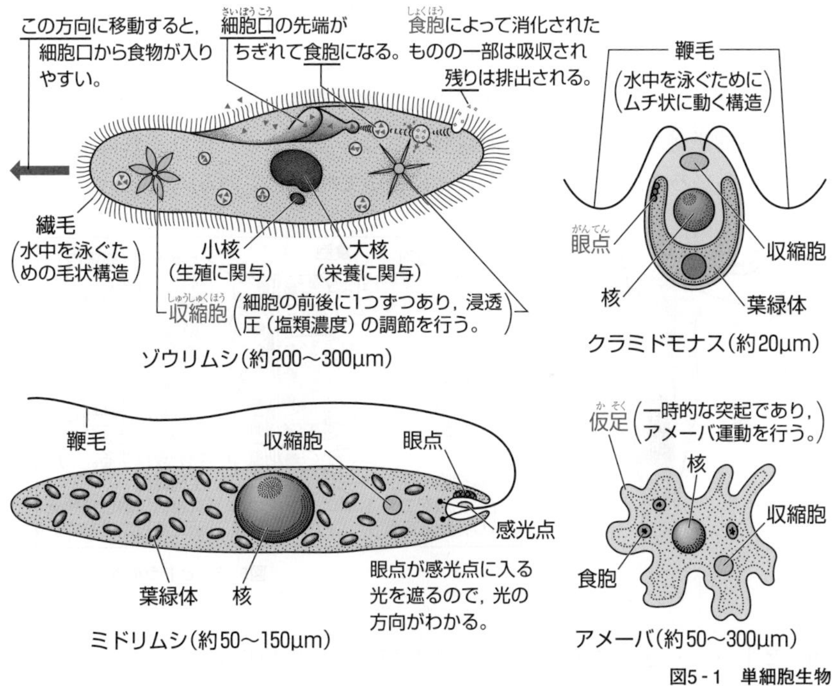

図5-1　単細胞生物

参考
1. 繊毛と鞭毛の基本構造は同じであり(☞p.77)，多数あって短いものを繊毛といい，1〜数本あって長いものを鞭毛という。
2. 図5-1では示されていないが，単細胞生物の真核生物の多くにミトコンドリアは存在する。例えばゾウリムシでは，1つの細胞内全体に数百個以上のミトコンドリアが存在している。
3. ミドリムシはユーグレナともいい，葉緑体(色素体)をもつが細胞壁はもたない。

❷ 多細胞生物と細胞の分化

(1) からだが多数の細胞からできている生物を**多細胞生物**という。多細胞生物の細胞は，細胞分裂によって生じた直後はどれも同じような形をしており，特に決まった働きをもっていない。このような細胞を**未分化**の細胞という。

(2) 未分化の細胞は，時間がたつにつれて互いに影響し合い，それぞれ形や働きの異なる細胞へ変化していく。このような現象を，細胞の**分化**（**細胞分化**）という。

参考 1個の受精卵が発生して，多数の分化した細胞からなる個体が形成される過程において，発生初期には同質だった細胞群が変化し，異なる形や働きをもった組織になることも分化である(☞p.459)。

(3) 多細胞生物の1個体のからだは，それぞれ特定の形や働きをもつように分化した多様な細胞から構成されている。

(4) 多細胞生物のからだをつくる細胞どうしは，直接連絡したり，細胞が分泌した細胞外物質を利用して結合したりしている。

(5) 例えば，クラゲやイソギンチャクの仲間であるヒドラは，からだのつくりが比較的単純で，内外2層の細胞層からなっているが，それぞれの層に存在するいろいろな細胞が協調することによって生活している。

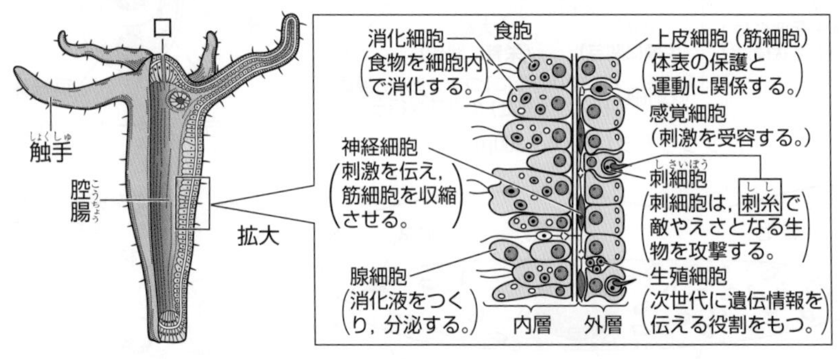

図5-2　ヒドラのからだのつくり

(6) ヒドラよりさらに複雑な多細胞生物ではさらに分化が進み，同じような形と働きをもった細胞が集まって**組織**を形成し，さらに関連したいくつかの組織が組み合わさって一定の形と働きをもつ**器官**をつくっている。

(7) 多細胞生物のからだでは，細胞から個体へと**階層性**（細胞 → 組織 → 器官 → 個体）がみられ，互いに関連した働きをもつ組織や器官が集まって協調して働くことで，個体として統一された生命活動を営んでいる。

③ 動物と植物のからだの階層性

(1) 脊椎動物と種子植物のからだの階層性を図で表すと，図5-3のようになる。

(2) 脊椎動物では，器官と個体の間に，関連した働きをもつ器官をまとめた**器官系**があり，種子植物では，組織と器官の間に，関連した働きをもつ組織をまとめた**組織系**がある。

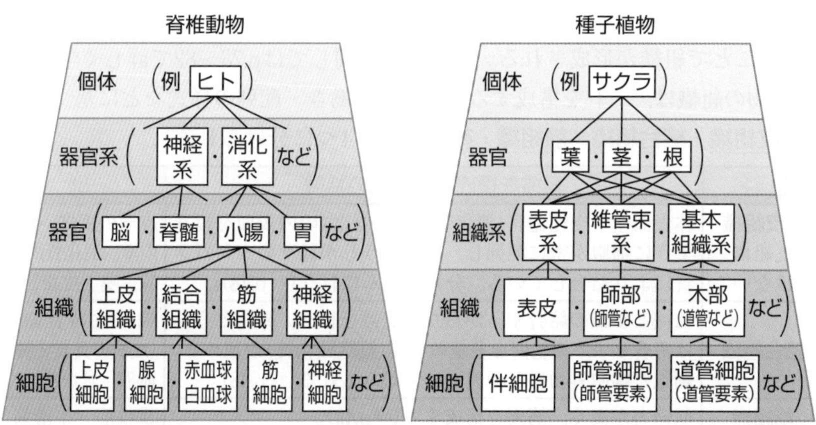

図5-3　脊椎動物と種子植物のからだの階層性

④ 細胞群体

(1) 単細胞生物が，細胞分裂後に離れずにゆるく結合した状態で共同生活をする集合体がある。これを細胞群体（さいぼうぐんたい）という。

(2) ユードリナやオオヒゲマワリ(ボルボックス)は，単細胞生物のクラミドモナス(細胞群体にはならない)に似た形の細胞*が集合して寒天質に包まれた細胞群体であり，鞭毛を規則正しく動かし，1個体として泳ぐ。

参考 ＊どちらもクラミドモナス形の細胞であるが，クラミドモナスそのものではないので，クラミドモナスが成長して，ユードリナやオオヒゲマワリになると考えてはいけない。

(3) ユードリナの各細胞は分化していないが，オオヒゲマワリでは光合成を行う細胞や配偶子をつくる細胞などが分化している。

参考 クラミドモナスは生活史の大半を他の細胞と連絡することなく単細胞生物として過ごすが，ユードリナやオオヒゲマワリでは個々の細胞が隣の細胞と離れて単細胞生物として生活する時期がないので，上記(1)に示した記述と矛盾する。特に，オオヒゲマワリは，細胞間に分化もみられるので，寒天質中の細胞全体が多細胞生物1個体とみなされることもある。

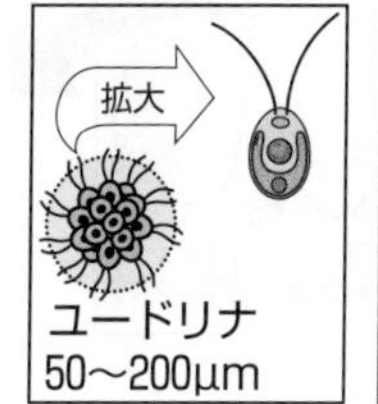

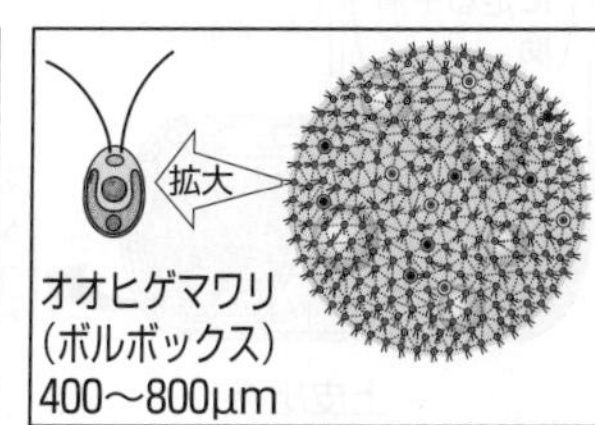

図5-4　細胞群体

5 ▶ 動物の組織

(1) 動物では，細胞分裂がからだ全体で行われているので，植物(☞p.513)のように，組織を，盛んに分裂を行っている細胞からなる**分裂組織**と，**分化した細胞からなる組織**とに区別することはできない。

(2) 多細胞生物のからだを構成する細胞どうしの結合や，細胞と細胞外物質との結合を**細胞接着**といい，動物では，細胞接着に関する種々のタンパク質が働くことで組織が形成される。細胞接着に関してはp.78～82で詳しく学ぶ。

(3) 動物の組織は，それを構成する細胞の形や働き・配列の様式などに基づいて，**上皮組織**・**結合組織**・**筋組織**・**神経組織**の4つに分けられる。

組織名	組織を構成する細胞の特徴	例
上皮組織 (表皮組織ではない！)	体表面や中空性器官(消化管・血管など)の内表面を覆うように細胞が密に配列し，細胞どうしが種々のタンパク質により結合している。分泌を盛んに行う(☞p.48)。	皮膚の表皮，血管内壁，消化管内壁，腺，嗅上皮など
結合組織	組織と組織の結合や，からだの支持を行う。細胞どうしは密着せず，細胞間を多量の物質(**細胞間物質**)が埋める。細胞と細胞外物質との間で結合がみられる(☞p.48)。	繊維性結合組織(皮膚の真皮・腱)，血液，骨など
筋組織	収縮力が高く，筋肉を構成する(☞p.49)。	横紋筋，平滑筋
神経組織	情報伝達力が高く，神経系を構成する(☞p.49)。	中枢神経系や末梢神経系を構成する神経細胞群

表5-1　動物の組織

もっと広く深く　ヒトの小腸を構成する組織

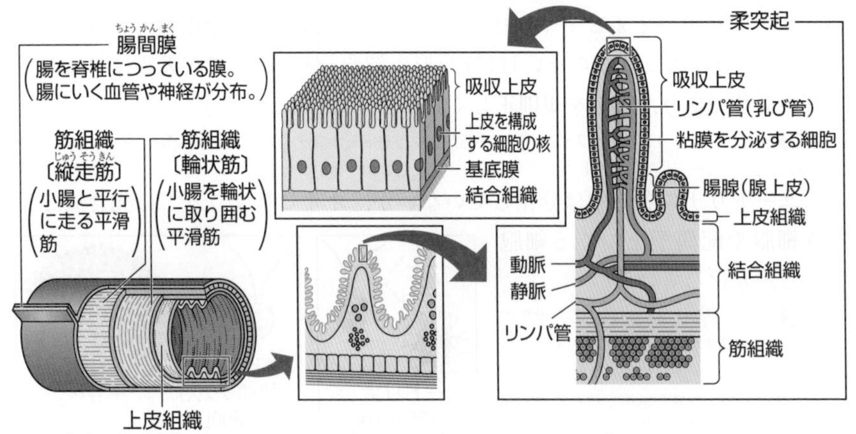

もっと広く深く　生物の階層性

(1) 生物のからだは，物質から成り立っている。したがって，生物も物理的な法則や化学的な法則に従っている。

(2) しかし，生物は単なる物質の寄せ集めではなく，秩序ある階層構造をなしていることにより，生物以外の物質(非生物)とは異なった性質を示す。

(3) 生物にみられる階層構造は，細胞→組織→器官→個体のみにとどまらない。それらを詳しくみていこう(右図参照)。

(4) 生物では，いくつかの**原子**は結合して**分子**や**イオン**(塩(えん))となり，いくつかの分子は結合して**高分子化合物**(超分子)になる。

(5) さらに，高分子化合物は**細胞小器官**などの細胞の構成要素になり，構成要素は秩序立って集合し，生物(生命)の最小単位であり自律的に生きることができる**細胞**となる。

(6) さらに多細胞生物では，細胞は**組織**に，組織は(植物では**組織系**を経て)**器官**に，器官は(動物では**器官系**を経て)**個体**にそれぞれ組織化されている。

(7) 視野を広げれば，個体は**個体群**，**生物群集**，**生態系**へと順次組織化されている。

(8) このように，地球上の生物は，秩序ある階層構造をつくっている。言い換えれば，地球上の生物には秩序性と階層性が存在している。

(9) ここで大切なのは，それぞれの階層がその下位の階層の単なる寄せ集めではなく，下位の階層にはない新しい性質や能力をもつことにより，生物に特有の秩序性と階層性が保たれているということである。

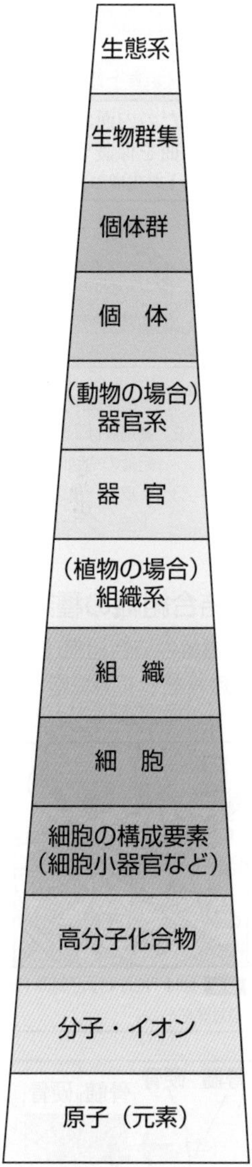

生物の階層構造

もっと広く深く　動物の組織の種類

1 上皮組織の種類(働きによる分類)

保護上皮	感覚上皮	腺上皮	吸収上皮
からだの内面あるいは外面を保護する 例 ヒトの皮膚の表皮	感覚細胞により刺激を受容する 例 ヒトの嗅上皮	分泌細胞が物質を分泌する 例 ヒトのだ腺(唾腺)	水や栄養分を吸収する 例 ヒトの消化管(小腸)の内壁
保護上皮 基底膜 結合組織	感覚上皮 基底膜 結合組織	腺上皮 基底膜 結合組織	吸収上皮 基底膜 結合組織

参考 1. 上皮組織は，基底膜を介して結合組織(繊維性結合組織)と接している。
2. 基底膜は，上皮組織の細胞外に存在する薄い層状構造であり，基底膜の上皮組織側(基底板)は上皮組織の細胞によってつくられ，結合組織側(網状板)は結合組織によってつくられたものである。
3. 上皮は，構造の上から，単層上皮(毛細血管など)・多層上皮(表皮など)・腺上皮(だ腺など)・粘膜上皮・クチクラ上皮などにも分けられる。

2 結合組織の種類

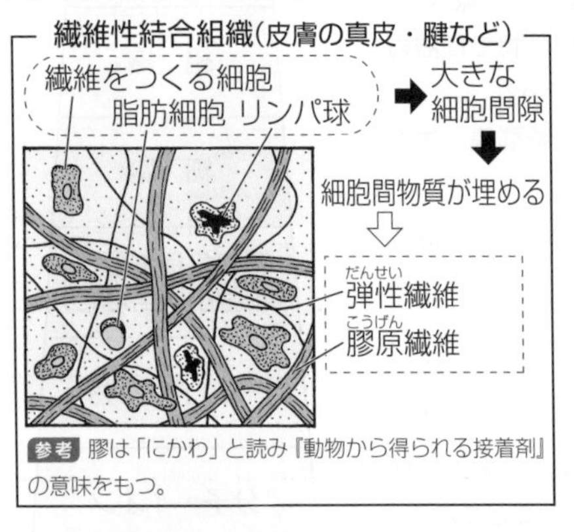

参考 膠は「にかわ」と読み『動物から得られる接着剤』の意味をもつ。

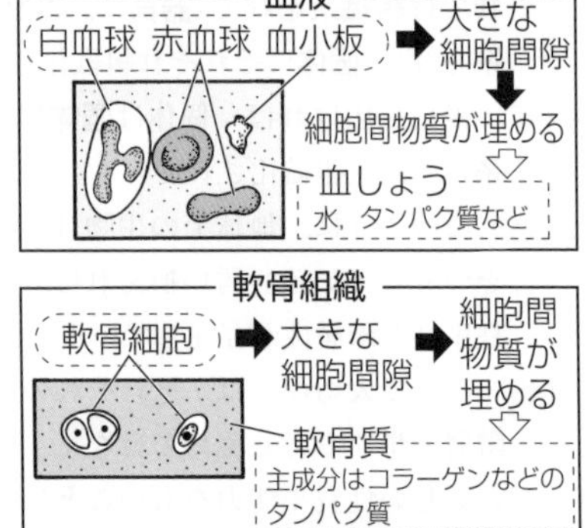

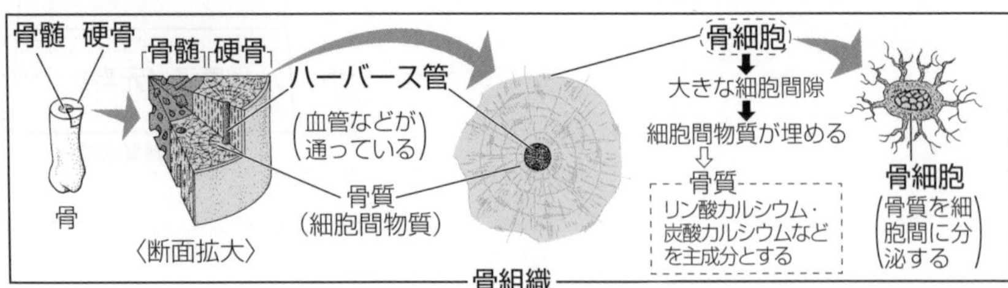

参考 脂肪組織も結合組織の一種である。

3 筋組織の種類(筋肉に関する詳しい学習は第14講)

	横紋筋(おうもんきん)		平滑筋(へいかつきん)
	骨格筋	心筋	
存在・働き	主に骨に付着し骨を動かす	心臓を構成している	消化管などの壁を構成している
神経支配	運動神経(随意筋)	自律神経(不随意筋)	自律神経(不随意筋)
筋繊維の特徴(顕微鏡観察像)	横紋 核 1本の筋繊維は多数の核をもつ	横紋　核 枝分かれしている 1本の筋繊維は核を1つもつ	核　横紋なし 1本の筋繊維は核を1つもち，紡錘形

4 神経組織を構成する細胞(ニューロンと神経系に関する詳しい学習は第12・13講)

神経組織は，**ニューロン**(神経細胞)のほか**グリア細胞**(神経膠(こう)細胞)からなり，グリア細胞には，ニューロンとニューロンとの間や，ニューロンと血管との間に存在し，ニューロンの支持・保護を行うアストロサイトや，神経鞘や髄鞘をつくるシュワン細胞，オリゴデンドロサイトなどがある。

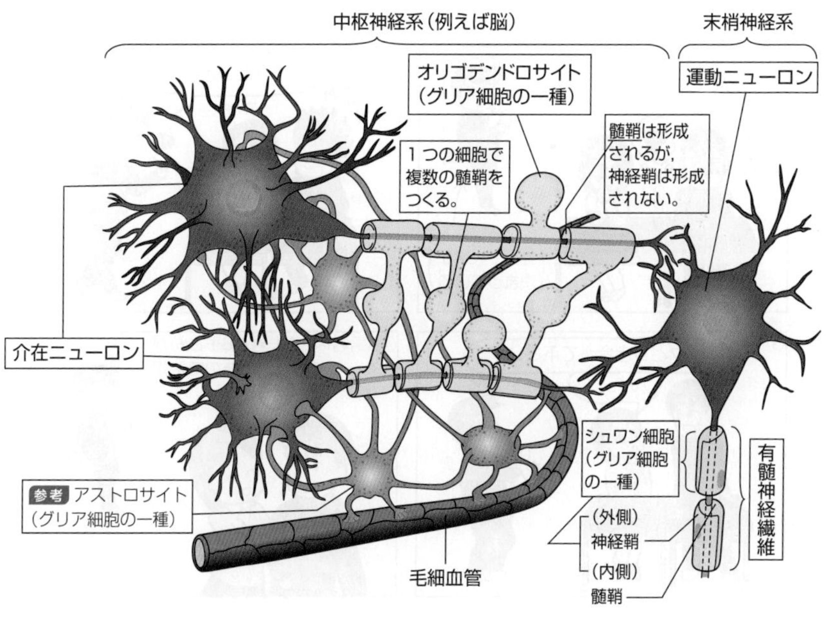

代謝・ATP・酵素

The Purpose of Study 到達目標

Visual Study 視覚的理解

酵素（触媒）の働きをイメージしよう！

1 ▶代謝

(1) 生物は外界から物質を取り入れ，これを用いて絶えず細胞内で合成・分解を行い，さまざまな物質に変化させている。このような生体内での物質の変化は代謝(たいしゃ)と呼ばれ，同化(どうか)と異化(いか)に分けられる。

(2) 同化は，生物体内で簡単な物質(または，低分子化合物)から複雑な物質(または，高分子化合物)が合成される反応であり，異化は複雑な物質(または，高分子化合物)が簡単な物質(または，低分子化合物)に分解される反応である。

(3) 同化では，合成される物質中にエネルギーが**吸収**され，異化では，分解される物質からエネルギーが**放出**される(☞p.245)。

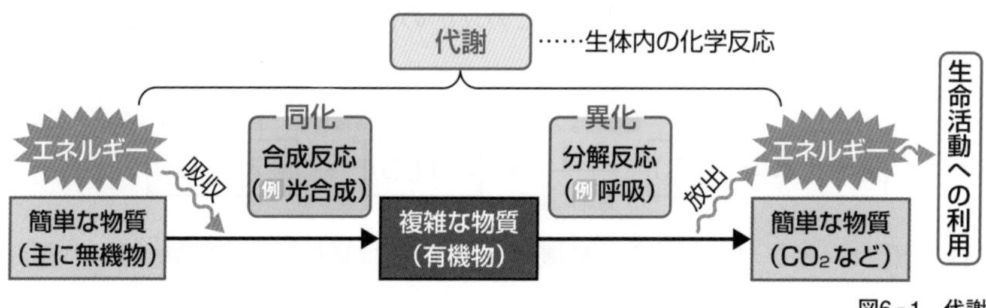

図6-1　代謝

2 ▶生命活動のエネルギーとATP

(1) エネルギーには，化学エネルギー，熱エネルギー，運動エネルギー，光エネルギー，電気エネルギーなどがあるが，これらのうちで生物が生きていくために直接使えるエネルギーは，**化学エネルギー**だけである。

(2) ほとんどの生物の生命活動には，ATP(エーティーピー)(アデノシン三(さん)リン酸(さん))と呼ばれる物質中に含まれる化学エネルギーが用いられる。ATPはadenosine triphosphateの略であり，ATPのリン酸どうしの結合は高(こう)エネルギーリン酸結合(さんけつごう)と呼ばれ，この結合が切れ，ADP(エーティーピー)(アデノシン二(に)リン酸)とリン酸に分解されるときに多量の化学エネルギーが放出される(☞p.246〜249)。

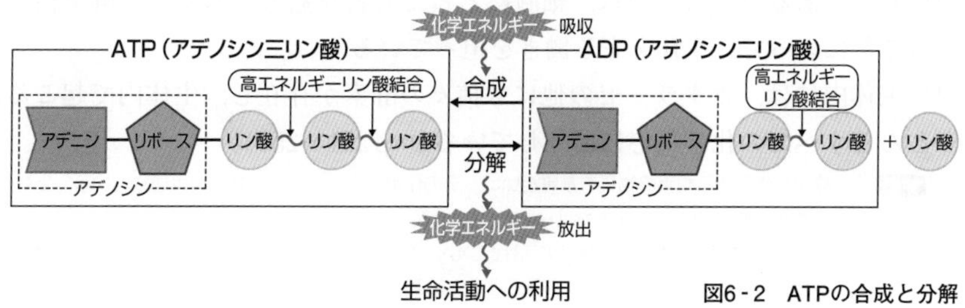

図6-2　ATPの合成と分解

③▶触媒

(1)化学反応を促進する働きをもつが，それ自身は化学反応の前後で変化しない物質を**触媒**(しょくばい)といい，触媒の働きを**触媒作用**という。

(2)例えば，過酸化水素が水と酸素に分解される反応は，何も加えなくても起こるが，その進行は遅い。

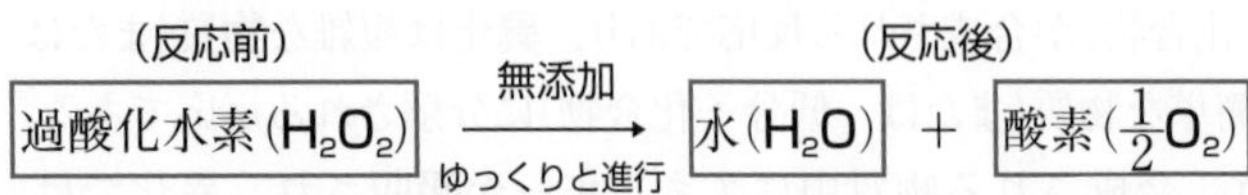

(3) 過酸化水素に少量の酸化マンガン(Ⅳ)を加えると，それが触媒になって上記の分解反応が急速に進行する。この反応の前後では，酸化マンガン(Ⅳ)は，その量も性質も変化しない。

酸化マンガン(Ⅳ)……反応の前後で量・性質は変わらない

過酸化水素(H_2O_2) —(急速に進行)→ 水(H_2O) ＋ 酸素($\frac{1}{2}O_2$)

(4) 酸化マンガン(Ⅳ)のような無機化合物(または無機物)を**無機触媒**(むきしょくばい)という(☞p.251)。

④▶酵素(生体触媒)

(1) 血液や肝臓などに多く含まれる**カタラーゼ**という物質を，過酸化水素に加えると，酸化マンガン(Ⅳ)を加えたときと同様に分解反応が急速に進行する。

カタラーゼ……反応の前後で量・性質は変わらない

過酸化水素(H_2O_2) —(急速に進行)→ 水(H_2O) ＋ 酸素($\frac{1}{2}O_2$)

(2) カタラーゼのように，生物によって細胞内でつくられ，生体内における化学反応の触媒として働く物質を**酵素**(こうそ)(**生体触媒**(せいたい))という。

(3) 酵素であるカタラーゼは，細胞にとって有害な過酸化水素の分解を促進することによって，生体を守る働きを担っている。

(4) 生体内には，カタラーゼの他にも種々の酵素が存在し，生体内で起こるほとんどすべての化学反応に関与している(☞p.251～255)。

参考 1. 酵素が作用する相手の物質を基質(きしつ)といい，その作用によって生じる物質を生成物(せいせいぶつ)という。上記の反応では，基質はH_2O_2，生成物はH_2OとO_2である。

2. 酵素が基質に作用する力を酵素の活性(かっせい)といい，その大きさは反応速度で表すことが多い。酵素の活性がなくなり，もとに戻らなくなることを失活(しっかつ)という(☞p.251)。

5 ▶ 酵素が働く場所

(1) 生命活動の多くは，酵素の働きによって行われている。細胞は必要に応じた酵素を細胞内でつくり，その酵素は細胞内外の適切(必要)な場所に運ばれて働いている。

(2) 細胞内では種々の酵素が，タンパク質の輸送経路(☞p.378)によって運ばれ，細胞質基質や細胞小器官の内部に分散した状態で，あるいは細胞膜や細胞小器官の膜に組み込まれた状態で働いている。

(3) それぞれの細胞小器官に含まれる酵素の種類が異なっているので，細胞小器官は特有の働きをもつことができる。

(4) 酵素のなかには，細胞内でつくられた後，細胞外に分泌されて働くものもある。**消化酵素**は，細胞外に分泌される消化液中に含まれる(☞p.255)。

細胞内で働く酵素

例 ミトコンドリア内に存在し，呼吸に関係する酵素

例 細胞膜に組み込まれて働く酵素

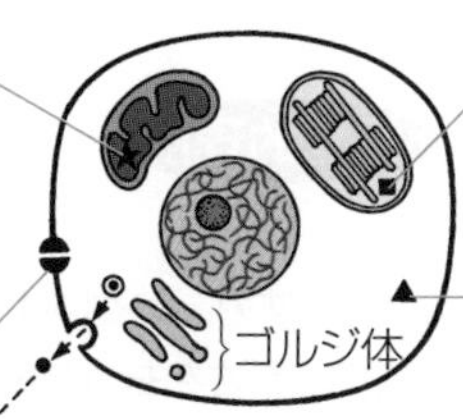

例 葉緑体内に存在し，光合成に関係する酵素

例 細胞質基質中に存在し，いろいろな化学反応に関係する酵素

分泌

細胞外で働く酵素

例 消化酵素の名称*	酵素を含む消化液の名称	働き
アミラーゼ	だ液(唾液)・すい液	デンプンやグリコーゲンをマルトースに分解
マルターゼ	すい液など	マルトースを2分子のグルコースに分解
ペプシン	胃液	タンパク質をタンパク質断片(ポリペプチドなど)に分解

図6-3 酵素が働く場所と働き

参考 *酵素の名称は，その酵素の「働く相手(基質)」や「働き方」の語尾に「アーゼ」をつけて表すことが多い。例えば，デンプン(主成分はアミロース)に働く酵素はアミラーゼという。しかし，ペプシンのように「アーゼ」が語尾にない酵素名もある。

(5) 酵素は主に<u>タンパク質</u>(熱やpHによって立体構造が変化する有機物)からできているので，「基質特異性」「最適温度」「最適pH」など，酵素には，無機触媒にはない特徴(酵素の特性)がみられる。酵素の特性については，第28講で詳しく学習する。

細胞膜の性質

The Purpose of Study 到達目標

Visual Study 視覚的理解

浸透圧の表し方

圧力は“単位面積にかかる力（押す力，あるいは引く力）”であるから，方向と大きさをもっており，ベクトル（方向と長さをもった矢印）で表すことができる。浸透圧も圧力の一種であるから，ベクトルで表すことができる。

①“ある溶液の浸透圧の大きさは，浸透による水の移動と，それにともなう液面の上昇を止めるために溶液の液面を押す力に相当する。”と考えて，右図①のように，浸透圧を，U字管の左右の液面の高さを同じにするために，溶液の液面を押す力（おもりが液面を押す力）と表すことが多い。

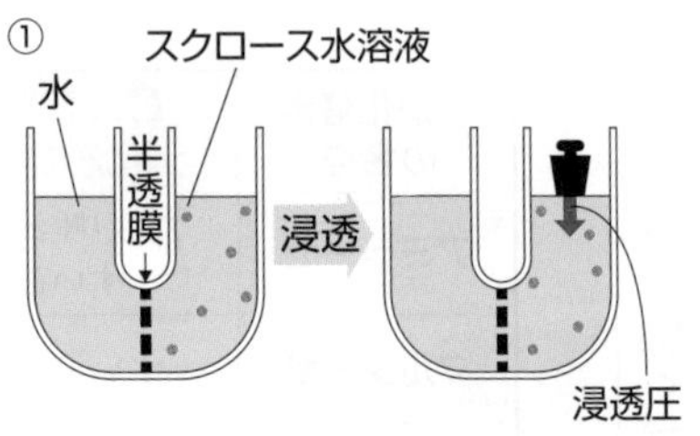

②しかし，生物学において，半透性に近い性質をもつ細胞膜を介しての水の出入りを説明するためには，浸透圧を“半透膜から離れた液面をおもりが押す力”と考えるよりは，右図②のように，**“溶液が半透膜を介して水を引き込む力”**と考える方が都合がよい。

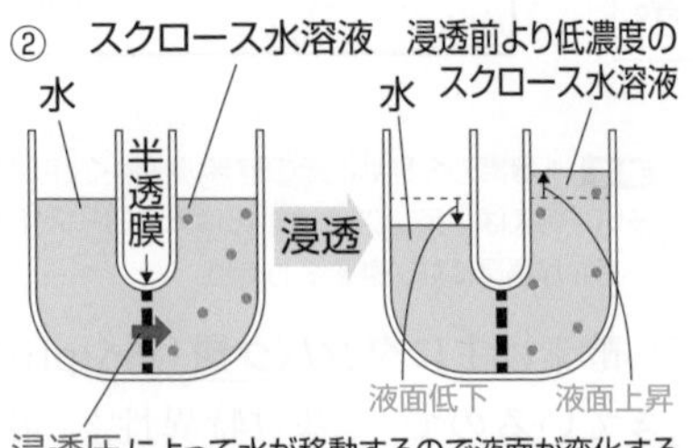

①▶膜の透過性と拡散

1　溶液・半透性・全透性

(1) 液体が他の物質を溶かして均一な混合物になる現象を溶解という。

(2) 溶解によって，分子やイオンなどが均一に混ざり合った液体を**溶液**という。溶液(例 食塩水)は**溶媒**(例 水)と**溶質**(例 食塩)からなる。

参考 大きな粒子(細胞など)が液体中に分散したものを懸濁液という。したがって，「酵母の溶液」ではなく「酵母の懸濁液」という。

(3) 膜が溶媒や一部の溶質は通過させるが，他の溶質は通過させない性質を**半透性**といい，半透性の膜を**半透膜**という。セロファン膜は半透膜であり，細胞膜は半透膜に近い性質をもつ。

(4) ろ紙や細胞壁のように溶媒と溶質をともに自由に通過させる性質を**全透性**といい，全透性の膜を**全透膜**という。

2　拡散

(1) U字管内の溶媒(例 蒸留水)に溶質(例 スクロース)を入れると，溶媒や溶質は濃度が均一になるように移動する。このような現象を**拡散**という(図7-1①)。

(2) 蒸留水とある濃度のスクロース水溶液とを全透膜で仕切ると，溶質が2つの液体間の濃度差に従って全透膜を通って移動(拡散)し，両液の濃度が均一になる(図7-1②)。

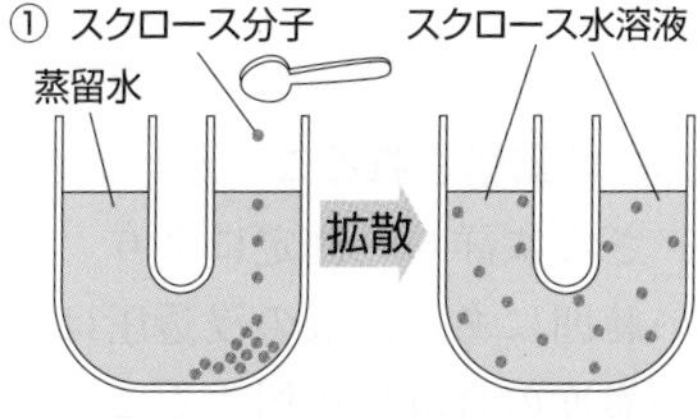

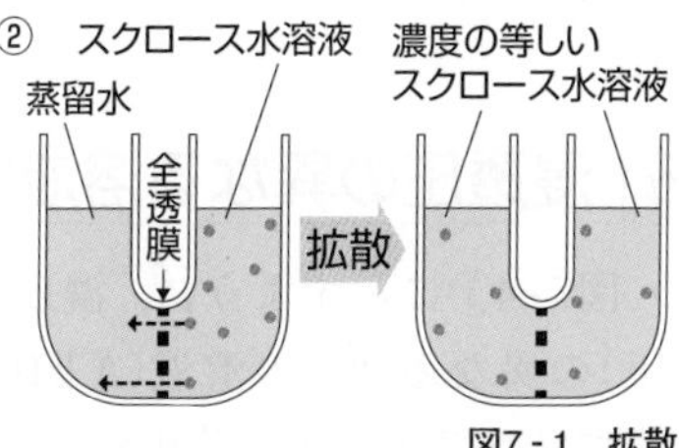

図7-1　拡散

3　浸透と浸透圧

(1) 膜を介して溶媒や特定の溶質が拡散する現象を**浸透**という。蒸留水とスクロース水溶液とを半透膜で仕切ると，溶液の濃度を下げるように水分子だけが溶液側に浸透(移動)する(図7-2①)。

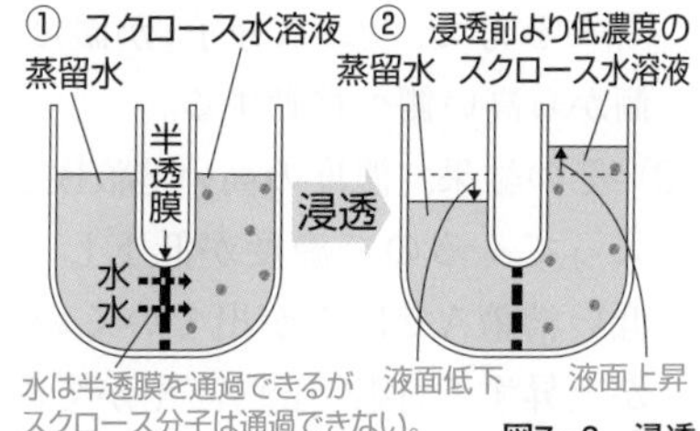

図7-2　浸透

(2) 浸透の結果，溶液側の液面が上昇し，蒸留水側の液面が低下する(図7-2②)。

(3) 半透膜を通して物質(水)が浸透するときの圧力を**浸透圧**と呼び，ある濃度の溶液が半透膜で隔てられた蒸留水から水(水分子)を引き込む力に相当する。

4 溶液の浸透圧の大きさ

(1) 蒸留水と種々の濃度の水溶液とを半透膜で仕切り，浸透後の液面の高さをそれぞれ調べた(図7-3(図中の1つの●や▲は0.1mol/Lに相当))。

(2) 図7-3の①，②それぞれの液面の変化の比較から，**水溶液のスクロースの濃度が高いほど，浸透圧が大きい**ことがわかる。

(3) スクロースの濃度は①=③，「全溶質の濃度の合計」は②=③であり，液面の変化の割合は②=③であることから，溶液の浸透圧は，ある特定の溶質の濃度ではなく，**溶液中の全溶質の濃度の合計に影響される**ことがわかる。

(4) さらに詳しい測定により，濃度が低い範囲にある溶液の浸透圧は，全溶質の濃度の合計に比例することがわかった。

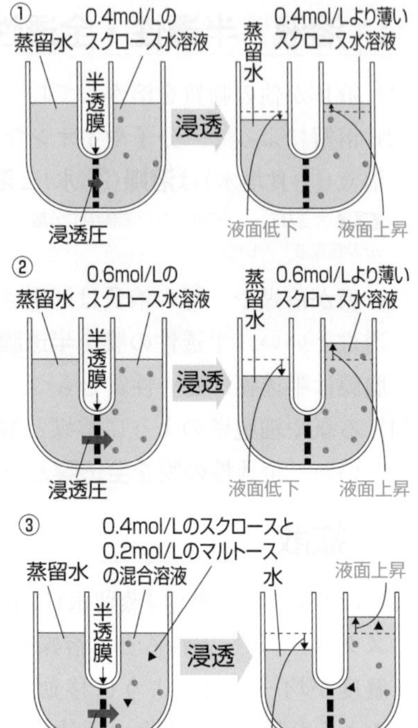

図7-3 混合溶液と浸透圧

5 浸透圧の異なる溶液間の浸透

(1) 図7-4①に示すように，濃度(=浸透圧)の異なる2つの溶液(AとB)を半透膜で仕切ると，両溶液の浸透圧差に相当する力で，水(水分子)が濃度の低い側から高い側へ移動する。

(2) その結果，濃度の高い溶液Bでは水が入ってくるので濃度が低下し，濃度の低い溶液Aでは水が出ていくので濃度が上昇する(図7-4②)。やがて両溶液の浸透圧が等しくなり，水はどちらへも移動しなくなる。

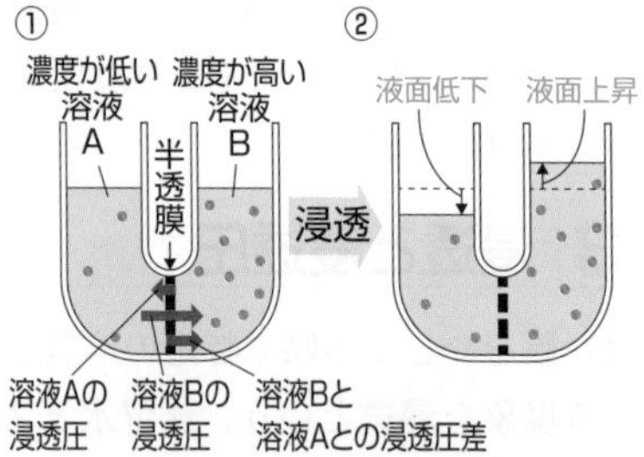

(3) 実際には，溶液Aと溶液Bの浸透圧が等しくなり，溶液Aに移動する水の量と，溶液Bに移動する水の量が等しくなるので，水の移動が見かけ上停止している状態である。

①
濃度が低い溶液A
濃度が高い溶液B
半透膜
浸透
②
液面低下
液面上昇
溶液Aの浸透圧
溶液Bの浸透圧
溶液Bと溶液Aとの浸透圧差

図7-4 濃度の異なる溶液間の浸透

もっと広く深く　浸透圧の求め方

浸透圧の大きさは，溶液中の全溶質のモル濃度と絶対温度に比例する。この関係を式で表すと，**$P=CRT$** となる。

P：**浸透圧**(kPa)　C：**モル濃度**(mol/L)　R：**気体定数**＝8.31　T：**絶対温度**(K)

(101.3kPaは1気圧であり，浸透圧を気圧で表すときの気体定数は0.082となる)

2 ▶ 細胞と浸透圧

(1) 細胞内液には，グルコース，アミノ酸，無機塩類など，多種類の物質(溶質)が溶けているので，細胞は，細胞内の全溶質の濃度(の合計)に応じた浸透圧をもつ。

(2) ある濃度のスクロース水溶液は，スクロースの濃度に応じた浸透圧をもつ。

(3) ある濃度の食塩水は，Na^+の濃度とCl^-の濃度の合計に応じた浸透圧をもつ。

(4) 細胞をある濃度のスクロース水溶液や食塩水に浸した場合，細胞外液(細胞を浸している液)の浸透圧が細胞内液の浸透圧よりも高いと，その浸透圧差により細胞内から水が吸い出され，細胞外液の浸透圧が細胞内液の浸透圧よりも低いと，その浸透圧差により細胞内に水が引き込まれる。

(5) 細胞内液よりも浸透圧の高い溶液を**高張液**(こうちょうえき)，低い溶液を**低張液**(ていちょうえき)，細胞内液と等しい浸透圧の溶液を**等張液**(とうちょうえき)という。

(6) 体液と**等張**の食塩水は**生理食塩水**(せいりしょくえんすい)と呼ばれ，その濃度(質量％濃度)は哺乳類や鳥類では約**0.9%**，両生類では約**0.65%**である。また，スクロース水溶液の場合，体液と等張な水溶液は，哺乳類や鳥類ではモル濃度が約0.3mol/L，両生類ではモル濃度が約0.2mol/Lである。

(7) 体液と同様の浸透圧(等張)，pH，無機塩類組成をもつ溶液は**リンガー液**と呼ばれ，カエルの心臓を用いた実験(☞p.192)などに用いられる。

3 ▶ 動物細胞の浸透現象

1 赤血球を等張液に浸した場合

動物細胞の赤血球を等張液(外液)に浸しても，外液の浸透圧(＝外液が水を引き込む力，つまり赤血球から水を吸い出す力)の大きさと，赤血球内液の浸透圧(＝赤血球が外液から水を引き込む力)の大きさが等しい(向きは逆である)ので，見かけ上は水の移動が起こらず体積の変化はみられない(図7 - 5)。

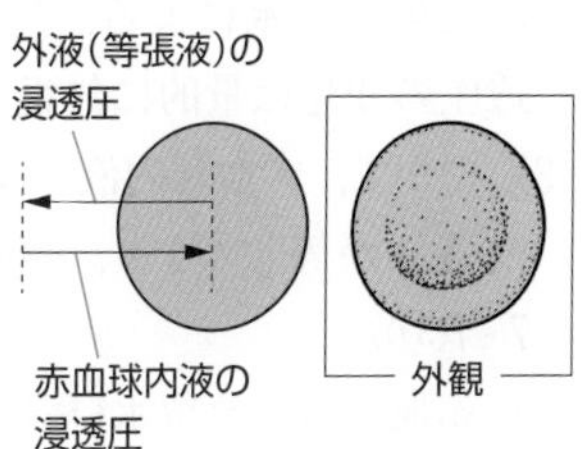

図7 - 5　等張液中の赤血球

2 赤血球を高張液に浸した場合

(1) 赤血球を高張液に浸すと，赤血球内外の浸透圧差(**赤血球外液の浸透圧－赤血球内液の浸透圧**)に相当する力で，赤血球は水を吸い出され収縮(体積が減少)する(図7-6①)。

(2) 赤血球から水が吸い出されると，赤血球内液の濃度と浸透圧が上昇する(図7-6②)。このとき，赤血球から出た少量の水による外液の濃度や浸透圧の変化は量的に無視できる。

(3) やがて，赤血球内液の浸透圧と外液の浸透圧が等しくなり，赤血球内に引き込まれる水の量と，赤血球外に吸い出される水の量が等しくなるので収縮は止まる(図7-6③)。

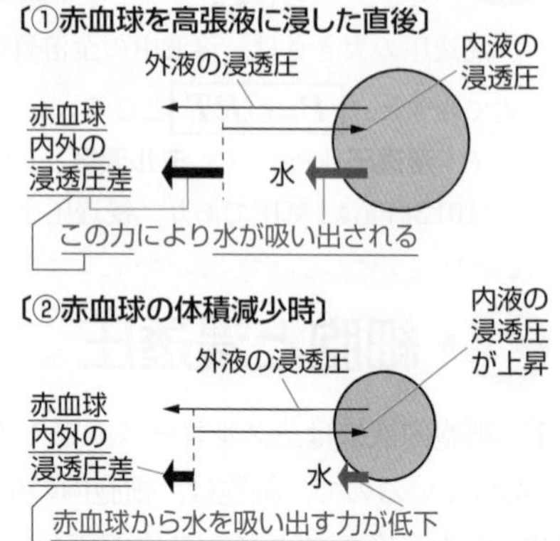

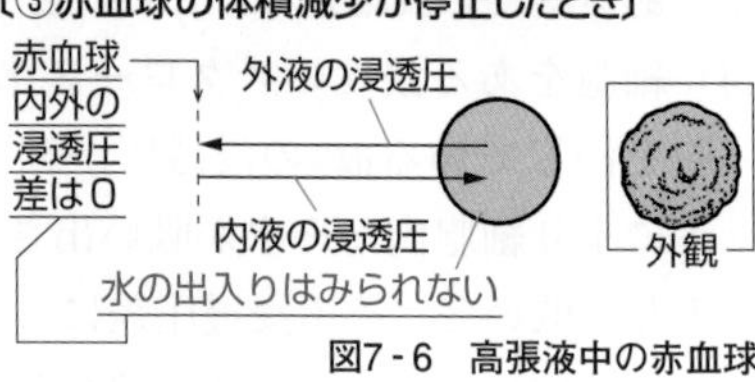

図7-6　高張液中の赤血球

3 赤血球を低張液・蒸留水に浸した場合

(1) 赤血球をやや低張の溶液に浸すと，赤血球内外の浸透圧差(**赤血球内液の浸透圧－赤血球外液の浸透圧**)に相当する力で，赤血球は吸水して膨張(体積が増加)する(図7-7①)。

(2) 赤血球に水が入ると，赤血球内液の濃度が低下するので，赤血球内液の浸透圧も低下する(図7-7②)。なお，このとき，外液から赤血球内に引き込まれた少量の水による，外液の濃度や浸透圧の変化は量的に無視できる。

(3) やがて，赤血球内液の浸透圧と外液の浸透圧が等しくなり，膨張は止まる(図7-7③)。

(4) 赤血球は，蒸留水(極端な低張液とみなすこともできる)に浸されると吸水し

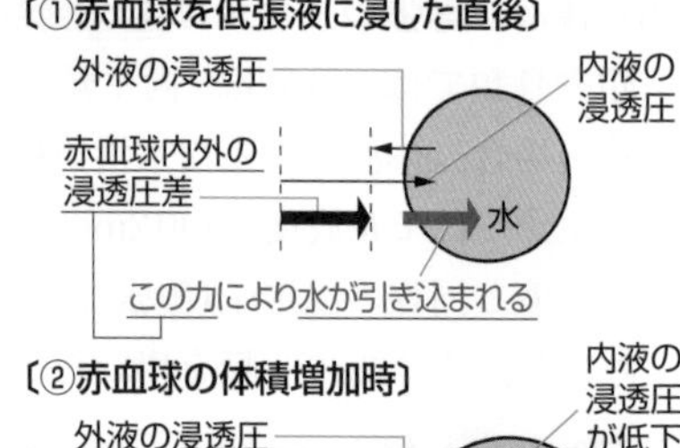

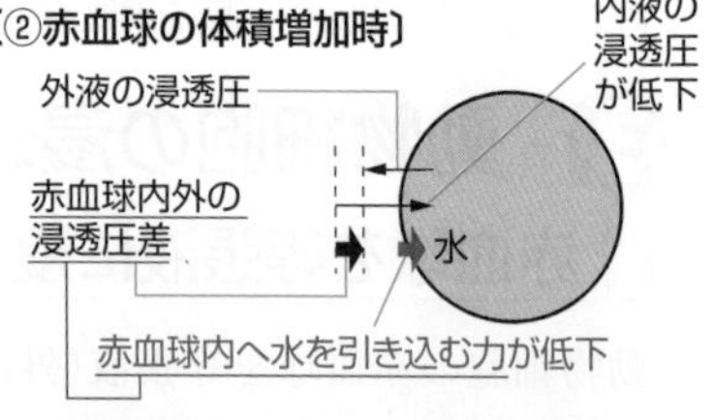

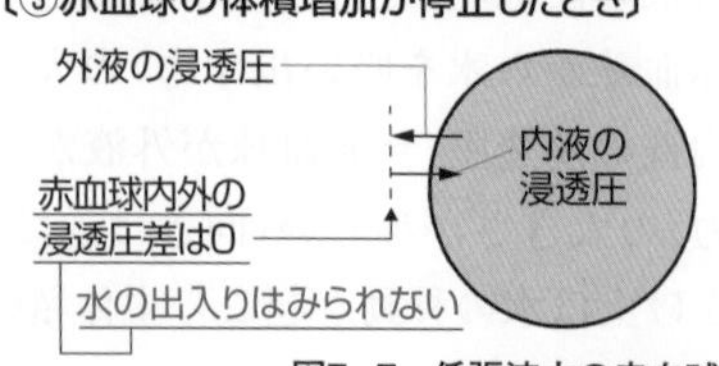

図7-7　低張液中の赤血球

て膨張し，やがて内外の浸透圧が等しくなる前に細胞膜が破れ，ヘモグロビンなどが外にもれ出してくる。赤血球にみられるこのような現象を**溶血**(ようけつ)※という(図7-8)。

※赤血球以外の動物細胞も，非常に低張な溶液に浸すと，細胞膜が破れ，内容物がもれ出してくるが，この現象を溶血とはいわない(あえていうなら「破裂」である)。

〔④溶血を起こした赤血球(外観)〕

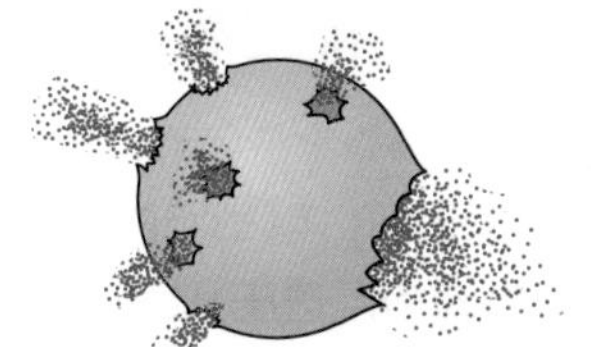

図7-8　蒸留水中の赤血球

❹▶植物細胞の浸透現象

1　植物細胞を等張液に浸した場合

植物細胞を等張液に浸しても体積の変化はみられない。これは，細胞内外の浸透圧の大きさが等しい(向きは逆である)ので，見かけ上は水の移動が起こらないからである(図7-9)。

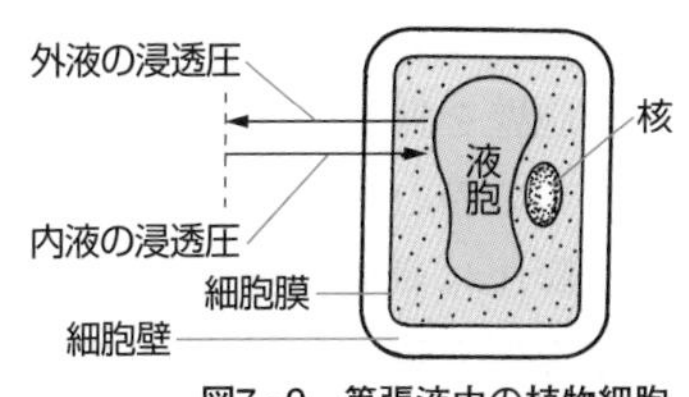

図7-9　等張液中の植物細胞

2　植物細胞を高張液に浸した場合

(1) 植物細胞を高張液に浸すと，細胞内外の浸透圧差(**細胞外液の浸透圧－細胞内液の浸透圧**)に相当する力で，細胞から水が吸い出される(図7-10①)。

(2) このとき，半透性の細胞膜に囲まれた部分(原形質)は収縮して体積が減少するが，細胞壁は全透性で丈夫で**変形しにくい構造**をもつので，細胞膜が細胞壁から離れる。この現象を**原形質分離**(げんけいしつぶんり)という(図7-10②)。

(3) 細胞から水が吸い出されると，細胞内液の濃度と細胞内液の浸透圧が上昇する。やがて，細胞内液の浸透圧と外液の浸透圧が等しくなり，原形質の収縮は止まる(図7-10③)。

(4) 原形質分離を起こした細胞を低張液に移すと，細胞が吸水してもとの状態に戻ることがある。これを**原形質復帰**(げんけいしつふっき)という。

〔①植物細胞を高張液に浸した直後〕

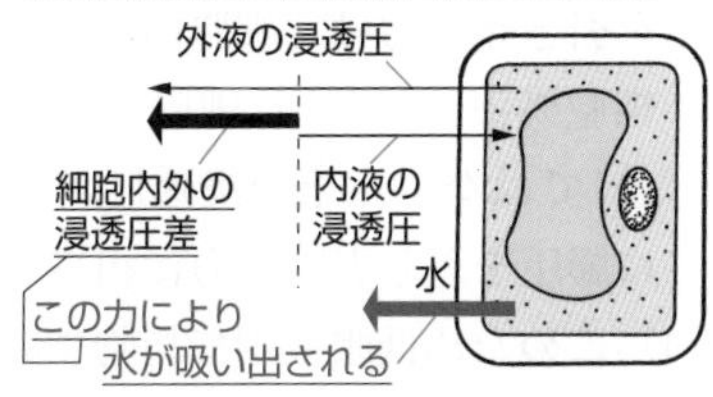

〔②植物細胞(の原形質)の体積減少時〕

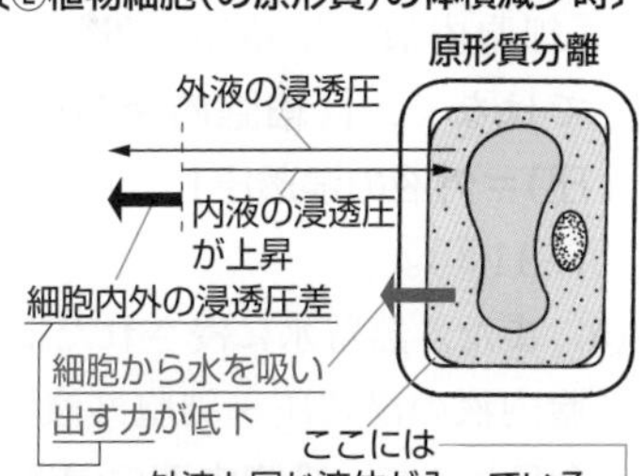

〔③原形質の体積減少が停止したとき〕

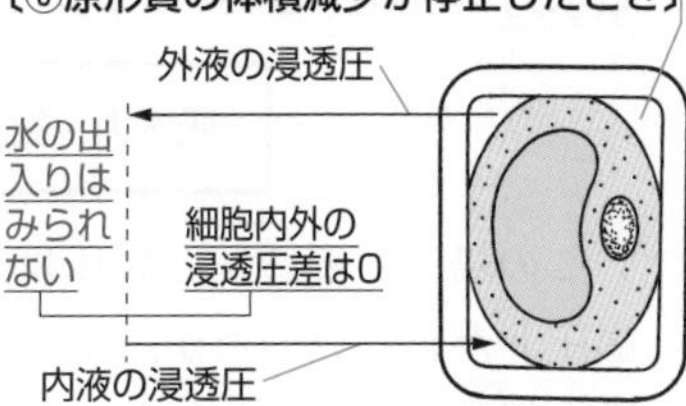

図7-10　高張液中の植物細胞

3 植物細胞を低張液に浸した場合

(1) 植物細胞を低張液に浸すと，細胞内外の浸透圧差(**細胞内液の浸透圧－細胞外液の浸透圧**)に相当する力で，細胞内に水が入る(図7‐11①)。

(2) 細胞内に水が入ると，細胞内液の濃度が低下するので，浸透圧も低下する。また，このとき，原形質が膨張して，細胞壁を押し広げようとする力が生じる。この力を**膨圧**(ぼうあつ)という(図7‐11②)。

(3) 膨圧は細胞内液の浸透圧(細胞内に水を引き込む力)と逆向きの力である。したがって，低張液に浸されて膨圧が生じている植物細胞では，細胞内に水を引き込む力は，細胞内液の浸透圧－細胞外液の浸透圧(細胞内外の浸透圧差)ではなく，その浸透圧差からさらに膨圧を差し引いた力に相当する。

(4) このため低張液中で植物細胞の吸水による体積増加が停止したときには，「細胞内液の浸透圧＝外液の浸透圧」ではなく，**「(細胞内液の浸透圧－膨圧)＝外液の浸透圧」**となっている(図7‐11③)。

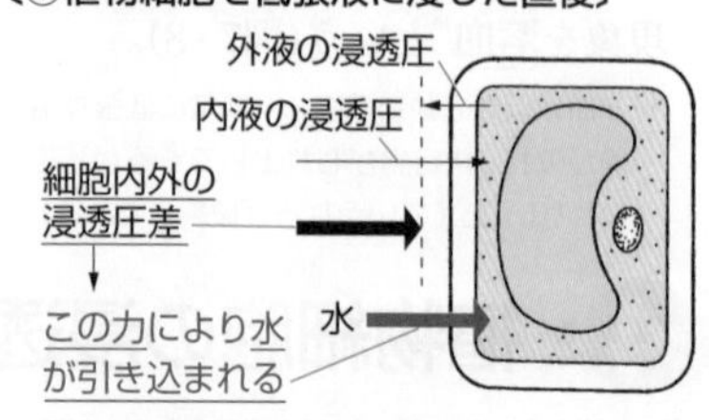

〔②植物細胞の体積増加時〕

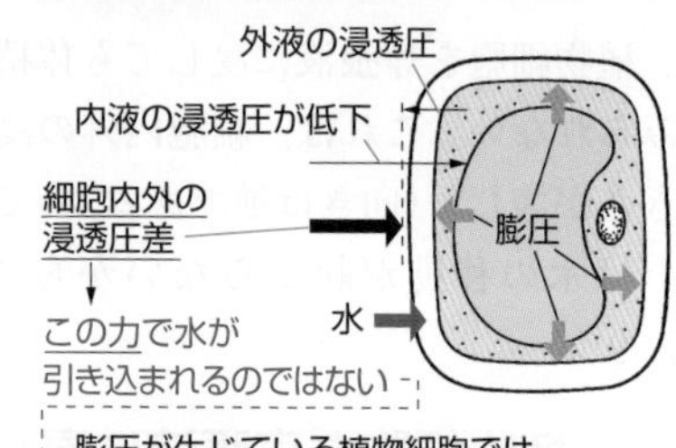

膨圧が生じている植物細胞では，『内液の浸透圧(→)－外液の浸透圧(←)』から膨圧(⇦)を差し引いた力(➡)によって水が引き込まれる

〔③植物細胞の体積増加が停止したとき〕

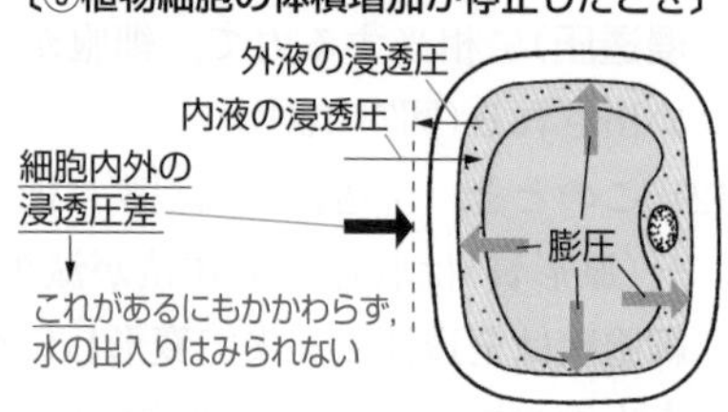

図7‐11　低張液中の植物細胞

(5) また，蒸留水に浸された植物細胞でも，細胞内に水を引き込む力は，「(細胞内液の浸透圧－細胞外液の浸透圧)－膨圧」であるが，**細胞外液の浸透圧が0**なので，**細胞内液の浸透圧から膨圧を差し引いた力**に相当し，この力を**吸水力**(きゅうすいりょく)(吸水圧)といい，次の式で表す。

吸水力＝細胞内液の浸透圧－膨圧

この場合，浸透圧と膨圧は逆向きのベクトルなので，「吸水力＝浸透圧＋膨圧」が正しいのだが，浸透圧は「おもりが液面を押し，浸透による水の移動を押しかえす力」と表されるので，決まり事として上記の式で覚えよう。

5 ▶ 植物細胞を蒸留水に浸した場合の変化

植物細胞（例えば浸透圧が12×10^5Paの細胞）を蒸留水（浸透圧 0）中に浸すと吸水が起こり，細胞（原形質）の体積の増加とともに細胞内液の浸透圧の低下と膨圧の上昇が起こる（図7 - 12）。この間（原形質の体積が1.0以上1.45未満）は，「細胞内液の浸透圧 − 膨圧」に相当する力，つまり**吸水力**によって吸水が起こる。

やがて，原形質の体積が1.45になると，細胞内液の浸透圧と膨圧が等しく（吸水力が0に）なり，外液（蒸留水）の浸透圧0と等しくなるので，吸水は停止する。

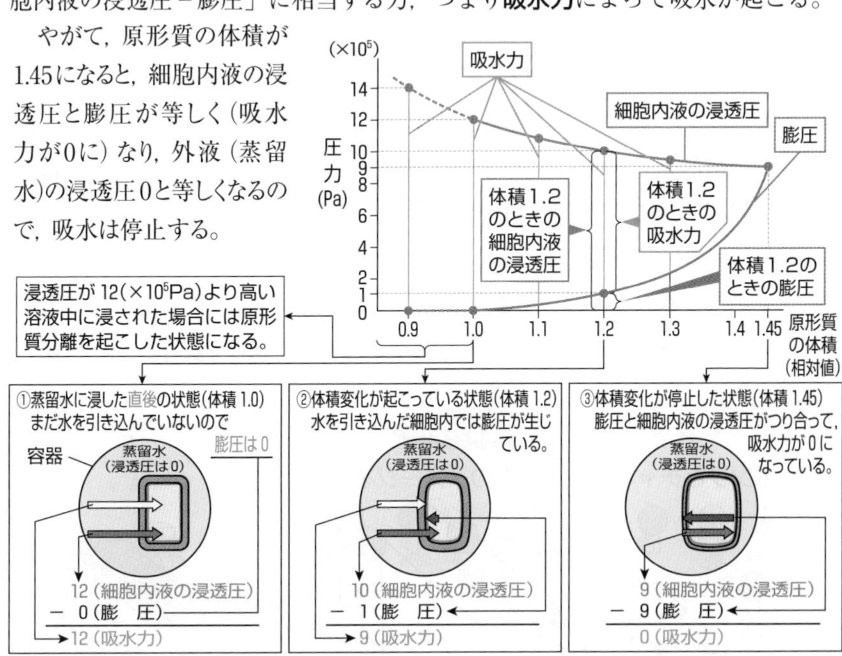

図7 - 12　蒸留水中の植物細胞の体積と圧力の関係

植物体の直立における膨圧の役割

草本植物は，動物のような骨格をもたないが，植物細胞が土壌から吸水して膨圧を生じさせることで直立している。これは，高い空気圧のタイヤが強い強度をもつのと同様である。しかし，夏の暑い日の夕方などに，水分不足で膨圧がなくなり，空気の抜けたタイヤと同様に，植物細胞の強度が低下して，しおれている植物を見かけることがあるが，あれは決して枯れているのではない。水を与えておけば，細胞は吸水して膨圧を上昇させるので，次の日の朝には植物はシャンとしている。

生体膜と輸送タンパク質

The Purpose of Study 到達目標

1. 生体膜の流動モザイクモデルを図示して説明できる。……p. 63
2. 選択的透過性の原因を3つ言える。……p. 65
3. 脂質二重層を通過しやすい物質と通過しにくい物質の例をあげられる。……p. 65
4. 受動輸送とチャネルについて説明できる。……p. 67
5. アクアポリンについて説明できる。……p. 68
6. 輸送体について説明できる。……p. 68
7. チャネルとポンプの違いを言える。……p. 67, 69
8. エンドサイトーシスとエキソサイトーシスについて例をあげて説明できる。……p. 70

Visual Study 視覚的理解

ポンプとチャネルについてのイメージを深めよう！

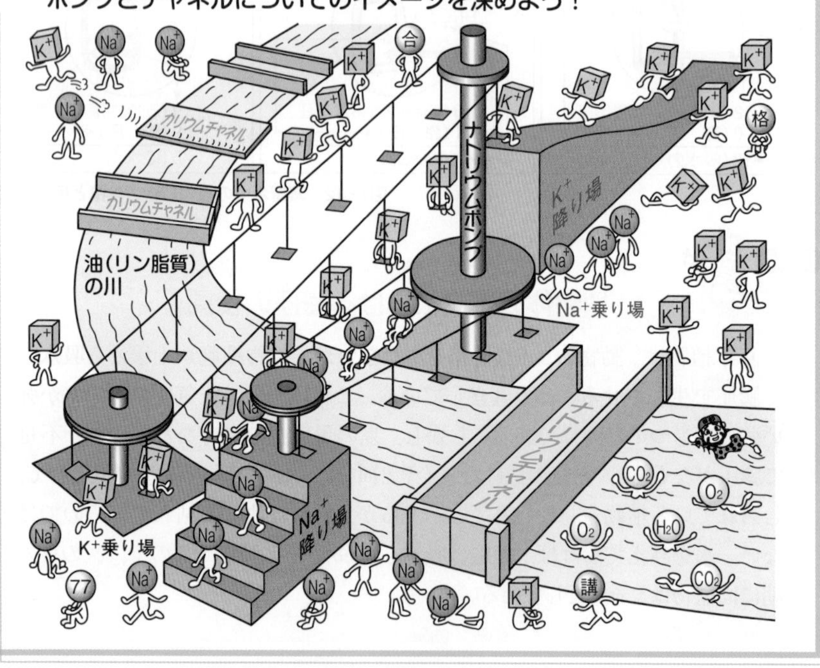

1 ▶ 生体膜の構造

1 流動モザイクモデル

(1) 細胞膜は，主に**リン脂質**と**タンパク質**からなる厚さ5～10 nmの膜である。核・ミトコンドリア・葉緑体・ゴルジ体などの細胞小器官の膜も，基本的には細胞膜と同じような構造をしており，これらの膜をまとめて**生体膜**(せいたいまく)と呼ぶ。

(2) 生体膜では，リン脂質が親水性(図8-1の青色)の部分を外側(水に接するよう)に向け，疎水性(図8-1の黄色)の部分を内側(水を避けるよう)に向けて配列した二重層を形成し，この二重層にタンパク質がモザイク状に埋め込まれている。

(3) 生体膜を構成しているリン脂質分子は，振動・回転・水平移動(側方拡散)などの運動*を行っているので，リン脂質の層は単なる固体ではなく，流動性があり，この層に埋め込まれているタンパク質も流動している。このような構造は**流動モザイクモデル**(りゅうどう)と呼ばれている。

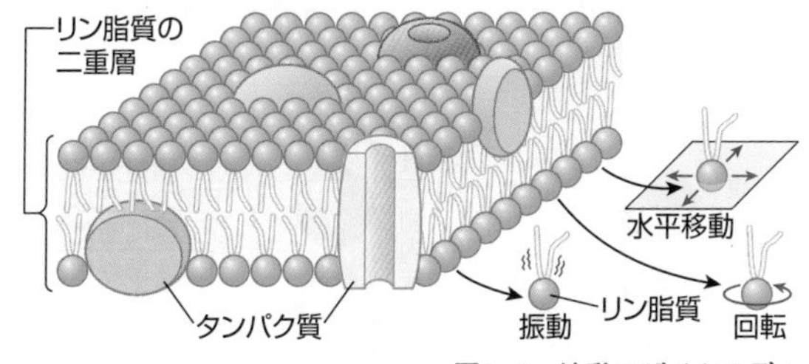

図8-1　流動モザイクモデル

参考 *脂質二重層間のリン脂質分子の移動(内外入れ替わり，横断拡散，フリップフロップなどともいう)は起こりにくいが，二重層の細胞外側の層から細胞内側の層へのリン脂質の移動には，フリッパーゼと呼ばれる輸送体が，逆向きの移動にはフロッパーゼと呼ばれる輸送体が関与していることがわかっている。これらの輸送体は，いずれもATPのエネルギーを用いた能動輸送を行うことで，非対称なリン脂質組成の維持にかかわっていると考えられている。

2 膜タンパク質の多様性

生体膜には，表8-1に示すような種々のタンパク質が存在しており，これらを総称して**膜タンパク質**という。

種類	働き
輸送タンパク質	膜内外への物質の輸送を行う。受容体や酵素の働きをもつものもある。
接着タンパク質	細胞を，隣接する細胞や，細胞外の構造・細胞間物質と接着させる。
受容体	細胞外からのホルモン，神経伝達物質，抗原などの情報(シグナル)を受け取り，細胞内に伝える。
酵素	化学反応(物質の合成や分解など)の触媒として働く。

表8-1　種々の膜タンパク質

もっと 広く 深く 細胞膜はなぜ脂質の二重層からなり，流動性をもつか？

(1) 細胞膜を構成しているリン脂質とは異なった種類の脂質(洗剤の成分など)を水に入れると，球状構造(これをミセルという)をとるが，リン脂質を水に入れると，二重層(偶数層)構造をとる。

(2) これは，下図①に示すように，洗剤などの脂質の疎水性の部分(疎水部)の径(b_1)は親水性の部分(親水部)の径(a_1)より小さいのに対して，下図②に示すように，リン脂質は両方の径(a_2とb_2)がほぼ等しいため二重層となるのである。また，二重層の縁(ふち)の部分に当たるリン脂質の疎水部が水と接すると不安定になるので，二重層の状態を保ったまま縁の部分が結合して，下図③に示すような内部が水に満たされた閉じた構造をとる。これが，細胞や細胞内の小胞などが，安定に存在する理由である。

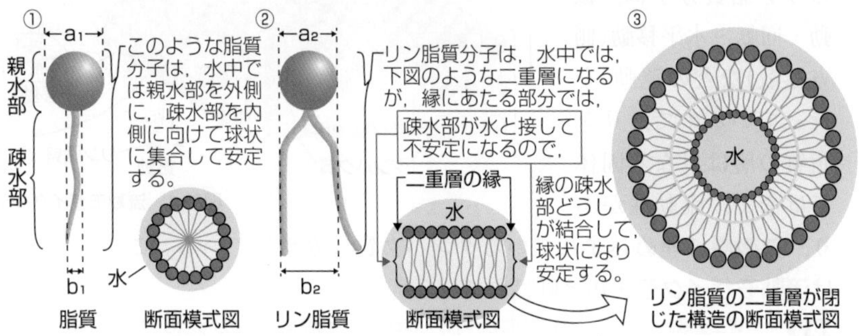

(3) リン脂質を構成する脂肪酸のうち，炭素と炭素の間に二重結合をもつものは不飽和(ふほうわ)脂肪酸と呼ばれ，二重結合をもたないものは飽和脂肪酸と呼ばれる。

(4) 飽和脂肪酸では，疎水性の部分である炭化水素鎖が直鎖であり，周囲の炭化水素鎖と強く相互作用(集合)するので固い状態(固体)となりやすい。

(5) これに対して，不飽和脂肪酸の二重結合は，通常シス型 $\left(\begin{array}{c} -\text{C}-\text{H} \\ \| \\ -\text{C}-\text{H} \end{array}\right)$ であり，トランス型 $\left(\begin{array}{c} \text{H}-\text{C}- \\ \| \\ -\text{C}-\text{H} \end{array}\right)$ と比べて対称性が低いので，二重結合の部分で炭化水素鎖が途中で曲がっており(右図)，周囲の炭化水素鎖との相互作用が妨げられるので，不飽和脂肪酸では流動性が保たれる。

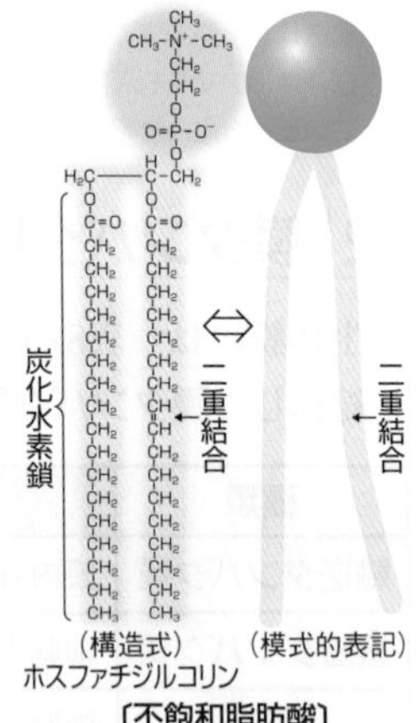

ホスファチジルコリン
〔不飽和脂肪酸〕

(6) したがって，リン脂質中の不飽和脂肪酸の割合が高い生体膜ほど，流動性が高いということになる。

(7) この他に，生体膜の流動性の高低は，炭化水素鎖の長さ(長いものほど流動性が低い)や，生体膜中の成分の一つであるコレステロールの含有量(含有量の高いものほど流動性が低い)などにも影響される。

2 ▶ 選択的透過性

(1) 生きている細胞は，必要なものを細胞内に吸収し，不要なものを細胞外へ排出している。

(2) このため，細胞膜はすべての物質を同じように通過させるのではなく，特定の分子やイオンのみを通過させる性質をもっている。

(3) このような細胞膜の性質を**選択的透過性**という。選択的透過性が生じる原因として，リン脂質の二重層(**脂質二重層**)の特性，輸送タンパク質による**受動輸送**(☞p.67)，輸送タンパク質による**能動輸送**(☞p.69)がある。

3 ▶ 脂質二重層の特性に基づいた物質輸送

(1) 細胞膜を通過するいくつかの物質について，その大きさ(分子量)と通過の程度(透過性)の関係をグラフにすると図8-2のようになる。

(2) 図8-2などから，脂質二重層の透過性について次の①～③のようなことがわかっている。

①小さい分子ほど通過しやすい(透過性が高い)。

②疎水性の物質(脂質になじみやすい物質)である尿素やエチレングリコール(電荷をもたない小さい分子)などは通過しやすく，親水性の物質(水分子・アミノ酸・糖など)は通過しにくい。

③電荷をもつイオンは通過できない。

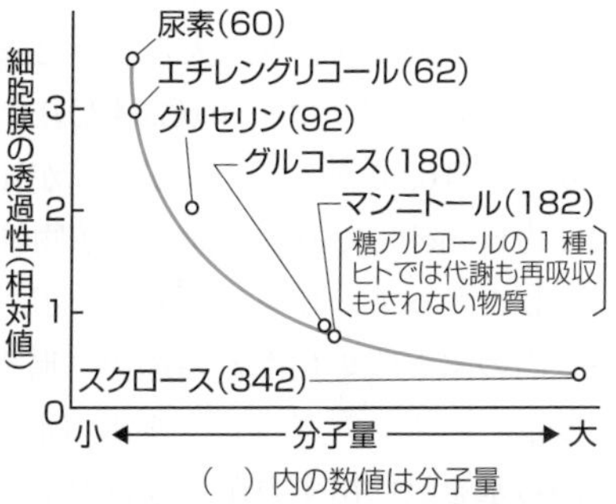

尿素(60)
エチレングリコール(62)
グリセリン(92)
グルコース(180)
マンニトール(182)
糖アルコールの1種，ヒトでは代謝も再吸収もされない物質
スクロース(342)
細胞膜の透過性(相対値)
3
2
1
0
小 ← 分子量 → 大
( ) 内の数値は分子量

図8-2　分子の大きさ(分子量)と細胞膜の透過性

(3) 酸素(O_2)や二酸化炭素(CO_2)などの疎水性で非常に小さい物質は，脂質二重層をこれらの物質の濃度差(濃度勾配)に従って拡散することができる。

(4) 疎水性のステロイドホルモンは，脂質二重層を通過することができる。

(5) 脂質二重層を通過しにくい物質は，**輸送タンパク質**を介して通過する。

4 ▶ 高張液に浸された植物細胞の体積変化

(1) 植物の葉を2枚用意し，それぞれを，30%(質量%)のスクロース水溶液と10%(質量%)のエチレングリコール水溶液に別々に浸し，原形質の体積変化を，時間を追って観察した(図8-3)。

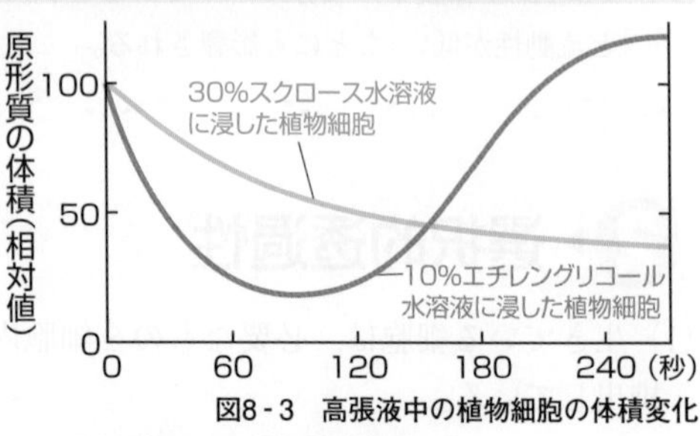

図8-3 高張液中の植物細胞の体積変化

(2) スクロース($C_{12}H_{22}O_{11}$)の分子量は342なので，質量%が30%のスクロース水溶液(1000g中に300gのスクロースを含有)のモル濃度は約0.9mol/Lで，通常の植物細胞の浸透圧に相当する濃度(0.3～0.4mol/L)より高い。

(3) したがって，30%スクロース水溶液に浸された葉の細胞では，細胞内の水が吸い出されるので，時間とともに原形質の体積が減少するとともに原形質中の浸透圧(種々の溶質の濃度の合計)は上昇する。

(4) 約240秒以降では，原形質の体積が約35で一定になることから，細胞内の浸透圧は，細胞外の浸透圧とほぼ等しくなり，細胞膜に対する透過性の低いスクロースは細胞内に入らないと考えられる。

(5) エチレングリコール($C_2H_6O_2$)は細胞膜を透過しやすい物質であり，その分子量は62であるから，質量%が10%エチレングリコール水溶液のモル濃度は約1.6mol/Lであり，通常の植物細胞の浸透圧より高い。

(6) したがって，10%エチレングリコール水溶液に浸された葉の細胞では，細胞内の水が吸い出されるので，時間とともに原形質の体積が減少する。このとき，エチレングリコール水溶液の方が，スクロース水溶液より高張で細胞から水を吸い出す力が大きいので，体積減少の速度(グラフの傾き)は大きい。

(7) 約90秒付近では，原形質の体積減少は停止し，約20となる。このとき，細胞内の種々の溶質の濃度の合計に比例する浸透圧は，細胞外のエチレングリコールの濃度に比例する浸透圧と等しくなっているが，細胞内外のエチレングリコールの濃度差に従って，細胞膜に対する透過性の高いエチレングリコールが拡散(受動輸送)により細胞内に入ってくる。

(8) 細胞外と等張であった細胞内にエチレングリコールが入ってきた結果，細胞内が細胞外より高張となり，細胞内に水が入り原形質の体積が増加する。エチレングリコールはその後も細胞内に入り続けるので，吸水による原形質の体積増加が続く。体積が100を超えると膨圧が生じて吸水力が弱まり，体積変化が停止する。

5 ▶ 輸送タンパク質による受動輸送

(1) 濃度勾配に従う**拡散**によって起こる生体膜を介した輸送を**受動輸送**(じゅどう)という。
(2) 受動輸送は，**チャネル**によるものと，**輸送体**によるものとに分けられる。

1 チャネル

(1) 細胞膜には，脂質二重層を貫通して細胞膜に小孔をあけている輸送タンパク質があり，この小孔を通って，特定の物質が細胞膜を透過する。このような輸送タンパク質を**チャネル**という。

参考 チャネルは，完全に開放か完全に閉鎖かのいずれかの状態をとり，細胞が何らかの刺激(細胞内外の電位差，神経伝達物質など)を受けてチャネルが開放状態になると，物質は拡散により移動する。チャネルが閉鎖状態のときは物質の移動はみられない。

(2) チャネルには，**イオンチャネル**や**アクアポリン**などがある。

2 イオンチャネル

(1) イオンを通過させるチャネルを**イオンチャネル**といい，通過させるイオンの種類により，チャネルの種類が決まっている。

例 ナトリウムチャネル，カリウムチャネル，カルシウムチャネル

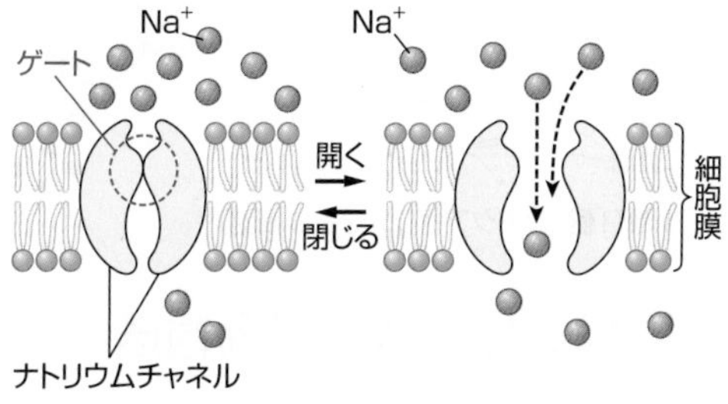

図8-4　イオンチャネル（ナトリウムチャネル）

(2) イオンチャネルには，ゲート(門)と呼ばれる構造をもつものが多く，それらは，ゲートの開閉によりイオンの透過性を変化させる。
(3) ゲートをもつチャネルのうち，電位変化によりイオンの透過性が変化するものを**電位依存性イオンチャネル**といい，神経伝達物質などの特定の物質(リガンド)と結合することによりイオンの透過性が変化するものを**伝達物質依存性(リガンド依存性)イオンチャネル**という。
(4) 例えば，ニューロン(神経細胞)では，細胞膜に存在する電位依存性ナトリウムチャネルの働きにより電気刺激を受けた部位が興奮したり(☞p.104)，軸索の末端において，電位依存性カルシウムチャネルの働きが引き金となって神経伝達物質が放出されたりする(☞p.110)。
(5) また，ニューロンの細胞膜に存在する伝達物質依存性(リガンド依存性)ナトリウムチャネルが神経伝達物質と結合することにより，興奮の伝達が起こる(☞p.110)。

3 アクアポリン

(1) イオンの通過を遮断しながら，水分子を一列に並べて自身の小孔内を効率よく通過させるチャネルを**アクアポリン**という。

(2) アクアポリンは，植物や動物などさまざまな生物の細胞に存在しており，動物では腎臓・脳・大腸・涙腺・肝臓・赤血球などの細胞の細胞膜にある。

参考 アクアポリンは水チャネルとも呼ばれ，細菌などの原核生物にも存在している。

(3) アクアポリンをもつ細胞の多くは，アクアポリンの数を増減させることにより，細胞内外への水の移動を調節している。

参考 細胞膜を構成する脂質二重層は，水(分子)の透過性が低い(まったく透過しないというわけではない)。アクアポリンは，高速かつ両方向に水を透過させるが，イオンはまったく透過させない。

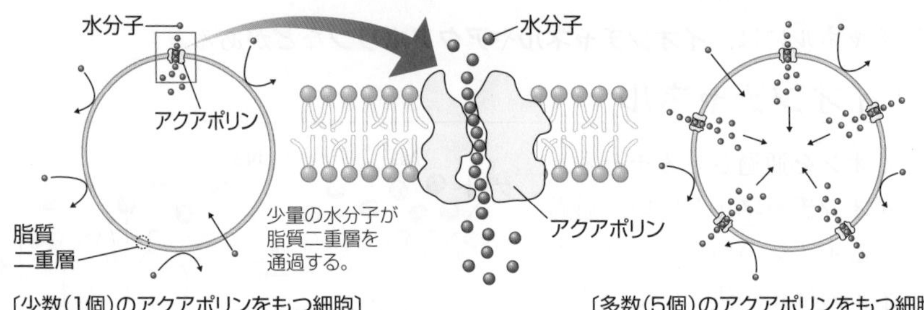

図8-5 アクアポリン

4 輸送体による受動輸送

(1) 特定のアミノ酸や糖など，極性をもち比較的低分子の物質を自身に結合させて運搬する輸送タンパク質を**輸送体**(ゆそうたい)(**担体**(たんたい)・**トランスポーター・運搬体タンパク質**)という。

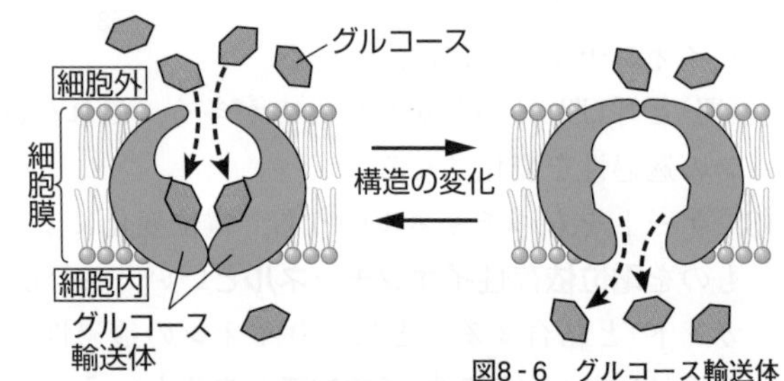

図8-6 グルコース輸送体

例 グルコース輸送体(グルコーストランスポーター)

(2) 輸送体は，運搬する物質の輸送体への結合により構造が変化し，その物質を膜の反対側へ通過させる。

参考
1. 広義にはチャネルも輸送体に含まれるが，チャネルはイオンや水分子と結合することがないので，狭義の輸送体ではない。輸送体による輸送には，受動輸送の場合と能動輸送の場合がある。
2. グルコース輸送体は大きく，受動輸送によるものと能動輸送によるものに分けられる。受動輸送によるグルコース輸送体は，ほとんどすべての細胞に存在し，能動輸送(Na^+との共輸送☞p.71)によるグルコース輸送体は，小腸の吸収上皮細胞や腎臓の細尿管の細胞に存在する。

6 ▶ 輸送タンパク質による能動輸送

(1) 濃度勾配に逆らって起こる生体膜を介した輸送を**能動輸送**（のうどう）という。

(2) 能動輸送にはエネルギーの供給が必要であり，その供給源はATPであることが多い。

(3) 細胞膜には，輸送タンパク質によって構成され，物質を能動輸送するしくみがあり，このしくみを**ポンプ**という。

(4) ポンプを構成する輸送タンパク質は，**輸送体**(運搬体タンパク質)の一種であり，運搬する物質と結合すると，エネルギーを利用して自身の構造を変化させることにより，物質を膜の反対側へ通過させる。

(5) ポンプの代表例として，**ナトリウムポンプ**がよく知られている。

(6) ナトリウムポンプを構成する輸送タンパク質は，**ナトリウム-カリウムATPアーゼ**(Na^+-K^+-ATPアーゼ)という酵素である。

(7) **Na^+-K^+-ATPアーゼ**は，ATPを加水分解し，その際に放出されるエネルギーを利用して，3個の**Na^+**の細胞内からのくみ出しと，2個の**K^+**の細胞内への取り込みを同時に行っている(図8-7)。その結果，細胞膜の内外でNa^+とK^+の濃度差が生じる。

参考　1. Na^+-K^+-ATPアーゼは，細胞内にNa^+とATP，細胞外にK^+が多く存在するときに高い活性を示す。
2. ポンプは，ナトリウムポンプのように2種類の物質を逆方向に輸送するものばかりではなく，筋肉の弛緩時に，能動輸送によって筋小胞体内にCa^{2+}を取り込むカルシウムポンプ(☞p.128)のように1種類の物質を一方向にだけ輸送するものも多く存在する。

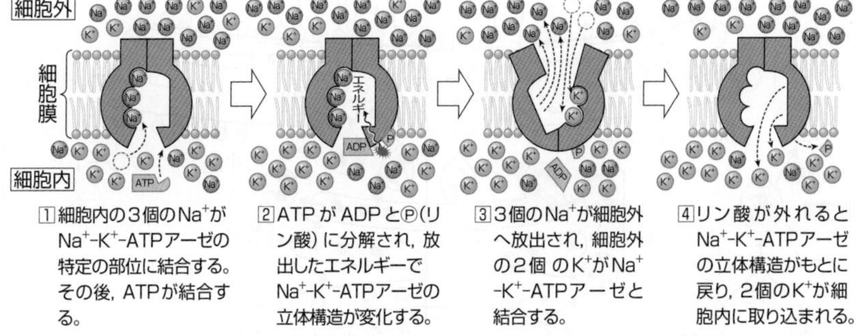

図8-7　ナトリウムポンプによる輸送

(8) 例えば，ヒトの赤血球では，ナトリウムポンプによる能動輸送の結果，細胞内のNa^+濃度は細胞外に比べて低く(細胞内：細胞外≒1：70)，細胞内のK^+濃度は細胞外に比べて高い(細胞内：細胞外≒31：1)。

7 ▶ サイトーシスによる輸送

(1) 細胞内での生体膜の小胞化と融合によって行われる，細胞膜の脂質二重層や輸送タンパク質を通過できないタンパク質などの大きな分子の細胞内外への輸送は，サイトーシス(膜動輸送)と呼ばれる。

(2) サイトーシスには，エンドサイトーシス(**飲食作用**)やエキソサイトーシス(**開口分泌**)がある。

(3) **エンドサイトーシス**は，細胞外の物質が，細胞膜の小胞化により細胞内に取り込まれることであり，大きな粒子(細菌・ウイルスなどの異物)を取り込む場合を**食作用**といい，細胞外液や溶質を取り込む場合を**飲作用**という。

例 好中球，マクロファージなどの食細胞(☞p.215)による食作用(図8 - 8)

(4) **エキソサイトーシス**は，細胞内の物質が，小胞と細胞膜の融合により細胞外に放出されることである。

例 1. 動物細胞によるホルモン(インスリンなど☞第21講)や消化酵素の分泌(図8 - 8)，神経伝達物質の放出(☞p.110)

2. 植物細胞によるセルロース以外の成分(セルロース繊維どうしをつなぐ物質)の細胞壁への輸送

3. 膜タンパク質の細胞膜への輸送

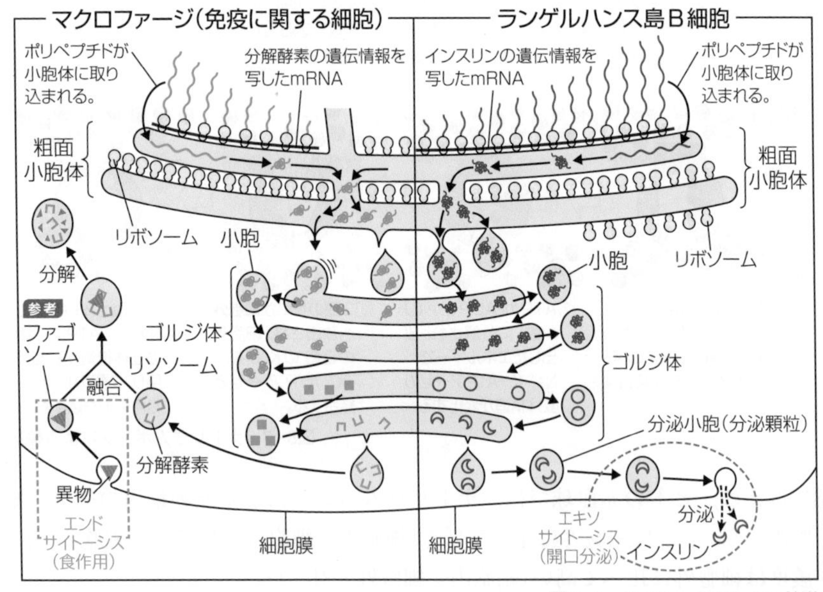

図8 - 8 サイトーシスによる輸送

もっと広く深く　細胞膜を介した物質輸送システム

1 物質輸送の方向性

細胞膜を介した物質輸送システムは，細胞内外の物質の濃度勾配に対してどのような方向に輸送されるかによって，大きく2つに分けられる。

細胞膜を介した物質輸送システム

- **受動輸送**：細胞内外の物質の濃度勾配(あるいは濃度勾配と電位差の勾配)に従った輸送
  - チャネルや輸送体を介さない単純拡散
  - チャネルや輸送体を介する促進拡散
- **能動輸送**：細胞内外の物質の濃度勾配(あるいは濃度勾配と電位差の勾配)に逆らった輸送　何らかのエネルギーを必要とする輸送体(ポンプなど)による
  - ATPの分解，光の作用，酸化還元反応にともない発生するエネルギーを用いるポンプによる能動輸送
  - ATPのエネルギーを直接用いずに他の物質の移動を利用する輸送体による能動輸送

2 物質輸送の担い手による物質輸送システムの分類

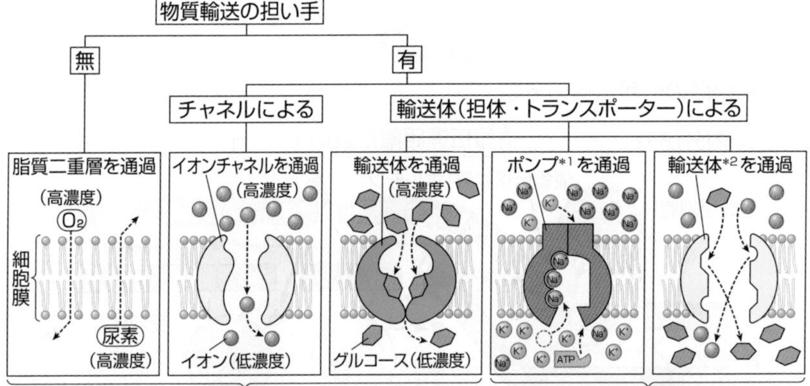

参考 ＊1．ポンプには，ATPのエネルギーを利用するNa^+-K^+-ATPアーゼ(ナトリウムポンプ)やH^+-ATPアーゼ(プロトンポンプ)の他に，ATPのエネルギーではなく，酸化還元反応にともなって生じるエネルギーを利用するプロトンポンプ(☞p.273)や光エネルギーを利用するプロトンポンプ(☞p.297)などもある。

＊2．この輸送体は，●の濃度勾配(この濃度勾配は別のタンパク質(ポンプ)がATPのエネルギーを用いて形成したもの)に従った輸送に⬢を便乗(共役)させて，濃度勾配に逆らった輸送を行っている。このような輸送は，共輸送(シンポート)と呼ばれ，小腸や腎臓などにおいて，細胞外のNa^+の細胞内への輸送に従ったグルコースの取り込みなどが知られている。また，上図には示していないが，共輸送とは逆に，2種の物質の反対方向への輸送(対向輸送)もある。

受容体・細胞骨格・細胞接着

The Purpose of Study 到達目標

Visual Study 視覚的理解

細胞間の情報伝達の分類

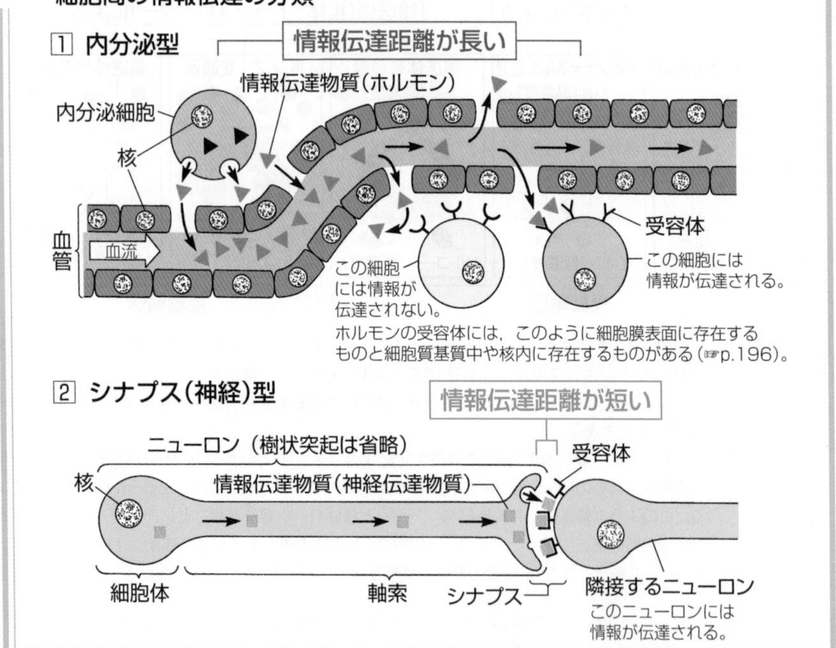

①▸受容体

(1) 多細胞動物のからだでは，細胞間で情報(シグナル)伝達を行うことにより，さまざまな調節が行われる。

(2) 細胞膜表面や細胞内に存在し，特定の情報を受け取るタンパク質は**受容体**と呼ばれ，受容体が受け取る情報には光・音・熱・特定の情報伝達物質(シグナル分子)などがある。受容体と特異的に結合する分子を**リガンド**という。

参考　1. 動物の個体間の情報伝達には音(聴覚刺激)や光(視覚刺激)なども働くが，細胞間では音を出すことが難しく，光は体内を通過しにくいので，情報の伝達のほとんどはリガンドによるものである。
2. リガンドはタンパク質やその他の生体分子に特異的に結合する物質であり，酵素の基質や補酵素などもリガンドに含まれる。

(3) 細胞間の情報伝達は，情報伝達物質の移動距離によって，以下の4つの型に分類される。

1 内分泌型(遠距離のシグナル伝達)(☞p.72 Visual Study)

内分泌細胞から血液中に分泌された情報伝達物質(ホルモン)が特定の受容体に結合することで，その受容体をもつ細胞(標的細胞)にのみ情報を伝達する。

2 シナプス(神経)型(シナプスにおけるシグナル伝達)(☞p.72 Visual Study)

ニューロン(神経細胞)の軸索の末端から分泌された情報伝達物質(神経伝達物質)が，隣接するニューロンの受容体に受容されることにより，情報(興奮)の伝達が起こる(☞p.110)。

3 傍分泌型(近傍へのシグナル伝達)

免疫担当細胞(ヘルパーT細胞など)などから分泌された情報伝達物質(インターロイキンなどのサイトカイン)が，周辺にあり，特定の受容体をもつ細胞にのみ情報を伝達する(☞p.224)。

参考　傍分泌型は，パラクリン型とも呼ばれる。

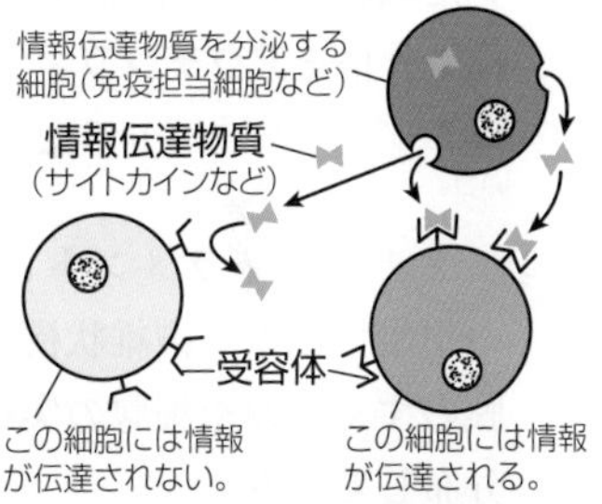

情報伝達物質を分泌する細胞(免疫担当細胞など)
情報伝達物質
(サイトカインなど)
受容体
この細胞には情報が伝達されない。
この細胞には情報が伝達される。

図9-1　傍分泌型の情報伝達

4 接触型(細胞膜の接触によるシグナル伝達)

免疫担当細胞(樹状細胞など)などは，それらの細胞表面に情報伝達物質(MHC上の抗原など)を結合させた状態で，そこに接触する細胞に受容体を介して情報を伝達する(☞p.231)。

参考　カドヘリンやインテグリンは細胞接着(☞p.78)と情報伝達を行うタンパク質である。

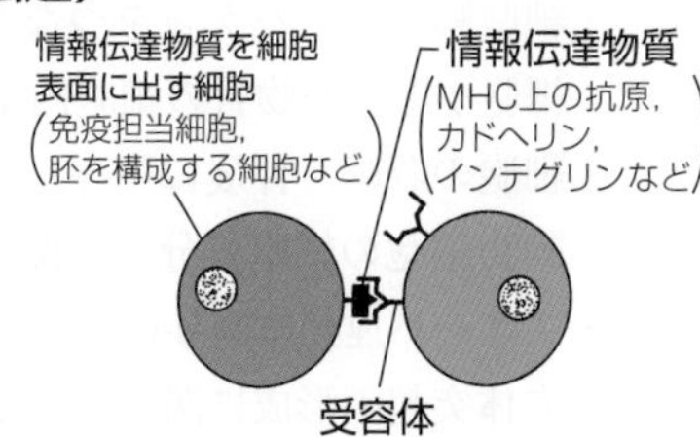

図9-2　接触型の情報伝達

②▶細胞骨格

1 細胞骨格とは

(1) 真核生物の細胞内において，細胞小器官の間は細胞質基質で満たされているが，ここにはタンパク質からなる繊維状構造も張りめぐらされている。

(2) この繊維状構造は細胞骨格と呼ばれ，細胞の立体的な形の保持，細胞の変形や運動，細胞分裂，物質輸送，細胞小器官などの移動にとって，非常に重要な役割を果たしている。

(3) 細胞骨格は，その分子構造から3種類に分けられる。いずれの細胞骨格も，タンパク質の繊維が折り重なるように存在することで網目状の構造をとっており，ある程度の強度をもっている。

(4) しかし，細胞骨格は，強固な不変の構造ではなく，時期や状態に応じて消えたり再構成されたりする構造であり，その働きも多岐にわたる。

2 細胞骨格の種類と特徴

(1) **アクチンフィラメント**

①**アクチン**と呼ばれる球状のタンパク質からなる2本の鎖がらせん状にゆるく巻き付いた繊維状構造(ねじれた二重鎖)をもつ細胞骨格をアクチンフィラメントという。

参考 アクチンフィラメントはマイクロフィラメントともいう。

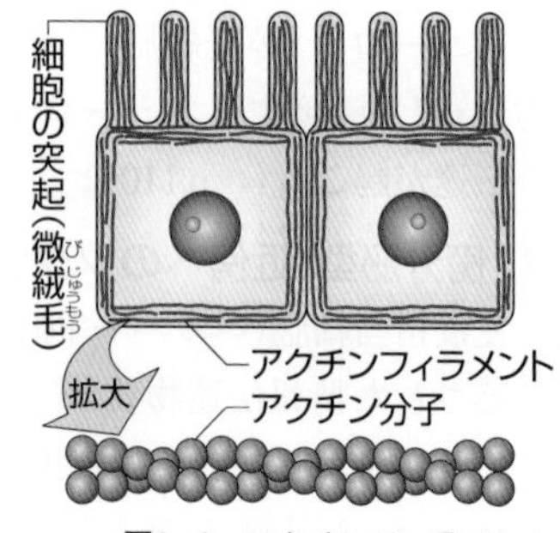

図9-3 アクチンフィラメント

②アクチンフィラメントは，直径5～9nmの中空ではない繊維状構造であり，細胞膜のすぐ内側や細胞の突起の内側に多く分布している。

③アクチンフィラメントの働きとしては，次のようなものが知られている。

・細胞膜のタンパク質をつなぎ留め，細胞膜を安定化する(☞p.80)
・細胞小器官や物質の細胞内輸送における軌道(レール)となる(☞p.76)
・細胞の収縮，伸展に関与
・筋収縮に関与(☞p.127)
・動物細胞の細胞質分裂に関与(☞p.339)
・原形質流動に関与(☞p.76)
・アメーバ運動に関与(アクチンフィラメントが仮足の伸長と収縮に関与)
・先体突起の形成に関与(☞p.453)

(2) 中間径フィラメント

①**ケラチン**などの繊維状タンパク質が集合した構造をもつ細胞骨格を**中間径フィラメント**(ちゅうかんけい)という。

②中間径フィラメントは，直径8～12nm(アクチンフィラメントと微小管の中間)の繊維状構造であり，細胞膜や核膜の内側に網目状に分布している。

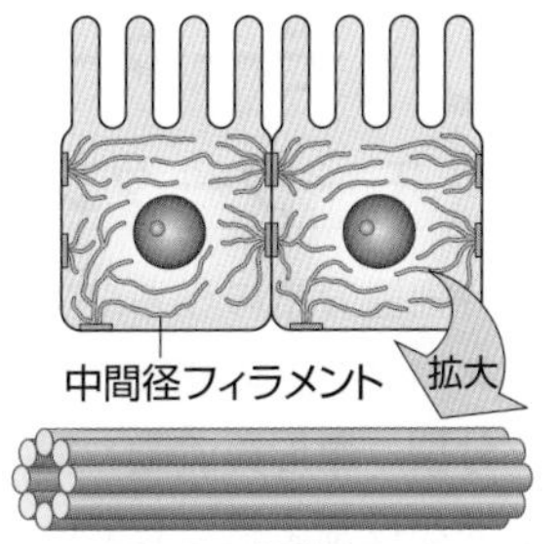

図9-4　中間径フィラメント

③中間径フィラメントの働きとしては，次のようなものが知られている。

・細胞の形を保つ(☞p.80)

・核膜の内側(内膜)を裏打ちし，核の形，位置を保つ

参考　1. 核膜の内膜は，ラミンと呼ばれる中間径フィラメントなどからなる構造(核ラミナ)で裏打ちされているが，核膜の外側(外膜)は中間径フィラメントで裏打ちされておらず，小胞体の一部と連続している。

2. 微絨毛内のアクチンフィラメントの束は，微絨毛の根元の部分で，中間径フィラメントによってつなぎ留められている。

(3) 微小管

①**チューブリン**と呼ばれるタンパク質(αチューブリン●とβチューブリン○の2種類の球状のタンパク質)が結合(●○)して鎖状になったものが13本集まってできた管状の構造(αチューブリン側を－(マイナス)端，βチューブリン側を＋(プラス)端という)をもつ細胞骨格を**微小管**(びしょうかん)という。

②微小管は直径24～25nmの中空の管状構造であり，中心体などの形成中心から細胞の周辺に向かって放射状に分布している。

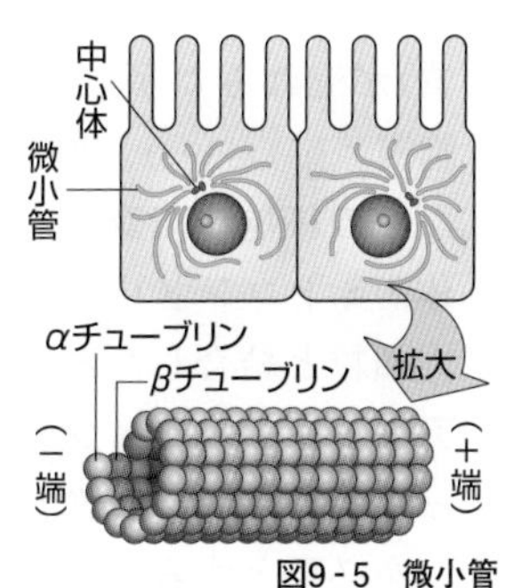

図9-5　微小管

③微小管の働きとしては，次のようなものが知られている。

・細胞小器官や物質の細胞内輸送における軌道(レール)となる(☞p.77)

・紡錘糸の構成要素となり，細胞分裂時の染色体の移動に関与(☞p.338)

・繊毛，鞭毛の構成要素となり，それらの運動に関与(☞p.77)

・中心粒の構成要素となる(☞p.31)　・細胞の形の形成や維持に関与

・植物細胞の細胞質分裂に関与(☞p.339)

参考　以前は，細胞骨格は真核生物のみに特有な構造とされていたが，最近では原核生物の細胞にも繊維性のタンパク質からなる細胞骨格があることがわかってきた(ただし，タンパク質の種類は，真核生物とは異なっている)。

③ モータータンパク質と細胞運動

1 モータータンパク質とは

(1) 細胞骨格のうち，アクチンフィラメントと微小管は，それぞれに特有のタンパク質との相互作用により，物質や細胞小器官などの**構造物の輸送**，**細胞分裂**，**原形質流動**や**繊毛・鞭毛の屈曲**(くっきょく)**運動**などに代表される**細胞運動**にも重要な役割を果たしている。

(2) ATP分解酵素としての活性をもち，ATPの分解で得られるエネルギーを利用し，アクチンフィラメントや微小管をレールとしてその上を移動するタンパク質を**モータータンパク質**という。

(3) モータータンパク質の例としては，アクチンフィラメントをレールとする**ミオシン**，微小管をレールとする**キネシン**や**ダイニン**などがある。

(4) 中間径フィラメントをレールとするモータータンパク質はない。

2 アクチンフィラメントとミオシンによる細胞運動

(1) 細胞の外形は変化せずに内部の原形質(細胞質)が流れるように動く現象を**原形質流動**(げんけいしつりゅうどう)(**細胞質流動**)という。原形質流動は，藻類・植物などの細胞内で葉緑体・核・小胞体・ゴルジ体・ミトコンドリアなどの細胞小器官や細胞内顆粒と結合した**ミオシン**が，細胞内にある**アクチンフィラメント**上を移動することによって起こる。原形質流動は，ATPのエネルギーを必要とするため生きた細胞でしか起こらず，成長して液胞が発達した植物細胞でよくみられ，生命活動に関する物質や，細胞小器官の細胞内における輸送に重要な役割を果たしている。

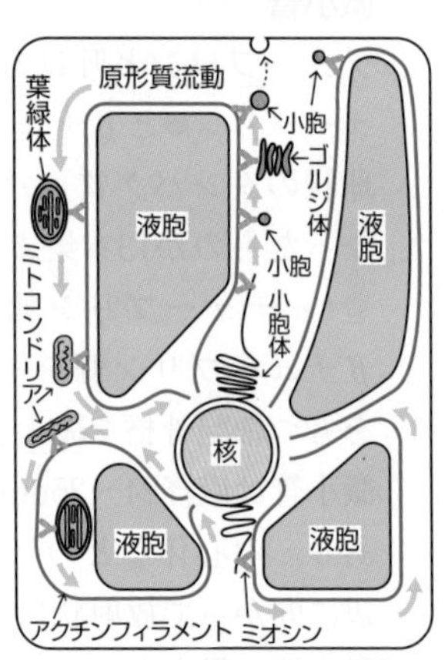

図9-6 原形質流動

(2) 筋原繊維内の**ミオシンフィラメント**が，アクチンフィラメントをたぐり寄せることにより**筋収縮**が起こる(☞p.127)。

(3) 動物細胞では，分裂期において，細胞膜直下にアクチンフィラメントからなる**収縮環**(しゅうしゅくかん)と呼ばれる構造が形成され，終期にアクチンフィラメントとミオシンの相互作用により収縮環が収縮することで細胞がくびれ，細胞質分裂が起こる(☞p.339)。

3 微小管とキネシン・ダイニンによる細胞運動

(1) キネシンやダイニンが，タンパク質などを含む小胞や細胞小器官などと結合し，**微小管**上を移動することにより**細胞内輸送**が起こる。

(2) ニューロンでは，キネシンは神経伝達物質などを含む小胞・細胞小器官・mRNA・タンパク質などと結合して細胞体から軸索の末端方向へ，ダイニンは代謝産物などと結合して軸索の末端から細胞体方向への輸送を行う。

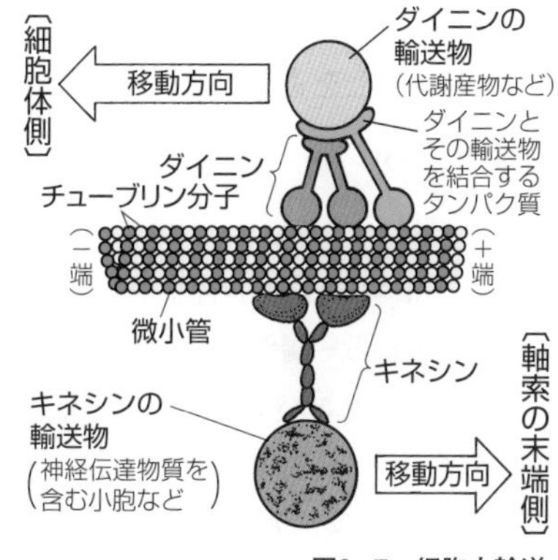

図9-7　細胞内輸送

参考 ニューロンでは，キネシンやダイニンの合成は細胞体内に限られる。キネシンは軸索の末端へ神経伝達物質を含む小胞などを輸送するとともに，ダイニンの輸送も行う。軸索の末端に運ばれたダイニンは，代謝産物などを細胞体方向へ輸送する。

(3) 多くの細胞では，微小管は，中心体のある細胞中央部の核膜付近から周縁部へと広がっており，キネシンは細胞中央部(微小管の－端)から周縁部(微小管の＋端)に向かって移動し，ダイニンはキネシンとは逆方向に向かって移動する。

(4) 微小管とともに繊毛や鞭毛の基本構造を構成している**ダイニン**が，隣接する微小管どうしをすべらせてずれを生じさせることにより，**繊毛・鞭毛の屈曲運動**が起こる。

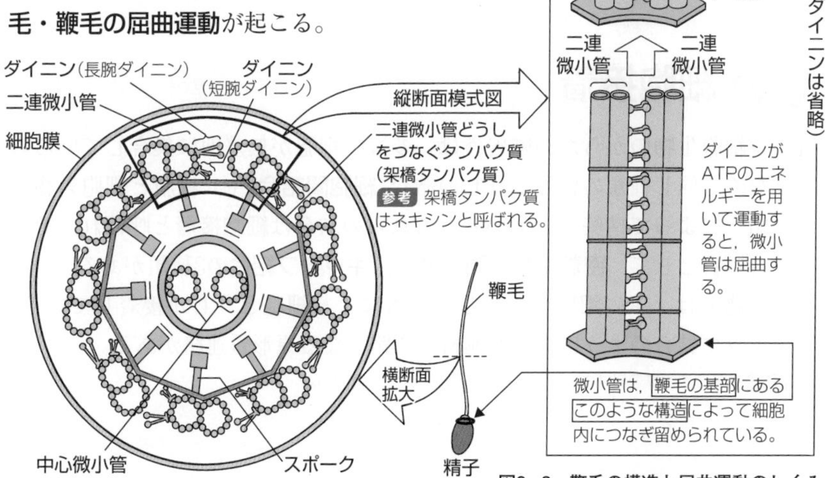

図9-8　鞭毛の構造と屈曲運動のしくみ

(5) 分裂期後期において，細胞膜に結合した**ダイニン**が，中心体を細胞膜へ引きつけるように働くことで，**染色体の両極への移動**が起こる(☞p.339)。

(6) 植物細胞の分裂期終期では，細胞壁の材料を含む小胞が，**キネシン**の働きで微小管上を進みながら融合することで**細胞板**(さいぼうばん)が形成される(☞p.339)。

鞭毛の屈曲運動のしくみ

ダイニンは微小管上を微小管の+端側から−端側へ移動(運動)するモータータンパク質である。鞭毛のダイニン(長腕ダイニン)はこの部分(尾部)で二連微小管と結合して

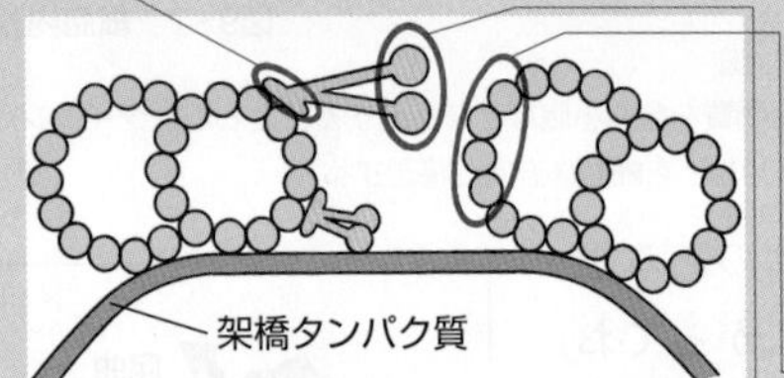

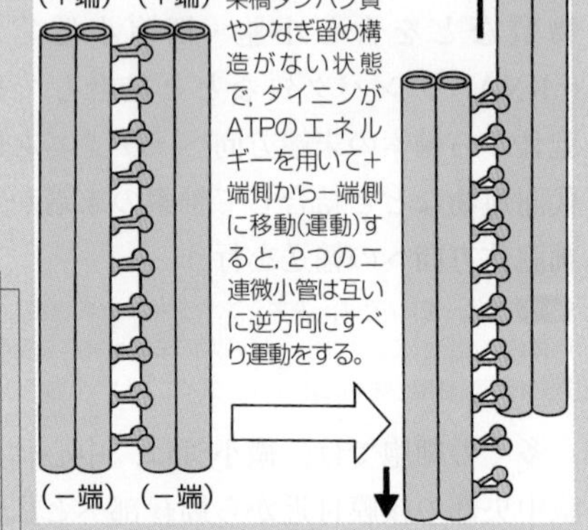

おり，ATPのエネルギーを用いて，この部分(頭部)で隣の二連微小管を「つかみ，押し上げ，離す」を繰り返す。仮に，p.77の図9-8に示したような架橋タンパク質や，鞭毛の基部のつなぎ留め構造が存在しないと，上図右のように2つの二連微小管は互いに逆方向にすべり運動し，やがて分離してしまうが，実際の正常な鞭毛では，図9-8のように二連微小管は互いにつながれているので分離することなく屈曲する。

4 ▶ 細胞接着

(1) 多細胞生物のからだの階層性は，多数の細胞が無差別に集合しているのではなく，同じ種類の細胞どうしの結合(**細胞間結合**)や，細胞と細胞外物質との結合によって構築されている。これらの結合は**細胞接着**(さいぼうせっちゃく)と呼ばれ，その様式(構造)として，**密着結合**，**固定結合**，**ギャップ結合**の3種類がある。

(2) 植物では，主に細胞壁どうしの接着により細胞どうしが接着しているが，ギャップ結合のように細胞間連絡の通路となる原形質連絡がある。

参考 植物の原形質連絡はギャップ結合の一種と考えられている。

(3) 動物のからだを構成する4つの組織(上皮組織・結合組織・筋組織・神経組織)のいずれにも細胞接着がみられるが，細胞接着のすべての様式がみられるのは，細胞が密に並んでいる上皮組織のみである。

(4) 上皮組織でみられる細胞間結合や，細胞と細胞外物質との結合を図9-9に示し，p.80, 81で説明していく。

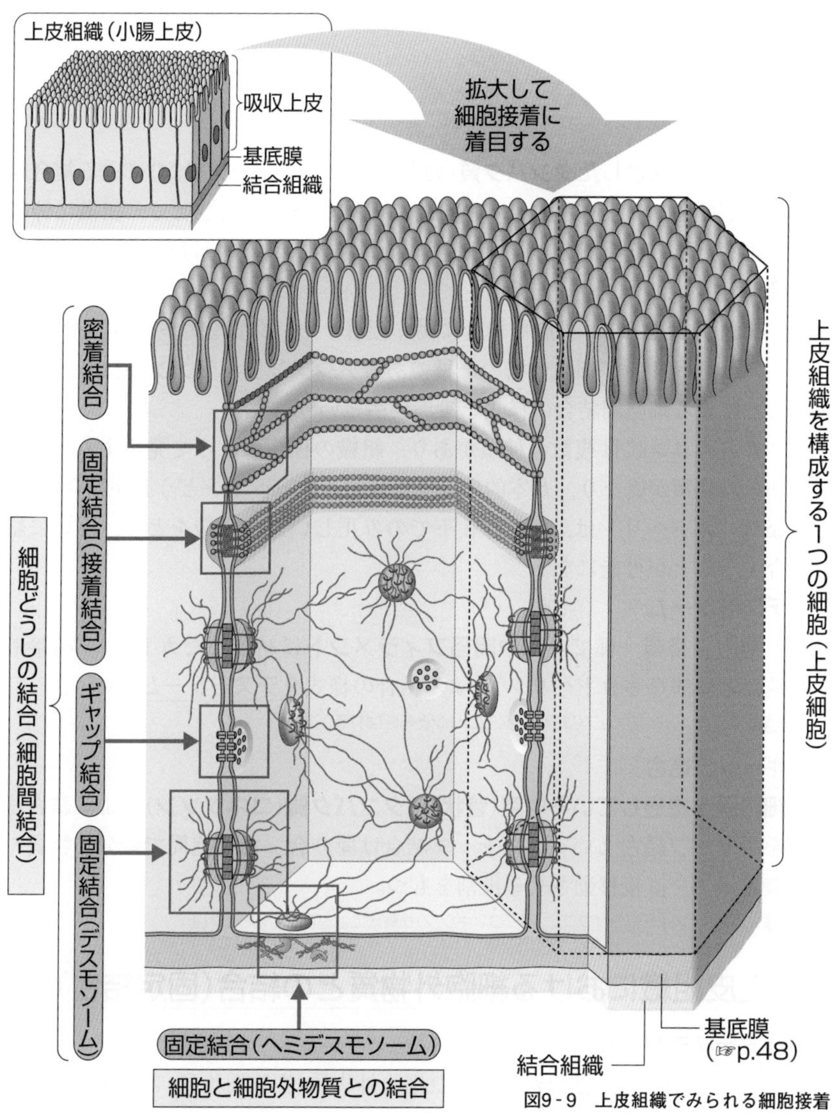

図9-9　上皮組織でみられる細胞接着

1 上皮組織における細胞どうしの結合(細胞間結合)

(1) **密着結合**

細胞膜を貫通している接着タンパク質によって細胞間隙がふさがれ，小さな分子も通過できないほど密着した細胞の層をつくるような結合様式を**密着結合**という。密着結合は，細胞間隙を通って，細菌・ウイルス・不要な物質が入り込んだり，必要な物質がもれ出したりすることを防ぐ役割をもつ。

参考 接着タンパク質には，クローディンやオクルディンなどがある。また，細胞膜上のタンパク質は密着結合部分を越えて移動することはできない。

(2) **固定結合**

細胞骨格と結合したタンパク質(カドヘリンやインテグリン)による結合様式を**固定結合**という。隣り合った細胞の細胞骨格を連結させて，組織に伸縮性と強度を与える役割をもつ。固定結合は次の①，②に分けられる。

①接着結合

細胞膜を貫通し，細胞間結合に働く接着タンパク質を**カドヘリン**といい，このカドヘリンが細胞骨格の一種である**アクチンフィラメント**に結合することによる細胞間結合の様式を**接着結合**という。

カドヘリンには複数の種類があり，組織の種類によって発現するカドヘリンの種類が異なり，基本的には同じ種類のカドヘリンどうしが結合する。なお，カドヘリンは，Ca^{2+}存在下でのみ正しい立体構造をとり，互いに結合することが可能になる。

②デスモソーム

細胞骨格の一種である**中間径フィラメント**に結合したカドヘリン(接着結合とは異なるカドヘリン)による結合の様式を**デスモソーム**という。

参考 デスモソームのカドヘリンはデスモコリンとも呼ばれる。

(3) **ギャップ結合**

細胞膜を貫通している中空(管状)のタンパク質(コネクソン)による結合様式を**ギャップ結合**という。ギャップ結合は隣り合った細胞間で低分子物質や無機イオンを直接移動させる役割をもつ。

参考 コネクソンは6個のサブユニット(コネキシン)が輪状に並ぶことで形成される。

2 上皮組織における細胞外物質との結合(固定結合)

(1) **ヘミデスモソーム**

①動物の体内では，細胞が分泌した細胞外物質(細胞間物質)と，細胞との結

合もみられる。この結合に働くのは，細胞膜を貫通した接着タンパク質であり，**インテグリン**と呼ばれる。

②上皮組織と結合組織の間には基底膜が存在（☞p.48）しており，上皮組織の細胞は中間径フィラメントに付着したインテグリンを介して基底膜と固定結合している。このような結合様式を**ヘミデスモソーム**という。

参考 ヘミデスモソームの「ヘミ」は「半分」の意であり，デスモソームの半分のような構造をしていることから付けられた名称である。

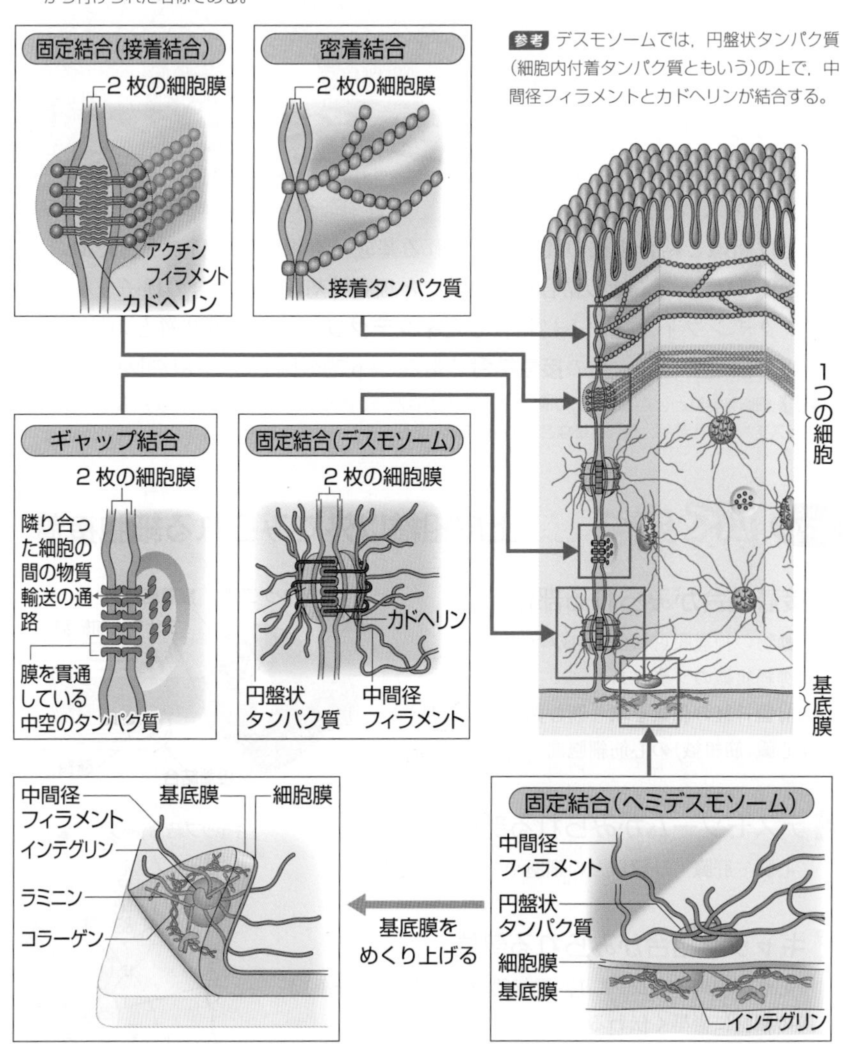

図9-10　上皮組織でみられる細胞接着（詳細）

(2) **接着結合**

①細胞と細胞外物質との結合は，上皮組織と基底膜との結合の他に，種々の組織で見ることができる。

②細胞外物質のうち，**フィブロネクチン**，**コラーゲン**などの**糖タンパク質**(糖と結合したタンパク質)や**プロテオグリカン**などからなる構造は，<u>細胞外基質</u>(細胞外マトリックス)と呼ばれ，

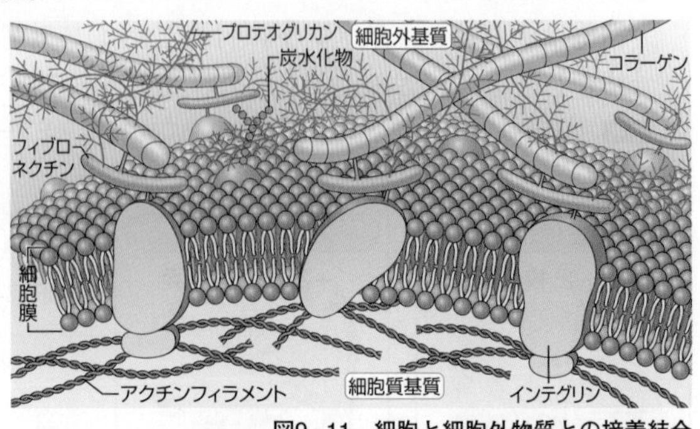

図9-11　細胞と細胞外物質との接着結合

上皮組織と結合組織の間に形成される基底膜も細胞外基質の一種である。

③図9-11に，ある種の結合組織の細胞と細胞外基質との結合の様子を示した。アクチンフィラメントに結合した**インテグリン**と細胞外基質との結合様式は，固定結合の一種の**接着結合**である(☞p.79の図9-9，p.81の図9-10)。

参考 細胞外物質としては，上記の他に，コラーゲンに次いで量の多いエラスチンというタンパク質がある。エラスチンは，大動脈，肺，靭帯などの伸長性の高い結合組織の弾性繊維を構成するタンパク質である。

もっと広く深く　上皮組織以外でみられる細胞接着

1 接着結合がみられる部位

①動物の神経胚(神経管形成☞p.468)
②神経組織のシナプス
③有髄神経の軸索を取り囲む髄鞘の層の間
④心臓(筋組織)の心筋細胞間

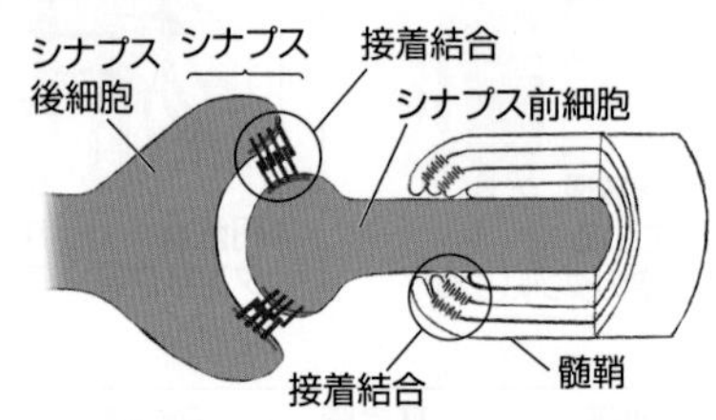

2 デスモソームがみられる部位

心臓・肝臓・ひ臓などの細胞や一部の神経細胞

3 ギャップ結合がみられる部位

心筋細胞間(これにより，電気的なシグナル(脱分極)が隣の細胞に素早く伝わる)

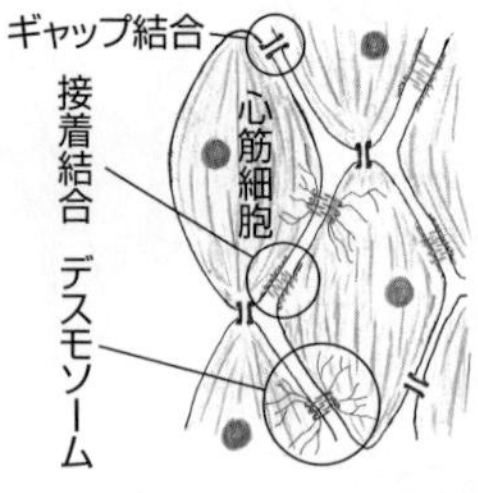

第2章

動物の反応と行動

受容器(1):眼

The Purpose of Study 到達目標

1. ヒトの感覚の名称を9種類と，それぞれの受容器を言える。p. 85
2. ヒトの眼の構造を図示して，それぞれの部位の働きを説明できる。p. 86, 87
3. 「(チン)ショウタイ」・「コウサイ」・「スイタイ細胞」を漢字で書ける。p. 86
4. ヒトの眼の明順応，暗順応について説明できる。p. 90
5. ヒトの眼の遠近調節について，毛様筋を図示して説明できる。p. 91

Visual Study 視覚的理解

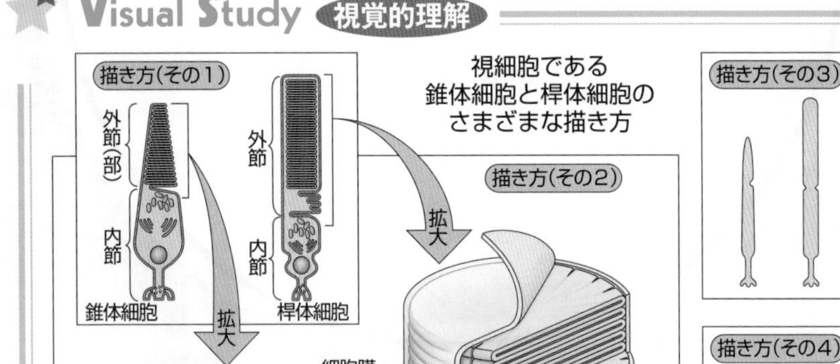

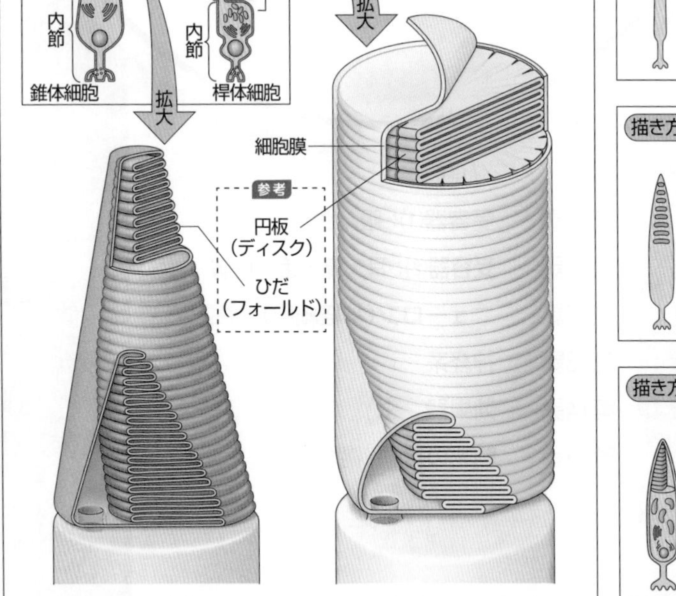

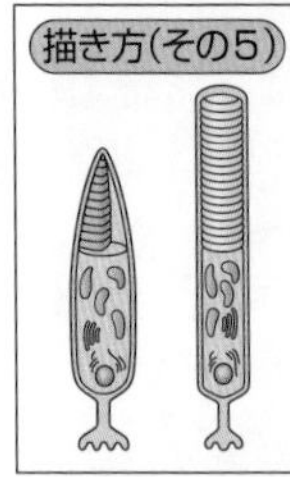

①▶刺激の受容から反応まで

(1) 眼・耳のように刺激を受け取る器官（部分）を**受容器**（感覚器）といい，筋肉のように刺激に応じた反応を起こす器官（部分）を**効果器**（作動体）という。

(2) からだの構造が複雑な多細胞動物では，受容器，効果器，それらの間の連絡経路に当たる**神経系**が発達しており，刺激の受容から反応までの経路を模式的に表すと，図10-1のようになる。

図10-1 刺激の受容から反応までの経路

(3) 単細胞生物では，受容器・神経系・効果器に相当するすべてのしくみが細胞内に備わっており，刺激の受容から反応までが1つの細胞で起こる。

②▶受容器と適刺激

(1) 受容器に存在し，特定の刺激に対して特に敏感な細胞を**感覚細胞**（**受容細胞**）という。

(2) それぞれの受容器が，自然状態で受容することができる刺激の種類は決まっており，これを**適刺激**という。

(3) ヒトの眼の適刺激は，約400～720nmの波長の光であり，この範囲の付近の光を可視光（可視光線）という。ミツバチの眼では，約300～650nmの波長の光が適刺激であり，ヒトが受容できない紫外線（約300～400nm）も受容できる。ヒトの耳の適刺激は約20～20,000ヘルツ（☞p.97）の音波であるが，イルカでは約150～150,000ヘルツである。

(4) 感覚細胞で興奮（☞p.104）が生じるために必要最小限の適刺激の強さを**閾刺激**という。

受容器		適刺激	感覚
眼	網膜	光（可視光）	視覚
耳	うずまき管（コルチ器）	音（音波）	聴覚
耳	前庭	からだの傾き（重力の方向）	平衡覚（平衡感覚）
耳	半規管	からだの回転（リンパ液の流れ）	平衡覚（平衡感覚）
鼻	嗅上皮	気体中の化学物質	嗅覚
舌	味覚芽（味蕾）	液体中の化学物質	味覚
皮膚	圧点（触点）	接触による圧力	圧覚（触覚）
皮膚	痛点	強い圧力，熱，化学物質など	痛覚
皮膚	温点	高い温度	温覚
皮膚	冷点	低い温度	冷覚

表10-1 ヒトの受容器と適刺激

参考 1. 筋肉や腱などにある受容器（筋紡錘や腱紡錘）により起こる皮下深部の感覚を，深部感覚という。

2. 感覚細胞では，細胞内部や表面にある受容体が，光や音などの物理的な刺激や化学物質を受容すると，Gタンパク質やセカンドメッセンジャー（☞p.197）などを介してイオンチャネルが活性化され，刺激の強さに応じた膜電位（☞p.104）の変化が生じる。このようなしくみで生じる膜電位の変化を受容（器）電位という。

❸ ヒトの眼の構造と働き

名称	働き・特徴
網膜	**錐体細胞**と**桿体細胞**という2種類の視細胞，連絡神経細胞，視神経細胞，色素（上皮）細胞などからなる上皮組織。視細胞は光を受容する**感覚細胞**であり，外節で光を吸収し，その情報は内節を経て神経細胞へ伝えられる。 参考 色素細胞の層は，視細胞が吸収しなかった光を吸収し，その散乱を防ぐ。連絡神経細胞は，光を受容した視細胞からの情報を統合し，視神経細胞に伝える。
脈絡膜	強膜と網膜の間の膜。前方に毛様体と虹彩が続く。 参考 多量のメラニン色素を含み，光を吸収する。また，脈絡膜に分布する血管を介して網膜に栄養が供給される。
強膜	眼球の最外層を包み，眼球を保護する。 参考 眼球を動かす筋肉（眼筋）の付着部位となる。
黄斑	網膜において，視野の中心に対応する部位。錐体細胞が集中している。
盲斑	視神経が網膜を貫いている部分。視細胞がない。
視神経	眼から中枢神経へ視覚情報を運ぶ視神経繊維の束。
ガラス体	水晶体と網膜の間の空間を埋めるゼラチン様物質。
水晶体	光を屈折させ，網膜上に結像させる。レンズともいう。
前眼房	水晶体前部にあり，角膜と虹彩の間の腔所を前眼房といい，その内部の液体は角膜や水晶体に栄養を運ぶとともに，光を屈折させる。
虹彩 瞳孔	虹彩に囲まれた小孔を瞳孔（ひとみ）という。虹彩・瞳孔は一般に黒目と呼ばれる部分に相当し，黒目の中央部の最も濃く見える部分が瞳孔に相当する。瞳孔の大きさが明暗によって反射的に調節されることにより眼に入る（網膜に達する）光の量が調節される。
角膜	強膜の前方部分で，強膜より曲率が大きい。水晶体を保護したり，光を屈折させる働きをもつ。
結膜	眼球の前面約4分の1（白目に相当する部分）を包んだのち折れ返り，まぶたの内側につながる。 参考 眼球とまぶたを結ぶ膜の意で結膜と名付けられた。
チン小帯 毛様体	チン小帯は，毛様体と水晶体をつなぐ繊維状の構造であり，チン小帯と，毛様体にある毛様筋により，**水晶体の厚さ**が調節されている。

表10-2　ヒトの眼の各部位の働き・特徴

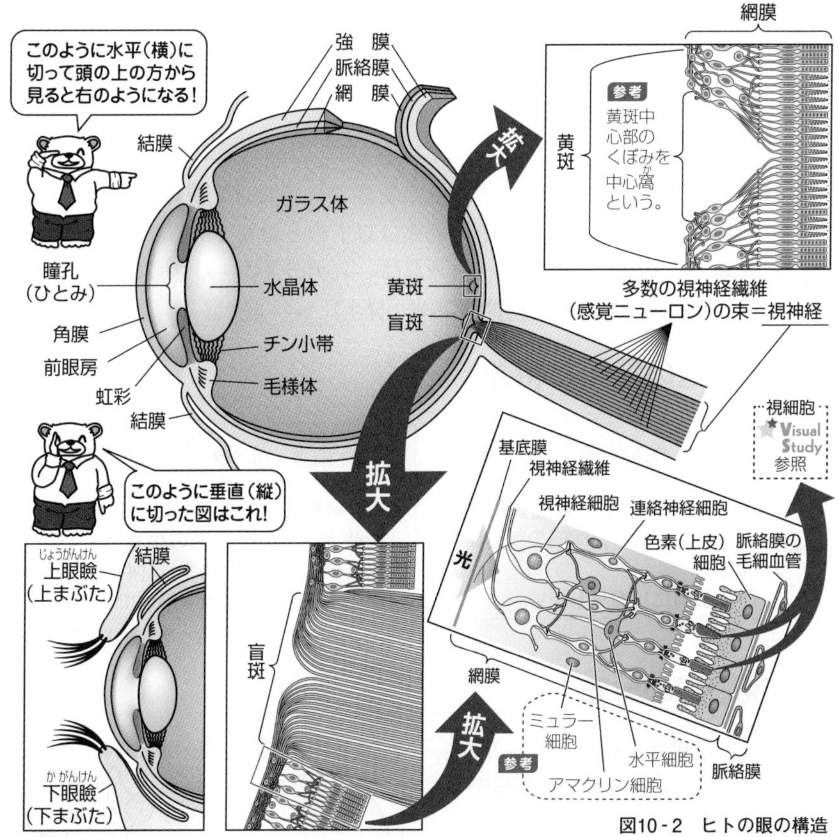

このように水平（横）に切って頭の上の方から見ると右のようになる！
強膜
脈絡膜
網膜
結膜
ガラス体
拡大
網膜
黄斑
参考
黄斑中心部のくぼみを中心窩（か）という。
瞳孔（ひとみ）
水晶体
黄斑
盲斑
多数の視神経繊維（感覚ニューロン）の束＝視神経
角膜
前眼房
チン小帯
虹彩
毛様体
結膜
視細胞 Visual Study 参照
基底膜
視神経繊維
このように垂直（縦）に切った図はこれ！
拡大
視神経細胞
連絡神経細胞
光
色素（上皮）細胞
脈絡膜の毛細血管
上眼瞼（じょうがんけん）（上まぶた）
結膜
盲斑
網膜
拡大
ミュラー細胞
参考
水平細胞
アマクリン細胞
脈絡膜
下眼瞼（かがんけん）（下まぶた）

図10-2　ヒトの眼の構造

もっと広く深く　ヒトの眼とフィルムカメラの共通点

〔共通点〕フィルム上に写る像も網膜に写る像も，上下左右が逆になっている。ただし，フィルムの場合は反転させることにより正常な像となり，眼の場合は脳により正常な像として認識できるようになっている。

フィルム
キャップ
シャッター
ピント調節
しぼり
網膜
まぶた
毛様体（筋）
チン小帯
虹彩
視神経により
空気
ガラス体
（この位置の変化によりピント合わせ）
レンズ
（この厚さの変化によりピント合わせ）
角膜
前眼房
水晶体
カメラ
ヒトの眼
レンズ筒
暗箱
脈絡膜
強膜

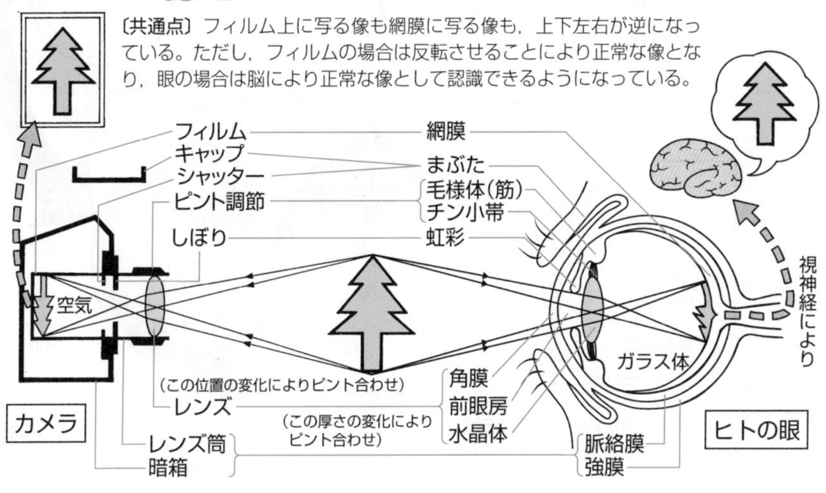

❹ ▸ 視細胞

1 視覚の発生

光が，ヒトの**視覚器**である眼によって受容され，大脳で**視覚**(光によって生じる感覚)が発生するまでのおよその経路は以下のとおりである。

光 → **角膜** → **前眼房** → **瞳孔** → **水晶体** → **ガラス体** → **網膜の視細胞** → **連絡神経細胞** → **視神経** → **大脳皮質の視覚野(視覚の発生)**

2 視細胞の種類と特徴

	桿体細胞	錐体細胞
特徴	・光を吸収する物質(**視物質**)を含み，弱光下でも働き，**明暗の識別**に関与する。 ・色の識別には関与しない。	・光を吸収する物質(**視物質**)を含み，主に強光下で働き，**色の識別**(色の違いを見分けること，色覚)に関与する。 ・弱光下や暗所では色を識別できない。

表10-3　視細胞の種類と特徴

3 視細胞の分布

(1) 黄斑には**錐体細胞**が多く存在し，黄斑以外の部分には**桿体細胞**が多い。

(2) 視神経が網膜を貫いている部分である**盲斑**には，錐体細胞も桿体細胞も存在していないので，盲斑では光は受容されない。

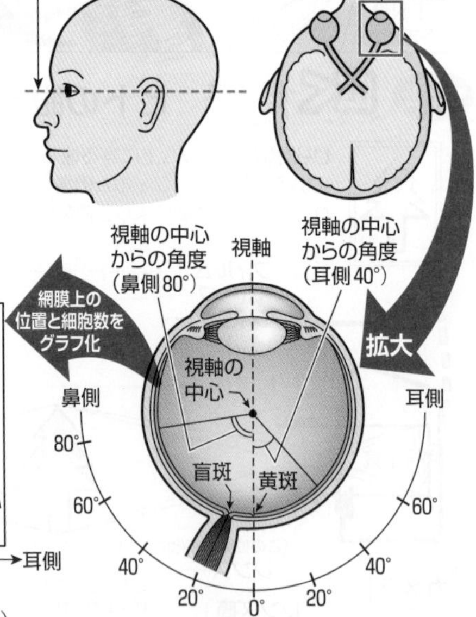

図10-3　網膜における視細胞の分布

4 視物質と光の受容

以下の①～④(番号は図10-4に対応)に示すように，視細胞の外節に含まれる**視物質**(視色素)が光を吸収してその構造が変化すると，視細胞は興奮する。

①桿体細胞の視物質は**ロドプシン**と呼ばれ，オプシン(タンパク質の一種)とレチナール(体内でビタミンA(レチノール)からつくられ，光の吸収に働く物質)からなる。

参考 静止状態の桿体細胞ではイオンチャネルが開いている。多くの神経細胞では，静止状態における膜電位は−60～−80mVであり，刺激を受容すると脱分極(☞p.104)する。しかし，脊椎動物の視細胞では，暗状態で膜電位が少し脱分極しており，−30～−40mVであり，光刺激によって過分極(☞p.104)する。

②光を受容するとレチナールの構造が変化し，レチナールはオプシンから離れる。

参考 レチナールは光を吸収することにより，レチナール分子中のシス型二重結合がトランス型に変わり，オプシンから離れることができるようになる。

③オプシンの構造が変化し，興奮が生じる。

参考 図10-4には示されていないが，オプシンの構造が変化すると，Gタンパク質(☞p.197)の一種(Gt)が活性化される。活性化されたGtが，セカンドメッセンジャーの一種(cGMP)を分解する酵素(図10-4中の⬭)を活性化し，細胞内のcGMP濃度を低下させる。その結果，暗状態で開いていたcGMP依存性イオンチャネルが閉じ，膜電位がマイナスに傾き(過分極し)，受容(器)電位が発生する。

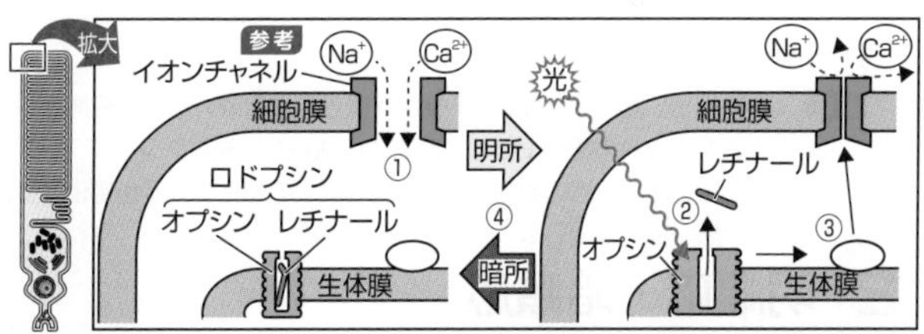

図10-4　桿体細胞の視物質と光の受容と興奮

④その後，暗所で①の状態に戻る。

5 視細胞が受容する光の波長

(1) 桿体細胞の視物質であるロドプシンは，500nm付近の波長の光を最も強く吸収する。

(2) 錐体細胞に含まれる視物質*(ロドプシンとは異なり，**フォトプシン**とレチナールからなる)は，最も強く吸収する光の波長によって3種類に分けられ，1つの錐体細胞では，この3種類の視物質のうちの1種のみが特異的に発現している。

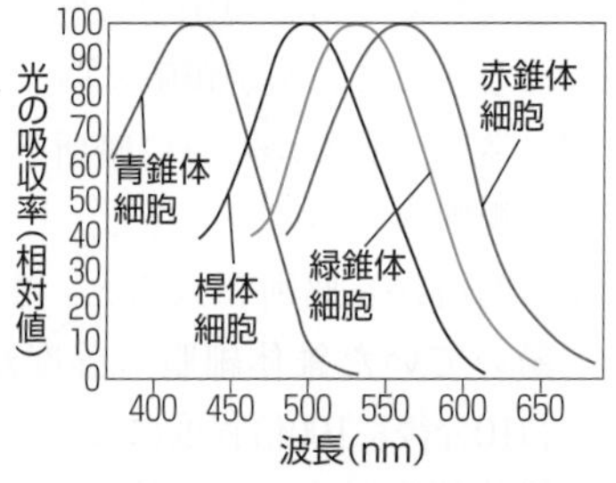

図10-5　ヒトの視細胞の光の吸収率

参考 ＊アイオドプシン(イオドプシン)と呼ばれ，オプシンとレチナールから構成されているが，ロドプシンのオプシンをスコトプシン，アイオドプシンのオプシンを**フォトプシン**と区別することもある。

(3) 錐体細胞は，含まれる視物質の種類によって，最もよく吸収する光の波長がそれぞれ異なる3種類(青錐体細胞420nm，緑錐体細胞530nm，赤錐体細胞560nm付近)に分けられ，これらの細胞の興奮の程度により**色**の違いを認識できる。

5 ▸ ヒトの眼の調節

1 明暗調節(光量調節)

(1) 眼に入る(網膜に達する)光量は，**虹彩**によって調節される。

(2) 虹彩は，虹彩内を環状に並ぶ筋肉(瞳孔括約筋)と放射状に並ぶ筋肉(瞳孔散大筋)からなり，明所では瞳孔を縮小して眼に入る光量を減らし，暗所では瞳孔を拡大して眼に入る光量を増やす。

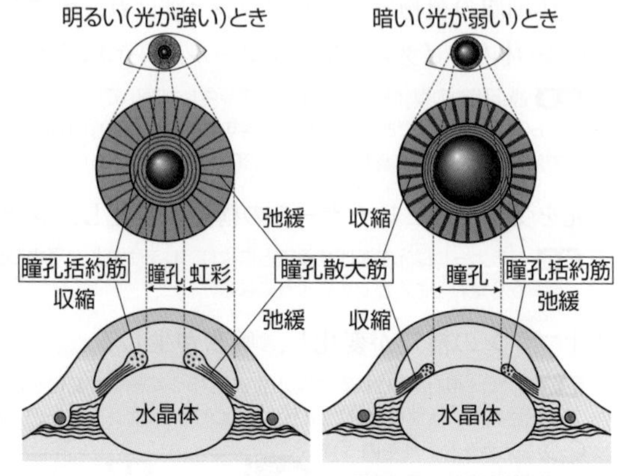

図10-6　明暗調節のしくみ

参考　1. 瞳孔括約筋は副交感神経の支配を受け，瞳孔散大筋は交感神経の支配を受ける。
2. 左右いずれの眼が受容した明るさの情報も，神経やシナプスを介して脳の両側(の動眼神経副核)に至るので，一方の眼が光を受けても両眼の瞳孔の直径が変化する。

2 明順応・暗順応

(1) 暗所から急に明所に出ると，はじめはまぶしく感じよく見えなくなるが，しばらくすると視細胞の感度(感受性)が低下し，やがてふつうに見えるようになる。これを**明順応**という。

(2) 逆に，明所から急に暗所へ入るとはじめは何も見えないが，しばらくすると視細胞の感度が上昇し，しだいに見えるようになる。これを**暗順応**という。

(3) 明所から暗所に入ると，まず明所で主に働いていた錐体細胞の感度が上昇するが，約10分後に100倍程度になると上昇は止まる。桿体細胞はすぐには働かないが，しばらくすると，その感度を上昇させ(30～60分で1万～10万倍にし)，弱い光も感知できるようになる。これが暗順応のしくみである。

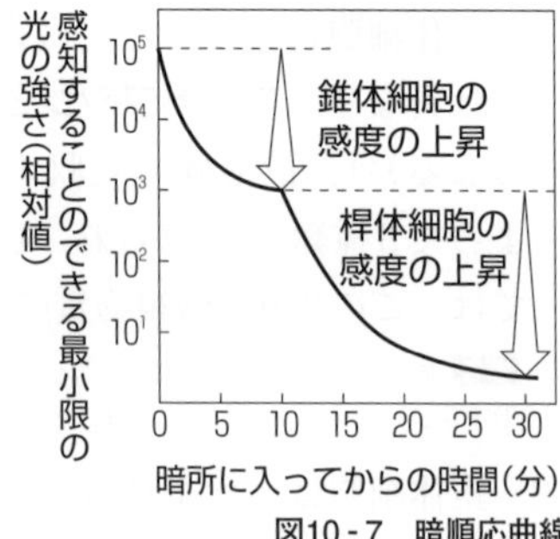

図10-7　暗順応曲線

参考　1. 暗順応における視細胞の感度の変化を表したグラフでは，縦軸を「視細胞の感度」とするものもある。
2. 桿体細胞は，色素上皮細胞から供給されるレチナールの材料を用いて，大量のロドプシンを合成しなければならないので，感度上昇に要する時間は長い。これに対して，錐体細胞はもともと少量の視物質しか含まず，それを自力で合成できるので，感度上昇に要する時間は短い。

田部の裏づけ

明順応と暗順応の「見えない」と「見えるようになる」とは？

暗所から明所に出た直後のまぶしくて(真っ白で)よく「見えない」状況と，明所から暗所に入った直後の暗くて(真っ黒で)よく「見えない」状況は，いずれも「明暗の差(コントラスト)がはっきりしていない」ということであるが，それぞれの視細胞の状態は異なっている。

①暗所から明所に出たときの「見えない」は，暗所で大量に蓄積されていたロドプシンが光によって急激に変化するので，明部も暗部も見え過ぎて，コントラストがなくなっている状態である。つまり，桿体細胞は過度に興奮しているが脳は「見えていない」状態である。やがて，ロドプシンが減少し，桿体細胞の感度が低下するとともに錐体細胞が働くようになるので，コントラストがはっきりする。これが明順応の「見えるようになる」である。

②明所から暗所に入ったときの「見えない」は，明所でロドプシンなどの視物質が減少していた状態で暗所に入ったことで光の受容量が不足し，明部を明部として認識できないため，コントラストがなくなっている状態である。つまり，桿体細胞と錐体細胞が興奮せず，脳は「見えていない」状態である。やがて錐体細胞では，視物質の合成・蓄積が進み感度が上昇し，さらに桿体細胞ではロドプシンが大量に合成・蓄積されて感度が上昇するので，コントラストがはっきりする。これが暗順応の「見えるようになる」である。

3　遠近調節

(1) ヒトの眼には，**水晶体**の厚みを変えて焦点距離を調節し，網膜に正しく像を結ばせる遠近調節のしくみがある。

(2) 近くを見るときは，**毛様体の輪状の筋肉**(**毛様筋**)が収縮し，輪の直径が縮小して，チン小帯が**弛緩する**(ゆるむ，たるむ)ので，球状になろうとする性質をもつ水晶体は厚くなる。

(3) 遠くを見るときは，毛様筋が弛緩し，輪の直径が拡大して，チン小帯が**緊張する**ので水晶体は薄くなる。

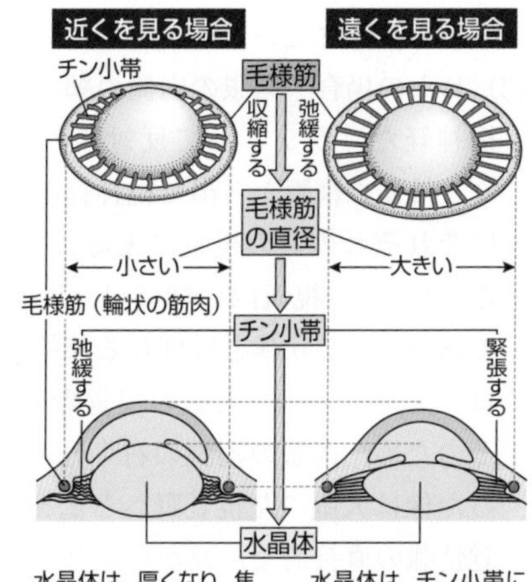

図10-8　遠近調節のしくみ

近視と遠視

［無調節の状態で，無限の遠くからの平行光線が網膜中心に結像する場合］

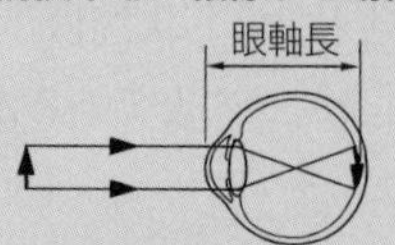

正視（正常眼）では，遠近のどちらを見る場合も，像が網膜上で結ばれる。

〔近視の場合〕

近視では，眼軸長が長いか，水晶体の屈折率が大きいため，像が網膜の手前で結ばれる。

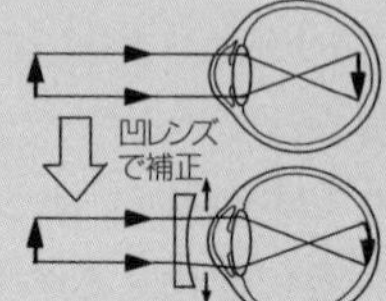

〔遠視の場合〕

遠視では，眼軸長が短いか，水晶体の屈折率が小さいため，像が網膜の奥で結ばれる。

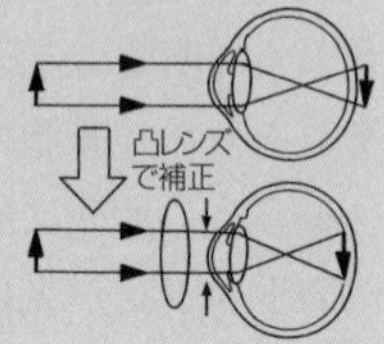

6 ▸ 視交さ

(1) 左右どちらの眼球でも，黄斑の中心を境として右側の視野※は網膜の左側に結像し，左側の視野は網膜の右側に結像する（視野と網膜上の像では，上下も逆になる）。

※眼前の一点を固視して，同時に見ることのできる空間の範囲を視野という。

(2) 左右の眼の網膜の視細胞で生じた興奮は，視神経によって大脳に伝えられるが，視神経は，間脳の直前で交さして，視索となって間脳に入る。この視神経が交さすることを**視交さ**という。

(3) ヒトの場合，両眼の内側の網膜から出た視神経だけが交さして反対側の視索に入り，外側の網膜から出た視神経は交させずにそれぞれの側の視索に入る（これを半交さという）。視索内の情報は，間脳の一部である外側膝状体と呼ばれる部位でニューロンを乗りかえ，大脳の視覚野へ向かう。そのため，両眼の網膜の右半分に写った像は大脳の右視覚野へ，左半分に写った像は大脳の左視覚野へと伝えられる。これによって左右の眼球からの視覚情報の直接的な比較が可能となり，**立体視**が得られる。

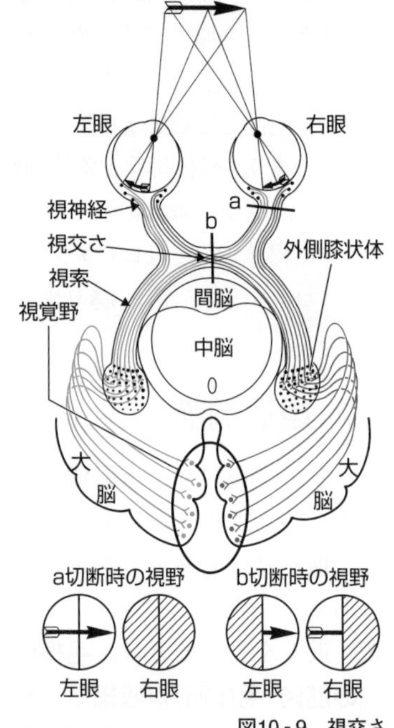

図10-9　視交さ

参考　1．すべての生物がヒトと同様に半交さするわけではない。両眼が顔面の前方に位置しているネコやサル，カエル（成体）などは半交さするが，鳥・おたまじゃくし・魚などは全交さする。

2．片眼のみでも，全交さの動物でも立体視が可能なものもいる。

7 盲斑の検出

盲斑・黄斑間の距離は以下のように測定する。

(1) 図10-10のように✚印と●印を$x$cmの間隔で記した盲斑検出紙(板)を用意する。

(2) 左眼を閉じ，右眼の前方約25cmの位置に検出紙を置き，✚印を正視する。

(3) 眼を動かさないようにして検出紙を前後に動かし，●印が見えなくなるときの眼と検出紙との間の距離(y cm)を測定する。

(4) 図10-11のような作図と計算によって，盲斑と黄斑の間の直線距離を求めることができる。

(5) 例えば，$x=5$，z(水晶体と網膜の距離)$=2$，$y=20$の場合，$w=\frac{5\times2}{20}=0.5$(cm)となる。

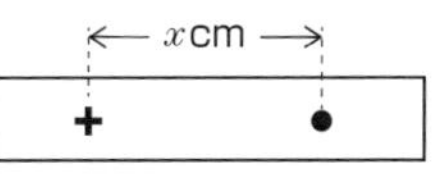

図10-10 盲斑検出紙

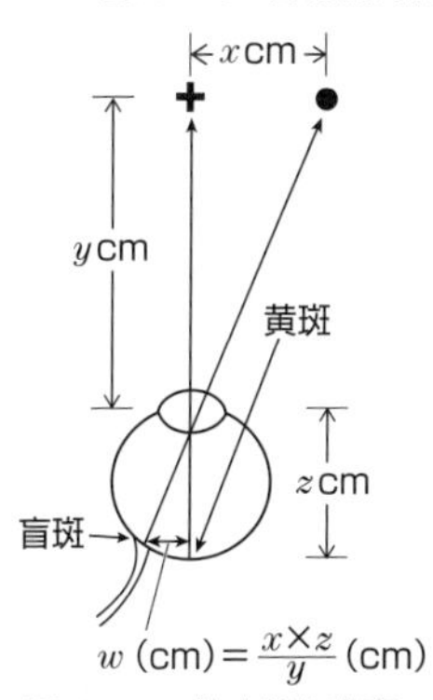

図10-11 検出紙と盲斑・黄斑の位置図

第2章

もっと広く深く いろいろな動物の視覚器

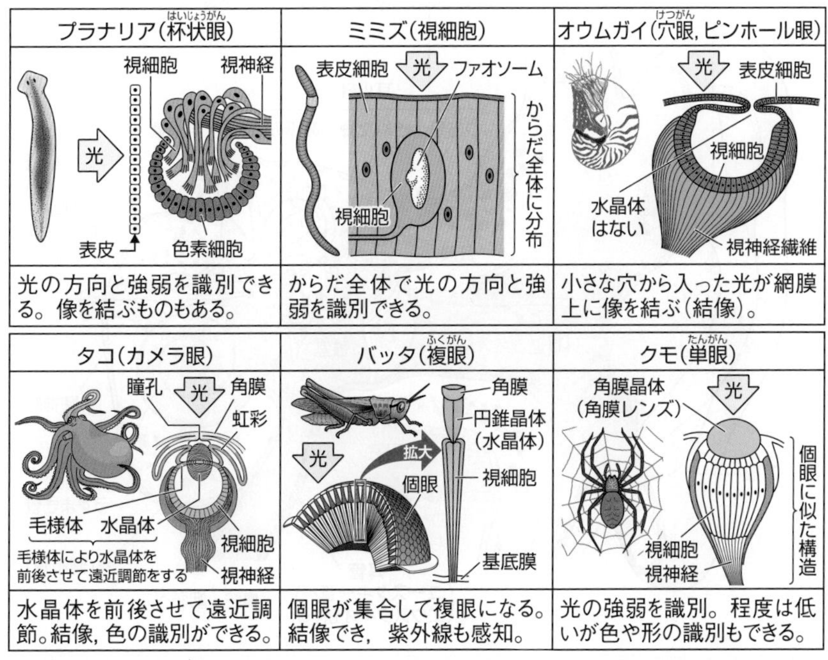

受容器(2):耳・鼻・舌・皮膚

The Purpose of Study 到達目標

1. ヒトの耳の構造を模式的に描ける。……p. 94
2. ヒトの聴覚が発生するしくみ(経路)を説明できる。……p. 96, 97
3. ヒトの前庭と半規管の構造を図示しながら平衡覚が発生するしくみを説明できる。……p. 98, 99
4. ヒトの嗅覚と味覚について説明できる。……p. 100
5. ヒトの皮膚の感覚点について説明できる。……p. 101

Visual Study 視覚的理解

ヒトの耳の構造

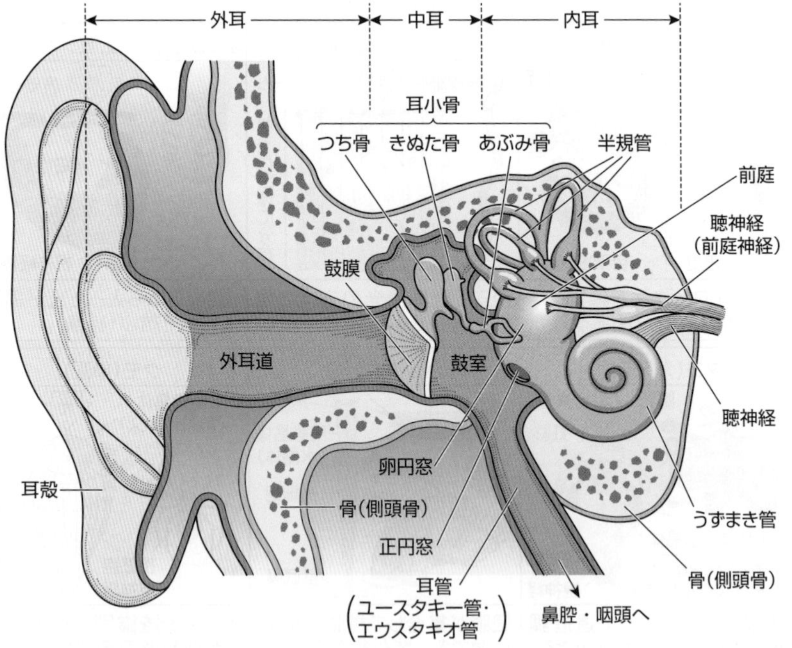

外耳
中耳
内耳
耳小骨
つち骨
きぬた骨
あぶみ骨
半規管
前庭
聴神経
(前庭神経)
鼓膜
外耳道
鼓室
聴神経
卵円窓
耳殻
骨(側頭骨)
うずまき管
正円窓
骨(側頭骨)
耳管
(ユースタキー管・
エウスタキオ管)
鼻腔・咽頭へ

1 ▶ヒトの耳の構造と働き

(1) ヒトの耳は，p.94 Visual Studyのように，外耳(がいじ)・中耳(ちゅうじ)・内耳(ないじ)の3つの部分からできている。

(2) 内耳には，**聴覚器**として音(音波)を受容する**うずまき管**と，**平衡(受容)器**としてからだの傾きを受容する**前庭**(ぜんてい)，からだの回転を受容する**半規管**(はんきかん)がある。

(3) うずまき管の内部は膜で仕切られ，3階建て構造(1階に相当する**鼓室階**(こしつかい)，2階に相当する**うずまき細管**(さいかん)，3階に相当する**前庭階**(ぜんていかい))になっており，いずれの階もリンパ液で満たされている。

(4) うずまき管の先端部(最も奥の部分)ではうずまき細管が存在せず，前庭階と鼓室階は連結している(p.97 図11 - 2⑧)。

(5) 耳に入った音(音波，空気の振動)が受容され，大脳で聴覚が発生するまでのおよその経路は以下のとおりである。

耳殻で集められ，外耳道を通ってきた音波 → **鼓膜**(こまく)の振動 → **耳小骨**(じしょうこつ)の振動 → 前庭階の**リンパ液**の振動 → **基底膜**(きていまく)の振動 → **コルチ器**(コルチ器官)の振動 → 聴細胞の興奮 → 聴神経による興奮の伝導・伝達 → 大脳(聴覚の発生)

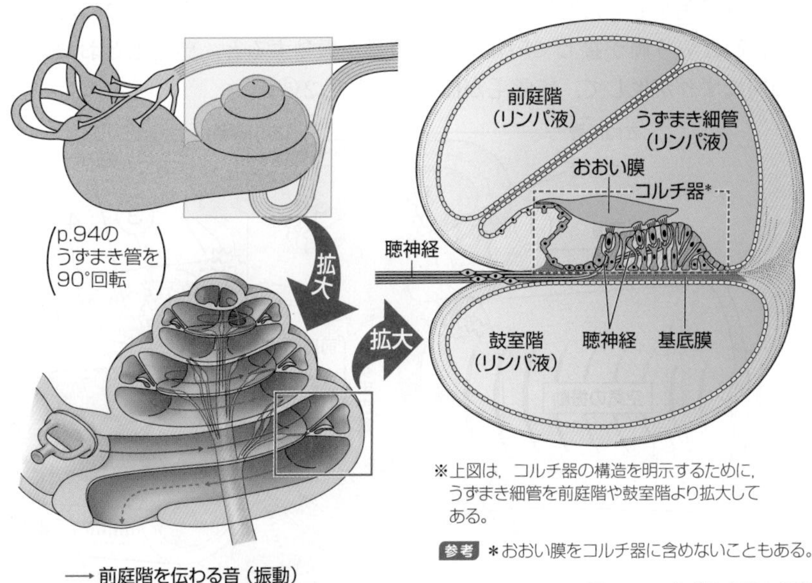

※上図は，コルチ器の構造を明示するために，うずまき細管を前庭階や鼓室階より拡大してある。

参考 ＊おおい膜をコルチ器に含めないこともある。

図11 - 1　うずまき管の構造

❷ ▶ ヒトの聴覚が生じるしくみ

(1) 図11-2は，外耳道・内耳・うずまき管をまっすぐに伸ばした状態の模式図であり，うずまき細管の内部を見せ，音波による振動が伝わる経路を示した。

(2) 音(音波)は，まずパラボラアンテナの役目をする**耳殻**で集められ，空気の振動として**外耳道**を伝わり，**鼓膜**を振動させる(図11-2①)。なお，外気圧が変化した場合でも，**耳管**を介して鼻腔や咽頭中の空気(外気と同じ)と，鼓室内の空気が出入りして，外耳と中耳の気圧が等しく保たれることで鼓膜の正常な振動が確保される。

(3) その振動は，鼓膜の後ろにあり，3つの小さい骨(つち骨，きぬた骨，あぶみ骨)からなる**耳小骨**に伝わり，ここで「てこの原理」によって増幅され，**うずまき管**の**前庭階**の入り口に相当する**卵円窓**に伝わる(図11-2②・③)。

(4) このような振動の増幅により，外耳の気体中の振動がうずまき管内のリンパ液に伝えられる際のエネルギー損失が抑えられている(図11-2④)。

参考 気体中を伝わる音波(振動)は，水中に伝えられる際に，約99%のエネルギーが失われる。

(5) 卵円窓の振動は**リンパ液の振動**となって前庭階を進みながら，うずまき細管と鼓室階の間にある**基底膜**の特定の部位を波打たせる(図11-2⑤)。

(6) 基底膜が振動すると，その上にあるコルチ器(官)も振動する。コルチ器には，**感覚毛**をもった**聴細胞**(有毛細胞)があり，その感覚毛の上には**おおい膜**(蓋膜)という膜が接している。コルチ器が振動すると，感覚毛とおおい膜との間にずれが生じて，感覚毛が曲がる(図11-2⑥)。

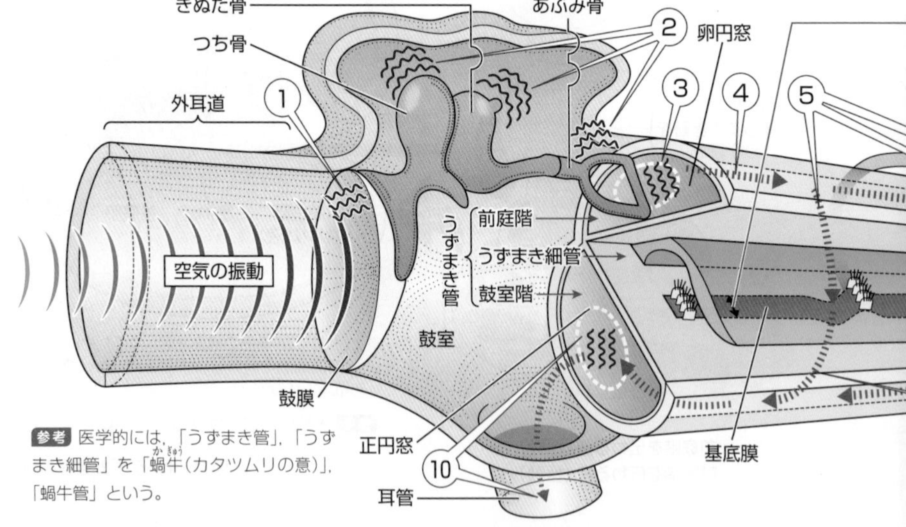

参考 医学的には，「うずまき管」，「うずまき細管」を「蝸牛(カタツムリの意)」，「蝸牛管」という。

(7) これにより生じた**聴細胞**の興奮(情報)が**聴神経**を介して大脳に伝えられると，そこで**聴覚**が発生する(図11-2⑦)。

参考 うずまき管の奥(先端部)まで進んだ前庭階の振動(可聴域外の周波数の振動)は，方向転換して**鼓室階**に入り，うずまき管の入り口方向に向かって進んでいく(図11-2⑧)。

(8) 前庭階の振動のうち，基底膜を波打たせたものは鼓室階に入り，鼓室階をうずまき管の入り口方向に向かって進んでいく(図11-2⑨)。

参考 鼓室階の振動のほとんどは，正円窓(せいえんそう)を振動させることで消滅し，残った振動は中耳の鼓室に出たのち**耳管**(じかん)に入って消滅する(図11-2⑩)。

(9) このように，うずまき管に出入り口(卵円窓と正円窓)が1つずつあり，前庭階と鼓室階がひとつながりになっていることで，リンパ液の振動のはねかえりによる基底膜の不要な振動が抑制される。

(10) 音は空気の振動の波であり，音の高さ，大きさはそれぞれ，音の振動数(単位はヘルツ〔Hz〕)と振幅(しんぷく)によって決まる(音は高いほど振動数が大きい。また，音は大きいほど振幅が大きい)。

(11) 図11-2の右図に示すように，基底膜の幅は，うずまき管の入り口(基部)から奥(先端部)へいくほどしだいに広くなっており，音は，その高さ(振動数)によって振動させる基底膜の部位が異なり(同調する基底膜の位置が異なり)，振動数の小さい音(低音)ほどより奥の基底膜を振動させる。

参考 図11-2では明瞭な差異は示されていないが，コルチ器の聴細胞の感覚毛は，うずまき管の入り口では短く硬いが，奥では長くやわらかいことも音の高低の受容に関係している。

(12) 同じ高さであっても，大きな音は小さな音より鼓膜やうずまき管の内部の基底膜をより大きく震わせる。

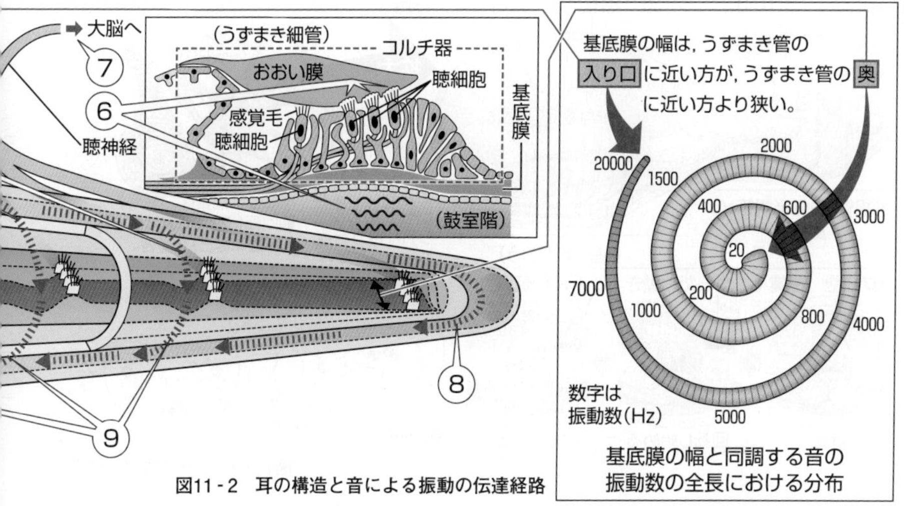

図11-2　耳の構造と音による振動の伝達経路

③ ▶ ヒトの平衡覚が生じるしくみ

(1) からだが傾いたり，回転したりする感覚は，**平衡覚**(へいこうかく)(平衡感覚)と呼ばれ，その刺激を受容する器官は平衡感覚器(平衡受容器，平衡器官)と呼ばれる。傾きの刺激は内耳の**前庭**で，回転の刺激は内耳の**半規管**で受け取られる。

(2) 前庭内には，**感覚毛**をもった**感覚細胞**(感覚受容細胞，有毛細胞)があり，感覚毛の上には**耳石**(じせき)(**平衡石**(へいこうせき)，**平衡砂**(へいこうさ))がのっている(図11-3上図左)。

(3) ヒトは，からだが傾くと耳石がずれて感覚毛が傾くことで，**重力の方向の変化**，つまり**からだの傾き**を知ることができる。

(4) 半規管は前庭につながる3つの半円状の管で，からだが回転し始めたり，回転が止まったりすると，図11-3の下図左のように管内のリンパ液が動き，このリンパ液の流れによって，感覚毛が傾いて感覚細胞が興奮する。

参考 半規管の感覚細胞の感覚毛はクプラと呼ばれるゼリー状物質に埋め込まれており，このクプラがリンパ液の流れによって変形することで感覚毛が傾く。

(5) 3つの半規管は，互いに直角に交わる面に位置しているため，ヒトはそれぞれ別の方向の**からだの回転**を知ることができる(図11-3の上図右)。

参考 頭の後方に位置する半規管(図11-3上図右の①)は後半規管と呼ばれ，頭の前方に位置する半規管(図11-3上図右の②)は前半規管と呼ばれ，残りの半規管(図11-3上図右の③)は側方規管(外側半規管)と呼ばれる。これら3つの半規管をまとめて三半規管という。

(6) 平衡感覚器(半規管や前庭)で生じた興奮が，**前庭神経**(平衡神経)を通じて脳に伝えられると，そこで**平衡覚**が生じる。

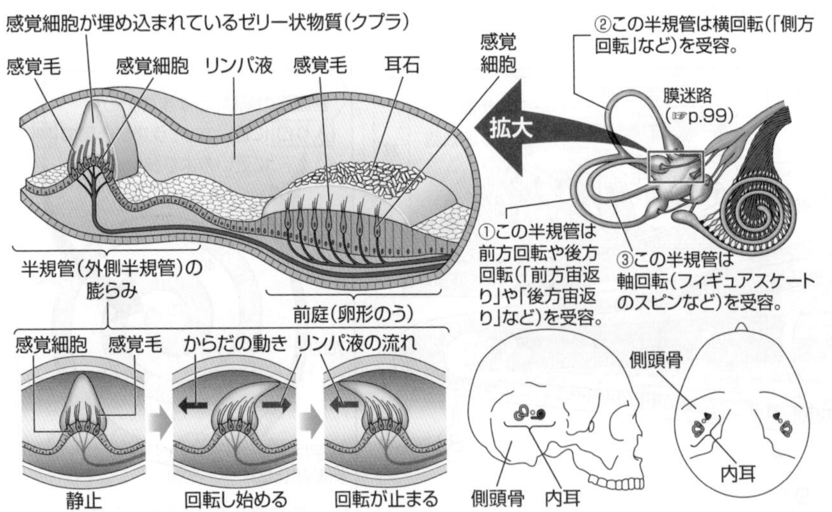

図11-3　平衡感覚器の構造

(7) 半規管や前庭，筋紡錘(☞p.119)のように，体勢やからだの動きなどの個体自身の状態を刺激として感知する受容器を**自己受容器**という。

(8) 自己受容器は，からだの姿勢を制御するうえで重要な役割を担っている。

もっと広く深く　内耳の構造

内耳は，その複雑な形から「迷路」とも呼ばれる。迷路は，「骨迷路(こつめいろ)」と「膜迷路」からなる。骨迷路は緻密な骨で囲まれた複雑な管腔(かんくう)(出口と入り口があり，貫通した管状の空所)であり，うずまき管(蝸牛(かぎゅう))，前庭，(骨)半規管からなり，中耳の空所(鼓室)に面して卵円窓と正円窓という2つの開口部をもつ。卵円窓は耳小骨の一つであるあぶみ骨の一部と靭帯(じんたい)*によってふさがれ，正円窓は膜状の結合組織(第二鼓膜)によってふさがれている。

参考 ＊骨と骨を互いに連結する短いひも状あるいは板状の結合組織である。

膜迷路は，骨迷路の中にあり，骨迷路とほぼ似た形をしたやわらかい膜性の閉鎖管(貫通していない管)であり，その内部は内リンパ*で満たされている。骨迷路と膜迷路との間は，外リンパで満たされている。

参考 ＊骨迷路と膜迷路の間にある前庭階と鼓室階のリンパ液は外リンパと呼ばれ，ニューロン外液(ニューロンの周囲の組織液)の組成(リンパ管内のリンパ液の組成)に近く，高Na^+，低K^+である。これに対して膜迷路のうずまき細管内のリンパ液は内リンパと呼ばれ，ニューロン内液の組成に近く，高K^+，低Na^+である。

骨迷路のうずまき管内にはうずまき細管が，前庭内には卵形のうと球形のうが，(骨)半規管内には半規管がそれぞれ収まっている。これらは骨迷路に比べて非常に細く，骨壁から離れて外リンパの中に浮かんでいる。うずまき細管には蝸牛神経が分布しており，卵形のう・球形のうと半規管はまとめて前庭器と呼ばれ，その内部には平衡覚の受容器があり，そこに分布している前庭神経は蝸牛神経と合流(あわせて聴神経と呼ばれる)した後，中枢(大脳)へ向かう。

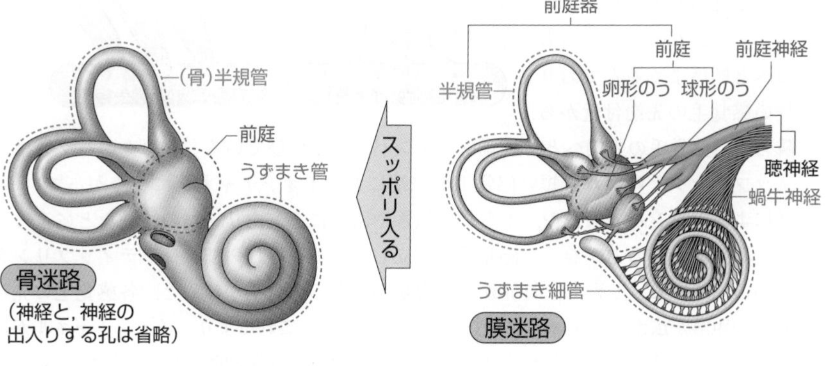

4 ▸ ヒトの嗅覚と味覚

(1) においや味の感覚を，それぞれ嗅覚(きゅうかく)，味覚(みかく)といい，これらはそれぞれ嗅覚器，味覚器が空気中や食物中などの化学物質を感知することで生じる感覚である。嗅覚器や味覚器のように化学物質の種類を感知する受容器を**化学受容器**という。味覚には，甘味・塩味・苦味・酸味・旨(うま)味がある。

(2) **気体**中の化学物質は，鼻の**嗅上皮**(きゅうじょうひ)にある**嗅細胞**(きゅう)で受容され，**液体**中の化学物質は，舌の**味覚芽**(みかくが)(味蕾(みらい))にある**味細胞**(み)で受容される。

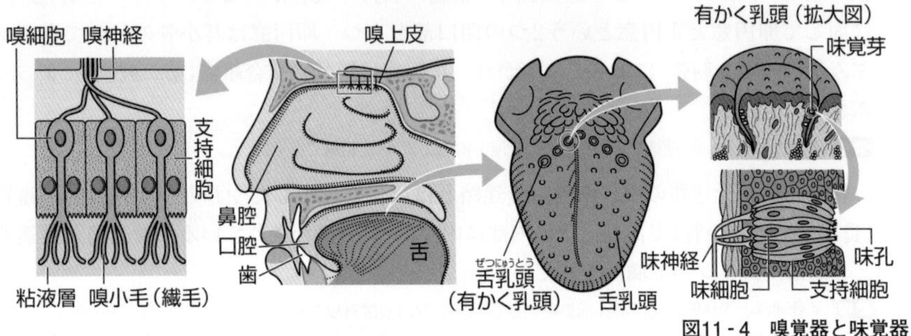

図11-4　嗅覚器と味覚器

もっと広く深く　有毛細胞

内耳での聴覚と平衡覚に関する聴細胞や感覚細胞は，感覚毛をもつことから**有毛細胞**と呼ばれる。

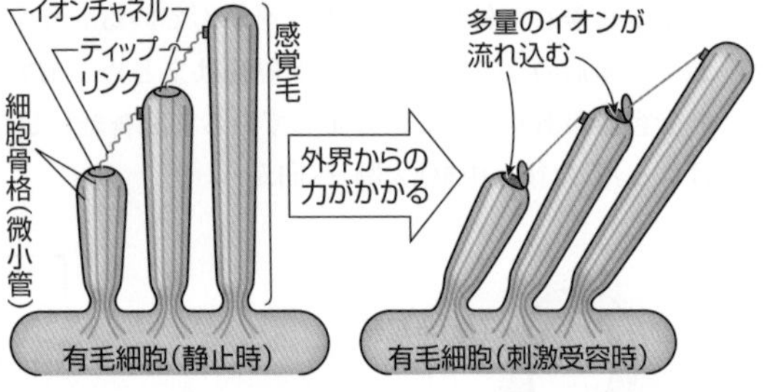

いずれの有毛細胞の感覚毛も，短いものから長いものへと順序よく並んでおり長い感覚毛の先端付近から隣の短い感覚毛の先端へと，繊維状のタンパク質が伸びている。このタンパク質はティップリンクと呼ばれ，短い感覚毛の先端にあるイオンチャネルにつながっている。音による内リンパの振動や，からだの傾きや回転による内リンパの移動などによって生じる外界からの力がなく，感覚毛が直立しているとき(静止時)は，ティップリンクはゆるんでいる。しかし，外界からの力がかかり，感覚毛が傾くと，各感覚毛の先端の間の距離が広がり，ティップリンクが伸ばされる。これにより，イオンチャネルが開き，イオン(主にK^+)の通りやすさが変化して外界からの力学的刺激が受容される。

参考　魚類の側線管(水流を感知する器官)にも，上記と同様のしくみで刺激を受容する有毛細胞がある。

5 ▶ ヒトの皮膚の感覚点

皮膚が何かに接触したときの感覚(**触覚**[しょっかく]または圧覚[あっかく])，痛み(**痛覚**[つうかく])，温度の感覚(**温覚**[おんかく]と**冷覚**[れいかく])は皮膚感覚と呼ばれ，これらの感覚を生じさせる刺激は，それぞれ**触点**[しょくてん](圧点)，**痛点**[つうてん]，**温点**[おんてん]，**冷点**[れいてん]という皮膚の感覚点で受容される。

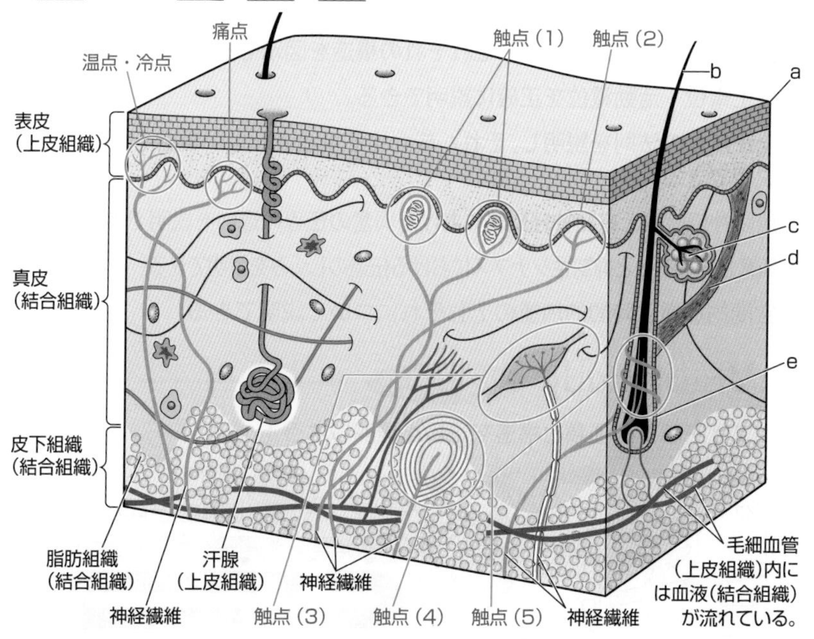

図中表記	参考
触点(1)	「ツルツル・ザラザラ」に応答。マイスナー小体ともいわれる。
触点(2)	「点字のような粗いデコボコ」に応答。メルケル小体(触盤)ともいわれる。
触点(3)	皮膚の伸長に応答。ルフィニ小体ともいわれる。なお，ルフィニ小体が温点，ルフィニ小体と類似構造のクラウゼ小体が冷点といわれることもある。
触点(4)	蚊がとまった程度の刺激(圧力)に応答する圧点。パチニ小体ともいわれる。
触点(5)	毛包受容器。毛包(e)は表皮が落ち込み変化した毛根の周囲の上皮組織。
痛点・温点・冷点	感覚神経繊維の末端が，触点のような特別な構造をとっておらず，それぞれ痛覚・温覚(30〜45℃の感知)・冷覚(10〜30℃の感知)に関与している。
a〜d	a：角質層(表皮の最外層の細胞が，ケラチンというタンパク質を沈着させた後に死んで層になったもの)，b：毛(角質の糸状構造物)，c：皮脂腺(皮脂を分泌する上皮組織)，d：立毛筋(筋組織)

図11-5　皮膚の感覚点

第12講 ニューロン（神経細胞）

The Purpose of Study 到達目標

Visual Study 視覚的理解

ニューロンの種類と構造を正しく理解しよう！

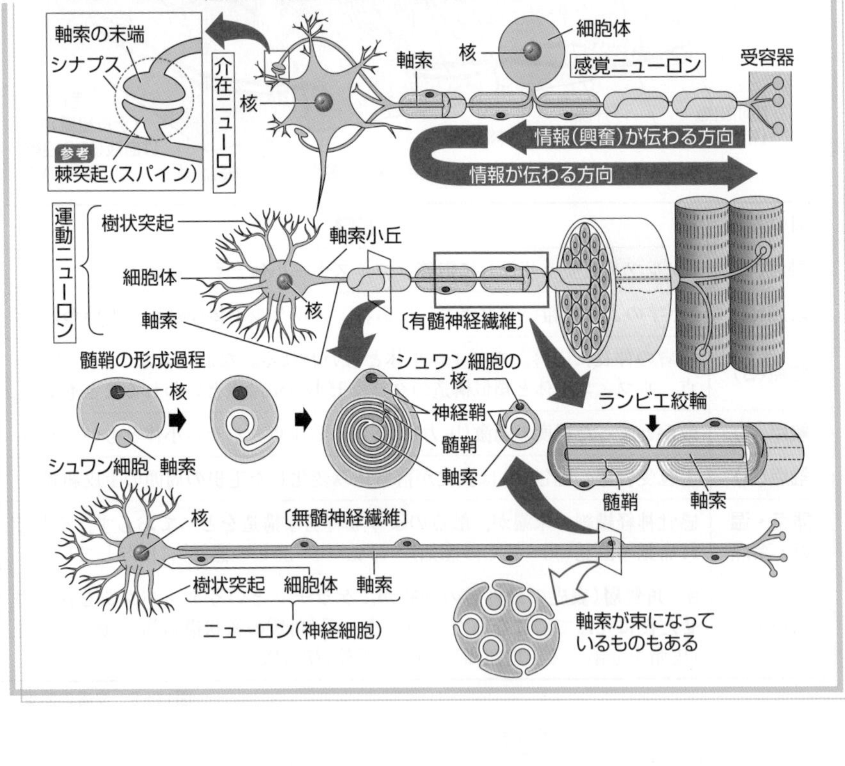

1 ニューロンの構造

(1) 受容器からの情報の処理や，効果器への伝達などの役割を担う器官系を**神経系**といい，神経系は，**神経細胞**と，**グリア細胞**(神経膠細胞)が集まった神経組織から構成されている。

(2) 神経細胞は**ニューロン**とも呼ばれ，神経系の基本単位であり，ニューロンは，1個の**細胞体**とそこから伸びる複数の突起(**樹状突起**と**軸索**)からなる。運動ニューロンでは，p.102 Visual Study に示すように，細胞体から多数の短い突起である**樹状突起**と，1本の長い突起である**軸索**が出ており，樹状突起は信号を受け取り，軸索は信号を伝える。なお，軸索は，グリア細胞に包まれているものが多く，軸索とそれを包む細胞を合わせて**神経繊維**という。

参考 軸索のみを指して神経繊維と呼ぶこともある。

(3) 軸索を包んでいるグリア細胞には，**シュワン細胞**や**オリゴデンドロサイト**など(☞p.49)があり，末梢神経系(☞p.115)のニューロンでは，p.102の Visual Study (**髄鞘の形成過程**)に示すようにシュワン細胞が軸索を包み，**神経鞘**という被膜をつくっている。シュワン細胞やオリゴデンドロサイトの細胞膜が軸索に幾重にも巻き付いてできた構造を**髄鞘**(ミエリン鞘)という。

(4) 神経繊維には，軸索のまわりに髄鞘をもつ**有髄神経繊維**と，髄鞘をもたない**無髄神経繊維**がある。髄鞘は主に**脂質**からなり白色にみえるが，約0.3～2.0mmごとに**ランビエ絞輪**と呼ばれる軸索の露出部分(約0.001mm幅の髄鞘の切れ目)がある。

(5) 無脊椎動物は無髄神経繊維のみをもち，脊椎動物では無髄神経繊維は少なく，多くが有髄神経繊維である。

2 ニューロンの種類

(1) ニューロンは，受容器に生じた興奮を感覚の情報として中枢神経系に伝える**感覚ニューロン**，中枢神経系からの興奮を効果器に伝える**運動ニューロン**，およびその両者を連絡し，中枢神経系を構成する**介在ニューロン**などに分けられる。

(2) 軸索の末端(**神経終末**，軸索末端)が，他のニューロンの細胞体・樹状突起・軸索，または効果器の細胞と接している部分を**シナプス**という。軸索の末端と他の細胞との間には，**シナプス間隙**と呼ばれるわずかなすき間がある。なお，運動ニューロンの軸索の末端が筋細胞と形成するシナプス(神経筋接合部)では，筋細胞に**終板**(☞p.124)と呼ばれる特殊な構造が形成される。

参考 中枢神経系を構成するニューロンの樹状突起には，アクチンが蓄積した棘突起(スパイン)という構造がみられる。

3 ニューロンの興奮と膜電位の変化

1 静止電位と活動電位

(1) 電気的なエネルギーの高さを**電位**(でんい)という。一般に細胞の内外には，細胞膜を隔てて**膜電位**(まく)と呼ばれる電位差が存在する。膜電位は図12-1に示すような微小電極(基準電極・記録電極)を接続したオシロスコープを用い，記録電極を軸索に突きさして測定することができる。

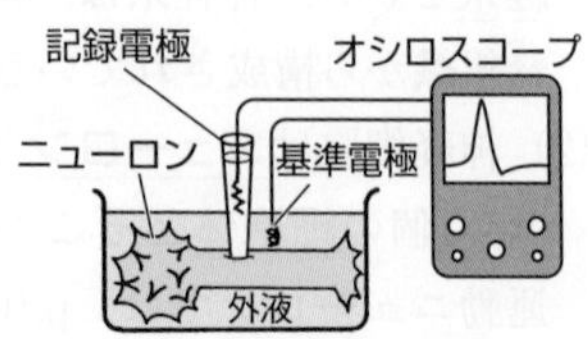

図12-1 オシロスコープ

参考 オシロスコープは，電位差の時間的変化を2次元のグラフとして画面上に表示する装置である。

(2) 静止状態のニューロン(神経細胞)の一部に刺激を与え，その部位で生じる膜電位の変化をオシロスコープで測定すると，図12-2のようなグラフが得られる。

(3) 静止状態のニューロンの膜電位は，細胞内が細胞外に対して**負**(－)になっており，**静止電位**(せいし)と呼ばれる。細胞外の電位を基準(0mV)にして細胞内の静止電位を表すと－50～－90mV(図12-2①は－60mV)になる。

(4) 刺激を受けて活動状態になったニューロンの膜電位は，**正**(＋)の方向に変化し(図12-2②)，その後すぐにもとの状態に戻る(図12-2③・④)。このような一連の膜電位の変化を**活動電位**(かつどう)といい，活動電位が発生することを**興奮**という。ニューロンの活動電位(興奮部の膜電位)の最大値は，＋30～＋60mVである。

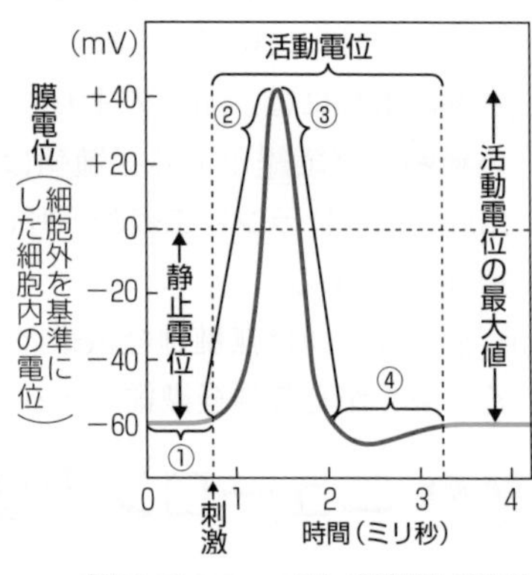

図12-2 ニューロンの膜電位の変化

(5) 膜電位が，図12-2②のように静止電位から正の方向に変化することを**脱分極**(だつぶんきょく)といい，図12-2③のように下降して静止電位に近づくことを**再分極**(さい)という。また，図12-2④の前半のように膜電位が静止電位より負の方向に変化することを**過分極**(か)という。

2 静止電位の形成のしくみ

(1) 次ページの図12-3①・②は，静止電位の形成や膜電位の発生において重要な役割を担う膜タンパク質(各種のチャネルやポンプなど)と，ニューロンの細胞膜内外のイオンの種類と数(濃度)を，記号と簡略化した数値を用いて表したものである。

(2) 図12-3①に示すように，静止状態のニューロンでは，細胞内と細胞外のいずれにおいても，正の電荷の数(陽イオンの合計)と負の電荷の数(陰イオンの合計)はそれぞれ12個ずつで等しい。ただし，ナトリウムポンプが常に働いており，細胞内外へK^+とNa^+の能動輸送が行われているので，細胞内は細胞外よりNa^+濃度が低く，K^+濃度が高くなっている。

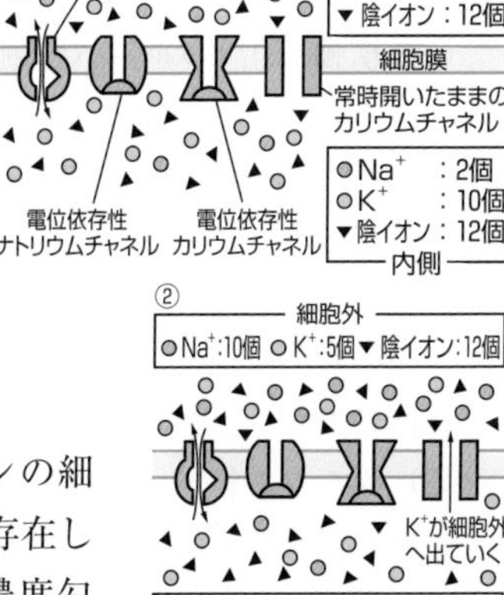

図12-3 静止電位の形成のしくみ

(3) また，図12-3②に示すように，ニューロンの細胞膜には常時開いているカリウムチャネルが存在しているので，K^+は，自身の細胞内外のK^+の濃度勾配に従って，細胞内から細胞外へ拡散する。しかし，K^+が細胞外に出ていくにつれて，細胞内の負電荷が多くなり(陰イオンが陽イオンより多くなり)，K^+がある程度細胞外へ出たところで，K^+がさらに細胞外へ拡散しようとする力と，細胞内が電気的にK^+を引き戻そうとする力がつり合い，K^+の移動が見かけ上停止する。この状態の膜電位が静止電位(図12-2①)である。

3 活動電位の発生のしくみ

(1) ニューロンが刺激を受けると，電位依存性ナトリウム(Na^+)チャネルが開き，細胞外のNa^+が，図12-3②に示すような濃度勾配に従った拡散と，細胞外の陽イオンどうしの反発力により，細胞内に流入する。その結果，膜電位が静止電位よりも正の方向に変化する。さらに多くのNa^+が流入し，図12-4①のようになると，膜電位が負から正に逆転する。このような変化が図12-2②の膜電位である。

(2) 電位依存性ナトリウムチャネルは非常に短い時間で閉じて，電位依存性カリウム(K^+)チャネルが開く。その結果，細胞内のK^+が濃度勾配や陽イオンどうしの反発力により細胞外に流出する。これにより，膜電位の正負が再び逆転する(図12-2③)。その後，電位依存性カリウムチャネルが閉じ，静止電位の値に戻る(図12-2④)。

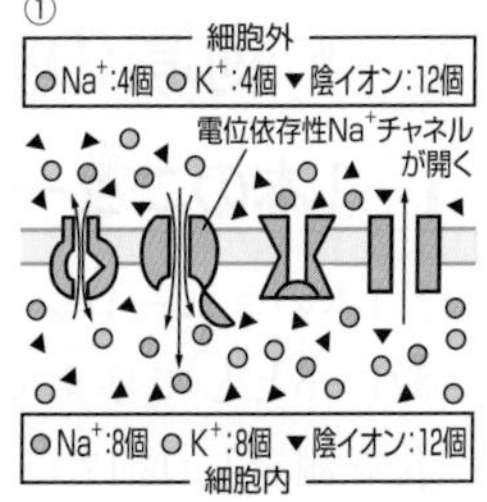

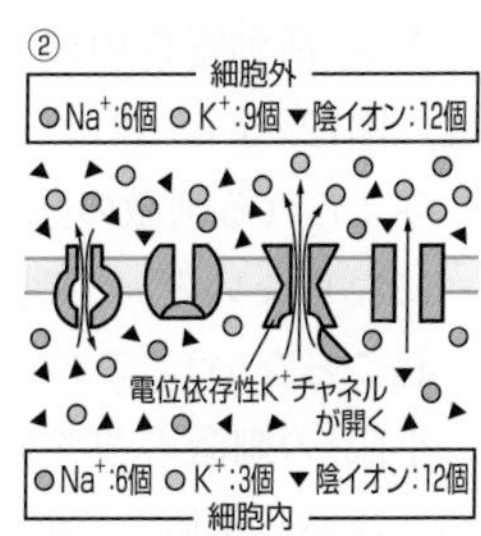

図12-4 活動電位の発生のしくみ

膜電位のグラフにおいてくぼみ(谷)が生じる理由

(1) 横軸0ミリ秒の時点で刺激を受けたニューロンにみられる膜電位(細胞外に対する細胞内の電位)と，開いた電位依存性のナトリウムチャネルとカリウムチャネルの数の経時的変化を表すと右図のようになる。

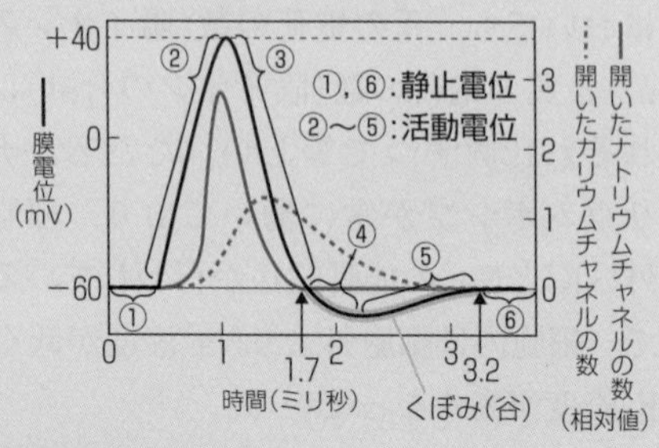

(2) グラフの領域①は図12 - 3②の状態(静止電位)であり，領域②と③はそれぞれ図12 - 4の①と②の状態(活動電位)である。

(3) 膜電位が静止電位の値に戻った時点(横軸1.7ミリ秒の時点)では，ナトリウムチャネルはすべて閉じているが，まだ多くのカリウムチャネルが開いており，K^+の流出は続くので，細胞内の電位は静止電位より負(マイナス)となる(領域④)。

(4) 開いていたカリウムチャネルの数が減少すると，膜電位は再び静止電位の値に戻る(領域⑤)ので，横軸約1.7〜3.2ミリ秒のグラフがくぼみ(谷)となる。

(5) その後，ナトリウムポンプの働きにより，細胞内に過剰にあるNa^+が細胞外へ，細胞外のK^+は細胞内へ輸送され，静止電位の状態に戻る(領域⑥)。

4 ▶ 刺激の強さと興奮の大きさ・頻度

1 1本のニューロン(　)について

(1) 1本のニューロンに，種々の強さの電流を刺激1〜6として与えて(図12 - 5①)，膜電位の変化を測定し(図12 - 5②)，それをもとに興奮の大きさ(活動電位の最大値)を図12 - 5③に表した。

(2) 図12 - 5①・②より，1本のニューロンでは，与えられる刺激の強さがある一定以上(相対値4)にならないと，活動電位は発生しない(興奮は起こらない)。このとき，興奮が起こる限界(最小限)の刺激の強さを**閾値**(いきち)(**限界値**(げんかいち))という。

(3) なお，閾値より弱い刺激1〜3においても，刺激の強さに応じた脱分極が起こっている。この

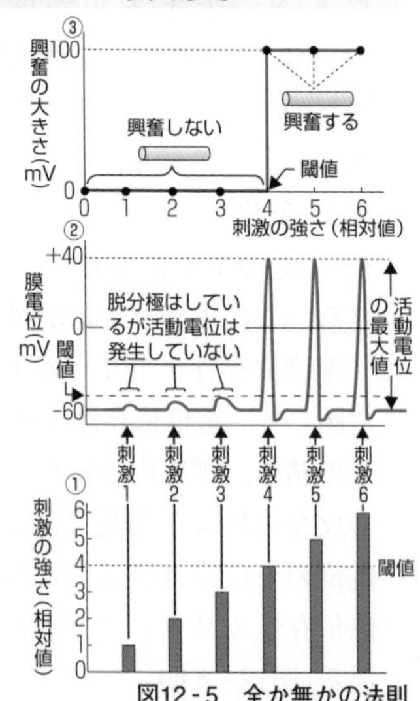

図12 - 5　全か無かの法則

ような脱分極は，刺激として与えられた電流が引き起こす細胞内外でのイオンの偏りによるものなので，刺激の強弱にかかわらず起こる。この脱分極の大きさが，ある値より小さい場合は，脱分極は静止電位の状態に戻り，ある値より大きい場合は，ニューロンの電位依存性ナトリウムチャネルが開き，活動電位が発生する。このような活動電位の発生に必要な脱分極の大きさも閾値という。

(4) また，刺激が閾値よりどれほど強くても，興奮の大きさは**一定**である。

(5) このように，興奮性の細胞が，閾値より弱い強さの刺激では反応せず，閾値以上では刺激の強弱によらず一定の大きさの反応を示すことを**全か無かの法則**という。

(6) 1本のニューロンにおいては，閾値以上の刺激の強さでは興奮の大きさは変化しないが，刺激が強くなるに従って興奮の頻度(活動電位が発生する頻度)が増加する(図12-6)。

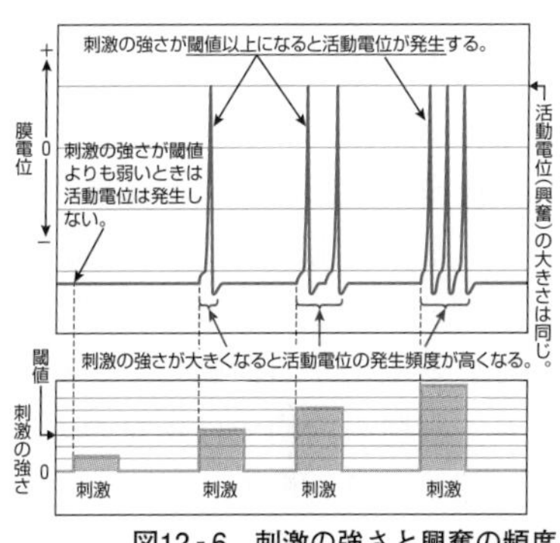

図12-6　刺激の強さと興奮の頻度

2　1本の神経（　）について

(1) 1本の神経(☞p.110 田部の裏づけ)では，閾値がそれぞれ異なる複数のニューロンが束になっており，刺激の強さによって興奮するニューロンの本数が異なるので，すべてのニューロンが興奮するまでは刺激の強さに応じて興奮の大きさが大きくなる(図12-7)。つまり，神経では，全か無かの法則は成立しない。

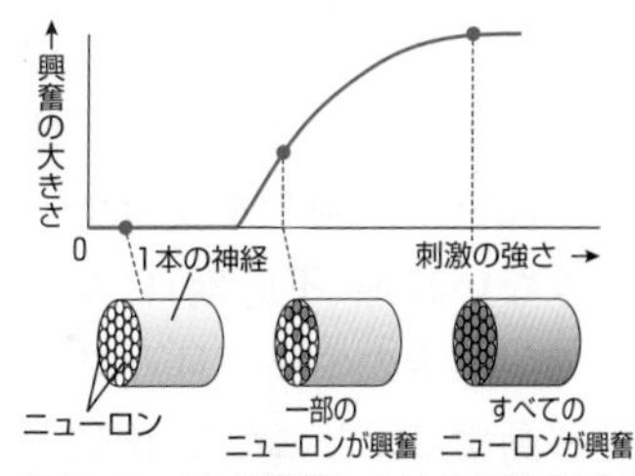

図12-7　1本の神経における刺激の強さと興奮の大きさ

(2) 1本の神経を構成する個々のニューロンは，閾値の他に，刺激の強さに応じて発生する興奮の頻度も異なっている。神経に与える刺激の強さが増すと，興奮するニューロンの数が増えるとともに，それぞれのニューロンが興奮する頻度も増える(図12-8)。このようなニューロンによる情報の変換は，感覚神経系・中枢神経系・運動神経のいずれにおいてもみられる。

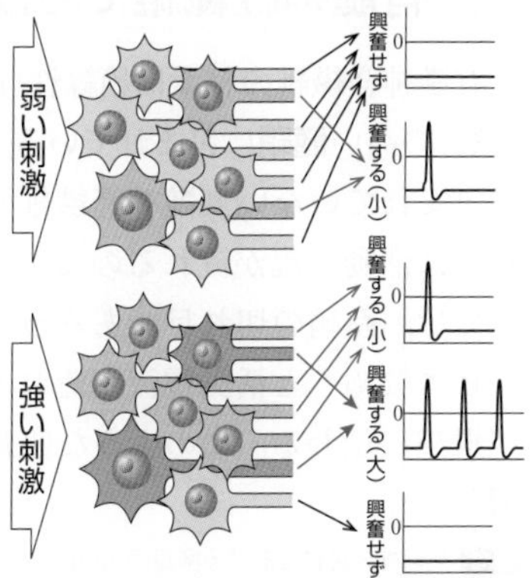

図12-8　刺激の強さと1本の神経内の各ニューロンの興奮の頻度

5 ▶ 興奮の伝導

ニューロンの一部に生じた興奮が，次々と隣接する部位へと伝わることを興奮の伝導(でんどう)という。

1 無髄神経繊維における興奮の伝導

(1) 軸索のある部位に刺激を与えると，その部位の細胞内外の電位が逆転し興奮が生じる(図12-9①・②)。

(2) 興奮が生じた部位と隣接部の間で電位差が生じ，電流が流れる。この電流を活動電流(かつどうでんりゅう)(局所電流(きょくしょ))という。活動電流は，細胞の外側では静止している場所から活動している場所に向かって流れ，細胞の内側では反対の方向に流れる。静止状態の部位のうち，活動電流が閾値(いきち)を超(こ)える刺激となった部位で新しく活動電位が発生する。この興奮はさらにその隣にある静止部分へと，ニューロンの細胞膜がつながっている限り，次々に伝播(でんぱ)していく。なお，軸索において興奮直後の部位は，刺激を受けても，しばらくは興奮できない状態(**不応期**(ふおうき))になるという性質があるので，軸索の中央部付近で生じた興奮は，後戻りせず，両側に向かって次々と移動することになる(図12-9③・④)。

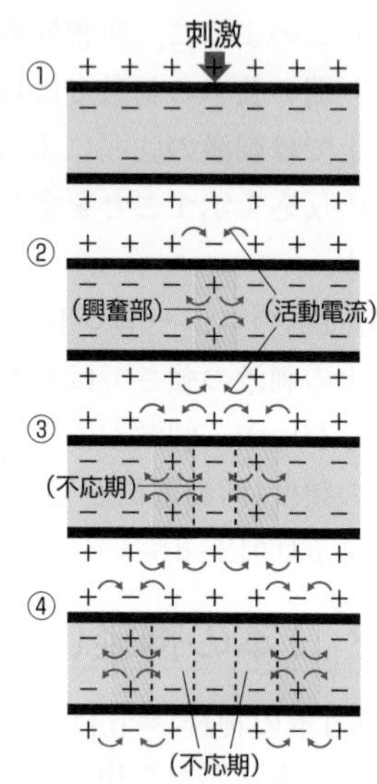

図12-9　無髄神経繊維における興奮の伝導

2 有髄神経繊維における興奮の伝導

有髄神経繊維の軸索は絶縁性(電気を通しにくい性質)の高い**髄鞘**に包まれている。このため，髄鞘に包まれていない無髄神経繊維では興奮部から隣接部に活動電流が流れるのに対して，有髄神経繊維では，髄鞘の切れ目であるランビエ絞輪からランビエ絞輪へと活動電流が流れるので，興奮は飛び飛びに伝わる。このような興奮の伝導を跳躍伝導(ちょうやくでんどう)という。

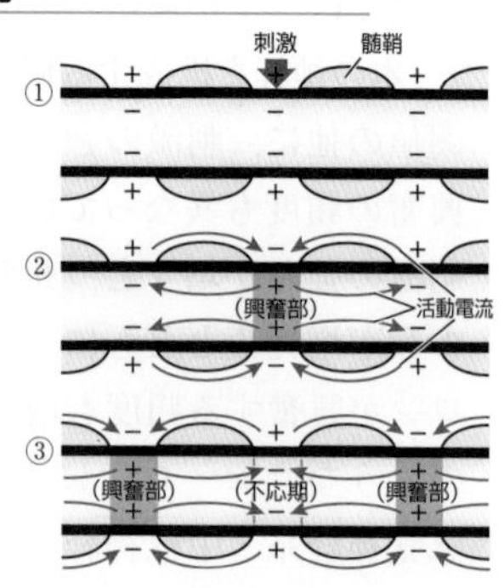

図12-10　有髄神経繊維における興奮の伝導

参考 無髄神経繊維における興奮の伝導は，跳躍伝導に対して連続伝導と呼ばれる。

もっと広く深く　興奮の伝導のしくみ

1 無髄神経繊維における興奮の伝導

(1) 無髄神経繊維の軸索上のある部位に活動電位発生の閾値以上の強さで電気刺激を与えた場合(図①)，その部位に生じた興奮が伝導していく様子を示した。電気刺激を受けた部位が脱分極し，その部位にある電位依存性ナトリウムチャネルが開いてNa^+が細胞内に流れ込む(図②)。このNa^+の流れは正の電荷の移動なので電流であり，能動的電流と呼ばれる。能動的電流が流れた結果，活動電位が生じるとともに，その部位と隣り合う部位との間で電位差が生じ，この電位差に従って電流が流れる。この電流はNa^+の移動ではなく，電線内を流れる電流のように，電荷のやり取りによるものであり，活動電流または受動的電流と呼ばれる(図③)。

(2) 電荷は細胞膜を横切って細胞外にもれやすいので，受動的電流は少しずつ減衰し，少し遠ざかると活動電位発生の閾値に達しない刺激が，すぐ隣り合う部位においては閾値に十分達するほどの強さなので活動電位が発生する(図④)。

(3) 新たに活動電位が発生するとき，その部位の上流にある刺激部位では時間的に遅れてカリウムチャネルが開くとともにナトリウムチャネルが不活性化する(不応期に入る)ので，閾値以上の刺激(電流)によっても活動電位は発生しない(図⑤)。

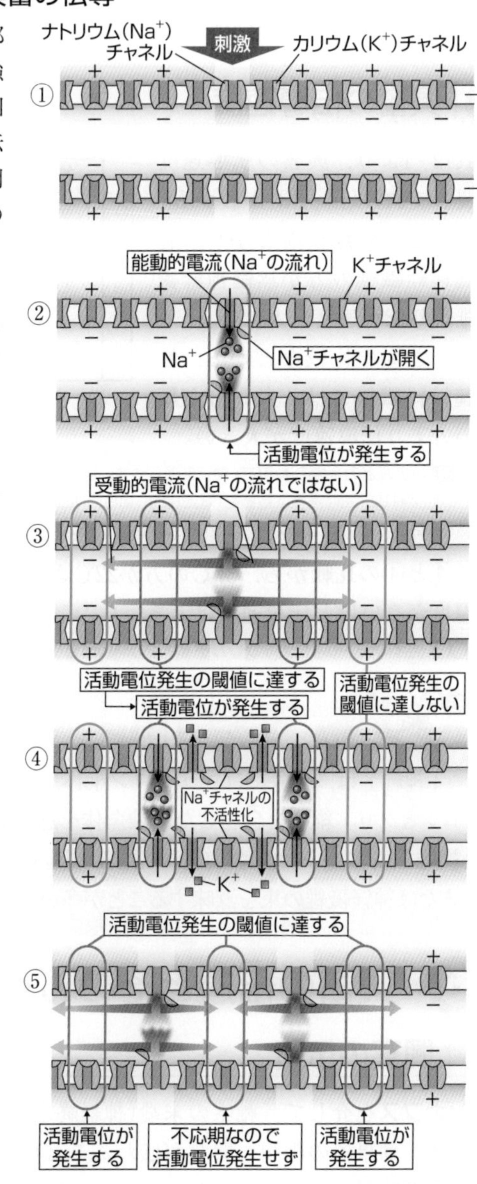

2 有髄神経繊維における興奮の伝導

有髄神経繊維の軸索では，ナトリウムチャネルがランビエ絞輪に集まっており，受動的電流は絶縁体として働く髄鞘の存在により減衰することなく，絞輪から絞輪まで一気に流れて絞輪ごとに活動電位を発生させる(跳躍伝導)。

3 興奮の伝導速度

表12-1より，興奮の伝導速度に関して次の(1)～(3)がわかる。

(1) ④と⑤の比較などから，有髄神経繊維の方が無髄神経繊維より伝導速度が大きい。

(2) ①と②の比較などから，無髄神経繊維では，太い方が細い方より伝導速度が大きい。

	神経繊維	測定温度	直　径	伝導速度
①	イカ　（無髄）	18℃	500μm	20.0m/秒
②	イカ　（無髄）	18℃	600μm	25.0m/秒
③	カエル（有髄）	22℃	15μm	30.0m/秒
④	ネコ　（有髄）	37℃	15μm	100.0m/秒
⑤	ネコ　（無髄）	37℃	0.8μm	1.0m/秒

表12-1　種々の神経繊維の興奮の伝導速度

参考 ほとんどの金属のように，電流を通しやすい物質は一般に導体と呼ばれ，神経繊維も導体の一種である。「電流の流れにくさ」を表す数値を(電気)抵抗(単位はオーム(Ω))といい，その値は導体(神経繊維)の断面積(≒直径の2乗)に反比例するので，太い神経繊維ほど電流が流れやすく伝導速度が大きい。

(3) ③と④の比較から，37℃の方が22℃より伝導速度が大きい(40℃未満では，温度が高いほど伝導速度は大きい)。

参考 温度の低下によりナトリウムチャネルの開口時間が延長するので，伝導に要する時間が長くなる。

「神経」とは？

「神経」は，広義にはニューロン全体，または，神経系を構成するニューロンとグリア細胞を合わせた組織全体を意味する。狭義には軸索または神経繊維を表す。一般的には肉眼で見ることのできる(白色の糸状の)ニューロンまたは神経繊維の束を意味することが多い。

6 ▶ 興奮の伝達とそのしくみ

1 興奮の伝達

シナプスを介して，軸索の末端(神経終末)から他のニューロンの樹状突起・細胞体・効果器の細胞へ興奮が伝わることを**興奮の伝達**という。興奮の伝達は**神経伝達物質**によって行われ，神経伝達物質を放出する側の細胞を**シナプス前細胞**，受け取る側の細胞を**シナプス後細胞**と呼ぶ。

2 シナプスの種類

(1) ニューロンの軸索の末端から興奮性の神経伝達物質が放出され，シナプス後細胞で脱分極が起こり活動電位が発生する場合，これを**興奮性シナプス**という。興奮性シナプスでは，興奮の伝達が起こる。

参考 興奮性シナプスのシナプス前細胞を**興奮性ニューロン**と呼ぶ。

(2) ニューロンの軸索の末端から抑制性の神経伝達物質が放出され，シナプス後細胞で過分極が起こる場合，これを**抑制性シナプス**という。抑制性シナプスでは，興奮の伝達は抑制される。

参考 抑制性シナプスのシナプス前細胞を**抑制性ニューロン**と呼ぶ。

3 興奮の伝達のしくみ

シナプス前細胞の軸索の末端には**電位依存性カルシウムチャネル**が，シナプス後細胞の樹状突起や効果器の細胞には**伝達物質依存(性)(神経伝達物質依存性，リガンド依存性)イオンチャネル**がある。

(1) シナプス前細胞の細胞体の興奮が，伝導により軸索の末端に伝わる(図12-11①)。

(2) 活動電位により，電位依存性カルシウムチャネルが開き，Ca^{2+}が軸索の末端に流入する(図12-11②)。

(3) シナプス小胞の膜がシナプス前細胞の軸索の細胞膜(シナプス前膜)と融合し，小胞内部の神経伝達物質がシナプス間隙に放出される(図12-11③)。

(4) 放出された神経伝達物質がシナプス後細胞の細胞膜(シナプス後膜)にある**伝達物質依存性ナトリウムチャネル**に結合すると，このチャネルが開きNa^+がシナプス後細胞内に流入して脱分極が起こる。この電位変化を**興奮性シナプス後電位**(こうでんい)(**EPSP**)といい，EPSPが閾値以上になると活動電位が生じて興奮が伝達される(図12-11④)。

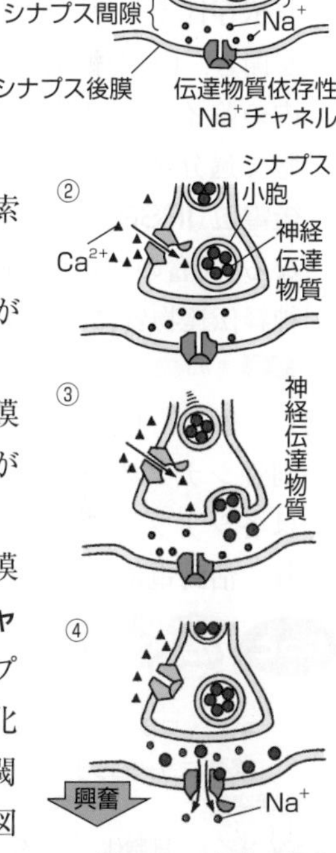

図12-11 興奮の伝達

(5) 興奮性の神経伝達物質には，**アセチルコリン**，**グルタミン酸**，**ノルアドレナリン**，セロトニン，ドーパミンなどがあり，これらの物質を含むシナプス小胞は，シナプス前細胞の軸索の末端にしかないので，興奮は一方向(軸索→他の細胞)にしか伝達されない。

(6) シナプス前細胞の軸索の末端に興奮が到達してからシナプス後細胞にシナプス後電位が生じるまでには，わずかな時間的な遅れ(数ミリ秒)がみられ，これを**シナプス遅延**(ちえん)という。

4 興奮の抑制のしくみ

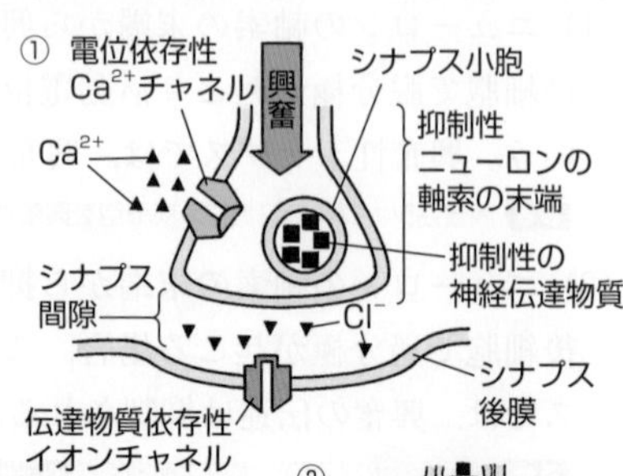

(1) 興奮が抑制性ニューロンの軸索の末端まで伝導される(図12-12①)。

(2) 活動電位により**電位依存性カルシウムチャネル**が開き，Ca^{2+}が軸索の末端に流入する(図12-12②)。

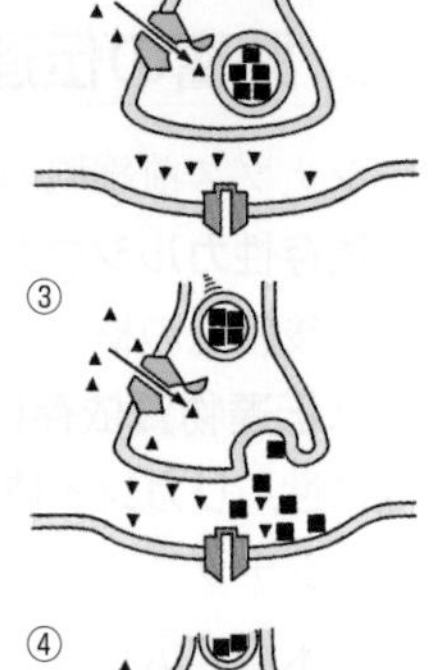

(3) シナプス小胞の膜が軸索の細胞膜と融合し，小胞内部の抑制性の神経伝達物質がシナプス間隙に放出され(図12-12③)，シナプス後膜にあり，Cl^-を通す伝達物質依存性イオンチャネル*に結合すると，このチャネルが開き，Cl^-が細胞内に流入してシナプス後細胞の細胞内の陰イオンの量が増える。その結果，シナプス後細胞で過分極が起こる。この電位変化を**抑制性シナプス後電位**(**IPSP**)といい，IPSPにより興奮が起こりにくくなる(興奮の伝達は抑制される)(図12-12④)。抑制性の神経伝達物質には，**GABA**(ギャバ)(**γ-アミノ酪酸**(ガンマ らくさん))などがある。

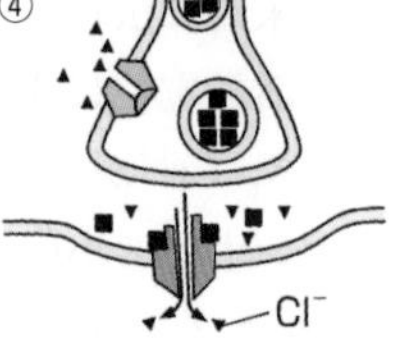

図12-12 興奮の抑制

参考 ＊伝達物質依存性塩素イオンチャネルと呼ばれる。

(4) 一般に，1つのニューロンには，興奮性シナプスや抑制性シナプスが多数存在しており，シナプス後細胞では各シナプスで生じる電位が時間的・空間的に統合されて活動電位の発生の有無が決まる。

もっと広く深く ニューロンの種類

ニューロンは，形態によって以下のように分けることもできる。

〔多極ニューロン〕

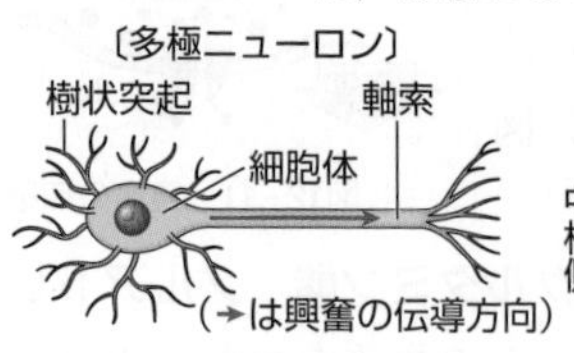

例 介在ニューロン・運動ニューロン

〔偽単極ニューロン〕

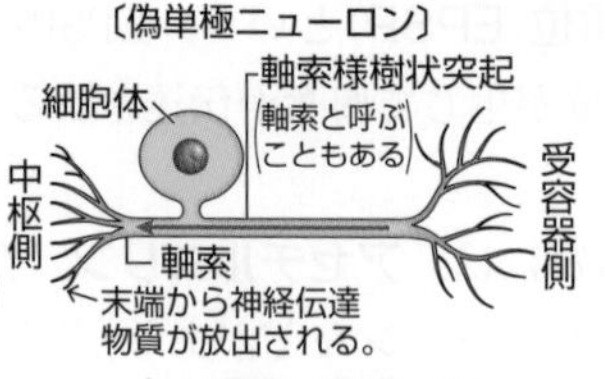

例 感覚ニューロン

〔双極ニューロン〕

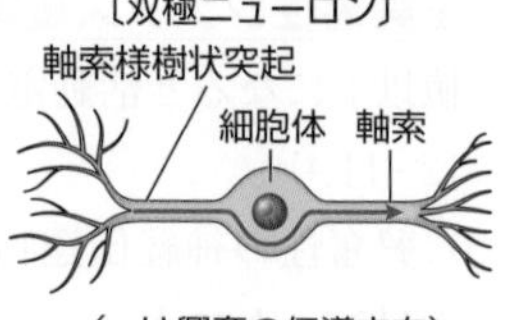

例 網膜の神経連絡細胞

5 シナプス後電位の加重

(1) ふつう，1つのニューロンは，多くのニューロンとシナプスを形成している(図12 - 13)。複数のニューロンから同時に刺激を受けた場合，それらの刺激によって生じるシナプス後電位の変化は加算される。このような加算効果を**空間的加重**(かじゅう)という。

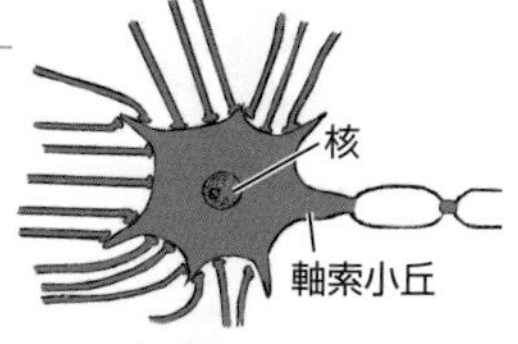

図12 - 13　多数のニューロンとのシナプス形成

(2) また，単一のニューロンから短時間に繰り返し刺激を受けた場合でも，それらの刺激によって生じるシナプス後電位の変化は加算される。このような加算効果を**時間的加重**という。運動ニューロンにおいて，軸索が細胞体から出ていく部分である軸索小丘には，電位依存性ナトリウムチャネルが高密度に存在しており，ニューロンの活動電位はまずここで発生する。

参考 軸索小丘には，刺激による電位変化の加重の情報が伝えられる。

(3) 多くの場合，1つの興奮性シナプスで発生する単一の興奮性シナプス後電位(EPSP)によって活動電位が新しく生じることはない(図12 - 14①)。しかし，短い間隔で複数のEPSPが発生すると，前後で加重し合い大きなEPSPとなる(図12 - 14②)。これらは時間的加重である。また，異なる興奮性シナプスによって同時に発生したEPSPが加算されることもある(図12 - 14③)。これは空間的加重である。図12 - 14②・③のように複雑にシナプスの応答が重なり合い，シナプス後膜の膜電位が閾値を超えると，そこで新しい活動電位が発生する。抑制性シナプス後電位(IPSP)でも，同じような時間的加重，空間的加重が起こる(図12 - 14④)。これらのシナプス加重のしくみを使えば，1つのニューロンの反応であっても，複雑な情報を加算あるいは減算することが可能である。

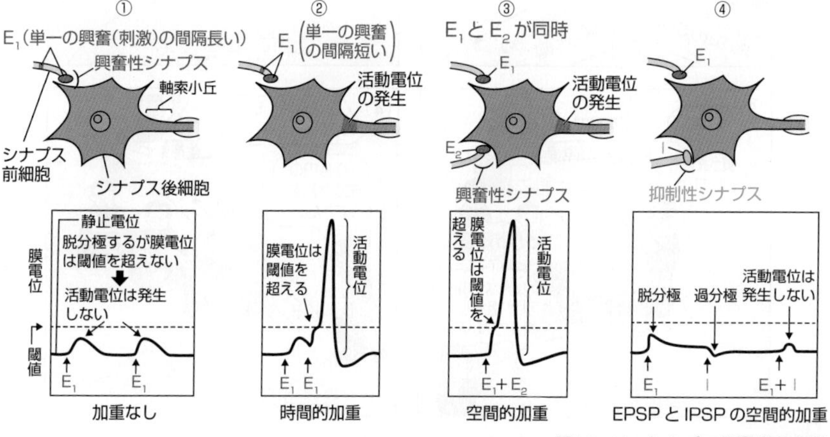

図12 - 14　シナプス後電位の加重

第13講 神経系

The Purpose of Study 到達目標

Visual Study 視覚的理解

大脳皮質と反射中枢の関係を理解しよう！

1 ▶ ヒトの神経系の構成

(1) 神経系において，多数のニューロン(の細胞体)が集まり，形態上の中心部，機能上の**中枢**となり，情報の統合や整理・判断などの処理を行い，適切な命令を下す働きをもつ部位を**中枢神経系**といい，ヒトを含む脊椎動物では，**脳**と**脊髄**とに分けられる。また，中枢が存在する神経系を**集中神経系**という。

(2) 集中神経系において，中枢神経系以外の部分を**末梢神経系**という。末梢神経系は，中枢神経系とからだの各部をつないでおり，中枢神経系からの出所により**脳神経**と**脊髄神経**に分けられ，働きにより**体性神経系**と**自律神経系**に分けられる。

図13-1　ヒトの神経系

(3) 体性神経系は，外部環境からの情報(刺激)を受け入れ，外部に働きかける神経系であり，**感覚神経**と**運動神経**からなる。

(4) 自律神経系は，意思とは無関係に，体内環境の維持に働く神経系であり，**交感神経**と**副交感神経**からなる。

(5) 末梢神経系は，情報を伝える方向によって，感覚神経のように受容器から中枢神経系へ情報を伝える求心性の神経と，運動神経やほとんどの交感神経・副交感神経のように中枢神経系から効果器へ情報を伝える遠心性の神経とに分けることもできる。

参考 求心性の神経は，内臓からの情報を運ぶ内臓性求心性神経と，筋，関節，皮膚，頭部などにある受容器(筋紡錘，眼，耳など)からの情報を運ぶ体性求心性神経とに分けられる。遠心性の神経は，骨格筋の筋繊維へ情報を伝える運動性遠心性神経と，血管の平滑筋と内臓の平滑筋，心筋，すべての腺に情報を伝える植物性遠心性神経とに分けられる。

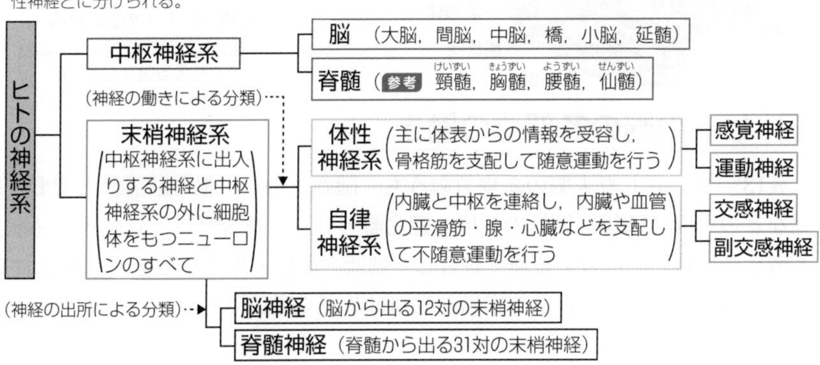

❷ ▸ ヒトの脳

1 ヒトの脳の構造

(1) ヒトの**脳**は，**大脳**・**間脳**・**中脳**・**橋**・**小脳**・**延髄**からなっている。

(2) 大脳は左右の半球からなり，**脳梁**と呼ばれる神経繊維で連絡している。

(3) 大脳の表層は**大脳皮質**と呼ばれ，ニューロンの細胞体が集まって灰白色をしているので**灰白質**とも呼ばれる。

(4) 哺乳類の大脳皮質は表面の**新皮質**と，間脳近くの古皮質(嗅球など)・原皮質(海馬など)をあわせた**辺縁皮質**からなり，ヒトでは新皮質が発達している。辺縁皮質と，辺縁皮質に密接に関係する扁桃体，帯状回などをあわせて**大脳辺縁系**という。大脳の内部は**大脳髄質**と呼ばれ，軸索が集まって白色をしているので**白質**とも呼ばれる。

(5) **間脳・中脳・橋・延髄**からなる部分は，**脳幹**と呼ばれる。

参考 脳幹に間脳を含めない場合もある。

(6) 小脳は，大脳後方の下部，脳幹の背側に位置する。

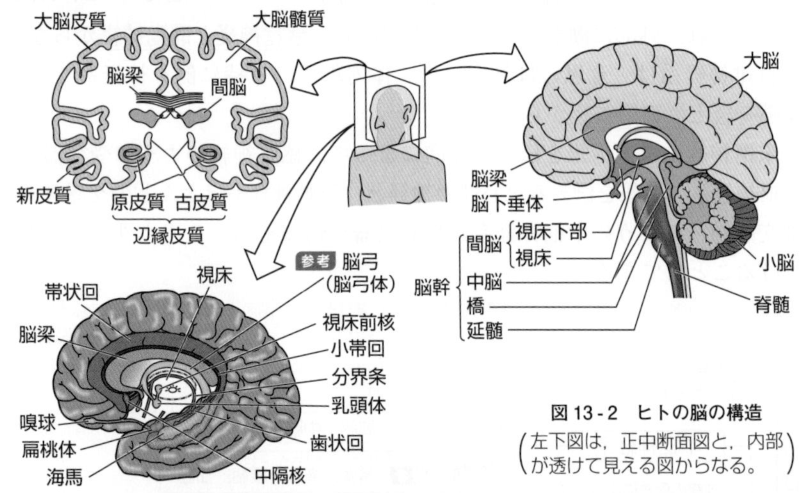

図 13-2 ヒトの脳の構造
(左下図は，正中断面図と，内部が透けて見える図からなる。)

2 ヒトの脳の各部位の働き

表13-1中に示した大脳の新皮質のうち，随意運動の中枢(**運動野**)と視覚・聴覚などの中枢(**感覚野**)以外の領域を**連合野**という。連合野は，運動野や感覚野と密接に連絡し，情報を整理・統合して判断・記憶・思考などを行う場である。なお，随意運動とは，自己の意思や意図に基づく運動である。

			主な働き
大脳	新皮質（右図はヒトの大脳の左半球の機能領域を表す。）		視覚，聴覚，皮膚感覚，随意運動，思考，言語，長期の記憶，理解，判断，創造（経験や学習をもとにした行動）の中枢 随意運動（運動野） 前頭葉 意思・思考 言語（発声） 嗅覚（感覚野） 記憶 皮膚感覚（感覚野） 頭頂葉 判断・記憶・知覚（書き言葉の理解） 後頭葉 視覚（感覚野） 聴覚（感覚野） 側頭葉
	脳梁		左右の大脳半球の連絡
	大脳辺縁系		嗅球は嗅覚の中枢。海馬は短期の記憶の形成・学習・空間認識にかかわる。扁桃体は動物の基本的な生命活動（欲求や感情など）に関与。 参考 帯状回，脳弓，乳頭体は海馬などとともに記憶形成の神経回路を構成。
小脳			随意運動の調節，からだの平衡（かたむき）の保持の中枢
脳幹	間脳	視床	脊髄から大脳へ入る嗅覚以外の感覚神経の中継点
		視床下部	自律神経系・内分泌系の最高位の中枢（内臓の働き・体温・血糖量・水分・血圧・摂食・睡眠・性行動などの調節の中枢）
	中脳		間脳と橋・小脳の連絡通路，眼球運動，瞳孔の大きさの調節（瞳孔反射），姿勢（「立っている」「座っている」「歩いている」などの状態）保持の中枢
	橋		大脳から顔面・小脳へ向かう情報の通り道，呼吸運動の調節の中枢
	延髄		呼吸運動（自発呼吸のリズム形成），心臓の拍動，血管の収縮，消化管の運動，消化液分泌の調節，せき・くしゃみの中枢

表13-1　ヒトの脳の各部位の働き

参考 1. 言語の発声中枢はブローカ野，音声言語理解の中枢はウェルニッケ野と呼ばれる。
2. 大脳皮質の機能が失われた状態を植物状態という。脳全体（主に脳幹）の機能が完全に失われて回復不可能であると認められた状態を脳死という。

3 脳の活動を観察する方法

(1) 近年，以下に示すPETやfMRIなどの技術を用いることによって，頭部に外科的な手術を行うことなく，脳内活動の研究や脳の病気の診断を行うことができるようになってきた。

(2) PET（陽電子放射断層撮影）は，グルコースを微量の放射性同位体（^{18}F）と結合させた後，体内に投与し，そのグルコースから生じる信号を測定することにより，体内における代謝量や血流量の高い部位を画像化する方法である。

参考 PETはPositron Emission Tomographyの略であり，「ペット」と読み，がんや心臓病の診断にも大いに役立っている。

(3) fMRI（機能的磁気共鳴画像法）は，酸素ヘモグロビン（HbO_2）とヘモグロビン（Hb）の磁気に対する性質の違いなどを利用して，人体を強磁気下に置き，ヘモグロビンから生じる信号を検出することで，血流量の増加している部位を画像化する方法である。

参考 fMRIはfunctional Magnetic Resonance Imagingの略である。

❸ ヒトの脊髄

1 ヒトの脊髄の構造

(1) **脊髄**(せきずい)は脊椎骨(せきついこつ)の中にある円柱状の中枢神経系であり，大脳とは反対に内部(脊髄髄質)にニューロンの細胞体が集まった**灰白質**があり，その外側(脊髄皮質)にニューロンの軸索が集まった**白質**がある。

(2) 脊髄の背側の左右にある**感覚神経**の通路は**背根**(はいこん)と呼ばれ，腹側の左右にある**運動神経**と**自律神経**の通路は**腹根**(ふっこん)と呼ばれる。

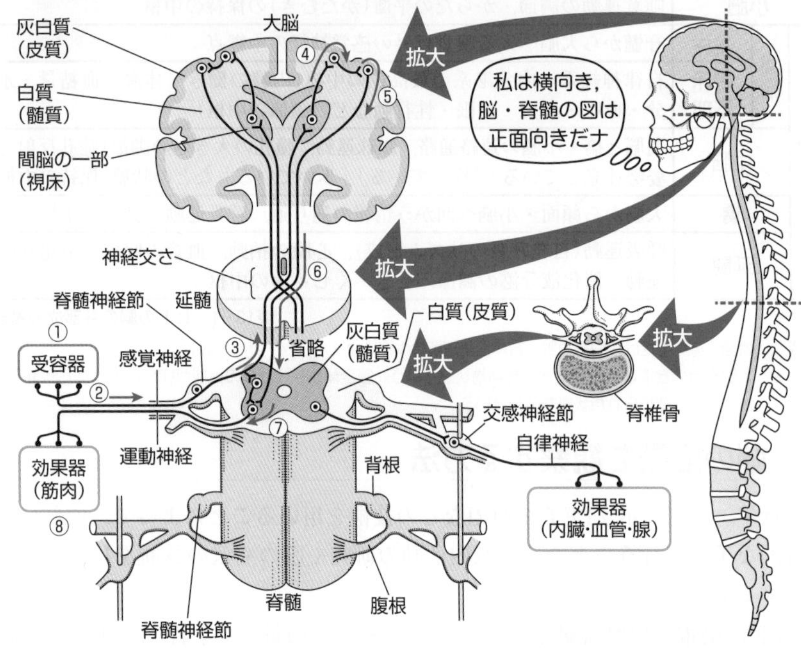

図13-3　ヒトの脊髄の構造と興奮の伝達経路

2 ヒトの脊髄の働き

(1) 脊髄は，大脳を中枢とする随意運動において，興奮の伝達経路の中継の場として働き，また自身も**脊髄反射**(はんしゃ)の中枢として働く。

(2) 脊髄が，随意運動における中継の場として働く場合，その興奮の伝達経路を図13-3の①～⑧と→で示した。例えば，暗闇の中で右手に触れたものを意識的につかむ場合，興奮の伝わる経路は，**受容器**(①)→**感覚神経**(②)→**脊髄**(③)→**大脳**(④・⑤)→**脊髄**(⑥)→**運動神経**など(⑦)→**効果器**(⑧)となる。

4 ▶ 反射

1 反射と反射弓

(1) 随意運動は中枢が大脳(皮質)で意識的な反応であるのに対し，**反射**は中枢(反射中枢)が大脳以外(**脊髄・延髄・中脳**)で無意識の素早い反応である。

(2) 反射における刺激から反応までの興奮が伝わる経路を**反射弓**(はんしゃきゅう)といい，反射弓を模式的に表した図13-4において，➡は末梢(受容器など)から中枢への情報を伝える神経(求心性の神経)を表し，⬅は，中枢から末梢(効果器)への情報を伝える神経(遠心性の神経)を表している。

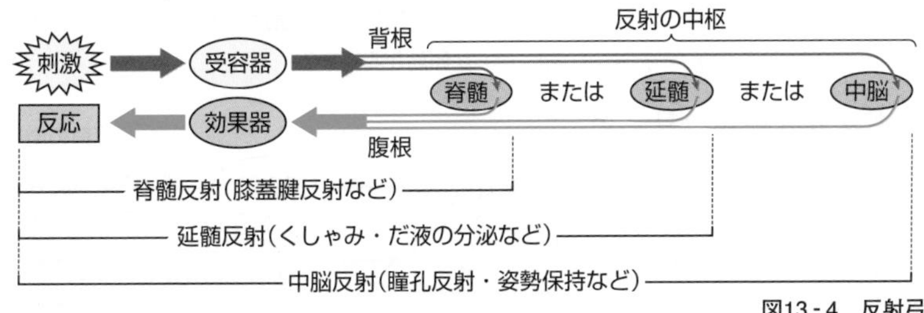

図13-4　反射弓

2 膝蓋腱反射

(1) 膝(ひざ)関節の下にある膝蓋腱(しつがいけん)をハンマーなどで軽くたたくと，膝から下が前に跳ね上がる反応がみられる。これは，**膝蓋腱反射**と呼ばれる脊髄反射であり，反射弓に介在ニューロンは存在しない(シナプスが1つしかない)。

(2) 膝蓋腱反射は，**伸筋**(しんきん)(☞p.125)が収縮して関節が伸びる反射(伸張反射☞p.120)の一種である。

(3) 膝蓋腱反射の反射弓

①膝蓋腱をたたく。

②太ももの筋肉(伸筋)が引き伸ばされ，それが刺激になって筋肉中の受容器である**筋紡錘**(きんぼうすい)が興奮する。

③・④興奮が感覚ニューロンを介して脊髄に入り，介在ニューロンを経ずに運動ニューロンに伝達される。

⑤興奮が伝達された伸筋が収縮し，足が前に跳ね上がる。

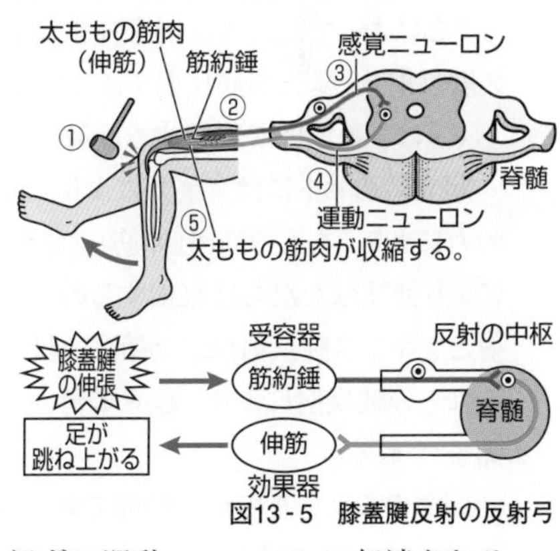

図13-5　膝蓋腱反射の反射弓

3 屈筋反射

(1) 刺激(痛みや熱)により，**屈筋**(☞p.125)が収縮して関節が曲がる反射を**屈筋反射**(屈曲反射)といい，熱いものに触れたときや，とがったものを踏んだときに起こる。屈筋反射は脊髄反射であり，反射弓には**介在ニューロン**が存在する(シナプスが2つ以上ある)。

(2) 屈筋反射の反射弓の一例

①熱いものに触れて，温点が興奮する。

②温点の興奮が感覚ニューロンを介して脊髄に入る。

③興奮が介在ニューロンを経て運動ニューロンに伝達される。

④興奮が伝達された腕の屈筋(上腕二頭筋)が収縮し，素早く手が引っ込む。

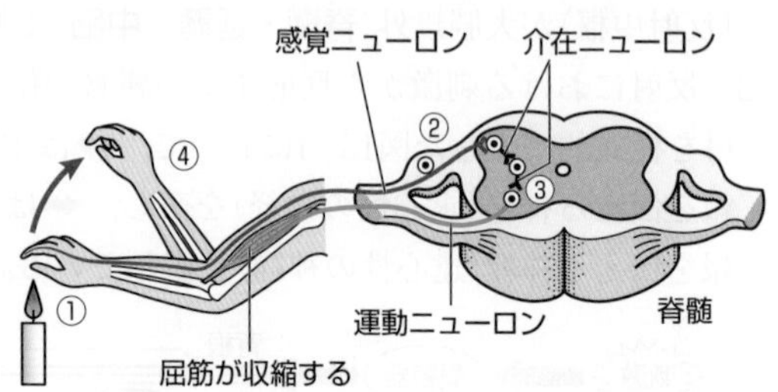

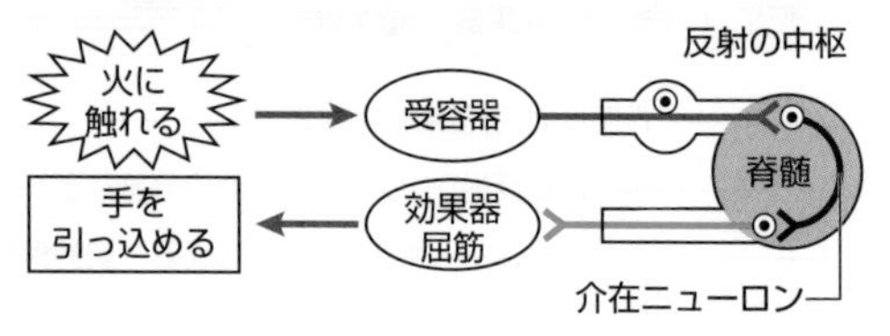

図13-6 屈筋反射の反射弓

田部の裏づけ

膝蓋腱反射の意義とシナプスが1つしかない理由

膝蓋腱反射のように，骨格筋中の筋紡錘が筋肉の伸張を刺激として受容することによって起こる反射を伸張反射(伸展反射，伸筋反射)といい，アキレス腱反射(下腿三頭筋反射：ふくらはぎの筋肉が伸びることが刺激となって，ふくらはぎの筋肉が収縮する反射)なども伸張反射に含まれる。

起立時のヒトには，重力により，絶えず膝を曲げるような力がかかる。その力により，ももの筋肉(伸筋)は急激に伸張するが，その都度，膝蓋腱反射により伸筋はただちに収縮するので，ヒトは後ろに倒れずにすむ。膝蓋腱反射とアキレス腱反射(ヒトが前に倒れることを防ぐ)などは腱反射とも呼ばれ，これらの腱反射により，起立姿勢が無意識に維持(前後に微妙に揺れながら調整)される。

刺激から反応までが短時間で起こる必要のある腱反射では，反射弓中にシナプスが1つしかないが，屈筋反射では，効果器に現れる応答が複雑なので，複数のシナプスが必要になる。

4 抑制性介在ニューロンによる反射の調節

(1) **抑制性介在ニューロン**（よくせいせい）は，介在ニューロンの一種である。その軸索の末端は他のニューロンと**抑制性シナプス**を形成しており，感覚ニューロンなどの他のニューロンから興奮が伝達されると，軸索の末端から抑制性の神経伝達物質を放出し，次のニューロンや他の細胞の興奮を抑制する。

(2) 関節が伸びるときには，伸筋の収縮と同時に，屈筋の弛緩が必要となる。脊髄の抑制性介在ニューロンは，この調節に働いている。

(3) 図13-5に抑制性の経路を加えた図を図13-7に示す。なお，屈筋（太ももの裏側の筋肉）中にも筋紡錘は存在しているが，膝蓋腱反射には，屈筋中の筋紡錘は関与していないので，図13-7では省略してある。

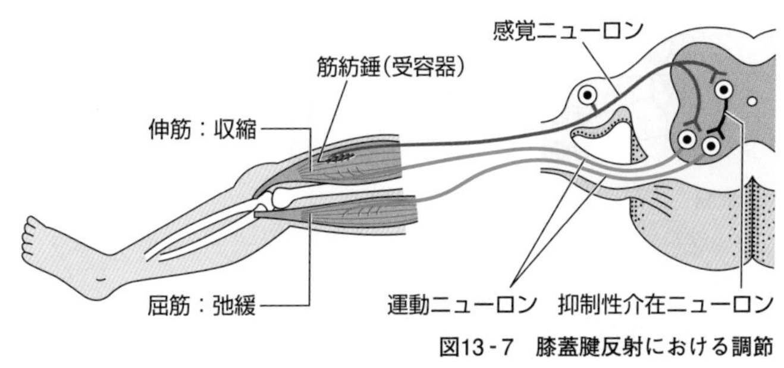

図13-7　膝蓋腱反射における調節

(4) 膝蓋腱反射では，感覚ニューロンの興奮を伝えられた抑制性介在ニューロンは，抑制性シナプスで抑制性の神経伝達物質を放出し，屈筋の運動ニューロンの興奮を抑制して，屈筋を弛緩させる。

(5) 図13-6に抑制性の経路を加えた図を図13-8に示す。なお，屈筋反射には屈筋中ならびに伸筋中の筋紡錘は関与していないので，図13-8では屈筋中，伸筋中の筋紡錘は省略してある。

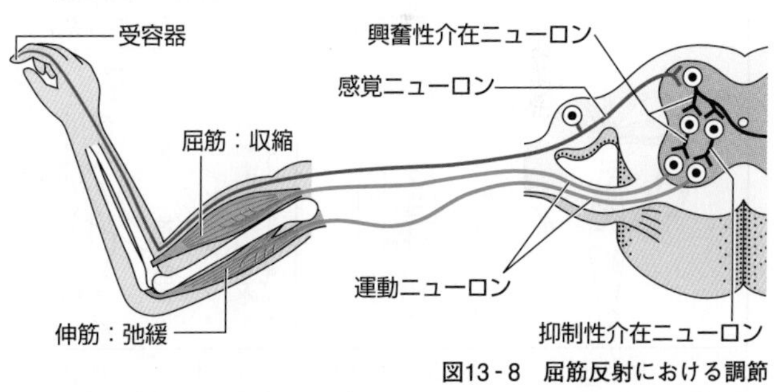

図13-8　屈筋反射における調節

(6) 屈筋反射では，興奮性と抑制性の2種類の介在ニューロンが働いている。屈筋の収縮は，興奮性介在ニューロンが興奮を伝えることで起こる。抑制性介在ニューロンは，抑制性の神経伝達物質を放出し，伸筋（上腕三頭筋（じょうわんさんとうきん））の運動ニューロンの興奮を抑制して，伸筋を弛緩させる。

5 ▶ 脊椎動物の脳

ヒトだけでなく，脊椎動物の脳は前方から後方に向かって，**大脳・間脳・中脳・小脳・延髄**の順に並んでいるが，種によって脳の各部の大きさは異なっている。魚類では運動に関係した小脳と中脳が大きく，鳥類では運動に関係した小脳と視覚情報の処理を行う大脳が大きい。

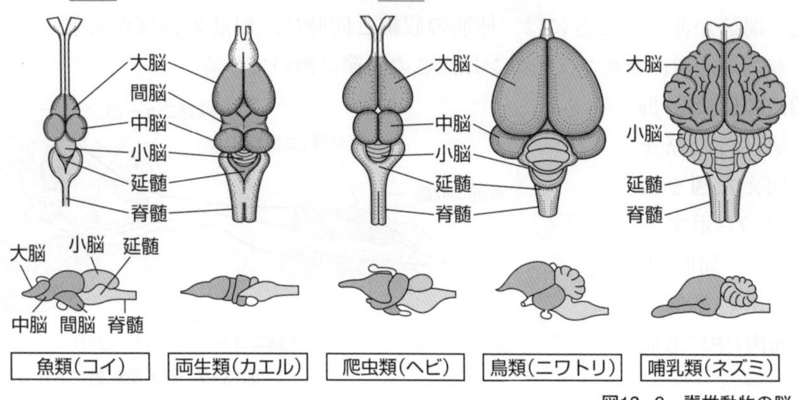

図13-9　脊椎動物の脳

6 ▶ いろいろな動物の神経系

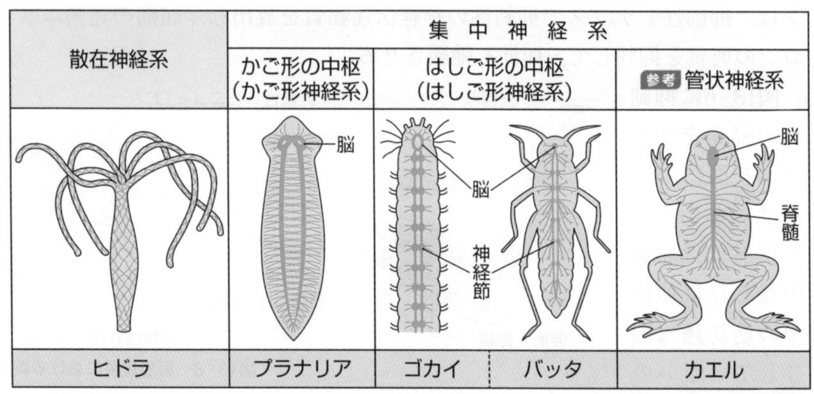

散在神経系	集中神経系			
	かご形の中枢 (かご形神経系)	はしご形の中枢 (はしご形神経系)		参考 管状神経系
ヒドラ	プラナリア	ゴカイ	バッタ	カエル

表13-2　いろいろな神経系

(1) **中枢**(脳・神経節)が存在する**集中神経系**に対し，中枢の存在しない神経系は**散在神経系**と呼ばれ，ヒドラ・クラゲなどの刺胞動物にみられる。

(2) プラナリアなどの扁形動物の神経系は中枢神経系(脳)と，そこから長軸方向に出た数対の神経とそれを横に連ねる神経からなり，かご形をしている。

(3) ゴカイ・ミミズなどの環形(かんけい)動物や，バッタ・エビなどの節足(せっそく)動物の神経系は，中枢神経系(頭部の脳と，体節に1対ずつある**神経節**)と，それを縦につなぐ2本の神経繊維からなり，はしご形をしている。

(4) カエル・ヒトなどの脊椎動物の神経系は，発生の過程で神経管から分化し，管状構造をとっている中枢神経系(脳と脊髄)と，そこから出ている複数の末梢神経系からなる。

もっと広く深く　反射の分類と存在意義

1 反射の分類

反射は，中枢の種類によって，p.119の図13-4のように，脊髄反射・延髄反射・中脳反射に分けられるが，この他にも次のように分類されることもある。

(1) 反射中枢に存在するシナプスの数による分類

①単シナプス反射：反射弓に介在ニューロンが存在せず，シナプスは1つのみ。情報の伝達速度が速い。

例 膝蓋腱反射など

②多シナプス反射：反射弓に介在ニューロンを介した2つ以上のシナプスあり。

例 屈筋反射など

(2) 効果器の種類による反射の分類

①体性反射：反射弓を構成する遠心性の神経が体性神経系に属する運動神経であり，効果器が骨格筋である反射。

例 膝蓋腱反射，屈筋反射など

②自律神経反射：反射弓を構成する遠心性の神経が自律神経系に属する交感神経や副交感神経であり，効果器が平滑筋(胃・腸などの内壁など)・心筋・腺である反射。

例 瞳孔反射(中脳反射の一種)・だ液分泌(延髄反射の一種)など

2 反射の存在意義

他の動物に比べて，ヒトの大脳(皮質)は非常に大きく，発達している。この巨大な大脳が，「思考」という作業のために大量のエネルギーと多くの時間を消費した結果，多くの文化や文明が生み出された。しかし，ヒトも動物の一種であるので，他の動物と同様，生きていくために必要不可欠な行動・動作を行わなければならない。大脳の代わりに，脊髄・延髄・中脳などが，これらの行動・動作の中枢を担うことで，大脳は「思考」に専念できるようになった。つまり，ヒトの反射は，大脳の「思考」に必要なエネルギーや時間を節約するために存在していると言っても過言ではない。

第14講 効果器

The Purpose of Study 到達目標

Visual Study 視覚的理解

骨格筋の構造を細胞内のレベルまで理解しよう！

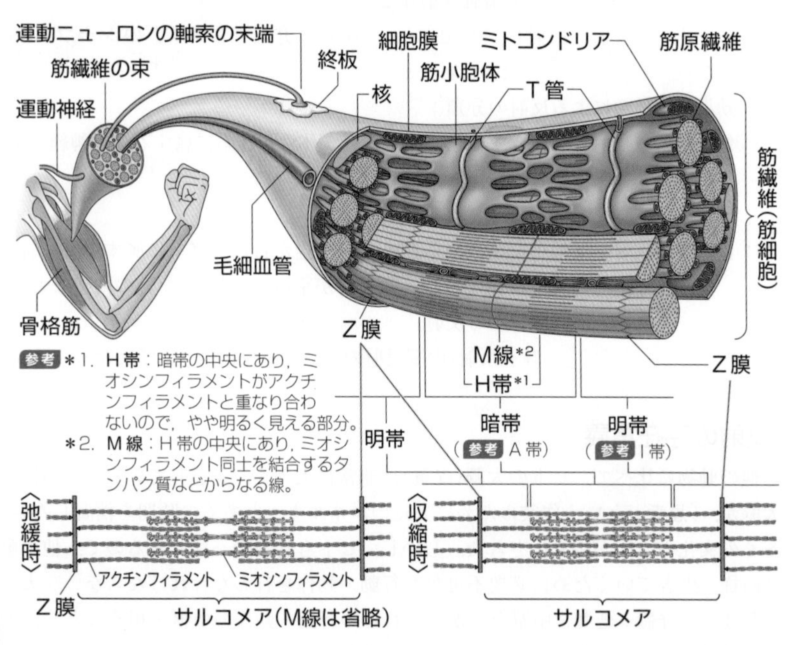

参考 ＊1．H帯：暗帯の中央にあり，ミオシンフィラメントがアクチンフィラメントと重なり合わないので，やや明るく見える部分。
＊2．M線：H帯の中央にあり，ミオシンフィラメント同士を結合するタンパク質などからなる線。

運動ニューロンと筋繊維(の終板)との接続部のシナプス(神経筋接合部)間隙にアセチルコリンが放出され，運動ニューロンからの興奮が伝達されると，筋繊維に活動電位が発生する。この活動電位は，筋繊維の細胞膜が細胞内に入り込み細い管となったT管を伝わる。筋小胞体は，筋繊維が興奮しているという情報を近くのT管から受け取ると，Ca^{2+}を放出する。

1 ▸ 効果器

(1) 刺激に応じた反応を起こす器官(部分)を**効果器**(こうかき)といい，効果器の一種である筋肉は，動物のからだや内臓を動かす際に働く筋組織であり，多数の筋細胞からなっている。筋細胞は**筋繊維**(きんせんい)とも呼ばれ，細長くて収縮性がある。

(2) 脊椎動物の筋肉は，電子顕微鏡で観察した筋繊維の特徴から，しま模様がある**横紋筋**(おうもんきん)としま模様がない**平滑筋**(へいかつきん)に分けられ，横紋筋はさらに，骨格に結合してその運動に関与する**骨格筋**(こっかくきん)と，心臓を構成する**心筋**(しんきん)とに分けられる(☞p.49)。

(3) 骨格筋は運動神経の支配を受ける**随意筋**(ずいいきん)であり，平滑筋と心筋は自律神経の支配を受ける**不随意筋**(ふずいいきん)である。

(4) 骨格筋は，関節をまたぐように骨と骨をつないでいる。収縮することにより，関節を曲げるように働く筋肉を**屈筋**(くっきん)，関節を伸ばすように働く筋肉を**伸筋**(しんきん)といい，屈筋と伸筋とが交互に収縮することによって関節が動く。

参考 筋肉は，その両端にある，腱(けん)と呼ばれる繊維性結合組織によって骨格に結合している。

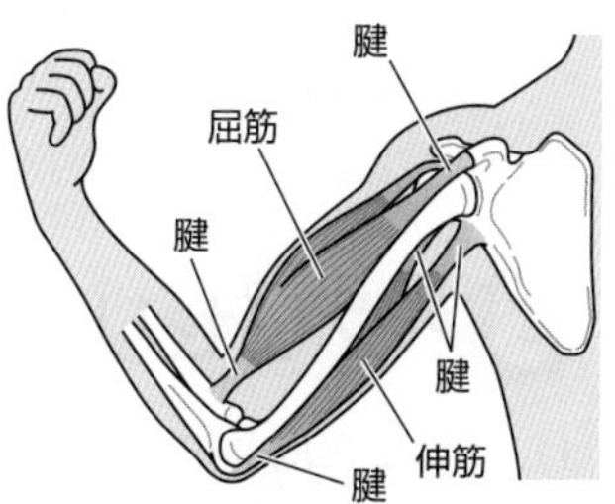

図14-1　屈筋と伸筋

2 ▸ 骨格筋の構造(☞p.124 Visual Study)

(1) 骨格筋の筋繊維(筋細胞)を電子顕微鏡で観察すると，多数の核やミトコンドリアの他に，円筒状でしま模様のある**筋原繊維**(きんげんせんい)や，それを取り囲む**筋小胞体**(きんしょうほうたい)という袋状の膜構造など，さまざまな構造がみられる。

参考 筋繊維・筋原繊維を，それぞれ筋線維・筋原線維と表記することもある。

(2) また，筋原繊維内には，**ミオシンフィラメント**という太いフィラメントと，**アクチンフィラメント**という細いフィラメントが規則正しく並んで重なり合っており，電子顕微鏡では**明帯**(めいたい)と**暗帯**(あんたい)が交互になっているのが観察できる。**明帯**にはアクチンフィラメントのみが存在し，**暗帯**にはミオシンフィラメントとアクチンフィラメントが重なった部分とミオシンフィラメントのみが存在する部分がある。

(3) 明帯の中央には**Z膜**という仕切りがあり，Z膜とZ膜の間は**サルコメア**(**筋節**(きんせつ))と呼ばれ，これが筋原繊維の構造上の単位となっている。

参考 Z膜は，横紋筋の明帯中央部に存在し，筋原繊維を横方向に区切る格子状の平面構造であり，αアクチニンというタンパク質を主成分とする。

骨格筋繊維(筋細胞)はなぜ多核なのか？

胚発生の過程で，未分化な中胚葉の細胞においてMyoDと呼ばれる調節遺伝子(☞p.397)の転写が誘導されると，筋細胞の前駆細胞である筋芽細胞が分化し，その後，さまざまな調節遺伝子が働くことで，多数の筋芽細胞が分裂・分化・融合することにより，1つの骨格筋繊維が形成される。その結果，筋繊維は多核になる。また，細胞膜と細胞膜のつなぎ目がない長い細胞になるので，強い張力を発生させても分断されることはない。

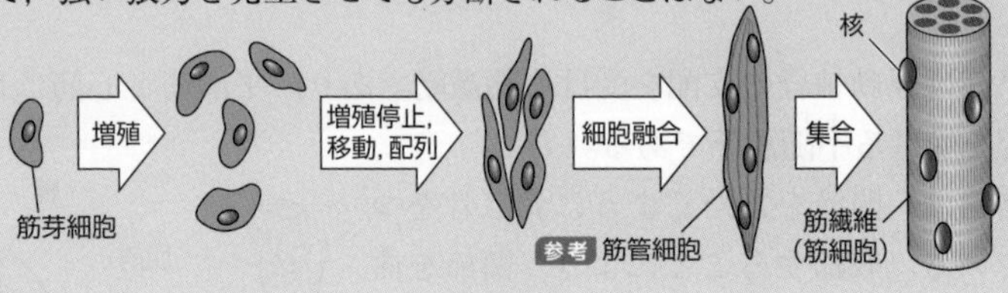

3 グリセリン筋を用いた実験(材料)

(1) 動物から取り出した骨格筋の両端を棒(割りばしなど)にしばりつけて，50%グリセリン水溶液に入れ，−20〜0℃で1日〜1か月間保存したものを**グリセリン筋**という。グリセリン筋は電気刺激を受けても収縮しないが，ATPを与えられると収縮し，光学顕微鏡下で明帯の短縮が観察される。

(2) グリセリン筋では，筋繊維の細胞膜が壊れ，**水溶性のタンパク質**(多くの酵素)，**ATP**(☞p.127)，**Ca^{2+}**(☞p.128)**などが失われているが，筋原繊維の構造は保たれている**ので，ATPを与えられると収縮が起こる。

(3) また，グリセリン筋の電子顕微鏡観察により，筋収縮前後の筋原繊維の構造の変化を調べると，筋収縮時は，筋弛緩時に比べて，サルコメアや明帯の長さは短くなるが，**暗帯の長さは変わらない**ことがわかる(図14-2)。

(4) 図14-3は，筋原繊維の暗帯・明帯と，筋原繊維を構成するフィラメントの関係を模式的に表したものである。

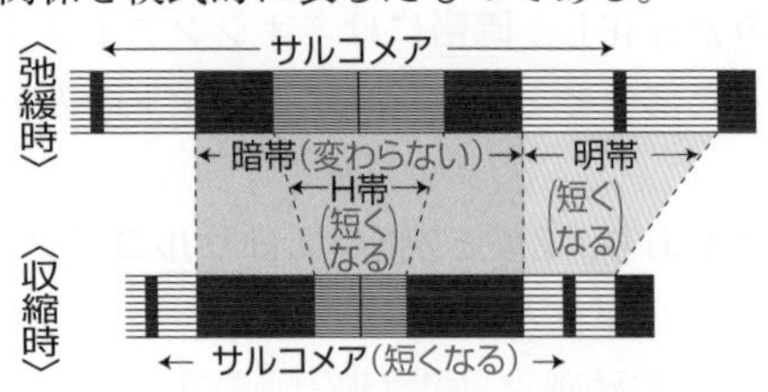

図14-2　筋原繊維の電子顕微鏡像

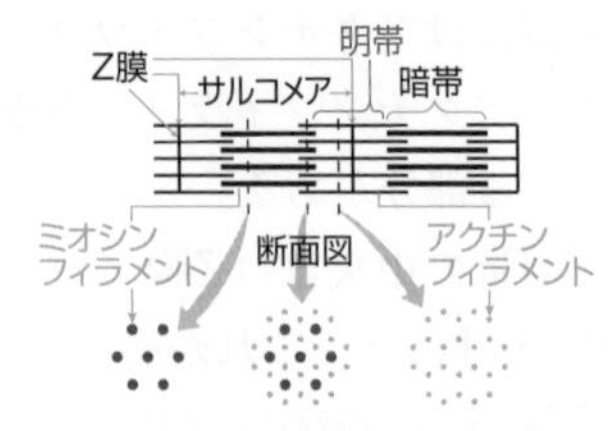

図14-3　筋原繊維の構成

4▶ 筋収縮のしくみ

1 アクチンフィラメントとミオシンフィラメント

アクチンフィラメント	ミオシンフィラメント

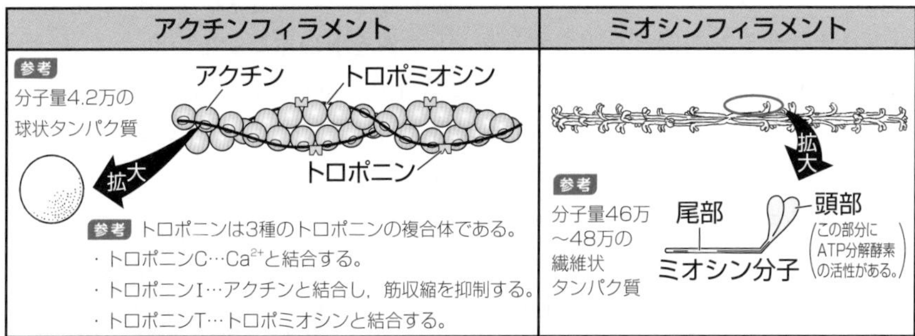

表14-1 アクチンフィラメントとミオシンフィラメント

2 滑り説

ミオシンがATPを分解したエネルギーによって**アクチンフィラメント**をたぐり寄せて，アクチンフィラメントがミオシンフィラメントの間にすべり込むことで筋収縮が起こる。このようなしくみで筋収縮が起こるという説明を，**滑り説**という(図14-4とp.124 Visual Study 参照)。

3 滑り説による筋収縮の過程

(1) ミオシン頭部にATPが結合する。このときミオシン頭部はアクチンフィラメントと離れている(図14-4①)。

(2) ミオシン頭部はATPアーゼとしてATPを分解し，放出されたエネルギーにより立体構造の変化を起こしてアクチンフィラメントと結合できる位置に移動する(図14-4②)。

(3) ミオシン頭部はリン酸を離すと，アクチンフィラメントと結合する(図14-4③)。

(4) ミオシン頭部はADPを放出し，アクチンフィラメントをたぐり寄せて図①の位置に戻る(図14-4④)。このサイクルはクロスブリッジサイクルと呼ばれる。

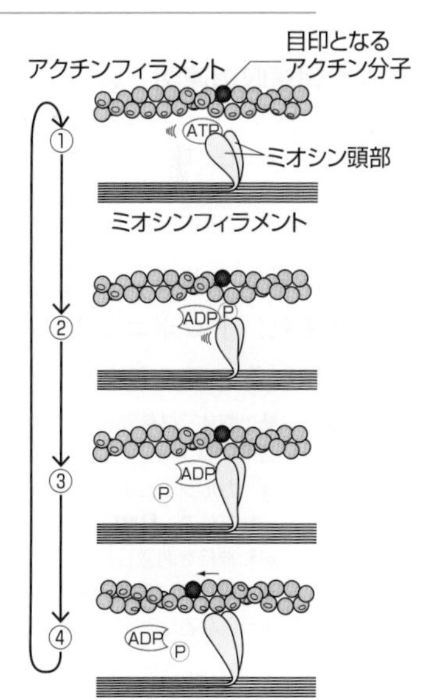

図14-4 筋収縮の過程

4 筋肉の収縮と弛緩の調節

(1) 筋肉の弛緩時にアクチンとミオシンの結合を阻害しているタンパク質を**トロポミオシン**という。筋繊維の興奮で筋小胞体から放出された**Ca^{2+}**と結合し，トロポミオシンの働きを阻害するタンパク質を**トロポニン**という。

(2) 弛緩時には，ミオシンはアクチンと結合できる状態にあるが，実際にはアクチンに存在するミオシン結合部位がトロポミオシンによって遮られているので，ミオシンとアクチンは結合できず，収縮は起こらない。

(3) 運動ニューロンの軸索の末端から筋繊維の終板(付近)に伝達した興奮は，**T管**に沿って伝導し，筋繊維の内部(中心部)に存在する**筋小胞体**からCa^{2+}を放出させる。このようにして濃度の上昇した細胞質基質中のCa^{2+}と結合したトロポニンは，トロポミオシンの構造を変化させてミオシン結合部位を露出させるので，ミオシンはアクチンと結合できるようになり，ミオシンによりアクチンフィラメントがたぐり寄せられて筋収縮が起こる。このように，筋繊維で生じた興奮が筋収縮を引き起こす一連のつながりを**興奮収縮連関**(こうふんしゅうしゅくれんかん)という。

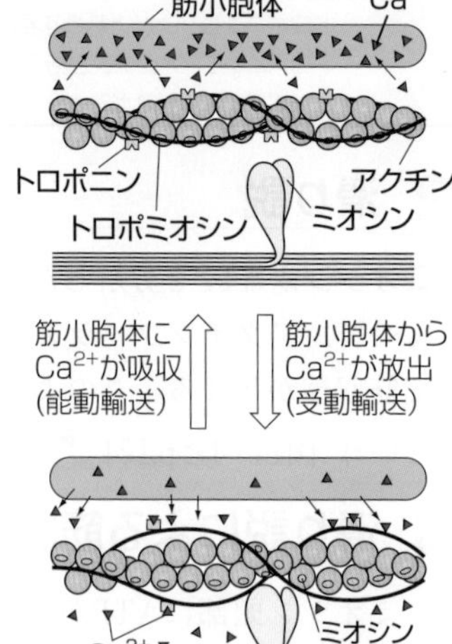

図14-5 筋収縮の制御

参考 T管を形成している細胞膜には電位依存性のカルシウムチャネルがあり，T管付近に活動電位が発生すると，T管内から筋繊維内にCa^{2+}が流れ込む。このCa^{2+}の濃度上昇により，T管付近に位置する筋小胞体膜に存在するCa^{2+}濃度依存性カルシウムチャネルが開く。

(4) 筋繊維への興奮の伝達がなくなると，Ca^{2+}が能動輸送により筋小胞体に取り込まれ，トロポニンとCa^{2+}との結合がなくなり，トロポミオシンはもとの構造に戻るので，アクチンはミオシンと結合できなくなる。

参考 1. 筋小胞体では能動輸送でCa^{2+}を取り込むカルシウムポンプが常に働いているが，そのCa^{2+}輸送効率は，カルシウムチャネルのCa^{2+}輸送効率の数百万〜数万分の一程度にすぎない。

2. 運動神経を刺激した後の筋繊維内の膜電位，Ca^{2+}濃度ならびに筋肉の張力(ちょうりょく)の経時的変化は，右図のようになる。

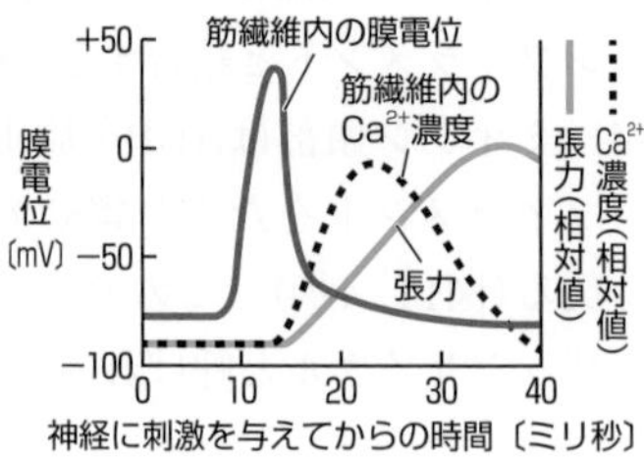

5 ▶ 筋肉の収縮曲線

(1) 実験動物のからだから，骨格筋に運動神経をつけたまま取り出したものを**神経筋標本**という。図14 - 6に示す装置(キモグラフ※)に，カエルのふくらはぎの筋肉(腓腹筋)と座骨神経(脊髄の下部から出て足に分布する神経)からなる神経筋標本を取り付け，この神経に1回の電気刺激を与えると，腓腹筋は短い**潜伏期**を経て収縮した後，弛緩してもとの状態に戻る(図14 - 6①)。このような曲線を筋肉の**収縮曲線**と呼び，1回の筋収縮に要する時間は約0.1秒である。

※測定装置や器具は「～グラフ」，測定方法は「～グラフィー」，測定結果は「～グラム」という。本実験をていねいに(しつこく)いうなら，『キモグラフという装置を用いて，キモグラフィーという方法で，キモグラムという実験結果(収縮曲線)を得た。』となる。

(2) 単一刺激，または十分な間隔をあけて与えた刺激(1秒間に2回程度)によって起こる収縮を**単収縮**(れん縮)という(図14 - 6②)。

(3) 刺激を与える間隔を短く(1秒間に15回に)すると，前回の単収縮が終わらないうちに次の収縮が始まるので，筋収縮の状態が維持される。これを**不完全強縮**という(図14 - 6③)。

(4) 刺激を与える間隔をさらに短く(1秒間に30回に)すると，持続的で強い収縮が起こる(図14 - 6④)。この収縮を**完全強縮**という。骨格筋の筋収縮のほとんどは，運動神経による毎秒数十回以上の刺激によって起こる完全強縮である。

参考 強縮は，骨格筋や平滑筋でみられる現象であり，心筋では起こらない。

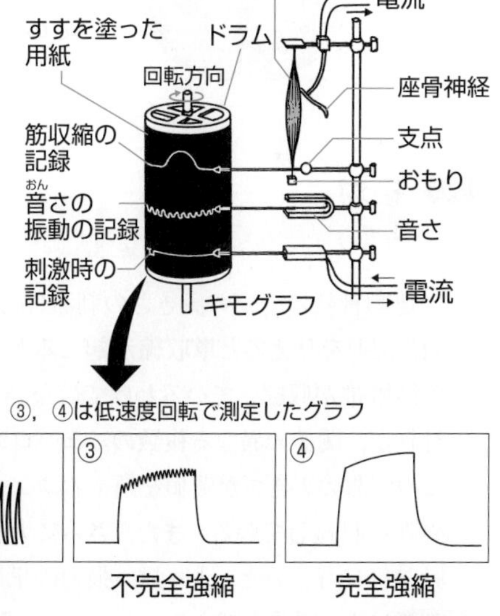

図14 - 6　筋収縮の測定

参考 ＊潜伏期の実際の長さは，0.002～0.003秒であるが，図14 - 6①のグラフでは潜伏期の存在を明確化するために，音さ振動1波動(0.01秒)で表してある。

6 ▶ 運動単位

1つの筋肉は多数の筋繊維で構成されており，すべての筋繊維の収縮は神経によってコントロールされている。しかし，筋繊維とニューロンは1対1の対応をしているわけではない。1つの筋肉につながっている運動神経を構成する運動ニューロンの軸索の本数は，筋繊維の数よりかなり少ない。しかし，それぞれの軸索は末端近くで数本から数千本に分岐し，その分岐した先がそれぞれ1本の筋繊維とシナプスを形成している，つまり1本のニューロンが多数(数本から数千本)の筋繊維を支配している。この1本のニューロンが支配しているすべての筋繊維をまとめて**運動単位**と呼び，同じ運動単位に含まれる筋繊維は，それを支配するニューロンの興奮により，すべてが同時に収縮する。

筋収縮は，作用する運動単位の数やタイミングなどを変化させることで調節されている。

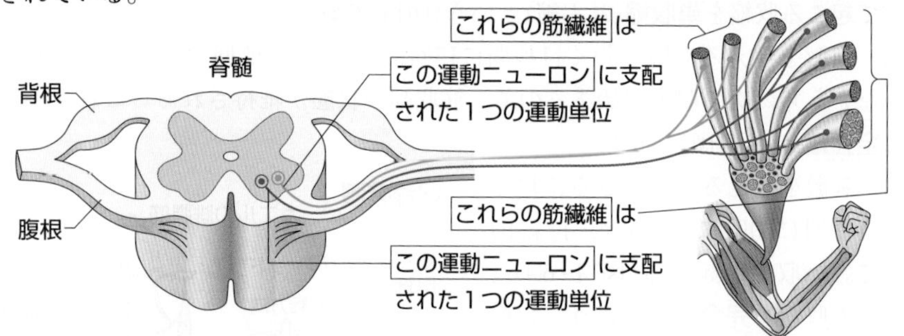

図14-7　運動単位

運動単位と筋収縮

運動神経に一定の大きさの刺激(例えばXミリアンペア(mA)の電流を1秒間に5回)を与えると単収縮が起こるが，このとき筋肉を構成しているすべての筋繊維が収縮しているわけではない。これは，筋肉につながっている運動神経が，閾値の異なる複数のニューロンの軸索で構成されているからであり，この刺激の大きさが閾値を超えるニューロンに支配された運動単位の筋繊維のみが収縮している。また，さらに大きい刺激(例えば2XmA，5回/秒)を運動神経に与えると，より強い張力の単収縮が起こる。これは，さらに大きい刺激により閾値を超えるニューロンの数が増え，収縮する運動単位の筋繊維が増えるためである。つまり，筋繊維と筋肉の関係は，ニューロンと神経(複数のニューロンの集合)の関係と同様で，1本の筋繊維やニューロンでは全か無かの法則が成り立つが，筋肉では刺激の大きさによって収縮する筋繊維(運動単位)の数が異なり張力も変化するので，筋肉全体や神経には全か無かの法則が当てはまらない。

参考 1. 1つ1つの運動単位では，全か無かの法則が成り立つ。
2. 個々の筋繊維にも個々の閾値が存在するが，1つのニューロンから伝わる興奮はそのニューロンに支配されるすべての筋繊維の閾値以上の刺激なので，運動単位のすべての筋繊維は同時に収縮する。

では，与える刺激の頻度と筋肉の収縮(張力)との関係はどうなっているのだろう。運動神経に与える刺激の大きさ(例えばXmA)を変えずに与える頻度を5回/秒，20回/秒，80回/秒のように変化させると，単収縮，不完全強縮，完全強縮を示す収縮曲線が得られ，その最大張力も単収縮＜不完全強縮＜完全強縮と大きくなる。なぜ刺激の大きさは同じなのに，張力が変化するのだろうか。刺激の大きさは同じなので，収縮する運動単位の数が異なるためではない。5回/秒の刺激では，筋繊維は収縮と弛緩の単収縮のサイクルを繰り返す。20回/秒の刺激では，筋繊維は完全に弛緩していないうちに次の収縮が始まるようになり，単収縮の加重が起こってより大きな張力が発生する。さらに80回/秒の刺激では，筋繊維は刺激の間にまったく弛緩することができず，持続的に収縮した状態になり，さらなる加重が起こる。また，骨格筋と骨を結合している弾力性のある腱や結合組織も収縮が続くほど引き伸ばされて張力を発生するので，このことも強縮の方が単収縮より大きな張力が発生する要因となっている。これをわかりやすくグラフに示すと右図のようになる。

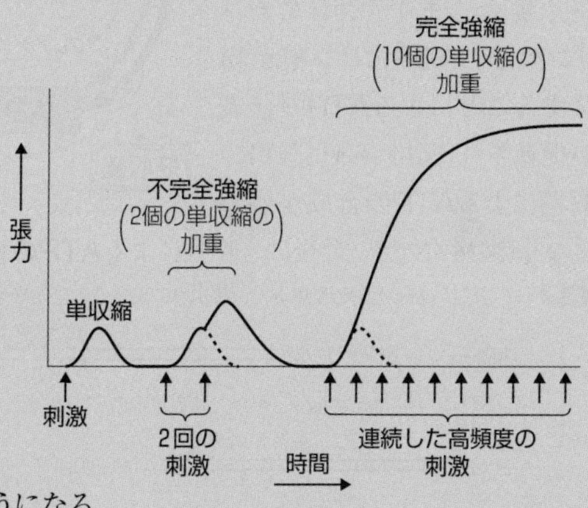

例えばヒトが，水の入った重いバケツを持ち上げるときに，腕の筋肉が低頻度の刺激で起こる単収縮を繰り返していては，バケツを持ち上げられないままプルプルと震えて水をこぼすだけである。バケツを持ち上げるためには，筋肉が単収縮ではなく，高頻度の刺激で強縮を起こすことが必要となる。

7 ▸ 筋収縮とATP

(1) 筋収縮に直接必要なエネルギーのすべては**ATP**から供給されるので(図14-8①)，筋繊維には，ATPを補給する複数のしくみが備わっている。

(2) 筋繊維では，主に呼吸によりエネルギーが放出され，このエネルギーを用いて，常に**ADP**とリン酸から**ATP**が合成されている(図14-8②と②′)。

参考 筋繊維内ではグルコースが解糖系の基質となる場合と，グリコーゲンに無機リン酸が加えられる反応(加リン酸分解)によって生じたグルコース-1-リン酸が解糖系の基質となる場合がある。後者の場合では，グルコース1分子当たり，解糖系で消費されるATPは2分子ではなく1分子であるので，合成されるATP4分子との差し引きで3分子のATPが生じる。

(3) 筋繊維中では，呼吸により放出される多量のエネルギーのうち**ATP**としては少量しか蓄えられず，残りは，リン酸とクレアチンに渡され，**クレアチンリン酸**として蓄えられる(図14-8③)。しかし，ミオシンは，クレアチンリン酸を基質として分解できず，そのエネルギーを直接利用することはできない。

参考 クレアチンリン酸は，ATPに比べて筋繊維中に多量に含まれ，ATPより安定な高エネルギーリン酸結合をもつ物質である。

(4) 運動による筋収縮で**ATP**が消費され筋繊維中の**ATP**量が不足した後，さらに筋収縮が続く場合，まず，クレアチンリン酸から**ADP**にリン酸が転移することによる**ATP**の合成が促進され(図14-8④)，次に，**解糖**(かいとう)による**ATP**の合成が盛んになり(図14-8⑤)，最後に，呼吸による**ATP**の合成が盛んになる。

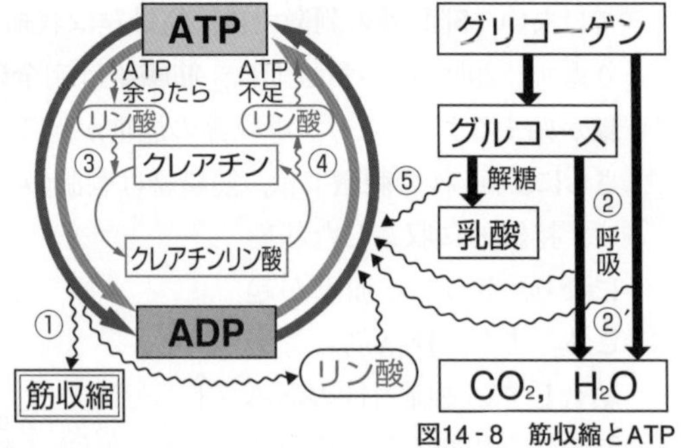

図14-8 筋収縮とATP

参考 1. 図14-8③と④の反応は，次のように表すことができる。

ADP＋クレアチンリン酸 ⇄ ATP＋クレアチン（クレアチンキナーゼ，④→，←③）

2. 図14-8には示さなかったが，筋繊維中のATPを補うために次の反応も起こる。

2 ADP ⇄ ATP＋AMP(アデノシン一リン酸)（アデニル酸キナーゼ）

8 ▸ その他の効果器

1 分泌腺

多数の**腺**(せん)**細胞**からなり，分泌を行う上皮組織は**腺**と呼ばれ，だ液・汗・消化液などを分泌する**外分泌腺**と，ホルモンを分泌する**内分泌腺**に分けられる(☞p.195)。

2 繊毛と鞭毛

(1) ゾウリムシ，ウニの幼生の体表，ヒトの気管や輸卵管などにある多数の短い毛を**繊毛**（せんもう）という。

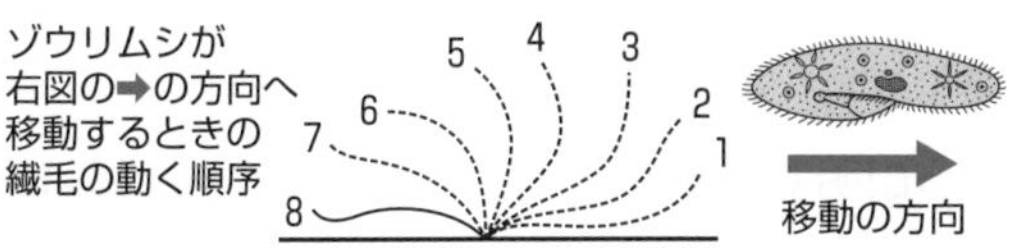

図14-9 ゾウリムシの繊毛の屈曲運動

(2) ミドリムシや精子などにあり，繊毛より長く数の少ない毛を**鞭毛**（べんもう）という。

(3) 繊毛と鞭毛の基本構造や運動のしくみは共通性が高い(☞p.77)。

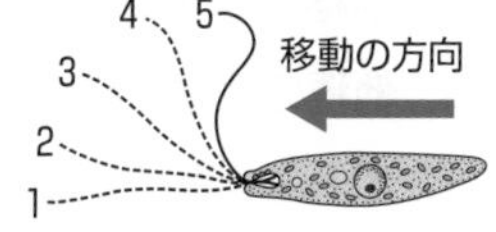

図14-10 ミドリムシの鞭毛の屈曲運動

3 発光器官と発電器官

ホタルの腹部にある**発光器官**の発光層の細胞がルシフェリンという物質とATPのエネルギーにより発光し，反射層の細胞が光を反射している。ホタルは雌雄間の交信や仲間の識別などのために，一定間隔で発光器官を光らせている。

発電器官は，シビレエイやデンキナマズにあり，筋肉が変化した発電板が層状に重なっている器官である。神経の刺激により発電板で電気を発生させ，外敵から身を守ったり，えさを獲ったりする。

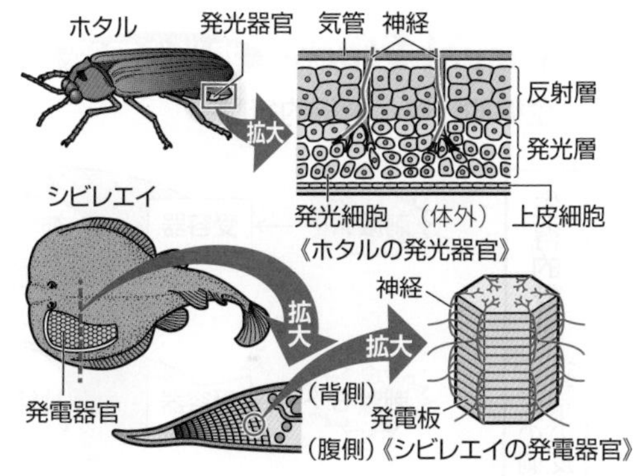

図14-11 発光器官と発電器官

4 色素胞

魚類や両生類のうろこや皮膚にあり，内部に顆粒(黒色の色素顆粒)をもち，周囲の明暗や色彩に合わせて体色の濃淡を変化させるときに働く細胞を**色素胞**（しきそほう）という。

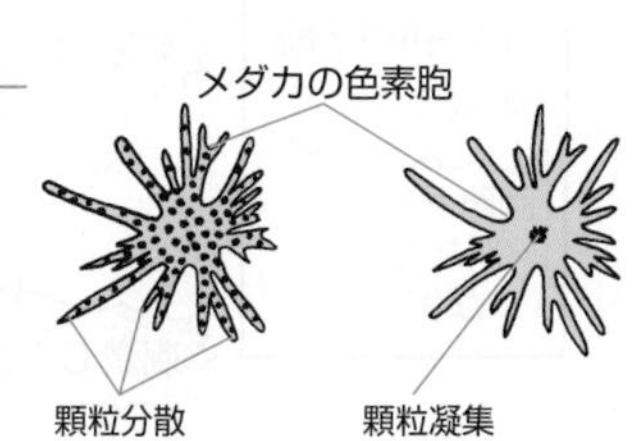

図14-12 色素胞

参考 色素顆粒は，微小管上をモータータンパク質によって－端方向に運搬されると凝集し，＋端方向に運搬されると分散する。

第15講 動物の行動

The Purpose of Study 到達目標

1. 走性について，例をあげながら説明できる。…… p. 135, 136
2. 非生物的環境からの刺激による生得的行動を例をあげながら説明できる。… p. 137
3. 中枢パターン発生器について，例をあげながら説明できる。…… p. 138, 139
4. 他種の動物からの刺激による生得的行動を例をあげながら説明できる。… p. 140
5. イトヨ・カイコガの生殖行動とミツバチのダンスを説明できる。… p. 141〜144
6. アメフラシの反射における慣れ・脱慣れ・鋭敏化について説明できる。… p. 145〜147
7. 条件づけと刷込みのそれぞれについて，例をあげながら説明できる。… p. 148〜150

Visual Study 視覚的理解

生得的行動と習得的行動

生得的行動（特定の刺激に対して特定の反応が起こる）

刺激A → 受容器 → 神経回路 → 効果器 → 反応1（生得的行動）

刺激B → 受容器 → 神経回路 → 効果器 → 反応2（生得的行動）

刺激C → 受容器 → 神経回路 → 効果器 → 反応3（生得的行動）

習得的行動（刺激の繰り返しにより神経回路が変化し，新たな反応が生じる）

刺激C → 受容器 → 神経回路 → 効果器 → 反応3（生得的行動）

刺激C → 受容器 → 経験や学習によって変化した神経回路 → 効果器 → 反応4（習得的行動）

1 動物の行動の種類

動物は，周囲の環境(生物的・非生物的環境)からの刺激を受け，その刺激に応じてさまざまな**行動**を示す。動物の行動には，次のようなものがある。

①**生得的行動**(せいとくてき)：生まれつき備わっており，経験や練習なしで起こる定型的な行動。遺伝的なプログラムによって決まっている。

②**学習**(がくしゅう)(**習得的行動**，**学習行動**)：生後の経験が記憶されることによって行動が変化すること。学習の能力は，一般に神経系の発達にともない高くなる。

③**知能行動**(ちのう)：未経験の課題に直面したときに，過去の経験をもとに推理・洞察を行い，課題の解決に適した行動をとること。習得的行動に含まれる。

2 生得的行動

1 かぎ刺激

(1) 動物に特定の生得的行動を引き起こす刺激を**かぎ刺激**(**信号刺激**)という。

参考 かぎ刺激という用語は，狭義には同種の動物の個体間における生得的行動について用いられるが，広義には周囲の動物や非生物的環境からの刺激による行動についても用いられる。

(2) 生得的行動が起こるためには，かぎ刺激だけではなく，その行動をとるための内部的な原因である**動機づけ**(どうき)が必要な場合が多い。

参考 食物量の変化(食物不足)や日照時間の変化(光周性)は内分泌環境の変化を引き起こし，採餌行動，性行動や渡りなどの動機づけとなる。このような動機づけを生理的動機づけという。

2 生得的行動の種類

生得的行動は，定位，走性，比較的複雑な行動などに分けることができる。

定位(ていい)：動物が体軸を刺激源に対して特定の方向に定めること，およびその行動。ある定位(行動)が単独で起こることよりも，複数の行動からなる捕食・逃避・渡りなどの1つの要素として起こることが多い。

走性(そうせい)：動物が外界の刺激に反応して，刺激源の方向や刺激源とは反対方向に移動する行動。刺激源に近づくような走性を**正の走性**，刺激源から遠ざかるような走性を**負の走性**という。

参考 走性は，自由に運動することができる生物にみられる現象であり，植物の精子などにおいても観察される。なお，走性は定位に含まれるという考え方もある。

比較的複雑な行動：神経系の発達した動物では，非生物的環境や他の生物からの刺激に応じたさまざまな行動がみられる。これらの行動は定位や走性などを含むこともあり，比較的複雑にみえる。

3 ▶ 走性

(1) 走性には次のような種類がある。

	刺激	例
光走性	光	ガ(正)，アルテミア(小形の甲殻類)(正)，ミドリムシ(正)，ミミズ(負)，プラナリア(負)
化学走性	化学物質	ゾウリムシ(弱酸・高CO_2濃度に対して正)，カイコガ(雄が雌の性フェロモンに対して正)
音波走性	音波	コオロギ(雌が雄の翅の摩擦音に対して正)

表15-1　走性の種類

参考 走性の例として，魚類・イカ(正の光走性)，ゴキブリ(負の光走性)，カ(正の化学走性(CO_2に対して))，ゾウリムシ(負の化学走性(強酸に対して)，負の重力走性(上方に集まる)，負の電気走性(－極へ向かって泳ぐ))，メダカ(正の流れ走性(流れに逆らって泳ぐ))なども知られている。

(2) 例えばプラナリアは，左右の眼でそれぞれ受容した光刺激による活動電位の発生頻度を脳で比較し，その頻度が左右で等しくなり，かつ光が弱くなる方向に**定位**する。その結果，光源の反対方向に移動する**負の光走性**を示す。

ゾウリムシの走性

ゾウリムシは，水田，沼や池などの水中を繊毛の屈曲運動により，移動(遊泳)しながら，細菌を食物として生活している。

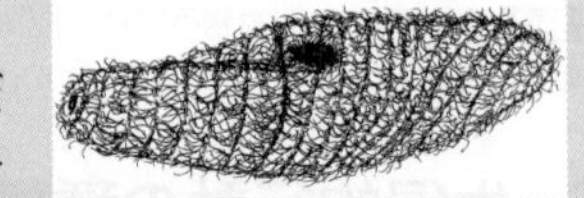

ゾウリムシは，光学顕微鏡観察により，からだの構造がゾウリに似た平たいだ円形として描けるので，ゾウリムシと名付けられたが，実際には上図(電子顕微鏡観察像)に示すように，毛ムクジャラのヘチマ(ウリ)のような形をしており，からだを回転させながら長軸方向に泳いでいる。

ゾウリムシが示す走性には，弱酸性に近づく正の化学走性(強酸性に対しては負の化学走性)，負電極(－電極)に集まる負の電気走性，培養液中の上方に集まる負の重力走性などがある。

細菌が呼吸を盛んに行うとクエン酸などの有機酸(マイナスイオンとして存在)やCO_2(水に溶けると弱酸性になる)が生じるので，マイナスイオン(－電荷)が多く，弱酸性になっている場所では細菌が繁殖している可能性が高い。ゾウリムシは，正の化学走性や負の電気走性によって，効率よく食物としての細菌を捕らえることができると考えられている。

4 ▶ 非生物的環境からの刺激による生得的行動

1 鳥の渡り

(1) 渡り鳥は，毎年定まった季節に繁殖地と越冬地との間を移動する渡りを行う。その際，太陽などの情報を利用して渡りの方向に**定位**している。

(2) 太陽の位置を基準として行動の方向を知るしくみを**太陽コンパス**という。星座の情報を利用して方向を知るしくみは**星座コンパス**，地磁気の情報を利用して方向を知るしくみは**地磁気コンパス**と呼ばれる。

(3) 生物が体内に備えている時間を計るしくみを**生物時計**(☞p.143)という。渡り鳥などは，生物時計により太陽コンパスを補正できる。

2 ホシムクドリとボボリンクの定位

(1) かごの中のホシムクドリ(スズメ目)は，渡りの季節になると渡りの方向を向き羽ばたき行動をする。このときホシムクドリが**太陽コンパス**を利用して渡りの方向に定位していることが以下の実験により確かめられた。

(2) 外周壁に6つの窓があり，そこからのみ太陽光が入ってくる鳥かごの中に1羽のホシムクドリを入れ，毎日午前9時に観察すると，図15-1の**a**に示すように北西方向に頭を向けて羽ばたき行動を示した。次に，窓に一定の角度で鏡を取り付けて太陽光の方向を90°変えると，図15-1の**b**に示すように南西方向に頭を向けて羽ばたき行動を示した。

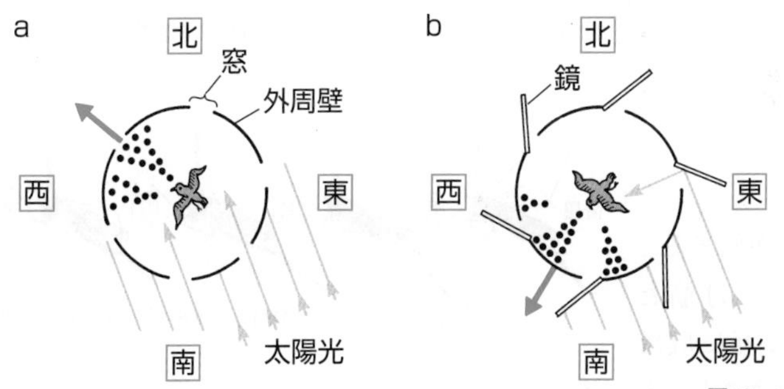

黒丸(•)の数は観察時間内にホシムクドリがその方向を向いて羽ばたき行動を示した回数を示す。→は太陽光の進行方向，➡は黒丸が示す向きの平均的な方向を示す。

図15-1　ホシムクドリの定位

(3) 日中に移動するホシムクドリに対して，ボボリンク(スズメ目)のように夜間に移動する鳥は，星座コンパスや地磁気コンパスを利用して渡りの方向に定位する。ボボリンクの三叉神経節(脳の橋の手前にある神経節)には，磁場のわずかな変化に対して高い感受性を示す神経細胞が存在する。

5▶リズミカルな行動と中枢パターン発生器

(1) 神経系において，複数のニューロンがシナプスを介して複雑に接続することで形成される情報伝達回路は**神経回路**と呼ばれ，さまざまな情報の統合処理や，以下に示すような自発的な信号発生などを行っている。

(2) バッタの胸部には，翅を上げる筋肉(打ち上げ筋)，翅を下げる筋肉(打ち下げ筋)と，それらの筋肉の動きを調節する神経系が存在している(図15-2左)。

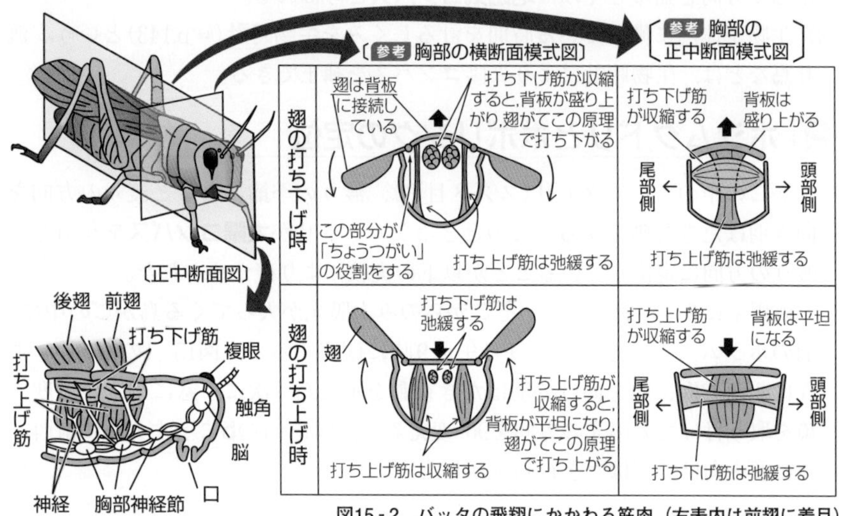

図15-2　バッタの飛翔にかかわる筋肉（右表内は前翅に着目）

(3) つるしたバッタの頭に正面から風を与え続けると，翅が上下にリズミカルに動き，飛翔が始まる。

(4) 飛翔は，打ち上げ筋と打ち下げ筋が交互に収縮と弛緩を繰り返すことで起こる(図15-2表内)。

図15-3　バッタの飛翔（からだの右側のみ示す）

(5) このとき，それぞれの筋肉の収縮や弛緩を感知する自己受容器からの情報を中枢に伝える神経を切断しても，正常と同様のパターンで飛翔が起こる。

(6) これらのことから，飛翔は，風の刺激が胸部にある飛翔の中枢の神経回路に伝わることで生じるリズミカルな運動パターンによって起こると考えられる。

(7) このような一定の運動パターンを生じさせる神経回路を**中枢パターン発生器**(Central Pattern Generator：CPG)という。

(8) バッタの胸部神経にある飛翔の中枢パターン発生器は，20個以上の介在ニューロンの組み合わせにより構成された神経回路であるが，それを簡略化したモデルがいくつか考えられている。それらのうちの一つを図15-4に示す。

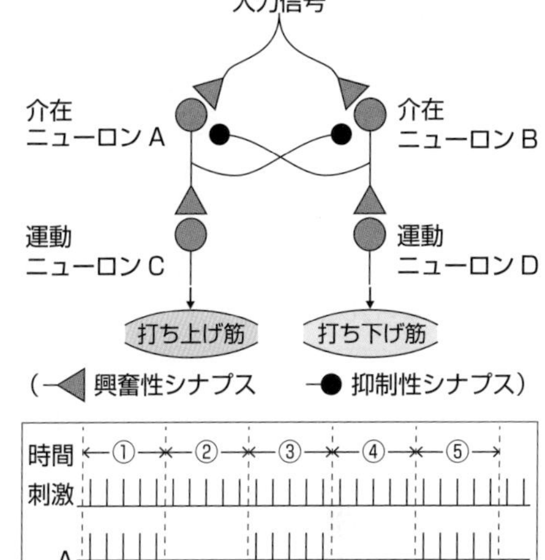

図15-4　バッタの飛翔の中枢パターン発生器（上）と各ニューロンの活動電位の発生頻度（下）

(9) まず，風の刺激を受けた脳から，「飛べ」という指令(ここでは入力信号という)が神経回路に伝えられる。

(10) この入力信号は介在ニューロンAとBに同時に送られるが，Aの方がBよりわずかに閾値が低く先に活動電位を発生し，運動ニューロンCを興奮させると同時に，分岐した軸索がBの活動電位発生を抑制する(図15-4①)。

(11) Aは一定時間興奮したら，しばらくの間休止するという特徴をもつ(ここでは活動電位を5回発生したら興奮は終わる)ので，図15-4②になると，BがAからの抑制から脱して活動電位を発生し，運動ニューロンDを興奮させる。BもAと同様に分岐した軸索がAの活動電位の再発生を抑制する。

(12) このようなことが図15-4③以降も繰り返されるので，打ち上げ筋と打ち下げ筋も交互に活動を繰り返し，リズミカルな運動パターンが生じる。

(13) バッタの飛翔の他にも，中枢パターン発生器はさまざまな動物の行動に関与している。それらのうちのいくつかを以下に示す。

・ヤガがコウモリによる捕食を回避する行動(☞p.140)

・カイコガの性フェロモンに対する定位(☞p.142)

・ネコやイヌなどの歩行運動

・ヤツメウナギ，魚，おたまじゃくしなどの遊泳行動

6 ▶ 他種の動物からの刺激による生得的行動

1 コウモリの捕食行動とガの捕食回避行動

1 コウモリの捕食行動

(1) コウモリは，夜間に活動し，ガなどの昆虫を捕食する。

(2) このとき，コウモリは超音波を発し，昆虫などの対象物に衝突して帰ってくる反響音(エコー)から，その形や距離，速度などを読み取り，その方向に**定位**する。これを**反響定位**(はんきょうていい)(**エコーロケーション**)という。反響定位は，イルカでもみられる。

参考 1. コウモリの多くの種は，超音波を鼻から出すが，何種類かは口から出す。
2. コウモリの出す音波は，標的の方向，距離，特徴などの検出に優れている音波(FM音)と，標的の発見や相対速度の検出に優れている音波(CF音)とに分けることができ，FM音を出すコウモリと，FM音をともなうCF音を出すコウモリがいる。

2 ガの捕食回避行動

(1) コウモリによって捕食される昆虫のなかには，コウモリの発する超音波を感知できるものが存在する。

(2) 超音波を感知できないガは，通常どおりに飛翔を続けるが，ヤガなどのある種のガは，近くにきたコウモリの超音波を感知すると，翅をたたんで急降下や急旋回し，捕食を回避する行動を示す。

2 メンフクロウの捕食行動

(1) メンフクロウでは，左右の耳の位置が互いに上下方向にずれていることなどにより，ある1つの音の強度が左右で異なって感知される。

(2) この強度差の情報と，音が左右の耳にそれぞれ達するまでの時間差の情報を脳で分析して統合することにより，夜間でも獲物が立てた音の方角や高さを正確に知り，その音源に対して**定位**することができる。

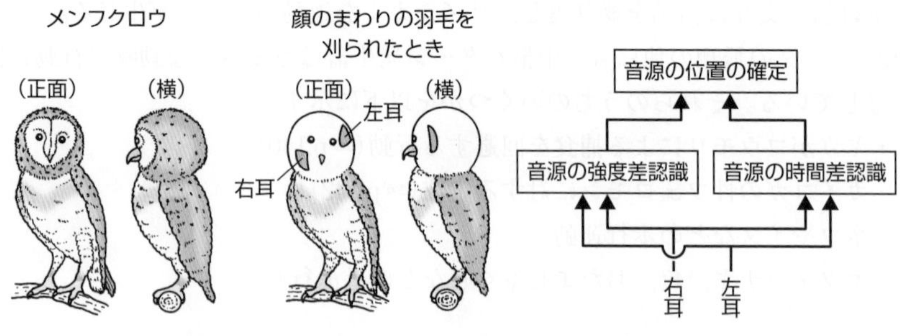

図15-5 メンフクロウの定位

7 ▶ 同種の個体間における生得的行動

1 繁殖期のイトヨの行動

1 攻撃行動

(1) イトヨは体長10cmほどのトゲウオ科の魚類であり，雄は繁殖期になると性ホルモンの働きで腹部が赤くなり，川や池の深いところで水草を集めて巣をつくる。

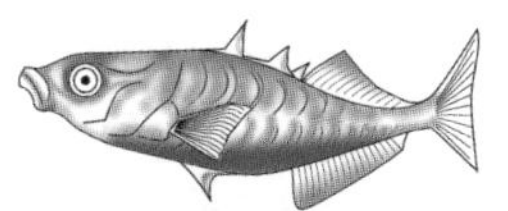

図15-6　繁殖期の雄のイトヨ

(2) この繁殖期の雄は，縄張り(なわばり)(☞p.610)に侵入してきた他の成熟した雄を攻撃して追い払う生得的行動を示す。

(3) **ティンバーゲン**らは，繁殖期のイトヨの雄の縄張りにいろいろな模型を近づけて観察した。その結果，形は似ているが腹部が赤くない模型(下図(ⅰ)・(ⅱ))や，形が似ていない上に腹部も赤くない模型(下図(ⅲ))には反応を示さないが，形は似ていないが腹部が赤い模型(下図(ⅳ)・(ⅴ))には攻撃行動を示した。これらの実験の結果から，イトヨの雄の攻撃行動は，**腹部の赤色**が**かぎ刺激**となって引き起こされることが明らかとなった。

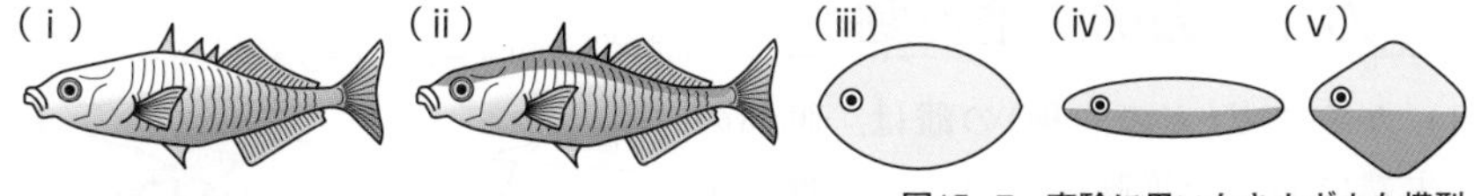

図15-7　実験に用いたさまざまな模型

2 求愛行動

(1) 繁殖期に，縄張りに腹部の膨らんだ雌のイトヨが入ってきた場合には，図15-8のような一連の求愛行動(生殖行動)がみられる。

(2) この一連の行動は，交互に相手の外観や行動などが**かぎ刺激**となって一定の順序で起こる。このような一定の順序で起こる生得的行動を**固定的動作パターン**(定型的運動パターン)という。

(3) 放精した雄は巣の破損部位を直したり，ひれで水をあおいで受精卵に酸素がいきわたるような水あおぎ行動をする。

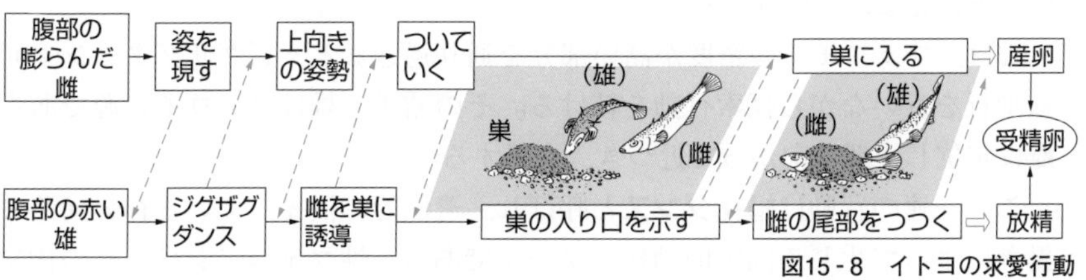

図15-8　イトヨの求愛行動

2 フェロモン

(1) 動物の体内でつくられ，体外に分泌されて**同種の他個体**に**かぎ刺激**として働きかけ特有の行動を引き起こす物質を<u>フェロモン</u>といい，表15-2に示すような種類がある。

種類	働き	例
性フェロモン	異性を誘引する。	カイコガ
集合フェロモン	仲間を集める。	ゴキブリ
道しるべフェロモン	えさまでの道順を仲間に知らせる。	アリ
警報(けいほう)フェロモン	仲間に危険を知らせる。	ミツバチ

表15-2　フェロモンの種類

(2) フェロモンの例の多くは昆虫[*1]で知られているが，脊椎動物[*2]にもフェロモンがあり，多くの哺乳類は性フェロモンをもつことが知られている。

参考 ＊1. 昆虫のフェロモンとして，ミツバチの女王バチが分泌し，「女王バチの健在」を知らせるフェロモン(ロイヤルティフェロモン)も知られている。これを働きバチが知覚すると，新しい女王バチを育てる行動が抑制される。

＊2. 夜行性の哺乳類やヘビなどは，鼻腔の入り口近くにあり，鋤鼻(じょび)器官(ヤコブソン器官)と呼ばれる嗅覚器でフェロモンを受容する。

3 カイコガの生殖行動

(1) カイコガ(ガの一種)の雌は，腹部の末端にある分泌腺(誘引腺)から**性(せい)フェロモン**を分泌する。

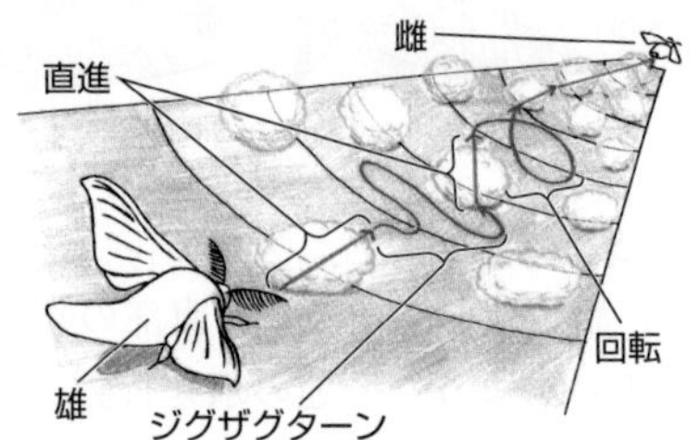

図15-9　カイコガの雌に対する探索行動

(2) 雄は，雌が分泌した性フェロモンを，感覚毛が密生した触角で受容すると雌に対する探索行動を開始する。

(3) 分泌されたフェロモンは，空気中のところどころに高密度なかたまり(図15-9の黄色で囲んだ部分)をつくるように不連続に漂っている。

(4) フェロモンを触角で受容した雄は，左右の触角での刺激が等しくなる方向に羽ばたきながら直進する。

(5) 雄は，フェロモンの密度が高い部分を通り過ぎると，ジグザグターンや回転歩行を行いながら探索行動を続ける。その結果，雄はフェロモン源である雌に定位し，雌に向かって近づき，交尾する。

(6) この一連の行動は**婚礼(こんれい)ダンス**と呼ばれ，遺伝的に決まっている神経回路の働きによって生じる固定的動作パターンである。性フェロモンは，雄の<u>化学走性</u>の刺激源であるとともに，婚礼ダンスを引き起こす**かぎ刺激**である。

もっと広く深く　生物時計

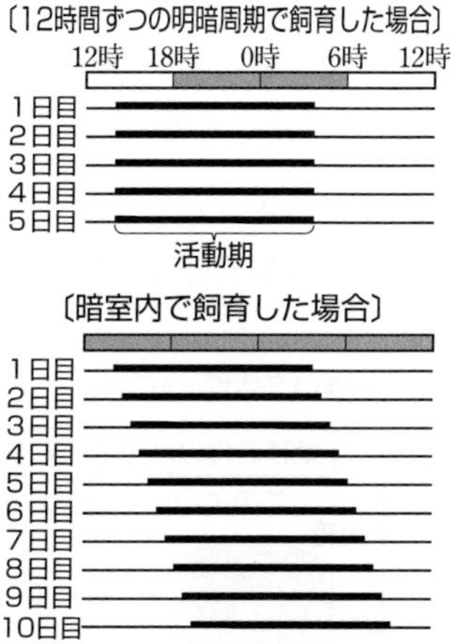

(1) 自然状態における動物の活動には，ほぼ24時間の周期性がある。これを日周性という。

(2) 多くの鳥類や昆虫類などは昼間活動する(昼行性である)が，ネズミ・フクロウ・ゴキブリなどは夜間活動する(夜行性である)。

(3) 温度・照明などを一定にした環境下(例えば暗室内など)に動物を置くと，ほとんどの動物は，はじめ日周性に近い活動の周期性を示すが，やがて活動の周期がしだいに外界の周期からずれていく。

(4) これは，動物が外界の周期とは独立した，生得的な内因性のリズムをもつためである。

(5) このリズムは，おおむね1日を周期としているので，**概日リズム**(**サーカディアンリズム**)と呼ばれる。

〔12時間ずつの明暗周期で飼育した場合〕
12時　18時　0時　6時　12時
1日目
2日目
3日目
4日目
5日目
活動期

〔暗室内で飼育した場合〕
1日目
2日目
3日目
4日目
5日目
6日目
7日目
8日目
9日目
10日目

ハツカネズミ(マウス)の概日リズムは，24時間より少し長い(24.5～25.5時間)ので，活動期が日を追ってずれる。

ハツカネズミの概日リズム

(6) 概日リズムの存在は，生物の体内に時間を計る何らかのしくみが存在することを示している。このしくみを**生物時計**(**体内時計**)という。

(7) 日周性は，概日リズムが昼夜の周期に同調した結果生じると考えられる。

(8) 生物時計は，鳥の渡り，ミツバチのダンス，光周性による植物の花芽形成などにも関与していることが知られている。

4 ミツバチのダンス

(1) ミツバチは，ホシムクドリと同様に，生物時計により補正される太陽コンパスによって方向を知るしくみをもっており，えさ場から巣箱への進路を定めることができる。

(2) えさ場を見つけた後に巣箱に戻ったミツバチは，えさ場の位置を仲間に知らせるために，巣箱内の垂直な巣板の上で特徴のあるダンスを踊る。

(3) えさ場が近い場合にミツバチが踊る**円形ダンス**では，えさ場の方向は伝えられず，えさ場が近くにあることのみが伝えられる。

(4) えさ場が遠い場合にミツバチが踊る**8の字ダンス**では，えさ場の**方向**と**距離**が伝えられる。

(5) 8の字ダンスでミツバチがしりを振りながら直進する方向と重力の反対方向(真上の方向)との角度は，巣箱から見た**太陽の方向とえさ場の方向とのなす角度**に対応している。また，えさ場までの距離はダンスの速さ(単位時間当たりのダンスの回数)で示され，遠いほど遅くなる。

参考 ミツバチのえさ場の位置とダンスの関係を解明したのは，ドイツのフリッシュである。

(6) フェロモンやミツバチのダンスなどによる個体間での情報伝達は**コミュニケーション**と呼ばれる。

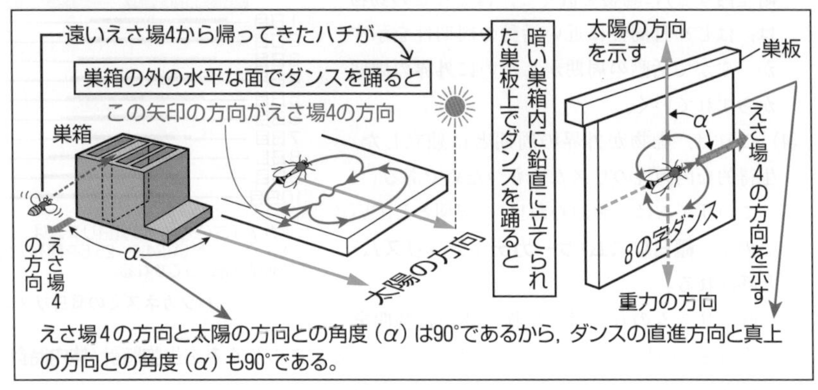

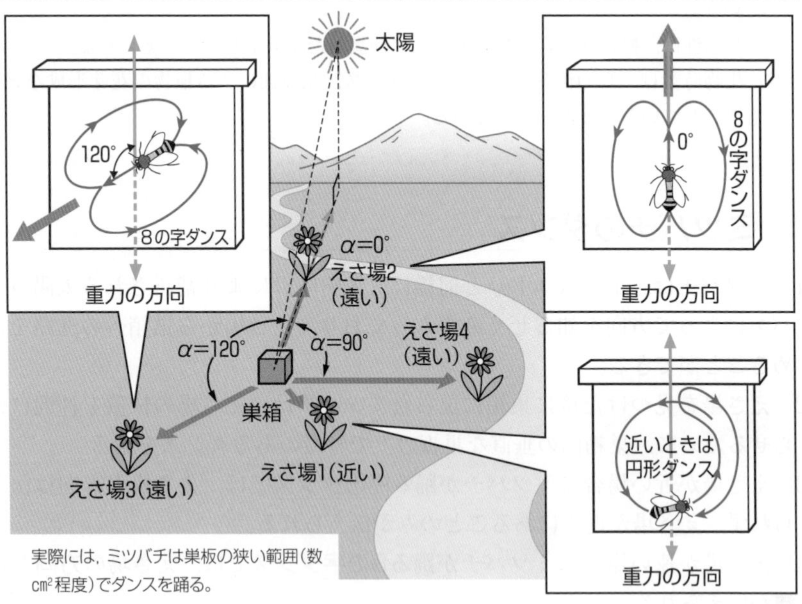

図15-10 えさ場の距離・方向とミツバチのダンス

8 ▸ 学習による行動（学習行動）

1 慣れ・脱慣れ・鋭敏化

生体に同じ刺激を繰り返すと，しだいに反応を示さなくなる現象は**慣れ**と呼ばれ，動物に広くみられる単純な**学習**の1つである。

① アメフラシのえら引っ込め反射と慣れ

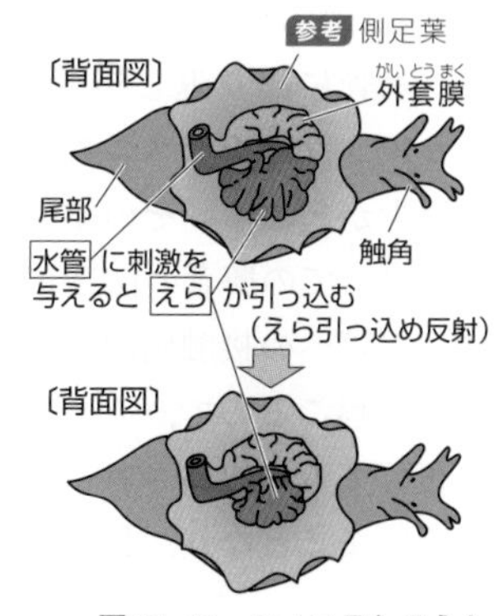

図15‐11　アメフラシのえら引っ込め反射

(1) アメフラシ（軟体動物）は，えらの周囲にある水管に接触刺激を受けると，えらを縮めてからだの中に引き込む（えらが引っ込む）運動を示す。

(2) これを**えら引っ込め反射**という。

(3) アメフラシは，水管への接触刺激が繰り返されると，しだいにえらを引っ込めなくなる（**慣れ**）。その後しばらく放置すると，接触刺激によって再びえらを引っ込めるようになる。

(4) アメフラシの水管への接触刺激が長期間繰り返されると，その後，接触刺激を与えずにしばらく放置しても，もとの状態に戻りにくくなる（**長期の慣れ**）。

② えら引っ込め反射に関連する神経回路

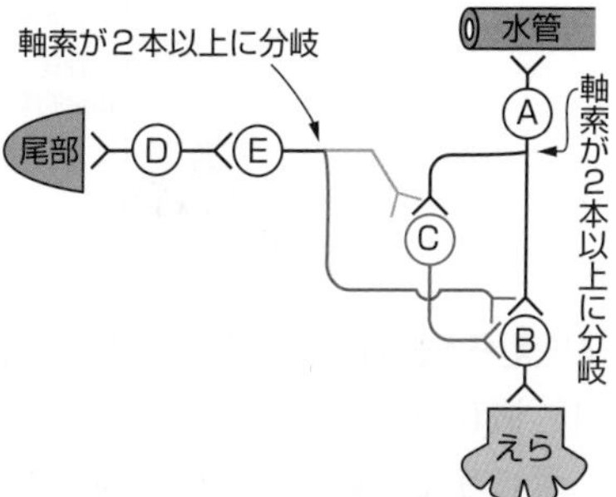

図15‐12　アメフラシのえら引っ込め反射に関連する神経回路

(1) アメフラシのえら引っ込め反射に関連する神経回路を模式的に示すと図15‐12のようになる。

(2) 図15‐12において，A～Eはそれぞれニューロン A～E の細胞体を表している。

(3) ニューロンAは水管が受容した刺激を伝える感覚ニューロンであり，その軸索は2本以上に枝分かれしている。

(4) ニューロンBはえらを支配する運動ニューロンである。

(5) ニューロンCは抑制性介在ニューロンである。

参考 ニューロンCが興奮性介在ニューロンである場合もある。

(6) ニューロンDは尾部が受容した刺激を伝える感覚ニューロンである。

(7) ニューロンEは介在ニューロンであり，その軸索は2本以上に枝分かれしている。

参考 軟体動物や節足動物（バッタなど）の神経系は，脊椎動物に比べてニューロンが大きく，その数が少ないので，神経回路に関して多くの研究がこれらの動物の神経系を用いて行われている。

3 えら引っ込め反射と慣れが起こるしくみ

(1) 水管への接触刺激で生じた興奮が水管の感覚ニューロンAの軸索の末端に伝わると，電位依存性カルシウムチャネルが開き，Ca^{2+}が軸索の末端に流入する。これにより，シナプス小胞から神経伝達物質が放出され，えらの運動ニューロンBに興奮性シナプス後電位(EPSP)が生じ，えら引っ込め反射が起こる(図15-13①)。

(2) 水管に繰り返し接触刺激を与えると，感覚ニューロンの軸索の末端でのカルシウムチャネルの不活性化によるCa^{2+}の流入量の減少とシナプス小胞の減少が起こる。その結果，放出される神経伝達物質の量が減少するので，シナプスでの興奮の伝達が起こりにくくなり，慣れが起こる(図15-13②)。

(3) 水管への接触刺激を長期間繰り返すと，シナプス小胞が開口する領域の減少も起こるので，カルシウムチャネルの不活性化とシナプス小胞の減少が回復しても，放出される神経伝達物質の量は回復せず，興奮の伝達は起こりにくいままとなり，長期の慣れが起こる(図15-13③)。

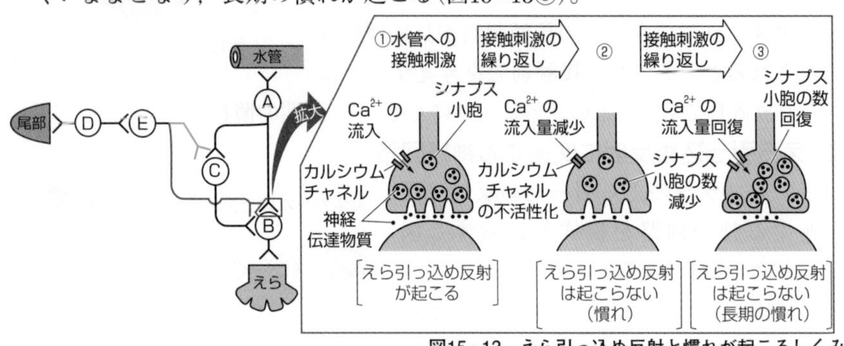

図15-13　えら引っ込め反射と慣れが起こるしくみ

4 えら引っ込め反射における脱慣れと鋭敏化

(1) 慣れを起こしたアメフラシの尾部に刺激を与えると，慣れを起こす前に水管に与えていたのと同じ強さの接触刺激によるえら引っ込め反射が**すぐに**回復する。これを**脱慣れ**(だつな)という。尾部にさらに強い刺激を与えると，慣れを起こす前より弱く，通常は反応しない程度の強さの接触刺激に対しても，えら引っ込め反射が起こるようになる。これを(短期の)**鋭敏化**(えいびんか)という。

(2) 尾部への接触刺激が長期間繰り返されると，もとの状態に戻りにくくなり，鋭敏化が長期間持続する(**長期の鋭敏化**)。

参考 鋭敏化により閾値が低下したと考えることができる。

5 脱慣れと鋭敏化が起こるしくみ

(1) 脱慣れと鋭敏化に関与しているのは，尾部の感覚ニューロンDと，それに接続する介在ニューロンEである。介在ニューロンEは分岐し，運動ニューロンBと接続する水管の感覚ニューロンAの軸索の末端に接続している。

(2) 慣れが起こった状態で尾部を刺激すると，尾部からの刺激を伝える介在ニューロンEの軸索の末端からセロトニンが放出され，水管の感覚ニューロンAの軸索の末端にある受容体に結合し，水管の感覚ニューロンA内でセカンドメッセンジャーのcAMPが合成される(図15-14①)。

(3) cAMPにより活性化されたタンパク質リン酸化酵素(プロテインキナーゼ(PK))がカリウムチャネルをリン酸化して不活性化するので，K^+の流出量は減少する。その結果，活動電位の持続時間が長くなり，電位依存性カルシウムチャネルの開く時間も長くなるので，感覚ニューロンAの軸索の末端に流入するCa^{2+}の量が多くなる。これにより，シナプス小胞から放出される神経伝達物質の量が増加し，シナプスでの興奮の伝達が起こりやすくなり，**脱慣れ**・(短期の)**鋭敏化**が起こる。このように，分岐した介在ニューロンEは反応を増強させる性質(促通性)をもつ。

(4) 尾部への接触刺激を長期間繰り返すと，活性化されたPKが核に移動し，調節タンパク質をリン酸化する。これにより新しいシナプスを形成する遺伝子の転写が活性化されて，水管の感覚ニューロンAの軸索が分岐して新たなシナプスが形成される。その結果，不活性化されたカリウムチャネルがもとの状態に戻り活動電位の持続時間が短くなっても，神経伝達物質の量は減少しないので，興奮の伝達は起こりやすいままとなり，長期の鋭敏化が起こる。

参考 cAMPによるイオン透過性の変化で起こる神経伝達物質放出量の増加が短期記憶に相当し，遺伝子の発現による新たなシナプスの形成が長期記憶に相当する。

(5) なお，アメフラシのえら引っ込め反射の慣れや鋭敏化には，上に述べたしくみの他にも，図に示されている水管の感覚ニューロンAおよび介在ニューロンEの分岐や，介在ニューロンCも関与していることがわかっている。

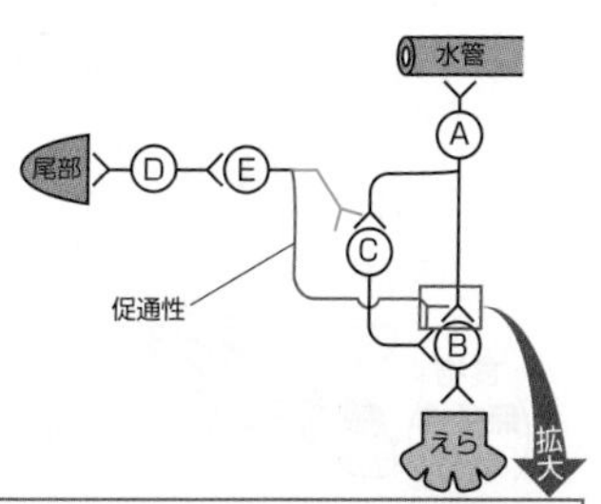

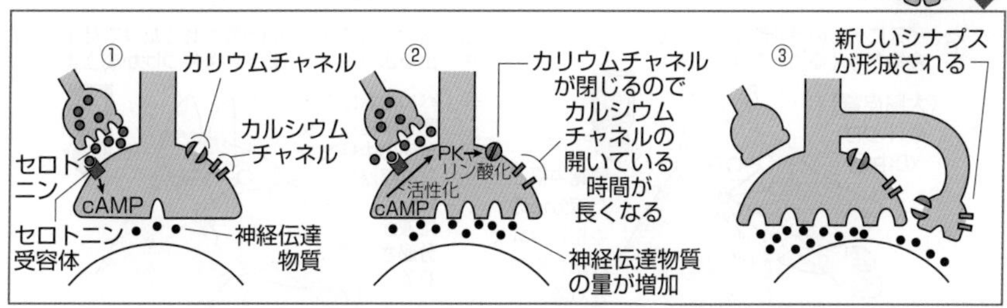

図15-14　脱慣れと鋭敏化が起こるしくみ

2 試行錯誤

(1) 間違いを繰り返すうちに適切な行動をとれるようになる**学習**を**試行錯誤**(しこうさくご)(試行錯誤学習)※という。

(2) 出口に食物を置いた迷路を用意し，入り口にネズミを置く実験を繰り返すと，ネズミは，はじめは何度も道を間違えてなかなか出口にたどり着けないが，しだいに正しい道順を記憶して道を間違える回数が少なくなる(迷路実験)。

※海馬に遺伝的な異常のあるネズミでは，試行錯誤による学習は成立しない。

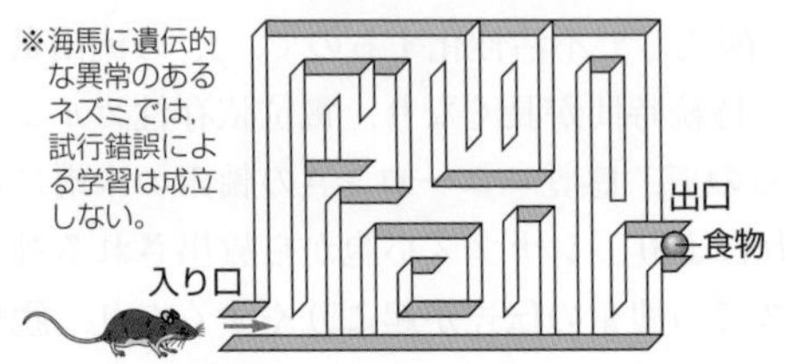

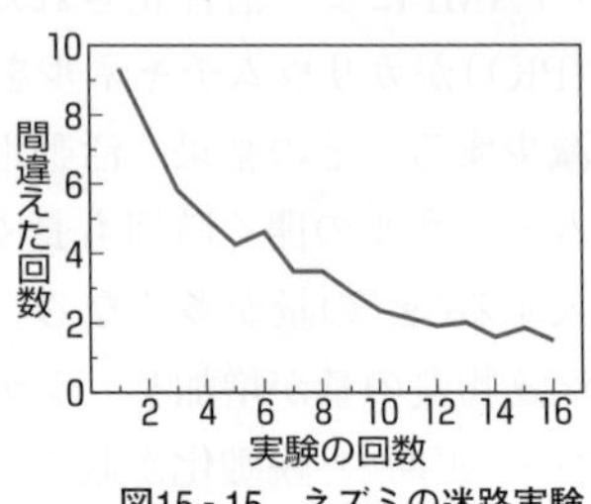

図15-15　ネズミの迷路実験

3 条件づけ

2つの異なる出来事の関連性を学習することは**連合学習**と呼ばれ，その例として古典的条件づけとオペラント条件づけがよく知られている。

1 古典的条件づけ

(1) 本来の刺激(**無条件刺激**)によって引き起こされるある生得的な反応(**無条件反応**)が，その反応とは無関係な刺激(**条件刺激**)と結びつくことを**古典的条件づけ**という。

(2) ロシアの**パブロフ**は，以下のような実験(ⓐ→ⓑ→ⓒ→ⓓ)を行った。

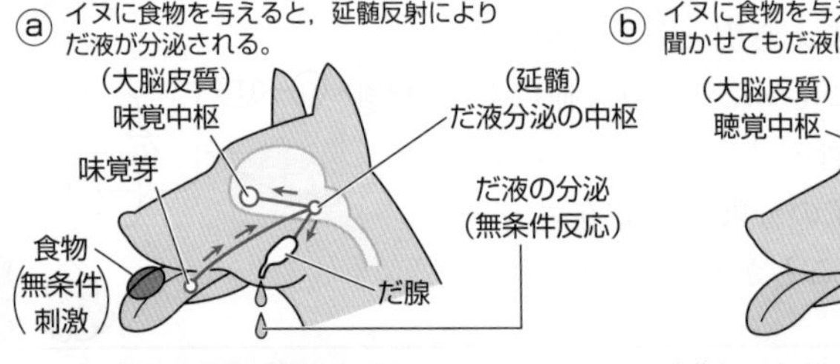

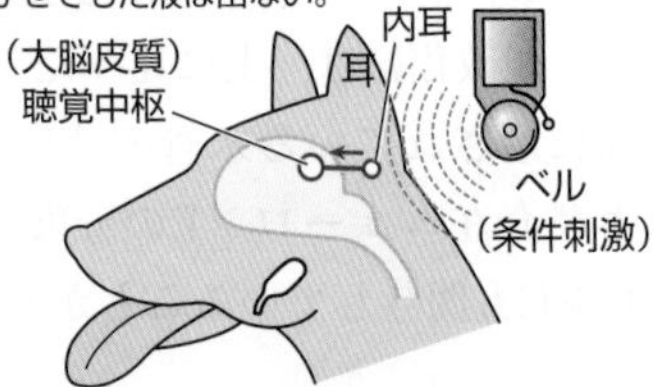

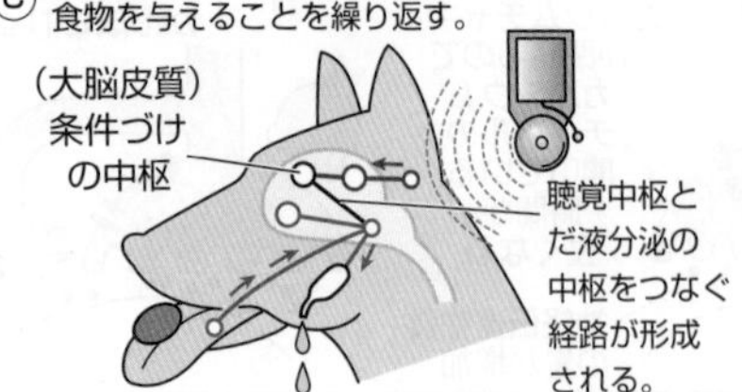

図15-16　パブロフの実験

[2] オペラント条件づけ

試行錯誤によって，自らの行動と利益・不利益を結びつけて学習することは**オペラント条件づけ**と呼ばれ，以下のような実験を行ったアメリカの**スキナー**によって，体系的に研究された。

ⓐレバーを押すと食物が出る装置がついた箱に，ネズミや鳥を入れると，はじめはレバーを偶然押すことで食物を得る。

ⓑレバー以外の他の部分を押すなどの試行錯誤を行う。

ⓒレバーを押すと食物が出ることを学習し，レバーをどんどん押すようになる。つまりオペラント条件づけが成立する。

4 知能行動

(1) ヒトやチンパンジーなどの特に**大脳**が発達した哺乳類は，未経験の事態に出合っても，蓄積した経験から思考や推理を働かせて結果を予測し，速やかに適切な行動をとることができる。このような行動は，**知能行動**と呼ばれ，経験に基づいているという観点から，習得的行動に含まれる。

(2) 例えば，障害物によって食物まで直進できないような位置に置かれた動物が，回り道して食物を得るまでの時間や失敗の回数を測定する。

(3) この実験では，チンパンジーなどは1回目から成功するが，アライグマやイヌなどは，はじめ何回かの試みで失敗した後，迂回(うかい)することを学習する。

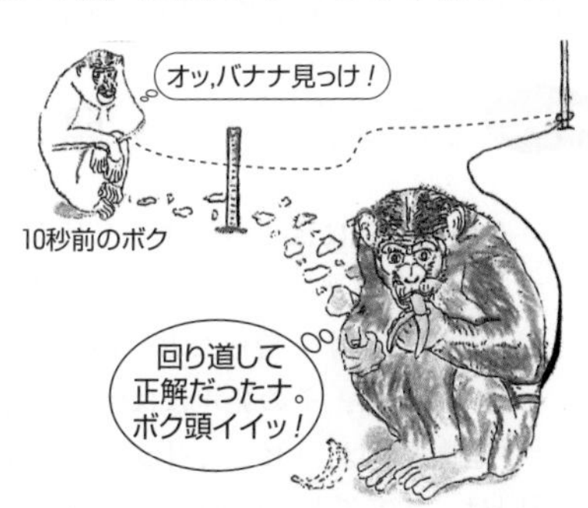

図15-17　迂回実験

5 社会的な学習

アフリカの一部の地域に生息するチンパンジーの群れでは，枝を加工してシロアリの巣穴からシロアリを得る(つり上げる)という行動が群れ内に広がっている。これはこの行動を習得していない個体が，習得している個体の行動を観察することで習得された社会的な学習行動である。

6 刷込み

(1) 生後間もない時期に特定の対象を**記憶**する**学習**を**刷込み**(すりこ)(**インプリンティング**)という。

(2) オーストリアの**ローレンツ**は，ハイイロガンのひなが，ふ化後間もない時期に最初に見た，ある一定以上の大きさの動くものを記憶し，その後をついて歩くようになる行動を見いだし，この現象を刷込みと呼んだ。

(3) ふ化直後から暗室で育てたマガモのひなを用いて刷込みが成立する時期を調べたところ，図15-18の結果が得られた。これにより，刷込みが成立する時期はふ化後の限られた時期であることがわかった(刷込みの実験)。

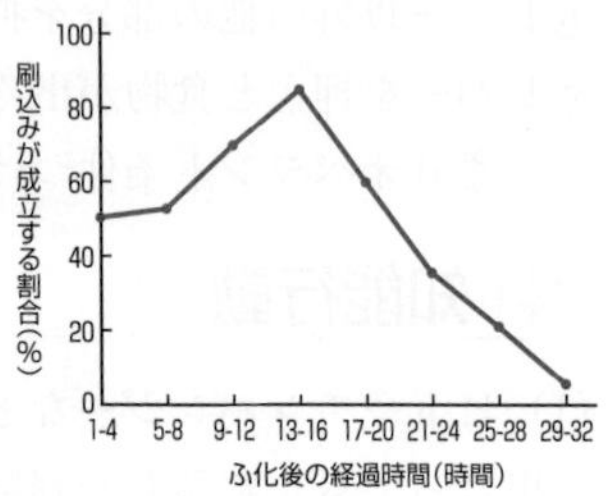

図15-18 刷込みが成立する時期

参考 ローレンツは，トゲウオやセグロカモメなどの行動の研究から，かぎ刺激と生得的行動との関係を明らかにしたティンバーゲンと，ミツバチの行動の研究から，定位と8の字ダンスの関係を明らかにしたフリッシュとともに，1973年のノーベル生理学・医学賞を受賞した。

(4) 刷込みは，限られたごく短い期間にのみ起こり，かつ学習されたものが生涯変更されにくいという点で，学習の特殊な例とされる。

(5) 刷込みが成立する時期のように，ある現象や反応が起こるか起こらないかが決定される時期を**臨界期**(りんかいき)という。

(6) キンカチョウなどの小鳥の雄の**さえずり**も臨界期の学習により獲得される。

もっと広く深く　鳥のさえずり

鳥の鳴き声には，さえずりと地鳴き(じな)がある。さえずりは，その獲得に**学習**を必要とする複雑な一連の音声であり，さまざまなパターンを示す。一方，地鳴きは，えさねだりや敵に対する警戒など，ある固有の状況のもとで発せられる固定化した種に固有の音声であり，その発声には学習の必要はない。

「地鳴き」は，「ピッ」，「ジーッ」など単音節であることが多いのに対して，「さえずり」は，さまざまなパターンの複数の音節からなり，縄張りをめぐる雄どうしの競争や，雌に対する求愛の場面で発声されることが多い。

さえずりは，生後の決まった期間内(臨界期)の学習によって獲得される。その学習は，2つの過程に分けられる。1つは感覚学習期と呼ばれ，幼鳥が同種の成鳥のさえずりを後の学習の鋳型として脳に記憶する過程であり，もう1つは発声学習期と呼ばれ，幼鳥が実際に発声した自分のさえずりを聞きながら，記憶している鋳型に合うように修正する過程である。

第3章

体内環境と恒常性

第16講 体液とその循環

The Purpose of Study 到達目標

Visual Study 視覚的理解

心臓につながる血管と，血液が流れる方向を覚えよう！

①▸体外環境と体内環境

1　体外環境

(1) 多細胞動物では，からだの外表面や内表面にある一部の組織や細胞は，直接動物を取り巻く外界の環境である体外環境(外部環境)と接している。

(2) 体外環境としては，温度・光・気圧・湿度などのからだの外側の環境だけではなく，食道・胃・腸などの消化管の内部や気管・気管支・肺胞などの内側の環境もある。

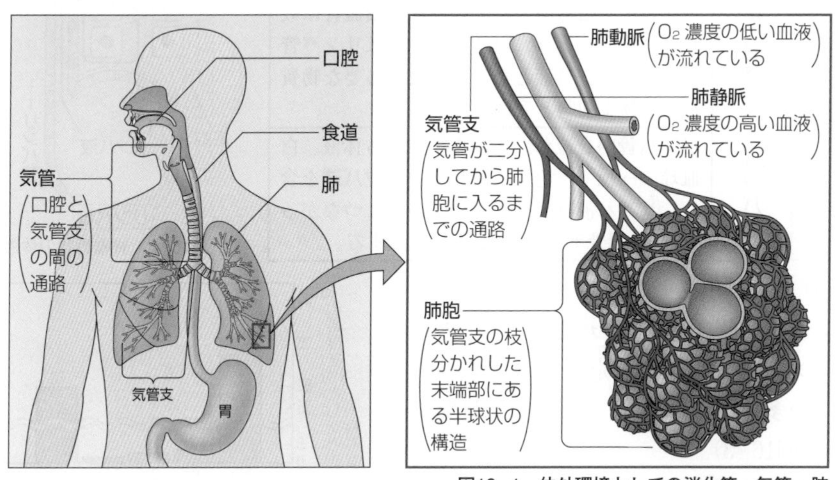

図16-1　体外環境としての消化管・気管・肺

2　体内環境と恒常性

(1) 多細胞動物では，多くの細胞は直接外界と接しているのではなく，**体液**※と呼ばれる液体に囲まれている。

※「体液」は，広義には動物体内に存在している液状成分の総称であり，細胞内にある細胞内液と細胞外にある細胞外液からなるが，一般には細胞外液を指すことが多い。

(2) 体液は，直接細胞が接している環境であり，動物を取り巻く体外環境に対して**体内環境**(内部環境)と呼ばれている。

(3) 生体には，体外環境が変化しても体内の状態や機能を一定に保つ性質が備わっている。この性質を**恒常性**(**ホメオスタシス**)という。

(4) 体液の温度(体温)，血糖濃度，浸透圧，pHなどはほぼ一定に保たれ，体内環境としての体液の恒常性が維持されている。

❷▶体液

(1) 脊椎動物の体液は，存在している場所によって**血液**(けつえき)（または**血しょう**），**組織液**(そしきえき)，**リンパ液**に分けられる。

体液	血液（☞p.160）	血管内を流れ，体内を循環する体液。**有形成分**の**赤血球**・**白血球**・**血小板**と**液体成分**（**血しょう**）からなり，細胞の呼吸に必要なものや老廃物を運搬する。
	組織液	細胞を取り巻く体液。血しょうが毛細血管からしみ出したもので，大部分は毛細血管に吸収されて血しょうに戻るが，一部はリンパ管に入り，**リンパ液**となる。呼吸に必要な物質や老廃物を細胞と受け渡しする。
	リンパ液	**リンパ管**内を流れ，体内を循環する体液。白血球の一種で，免疫に関与する**リンパ球**を含む。リンパ液は，リンパ管が血管とつながった部分（鎖骨下静脈）で血液に合流する。

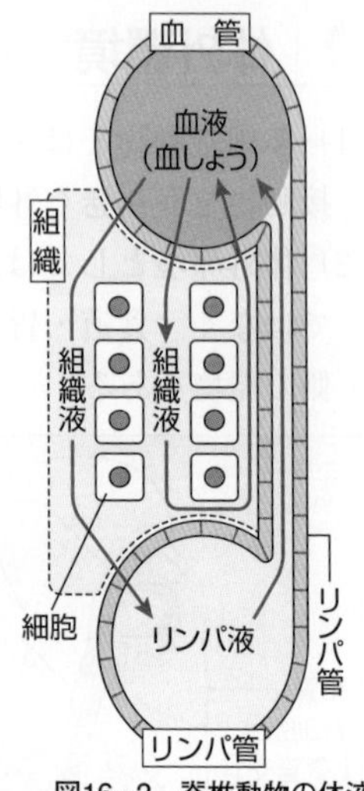

図16-2　脊椎動物の体液

(2) ヒトの体液には，種々のタンパク質やイオン（塩類）が含まれている。そのイオン組成は，ほぼ一定であり，Na^+とCl^-が多く，K^+，Ca^{2+}，Mg^{2+}などが少ない（図16-3）。

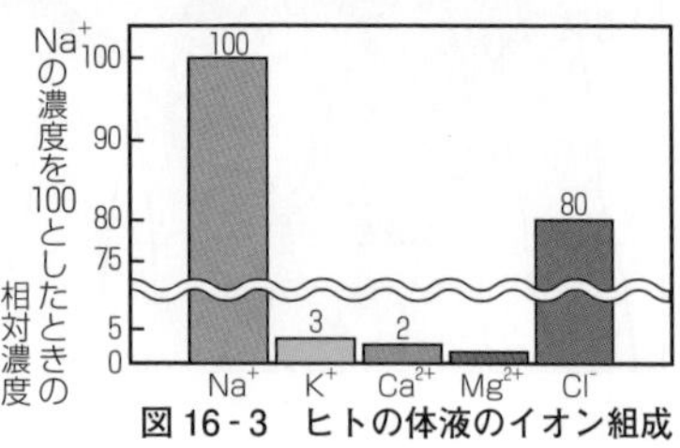

図16-3　ヒトの体液のイオン組成

❸▶循環系

1　循環系の構成

(1) 血液またはリンパ液の通り道となる器官系は**循環系**と呼ばれ，この系内を栄養素・酸素・二酸化炭素・ホルモン・老廃物などが輸送される。

(2) 組織液も血液やリンパ液と合流することで，ゆっくりと体内を循環しているが，循環系の要素ではない。

(3) ヒトなどの脊椎動物の循環系の構成を模式的に示すと以下のようになる。

- **循環系**
  - **リンパ系**（脊椎動物にのみ存在するリンパ液の通り道）─リンパ管と付属器官（リンパ節・ひ臓など）
  - **血管系**（血液の通り道）
    - **血管**
      - **動脈**(どうみゃく)…心臓から遠ざかる血液が流れる
      - **静脈**(じょうみゃく)…心臓に近づく血液が流れる
      - **毛細血管**(もうさいけっかん)…動脈と静脈をつなぐ
    - **心臓**など

2 ヒトの循環系

(1) 心臓から肺を通り，酸素を取り込んで心臓に戻る循環を**肺循環**(はいじゅんかん)といい，肺循環以外の全身への循環を**体循環**(たいじゅんかん)という(図16-4)。

(2) 組織液の一部が入る細いリンパ管(毛細リンパ管)は集まってより太いリンパ管となり，左右の鎖骨下静脈で血管と合流する。リンパ管のところどころには免疫に関与するリンパ節がある。

参考 図16-4に示した数値(%)は，全身の血液の配分の割合である。これを見ると，肝臓・腎臓・頭部に多くの血液が分配されていることがわかる。

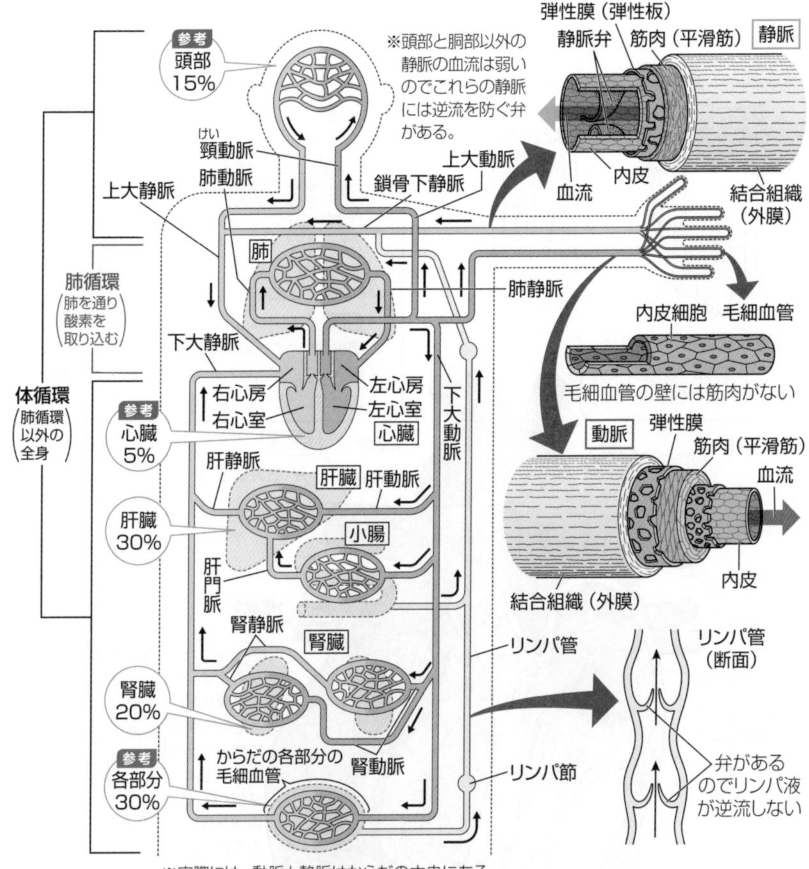

図16-4　ヒトの循環系

4 ▶ ヒトの心臓

1 ヒトの心臓の構造

ヒトの心臓は2つの**心房**と2つの**心室**からなり，これらの心房と心室が交互に収縮と弛緩を繰り返すことによって血液を一定の方向に送り出している。心房と心室の壁は**心筋**(横紋筋の一種)からなり，心房や心室の出口にある弁の働きにより，血液の逆流が防がれている。また，心臓で周期的に興奮する細胞が集まった部分は，**ペースメーカー**または**洞房結節**と呼ばれる。この洞房結節の刺激により，心臓は意思とは無関係(自律的)に拍動する。これを心臓の**自動性**という。

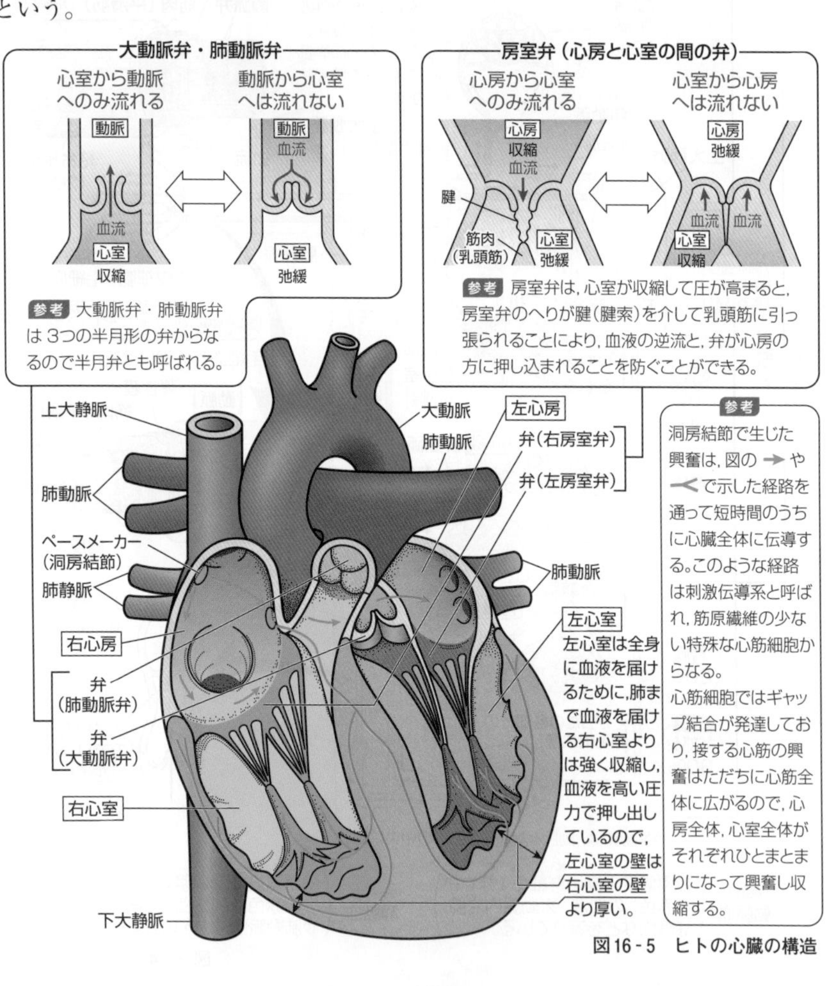

図16-5　ヒトの心臓の構造

2 ヒトの心臓の動き（拍動）

(1) ヒトの心臓の拍動の過程を模式的に表すと，図16-6のようになる。

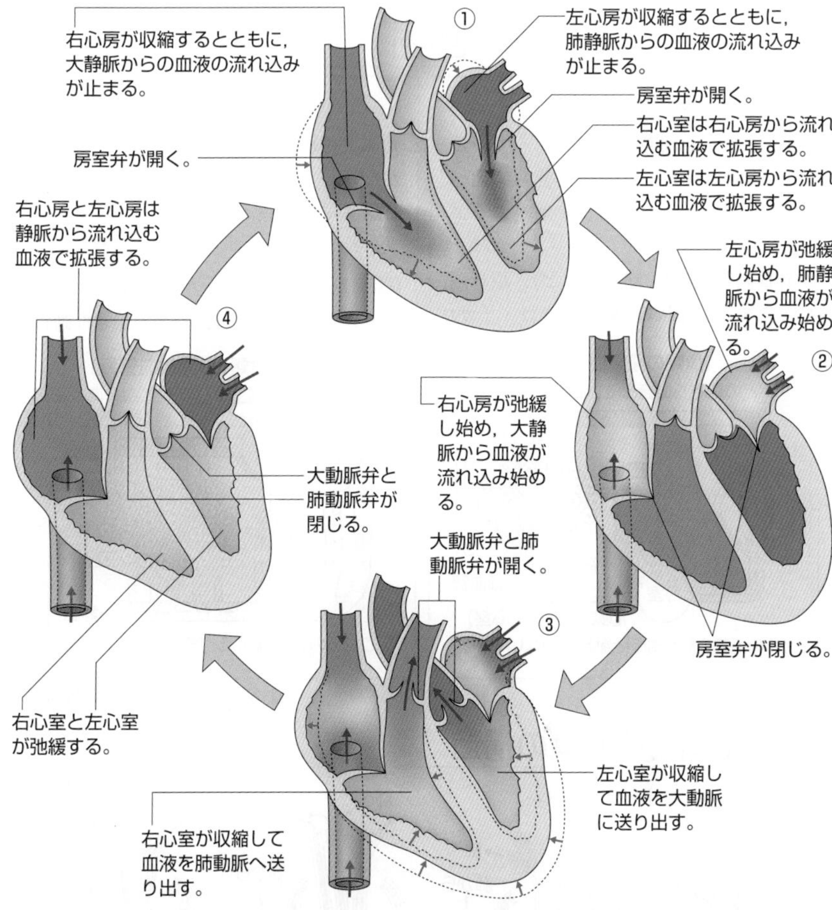

図16-6　ヒトの心臓の拍動の過程

(2) 図16-6を表にまとめると，表16-1のようになる。

	① →	② →	③ →	④ (→①)
右心房・左心房	収縮	弛緩	②と同様	拡張
動脈弁	閉じる	閉じる	開く	閉じる
右心室・左心室	拡張	①と同様	収縮	弛緩
房室弁	開く	閉じる	閉じる	閉じる

表16-1　ヒトの心臓の拍動の過程

5 ▸ いろいろな血管系

1 閉鎖血管系と開放血管系

血管系

閉鎖血管系

動脈と静脈が**毛細血管**でつながっているので，閉鎖血管系では開放血管系に比べて，体液がからだの末端まで効率よく循環する。

例 脊椎動物（魚類・哺乳類など），環形動物（ミミズ），一部の軟体動物（タコ・イカ）

〔魚類の閉鎖血管系〕

どの細胞も血管と接している。
えら
動脈
組織
心房
静脈
毛細血管
心室
心臓（1心房1心室）
えらの毛細血管は動脈と動脈をつないでいる。

開放血管系

動脈と静脈の間が切れている。毛細血管がない。

参考 節足動物では，血液はまず囲心腔に取り込まれた後，心臓の拡張により，心門から心臓に入る。

例 節足動物（昆虫類・甲殻類など），一部の軟体動物（アサリなど）などの無脊椎動物

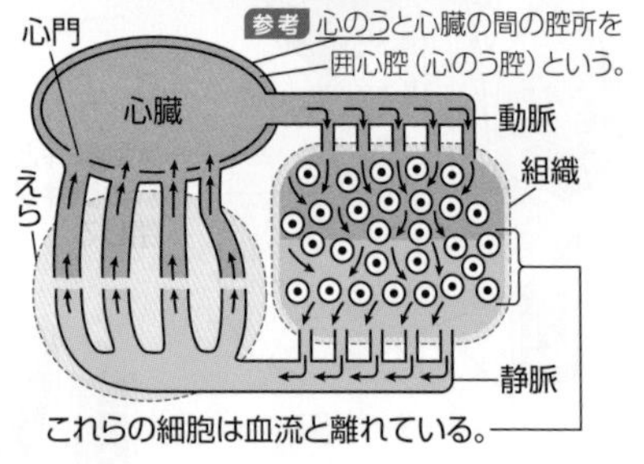

図16-7 閉鎖血管系と開放血管系

2 脊椎動物の心臓の構造

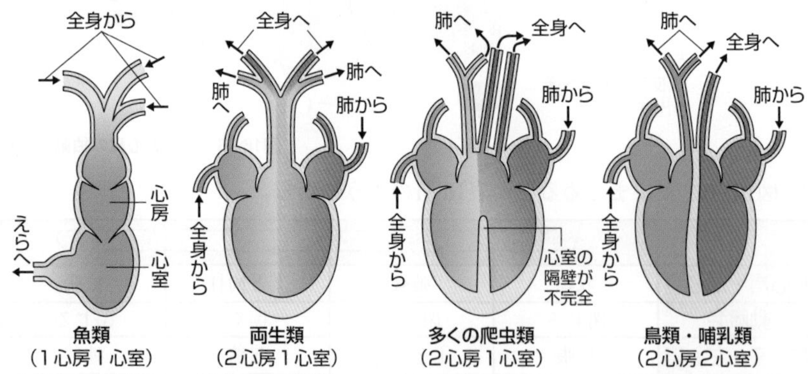

魚類
（1心房1心室）
心臓の中の血液は，すべて酸素の少ない血液である。

両生類
（2心房1心室）
酸素の多い血液と少ない血液が混じり合うこともある。

多くの爬虫類
（2心房1心室）
酸素の多い血液と少ない血液が一部混じり合う。

鳥類・哺乳類
（2心房2心室）
酸素の多い血液と少ない血液は混じり合わない。

図16-8 脊椎動物の心臓の構造

もっと広く深く 魚類・両生類・ワニの心臓

1 魚類の心臓

魚類の循環系では，血液が心臓(心室)→えら→全身→心臓(心房)のように**1つの経路のみを流れる**ので，心室から送り出された血液は，酸素と二酸化炭素の交換を行うために，えらの毛細血管を通過して勢いが弱まった後，全身に送られる。したがって魚類は，心室から大動脈を介して血液を勢いよく送り出す他の脊椎動物よりも，全身に血液を送り出す効率は悪いと考えられている。

2 両生類の心臓

両生類・爬虫類・鳥類・哺乳類の循環系では，血液が心臓→肺→心臓と，心臓→全身→心臓のように**2つの経路を流れる**ので，心房が2つに分かれている(右図参照)。

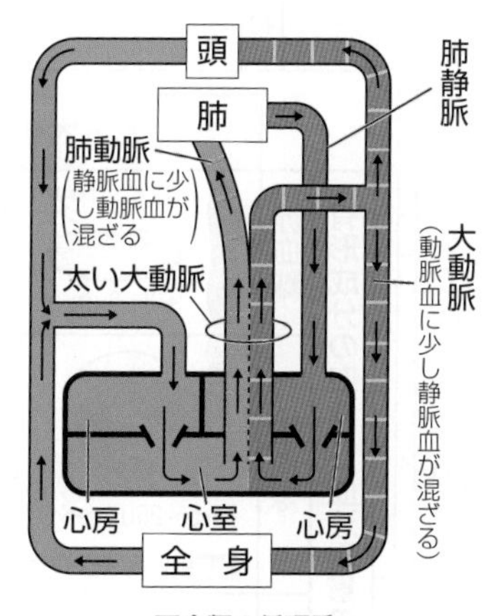

両生類の循環系

両生類や多くの爬虫類では，心室が完全に二分されておらず，肺を通って酸素を受け取った血液(動脈血)が，全身から戻ってきた血液(静脈血)と心室で混ざるので，心室が完全に二分されている鳥類や哺乳類よりも酸素の供給効率が悪いとされる。しかし，実際は，爬虫類の心室では不完全とはいえ隔壁が形成されているので，動脈血と静脈血が完全に混ざり合ってしまうことはない。また，両生類では，心室から出る大動脈が非常に太く，この中を粘性の異なる動脈血と静脈血が流れるので，両者はわずかしか混ざらないようになっている。

なお，魚類から進化した両生類は，肺が未発達のため，多量の酸素を薄い皮膚を通して空気中の酸素を取り込み，体内に拡散させ，直接組織に供給しているので，陸上へ進出した後も，水分の蒸発を防ぐための厚く丈夫な皮膚をもつことができず，水辺を離れることなしに進化したと考えられている。

3 ワニの心臓

ワニの心臓(心室には隔壁あり)には，左右の心室から体循環へとつながる大動脈弓という動脈と，それらの動脈をつなぐパニッツァ孔という通路がある(右図)。ワニは，息(ガス交換)ができない水中では，パニッツァ孔，左大動脈弓と肺動脈にある弁(右図では省略)のうち，肺動脈の弁を閉じ，ガス交換にとって無駄な経路である肺循環を止め，体内の血液中に残された酸素を効率よく使い切ることで，長時間(種によっては60分以上)の潜水を可能にしている。

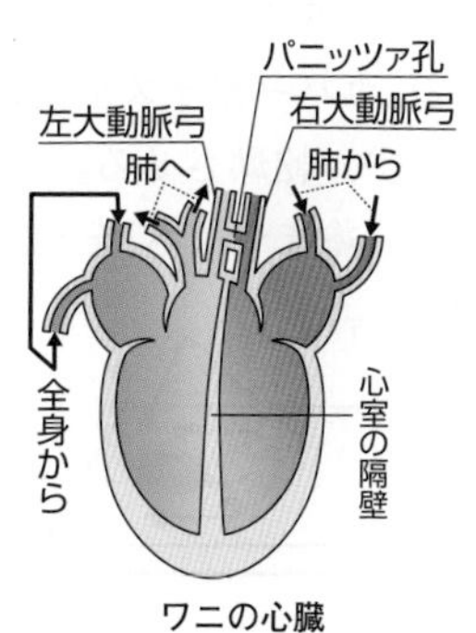

ワニの心臓

❻ 血液

1 ヒトの血液の組成

ヒトの血液（結合組織の一種であり，体重の約$\frac{1}{13}$を占める）

液体成分の血しょう（血液重量の約55％）	
無機物	水〔約 90%〕，無機塩類（Na^+, Cl^-, K^+, Ca^{2+}, Mg^{2+}など）〔約 1%〕
有機物	タンパク質〔約6～8%〕，グルコース〔約0.1%〕，脂質，アミノ酸，尿素など 参考 血しょう中のタンパク質としては，アルブミン，フィブリン，プロトロンビン，免疫グロブリン，タンパク質系ホルモンなどがある。

有形成分の血球（血液重量の約45％）	形・大きさ・特徴	数（血液1㎣中）	主な働き	生成・破壊
赤血球	・無核で中央にくぼみのある円盤状。 ・肝臓でも破壊される。 ・寿命は約120日。 6～9µm	男 380万～570万 女 330万～550万	・血管内にのみ存在。 ・ヘモグロビンを含み，酸素の運搬を行う。	骨髄で生成（造血幹細胞から分化），ひ臓で破壊
白血球	・有核で不定形。 ・種類が多く（好中球，単球，リンパ球など）種類ごとに特徴や働きが決まっている。 5～25µm 参考 寿命は約1～数日のものが多い。	4,000～9,000 参考 全白血球の約半数は好中球。	・ヘモグロビンを含まず，食作用・免疫に関与。 ・毛細血管壁を通り抜け，血管外にも存在。	
血小板	2～5µm ・無核で不定形。 参考 骨髄の他にひ臓でも生成。骨髄やひ臓の細胞断片として生じる。	10万～40万	・ヘモグロビンを含まず，血液凝固に関与。	

図16 - 9　ヒトの血液の組成と血球の種類・特徴

2 脊椎動物の赤血球の観察手順

(1) スライドガラスの上に，血液を1滴たらす(図16 - 10①)。

(2) カバーガラスを使い，血液をスライドガラスに薄く塗り広げ(図16 - 10②・③)，乾燥させる。なお，この処理で乾燥させずにカバーガラスをかけたもの(塗(と)まつ標本)を検鏡することもできる。

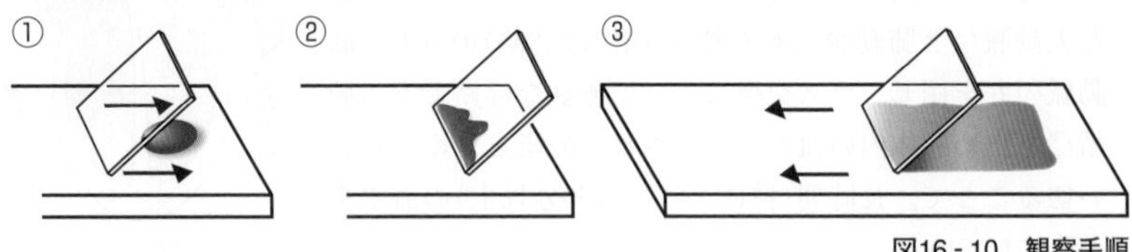

図16 - 10　観察手順

(3) メタノールを滴下して，乾燥させる。

(4) ギムザ染色液を滴下して，5～30分静置して染色する。

参考 赤血球は染色しなくても観察できるが，白血球と血小板を観察するには染色する必要がある。ギムザ染色により，赤血球は青みがかった赤色，白血球の核は赤紫色，細胞質は青色，血小板は青色に染まる。

(5) 水を入れたビーカーにスライドガラスを静かに入れて，染色液を洗い流した後，乾燥させて顕微鏡で観察する。

7 ▶ 血液凝固

1 血液凝固による止血の過程

(1) 血液が流動性を失って固まることを**血液凝固**(けつえきぎょうこ)(血液凝固反応)といい，血管が破損して出血した際には，血液凝固による止血(しけつ)※が起こり，異物の侵入が防止される。

※止血は，「出血が止まること」の他に，「出血を止めること」の意味ももっているので，「出血を止める方法」を止血法ということもある。

(2) 血液凝固による止血の過程を示すと以下のようになる。

①血管(血管壁)が破損して出血する。

②破損した部分に**血小板**が集まる。

③血液中に**フィブリン**という繊維状のタンパク質がつくられ，フィブリンが集まって血小板などの血球を絡めて粘性の高い**血ぺい**(けっぺい)(血餅)ができる。血ぺいが血管の破損した部位をふさぎ出血が止まる。

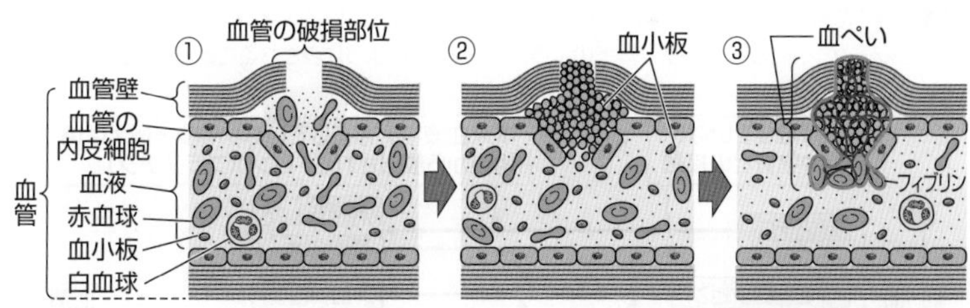

図16 - 11　止血の過程

(3) 血ぺいによる止血が起こっている間に破損部位が修復されると，**線溶**(せんよう)(**フィブリン溶解**，繊溶(せんよう)，繊維素溶解)というしくみにより血ぺいは取り除かれる。

参考 一度生じた血ぺいは，フィブリンを分解する働きをもつプラスミンと呼ばれる酵素によって溶解される。フィブリンは線維素(繊維素)とも呼ばれるので，この反応は線(繊)維素溶解を略して線溶(繊溶)と呼ばれる。プラスミンの前駆体であるプラスミノゲンは，常に肝臓で合成され血液中に存在しているが，そのままでは不活性であり，血ぺい中に取り込まれた後，徐々に活性化されてプラスミンとなり，止血の役目を終えた頃の血ぺいを溶解する。

2 血ぺい形成(血液凝固)のしくみ

(1) 血液凝固は，傷などにより血管が破損して出血した場合の他に，血液を試験管などに取り出してしばらく放置した場合にも起こる。

(2) 体内から取り出され，試験管に入れられた血液は，放置されると血ぺいからなる暗赤色の沈殿と，やや黄色い上澄みに分離する。この上澄みを血清という(図16 - 12)。

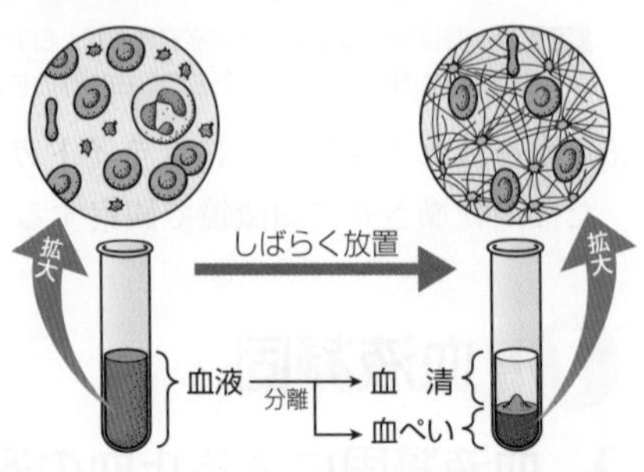

図16 - 12　血ぺいと血清

(3) 血液凝固のしくみを示すと以下のようになる。

①血液が血管外に出て，本来接触していないもの(傷ついた血管の組織や試験管のガラスなど)に触れたり，血液中に本来存在していない傷ついた組織の細胞などから放出される物質が血液中に流れ込んだりすると，血しょう中に含まれる各種の**凝固因子**(血液凝固因子)の活性化と，**血小板**からの凝固因子(血小板因子)の放出が起こる。

②凝固因子は，血しょう中のカルシウムイオン(Ca^{2+})と協調して働き，プロトロンビンというタンパク質をトロンビンという酵素に変化させる。

③トロンビンは，フィブリノーゲンというタンパク質に作用し，フィブリンを形成する。フィブリンは，有形成分と絡み合うことで**血ぺい**を形成する。

参考 活性のある物質(例えばXやY)の前駆物質は，プロトロンビン，プロインスリンなどのように「プロX」や，フィブリノーゲン，ペプシノーゲンなどのように「Yゲン」のように表されることが多い。

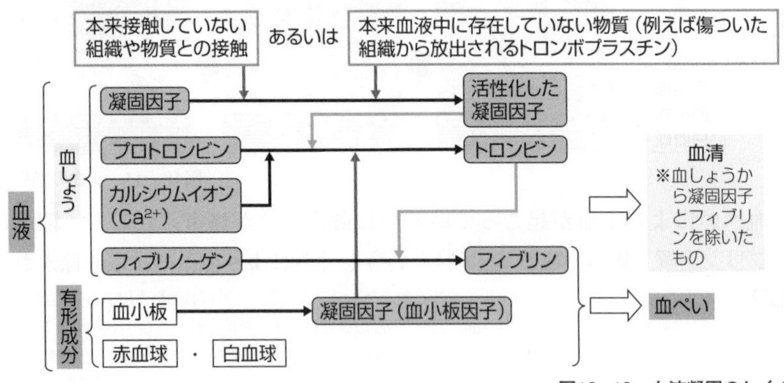

図16 - 13　血液凝固のしくみ

3 血液凝固を阻止する方法

(1) 次の①～③の方法により，体外に取り出した血液の凝固を阻止できる。

①血液に**クエン酸ナトリウム**を加えることにより，カルシウムイオンを不溶性の塩であるクエン酸カルシウムとして沈殿させ，除去する。これによってトロンビンの形成を阻害する。

②血液を**低温**(5℃以下)に保ち，トロンビンなど血液凝固に関与する酵素の働きを抑制する。

③血液をガラス棒でかき回すことにより，フィブリンを除去する。

(2) 血液凝固因子が機能不全となると，血友病などの症状として現れる。

(3) 体内では，線溶が起こらないなどの原因で，血管内の血ぺいがそのまま放置されると，脳梗塞や心筋梗塞(**梗塞**：血管がつまって血液が循環できなくなり，組織が損傷を受けること)が引き起こされる場合がある。これを防ぐため，正常な状態の血管内には，血液凝固を阻止する物質として，トロンビンの形成や作用を阻害する働きをもつ物質*が含まれている。

参考 *血液中に含まれるアンチトロンビンは，トロンビンと結合してトロンビンを不活性化する。その際，マスト細胞のみで合成されるヘパリンと呼ばれる物質は，アンチトロンビンの作用を強力に促進する。

フィブリンの生成過程

トロンビンはタンパク質分解酵素であり，フィブリノーゲンという細く短いタンパク質分子に作用して，この分子からフィブリノーゲン分子どうしの結合を阻止している物質を切り離す。結合を阻止する物質が除かれてフィブリンとなった分子は，分子の末端や側面どうしで多数が結合して，太く長いフィブリン繊維をつくる。この繊維は，血小板や赤血球などの有形成分を絡めて巨大なかたまり(血ぺい)をつくり，傷口をふさぐ。

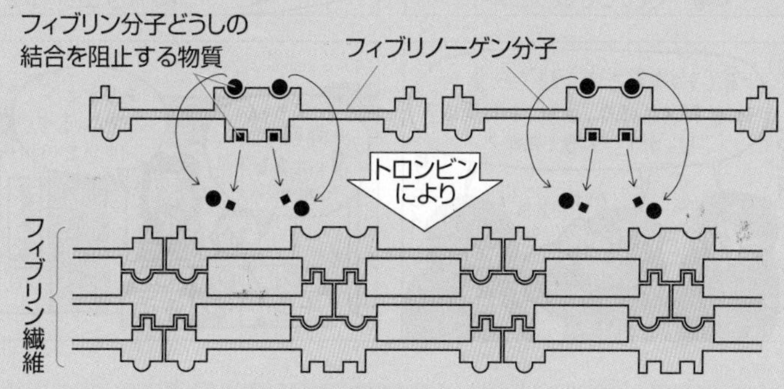

血液による酸素と二酸化炭素の運搬

The Purpose of Study 到達目標

Visual Study 視覚的理解

ヘモグロビンの性質をネズミ小僧にたとえて理解しよう！

スケボー（赤血球）にのったネズミ小僧（ヘモグロビン）は，お金持ちの家（肺）で千両箱（O_2）を盗み（つかみ），貧乏な家（O_2の不足している組織）に，千両箱（O_2）を置いてくる。

1 ▶ 赤血球による酸素の運搬

(1) **酸素**(O_2)分子は，同量の血しょう中より血液中により多く含まれる。

参考 1Lの血しょう中と1Lの血液中のそれぞれに含まれるO_2の最大値は，約3mLと約200mLである。

(2) これは，赤血球中には，**ヘモグロビン(Hb)**と呼ばれる**鉄**(Fe)を含むタンパク質が大量に(血液100mL当たり12〜18g)含まれており，このヘモグロビンが多量の酸素と結合することができるからである。しかし，ヘモグロビンの酸素に対する結合のしやすさ(酸素親和性)は，常に一定というわけではなく，血液中の**酸素濃度**や**二酸化炭素濃度**などの影響を受けて変化する。

(3) ヘモグロビンは，酸素濃度が高いと酸素と結合しやすく，酸素濃度が低いと酸素を離しやすい。また，二酸化炭素濃度が高いと酸素を離しやすく，二酸化炭素濃度が低いと酸素と結合しやすい。

(4) 酸素と結合しているヘモグロビンを**酸素ヘモグロビン**(HbO_2)といい，全ヘモグロビンのうちの酸素ヘモグロビンの割合(酸素飽和度ともいい，%で表す)と酸素濃度との関係を示した曲線を**酸素解離曲線**という(図17-1)。酸素解離曲線では，酸素ヘモグロビンのうち，どれだけが酸素を放出(解離)するかもわかる。

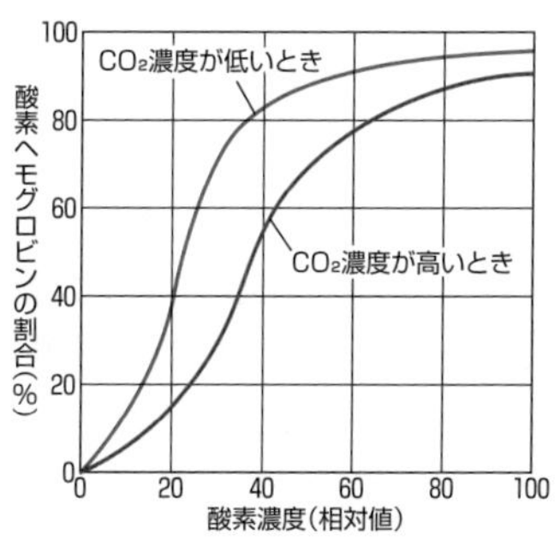

図17-1　酸素解離曲線

参考 酸素解離曲線の横軸は，「酸素分圧」で表すこともある。分圧とは，空気のように何種類かの気体が混じり合っている混合気体において，各成分気体がそれぞれ単独で混合気体と同じ体積を占めるときに示す圧力のことであり，その単位はhPaまたはmmHg(760mmHg＝1013hPa＝1気圧)である。

(5) 酸素解離曲線はふつうS字形になり，同じ酸素濃度のもとでは，二酸化炭素濃度が高いほど酸素ヘモグロビンの割合は小さくなる。

(6) ヘモグロビン(Hb)は**暗赤色**，酸素ヘモグロビン(HbO_2)は**鮮紅色**をしているので，酸素ヘモグロビンが少ない静脈血は暗赤色であり，酸素ヘモグロビンが多い動脈血は鮮紅色をしている。

ヘモグロビン(Hb) 暗赤色	＋酸素(O_2)	肺胞(O_2濃度高・CO_2濃度低) → ← 組織(O_2濃度低・CO_2濃度高)	酸素ヘモグロビン(HbO_2) 鮮紅色

参考 O_2やCO_2と結合して，血流によりガスを運搬する色素タンパク質は，呼吸色素と呼ばれる。呼吸色素としては，脊椎動物の赤血球中に存在するヘモグロビンの他に，甲殻類(カニ･エビ)や軟体動物(貝類)などの血液中に存在するヘモシアニン(銅(Cu)を含有し，淡青色)，環形動物の血液中に存在するエリトロクルオリン(鉄を含有し，赤色，エリスロクルオリンともいう)などがある。

❷ ▸ 酸素解離曲線の特徴

(1) 肺の**肺胞では，酸素濃度が高く**（図17-2では100），**二酸化炭素濃度が低い**。一方，肝臓や腎臓，手や足などの**組織では，酸素濃度は低く**（図17-2では30），**二酸化炭素濃度は高い**。

(2) 図17-2では，酸素ヘモグロビンの割合は酸素濃度100の肺胞中では96%，酸素濃度30の組織では30%である。言い換えれば，肺胞では全ヘモグロビンの96%が酸素と結合しているが，組織では全ヘモグロビンの30%しか酸素と結合していない。つまり，**96−30=66(%)のヘモグロビンが組織で酸素を放出(解離)する**ことになる。

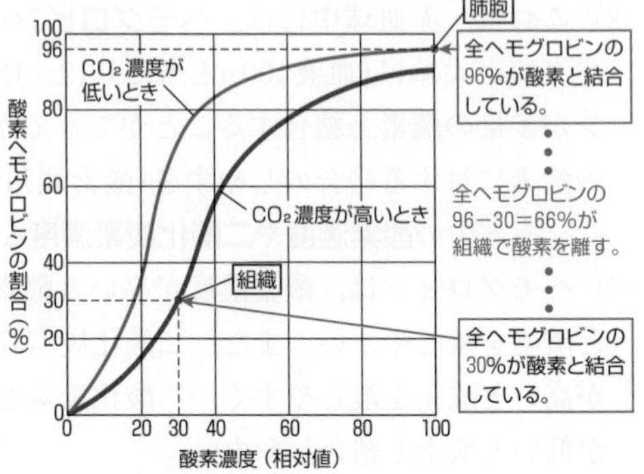

図17-2　組織に放出される酸素量

(3) ヘモグロビンの酸素解離曲線が図17-3の①(──)のようなS字形ではなく，②〜④(──)であったら，組織への酸素の供給はどのようになるかを考える。

(4) ①〜④では，肺胞における酸素ヘモグロビンの割合はすべて同じ(約96%)とする。血液中の赤血球が，徐々に酸素濃度が低くなっていく組織間(例えば酸素濃度40から酸素濃度20の組織の間)を移動するとき，酸素ヘモグロビンの割合の変化は，①では約83−約36=約47(%)，②では約90−約75=約15(%)，③では約38−約19=約19(%)，④では約12−約6=約6(%)である。つまり，酸素濃度40から20におけるグラフの傾きは，S字形の場合が一番大きい。言い換えれば，酸素が不足しがちな組織では，ヘモグロビンがS字形の酸素解離曲線を示すことにより，酸素濃度がより低い部位により多くの酸素を供給(運搬)できる。

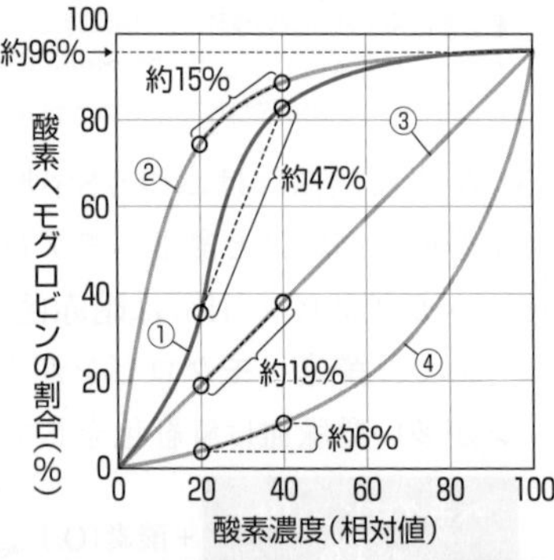

図17-3　種々のタイプの酸素解離曲線

参考 1. 骨格筋や心筋の筋細胞に含まれるミオグロビン(☞p.23)の酸素解離曲線は，S字形ではなく図17-3の②に近い。この曲線のような性質をもつミオグロビンは，血液から筋細胞中に多くの酸素を移動させるとともに，筋細胞に酸素を貯蔵する役割を担っていると考えられる。

2. 一酸化炭素(CO)の存在下では，一酸化炭素は酸素の代わりにヘモグロビンに強く結合するので，酸素と結合できるヘモグロビンが減少する。これにより，組織への酸素の供給ができなくなり，重篤な中毒症状(一酸化炭素中毒)が引き起こされる。

③ 胎児の酸素解離曲線

(1) 母体(子宮)内の羊水中で発生・成長している胎児は，肺を介さずに，胎盤を流れる血液から酸素の供給を受けている。

参考 母体と胎児の毛細血管は，胎盤で近接しているが連結してはおらず，血液も混じり合っていない(☞p.510)ので，母体の血管内の酸素は，血管外の組織液を介して胎児の血管内に移行する。妊娠末期の胎盤における母体の血液中の酸素濃度は約50%，胎児の血液中の酸素濃度は約30%であり，母体の血液中に溶解している酸素は，この酸素濃度の勾配に従った拡散によって胎児の血液中に移行する。

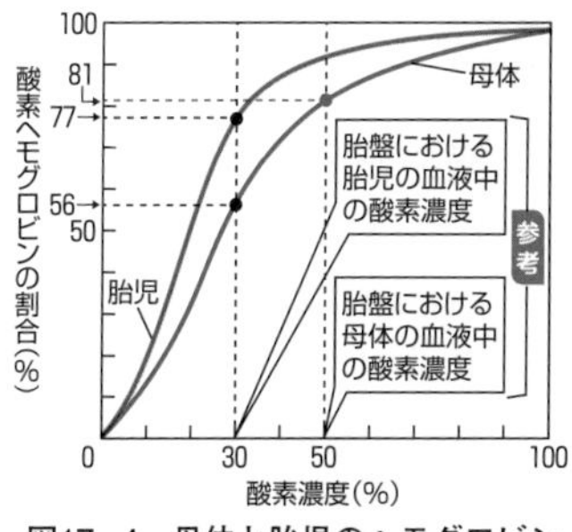

図17-4　母体と胎児のヘモグロビンの酸素解離曲線

(2) 図17-4に示すように胎児のヘモグロビンの酸素解離曲線が，母体のヘモグロビンの酸素解離曲線よりも左側にずれている，つまり，肺と比べて酸素濃度が著しく低い胎盤においても，胎児のヘモグロビンは母体のヘモグロビンが運んできた限られた量の酸素とできるだけ多く結合できる。

参考 胎盤における胎児の血液酸素濃度は30%である。この血液中における酸素ヘモグロビンの割合は，胎児のヘモグロビンが母体と同じ酸素解離曲線となるなら約56%であるが，実際には母体の酸素解離曲線より左側にずれているので約77%となる。

④ 血液による二酸化炭素の運搬

(1) 組織で放出された二酸化炭素は，**血しょう**中に溶け込んだ後，拡散して赤血球に入り炭酸(H_2CO_3)になる。この反応は赤血球や血管の内皮細胞に含まれている酵素*の働きにより促進され，生じた炭酸は**炭酸水素イオン**(HCO_3^-)とH^+になり，炭酸水素イオンは血しょう中に溶けて肺まで運ばれる。

参考 *この酵素は，炭酸脱水酵素(カーボニックアンヒドラーゼ)と呼ばれる。

(2) 肺では，赤血球により逆の反応が起こり，二酸化炭素は体外に放出される。

参考 1. 組織で生じた二酸化炭素の一部は，血しょう中で，炭酸脱水酵素の働きなどによりH_2CO_3となった後，HCO_3^-になって肺まで運ばれる。また，赤血球中に入った二酸化炭素の一部は，ヘモグロビン(Hb)と結合して，肺まで運ばれる。赤血球は，酸素と二酸化炭素の両方の運搬にとって重要である。

2. 肺ではO_2濃度が高いので，赤血球中のHbはH^+を多量に放出し(☞p.168)，$HCO_3^- + H^+ \rightarrow H_2CO_3$の反応が促進される。

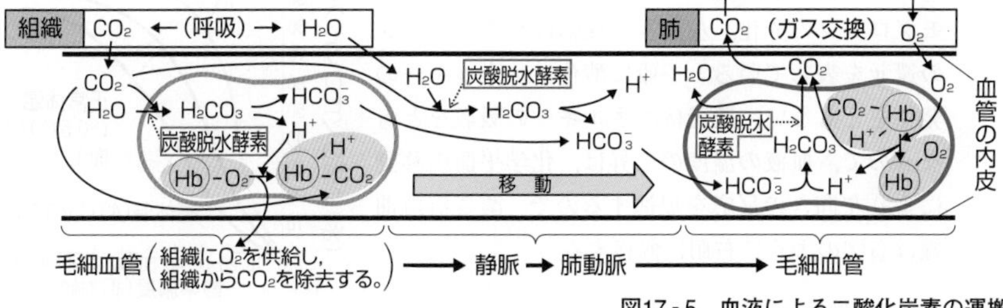

図17-5　血液による二酸化炭素の運搬

もっと広く深く　ヒトの体内における酸素の運搬

1 酸素解離曲線の偏移

(1) 酸素解離曲線は，血液中のpHの低下，CO_2濃度の上昇，温度の上昇などにより，右側にずれる(偏移する)。

(2) 激しい筋肉運動が起こると，筋細胞内では呼吸が活発になった結果，酸素濃度の低下(酸素不足)，二酸化炭素や乳酸などの酸性物質の増加(pHの低下)が起こる。また，筋収縮にともなって発熱量が増加するので体温が上昇する。

(3) これらの変化により，酸素解離曲線は右側に偏移し，ヘモグロビンが筋肉などの組織に，より多くの酸素を供給するようになる。このような偏移が起こることの理由を化学的に説明してみよう。

(4) ヘモグロビンとO_2の結合を正確な化学反応式で表すと以下のようになる。

$$Hb \cdot H + O_2 \rightleftarrows HbO_2 + H^+$$

(5) 血液中のpHの低下は，血液中のH^+の増加を意味しているので，(4)の式では(化学平衡の移動※により)H^+を減少させる方向，つまり左向きの反応が促進される。その結果，同じ酸素濃度下におけるヘモグロビンのO_2放出量は増大する(HbO_2は減少する)。つまり酸素解離曲線は右図のように右側に偏移する。

※可逆反応が平衡状態にあるとき，濃度・温度・圧力などの反応条件を変えると，反応が左右のいずれかに進んで新しい平衡状態になる。この現象を化学平衡の移動という。

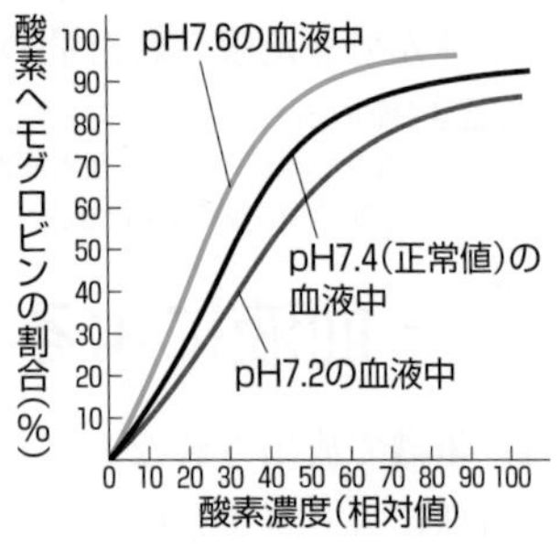

(6) 血液中のCO_2濃度の上昇*は，以下の化学反応式における右向きの反応を促進する。その結果，血液中のH^+の増加が起こるので，(5)と同様の理由により，酸素解離曲線は図17-1(p.165)に示すように右側に偏移する。

$$CO_2 + H_2O \rightleftarrows H^+ + HCO_3^-$$

参考 *血液中のCO_2濃度の上昇は，以下の化学反応式における右向きの反応も促進するので，酸素解離曲線は右側に偏移する。

$$HbO_2 + CO_2 \rightleftarrows CO_2Hb + O_2$$

(7) (4)の化学反応式において，右向きの反応はヘモグロビンの酸化，左向きの反応はヘモグロビンの還元を表している。一般に酸化はエネルギーの発生をともない，還元はエネルギーの吸収をともなうので，血液の温度の上昇は，化学平衡の移動により左向きの反応を促進するので，酸素解離曲線は右図のように右側に偏移する。

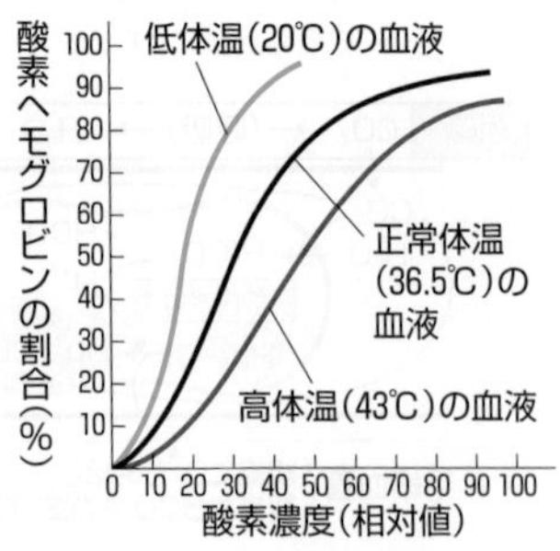

(8) 血液中に存在するDPG(解糖系で生じ，ビスホスホグリセリン酸またはジホスホグリセリン酸☞p.271)は，ヘモグロビンと結合することにより，ヘモグロビンの酸素に対する親和性を低下させる物質であり，胎児のヘモグロビンより母体(成人)のヘモグロビンと結合しやすい。そのため，胎児のヘモグロビンは母体のヘモグロビンよりも酸素と結合しやすくなり，図17 - 4(p.167)に示すように，母体(成人)のヘモグロビンの酸素解離曲線は，胎児のヘモグロビンの酸素解離曲線に比べて，右側に偏移する。

(9) ヘモグロビンはグロビン鎖とヘムからなっている。右図はヒトの発生にともなって発現する主なグロビン鎖の推移を模式的に示したものである。この図より，出生後6ヶ月以降(成人まで)のグロビン鎖は主にα鎖(2本)とβ鎖(2本)からなるが，胎児期3ヶ月のグロビン鎖は主にα鎖(2本)とγ鎖(2本)からなることがわかる。(8)に示したDPGに対する性質が胎児と成人で違うのは，DPGに対する結合性がβ鎖とγ鎖で違うことによる。

2 胎児の循環系

胎児の循環系(右図)と，成人の循環系とは，いくつかの点で大きく異なっている。胎児では，臍動脈と呼ばれる動脈を通って胎盤に流れ込んだ血液は，臍静脈と呼ばれる静脈を通って胎盤から流れ出す。その後，この血液の大部分は静脈管を通って下大静脈に合流した後，右心房に流れ込むが，胎児では，左右の心房の間の壁(心房中隔)に卵円孔と呼ばれるあながあいているので，下大静脈中の血液の大部分は右心房から直接左心房に流れ込む(右図①)。これにより右心房に運び込まれた酸素濃度の高い血液が，肺を通って酸素を消費することを防いでいる。一方，上大静脈から右心房に流れ込んだ血液は，下大静脈からの血液とはほとんど混合されることなく，その大半が右心室に流れ込む(上図②)。また，右心室から出る肺動脈は，左右の肺に血液を供給する血管以外に動脈管と呼ばれる血管に分岐しており，右心室を出た血液のほとんどは，動脈管を通って下行大動脈に注がれる。このように，動脈管は，上大静脈からの酸素濃度の低い血液のほとんどを下行大動脈に渡すことにより，この血液が肺で酸素をさらに消費したり，総頸動脈へ流れる血液と混合したりすることを防いでいる。

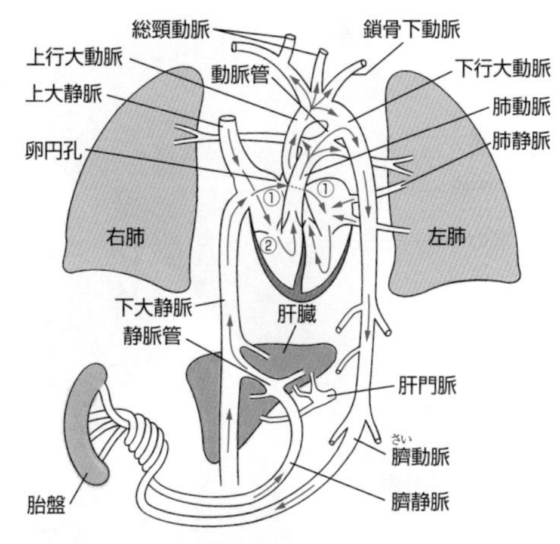

第18講 肝臓

The Purpose of Study 到達目標

Visual Study 視覚的理解

肝臓とその周辺の気管・血管など

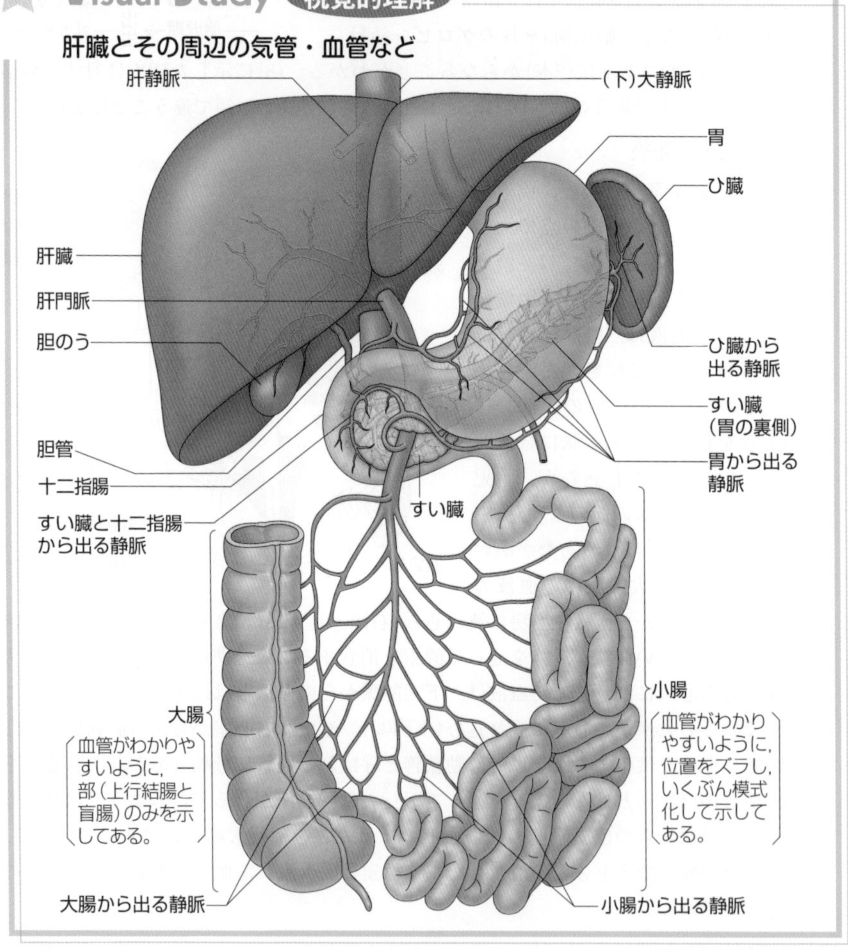

1 ▶ 肝臓の位置と肝臓に分布する血管

(1) **肝臓**は，代謝・物質の貯蔵・排出・解毒などを行い，体内環境の維持(**恒常性**)に重要な役割を担っている。

(2) ヒトの**肝臓**は，横隔膜の下にあり，全器官中最も大きく，最も重い(1〜2kg)。また，**肝動脈**，**肝静脈**，**肝門脈**などの血管や胆管とつながっており，肝臓には心臓から出た血流の約3分の1が流れ込んでいる。

(3) **肝動脈**は，大動脈から枝分かれした動脈で，その血管内の動脈血は，肝動脈が細かく枝分かれした毛細血管を介して，肝臓の細胞に**酸素を供給**する。

(4) **肝静脈**は，大静脈に合流する静脈で，その血管内には，肝臓で多量の酸素を離し，多量の二酸化炭素を受け取った静脈血が流れている。

(5) 多くの組織や器官(例えば腎臓)の毛細血管は，合流して静脈(例えば腎静脈)になり，その組織や器官から出た後，さらに大静脈に合流する(図18-1左)。

(6) これに対して消化(器)系の器官(胃・小腸・大腸・すい臓)内やひ臓内の毛細血管は，集合して静脈になった後，さらに集合して**肝門脈**(門脈とは，毛細血管と毛細血管の間をつなぐ静脈)と呼ばれる静脈になる。肝門脈は，大静脈に合流する前に再び枝分かれをして，肝臓の毛細血管になる(図18-1右)。

参考 1. 肝臓に流れ込む血液量は，肝門脈を通る量が，肝動脈を通る量の約4倍である。
2. 門脈には，肝門脈の他に，(脳)下垂体門脈(視床下部と脳下垂体前葉をつなぐ静脈)などもあるが，単に「門脈」という場合は，一般に肝門脈を指す。

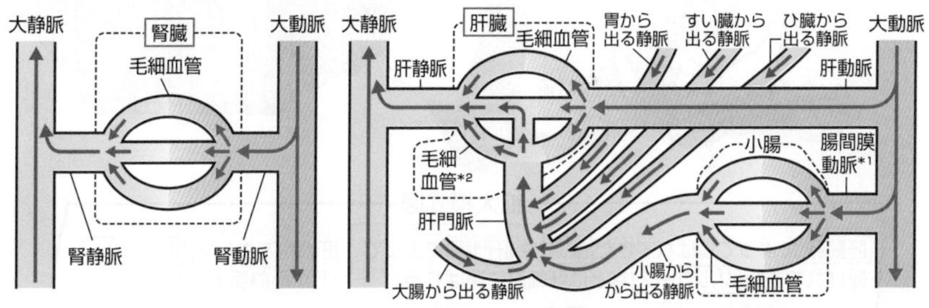

図18-1 腎臓につながる血管と肝臓につながる血管

参考 ＊1. 脊椎動物の腹腔内で，腸をつるして定着させている中胚葉性の膜を腸間膜といい，大動脈から腹側に枝分かれして腸へ伸び，血液を供給している動脈を腸間膜動脈という。
＊2. 肝臓の毛細血管の一部は，「動脈と静脈の間」ではなく，「静脈(肝門脈)と静脈(肝静脈)の間」をつないでいる。

(7) **胆管**は血管ではなく，肝臓でつくられた**胆汁**(胆液)を**胆のう**を経て**十二指腸**にまで輸送する役割をもっている。

②▸肝臓の構造

(1) 肝臓には，直径1mmほどの大きさの**肝小葉**(かんしょうよう)という基本単位が**約50万個**存在している。1つの肝小葉は，約50万個の**肝細胞**と，血管，胆管からなる。

(2) 肝門脈と肝動脈を流れてきた血液は，肝小葉の周辺部から内部へ入るときに合流し，**類洞**(るいどう)と呼ばれる太い毛細血管内を流れた後，肝小葉の中心にある**中心静脈**(ちゅうしんじょうみゃく)内に入る。類洞では，肝細胞と血液の間で，さまざまな物質のやり取りが行われている。

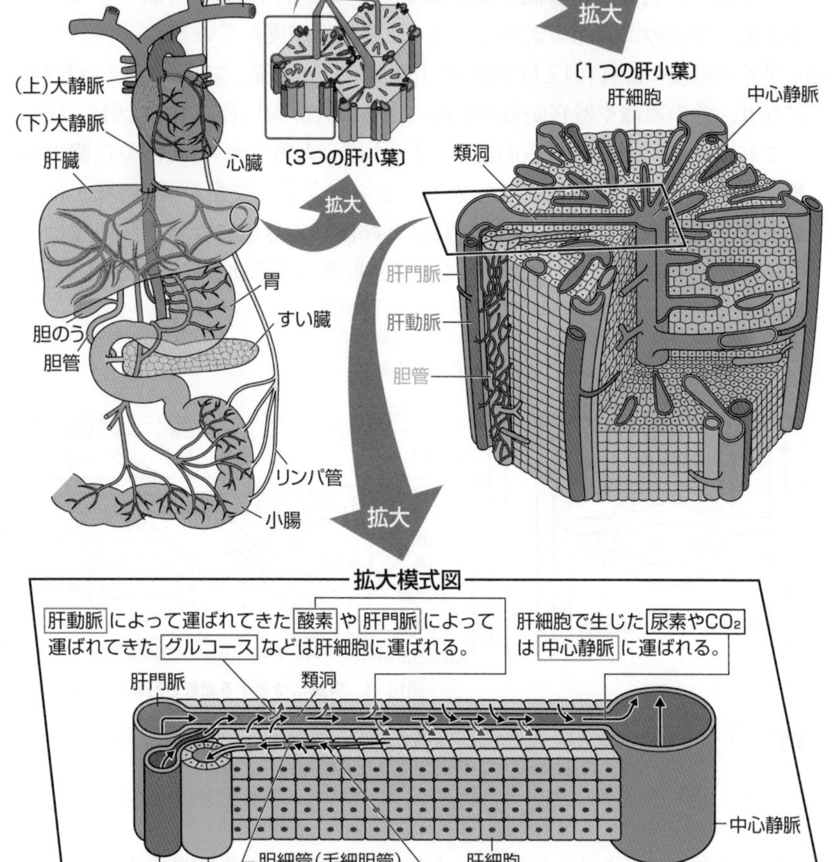

図18-2　ヒトの肝臓の構造

3 ▶肝臓の主な働き

肝臓は，非常に多くの酵素を含み，さまざまな物質の生成や分解などを行うので，「体内の化学工場」と呼ばれることもある。肝臓の主な働きを以下に示す。

1 血糖濃度の調節

(1) **グルコース**は，個々の細胞がATPを合成する際のエネルギー源となる物質(単糖の一種)であり，血液中のグルコースは**血糖**(けっとう)と呼ばれ，正常なヒトでは，血糖濃度(血糖値)は約**0.1%**に維持されている。

(2) 肝臓は，グルコースの一部を**グリコーゲン**に合成して貯蔵することで血糖濃度を低下させたり，グリコーゲンをグルコースに分解して血液中に放出することで血糖濃度を上昇させる。これにより，血糖濃度を一定の範囲に保っている。

参考 肝臓は脂肪からグルコースをつくることもできる。

(3) したがって，食後に大量のグルコースが小腸から吸収されても，それらは**肝門脈**を介して肝臓に入り，肝臓の作用を受けるので，血糖濃度が急上昇することはない。また，空腹時にも血糖濃度が低下しすぎることはない。

2 タンパク質の合成・分解

(1) 肝臓は，血しょう中に含まれ物質の運搬にかかわる**アルブミン**や**グロブリン**，血液凝固に関与するフィブリノーゲンやプロトロンビンなどを合成し，血液中に放出している。

参考 グロブリンにはいくつかの種類があり，その多くは肝臓で合成されるが，免疫グロブリンはB細胞(抗体産生細胞)で合成される。

(2) 肝臓は，不要なタンパク質やアミノ酸の分解を行っている。

3 赤血球の破壊

肝臓は，古くなった**赤血球**を破壊し，**ヘモグロビン**をアミノ酸にまで分解し，鉄イオンを貯蔵する。

参考 1. 類洞には，ある種の食細胞(☞p.215)が常在しており，この細胞が肝門脈によって運び込まれた傷ついた白血球・赤血球・細菌・異物などを食作用によって破壊する。
2. 赤血球の破壊は，ひ臓でも行われる。

4 解毒作用

肝臓では，血液によって運ばれたアルコールなどの有害な物質を酵素による分解などで，無害な物質に変えている。これを**解毒作用**(げどくさよう)という。

5 体温の維持

肝臓内で行われる種々の化学反応にともなって発生する熱は，体温の維持に役立っている。

6 胆汁の生成

(1) **胆汁**は肝臓で生成·分泌され，消化酵素を含まず，**胆汁色素**と**胆汁酸**を含む。

(2) 胆汁色素である**ビリルビン**は，ヘモグロビンを構成する色素(ヘム)の分解産物であり，黄色である。ビリルビンの濃度が高まると，皮膚や粘膜が黄色になり，黄疸となる。

(3) 胆汁酸は，脂肪を乳化(溶液中に分散)してリパーゼ(脂肪を分解する酵素)が働きやすい状態にし，脂肪の消化を助ける。

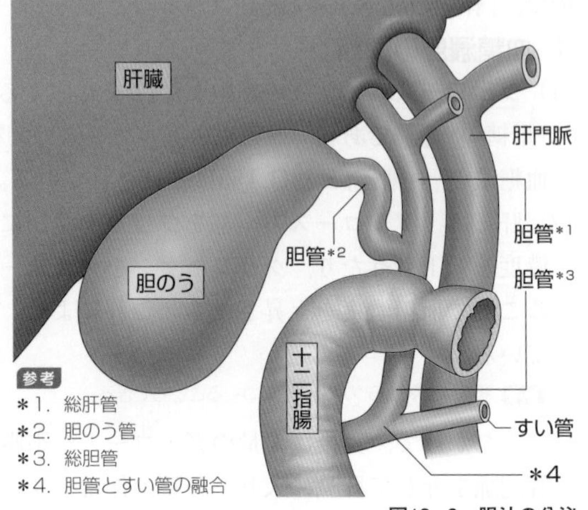

図18-3 胆汁の分泌

(4) 胆汁は，胆管の途中にある**胆のう**に一時的に蓄えられた後，胆管を経て**十二指腸**に放出されるので，肝臓での解毒作用の結果により生成されても，肝汁といわずに胆汁という。

(5) 胆のうは，空腹時には胆汁をほとんど放出しないが，食事をとると，胆汁を盛んに放出する。

(6) 肝臓で解毒作用の結果により生成された物質には，腎臓から尿として排出される水溶性の物質もあるが，ビリルビンなどのような脂溶性の物質は，胆汁に含まれて十二指腸に放出された後，最終的には便中に含まれて体外に排出される。

7 尿素の合成

(1) 細胞内でタンパク質やアミノ酸は各種の有機酸と**アンモニア**(NH_3)に分解され，有毒なアンモニアは血液によって肝臓に運搬される。

(2) 肝臓では，図18-4の模式図で示すような尿素回路(オルニチン回路)により，アンモニアは比較的毒性の低い**尿素**に合成される。

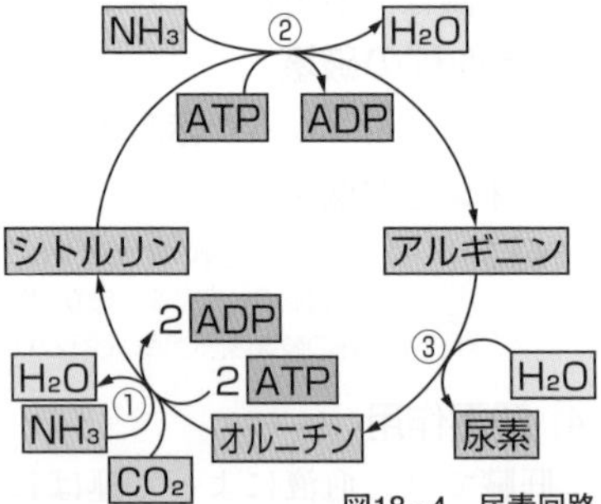

図18-4 尿素回路

(3) 尿素は血液中に放出され，腎臓を経て尿の成分として体外に排出される。

参考 正確には，図18-4の①では，NH_3とCO_2とATPのエネルギーでつくられたカルバモイルリン酸とオルニチンが結合して，シトルリンとH_2Oになる。②では，NH_3はアスパラギン酸になって，シトルリンと結合する。③では，アルギニンがアルギナーゼという加水分解酵素によって分解され，尿素とオルニチンになる。

肝門脈・胆のう・消化器系

1 胃・腸・すい臓・ひ臓と肝臓が肝門脈で連結している意義は？

(1) 胃や腸から吸収され血液に入った有害物質を肝臓で迅速に解毒できる。

(2) 小腸から吸収され血液に入ったグルコースが肝門脈を経ずに直接全身に配られると急激な高血糖を引き起こすが，肝臓でいったん貯蔵されることにより，それを防ぐことができる。

(3) すい臓から分泌されるインスリンやグルカゴンなどのホルモンが，肝臓におけるグリコーゲンの分解や貯蔵の調節を素早く確実に行うことができる。

(4) ひ臓で破壊された赤血球から生じたビリルビン(老廃物)を，肝臓で生成される胆汁の一成分として排泄することができる。

2 胆のうの機能は？

(1) 肝臓で生成された胆汁は，胆管(図18 - 3*1. 総肝管と*2. 胆のう管)を介して袋状の器官である胆のうに運び込まれ，そこでいったん貯蔵される。胆のうは，貯蔵中の胆汁から水とイオンを吸収して，胆汁を10倍程度に濃縮する。

(2) 胆のうの壁の内部や，十二指腸への開口部付近の胆管(図18 - 3*3. 総胆管)の壁には平滑筋(繊維)が存在し，これらの筋繊維の収縮により胆汁は必要とされるときに十二指腸に放出される。

3 消化器系とは？

(1) 消化器系を構成する器官は，消化管とその付属器官の2つに分けられる。

(2) 消化管は，口腔・咽頭の大部分・食道・胃・小腸・大腸・肛門からなり，食物と消化物の通路である。

(3) 付属器官は，歯・舌・だ腺・肝臓・胆のう・すい臓からなる。歯・舌以外は直接食物と接することはなく，消化液を生産して消化管内に分泌し，消化を助ける。

(4) 胃に続く消化管である小腸は，十二指腸(指を横に12本並べた長さに由来)・空腸・回腸に分けられる。十二指腸は消化物に胆汁やすい液を混合し，空腸と回腸は主に有機物の消化・吸収を行う。

(5) 小腸に続く消化管である大腸は，盲腸・上行結腸・横行結腸・下行結腸・S状結腸・直腸などに分けられ，主に水分や水溶性物質の吸収を行う。

もっと 広く 深く

1 解糖と乳酸

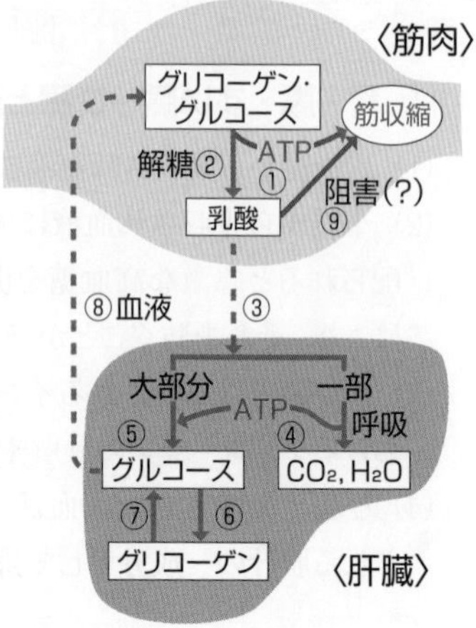

(1) 筋収縮に必要なATP供給反応(右図①)の一つに，解糖(右図②)がある。

(2) 筋細胞内の解糖で生じた乳酸は，筋細胞から放出された後，血流によって肝臓に運び込まれ(右図③)，その一部(全量の約6分の1)は呼吸の経路に入り，CO_2とH_2Oに分解され(右図④)，残りの乳酸(全量の約6分の5)は呼吸で生じたATPを用いてグルコースに変えられ(右図⑤)，さらにグリコーゲンに合成される(右図⑥)。

(3) 肝細胞内のグリコーゲンはグルコースに分解され(上図⑦)た後，血液によって筋肉に運び込まれ，グリコーゲンに再合成される(上図⑧)。

(4) 筋細胞の細胞質基質で行われる解糖の進行には酸素は必要ないが，肝細胞内で行われる乳酸の処理には酸素が必要となる。

(5) 激しい運動により筋肉や肝臓が酸素不足の状態になると，多量の乳酸が肝臓で処理されず，筋肉中に蓄積して筋収縮を阻害(上図⑨)すると長い間考えられてきた。

(6) 長時間の活動により，動物の細胞・組織・器官などの反応(機能)が低下する現象を疲労といい，長時間の運動による筋収縮力の低下も疲労の一例(筋疲労)である。

(7) 現在では，筋疲労は乳酸の蓄積以外の要因で起こると考えられている。

2 栄養素の消化・吸収・移動

分解(消化)・吸収された栄養素は，以下に示すような経路で肝臓に運び込まれる。

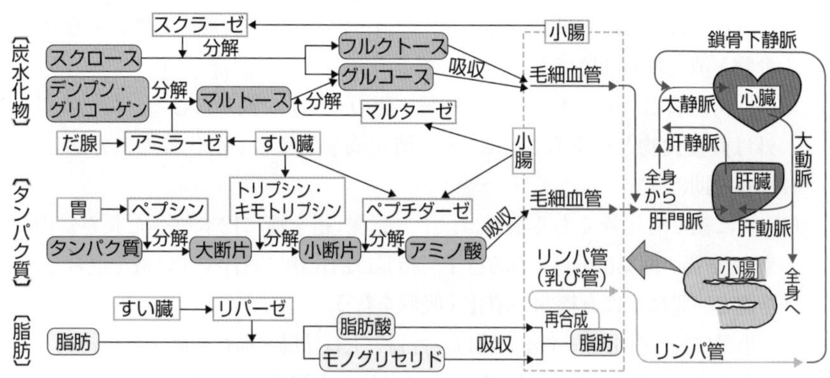

3 窒素化合物の排出様式

細胞内でタンパク質やアミノ酸が呼吸基質として分解されると，有害なアンモニア(NH_3)が生じる。すべての動物がアンモニアを排出するわけではなく，動物の種類によって，アンモニアをそのまま排出するものと，アンモニアを他の物質(尿素や尿酸)に変えて排出するものとがある。

排出物	水溶性	毒性	動物の特徴
アンモニア	非常に大	大	水生無脊椎動物・硬骨魚類・両生類の幼生など。まわりの豊富な水に溶かして排出する。
尿素	大	小	軟骨魚類(サメ・エイ)・両生類・哺乳類など。毒性が低いため，ある程度体内に蓄えることができる。
尿酸	ほとんど無	ほとんど無	昆虫類・爬虫類・鳥類など。水にほとんど溶けないため排出時に水分を節約できる。また，毒性がほとんどないため長時間体内に蓄えることができる。

アンモニアの毒性と哺乳類の窒素化合物の排出様式

1 なぜ，アンモニアは生物にとって有害か？

アンモニアは次のような特徴をもつことなどから，生物にとって有毒(害)であると考えられている。

①電子受容体として作用することで，ミトコンドリアなどの膜における電子伝達を阻害(脱共役)する。

②生体膜の不飽和脂肪酸を飽和化，膜の流動性などを低下させる。

③高濃度で直接組織に作用すると壊死(ネクローシス☞p.486)を生じさせる。

2 なぜ，哺乳類は尿素排出型か？

爬虫類や鳥類などの胚は，水分蒸発を防ぐための固い卵殻(らんかく)内で発生するので，発生中に生じた老廃物を外部に排出することができない。そこで，爬虫類や鳥類は，水に溶けにくく，卵殻内に蓄積しても体液の浸透圧を高めることのない尿酸を排出するようになったと考えられる。

では，爬虫類から進化した哺乳類は，なぜ尿素を排出するのだろうか。哺乳類は，進化の途中で胎生(たいせい)となり，胎児(胚)は老廃物を胎盤を通して母体へ渡し，母親が尿として体外に排出するようになった。そこで，哺乳類は胎児から母体へ受け渡しが容易になるように，水によく溶ける尿素(尿酸より合成も簡単)の形で排出するようになったと考えられている(☞p.724「現生生物の代謝産物の変化にみられる証拠」の 参考)。

第19講 腎臓・体液の浸透圧調節

The Purpose of Study 到達目標

1. 腎臓の構造の概略図を描き，各部位の働きを説明できる。…… p. 178～181
2. ヒトの血しょう・原尿・尿の成分の特徴を言える。…… p. 181
3. 無脊椎動物の体液浸透圧について説明できる。…… p. 184, 185
4. 海水生と淡水生のそれぞれの魚類の体液の浸透圧調節の特徴を比較しながら説明できる。…… p. 186

Visual Study 視覚的理解

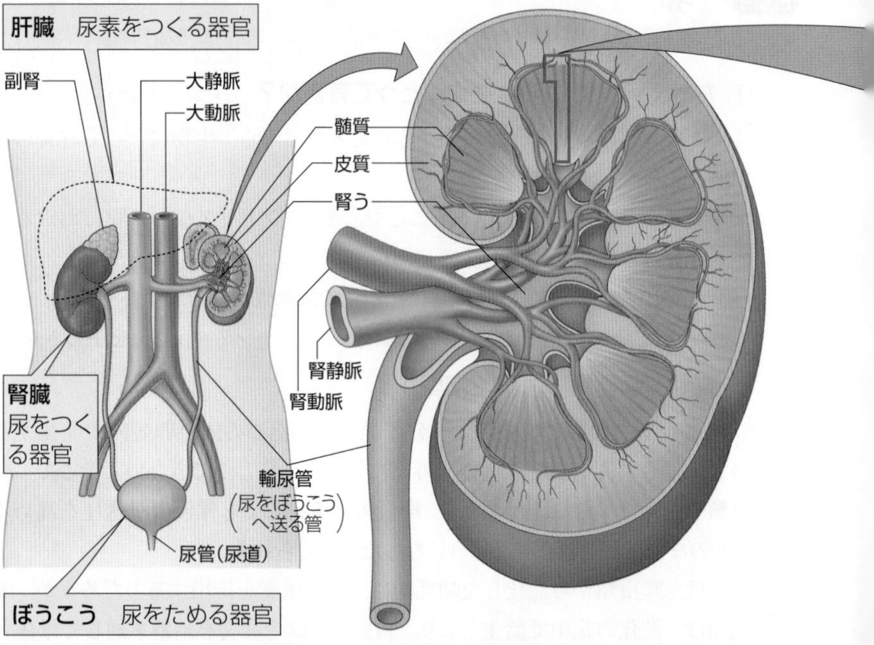

肝臓 尿素をつくる器官

副腎
大静脈
大動脈
髄質
皮質
腎う
腎静脈
腎動脈

腎臓
尿をつくる器官

輸尿管
（尿をぼうこうへ送る管）
尿管（尿道）

ぼうこう 尿をためる器官

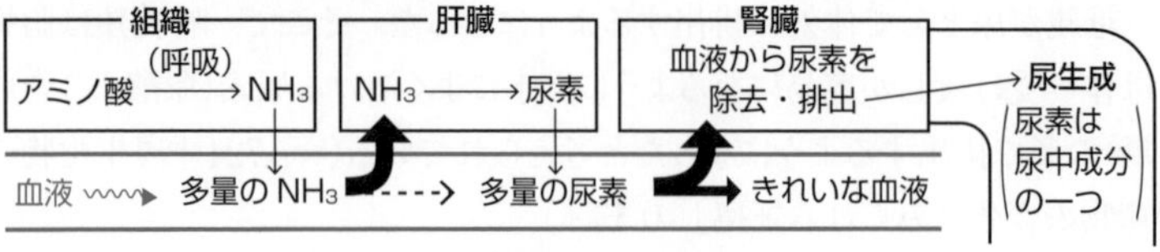

組織
アミノ酸 —(呼吸)→ NH_3

肝臓
NH_3 → 尿素

腎臓
血液から尿素を除去・排出 → **尿生成**
（尿素は尿中成分の一つ）

血液 → 多量の NH_3 ---→ 多量の尿素 → きれいな血液

1 ▸ 腎臓の位置と構造

ヒトの腎臓は，腹腔の背側に左右1対あり，心臓から出た血液の約20%が流れ込み，恒常性にとって非常に重要な役割をもつ器官である。1つの腎臓には，腎臓の構造上の単位である**腎単位**（**ネフロン**）が**約100万個**存在している。腎単位は**腎小体**（**マルピーギ小体**）と**細尿管**（**腎細管**）からなる。さらに，腎小体は，**糸球体**（毛細血管が曲がりくねって小球状になったもの）と**ボーマンのう**からなっている。

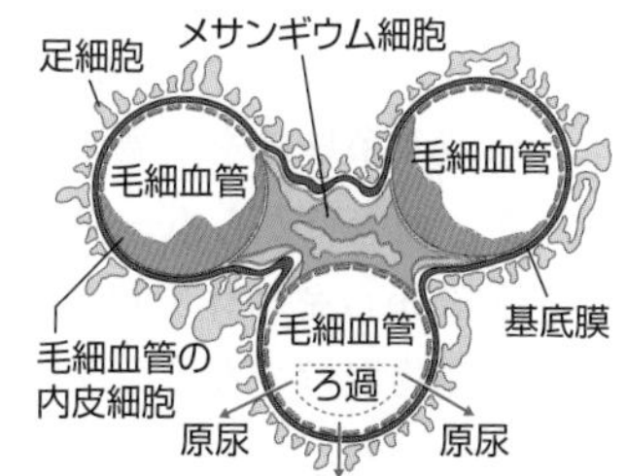

参考 糸球体の毛細血管（右図）はメサンギウム細胞などからなる結合組織によって束ねられ，周囲を基底膜で覆われている。基底膜の外側には足細胞が存在している。

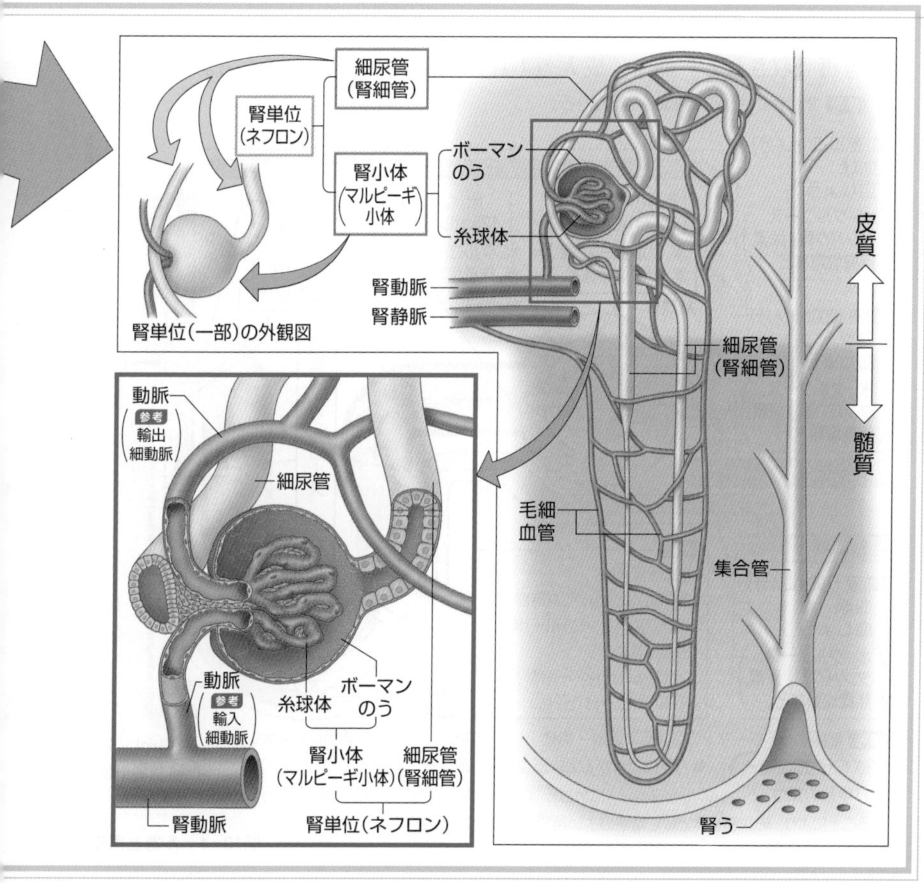

細尿管（腎細管）
腎単位（ネフロン）
腎小体（マルピーギ小体）
ボーマンのう
糸球体
腎動脈
腎静脈
腎単位（一部）の外観図
皮質
髄質
細尿管（腎細管）
毛細血管
集合管
腎う
動脈 参考 輸出細動脈
細尿管
動脈 参考 輸入細動脈
糸球体　ボーマンのう
腎小体（マルピーギ小体）　細尿管（腎細管）
腎単位（ネフロン）
腎動脈

② 腎臓の働き

1 尿生成の過程

(1) 腎臓は，尿を生成・排出することにより，体液中の老廃物除去および，体液の浸透圧（塩類濃度）の調節を行っている。

(2) ヒトの腎臓での尿生成の過程は，**ろ過**と**再吸収**とに分けられる（図19-1）。

①血液が**糸球体**を通過するときに，**血球**や**タンパク質**などの大きな物質以外が，血管壁から**ボーマンのう**にこし出される現象を**ろ過**という。

②血液から糸球体を経てボーマンのうにろ過された液体は，**原尿**（げんにょう）と呼ばれ，老廃物だけでなく，グルコース，アミノ酸など，からだに必要な物質も含んでいる。通常，成人の1日の原尿量は，約170～180Lである。

③原尿が**細尿管**を通過するときに，水や無機塩類の大部分とすべての**グルコース**が毛細血管に取り込まれることを**再吸収**という。なお，水は**集合管**（しゅうごうかん）でも再吸収される。通常，成人の1日の尿量は，約1～2Lである。

参考 集合管ではNa^+の再吸収も行われる。

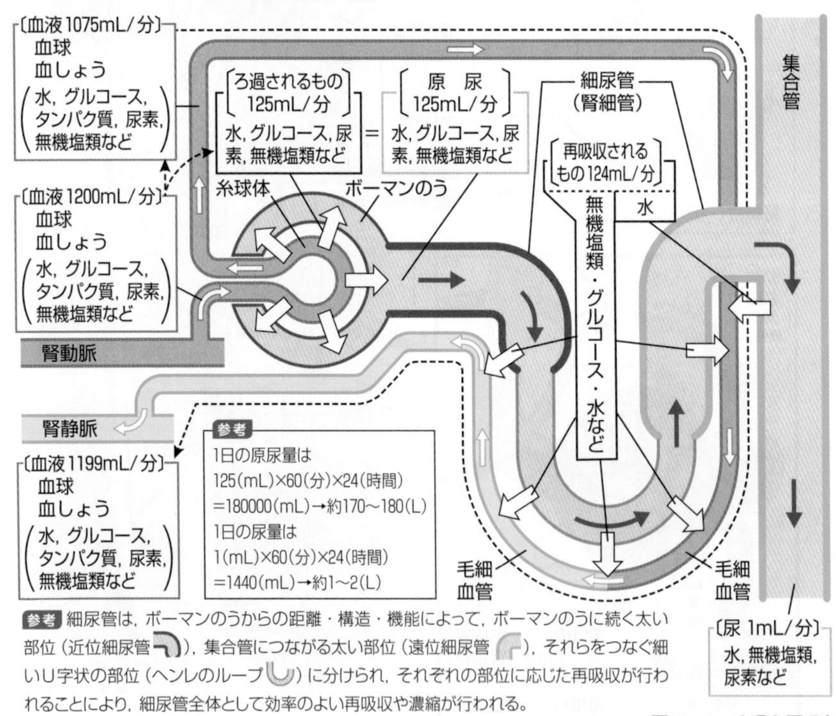

図19-1 ろ過と再吸収

(3) タンパク質とグルコースはともに尿中の濃度が0(%)であるが，タンパク質はろ過されず原尿中にまったく含まれないことが，グルコースはろ過されるが原尿中からすべて再吸収されることが，それぞれの理由である。

2 ヒトの血しょう・原尿・尿の成分

(1) ある物質について，血しょう中の濃度で尿中の濃度を割った値を**濃縮率**(のうしゅくりつ) $\left(=\frac{\text{尿中の濃度}(\%)}{\text{血しょう中の濃度}(\%)}\right)$ という。濃縮率の高い物質ほど人体にとって有害で，体外に排出しなければならない物質であり，低い物質ほど有用で，体内に残す必要のある物質である。

(2) Na^+(ナトリウムイオン)のように，濃縮率が1に近い物質は，水とほぼ同じ割合で再吸収されるので，血しょう中の濃度と尿中の濃度がだいたい同じ値になる。

成分		質量パーセント濃度(%) 血しょう	原尿	尿	濃縮率
水		90〜93	99	95	−
有機物	タンパク質	7〜9	0	0	0
	グルコース	0.1	0.1	0	0
	尿素	0.03	0.03	2.0	67
	尿酸	0.004	0.004	0.05	13
	クレアチニン	0.001	0.001	0.075	75
無機塩類	アンモニア	0.001	0.001	0.04	40
	Na^+	0.32	0.32	0.35	1.1
	K^+	0.02	0.02	0.15	7.5

表19-1　血しょう・原尿・尿の成分と濃縮率

3 腎臓や肝臓などの臓器に出入りする血液の特徴(まとめ)

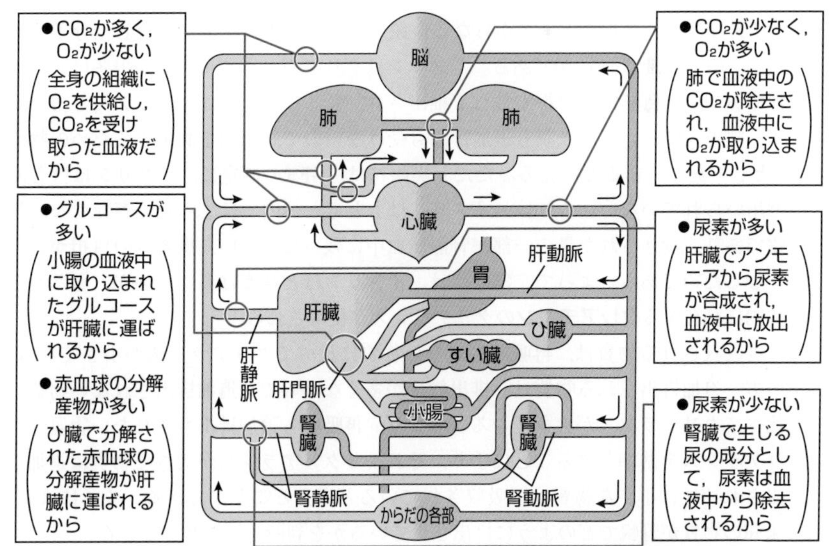

図19-2　臓器に出入りする血液の特徴

もっと 広く 深く 追加排出，GFR，RPF，クリアランス

(1) 腎臓における尿生成の過程では，糸球体でのろ過，細尿管や集合管への再吸収のほか，細尿管への**追加排出**(糸球体を通過する際にろ過されなかった分が毛細血管から細尿管内へ放出(分泌)される現象)が行われる。

(2) 腎臓の機能を調べるための検査としては，尿生成の過程において，単位時間当たりに腎臓を通過した血液(血しょう)量(これを**腎血しょう流量**：RPFと呼ぶ)と，そのうち糸球体でろ過された血しょう量(これを**糸球体ろ過量**：GFRと呼び，p.180の図19-1中の「1200－1075=125mL/分」に相当)を測定することが基本となる。

(3) ある物質Xが尿中に排出されるとき，尿中の濃度をU_X，単位時間当たりの尿量をVとすると，単位時間当たりに尿中に排出されるXの量は$U_X \times V$である。また，Xの血しょう中の濃度をP_Xとし，尿中排出量に見合う血しょう量(単位時間当たりに尿中に排出されたXの量と同じ量のXを含む血しょう量)をC_Xとすると，$P_X \times C_X = U_X \times V$となる。これより，$C_X = \dfrac{U_X \times V}{P_X}$と表すことができる。この式は，さらに

$C_X = V \times \dfrac{U_X}{P_X}$，つまり尿量$V$に濃縮率$\dfrac{U_X}{P_X}$を掛けた式で表される。

このようなC_Xを物質Xの**クリアランス**といい，尿中の物質Xの単位時間当たりの排出量がどれだけの血しょう量に由来するかを示す値である。

(4) 糸球体を自由に通過し(血しょう中と原尿中での濃度が等しく)，細尿管で再吸収も追加排出もされないため，単位時間当たりに糸球体でろ過される量と尿中に排出される量が等しくなるような物質Xのクリアランス(C_X)は，GFR(糸球体ろ過量)に相当する。

(5) **イヌリン**は，フルクトースからなる直鎖の末端にグルコースが結合した分子であり，その分子量は約5,000である。イヌリンはダリアやキクイモなどの根茎に貯蔵されており，白色無定型の粉末として抽出され，血しょう中ではタンパク質と結合せず，細尿管において再吸収も追加排出も受けないので，GFRを測定するための物質Xとして適しているといえる。ただし実際には，GFRの測定に，イヌリンはほとんど用いられていない。これは，イヌリンはもともと体内にはまったく存在しない物質であり，投与された量の一部が腎静脈血中に残ってしまい，患者への負担が大きくなるためである。よって，実際には，イヌリンほど精度は高くないが，もともと体内に存在する**クレアチニン**のクリアランスが使用される。

(6) 再吸収される物質は，再吸収されない物質に比べてクリアランスが小さくなる。一方，追加排出される物質は，排出総量が多くなるので，追加排出されない物質に比べてクリアランスが大きくなる。つまり，再吸収も追加排出もされない物質のクリアランスを基準とすることにより，それよりクリアランスが大きな物質は追加排出され，逆に小さな物質は再吸収されていると考えることができる。これにより，未知の物質が腎臓でどのように排出されているかを判断することができる。

(7) からだ中のすべての血液が腎臓内を１回流れる間に，ろ過と追加排出により血しょう中からほとんど尿中に排出される物質Yのクリアランス(C_Y)は，**RPF**(腎血しょう流量)に相当する。物質Yの尿中の濃度をU_Y，単位時間当たりの尿量をV，Yの血しょう中の濃度をP_Yとすると，単位時間当たりに腎臓に流入した物質Yの量は，単位時間当たりに尿中に排出された物質Yの量と等しいので，単位時間当たりのRPFを用いて，$\mathrm{RPF} \times P_Y = U_Y \times V$が成り立つ。

この式を変形すると，$\mathrm{RPF} = \dfrac{U_Y \times V}{P_Y}$となる。この式の右辺は，物質Yのクリアランス$C_Y$と等しいので，物質Yの単位時間当たりのクリアランスは，RPFと等しいことになる。

(8) **パラアミノ馬尿酸**は，体内で合成も代謝もされない物質であり，ろ過と細尿管への追加排出によってそのほとんどが尿中に排出される。したがって，RPFを測定するための物質Yとして，パラアミノ馬尿酸が用いられる。なお，パラアミノ馬尿酸は，ろ過と追加排出により，腎臓を1回通過することによってほとんどが尿中に排出され，腎静脈血中には極めてわずかしか残らないので，イヌリンとは異なり患者への負担が小さい。

(9) ある物質を用いて，患者のクリアランスの値と，健常者のクリアランスの値を比較することで，患者の腎機能の異常の有無を知ることができ，さらに物質Xに近い性質のクレアチニンのクリアランスを測定してGFRを，物質Yに近い性質のパラアミノ馬尿酸を投与してRPFを求め，それらを正常値と比較することで，腎臓の尿生成の過程のどこに異常があるかの判断に役立てることができる。

(10) 例えば，血しょう中と尿中の濃度(mg/mL)を測定したとき，クレアチニンではそれぞれ0.01，0.75，パラアミノ馬尿酸ではそれぞれ0.02，12.6であり，１分間当たりの尿量が１mLである場合，１分間当たりのクリアランスを計算すると次のようになる。

クレアチニン：U=0.75mg/mL，P=0.01mg/mL，V=1mL/分より，

$$C = \frac{0.75 \times 1}{0.01} = 75\mathrm{mL}$$

パラアミノ馬尿酸：U=12.6mg/mL，P=0.02mg/mL，V=1mL/分より，

$$C = \frac{12.6 \times 1}{0.02} = 630\mathrm{mL}$$

つまり，この人のGFRは75mL/分であり，RPFは630mL/分ということになる。

③ いろいろな動物の体液の浸透圧調節

1 いろいろな動物の体液の浸透圧

(1) 海水中に生息する動物(海水生動物)のうち，外洋のように浸透圧(塩類濃度)の変化が小さい環境に生息する無脊椎動物(図19-3①)は，その体液の浸透圧が海水にほぼ等しく，浸透圧を調節しないものが多い。

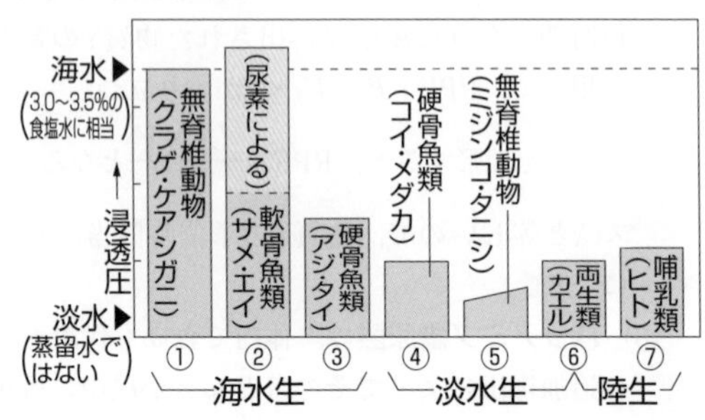

図19-3　いろいろな動物の体液の浸透圧

(2) 海水生の魚類(図19-3②・③)，淡水中に生息する動物(淡水生動物)(図19-3④・⑤・⑥)，乾燥した陸上に生息する動物(陸生生物)(図19-3⑥・⑦)は，体液の浸透圧を常に調節する必要がある。

2 単細胞生物の体液の浸透圧調節

(1) ゾウリムシ・ミドリムシなどの淡水生の単細胞生物が，細胞内(体内)の浸透圧を調節するために水を排出する細胞小器官を**収縮胞**(しゅうしゅくほう)という。

参考 収縮胞は，クラミドモナス・アメーバなどの他の単細胞生物にもあり，アメーバの収縮胞では，水の吸収にアクアポリンが関与している。

(2) 淡水生のゾウリムシの細胞内にはさまざまな物質があるので，細胞内(体内)の方が浸透圧が高く，周囲から細胞内に水が入ってくる。

(3) ゾウリムシでは，収縮胞の働き(図19-4①→②→③→①の繰り返し)により，余分な水を排出して，細胞内の浸透圧を一定に保っている。

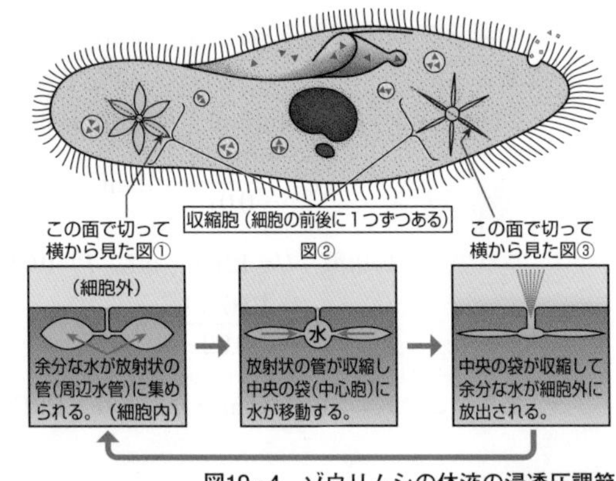

図19-4　ゾウリムシの体液の浸透圧調節

(4) ゾウリムシを飼育する溶液の浸透圧を徐々に上げていくと，収縮胞の収縮回数は減少し，やがてほぼゼロになり，そのときの溶液とゾウリムシの体液の浸透圧は等張であると考えられる。

3 カニ(無脊椎動物)の体液の浸透圧調節

異なった環境に生息する3種類のカニ(ケアシガニ・チチュウカイミドリガニ・モクズガニ)のそれぞれについて，外液の浸透圧(塩類濃度)と体液の浸透圧の関係を調べ，その結果を図19-5に示した。なお，図19-5中の×印は，その外液の浸透圧以上あるいは以下の環境では，それぞれのカニが生存できないことを示している。

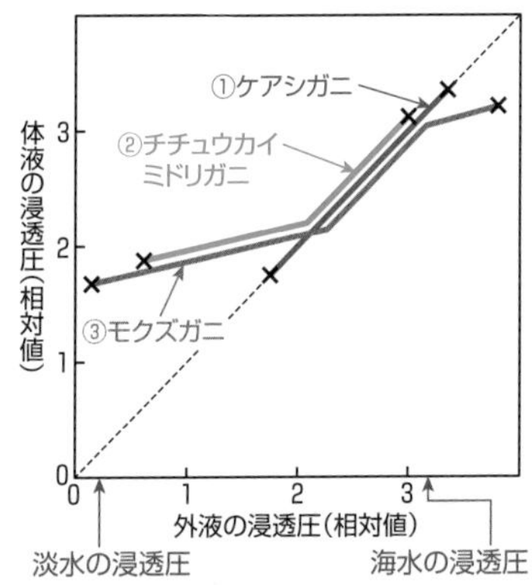

図19-5　体外環境(外液)の浸透圧とカニの体液の浸透圧

外界の浸透圧と体液の浸透圧との関係を表すグラフ(縦軸を関数y，横軸を変数xとする)からは，次のようなことが読み取れる。

$y=x$に近いグラフは，**体液の浸透圧が外界の浸透圧と同じ**であり，ほとんど調節されていないことを示している。一方，$y=C$(定数)に近いグラフは，**体液の浸透圧が外界の浸透圧とは無関係に一定**であり，よく調節されていることを示している。以上のことをもとに考えると，3種類のカニの体液の浸透圧調節は次のようになる。

①**ケアシガニ**…浸透圧の変動の幅の小さい外洋に生息するケアシガニでは，体液の浸透圧を調節するしくみが発達していないので，体液の浸透圧は一定に保たれず，外液の浸透圧と同じ変化(━のグラフ)を示す。

②**チチュウカイミドリガニ**…浸透圧の変動の幅が大きい河口付近の汽水域(潮の満ち引きにより淡水と海水が混ざり合う区域)に生息するチチュウカイミドリガニでは，外液の浸透圧が海水に近い場合には体液の浸透圧調節はあまり行われない。外液の浸透圧が低い場合(相対値で2以下)には，━のグラフの傾きが小さいことから，淡水が多く混ざり，外液の浸透圧が低くなると，余分な水を排出して体液の浸透圧を一定の範囲に調節することがわかる。

③**モクズガニ**…海で産卵し，それ以外の時期は淡水や汽水域に生息するモクズガニでは，広範囲(相対値で約3.2～3.8，約0.1～2.3)で━のグラフの傾きが小さくなっていることから，外液の浸透圧が高い場合も低い場合も，体液の浸透圧が一定の範囲に保たれており，体液の浸透圧調節の能力が高いことがわかる。

4 魚類の体液の浸透圧調節

1 軟骨魚類の体液の浸透圧調節

サメ・エイなどの海水生軟骨魚類は，**尿素**を盛んに合成し，体液中に多量の尿素を含むことにより，体液の浸透圧(塩類による浸透圧＋尿素による浸透圧)が海水の浸透圧と等しくなるように調節している。

参考 1. 軟骨魚類の腎臓では，大きな糸球体があり，多量の尿素がろ過されているが，細尿管が非常に長く，ろ過された尿素が積極的に再吸収されるので，軟骨魚類の血液中には，他の動物の約1000倍もの尿素が含まれている。

2. シーラカンス(☞p.704)は，軟骨魚類ではないが，尿素を体内に保持することで体液の浸透圧を調節している。

2 硬骨魚類の体液の浸透圧調節

		海水生硬骨魚類	淡水生硬骨魚類
例		タイ(下図)・マグロ・フグ・サンマ・カツオ・イワシ・アジ・トビウオ・サバなど	フナ(下図)・コイ・ドジョウ・メダカ・ナマズ・ヤマメ・イワナなど
概略		海水 水分 無機塩類 水分 水分 小さい糸球体と短い細尿管からなる。 えら 腎臓 水分の再吸収 腸 ① ② 塩類 ③ 少量の体液と同じ濃度(等張)の尿	大きい糸球体と長い細尿管からなる。 水分 えら 腎臓 塩類の再吸収 腸 ① ② 塩類 ③ 多量の薄い(低張)尿
体内環境		体内から水が出て，水分不足・塩類過多。 体内の浸透圧 < 体外の浸透圧。	体内に水が入り，水分過多・塩類不足。 体内の浸透圧 > 体外の浸透圧。
調節	①	多量の海水(水＋塩類)を飲み，腸から吸収して水分を補給する。	水をほとんど飲まない。
	②	海水とともに入ってきた余分な塩類を，えらの塩類細胞による**能動輸送**で**体外**へ捨てる。	淡水に含まれている塩類を，えらの塩類細胞による**能動輸送**で**体内**に取り込む。
	③	腎臓で体液と**等張**の尿を**少量**つくって排出することで，体内の水分を節約する。	腎臓で体液より**低張**の尿を**多量**につくり，余分な水分を排出する。

表19-2 硬骨魚類の体液の浸透圧調節

3 回遊魚の体液の浸透圧調節

魚類が群れを構成して遠距離を移動する現象を回遊(かいゆう)といい，一生のうちに海水域と淡水域を行き来する回遊魚であるウナギ(成魚―(産卵)→卵→稚魚は海水域，若い魚→成魚は淡水域)やサケ(若い魚→成魚は海水域，成魚―(産卵)→卵→稚魚は淡水域)は，えらの塩類細胞における能動輸送の方向を変え，淡水域では塩類を取り込み，海水域では塩類を排出している。

サメとタイの浸透圧調節が違うのはなぜ？

下表より，ホソヌタウナギやサメのように祖先が海水中にとどまって進化した生物では，体液中に何らかの物質を蓄えて体液の浸透圧≒海水の浸透圧とする方法をとっている。これに対して，ヤツメウナギやタイなど，進化・生活の過程で淡水生を経た後に海水生になった生物では，腎臓の構造や機能が変化したことにより，海水を飲み水分を補給し，過剰な無機塩類を腎臓から排出する方法をとっていると考えられている。

	ホソヌタウナギ	ヤツメウナギ	サメ	タイ
進化・生活の場	海中で出現した原始的な無顎(むがく)類(☞p.704)が海中で進化した現生の海水生無顎類。	原始的な無顎類のうち河川で産卵し，稚魚になった後に海に下って生活するように進化した現生の無顎類。	海中で出現した原始的な有顎(ゆうがく)類(☞p.704)が海中で進化した現生の軟骨魚類。	海中で出現した原始的な硬骨魚類が河川で淡水生硬骨魚に進化した後，海に戻ってさらに進化した現生の海水生硬骨魚類。
浸透圧調節法	体液中に無機塩類を蓄えて，体液の浸透圧と海水の浸透圧を等しくして，水分の損失を防ぐ。腎臓ではグルコースが再吸収され，少量の尿がつくられる。	海水の浸透圧より体液の浸透圧が著しく低いので，水分が失われる。海水を飲み，水分を補給し，過剰な無機塩類を腎臓から排出する。	体液中に尿素を蓄えて，体液の浸透圧と海水の浸透圧を等しくして，水分の損失を防ぐ。腎臓では多量の尿素がろ過された後，再吸収される。	海水の浸透圧より体液の浸透圧が著しく低いので，水分が失われる。海水を飲み，水分を補給し，過剰な無機塩類を腎臓から排出する。

5 両生類・爬虫類・鳥類の体液の浸透圧調節

(1) 両生類の体液の浸透圧調節は淡水生硬骨魚類と似ており，飲んだ水を多量の低張尿で排出し，その際，窒素代謝産物である尿素も排出される。

参考 不足しがちな無機塩類は腎臓での再吸収と皮膚からの吸収で補っている。

(2) 陸上で生活する爬虫類と鳥類はどちらも淡水を飲み，過剰な塩類・水を腎臓から尿として排出し，水溶性と毒性がほとんどなく，長時間体内に蓄積できる尿酸を窒素代謝産物として排出することにより，水を節約している。

(3) 海で生活するウミガメ(爬虫類)，カモメ・アホウドリ(海鳥)は海水を飲んで水分を補給するが，このとき体内に入ってくる余分な塩類は，ウミガメでは眼にあり，海鳥では鼻にある塩類腺によって排出される。

第20講 自律神経系

The Purpose of Study 到達目標

Visual Study 視覚的理解

交感神経と副交感神経の働きを覚えよう！

副交感神経 ← この神経が興奮すると，『ノンビリするかニャァ』状態

交感神経 → この神経が興奮すると，『ケンカでもするかニャァ!』状態

副交感神経	対　象	交感神経	
縮小	瞳孔	拡大	→ 相手をちゃんと見るために
抑制	心臓の拍動	促進	→ 全身の細胞に血液をたくさん送って，細胞を元気づけるため
収縮	気管支	拡張	→ 酸素を取り込みケンカ用のエネルギーを取り出すため
副交感神経は分布せず	体表の血管	収縮	→ 相手にかまれたときに，出血量を減らすため
	立毛筋	収縮	→ 毛を逆立てて，からだを大きく見せるため
促進	胃腸の運動	抑制	→ ケンカするときは，メシ食ったり，オシッコしたりしている場合じゃない!
促進	ぼうこうの収縮	抑制	

くつろいでいる時は，目はギラギラしていないし，心臓もバクバクしていないね。そろそろ，おなかが空く頃かな？オシッコ行く頃かな？それとも，寝るかな？

瞳孔は小さいね。

毛は逆立っていないね。

ケンカの時は，目をカッと見開いて，相手をにらみつけるのだ。

毛を逆立てるのは，かまれた時に，相手の歯が皮膚に届きにくくするためでもあるのだ。

1 ▶ 自律神経系とは

(1) **自律神経系**は，末梢神経系の一種であり，その最高位の中枢は**間脳**の**視床下部**であり，下位の中枢(中枢から出ていくニューロンの細胞体の存在部位)は**中脳**・**延髄**・**脊髄**である。

(2) 大脳の支配から独立しており，意思とは無関係に自動的に働く。

(3) **交感神経**と**副交感神経**からなり，多くの場合両者は拮抗(きっこう)※的(対抗的)に働く。

※「促進と抑制」「拡大と縮小」「拡張と収縮」のように正反対に働く2つの力に優劣がなく，張り合うことを拮抗という。

2 ▶ 交感神経と副交感神経の働き

(1) 原則として，交感神経と副交感神経は各器官を支配(二重支配)しており，その作用は抑制・促進や縮小・拡大のように拮抗的である。

(2) ただし，器官のなかには，交感神経のみの支配を受けるもの(顔面以外の皮膚の血管，副腎髄質(ふくじんずいしつ)，瞳孔散大筋(どうこうさんだいきん)など)や，副交感神経のみの支配を受けるもの(瞳孔括約筋(かつやくきん)など)もある。

(3) また，だ液の分泌のように交感神経と副交感神経がともに促進する場合もある。

参考 涙の分泌には，角膜の乾燥を防ぐ連続的分泌と，種々の情動が高まったときの心因性分泌などがあり，連続的分泌は涙腺に分布している副交感神経によって促進される。一方，心因性分泌では，嬉しいときや悲しいときには副交感神経が働き，大量の薄い涙が，悔しいときや腹が立ったときには交感神経が働き，塩分濃度の高い涙が，それぞれ出ると考えられている。

系	分布器官・組織・作用		交感神経 活動時や緊張・興奮状態で働く	副交感神経 安静時や休息時に働く
呼吸系・循環系	気管・気管支(肺内)		拡張	収縮
呼吸系・循環系	心臓	拍動(心拍)	促進	抑制
呼吸系・循環系	心臓	心筋の収縮速度	上昇	低下
呼吸系・循環系	血圧		上昇	低下
呼吸系・循環系	皮膚の血管	参考 顔面	収縮	拡張
呼吸系・循環系	皮膚の血管	顔以外	収縮	—
消化系	参考 だ液の分泌		濃いだ液	薄いだ液
消化系	胃・小腸の運動(ぜん動)		抑制	促進
消化系	肝臓		グリコーゲンの分解	グリコーゲンの合成
消化系	すい臓	すい液の分泌	抑制	促進
その他	すい臓	インスリンの分泌	—	促進
その他	すい臓	グルカゴンの分泌	促進	—
その他	副腎髄質からのアドレナリン分泌		促進	—
その他	立毛筋		収縮	—
その他	ぼうこうの収縮(排尿)		抑制	促進
その他	瞳孔		拡大	縮小
その他	参考 涙腺(涙の分泌)		わずかに促進	分泌促進
その他	汗腺(発汗)		促進	—

(表中の — は「分布なし」または「作用省略」を表す)

表20-1　ヒトの交感神経と副交感神経の働き

③ ▸ 交感神経と副交感神経の分布

交感神経は，**脊髄**の胸や腰の部分(胸髄・腰髄)から出る。それに対し，**副交感神経**は，**中脳**・**延髄**および**脊髄**の下部(仙髄)から出ており，このうち延髄から出る神経は，特に多くの内臓器官に分布している。

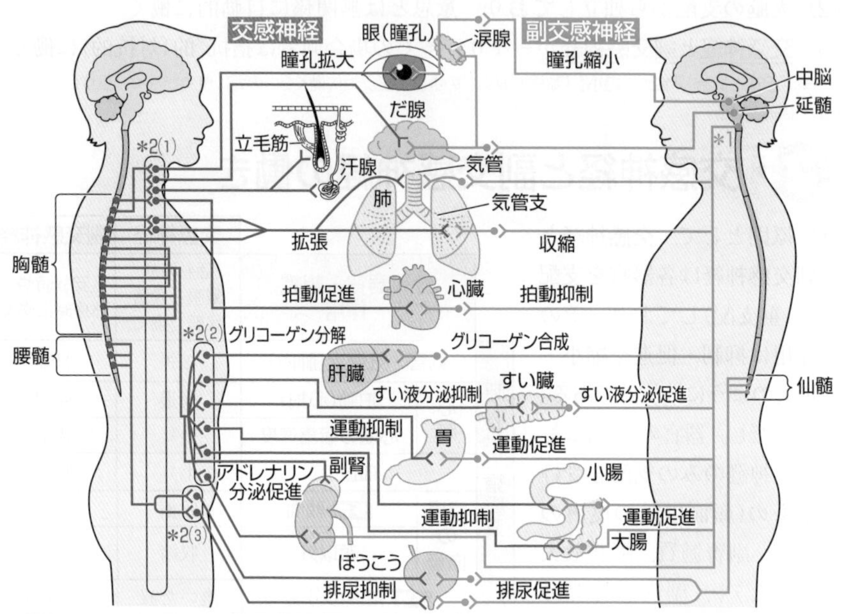

参考 ＊1．副交感神経のうち，延髄から出て，首から下の効果器に分布するものを迷走神経という。

＊2．(1)のように脊椎付近に，真珠のネックレス状につながった神経節(☞p.191)を交感神経節といい，このつながりを交感神経幹という。また，(2)と(3)のような神経節のまとまりを，それぞれ腹腔神経節と腸間膜動脈神経節という。

図20-1　自律神経系の働きと分布

田部の裏づけ

自律神経系には求心性神経はないのか？

末梢神経系は体性神経系と自律神経系に分けられる。そのうち，体性神経系は感覚神経(求心性)と運動神経(遠心性)からなるのに対し，自律神経系が交感神経と副交感神経(ともに遠心性)からなるのはなぜだろうか。これは1921年に，ある研究者が「自律神経系とは末梢神経系の遠心性の神経の一種である」と定義したからである。しかし，その後の研究により，求心性の神経(内臓や腺からの情報を中枢神経系に伝える神経)の存在が明らかになり，現在の医学・生物学では自律神経系は求心性の神経も含めて考えられているが，高校の生物では遠心性の神経のみに限定されている。

もっと広く深く

(1) 自律神経系を構成しているニューロンは，中枢神経系から出た後，別のニューロンとシナプスを形成する。このシナプスを形成している場所は細胞体が集まってこぶ状になっているので，**神経節**と呼ばれる。

(2) 神経節でシナプスを形成するニューロンのうち，中枢神経系に細胞体があるニューロンを**節前ニューロン**，各器官につながるニューロンを**節後ニューロン**と呼ぶ。

(3) 交感神経の場合は，中枢神経系の近くに神経節があるので，**節前ニューロンの方が節後ニューロンよりも短い**。

(4) これに対して，副交感神経の場合は，器官の近くに神経節があるので，**節前ニューロンの方が節後ニューロンよりも長い**。

4 ▶ 心臓の拍動調節

(1) 心臓の**自動性**(☞p.156)は，右心房の上側の壁にある<u>ペースメーカー</u>(<u>洞房結節</u>)で周期的に発生する興奮により生じる。また，<u>延髄</u>には，心臓の拍動(心拍)のリズムを調節する自律神経系の中枢があり，この中枢から出る自律神経が心臓に分布している(図20-2)。拍動数は，この中枢の支配を受ける副交感神経と交感神経の拮抗的な働きによって，常に調節されている。

参考 図20-2に示すように，副交感神経は主に洞房結節などの刺激伝導系に分布し，交感神経は刺激伝導系の他に心臓全体の筋肉(心筋)に広く分布している。

(2) 安静時には，酸素の消費量が減少し，血液中の二酸化炭素濃度が低下する。これを延髄にある心臓の拍動中枢が感知すると，その情報が副交感神経を経て心臓に伝えられ，心拍数が減少して血流量が少なくなる。

(3) 運動などによって血液中の酸素が消費されて二酸化炭素濃度が上昇する。これを延髄にある心臓の拍動中枢が感知すると，その情報が交感神経を経て心臓に伝えられ，心拍数が増加し，血流量が多くなる。

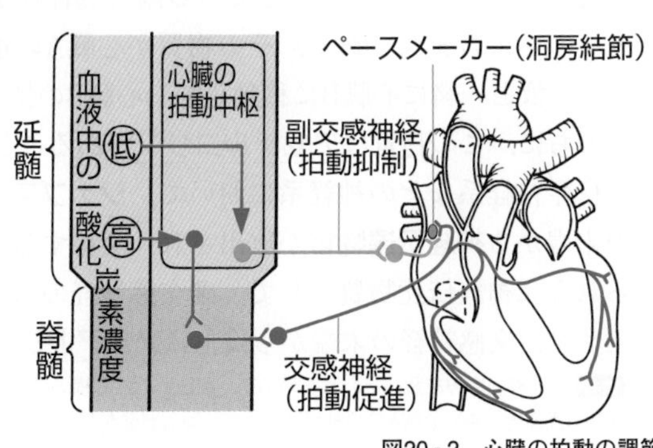

図20-2　心臓の拍動の調節

5 ▶ レーウィの実験（神経伝達物質の発見）

(1) 1921年，**レーウィ**（**レーヴィ**）は，2匹のカエルからそれぞれ心臓を取り出し，一方の心臓Aは，**副交感神経**を1本だけ残して残りの神経は全部切り取り，もう1つの心臓Bは，神経を全部切り取った。

(2) 心臓は神経を全部切り取られても，**自動性**によって動き続ける。

(3) 図20-3のように，その2つの心臓にチューブやビーカーを取り付けて，心臓Aから心臓Bへ**リンガー液**（☞p.57）をかん流※させる装置をつくり，心臓Aにつながった副交感神経に電気刺激を与えると，心臓Aの拍動は遅くなった。その後，電気刺激を与えていない心臓Bの拍動も少し遅れて遅くなった。

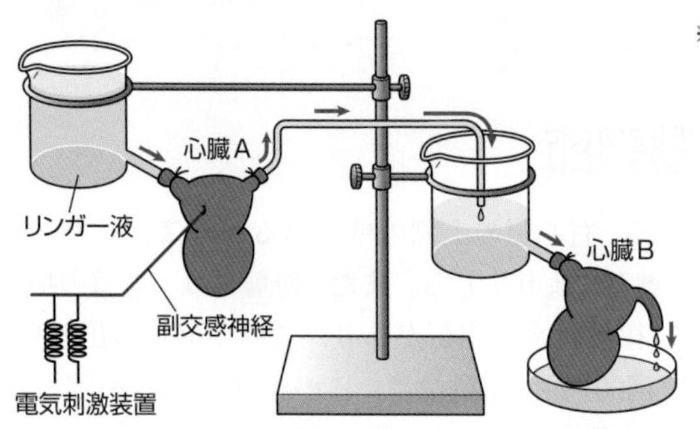

※かん流とは，生きた状態を保つために，組織や器官にリンガー液や生理食塩水などを流すことである。

図20-3　レーウィの実験

参考 レーウィは，1920年に，2つのカエルの心臓のそれぞれにリンガー液を満たし，一方の心臓につながった副交感神経に電気刺激を与えて拍動を遅くした後，その心臓中のリンガー液を汲み出してもう一方の心臓に投与したところ，その心臓も拍動が遅くなることを確認している。

(4) 神経がつながっていない心臓Bの拍動が遅くなったことから，神経が直接心臓の拍動を遅くしているわけではないことがわかる。

(5) 実際は，心臓Aにつながっている副交感神経から分泌された物質がリンガー液の中に含まれており，その物質が心臓Aの拍動を遅くするとともに，リンガー液と一緒に心臓Bに移動して，心臓Bの拍動を遅くしたのである。

(6) のちに，この物質は**アセチルコリン**であることがわかった。

(7) 自律神経系などの神経系において，**シナプス**では，シナプス前細胞の軸索の末端から**神経伝達物質**が放出され，隣接するシナプス後細胞に情報が伝えられる。神経伝達物質として，副交感神経の末端からは**アセチルコリン**が分泌され，交感神経の末端からは主に**ノルアドレナリン**が分泌される。

参考 交感神経のみを残した心臓を用いて，図20-3と同様の装置で，心臓Aにつながった交感神経に電気刺激を与えると，まず心臓Aの拍動が速くなり，電気刺激を与えていない心臓Bも少し遅れて拍動が速くなった。これは，交感神経の末端から分泌されたノルアドレナリンが，心臓Aの拍動を速くするとともに，リンガー液と一緒に心臓Bに移動して，心臓Bの拍動を速くしたからである。

6 ▸ 交感神経と副交感神経の比較（まとめ）

自律神経	下位中枢	シナプス	働き	神経伝達物質
交感神経	中枢の中央部（脊髄の胸髄と腰髄）	脊椎付近に形成	活動・興奮状態の維持	ノルアドレナリン
副交感神経	中枢の上下（中脳・延髄・脊髄の仙髄）	各器官の直前（または器官内）に形成	安静・休息状態の維持	アセチルコリン

表20 - 2　交感神経と副交感神経の比較

参考 汗腺に分布する交感神経の節後ニューロンからは，神経伝達物質としてアセチルコリンが分泌される。大動脈などの太い動脈は，内皮の周囲を多量の弾性繊維からなる層状構造と，多量の平滑筋が覆っているのに対し，細い動脈である細動脈は，内皮と数層の平滑筋からなるが，太い動脈も細動脈もノルアドレナリンの作用を受ける。

第 3 章

反射と自律神経系

(1) 反射は，大脳皮質とは無関係に（無意識に，不随意に）起こる。しかし，実際には過度の緊張・興奮・あがり症などによって，本来起こるはずの反射が起こらないことがある。例えば，膝蓋腱反射のテストに際して，「ゴム製のハンマーで，たたかれるのは今か今か」と待ったりすると，予期に反して足が上がらないことがある。これは，ヒトでは反射が大脳皮質とまったく無関係というわけではないことの証明であろう。

(2) 自律神経系の最高位の中枢は間脳の視床下部であり，下位の中枢は中脳・延髄・脊髄である。したがって，自律神経系による調節は，大脳皮質とは無関係に行われる。しかし，実際には，視床下部は，大脳皮質や脳下垂体前葉とも密接な関係にある。例えば，スポーツの試合の直前には，交感神経の興奮により，ぼうこうの収縮が抑制され，排尿が抑制されることになっているが，極度の緊張からトイレが近くなることがある。これは，例えば緊張のあまり「この場から逃げたい」という思い（大脳皮質の活動）が，自律神経系に影響を与えた結果である。

(3) 自律神経系の働きを生体全体の機能の観点からみてみよう。交感神経は，活動的でエネルギーの消費につながる働きを促進するが，副交感神経は，休息的でエネルギーの蓄積につながる働きを促進する。すなわち，交感神経は環境の変化に順応するように，例えば，気温の急激な低下，闘争のような緊張時に働き，副交感神経はこれとは逆に環境の変化が小さいときに安静な状態を保つように働くと考えることができる。

第21講 内分泌系

★ The Purpose of Study 到達目標

★ Visual Study 視覚的理解

神経は電話に，ホルモンは手紙に似ていることを昭和の生活からイメージしよう!

〔神経による情報は，特定の部位に直通で迅速に伝達されるから電話に似ている〕

〔ホルモンによる情報は，血流によって身体の各部をまわった後に特定の部位（組織や器官）に伝達されるから手紙に似ている〕

1 ▶ ホルモンと内分泌腺

1 ホルモン(セクレチン)の発見

(1) 20世紀までは，すい液の分泌は，食物が胃酸とともに胃から十二指腸に送られたという情報が，神経によりすい臓に伝えられることによって起こると考えられていた。

(2) しかし，十二指腸につながるすべての神経を切断してもすい液は分泌されることと，体外に取り出した十二指腸に胃酸の主成分である塩酸を加えた後，十二指腸をしぼった液をすい臓につながる血管に注入すると，食物がなくてもすい液が分泌されることが確認された。

(3) これにより，十二指腸でつくられ，血液中に分泌され，すい液の分泌を促進する物質の存在がわかった。この物質は，**セクレチン**と名付けられた。

参考 1902年，イギリスのベイリスとスターリングは上記のような実験を行い，セクレチンを発見した。

(4) セクレチンのように，動物体内の特定部位でつくられ，血液によって全身に運ばれ，微量で特定の細胞(**標的細胞**(ひょうてき))や器官(**標的器官**)に作用する物質を**ホルモン**という。最初に発見されたホルモンがセクレチンである。

2 内分泌腺と外分泌腺

(1) 物質の分泌を盛んに行う細胞を**腺細胞**(せん)といい，腺細胞からなる組織(細胞どうしが密着している上皮組織)または器官を**腺**という。

(2) 腺は，大きく内分泌腺(ないぶんぴつせん)と外分泌腺(がいぶんぴつせん)とに分けられる。

(3) 腺のうち，**排出管**をもたずホルモンを体液中に直接放出する腺を**内分泌腺**という。また，ホルモンによる情報伝達(☞p.72, 73)と体内環境の調節にかかわる器官系を**内分泌系**という。

(4) 排出管をもち，汗，涙や消化液などの物質を体表面や消化管内(体外)に放出する腺を**外分泌腺**という。

排出管をもたない内分泌腺の腺細胞でつくられた物質（ホルモン）は内分泌腺の周囲に分泌され，血液やリンパ液により，体内を循環する。

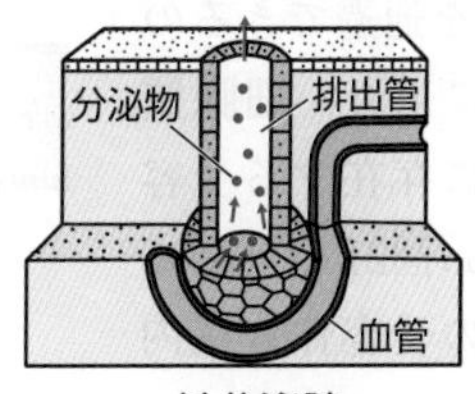

腺細胞でつくられた物質（消化酵素や汗など）は排出管内に分泌され，排出管を通って体外へ放出される。

図21-1　内分泌腺と外分泌腺

②▸ホルモンの作用様式(ホルモンによる情報伝達)

1 標的器官と受容体

(1) ホルモンが作用する特定の器官や細胞を**標的器官**や**標的細胞**という。

(2) ホルモンなどの情報伝達物質を受け取るタンパク質を**受容体**といい，標的細胞の表面や内部には，特定のホルモンとだけ結合できる受容体がある。

(3) 受容体にホルモンが結合すると，受容体の構造が変化することにより，特定の細胞からの情報が受容体をもつ細胞の内部に伝えられる。

2 ホルモンの組成と受容様式の違い

(1) ホルモンには，タンパク質やポリペプチドからなるホルモン(**水溶性ホルモン**，親水性ホルモン)と，アミノ酸や脂質からなるホルモン(**脂溶性ホルモン**，疎水性ホルモン)があり，それぞれのホルモンでは，受容様式や細胞内情報伝達のしくみが異なる。

(2) 水溶性ホルモン(グルカゴン，インスリン，成長ホルモンなどのペプチドホルモン)やアドレナリンは細胞膜を通過できず(☞p.65)，**細胞膜**に存在する受容体に結合する(図21 - 2〔a〕)。

(3) 脂溶性ホルモン(糖質コルチコイド，鉱質コルチコイドなどのステロイドホルモン)は細胞膜を通過できるので，細胞内に入り，**細胞質基質**や**核内**に存在する受容体に結合する(図21 - 2〔b〕)。チロキシンの受容体も核内に存在する。

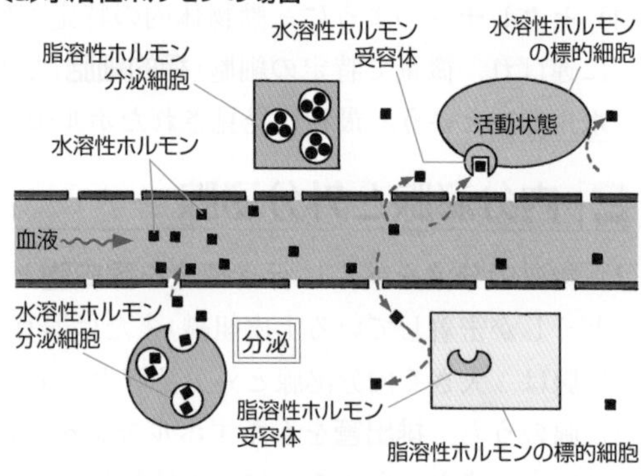

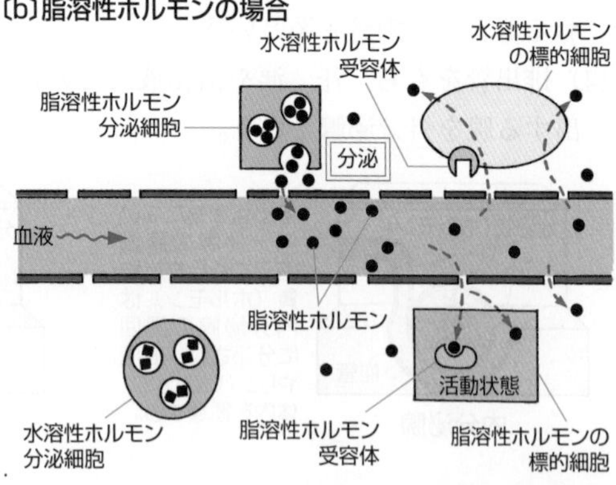

図21 - 2　ホルモンの受容様式

3 ホルモンによる細胞内情報伝達

1 水溶性ホルモン

水溶性ホルモンの受容体は，細胞膜の一定領域に局在しており，自身ではホルモンの情報を細胞内に伝達できず，受容体が受け取った情報は，他の物質を介して細胞内に伝達される。その例として**Gタンパク質**を介する伝達様式を以下に示す。

(1) 受容体(Gタンパク質共役型受容体)に水溶性ホルモンが結合していない場合は，Gタンパク質は受容体に結合しない(図21-3①)。

(2) 受容体に水溶性ホルモンが結合すると受容体の構造が変化し，Gタンパク質は受容体と結合して活性化する(図21-3②)。

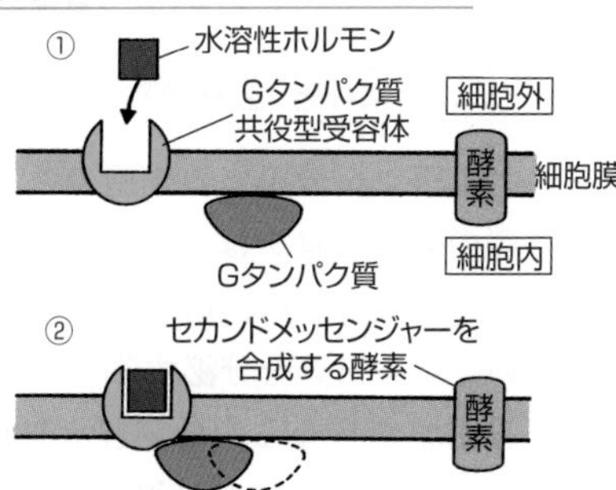

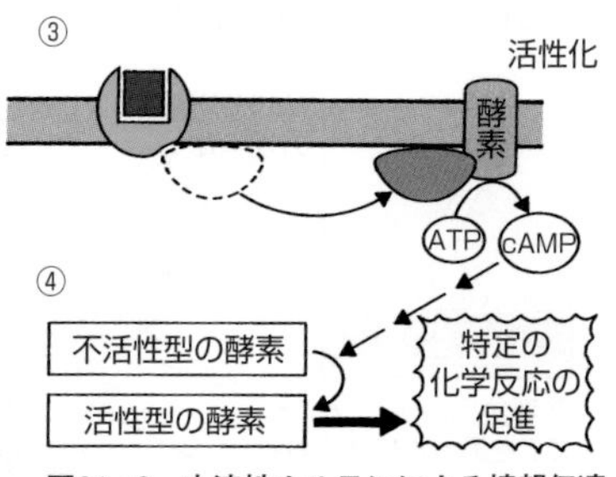

図21-3　水溶性ホルモンによる情報伝達

(3) 活性化したGタンパク質は，セカンドメッセンジャーの合成酵素に結合して活性化し，ATPから**cAMP**(サイクリックAMP，サイクリックアデノシン一リン酸，環状AMP)を合成する(図21-3③)。

(4) その後，cAMPが，特定のタンパク質(例えば酵素)に作用(結合)し，その特定のタンパク質の機能を変化させる(活性化する)ことにより，特定の化学反応が促進され，細胞内の生命活動が変化する(図21-3④)。

(5) ホルモンなどの細胞外の情報伝達物質が細胞膜に存在する受容体と結合することで，cAMPのように細胞内で新たに生成される情報伝達物質は**セカンドメッセンジャー**※と呼ばれ，cAMPの他にcGMP，イノシトール三リン酸(**カルシウムイオン**(Ca^{2+})を放出させる働きをもつ)などがよく知られている。

※セカンドメッセンジャーは，一般にタンパク質以外の物質を指すので，Gタンパク質はセカンドメッセンジャーには含まれない。

2 脂溶性ホルモン(☞p.398)

脂溶性ホルモンの受容体は細胞内にあるが，脂溶性ホルモンは疎水性なので，細胞膜を通過して受容体と結合することができる。脂溶性ホルモンは，受容体と結合して複合体を形成した後，核内に移動して特定の遺伝子の発現を調節する。

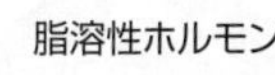

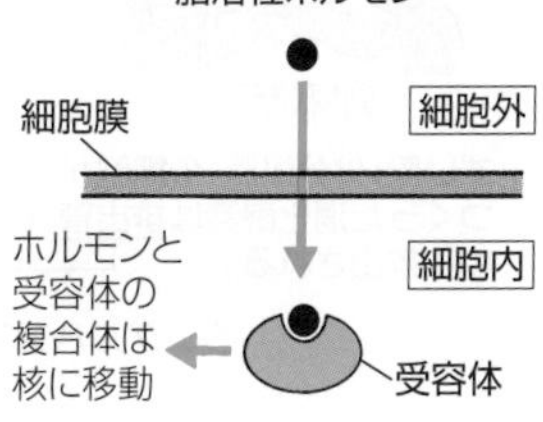

図21-4　脂溶性ホルモンによる情報伝達

③ ▸ ヒトの内分泌腺・器官とホルモンの種類

1 ヒトの内分泌腺・内分泌器官

(1) ホルモンを分泌する細胞の多くは腺細胞であるが，間脳の視床下部にある一部のニューロンは，ホルモンを合成して軸索の末端から毛細血管へと分泌する。このように，脳のニューロンがホルモンを分泌する現象を**神経分泌**といい，ホルモンを分泌するニューロンを**神経分泌細胞**(しんけいぶんぴさいぼう)という。

(2) 腺細胞からなる内分泌腺と神経分泌細胞からなる内分泌器官，ならびに，それらの腺や器官が分泌するホルモンの名称・働き・分泌様式を，図21-5，表21-1，図21-9に示す。

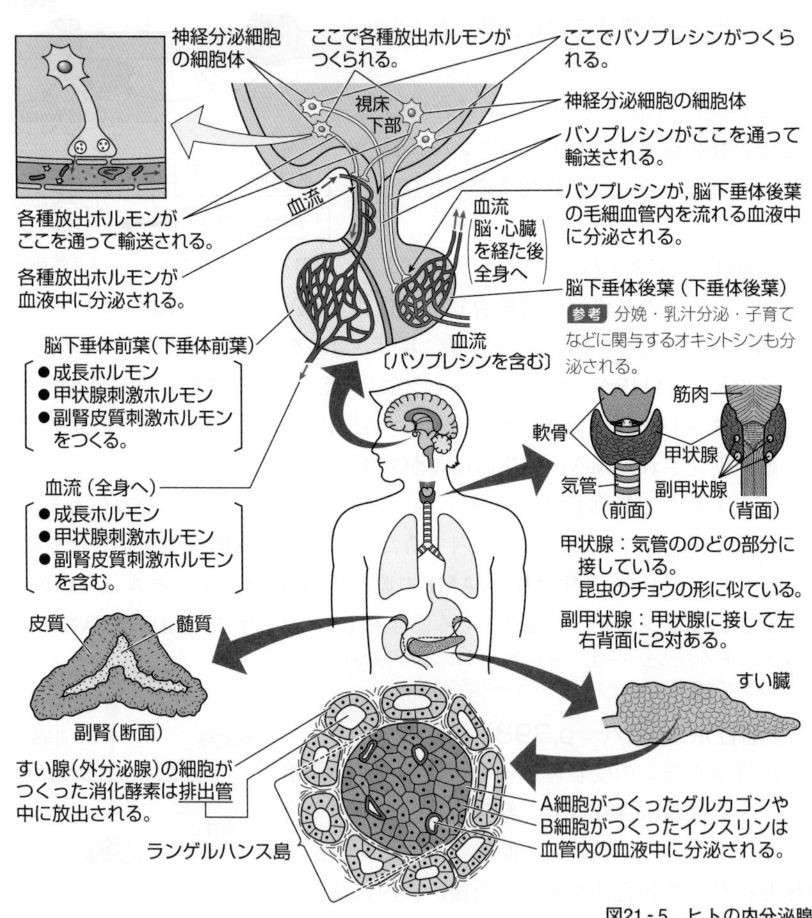

図21-5　ヒトの内分泌腺

2 主な内分泌腺・器官とホルモンの名称・働き・分泌様式

内分泌腺・器官		ホルモン	働き
間脳の視床下部		放出ホルモン	脳下垂体のホルモン分泌の促進
		放出抑制ホルモン	脳下垂体のホルモン分泌の抑制
脳下垂体(下垂体)	前葉	成長ホルモン	からだ全体の成長の促進，血糖濃度の上昇，骨の発育促進，タンパク質合成の促進
		甲状腺刺激ホルモン	チロキシンの分泌促進，甲状腺の発育・機能促進
		副腎皮質刺激ホルモン	糖質コルチコイドの分泌促進，副腎皮質の発育・機能促進
	後葉	バソプレシン(抗利尿ホルモン)	腎臓の集合管での水の再吸収の促進，血圧の上昇
甲状腺		チロキシン(甲状腺ホルモン)	体内の化学反応(物質の代謝)の促進，成長と分化の促進，血糖濃度の上昇
副甲状腺		パラトルモン	血液中のCa^{2+}濃度の上昇(骨からのCa^{2+}溶出促進・腎臓からのCa^{2+}の再吸収の促進)
副腎	髄質	アドレナリン	血糖濃度の上昇(肝臓・筋肉でのグリコーゲンの分解促進)，心拍数の増加
	皮質	糖質コルチコイド	血糖濃度の上昇(タンパク質からの糖の合成を促進)
		鉱質コルチコイド	体液中の無機塩類濃度の調節(細尿管でのNa^+と水の再吸収と，K^+の排出を促進)
すい臓(ランゲルハンス島)	A細胞	グルカゴン	血糖濃度の上昇(肝臓でのグリコーゲンの分解促進)
	B細胞	インスリン	血糖濃度の低下(肝臓・筋肉でグリコーゲンの合成促進，筋肉・脂肪組織でグルコースの取り込み・分解促進，肝臓・脂肪組織で脂肪の合成促進)

表21-1 ヒトの主な内分泌腺・器官とホルモンの名称・働き

4 ▶ ホルモン分泌の調節

1 フィードバック

(1) 結果(最終的に調節された状態)が，原因(はじめの状態や段階)にさかのぼって作用することを**フィードバック**(またはフィードバック調節)という。
(2) 最終的な働きの効果(ホルモンの分泌量や血糖濃度など)が逆になるように，結果がはじめの段階に働きかける場合を**負のフィードバック**という。
(3) 最終的な働きの効果が増強されるように，結果がはじめの段階に働きかける場合を**正のフィードバック**という。
(4) 一般にホルモン分泌の調節は，負のフィードバックによって行われる。

2 チロキシンの分泌調節

(1) **甲状腺**から分泌され，体内の化学反応(物質の代謝)を促進するホルモンを**チロキシン**という。チロキシンは，以下のように分泌が調節されている。

(2) 間脳の**視床下部**から分泌される**甲状腺刺激ホルモン放出ホルモン**が**脳下垂体前葉**(のうかすいたいぜんよう)に作用して，**甲状腺刺激ホルモン**の分泌を促進する(図21-6①・②・③)。

(3) 甲状腺刺激ホルモンが**甲状腺**に作用して，**チロキシン**の分泌を促進する(図21-6④・⑤)。

(4) チロキシンが組織に作用すると，**代謝(呼吸)が促進**される(図21-6⑥)。また，血液中で濃度が上昇したチロキシンは，視床下部や脳下垂体前葉に作用して，放出ホルモンや刺激ホルモンの**分泌を抑制**する(図21-6⑦・⑧)。

(5) チロキシンの分泌が抑制されると，血液中のチロキシン濃度が低下し，チロキシン分泌の抑制が解除(放出ホルモン・刺激ホルモンが分泌)される。

(6) 糖質コルチコイドも，チロキシンと同様に間脳の視床下部から分泌される放出ホルモンと，脳下垂体前葉から分泌される刺激ホルモンを介して分泌が調節されている。

図21-6　チロキシンの分泌調節

3 バソプレシンの分泌調節

(1) **脳下垂体後葉**(のうかすいたいこうよう)から分泌され，**腎臓**での水の再吸収を促進するホルモンである**バソプレシン**は，次のように分泌が調節されている。

(2) 水分の摂取不足や発汗などで体液の水分量が低下すると，体液の浸透圧(塩類濃度)が上昇し，それを間脳の**視床下部**が感知する(図21-7①)。

(3) **脳下垂体後葉**からの**バソプレシン**の分泌量が増加する(図21-7②)。

(4) バソプレシンが腎臓の集合管など*に作用して，**水の再吸収が促進**され(尿量が減少し)，体液中の水分量が増加(浸透圧が低下)する(図21-7③・④)。

参考 *バソプレシンは腎臓の集合管や細尿管の一部(遠位細尿管)に作用する。

(5) 体液の浸透圧低下がフィードバックされ，それを間脳の視床下部が感知すると脳下垂体後葉からのバソプレシンの分泌量が減少する(図21-7⑤・⑥)。

(6) バソプレシンの作用が低下して，**水の再吸収が抑制**される(尿量が増加する)と，体液中の水分量が減少(浸透圧が上昇)する(図21-7⑦・⑧)。

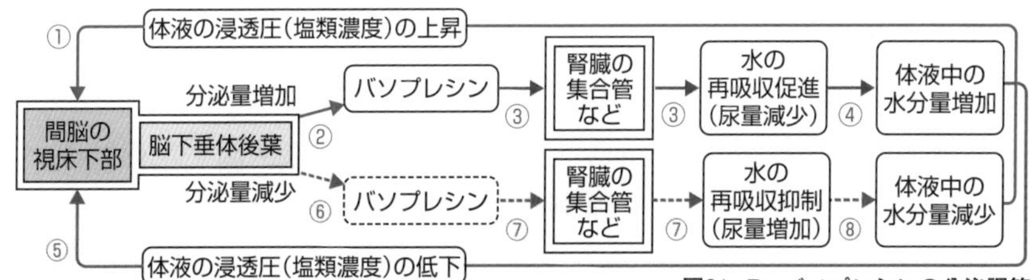

図21-7　バソプレシンの分泌調節

4 パラトルモンの分泌調節

(1) 体内のカルシウム(Ca)は，約99%が骨組織に含まれており，体液中にはごく少量の**カルシウムイオン**(Ca^{2+})として存在し，血液凝固・筋収縮・興奮の伝達・カドヘリンによる細胞接着などの生命活動に重要な役割を果たしているので，血液中のCa^{2+}濃度は常に一定になるように調節されている。

(2) 血液中のCa^{2+}濃度が低下すると，**副甲状腺**はそれを感知して**パラトルモン**の分泌量を増加させる(図21-8①)。

参考 甲状腺から分泌され，カルシトニンと呼ばれるホルモンは，骨から血液中へのCa^{2+}の溶出を抑制する。

(3) パラトルモンは標的器官の一つである骨に作用して，骨から血液中へのCa^{2+}の溶出などを促進させることで血液中のCa^{2+}濃度を上昇させる(図21-8②)。

(4) 血液中のCa^{2+}濃度が上昇すると，フィードバックにより副甲状腺はパラトルモンの分泌量を減少させる(図21-8③)ので，パラトルモンの骨に対する作用が減少して，骨からのCa^{2+}の溶出が抑制される(図21-8④)。

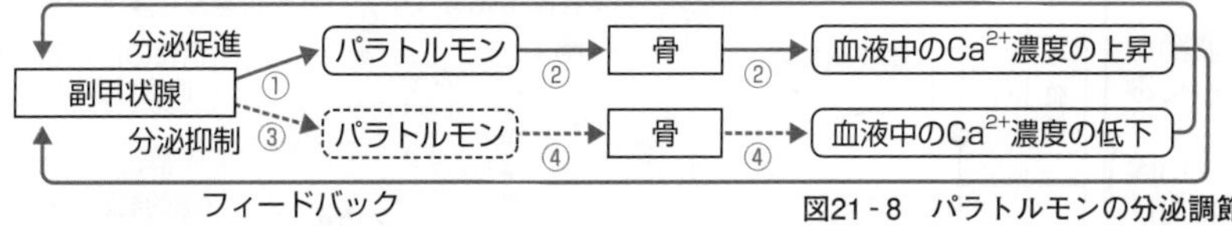

図21-8　パラトルモンの分泌調節

5 ホルモンの分泌様式

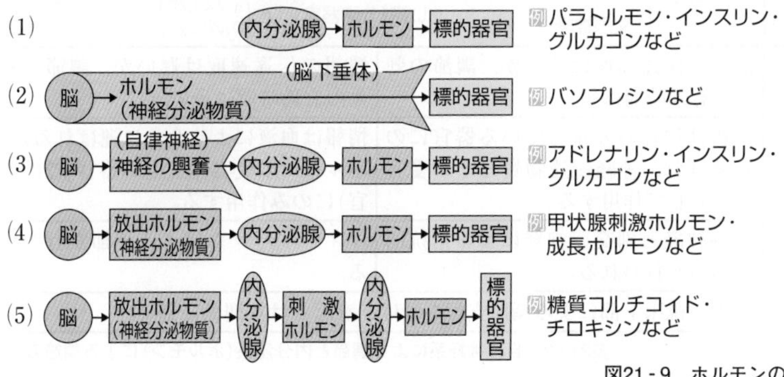

図21-9　ホルモンの分泌様式

チロキシンのフィードバックの正体

血液中のチロキシン濃度が低いときは，間脳の視床下部と脳下垂体の細胞はそれぞれ放出ホルモンと甲状腺刺激ホルモンの遺伝子の転写・翻訳を盛んに行い，それぞれのホルモンを分泌している。これらのホルモンにより甲状腺からのチロキシンの分泌が促進される。その結果，血液中のチロキシン濃度が高くなると，チロキシンによる負のフィードバックが起こる。これは，視床下部や脳下垂体の細胞に存在するチロキシン受容体にチロキシンが結合し，放出ホルモンや甲状腺刺激ホルモンの転写が抑制されることにより起こる。つまり，チロキシンの血液中濃度をコントロールしている視床下部や脳下垂体は，見方を変えれば実はチロキシンの標的器官としてチロキシンにコントロールされているのである。また，チロキシンは，自身(チロキシン)の血液中濃度を自分自身でコントロールするということもできる。

5 ▸ 自律神経系による調節と内分泌系(ホルモン)による調節

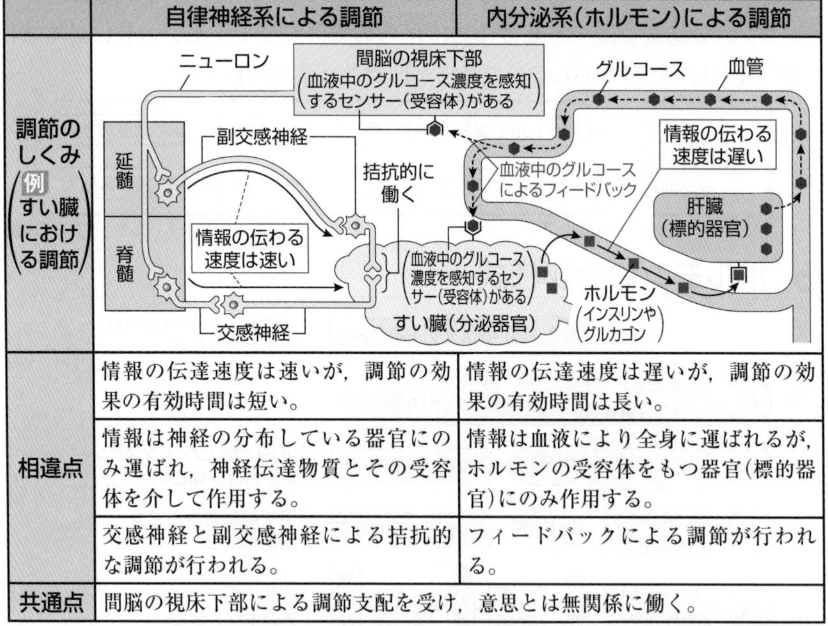

	自律神経系による調節	内分泌系(ホルモン)による調節
調節のしくみ(例 すい臓における調節)	(図)	(図)
相違点	情報の伝達速度は速いが，調節の効果の有効時間は短い。	情報の伝達速度は遅いが，調節の効果の有効時間は長い。
	情報は神経の分布している器官にのみ運ばれ，神経伝達物質とその受容体を介して作用する。	情報は血液により全身に運ばれるが，ホルモンの受容体をもつ器官(標的器官)にのみ作用する。
	交感神経と副交感神経による拮抗的な調節が行われる。	フィードバックによる調節が行われる。
共通点	間脳の視床下部による調節支配を受け，意思とは無関係に働く。	

表21-2　自律神経系による調節と内分泌系(ホルモン)による調節の比較

もっと広く深く　ヒトの女性の性周期とホルモン

女性の性周期(約28日)は，以下のようにホルモンによって調節されている。

(1) 月経時に脳下垂体前葉から**ろ胞(卵胞)刺激ホルモン**が分泌され(下図①)，これに応答して，卵巣内のろ胞(卵胞)から，**エストロゲン**(ろ胞ホルモン)が分泌される(下図②)。

(2) エストロゲンが一定量以上になると，脳下垂体前葉から**黄体形成ホルモン**が分泌され，排卵が起こる(下図③)。排卵後，ろ胞は，その内壁の細胞が肥大して，ろ胞内部を埋め，黄色の色素であるルテイン(カロテノイドの一種)を含む組織である黄体に変化する(下図④)。

(3) ろ胞刺激ホルモンの働きにより，卵巣から分泌されるエストロゲンの血液中濃度が上昇すると，これによる正のフィードバックが起こり脳下垂体前葉からの黄体形成ホルモンの分泌が促進される。

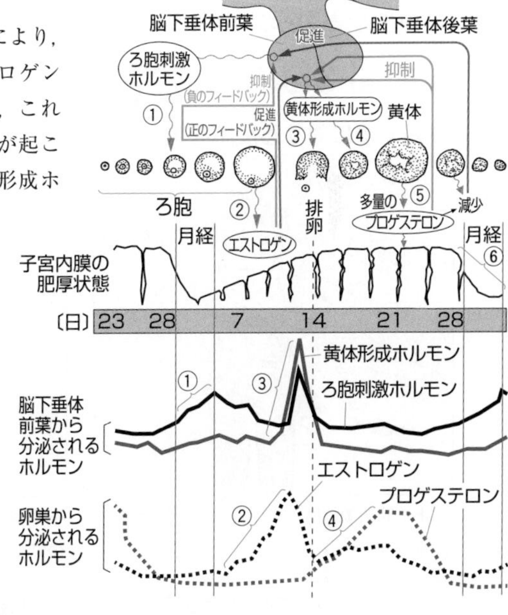

(4) 黄体からは**プロゲステロン**(黄体ホルモン)が分泌され，子宮内膜が厚くなって受精卵の**着床**(胚が子宮壁に付着すること)の準備ができる(右図⑤)。

(5) 受精が起こらない場合は，黄体は退化し，肥厚した子宮内膜は，はがれ落ちる(月経)(右図⑥)。

(6) 受精が起こると，プロゲステロンの分泌が続き，脳への負のフィードバックにより，ろ胞刺激ホルモンの分泌が抑制されるので排卵は起こらない。

(7) エストロゲンによるフィードバックは排卵直前に正から負に切り替わる。

(8) エストロゲンによるフィードバックの他に，出産も正のフィードバックシステムの例である。出産の最初の子宮筋収縮により，胎児は子宮の低い場所(子宮頸部)に移動する。子宮頸部の筋肉内にある伸展受容器が伸展度合いの増加を感知し，その情報を脳へ送ると，脳下垂体後葉からオキシトシンというホルモンが分泌され，子宮筋がさらに収縮して，胎児はさらに子宮の低い位置へ移動し，子宮頸部がさらに伸展する。このような，伸展，ホルモン分泌，筋収縮という一連の正のフィードバックのサイクルは新生児の誕生まで続く。

体温・血糖濃度・体液の量と浸透圧の調節

The Purpose of Study 到達目標

Visual Study 視覚的理解

寒冷刺激に対する反応を覚えよう！

ヒト(哺乳類)は，寒冷刺激を受けて体温が低下したら，

ふるえや，チロキシンの働きなどによる代謝の促進で発熱量を増加させ，

交感神経の働きなどによる血管や立毛筋の収縮で，熱放散量を減少させる。

発熱の促進や熱放散の抑制によって体温が上昇する。

1 ▶ 体温の調節

(1) 鳥類や哺乳類では，皮膚で感知された外界や血液の温度変化などの情報が，間脳の**視床下部**にある体温調節中枢で統合（とうごう）されると，ここから，自律神経系や脳下垂体などを通じて，体温を一定に維持するための指令が出される(図22-1)。

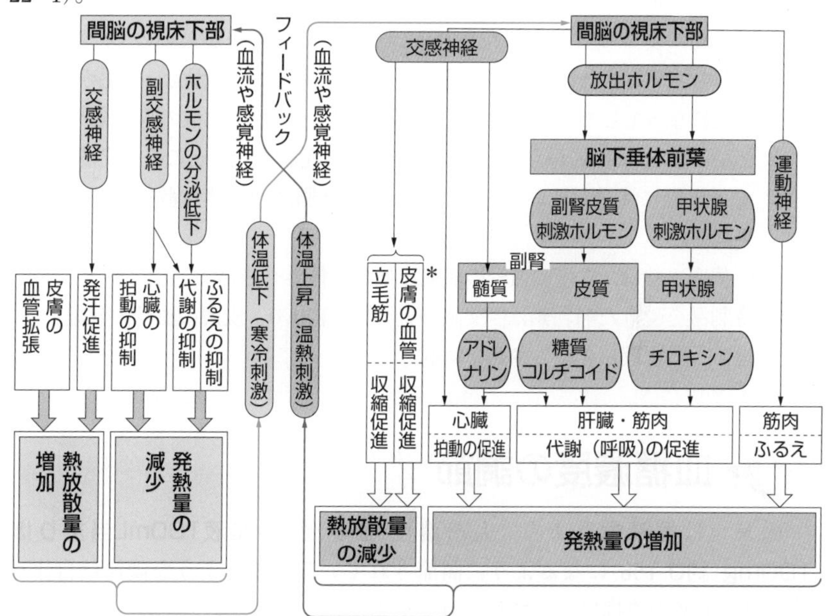

参考 ＊交感神経は，一層の内皮細胞の血管壁からなる毛細血管には分布しておらず，皮膚の(細)動脈に分布し，血管壁を構成する平滑筋に作用して収縮を促進する。細動脈の平滑筋には副交感神経は分布しておらず，交感神経からの命令がない場合は自律的に弛緩する。

図22-1　体温の調節

(2) 哺乳類は，寒冷刺激を受ける(体温が低下する)と，体内で熱をつくること(発熱・熱産生)の促進と，体内から体外へ熱が逃げること(熱放散)の抑制により，体温を上昇させる。

(3) 肝臓などで物質の分解(代謝)が行われるとエネルギーが放出される。したがって，寒冷刺激を受けた哺乳類の体内では，チロキシンやアドレナリンの分泌量が増加して代謝が促進され，発熱量が増加する。

(4) 哺乳類の体内での最大の発熱器官は骨格筋であり，体内の熱の約70%以上を産生している。これは，筋肉の活動時に化学エネルギーが機械エネルギーに変換され，その一部が熱エネルギーとして放出されるからである。筋肉の次に発熱量が大きいのは肝臓であり，発熱量はかなり少なくなるが心臓・腎臓が続き，その他の器官はほんのわずかの発熱量しかない。

寒冷刺激を受けた哺乳類の体温調節

(1) 1つの筋肉では，多数の運動単位(☞p.130)が同時に収縮することにより筋全体の収縮(筋収縮)が起こるが，各運動単位の収縮のタイミングがずれると筋収縮は起こらず，熱だけを発生させる「ふるえ」が起こる。

(2) 多くの哺乳類では，立毛筋の収縮により太く長い体毛が逆立つと，毛と毛の間に多量の空気が保持される。空気は断熱効果が高いので，毛と毛の間の空気は，体内からの熱放散の抑制に役立つ。しかし，体毛が短く，産毛(うぶげ)になってしまったヒトでは，毛を逆立てても，熱放散の抑制効果はほとんどなく，「鳥肌が立つ」だけである。産毛になったところの皮膚では，皮下組織に沈着している比熱の大きい皮下脂肪が，熱放散抑制の役目を果たす。

(3) 体内の熱は，皮膚の血管の表面を通して体外へ逃げる。したがって，寒冷刺激を受けた哺乳類は，交感神経の働きにより，皮膚の血管の収縮を促進し，熱放散量を減少させている。

2 ▸ 血糖濃度の調節

ヒトでは**恒常性**により，血糖濃度(血糖値)は**血液100mL当たりほぼ100mg(約0.1%)**になるように調節されている。このような調節は自律神経系と内分泌系の連携によって行われている。

1 高血糖の場合の調節のしくみ

(1) 食後などに血糖濃度が上昇したこと(高血糖)を，血流により間脳の**視床下部**の血糖調節中枢が感知し(図22-2①)，血糖調節中枢は**副交感神経**を通じて**すい臓**の**ランゲルハンス島**の**B細胞**を刺激する(図22-2②)。

(2) 副交感神経からの刺激や，自身で高血糖を感知することにより，B細胞からの**インスリン**の分泌が促進され(図22-2③)，そのインスリンは，肝臓・筋肉・脂肪組織の細胞に作用して，グルコース輸送体を介したグルコースの取り込み・分解・脂肪への変換・グリコーゲンの合成を促進する(図22-2④)。

参考 グルコース輸送体は，からだ中のほとんどの細胞に存在しているが，インスリンによってグルコースの取り込みが促進されるのは，骨格筋の細胞や脂肪細胞に存在するものである。肝臓では，肝細胞のグルコース輸送体自体の働きはインスリンの影響を受けないが，インスリンがグリコーゲンの合成を促進し，肝細胞内のグルコース濃度が低下するので，濃度勾配に従ってグルコースの流入量は増大する。

(3) これにより，血糖濃度が低下する(図22-2⑤)。

2 低血糖の場合の調節のしくみ

(1) 運動や空腹により血糖濃度が低下したこと(低血糖)を，血流により間脳の**視床下部**の血糖調節中枢が感知する(図22 - 2⑥)。

(2) 血糖調節中枢が**交感神経**を通じて，**すい臓**の**ランゲルハンス島**の**A細胞**と**副腎髄質**を刺激する(図22 - 2⑦)。

(3) 交感神経からの刺激により副腎髄質からの**アドレナリン**の分泌が促進され，また同時に，交感神経からの刺激や，自身で低血糖を感知することによりA細胞からの**グルカゴン**の分泌が促進される(図22 - 2⑧)。

(4) アドレナリンは，筋肉や肝臓に作用して，グルカゴンは肝臓に作用して，それぞれがグリコーゲンの分解を促進する。また，交感神経は肝臓に直接作用してグリコーゲンの分解を促進する(図22 - 2⑨)。

(5) また，血糖調節中枢は視床下部から分泌される放出ホルモンにより脳下垂体前葉を刺激し，**副腎皮質刺激ホルモン**の分泌を促進する。これにより，**副腎皮質**からの**糖質コルチコイド**の分泌が促進される(図22 - 2⑩)。

(6) 糖質コルチコイドは，肝臓におけるタンパク質からのグルコースの合成(**糖新生**☞p.279)を促進する(図22 - 2⑪)。

参考 糖質コルチコイドは，筋細胞内におけるタンパク質の合成を抑制し，分解を促進することにより，筋細胞から血中へのアミノ酸放出を増加させる。このようにして増加したアミノ酸は肝臓に取り込まれてグルコースに合成される。

(7) (4)と(6)により血糖濃度が上昇する(図22 - 2⑫)。

参考 成長ホルモンとチロキシンにも血糖濃度を上昇させる働きがある。

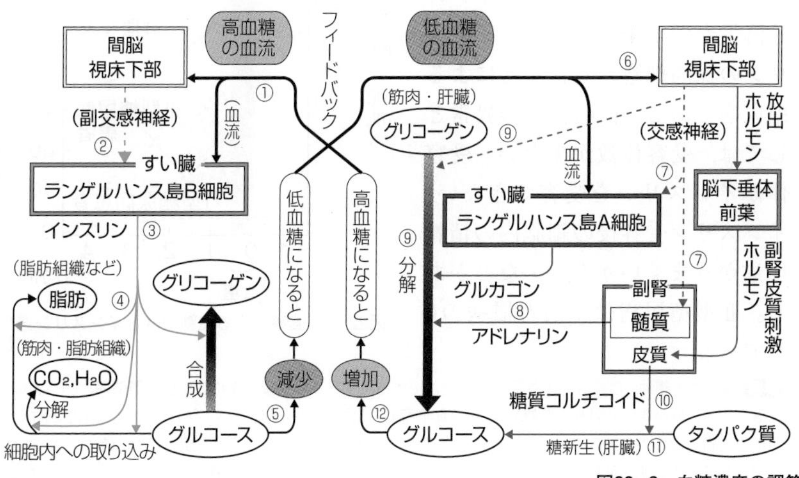

図22 - 2　血糖濃度の調節

③ 糖尿病

血糖濃度が高くなったまま正常の範囲(約100mg／100mL)内に戻らない病気を**糖尿病**(とうにょうびょう)という。糖尿病のヒトでは腎臓に異常がなくても，細尿管で再吸収できる量より多くのグルコースが原尿中に含まれるようになると，再吸収できなかったグルコースが尿中に排出される。

参考 近年の医療の世界では，糖尿病の判定や進行の程度の基準として，血糖濃度(mg/100mL)の他にHbA1c(%)も用いる。HbA1c(「ヘモグロビンエーワンシー」)は，ヘモグロビンとグルコースが非酵素的に安定的に結合(共有結合)したものの割合であり，過去1～2か月間の平均の血糖状態を示す値である。

1 Ⅰ型糖尿病

(1) **Ⅰ型**(いちがた)(**1型**)**糖尿病**とは，インスリンを分泌するランゲルハンス島のB細胞が破壊されて，インスリンが分泌されないことで起こる糖尿病である。

(2) Ⅰ型糖尿病の場合，食後に血糖濃度が上昇しても，血液中のインスリン濃度は上昇しない(図22 - 3)。

参考 Ⅰ型糖尿病において，ランゲルハンス島のB細胞が破壊されるのは，自分自身の体内でつくられた抗体によるものである。このように，本来働くことのない自己に対する抗体によって起こる病気を，自己免疫疾患という(☞p.236)。

2 Ⅱ型糖尿病

(1) **Ⅱ型**(にがた)(**2型**)**糖尿病**とは，ランゲルハンス島のB細胞は存在しているにもかかわらず，インスリンの分泌量が低下することや，インスリンの標的細胞の異常などによる糖尿病である。標的細胞の異常としては，受容体数が少ない，受容体がインスリンを受容できない，インスリン受容後の細胞内の情報伝達がうまくいかない，などがある。Ⅱ型糖尿病は生活習慣病の1つである。

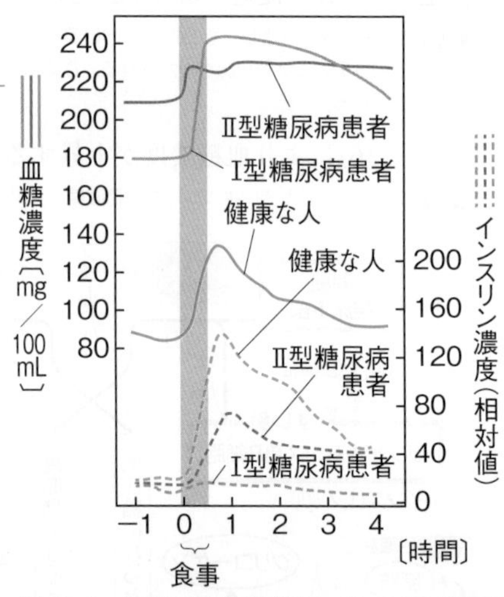

図22 - 3　食事による血糖濃度とインスリン濃度の変化

参考 食生活・運動・喫煙などの生活習慣が発症に大きく関与する疾患を総称して**生活習慣病**という。具体的には糖尿病，脳卒中，心臓病，脂質異常症(高脂血症)，高血圧，がんなどがあげられる。生活習慣病は1996年に厚生省公衆衛生審議会で導入された行政上の疾病の概念である。生活習慣病発症の基盤をなす身体変化の一つとして，内臓脂肪蓄積による肥満に加えて「脂質異常」「高血圧」「高血糖」のうち2つ以上あわせもつ状態(病態)であるメタボリックシンドロームがある。

(2) Ⅱ型糖尿病のうち，インスリン分泌量低下の場合では，食後の血糖濃度の上昇にともなう，血液中のインスリン濃度の上昇はゆっくりである。しかし，標的細胞に異常がある場合には，血液中のインスリン濃度は健康な人とあまり変わらない上昇を示すことが多い(図22-3)。

4 ▶ 低血糖症

(1) **低血糖症**とは，糖尿病とは逆に，血糖濃度が低くなりすぎて起こる症状であり，食事の量が少なかったときや，激しい運動をした後，または糖尿病の治療のためのインスリンの量が過剰であったときに起こる。

(2) 血糖濃度が低下しすぎると，エネルギー源がグルコースのみである脳に最初に影響が現れる。また，血糖濃度が低いときに分泌される，グルカゴンやアドレナリンなどのホルモンの分泌がさらに促進されるので，その作用による症状(動悸(どうき)・ふるえ)などが現れる。

もっと広く深く　インスリンとレプチン

1 血糖濃度を下げるのはなぜインスリンだけなのか？

血糖濃度の調節において，血糖濃度を上げるホルモンは多数(アドレナリン，グルカゴン，糖質コルチコイドなど)あるのに，血糖濃度を下げるホルモンはインスリンしかない。これは，動物は過去の長い進化の歴史で常に飢餓(きが)の恐怖と戦ってきたので，飢餓に対応して血糖濃度を維持しようとする方向，つまり血糖濃度を増加させる方向に適応してきたためである。したがって現代の先進国のように，食料が十分に確保できる状態で，ヒトがさらに血糖濃度を上昇させるような高カロリーの食事をとり続けると，血糖濃度の調節のしくみに過剰な負荷がかかり，糖尿病を発症する危険性が高くなると考えられている。まさに糖尿病が文明病といわれるゆえんである。

2 レプチンって聞いたことある？

飲む「やせ薬」を開発しようと考えた研究者が，肥満のマウスを調べて『レプチン』という物質を発見した。レプチンは脂肪細胞から分泌され，間脳の視床下部の満腹中枢に働きかけて食欲を低下させ，エネルギー消費を促すホルモンである。肥満のマウスは，レプチンが受容体に結合できず，食欲が抑制されないので，摂食を繰り返して肥満になってしまう。では，レプチンを投与すれば肥満は解消できるのだろうか。残念なことに，肥満の人では受容体がうまく働いていないので，血中のレプチン濃度がもともと高く，投与しても効果はあまりない。また，胃でつくられ，レプチンと拮抗的な食欲を亢進(こうしん)させる作用をもつ，グレリンというホルモンも発見された。どうやら，飲むだけでやせる薬は簡単にできそうもない。

5 ▶ 体液の量と浸透圧の調節

(1) 哺乳類の体液の量や浸透圧(濃度)は一定の範囲に調節されている。この調節も，自律神経系と内分泌系との連携によって以下のように行われている。

(2) 発汗などにより水分が失われると，体液の量が減少し，体液の浸透圧が上昇する。このような変化が**間脳の視床下部**で感知されると，**脳下垂体後葉**からの**バソプレシン**の分泌が促され，腎臓における水の再吸収が促進される。

(3) その結果，排出する尿の量が減少し，水分の損失が抑えられる。また，間脳にある別の中枢(飲水中枢(いんすい))が刺激され，渇きを感じて飲水行動が誘発されると，水分が補給されることにより，体液の量と浸透圧はもとの値に近づく。

(4) **腎臓**は，糸球体の血圧の低下やろ過量の減少によって体液量の減少を感知すると，血管の収縮やバソプレシンの分泌を促したり，**鉱質コルチコイド**の分泌の促進に関与する物質を分泌することでNa^+と水の再吸収を促進する。

(5) **自律神経系**は，心臓の収縮力と心拍数を高めるように働き，血液の減少にともない低下した血圧を回復させる。

(6) 飲水量や水の再吸収量の増加で体液の浸透圧が低下すると，それがフィードバックされてバソプレシンや鉱質コルチコイドの分泌が抑制される。

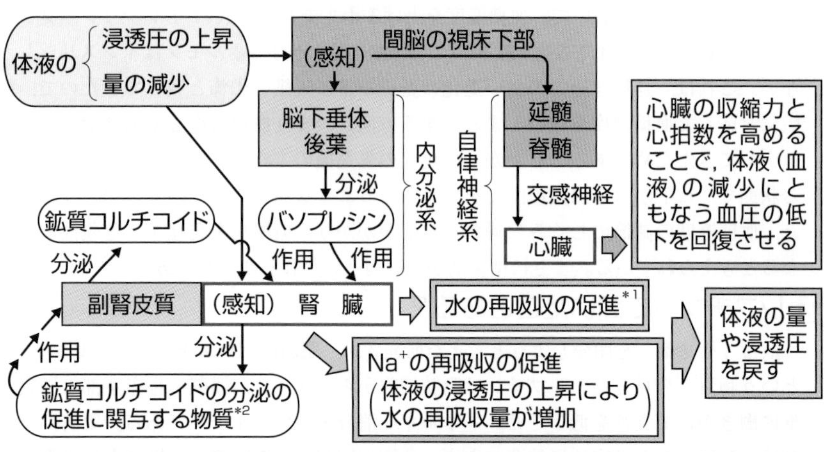

参考 *1. 集合管の細胞内には，多数のアクアポリンを組み込んだ小胞が存在する。このような集合管の細胞がバソプレシンを受容すると，細胞内の小胞が管腔側の細胞膜に移動することでアクアポリンが働き，水の透過性が上昇する。バソプレシンが受容されなくなると，アクアポリンを組み込んだ細胞膜の一部はエンドサイトーシスにより細胞内に取り込まれて小胞となり，水の透過性は低下する。

*2. 腎臓から分泌される物質はレニンと呼ばれ，肝臓で合成されるアンギオテンシノーゲンというタンパク質をアンギオテンシンⅠという物質に分解する酵素である。アンギオテンシンⅠはアンギオテンシンⅡになった後，副腎皮質に作用して鉱質コルチコイドの合成・分泌を促進する。

図22-4 体液の量と浸透圧の調節

第 4 章

生体防御

第23講 異物の侵入阻止と自然免疫

The Purpose of Study 到達目標

Visual Study 視覚的理解

ヒトでの異物の侵入阻止のしくみをイメージしよう！

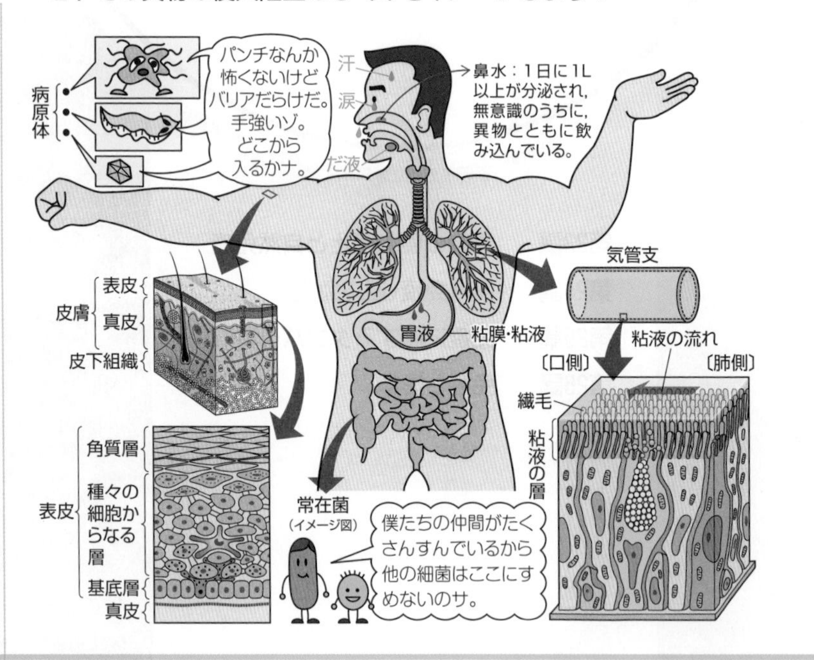

①▸生体防御

1 生体防御の3段階

(1) 生物体における，体内への異物(病原体，有害物質などの非自己物質)の侵入阻止や，体内に侵入した異物を排除する反応を**生体防御**という。

(2) ヒトの生体防御は以下のように大きく3つの段階からなっている※。

<table>
<tr><td rowspan="4">生体防御</td><td colspan="2">第１段階 ⟶</td><td>第２段階 ⟶</td><td colspan="2">第３段階</td></tr>
<tr><td colspan="2">異物の侵入阻止</td><td colspan="3">免疫(異物の排除)</td></tr>
<tr><td rowspan="2">物理的防御</td><td rowspan="2">化学的防御</td><td rowspan="2">自然免疫</td><td colspan="2">獲得免疫(適応免疫)</td></tr>
<tr><td>体液性免疫</td><td>細胞性免疫</td></tr>
</table>

※生体防御の第1段階と第2段階をあわせて自然免疫と呼ぶ場合もある。

2 ヒトにおける異物の侵入阻止のしくみ

ヒトにおける異物の侵入阻止は，体表(**皮膚**，**消化管や気管・気管支などの内壁**などの体外に接する部分)で行われ，そのしくみは生まれながらに備わっており，物理的防御や化学的防御などがある。

<table>
<tr><th>種類</th><th>部位</th><th>しくみ</th></tr>
<tr><td rowspan="3">物理的防御</td><td>皮膚</td><td>①表皮(上皮組織)での細胞の密着により異物の侵入を防ぐ。
②表面は角質層(ケラチンが蓄積してできる死細胞の層)で覆われ水分の蒸発を防ぐとともに，最外層の古い角質を垢として異物とともに脱落させる。</td></tr>
<tr><td>気管，気管支，消化管，尿管</td><td>内壁は粘膜と呼ばれ，粘性の高い粘液を分泌し，細胞表面への異物の付着を防ぐとともに，粘液に付着した異物を繊毛の運動によって外部へ排除する。</td></tr>
<tr><td>口，鼻，咽頭</td><td>せき，くしゃみ，たんにより異物を排除する。</td></tr>
<tr><td>化学的防御</td><td>皮膚(汗腺，皮脂腺)，眼(涙腺)，口(だ腺)，鼻，胃，尿管</td><td>①汗，皮脂，涙，だ液，尿は弱酸性であり，酸性環境に弱い多くの細菌の増殖を抑制する。
②胃液に含まれる胃酸は強酸性であり，食物とともに入ってきた異物のほとんどを殺菌する。
③汗，涙，だ液，鼻水などに含まれるリゾチーム(酵素)が，細菌の細胞壁を破壊する。
④皮膚表面，粘膜上皮などに分泌されるディフェンシン(タンパク質)により，細菌の細胞膜を破壊する。</td></tr>
<tr><td>常在菌による防御</td><td colspan="2">皮膚の表面や消化管の粘膜にもとから生息する常在菌(多くのヒトのからだに共通してみられ，病原性を示さない細菌)により，外来の細菌の定着・繁殖を抑制する。</td></tr>
</table>

表23-1　異物の侵入阻止のしくみ

②▶ 自然免疫

1 免疫に関する器官と免疫を担う細胞

(1) 動物のからだが異物を認識・排除し，恒常性を維持する機構を**免疫**(めんえき)という。

(2) もとは，ヒトが一度病原体に感染※したら，その病原体を体内から除去して発病しなくなる状態，つまり「疫(感染症)」から「免(まぬが)」れることを免疫といった。

※感染とは，病原体(細菌，ウイルス，寄生虫など)が体内に侵入し，増殖の足がかりを確立すること，あるいは生体に障害を与えることであり，感染症とは，感染によって生じる病気のことである。

(3) 免疫には，**リンパ管**，**リンパ節**，**胸腺**(きょうせん)，**ひ臓**などの器官が関与し，これらの器官はリンパ系(または免疫系)を形成している。

(4) 免疫を担う細胞は，免疫担当細胞，または，免疫細胞と呼ばれ，**骨髄**(こつずい)でつくられる**造血幹細胞**(ぞうけつかんさいぼう)から分化し，リンパ系の器官に多く存在する。

(5) 免疫担当細胞は，体液中に存在するが，赤血球のように赤い色素(ヘモグロビン)をもたないので**白血球**(はっけっきゅう)と呼ばれる。

参考 本書の模式図では，白血球の種類を区別しやすくするために，色分けしてある。

(6) 白血球のうち，**T細胞**や**B細胞**，NK細胞は，血管よりリンパ管の中に多く存在するので**リンパ球**と呼ばれる。

参考 ＊扁桃は上顎部の上皮下にあるリンパ(小)節の集合体であり，口と鼻からの細菌感染に対する防御の役割をもつ。パイエル板は小腸(回腸)の内腔側に面した上皮下にあり，腸内の異物に対する防御の役割をもつ。

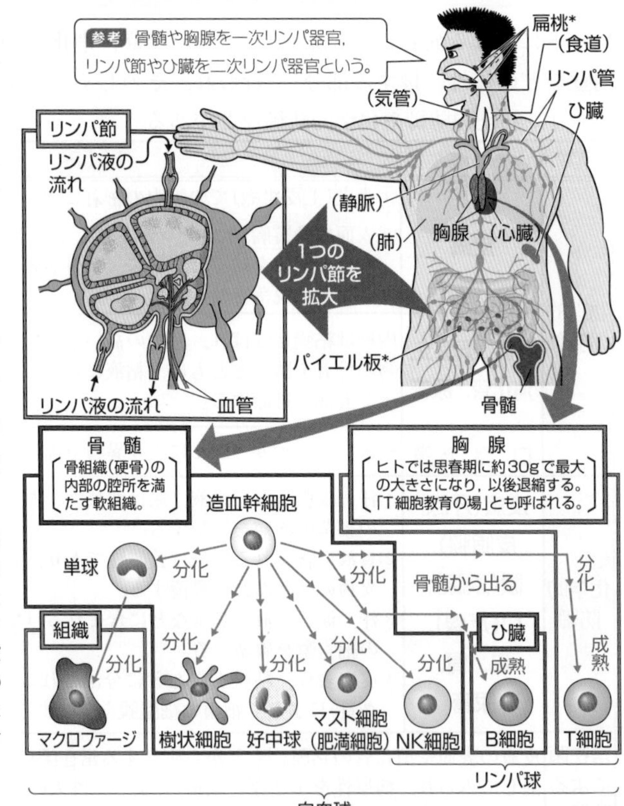

図23-1 免疫にかかわる器官と免疫担当細胞

2 自然免疫の特徴

(1) 自然免疫は，ほとんどすべての動物に生まれつき(先天的に)備わっている。
(2) 自然免疫は，細菌やウイルスなどの異物が侵入した場合，「細菌が共通してもつ物質」や「ウイルスが共通してもつ物質」のように，異物をある程度大きく分けたグループ内の共通した特徴を認識して反応する免疫であり，特異性が低い。
(3) 自然免疫には，**食細胞**が異物を食作用(しょくさよう)(エンドサイトーシスの一種)で取り込んで分解(細胞内消化)して排除するしくみと，**リンパ球**が異物を攻撃して排除するしくみがある。
(4) 自然免疫は，異物の侵入回数によらず，同じ異物に対して常に同じような効果をもつ。

第4章

3 自然免疫で働く細胞

	食細胞			リンパ球
名称	マクロファージ(単球から分化)	好中球(こうちゅうきゅう)(顆粒白血球※の一種)	樹状細胞(じゅじょうさいぼう)	NK(ナチュラルキラー)細胞
分化・存在部位	血液中の**単球**が，毛細血管から組織に移動するとマクロファージに分化する。	組織内に異物が侵入すると，血管から組織に移動する。	血液中の未成熟な樹状細胞が，毛細血管から組織に移動すると成熟する。	参考 主に血管内に存在するが肝臓・腸管・ひ臓内の血管ではその周囲にも存在する。
働き	組織において，**食作用**により異物を取り込み，分解する。			・ウイルスに感染した細胞やがん細胞を感知すると，血管から組織へ出て，それを攻撃して排除する。
	・**サイトカイン**(☞p.224)を分泌することで，**炎症**を引き起こし，他の白血球を誘引し，体温を上昇させる。	・殺菌成分(種々の酵素や**ディフェンシン**)を分泌して細菌を排除する。	・**サイトカイン**を分泌して自然免疫を補強する。 ・未熟な樹状細胞の食作用は強い。	
特徴	・食作用の働きが強い。 ・寿命が比較的長い(数か月)。 ・異物の情報を獲得免疫で働くリンパ球に伝えることもある。	・食作用の働きが強い。 ・寿命が短い(数時間～数日)。 ・白血球中で最も数が多い。	・食作用で異物を取り込んだ樹状細胞は，異物の情報を獲得免疫で働くリンパ球に伝え，獲得免疫を開始させる。	・獲得免疫で働くリンパ球(ヘルパーT細胞)による活性化を受けなくても細胞を攻撃する機能をもつ。

表23-2　自然免疫で働く細胞

※顆粒白血球は，細胞質に多数の顆粒をもつ白血球であり，分葉核(多形核)と食作用の能力をもつ。中性の物質を含む顆粒をもつ好中球，塩基性物質を含む顆粒が酸性色素で染まり，寄生虫の攻撃やぜんそくなどのアレルギー(☞p.235)に関与する好酸球，酸性物質を含む顆粒が塩基性色素で染まり，即時型アレルギーを引き起こす好塩基球に分けられる。

4 食細胞による自然免疫のしくみ

(1) 単球・好中球・樹状細胞は，**骨髄**中で**造血幹細胞**から分化した後，血管内に入り，血流にのって全身を移動する。その際，**単球**や**樹状細胞**の一部は血管から浸み出し，からだ中の組織にとどまり，異物の侵入に備える。単球は**マクロファージ**に分化する。**好中球**は，異物が侵入していない正常な組織では，血管から浸み出ることはなく，血管内を流れている(図23-2)。

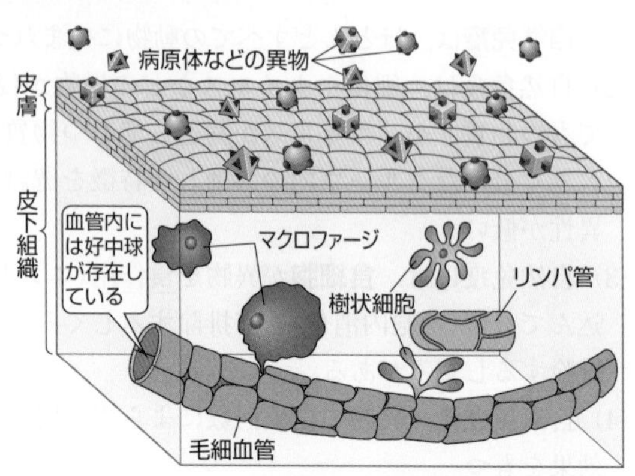

図23-2　自然免疫(病原体侵入前)

(2) 皮膚の損傷などにともない，皮下組織に異物が侵入すると，マクロファージや樹状細胞が**食作用**により異物を取り込み，分解する。また，マクロファージは，**サイトカイン**を分泌し，毛細血管を構成している細胞間の結合を弱め，血管を拡張させて血流量を増やすとともに，好中球や単球，NK細胞や種々の物質の血管からの浸出を促進する。その結果，異物の侵入部位とその周辺は赤く腫れた状態になる。この反応を**炎症**(えんしょう)という(図23-3)。

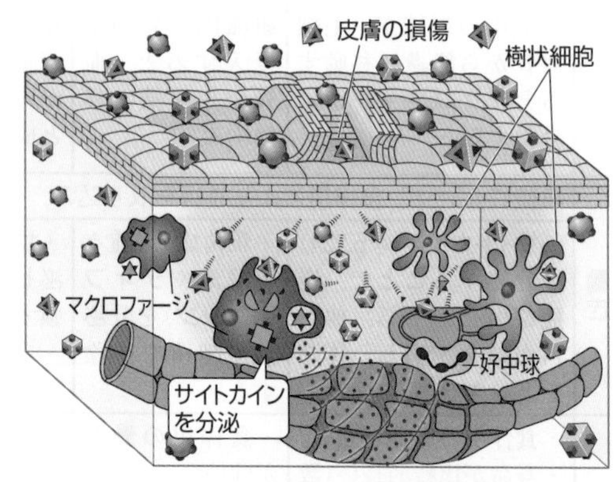

図23-3　自然免疫(食作用と炎症)

参考　1. マスト細胞も炎症を引き起こすことが知られている。
2. 炎症は，損傷した細胞から分泌されるヒスタミンやプロスタグランジンなど，警報分子と呼ばれる物質によっても引き起こされる。

(3) 拡張した血管から浸み出した好中球は，食作用をある程度行うと死んで膿(うみ)を形成する。これが**化膿**(かのう)である。こうして死んだ好中球と異物は，マクロファージの食作用によって処理されるが，このマクロファージも死ぬ。

(4) 樹状細胞は，異物の特徴を認識する能力をもっており，異物を取り込むと**リンパ管**内に入り，**リンパ液**の流れにのって**リンパ節**に移動する。マクロファージや好中球の食作用を逃れた異物は，リンパ管内や血管内に入り，リンパ液や血液の流れにのってリンパ節やひ臓に移動する(図23-4)。

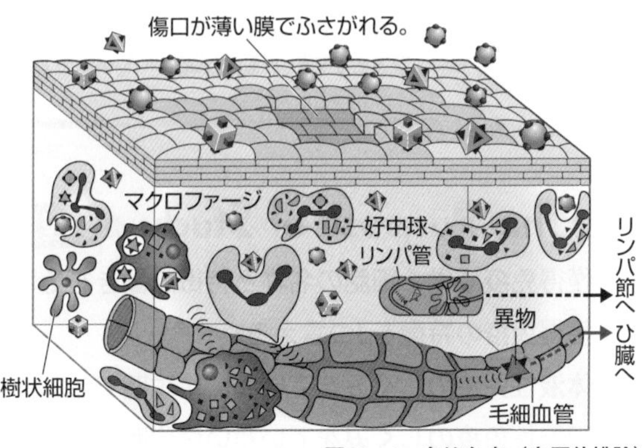

図23-4 自然免疫（病原体排除）

(5) ウイルスを取り込んだマクロファージが分泌するサイトカインは，炎症を引き起こすほかに，視床下部の体温調節中枢に働きかけ，全身の体温上昇(発熱)を引き起こす働きがある。高い体温は，細菌やウイルスの増殖を抑制するとともに，マクロファージなどの食作用を高める働きがある。

5 NK細胞による自然免疫のしくみ

(1) **NK細胞**(**ナチュラルキラー細胞**)と呼ばれるリンパ球は，**骨髄**中で**造血幹細胞**から分化した後，血管内に入り，血流にのって全身を移動する。

(2) NK細胞は，ウイルスなどに感染した細胞(感染細胞)の表面に起こる変化を感知し，感染細胞を破壊・排除する働きをもっている。また，NK細胞は移植された他人の細胞と正常な自分の細胞を見分けたり，がん細胞の特徴を認識してその細胞を排除する働きももっている。

参考 NK細胞は，MHC(☞p.230)を認識することで正常細胞は破壊せず，インターフェロン(サイトカインの一種)を分泌してキラーT細胞を誘導することで獲得免疫の成立にも関与する。

6 自然免疫における受容体

(1) 自然免疫において，異物の排除を行うマクロファージ・好中球・樹状細胞などの細胞膜表面や細胞質基質には，細菌やウイルスが共通してもつ物質と結合して，それらを非自己と認識する受容体タンパク質が存在する。このような受容体として**トル様**(よう)**受容体**(☞p.225)がある。

(2) トル様受容体にはいくつかの種類があり，その種類によって細菌の細胞膜や細胞壁の成分・鞭毛・DNAの一部など，また，ウイルスのRNAやDNAなどと特異的に結合し，それらを非自己と認識することがわかっている。

第24講 獲得免疫（適応免疫）

The Purpose of Study 到達目標

Visual Study 視覚的理解

獲得免疫で働く細胞の特徴と自然免疫との関係をイメージしよう！

自然免疫	獲得免疫		
食細胞	T細胞		B細胞
T細胞に抗原を提示し，獲得免疫を開始させる。 （連絡係として働くよ！） 樹状細胞	骨髄で造血幹細胞から分化した後，血液によって**胸腺**に運ばれてさらに**分化・成熟**した後，リンパ節に運ばれてそこにとどまる。		骨髄で造血幹細胞から分化した後，血液によって**ひ臓**などに運ばれて成熟し，主にひ臓やリンパ節中に存在する（☞p.230）。 抗原を認識してT細胞に活性化されると，**抗体産生細胞**に分化する。体液性免疫のみで働く。 （敵をミサイル（抗体）でやっつけるぞ。）
ヘルパーT細胞により活性化されると，食作用が増強する。 （ヘルパーT細胞に応援されると，食欲増進！） マクロファージ　好中球	**ヘルパーT細胞** 体液性免疫と細胞性免疫の両方で働く。 （みんなを応援して元気にします！）	**キラーT細胞** 細胞性免疫のみで働く。 （敵を直接攻撃するぞ！）	

1 ▶ 獲得免疫の特徴

(1) **獲得免疫**は**適応免疫**とも呼ばれ，個体が後天的に獲得する免疫である。
(2) 獲得免疫は，体内に侵入した異物(非自己)のそれぞれに対して特異的に反応する免疫である。なお，体内に侵入した異物のうち，他の異物と区別され，獲得免疫による応答を引き起こすようなものを**抗原**という。
(3) 獲得免疫には，**体液性免疫**と**細胞性免疫**があり，いずれにおいても**リンパ球**が自己と異物とを識別し，一度接触した異物の情報を記憶する。

2 ▶ 免疫寛容

(1) 動物の成体において，骨髄で分化したB細胞やT細胞が自分自身の組織・細胞(自己)と外来性の異物(非自己)とを識別し，非自己に対してのみ反応し，自己に対しては反応しないようになっている状態を**免疫寛容**という。
(2) 免疫寛容は遺伝的に備わっているのではなく，後天的に成立する。
(3) 本来，分化したB細胞やT細胞には，その抗原として非自己成分に反応するものと，自己成分に反応するものがあるが，これらのうち，自己成分に反応する細胞が成熟の過程で選別・排除されたり，その働きが抑制されたりすることで免疫寛容が成立する。これを免疫寛容の獲得という(図24-1)。

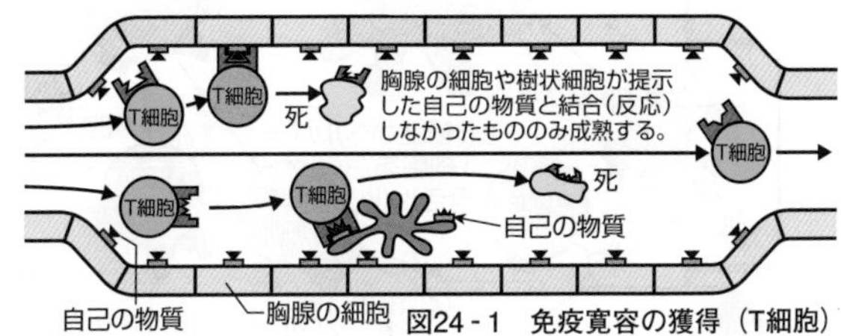

図24-1　免疫寛容の獲得（T細胞）

参考 ある個体の免疫系が確立していない時期(胎児期や出生直後)に与えられた抗原は，その個体が成熟しても非自己と認識されず，免疫反応を引き起こさない。

田部の裏づけ

T細胞とB細胞の名前の由来

哺乳類のリンパ球のうち，T細胞は骨髄で分化した後，胸腺(Thymus)に移動し，そこで分化・成熟することからT細胞と名付けられた。一方，B細胞は骨髄で分化した後の成熟部位が不明であったが，鳥類のB細胞がファブリキウス嚢(Bursa of Fabricius)という器官で分化・成熟することから，B細胞と名付けられた。また，哺乳類のB細胞は骨髄(Bone marrow)で分化した後，そのまま成熟すると考えられたので，B細胞のBは，骨髄由来という意味ももつようになった。しかし，その後の研究でB細胞は主にひ臓(Spleen)などで成熟することがわかったが，名前はそのまま使われている。

参考 B細胞は骨髄で成熟するという記述もある。

❸ ▸ 体液性免疫のしくみ

(1) **体液性免疫**は，ひ臓やリンパ節に存在する**B細胞**が活性化されて生じた**形質細胞**（**抗体産生細胞**）によって生成・分泌される**免疫グロブリン**と呼ばれるタンパク質によって起こる免疫である。免疫グロブリンは**抗体**とも呼ばれ，細胞外（体内における細胞と細胞の間）に存在しているウイルス・細菌・毒素などの**抗原**と結合し，それらを排除する。抗原と抗体の結合によって起こる現象を**抗原抗体反応**という。

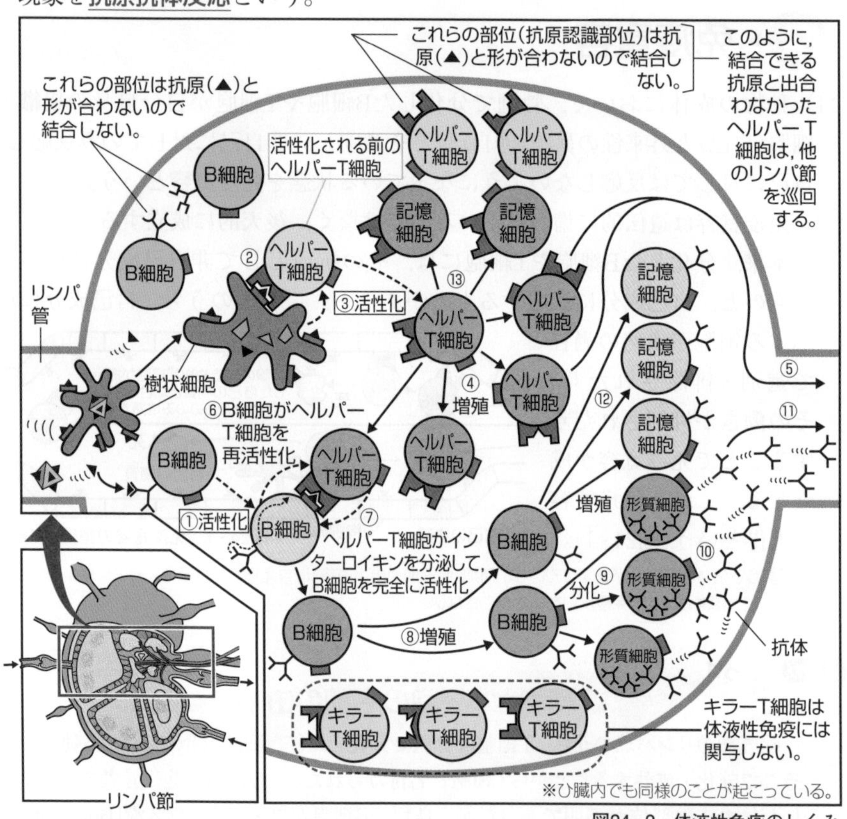

図24-2　体液性免疫のしくみ

(2) リンパ管内に入った病原体などの異物がリンパ節に運ばれ，血管内に入った異物がひ臓に運ばれてくると，多数のB細胞のうち，この異物（抗原）と結合できる1個のみが，抗原と結合することによって少し活性化される（図24-2①）が，この段階では，B細胞は形質細胞にはならない。

参考　活性化される前のB細胞は，B細胞受容体（☞p.226）と結合した異物（抗原）を食作用で細胞内に取り込むことで少し活性化される。このことから，B細胞は食細胞であるといえる。

(3) 一方，感染部位で同じ異物を取り込んだ**樹状細胞**などは，リンパ管内を通ってリンパ節まで移動し，そこで，取り込んだ異物を分解して抗原を含む断片を切り出し，それを細胞の表面に移して**T細胞**に提示する(図24 - 2②)。このように，抗原情報を提示することを**抗原提示**という。

(4) **ヘルパーT細胞**は，樹状細胞などの抗原提示により活性化された後，増殖する(図24 - 2③・④)。増殖したヘルパーT細胞の一部は，リンパ節から出てリンパ液や血液によって組織に運ばれる(図24 - 2⑤)。

参考 骨髄で分化した後，対応する抗原とまだ接触しておらず，活性化されていないT細胞とB細胞は，それぞれナイーブT細胞とナイーブB細胞と呼ばれる。

(5) 次に，(2)の少し活性化されたB細胞と，(4)のリンパ節内で増殖したヘルパーT細胞とが出合い，互いにそれぞれの特定の部位で結合する。これにより，B細胞はヘルパーT細胞を再活性化し(図24 - 2⑥)，再活性化したヘルパーT細胞は，**インターロイキン**(サイトカインの一種)と呼ばれる物質を分泌してB細胞を刺激し，完全に活性化させる(図24 - 2⑦)。

参考 B細胞は，食作用で取り込んだ異物を分解して，その断片をMHC分子(☞p.230)上にのせて，ヘルパーT細胞に提示する。このことから，B細胞は食細胞であるとともに抗原提示細胞であるともいえる。

(6) 活性化されたB細胞は増殖し(図24 - 2⑧)，それらのうちの一部はやがて**形質細胞**に分化して(図24 - 2⑨)，B細胞を活性化した抗原と特異的に結合する抗体を多量に生成・分泌する(図24 - 2⑩)。

(7) 放出された抗体は，体液によって組織に運ばれて(図24 - 2⑪)，病原体と結合し(図24 - 3①)，抗原抗体反応によって寄り集まり，**抗原抗体複合体**となる(図24 - 3②)。この複合体の形成は，病原体の病原性や感染力を低下させるとともに，好中球やマクロファージの食作用(図24 - 3③)を促進する。また，抗体は感染細胞に結合し，NK細胞による感染細胞の破壊を助ける。

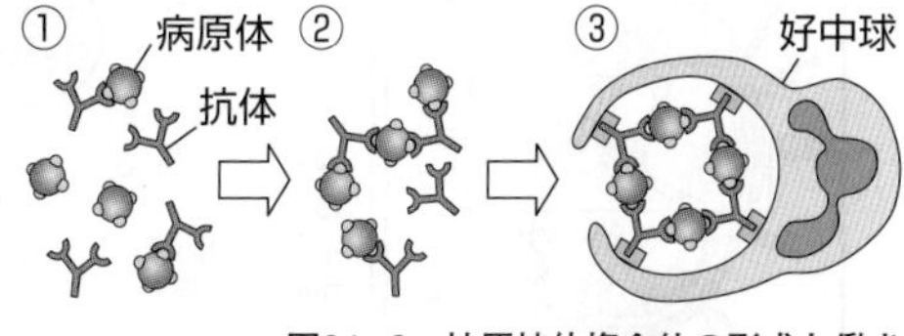

図24 - 3　抗原抗体複合体の形成と働き

(8) 抗原排除後，増殖したB細胞はほとんど死滅するが，形質細胞にならなかった一部のB細胞は，**記憶細胞**(免疫記憶細胞)として体内にとどまる(図24 - 2⑫)。また，(4)で増殖したヘルパーT細胞の一部も記憶細胞になる(図24 - 2⑬)。同じ抗原が侵入すると，記憶細胞がただちに反応・増殖して抗体産生細胞が多く分化するので，1回目の抗原侵入時(このときの反応を**一次応答**という)に比べて素早く多量の抗体が産生される。これを**二次応答**という。また，このようなしくみを**免疫記憶**という。

4 ▶細胞性免疫のしくみ

(1) 活性化されることで特定の抗原と結合できるようになったT細胞が，抗体を介さずに感染細胞を攻撃・破壊して，細胞内の病原体などを除去する獲得免疫を**細胞性免疫**という。細胞性免疫の主役である**キラーT細胞**は，組織の細胞内に侵入したウイルスや細菌などを，細胞ごと攻撃して排除する。

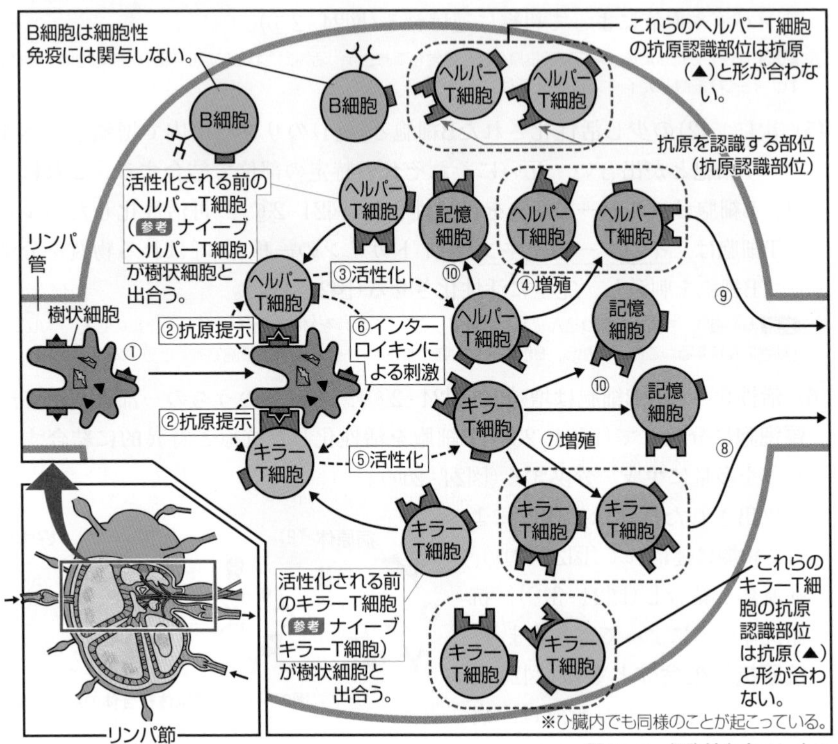

図24-4　細胞性免疫のしくみ

(2) 感染部位で異物を取り込んだ**樹状細胞**は，体液性免疫と同様にリンパ管内を通ってリンパ節まで移動し(図24-4①)，抗原と結合する抗原認識部位をもつT細胞に**抗原提示**をする(図24-4②)。これにより，**ヘルパーT細胞**や**キラーT細胞**は樹状細胞の抗原提示とサイトカインの受容により活性化され，増殖することができる(図24-4③・④・⑤・⑦)が，キラーT細胞の活性化には，ヘルパーT細胞から分泌されるインターロイキンによる刺激が必要な場合もある(図24-4⑥)。

(3) 活性化して増殖したキラーT細胞は，リンパ節から出た後(図24-2⑧)，リンパ管内を通って血管内に入り，血流にのって感染部位まで移動する。感染部位において，キラーT細胞は血管外の組織に出て，自身を活性化した抗原情報と同じ抗原を提示している感染細胞を攻撃する。その後，攻撃された感染細胞や病原体は，**マクロファージ**の**食作用**により排除される。

(4) 一方，ヘルパーT細胞は，リンパ節から出た後(図24-4⑨)，リンパ管から血管内に入り，血流にのって感染部位まで移動し，マクロファージからの抗原提示を受けるとサイトカインを分泌して，マクロファージの食作用を増強させる。また，好中球の食作用の増強やNK細胞の活性化にも働く。

(5) 細胞性免疫においても，キラーT細胞由来やヘルパーT細胞由来の**記憶細胞**が存在し(図24-4⑩)，**免疫記憶**が成立する。

5 ▶ 自然免疫と獲得免疫のかかわり方

(1) ここまで，自然免疫→獲得免疫の順で説明してきたが，免疫系では異物侵入後は自然免疫が働き，その後，獲得免疫のみが働くと考えてはいけない。

(2) 病原体などの異物侵入後は，まず自然免疫を担うマクロファージ・好中球による食作用や，NK細胞による感染細胞の破壊とともに，食作用で異物を取り込んだ樹状細胞によるT細胞への抗原提示などが起こる。

(3) この抗原提示により獲得免疫が働き始めた後も，自然免疫は働き続ける。

(4) ヘルパーT細胞により活性化されたNK細胞は，抗原に非特異的であるが，感染細胞の破壊を活発に行い，細胞性免疫を補助する役割を担う。

(5) また，活性化されたマクロファージと好中球は，細胞性免疫により感染細胞から放出された病原体や，抗体が結合することで凝集し無毒化された病原体などを食作用で取り込み，細胞性免疫や体液性免疫を補助する役割を担う。

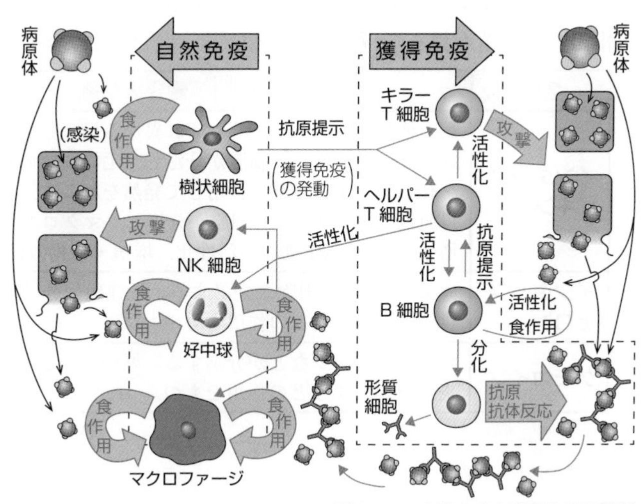

図24-5　自然免疫と獲得免疫の関係

第25講 免疫に関するタンパク質

The Purpose of Study 到達目標

1 ▶ 免疫反応全体で働くタンパク質

(1) 免疫担当細胞や感染細胞で産生され，他の細胞に作用して免疫応答において情報伝達物質として働くタンパク質を総称して**サイトカイン**と呼ぶ。サイトカインは，ホルモンとは異なり，短期間に微量が生成され，その作用は局所的かつ短期間である。

(2) サイトカインにはいろいろな種類がある(表25-1)が，免疫担当細胞間の情報伝達に重要な働きをするものが多く，受容体に結合することで作用する。

名称	働き・特徴
インターロイキン	数十種類に分けられ，それぞれ異なる働きをもつ。自然免疫ではマクロファージやマスト細胞が分泌し，毛細血管の血管壁をゆるめて炎症を起こす，視床下部に作用して発熱を起こす，などの作用をもつ。獲得免疫ではヘルパーT細胞が分泌し，マクロファージなどの食作用の増強，T細胞やB細胞の活性化，増殖・分化の促進などの作用をもつ。
インターフェロン	感染細胞やNK細胞が分泌する。数種類に分けられ，ウイルスの複製(増殖)の阻害などの作用をもつ。
ケモカイン	マクロファージなどが分泌する。好中球などの移動(集合)を促進して炎症を起こすなどの作用をもつ。

表25-1　サイトカインの種類と働き

参考 サイトカインには，表25-1に示したものの他に，コロニー刺激因子，成長因子，腫瘍壊死因子などもある。

食細胞がもつ受容体の存在場所と特徴をイメージしよう！

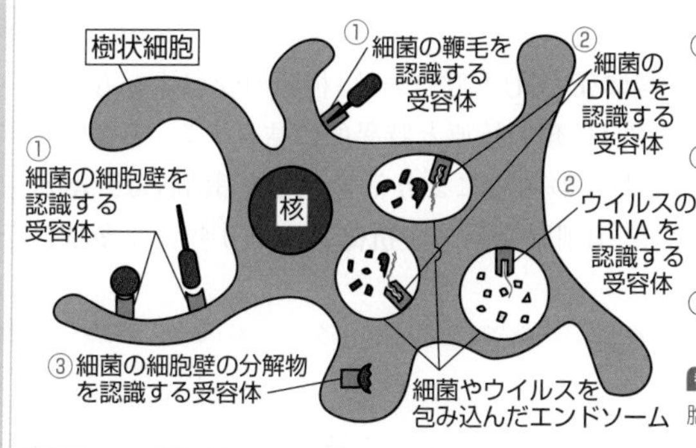

①細胞膜：細菌の細胞壁の成分（糖など）や鞭毛のタンパク質などを認識する受容体

②エンドソーム*の膜：細菌・ウイルスのDNA配列やウイルスの2本鎖RNAなどを認識する受容体

③細胞質基質：細菌の細胞壁の分解物を認識する受容体

参考 ＊エンドサイトーシスにより細胞内に取り込まれた物質を含む小胞

②▸自然免疫で働くタンパク質

1 受容体（☞ Visual Study）

(1) 自然免疫で働く好中球・マクロファージ・樹状細胞などの食細胞は，細菌やウイルスなどの病原体を受容体で認識して食作用を行う。この受容体は，病原体に共通で特異的な物質（細胞壁や鞭毛の成分，DNA・RNAなど）の分子構造の型を認識するので，パターン認識受容体と呼ばれ，多くの種類が存在する。

(2) 代表的なパターン認識受容体としては，**トル（Toll）様受容体**（**TLR**）と呼ばれる膜タンパク質があり，ヒトでは10種類が知られている。

(3) マクロファージや樹状細胞は，TLRで病原体を認識すると活性化し，認識した型に応じたサイトカインを分泌する。

2 補体（ほたい）

(1) 自然免疫では，免疫担当細胞以外に**補体**と呼ばれる一群のタンパク質（約30種類）が関与し，免疫反応を増強している。補体は，肝臓で合成されて血しょう中に不活性な状態で存在しており，抗原抗体複合体や細菌などの病原体に接触することで活性化し，これらの表面に結合して働く。

(2) 活性化した補体は，①マクロファージや好中球の食作用を促進する＊1，②細胞膜に穴をあけることで細菌を破壊する＊2，③好中球などを誘引したり，マスト細胞を活性化してヒスタミン（☞p.235）を放出させたりして炎症を起こす，などのさまざまな作用をもつ。

参考 ＊1．オプソニン化と呼ばれる。　＊2．溶菌と呼ばれる。

③▶獲得免疫で働くタンパク質

1 B細胞受容体

B細胞は，細胞膜に**B細胞受容体**(**BCR**)と呼ばれる1種類の受容体をもっている。その受容体は体内に侵入した1種類の抗原と特異的に結合する。B細胞受容体に抗原が結合した後，T細胞からの刺激により活性化したB細胞は，増殖して**形質細胞**(形質細胞)に分化し，B細胞受容体を**抗体**につくり変えて多量に合成し，細胞外に分泌する。

参考 1. B細胞受容体は，B細胞の細胞膜を貫通し，一部が細胞外に出ているタンパク質であり，その成分は抗体と同じ免疫グロブリンである。

2. B細胞受容体は抗体のように体液中に放出されることはなく，体液中の特定の抗原(または抗原断片)とそのまま(抗原提示を行う細胞のMHC(☞p.230)を介すことなく)結合することができる。抗原がB細胞受容体に結合することを，B細胞が抗原を認識するという。

2 抗体

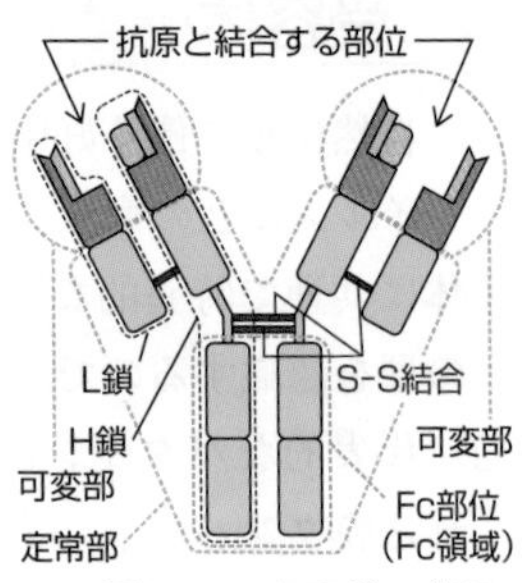

図25-1 免疫グロブリン

(1) 形質細胞は，**免疫グロブリン**(めんえき)というタンパク質からなる**抗体**を分泌する。

(2) 免疫グロブリンは，2本の長いポリペプチドである**H鎖**(さ)(重い鎖：Heavy chain)と，2本の短いポリペプチドである**L鎖**(軽い鎖：Light chain)が結合(**S-S結合**)したY字型の構造をしている。

(3) H鎖とL鎖のそれぞれには，抗体の種類によってアミノ酸配列が異なる部分があり，この部分は**可変部**(かへんぶ)と呼ばれる。

(4) 可変部の立体構造の違いにより，抗体は特定の抗原とのみ結合する。

(5) 可変部以外の部分は**定常部**(ていじょうぶ)と呼ばれ，定常部のアミノ酸配列は，抗体の種類によらずほぼ同じである。定常部には，Fc部位(Fc領域)と呼ばれる部分がある。マクロファージや好中球などの食細胞は，その表面にFc部位と特異的に結合する**受容体**(Fc受容体・FcR☞p.233)をもち，Fc受容体と抗原抗体複合体が結合すると，食作用が促進され効率的に病原体が排除される。

(6) 抗原抗体反応において，抗体が結合する抗原の部分構造を**エピトープ**(抗原決定基(部位))という。それぞれのエピトープには，特定の抗体が結合する。

(7) 1つの抗体は，1つまたは2つのエピトープと結合できる。また，1つの抗原は複数の異なるエピトープをもち，複数の抗体と結合できるので，抗原抗体反応により，複数の抗原と抗体からなる大きな複合体が形成される。抗原抗体反応において，抗原が細胞のような不溶性の場合は凝集反応（ぎょうしゅうはんのう）と呼ばれ，タンパク質などのような可溶性の場合は沈降反応（ちんこうはんのう）と呼ばれる。

参考 抗原の毒性(活性)部分が無毒化(不活性化)される反応(中和反応)や，細菌が破壊される反応(溶菌反応)なども抗原抗体反応に含まれる。

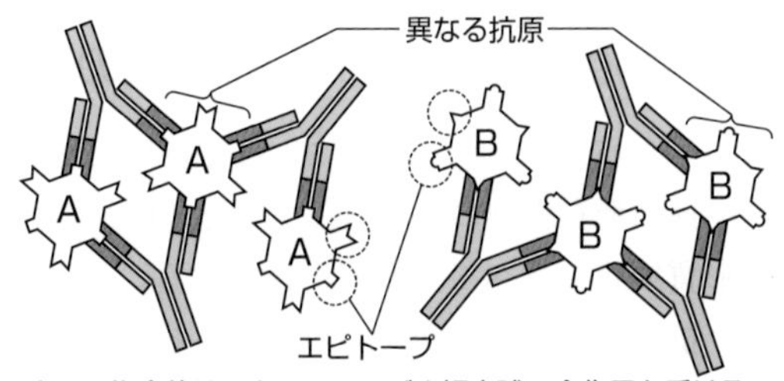

生じた複合体はマクロファージや好中球の食作用を受ける。

図25-2　抗原抗体反応

3 抗体の多様性が生じるしくみ

(1) 体内に侵入する抗原は極めて多様であるので，多種類の抗体が必要になるが，1つのB細胞は1種類の抗体しかつくらない。

(2) 未分化なB細胞中のDNAには，抗体をつくるための遺伝子が，断片(遺伝子断片)として複数の領域に存在する。抗体の**可変部**の**H鎖**の遺伝子断片は，**V領域**，**D領域**，**J領域**の3つの領域にそれぞれ多数存在し，**L鎖**の遺伝子断片は，**V領域**，**J領域**の2つの領域に存在する。これらの領域から遺伝子断片が1つずつ取り出されて再編成(再構成)され，可変部をつくる遺伝子になる。

(3) ヒトの遺伝子の数は22000程度であるが，L鎖とH鎖が別々につくられ，組み合わされることで数千万種類の(あるいは無限ともいえる)抗体を生み出すことができる。このしくみは，1977年に**利根川進**(1987年にノーベル生理学・医学賞を受賞)によって明らかにされた。

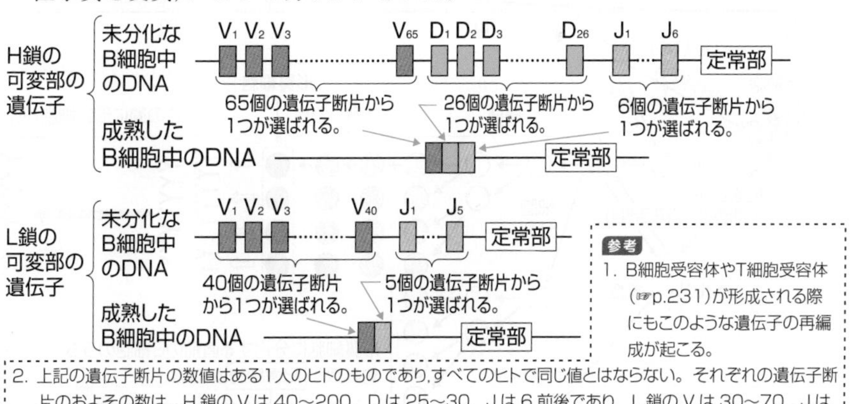

参考

1. B細胞受容体やT細胞受容体(☞p.231)が形成される際にもこのような遺伝子の再編成が起こる。
2. 上記の遺伝子断片の数値はある1人のヒトのものであり，すべてのヒトで同じ値とはならない。それぞれの遺伝子断片のおよその数は，H鎖のVは40〜200，Dは25〜30，Jは6前後であり，L鎖のVは30〜70，Jは4〜9である。
3. 上記のしくみにより，多様なリンパ球の集団(B細胞のクローン，あるいはT細胞のクローンという)から，侵入した抗原と特異的に反応するリンパ球が選択され，急激に増加し，抗体を産生する(クローン選択説)。

図25-3　抗体の多様性が生じるしくみ(遺伝子の再編成)

4 免疫記憶における抗体量の変化

(1) ヘルパーT細胞の刺激によって増殖したB細胞の一部は**形質細胞**に分化し，一部は形質細胞になる直前で分化を中止して**記憶細胞**(免疫記憶細胞)となり，形質細胞に比べて長期間生き続ける。

(2) 抗原が体内から排除されると，抗原による刺激がなくなり形質細胞は死んでしまうが，記憶細胞は抗原がなくなった後も長く生き続ける。

参考 B細胞の記憶細胞とB細胞とは，クラススイッチ(☞p.229)などにより比較的容易に区別できるが，T細胞の記憶細胞とT細胞との区別，ならびにT細胞の記憶細胞の存在証明や存在量の測定は非常に難しい。

(3) この状態で，2回目に同じ抗原が侵入すると，その抗原に反応するB細胞の記憶細胞(記憶B細胞)が，1回目の抗原侵入時よりもはるかに多く，しかも短い期間で形質細胞に分化するので，1回目の抗原侵入時(**一次応答**)より，素早く大量の抗体がつくられる(**二次応答**)。

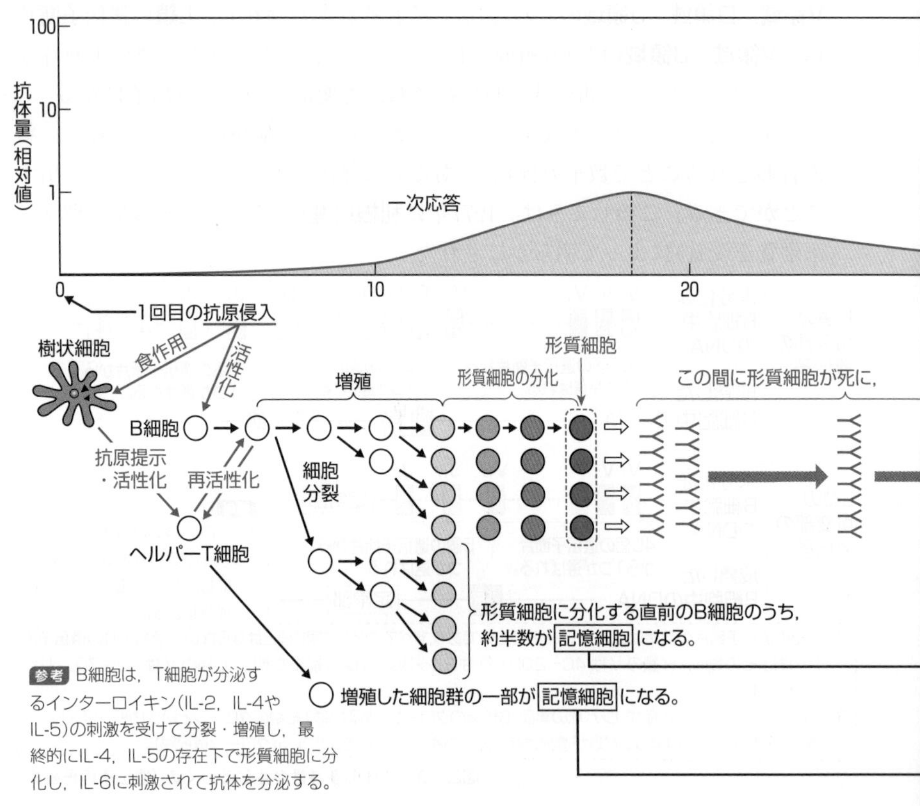

参考 B細胞は，T細胞が分泌するインターロイキン(IL-2，IL-4やIL-5)の刺激を受けて分裂・増殖し，最終的にIL-4，IL-5の存在下で形質細胞に分化し，IL-6に刺激されて抗体を分泌する。

もっと広く深く　定常部の違いによる免疫グロブリンの種類

(1) 抗体は，免疫グロブリンの定常部の違いによって，IgM(血液中における感染防御)，IgG(主に血管外での細菌の侵入阻止)，IgA(粘膜の表面保護)，IgD(機能不明)，IgE(消化管内の寄生虫感染防止，アレルギー反応に関与)の5種類(クラス)に分けられる。

(2) 活性化されていないB細胞は，IgMやIgDからなるB細胞受容体をもっているが，細胞外へ分泌することができる抗体はもっていない。

(3) B細胞は，活性化されると，B細胞受容体の可変部は変えずに定常部のみをIgG，IgA，IgEのいずれかに切り替えた抗体を生産する。このような現象をクラススイッチという。B細胞はクラススイッチを行うことで，細菌に対する防御，粘膜の表面保護，消化管内の防御などに最適な抗体を少ない遺伝情報で産生することができる。

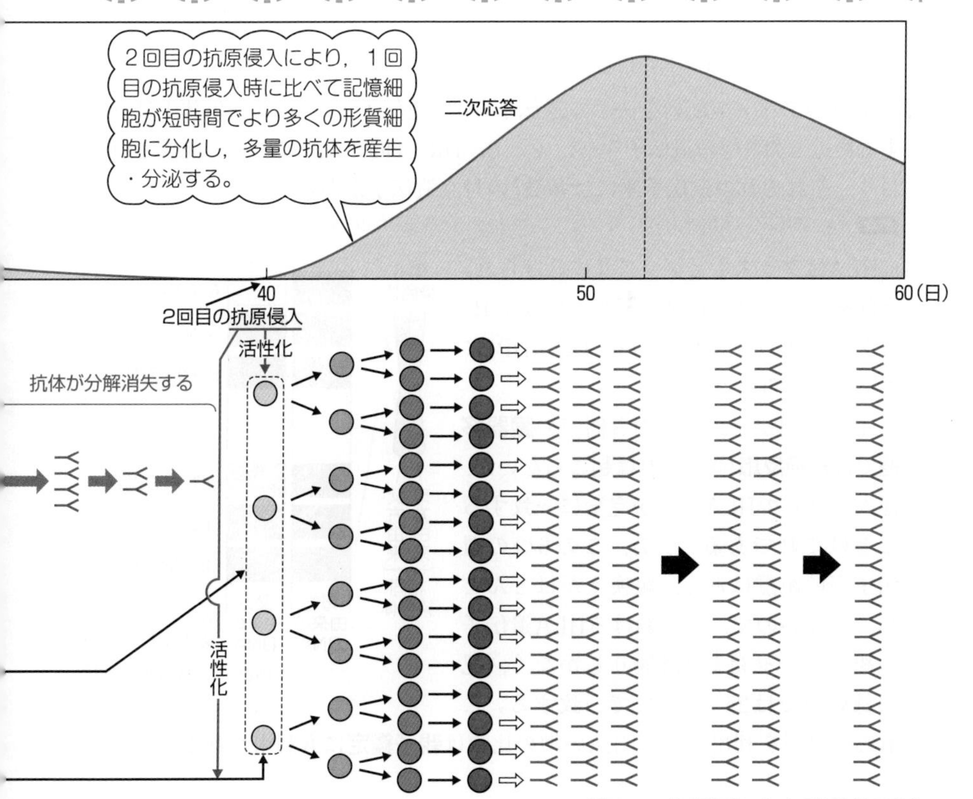

図25 - 4　免疫記憶における抗体量の変化

参考 B細胞の分化・成熟の過程を模式的に図示すると下図のようになる。

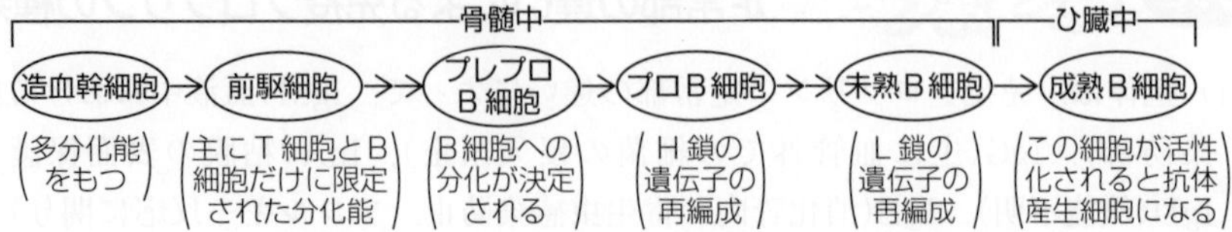

5 MHCとHLA

(1) 脊椎動物のからだを構成する細胞の表面にあり，自己(の細胞)であることを示す目印として働くタンパク質を**MHC分子**という。

(2) MHC分子は，**主要組織適合(性)抗原**(しゅようそしきてきごうせいこうげん)[*1]，MHC抗原，MHCタンパク質とも呼ばれ，主要組織適合(性)遺伝子複合体(**MHC**[*2])という遺伝子からつくられる。ヒトのMHC分子は，**HLA**[*2](ヒト白血球(型)抗原)と呼ばれる。

参考 ＊1. 現在までに，多くの種類の組織適合(性)抗原が発見されているが，そのなかでも，特に強い拒絶反応を誘導する組織適合(性)抗原を主要組織適合(性)抗原という。

＊2. MHCはmajor histocompatibility complex(主要組織適合性複合体)の略であり，「自己であることを示す目印として働くタンパク質」をコード(☞p.394)する遺伝子群を指すが，MHC分子を指すこともある。HLAはhuman leucocyte antigenの略である。

(3) HLAのアミノ酸配列を決める遺伝子(HLA遺伝子)は，第6染色体上に存在する接近した6つの遺伝子座(A，C，B，DR，DQ，DP)によって構成されており，それぞれの遺伝子座には多数*の対立遺伝子がある。

参考 ＊対立遺伝子の種類数は確定していないので，いろいろな表記がみられる。

(4) HLAはクラスⅠとクラスⅡに分けられ，それぞれクラスⅠの遺伝子座(A，C，B)とクラスⅡの遺伝子座(DR，DQ，DP)によって決められる。

(5) HLAの型が一致する両者間での**臓器移植**では**拒絶反応**(☞p.232)は起こらないが，他人どうしでHLAの型が完全に一致することはまれである。一方，この6つの遺伝子座の距離は近く，組換えがほとんど起こらないので，子におけるHLA遺伝子の組み合わせは最大4通りしかなく，兄弟姉妹間では25%の確率で一致する。これらの特徴を利用して，HLAの型の比較は**親子鑑定**にも利用される。

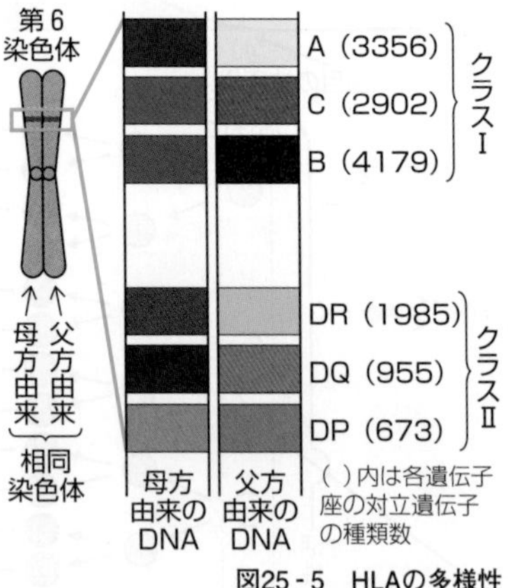

図25-5 HLAの多様性

6 T細胞受容体とMHC分子

(1) 獲得免疫において重要な役割を担うT細胞の細胞膜には，T細胞が抗原を認識する**T細胞受容体**(**TCR**)と呼ばれる受容体が存在する。

(2) T細胞受容体には，抗体と同様に**可変部**と**定常部**があり，可変部の構造はT細胞によって異なっている。

(3) T細胞受容体は，自己の物質と結合したMHC分子とは反応せず，病原体に感染した細胞や，非自己の物質(抗原)を取り込んだ食細胞(樹状細胞，マクロファージ)などの表面にあり，かつ非自己の物質(抗原断片)と結合したMHC分子と特異的に反応する。

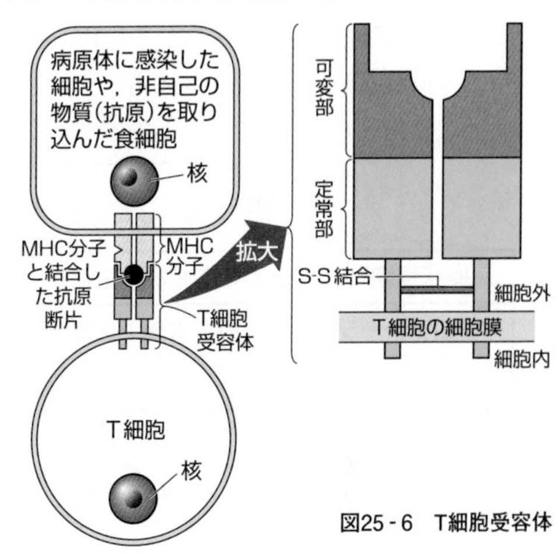

図25-6　T細胞受容体

(4) T細胞受容体は，B細胞受容体のように抗原分子(の一部)の構造を直接認識することはできず，他の細胞がMHC分子上に提示した抗原断片(タンパク質断片，ポリペプチド)とMHC分子との複合体を認識する。

(5) **MHC分子**は大きく2つの型(クラスⅠとクラスⅡ)に分けられる。それぞれの型の性質や特徴などを図25-7にまとめた。

	MHCクラスⅠ	MHCクラスⅡ
提示する細胞	すべての細胞(赤血球は除く)	樹状細胞，B細胞，マクロファージなど
提示される抗原	細胞内にあった自己のタンパク質や細胞内に侵入した病原体由来のタンパク質の断片	細胞外から取り込んだタンパク質の断片
認識するT細胞	キラーT細胞	ヘルパーT細胞
参考 T細胞表面のCDタンパク質	キラーT細胞がもつCD8というタンパク質により認識される	ヘルパーT細胞がもつCD4というタンパク質により認識される

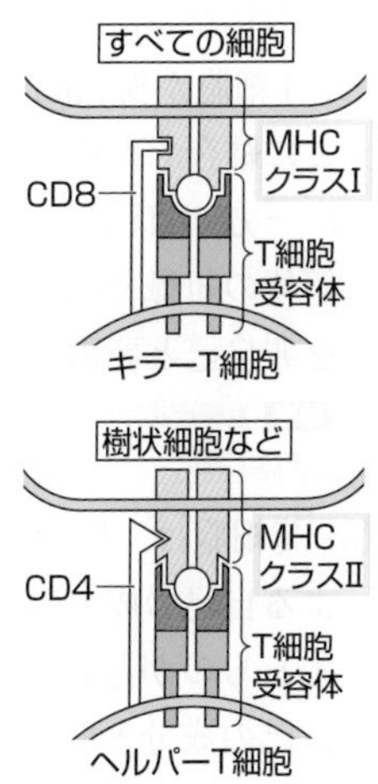

図25-7　MHCクラスⅠとクラスⅡ

抗原提示細胞の種類と特徴

樹状細胞，マクロファージ，B細胞のように，食作用によって細胞内に抗原を取り込み分解し，その断片をMHC（参考 特にMHCクラスⅡ☞p.231）を介してヘルパーT細胞に提示するものを抗原提示細胞という。これらの細胞の共通点や相違点をまとめると下表のようになる。

	存在部位	抗原を提示する相手	活性化したT細胞からの働きかけ
樹状細胞	からだの各組織	活性化していないT細胞	無
マクロファージ	からだの各組織	活性化したヘルパーT細胞	有（再活性化）
B細胞	ひ臓・リンパ節	活性化したヘルパーT細胞	有（再活性化）

4 ▶ 拒絶反応のしくみ

(1) 動物が別の個体から皮膚などの組織や，心臓などの器官（臓器）の移植を受けると，一般に移植部位は生着（せいちゃく）せず脱落する。これを**拒絶反応**という。拒絶反応は，個体間でのMHC分子（ヒトではHLA）の違いが原因で起こる免疫反応である。

(2) MHC分子には通常は自己の成分がのせられており，自己のMHC分子とそこに結合した自己の成分との複合体には，免疫寛容（☞p.219）によりT細胞は反応しない。

(3) T細胞が樹状細胞などから抗原提示を受ける際には，自己のMHC分子とそこに結合した抗原断片との複合体に反応し，抗原断片を非自己と認識する。

(4) 一方，自己と非自己のMHC分子の違いを直接認識するT細胞も存在し，他個体の組織や臓器が移植されると，T細胞受容体を介して他個体のMHC分子を非自己と認識し，キラーT細胞が移植部位を攻撃して拒絶反応が起こる。

参考 拒絶反応では，NK細胞による移植部位への攻撃や，移植された細胞がもつMHC分子に対する抗体の産生も起こる。

(5) T細胞は，胸腺での成熟の過程において，自己（胸腺の細胞）のMHC分子による自己の成分の提示を受けることにより，まず自己のMHC分子と弱く結合するものが選択されて残る＊1。その後，胸腺内の抗原提示細胞に提示された自己の成分と強く反応するものはアポトーシスにより死滅する＊2。また，非自己のMHC分子に強く反応するものは残る。

参考 ＊1をポジティブセレクション，＊2をネガティブセレクションという。

5 ▶ 免疫とタンパク質の働きのまとめ

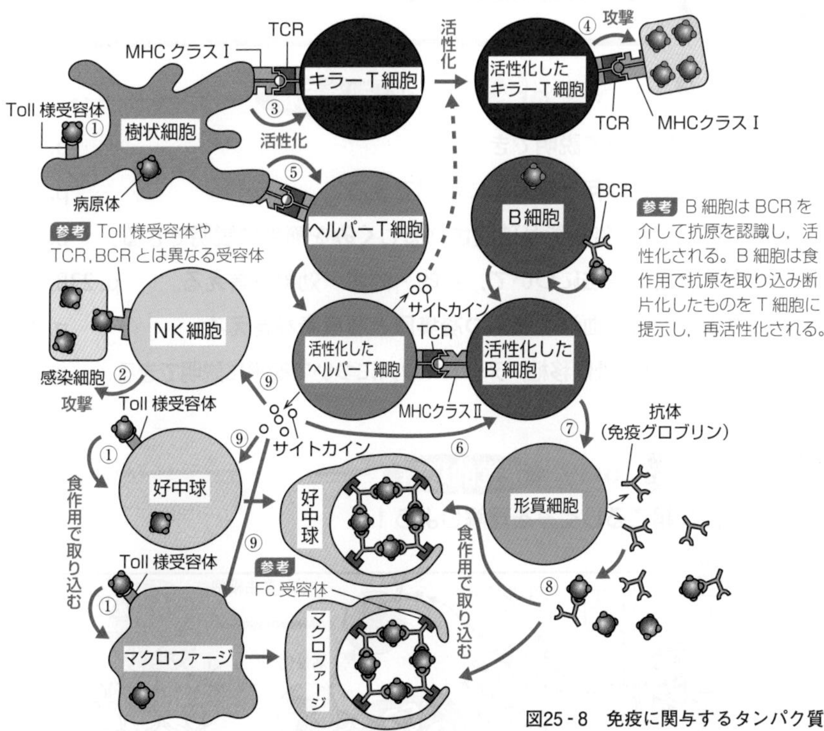

図25-8　免疫に関与するタンパク質

①食細胞がToll様受容体などを介して病原体を認識し，食作用が起こる。
②NK細胞が感染細胞を認識して攻撃する。
③樹状細胞がMHCクラスⅠ分子を介してキラーT細胞*を活性化する。
④活性化したキラーT細胞は，提示を受けた抗原と同じ抗原断片をMHCクラスⅠ上に提示している感染細胞を，TCRを介して認識し，攻撃する。
⑤樹状細胞がMHCクラスⅡ分子を介してヘルパーT細胞*を活性化する。
⑥活性化したヘルパーT細胞は，提示を受けた抗原と同じ抗原断片をMHCクラスⅡ上に提示しているB細胞を，TCRを介して認識し，サイトカイン(インターロイキン)を分泌して活性化する。
⑦活性化したB細胞は形質細胞に分化し，抗体を生成・分泌する。
⑧抗体が病原体と抗原抗体反応を起こす。
⑨⑤により活性化したヘルパーT細胞が，マクロファージや好中球の食作用を促進し，NK細胞の働きを活性化する。

参考 ＊いずれも活性化前のナイーブT細胞であるが，CD8をもつかCD4をもつかにより区別される。

第26講 免疫と医学

The Purpose of Study 到達目標

1. アレルギーについて説明できる。…… p. 235
2. 自己免疫疾患とは何かを簡単に説明できる。…… p. 236
3. HIV感染により免疫機能が破壊されるしくみを簡単に説明できる。… p. 237
4. 予防接種と血清療法について，目的・内容・効果を言える。…… p. 238, 239
5. ABO式血液型の各血液型がもつ凝集原と凝集素を言える。…… p. 240
6. 拒絶反応の防止，骨髄移植，ヌードマウスについて簡単に説明できる。… p. 242

Visual Study 視覚的理解

花粉症が起こるしくみを理解しよう！

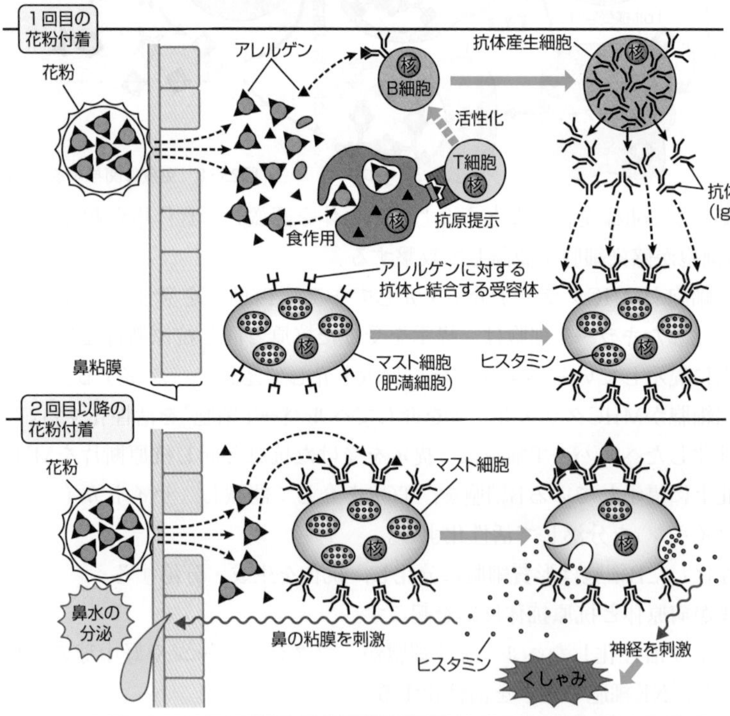

1 ▶ アレルギー

(1) 同じ抗原の再刺激に対して過剰な反応が起こり，生体に悪影響が出る反応を**アレルギー**という。アレルギーによる悪影響としては，じんましん※1(発疹(ほっしん))，かぶれ(炎症や発疹)，くしゃみ，ぜんそく※2，目のかゆみなどがある。

※1. じんましんとは，皮膚が突然かゆくなって紅色の少し膨れた発疹(浮腫(ふしゅ))が生じる疾患であり，発疹は数十分～数時間で消えることがほとんどだが，繰り返し生じることもある。

※2. ぜんそくとは，発作性のせき，たん，「ゼイゼイ・ヒュウヒュウ」という息使い，呼吸困難などの症状を呈する疾患である。

(2) アレルギーを引き起こす**抗原**となるものを**アレルゲン**という。

(3) アレルギーは，アレルゲンの刺激を受けてから症状が現れるまでの時間によって**即時型(そくじがた)アレルギー**と**遅延型(ちえんがた)アレルギー**に分けられる。即時型アレルギーは，体液性免疫が過剰に反応することで起こり，アレルゲンの刺激を受けるとただちに症状が現れる。遅延型アレルギーは，細胞性免疫が過剰に反応することで起こり，アレルゲンの刺激を受けた1～2日ほど後に症状が現れる。

	獲得免疫の種類	症状が現れるまでの期間	例
即時型アレルギー	体液性免疫が過剰に反応して起こる。	アレルゲンが2回目以降に体内に入り，その刺激を受けるとただちに。	スギ，ヒノキ，ブタクサなどの花粉との接触や特定の食物によって起こる。
遅延型アレルギー	細胞性免疫が過剰に反応して起こる。	アレルゲンが2回目以降に体内に入り，その刺激を受けた後，1～2日後。	ウルシ(漆)，ハゼなどの特定の植物や特定の金属との接触によって起こる。

表26-1　即時型アレルギーと遅延型アレルギー

(4) 即時型アレルギーである**花粉症(かふんしょう)**が起こるしくみをp.234の★ Visual Studyに示した。花粉が鼻粘膜に付着し，アレルゲンとなるタンパク質が花粉から流出して体内に入ると(1回目のアレルゲン侵入)，このタンパク質に対して抗体産生細胞が特殊な抗体(IgEと呼ばれる)を産生する。この抗体は，鼻粘膜の近くに存在しているマスト細胞(肥満細胞)の表面に付着する。2回目以降のアレルゲン侵入により，マスト細胞から**ヒスタミン**という物質が放出される。ヒスタミンは毛細血管壁の細胞どうしの結合をゆるめる作用をもつため，炎症が引き起こされて鼻水やくしゃみなどのアレルギー症状が現れる。

(5) 即時型アレルギーのうち，特に急性のものを**アナフィラキシー**といい，アナフィラキシーのうち，血圧の低下や呼吸困難などの全身性の強い症状を示すことを**アナフィラキシーショック**という。

参考 スズメバチに一度刺されてハチ毒に対する免疫が成立した後に，再びスズメバチに刺されると，アナフィラキシーショックを起こすことがある(起こさない人も多い)。日本において，ハチ毒によるアナフィラキシーショックで亡くなる人は，毎年数十人もいる。

❷ 自己免疫疾患

免疫寛容の獲得が正常に起こらない場合，**自己の成分を抗原として認識・攻撃し，免疫反応を起こす**ことがある。これによって起こる病気を<u>自己免疫疾患</u>といい，例としては以下のようなものがある。

関節リウマチ	手足の関節の組織が抗原と認識され，関節が炎症を起こしたり変形したりする。 参考 痛みや，発熱・肺炎・心膜炎などをともなうこともある。
I 型糖尿病	すい臓のB細胞が抗原と認識され，破壊されてインスリンが欠乏することにより生じる。
重症筋無力症	神経筋接合部のアセチルコリン受容体に対する抗体が生じ，神経から筋肉への正常な伝達が妨げられることで全身の筋力が低下し，眼瞼下垂・歩行障害などがみられる。
多発性硬化症	髄鞘が抗原として認識される。

参考 この他にバセドウ病，橋本病などが知られている。

表26-2　自己免疫疾患

もっと広く深く　がんと治療薬

(1) 生体を構成する細胞から生じ，自律的かつ過剰に増殖する細胞の集合体を腫瘍といい，このうち増殖が早く，周囲の組織を破壊したり，他の部位への転移を起こしたりして，患者を死に至らしめる悪性腫瘍を，一般にがんと呼ぶ。

(2) がん細胞は自己の細胞であるが，正常な細胞とは異なるタンパク質を合成したり，タンパク質を過剰に合成することにより，これらのタンパク質が細胞表面に提示され，NK細胞やT細胞に異物と認識され攻撃される。これをがん免疫監視といい，悪性腫瘍は，がん免疫監視を逃れた細胞から生じる。

(3) 一方，がん細胞を攻撃するためにT細胞が活性化しすぎると，他の正常な細胞を攻撃して自己免疫疾患などを引き起こす可能性が高まる。このため，T細胞には，自己の免疫反応にブレーキをかけるしくみが備わっており，その受容体として細胞表面にPD-1と呼ばれるタンパク質が存在している。

(4) がん細胞は細胞表面に，T細胞のPD-1に結合するPD-L1というタンパク質をもち，このタンパク質をPD-1と結合させることでT細胞の攻撃を抑制して増殖する。

(5) 近年，がん細胞のPD-L1とT細胞のPD-1との結合を阻害するがん治療薬(抗PD-1抗体)*が，PD-1の発見者でもある**本庶佑**博士の研究グループにより開発された。本庶博士は，この研究の功績により2018年ノーベル生理学・医学賞を受賞した。

参考 *製品名はオプジーボ，一般名はニボルマブという。

(6) 従来の抗がん剤が，がん細胞の分裂や成長の阻害などにより増殖を抑えるのに対し，抗PD-1抗体は，体内の免疫反応を活性化する新しいタイプの抗がん剤である。

③ ▶免疫不全

(1) 免疫系が正常に働かないことを**免疫不全**といい，免疫不全には先天的なものと，**エイズ**(**後天性免疫不全症候群**/AIDS)のように後天的なものがある。

(2) エイズは，**ヒト免疫不全ウイルス**(**HIV**)が**ヘルパーT細胞**に感染してこれを破壊することによって起こる病気である(図26-1)。

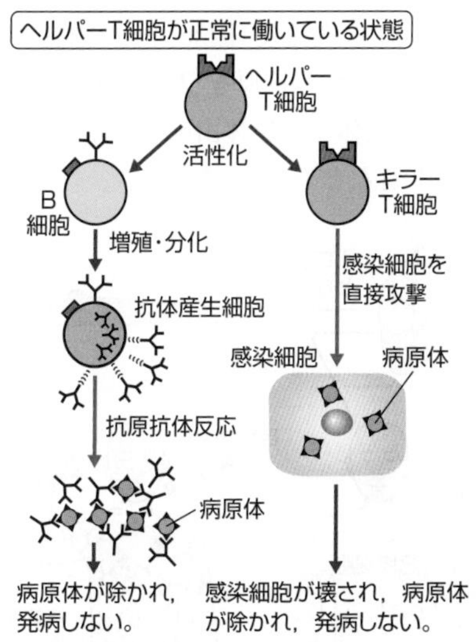

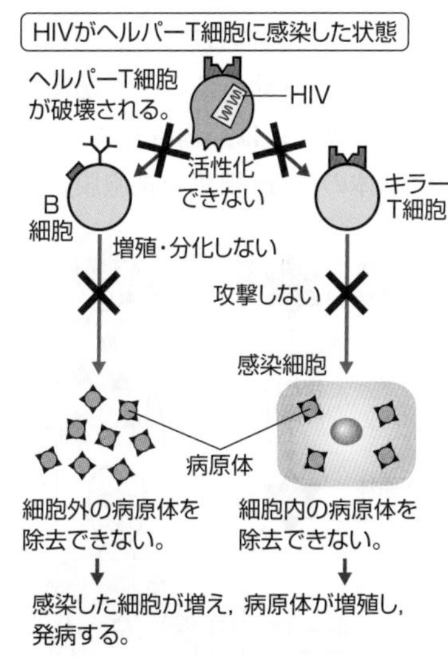

図26-1　HIV感染による免疫機能の破壊

(3) HIV感染者では，治療をしないとHIVが増殖し，獲得免疫の働きが低下するので，健康なヒトでは問題にならないような弱い病原体による感染(これを**日和見感染**という)が起こったり，がんを発症しやすくなったりする。

(4) 日和見感染の例としては，皮膚などに常に存在する病原性の低い菌類であるカンジダ菌が，内臓に侵入して機能低下を引き起こすことがあげられる。

参考 日和見とは，「日和」つまり天候を見るという意味であり，天候を見て行動を決めるように，物事の成り行きを見て有利な方を選択するという意味にも使われる。

(5) HIVの遺伝子は非常に変異しやすく，合成されるタンパク質も変化しやすい。したがって，ある時期に得られたHIVのタンパク質を抗原としてワクチン(☞p.238)を開発し，生産を開始しても，大量のワクチンが使用できる頃にはHIVの遺伝子が変異しており，効果が期待できない。このように現在，HIVに有効なワクチンは開発されていないが，HIVの増殖や働きを抑える薬剤ができ，病気の発症や進行を遅らせることができるようになった。

4 ▶ 予防接種と血清療法

免疫のしくみは，病気の予防や治療にも応用されている。その例として，**予防接種**や**血清療法**などがある。

1 予防接種

(1) 弱毒化，無毒化した病原体や病原体由来の毒素を抗原として健康な人に接種し，人為的に目的の病原体に対する免疫(体液性免疫(図26-2)や細胞性免疫)を獲得させることを**予防接種**(よぼうせっしゅ)といい，接種される抗原を**ワクチン**という。

(2) ワクチンには，弱毒化または無毒化した病原体や病原体由来の毒素のほか，病原体の成分(細菌の細胞膜表面のタンパク質など)が用いられる。

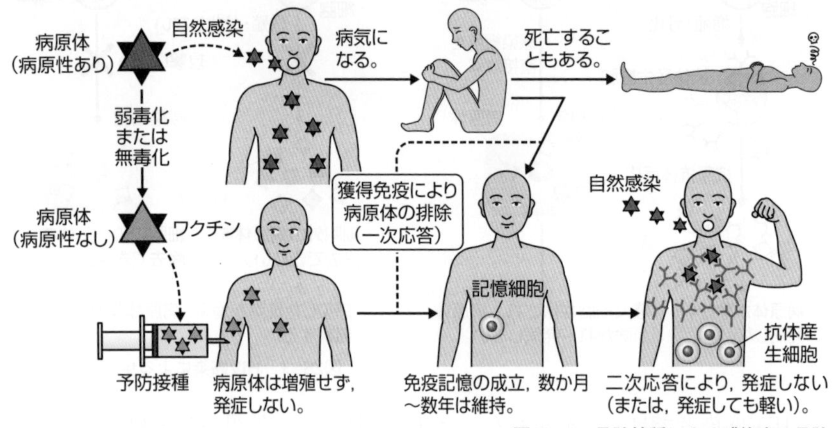

図26-2　予防接種による感染症の予防

(3) 天然痘(てんねんとう)ウイルスによる天然痘は，感染性や死亡率の高い病気であった。18世紀末，イギリスの医師**ジェンナー**は，ウシの天然痘(牛痘(ぎゅうとう))の膿(うみ)を健康な人に接種し，天然痘を予防する方法(種痘(しゅとう))を開発した。19世紀末，**パスツール**が天然痘ウイルスの毒性を弱めて接種する方法を開発したことで，種痘(法)は一般化した。なお，牛痘の接種で天然痘が予防できたのは，牛痘と天然痘のウイルスが非常に似ていたためである。1980年，世界保健機関(WHO)は，天然痘根絶を宣言した。

(4) BCGは結核菌を弱毒化したワクチンである。一方，ツベルクリンは結核菌から抽出したタンパク質であるが，ワクチンとして用いるのではなく，結核菌に対する記憶細胞の有無の判別に用いる。すでに結核菌に感染して免疫記憶が成立している人に接種した場合には，記憶細胞が素早く反応し，炎症が起こって赤く腫れる(陽性)。これを**ツベルクリン反応**という。

2 血清療法

(1) ウサギ・マウス・ウマなどの動物に特定の**抗原**を注入してつくらせた**抗体**を含む**血清**(**抗血清**)を，緊急を要する患者に接種することを**血清療法**という。

(2) マムシやハブなどの毒蛇にかまれた場合，抗血清によってヘビ毒を体内で取り除く血清療法が最も効果的な治療となる。また，血清療法は，破傷風やジフテリアなど，毒性が強いために通常は自分自身のつくり出す抗体だけでは対処しきれない感染症にも有効である。

	予防接種	血清療法
目的・内容	健康な人に，弱毒化・無毒化した病原体や毒素(**ワクチン**)を注入し，免疫を獲得させる(抗体や記憶細胞をつくらせる)ことで感染症を**予防**する。	病人に，動物につくらせた抗体を含む血清(**抗血清**)を注入し，体内の病原体や毒素を無毒化して除去することで**治療**する。
効果	遅効的・長期間有効・免疫記憶が生じる。	即効的・短期間有効。
例	〈弱毒病原体(生ワクチン)〉 結核菌［BCG］，天然痘ウイルス［種痘］，はしか(麻疹)ウイルス，風疹ウイルスなど 〈殺菌・無毒化した病原体・毒素〉 ジフテリア菌の毒素，破傷風菌の毒素，百日咳菌の毒素，狂犬病ウイルス，インフルエンザウイルス，日本脳炎ウイルス，ポリオ(小児麻痺)ウイルスなど	ジフテリア，破傷風，ヘビ毒 参考 異種の動物の血清を注射されたヒトの体内には，異種の動物の抗体を抗原とする抗体がつくられているので，血清を再注射すると，激しいアレルギー(アナフィラキシー)が起こることがある。しかし，最近開発されたヒトの血清を用いると，このようなアレルギーは起こらない。

表26-3 予防接種と血清療法

もっと広く深く 血清療法の開発・改良

(1) 19世紀後半，**北里柴三郎**とベーリングは，破傷風菌のつくる毒素(破傷風毒)の濃度を高めながら動物に何度か注射すると，致死量の破傷風毒を注射しても発症しないことを見いだした。また，この動物に存在する破傷風毒を無毒化する物質(抗体，抗毒素)を含む血清を注射された他の動物は，破傷風毒を注射しても破傷風を発症しないことを発見した。彼らはジフテリア菌に対しても，破傷風菌の場合と同様の手法で抗体を含む血清の効果を確認し，これらの事実から，血清療法を確立した。

(2) 血清には抗体以外の成分も含まれているため，血清の注射により，ウイルス感染や，血しょう中の物質による予期せぬ反応が起こることがある。そこで，現在は，血清から抽出精製した純度の高い**免疫グロブリン製剤**を使う。このような抗体を用いた治療薬は抗体医薬と呼ばれる。

5 ▸ ABO式血液型

1 ABO式血液型の凝集原と凝集素

(1) ヒトの赤血球表面には，A型，B型という2種類の抗原(**凝集原A，B**)があり，それらに対する抗体として，血しょう中には抗A抗体，抗B抗体(**凝集素α，β**)という2種類が存在する。A抗原とα抗体(または，B抗原とβ抗体)が共存すると，抗原抗体反応の一種である凝集反応が起こる。

(2) 抗原の種類と抗体の種類の組み合わせにより，ヒトのABO式血液型は，A型・B型・AB型・O型の4種類に分けられる。この各血液型の血液に，A型のヒトの血清(**凝集素β**を含む)とB型のヒトの血清(**凝集素α**を含む)を加えるとそれぞれ異なる反応が起こる(表26 - 4)。

	A型	B型	AB型	O型
凝集原(AまたはB)の有無	A 赤血球	B	B A	なし
凝集素(αまたはβ)の有無	β	α	なし	β α
A型のヒトの血清	−	＋	＋	−
B型のヒトの血清	＋	−	＋	−

＋：凝集する　−：凝集しない

表26 - 4　ABO式血液型

2 赤血球に存在するABO式血液型の凝集原

ABO式血液型の凝集原は，複数の単糖が結合した糖鎖からなっている。5つの単糖が結合した糖鎖(H抗原，H型糖鎖)は，どの血液型のヒトにも存在し，この糖鎖にもう1つの単糖(図26 - 3の▲または●)が結合(付加)すると，A型のヒトの凝集原(A抗原，A型糖鎖)またはB型のヒトの凝集原(B抗原，B型糖鎖)となる。O型のヒトは糖の付加がない凝集原をもち，AB型のヒトはA抗原とB抗原の両方をもっている。

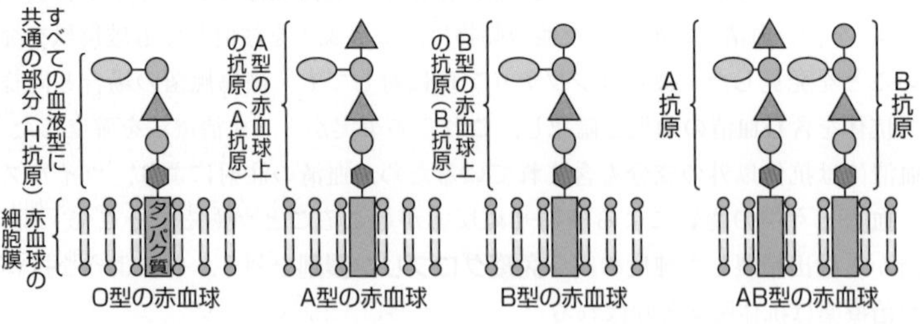

図26 - 3　ABO式血液型の凝集原

もっと広く深く　ABO式血液型

(1) ヒトのABO式血液型(赤血球表面の糖鎖の型)を決める対立遺伝子には，*A*，*B*，*O* の3種類がある。このように，ある1つの形質に関して，3つ以上の遺伝子が対立関係にあるとき，これらの遺伝子を複対立遺伝子(ふくたいりつ)という(☞p.430)。ABO式血液型を決める複対立遺伝子のうち，遺伝子*A*と遺伝子*B*は優劣の関係がないので，遺伝子型*AB*の表現型はAB型となる。また，遺伝子*O*は遺伝子*A*に対しても遺伝子*B*に対しても劣性であるので，遺伝子型*AA*と*AO*はA型，*BB*と*BO*はB型，*OO*はO型になる。

(2) ABO式血液型を決める糖鎖と類似の糖鎖は，ヒト以外の生物でもみられる。例えば，オランウータンはA･B･O･AB型，カメはB型，カボチャはO型のそれぞれに類似した糖鎖をもつ。大腸菌にも，A･B･O型それぞれに類似した糖鎖をもつ種が存在するが，核相が*n*の細菌類には，AB型は存在しない。

(3) 抗体は，侵入した抗原に対してつくられる。例えばA型のヒトは，B型のヒトからの輸血などを受けない限り，自然状態ではB型の赤血球の侵入を受けることはないが，なぜ抗B抗体である凝集素βをもっているのだろうか？　実は，凝集素は生まれながらにもっているのではなく，生後に，母乳に含まれる細菌や，腸内細菌などのほか，環境中に多量に存在している細菌がもつA抗原，B抗原(に類似の糖鎖)に反応してつくられる。

(4) 手術に際して輸血が必要な場合，患者と同じ血液型の血液が用いられる。ABO式血液型について，「O型は誰にでも(どの血液型にも)輸血できる」といわれることがあるが，これは本当だろうか？

参考 ヒトの血液型には，ABO式血液型のほか，Rh式血液型，MN式血液型などがある。

①A型のヒトの血しょう中に含まれる凝集素βは，抗原をもたないO型赤血球を凝集させることはないが，A型赤血球(A抗原をもつ)は，O型のヒトの血しょう中の凝集素αにより凝集するので，A型の血液をO型のヒトには輸血できない。

②O型の血液をA型のヒトに輸血した場合，A抗原もB抗原ももたないO型赤血球は凝集しないが，O型のヒトの血しょう中に含まれる凝集素αはA型赤血球を凝集させる。しかし，輸血量が少量であれば，凝集素αはA型のヒトの体液中で拡散して薄まるので，A型赤血球の凝集反応は起こりにくい。したがって，O型のヒトからA型のヒトへの少量の輸血は可といわれる。しかし，輸血量が多くなれば，凝集素は薄まらず，凝集反応が起こる危険性が高まるので，通常は異なる血液型間での輸血は行われない。

6 ▸ 移植医療

1 拒絶反応の防止

(1) 組織や臓器の移植(移植医療・臓器移植)において，組織や臓器を提供する側を**ドナー**，受け取る側を**レシピエント**という。

(2) 移植医療では，ドナーからの組織や臓器が非自己として認識され，**キラーT細胞**によって攻撃され，脱落することを防ぐために，レシピエントのT細胞の働きを抑える作用をもつ薬剤(免疫抑制剤)が用いられる。

参考 現在，よく用いられている免疫抑制剤として，真菌(カビの一種)から精製したシクロスポリンという物質がある。シクロスポリンは，ヘルパーT細胞がキラーT細胞の活性化を補助するサイトカインの分泌を抑制することで，細胞性免疫の作用を低下させている。

(3) 細胞を加工し，体内に移植・移入することで，傷ついた臓器や組織を回復させる医療を**再生医療**(☞p.506)という。自らの細胞からつくり出した臓器や組織を用いた再生医療では，臓器移植と異なり，拒絶反応やドナー不足の問題が解消されると考えられている。

2 骨髄移植

(1) 骨髄の造血幹細胞の分化・増殖の制御異常が原因で起こる病気として，白血病や再生不良性貧血などが知られている。

(2) これらの病気の治療法の一つである**骨髄移植**は，次のように行われる。

①患者の骨髄への放射線照射などで，異常な造血幹細胞をすべて消失させる。

②次に，他人の正常な造血幹細胞を患者の静脈内に注入して移植し，正常な白血球の増殖を促進させる。

参考 このとき，一般に，他人の造血幹細胞は非自己と認識され，レシピエントのキラーT細胞などに攻撃されて拒絶反応が起こる。さらに，骨髄移植では，移植された造血幹細胞に混ざったT細胞がレシピエントの細胞を非自己と認識して攻撃するので，これをできるだけ取り除いて移植する(この点で，骨髄移植は他の臓器移植とは異なる)。また，非常に低い確率ではあるがMHCの型が一致して自己と認識されるものがあるので，そのような造血幹細胞を用いて移植が行われる。

3 ヌードマウス

(1) **胸腺**が遺伝的に存在せず，T細胞がないか，非常に少ないために，免疫系がほとんど働いておらず，体毛がほとんど生えていないマウスを**ヌードマウス**という。

図26-4　ヌードマウス

(2) ヌードマウスは，他の個体からの組織やがん細胞(腫瘍細胞)の移植に対して拒絶反応を示さないため，免疫の研究に利用される。

第5章

酵素と代謝

代謝とATP

The Purpose of Study 到達目標

Visual Study 視覚的理解

異化と同化における，ATPの意味を正しく理解しよう！

異化

異化は分解反応であり，主に酵素と基質があれば進行する。その結果，生命活動に利用できるエネルギーを含んだ物質（ＡＴＰなど）ができる。

同化

同化は合成反応であり，一般に，酵素と基質とＡＴＰ（エネルギー）がなければ進行しない。

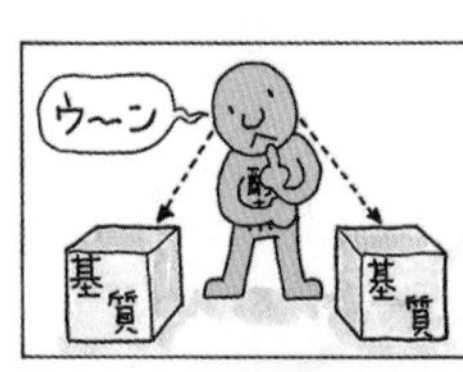

1 ▸ 代謝

(1) **代謝**(☞p.51)は，物質の変化である**物質代謝**と，これにともなうエネルギー変化である**エネルギー代謝**に分けられることがある。

(2) 代謝は，生物の共通性(☞p.11)の一つであるが，他の共通性である「生殖・遺伝」，「恒常性」あるいはその他の生命活動のほとんども，生物が絶え間なく外部から物質やエネルギーを取り入れて，必要な物質を合成し，不用になった物質や熱を外部へ放出するという「代謝」を通じて達成されている。

(3) 代謝は大きく**異化**(いか)と**同化**(どうか)に分けることができる。異化と同化の特徴をまとめると表27-1のようになる。

		化学反応	エネルギー代謝	例
代謝	異化	複雑な物質(有機物)を，簡単な物質(無機物や低分子の有機物)に**分解**する反応。	分解される物質から**エネルギーが放出**される。	呼吸 発酵
	同化	簡単な物質から，複雑な(生命活動に必要な)物質を**合成**する反応。	合成される物質に**エネルギーが吸収**される。	炭酸同化 窒素同化

参考 消化などの加水分解反応は異化であるが，多糖類のデンプンが加水分解されて生じたグルコースは，呼吸によって水と二酸化炭素にまで分解(異化)される場合と，多糖類のセルロースなどに合成(同化)される場合がある。

表27-1　異化と同化

2 ▸ 独立栄養生物と従属栄養生物

生物は，生命活動に必要なエネルギー源となる物質および生物のからだを構成する有機物をどのように調達するかによって，独立栄養生物と従属栄養生物に大別される。

	物質の調達の仕方	能力	生物例
独立栄養生物(どくりつえいよう)	体外から無機物のみを取り入れ，エネルギー源とし，また，生物のからだを構成する有機物を合成している。	炭酸同化ができる。	植物，藻類，光合成細菌，化学合成細菌
従属栄養生物(じゅうぞくえいよう)	他の生物が合成した有機物を体外から取り入れ，エネルギー源としたりからだを構成する有機物につくり変えたりしている。	炭酸同化ができない。	動物，菌類(カビ・キノコの仲間)，多くの細菌

表27-2　独立栄養生物と従属栄養生物

③ ▸ ATP

(1) 生物体のエネルギー代謝で，エネルギー放出反応とエネルギー吸収反応の仲立ちを行う重要な役割を担うのは，ATPと呼ばれる物質である。

(2) ATPは，アデニンという塩基とリボースという糖が結合したアデノシンに3個のリン酸が結合した物質で，アデノシン三リン酸の略号である。

(3) ATP分子内のリン酸どうしの結合(図27-1中の～)は，加水分解によって切断されると，ふつうのリン酸結合の加水分解よりも多量のエネルギーを放出するので，高エネルギーリン酸結合と呼ばれる。ATPから1つのリン酸が取れると，ADP(アデノシン二リン酸)になる。

参考 アデノシンは，核酸の一種であるRNAの構成成分の一つでもある。

(4) 1 molのATPが生物体内で利用されるとき，分解されて1 molのADPと1 molのリン酸になるとともに，30.5 kJ(キロジュール)のエネルギーを放出する。一方，1 molのADPと1 molのリン酸が結合するときは，30.5 kJのエネルギーが取り込まれて，1 molのATPが合成される。

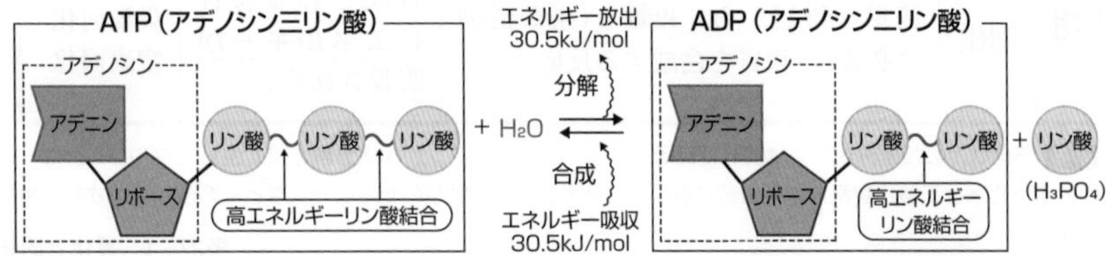

図27-1　ATPの構造・合成・分解

④ ▸ エネルギーの変化と化学反応の起こりやすさ

(1) 物質のもつ化学エネルギー(物質から取り出せるエネルギー)は，物質ごとに異なり，化学反応によって物質の変換が起こると，反応系に含まれる物質のエネルギーの総和も変化する。このとき，エネルギーの総和が減少する方向の化学反応は起こりやすく，減少する分のエネルギーが放出される。

(2) それに対して，エネルギーの総和が増加する方向の反応は起こりにくく，増加分に見合うエネルギーの供給がないと反応は進行しない。

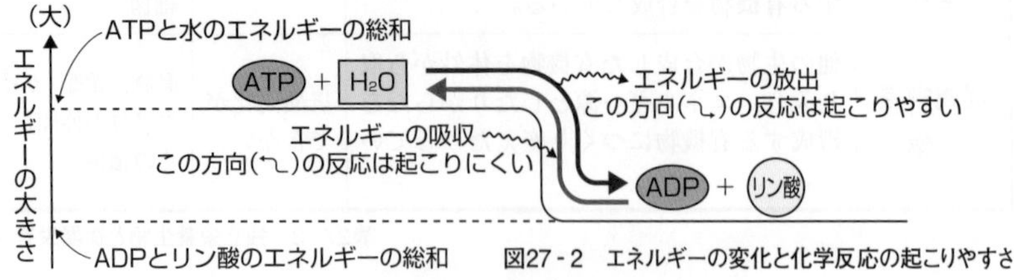

図27-2　エネルギーの変化と化学反応の起こりやすさ

5 ▶ エネルギー代謝とATP

自然界では，植物などが行う光合成によって，**光エネルギー**から**ATP**が合成され，**ATP**の**化学エネルギー**によって有機物が合成される。この有機物が植物や動物などの呼吸によって分解されると，エネルギーが放出される。放出されたエネルギーは，生命活動に直接使われず，まず**ATP**中に化学エネルギーとして蓄えられる。必要に応じて**ATP**が分解され，その際に生じる化学エネルギーが生命活動に利用される(図27-3)。また，**ATP**はヒトから細菌まですべての生物に共通した物質なので，**エネルギーの通貨**にたとえられる。

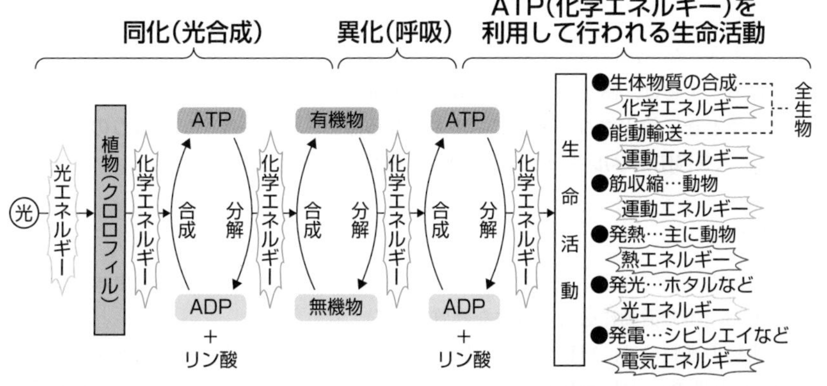

図27-3　エネルギー代謝とATP

田部の裏づけ

ATPはなぜ「エネルギーの通貨」にたとえられるか

例えば，ある人が仕事の報酬として，高価なダイヤモンドを受け取ったとしても，ゲームもできないし，時計を買うこともできない。しかし，ダイヤモンドを貴金属店でお金に交換すると，ゲームもできるし時計も買える。

呼吸によって有機物(呼吸基質)が分解されたときに生じる化学エネルギーは，上のダイヤモンドに相当するので，種々の生命活動(生体物質の合成，能動輸送，筋収縮，発熱，発光，発電など)に直接利用することはできない。

しかし，呼吸によって生じたエネルギーをもとに合成された**ATP**は，上のお金に相当し，**ATP**中の化学エネルギーは，必要に応じて取り出しやすい状態にあり，種々の生命活動に利用される。このように，**ATP**は，すべての生物においてあらゆる生命活動に必要なエネルギーを直接供給できる物質であるので，「エネルギーの通貨」にたとえられる。

もっと広く深く　エネルギーとATPについて

1 エネルギーについて

(1) エネルギーとは"仕事をする能力"のことである。種々の生命活動は，生物が行う仕事であるから，エネルギーを必要とする。

(2) 分子は，原子と原子(原子団と原子団)とが一定の法則に従って結合したもので，一定量の**化学(化学結合)エネルギー**を保有している。

(3) エネルギーは，化学エネルギーなどの**位置エネルギー**と，光エネルギーや熱エネルギーなどの**運動エネルギー**に大別され，これらは相互変換できる。

(4) 化学エネルギーを豊富にもつ物質(エネルギー量E_1をもつ不安定な物質)が化学変化を起こし，化学エネルギーの乏しい物質(エネルギー量E_2をもつ安定な物質)に変わるとき，E_1-E_2に相当する化学エネルギーが放出され，その一部は熱エネルギーになる。生物は，熱エネルギーを直接，生命活動に利用できないので，**物質が分解されるときに放出される化学エネルギーから熱エネルギーを引いた残りのエネルギー(これを自由エネルギーという)を仕事(種々の生命活動)に利用する。**

2 ATP

(1) **ATP**は，分子量507(グルコースの分子量180の3倍弱)で，多くの自由エネルギーをもち，生命活動に必要不可欠な物質である。

(2) 生物の細胞には，1日の生命活動を維持するために必要な量の約1000分の1から1万分の1の量のATPしか存在しておらず，この少量のATPが，下図に示す分解反応と合成反応を1日当たり1000回から1万回繰り返すことで，生命活動が営まれている。これにより，本来の使途(生体物質の合成や能動輸送など)に使われることなく余ったATPのエネルギーが，DNAや細胞膜などに作用して，その構造や機能に損傷を与えることなどを防いでいる。

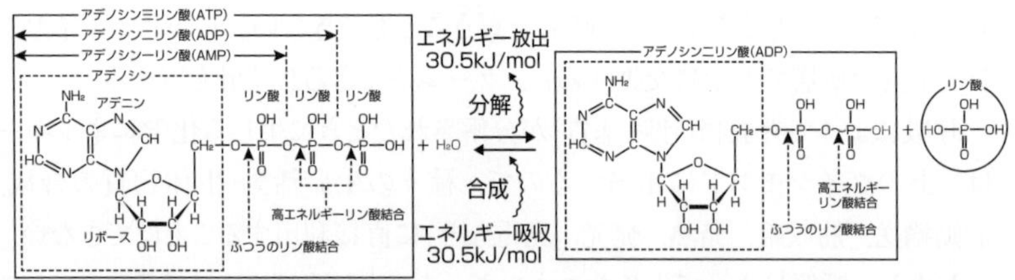

(3) 生命活動に必要なエネルギーは，ATPのADPとリン酸への分解以外に，ATPのAMP(アデノシン一リン酸)とⓅ～Ⓟ(ピロリン酸)への分解や，GTP(グアノシン三リン酸)のGDPとリン酸への分解などの反応から放出されることもある。

3 高エネルギーリン酸結合

(1) 101.3kPa(1気圧)，25℃，pH7の条件下で，**ATP**の高エネルギーリン酸結合の加水分解によって1molのリン酸が遊離されるごとに生じる自由エネルギーは，約30kJである。これは，ふつうのリン酸結合(低エネルギーリン酸結合)の約13kJ/molよりは大きいが，炭素どうしの結合(例えば**C−C**)の約300kJ/molより著しく小さい。したがって，**ATP**の高エネルギーリン酸結合は，単に高いエネルギーをもつ結合ということではなく，どのような生命活動にも使える自由エネルギーを多くもった結合であるという点において特異である。

参考 ATP 1mol当たりの高エネルギーリン酸結合から放出されるエネルギーの値は，pH，温度などの測定条件によって異なり，約30〜60kJ/molと幅がある。

(2) pH7の条件下では，**ATP**の3個のリン酸のヒドロキシ基(水酸基；**−OH**)は，ほとんど完全に電離して陰イオンとなっており(下図の◌部分)，互いに反発して不安定な状態にある。また，**P=O**結合の酸素原子は，電気陰性度が大きく電子(e^-)を引きつける傾向があるので，**−P−O−P−O−P−**の鎖は正(+)電荷(δ^+)を多くもち，正電荷による反発力で非常に切れやすくなっている。この反発力に逆らって結合を維持するためには，分子がそれだけ余分に内部エネルギーをもたなければならない。これは，高エネルギーリン酸結合が，ふつうのリン酸結合より多くのエネルギーをもつことの理由の一つである。

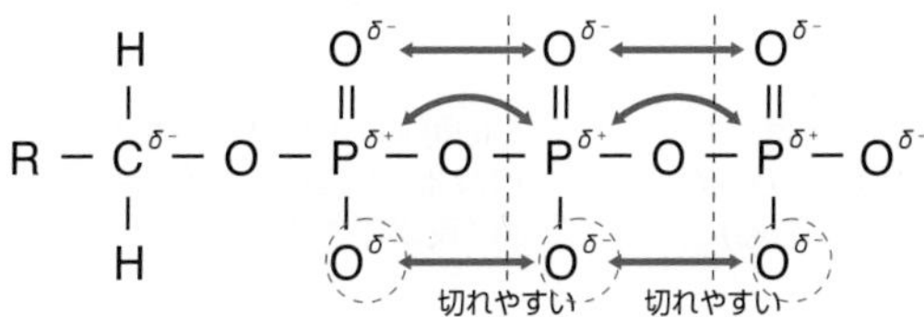

図中のδ^+は正電荷，δ^-は負電荷を表し，⟷は反発力を表す。

(3) ATP以外の高エネルギーリン酸結合をもつ物質(高エネルギーリン酸化合物)として，解糖系の物質であるホスホエノールピルビン酸(☞p.271)(ピルビン酸に分解される際に約60 kJ/mol放出)，1,3-ビスホスホグリセリン酸(3-ホスホグリセリン酸に分解される際に約50 kJ/mol放出)，脊椎動物の筋細胞中に含まれる物質であるクレアチンリン酸(クレアチンに分解される際に約45 kJ/mol放出)，無脊椎動物の筋肉中に含まれるアルギニンリン酸などがある。なお，クレアチンリン酸やアルギニンリン酸のように，高濃度で細胞内に存在し，ADP＋リン酸→ATP＋H_2Oと共役(☞p.254)して脱リン酸化されることで，細胞内のATP濃度をある一定範囲に維持する役割をもつ物質をホスファゲンという。

第28講 酵素の構造と働き

The Purpose of Study 到達目標

Visual Study 視覚的理解

構成要素による酵素の分類を，イメージとして頭にたたき込もう！

この酵素（空手家）はタンパク質（手）のみで働ける（攻撃できる）。

この酵素（ボクサー）はタンパク質（手）と補酵素（グローブ）が結合したときだけ働ける（攻撃できる）。

空手家

タンパク質のみで構成されている酵素

ボクサー

タンパク質と補酵素から構成されている酵素

1 ▶ 酵素

(1) 例えば，過酸化水素が水と酸素に分解される反応は，酸化マンガン(Ⅳ)などの無機物，あるいはカタラーゼを加えることで急速に進行する(☞p.52)。

(2) 酸化マンガン(Ⅳ)のような**触媒**(☞p.52)を**無機触媒**といい，カタラーゼのような生物によってつくられる触媒を**酵素**(こうそ)(**生体触媒**)という。

(3) 酵素が作用する相手の物質を**基質**(きしつ)※といい，酵素が関与することで起こる反応(これを**酵素反応**という)によって生じる物質を**生成物**(せいせいぶつ)という。

※基質には次のような意味もある。①物質代謝の一連の過程の起点となる物質(例：呼吸基質☞p.279)　②細胞間のすき間を埋める物質(例：細胞外基質(細胞間物質・細胞外物質・細胞外マトリックス))　③細胞質中で明瞭な構造のない可溶性成分(例：細胞質基質)

(4) 酵素が基質に作用する力を酵素の**活性**(かっせい)(酵素活性)といい，反応速度(単位時間当たりの「基質または生成物」の変化量)で表すことが多い。酵素が，高温や極端なpHなどの条件により，立体構造が変化して(**変性**して)，その活性がなくなることを**失活**(しっかつ)という。

2 ▶ 活性化エネルギー

(1) 物質は，ふつうの状態では安定しているので，簡単には化学反応を起こさないが，一定量のエネルギーが与えられると，十分なエネルギーをもち，反応しやすい状態(活性化状態)になる。物質がこのような状態になるために必要なエネルギーを**活性化エネルギー**(かっせいか)という。言い換えれば，活性化エネルギーの大きさは，化学反応が起こることを妨げる壁の高さである。

(2) 物質に熱を加えると，物質のもつエネルギーが上昇し，そのエネルギーが活性化エネルギーのレベルを超えると化学反応が起こるが，常温でも**触媒**が働くと活性化エネルギーのレベルが低下するので，化学反応が起こりやすくなる(図28-1)。

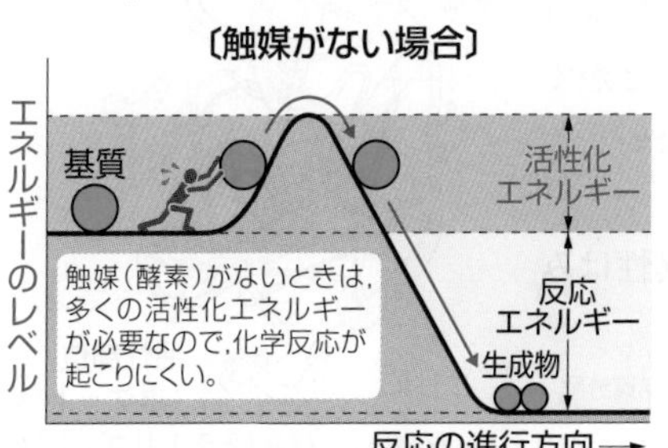

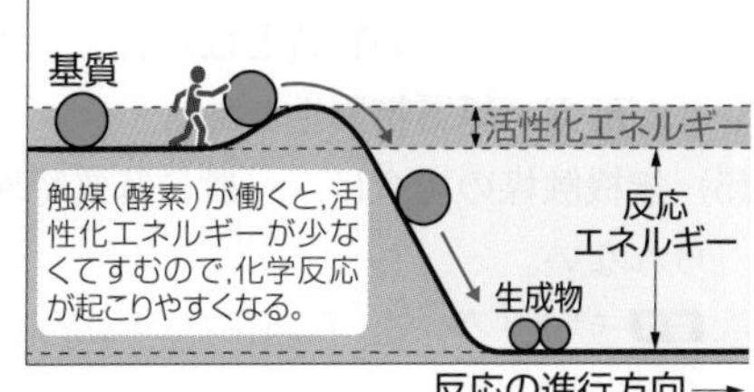

図28-1　触媒の有無と活性化エネルギーのレベル

③ 無機触媒にはみられない酵素の性質

酵素は，主成分が**タンパク質**(熱に弱い物質)なので，酸化マンガン(Ⅳ)などの無機触媒とは異なる性質(特性)をいくつももっている。これらの性質のうち，以下の①～③は，ほとんどすべての酵素がもっている。

①**基質特異性**：酵素は特定の基質にしか働かない(作用しない)。

例 マルターゼの基質はマルトース，アミラーゼの基質はデンプンやグリコーゲン

②**最適温度**：酵素の種類ごとに，反応に最も適した温度条件がある。

例 多くの酵素の最適温度は30～40℃，植物アミラーゼは約50℃

③**最適pH**：酵素の種類ごとに，反応に最も適したpH条件がある。

例 ペプシンはpH2.0，トリプシンはpH8.0

1 基質特異性

(1) 個々の酵素はそれぞれ特定の基質にしか働かない。例えば，アミラーゼはデンプンを分解することはできるが，マルトースを分解することはできない。酵素がこのように特定の物質にしか働かないという性質を酵素の**基質特異性**という。

(2) なお，基質特異性を「どの酵素も作用できる基質は1種類だけ(一酵素一基質)」と考えてはいけない。例えば，アミラーゼはデンプンの他にグリコーゲンも分解することができる。つまり，酵素はどのような物質にも作用するというわけではなく，限られた物質にのみ作用するということである。

(3) 酵素が化学反応を促進するとき，酵素は基質とぶつかり，その基質と一時的に結合する。このとき，基質と結合するのは，酵素のタンパク質のうちのごく一部分にすぎない。このような部分を酵素の**活性部位**(活性中心)という(図28 - 2)。

(4) **酵素の活性部位は，酵素の種類によって特定の立体構造をとっている**ので，これに適合する物質(基質)とは結合・反応することができるが，その他の物質とは結合できない。これが酵素の**基質特異性**である。

(5) 無機触媒の場合は，一般に基質特異性はみられない。

参考 キモトリプシンは，すい臓でつくられるタンパク質分解酵素の一種である。

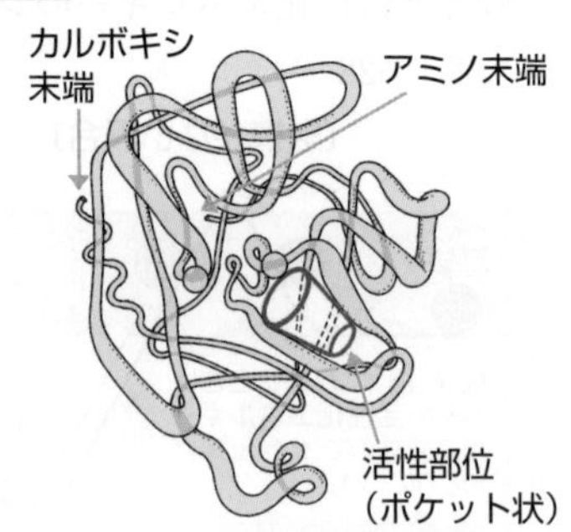

図28 - 2 酵素(キモトリプシン)の立体構造

2 最適温度

(1) 一般に，温度の上昇にともない酵素の反応速度(活性)も上昇するが，一定の温度を超えると反応速度は急激に低下する。

(2) これは，温度が上昇すると，それにともない分子の運動エネルギーが大きくなり，活性化エネルギー以上のエネルギーをもつ分子の数が増加するが，ある一定以上の温度になると，酵素の活性部位の**立体構造**(りったいこうぞう)が変化して，基質と結合できない酵素が増えていくからである。

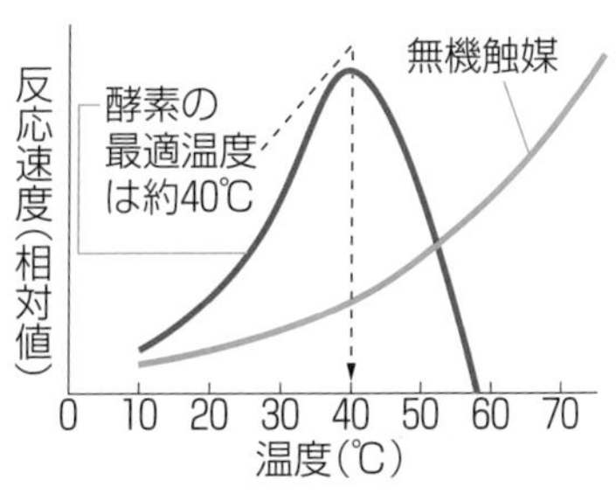

図28-3　最適温度

(3) この結果，酵素反応が最も活発になる温度(範囲)が存在する。その温度を酵素の**最適温度**という。

(4) 酵素の最適温度は**30**〜**40**℃であることが多い。無機触媒の場合には最適温度は存在せず，反応速度は温度の上昇とともに大きくなる(図28-3)。

(5) 好熱菌のなかには，70〜80℃でも生息できるものがいる。また，熱水噴出孔(☞p.673)などの高温環境で生息する超好熱菌の仲間には，最適温度が105℃の酵素をもち，120℃でも生息可能なものがいる(☞p.746)。これらの生物のタンパク質は，高温でも変性しないような強固な立体構造をもっている。

参考 好熱菌の酵素は，高温に弱いふつうの酵素に比べて分子内に多数のジスルフィド結合(S-S結合)をもち，高温に強い立体構造をとっている。なお，PCR法(☞p.578)で用いられるDNAポリメラーゼ(超好熱菌から得られるDNAポリメラーゼ)は，水素結合やイオン結合のネットワークなどにより強固な立体構造をもっているので，90℃以上の高温でも失活しない。

3 最適pH

酵素の活性部位を構成するアミノ酸のなかには，水溶液中でイオン化するもの(リシンやグルタミン酸など)がある。活性部位がどの程度イオン化するかは，周囲のpHの影響を受け，イオン化の程度により立体構造が変化する場合がある。酵素の活性部位を構成するアミノ酸が，ある一定のイオン化状態に保たれると，酵素は高い活性を示すので，酵素反応が最も活発になるpHが存在する。そのpHを酵素の**最適pH**という。

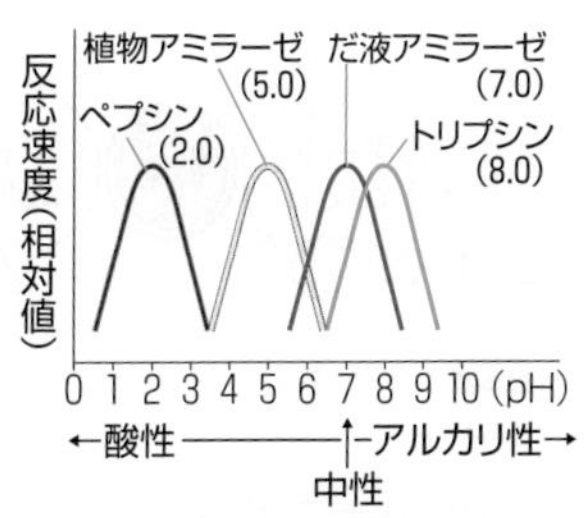

※(　)内の数値はそれぞれの酵素の最適pH

図28-4　最適pH

④ ▸ エネルギーが増加する反応

(1) 化学反応は，反応にかかわる物質のもつエネルギーが減少する方向に起こりやすい。つまり，エネルギーが放出される反応(図28-5①)はゆっくりであるが自然に(触媒なしでも)進行する。これに対して，エネルギーが増加する方向には化学反応は起こりにくい。つまり，エネルギーを吸収する反応(図28-5②)は，自然には進行しない。

(2) 無機触媒や酵素は，活性化エネルギーを低下させることにより，ゆっくりではあるが自然に進行する反応を速めることはできるが(図28-5③)，自然には進行しない反応を起こすことはできない(図28-5④)。

(3) しかし，一部の酵素は，ATPの加水分解というエネルギー放出反応(図28-5⑤)で放出されたエネルギーを利用して，自然には起こりえないエネルギー吸収反応を進行させることができる(図28-5⑥)。

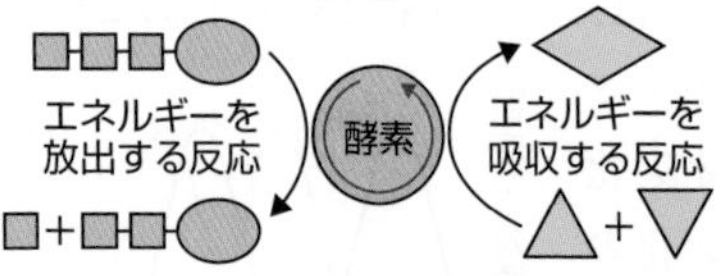

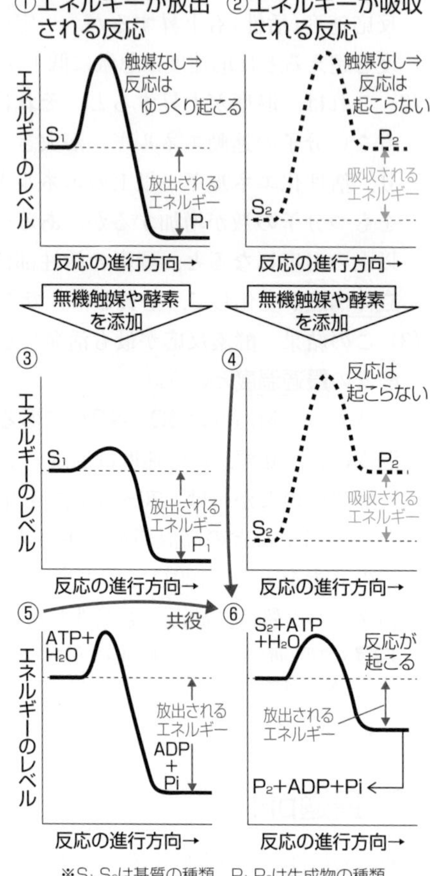

図28-5 反応の進行にともなうエネルギーレベルの変化

参考 このように，エネルギー放出反応を利用してエネルギー吸収反応を進行させることを，エネルギー共役(きょうやく)という。

(4) (3)のような能力をもつ酵素としては，窒素同化の際に働くグルタミン合成酵素(☞p.323)，解糖系においてグルコースをリン酸化(☞p.271)する酵素，Na^+-K^+-ATPアーゼなどがある。

参考 Na^+-K^+-ATPアーゼはエネルギー放出反応と能動輸送の共役という特殊な例である。

5 ▸ 働きによる酵素の分類

分類[*1]	働き	例
酸化還元酵素	$S_1H_2 + S_2 \leftrightarrow P_1 + P_2H_2$	カタラーゼ，コハク酸脱水素酵素など
加水分解酵素	$S_1S_2 + H_2O \rightarrow P_1H + P_2OH$	ペプシン[*2]，ATP分解酵素など
合成酵素（リガーゼ）	ATPなどのエネルギーを用いて2分子を結合させる。 $S_1 + S_2 +$ ATP $\rightarrow P_1P_2 +$ ADP $+$ リン酸	DNAリガーゼ，グルタミン合成酵素など
転移酵素	基質分子の一部（アミノ基など）を他の分子に移す。 $S_1X + S_2 \leftrightarrow P_1 + P_2X$	DNAポリメラーゼ，RNAポリメラーゼ，アミノ基転移酵素など
脱離酵素（リアーゼ，除去付加酵素）	ある基（原子団）を脱離し，二重結合を生じさせる。 $S_1X \leftrightarrow P_1 + X'$	脱炭酸酵素（デカルボキシラーゼ，脱カルボキシラーゼ）

S_1，S_2：基質分子の本体　P_1，P_2：生成物分子の本体　H：水素分子
OH：ヒドロキシ基　X，X'：特定の原子団

表28-1　働きによる酵素の分類

参考　＊1．働きによる酵素の分類としては，上の表に示したものの他に，異性化酵素（異性体を生じさせる酵素）がある。

＊2．酵素のなかには，ポリペプチド鎖の一部が切り離されると活性を示す（活性化される）ものがある。例えば，胃の細胞から分泌された**ペプシノーゲン**は，酵素としては不活性であるが，胃液中の塩酸によってポリペプチド鎖の一部が切り離されると，タンパク質分解酵素として活性のある**ペプシン**になる。ペプシンは，胃の細胞内ではペプシノーゲンとして生成されるので，胃の細胞を構成するタンパク質を分解することはない。また，胃の内壁は多糖類（炭水化物の一種）を主成分とする粘液で覆われているので，ペプシンによって分解されることはない。

6 ▸ 構成要素による酵素の分類

酵素は，タンパク質のみで基質に作用できるものと，タンパク質本体の他に，タンパク質ではない有機物を必要とするものがある。このような非タンパク質性の物質のうち，熱に強い低分子の有機物を**補酵素**（ほこうそ）という。

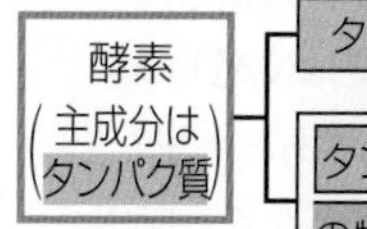

タンパク質のみで十分な活性がある酵素　例 消化酵素の一部

タンパク質[*] に 補酵素などのタンパク質以外の物質[**] が結合すると十分な活性がある酵素　例 脱水素酵素など
補酵素として，ビタミンB群（NAD^+，$NADP^+$，FAD）をもつ

参考　1．上図の[*]のように，単独では酵素活性のないタンパク質をアポ酵素といい，アポ酵素がタンパク質以外の物質と結合して活性をもつようになった酵素をホロ酵素という。

2．上図の[**]のような物質を補助因子（補因子，共同因子，コファクター）という。補助因子には金属イオンや非タンパク質性の物質が含まれ，非タンパク質性の物質は酵素のタンパク質とゆるく結合する補酵素と，強く結合する補欠分子族（団）に分けられることがある。

NAD^+($NADP^+$)とFAD

(1) NAD(ニコチンアミドアデニンジヌクレオチド)は，電子(e^-)を1つ離して正電荷を帯びた状態(NAD^+)になると，呼吸のクエン酸回路(☞p.272)で働くリンゴ酸脱水素酵素などの脱水素酵素の酵素タンパク質とゆるく結合し，酸化型補酵素(酸化剤)として，下図(＋は一部の正電荷を，•は一部の電子(負電荷)を表す)のように働く(酸化・還元については☞p.270)。

(2) NAD^+は，脱水素酵素が基質から引き抜いた2つの水素原子(2つの水素イオン(H^+)と2つのe^-からなる)を受け取ると，還元型補酵素(NADHと遊離したH^+)になる(下図①，②)。

(3) 還元型補酵素は，酵素本体から離れて，他の物質(酸化剤)に2つの水素原子を渡して酸化型補酵素に戻り(下図③)，再び酵素タンパク質と結合して酸化型補酵素として働く(下図④)。

(4) この反応において，還元型補酵素のふるまいは，NADH単独の分子というより，「NADHとH^+のセット」と考えた方がわかりやすいので，NADの還元型は「NADH+H^+」と表す。なお，NADにリン酸基が1つ付け加わったNADP(ニコチンアミドアデニンジヌクレオチドリン酸)は，酸化型補酵素$NADP^+$や還元型補酵素NADPH+H^+として働き，主に光合成(☞p.292)における還元剤としての役割をもつ。

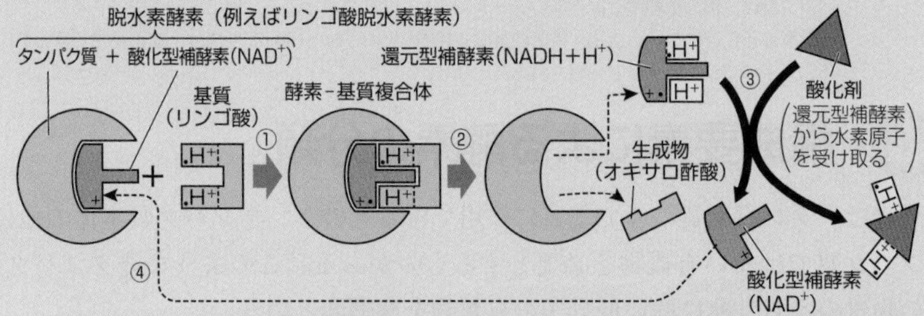

(5) FAD(フラビンアデニンジヌクレオチド)は，コハク酸脱水素酵素(☞p.274)などの脱水素酵素の補酵素として働くが，その酸化型はNAD^+のように正電荷を帯びることなく，FADであり，還元型は$FADH_2$である。また，$FADH_2$はNADH+H^+のように酵素タンパク質から離れることはなく，反応の間，酵素タンパク質に強く結合している(補欠分子族である)。

(6) NAD，NADP，FAD，ATPなどエネルギー代謝に関連する物質には，RNAの構成成分であるリボヌクレオチドやその誘導体が多い。このことは，「RNAワールド」(☞p.693)の考え方の根拠の一つとなっている。

7 ▶ 補酵素の存在を確認する実験

[実験方法・結果]

(1) 酵母をすりつぶした液(酵母液)をセロファンの袋に入れ，水中に浸す(図28 - 6①)。この操作(**透析**(とうせき))により得られた袋の内液(図28 - 6④)と外液(図28 - 6⑤)のいずれにも発酵能力はない。

(2) 酵母液は煮沸(しゃふつ)される(図28 - 6③)と，発酵能力がなくなる(図28 - 6⑦)。

(3) (1)の袋の内液と(2)の煮沸した酵母液を混合する(図28 - 6②)と，発酵能力が回復する(図28 - 6⑥)。

[結論]　発酵に関与する酵素のなかには，**補酵素**(セロファンを透過する低分子であり，熱に強い物質)を必要とするものがある。

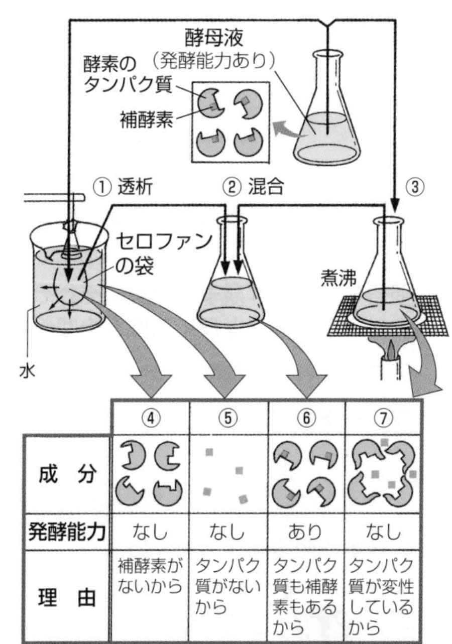

	④	⑤	⑥	⑦
成　分				
発酵能力	なし	なし	あり	なし
理　由	補酵素がないから	タンパク質がないから	タンパク質も補酵素もあるから	タンパク質が変性しているから

図28 - 6　補酵素の存在を確認する実験

透析すると，どうしてタンパク質と補酵素が分けられるのか？

酵素のタンパク質と補酵素は，水中で結合・分離を繰り返している。高分子と低分子の溶質の混合溶液を，セロファンのように水と低分子の溶質を透過させる半透膜の袋に入れ水中に浸すと，袋の内外で濃度差が生じるので，拡散により低分子の溶質は袋外へ出るが，高分子の溶質はセロファンを通過できず袋内に残る。このようにして高分子と低分子を分離する操作を**透析**(下図)という。透析によって，高分子のタンパク質は袋内に残り，低分子の補酵素は袋外へ出るのである。

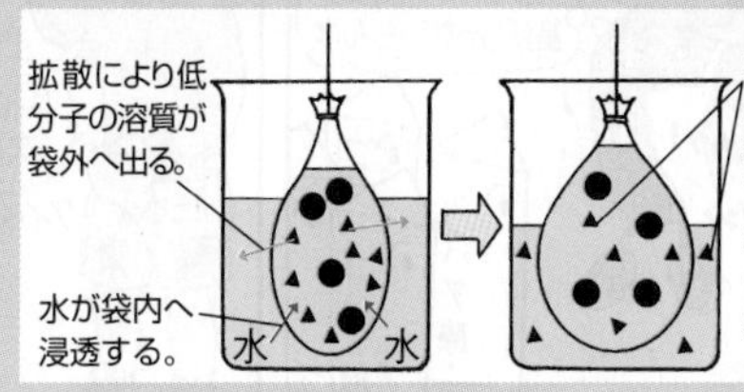

第29講 酵素反応の速度

The Purpose of Study 到達目標

1. 基質濃度と酵素反応の速度との関係と，酵素の反応時間と生成物濃度との関係をそれぞれグラフに表し，グラフがそのような形になることを説明できる。 …… p. 259〜261
2. 競争的阻害と非競争的阻害のそれぞれについて，阻害物質の有無における基質濃度と反応速度との関係のグラフの違いを明示できる。 … p. 262
3. アロステリック酵素について説明できる。 …… p. 263
4. フィードバック阻害について説明できる。 …… p. 263

Visual Study 視覚的理解

競争的阻害をイメージしよう！

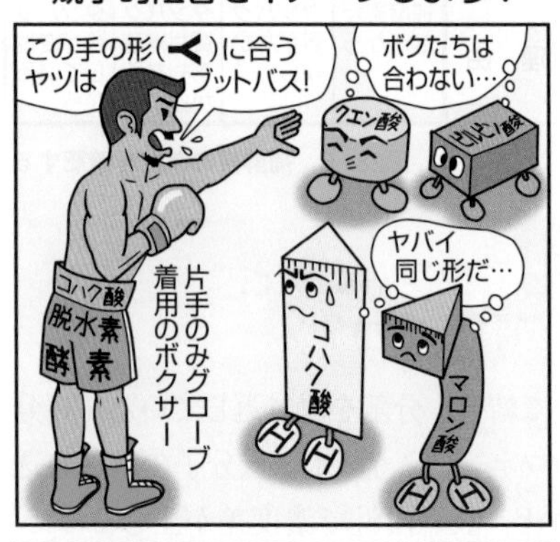

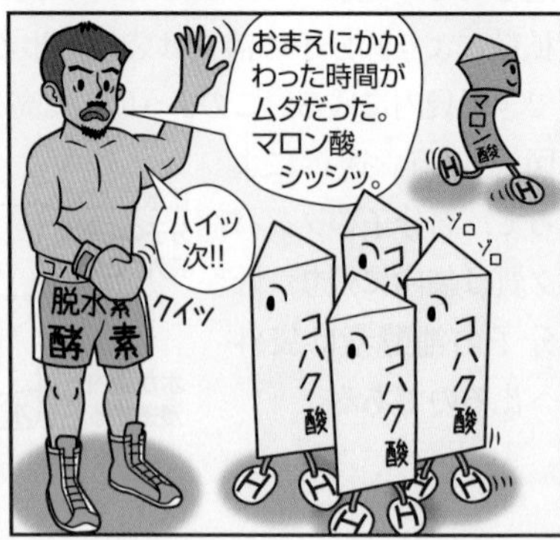

①▶酵素反応の過程

(1) 酵素が化学反応を触媒するときは，まず，**酵素**(E)と**基質**(S)が結合して，**酵素-基質複合体**(こうそ-きしつふくごうたい)(ES)が形成される(図29-1①)。なお，この過程は可逆的であり，酵素-基質複合体の一部は酵素と基質に戻る。

(2) 次に，基質は酵素の作用を受け，**生成物**(P)になる(図29-1②)。

(3) 酵素は生成物を離し，再び基質と結合できる状態に戻る(図29-1③・④)。

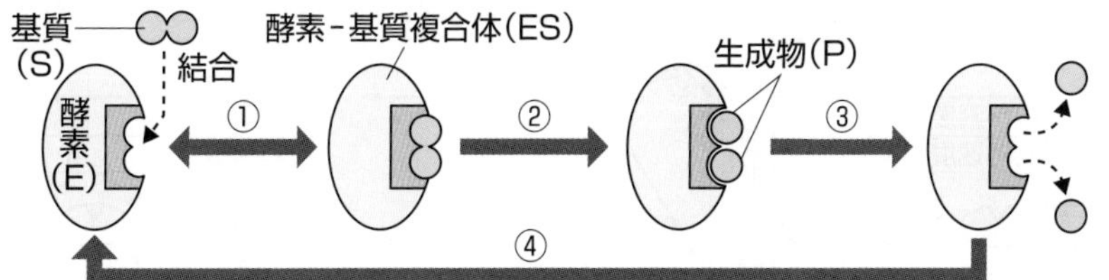

図29-1　酵素反応の過程

(4) (1)～(3)の過程を式に表すと以下のようになる。1分子の酵素は，この過程を繰り返しながら，1秒間に約10^3～10^6個の基質分子に作用する。

酵素(E) + 基質(S) ⇄ 酵素-基質複合体(ES) ⟶ 酵素(E) + 生成物(P)

└ 酵素の結合性(親和性) ┘　└ 酵素の反応性 ┘

②▶酵素反応の速度

1　基質濃度と酵素反応の速度との関係

(1) 酵素濃度一定における基質濃度と酵素反応の速度(一定時間当たりの生成物量)との関係は，図29-2のグラフのようになる。

(2) 基質が低濃度では，基質に対して酵素が余るので，基質濃度の増加に応じて酵素-基質複合体の濃度も高まり，反応速度は上昇する(図29-2①・②)。

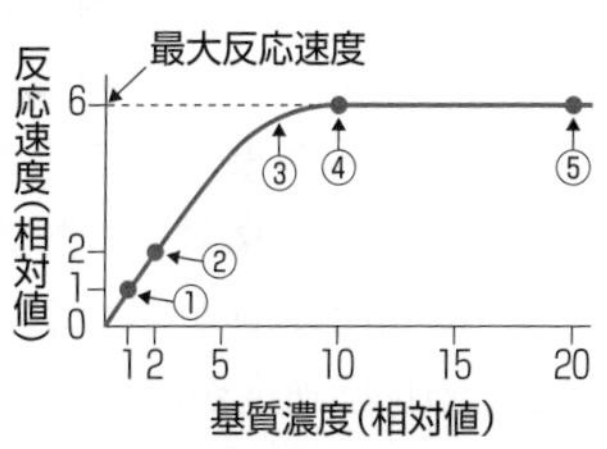

図29-2　基質濃度と酵素反応の速度

(3) 基質濃度をさらに高めると，反応速度の上昇の割合はしだいに小さくなり(図29-2③)，**基質濃度がある値以上になると反応速度は一定**になる(図29-2④・⑤)。これは，酵素に対して濃度が上昇した基質が過剰になり，やがてすべての酵素が基質と結合して酵素-基質複合体となるので，基質濃度をある値以上にしても酵素-基質複合体の濃度は変わらないからである。このときの反応速度を，その酵素濃度における**最大反応速度**という。これらのことから，酵素反応の速度は**酵素-基質複合体の濃度に比例**することがわかる。

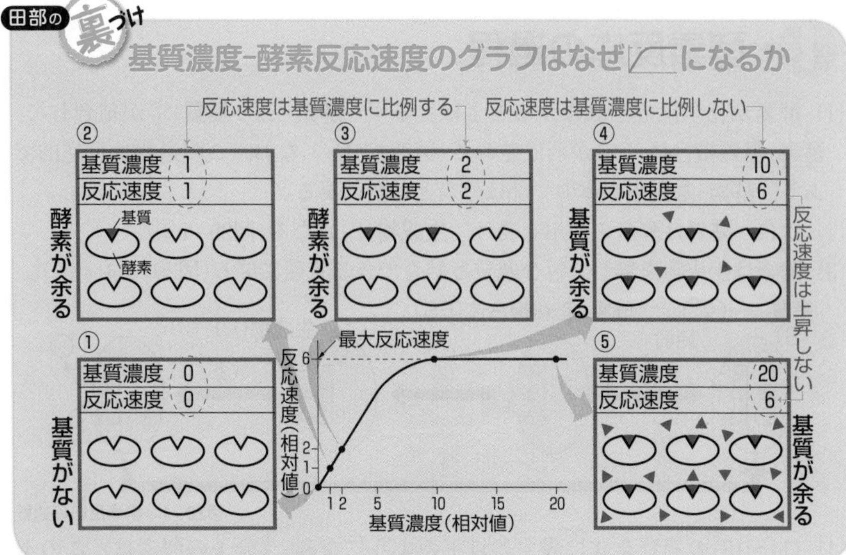

2 酵素濃度と酵素反応の速度との関係

(1) ある酵素濃度を1とし，それに対して酵素濃度を2倍，または$\frac{1}{2}$倍にして基質濃度の上昇にともなう酵素反応の速度を測定すると，図29-3の上図のようになる。これは，酵素濃度を高めると，酵素と基質がぶつかる頻度が高まるため反応速度が大きくなり，反対に，酵素濃度を下げると，酵素と基質がぶつかる頻度が低下するため反応速度が小さくなるからである。

(2) 基質濃度が十分な条件下(図29-3の上図では基質濃度が10以上)で，酵素濃度の上昇(変化)にともなう酵素反応の速度を測定すると，図29-3の下図のようになる。基質濃度が十分な場合，酵素濃度に比例して酵素-基質複合体の濃度が高まるので，酵素濃度に比例して反応速度も大きくなる。

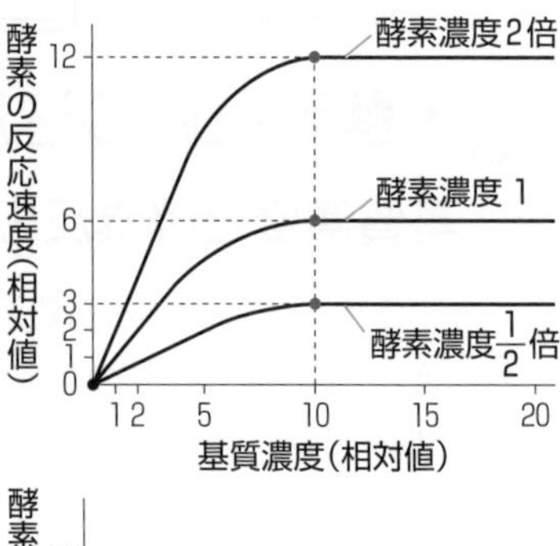

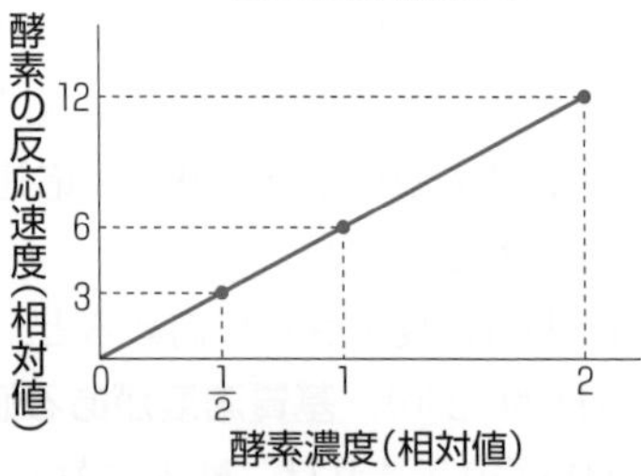

図29-3 基質濃度と酵素濃度が酵素の反応速度に及ぼす影響

3 酵素の反応時間と生成物濃度との関係

(1) ある基質濃度(基質量)の溶液に一定量の酵素を加え，経時的に生成物濃度(生成物量)を測定すると，図29-4のようになる。

(2) 反応開始後の短時間(反応初期)では，グラフが直線なので，生成物は一定の速度で生じている。反応が進み，すべての基質が反応に使われると，新たな生成物は生じなくなるので生成物濃度は一定となる。

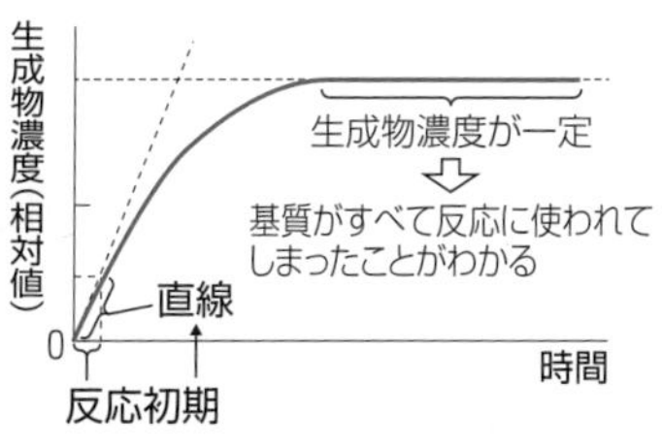

図29-4 反応時間と生成物濃度

参考 正確には，生成物濃度が一定になって上昇しなくなるのは，基質と生成物の濃度が一定の割合(平衡状態という)になり，反応が停止したようにみえるからである。ただし，高校『生物』や大学入試問題では，基質がすべて消費されたから反応が停止したと考えてよい。

もっと広く深く 酵素反応における各物質の濃度の経時的変化

試験管内に一定量の酵素と十分量の基質を入れて反応させた場合，基質濃度，生成物濃度，酵素-基質複合体濃度，酵素濃度は下図のようになる。

基質は時間とともに消費されて生成物になるので，基質濃度は減少していく(①)。基質の消費された分は生成物になるので，時間とともに生成物濃度は増加していく(②)。

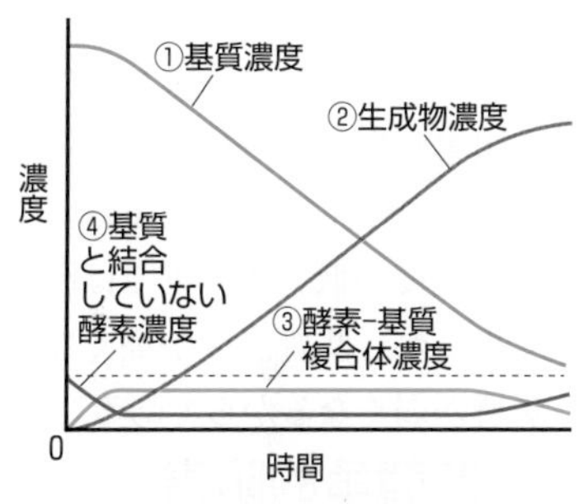

酵素-基質複合体の濃度は，反応開始直後は上昇するが，その後，酵素-基質複合体が酵素と生成物になる速度と，酵素と基質から酵素-基質複合体が形成される速度がほぼ等しくなるため，ほぼ一定になる(③)。酵素(酵素-基質複合体を形成していない酵素)は，反応開始直後から基質と結合して酵素-基質複合体を形成するので，はじめに酵素濃度は減少するが，その後，酵素-基質複合体が形成される速度と，酵素-基質複合体が酵素と基質に戻る速度がほぼ等しくなるため，酵素濃度はほぼ一定になる(④)。

なお，酵素と酵素-基質複合体の濃度のグラフは極めて誇張してある。また，時間とともに酵素-基質複合体濃度が少しずつ低下し，酵素濃度が少しずつ上昇しているのは，基質が消費されていくためで，基質がすべて消費されると，酵素-基質複合体濃度は0になり，酵素濃度は全酵素濃度(------)と等しくなる。

③ 酵素反応の調節

1 競争的阻害

(1) 基質と構造の似た物質(阻害物質)が酵素の**活性部位**に結合することで起こる酵素反応の阻害を**競争的阻害**(きょうそうてきそがい)という。

(2) ミトコンドリア内のクエン酸回路で働く**コハク酸脱水素酵素**は，**マロン酸**により働きが阻害される。マロン酸は，コハク酸脱水素酵素の基質である**コハク酸**と化学構造がよく似ているため，コハク酸脱水素酵素の活性部位をコハク酸と奪い合い，酵素の活性部位にはまり込んでコハク酸が酵素と結合することを阻害する(図29-5)。

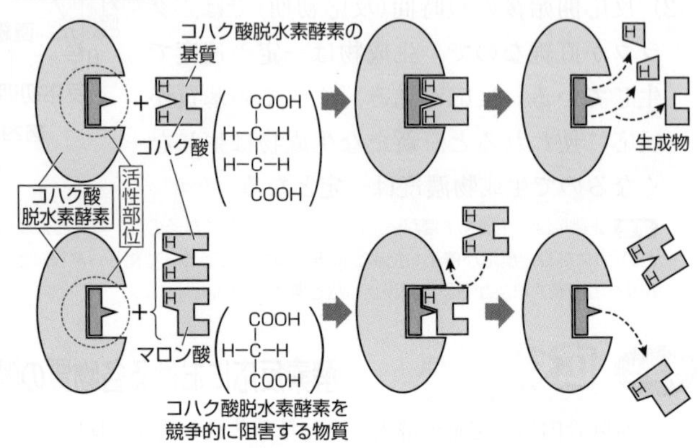

図29-5　コハク酸脱水素酵素における競争的阻害

(3) 阻害物質の有無による基質濃度と酵素反応の速度との関係は，図29-6のようになる。これは，基質濃度が低い条件下では阻害物質の影響が強く出るが，基質濃度が高くなると，阻害物質の影響が弱くなるからである。

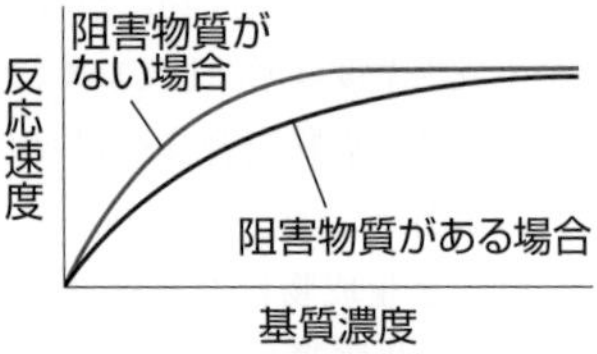

図29-6　競争的阻害による変化

2 非競争的阻害

阻害物質が酵素の活性部位以外に結合することで起こる酵素反応の阻害を**非競争的阻害**(ひきょうそうてきそがい)といい，阻害物質の有無による基質濃度と酵素反応の速度との関係は，図29-7のようになる。

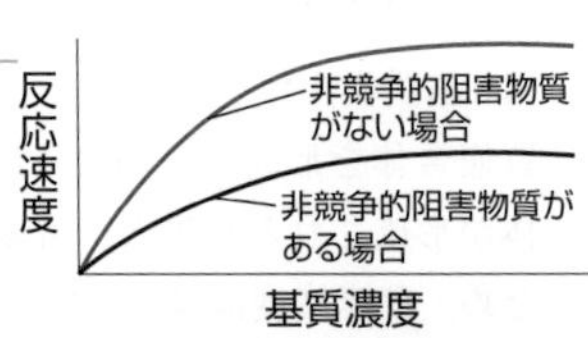

図29-7　非競争的阻害による変化

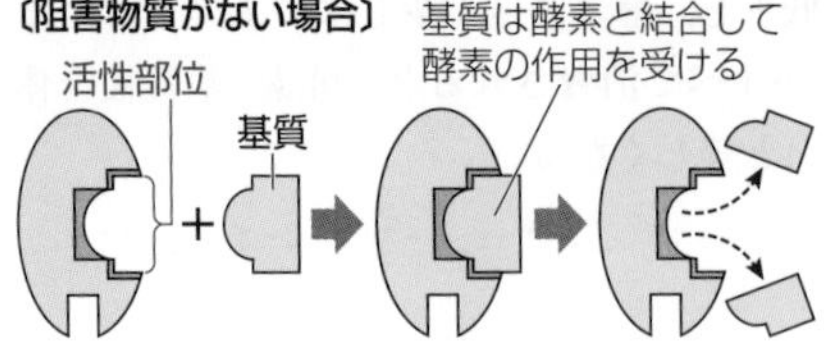

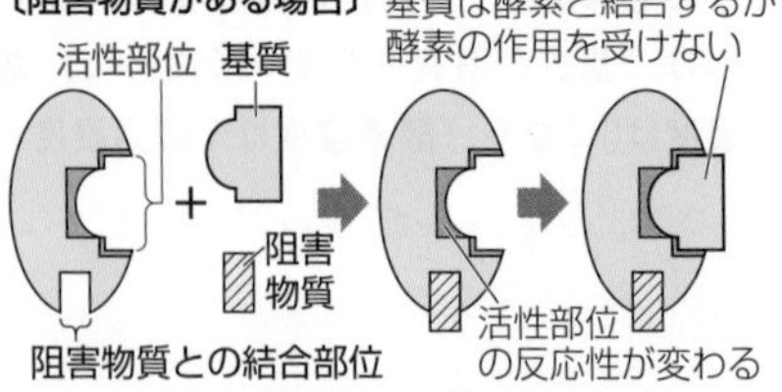

図29-8　非競争的阻害のしくみ

3 アロステリック酵素

(1) 特定の物質（活性調節物質）が活性部位以外の場所（**アロステリック部位**）に結合することで活性部位の立体構造が変化し，基質との結合が抑制または促進される酵素を**アロステリック酵素**といい，このように酵素の活性が変化することを**アロステリック効果**という。

(2) 多くのアロステリック酵素は，複数のサブユニットからなり，活性部位とアロステリック部位は異なるサブユニットに存在している。

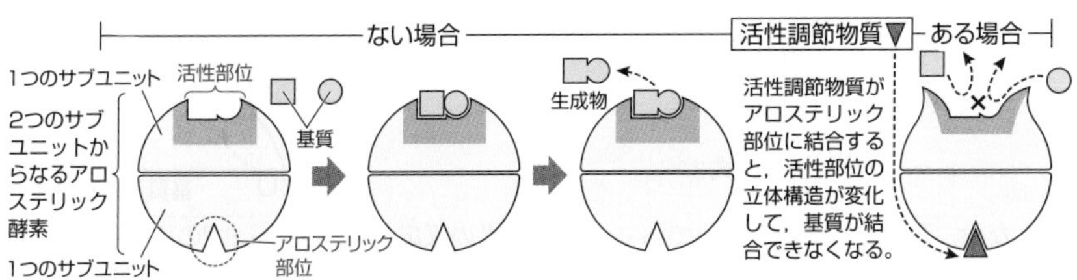

図29-9　アロステリック酵素

4 フィードバック阻害

複数の酵素からなる一連の反応系のうち，初期の反応を触媒する酵素が**アロステリック酵素**であり，その活性が，最終生成物により抑制または促進されるような調節のしくみを**フィードバック調節**といい，最終生成物により抑制（阻害）される現象を**フィードバック阻害**という。例えば，下記の反応系では，フィードバック阻害により，最終生成物の濃度がほぼ一定に保たれる。

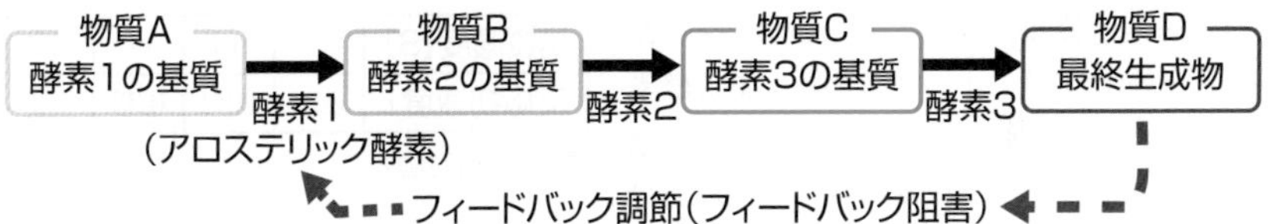

5 酵素反応の阻害（まとめ）

	アロステリック酵素ではないふつうの酵素		アロステリック酵素
阻害の名称	競争的阻害	非競争的阻害	アロステリック効果
阻害物質が結合する部位	活性部位（阻害物質は基質と構造が類似）	活性部位以外の部位	活性部位以外の部位（アロステリック部位）
阻害の内容	阻害物質が本来の基質と活性部位を奪い合うので，基質との結合性が低下する。	阻害物質が結合すると活性部位の立体構造は変化しないが，反応性は低下する。	阻害物質が結合すると活性部位の立体構造が変化して，基質との結合性が低下する。

参考 教科書によっては，アロステリック効果を非競争的阻害に含むという内容の記述もみられる。

もっと広く深く　基質濃度と酵素の反応速度のグラフ

(1) 金属などの無機触媒が化学反応を触媒する場合，基質濃度([S])と反応の(初)速度(v)との関係は図1のように直線的，つまり，一次関数となる。

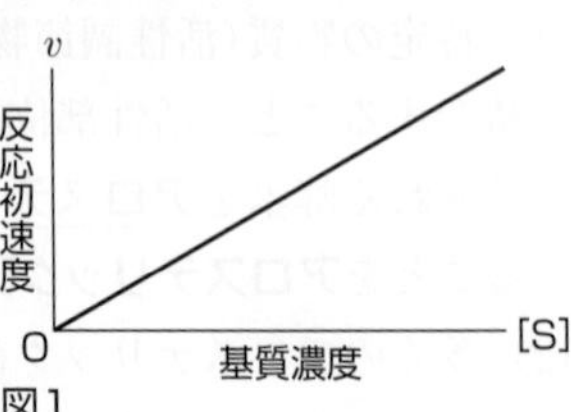

図1

(2) 酵素が化学反応を触媒する場合，その反応過程は次の式1で表される(☞p.259)。

$$E + S \rightleftarrows ES \rightarrow E + P \cdots(\text{式}1)$$

(3) 基質濃度([S])と式1の過程で進行する化学反応の(初)速度(v)との関係は式2のような一次の分数関数(双曲線)として表される。

$$v = \frac{V[S]}{K_m + [S]} \cdots(\text{式}2)$$

なお，Vは初速度の最大値であり，主に酵素の反応性(ES →E + P)を表し，K_mは初速度がVの2分の1になるときの基質濃度であり，主に基質に対する酵素の結合性，または親和性(E + S ⇄ ES)を表している。

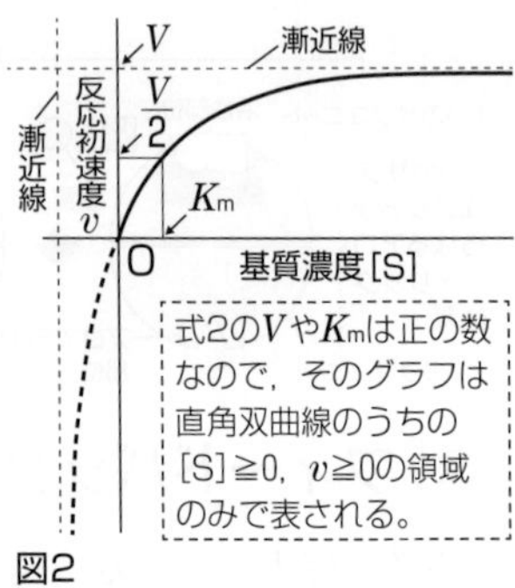

図2

参考 1. 式2は，20世紀の前半に，ミカエリスとメンテンという化学者たちにより，式1をもとに化学平衡の法則に従って理論的(数学的)に導き出された式である。

2. K_mは酵素の種類によって決まった値をとる。また，p.260の図29-3上図のグラフのように，酵素濃度を変えても最大反応速度に達する基質濃度が変わらないので，K_mの値は酵素濃度に影響されない。

(4) 酵素の種類によって異なっているVやK_mの値は実験によって求める。ある酵素aのVとK_mを求めるために，酵素aの濃度を一定にして，種々の基質濃度における反応初速度を測定すると，表1のような結果が得られる。この結果から，基質濃度([S])と反応初速度(v)との関係をグラフにすると，図3**ア**(—○—)のようになる。

基質濃度[S]	0.2	0.4	1.0	2.0
反応初速度v	0.14	0.22	0.33	0.40

表1　(相対値)

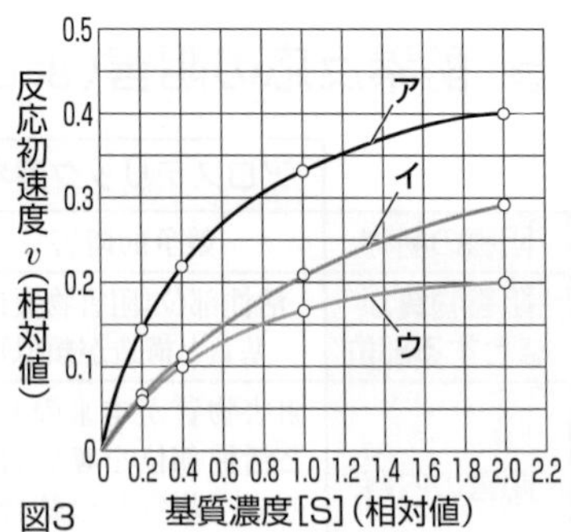

図3

(5) 図3のグラフからVを求めるためには，基質を高濃度(本実験では基質濃度2.0以上)にする必要があるが，基質の溶解度の制限などのため実現困難・測定不能であり，Vの値(例えば0.42か0.45かそれ以外か)はわからない。また，Vの値が不明なので，K_mの値もわからない。

(6) そこで，次のような操作(ラインウィーバー・バークプロット)を行う。

(7) 一次の分数関数(双曲線)は，両辺の逆数をとると一次関数(直線)として表されることを利用して，式2を変形すると式3のようになる。

$$\frac{1}{v}=\frac{K_m}{V}\cdot\frac{1}{[S]}+\frac{1}{V}\cdots(式3)$$

[S]	0.2	0.4	1.0	2.0
$\frac{1}{[S]}$	5.0	2.5	1.0	0.5
v	0.14	0.22	0.33	0.40
$\frac{1}{v}$	7.1	4.5	3.0	2.5

表2

(8) 酵素aについても式3が成り立つはずであるから，表1の数値の逆数をとると，表2のようになる。これらの値を座標上に点として打ち(プロットし)，グラフを描くと，図4**カ**(─●─)のような直線となり，これを延長した直線(───)と縦軸$\left(\frac{1}{v}\right)$との交点(切片⟶)は$\frac{1}{V}$を表し，横軸$\left(\frac{1}{[S]}\right)$との交点(切片↓)は$-\frac{1}{K_m}$を表す。このことから，酵素$a$の$V$の値は0.5，$K_m$の値は0.5であることがわかる。

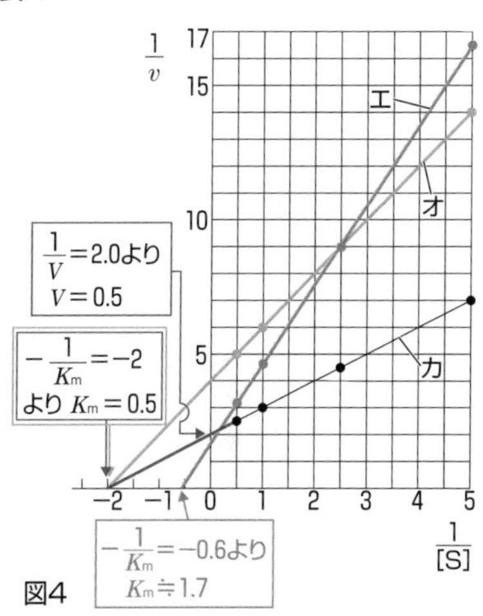

図4

(9) 酵素aに対して競争的阻害作用をもつ物質が存在する場合，その物質を加えて(5)と同様の実験を行うと，表3の結果が得られる。この結果をもとにグラフを描くと図3**イ**(─○─)と図4**エ**(─●─)のようになり，競争的阻害がある場合のVの値は阻害がない場合と同じであるが，K_mの値は阻害がない場合より大きい。つまり，基質との結合性(親和性)が小さくなることがわかる。

[S]	0.2	0.4	1.0	2.0
$\frac{1}{[S]}$	5.0	2.5	1.0	0.5
v	0.06	0.11	0.21	0.29
$\frac{1}{v}$	16.7	9.1	4.8	3.4

表3

(10) 酵素aに対して非競争的阻害作用をもつ物質が存在する場合，その物質を加えて(5)と同様の実験を行うと，その結果(省略)から図3**ウ**(─○─)と図4**オ**(─●─)のグラフが描ける。

(11) 阻害剤の阻害作用(阻害剤が結合する部位と，阻害する過程)の違いを表4にまとめた。

表4

阻害する過程(性質)		阻害剤が結合する部位：活性部位	阻害剤が結合する部位：活性部位以外
	E+S⇄ES(酵素の結合性)	双曲線型のグラフになる酵素に競争的な阻害物質を加えた場合	アロステリック酵素（双曲線型のグラフにはならない）のフィードバック阻害
	ES→E+P(酵素の反応性)	╳	双曲線型のグラフになる酵素に非競争的な阻害物質を加えた場合

もっと広く深く　アロステリック酵素

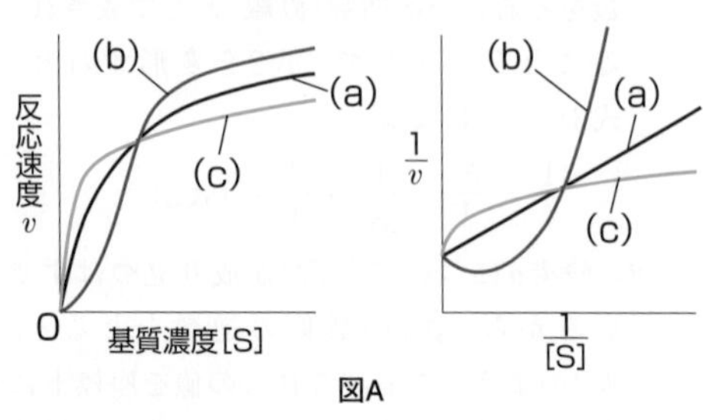

図A

基質濃度([S])と**アロステリック酵素**との反応速度(v)の関係は，通常の酵素と異なり，一次の分数関数(双曲線)にはならない。右図に，通常の酵素(a)，アロステリック酵素が活性調節物質により反応が促進される場合(b)，活性調節物質により反応が抑制される場合(c)を示した。(b)はS字曲線であり，(c)は双曲線ではないので，vと［S］の逆数をとってグラフにしても直線にはならない(図A(右))。

核酸の合成に必要なシチジン三リン酸(CTP)は，カルバミルリン酸とアスパラギン酸の結合反応と，それに続く6段階の酵素反応(酵素1～6の反応)を経て合成される。この最初の結合反応を触媒する酵素であるATCアーゼは，**アロステリック酵素**の一種であり，最終生成物CTPにより反応速度の調節を受ける。

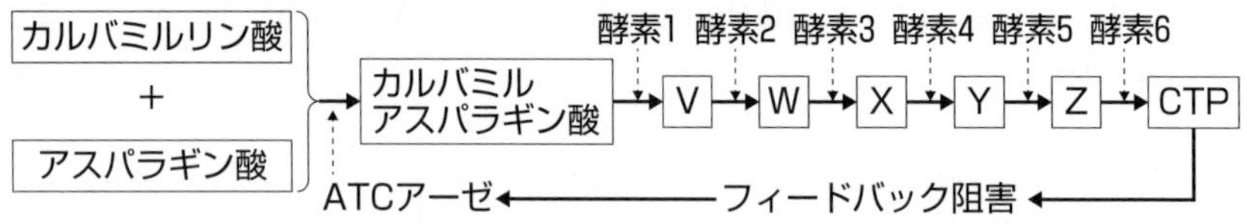

基質濃度([S])とこのATCアーゼの反応速度(v)との関係は，図Aの(b)のようなS字曲線となる。

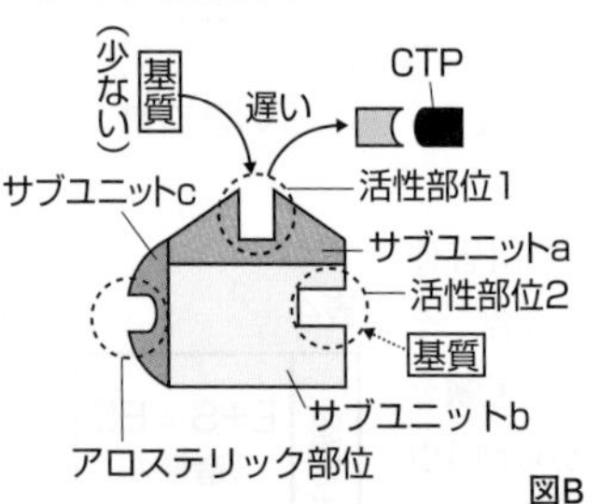

図B

ATCアーゼは複数のサブユニットからなり(図B①)，それらのサブユニットにはいくつかの活性部位が存在し(図Bでは活性部位1と活性部位2)，活性部位2に基質が結合すると，活性部位1と基質との結合性が変化する。言い換えれば，活性部位2は活性部位1にとって**アロステリック部位**であり，活性部位2(アロステリック部位)に基質(活性調節物質)が結合する(図B②)と，酵素の立体構造が変化し，特に活性部位1の構造が変化して，その活性が上昇する。

図Bをもとに，反応速度について考える。基質の非存在下では，すべての酵素は図B①の状態にある。しかし，基質が酵素の活性部位2に結合すると，残りの活性部位(活性部位1)の活性が上昇し，酵素は図B②の状態へ変化して全体的な酵素活性が上昇することになる。したがって，アロステリック酵素を，①の状態に相当する酵素と，②の状態に相当する酵素の混合物とみなすと，基質濃度とアロステリック酵素の反応速度との関係のグラフは，基質濃度とそれぞれの酵素の反応速度との関係を表す曲線(直角双曲線の一部のグラフ)の合成，つまりS字曲線として描くことができる(図C)。

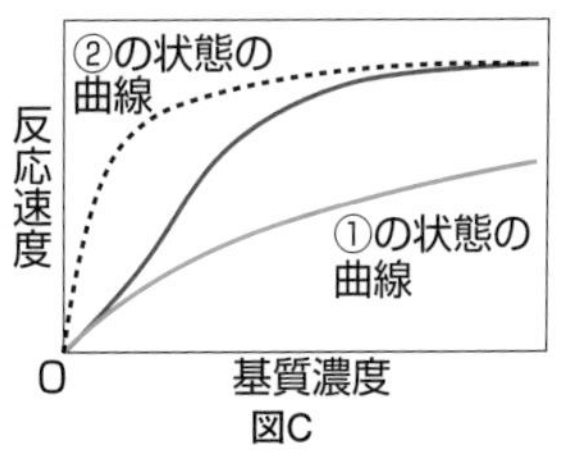

図C

同様の現象は，複数のサブユニットからなるタンパク質とそこに結合する物質の関係にもみられる。例えば，ヘモグロビンの酸素解離曲線がS字状になるのは，1分子のヘモグロビンが，酸素とそれぞれ結合する4つのサブユニット(α鎖2つと，β鎖2つ)からできていて，あるサブユニットが酸素と結合すると，他のサブユニットの構造が変化し，酸素との結合性が高まるからである。

アロステリック酵素やヘモグロビンのように，反応速度または酸素ヘモグロビン量がS字曲線を示すタンパク質は，基質や酸素などについて，狭い濃度範囲で結合のしやすさを急激に変えられるという利点があり，生体内の反応を調節するタンパク質に多くみられる。

反応の最終生成物であるCTPの有無とATCアーゼの反応速度の関係は，図D①のようになる。これは，CTPがアロステリック部位に結合すると，活性部位が基質と結合しにくい立体構造へと変化することにより，基質濃度にかかわらず反応速度が低下するためである(図D②，③)。

①CTPを加えた場合と加えない場合の反応速度の変化

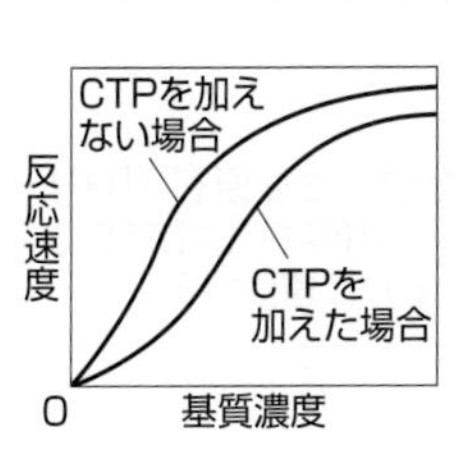

②基質が低濃度時のATCアーゼにCTPを加えたとき

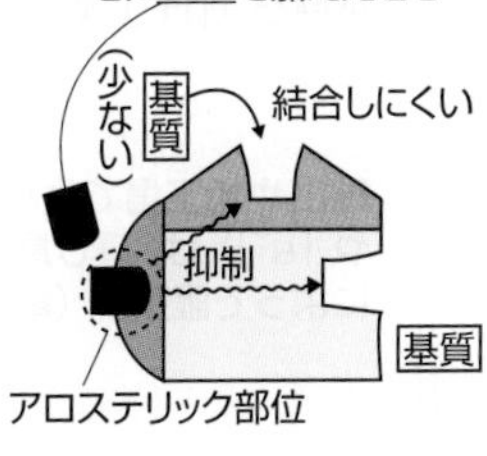

③基質が高濃度時のATCアーゼにCTPを加えたとき(生成物は省略)

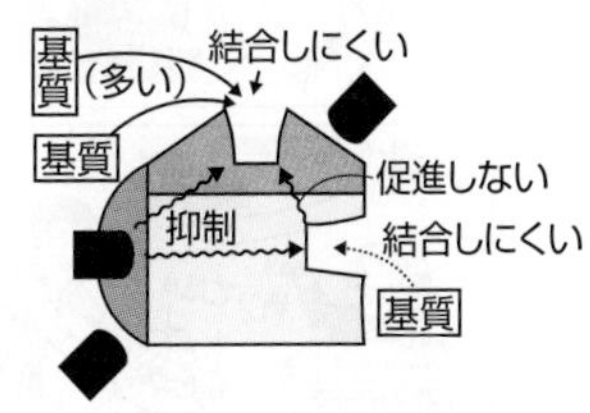

図D

ATCアーゼがCTPによりフィードバック阻害を受けることの意義については，CTPが一連の反応の最終生成物であることをもとに考える。CTPが合成されて細胞内のCTP量が増加すると，CTP合成の最初の反応を触媒するATCアーゼの活性が阻害されることにより，最終的にCTPの合成が抑制されるので，細胞内のCTP量が一定の範囲に保たれることになる。

第30講 呼吸の経路

The Purpose of Study 到達目標

Visual Study 視覚的理解

呼吸の各過程の内容を，正しくイメージしよう！

鉱山（解糖系）では，ダイヤモンドの巨大な原石（グルコース）が，2つの大きな原石（2分子のピルビン酸）と，小さな原石（「H^+」や「e^-」）に割られる。

加工場（クエン酸回路）では，大きな原石（ピルビン酸）は少しけずられて（C_2化合物になって），台（C_4化合物）の上にのせられた後，多数の小さな原石（「H^+」や「e^-」）に割られる。

鉱山や加工場で生じた多数の小さな原石（「H^+」や「e^-」）は，運び屋おばさん（「NAD^+」や「FAD」）によって販売所（電子伝達系）に運ばれる。

運び屋おばさん（「NAD^+」や「FAD」）が運んできた小さな原石（「H^+」や「e^-」）は，販売所でお金（ATP）に変えられる。運び屋おばさんは，原石を置いたらクエン酸回路に帰っていく。

1 ▶ 呼吸とは

(1) 異化のうち，**酸素**を用いて有機物(グルコースなど)を水と二酸化炭素に分解して**エネルギー**を取り出し，**ATP**を合成する反応を**呼吸**(こきゅう)といい，呼吸によって分解される有機物を呼吸基質(こきゅうきしつ)という。

(2) 呼吸は，酸素を必要とし，有機物の分解により水と二酸化炭素が生じる点では燃焼とよく似た反応であるが，以下のような相違点と共通点がある。

	相違点		共通点		
	反応の進行	放出されたエネルギーのゆくえ	化学反応	エネルギー	酸素
燃焼	単純な反応が急激に進む。	ほとんどが熱，一部は光となる。	酸化分解反応である。	エネルギーが放出される。	酸素が必要である。
呼吸	複数の反応が酵素によって段階的に進む。	化学エネルギー(多くはATPを合成)，残りは熱となる。			

表30-1　呼吸と燃焼の比較

(3) 呼吸の過程は，**解糖系**(かいとうけい)，**クエン酸回路**，**電子伝達系**(でんしでんたつけい)の3段階に分けられるが，全体としては次の反応式で表される。

$$C_6H_{12}O_6 + 6O_2 + 6H_2O \rightarrow 6CO_2 + 12H_2O + \text{エネルギー(最大38ATP)}$$

燃焼と呼吸の活性化エネルギー

燃焼では，反応が起こるために大きな活性化エネルギーを必要とし，これは火をつけて高温にすることによって得られる。また，反応は一段階であり，一度に放出される自由エネルギーも大きい(①)。

一方，呼吸では，反応が何段階にも分かれており，各反応で必要な活性化エネルギーは酵素の働きにより減少しているため，常温(体内・細胞内)で反応が進む(②)。また，一度に放出される自由エネルギーは比較的小さく，効率よくATPなどに蓄えることができる。

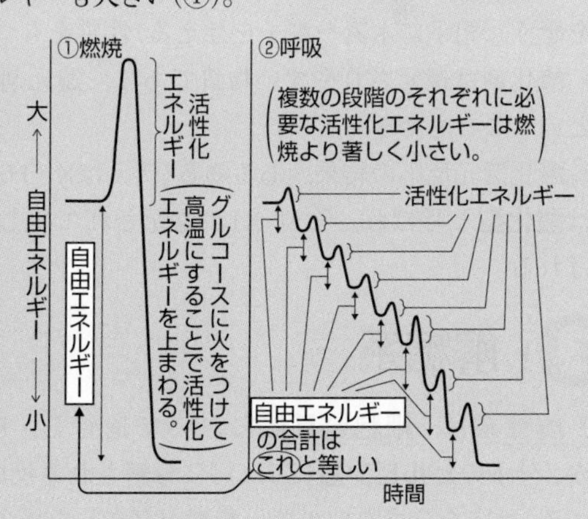

❷ ▶ 酸化還元反応

1 酸化還元反応

(1)『代謝』について学習するうえで必要となる「**酸化**」「**還元**」という用語の正しい理解を確認しておこう。

(2) 酸化と還元には，いくつかの定義があるが，そのうちの3つを以下に示す。

①ある物質($A \cdot O_2$)が**酸素**を失うことを還元(還元される)といい，ある物質(B)が酸素と結合することを酸化(酸化される)という。

②ある物質($A \cdot H_2$)が**水素**を失うことを酸化(酸化される)といい，ある物質(B)が水素と結合することを還元(還元される)という。

③ある物質(A^{e^-})が**電子**(e^-)を失うことを酸化(酸化される)といい，ある物質(B)が電子を得ることを還元(還元される)という。

①
$A \cdot O_2$ は還元(された)
$$A \cdot O_2 + B \rightarrow A + B \cdot O_2$$
Bは酸化(された)

②
$A \cdot H_2$ は酸化(された)
$$A \cdot H_2 + B \rightarrow A + B \cdot H_2$$
Bは還元(された)

③
A^{e^-} は酸化(された)
$$A^{e^-} + B \rightarrow A + B^{e^-}$$
Bは還元(された)

(3) 高校生物では，主に②と③の視点で考えることが多い。

(4) なお，一方の物質が酸化されれば，他方の物質は還元される，というように，酸化と還元はともに(同時に)起こる。この反応を**酸化還元反応**という。

2 酸化剤と還元剤

(1) 酸化還元反応において，相手を酸化する(相手に酸素を与える，相手から水素や電子を奪う)性質をもつ物質を**酸化剤**，相手を還元する(相手から酸素を奪う，相手に水素や電子を与える)性質をもつ物質を**還元剤**という。

(2) 酸化剤は還元されやすい物質であり，還元剤は酸化されやすい物質であるということもできる。

(3) 酸化還元反応の結果，ある物質(例えば$X \cdot H_2$)が酸化されて生じた物質(X)は**酸化型**と呼ばれ，物質(X)が還元されて生じた物質($X \cdot H_2$)は**還元型**と呼ばれる。

❸ ▶ 解糖系

(1) **解糖系**は，**細胞質基質**において進行し，1分子の**グルコース**($C_6H_{12}O_6$)が2分子の**ピルビン酸**($C_3H_4O_3$)に分解される反応である。酸素を用いる(消費する)反応を含まないので，酸素が存在しない条件下でも進行する。

(2) 解糖系の反応過程は，およそ以下のとおりである(図30 - 1)。

①1分子のグルコースが，2分子のATP(2ATP)の分解で生じるエネルギーとリン酸により，1分子のC_6化合物(炭素原子を6個もつ化合物，グルコースリン酸)を経て，フルクトースビスリン酸となった後，2分子のC_3化合物(グリセルアルデヒドリン酸)に分解される。

②2分子のグリセルアルデヒドリン酸から，**脱水素酵素**(だっすいそこうそ)の働きにより$4H^+$と$4e^-$が引き抜かれ(脱水素反応)，電子受容体である**NAD^+**(脱水素酵素の補酵素，ニコチンアミドアデニンジヌクレオチド)に渡され，**$2NADH+2H^+$**が生じる。この反応の際に放出されるエネルギーにより，ATPから供給されたものではない2個のリン酸が2分子のグリセルアルデヒドリン酸と結合して，2分子のビスホスホグリセリン酸が生じる。

③2分子のビスホスホグリセリン酸がいくつかの酵素により2分子のピルビン酸($C_3H_4O_3$)に変えられる過程で2回のリン酸化が起こり，**ADP**と**リン酸**から4分子の**ATP**(4ATP)が新たに合成される。このATP合成は，**基質レベルのリン酸化**と呼ばれる。

④①の2ATPの分解と③の4ATPの合成を差し引きすると，解糖系全体では2分子のATPが合成される。

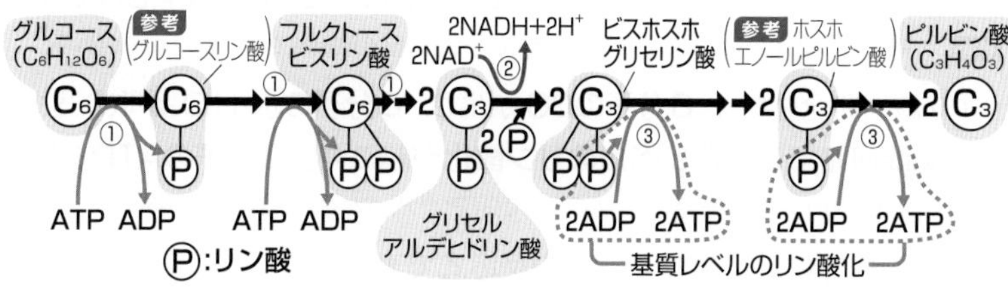

図30 - 1　解糖系

(3) 基質レベルのリン酸化は，ビスホスホグリセリン酸やホスホエノールピルビン酸などの高エネルギーリン酸化合物からADPへリン酸基が転移され，ATPが生成する反応であり，呼吸では解糖系(2か所)とクエン酸回路(1か所)で起こる。

参考 この反応は，呼吸における酸化的リン酸化(☞p.273)や，光合成における光リン酸化(☞p.297)でみられる電子伝達系と共役したATP生成反応とは異なり，膜構造を介したH^+の濃度勾配や，酸素・光を必要としない。

(4) 解糖系の反応全体は，次の反応式で表される。

$$C_6H_{12}O_6 + 2NAD^+ \longrightarrow 2C_3H_4O_3 + 2NADH + 2H^+ + \text{エネルギー}$$

(グルコース)　　(ピルビン酸)　　(2ATP)

4 ▶ クエン酸回路

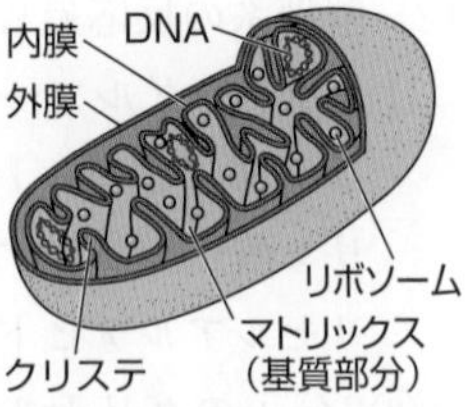

図30-2　ミトコンドリアの構造

(1) クエン酸回路は，解糖系で生じたピルビン酸が，**ミトコンドリア**の<u>マトリックス</u>において脱水素反応や脱炭酸反応により完全に分解される反応である。

参考 クエン酸回路では3か所で脱炭酸反応が起こるが，いずれの脱炭酸反応も脱炭酸酵素(狭義)によるものではなく，脱水素酵素による酸化的脱炭酸反応である。なお，酸化的脱炭酸反応を触媒する脱水素酵素を広義の脱炭酸酵素に含めることがある。

(2) クエン酸回路では二酸化炭素(CO_2)とH^+とe^-が生じ，H^+やe^-はNAD^+やFADに渡され，$NADH+H^+$や$FADH_2$となり，CO_2はミトコンドリア外に放出され，基質レベルのリン酸化によりATPが合成される。

(3) 1分子のグルコースが呼吸に用いられ(2分子のピルビン酸が生じ)たときのクエン酸回路の反応を以下の①～④と右ページの図30-3①～④に示す。

①ミトコンドリアに取り込まれたピルビン酸は，脱水素酵素による脱水素反応と脱炭酸反応でC_2化合物の<u>**アセチルCoA**</u>(アセチルコエンザイムA)となる。

②アセチルCoAが，C_4化合物のオキサロ酢酸と結合してC_6化合物の<u>**クエン酸**</u>となり，一連の回路状の反応経路に入ると，次々と脱水素反応などが起こり，グルコース1分子当たり**8分子のNADH**と**8H^+**，**2分子の$FADH_2$**が生じる。

参考 本来，クエン酸回路は(3)の②を指す用語であるが，高校の教科書では，(3)の①も含める。

③クエン酸回路全体では，**6分子のCO_2**が生じ，**6分子の水(H_2O)**が取り込まれる。

④クエン酸回路では**基質レベルのリン酸化**が起こり，**2分子のATP**が生じる。

参考 哺乳類などのクエン酸回路では，④の反応でGTP(グアノシン三リン酸)が生じる。

(4) クエン酸回路の反応全体は，次の反応式で表される。

$$2C_3H_4O_3+6H_2O+8NAD^++2FAD \rightarrow 6CO_2+8NADH+8H^++2FADH_2+\text{エネルギー}\ (2ATP)$$

5 ▶ 電子伝達系

(1) <u>**電子伝達系**</u>は，解糖系とクエン酸回路で生じた**NADH**や**$FADH_2$**によって運ばれた**e^-**が，還元力の強い物質から弱い物質に順次伝達される反応系であり，**ミトコンドリア**の<u>**内膜**</u>に存在する複数のタンパク質複合体(シトクロムなど)で構成されている。e^-は，最終的にH^+とともに**酸素(O_2)**に受け渡され，**水(H_2O)**が生じるので，この系は酸素が存在しない条件下では進行しない。

(2) e^-が電子伝達系を移動する際に生じるエネルギーを用いて，マトリックスのH^+が内膜と外膜の間(膜間腔，膜間)に**能動輸送**され，内膜を挟んで膜間腔とマトリックスの間で**H^+の濃度勾配**が形成される(図30-3[1])。

参考　H^+の能動輸送はプロトンポンプと呼ばれるタンパク質(☞p.276)の働きによって起こる。呼吸の電子伝達系のプロトンポンプのエネルギー源はATPではなく，酸化還元反応により生じるエネルギーである。

(3) H^+が濃度勾配に従い，内膜にある**ATP合成酵素**(輸送タンパク質の一種)を通って膜間腔からマトリックスに移動する際に生じるエネルギーにより，ATP(グルコース1分子当たり最大34分子のATP)が合成される(図30-3②)。

(4) このようにNADHなどの酸化や電子が伝達される過程で生じたエネルギーを用いてATPがつくられる反応は**酸化的リン酸化**と呼ばれる。

参考　膜を隔てたH^+の浸透によりATP合成が起こるという考え方を化学浸透(圧)説という。

(5) 電子伝達系の反応は，次の反応式で表される。

$$10NADH + 10H^+ + 2FADH_2 + 6O_2 \rightarrow 12H_2O + 10NAD^+ + 2FAD + \text{エネルギー}$$
(最大34ATP)

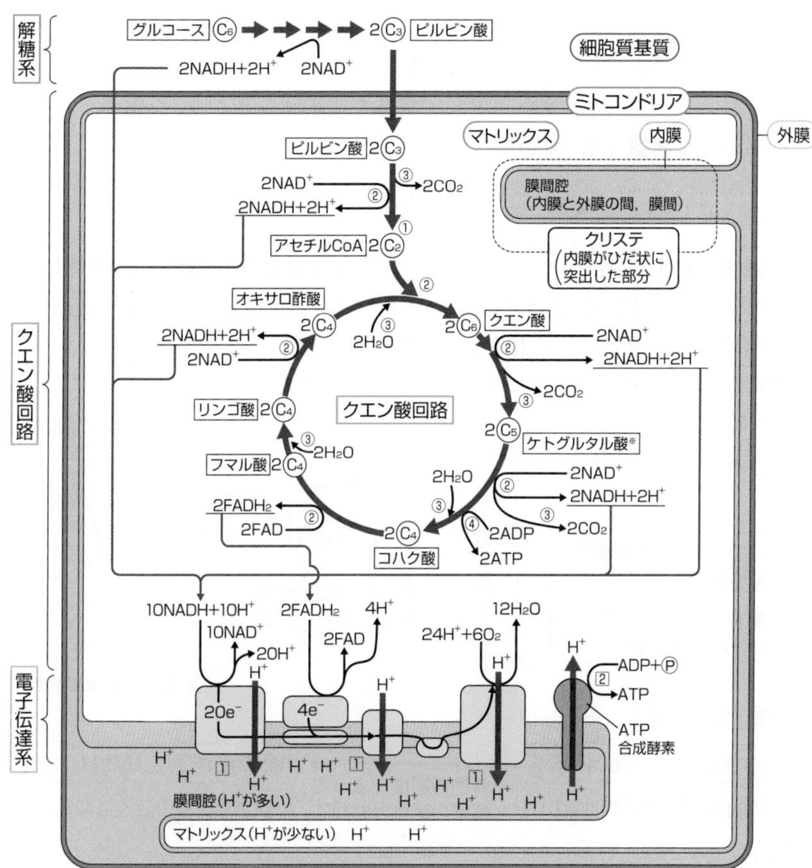

※α-ケトグルタル酸ともいう。

図30-3　呼吸の経路

6 ▶ 脱水素酵素の実験

[目的] クエン酸回路で働くコハク酸脱水素酵素の反応を，**メチレンブルー**(Mb と略す)の色の変化を利用して観察する。

[材料] ニワトリの胸肉(胸筋)，アサリの身，ダイズのもやし(芽ばえ)など

[方法]

(1) 材料を**緩衝液**(かんしょうえき)(pHを一定に保つ働きのある溶液)中ですりつぶしてガーゼでこし，上澄みを酵素液とする。この酵素液には，細胞内から取り出された**コハク酸脱水素酵素**(さんだっすいそこうそ)(コハク酸デヒドロゲナーゼ)が含まれる。基質として**コハク酸**(または**コハク酸ナトリウム**)水溶液，**メチレンブルー**を用意する。

➡ 脱水素反応をヒトの目でも観察できるように，水素(電子)と結合しやすく，水素と結合すると色が無色に変化する物質であるメチレンブルーを加える。

(2) **ツンベルク管**の主室に酵素液を入れ，副室にコハク酸水溶液と青色のメチレンブルー(Mb)を入れた後，副室を主室にはめる(図30 - 4①)。

(3) アスピレーター(水流を利用して気体を吸引するポンプ)を用いて，主室が泡立つまで**排気**(はいき)する(図30 - 4②)。

➡ 液体が泡立つのは，排気によってツンベルク管内の気体が減少(気圧が低下)し，液体中の気体が出ていくからであり，高温になったからではない。

(4) 副室を回して密栓し，ツンベルク管内をほとんど空気のない状態に保ち，約40℃の温水中に数分つける。その後，ツンベルク管を傾けて，副室の液を主室に入れ，液の色の変化を見る(図30 - 4③)。

➡ 副室の液を主室の液に入れると反応が始まり，反応開始時から観察できる。

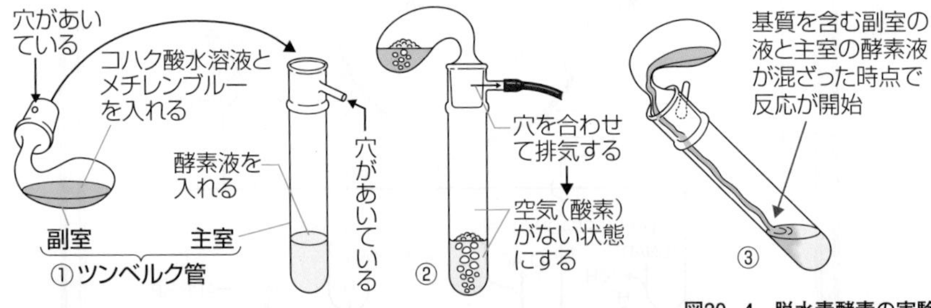

図30 - 4 脱水素酵素の実験

[結果・(結論)]

液の色が青色(Mb)のまま	→	液の色が無色(MbH_2)になる
(脱水素酵素の活性はない。)	(青色の程度によって酵素の活性がわかる。)	(脱水素酵素の活性は非常に高い。)

➡ 排気せずに実験を行うと，MbH_2が空気中の酸素と反応してMbに戻ってしまうので，反応にともなう色の変化を正しく観察できない。

クエン酸回路の意味とマロン酸の役割

① クエン酸回路の意味

呼吸は異化(分解)であるにもかかわらず，ピルビン酸から生じたC_2化合物(アセチルCoA)はそのまま回路状の反応に入らず，C_4化合物(オキサロ酢酸)と結合してC_6化合物(クエン酸)に合成されてから，クエン酸回路によって段階的に分解されることの意味を考えてみよう。

まず，C_2化合物 $\longrightarrow$ $2CO_2+nH_2O$のようにC_2化合物が単純にCO_2とH_2Oとに分解される反応を仮定すると，その反応では一度に多大なエネルギーが放出されて，ATPにエネルギーを固定する効率が悪くなってしまう。

しかし，クエン酸回路では，C_2化合物がいったんC_4化合物と結合し，クエン酸(C_6化合物)という大きな分子となり徐々に脱水素されることにより，C_2化合物中のエネルギーは高い効率でATPに回収される。

さらに，回路状の反応では，代謝物質が連続的に変化するので，C_2化合物の供給の過不足がない。言い換えれば，回路反応の中間物質は，酵素ではないが触媒的に働いて消費されず，一方向的かつ段階的に変化するので，回路反応はスムーズに進行する。

また，クエン酸回路で，C_2化合物が一度大きな分子になり分解されることで生じるさまざまな中間物質は，細胞に必要なエネルギーが足りているときには，窒素同化や脂肪合成などの反応系の材料となる物質(前駆物質)としても供給される。したがって，クエン酸回路は，エネルギー供給システムであるほか，細胞内の物流の交差点の役割ももっているといえる。

② マロン酸の役割

細胞が酸素不足の条件下で長時間呼吸を続けると，その間に合成された酸化力の強い物質によって細胞内のさまざまな物質が酸化され，細胞の機能が修復不能な不全状態に陥る。しかし実際には，酸素不足の初期の段階において，ミトコンドリアの電子伝達系で合成される酸化力の強い物質が，ピルビン酸やオキサロ酢酸などを酸化してマロン酸を生じさせる。このマロン酸が，電子伝達系に水素(電子)を供給するコハク酸脱水素酵素を競争的に阻害するので，一時的に電子伝達系の働きが低下し，強い酸化力をもつ物質の合成が抑制される。このときに酸素が十分に供給されると，細胞は機能不全状態から速く回復できる。

もっと広く深く　呼吸におけるATP合成の経路

1 真核生物の電子伝達系

呼吸の電子伝達系(下図)は，電子伝達反応とATP合成反応とに分けることができる。

電子伝達反応では，NADH＋H^+の電子(e^-)は複合体Ⅰに渡され，$FADH_2$の電子は複合体Ⅱに渡される。それぞれの複合体が受け取った電子は，補酵素Qを介して複合体Ⅲに渡され，複合体Ⅲの電子はシトクロムcを介して複合体Ⅳに渡される。このような電子の移動にともなって生じるエネルギーを用いてプロトンポンプが働くことで，ミトコンドリアのマトリックスと膜間腔の間でH^+の濃度勾配が形成される。ATP合成反応では，H^+の濃度勾配に従ってH^+がATP合成酵素を通ってミトコンドリアの膜間腔からマトリックスに移動する際のエネルギーによりATPが合成される。なお，電子伝達反応が進行し続けるためには，マトリックス側から膜間腔側へのH^+の輸送が行われることが必要であり，そのようなH^+の輸送は，内膜を挟んだH^+による勾配(電位的勾配)が大きくなりすぎると行われない。したがって，通常，電子伝達反応が進行するためには，ATP合成反応が進行し，H^+がATP合成酵素を通ってマトリックスに流入する必要がある。

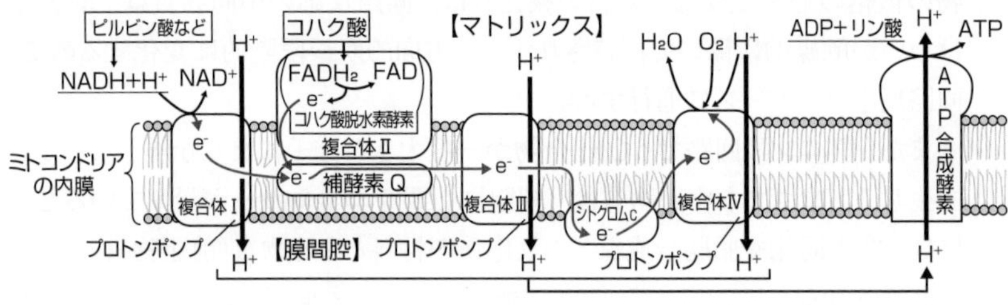

2 プロトンポンプ

生体膜においてH^+(プロトンともいう)の能動輸送を行う膜タンパク質はプロトンポンプ(またはH^+-ATPアーゼ)と呼ばれ，ATPの分解で生じるエネルギーを利用するもの(☞p.544, 546, 565)，呼吸において酸化還元反応で生じるエネルギーを利用するもの(☞p.273)，光合成において光エネルギーを利用するもの(☞p.297)に分けられる。

3 グリセロールリン酸シャトル

「呼吸で生じるATP量はグルコース1分子当たり最大38分子」のように「最大」を記すのには，理論値と測定値(理論値より小さい)の差の他に，次のような理由がある。

細胞質基質で進行する解糖系で生じたNADHは，実際にはミトコンドリアの膜を通過することができないので，NADHの水素原子の電子は膜を通過できる物質(担体)に渡され，ミトコンドリア内のATP産生に用いられる。産生されるATPの分子数は担体の性質により異なり，どの担体が働くかは細胞の種類によって異なる。このような担体による電子の輸送メカニズムの一つにグリセロールリン酸シャトルがある。

昆虫の飛翔筋で詳しく研究されてきたこのメカニズム(下図参照)では，解糖系で生じたNADHがNAD^+に酸化される反応にともない，ジヒドロキシアセトンリン酸が還元されて生じたグリセロールリン酸がミトコンドリア内に入る。このグリセロールリン酸はミトコンドリア内で再酸化されてジヒドロキシアセトンリン酸になって膜を通過し，細胞質基質に戻る。つまり，この反応系では，グリセロールリン酸が細胞質基質とミトコンドリア内をシャトルのように行き来する。

この反応における酸化剤はFADであり，産生物は$FADH_2$である。この$FADH_2$がe^-を電子伝達系に渡すことにより，細胞質基質におけるNADH 1分子当たり2分子のATPを産生する(本来はNADH 1分子当たり3分子のATPが産生されるが，ミトコンドリア膜を通過する際の手数料として1分子のATPが差し引かれていると考えてよい)。

このメカニズムは，哺乳類の筋肉や脳でも見いだされ，1分子のグルコースから理論的には36分子のATPを生じる。グリセロールリン酸シャトルより複雑かつ効率的なリンゴ酸-アスパラギン酸シャトルもある。このシャトル機構(図・詳細は省略)は哺乳類の腎臓，肝臓，心臓などに見いだされ，細胞質基質におけるNADHからのe^-の移動により，ミトコンドリア内でNADHが産生される(手数料が差し引かれない)ので，1分子のグルコースから理論的には38分子のATPが生じる。

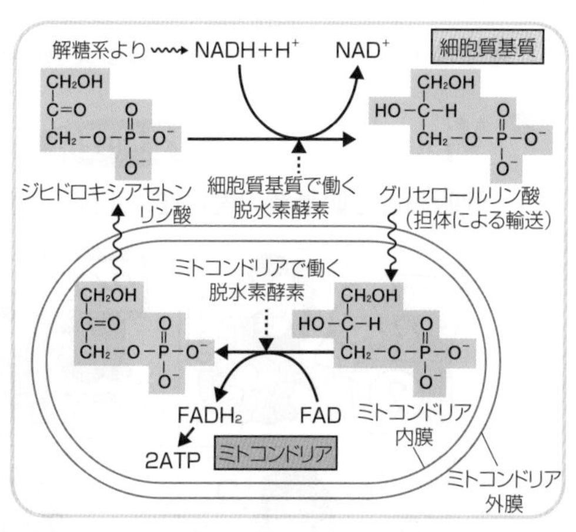

4 細菌の電子伝達系

細菌は原核生物なのでミトコンドリアをもたないが，多くの細菌は呼吸を行っている。これは，解糖系・クエン酸回路に相当する反応を細胞内の液状部分(細胞質基質に相当)で行い，電子伝達系に相当する反応を細胞膜付近で行っているからである。つまり，液状部分で生じたNADHの水素原子はe^-とH^+に分けられ，e^-は細胞膜上の電子伝達系によって伝達され，H^+は酸化の際のエネルギーを用いてプロトンポンプにより排出され，細胞外(細胞壁と細胞膜の間)に蓄積する(この結果，細胞外は少しだけ酸性化する)。このようにして生じたH^+の細胞内外の濃度差を解消する際のエネルギーにより細胞内でATPが合成され，NADHがミトコンドリア膜を通過する際の手数料が差し引かれることがないので，細菌の呼吸ではグルコース1分子当たり38ATPが生じる。

呼吸基質と呼吸商

The Purpose of Study 到達目標

1. 脂肪とタンパク質のそれぞれが呼吸基質となったときの分解経路を説明できる。……p. 279
2. 呼吸商の求め方を言える。……p. 280
3. 呼吸基質として炭水化物のみ，脂肪のみ，タンパク質のみが用いられたときのおよその呼吸商の値を言える。……p. 280
4. 発芽種子を用いて呼吸商を求める実験の概略を説明できる。……p. 282

Visual Study 視覚的理解

呼吸商と呼吸基質の関係を，正確に理解しよう！

「ネコはニャーとなく。ニャーとないたらネコだ。」と同じように，「炭水化物の呼吸商は1.0。呼吸商が1.0なら呼吸基質は炭水化物だ。」と考えてよい。

「イヌはキャイーンとなく。キャイーンとないたらイヌだ。」と同じように，「脂肪の呼吸商は0.7。呼吸商が0.7なら呼吸基質は脂肪だ。」と考えてよい。

「カメはなかなかない。」が「なかない動物はカメだ。」とは断定できない。同じように，「タンパク質の呼吸商は0.8。」であるが，「呼吸商が0.8。」だからといって，「呼吸基質はタンパク質のみである。」とは断定できない。

①▶各種の呼吸基質の分解経路

呼吸によって分解される物質を**呼吸基質**といい，呼吸基質としては**グルコース**などの炭水化物の他に，**脂肪**や**タンパク質**などがある。それらの物質が，呼吸基質に用いられ，分解される過程（経路）は以下のとおりである。

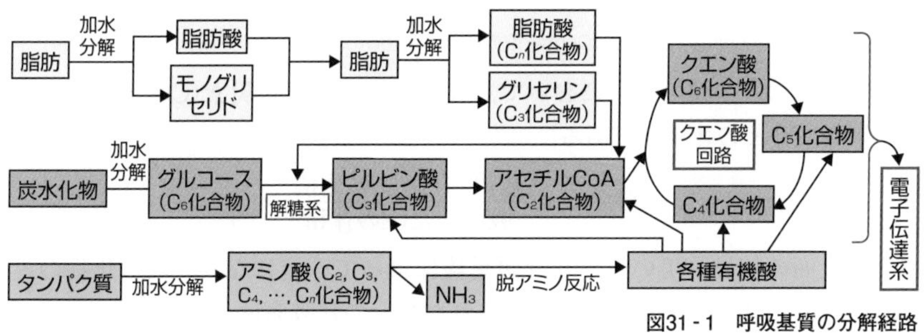

図31-1　呼吸基質の分解経路

①炭水化物

分子量の大きい炭水化物（多糖類など）はグルコース（C_6化合物）に加水分解され，**解糖系・クエン酸回路・電子伝達系**を経てCO_2とH_2Oにまで分解される。

②脂肪

脂肪は細胞質基質で**グリセリン**（C_3化合物）と**脂肪酸**（C_n化合物）とに加水分解※され，グリセリンは**解糖系**の中間物質として解糖系に入る。また，脂肪酸は炭素を2個ずつ含む部分で順次切断される**β酸化**により繰り返し酸化され，アセチルCoA（C_2化合物）となって**クエン酸回路**に入り分解される。

※ヒトでは，小腸内でリパーゼにより，脂肪（1分子のグリセリンに3分子の脂肪酸が結合しているトリグリセリド）が1分子のモノグリセリド（1分子のグリセリンに1分子の脂肪酸が結合したもの）と2分子の脂肪酸に加水分解（消化）された後，小腸細胞内に吸収され細胞質基質で脂肪に再合成される。この脂肪はゴルジ体内に取り込まれ，リン脂質やコレステロールとともに微粒子（カイロミクロン）を形成した後，リンパ管内に放出され，鎖骨下静脈から体循環に入り，全身に運ばれる。

参考 化学では，カルボン酸を構成する炭素（C）のうち，カルボキシ基（-COOH）の隣のCをα位，そのまた隣をβ位のように呼ぶ。したがって，右の反応はβ酸化と呼ばれる。

H-C…-C-C-C-C-COOH（各Cに H が結合）　β位　酸化　α位　➡ 酸化によりC₂化合物が切り出される。

③タンパク質

タンパク質はアミノ酸に分解された後，**脱アミノ反応**により各種有機酸（☞p.323）とアンモニア（NH_3）になる。有機酸は**クエン酸回路**に入り分解される。

参考 解糖系やクエン酸回路の途中で生成する物質（ピルビン酸など）は酸化されて二酸化炭素と水素になるだけではなく，逆方向に進む反応によって還元されグルコース合成のための材料となることもある。このような経路は糖新生と呼ばれる。糖質コルチコイドの分泌量が増すと，筋肉内におけるタンパク質の分解と，アラニン（C_3化合物）などのアミノ酸の放出が促進される。アラニンは肝臓に取り込まれて，脱アミノ反応によりピルビン酸（C_3化合物）になり，糖新生の材料となるので血糖濃度が上昇する。

❷ ▶ 呼吸商

1 呼吸商と呼吸基質の関係

(1) 体内で使われている呼吸基質を知る手がかりの一つとして，呼吸商(こきゅうしょう)(RQ*)を調べる方法がある。

参考 ＊ RQはRespiratory(呼吸の)Quotient(商(割算の答え))の略号である。

(2) 呼吸商は，生物の呼吸において，放出された二酸化炭素(CO_2)と吸収された酸素(O_2)との体積比である。

$$呼吸商 = \frac{放出した CO_2 の体積}{吸収した O_2 の体積}$$

(3) 呼吸商の値は，用いられた**呼吸基質**によって一定になり，炭水化物のみ，脂肪のみ，タンパク質のみが用いられた場合の呼吸商は，それぞれ約1.0，約0.7，約0.8となる。

参考 呼吸商の値と，「炭水化物約4kcal，脂質約9kcal，タンパク質約4kcal」のように表示される，三大栄養素に含まれるエネルギー量の値とを混同してはいけない。

(4) 気体の体積の比は，反応式の係数(モル数)の比に等しいので，それぞれ $\frac{生じた CO_2 の係数}{消費された O_2 の係数}$ を計算して，呼吸商を求めることができる。

呼吸基質ごとの呼吸商を反応式から求めると以下のようになる。

①炭水化物(グルコース)が呼吸基質になった場合

$C_6H_{12}O_6+6O_2+6H_2O \longrightarrow 6CO_2+12H_2O$ となり，　呼吸商(RQ) $= \frac{6}{6} = 1.0$
(グルコース)

②脂肪(トリステアリン)が呼吸基質になった場合

$2C_{57}H_{110}O_6+163O_2 \longrightarrow 114CO_2+110H_2O$ となり，　呼吸商(RQ) $= \frac{114}{163} \fallingdotseq 0.7$
(トリステアリン)

③タンパク質(を構成するアミノ酸のロイシン)が呼吸基質になった場合

$2C_6H_{13}O_2N+15O_2 \longrightarrow 12CO_2+10H_2O+2NH_3$ となり，呼吸商(RQ) $= \frac{12}{15} = 0.8$
(ロイシン)

参考 1. アミノ酸の一種であるバリン($C_5H_{11}O_2N$)が呼吸基質になった場合は，
$C_5H_{11}O_2N+6O_2 \rightarrow 5CO_2+4H_2O+NH_3$ のように分解され，呼吸商(RQ) $= \frac{5}{6} \fallingdotseq 0.83$ であり，どのアミノ酸も呼吸商は0.80ピッタリになるというわけではなく，約0.8になる。

2. 呼吸商は $\frac{CO_2}{O_2}$ の体積比またはモル比であるが，重量比ではないので，
$呼吸商 = \frac{放出した CO_2 の重量}{吸収した O_2 の重量}$ などの式を立ててはいけない。

呼吸商が1.0になる脂肪はないのか？

炭水化物に属する分子は，グルコース($C_6H_{12}O_6$)に限らず，分子中の原子の割合がC：H：O≒1：2：1であり，呼吸商は1.0である。一方，脂肪に属する分子は，トリステアリン($C_{57}H_{110}O_6$)に限らず，分子中の原子の割合がC：H：O≒1：2：0.1であり，炭素原子に対する酸素原子の割合が炭水化物よりも少ない。したがって，脂肪の酸化・分解には，炭水化物の場合よりも多くの酸素を必要とする(分母の値が大きくなる)ので，呼吸商は1よりも小さい値(0.7)となる。

タンパク質の構成成分であるアミノ酸に属する分子は，ロイシン($C_6H_{13}O_2N$)に限らず，分子中の原子の割合がC：H：O≒1：2：(0.3～0.4)であり，炭素原子に対する酸素原子の割合が，炭水化物と脂肪の間の値となる。したがって，呼吸商も炭水化物(約1.0)と脂肪(約0.7)の間の値(約0.8)となる。

2　呼吸商から推定できること

(1) 呼吸商が1.0のとき，呼吸基質は**炭水化物のみ**である。

(2) 呼吸商が0.7のとき，呼吸基質は**脂肪のみ**である。

(3) 呼吸商が **0.8**のとき，呼吸基質は**タンパク質のみとは限らない**。

例えば，ある量の炭水化物と脂肪が同時に呼吸基質に用いられ，炭水化物と脂肪の酸化にそれぞれ5Lと10Lの酸素が使われたとする。酸化・分解で生じる二酸化炭素は，炭水化物からは5L(呼吸商が1.0だから)，脂肪からは7L(呼吸商が0.7だから)である。これらの数値を用いて呼吸商を計算してみると，

$$RQ=\frac{5+7}{5+10}=\frac{12}{15}=0.8$$ となる。

このように，**呼吸基質としてタンパク質がまったく使われなくても，呼吸商は0.8になることがある**。

3　動物の食性と呼吸商の関係

呼吸商の値から，すべての生物の呼吸基質の種類や量比を断定することはできないが，以下のように主な呼吸基質の種類を推定することはできる。

・植物食性動物の呼吸商は約1.0　→　炭水化物が主な呼吸基質

・動物食性動物の呼吸商は約0.7～0.8　→　脂肪やタンパク質が主な呼吸基質

③▶ 呼吸商の測定実験

(1) 植物の種子は，発芽の際の呼吸により酸素(O_2)を吸収して二酸化炭素(CO_2)を放出する。種子の呼吸商を調べるために，図31-2の装置の主室と副室に表31-1に示したものをそれぞれ入れて，温度を一定にして暗所で一定時間後の気体の体積の減少量を測定し，表31-1の結果を得た。

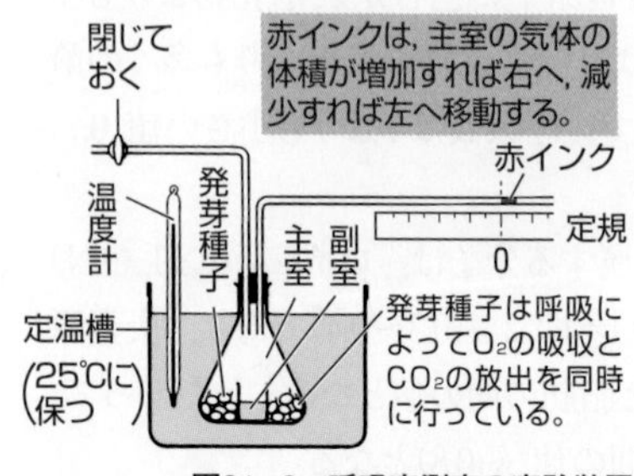

図31-2　呼吸商測定の実験装置

実験	主　室	副　室	気体の減少量
①	発芽種子A	水	0.02 mL
②	発芽種子A	水酸化カリウム水溶液	5.24 mL
③	発芽種子B	水	2.55 mL
④	発芽種子B	水酸化カリウム水溶液	8.45 mL

表31-1　呼吸商測定の実験条件と結果

(2) 実験①では，実験開始時に0にあった赤インク(図31-3の**ア**)が，発芽種子の呼吸によるO_2吸収で左にx目盛り動く(**イ**)。このとき，呼吸によるCO_2放出も起こっているが，CO_2は副室中の水にはほとんど吸収されず，赤インクは右にy目盛り動く(**ウ**)ので，実際には$(x-y)$目盛り左に動いている(**エ**)。この$(x-y)$目盛りは「O_2吸収量－CO_2放出量」を表し，表31-1より0.02mLに相当する。

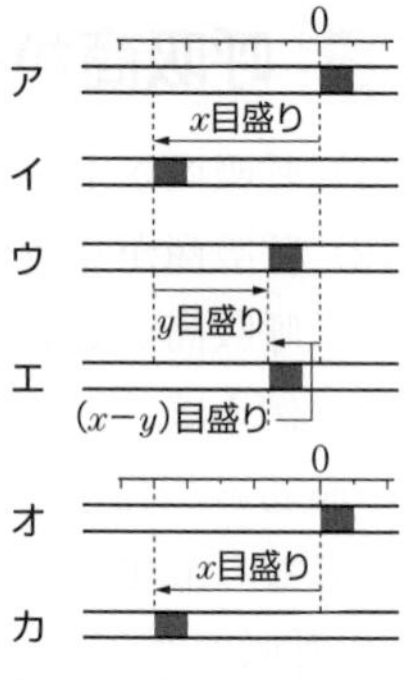

図31-3　赤インクの動き

(3) 実験②では，0にあった赤インク(**オ**)が，発芽種子の呼吸によるO_2吸収で左にx目盛り動く(**カ**)。このとき，呼吸によるCO_2放出も起こっているが，CO_2(水中では，弱酸のH_2CO_3となる)は，副室中の水酸化カリウム(強塩基)水溶液に吸収されてしまうので，赤インクは動かない。このx目盛りは，「O_2吸収量」を表し，表31-1より5.24mLに相当する。

(4) 発芽種子の呼吸商を求めるには，呼吸によるCO_2放出量を求めなければならないが，これは「O_2吸収量」の値から「O_2吸収量－CO_2放出量」の値を差し引くこと(O_2吸収量－(O_2吸収量－CO_2放出量)＝CO_2放出量)によって求めることができる。

(5) 発芽種子Aでは，呼吸商が$\dfrac{CO_2\text{放出量}}{O_2\text{吸収量}}=\dfrac{5.24-0.02}{5.24}\fallingdotseq 1.0$であるから，呼吸基質は主に炭水化物，発芽種子Bでは，呼吸商が$\dfrac{8.45-2.55}{8.45}\fallingdotseq 0.70$であるから，呼吸基質は主に脂肪であると推定できる。

対照実験とpH

1 対照実験

p.282(1)の文章中の「植物の種子は，発芽の際の呼吸により酸素(O_2)を吸収」することの証明には，表31 - 1の実験②のみでは不十分であり，気体の吸収が発芽種子以外の条件(装置，気温や明るさの変化など)によるものではないことを確認するために，主室に発芽種子を入れずに，他の条件を実験②と同じにした実験を行い，気体吸収がないことを確認しておく必要がある。

このように，生物にみられる特定の反応や現象に影響を及ぼす可能性のある条件が複数存在し，それらのうち，どの条件がその現象を引き起こす要因となっているかを決める場合，通常，1つの条件のみを変化させ，結果が変化するか否かを調べる実験(本来の実験)を行う。これとともに，注目している条件以外の他の条件を本来の実験とすべて同じにして，注目している条件のみを本来の実験とは異なるものにする実験も行う。これを**対照実験**といい，本来の実験と対照実験の結果を比較することで，注目する条件が特定の現象を引き起こす要因となったかどうかがわかる。

2 pH(水素イオン指数)

25℃の水(純水)には1Lで1×10^{-7}モルのH^+が存在しており，この状態(このときのH^+濃度)を中性といい，水溶液の酸性と塩基性の程度を，H^+濃度の逆数の常用対数をとって表したものを**pH**(水素イオン指数)という。

水溶液において，**pH7の場合は中性**であり，pHが7より小さくなる(H^+濃度が高くなる)ほど酸性が強く，7より大きくなる(H^+濃度が低くなる)ほど塩基性が強くなる。

pH(小) 0　1　2　3　4　5　6　7　8　9　10　11　12　13　14 (大)

強酸性　弱酸性　中性　弱塩基性　強塩基性

3 酸と塩基の分類

——強酸　——弱酸　——強塩基　——弱塩基

	無機物	有機物
酸	硝酸(HNO_3)，塩酸(HCl) 炭酸(H_2CO_3) リン酸(H_3PO_4)	酢酸(CH_3COOH) クエン酸($C(OH)(CH_2COOH)_2COOH$) ステアリン酸($C_{17}H_{35}COOH$) のように－COOHなどをもつ分子。有機酸ともいう。
塩基	水酸化ナトリウム($NaOH$) 水酸化カリウム(KOH) アンモニア(NH_3)	核酸の塩基(アデニン・グアニン・シトシン・チミン・ウラシル)のように$>$N－Hなどをもつ分子。有機塩基ともいう。

第32講 発酵・解糖

The Purpose of Study 到達目標

Visual Study 視覚的理解

呼吸と発酵における，酸素の意味を理解しよう！

〈料理の達人(呼吸)〉

〈料理の原始人(発酵)〉

酸素は「有機物を完全に分解するためのナイフ」に相当する。

ナイフ(酸素)を使う達人(呼吸)は，素材(呼吸基質)を徹底的にバラし(無機物にまで分解し)，多くの料理をつくる(多くのエネルギーを取り出す)ことができる。

原始人(発酵)は，素材のバラしかたがヘタである(生成物に多くのエネルギーを残してしまう)ので，料理を少ししかつくれない(エネルギーを少ししか取り出せない)。

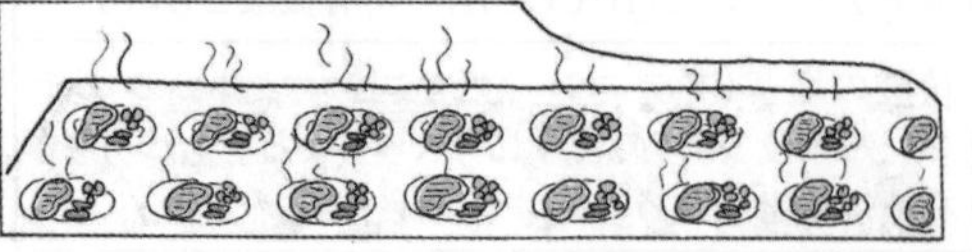

1 ▶ 発酵

異化のうち，微生物※1が酸素を用いずに有機物を分解してエネルギーを取り出し，ATPを合成する反応を**発酵**(はっこう)という。また，発酵※2を，無酸素を意味する「嫌気」という用語を用いて，「微生物が嫌気的に有機物を分解して…」や「微生物が嫌気条件下において有機物を分解して…」のように表すこともある。

発酵
- **乳酸発酵**…有機物の最終産物が乳酸である発酵　例　乳酸菌
- **アルコール発酵**…有機物の最終産物がエタノールである発酵　例　酵母

※1．微生物：肉眼では観察できないような微小な生物に対する便宜的な総称。

※2．「発酵」は，広義には「微生物が有機物を簡単な化合物に分解すること」を意味するので，酸素存在下で起こるアミノ酸発酵や酢酸発酵も含むが，狭義には「微生物が嫌気条件下で有機物を分解し，エネルギーを得ること」を意味する。高校では，狭義の意で「発酵」という用語を用いる。

2 ▶ 乳酸発酵・解糖

(1) 乳酸菌が酸素を用いないで，**グルコース**($C_6H_{12}O_6$)を**乳酸**($C_3H_6O_3$)に分解する反応を**乳酸発酵**(にゅうさんはっこう)という。乳酸発酵の過程は以下のとおりである。

①呼吸と同様の**解糖系**により，1分子のグルコースから2分子のピルビン酸が生じるとともに，2分子の**ATP**とNADHが生成される。

②ピルビン酸はNADHによって還元され，乳酸になる。

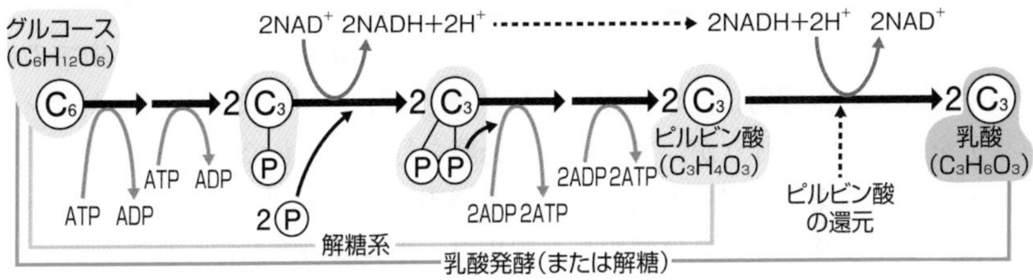

図32-1　乳酸発酵と解糖の過程

乳酸発酵の反応は，次の反応式で表される。

$$C_6H_{12}O_6 \longrightarrow 2C_3H_6O_3 + \text{エネルギー}$$

(グルコース)　(乳酸)　(2ATP)

(2) ヨーグルト・乳酸飲料・チーズなどの生産には，乳酸菌による乳酸発酵が利用されている。ぬかみそ漬けの酸味も，乳酸菌のつくった乳酸による。

(3) 微生物以外の生物(動物や植物など)でも，乳酸発酵と同じ反応が起こることがあり，このような反応は，乳酸発酵ではなく**解糖**(かいとう)(解糖系ではない！)と呼ばれる。解糖は，動物の筋肉(☞p.176)や脳などの細胞で酸素の供給が不十分なときに，グリコーゲンやグルコースを基質としてよく起こる。

③ ▸ アルコール発酵

(1) **アルコール発酵**では，脱水素酵素など，多くの酵素が次々に働いて，1分子の**グルコース**から2分子の**ピルビン酸**が生じるとともに，2分子のATPとNADHが生成される。ここまでは呼吸と共通の**解糖系**である。それに続いて，**脱炭酸酵素**の働きで，ピルビン酸から二酸化炭素が除かれてアセトアルデヒドが生じる。次いで，アセトアルデヒドはNADHによって還元され，**エタノール**(C_2H_5OH*)になる。

参考 ＊エタノールは，C_2H_6Oとも表記される。

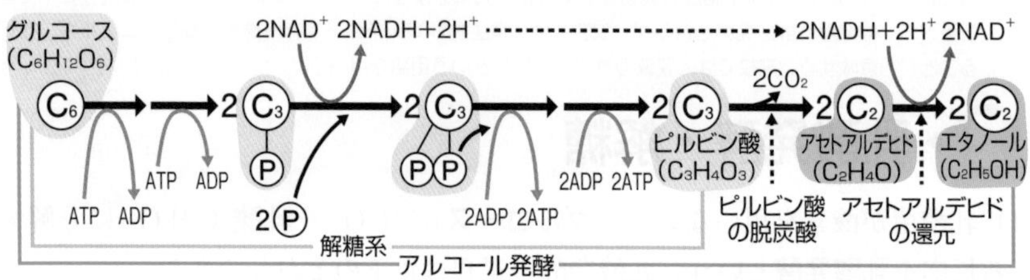

図32-2　アルコール発酵の過程

アルコール発酵の反応は，次の反応式で表される。

$C_6H_{12}O_6$ ⟶	$2C_2H_5OH$	+ $2CO_2$	+ エネルギー
(グルコース)	(エタノール)	(二酸化炭素)	(2ATP)

(2) 日本酒やワインづくりに利用されたり，パンを膨らませて風味を増すのに利用されている**酵母**は，単細胞の真核生物(菌類の一種)であり，ミトコンドリアをもち呼吸を行うが，アルコール発酵を行うこともできる。

(3) 酸素がない条件(嫌気的条件)下で培養されている酵母では，ミトコンドリアは小さくなり，その数は減少し，**アルコール発酵**のみが行われる。

(4) 酸素が十分にある条件(好気的条件)下で培養されている酵母では，ミトコンドリアは発達し，その数は増加しており，**アルコール発酵**が抑制されて主に**呼吸**が行われる。

(5) このように，酸素によって酵母のアルコール発酵が抑制される現象を**パスツール効果**という。

(6) 同量のグルコースから得られるエネルギーは，アルコール発酵を行う場合より，呼吸を行う場合の方が著しく多い。したがって，酵母は生命活動に必要なエネルギーを可能なときは呼吸で得ることで，グルコースの浪費を防いでいる(グルコースの節約をしている)と考えられる。

参考 パスツール効果は，グルコース濃度が高い場合にはみられないとの指摘もある。

4 ▶ アルコール発酵の実験

酵母が行うアルコール発酵によって，グルコースが二酸化炭素とエタノールに分解されることを確認する実験は以下のとおりである。

(1) 10%グルコース水溶液50mLに，約1gの乾燥酵母を加えよく攪拌(かくはん)したもの(発酵液)を，**キューネ発酵管**に気泡が入らないように注ぎ，綿栓(めんせん)をして約35℃に保つ(図32-3①)。

➜ よく攪拌しないと，酵母が分散せず，発酵が進みにくい。

(2) 盲管部に気体がたまってくる(図32-3②)。

➜ 綿栓は空気(酸素)を通すが，球部の液面付近の酵母により酸素が消費されるので，盲管部内は無酸素状態となっており，盲管部では主にアルコール発酵が進行していると考えてよい。

(3) 気体が十分にたまったら，10%**水酸化ナトリウム**(**NaOH**)水溶液を2〜3mL加える(図32-3③)。

➜ NaOHは塩基性の物質であるから，酸性の物質(例えばCO_2が水に溶けて生じるH_2CO_3など)とよく反応して塩(えん)となる。

(4) 開口部を親指で押さえて発酵管をよく振ると，指が開口部に吸いつけられる。発酵管を立て指を離すと，盲管部の発酵液の液面は上昇する(図32-3④)。

➜ これは管内の気体がNaOHと反応して炭酸塩となり，発酵液中に吸収されたこと，つまり，発生した気体が水に溶けると酸性になるCO_2であることを示している。

(5) (4)の発酵液をろ過して，**ヨウ素溶液**(**ヨウ素ヨウ化カリウム溶液**)を加え，70〜80℃の湯に1分間浸すと，黄色の沈殿(ヨードホルム)が生じ，特有のにおいがする(図32-3⑤)。

➜ これをヨードホルム反応といい，この反応によってエタノールが生成されたことが確認できる。

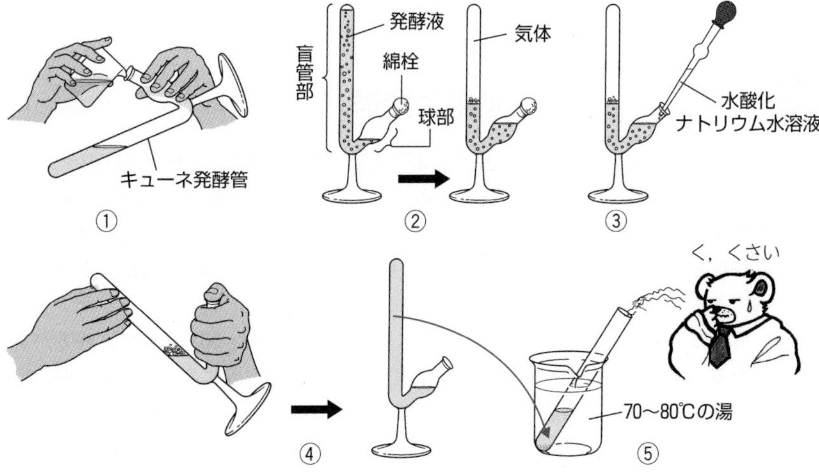

図32-3　アルコール発酵の実験

もっと広く深く　アルコール発酵の研究

(1) 19世紀中頃　**パスツール**は，アルコール発酵は酵母が酸素のない状態で行う反応(発酵)であることを明らかにした。

(2) 19世紀末　**ブフナー**は，酵母の絞り汁でもアルコール発酵が起こることを発見した。これは，酵母菌の絞り汁中に含まれている**酵素**によって発酵が起こることを示したものである。ブフナーは発酵を起こす酵素をチマーゼと命名した。

参考 現在では，チマーゼは１種類の酵素ではなく，アルコール発酵に関与する10種類以上の酵素が含まれる酵素群の総称として用いられる。

田部の裏づけ　発酵と呼吸で生じるATP量の差を考える

発酵と呼吸は，どちらもグルコースなどの基質(有機物)を分解し，その有機物中のエネルギーを取り出す反応である。しかし，その分解の仕方には大きな違いがある。発酵は，「有機物を完全に分解するためのナイフ」に相当する「酸素」を用いない分解なので，呼吸基質の分解は不完全で，生成物(有機物)中にまだ多くのエネルギーが残る。一方，呼吸は，「ナイフ」としての「酸素」を用いて呼吸基質を完全に(無機物にまで)分解するので，生成物中にはほとんどエネルギーが残らない。したがって，発酵は呼吸に比べて，非常に少量(約 $\frac{1}{19}$)のATPしか生成することができない(☞p.284)。

もっと広く深く　植物と発酵

(1) 微生物ではない植物の根・種子・果実などでは「$C_6H_{12}O_6 \longrightarrow 2C_2H_5OH + 2CO_2 +$ エネルギー」の反応が起こることがある。この反応は「植物が嫌気的にアルコールを生成する異化」だが，発酵はp.285 ❶ に示した以外に，「生物が酸素を用いずに有機物を分解」とする場合もあるので，「植物の(行う)アルコール発酵」ということもできる。

(2) 植物の果実は，エチレンなどの働きにより成熟する(☞p.563)過程で，呼吸が盛んになる。その結果，酸素が不足し，果実内で嫌気的に生成するエタノールが，呼吸の中間代謝産物である各種有機酸と反応してエステルという芳香性の高い物質となる。これが果実の香りの原因の一つである。

酸素の有無で異化の様式が変わる理由

1 酸素が存在しないと呼吸が起こらないのはなぜか？

(1) クエン酸回路の主な反応は，脱水素酵素による脱水素反応である。

(2) クエン酸回路の脱水素反応で生じた還元型補酵素(NADH，$FADH_2$)は，電子伝達系に水素(電子)を渡して酸化型補酵素(NAD^+，FAD)となる。ミトコンドリア内に存在する**補酵素は少量**なので，酸化型補酵素は，ただちにクエン酸回路に戻り，再び脱水素酵素の補酵素として働く。

(3) 電子伝達系は，解糖系とクエン酸回路から運ばれてきた水素(電子)を受け取り，その水素と酸素を結合させて水をつくる反応を含んでいる。

(4) 酸素が存在しないと電子伝達系から水素が取り除かれず(電子伝達系自体は酸化されず)，電子伝達系の反応は進行しない。

(5) 電子伝達系が進行しないと，還元型補酵素は酸化されず(還元型補酵素から水素が取り除かれず)，脱水素酵素の補酵素として働けないので，クエン酸回路も進行しない。

(6) したがって，酸素が存在しないと，呼吸(ミトコンドリア内で起こるクエン酸回路と電子伝達系)は進行しない。

2 酸素が存在しないときに発酵・解糖が起こるのはなぜか？

(1) 解糖系には，脱水素酵素による脱水素反応が含まれている。

(2) 酸素が存在すると，解糖系の脱水素反応で生じた還元型補酵素(NADH)をミトコンドリア内に入れる「特別なしくみ」が働くので，還元型補酵素は，電子伝達系に水素(電子)を渡すことによって，酸化型補酵素(NAD^+)となることができる。

(3) 酸素が存在しないと，「特別なしくみ」が働かないので，還元型補酵素はミトコンドリア内に入れず，電子伝達系に水素を渡すことができない。

(4) 解糖系で生じた還元型補酵素は，酸素が存在しないと，細胞質基質内のピルビン酸(乳酸菌・筋肉内などの場合)や，ピルビン酸が脱炭酸されたアセトアルデヒド(酵母などの場合)に水素を渡すことによって酸化型補酵素になり，再び解糖系の脱水素酵素の補酵素として働く。

(5) このように，酸素が存在しないときに，解糖系で生じた還元型補酵素を細胞質基質内で酸化して，再び脱水素酵素の補酵素として働けるようにするしくみが発酵・解糖であるといえる。

光合成のしくみ

The Purpose of Study 到達目標

Visual Study 視覚的理解

光合成のチラコイドで起こる反応のイメージをつかもう！

光化学系Ⅱでは，反応中心クロロフィル，クロロフィルb，カロテノイドなどが働いている。

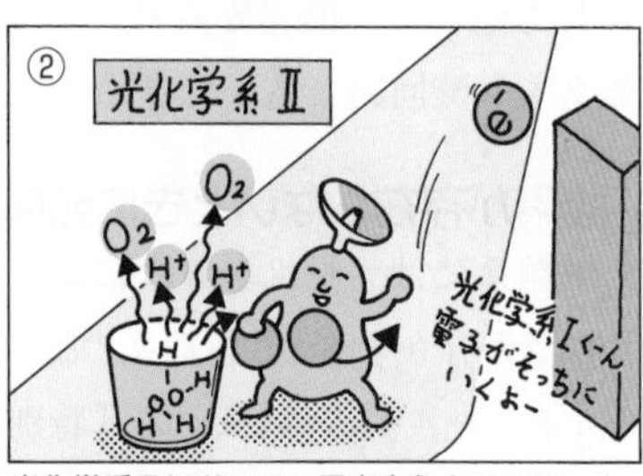

光化学系Ⅱにおいて，反応中心クロロフィルから出た電子(e^-)は，水の電子で補われる。

e^-は電子伝達系を移動しながらATPを生成した後，光化学系Ⅰに受け取られる。

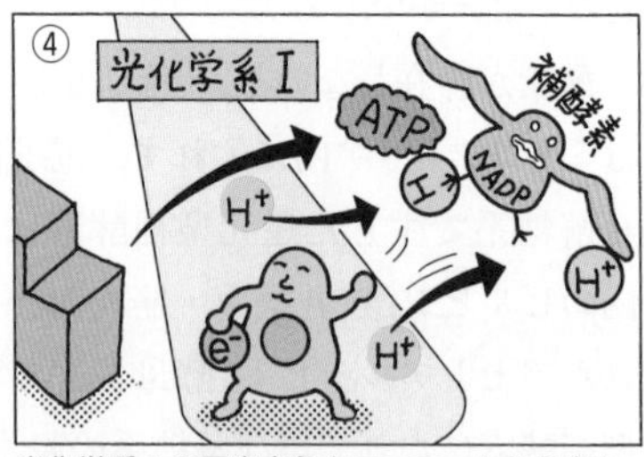

光化学系Ⅰの反応中心クロロフィルから出た電子は，H^+と補酵素($NADP^+$)と結合して$NADPH+H^+$になる。

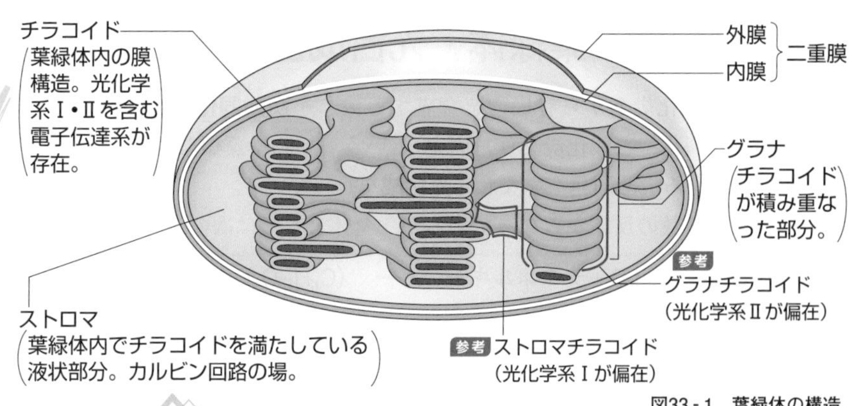

図33-1　葉緑体の構造

ストロマで起こるカルビン回路（カルビン・ベンソン回路）のイメージを頭にたたき込もう！

カルビン・ベンソン寿司（ストロマ支店）

有機物

ATP　電子　チラコイド産

PGA（C_3）

RuBP（C_5）

二酸化炭素

チラコイド産の，電子とATPをおつけしましょう。

GAP（C_3）

二酸化炭素のオマケだ！オッ，のらねぇか

RuBP（C_5）

GAP（C_3）二皿で，有機物（糖）が一皿できるんスョ

残りは，テキトーに合わせて，RuBP（C_5）にしてくれ。

有機物（糖）

じゃあ，二皿に分けとくヨッ

PGA（C_3）

❶▶光合成・葉緑体・光合成色素

(1) 生物が二酸化炭素から有機物を合成する働きを**炭酸同化**(たんさんどうか)(炭素同化，二酸化炭素(の)同化，二酸化炭素(の)固定)という。植物や藻類などは，光エネルギーを利用する炭酸同化，すなわち**光合成**を行っている。

(2) 光合成は多数の反応からなっているが，全体としては次の式で表される。

$$6CO_2 + 12H_2O + \text{光エネルギー} \longrightarrow (C_6H_{12}O_6) + 6O_2 + 6H_2O$$

(二酸化炭素)　(水)　(有機物)　(酸素)　(水)

(3) 光合成は**葉緑体**内で行われる。種子植物では，葉の柵状組織や海綿状組織の細胞に，1細胞当たり数十個から百個以上の葉緑体が存在している。

(4) 葉緑体は，2枚の生体膜で包まれ，内部に**チラコイド**という扁平な袋状の構造をもっている。チラコイドが多数重なり合った部分(状態)を**グラナ**といい，チラコイドの間を埋める液状部分は**ストロマ**と呼ばれている(図33-1)。

(5) 葉緑体のチラコイドの膜(チラコイド膜)には**クロロフィルa**，**クロロフィルb**，**カロテン**，**キサントフィル**などの色素が含まれている。

参考 種子植物におけるクロロフィルaとクロロフィルbの存在比は約3：1である。また，カロテンやキサントフィルなどは**カロテノイド**という色素群に属し，葉緑体の他に有色体にも存在している。

(6) これらの色素はいずれも光を吸収し，光合成に必要なエネルギーを供給しているので，**光合成色素**という。

参考 光合成にとって必要不可欠な光も，強すぎると葉緑体(光化学系)に損傷を与え，光合成速度を低下させる。これを光阻害という。カロテノイドの一種であるキサントフィルは，光合成色素であるとともに，クロロフィルが吸収した過剰なエネルギーを熱エネルギーに変換することで，強すぎる光による葉緑体の損傷を緩和する役割も担っている。

❷▶光の波長と色

(1) 光は波の性質をもち，光の波長によって光の色は決まっている(図33-3)。

(2) 絵の具などでは，異なる色を混合すると濁(にご)った色になるが，光では異なる色(波長)の光を混合すると，色のついていない透明な光になる。これを**白色光**という。白色光はプリズムによって複数の色の光に分解できる。

(3) 白色光を葉に照射すると，緑色光以外の光は葉に吸収されるが，緑色光はほとんどが葉で反射，または葉を透過してヒトの眼に受け取られるので，葉は緑色に見える。一方，**葉に吸収される光(緑色光以外)は光合成によく利用される**。

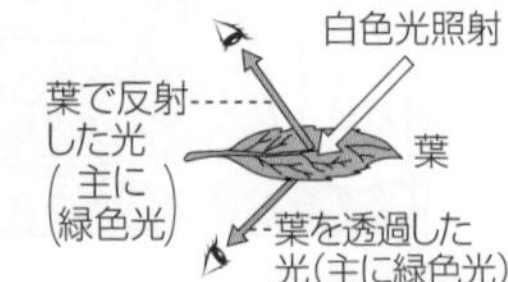

図33-2　眼に受け取られる光

③ ▶ 光の波長と光合成

(1) いろいろな波長の光を葉に照射し，各波長における光合成速度を測定してグラフにしたものを，葉の光合成の**作用スペクトル**という（図33-3の━━）。作用スペクトルから，光合成には赤色光と青紫色光が有効であることがわかる。

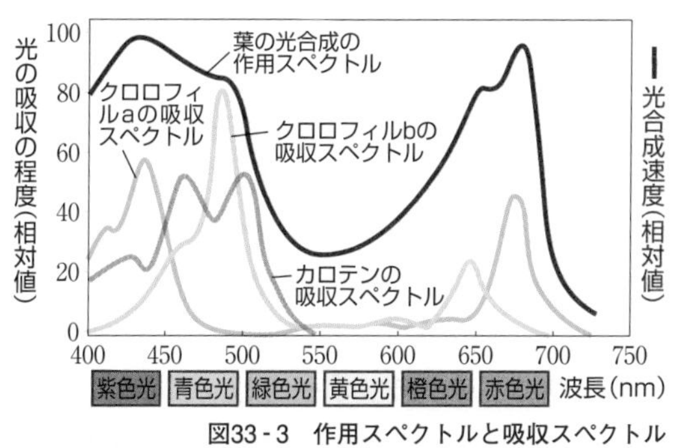

図33-3　作用スペクトルと吸収スペクトル

(2) 葉から抽出した各光合成色素の溶液に，いろいろな波長の光を照射し，各波長における光の吸収の度合い（吸収率，吸光度）を測定してグラフにしたものを，光合成色素の**吸収スペクトル**という（図33-3の━━，━━，━━）。

(3) 作用スペクトルとクロロフィルa・bの吸収スペクトルは比較的よく似ているので，光合成に使われる光は，主にクロロフィルによって吸収されることが推定される。

緑色光・黄色光・橙色光も光合成に利用されるのはなぜか

生物体内で起こる光に対する化学反応（光化学反応）には，「その反応に関与する色素によって吸収された光だけが利用され，透過・反射した光はまったく利用されない」という原則がある。しかし，図33-3の葉の光合成の作用スペクトルは，葉から抽出したクロロフィルa，クロロフィルb，カロテンのそれぞれの溶液に吸収されにくい光（波長530～620nmの緑色光・黄色光・橙色光）も光合成に利用されていることを示している。葉に入射した光は，光合成色素に吸収されると同時に，幾層（いくそう）にも並んだ細胞の細胞壁や細胞内構造によって反射・屈折しながら進んでいくので，厚みのある葉になればなるほど光の通過距離が長くなり，吸収されにくい波長の光が吸収される割合も増えることになる。なお，葉の海綿状組織は，柵状組織よりも光を散乱させやすい形状をしており，光の吸収率も高い。「吸収された光は，波長とは無関係にいずれも同じように光化学反応に利用される」という原則もあるので，実際には緑色光や黄色光も光合成に利用される。

4 ▶ クロマトグラフィーによる光合成色素の分離実験

(1) 特定の固体または液体中での物質の移動度の差を利用して，混合物の試料から種々の成分を分離・分析する方法を**クロマトグラフィー***といい，この方法に用いる特定の固体または液体を固定相という。成分ごとの移動度の差は，固定相への結合性や展開液への溶解性の違いによって生じる。

参考 ＊気体(気相)中で分離・分析するクロマトグラフィーもある。

(2) 固定相として，ガラス板に固着させたシリカゲルなどの薄い層を用いる(実験では，専用のプレートやプラスチックシートを用いる)クロマトグラフィーを，**薄層(はくそう)クロマトグラフィー**(TLC)という。これに対して，固定相としてろ紙を用いるクロマトグラフィーを，**ペーパークロマトグラフィー**という。薄層クロマトグラフィーに比べて展開時間が長く，分離が不鮮明である。

[クロマトグラフィーによる光合成色素の分離実験の手順]

①植物の葉や藻類の葉状体を細かく刻んで乳鉢に入れ，硫酸ナトリウムなどの乾燥剤を少量加えて乳棒ですりつぶし，抽出液を少量加えて色素を抽出する。光合成色素は水に溶けにくいので，抽出液としては，アセトン，アセトン：メタノール＝1：3(体積比)の混合液，ジエチルエーテル，エタノールなどの有機溶媒が用いられる。

➡ アセトンやアルコール(メタノールやエタノール)などは，脂質を主成分とする生体膜を破壊するので，チラコイド膜に埋め込まれている色素の遊離を促進する。

②薄層クロマトグラフィー用のプレートやろ紙の下端から2cmのところに鉛筆で線を引く。色素抽出液を細いガラス管で吸い取り，線上の一点(原点)に付着させて乾かす。乾いたら再び抽出液をつけて乾かす操作を色が濃くなるまで繰り返す(図33-4①)。このとき，色素抽出液を付着させる原点の直径が5mm以上にならないようにする。

➡ この操作を繰り返さないと原点に少量の色素しか含まれず，この後に展開，分離させた色素を確認しにくい。

③色素抽出液を乾燥させた後，ガラス円筒容器の下部に入れた展開液(石油エーテル：アセトンまたはトルエン＝7：3(体積比)の混合液など)にプレートやろ紙を浸し，円筒容器のふたを閉め，一定時間放置する(図33-4②)。このとき，原点を展開液に浸さないように注意する。

➡ この操作において，各色素は，展開液とともにプレートやろ紙上を上昇する。固定相への結合性が低く，展開液への溶解性が高い色素ほど，原点からの移動距離が大きくなる。また，原点が展開液に浸ると，色素が展開液中に溶出して固定相上を移動しなくなる。

④展開液がプレートやろ紙の上端付近まで達したら，円筒容器のふたを開け，色素が色素斑として分離したプレートやろ紙を展開液から取り出す。

➡ 容器内が展開液の蒸気で飽和状態になっていない場合や，展開液の再使用や長時間使用により，混合比が変化している場合には，色素の分離がないまま，展開液が上昇してしまうことがある。

⑤プレートやろ紙を取り出したら，ただちに展開液の先端(溶媒前線)を鉛筆でなぞる。次に，原点や各色素の色素斑の輪郭を鉛筆でなぞり，色素斑のなかで最も濃い部分に印をつけ，ここを色素の中心点とする(図33-4③)。

➡ ボールペンの色は展開液に溶け出し混合するので，印つけには鉛筆を用いる。

⑥分離した各色素斑の色と位置を調べ，**Rf値**(移動率)を計算する。固定相・展開液の成分(組成)，温度などの実験条件とRf値の結果が示された資料などをもとに，分離した色素の種類を推定する。

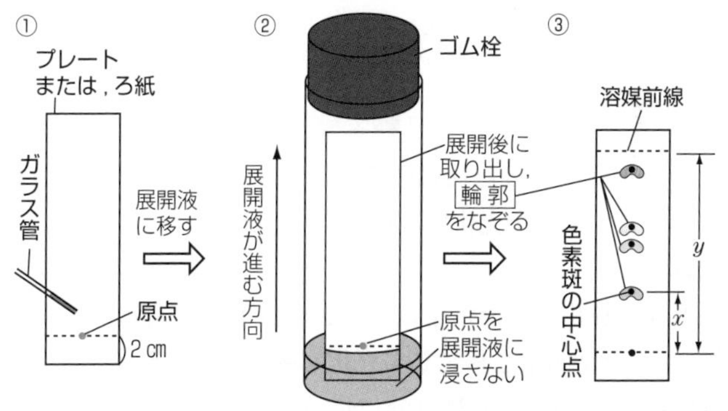

図33-4　光合成色素の分離実験

➡ **Rf値**(Rate of flowの略)とは，原点から色素の中心点までの距離(色素の移動距離：図33-4のx)を，原点から溶媒前線までの距離(展開液の移動距離：図33-4のy)で割った値である。同じ種類の色素のRf値は，固定相や展開液の種類，温度などの実験条件が同じならば，色素量の多少によらず常に同じになる。また，薄層クロマトグラフィーとペーパークロマトグラフィーでは，各色素のRf値は異なる。

$$\text{Rf値} = \frac{\text{原点から色素の中心点までの距離}}{\text{原点から溶媒前線までの距離}} = \frac{x}{y}$$

[実験の結果]

①薄層クロマトグラフィーでは，溶媒前線に近い方から，カロテン(橙色)，クロロフィルa(青緑色)，クロロフィルb(黄緑色)，キサントフィル(黄色)の順に分離する。

②ペーパークロマトグラフィーでは，溶媒前線に近い方から，カロテン，キサントフィル，クロロフィルa，クロロフィルbの順に分離する。

5 ▶光合成のしくみ

光合成の反応は，葉緑体の**チラコイド**における反応段階（第1段階）と**ストロマ**における反応段階（第2段階）の2つに大きく分けられる。

1 チラコイドで起こる反応

(1) 光化学反応

①チラコイドには**光化学系**（こうかがくけい）**Ⅰ**，**光化学系Ⅱ**と呼ばれる2種類の反応系が存在し，これらの反応系はそれぞれ色素タンパク質複合体によって構成されている。

②これらの反応系の反応中心（エネルギー変換の場）には，特殊なクロロフィルa（**反応中心クロロフィル***1と呼ばれる）が存在し，各種の光合成色素*2に吸収された光エネルギーは，この反応中心クロロフィルに集められる。

参考 *1. 反応中心クロロフィルは，光化学系Ⅰではクロロフィル aと，クロロフィル aと構造が少し異なるクロロフィル a'の2分子からなり，光化学系Ⅱでは2分子のクロロフィル aからなる。
*2. 光合成色素のうち，クロロフィル b，カロテン，キサントフィルなどは，電波を集めるパラボラアンテナのように光エネルギーを集めて，反応中心クロロフィルに送る役割を担っている。

③光エネルギーを受け取った反応中心クロロフィルは，活性化されて電子（e^-）を放出する。この反応を**光化学反応**（こうかがく）という。

(2) 電子伝達

①**光化学系Ⅱ**から放出された電子は，複数の電子伝達成分（タンパク質複合体など）で構成された反応系を移動して**光化学系Ⅰ**に渡される。光化学系Ⅱの反応中心クロロフィルは電子24個分（$24e^-$）を放出した後，水（12分子）の分解（$12H_2O \rightarrow 24H^+ + 24e^- + 6O_2$）で生じた$24e^-$を受け取ってもとの状態に戻る。

②光化学系Ⅰから放出された$24e^-$は，$24H^+$とともに12**$NADP^+$**（酸化型補酵素）※に渡され，12**NADPH**（還元型補酵素）と$12H^+$が生じる（$12NADP^+ + 24e^- + 24H^+ \rightarrow 12NADPH + 12H^+$）。光化学系Ⅰで$24e^-$を放出した反応中心クロロフィルは，光化学系Ⅱから渡された$24e^-$により還元され，もとの状態に戻る。

※NADPはニコチンアミドアデニンジヌクレオチドリン酸の略。電子受容体として働く。

③水の分解で生じた$24e^-$が光化学系Ⅱ，複数の電子伝達成分，光化学系Ⅰを経て$NADP^+$に伝達される反応系を，光合成の**電子伝達系**という。

参考 電子伝達系は複数の電子伝達成分自体を指すこともある。また，電子伝達系に光化学系ⅡとⅠを含むこともある。

(3) ATPの合成

①e^-が電子伝達系を移動する際に生じるエネルギーを用いて，ストロマからチラコイド内にH^+が**能動輸送**される。また，水の分解で生じたH^+もチラコイド内に蓄えられるので，**チラコイド膜の内外でH^+の濃度勾配が形成される**。

参考 H^+の能動輸送は，ATPではなく，光エネルギーを利用するプロトンポンプによって起こる。

②チラコイド膜内外でのH^+の濃度勾配が大きくなると，チラコイド膜にある**ATP合成酵素**(輸送タンパク質の一種)を通ってチラコイド内からストロマにH^+が移動する。このH^+の移動によって生じるエネルギーを利用して，ADPとリン酸からATPが合成される(図33-5)。このような光エネルギーをもとにしたATPの合成反応を，**光リン酸化**(こう)という。

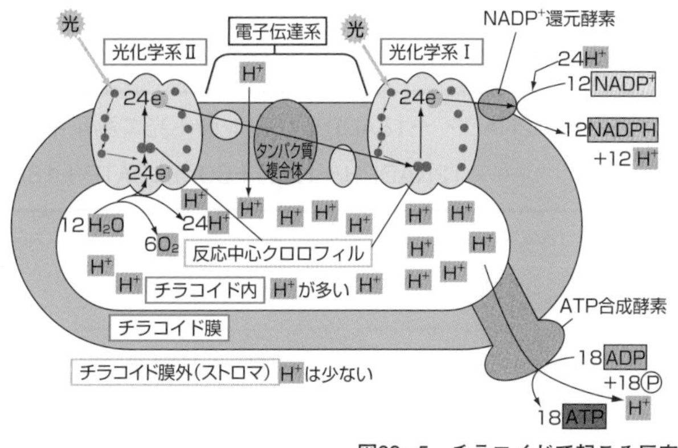

図33-5 チラコイドで起こる反応

参考 葉緑体で行われる光リン酸化のしくみは，ミトコンドリアで行われる酸化的リン酸化(☞p.273)のしくみとよく似ており，化学浸透(圧)説によって説明できる。

2 ストロマで起こる反応

光合成の反応のうち，二酸化炭素(CO_2)を固定して有機物を合成する回路状の反応経路は，発見者の名前をとって**カルビン回路**(**カルビン・ベンソン回路**)と名付けられた。

(1) カルビン回路では，気孔から取り込まれた$6CO_2$がC_5化合物の6**RuBP**(リブロースビスリン酸，リブロース二リン酸，リブロース-1, 5-二リン酸)と結合した直後に分解されて2つのC_3化合物の12**PGA**(ホスホグリセリン酸)が生じる。CO_2とRuBPとの反応は，**ルビスコ**(RubisCO，RuBPカルボキシラーゼ／オキシゲナーゼ)という酵素の働きによって進行する。

(2) 12PGAは，チラコイドで起こる反応で生じたATPによってリン酸化された後，12**NADPH**によって還元され，C_3化合物の12**GAP**(グリセルアルデヒドリン酸，グリセルアルデヒド-3-リン酸)になる。このGAPの一部から有機物が合成され，残りはATPのエネルギーを用いていくつかの反応を経た後，RuBPに戻る。

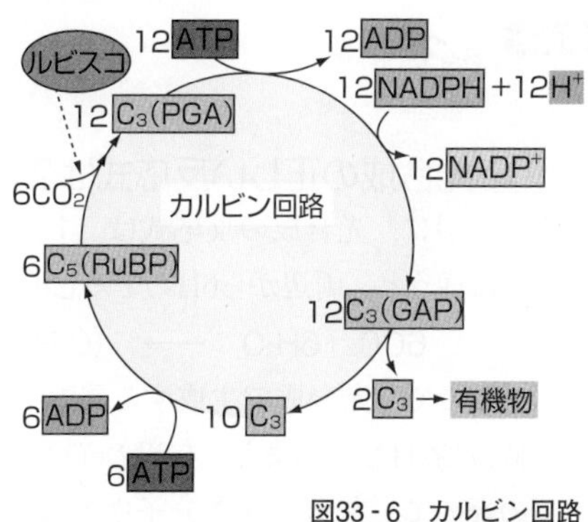

図33-6 カルビン回路
(水の出入りは省略)

第5章

6 ▶ 光合成の反応式

(1) 2分子のH_2Oからの電子が電子伝達系を伝達した結果，合成されるATPは約3分子であることがわかっているので，12分子のH_2Oがチラコイドで分解される場合の反応式は，以下の式1のように表せる。

$$12H_2O + 12NADP^+ + 18ADP + 18リン酸 + 光エネルギー \longrightarrow 12NADPH + 12H^+ + 6O_2 + 18ATP + 18H_2O \quad (式1)$$

参考 左辺の18ADPと18リン酸の脱水縮合により右辺の18ATPと18H_2Oが生じる。

(2) カルビン回路は，以下の式2のように表せる。

$$6CO_2 + 12NADPH + 12H^+ + 18ATP^{*1} + 12H_2O^{*2} \longrightarrow (C_6H_{12}O_6)^{*3} + 12NADP^+ + 18ADP + 18リン酸 \quad (式2)$$

参考 ＊1．左辺の18ATPから右辺の18ADPと18リン酸への変化はリン酸転移であり，加水分解ではないので，水の消費はない(左辺に＋18H_2Oは記さない)。

＊2．6RuBPと6CO_2が結合した後，ただちに12PGAに分解される反応は加水分解であり，ここで12H_2Oが消費される(左辺に＋12H_2Oを記す)。

＊3．カルビン回路から生成する同化産物は便宜上グルコースの分子式である($C_6H_{12}O_6$)と記すが，実際にはグルコースではない(フルクトース-1,6-ビスリン酸と呼ばれる有機物(C_6化合物)である。このC_6化合物はストロマ内で一時的にデンプンに合成される)。

(3) 式1と式2を通算して，光合成全体の反応式をつくると以下のようになる。

(式1) $12H_2O + \cancel{12NADP^+} + \cancel{18ADP} + \cancel{18リン酸} \longrightarrow \cancel{12NADPH} + \cancel{12H^+} + 6O_2 + \cancel{18ATP} + 18H_2O$ （6H_2O）

(式2) $6CO_2 + \cancel{12NADPH} + \cancel{12H^+} + \cancel{18ATP} + 12H_2O \longrightarrow (C_6H_{12}O_6) + \cancel{12NADP^+} + \cancel{18ADP} + \cancel{18リン酸}$

(まとめ) $6CO_2 + 12H_2O + 光エネルギー \longrightarrow (C_6H_{12}O_6) + 6O_2 + 6H_2O$

光合成の反応について

1 光合成の正しい反応式は？

一般に，光合成の反応式は，上記の**(まとめ)**のように書くが，化学のルールに従うと，両辺から6H_2Oを差し引いて，次のように書くこともできる。

$$6CO_2 + 6H_2O \longrightarrow (C_6H_{12}O_6) + 6O_2 \quad \cdots\cdots(式a)$$

ここで，光合成で生成する酸素，つまり右辺の6O_2(含まれる酸素原子は12個)に着目してみよう。右辺の6O_2は水(左辺の6H_2O)の分解によって生じたものなので，右辺の酸素分子中の酸素原子の数が12個で，左辺の水分子中の酸素原子の数と等しくなっている**(まとめ)**の式の方が(**式a**では左辺の$6H_2O$中に酸素原子は6個しか含まれていないので)，光合成の反応式として適している。

2 カルビン回路の1回転とは？

光合成の反応式である$6CO_2+12H_2O \longrightarrow (C_6H_{12}O_6)+6O_2+6H_2O$は，6molの二酸化炭素($CO_2$)のなかの6個の炭素原子が，有機物(便宜的に$C_6H_{12}O_6$と記す)中の6個の炭素原子に変換されることを意味するが，この変換は，カルビン回路が1回転しただけでは起こらない。CO_2中の炭素原子(青色の□)とカルビン回路を構成している物質(RuBPやPGAなど)中の炭素原子(ピンク色の■)を色で区別できるように表した下図からわかるように，カルビン回路の1回転では，CO_2 6分子中の炭素原子の一部のみが光合成の最終産物中に取り込まれ，他の炭素原子は，RuBP中に残りカルビン回路を構成する物質の炭素原子となるのである。

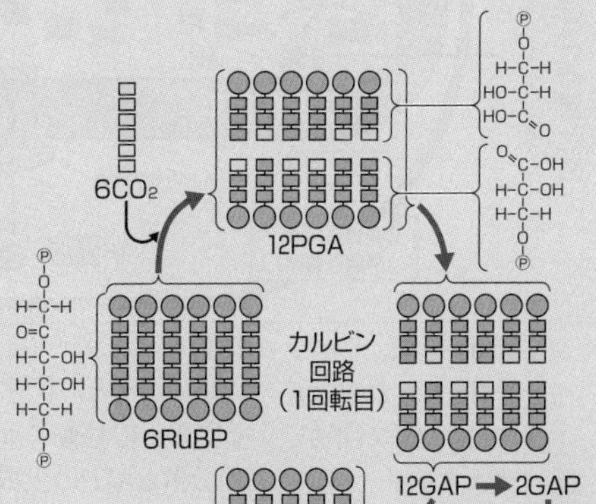

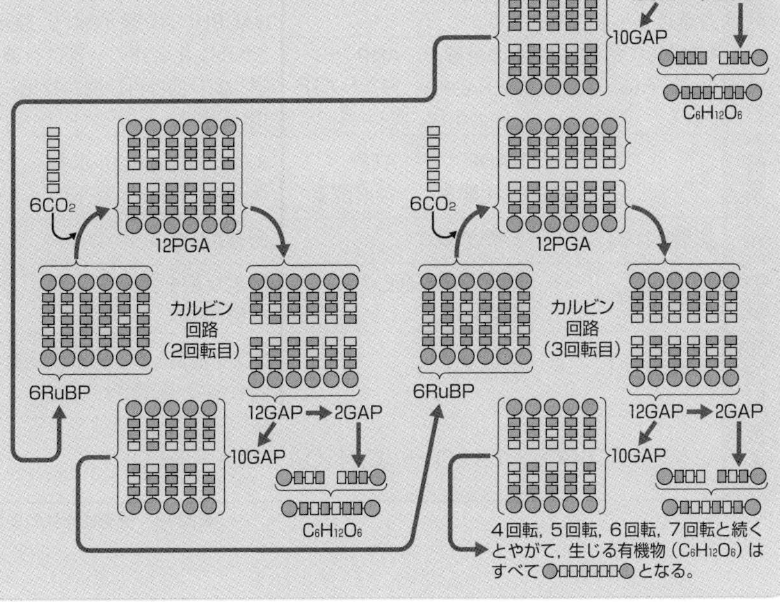

6CO2 12PGA 6RuBP カルビン回路(1回転目) 12GAP 2GAP 10GAP $C_6H_{12}O_6$

6CO2 12PGA 6RuBP カルビン回路(2回転目) 12GAP 2GAP 10GAP $C_6H_{12}O_6$

6CO2 12PGA 6RuBP カルビン回路(3回転目) 12GAP 2GAP 10GAP

4回転，5回転，6回転，7回転と続くとやがて，生じる有機物($C_6H_{12}O_6$)はすべて○■■■■■■○となる。

7 ▸ 光合成全体のまとめ

	チラコイドで起こる反応			ストロマで起こる反応
	光化学反応	電子伝達	ATPの合成	カルビン回路
模式図によるまとめ	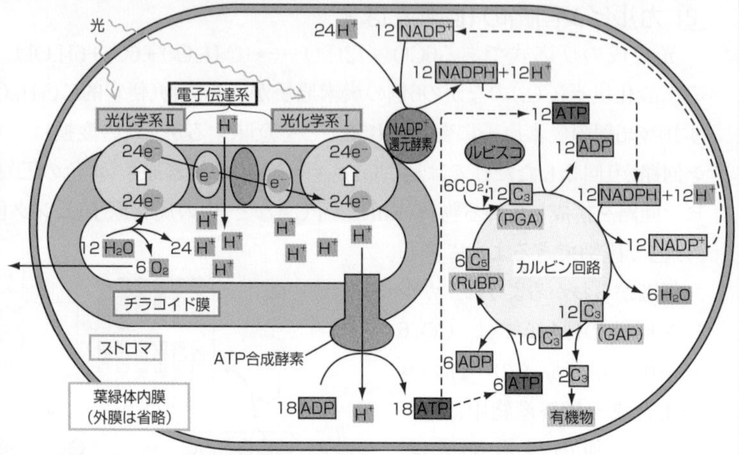 光　電子伝達系　光化学系Ⅱ　光化学系Ⅰ　H^+　$24e^-$　e^-　$24e^-$　12 H_2O　24 H^+　6 O_2　チラコイド膜　ストロマ　葉緑体内膜（外膜は省略）	H^+　e^-　H^+　H^+　H^+　H^+　H^+	ATP合成酵素　18 ADP　H^+　18 ATP	24 H^+　12 $NADP^+$　12 NADPH＋12 H^+　$NADP^+$還元酵素　12 ATP　12 ADP　ルビスコ　$6CO_2$　12 C_3 (PGA)　12 NADPH＋12 H^+　12 $NADP^+$　6 C_5 (RuBP)　カルビン回路　6 H_2O　12 C_3 (GAP)　10 C_3　6 ADP　6 ATP　2 C_3　有機物
概要	光化学系I，光化学系Ⅱそれぞれの反応中心クロロフィルが光エネルギー（主に青紫色光と赤色光）を吸収して活性化され，電子（e^-）が放出される。	活性化した反応中心クロロフィルがもとの状態に戻る際のe^-の移動により，水の分解とATPの生成が起こる。		回路反応によるCO_2の固定（還元）。この回路反応1回転では，CO_2がC_5化合物と結合した後に生じるC_3化合物が，ATPやNADPHにより還元される。還元されたC_3化合物の一部は有機物となり，他は再び回路反応に用いられる。
		水の分解。O_2とNADPH＋H^+の生成。	ADPとリン酸からATPの生成。	
酵素	なし	$NADP^+$還元酵素	ATP合成酵素	ルビスコ（RuBPカルボキシラーゼ／オキシゲナーゼ）
光	影響される。	影響されない。		影響されない。
温度	影響されない。	酵素反応を含むので，影響される。		酵素反応を含むので，影響される。
CO_2濃度	影響されない。	影響されない。		CO_2を基質とする酵素反応を含むので，影響される。
反応式	$6CO_2 + 12H_2O \rightarrow (C_6H_{12}O_6) + 6O_2 + 6H_2O$			

表33-1　光合成全体のまとめ

8 ▸ 光合成産物のゆくえ

(1) 多くの植物では，光合成で合成された有機物（光合成産物）は最終的にデンプンとなり，葉緑体中に一時的に蓄えられる。これを**同化デンプン**という。

参考 上記のように，同化産物としてデンプンを蓄積する葉をデンプン葉という。これに対して，ムギ・トウモロコシ・ユリなど多くの単子葉植物の葉は，デンプンを形成・蓄積せず，同化産物を単糖類や二糖類の形で蓄積するので，糖葉と呼ばれる。

(2) 同化デンプンはいったん分解されて，葉緑体外（細胞質）で**スクロース**となり，師管を通って植物体の各部位に運ばれる。植物体が葉で合成した光合成産物や，根から吸収した栄養塩類などが他の部位に運ばれるように，物質が植物体内のある部位から別の部位に輸送されることを**転流**（てんりゅう）という。

(3) 各組織の細胞では，転流によって運ばれてきたスクロースは，生体物質の材料やエネルギー源として使われる。また，種子や根などの貯蔵器官では，スクロースはデンプンに変えられて貯蔵される。これを**貯蔵デンプン**という。

参考 貯蔵器官のうち，ジャガイモのように地下茎の一部または全体が肥大したものを塊茎といい，サツマイモのように根の一部が肥大したものを塊根という。どちらも栄養生殖（☞p.416）の器官として働く。ダイコン・ニンジンのように主根全体が肥大したもの（多肉根）も塊根に含むこともある。

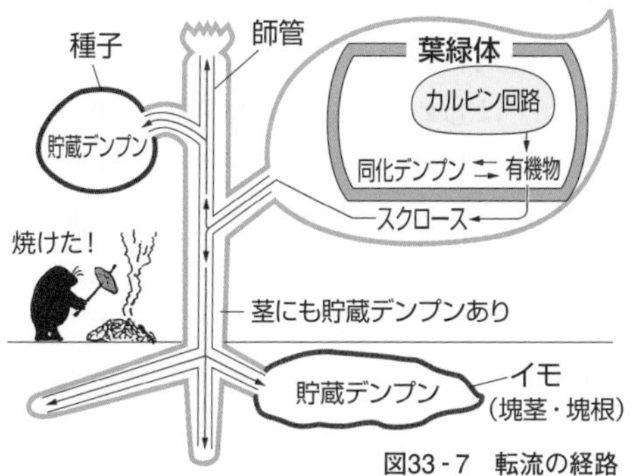

図33-7　転流の経路

		同化デンプン	貯蔵デンプン
存在	組織	葉肉（葉の柔組織）	種子，茎，根などの柔組織
	色素体	葉緑体	白色体
形状		小さいものが多い。	大きさは各種。層状構造をもつ。

表33-2　同化デンプンと貯蔵デンプン

田部の裏づけ　光合成の最終産物はなぜデンプンやスクロースか

下の表からわかるように，グルコースに比べて水溶性と化学的安定性の高いスクロースは，師管内を転流する物質として適しており，水溶性が低く浸透圧に影響を与えないデンプンは，貯蔵物質として適している。

	グルコース	スクロース（ショ糖）	デンプン（アミロース・アミロペクチン）
分子量	180	342	数万～数千万
水溶性	高い（水によく溶ける）	高い（水によく溶ける）	低い（水に溶けない）
化学的安定性	低い（酸化されやすい）	高い（酸化されにくい）	高い（酸化されにくい）

環境に対する植物の適応と光合成

The Purpose of Study 到達目標

1. 光の強さと光合成の速度の関係を，グラフを描いて説明できる。…… p. 303
2. 光合成の限定要因について，光の強さ・温度・二酸化炭素濃度を例に説明できる。…… p. 304, 305
3. 陽生植物と陰生植物，陽葉と陰葉の違いをそれぞれ言える。…… p. 306
4. C_4植物の光合成の経路・特徴・意義を説明できる。…… p. 307, 308
5. C_3植物，C_4植物，CAM植物それぞれの光合成について比較できる。…… p. 307〜309

Visual Study 視覚的理解

限定要因の概念を正しく理解しよう！

クマのターさんとビビさんは，仲の良い夫婦でした。この２人がウナギのかば焼き屋さんを始めました。はじめ，ビビさんは１匹／10分の速度でしか，ウナギをさばけませんでした。一方，ターさんは４匹／10分の速度で焼くことができました。このとき，かば焼きのできあがる速度は１匹／10分でした。「私が遅いのが悪いんだわ。ごめんね。」ビビさんは言いました。「君は悪くないよ。君は限定要因なのだよ。」ターさんは言いました。このやさしい(？)言葉に励まされたビビさんは，がんばってウナギをさばく速度を上げました。2，3，4，5…匹／10分と上がるにつれて，かば焼きのできあがる速度も，2，3，4匹／10分と上がりましたが，４匹／10分からは増えませんでした。今度はターさんが限定要因になったのです。２人は仲の良い夫婦でした。

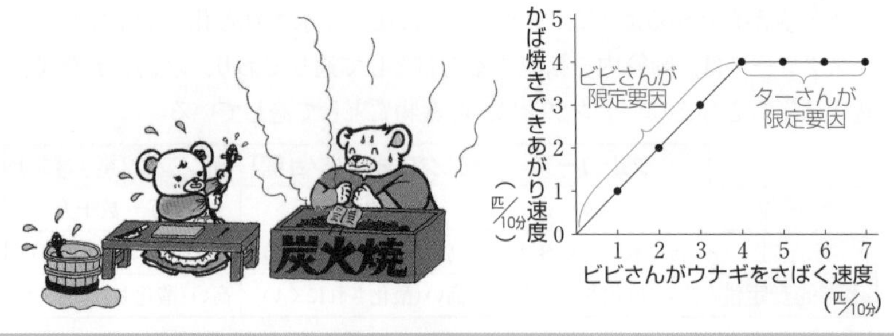

1 ▶ 光の強さと光合成の速度

(1) 植物は，二酸化炭素を吸収し光合成によって有機物を合成し，酸素を放出している。したがって，二酸化炭素の吸収速度・有機物の合成速度・酸素の放出速度のいずれを測定しても，光合成の速度を求めることができる。

(2) しかし，実際には有機物の合成速度は測定しにくいので，光合成の速度は二酸化炭素の吸収速度(単位時間当たりの二酸化炭素吸収量)を測定して求める。

(3) 光の強さと二酸化炭素の吸収速度(測定値)の関係は，図34 - 1のグラフ*のようになる。

参考 ＊このようなグラフを光－光合成曲線という。

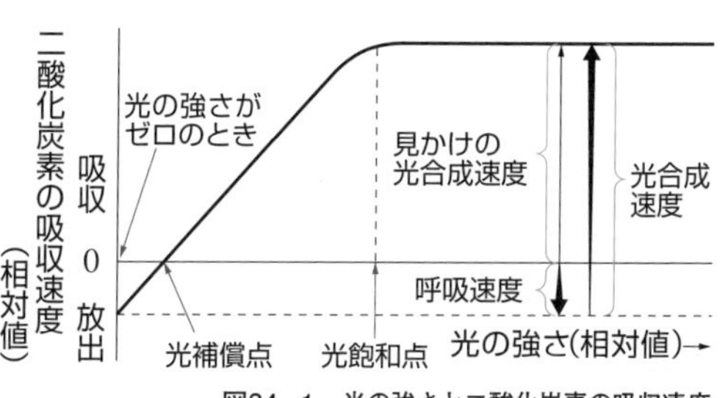

図34 - 1　光の強さと二酸化炭素の吸収速度

(4) 暗黒条件下(光の強さがゼロ)では呼吸のみが行われているので，このときに測定できる二酸化炭素の吸収速度(マイナスの値なので実際は放出速度)は，**呼吸速度**を表している。

参考 クエン酸回路の入り口で働くピルビン酸脱水素酵素が光によって阻害されるので，呼吸速度は光の強さが大きくなると低下することが知られているが，図34 - 1のグラフでは一定として表している。

(5) 実際に行われている光合成の速度(単位時間当たりの光合成量)を**光合成速度**という。植物は，光のある状態では光合成と同時に常に呼吸を行い，酸素を吸収し二酸化炭素を放出しているので，光合成速度を直接測定することはできない。

(6) 見かけ上の二酸化炭素の出入りがなくなるとき，つまり光合成速度と呼吸速度が等しくなるときの**光の強さ**を**光補償点**(ひかりほしょうてん)という。また，それ以上強くしても光合成速度が増加しなくなるときの**光の強さ**を**光飽和点**(ひかりほうわてん)という。

(7) 植物に光を照射した場合，光補償点以下の光の強さにおいては，光合成速度よりも呼吸速度の方が大きいので，二酸化炭素の放出のみがみられる。しかし，光補償点以上の光の強さにおいては，呼吸速度よりも光合成速度の方が大きいので，二酸化炭素の吸収がみられ，その速度を測定することができる。この測定値は，光合成速度から呼吸速度を引いた値を表しており，**見かけの光合成速度**と呼ばれる。光合成速度は，見かけの光合成速度の値と呼吸速度の値を足して求められる。

> **光合成速度** ＝ **見かけの光合成速度** ＋ **呼吸速度**
> **見かけの光合成速度** ＝ **光合成速度** － **呼吸速度**
> **呼吸速度** ＝ **光合成速度** － **見かけの光合成速度**

❷ ▸ 光合成の限定要因

ある現象がいくつかの要因の影響を受けるとき，その現象全体の反応や速度を制限する原因となる要因を**限定要因**という。光合成の反応は，光の強さ，温度，二酸化炭素(CO_2)などの環境要因の影響を受け，これらの環境要因のうち，最も不足しているものが限定要因となり，光合成速度が決定される。

1 光の強さと光合成速度

(1) 十分なCO_2濃度と，一定の温度を保って，光の強さと光合成速度の関係を調べると，図34-2①のようになる。

(2) 例えば10℃にした場合，光の強さが0からある値(y)までの範囲では，横軸の光の強さを変化させると縦軸の光合成速度も変化する(グラフは**傾き**をもっている)ので，光合成速度が光の強さによって決定されており，**光の強さ**が限定要因となっていることがわかる。しかし，光の強さがある値(y)を超えると，横軸の光の強さを変化させても，縦軸の光合成速度は変化しない(グラフは横軸と**平行**になる)ので，**光の強さ**は限定要因とはならない。

(3) 図34-2①のzの光の強さにおいて，温度を10℃から30℃に変えると光合成速度も変わるので，**温度**が限定要因となっていることがわかる。なお，光が弱い範囲(0からx)では，図34-2①の10℃と30℃のグラフが同じことから，光が弱い範囲では**温度**は限定要因になっていないこともわかる。

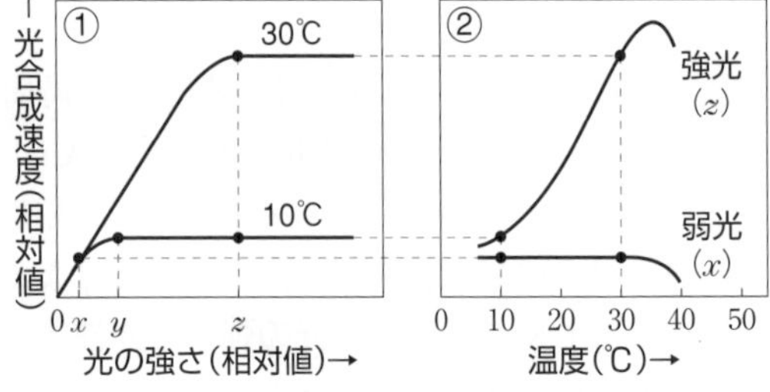

図34-2　光の強さ・温度と光合成速度

2 温度と光合成速度

(1) 十分なCO_2濃度と，一定の光の強さを保って，温度と光合成速度の関係を調べると，図34-2②のようになる。これは，弱光条件下(x)では**温度**は限定要因とはならず光合成速度に影響を与えないが，強光条件下(z)では**温度**が限定要因となっていることを示している。

(2) 光合成速度は，約35℃付近で最大となる。これは，光合成に関与する多くの酵素の最適温度が約35℃付近にあるからと考えられる。

3 二酸化炭素濃度と光合成速度

光の強さと温度を一定にして，CO_2濃度と光合成速度の関係を調べると，図34 - 3のようになる。これはCO_2濃度が低いときは，光合成速度がCO_2濃度によって決定されており，**CO_2濃度**が限定要因となっていることを示している。また，CO_2濃度が高いときは，CO_2濃度以外の要因，つまり**光の強さ**が限定要因となっていることも示されている。

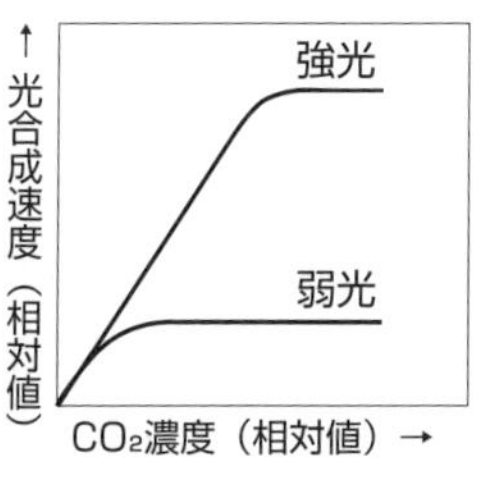

図34 - 3　CO_2濃度と光合成速度

4 光合成速度と限定要因（まとめ）

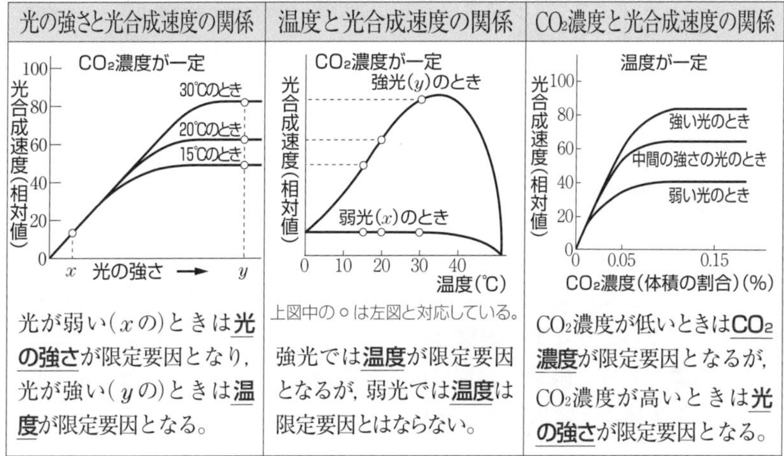

光の強さと光合成速度の関係	温度と光合成速度の関係	CO_2濃度と光合成速度の関係
	上図中の ○ は左図と対応している。	
光が弱い(xの)ときは**光の強さ**が限定要因となり，光が強い(yの)ときは**温度**が限定要因となる。	強光では**温度**が限定要因となるが，弱光では**温度**は限定要因とはならない。	CO_2濃度が低いときは**CO_2濃度**が限定要因となるが，CO_2濃度が高いときは**光の強さ**が限定要因となる。

表34 - 1　光合成速度と限定要因

光合成が１つの反応から成り立っていたら

光合成が1つの反応から成り立ち，光の強さと温度の影響を同時に受けるとすると，右のようなグラフが得られるはずだが，図34 - 2はこれを否定し，光合成が2つの反応（光の強さに影響される反応と温度に影響される反応）から成り立つことを示している。

〔実際にはありえない光合成速度のグラフ〕

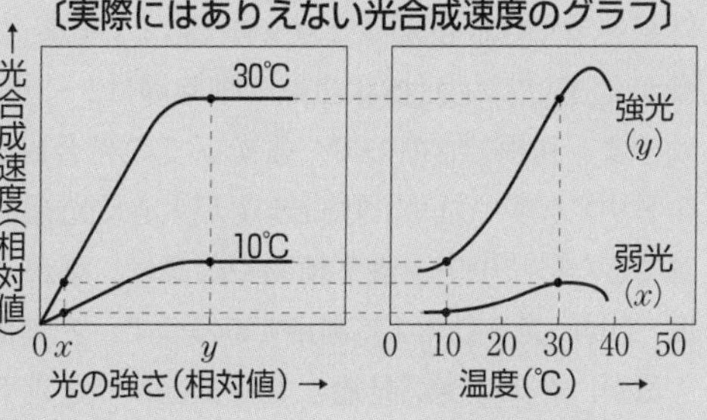

3 ▶ 光の環境と植物の生育

1 陽生植物と陰生植物

光のよく当たる場所で生育する植物を**陽生植物**(ようせい)といい，森林内など比較的光の弱い場所で生育する植物を**陰生植物**(いんせい)という。陽生植物は陰生植物と比べて呼吸速度が大きく光補償点が高い。また，最大の光合成速度も大きい。

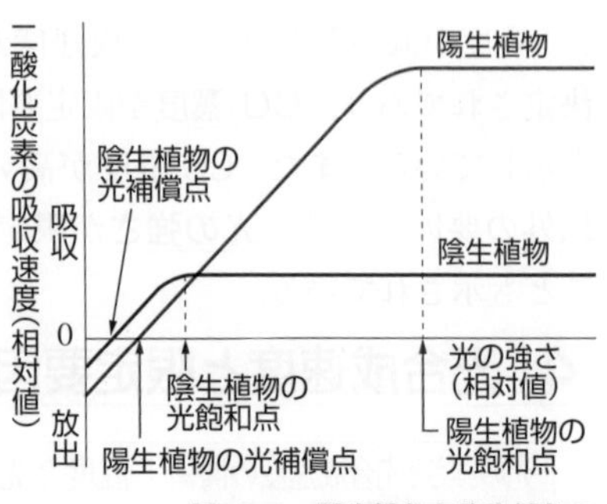

図34 - 4　陽生植物と陰生植物の光合成

例　陽生植物：ヤシャブシ・イネ・ススキ・アカマツ・クロマツ・トウモロコシなど
陰生植物：アオキ・ベニシダ・ドクダミ・コミヤマカタバミ・タブノキ・アラカシなど

2 陽葉と陰葉

1本の植物個体(主に樹木)では，強い光が当たる部位にある葉は，弱い光が当たる部位にある葉に比べて，表面のクチクラ層や柵状組織がより発達した厚い葉になる。このような葉を**陽葉**(ようよう)という。これに対して弱い光が当たる部位にある葉を**陰葉**(いんよう)という。陽葉と陰葉には，呼吸速度・光補償点・光合成速度などに関して，陽生植物と陰生植物と同じような違いがみられる。

陽葉と陰葉の形態的特徴

陽生植物や陽葉は，発達したクチクラが紫外線を吸収するので，有害な紫外線を多く含む強光下でも生育できる。また，陽生植物や陽葉では，柵状組織が発達しており(柵状組織の細胞層は2～3層)，葉緑体数が多く，強い光を効率よく利用できるので，強光下での光合成速度が大きい。しかし，ミトコンドリアも多いため，呼吸速度が大きく光補償点が高くなり，弱光下では生育できない。一方，陰生植物や陰葉は，葉が薄く(柵状組織の細胞層は1層程度)，弱い光を効率よく利用できるので，光補償点が低く，弱光下でも生育できるが，クチクラが発達していないので強光下では光による障害(光阻害)を受けやすく生育しにくい。

4 ▶ C_3植物とC_4植物の環境への適応

(1) これまでに説明したような光合成（CO_2の固定反応としてカルビン回路のみをもち，CO_2固定の初期産物として3個の炭素原子を含むC_3化合物を生成する）を行う植物を**C_3植物**という。これに対して，カルビン回路の前段階として別の回路（C_4－ジカルボン酸回路，通称C_4回路）をもち，CO_2固定の初期産物として4個の炭素原子を含むC_4化合物を生成する植物があり，これを**C_4植物**という。

(2) C_3植物では，気孔から取り込まれたCO_2は，**葉肉細胞**の**葉緑体**内で**ルビスコ**により**C_5化合物**のRuBPと結合し，**C_3化合物**のPGAになる。

(3) 一方，C_4植物では，気孔から取り込まれたCO_2は，葉肉細胞内で**PEPカルボキシラーゼ**という酵素により**C_3化合物**（ホスホエノールピルビン酸（PEP））と結合し，**C_4化合物**（オキサロ酢酸）になる。C_4植物の葉の維管束を取り巻く細胞（**維管束鞘細胞**）は，C_3植物に比べて非常に大きく，C_3植物の維管束鞘細胞には含まれない**葉緑体**を含んでおり，葉肉細胞内で生じたC_4化合物は別のC_4化合物に変えられた後，原形質連絡を介して維管束鞘細胞に移り，その中で脱炭酸を受けCO_2とC_3化合物に分解される。このCO_2は維管束鞘細胞の葉緑体内の**カルビン回路**に入り，C_3化合物は葉肉細胞に戻される（図34 - 5）。

参考 C_3植物とC_4植物では，光エネルギーの吸収反応，水の分解反応，ATPの生成反応などの内容や速度においては，ほとんど差はない。

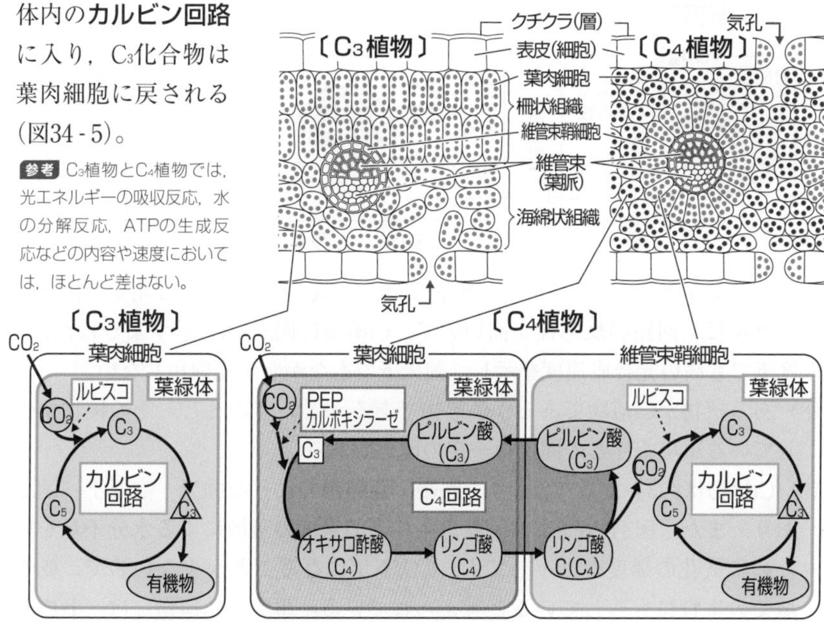

図34 - 5　C_3植物とC_4植物の葉の構造とCO_2固定経路

(4) 光の強さ，気温，CO_2濃度などの環境要因と光合成速度について，C_3植物とC_4植物を比較すると，図34-6①〜③のようになる。

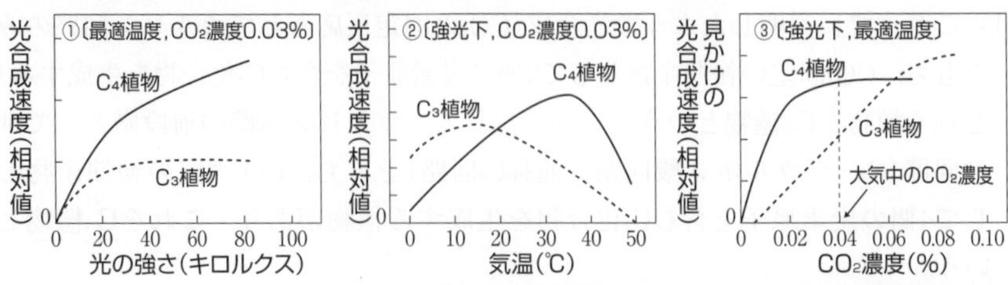

図34-6　環境条件とC_3植物・C_4植物の光合成速度との関係

(5) 図34-6①より，C_3植物が約40キロルクス以上の光条件下で光合成速度が一定になる（光飽和する）のに対して，C_4植物は70キロルクス以上の光条件下でも光飽和しない。また，図34-6②より，光合成の**最適温度**は，C_3植物では15℃前後であるのに対して，C_4植物では35℃前後である。図34-6③より，CO_2濃度が0.06%以下では，見かけの光合成速度はC_3植物よりC_4植物の方が高い。

(6) これは，C_4回路で働くPEPカルボキシラーゼが，カルビン回路で働くルビスコよりも，低CO_2濃度下での**活性**が高いので，C_4回路が大気中のような低CO_2濃度下でもCO_2を盛んに取り入れ，維管束鞘細胞のカルビン回路に送り込む**CO_2濃縮装置**として働いているからである。

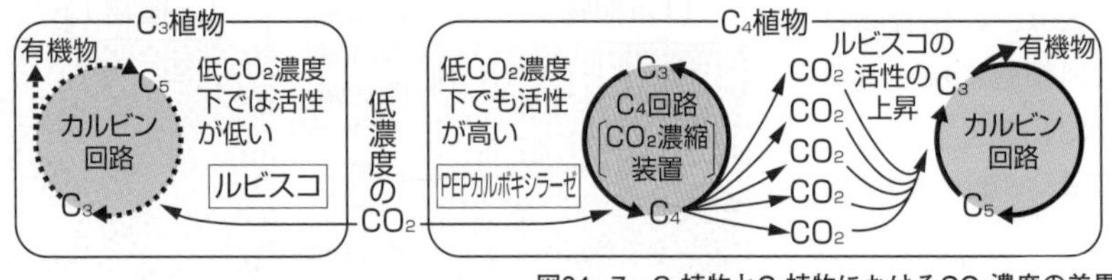

図34-7　C_3植物とC_4植物におけるCO_2濃度の差異

(7) このようなしくみにより，C_4植物では，大気中のCO_2濃度は限定要因とならずカルビン回路の反応性が高いので，C_4植物は図34-6に示すように低CO_2濃度下でも高い光合成速度を示し，強光下でもなかなか光飽和しない。

(8) ある植物がC_3植物であるかC_4植物であるかということと，その植物が生育している環境条件との間には一定の関係がある。

(9) C_4植物は図34-6①・②より，**熱帯・亜熱帯**のような強光・高温下に適しており，また，図34-6③より，乾燥条件下で過度の蒸散による水分不足を防ぐために気孔の開度が低下しても，CO_2不足になることが少ないので，乾燥地域での生育にも適していると考えられている。事実，C_4植物には，**トウモロコシ**や**サトウキビ**のように，熱帯・亜熱帯を原産とするものが多い。一方，C_3植物は**温帯・亜寒帯**に適しているものが多い。

5 ▶ CAM植物の環境への適応

(1) C_3植物やC_4植物の他に，第三のタイプのCO_2の固定反応を行う植物がある。この植物は，CAM植物（カム）と呼ばれ，極端に乾燥している地域に生育する**サボテン科，ベンケイソウ科，トウダイグサ科**などの**多肉植物**に多くみられる。

(2) CAM植物は，夜間に気孔を開いてCO_2を取り込み，C_4化合物に固定して液胞中に蓄える（この経路はC_4回路に似ているが，CO_2と結合させるホスホエノールピルビン酸(PEP)は，夜間にデンプンが分解されて生じたものであり，C_4回路とは区別される）。昼間には気孔を閉じ，液胞中のC_4化合物を分解してCO_2を取り出し，葉緑体で**カルビン回路**を進行させる。

参考 植物は，気孔を閉じることによって蒸散を防ぐが，CO_2やO_2の出入りも行われなくなる。

(3) CAM植物は，昼間に極端な乾燥条件になる砂漠の気候に適応している。

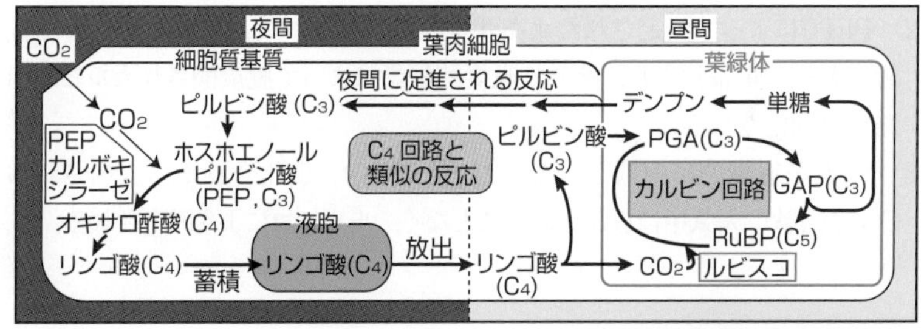

図34-8　CAM植物のCO_2固定経路

(4) C_3植物・C_4植物・CAM植物の特徴をまとめると下表のようになる。

	C_3植物	C_4植物	CAM植物
生育場所	温帯・亜寒帯など	熱帯・亜熱帯など	砂漠などの乾燥地
例	イネ・コムギなど	トウモロコシ・サトウキビなど	ベンケイソウ・サボテンなど
模式図的理解（☆ルビスコ　★PEPカルボキシラーゼ）	1つの細胞に1つの回路 CO2　葉肉細胞　CO2　C3　カルビン回路　C5　葉緑体	別々の細胞 CO2　葉肉細胞　維管束鞘細胞　C3　C3　CO2　C4回路　CO2　カルビン回路　C4　C4　C5　葉緑体　葉緑体	1つの細胞に2つの回路 CO2　葉肉細胞　細胞質基質　葉緑体　デンプン　CO2　C3　C3　C3　C4回路と類似の反応　カルビン回路　C4　C4　液胞　CO2　C5　夜　昼
特徴	強光・高温・乾燥に弱い。	強光・高温・ある程度までの乾燥に強い。	著しい乾燥に強い。

表34-2　C_3植物・C_4植物・CAM植物の特徴

PEPカルボキシラーゼはどうしてルビスコより低CO_2濃度下での活性が高いのか？

(1) C_4回路で働くPEPカルボキシラーゼ(以下PEPC)がルビスコより低CO_2濃度下での活性が高いのは，ルビスコの基質がCO_2であるのに対して，PEPCの基質が炭酸水素イオン(HCO_3^-)であるからである。葉緑体のストロマ内は弱塩基性であり，$CO_2 + H_2O \rightleftarrows H^+ + HCO_3^-$の反応は右方向に偏り，葉緑体のストロマ内では$CO_2$から生じた$HCO_3^-$が高濃度で存在している。

したがって，葉内のCO_2濃度が低下し，ルビスコの活性が低下するような条件においても，PEPCは高濃度に存在するHCO_3^-を利用することが可能なので，効率的にCO_2を固定することができる。

(2) PEPCによって固定されたオキサロ酢酸はリンゴ酸などに変換されて維管束鞘細胞に輸送され，そこで脱炭酸酵素によって脱炭酸されカルビン回路で再固定される。

(3) 酵素が組織的に配置されていることにより，C_4化合物から放出されるCO_2は無駄に大気中に放出されることなく，ルビスコにより固定される。

もっと広く深く　ルビスコと光呼吸

(1) カルビン回路の反応がほぼ解明された頃，光合成の炭酸固定産物としてグリコール酸という物質が存在することが明らかになった。また，その他のいくつかの研究から，植物では，通常の呼吸(暗呼吸と呼ぶ)とは異なり，光照射下でのみ進行し，光の照射によって促進され，O_2を消費し，CO_2を放出する反応が起こっていることが明らかになった。このような反応を光呼吸という。

(2) カルビン回路で働くルビスコは，植物の葉に存在する可溶性タンパク質の1割程度から場合によってはおよそ半分を占め，地球上で最も多量に存在するタンパク質であるといわれる。ルビスコにはその名(☞p.297)の通り，カルボキシラーゼ(CO_2またはHCO_3^-を基質に付加してカルボキシ基を導入する酵素)とオキシゲナーゼ(分子状の酸素(O_2)を基質に取り込ませる酵素)という2種類の活性があり，同一の活性部位において2種類の反応を触媒する。ルビスコがカルボキシラーゼとして働く際には，$RuBP + CO_2 \rightarrow 2PGA$ という反応を触媒し，オキシゲナーゼとして働く際には，$RuBP + O_2 \rightarrow PGA +$ ホスホグリコール酸(C_2)という反応を触媒する。これは，ルビスコのカルボキシラーゼ活性がO_2による競争的阻害を受けるということであり，ルビスコがカルボキシラーゼとして働くか，オキシゲナーゼとして働くかは，周囲のO_2濃度とCO_2濃度の割合によって決まる。

(3) 光呼吸のおよその経路を下図に示す。光呼吸の経路は，ルビスコがオキシゲナーゼとして働き，カルビン回路のRuBPと吸収したO_2からホスホグリコール酸が生成することから始まる。このことから，光呼吸という反応は光合成の効率を低下させるように働くと考えられる。それにもかかわらず光呼吸という反応が存在する理由として，光合成を行う生物が誕生した太古の地球では，大気中のCO_2濃度が現在よりも高かったため，CO_2の固定効率を高く維持することができ，光合成で生成するO_2が酸化剤として働いて細胞の構成成分を酸化する害の方が問題であり，細胞内の遊離のO_2を取り除くための反応として光呼吸が誕生したとする説がある。C_3植物の誕生より後の，CO_2濃度が現在に近い時代に誕生したC_4植物の維管束鞘細胞は，PEPCの働きによって低濃度のCO_2を濃縮し，光合成を行う。また，強光下の光合成でO_2が多量に発生しても，PEPCはO_2による競争的阻害を受けないので，C_4植物はATPをカルビン回路で使い切り，光呼吸をほとんど起こさないことが知られている。

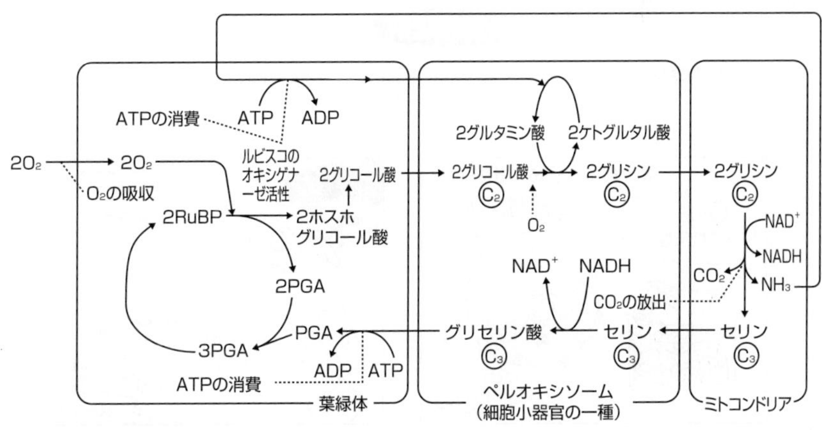

光呼吸の経路の模式図

(4) 光呼吸は，光合成によって固定された有機物をO_2とATPを用いて分解し，呼吸本来の目的を果たさずに消費しているようにみえる反応である。この一見無駄にみえる反応によって，強い光がもたらす過剰の光エネルギーの害を防いでいる。葉緑体に吸収された太陽の光エネルギーは，まわりに還元するCO_2がないとO_2を還元し，スーパーオキサイドという極めて有害な物質に変え，葉緑体に重大な損傷を与える。このため，植物はいったん固定したCO_2を放出してO_2の還元を防ぎ，過剰の光エネルギーの害から身を守っている。

光合成研究の歴史

The Purpose of Study 到達目標

1. エンゲルマンの実験方法・結果・結論について，簡単な図を描いて説明できる。…… p. 314
2. ヒルの実験方法・結果・結論を説明できる。…… p. 315
3. ルーベンの実験方法・結果・結論を説明できる。…… p. 315
4. ベンソンの実験方法・結果・結論を説明できる。…… p. 316
5. カルビンとベンソンの実験方法・結果・結論を説明できる。…… p. 316, 317

Visual Study 視覚的理解

ヒルの実験方法・結果・結論を正しく覚えよう！

①

②

③

④

1 ▶ 350年にわたる光合成研究の歴史

下の表35-1のうち，6～11の実験はp.314～317で詳しく学習する。

	研究者名	実験と結果	結論と歴史的意義	
1	ヘルモント（17世紀中頃・ベルギー）	鉢植えのヤナギに水だけ与えて育てると，数年後には，土の重さは変わらないが，植物の重さは増加する。	植物は水のみで成長。（この結論は誤りだが，光合成研究の第一歩。）	
2	プリーストリー（18世紀後半・イギリス）	密閉したガラス容器内に植物とロウソクとネズミを入れておくと，ロウソクの炎は消えず，ネズミも死なない。	植物は燃焼や呼吸に必要な物質（酸素（O_2））を放出。	光合成の材料・生成物・葉緑体の関与が判明
3	インゲンホウス（18世紀後半・オランダ）	密閉したガラス容器内に植物とネズミを入れて，暗黒下に置くとネズミは死ぬ。緑葉に光を当てるとO_2が発生する。	光合成でO_2が放出されるには光が必要。	
4	ソシュール（19世紀前半・スイス） 参考 セネビエ（18世紀後半・スイス）	ソシュールとセネビエは，それぞれ別の実験から，ともに植物が二酸化炭素（CO_2）存在下でO_2を放出することを確認。	光合成が行われるためにはCO_2が必要。	
5	ザックス（19世紀中頃・ドイツ）	葉に光を照射するかしないかで，ヨウ素デンプン反応の結果が異なる。	光合成では，デンプンが生成。	
6	エンゲルマン（19世紀後半・ドイツ）	好気性で運動性のある細菌は，光が照射された部分の葉緑体に集まる。さらに，緑色光よりも赤色光や青色光が照射された部分に多く集まる。	光合成は葉緑体で行われ，赤色光や青色光は特に光合成に有効な光である。	
7	参考 ブラックマン（1905年・イギリス）	光合成速度は限定要因（光の強さや温度）によって制限される。	光合成は2つの反応系からなる。	光合成のしくみの解明
8	ヒル（1939年・イギリス）	CO_2がなくても，電子を受け取りやすい物質があれば，O_2が発生する。	チラコイドで起こる反応の一部を解明。	
9	ルーベンら（1941年・アメリカ）	$H_2{}^{18}O$と$C^{16}O_2$を緑藻類に与えて光合成を行わせると，$^{18}O_2$が発生する。	発生するO_2はH_2Oに由来することを確認。	
10	ベンソンら（1949年・アメリカ）	植物に「明・CO_2無」の後に「暗・CO_2有」の条件を与えると，光合成が起こる。	2つの反応系が起こる順序を解明。	
11	カルビンら（1957年・アメリカ）	$^{14}CO_2$存在下の光合成では，経過時間により^{14}C含有物の種類と量が異なる。	ストロマで起こる反応の概略を解明。	

表35-1　光合成研究の歴史

②▸エンゲルマンの実験

(1) **エンゲルマン**は，シオグサなどの糸状緑藻類と，酸素濃度の高い方へ集まる細菌(好気性細菌)を用いて，光合成に関する実験を行った。

(2) シオグサの代わりにアオミドロを用いて(1)と同様の実験を行った。スライドガラス上にアオミドロと好気性細菌を置き空気を遮断した後，各種の条件(図35 - 1①～③)で光を一定時間照射し，細菌がどの部分に集まるかを顕微鏡で観察した。

①プリズムで分光した光を照射する。

②白色光のスポットを，葉緑体の部分と細胞質基質の部分に照射する。

③赤色光と緑色光のスポットを葉緑体に照射する。

(3) 上記の実験から，**光合成は葉緑体の光の当たっている部位で行われている**ことと，**光合成に有効な光とそうでない光がある**ことが示された。なお，図35 - 1①の細菌の集まった様子は，アオミドロの作用スペクトルそのものである。

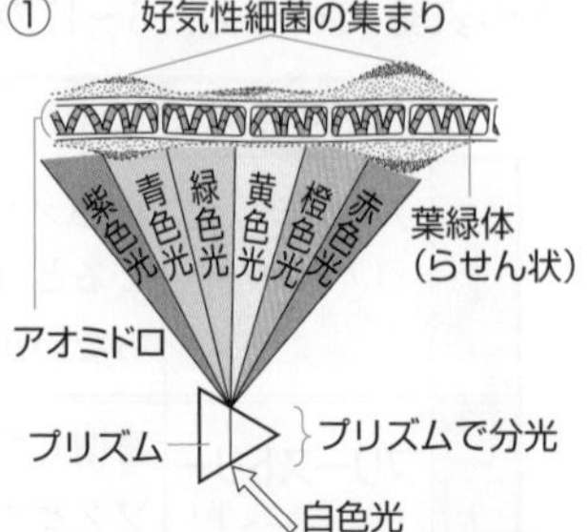

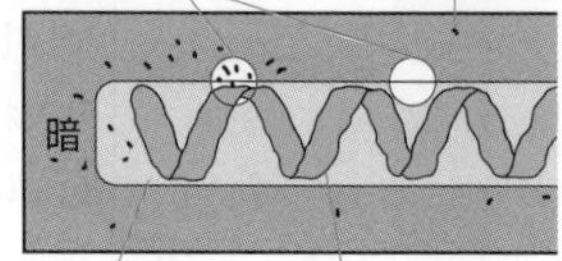

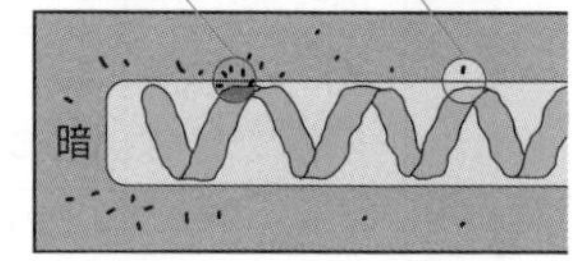

図35 - 1　エンゲルマンの実験

もっと広く深く　ブラックマンの実験

(1) ブラックマンは，光の強さ，温度，CO_2濃度をさまざまに変えて光合成速度を測定する実験を行い，p.304の図34 - 2，p.305の図34 - 3のような結果を得た。

(2) これらの結果から，光合成の反応は，光の強さ，温度，二酸化炭素などの環境要因の影響を受け，これらの環境要因のうち，最も不足しているものが限定要因となり，光合成速度が決定されること，さらに**光合成は，光を直接必要とする反応と，光を必要としない反応の２つの反応から成り立っている**ことを示した。

③▶ヒルの実験

(1) **ヒル**は，葉緑体が浸透圧差により吸水・破裂しないように，ハコベなどの緑葉を**高張液中**で破砕(はさい)して葉緑体の懸濁液(けんだくえき)をつくった。

参考 実際には，ヒルによって取り出された葉緑体には傷がついており，ストロマや補酵素$NADP^+$などはほとんど存在していなかった。

(2) このような葉緑体の懸濁液から空気(CO_2)を除き，光を照射してもO_2は発生しなかったが，電子を受け取りやすい物質(**酸化剤**)であるシュウ酸鉄(Ⅲ)を加え，空気(CO_2)を除いた後に光を照射すると，O_2が発生した。しかも，シュウ酸鉄(Ⅲ)はシュウ酸鉄(Ⅱ)に還元され，O_2の発生量は加えたシュウ酸鉄(Ⅲ)の量に比例していた。

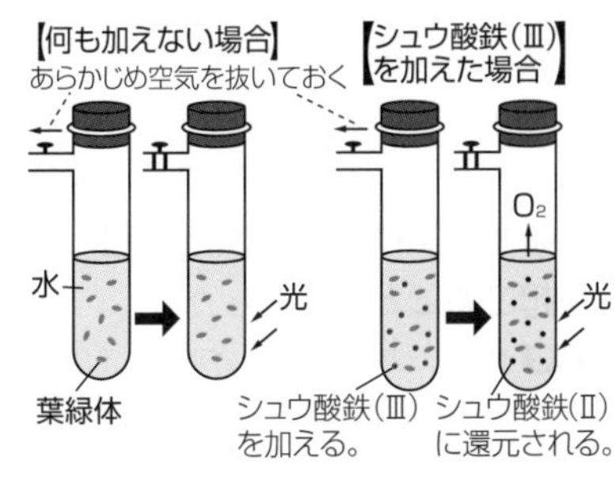

図35-2　ヒルの実験

(3) ヒルはこの実験結果から，光合成では$2H_2O + 2A(酸化剤) \rightarrow 2AH_2 + O_2\uparrow$という反応(これを**ヒル反応**という)が起こっていることを示した。

(4) また，CO_2のない条件下でもO_2が発生することから，**光合成で発生するO_2は，CO_2由来ではない**ことも示唆された。

参考 1. その後，植物体内で実際に働いている酸化剤は$NADP^+$であることがわかった。
2. また1950年代には，赤色光(約650〜700nmの光)のうち短波長(約650nm)の赤色光や長波長(約700nm)の赤色光を単独で与えても光合成効率が悪いが，両方同時に与えると効率がよくなるという現象(エマーソン効果)の発見などで，2つの光化学反応の存在が示唆された。

④▶ルーベンの実験

(1) **ルーベン**は，^{18}O(^{16}Oの同位体・放射能はないが^{16}Oより重い。「オー・じゅうはち」と読む)でそれぞれ標識した$H_2{}^{18}O$と$C^{18}O_2$を，別々に緑藻類に属する単細胞のクロレラに与える実験を行った。

(2) その結果，$H_2{}^{18}O$と$C^{16}O_2$を含む水($H_2{}^{16}O$)で光合成を行わせると，$^{18}O_2$が発生するが，$C^{18}O_2$を含む水($H_2{}^{16}O$)で光合成を行わせると，$^{18}O_2$は発生しなかった。この結果から，**光合成で発生するO_2はH_2Oを分解してできたものである**ことが明らかになった。

参考 ルーベンの実験は，ヒルの示唆(「光合成で発生するO_2はCO_2由来ではない」)の正当性を確認することになった。

5 ▸ ベンソンの実験

(1) **ベンソン**は，CO_2のある暗条件下に緑藻を十分長い間置いた(図35-3①)後，CO_2のない条件下で緑藻に光を照射したが，CO_2の吸収はみられなかった(図35-3②)。

(2) 続いて暗条件下でCO_2を与えると，しばらくの間，CO_2の吸収がみられた(図35-3③)。

(3) この結果から，**光合成ではまず光を必要とするがCO_2は不要な反応が起こり，次にCO_2を必要とするが光は不要な反応が起こる**ことがわかった。

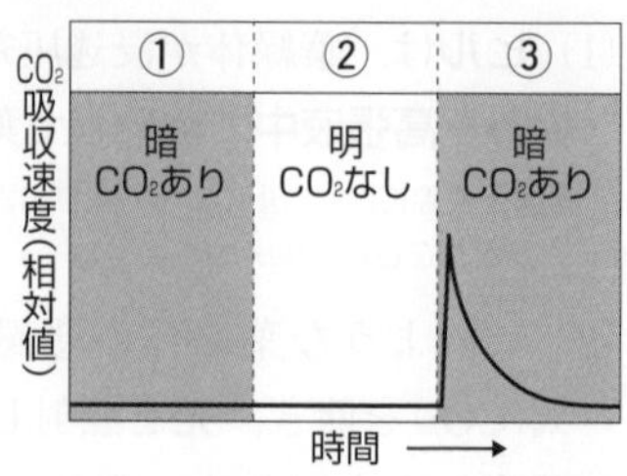

図35-3 ベンソンの実験

参考 ベンソンの実験は，CO_2の固定に直接必要なものは，光ではなく光エネルギーの吸収によって生じる何らかの物質であることを示唆している。その後の研究で，CO_2の固定には還元型補酵素NADPHとATPが必要であることがわかった。

6 ▸ カルビンとベンソンの実験

カルビンと**ベンソン**は，炭素の放射性同位体である^{14}C(「シー・じゅうよん」と読む)を含む二酸化炭素($^{14}CO_2$)を単細胞の緑藻類に与えて光合成を行わせて，時間経過にともなって^{14}Cがどのような物質に移っていくかを調べた。

(1) クロレラなどの単細胞の緑藻類の懸濁液を，反応容器に入れる(図35-4①)。

(2) **$^{14}CO_2$**を供給するために**$NaH^{14}CO_3$**(炭酸水素ナトリウム)を加え，光を照射して光合成を行わせる(図35-4②)。

(3) 一定時間ごとに緑藻類の一定量を熱したアルコールの中に滴下する。この操作により，酵素が高温で失活し，光合成の反応が停止すると同時に，緑藻類から色素や種々の物質が溶け出す(図35-4③)。

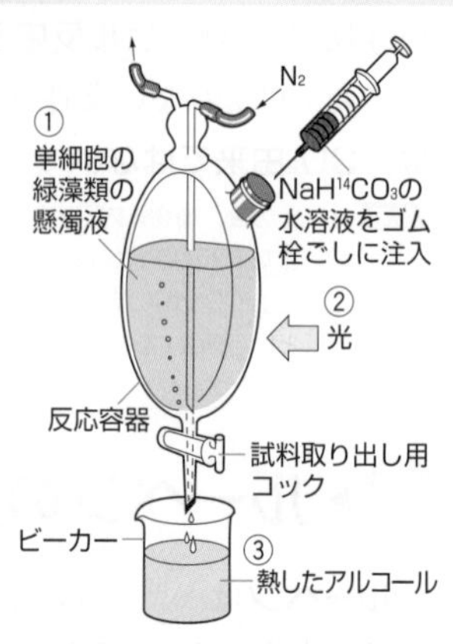

図35-4 カルビンらの実験の装置

参考 1939年，ルーベンらによって放射性同位元素の生物学への応用が始められた。ルーベンらは，放射性同位元素^{11}Cを含むCO_2を植物や藻類に吸収させると，^{11}Cを取り込んだ炭素化合物が生成すること，その物質は，クロロフィル，カロテノイド，炭水化物のいずれでもなく，カルボン酸(-COOHをもつ有機物)であることを明らかにした。しかし，彼らが使用した^{11}Cは半減期が約20分と極めて短く，目印(トレーサー)としてはあまり有効でなかったので，その後の研究は進展しなかった。第二次世界大戦が終結した1945年頃から，原子炉で半減期が5720年の放射性同位元素の^{14}Cが生産されるようになった。カルビンらは，この^{14}Cを用いて光合成の研究を押し進めていった。

(4) 緑藻類を滴下した液の一定量を取り出し，遠心分離し，種々の溶媒で抽出した後に濃縮する。濃縮された液を，**ペーパークロマトグラフィー**(☞p.294)用のろ紙の端の一点(原点)につける(図35-5①)。

(5) ろ紙の一辺を，ある溶媒(展開液)につけて展開する(図35-5②の白いスポット)。

(6) 1回目の展開後，ろ紙を90°回転して，(5)とは異なる溶媒に別の一辺をつけて，もう一度展開する。このような方法を**二次元(ペーパー)クロマトグラフィー**という。この方法を用いると，1回の展開では分離できない物質を分離することができる(図35-5③の白いスポット)。

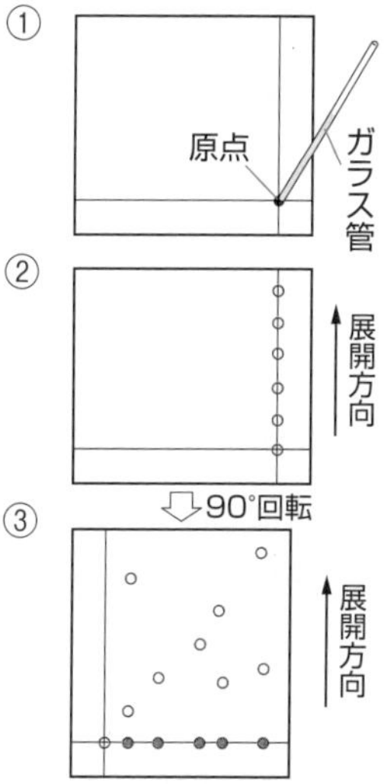

①　原点　ガラス管
②　展開方向
90°回転
③　展開方向

図35-5　二次元クロマトグラフィー

(7) 展開終了後，乾燥させたろ紙に**X線フィルム**を密着させて2週間放置したものを現像すると，^{14}Cを含む化合物から出る**放射線**によりフィルムの一部が感光し，その位置に黒いスポットができる(図35-6①)。

(8) $^{14}CO_2$を与えてから5秒後に反応を停止させると，^{14}CはあるC_3化合物からのみ検出されるという結果が得られた(図35-6①)。60秒後に反応を停止させると，C_3化合物以外のいくつかの物質からも，^{14}Cが検出された(図35-6②)。

①5秒後に反応を停止させた場合　②60秒後に反応を停止させた場合

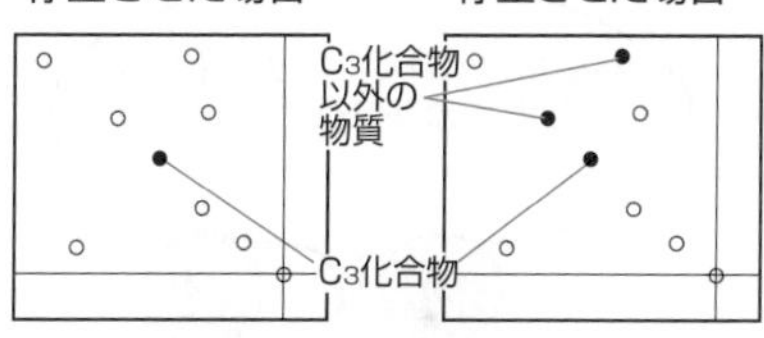

吸収された^{14}CはあるC_3化合物に含まれる。　あるC_3化合物以外の物質にも^{14}Cが含まれる。

図35-6　フィルムの感光とスポットの位置

(9) この実験から，CO_2はまず，ある**C_3化合物**に取り込まれ，その後さまざまな物質を経て，有機物に合成されるという過程が確認された。また，別の実験から，C_3化合物からできる**C_5化合物**が，再び**CO_2**と反応してはじめの**C_3化合物**になることも確認された。

(10) 以上の実験から，CO_2が固定される過程は複雑な回路の反応系であることがわかり，**カルビン回路**(**カルビン・ベンソン回路**)と呼ばれるようになった。

参考 1940年代，カルビンは，バッシャム(^{14}Cを用いた標識による研究)とベンソン(放射活性を可視化するオートラジオグラフィーによる研究)らと共同研究を行い，1961年にノーベル化学賞を受賞した。カルビン・ベンソン回路は，彼らの発見した光合成の回路反応である。

(11) カルビン回路は，ブラックマンの実験やベンソンの実験で示された「光を必要としない反応」であることも後に確認された。

第5章

第36講 細菌の同化・窒素同化

The Purpose of Study 到達目標

1. シアノバクテリアと光合成細菌の光合成における共通点と相違点を言える。 p. 319
2. 化学合成とは何かを説明できる。 p. 321, 322
3. 硝化菌について化学反応式を書いて説明できる。 p. 321
4. 植物の窒素同化の経路を説明できる。 p. 322, 323
5. 窒素固定とは何かを説明し，窒素固定を行う生物例を3つ以上あげられる。 p. 325
6. 脱窒とは何かを説明できる。 p. 326

Visual Study 視覚的理解

原核生物の光合成のしくみと電子の供給源との関係を理解しよう！

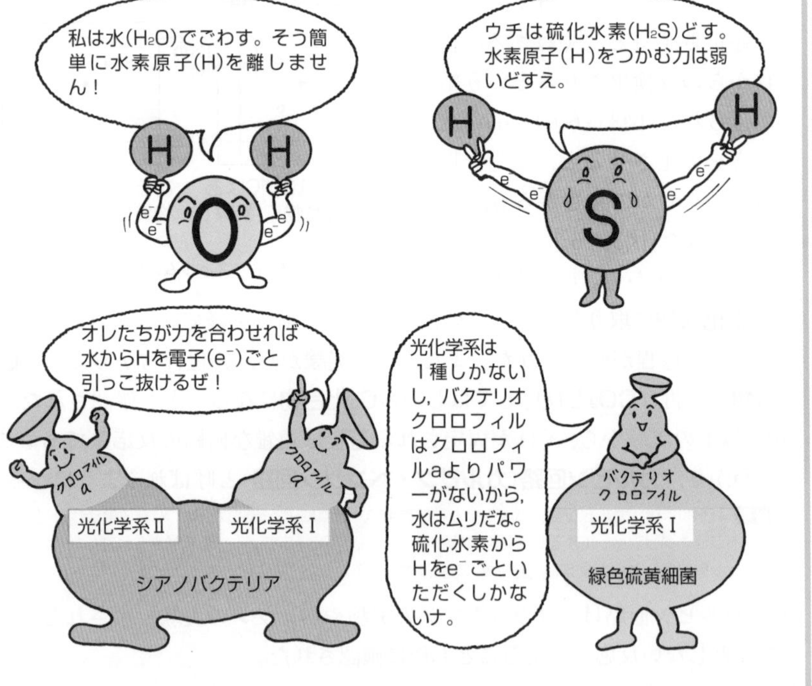

私は水(H_2O)でごわす。そう簡単に水素原子(H)を離しません！
ウチは硫化水素(H_2S)どす。水素原子(H)をつかむ力は弱いどすえ。
H H O S
オレたちが力を合わせれば水からHを電子(e^-)ごと引っこ抜けるぜ！
光化学系は1種しかないし，バクテリオクロロフィルはクロロフィルaよりパワーがないから，水はムリだな。硫化水素からHをe^-ごといただくしかないナ。
クロロフィルa
クロロフィルa
光化学系Ⅱ
光化学系Ⅰ
シアノバクテリア
バクテリオクロロフィル
光化学系Ⅰ
緑色硫黄細菌

①▶細菌の炭酸同化

多くの細菌は従属栄養生物であるが，炭酸同化として光合成または化学合成を行う独立栄養生物も存在する。

1 細菌の光合成

① シアノバクテリアの光合成

(1) ネンジュモなどが属する**シアノバクテリア**は，光合成色素として**クロロフィルa**を含む光化学系Ⅰ，光化学系Ⅱをもち，水(H_2O)から電子を得て酸素(O_2)を発生する植物とよく似た型の光合成を行う。

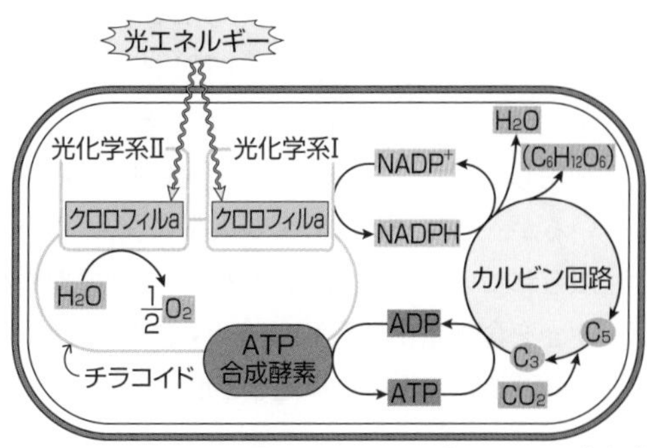

図36-1 シアノバクテリアの光合成

(2) 植物の葉緑体は，シアノバクテリアが真核細胞の祖先に共生して生じたと考えられている。

〈シアノバクテリアの光合成の反応式〉

$$6CO_2+12H_2O+光エネルギー \rightarrow (C_6H_{12}O_6)+6O_2+6H_2O$$

② 光合成細菌の光合成

緑色硫黄細菌(りょくしょく)や紅色硫黄細菌(こうしょく)などは，植物・藻類・シアノバクテリアなどとは異なる型の光合成を行い，**光合成細菌**[*1]と総称され，クロロフィルとは構造が少し異なる**バクテリオクロロフィル**を光合成色素として含む，光化学系Ⅰと光化学系Ⅱのいずれかに似た光化学系を1つもつ[*2]。

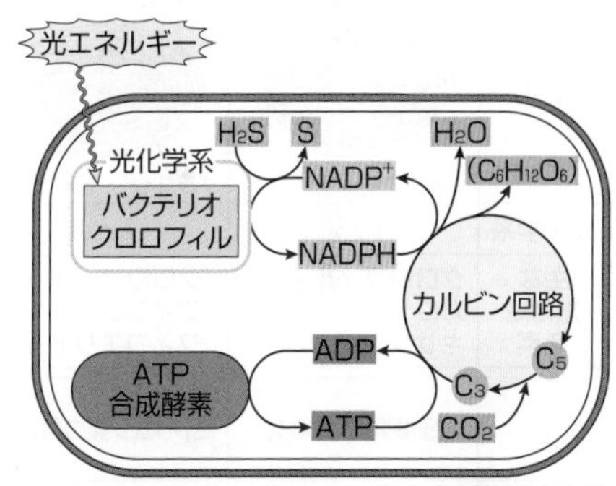

図36-2 光合成細菌の光合成

参考 ＊1．光合成を行う細菌をまとめて光合成細菌と呼ぶこともある。この場合はシアノバクテリアも光合成細菌に含まれる。

＊2．緑色硫黄細菌では光化学系Ⅰに似ており，紅色硫黄細菌では光化学系Ⅱに似ている。

光合成細菌は，水ではなく硫化水素(H_2S)や水素(H_2)などから電子を得るので，酸素を発生させない。

〈緑色硫黄細菌の光合成の反応式〉

$$6CO_2+12H_2S(硫化水素)+光エネルギー \rightarrow (C_6H_{12}O_6)+12S(硫黄)+6H_2O$$

第5章

田部の裏づけ

光合成細菌はなぜ温泉や湖沼にしかいないのか？

太古の地球(の海)には，H_2S(硫化水素)が多量に存在していた。H_2Sは，その分子中のSとHの結合が，H_2O 分子中のOとHの結合と比べて弱い。この頃地球上に出現した光合成細菌は，クロロフィル a に比べて吸収できる光エネルギーが少ないバクテリオクロロフィルをもち，光化学系として，ⅠまたはⅡのいずれかに近い反応系を1種しかもっていなかったので，H_2O を分解して電子(水素原子)を取り出すことができず，H_2S を分解して電子を得て，光合成に利用していた。このような光合成細菌の子孫が，現在の地球上にも存在しているが，その分布は H_2S が大量に発生する火山，温泉地，一部の湖沼などに限られている。一方，シアノバクテリアや真核生物(植物など)は，クロロフィル a を含む光化学系ⅠとⅡをともにもち，水(H_2O)を利用することができるので，海洋・淡水・土壌・極地など地球上のいたるところで生育し繁栄している。

もっと広く深く　光合成を行う原核生物と葉緑体の比較

	植物(デンプン葉)の葉緑体	シアノバクテリア(原核生物)	光合成細菌(原核生物)	
			紅色硫黄細菌	緑色硫黄細菌
形態	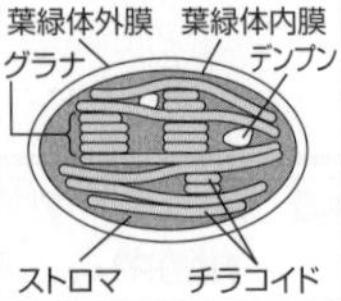 葉緑体外膜 葉緑体内膜 グラナ デンプン ストロマ チラコイド	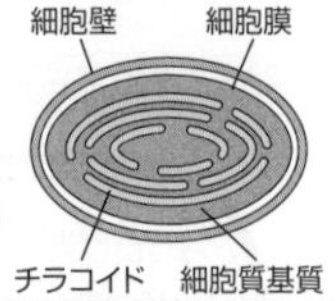 細胞壁 細胞膜 チラコイド 細胞質基質	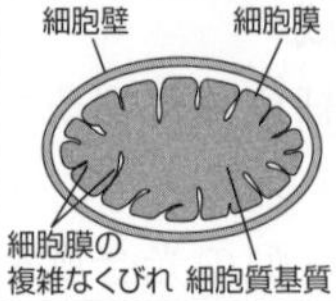 細胞壁 細胞膜 細胞膜の複雑なくびれ 細胞質基質	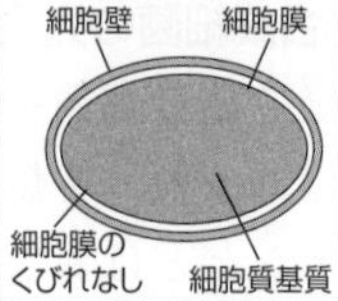 細胞壁 細胞膜 細胞膜のくびれなし 細胞質基質
光化学系	ⅠとⅡ	ⅠとⅡ	Ⅱ(類似)のみ	Ⅰ(類似)のみ
主な光合成色素	クロロフィル a と b, カロテン, キサントフィル	クロロフィル a, フィコシアニン, フィコエリトリン	バクテリオクロロフィル	バクテリオクロロフィル

	緑藻類の葉緑体	ミドリムシ類の葉緑体	褐藻類の葉緑体	紅藻類の葉緑体
形態	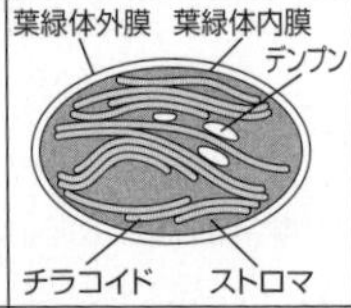 葉緑体外膜 葉緑体内膜 デンプン チラコイド ストロマ	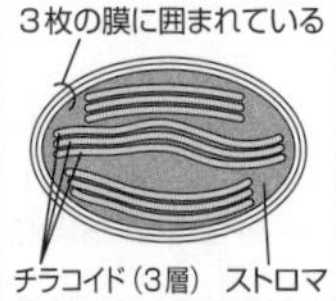 3枚の膜に囲まれている チラコイド(3層) ストロマ	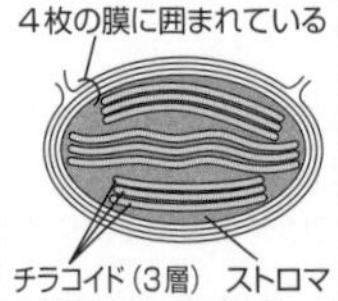 4枚の膜に囲まれている チラコイド(3層) ストロマ	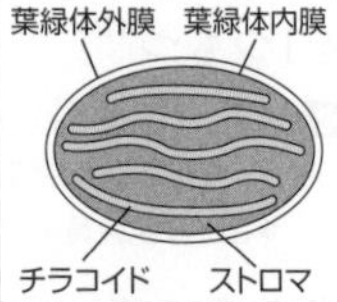 葉緑体外膜 葉緑体内膜 チラコイド ストロマ
光化学系	ⅠとⅡ	ⅠとⅡ	ⅠとⅡ	ⅠとⅡ
主な光合成色素	クロロフィル a と b, カロテン, キサントフィル	クロロフィル a と b, カロテン	クロロフィル a と c, フコキサンチン	クロロフィル a, フィコエリトリン(フィコシアニン)

2 細菌の化学合成

(1) 炭酸同化のうち，**無機物の酸化**で放出される**化学エネルギー**を用いてATPとNADH(NADPH)+H^+を合成し，これらを利用してカルビン・ベンソン回路で二酸化炭素を固定して有機物を合成する反応を**化学合成**といい，化学合成を行う細菌を総称して**化学合成細菌**という。

参考 化学合成細菌は，NADH(NADPH)＋H^+によってつくられたH^+の濃度勾配を用いてATPを合成する。そのATPのエネルギーは炭素を含む生体物質の合成に用いられる。

(2) 化学合成の反応は，以下の2つの段階からなっている。

第 1 段階(無機物の酸化)	無機物＋O_2 ⟶ 酸化物＋ 化学エネルギー
第 2 段階(CO_2の固定)	CO_2＋NADH(NADPH)＋H^+ ⟶ 有機物

(3) 化学合成細菌は，以下に示すように，第1段階の無機物を酸化する反応の違いにより，いくつかの種類に分けられる。

種類		第 1 段階(無機物の酸化の反応式)	
硝化(細)菌	亜硝酸菌	$2NH_3$(アンモニア)＋$3O_2$ ⟶ $2HNO_2$(亜硝酸)＋$2H_2O$ ($2NH_4^+$＋$3O_2$ ⟶ $2NO_2^-$＋$2H_2O$＋$4H^+$)	＋化学エネルギー
硝化(細)菌	硝酸菌	$2HNO_2$(亜硝酸)＋O_2 ⟶ $2HNO_3$(硝酸) ($2NO_2^-$＋O_2 ⟶ $2NO_3^-$)	＋化学エネルギー
硫黄細菌		$2H_2S$(硫化水素)＋O_2 ⟶ 2S(硫黄)＋$2H_2O$	＋化学エネルギー
参考	硫黄細菌	2S(硫黄)＋$3O_2$＋$2H_2O$ ⟶ $2H_2SO_4$(硫酸)	＋化学エネルギー
参考	鉄細菌	$4FeSO_4$(硫酸鉄(Ⅱ))＋O_2＋$2H_2SO_4$(硫酸) ⟶ $2Fe_2(SO_4)_3$(硫酸鉄(Ⅲ))＋$2H_2O$	＋化学エネルギー
参考	水素細菌	$2H_2$(水素)＋O_2 ⟶ $2H_2O$	＋化学エネルギー

種類	第 2 段階(CO_2の固定)
種によらず共通	CO_2+NADH(またはNADPH)＋H^+ ⟶ 炭水化物などの有機物

表36-1　化学合成細菌による化学合成の反応

参考 1. 亜硝酸菌をアンモニア酸化細菌，硝酸菌を亜硝酸酸化細菌ということもある。
2. 硫黄細菌は，硫黄(S)または無機硫黄化合物(H_2Sなど)を，酸化してエネルギーを得るか，炭酸同化の還元力として用いる細菌の総称(広義)である。前者は，化学合成細菌に属する硫黄細菌(狭義，無色硫黄細菌ともいう)であり，後者は，光合成細菌(紅色硫黄細菌や緑色硫黄細菌など)である。
3. 化学合成細菌のなかには，硫酸塩還元細菌のように，無機物の酸化に分子状の酸素(O_2)を必要としないものもいる。

(4) **亜硝酸菌**と**硝酸菌**は，まとめて**硝化菌**(硝化細菌)と呼ばれ，土壌中のNH_4^+をNO_3^-に変える**硝化**を行い，生態系の窒素循環に重要な役割を果たしている。

(5) **硫黄細菌**は，深海の熱水噴出孔周辺などに生息し，噴出する熱水中のH_2Sを利用して有機物を合成し，生態系の生産者としての役割を果たしている。

2 ▶ 窒素同化と窒素固定

1 植物の窒素同化

(1) 生物体を構成する物質のうち，**アミノ酸**，**タンパク質**，**核酸**，**ATP**，**クロロフィル**などは窒素原子(N)を含む有機物なので，**有機窒素化合物**という。生物が外界から窒素化合物を取り入れ，生物体を構成するために必要な有機窒素化合物をつくることを**窒素同化**という。

(2) 植物，藻類，菌類，一部の細菌は，外界の窒素を含む無機物(**無機窒素化合物**)のうち，NO_3^-(硝酸イオン)やNH_4^+(アンモニウムイオン)から有機窒素化合物を合成できる。その窒素同化の過程を，植物を例にとって図36-3の①～⑨に示す(藻類，菌類，一部の細菌の窒素同化もほぼ同じ)。

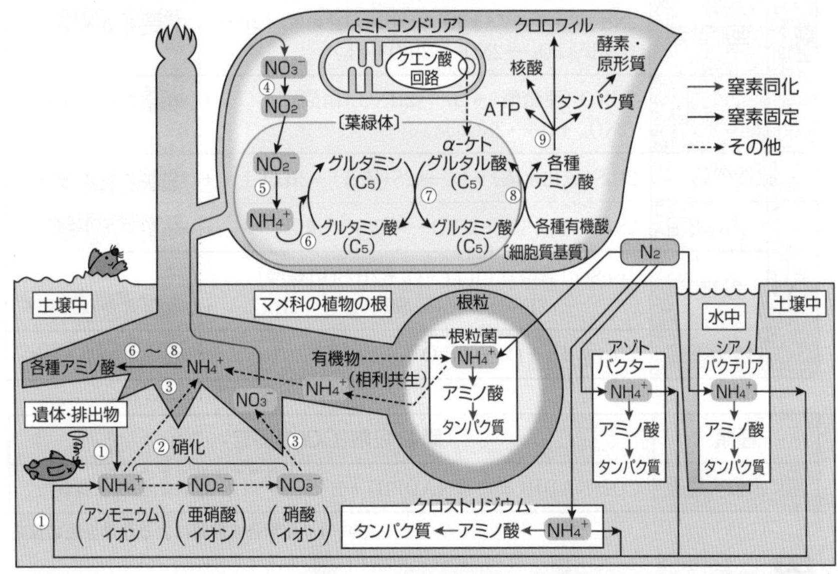

図36-3 植物の窒素同化（細菌類による硝化や窒素固定も含む）

①生物の遺体や排出物などに含まれる有機窒素化合物の分解や，微生物による窒素固定(☞p.325)などにより，土壌中でNH_4^+が生じる。

②土壌中で生じたNH_4^+は，ただちに硝化菌の硝化(作用)を受けてNO_2^-を経た

後にNO_3^-となるので土壌中のNH_4^+の濃度は低い。①，②は植物体外(土壌中)の反応であり，窒素同化ではない。

③植物が，土壌中のNO_3^-やNH_4^+を根から吸収する(NO_3^-の方が吸収量が多い)ことにより，窒素同化の過程が始まる。

④NO_3^-は，葉の葉肉細胞内に輸送され，細胞質基質で**硝酸還元酵素**によってNO_2^-に**還元**される。

⑤NO_2^-は，葉緑体に取り込まれてストロマで**亜硝酸還元酵素**によってNH_4^+に**還元**される。

⑥NH_4^+は，ATPのエネルギーを利用し，**グルタミン合成酵素**によって**グルタミン酸**(アミノ酸の一種)と結合して**グルタミン**(アミノ酸の一種)となる。

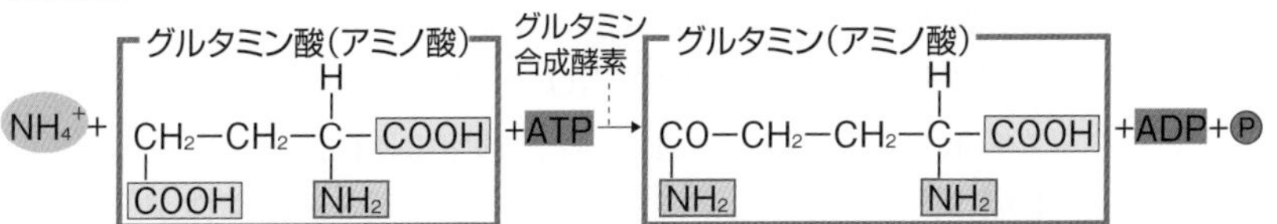

⑦1分子のグルタミンと1分子の**ケトグルタル酸**(**α-ケトグルタル酸**)(クエン酸回路で生じる有機酸※)から，**グルタミン酸合成酵素**の作用によって2分子の**グルタミン酸**が生じる。このうち1分子のグルタミン酸は，⑥の反応に用いられる。

※窒素を含まない有機物に属する酸を有機酸という。生物学における有機酸はカルボン酸(−COOHをもつ有機物)を指すことが多く，アミノ基転移酵素の働きにより，有機酸にアミノ基($-NH_2$)が結合すると，アミノ酸になる。ピルビン酸やオキサロ酢酸なども有機酸に含まれる。

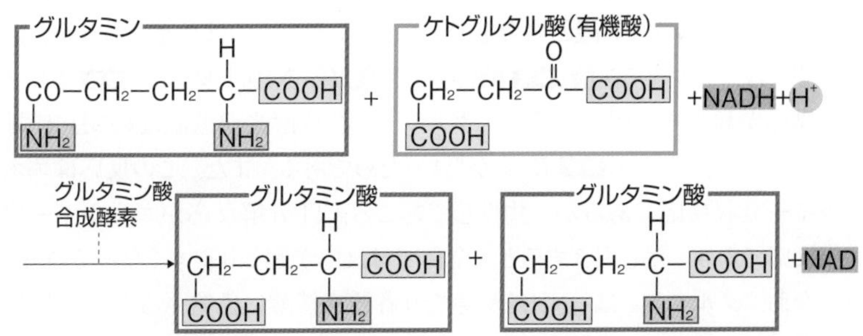

⑧ ⑦で生じた2分子のグルタミン酸のうち，もう1分子は細胞質基質に運ばれ，**アミノ基転移酵素**の作用によってアミノ基($-NH_2$)がはずされてケトグルタル酸となる。はずされたアミノ基は各種の有機酸に転移して各種の**アミノ酸**が生じる。また，ケトグルタル酸は，⑦の反応に再び用いられる。

⑨アミノ酸は，生体に必須のさまざまな有機窒素化合物の合成に用いられる。

参考 1. ⑥，⑦，⑧は回路反応を形成している。
2. 根から吸収されたNH_4^+は，根の細胞内で⑥～⑧のように同化される。

2 動物の窒素同化

(1) 動物は，無機窒素化合物から有機窒素化合物を合成することができない。

(2) 動物は，有機窒素化合物を食物として取り込んで消化し，生じたアミノ酸から別のアミノ酸や自身に必要な各種の有機窒素化合物を合成する。

NH_4^+とグルタミン

(1) p.177に記したように，NH_4^+は生物にとって非常に有害だが，植物の窒素同化において，有機酸(-COOHをもつが-NH_2はもたない化合物)をアミノ酸(-COOHと-NH_2をもつ化合物)に変えるためには必要不可欠である。

(2) そこで，植物は，土壌中に含まれるNO_3^-とNH_4^+のうち，多量に存在するNO_3^-を根から取り込み，道管を通して葉肉細胞に運び込み，NO_2^-に還元した後，葉緑体内でさらにNH_4^+に還元する。なお，NO_3^-は毒性が低いので根から葉まで長距離輸送しても植物体に害はない。

(3) 葉の葉緑体内で生じた(毒性の高い)NH_4^+(参考 光呼吸によって生じるものもある)は，ただちにグルタミン合成酵素の働きでグルタミン酸と結合して中性のグルタミン(参考 化学的には酸アミドに属する化合物)になる。

(4) また，土壌中に少量含まれるNH_4^+は，根から取り込まれると，ただちに根の細胞の色素体内で，グルタミン合成酵素によりグルタミン酸と結合してグルタミンになるが，いきなり各種有機酸と結合して各種アミノ酸にならず，まずグルタミン酸と結合してグルタミンになるのはなぜだろうか。

(5) それは，グルタミン酸(参考 酸性アミノ酸)が，NH_4^+と結合し(参考 アミド化反応が起こり)やすいうえに，グルタミン合成酵素が低濃度のNH_4^+に対しても反応しやすい(参考 K_m値が低い)ためである。また，この反応はエネルギー吸収反応であるが，共役して起こるATP分解反応がエネルギー放出反応であり，差し引きすると，全体では反応が起こりやすくなっている。

(6) なお，グルタミンは$-NH_2$をいきなり各種有機酸に供給するのではなく，まず，ケトグルタル酸と結合して2分子のグルタミン酸となり，そのうちの1分子が$-NH_2$の供給源，他の1分子がグルタミン合成酵素の基質となる回路反応を形成することで，窒素同化の反応全体をスムーズに進行させている。

(7) このように，植物は，体外から取り込んだり，体内で生じた有害なNH_4^+を，できるだけ速く確実に無害なアミノ酸に変えるシステムをもっている。

3 窒素固定

(1) 多くの植物は，大気中の体積の約80%を占める窒素(N_2)を直接利用できないが，一部の生物(主に細菌)は利用することができる。

(2) これらの生物が大気中のN_2を取り込み，アンモニウムイオン(NH_4^+)に変える(還元する)働きを**窒素固定**という。窒素固定の反応は，ATPのエネルギーを用いてニトロゲナーゼと呼ばれる酵素の作用で進行する。

〈窒素固定の反応式〉

$$N_2(\text{大気中の窒素}) + ATP \longrightarrow NH_4^+ + ADP + \text{リン酸}$$

参考 正確には，$N_2 + 8H^+ + 8e^- + 16ATP \longrightarrow 2NH_3 + H_2 + 16ADP + 16Pi$(リン酸)

(3) 窒素固定を行う細菌を総称して**窒素固定細菌**という。

	窒素固定細菌	生活場所・特徴
単独生活	・**アゾトバクター**(好気性)・**クロストリジウム**(嫌気性)	土壌中で従属栄養
単独生活	・ネンジュモなど(**シアノバクテリア**の一部(約40種)) →糸状に連結した細胞のうち，一部の細胞でのみ行われる。	土壌中，水中，水田などで独立栄養
共生生活	・**根粒菌**→マメ科(ゲンゲ，ダイズ，シロツメクサなど)の根粒内で窒素固定を行い，生じたNH_4^+を植物に与え，植物から有機物を受け取る(相利共生*)。	土壌中で単独生活しているときは，窒素固定を行わない。

参考 ＊遷移の初期に生育するヤシャブシ，ハンノキなどの根に形成される根粒内には，フランキアと呼ばれる窒素固定細菌(「根粒菌」とはいわない)が共生している。

表36-2　窒素固定細菌

もっと広く深く　O_2は呼吸には有用だが，窒素固定には有害

根粒菌のニトロゲナーゼは，呼吸に必要不可欠なO_2によって失活しやすい。このような不都合は，マメ科植物の根粒内に含まれるレグヘモグロビンというタンパク質が，ニトロゲナーゼの失活を防ぐとともに呼吸も維持することにより，解消される。もう少し詳しく説明してみよう。

根粒の表面付近には根粒内部にO_2が拡散するのを調節する障壁が存在し，このため根粒内では，O_2濃度が低く保たれている。レグヘモグロビンは，O_2に対して極めて高い親和性をもっているため，低O_2濃度下でも根粒中に多くのO_2を保持することができる。また，根粒菌内の呼吸の場ではO_2が消費されるため，O_2濃度がさらに低下し，レグヘモグロビンはヘモグロビンと同様O_2を解離する。つまり，レグヘモグロビンは，ニトロゲナーゼが働くために必要な低い酸素濃度を維持しつつ，根粒菌の呼吸に必要な量の酸素の供給を可能にしているといえる。

第5章

4 脱窒

硝酸イオン(NO_3^-)や亜硝酸イオン(NO_2^-)を気体の窒素(N_2)にまで還元する作用を**脱窒**(だっちつ)という。脱窒は，窒素同化ではないが生態系における窒素循環の一過程であり，脱窒を行う細菌を**脱窒素細菌**(だっちっそさいきん)という(☞p.666)。

3 ▸ 同化・異化の全体像

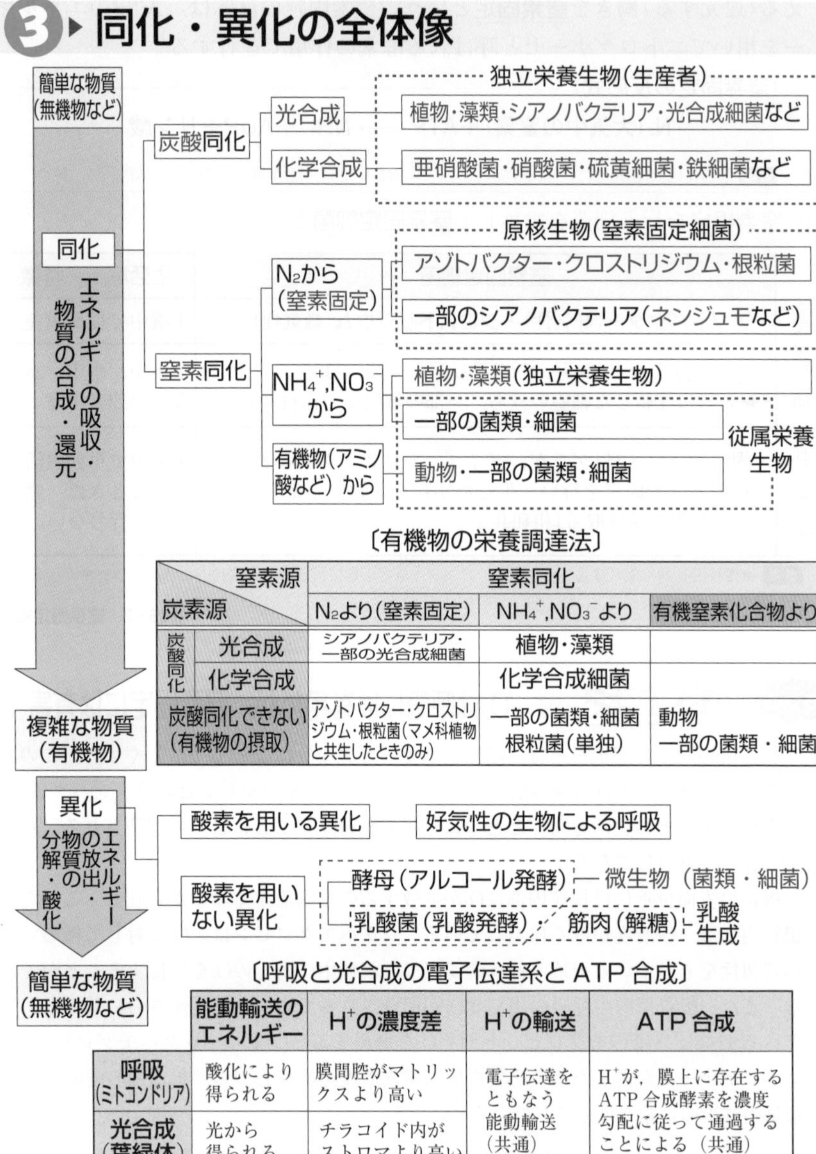

〔有機物の栄養調達法〕

炭素源＼窒素源		窒素同化：N_2より(窒素固定)	NH_4^+,NO_3^-より	有機窒素化合物より
炭酸同化	光合成	シアノバクテリア・一部の光合成細菌	植物・藻類	
炭酸同化	化学合成		化学合成細菌	
炭酸同化できない(有機物の摂取)		アゾトバクター・クロストリジウム・根粒菌(マメ科植物と共生したときのみ)	一部の菌類・細菌 根粒菌(単独)	動物 一部の菌類・細菌

〔呼吸と光合成の電子伝達系とATP合成〕

	能動輸送のエネルギー	H^+の濃度差	H^+の輸送	ATP合成
呼吸(ミトコンドリア)	酸化により得られる	膜間腔がマトリックスより高い	電子伝達をともなう能動輸送(共通)	H^+が，膜上に存在するATP合成酵素を濃度勾配に従って通過することによる(共通)
光合成(葉緑体)	光から得られる	チラコイド内がストロマより高い	電子伝達をともなう能動輸送(共通)	H^+が，膜上に存在するATP合成酵素を濃度勾配に従って通過することによる(共通)

第6章

遺伝情報の複製と細胞周期

第37講 DNAと染色体

The Purpose of Study 到達目標

Visual Study 視覚的理解

DNAの構造(模式図)を自分の手で描いて覚えよう!

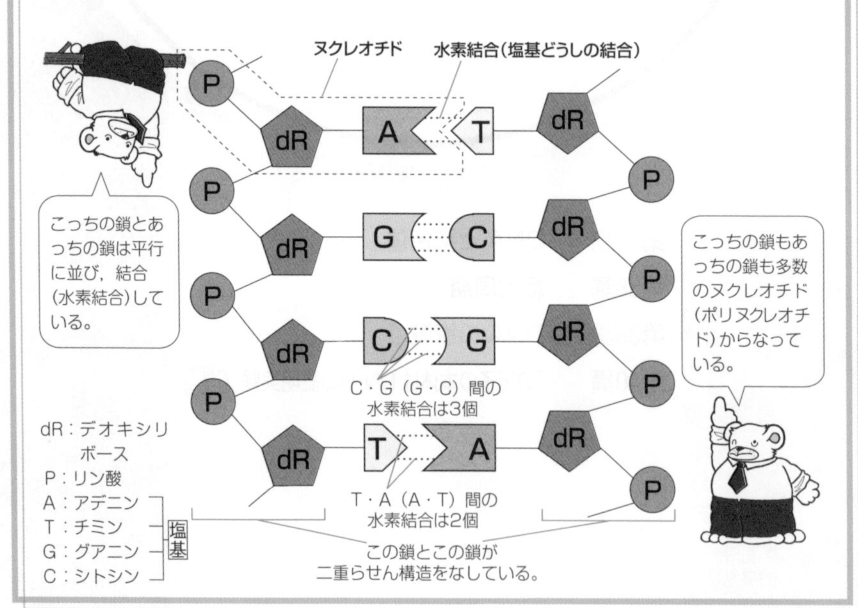

1 ▶ 核酸の構成単位

核酸は，**糖**・**塩基**・**リン酸**が1分子ずつ結合した**ヌクレオチド**という構成単位が多数結合したポリヌクレオチド(ヌクレオチド鎖)であり，核酸には**DNA**(**デオキシリボ核酸**)と**RNA**(**リボ核酸**)の2種類が存在する。

参考 糖と塩基が結合したものをヌクレオシドといい，糖にアデニン・グアニン・シトシン・チミン・ウラシルがそれぞれ結合したものを，アデノシン・グアノシン・シチジン・チミジン・ウリジンという。ヌクレオシドにリン酸が結合した化合物をヌクレオチドといい，ヌクレオシドに結合するリン酸の数により，ヌクレオシド一リン酸，ヌクレオシド二リン酸，ヌクレオシド三リン酸という。例えば，リボースとグアニンからなるヌクレオシドにリン酸が3個結合したものはグアノシン三リン酸(☞p.366)と呼ばれる。AMP(アデノシン一リン酸)，ADP(アデノシン二リン酸)，ATP(アデノシン三リン酸)はいずれもヌクレオチドである。

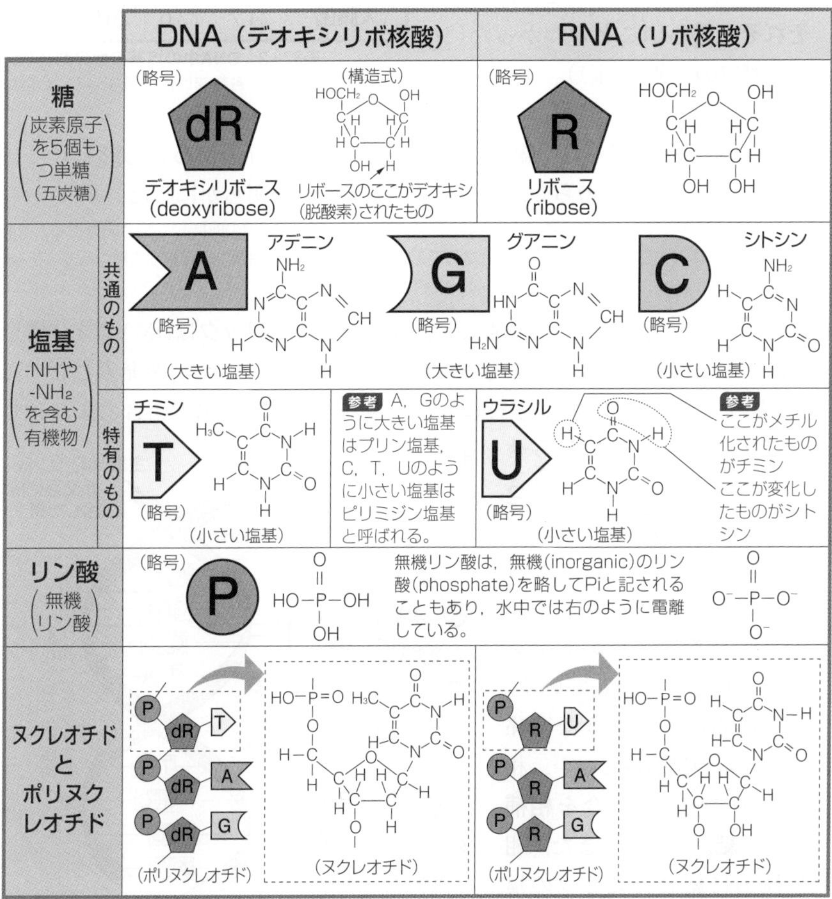

表37-1 核酸(DNA，RNA)の構成単位

❷ ▸ DNAの立体構造

(1) 1949〜1951年，シャルガフらは，DNAを加水分解して得られる4種類の塩基をペーパークロマトグラフィーで分離し，全塩基数に占めるそれぞれの割合(%)を調べた(表37 - 2)。その結果から，どのような生物でも，**アデニン(A)とチミン(T)，グアニン(G)とシトシン(C)の割合がそれぞれ等しい**ことがわかった(**シャルガフの規則**(法則))。

	A	T	G	C
ヒト(肝臓)	30.3	30.3	19.5	19.9
ウシ(肝臓)※	28.3	29.0	21.0	21.1
ウシ(胸腺)※	29.0	28.5	21.2	21.2
コムギ(胚)	26.8	28.0	23.2	22.0
酵母	31.3	32.9	18.7	17.1
大腸菌	24.7	23.6	26.0	25.7

表37 - 2　DNA中の塩基の数の割合(%)

※A，T，G，Cの各数値は測定値なので，合計が100(%)にならない場合もある。

(2) 1950〜1953年にかけて，ウィルキンスとフランクリンは，**X線回折法**(かいせつ)※により，DNA分子が**らせん形**をしていること，および，そのらせんの一巻きの長さや幅を明らかにした。

※X線は障害物をかすめるとき，直進せず，影の部分へ回り込む(これをX線の回折という)性質がある。照射された物質によってX線の回折の仕方が異なることを利用して，物質の性質や立体構造を調べる方法をX線回折法という。

(3) 1953年，上記の研究などをもとに，ワトソンとクリックはDNAの立体構造を解明し，次のような特徴をもったDNAの分子模型(モデル)を発表した。

①2本のヌクレオチド鎖が平行に並び，塩基の部分での水素結合によりはしご状となり，これがらせん状にねじれて，**二重らせん構造**をなしている。

②塩基は決まった相手と対をなし，アデニンとチミン，グアニンとシトシンがそれぞれ結合している。塩基間のこのような関係を塩基の**相補性**(そうほ)といい，相補性に従った結合を**相補的な結合**という。また，相補的に結合した2つの塩基を**塩基対**と呼ぶ。

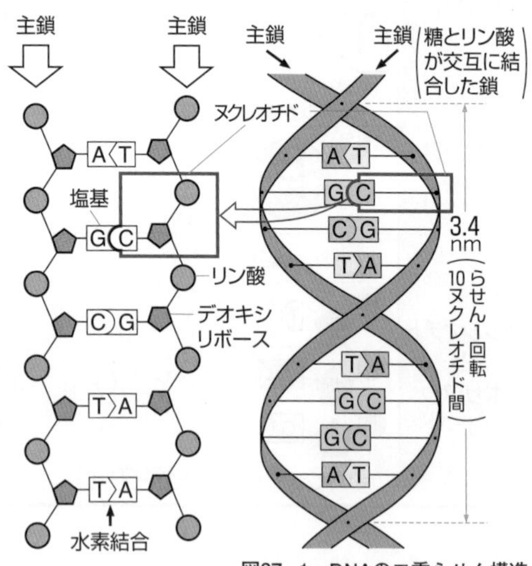

図37 - 1　DNAの二重らせん構造

③ ▶ DNAの方向性

(1) DNAでは，塩基の骨格を構成している炭素原子(C)や窒素原子(N)の位置を，化学的なルールに従って1，2，3……と表すので，糖のCは，それと区別して1′，2′，3′……と表す(図37-2)。

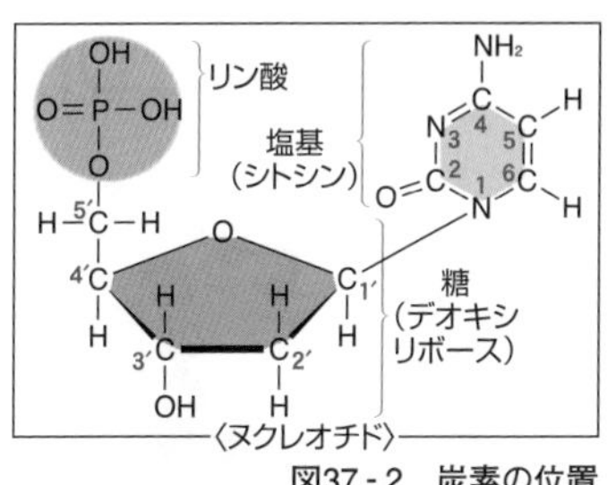

図37-2　炭素の位置

(2) DNAやRNAは，糖の炭素の3′と5′の位置にリン酸(基)が結合したヌクレオチドからなるポリヌクレオチドである。この鎖が，糖の5′位にリン酸(基)かヒドロキシ基(－OH)を結合させた状態で途切れていれば，そこを**5′末端**といい，逆に3′位に結合させた状態で途切れていれば，そこを**3′末端**という。

(3) DNAの二重らせん構造では，2本の鎖は逆向きに並んでいる(図37-3)。

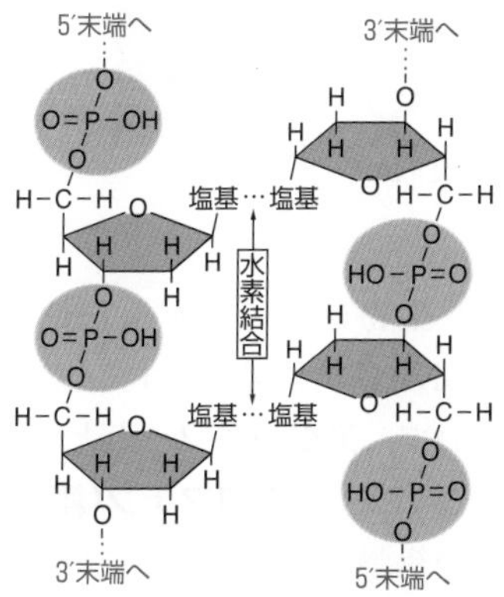

図37-3　DNAの構造

④ ▶ DNAの相補的な塩基対

DNAの2本鎖は，高温やアルカリ処理により，水素結合が切れて1本鎖になる。

図37-4に示すように，DNAのA－T，G－Cの塩基対では，それぞれ2個，3個の水素結合ができる。したがって，G－C間はA－T間より結合力が強いので，塩基対に占めるG－Cの割合が多いDNAほど高温やアルカリに対して安定であり，1本鎖になりにくい。A－T，G－C以外の塩基対は，以下の理由で生じにくい。

A－G(大きい塩基どうし)，C－T(小さい塩基どうし)では，A－G間が狭すぎ，C－T間が広すぎて二重らせん構造がゆがんでしまう。また，A－C，G－Tでは，水素結合ができない。

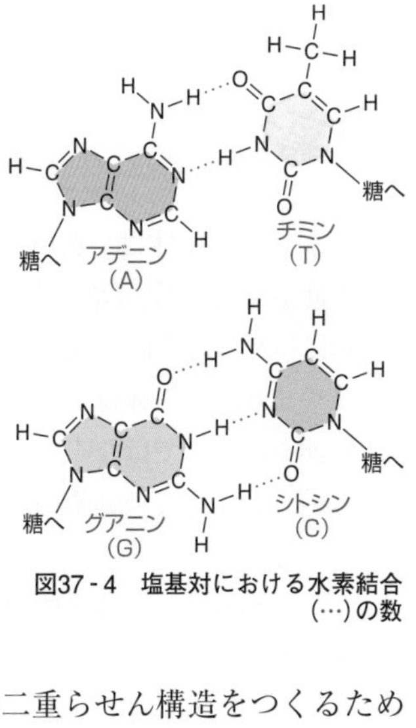

図37-4　塩基対における水素結合(…)の数

このように，A－T，G－Cの塩基対は，安定な二重らせん構造をつくるために必然的であり，互いに相補的である。

5 ▶ 染色体とDNA

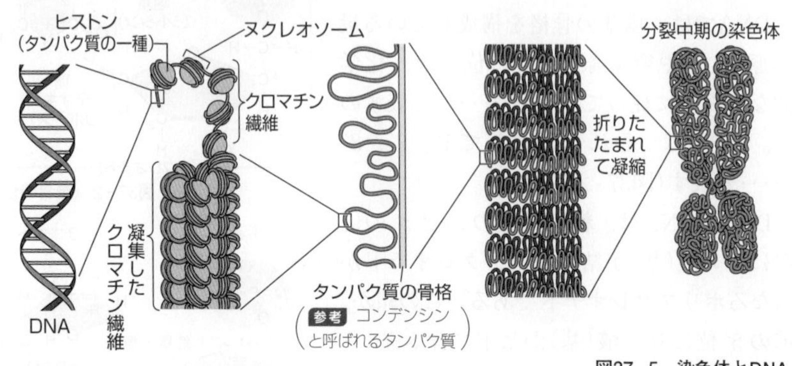

図37 - 5　染色体とDNA

(1) 生物は，DNAを遺伝情報として形質を子孫に与える。真核細胞では，DNAは単独で存在するのではなく，**ヒストン**と呼ばれるタンパク質に巻き付いて，**ヌクレオソーム**という構造を形成している。ヌクレオソームは多数つながって，**クロマチン(繊維)**と呼ばれる繊維状の構造をつくっている。DNAの複製が終了しさらに何重にも折りたたまれて凝縮したクロマチン繊維は，光学顕微鏡で観察可能なひも状(または棒状)の構造物を形成する。通常，このような構造物を**染色体**と呼ぶ。

参考 1個のヒストンにDNAが約2(1.75)回巻き付いた構造をヌクレオソームという。DNAにはヒストン以外のタンパク質も結合しており，これらのタンパク質・ヒストン・DNAの複合体(細い染色体)をクロマチン繊維という。

「染色体」という用語の意味

本来，染色体は，真核生物の細胞分裂時に観察されるひも状または棒状の構造体を指す用語であったが，現在は，すべての生物が保有している線状に連なった遺伝情報の担い手を指す語としても用いられる。

つまり，染色体は，DNAの長さや太さなどの形態や，凝縮の有無などの状態を表すのではなく，細胞から細胞へ，また次世代へと遺伝情報の伝達を行い，それぞれの細胞の分化や働きを調節する物質の意味で用いられることがある。

したがって，真核生物の凝縮していないDNAや，原核生物のDNAも染色体である。なお，真核生物のミトコンドリアや葉緑体中のDNAや，細菌中のプラスミド(☞p.576)は染色体とは呼ばれない。

(2) 例えば，ヒトの場合，間期(☞p.335)の体細胞の核内には，1本の長さが数cmのDNAが，凝縮せずに46本の細長い染色体として存在している。分裂期には，それぞれのDNAが凝縮して，46本の太い棒状(長さ数～十数μm)の染色体になる。つまり，分裂期の太い染色体には，DNAが10000倍近くの圧縮率でつめ込まれていることになる。

(3) 原核生物(例えば大腸菌)では，染色体としてのDNA(染色体DNA)は，ヒストンと結合しておらず，ひとつながりの環状である。この他に，細菌にはプラスミド(☞p.576)と呼ばれる小形の環状DNAも含まれている。

6 ▶ DNAの抽出法

DNAは，以下のような手順で抽出することができる。

(1) 材料(ブロッコリー，ブタ・ニワトリの肝臓，魚の精巣など)をすりつぶして入れた容器に，中性洗剤(台所用合成洗剤)またはドデシル硫酸ナトリウム(SDS)を加える。

➡ 中性洗剤やSDSのような界面活性剤により細胞膜や核膜が溶けDNAが遊離する。

(2) タンパク質分解酵素(トリプシンなど)を加え，容器をゆっくり振る。

➡ 加えたタンパク質分解酵素により，DNAと結合しているタンパク質を分解したり，細胞内に含まれていたDNA分解酵素を分解して，できるだけ損傷の少ないDNAを遊離させる。

(3) さらに食塩水を加えてよくかき混ぜ，上澄み(または4枚重ねのガーゼでろ過したろ液)を集める。この上澄み(ろ液)に冷やしておいたエタノールを加えて生じた繊維状の物質がDNAなので，この沈殿物をガラス棒で巻き取る。

➡ DNAは，その構成成分であるリン酸が電離しているので，溶液中では－(負)に帯電している。これを食塩水のNa^+の＋(正)の電荷で打ち消すことにより，DNAを抽出しやすい状態で遊離させる。

➡ DNAは高濃度のエタノールに不溶であることを利用して，水溶液からDNAを沈殿させる。ここで得られるDNAはナトリウム塩の水溶液によく溶けるが，エタノールには溶けにくい。

ワトソンとクリックの業績

1950年代の初期には，DNAが，糖・塩基・リン酸からなるヌクレオチドが多数結合したものであることは判明していたが，何本のポリヌクレオチドがどのように集まって，どのような立体構造をつくっているかは不明であった。これを解明したのがワトソンとクリックであり，彼らが発表したDNAの分子モデルは，それまでに得られたDNAに関するすべての実験結果をよく説明できるものであった。また，その後に行われた多くの研究(DNAの複製や，タンパク質の合成に関する研究など)によって，このモデルの正しさが確かめられた。したがって，彼らの研究は，さまざまな生命現象を分子レベルで解明することをめざす分子生物学の発展の基礎として重要なものとなった。

第38講 細胞周期

★ The Purpose of Study 到達目標

1. 細胞分裂の種類を2つあげ，それぞれについて説明できる。………… p. 335
2. 細胞周期について説明できる。………… p. 335
3. 細胞周期にともなうDNA量の変化のグラフを描ける。………… p. 334, 335
4. 分裂期（M期）を4つの時期に分けて，それぞれの特徴を説明できる。………… p. 338, 339
5. 分裂期の各過程の細胞の様子を図示できる。………… p. 339

★ Visual Study 視覚的理解

細胞周期とDNA量の変化を正しく理解しよう！

G_1期：DNA合成準備期

S期：DNA合成期

G_2期：分裂準備期

M期：分裂期

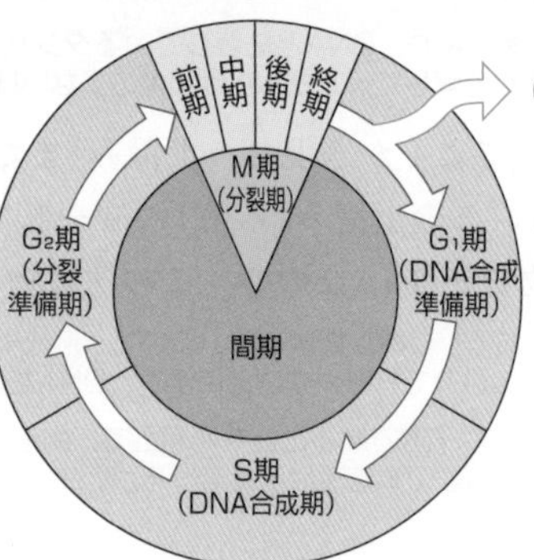

G_0期（静止期，休止期）

分化あるいは老化して増殖を停止している細胞などが，G_1期で細胞周期から外れた状態にみえる期間。
肝細胞のようにG_0期の細胞がG_1期に入り（戻り），細胞周期を再開することもある。

図38 - 1　細胞周期

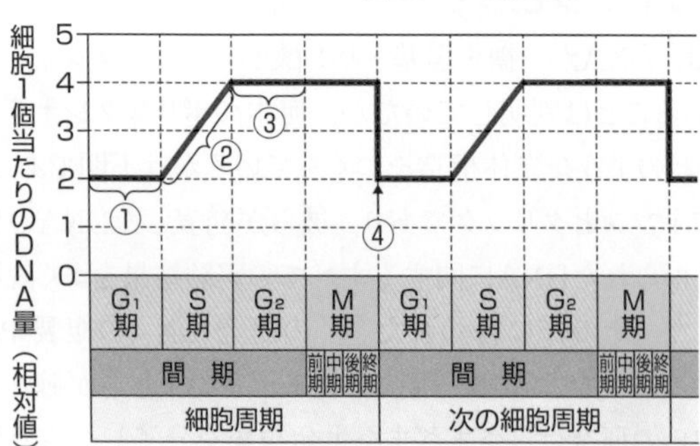

②（S期）にはDNAの合成が徐々に進行するので，細胞1個当たりのDNA量も徐々に増加する（グラフが直線的に右上がりになる）。

④（M期）の終期には細胞質分裂が徐々に進行するが，細胞1個当たりのDNA量は細胞質分裂が完了する終期の最後に半減する。

図38 - 2　細胞周期とDNA量の変化

①▶細胞分裂

細胞は細胞分裂によって増えていく。細胞分裂を行う前の細胞を**母細胞**(ぼさいぼう)，分裂によって新たに生じた細胞を**娘細胞**(むすめさいぼう)という。細胞分裂は次の2つに大別される。

細胞分裂
- **体細胞分裂**(たいさいぼうぶんれつ)…からだを構成している細胞が増えるときに行われる。
  - 例　動物……**皮膚**や**骨髄**などのからだの各部位
  - 植物……**根端分裂組織**(こんたんぶんれつそしき)・**茎頂分裂組織**(けいちょう)や**形成層**(けいせいそう)(☞p.513)
- **減数分裂**(げんすうぶんれつ)…生殖のための特別な細胞がつくられるときに行われる。
  - 例　動物……**配偶子**(☞p.415, 449)が形成される部位
  - 植物・藻類・菌類など……胞子が形成される部位

②▶細胞周期

(1) 体細胞分裂終了から次の体細胞分裂終了までの期間は**細胞周期**(さいぼうしゅうき)と呼ばれ，細胞分裂を行う**分裂期**(**M期**)とそれ以外の時期の**間期**(かんき)に分けられる。間期は，**G_1期**(**DNA合成準備期**)，**S期**(**DNA合成期**)，**G_2期**(**分裂準備期**)に分けられる(Visual Study 図38 - 1)。

G_1期…この期間中に，細胞がS期に向かうか，細胞周期から外れて**G_0期**(静止期，休止期)と呼ばれる分裂停止の状態になるかが決められる。

S期…**DNAの複製**※が行われる。

G_2期…細胞分裂に必要な微小管などのタンパク質が盛んに合成される。

M期…**細胞分裂**が行われる。**前期**(ぜんき)・**中期**(ちゅうき)・**後期**(こうき)・**終期**(しゅうき)に分けられる。

(2) ヒトの培養細胞の場合，細胞周期は21～24時間，G_1期は約8時間，S期は約10時間，G_2期は3～6時間，M期は約1時間である。

(3) 細胞周期と細胞1個当たりのDNA量の変化をグラフに表した Visual Study 図38 - 2の①～④について説明する。

① G_1期には，糖，塩基などDNAの合成に必要な物質の合成が行われているが，DNAの合成は起こっていないのでDNA量は変化しない。

② S期には，DNAが徐々に複製されるので，DNA量は徐々に増加し，最終的には2倍になる。

③ G_2期には，DNA量は変化しない。

④ 分裂期(M期)の終期に細胞質分裂(☞p.337)が起こり，染色体が均等に2つの娘細胞に分配されることにより，DNAも均等に分配されるので，DNA量は半減する。

※1本のDNA鎖を鋳型にして，その鎖と相補的な塩基配列をもつDNA鎖がつくられることをDNAの合成といい，DNAの合成によって細胞内の全染色体のDNAが2倍になることをDNAの複製という。

③ ▸ 体細胞分裂の観察

(1) 体細胞分裂や，それにともなう染色体の変化を観察するためには，以下の手順①～⑤に示す方法(押しつぶし法)がよく用いられる。〔　〕内は各処理の呼び名である。

①タマネギの根端は，分裂を繰り返す**根端分裂組織**を含み，色素体をもたないので，分裂期の細胞の観察に適している。タマネギの根端を約1cm切り取り，細胞を生きている状態に近い状態に保って殺すため，5℃の約45%**酢酸**(さくさん)溶液に10分間ほど浸す〔**固定**(こてい)〕。

➡ これが不十分だと，細胞や染色体が時間とともに変質していく。

参考 タマネギの根端にある根端分裂組織の細胞は色素体をもたず，分裂を繰り返すので，細胞分裂の観察に適している。茎頂分裂組織や形成層でも分裂は起こっているが，その部分の取り出しにくさや，色素体含有などの問題がある。また，動物の場合，特定の分裂組織が存在しないため，観察材料になるものが少ない。

②細胞間の接着物質(ペクチンなど)を溶かし，細胞どうしを離れやすくするために，材料を60℃の約3%**塩酸**(えんさん)溶液に数十秒～1分間浸す〔**解離**(かいり)〕。

➡ これが不十分だと，手順⑤を行っても細胞が重なったままで観察しにくい。

③スライドガラスの上で，タマネギの根端を根端分裂組織を残すように，先端から約2mm付近で切り，他の部分は捨てる。

➡ これを行わないと，分裂期の細胞像を得にくく，染色体を観察できない。

④約1%**酢酸オルセイン**溶液または**酢酸カーミン**溶液を加えて約10分間放置し，核や染色体を染色する〔**染色**〕。

参考 オルセインは水には溶けにくいが，固定液として用いられる酢酸などにはよく溶けて赤色を呈する。酢酸オルセイン溶液は，固定と染色を行うことができる。

⑤細胞をきれいに一層に広げるために，カバーガラスをかけ，その上にろ紙をのせ，親指で押しつぶし〔**押しつぶし**〕，顕微鏡で観察する。

(2) 観察像を，細胞周期の各時期ごとに分けて細胞数を数える。**数えた全細胞に占める各時期の細胞数の割合は，細胞周期に占める各時期の長さ(時間)の割合と等しい**ことに着目すると，各時期の長さを求めることができる。

④ ▸ 細胞周期にともなう染色体の形態的変化

染色体を構成するDNAの量や状態は，生物の種や細胞分裂の過程により異なる。真核生物の染色体の形態は，図38-3の(1)～(5)のように変化する。

(1) 間期の染色体は細長い糸状で不鮮明である。

(2) 間期のS期には染色体が複製され，同じものが2本ずつになる。

(3) 糸状の染色体はM期の前期に凝縮し，ひも状になり観察できるようになる。

(4) ひも状の染色体はM期の中期にさらに凝縮して棒状になり，はっきり観察できるようになる。また，(3)やこの時期の染色体は，間期の複製で2倍になった染色体の凝縮によって形成されるので，縦の裂け目があるようにみえる。
(5) 棒状の染色体は，M期の後期に紡錘糸に引かれ，裂け目から分かれる。

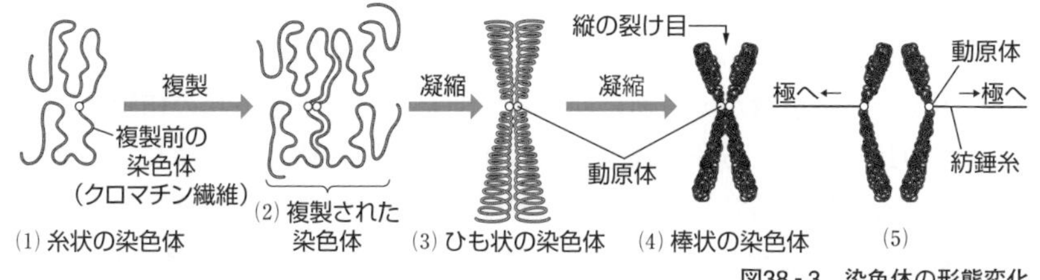

図38-3　染色体の形態変化

5 ▶ 細胞周期にともなう細胞の変化

1 間期

(1) 娘細胞が成長してもとの大きさになっていく以外には，見かけ上の大きな変化はないが，細胞内では種々の化学変化が活発に起こっている。
(2) S期には，次の分裂期の準備として，**DNA**(**染色体**)**の複製**が起こる。
(3) 動物細胞では，分裂期の準備として中心体が複製され2つになる。

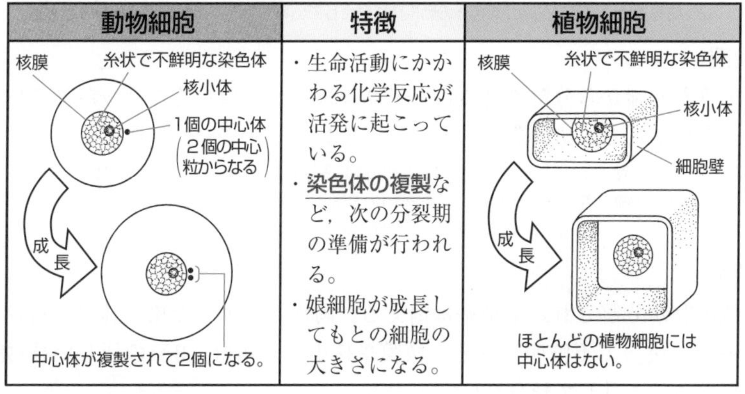

動物細胞	特徴	植物細胞
核膜 糸状で不鮮明な染色体 核小体 1個の中心体（2個の中心粒からなる） 成長 中心体が複製されて2個になる。	・生命活動にかかわる化学反応が活発に起こっている。 ・**染色体の複製**など，次の分裂期の準備が行われる。 ・娘細胞が成長してもとの細胞の大きさになる。	核膜 糸状で不鮮明な染色体 核小体 細胞壁 成長 ほとんどの植物細胞には中心体はない。

2 分裂期(M期)

細胞周期の分裂期(M期)では，まず核の分裂(**核分裂**)が起こり，次いで細胞質の分裂(**細胞質分裂**)が起こる。M期は，核分裂の開始から細胞質分裂の終了まで，つまり1個の母細胞が2個の娘細胞に分裂するまでの期間を指す。M期は，さらに**前期**・**中期**・**後期**・**終期**に分けられる。

参考 かつては，分裂期は核分裂が行われる期間とされていた。

1 前期

(1) 糸状の染色体が，凝縮して太く短いひも状になり，太い染色体として観察できるようになる。

参考 核分裂の前期や中期にみえる染色体は，1本の縦裂面(裂け目→═8═)をもった太い染色体であるが，2本の細い染色体(染色分体または姉妹染色分体)が密着したものと考えることもできる。

(2) 動物細胞では，2つの中心体が分かれ，それぞれ両極付近へ移動する。この中心体から，**微小管**が赤道面に向かって伸長してできる糸状の**紡錘糸**(ぼうすいし)と，放射状に伸長してできる糸状構造の星状体が現れる。紡錘糸は伸長して**動原体**(どうげんたい)と呼ばれる部分に結合し，中期から後期にかけての染色体の移動の場となる**紡錘体**(ぼうすいたい)という構造をつくり始める。多くの植物細胞では中心体がないので，紡錘糸は両極付近の特定の構造から形成される。

参考 植物において，紡錘糸が形成される特定の構造を，極帽と呼ぶこともある。

(3) **核膜**や**核小体**が小さな断片に分かれ，やがて消える(見えなくなる)。

参考 核膜の裏打ちをしている中間径フィラメント(ラミン)の分解により，核膜が細分化される。

2 中期

(1) 前期に現れたひも状の染色体は，さらに凝縮してより太い棒状となる。

(2) 紡錘体が完成し，染色体は紡錘体の中央の面(**赤道面**(せきどうめん))に並ぶ。

参考 1. 細胞分裂の中期に細胞の中央に染色体が並び，それぞれの染色体の動原体が含まれる平面を赤道面という。赤道面は細胞を二分する平面であり，対称に配置した紡錘体の中央に位置する。
2. 紡錘糸には，その先端が染色体の動原体に結合しているものと，遊離しているものがある。

3 後期

微小管が両端から分解されることで紡錘糸が徐々に短くなり，各染色体は裂け目から分かれて，紡錘糸に引っ張られるように両極へと移動する。

参考 染色体は，微小管上を移動するキネシンにより赤道面に運ばれ整列する。この染色体の動原体を構成するタンパク質の一部が，極から伸長してきた微小管(紡錘糸)の末端と直接結合していて切れないので，微小管が両端から分解されて短くなっても染色体は極方向へ引っ張られていく。

4 終期

(1) 微小管が分解され，紡錘糸は消える。両極へ移動した染色体は，再び細長い糸状に戻って不鮮明になる。核膜や核小体が現れ，2つの新しい核(**娘核**(むすめかく))ができる。こうして核分裂は完了する。

(2) **終期**の途中から起こる**細胞質分裂**によって母細胞の細胞質が二分され，娘核を1個ずつ含む新しい2つの細胞(**娘細胞**)が完成する。

(3) 細胞質分裂は，動物では，赤道面上の細胞表面から内側に向かって形成される**くびれ**により，植物では，赤道面の中央から外側に向かって形成される**細胞板**(ばん)による。その後，細胞板は細胞膜になり，細胞壁を形成する。

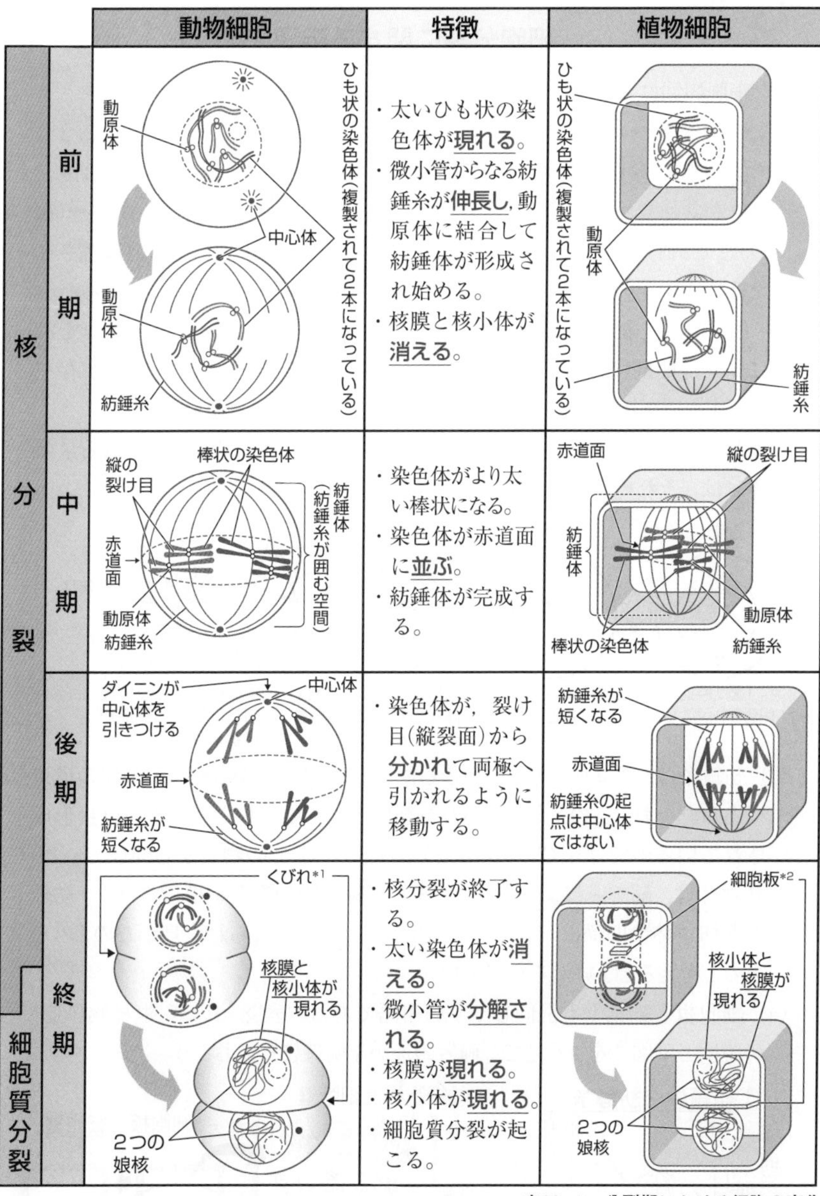

		動物細胞	特徴	植物細胞
核分裂	前期		・太いひも状の染色体が**現れる**。 ・微小管からなる紡錘糸が**伸長し**，動原体に結合して紡錘体が形成され始める。 ・核膜と核小体が**消える**。	
	中期		・染色体がより太い棒状になる。 ・染色体が赤道面に**並ぶ**。 ・紡錘体が完成する。	
	後期		・染色体が，裂け目（縦裂面）から**分かれて**両極へ引かれるように移動する。	
細胞質分裂	終期		・核分裂が終了する。 ・太い染色体が**消える**。 ・微小管が**分解される**。 ・核膜が**現れる**。 ・核小体が**現れる**。 ・細胞質分裂が起こる。	

表38-1　分裂期における細胞の変化

参考 ＊1．くびれが生じる部分の細胞膜直下には，アクチンフィラメントからなる収縮環と呼ばれる構造が一時的に形成され，ミオシンなどの働きにより細胞をくびり切る。

＊2．細胞板は，細胞壁の材料を含むゴルジ体由来の小胞が，キネシンによって分裂面まで運ばれ，小胞どうしの融合が起こることによって形成される。

細胞分裂に関する確認

(1) 細胞周期における染色体の形態的変化を次のようにたとえてみた。

一軒家(1つの母細胞)で一緒に暮らしていた2人姉妹が，二軒の家(2つの娘細胞)に分かれて生活をするために，引越し(体細胞分裂)前に(間期に)，姉妹が共通で使っていた1冊の料理のレシピ集(糸状の染色体)を，コピー(複製)して2冊に増やし，引越しの際は1冊ずつダンボールに入れて(凝縮させた棒状の染色体で)新居に運んだので破れたり紛失したりしなくてすんだ。

(2) 中心体は，細胞分裂の際，紡錘体や星状体の形成起点になるが，それに先だつ間期に複製し，1個の細胞に2個の中心体(2対の中心粒)が存在するようになり，2個の中心体が分かれてそれぞれの極に移動する。

したがって，分裂期の前期に中心体のまわりに放射状に形成される星状体には，それぞれ1対の中心粒をもつ1個の中心体が存在している。

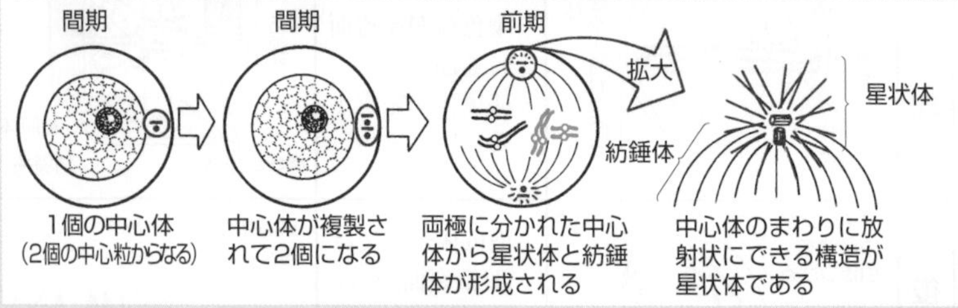

(3) 紡錘糸は，チューブリンからなる微小管が中心体から伸びた糸状の構造である。なお，このとき形成される紡錘糸は，中心粒の両端から直接形成されているのではなく，中心粒を取り囲む不定形の物質から伸びている。紡錘体は，紡錘糸によって取り囲まれた細胞内の空間を指している。紡錘糸と紡錘体の関係は，あたかも，針金と針金でつくられた鳥かごのようなものと考えるとよいだろう(下図①)。

(4) 細胞板と細胞壁も混同しやすい用語である。表38-1の終期(植物細胞)の説明と下図②をよく見て，両者の違いを明確にしておこう。

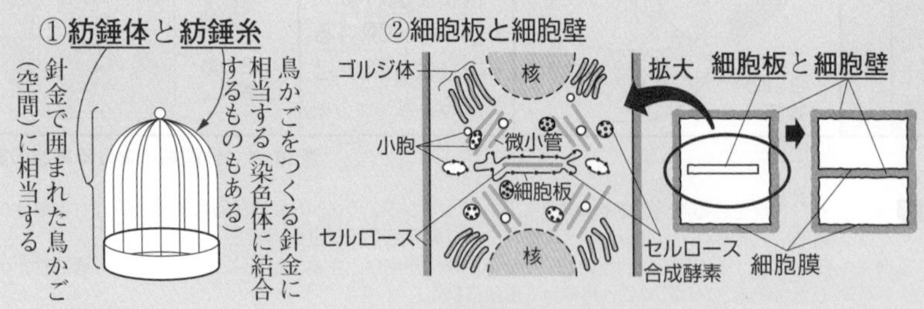

もっと広く深く　細胞周期のチェックポイント

細胞周期は，単純に時間経過に従って進行しているわけではない。細胞周期には，ある時期にある特定の事象が完了しているかどうかを監視する，チェックポイントと呼ばれるしくみが存在しており，現在までにG_1期，G_2期，M期などでチェックポイントの存在が確認されている。

G_1期チェックポイントでは，損傷したDNAの修復の完了などが監視されたり，細胞分裂に必要な因子や栄養の存在が確認された後，細胞がS期以降に進むかどうかが決められる。

G_2期チェックポイントでは，DNAの複製や損傷の修復の完了などの監視が行われ，細胞がM期以降に進むかどうかが決められる。

M期チェックポイントでは，紡錘体の形成（形成された紡錘糸の動原体への付着）の完了の監視が行われ，細胞がM期の最後まで進むかどうかが決められる。

各チェックポイントにおける監視や確認をクリアした細胞は，そのチェックポイントを通過し，クリアしなかった細胞は，そのチェックポイントで細胞周期が停止する。このようなしくみには複数の物質が関与しており，それらの物質のなかで中心的な役割を担っているのは，サイクリン依存キナーゼ（Cdk）と呼ばれる酵素である。チェックポイントごとに，働くCdkの種類が決まっており，それらの活性が細胞周期の進行にともなって変動し，細胞周期の主要な事象の開始や調節に関与するタンパク質のリン酸化状態を周期的に変化させる。例えばG_1期チェックポイントでのCdkの活性の上昇は，S期への移行にかかわるタンパク質のリン酸化を促進する。

Cdkの濃度は，細胞周期の時期により変化することはなく，常に一定であるが，**サイクリン**というタンパク質は，細胞周期ごとに合成と分解を繰り返す。Cdkの酵素活性の有無は，サイクリンとの結合の有無によるので，Cdkの活性の周期的変動は，サイクリンの濃度の周期的変動によって引き起こされる。細胞周期と主なチェックポイントで働くCdkとサイクリンの濃度の変化を模式的に示すと下図のようになる。

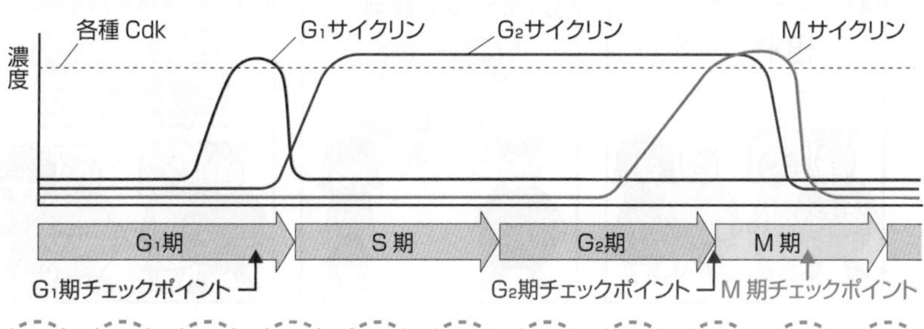

第39講 DNAの複製

The Purpose of Study 到達目標

Visual Study 視覚的理解

半保存的複製のイメージをつかもう！

1 ▶ DNAの複製様式

(1) 体細胞分裂で新しくできる2個の娘細胞がそれぞれ母細胞と同じ遺伝情報をもつためには，ただDNA量が倍になるだけではなく，母細胞中のDNAが複製されて同じ情報(塩基配列)をもつDNAを2セットつくる必要がある。

(2) ワトソンとクリックによるDNAの二重らせんモデルの提唱後，DNAの複製様式について，次の3つの仮説が考えられていた。

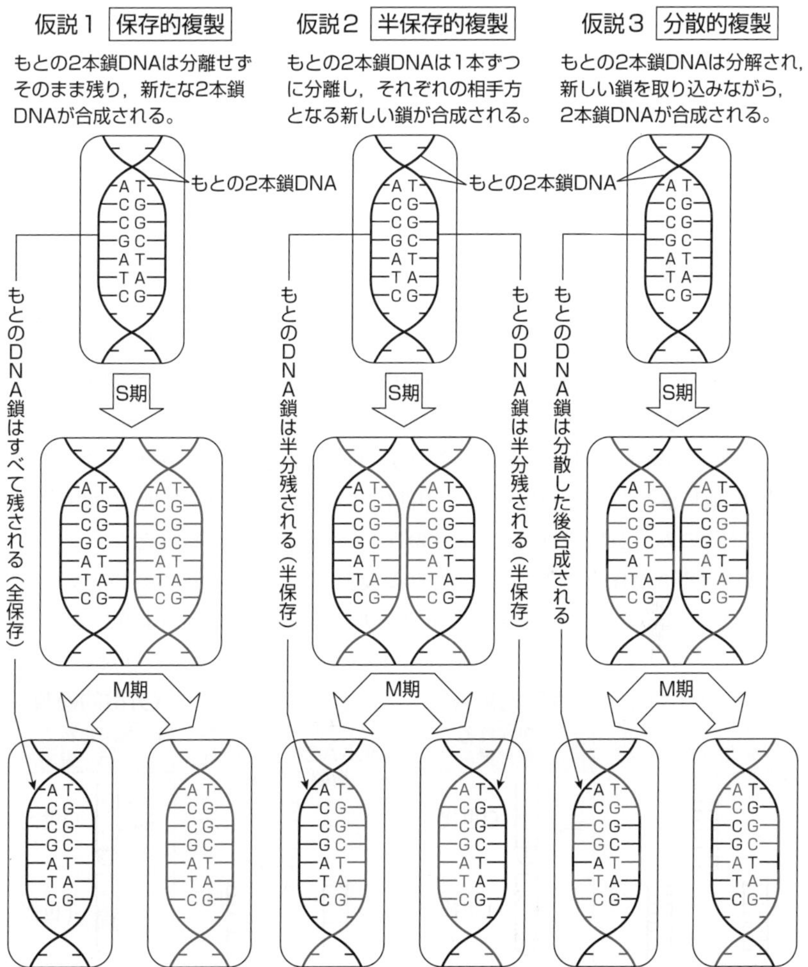

図39-1 DNAの複製様式の3つの仮説

(3) ワトソンとクリックは，半保存的複製(仮説2)を支持した。

❷▸ メセルソンとスタールの実験(1958年)

[目的] DNAが半保存的に複製されることを確かめるために，**メセルソン**と**スタール**は次に示すような実験を行った(表39 - 1)。

[実験・結果・結論]

(1) ふつうの窒素^{14}NからなるNH$_4$Cl(塩化アンモニウム)を含む培地(^{14}N培地)で培養していた大腸菌を，^{14}Nより重い同位体である^{15}N(放射性はない)からなるNH$_4$Clを含む培地(^{15}N培地)に移し，10世代以上培養すると，タンパク質や核酸に含まれている窒素のほとんどが^{15}Nに置き換わった大腸菌が得られる。これを0世代の大腸菌とする。

参考 1. 大腸菌は，窒素(N)源としてNH$_4$Clなどの無機塩のみを含む培地で生息することができる。このことから，大腸菌は，植物のようにアミノ酸やタンパク質などの有機物を用いない窒素同化能力をもつことがわかる。

2. 大腸菌が足並みをそろえて分裂(同調培養)するように調整してある。

(2) 0世代の大腸菌を^{14}N培地に移して1回，2回…と細胞分裂を繰り返させたものを，1世代，2世代…の大腸菌とする。

(3) ^{14}N培地で培養していた大腸菌，0世代，1世代，2世代の各大腸菌から等量のDNAを抽出して，遠心管内に**塩化セシウム**水溶液とともに入れて**遠心分離**(**密度勾配遠心分離法**)を行うと，塩化セシウムの多様な密度の層が生じ，DNAは自身と等しい密度の層に集まる。そのDNAの質量比(比重・密度)を調べた。

(4) ^{14}N培地培養では軽いDNAのみ，0世代は重いDNAのみ，1世代は中間の重さのDNAのみ，2世代は中間の重さのDNAと軽いDNAが1：1となった。

(5) 仮に，DNAが保存的または分散的に複製されるなら，図39 - 2のような結果が予想されるが，メセルソンとスタールの実験結果はそのようにならなかった。このことから，半保存的複製以外の仮説は完全に否定された。

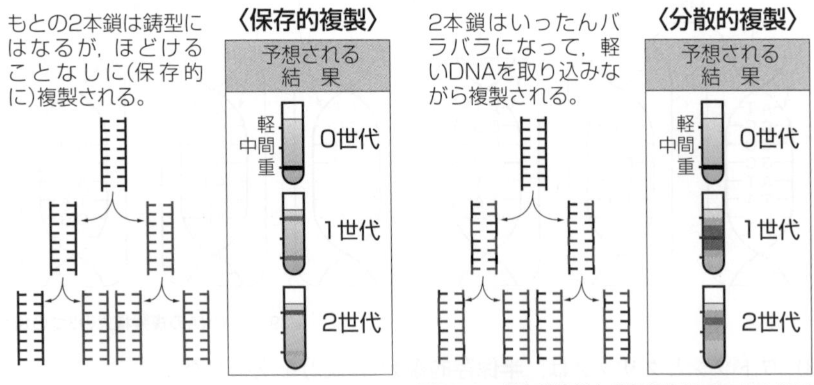

図39 - 2 保存的複製と分散的複製での結果(予想)

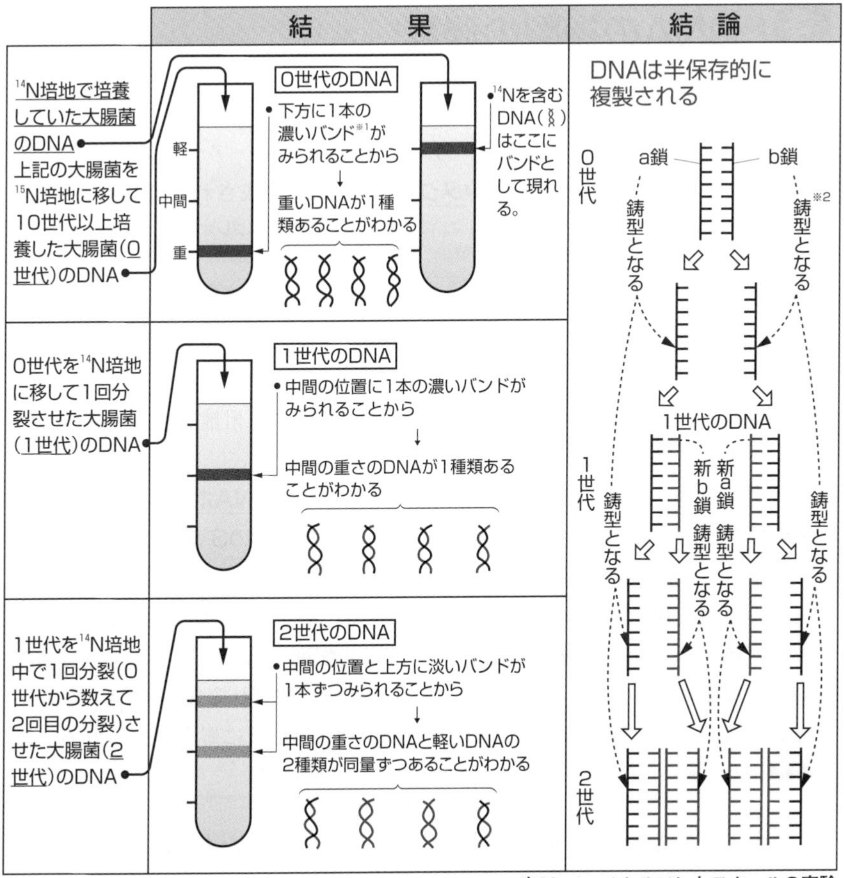

	結果	結論
^{14}N培地で培養していた大腸菌のDNA 上記の大腸菌を^{15}N培地に移して10世代以上培養した大腸菌(0世代)のDNA	0世代のDNA 軽 中間 重 下方に1本の濃いバンド※1がみられることから ↓ 重いDNAが1種類あることがわかる ^{14}Nを含むDNA(　)はここにバンドとして現れる。	DNAは半保存的に複製される 0世代 a鎖　b鎖 鋳型となる　鋳型となる※2 1世代のDNA 1世代 新b鎖　新a鎖 鋳型となる　鋳型となる　鋳型となる　鋳型となる 2世代
0世代を^{14}N培地に移して1回分裂させた大腸菌(1世代)のDNA	1世代のDNA 中間の位置に1本の濃いバンドがみられることから ↓ 中間の重さのDNAが1種類あることがわかる	
1世代を^{14}N培地中で1回分裂(0世代から数えて2回目の分裂)させた大腸菌(2世代)のDNA	2世代のDNA 中間の位置と上方に淡いバンドが1本ずつみられることから ↓ 中間の重さのDNAと軽いDNAの2種類が同量ずつあることがわかる	

表39-1　メセルソンとスタールの実験

※1. バンドはDNAの集まった層であり，バンドの濃淡は，DNA量の多少に対応している。
※2. 鋳型(いがた)とは，溶かした金属を注入して鋳物(いもの)の形をつくるための型のことであり，凹の鋳型からつくられる鋳物の形は凸である。ここでは塩基の相補性を鋳型と鋳物にたとえている。

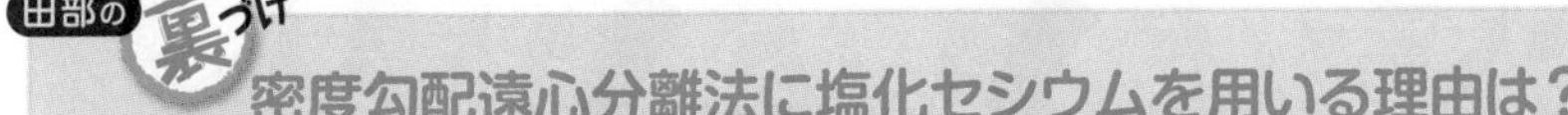

密度勾配遠心分離法に塩化セシウムを用いる理由は？

スクロースやグリセロールなども密度勾配を形成させることはできるが，これらの物質は粘度などの影響で核酸の分離に適さないが，塩化セシウムは,核酸の(浮遊)密度に等しい密度となるほどの濃度(約60%)においても粘度が低く保たれるので，核酸はほとんど変性せずに，等しい密度の位置に移動(沈殿)することが可能となる。塩化セシウム密度勾配遠心分離法を用いると，^{14}N・DNAと^{15}N・DNAの区別の他に，単鎖と二重らせんの区別，グアニンとシトシンの含量の差の区別なども行うことができる。

③ DNAの複製の過程

1 DNAポリメラーゼの働き

(1) DNAの半保存的複製に先だち，DNAの素材として，アデニン，シトシン，グアニン，チミンをそれぞれもつ**ヌクレオチド***が合成される(図39-3①)。

参考 ＊正確には，糖と塩基が結合したヌクレオシドにリン酸が3個結合した**ヌクレオシド三リン酸**(デオキシリボヌクレオシド三リン酸)が合成される。この合成過程は，「DNAの素材の合成」であり，「DNAの合成」ではない。

(2) **DNAヘリカーゼ**により，塩基間の水素結合が切れて二重らせん構造の一部がほどけ(開裂(かいれつ)し)1本鎖になる。DNAの複製が開始する領域は，**複製起点**(きてん)と呼ばれる。

(3) それぞれの1本鎖が鋳型になり，鋳型の各塩基に，相補的な塩基をもつヌクレオチドが結合する(図39-3②)。

(4) 鋳型の塩基と相補的に結合したヌクレオチドは，**DNAポリメラーゼ**(**DNA合成酵素**)の働きによって伸長中の新生ヌクレオチド鎖の**3′末端**に結合する(図39-3③)。なお，DNAポリメラーゼは，ある程度の長さをもったヌクレオチド鎖のみに作用し，それをさらに伸長させるため，DNAの複製開始時には複製が開始する部位の塩基配列と相補的な塩基配列をもったヌクレオチド鎖が必要になる。このヌクレオチド鎖は**プライマー**と呼ばれる短いRNA*1であり，酵素*2によって合成され，最終的には分解されてDNAに置き換えられる。

参考 ＊1．PCR法(☞p.578)では，DNAからなるプライマーが用いられる。
＊2．DNA依存性RNAポリメラーゼの一種であり，DNAプライマーゼと呼ばれる。

(5) このような結合が次々と起こり，新生鎖と鋳型になった古い鎖(鋳型鎖)とで，もとの2本鎖とまったく同じ塩基配列をもつ2本鎖がつくられる(図39-3④)。

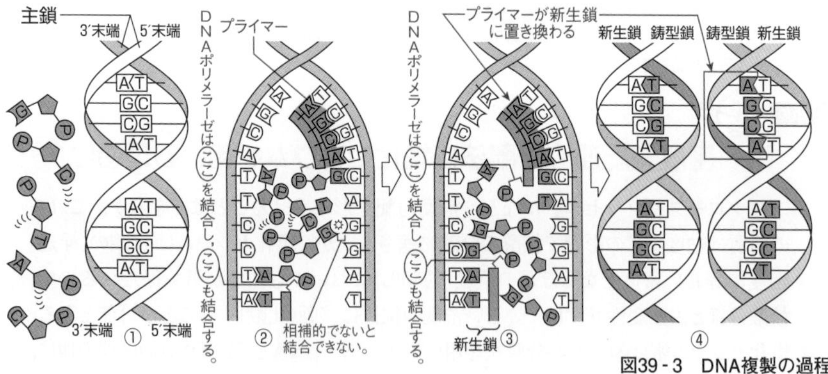

図39-3 DNA複製の過程

(6) 複製の過程で誤った塩基対が形成されると，DNAポリメラーゼの働きにより誤ったヌクレオチドが取り除かれ，正しいヌクレオチドがつなぎ直される。

DNAポリメラーゼ

(1) DNAの複製の際，鋳型となる1本鎖の周囲には多数のヌクレオシド三リン酸が存在し，分子運動によって自由に移動しており(下図①)，鋳型の塩基と相補的に結合する。例えば，鋳型の塩基がシトシンならグアニンをもつヌクレオシド三リン酸(dGTP)が，鋳型の塩基がアデニンならチミンをもつヌクレオシド三リン酸(dTTP)がそれぞれの鋳型の塩基と結合する(下図②)。この過程にはDNAポリメラーゼは関与しない。

(2) DNAポリメラーゼは，プライマーやプライマーをもとに伸長中の新しいヌクレオチド鎖の3′末端に隣接した部分で，相補的な塩基対を形成するヌクレオシド三リン酸と，伸長中の鎖を結合させる(下図③)。その際，ヌクレオシド三リン酸のリン酸が2個とれて放出されるエネルギーが利用される。

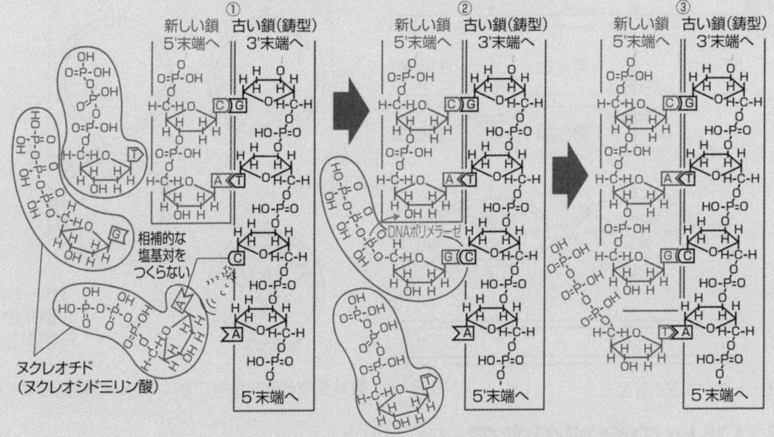

(3) DNAポリメラーゼ(正式にはDNA依存性DNAポリメラーゼ)には複数の種類があり，ヒトでは十数種類(大腸菌では数種類)のDNAポリメラーゼが存在し，それぞれ異なった役割をもつことが知られている。例えば，ある種のDNAポリメラーゼは，複製の過程で生じた間違いを訂正する機能をもつ。このDNAポリメラーゼは，誤った塩基対の形成により生じるDNAの二重らせん構造のゆがみを感知すると，3′→5′の方向に後戻りして，1塩基(1ヌクレオチド)を切断除去した後，再びDNA合成を開始する。

つまり，この酵素は5′→3′ポリメラーゼ活性と3′→5′エキソヌクレアーゼ(ポリヌクレオチド鎖の一端から，糖とリン酸の間の結合を順次切断して，ヌクレオチドを生成する核酸分解酵素の総称)活性をもち，DNAの二重らせん構造のゆがみがその切り替えのスイッチとなる。

2 DNAの複製起点と方向

(1) 真核細胞では，線状の長い2本鎖DNAに**多数**の**複製起点**が存在する。複製途中のDNAを電子顕微鏡で観察すると，多数の泡状構造がみえる。これは複数の複製起点から**両方向**にDNAの合成が進行している(開裂が進む)ことの現れであり，DNAの合成が進むと泡のような構造はさらに膨らみ，最後にはそれらが融合して複製が完了し，2セットの2本鎖DNAが生じる(図39 - 4左)。

(2) 原核生物の環状の2本鎖DNAの複製は**1か所**の**複製起点**から始まり，**両方向**に進み，最後にはそれらが融合して複製が完了し，2セットの環状の2本鎖DNAが生じる(図39 - 4右)。

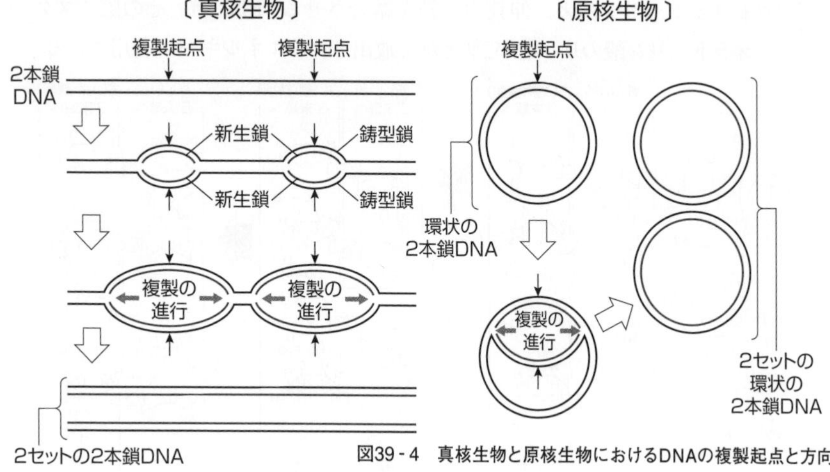

図39 - 4 真核生物と原核生物におけるDNAの複製起点と方向

3 DNAの合成の方向

(1) DNAポリメラーゼ(DNA合成酵素)は，常に**5′→3′方向**にのみ合成を進行させるので，3′→5′方向への合成はありえない。しかし，2本鎖のDNAが半保存的に複製されるとき，両方の鎖の複製はほぼ同時に進行するので，新しい鎖のうちのどちらか一方は，3′→5′方向へ伸びるようにみえる。

図39 - 5 複製方向のみえ方

(2) 1960年代，岡崎令治(おかざきれいじ)は，放射性チミジンを大腸菌の培養液に短時間与えてDNAの合成を行わせ，短いDNA断片が形成されることを発見したことから，DNAの複製では，5′→3′方向に連続して合成される**リーデ**

ィング鎖と，3′→5′方向に連続して合成されるようにみえるが実際には5′→3′の不連続な短い鎖の合成が起こっている**ラギング鎖**が同時に合成され，一方向にのみDNAの合成を進行させる酵素しかなくても，2本鎖DNAが複製できることを証明した。

(3) この複製方法を証明するきっかけとなったラギング鎖の短い鎖は，発見者の岡崎令治にちなんで**岡崎フラグメント**と呼ばれている。なお，ラギング鎖における短い鎖をつなぎ合わせる働きをもつ酵素を**DNAリガーゼ**という。

(4) DNAの複製の際に生じる泡状構造の両端(**複製フォーク**という)におけるDNAの複製の過程(図39 - 6①)と複製の進行(図39 - 6②)を以下に示す。

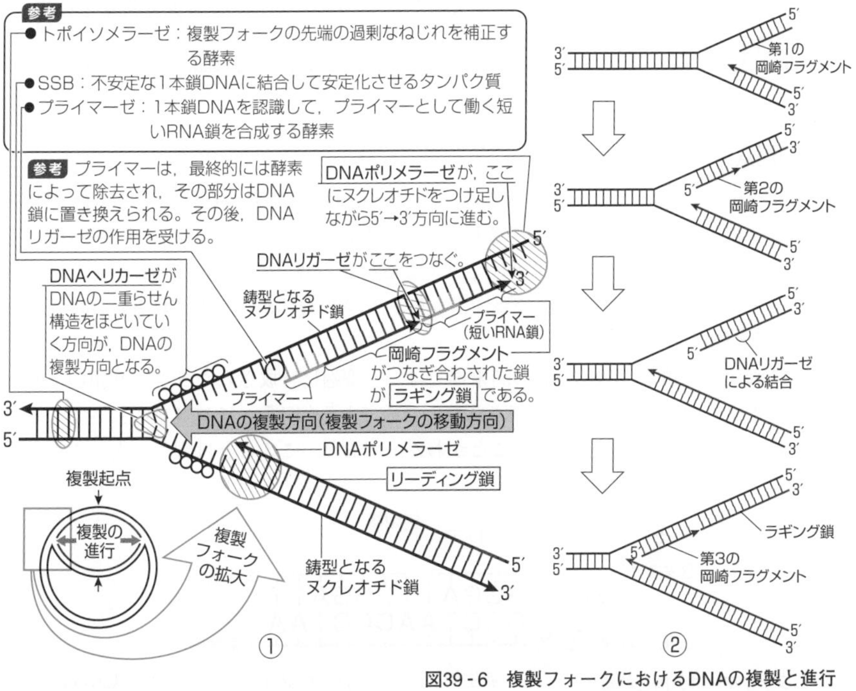

参考
トポイソメラーゼ：複製フォークの先端の過剰なねじれを補正する酵素
SSB：不安定な1本鎖DNAに結合して安定化させるタンパク質
プライマーゼ：1本鎖DNAを認識して，プライマーとして働く短いRNA鎖を合成する酵素
参考 プライマーは，最終的には酵素によって除去され，その部分はDNA鎖に置き換えられる。その後，DNAリガーゼの作用を受ける。
DNAポリメラーゼが，ここにヌクレオチドをつけ足しながら5′→3′方向に進む。
DNAリガーゼがここをつなぐ。
鋳型となるヌクレオチド鎖
DNAヘリカーゼがDNAの二重らせん構造をほどいていく方向が，DNAの複製方向となる。
プライマー(短いRNA鎖)
岡崎フラグメントがつなぎ合わされた鎖がラギング鎖である。
プライマー
DNAの複製方向(複製フォークの移動方向)
DNAポリメラーゼ
リーディング鎖
複製起点
複製の進行
複製フォークの拡大
鋳型となるヌクレオチド鎖
3′
5′
①
第1の岡崎フラグメント
第2の岡崎フラグメント
DNAリガーゼによる結合
ラギング鎖
第3の岡崎フラグメント
②

図39 - 6　複製フォークにおけるDNAの複製と進行

(5) 複製フォークにおけるリーディング鎖とラギング鎖の合成方向，ならびにDNAの複製方向(開裂の方向)を以下に示す(左図から右図のように進行)。

ラギング鎖
複製起点
リーディング鎖
複製フォーク
リーディング鎖
ラギング鎖
複製フォーク
岡崎フラグメント
複製フォーク
複製方向
複製方向
複製フォーク
岡崎フラグメント

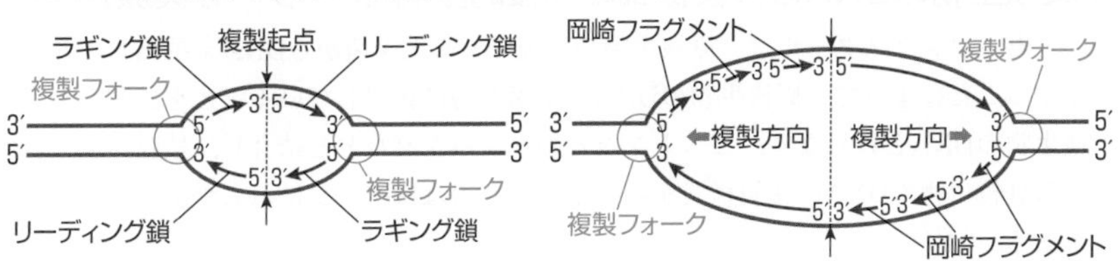

図39 - 7　複製フォークにおける各鎖の合成方向とDNAの複製方向

もっと広く深く DNAポリメラーゼ・テロメア・テーラーの実験

1 DNAポリメラーゼの働きの確認

DNAポリメラーゼは，p.347に記したように「伸長中の新生ヌクレオチド鎖の3′末端に隣接した部分で，相補的な塩基対をつくっているヌクレオシド三リン酸と，伸長中のヌクレオチド鎖を結合させる」働き(下図①)をもつ酵素であり，下図の②や③の働きはない(③の働きをもつ酵素はDNAリガーゼである)。

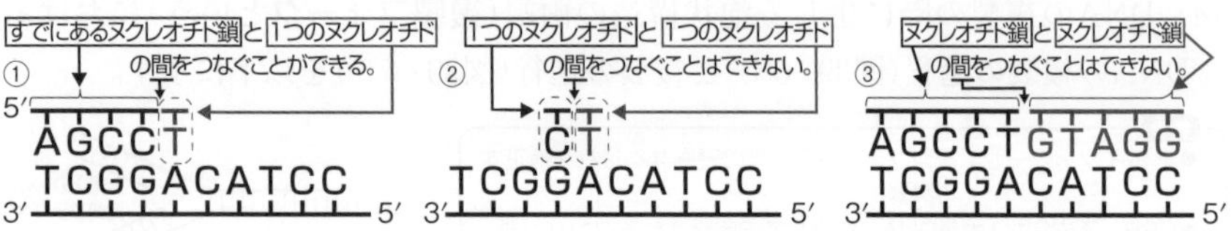

2 DNA末端の複製

原核生物のDNAのように環状ではなく，線状のDNAをもつ真核細胞の場合，DNA鎖は全域にわたって完全に複製されるというわけではなく，末端部は複製されない。DNA鎖の末端部には，**テロメア**(☞p.503)と呼ばれる特定の塩基配列の繰り返しが存在し，テロメアの長さは，細胞分裂にともなうDNAの複製が繰り返されるたびに短くなることが知られている。

これは新生鎖(ラギング鎖)の5′末端では，一番端に合成されたラギング鎖のうちのプライマーの分だけDNAが複製されないためである(下図)。テロメアの長さが一定以下になると細胞分裂が停止することがわかっており，このことは細胞の老化や寿命に関係していると考えられている。

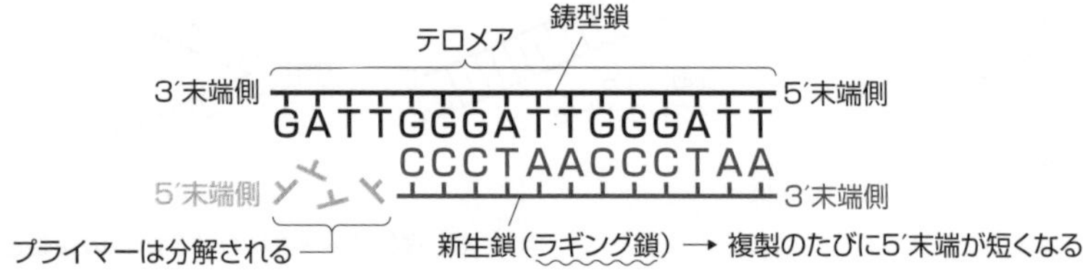

3 真核生物のDNAの複製様式の間接的証明(テーラーの実験)

メセルソンとスタールは，原核生物の一種である大腸菌からDNAを抽出して遠心分離することによって，原核生物のDNAが半保存的に複製していることを証明した。原核生物のDNAとは異なり，ヒストンなどのタンパク質などと結合し，核膜に囲まれている真核生物のDNAの複製様式を明らかにしたのは次ページに示したテーラーの実験である。

(1) 放射性同位体で標識した物質を細胞に取り込ませた後，その細胞の上を写真感光乳剤の薄い膜で覆い，しばらく暗所に置いた後現像すると，放射性同位体から出る放射線に感光して生じた写真感光乳剤の黒点(銀粒子)が顕微鏡下で観察される。このような検出法を**オートラジオグラフィー**という。

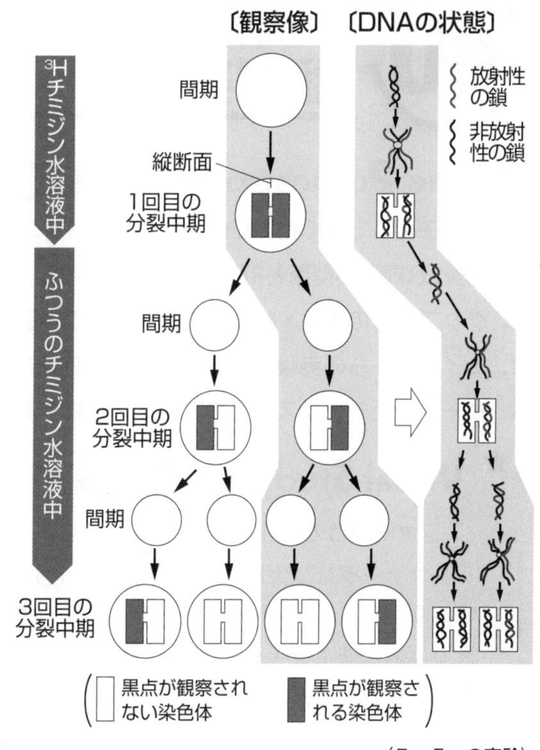

〈テーラーの実験〉

(2) ソラマメの根端の細胞を多数用意し，それらをふつうの水素(^{1}H)の放射性同位体である^{3}Hを含む**チミジン**(チミンとデオキシリボースが結合したもの)水溶液に浸し，1回細胞分裂させる。オートラジオグラフィーを用いて，1回目の分裂中期の染色体を観察する。

(3) (2)の細胞分裂で生じた細胞群を，^{3}Hチミジン水溶液から取り出し，水でよく洗い，ふつうのチミジン水溶液に移して分裂を続行させ，オートラジオグラフィーを用いて2回目，3回目の分裂中期の染色体を観察する。

(4) 1回目の分裂では，^{3}Hチミジン水溶液中で複製されたDNAのすべては，その2本鎖のうち，一方の鎖に^{3}Hチミジンが取り込まれているので，分裂中期の染色体は，縦裂面の左右ともに放射性を示す。2回目の分裂では，ふつうのチミジン水溶液中で複製されたDNAは，^{3}Hチミジンを取り込まないので，分裂中期の染色体は，縦裂面のどちらか一方は放射性を示すが，他方は示さない。3回目の分裂では，縦裂面の左右ともに放射性を示さないものと，どちらか一方は放射性を示すが，他方は示さないものが等量生じる。

(5) 以上の結果から，真核生物のDNAも，原核生物のDNAと同様に半保存的に複製されることがわかった。

「遺伝子の本体はDNA」の証明実験

The Purpose of Study 到達目標

Visual Study 視覚的理解

T_2ファージって何物だ!?

T_2ファージは，大腸菌に特異的に寄生するバクテリオファージの一種であり，ハーシーとチェイスが実験に用いた。1950年頃の電子顕微鏡観察ではおたまじゃくしのようにしかみえなかったが，その後(1970年頃)の電子顕微鏡観察では，以下のような構造をしていることがわかった。

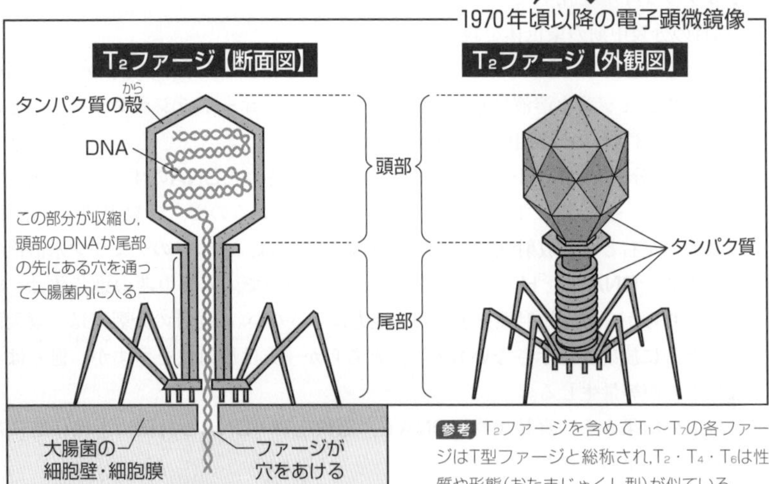

参考 T_2ファージを含めてT_1〜T_7の各ファージはT型ファージと総称され，T_2・T_4・T_6は性質や形態(おたまじゃくし型)が似ている。

1 ▶ 遺伝子・核酸に関する初期の研究

1865年 メンデルが遺伝の法則を発表。この当時は，遺伝子が細胞内のどこにあるか，まったく不明であった。

1869年 **ミーシャー**は，ヒトの膿(うみ)(白血球の死骸)に含まれる核から，リン酸を多量に含む酸性物質を発見し，同様の物質が，さまざまな生物の細胞にも存在することを明らかにした。この酸性物質が，後に核酸と呼ばれるようになった。

参考 ミーシャーは発見した酸性物質を，核(ヌクレア)中にあるタンパク質(語尾は「〜イン」が多い)のような物質の意でヌクレインと呼んだ。

1902年 **サットン**らは，配偶子の形成や受精の観察結果などから，「遺伝子は染色体上に存在する」という**染色体説**を提唱した。

1926年 モーガンらは，「遺伝子は染色体上に存在し，しかも一定の順序で配列している」という**遺伝子説**を提唱した。

1930年代 核酸の化学的分析により，核酸にはDNA(デオキシリボ核酸・deoxyribonucleic acidの略)とRNA(リボ核酸・ribonucleic acidの略)の2種類が存在することがわかった。その後，染色体は，主にタンパク質とDNAからできていることがわかったが，遺伝子の本体はDNAではなくタンパク質であると考えられていた。

1940年代 この時代以降，遺伝に関する分子レベルの研究が急激に進み，遺伝子や核酸についての真実が明らかにされていった。

なぜ「遺伝子の本体はタンパク質」と考えられていたのか？

20世紀前半，タンパク質は20種類のアミノ酸からなり，多様な機能をもつ物質であることが知られており，この多様性は，遺伝現象の多様性と結びつけやすかった。一方，DNA研究の進歩は遅く，DNAは単純な物質であり，多様性に乏しいので，遺伝子の特徴を備えていないと考えられていた。

シュレディンガーという物理学者が，“What is life?”(『生命とは何か』)という本の中で「生物といえども物質でできているのだから，分子レベルの研究を進めることで生命のしくみが解明され，物理学を超えた新たな発見があるはずだ」と言った。これ以降，この本に触発された多くの研究者が生物学研究に参入してきたが，このシュレディンガーでさえ，“What is life?”の中で，「遺伝子の本体はタンパク質である」と述べるほど当時はタンパク質が重要視されていた。

第6章

②▶遺伝子の特性

(1) 20世紀前半までに，DNAはタンパク質とともに核内の染色体を構成していることの他に表40 - 1のようなことが判明していた。

	タンパク質	DNA
存在	核内や細胞質中。	主に，核内の染色体中。
体細胞中の存在量	同種の個体間や，細胞の種類や大きさによるバラツキが大きい。	生物の種により一定。体内の細胞の種類や大きさによるバラツキがない。
存在量	生殖細胞は体細胞の半量ではない。	生殖細胞は体細胞の半量。
構造・働き	多数のアミノ酸がつながった複雑な構造。酵素・ホルモンなど。	4種類の単位がつながった比較的単純な構造。働きは不明。

表40 - 1　タンパク質とDNAの特徴

(2) 遺伝子の本体であると予想される物質は，次にあげるような性質(特性)を備えた物質でなければならない。

①核内の量が種により一定であり，体細胞分裂の前後でその量が一定である。

②細胞から細胞へ(親から子へ)遺伝情報を伝え，その遺伝情報どおりの**形質**(けいしつ)**発現**(はつげん)**能力**をもっている。

③細胞分裂にともない，細胞から細胞へと安定した状態で伝達されなければならない。そのために，遺伝子は**自己複製能力**をもっている。

(3) DNAとタンパク質のうち，(2)の①に当てはまるのはDNAであるが，研究初期には遺伝子の本体はタンパク質であるとの考え方が有力であった。

(4) DNAが遺伝子の本体であることを証明するためには，DNAに(2)の②と③が当てはまることを示せばよい。

(5) DNAが遺伝子の特性である形質発現能力をもつこと((2)の②)を示し，直接的に「遺伝子の本体はDNAである」を証明したのは，次の2つの実験である。

①**エイブリー**らが行った，肺炎双球菌の形質転換に関する実験

②**ハーシー**と**チェイス**が行った，バクテリオファージの増殖に関する実験

③▶「遺伝子の本体はDNA」を示した実験

遺伝子は，遺伝形質を発現するとともに，それを次代に伝えることができる物質でなければならない。この考えに基づき，遺伝子の本体がDNAであり，タンパク質ではないことを示した実験を時代を追って次ページ以降で述べる。

1 肺炎双球菌のS型菌とR型菌

グリフィスは，**肺炎双球菌**(肺炎球菌)に**S型**と**R型**の2つの型があることを発見(1922年)し，それぞれの特徴を調べた。

	細菌の形態	ネズミの体内での増殖	病原性	コロニー※の形態
S型菌	被膜(さや)あり	被膜によって動物の白血球(免疫)から守られるので増殖可。	あり	なめらかなコロニー(Smooth)
R型菌	被膜なし	被膜がないので,白血球の食作用などで排除される。	なし	しわのあるコロニー(Rough)

表40 - 2　肺炎双球菌の2つの型

※コロニーとは，細菌や菌類を固形培地(寒天培地)上で培養するときにできる目に見えるかたまりのこと。生物の種類や型によって一定の形状を示す。

2 グリフィスの実験(1928年)

[目的]　グリフィスは，医学の研究者であったので，肺炎双球菌の被膜と感染との関係を調べることを目的として表40 - 3に示すような実験を行った。

[実験・結果]　病原性のないR型生菌と煮沸殺菌したS型死菌(病原性なし)とをそれぞれ単独でネズミに与えてもネズミは死なない(表40 - 3②・③)が，混合してネズミに与えると，ネズミは肺炎を起こして死亡し，その体内からはS型生菌が検出された(表40 - 3④)。

このようなR型菌からS型菌への変化は遺伝する。グリフィスは，この現象を**形質転換**と呼んだ。

	実験手順	結果
①	S型生菌　注射　イテ	S型生菌検出
②	R型生菌　注射　ン	菌なし
③	S型死菌　注射　ナニ	菌なし
④	S型死菌・R型生菌　混合注射　コラッ	S型生菌検出

S型生菌：生きたS型菌(病原性あり)
S型死菌：死んだS型菌(病原性なし)
R型生菌：生きたR型菌(病原性なし)

表40 - 3　グリフィスの実験

参考 現在では，大腸菌をはじめ多くの細菌や酵母・菌類・植物・動物などにおいても形質転換は可能になった。また，細菌や古細菌を含む多くの原核生物では，形質転換は人為的ではなく，自然界においてもみられる現象であることがわかった。

[結論]　肺炎双球菌では，病原性という形質を遺伝させる何らかの因子が移動してR型菌がS型菌になったと考えられる。

[グリフィスの実験の意義]　グリフィスにより，**肺炎双球菌の形質転換が発見**されたことが，エイブリーらの研究につながった。

3 エイブリーらの実験(1944年)

[目的] S型菌の形質を決めている何らかの因子(物質)がS型菌からR型菌に乗り移ることで肺炎双球菌の**形質転換**が起こることが，グリフィスによって示された。**エイブリー**らは，形質転換を起こす物質を解明する実験(表40-4)を行った。

[実験・結果]

S型菌をすりつぶした後，**タンパク質**・**DNA**を分離・抽出し，それぞれ別々にR型生菌と混合して培養すると，S型菌のDNAとR型生菌を混合したとき(表40-4③)だけ，100〜1000個のR型菌のコロニーに対して1個の割合で，S型菌のコロニーができた。

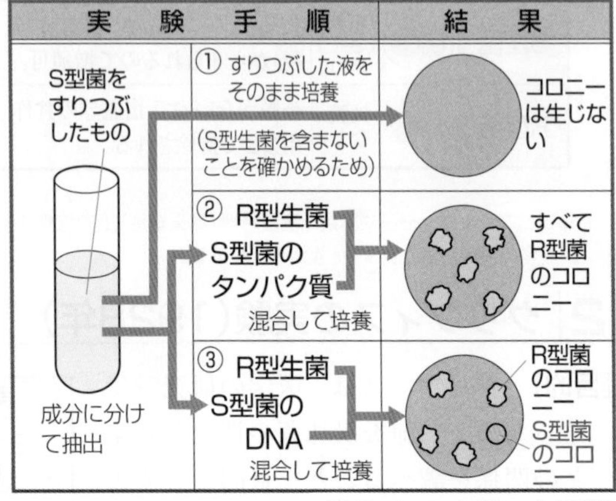

表40-4 エイブリーらの実験

また，DNA抽出時に混入する他成分を考慮して，DNA抽出液をタンパク質分解酵素とDNA分解酵素のそれぞれで処理後に，R型生菌と混合して培養すると，**DNA分解酵素**で処理した場合だけS型菌のコロニーができなかった。

参考 R型菌は，S型菌の被膜の合成遺伝子に突然変異(☞p.383)が起こった結果生じたものであるから，R型菌のみを培養していても突然変異(復帰突然変異)によりS型菌が現れることがある。

[結論] **形質転換を起こす物質はDNA**である。

[エイブリーらの実験の意義]

エイブリーらの実験は，**遺伝子の本体がDNA**であることを明らかにしたものとして，現在では非常に高い評価を得ている。しかし，1940年代中頃，多くの研究者は，遺伝子の本体はタンパク質であるという先入観にまだ支配されていたので，エイブリーらの実験結果を，遺伝子であるタンパク質に，形質転換物質であるDNAが作用したからであると解釈した。

[肺炎双球菌の形質転換の特徴]

(1) 形質転換は，遺伝子が原因となる変化なので，形質転換により生じたS型菌の子(分裂で生じる次代)もS型菌である。

(2) S型菌のDNAとともに培養したR型菌のすべてがS型菌に形質転換するわけではない。形質転換の頻度は$\frac{1}{1000}$〜$\frac{1}{100}$である。

形質転換のしくみ

(1) 被膜合成酵素の他にも種々の酵素が働いているS型菌を煮沸すると，DNAは熱に強いが酵素は熱に弱いので失活し，S型菌は死ぬ(右図①)。その結果，DNAは菌体外に放出されて短い鎖に切断される(右図②)。

(2) R型菌は，S型菌のDNAのうち，被膜合成酵素の遺伝子のみに突然変異が起こって生じた菌であるが，すべてのR型菌がS型菌に形質転換できるわけではなく，一部のR型菌が特異的タンパク質(膜結合性の2本鎖DNA結合タンパク質，細胞壁自己溶解酵素，種々のDNA分解酵素，1本鎖DNA結合タンパク質など)の遺伝子を発現させることによって，形質転換の能力をもっている。

(3) S型菌体外で遊離している短鎖DNAは，R型菌の2本鎖DNA結合タンパク質と結合し(右図③)，1本鎖としてR型菌体内に取り込まれた後，1本鎖DNA結合タンパク質と結合する(右図④)。

(4) 取り込まれた1本鎖DNAは，それと相補的な塩基配列をもつ部分のDNAとの間で組換えを起こす(右図⑤)。その結果，被膜合成酵素をつくり，S型菌に形質転換するものが生じる(右図⑥)。

(5) R型菌からS型菌への形質転換の割合(確率)は$\frac{1}{1000}$〜$\frac{1}{100}$と低いが，これは(2)で述べたようにすべてのR型菌が形質転換能力をもつわけではないことや，右図③の過程で短鎖DNAが競争的に取り込まれることなどによる。

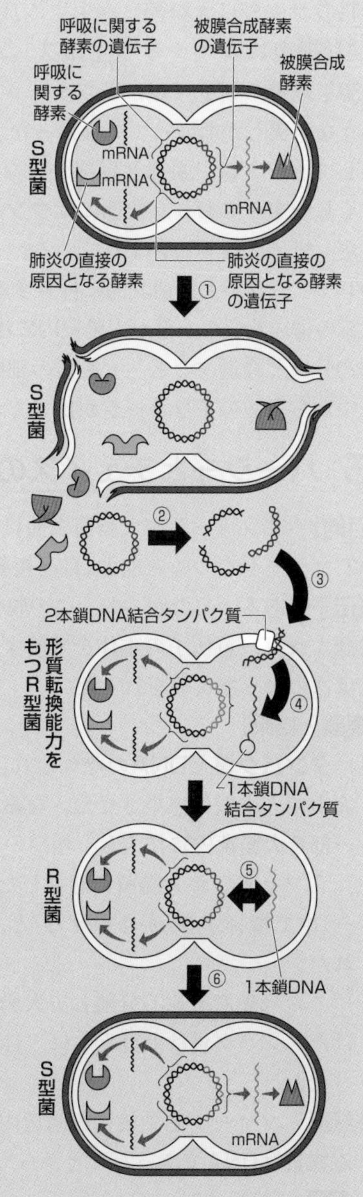

4 T_2ファージ

T_2ファージは**大腸菌**に寄生する**バクテリオファージ**(細菌に寄生する**ウイルス**)の一種であり，1950年以前の研究では，T_2ファージに関して次のような事実しかわかっていなかった。

①T_2ファージは，頭部と尾部からなるおたまじゃくし型をしており，頭部には**タンパク質**と**DNA**が，ほぼ50%ずつ含まれている。

②T_2ファージが大腸菌表面に付着すると，T_2ファージの構成物質の一部が大腸菌内に注入される。

③20分ほど経過すると，大腸菌の細胞壁が溶けて，中から多数の子ファージが出てくる。

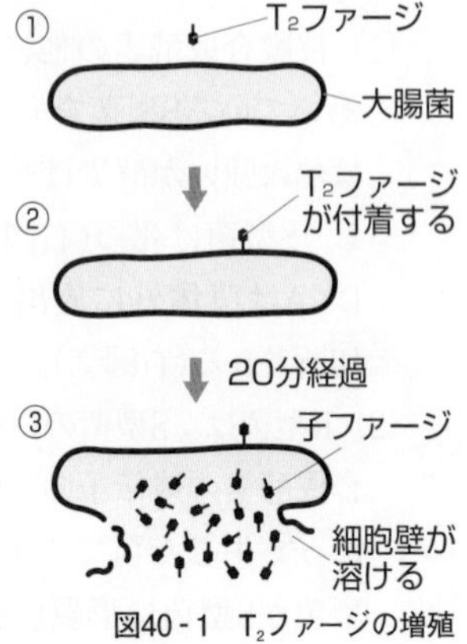

図40-1　T_2ファージの増殖

5 ハーシーとチェイスの実験(1952年)

[目的]　T_2ファージが大腸菌表面に付着後，大腸菌内に注入した物質は，多数のT_2ファージをつくる能力(自己複製し，子ファージをつくる能力)があるので**遺伝子**である。したがって，この物質がタンパク質とDNAのいずれであるかを確認すれば，遺伝子の本体を解明することができると考え，**ハーシー**と**チェイス**は次のような実験を行った。

[実験・結果]

(1) **タンパク質**と**DNA**のそれぞれに目印(標識)をつけたT_2ファージを，培養液中で大腸菌に感染させた。なお，この場合の感染とは，T_2ファージがその一部を大腸菌内に注入し，増殖の足がかりをつくることである。

(2) T_2ファージが大腸菌に感染した2～3分後に，培養液をブレンダー(ミキサー)中で攪拌(かくはん)する(かき混ぜる)と，T_2ファージ(の殻)は大腸菌表面からはがれた。

(3) この培養液を遠心分離して大腸菌を沈殿させると，T_2ファージの目印をつけたタンパク質は上澄み(うわずみ)中に，目印をつけたDNAは沈殿物(大腸菌)中に検出された。

[結論]　ファージ感染後に大腸菌内に注入され，子ファージをつくる能力のある物質はDNAであったことから，遺伝子の本体は**DNA**である。

参考 この研究などから，タンパク質はファージの頭部(殻)の成分であること，また，DNAは殻の中に納められており，ファージが大腸菌表面に付着した後，DNAが大腸菌内に機械的に注入されることなどがわかった。

6 T_2ファージの増殖のしくみ

ハーシーとチェイスの実験や，その後の研究をもとに，タンパク質とDNAからなるT_2ファージの構造(☞ Visual Study)や増殖のしくみ(図40-2)が明らかにされた。

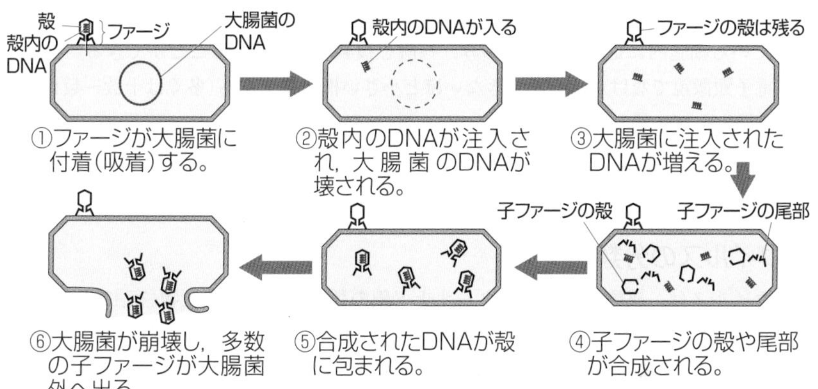

図40-2 T_2ファージの増殖のしくみ

タンパク質とDNAにつける目印

タンパク質はその構成元素として，炭素(C)・水素(H)・酸素(O)・窒素(N)と，システインやメチオニンに存在する**硫黄**(いおう)(**S**)を含むが，**リン**(**P**)は含まない。DNAはC・H・O・Nの他にPを含むが，Sは含まない(☞p.329)。これを利用してハーシーとチェイスは，T_2ファージのタンパク質とDNAを区別して追跡する実験を行った。

(1) T_2ファージは，代謝に関する酵素をもたないので，放射性同位体の^{32}Pと^{35}S(ふつうの元素は^{31}Pと^{32}S)を含む培地(培養液)に直接入れられても，^{32}Pや^{35}Sを自分のからだの成分として取り込むことができない。

(2) そこで，^{32}Pと^{35}Sを含む培地で大腸菌を培養し，^{32}Pを含むDNAと^{35}Sを含むタンパク質からなる大腸菌をつくり，その大腸菌にT_2ファージを感染・増殖させ，^{32}Pを含むDNAと^{35}Sを含むタンパク質をもつT_2ファージをつくる。

(3) このT_2ファージを，^{32}Pと^{35}Sを含まないふつうの培地で培養した大腸菌(^{31}Pを含むDNAと^{32}Sを含むタンパク質をもつ大腸菌)に感染させて，その大腸菌の培養液を攪拌して遠心分離すると，^{35}Sは大腸菌から離れて上澄み中に検出されたが，^{32}Pは沈殿した大腸菌内に検出された。

もっと広く深く　ウイルスとは…，新型コロナウイルス感染症とは…

1 ウイルスの特徴

ウイルスは，生物的特徴として，遺伝情報(遺伝子の総体)であるゲノム(☞p.414)をもつが，次の①〜④のような非生物的特徴ももっている。

①ゲノムを構成する核酸として，DNAかRNAのどちらか一方しかもたず，生物の生きている細胞内に寄生したときのみ，核酸を複製して増殖することができる。

②電子顕微鏡でなければ観察できないほど小さい構造体である(多くは十数〜数百nm)。

③細胞としての構造をもたない。

④代謝に関する酵素をもたない。

参考 1790年代にジェンナーが，牛痘や天然痘を引き起こす病原体(悪いもの)を表す語として，毒素(virus「ウイルス」)を意味するラテン語を用いた。

2 ウイルスの分類

ウイルスは，核酸の種類・ヌクレオチド鎖の数と，寄生する生物(宿主)などにより分類される。例えば，バクテリオファージは2本鎖DNAをもち，細菌に寄生するウイルスであり，HIVは1本鎖RNAをもち，ヒトに寄生するレトロウイルス(☞p.369)である。

3 新型コロナウイルス感染症

(1) 2020年に新型コロナウイルス感染症と呼ばれ，世界的な大流行(パンデミック)になった(2020年4月現在，大流行中の)病気の正式名称はCOVID-19(コビッド・ナインティーン)であり，その原因となるウイルス(正式名称はSARS-CoV-2)は，1本鎖RNA(これを(＋)鎖RNAという)がエンベロープ(☞p.369)に包まれた構造をとっている。

(2) SARS-CoV-2の1本鎖RNAは，細胞内に侵入すると，そのRNAの一部にコード(☞p.394)される(RNA依存)RNAポリメラーゼが翻訳され，この酵素の働きにより(＋)鎖RNAと相補性をもつ1本鎖RNA(これを(－)鎖RNAという)が転写される。これらのRNAから翻訳されたウイルスのタンパク質と，(－)鎖RNAからさらに転写されて生じた多数の(＋)鎖RNAがあわさって，新たなウイルス(子ウイルス)が生じる。

(3) SARS-CoV-2(ゲノムはRNA)への感染の確認には，PCR法(DNA断片の増幅法☞p.578)を応用したRT-PCR法が用いられる。この方法では，まず採取された検体に含まれているすべてのRNAに対して，それらに相補的な塩基配列をもつ1本鎖DNAを，逆転写酵素(☞p.369)を用いて合成する。次に，これらの1本鎖DNAを鋳型として，SARS-CoV-2のRNAの塩基配列に対して相補的な塩基配列をもつ短鎖DNAをプライマー(☞p.346)としてPCR法を行うと，検体中にSARS-CoV-2のRNAが含まれている場合のみ，DNAが増幅されるので感染の有無がわかる。

(4) COVID-19への感染の予防には，石けん(ハンドソープ)による手洗いが有効である。これは，ウイルスを水で洗い落とすとともに，石けんの界面活性剤としての働きによりウイルスのエンベロープを破壊するからである。また，アルコールも同様の働きをもつので感染予防には有効である。

第7章

遺伝子の発現とその調節

遺伝情報の発現（1）

The Purpose of Study 到達目標

Visual Study 視覚的理解

選択的スプライシングを科目の受講にたとえてみよう！

ある学校の
ホームページ上の
時間割［ある曜日］
（遺伝子DNA）

必修	休み時間	選択	休み時間	選択	休み時間	必修
（1時間目）数学		（2時間目）生物		（3時間目）地学		（4時間目）英語

ダウンロード
（転写）

時間割のコピー
（mRNA前駆体）

必修	休み時間	選択	休み時間	選択	休み時間	必修
（1時間目）数学		（2時間目）生物		（3時間目）地学		（4時間目）英語

休み時間を除去して，理科を選択する。生徒(細胞や組織・器官や個体)ごとに選択は異なる(選択的スプライシング)。

A. 生物・地学をともに選択する生徒(細胞A)

（1時間目）数学	（2時間目）生物	（3時間目）地学	（4時間目）英語

B. 生物のみ選択する生徒(細胞B)

（1時間目）数学	（2時間目）生物	（4時間目）英語

C. 地学のみ選択する生徒(細胞C)

（1時間目）数学	（3時間目）地学	（4時間目）英語

D. 生物も地学も選択しない生徒(細胞D)

（1時間目）数学	（4時間目）英語

●生徒(細胞や組織・器官や個体)ごとに時間割(mRNA)が異なっていることがある。

ボクは，物理・化学選択です

①▶遺伝情報の流れ

1 遺伝情報の発現

(1) 遺伝子の本体である**DNA**は，形質を発現させる能力をもつが，形質として直接働くのではなく，形質をつくるための設計図として働いている。

(2) 形質には，姿，形，色，鳴き声，行動などがあるが，すべての形質は，**タンパク質**を介して現れる。例えば，姿，形，色などを決める物質は酵素によって合成され，その合成量の調節にはホルモンなどが関与している。酵素の本体はタンパク質であり，動物のホルモンにはタンパク質からなるものが多い。また，動物の行動には神経や筋肉などが関与しており，神経や筋肉の構造や機能の維持にはタンパク質が深くかかわっている。

(3) このように，形質の発現に重要な役割を担うタンパク質は，DNAがもつ設計図をもとに合成される。

(4) DNAは，タンパク質の設計図(遺伝情報)や，タンパク質を合成する際に働くRNAの設計図(遺伝情報)を**塩基配列**としてもっており，それらの塩基配列に基づいて，タンパク質やRNAが合成されることを**遺伝情報の発現**(はつげん)(**遺伝子の発現**)という。遺伝情報の発現は，転写と翻訳の過程に分けられる。

(5) DNAの塩基配列がRNAの塩基配列として写し取られる(RNAが合成される)過程を**転写**(てんしゃ)という。また，タンパク質合成の過程において，DNAのコピーの役割を担うmRNAの塩基配列がタンパク質のアミノ酸配列に変換されてポリペプチド鎖が形成される過程を**翻訳**(ほんやく)という。

2 セントラルドグマ

(1) およそ半世紀前，タンパク質合成に関する多くの研究が行われたが，得られた知見はいずれも断片的なものであった。

(2) クリックは当時の断片的知見を整理し，遺伝情報の流れについて次のような考え方を提示した。

(3) DNAのもつ遺伝情報は，以下に示すように転写によりDNAからRNAへ，翻訳によりRNAからタンパク質へと一方向的に流れる。

DNA —転写→ RNA —翻訳→ タンパク質

(4) クリックは，この遺伝情報の流れを，生物の基本的法則性であるとして**セントラルドグマ**と呼び，この考えを提唱することで，タンパク質合成に関するその後の研究の方向性を示そうとした。

第7章

② ▶ RNAの特徴と種類

(1) **RNA**(**リボ核酸**)は，DNAと同様に，ヌクレオチドを構成単位とする核酸の一種であるが，DNAとは構造上，大きく以下の3点で異なる。
①糖として**リボース**をもつ。②塩基のうち，アデニン(A)，グアニン(G)，シトシン(C)はDNAと共通であるが，アデニンに相補的な塩基として，チミン(T)の代わりに**ウラシル**(**U**)をもつ。③一般的に，**1本鎖**である。

(2) RNAの種類を表41 - 1に示す。

名称・働き	特　徴	構　造
mRNA (**伝令RNA**) DNAの遺伝情報を写し取り，リボソームに伝える。	• 核内でDNAの1本鎖を鋳型としてつくられる。 • 分子中に，遺伝暗号となる**コドン**(☞p.371)をもつ。 • 塩基数は，1000 ～ 10000。	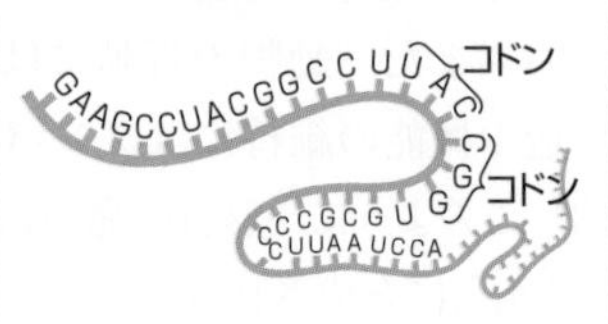 GAAGCCUACGGCCUUAC… CCCGCGU G CUUAAUCCA コドン コドン
tRNA (**転移RNA**，**運搬RNA**) 特定のアミノ酸をリボソームに運び，リボソーム上でmRNAのコドンと結合する。	• 核内でDNAの1本鎖を鋳型としてつくられる。 参考 tRNAは，1本のヌクレオチド鎖であるが，tRNA中の塩基配列のところどころに含まれている相補的な塩基配列どうしが，水素結合により二重らせんを形成して立体構造をとる。この立体構造がtRNAの働きのうえで重要な役割を担っている。 • 分子中に，mRNAのコドンと相補的に結合する部位(**アンチコドン**)と，特定のアミノ酸とのみ特異的に結合する部位が存在する。 • 結合するアミノ酸の種類に応じてそれぞれ1種類以上ずつ存在する。 • 塩基数は，70 ～ 90。	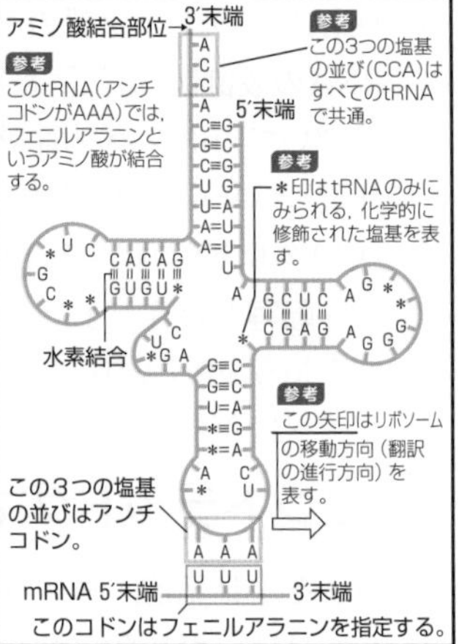 アミノ酸結合部位→3′末端 5′末端 参考 このtRNA(アンチコドンがAAA)では，フェニルアラニンというアミノ酸が結合する。 参考 この3つの塩基の並び(CCA)はすべてのtRNAで共通。 参考 ＊印はtRNAのみにみられる，化学的に修飾された塩基を表す。 水素結合 参考 この矢印はリボソームの移動方向(翻訳の進行方向)を表す。 この3つの塩基の並びはアンチコドン。 mRNA 5′末端　UUU　3′末端 このコドンはフェニルアラニンを指定する。
rRNA (**リボソームRNA**) リボソームを構成する。右に真核生物のrRNAの特徴を示す。	• **核小体**でDNAの1本鎖を鋳型としてつくられる。 • つくられたrRNAは，核内で多種類のタンパク質と結合してリボソームの一部(サブユニット)を形成し，核から細胞質へ出ていく。 • 大サブユニットには3本，小サブユニットには1本のrRNAが含まれる。 参考 サブユニットは，通常，単一のポリペプチドを指すが，リボソームのサブユニットは，タンパク質(ポリペプチド)とrRNAの複合体からなっている。	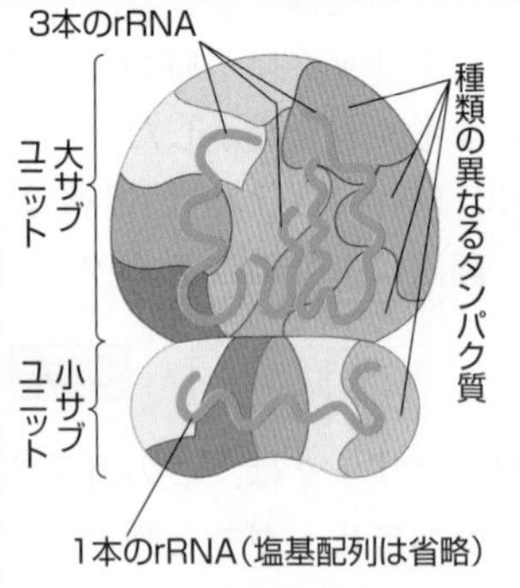 3本のrRNA 大サブユニット 小サブユニット 種類の異なるタンパク質 1本のrRNA(塩基配列は省略)

表41 - 1　RNAの種類

❸ ▸ 転写

1 転写の過程

(1) **転写**の際には，DNAの塩基配列の一部分のみが**鋳型**となり，鋳型の塩基配列と相補的な塩基配列をもつRNAが合成される。この反応を触媒する酵素を**RNAポリメラーゼ**(**RNA合成酵素**)と呼び，転写は以下のように進行する。

(2) RNAポリメラーゼは，DNAの転写開始点付近に存在する**プロモーター**(転写の開始を決定する領域☞p.396)の塩基配列を認識してそこに結合し，水素結合を切り，二重らせん構造の一部をほどき(開裂し)ながら，DNAの特定の領域を2つの1本鎖にする。これらの1本鎖のうちの一方の鎖が鋳型となる。

(3) 鋳型となる鎖の塩基に相補的な塩基をもつ多数のRNAのヌクレオチド(正確にはリボヌクレオシド三リン酸)が水素結合する。RNAポリメラーゼは，隣り合ったヌクレオチドどうしを5′→3′の方向に次々と結合させていく。その際，ヌクレオチドのリン酸が2個取れて放出されるエネルギーが利用される。

(4) DNAの2本鎖には，RNAの鋳型となる鎖(くさり)(鋳型鎖(いがたさ)または**アンチセンス鎖**)と，鋳型鎖と相補的な鎖(非鋳型鎖(ひいがたさ)または**センス鎖**)の区別があるが，どちらの鎖が鋳型鎖となるかは，各遺伝子により異なる。

(5) (3)の過程が繰り返されることにより，DNAの鋳型鎖の塩基配列と相補的な塩基配列をもつ**RNA**が合成される。

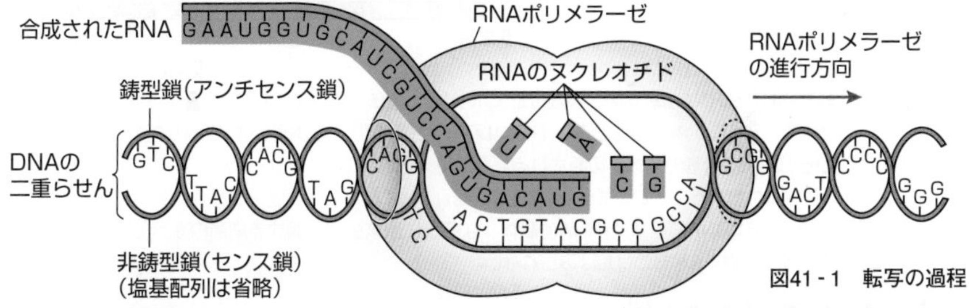

図41-1　転写の過程

2 転写の方向

RNAポリメラーゼは，RNAの5′→3′方向にのみ転写を進行させる。このため，DNAの2本鎖それぞれの転写の方向は逆になる。図41-2では，2本鎖DNAのうち，上の鎖を鋳型鎖とする場合は右方向へ，下の鎖を鋳型鎖とする場合は左方向へ，転写が進む。

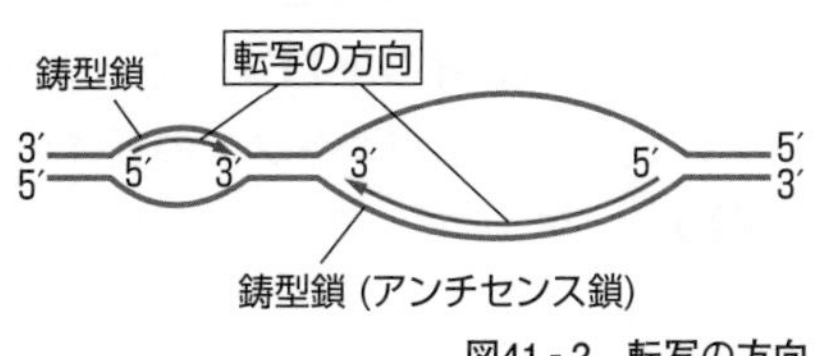

図41-2　転写の方向

第7章

4 ▸ RNAの加工(修飾)

1 mRNA前駆体へのヌクレオチドの付加

(1) 多くの生物では，核内で合成されたRNA(mRNA前駆体)は，特定の塩基(配列)をもつヌクレオチド(鎖)の付加，スプライシングなどの加工(修飾，RNAプロセッシング)を受けた後，核外に出る。

(2) 真核生物のmRNA前駆体の5′末端には，**キャップ**と呼ばれる構造(メチル基($-CH_3$)と3つのリン酸のついたグアノシン三リン酸)が付加される。キャップは，mRNAが5′末端から分解されないように末端を保護するとともに，リボソームとmRNAとの結合に必要であると考えられている。

(3) 真核生物のmRNA前駆体の3′末端には，**ポリA尾部**(アデノシン一リン酸(アデニンヌクレオチド)が数十～250個程度連続した配列。ポリA鎖，ポリアデニル酸ともいう)と呼ばれる構造が付加される。ポリA尾部の付加は，翻訳の開始にかかわると考えられている。

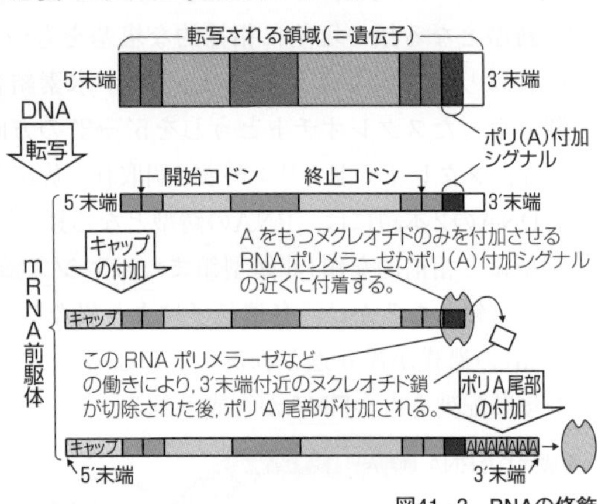

図41-3 RNAの修飾

参考 1. 転写されたmRNA前駆体の3′末端付近にポリ(A)付加シグナル(図41-3の■)と呼ばれる塩基配列があり，この配列を認識したエンドヌクレアーゼ(図41-3では省略)と呼ばれる酵素により3′末端から10～30塩基の位置が切断される。そこに，ポリ(A)ポリメラーゼが，アデノシン一リン酸を1個ずつ付加することで，ポリA尾部をつくる。

2. 真核生物のtRNA前駆体やrRNA前駆体，ならびに原核生物に属する細菌のすべてのmRNAでは，キャップやポリA尾部の付加はみられない。

2 スプライシング

(1) 真核生物では，合成されたmRNA前駆体は，核内でそのヌクレオチド鎖の一部が取り除かれることが多い。このとき，取り除かれる部分に対応するDNAの領域は**イントロン**，それ以外の領域は**エキソン**と呼ばれる。イントロンの長さの総和がエキソンの長さの総和より著しく長いこともある。

参考 1. 従来，エキソンやイントロンは，DNA中の領域を指す用語であったが，現在では，mRNA前駆体中の領域を指す用語としても用いられるようになった。

2. スプライシングの後，核内に残る部分を「内」を表す「in」を用いてイントロンと呼び，核外に出ていく部分を「外」を表す「ex」を用いてエキソン(またはエクソン)という。

(2) mRNA前駆体からイントロン部分が除去され，エキソン部分がつなぎ合わされる過程を**スプライシング**という。真核生物のスプライシングの過程を模式的に示すと，図41-4のようになる。

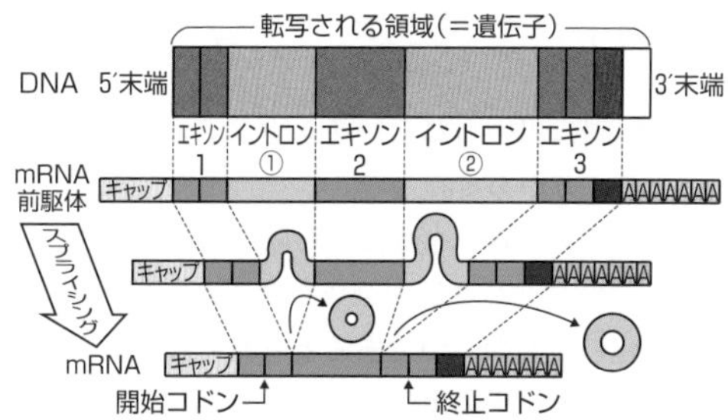

図41-4　スプライシング

参考 真核生物のrRNAの遺伝子とtRNAの遺伝子には一般にイントロンは存在せずスプライシングはみられない。

(3) 真核生物では，イントロンをもつ遺伝子が多く，転写とスプライシングは核内で行われ，生じたmRNAは核膜孔を通って細胞質に移動する。

(4) スプライシングの際に，一部のエキソンがイントロンとともに除去されることなどにより，結果的に1種類のmRNA前駆体から複数種類のmRNAが合成されることを**選択的スプライシング**（せんたくてき）という。これにより，1つの遺伝子から複数種類のタンパク質が合成される。

参考 ヒトでは90%以上の遺伝子が選択的スプライシングを受けている。

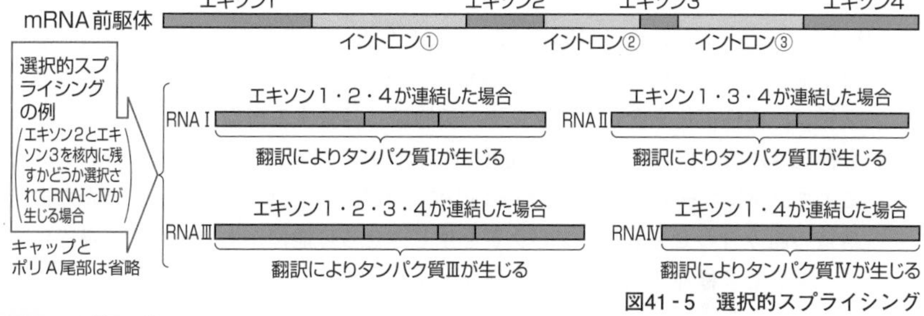

図41-5　選択的スプライシング

もっと広く深く　スプライシングの過程

mRNA前駆体上では，複数のsnRNA（核内低分子RNA）と複数のタンパク質が集合し，スプライセオソーム（スプライソソーム）と呼ばれる複合体が形成されている。スプライセオソーム内では，右図に示すように，mRNA前駆体に含まれるエキソンとイントロンの境目に目印となる共通配列（右図中の塩基配列GUとAG）があり，snRNAがこの共通配列を認識し，切断と再結合を行う。

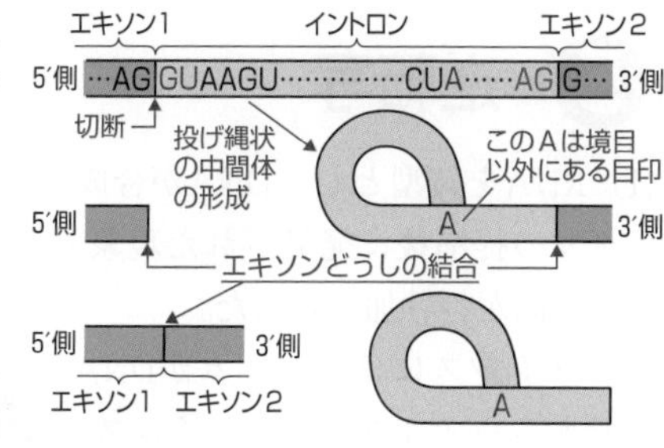

参考 一部の真核生物（テトラヒメナと呼ばれる原生生物）では，rRNAにイントロンが存在し，そのrRNA領域自体が切断と再結合を行う。このようなスプライシングを自己スプライシングという。

第7章

もっと広く深く　イントロンの存在意義

翻訳に用いられないイントロンが遺伝子内に存在する意義については，以下のような考え方がある。

(1) イントロンを除去する際の選択的スプライシングにより，1つの遺伝子から複数種類のタンパク質が合成されることは，少数の遺伝子から機能の多様性を獲得する進化の戦略の一つであると考えられる。

【例1】ヒトの遺伝子数は約2万個だが，遺伝子の90％以上で選択的スプライシングが起こることにより，10万種以上のタンパク質の合成が可能になっている。

【例2】ショウジョウバエでは，雌雄の性にともなう形質の相違の多くは，特定の遺伝子から転写されたRNA(mRNA前駆体)について，雌雄で異なる選択的スプライシングが起こることに起因している。

(2) 同一遺伝子内，または異なる遺伝子間でエキソンが組み換わる(エキソンの組み合わせが変化する)現象をエキソンシャフリングという。エキソンシャフリングは，イントロンにしばしば存在する繰り返し配列間での組換えにより起こる。また，DNA上のある部位から他の部位へ転移することができるDNA配列(転移因子)によって，ある遺伝子のイントロン内に別の遺伝子のエキソンが転移することなどによっても起こる。

(3) 1つのタンパク質分子中において，特有な機能・構造をもつ領域(機能的・構造的な単位となる領域)をドメイン(またはモジュール)と呼ぶ。例えば，ある酵素タンパク質は，活性部位を含むドメインや，細胞膜に結合する構造を含むドメインなどから構成される。1つのタンパク質分子中に含まれる個々のドメインは，それぞれ異なるエキソンにコードされることが多いので，エキソンシャフリングは，新たな機能・構造の組み合わせをもつタンパク質を生じさせる可能性があり，進化の過程において，遺伝的多様性が獲得され，多様なタンパク質がつくられてきた要因の一つと考えられている。

5 ▸ 逆転写

(1) RNAを鋳型としてDNAが合成される過程を**逆転写**(ぎゃくてんしゃ)という。セントラルドグマの提唱後に発見された現象であり，遺伝情報の流れにRNA→DNAという方向が付け加えられた。

(2) ウイルスには，ゲノムがDNAであるウイルス(DNAウイルス)と，ゲノムがRNAであるウイルス(RNAウイルス)がある。

(3) RNAウイルスのうち，**ヒト免疫不全ウイルス**(HIV，エイズウイルス☞p.237)のように，1本鎖RNAを鋳型としてこれと相補的な配列をもつDNAを合成する**逆転写酵素**をもつRNAウイルスは，**レトロウイルス**と呼ばれる。

参考 逆転写酵素は，レトロウイルス以外の多くの生物(大腸菌からヒトまで)にも存在する。

もっと広く深く　レトロウイルス

(1) 20世紀に入って，鳥類や哺乳類に肉腫(にくしゅ)や癌(がん)を引き起こすウイルスが複数種見つかった。1970年代に，これらのウイルスは逆転写酵素(reverse transcriptase)をもつことが発見されたことから，「逆転写する癌ウイルス(reverse transcribing oncogenic virus)」の意でretra virusと名付けられたが，その後，「逆方向」を意味するretroにちなんでretro virus(レトロウイルス)に改名された。

(2) レトロウイルスの一種であるHIVの増殖の過程を以下の図と文に示す。

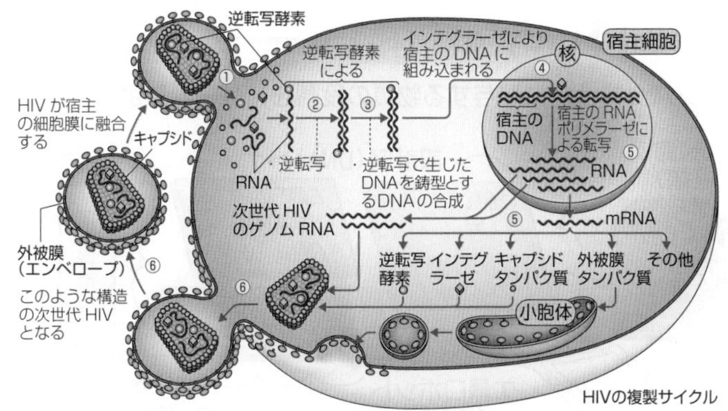

HIVの複製サイクル

①HIVが感染して宿主細胞内にゲノムRNAと逆転写酵素などが入る。

②逆転写酵素により，RNAを鋳型として1本鎖DNAが合成される。

③②で合成された1本鎖DNAを鋳型として，逆転写酵素の働きにより，DNAが合成され，2本鎖DNAが生じる。

④HIVが宿主細胞にもち込んだインテグラーゼという酵素により，③の2本鎖DNAが宿主の核内DNA中に挿入される。

⑤宿主の酵素やヌクレオチドを用いた転写により，HIVのゲノムRNAやmRNAが多数合成され，翻訳によりHIVの各種タンパク質が合成される。

⑥HIVのゲノムRNAと各種タンパク質が，キャプシド*中に入った後，宿主細胞の小胞体膜と，HIVのタンパク質からなる外被膜に覆われると次世代HIVが生じる。

参考 *ウイルスのゲノム(DNAまたはRNA)を包むタンパク質の外被。HIVのようにキャプシドの周囲を囲む膜構造(外被膜)をエンベロープと呼ぶ。エンベロープの有無はウイルスによって異なる。

第42講 遺伝情報の発現（2）

The Purpose of Study 到達目標

1. アミノ酸を指定するのに塩基が1個や2個ではなく3個必要である理由を言える。…… p. 371
2. 翻訳の過程を模式図を描いて説明できる。…… p. 372, 373
3. リボソーム上でのペプチド結合形成の過程を詳しく説明できる。…… p. 374
4. タンパク質の修飾と輸送について図を描いて説明できる。…… p. 377~379
5. 遺伝情報の発現における原核生物と真核生物の違いを言える。…… p. 380

Visual Study 視覚的理解

タンパク質合成に関与する物質の役割をイメージしよう！

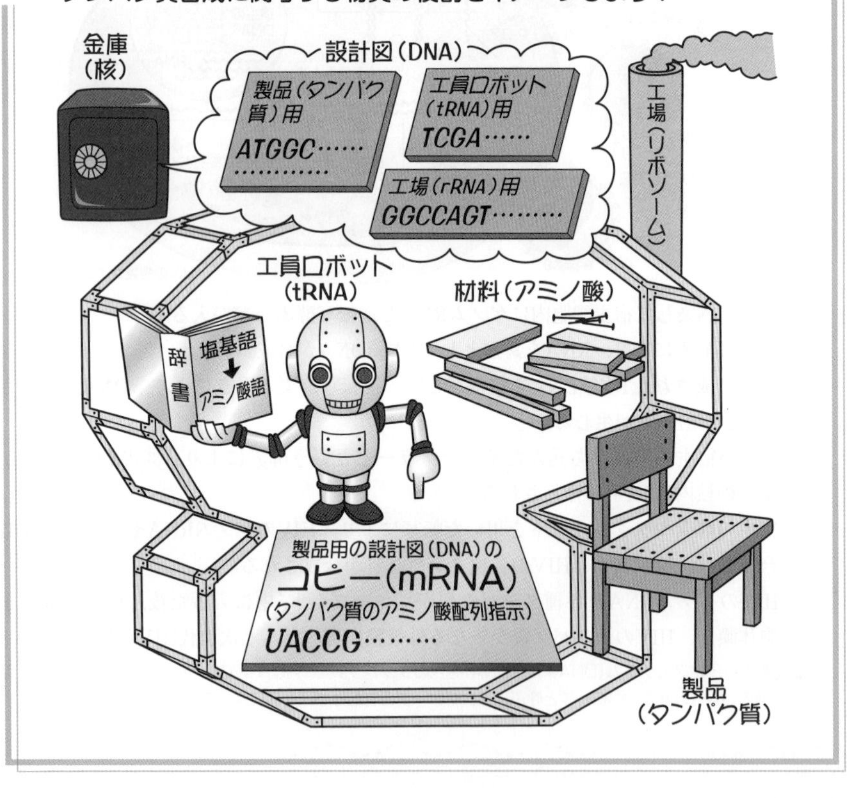

1 ▶ 遺伝暗号

(1) 遺伝情報の発現の最終段階である**翻訳**では，mRNAの塩基によりアミノ酸の種類が指定され，塩基配列がアミノ酸配列に変換されることで，タンパク質が合成される。

(2) タンパク質に含まれるアミノ酸は20種類あるが，塩基は4種類(RNAではA・U・G・C)しかないので，指定できるアミノ酸の種類は塩基1個の場合は4種類，塩基2個の場合は4×4=16種類であるが，塩基3個の場合は4×4×4=64種類となり，20種類のアミノ酸の指定には十分である。

(3) 連続した3つの塩基は**トリプレット**と呼ばれ，このうち，mRNAのトリプレットは，アミノ酸を指定する暗号に見たてられ**コドン**(**遺伝暗号**)という。コドンは，原核生物でも真核生物でも基本的には共通である。

(4) 64種類のコドンと20種類のアミノ酸との対応関係を示したものを**遺伝暗号表**という。1種類のアミノ酸は，複数種類のコドンによって指定される場合が多い。

1番目の塩基	2番目の塩基 U	2番目の塩基 C	2番目の塩基 A	2番目の塩基 G	3番目の塩基
U	UUU フェニルアラニン	UCU セリン	UAU チロシン	UGU システイン	U
U	UUC フェニルアラニン	UCC セリン	UAC チロシン	UGC システイン	C
U	UUA ロイシン	UCA セリン	UAA (終止)	UGA (終止)	A
U	UUG ロイシン	UCG セリン	UAG (終止)	UGG トリプトファン	G
C	CUU ロイシン	CCU プロリン	CAU ヒスチジン	CGU アルギニン	U
C	CUC ロイシン	CCC プロリン	CAC ヒスチジン	CGC アルギニン	C
C	CUA ロイシン	CCA プロリン	CAA グルタミン	CGA アルギニン	A
C	CUG ロイシン	CCG プロリン	CAG グルタミン	CGG アルギニン	G
A	AUU イソロイシン	ACU トレオニン	AAU アスパラギン	AGU セリン	U
A	AUC イソロイシン	ACC トレオニン	AAC アスパラギン	AGC セリン	C
A	AUA イソロイシン	ACA トレオニン	AAA リシン	AGA アルギニン	A
A	AUG メチオニン(開始)	ACG トレオニン	AAG リシン	AGG アルギニン	G
G	GUU バリン	GCU アラニン	GAU アスパラギン酸	GGU グリシン	U
G	GUC バリン	GCC アラニン	GAC アスパラギン酸	GGC グリシン	C
G	GUA バリン	GCA アラニン	GAA グルタミン酸	GGA グリシン	A
G	GUG バリン	GCG アラニン	GAG グルタミン酸	GGG グリシン	G

表42-1 遺伝暗号表（コドン表）

(5) AUGは，メチオニンを指定するとともに，タンパク質合成の開始を指定するコドンであり，**開始コドン**と呼ばれる。また，UAA，UAG，UGAは，対応するアミノ酸がない(対応するアンチコドンをもつtRNAがない)ため，翻訳を停止させるコドンとして働き，**終止コドン**と呼ばれる。

(6) tRNAの分子中に存在し，コドンと相補的な塩基3個の配列を**アンチコドン**という。

②▸翻訳の過程

1 真核生物でのRNAの合成・移動

(1) 核内の転写，スプライシングなどの加工過程により生じた**mRNA**は，核から細胞質に移動する。また，**核小体**で転写された**rRNA**は，タンパク質と結合してリボソームのサブユニットを形成した後，核から細胞質に移動する。

参考 ヒトでは，リボソームを構成する4種類のrRNAのうち，3種は1つの遺伝子にコードされ，1本の前駆体として転写された後，段階的に修飾と切断を受け成熟する。残りの1種は別の遺伝子にコードされ，転写される。rRNAの遺伝子は複数あり，13，14，15，21，22番染色体の特定の部位に存在し，間期の核ではその部位のまわりに核小体が形成される。

(2) 核内で転写により合成された**tRNA**は，DNAから離れて立体構造をとり，核から細胞質に移動する。その後，それぞれ特定のアミノ酸と結合する。

2 翻訳のしくみ

(1) リボソームの大小サブユニットは，細胞質で**mRNA**に結合して**リボソーム**となり，このリボソーム中をmRNAが移動する。**開始コドン**(AUG)がリボソームに認識されると，**アンチコドン**としてUACをもち，開始コドンに対応するアミノ酸(メチオニン)と結合した**tRNA**が，mRNAのコドンに結合する。

(2) 通常，開始コドンから翻訳が行われることによってコドンの読み枠(フレーム)が決定されるため，他の読み枠で翻訳が行われることはなく，1つのmRNAからは1種類のタンパク質のみがつくられる。

(3) リボソームがmRNA上を3′末端方向に3塩基分移動※すると，次のコドンに対応するアンチコドンと特定のアミノ酸をもつtRNAが，mRNAに結合する。

※翻訳はリボソームの移動方向(5′→3′)に進行する。

(4) リボソーム上でtRNAに結合しているアミノ酸どうしが**ペプチド結合**する。

(5) ポリペプチド(アミノ酸)が外れたtRNAは，mRNAから離れる。

(6) (3)～(5)の過程の繰り返しにより，tRNAに結合しているアミノ酸どうしが順々に連結され，ポリペプチド鎖が伸長する((3)～(5)の詳細は☞p.374)。

参考 翻訳によって合成されるポリペプチド鎖は，N末端からC末端方向に伸長する。

(7) リボソーム中に**終止コドン**が現れると，翻訳が終了してポリペプチド鎖とリボソームがmRNAから離れる。したがって，以下に示すように，mRNAの5′末端側と3′末端側には翻訳されない領域が存在する。

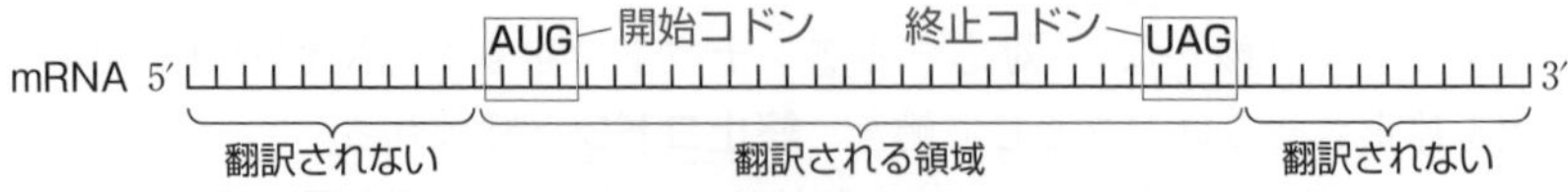

(8) 1本のmRNAには，リボソームが次々と結合してそれぞれで翻訳が進行するため，次々と同じポリペプチド鎖が合成される。

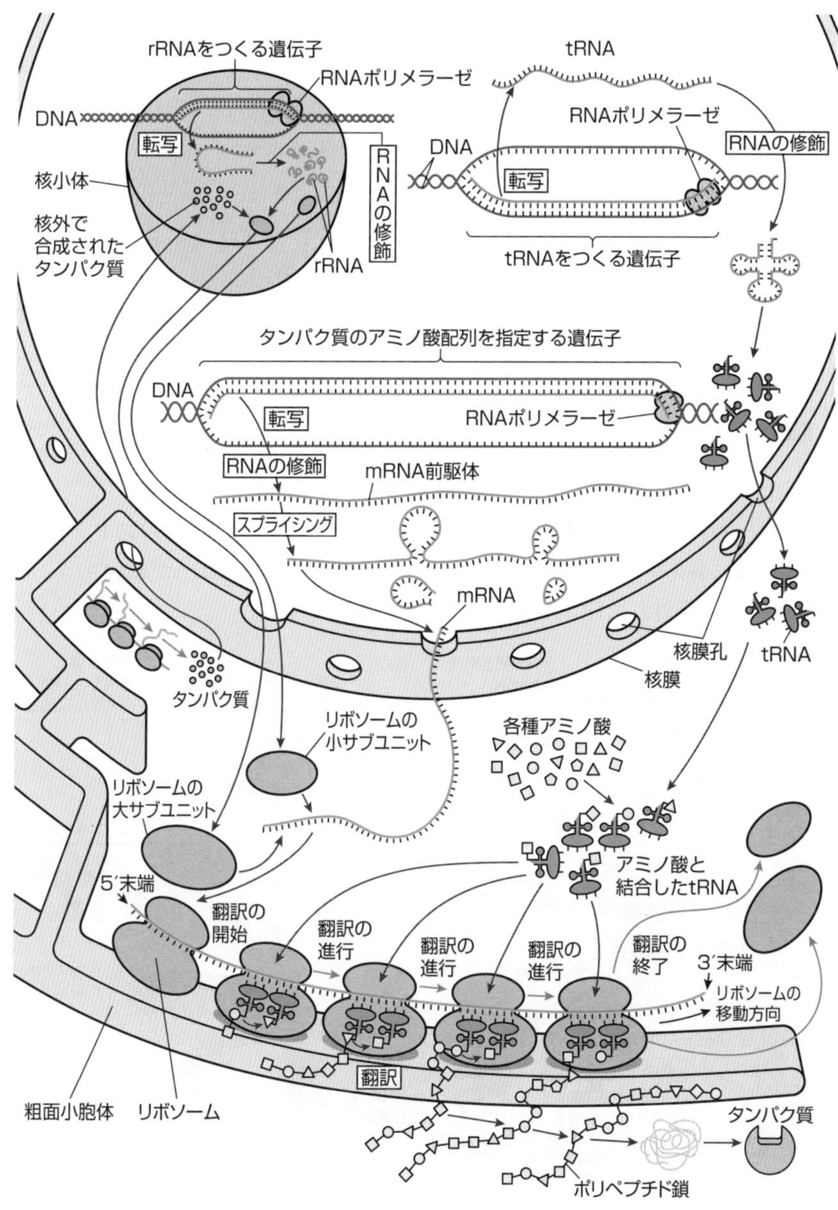

図42-1　遺伝情報の発現の過程（真核生物）

3 リボソーム上でのペプチド結合形成の過程

p.372の2(3)〜(5)の過程の詳細は以下のとおりである。なお，本文の①〜④は図42-2の①〜④と対応している。

①**リボソーム**には，アミノ酸と結合したtRNAが結合する部位(A部位)や，ポリペプチドと結合したtRNAが結合している部位(P部位)などがある。

参考 図42-2において，P部位の左隣(E部位)では，アミノ酸を離したtRNAがmRNAから外れる。

②A部位が空いていると，mRNAのコドン(図42-2ではGUA)と相補的に結合するアンチコドン(図ではCAU)をもち，コドンが指定するアミノ酸(図ではバリン)と結合している**tRNA**が，A部位に結合する。

③rRNAがもつ酵素の作用により，P部位のtRNAからポリペプチドが外れ，ポリペプチドの末端(図ではトレオニン)がA部位のtRNAのアミノ酸(図ではバリン)と**ペプチド結合**する。

参考 このようなペプチド結合の形成は，ペプチジルトランスフェラーゼと呼ばれる酵素によるものであり，このような酵素活性(触媒活性)をもつRNAをリボザイムと呼ぶ。リボザイムが酵素活性をもつことは，RNAが立体構造をとることと関連している。リボザイムの酵素活性は，リボソームの大サブユニットがもっている。

④リボソームはコドン1つ分移動し，A部位を空ける。そこに次のコドン(図ではGCC)に対応するアンチコドン(図ではCGG)をもったtRNAが結合する。ポリペプチドが外れたtRNAは，mRNAから離れる。

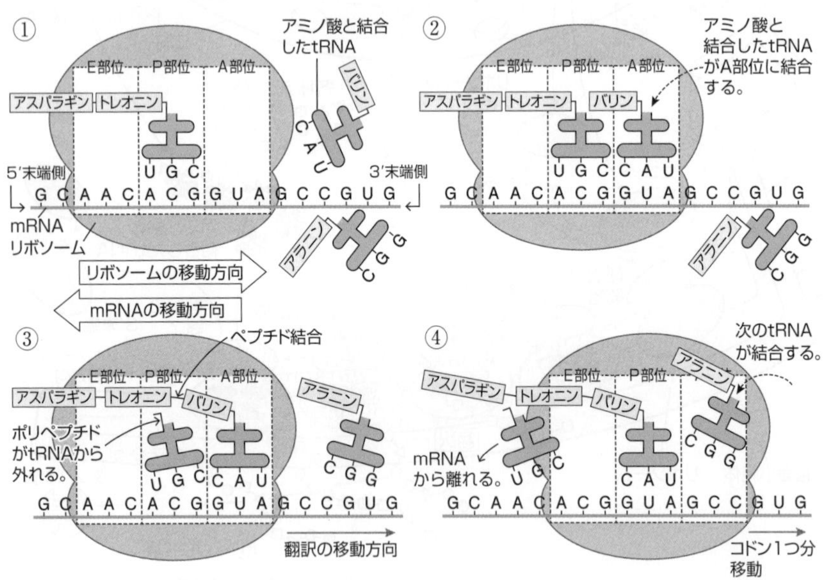

図42-2　翻訳におけるペプチド結合形成の過程

tRNAの働き

1 tRNAが特定のアミノ酸と結合できる理由

(1) tRNAは，平面的にはクローバーの葉型モデルで，立体的にはL字型モデルで表され(下図)，その分子内に，コドンと相補的に結合する部位(アンチコドン)と，そのコドンが指定するアミノ酸とのみ結合する部位をもつ。

(2) tRNAとアミノ酸は，**アミノ酸活性化酵素**(アミノアシルtRNA合成酵素)と呼ばれる一群の酵素によって，ATPのエネルギーを利用して結びつけられ，アミノ酸と結合したtRNA(アミノ酸-tRNA複合体またはアミノアシルtRNAと呼ばれる)になる。

(3) **アミノ酸活性化酵素は，20種類のアミノ酸に対応して20種類存在し，それぞれのアミノ酸と，そのアミノ酸に対応するtRNAの両方に対して鋳型と鋳物の関係にあり，結合を仲立ちしている。**

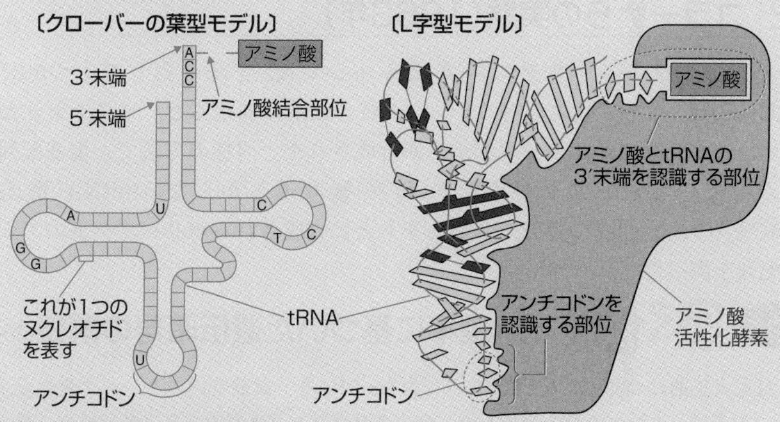

2 ポリペプチド鎖の伸長

すでに合成されたポリペプチドにアミノ酸が結合する過程は，p.374③のとおりであり(下図(a)参照)，下図(b)のように『A部位のtRNAのアミノ酸が外れて，P部位に結合しているtRNAと，そのtRNAに結合しているポリペプチドとの間に割り込む』のではない。

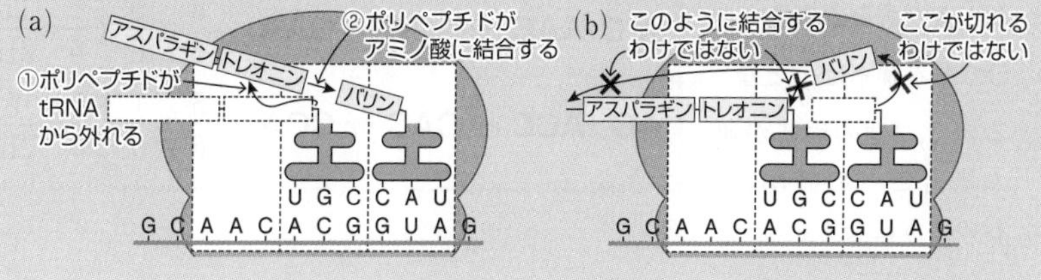

③ 遺伝暗号の解読

遺伝暗号表は，ニーレンバーグらやコラーナらが行った以下のような実験の結果をもとに，1966年に完成した。

1 ニーレンバーグらの実験(1961年)

(1) 大腸菌から取り出したリボソームやtRNAに，アミノ酸とATPを加えて，試験管内におけるタンパク質合成系をつくった。

(2) 塩基がすべてウラシル(**U**)からなる人工的につくったmRNAを(1)に加えると，フェニルアラニンのみからなるポリペプチド鎖が合成された。このことから，**UUU**はフェニルアラニンを指定することがわかった。

参考 1. 同様の実験により，CCCはプロリンを，AAAはリシンを指定することがわかった。
2. 2種類の塩基(ヌクレオチド)の混合比を変えて混ぜ合わせたmRNA(2種類の塩基配列はアトランダム)をつくり，混合比によってどのようなアミノ酸配列のペプチドが合成されるかについて調べた。

2 コラーナらの実験(1963年)

人工的につくったアデニン(**A**)とシトシン(**C**)を繰り返してもつmRNA(**ACACAC**…)を，試験管内のタンパク質合成系に加えると，ヒスチジンとトレオニンが交互に並ぶポリペプチドが合成された。同様の方法で，塩基配列がわかっている短いヌクレオチド(鎖)の繰り返しからなるmRNA(例えばAACAAC…など)をつくり，これらをもとに合成されるポリペプチドのアミノ酸配列を調べた。

もっと広く深く 確率に基づいた遺伝暗号の解読

(1) 人工的につくった**A**と**C**を5：1で含むmRNAを，試験管内のタンパク質合成系に加えて，タンパク質を合成した。合成されたタンパク質のアミノ酸組成を，最大値を100として相対量で示すとリシン＝100，トレオニン＝24，アスパラギン＝20，グルタミン＝20，プロリン＝4.8，ヒスチジン＝4になった。

(2) **A**と**C**を5：1で含むmRNA中の1つの塩基に注目したとき，それが**A**である確率は$\frac{5}{6}$，**C**である確率は$\frac{1}{6}$となるので，3個の塩基が並ぶ場合ごとの確率は，右のようになる。

$$A^3(AAA)\cdots\left(\frac{5}{6}\right)^3=\frac{125}{216},\quad C^3(CCC)\cdots\left(\frac{1}{6}\right)^3=\frac{1}{216}$$

$$A^2C(AAC\ or\ ACA\ or\ CAA)\cdots\frac{5}{6}\times\frac{5}{6}\times\frac{1}{6}=\frac{25}{216}$$

$$AC^2(ACC\ or\ CAC\ or\ CCA)\cdots\frac{5}{6}\times\frac{1}{6}\times\frac{1}{6}=\frac{5}{216}$$

(3)　(1)と(2)より，最も多いリシンはAAAによって指定され，リシンの$\frac{1}{5}$(20%)程度の量のトレオニン，アスパラギン，グルタミンは，A^2Cの遺伝暗号(AAC，ACA，CAAのいずれか)によって指定されると考えられる。

同様に考えると，リシンの$\frac{1}{25}$(4%)程度の量のAC^2の遺伝暗号により指定されるアミノ酸が3種類と，リシンの$\frac{1}{125}$(0.8%)程度の量のC^3の遺伝暗号により指定されるアミノ酸が1種類あるはずだが，実験ではプロリンとヒスチジンの2種類しかなく，ヒスチジンはその割合によりAC^2の遺伝暗号(ACC，CAC，CCAのいずれか)によって指定されるので，2組以上の遺伝暗号が，同じアミノ酸を指定することが考えられる。

(4)　リシンの0.8%程度の量のアミノ酸がないので，CCCによって指定されるアミノ酸は不明だが，プロリンはAC^2の遺伝暗号の値よりもやや多いので，AC^2の遺伝暗号とCCCがともにプロリンを指定すると考えると説明できる。一方，トレオニンもA^2Cの遺伝暗号の値よりもやや多いので，A^2CとAC^2の遺伝暗号がともにトレオニンを指定すると考えられる。

(5)　p.376に示したコラーナの実験結果のみでは，ACAとCACがそれぞれトレオニンとヒスチジンのどちらを指定するのか不明だが，(3)よりヒスチジンを指定する遺伝暗号はAC^2のみであり，(4)よりトレオニンを指定する遺伝暗号はA^2CとAC^2であるので，ACAはトレオニンを指定し，CACはヒスチジンを指定することがわかる。以上をまとめると，右表のようになる。

遺伝暗号	指定されるアミノ酸	割合(リシンを100とする)
AAA	リシン	100
AAC	アスパラギンまたはグルタミン	20
ACA	トレオニン	20
CAA	アスパラギンまたはグルタミン	20
ACC	トレオニンまたはプロリン	4
CAC	ヒスチジン	4
CCA	トレオニンまたはプロリン	4
CCC	プロリン	0.8

遺伝暗号により指定されるアミノ酸（まとめ）

4 ▶ タンパク質の修飾と輸送

1　タンパク質の輸送経路

(1)　翻訳で合成されたポリペプチド鎖は，折りたたまれて立体構造をとり，糖鎖付加などの化学的**修飾**を受けて，タンパク質としての構造と機能を獲得する。

(2) タンパク質は，その構造と機能によって，細胞内外のいずれで働くか，また，細胞内ではどのような細胞小器官で働くかが決まっている。このため，リボソームで合成されたポリペプチド鎖は，タンパク質として正常に機能するために適切な部位に輸送される必要がある。

(3) タンパク質の輸送経路は大きく以下のように分けられる。

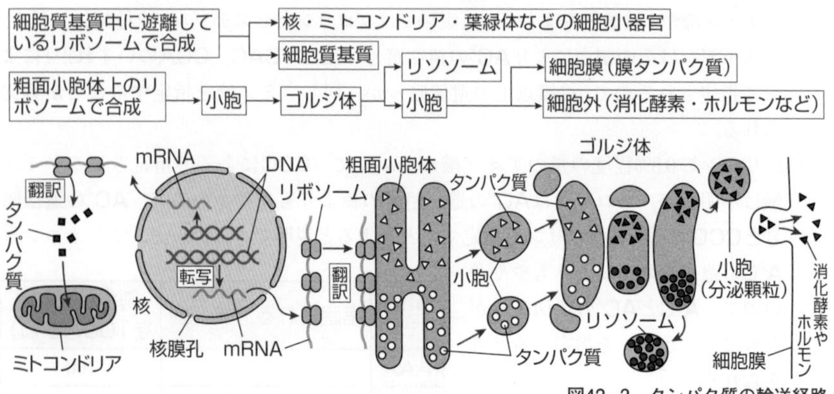

図42-3　タンパク質の輸送経路

もっと広く深く　粗面小胞体へのポリペプチド鎖の取り込み

(1) 細胞内のポリペプチド鎖（タンパク質）の輸送では，輸送されるポリペプチド自身に存在し，各細胞小器官に輸送するための標識となるアミノ酸配列が重要な役割を担っている。このようなアミノ酸配列をシグナル配列という。

(2) 粗面小胞体に付着したリボソームで合成され，粗面小胞体へ取り込まれるポリペプチド鎖について，シグナル配列の役割をみてみよう（下図）。

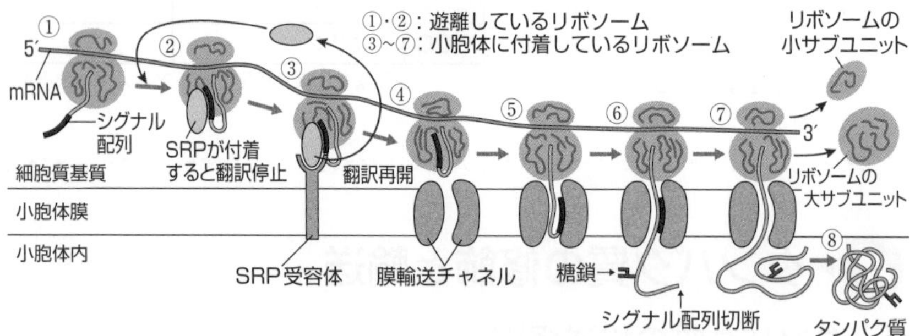

粗面小胞体へのポリペプチド鎖の取り込み

(3) まず，遊離したリボソーム上で翻訳が開始され，シグナル配列が合成されると（図①），シグナル配列を認識したSRP*と呼ばれるタンパク質がリボソーム上でシグナル配列に結合して翻訳が一時中断する（図②）。

参考 ＊signal-recognition particle：シグナル認識粒子

(4) SRPは，粗面小胞体の膜に存在するSRP受容体に結合する（図③）。その後，SRPがシグナル配列から離れ，リボソームが小孔（膜輸送チャネル，タンパク質転送装置）に移行すると，翻訳が再開する（図④）。

(5) ポリペプチド鎖が伸長すると，リボソームは膜輸送チャネルに結合し，シグナル配列が小孔内に結合する（図⑤）。

(6) 翻訳の進行にともない，ポリペプチド鎖はシグナル配列が切断されて，小孔を通って小胞体内へ伸長していき，糖鎖の付加を受ける（図⑥）。

(7) ポリペプチド鎖はさらに伸長し（図⑦），折りたたまれて立体構造をとるタンパク質となる（図⑧）。

2 ポリペプチド鎖の折りたたみ

(1) ポリペプチド鎖は，通常，合成途中から折りたたまれ，それぞれに特有の立体構造をとるタンパク質を形成する。ポリペプチド鎖が折りたたまれて立体構造が形成されることを**フォールディング**という。細胞内では多くの場合，フォールディングを正しく行うためにタンパク質の補助が必要となる。

(2) フォールディングの際に，正しく折りたたまれるように補助するタンパク質の総称を**シャペロン**という。細胞内には形や大きさがそれぞれ異なる数種類のシャペロンが存在する。

(3) シャペロンの働きには①・②などがある。

①新生・合成途中のポリペプチドの凝集しやすい部分に結合し，順々に離れていくことでフォールディングを補助する（図42 - 4①）。

②ポリペプチド鎖全体をシャペロン内に取り込み，他のポリペプチドから遮断・隔離することで，ポリペプチド鎖の正しいフォールディングを補助する。また，誤って折りたたまれたタンパク質や変性したタンパク質を認識して取り込み，再度正しくフォールディングするように補助する（図42 - 4②）。

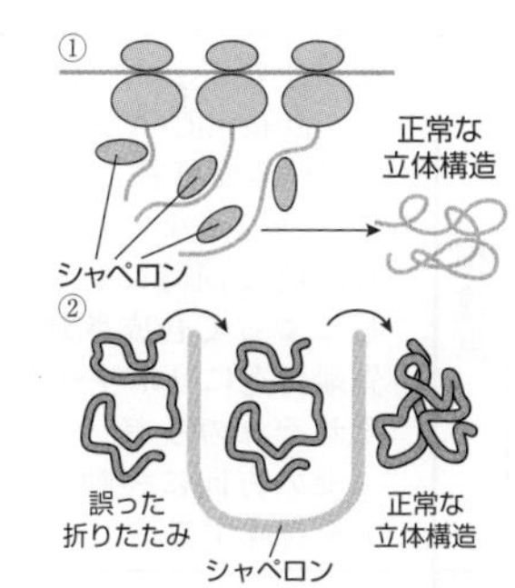

図42 - 4　フォールディングの補助

(4) 正常な立体構造とならなかったタンパク質は，タンパク質分解酵素によって分解されるが，哺乳類などでは変性したタンパク質が凝集することで，アルツハイマー病やプリオン病などの深刻な疾病が起こることもある。

第7章

もっと 広く 深く プリオン病

(1) 哺乳類の脳に，異常型プリオンタンパク質が蓄積することによって起こる感染性の疾患として，ウシのBSE(牛海綿状脳症，狂牛病)，ヒトのクロイツフェルト・ヤコブ病などがあり，これらはプリオン病とも呼ばれる。

(2) 異常型プリオンタンパク質は，正常型プリオンタンパク質とまったく同じアミノ酸配列だが，フォールディングの違いなどで異なった立体構造をとり，タンパク質分解酵素によって分解されにくく，体内に取り込まれると神経細胞に存在する正常型プリオンタンパク質を次々と異常型プリオンタンパク質に変換することにより，感染を成立させると考えられている。

5 ▶ 原核生物と真核生物の遺伝情報の発現の比較

	原核生物	真核生物
細胞内の模式図	RNAポリメラーゼ RNAポリメラーゼの進行方向 DNA リボソームの移動方向 リボソーム アミノ酸6個からなるポリペプチド アミノ酸9個からなるポリペプチド アミノ酸6個からなるポリペプチド トリペプチド トリペプチド 転写され始めのmRNAに1個のリボソームが付着し，アミノ酸3個からなるポリペプチド(トリペプチド)が合成されている。 2個のリボソームが付着したmRNA 3個のリボソームが付着したmRNA	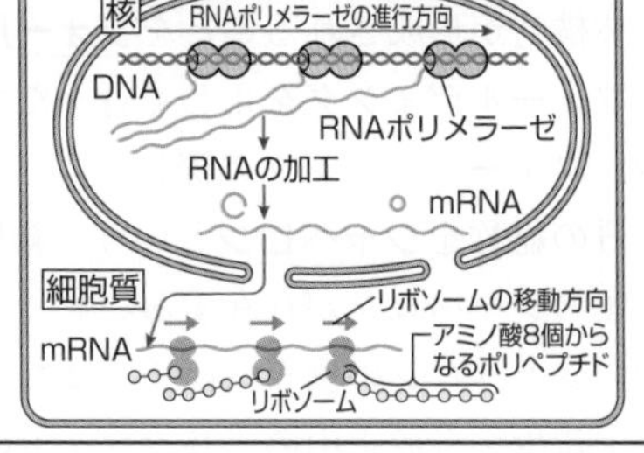
相違点	①転写が起こると，mRNA前駆体ではなく，直接mRNAが合成され，そこにリボソームが付着して翻訳される。 ②核(核膜)がないので，転写と翻訳は同じ場所で同時に行われる。つまり，転写によって合成されつつあるmRNAの先端付近にリボソームが次々と付着し，それぞれのリボソームはRNAポリメラーゼの方向に移動しながらポリペプチドを合成する。	①転写により合成されたmRNA前駆体は，核内でキャップやポリA尾部の付加，スプライシングなどの加工を受けてmRNAとなる。 ②合成されたmRNAは核外(細胞質)に出る。細胞質では，mRNAのキャップ付近にリボソームが次々と付着し，それぞれのリボソームはポリA尾部方向に移動しながら，ポリペプチドを合成する。
共通点	①1つの遺伝子から転写により多数のmRNAが合成される。 ②1本のmRNAに多数のリボソームが付着(結合)し，同じポリペプチドを多数合成する。 参考 mRNAに多数のリボソームが結合したものをポリソームという。 ③1つの遺伝子に相当するDNA領域では，転写の際の鋳型となるのは，DNAの2本鎖のうち，どちらか一方の鎖のみである。	

表42-2 原核生物と真核生物の遺伝情報の発現の比較

もっと広く深く　翻訳の開始と終了

1 翻訳の開始

(1) 原核生物の翻訳の開始では，まず，リボソームの小サブユニット中に**開始因子**と呼ばれる複数の物質が結合する。小サブユニットの16S*rRNAは，さらに別の開始因子，GTP(グアノシン三リン酸)ならびに**開始コドン**(AUG)が指定するアミノ酸であるメチオニンをもつtRNA(正確には，ホルミルメチオニルtRNA)などの存在下で，mRNAの特定の塩基配列(シャイン・ダルガーノ配列，SD配列)と結合する。そこに，ホルミルメチオニルtRNAが結合し，その後開始因子が解離すると同時に，大サブユニットが結合する。ホルミルメチオニルtRNAは大サブユニットのP部位に入り，続いて次のコドンに対応するtRNAがA部位に入り，大サブユニットの23SrRNAがもつ酵素(ペプチジルトランスフェラーゼ)により，ペプチド結合が形成される。

(2) 真核生物では，原核生物より複雑ではあるが，類似のしくみにより翻訳が開始する。多くの場合，mRNAでは，キャップに開始因子が結合した後，リボソームの小サブユニット(すでに，この小サブユニットには，メチオニンと結合した開始tRNAや，複数の開始因子が結合している)が結合する。その後，開始因子と結合した状態の小サブユニットはATPのエネルギーを使って，mRNA上を3′末端側へ移動し，開始コドンを含む特定の塩基配列(コザック配列)を探す。小サブユニット内で開始tRNAがコザック配列中の開始コドンと結合すると，小サブユニットと大サブユニットが結合し，リボソームが完成して，翻訳が開始する。

参考 ＊高分子化合物や複合体粒子などの大きさを表す単位にS(スヴェドベリ単位：沈降速度をもとに導き出された数値であり値が大きいほど分子量が大きい)がある。原核生物のリボソーム(70S)は，50Sの大サブユニットと30Sの小サブユニットからなり，大サブユニットには23Sと5SのrRNAが，小サブユニットには16SのrRNAが含まれる。真核生物のリボソーム(80S)は，60Sの大サブユニットと40Sの小サブユニットからなり，大サブユニットには28S，5.8S，5SのrRNAが，小サブユニットには18SのrRNAが含まれる。

2 翻訳の終了

mRNAを移動してきたリボソームのA部位に**終止コドン**が現れると，終止コドンに対応するアンチコドンをもつtRNAが存在しないので，新たなペプチド結合の形成は起こらない。空いたA部位に，tRNAと立体構造がよく似たタンパク質である**終結因子**(RF)が結合すると，リボソームの大サブユニットのペプチジルトランスフェラーゼの性質が変わり，合成されてきたポリペプチドのC末端には，アミノ酸の代わりに水酸基(-OH)が付加される。

tRNAから離れたポリペプチドはリボソームを離れ，同時にP部位にあったtRNA，大サブユニットと小サブユニットがmRNAから遊離し，翻訳が終了(完了)する。解離した因子は新たなタンパク質合成に再利用される。

遺伝情報の変化

The Purpose of Study 到達目標

1. 変異を分類し，それぞれの変異について説明できる。 …… p. 383
2. 遺伝子突然変異を分類し，それぞれの内容を説明できる。 …… p. 384, 385
3. 遺伝子突然変異によるゲノムの多様性について説明できる。 …… p. 386
4. DNAの損傷と修復について，模式図を描きながら説明できる。 …… p. 386
5. 鎌状赤血球貧血症について説明できる。 …… p. 387
6. フェニルケトン尿症やアルカプトン尿症について，アミノ酸の代謝経路を図示しながら，それぞれの病気の原因について説明できる。 …… p. 389
7. 一遺伝子一酵素説について説明できる。 …… p. 390, 391

Visual Study 視覚的理解

遺伝子突然変異の種類を正しく覚えよう！

① 3文字単語からなる本来の情報。

② 置換により，情報の一部が変わる。

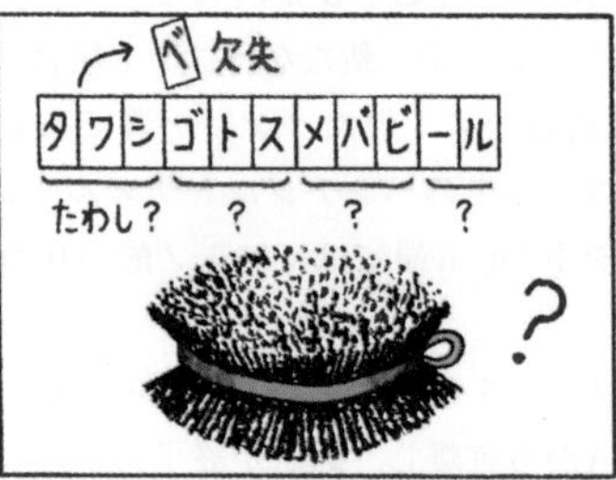

③ 欠失によって，単語の読み枠がずれるので，意味不明になる。

④ 挿入によって，単語の読み枠がずれるので，意味不明になる。

1 ▶ 突然変異

1 変異

(1) 同種であっても，個体間には少しずつ形質の違いが存在する。このような違いを**変異**(へんい)といい，変異は，遺伝しない**環境変異**(かんきょうへんい)(☞p.730)と遺伝する**遺伝的変異**に分けられ，遺伝的変異は**突然変異**(とつぜんへんい)によって生じる。

(2) **環境変異**は，遺伝子自体の違いはなく，環境の違いによって遺伝子の発現の仕方が異なったために生じる変異である。このため，子孫には伝わらない。

(3) **突然変異**は，DNAの複製の際の誤りや，熱・紫外線・放射線・化学物質などによる部分的な損傷が原因となって，DNAの塩基配列や，染色体の構造・数が変化する現象である。

(4) 突然変異は体細胞と生殖細胞のいずれにも起こる可能性があるが，体細胞に生じた突然変異は，子孫には伝わらない。

参考 体細胞に生じる突然変異は，免疫グロブリンやT細胞受容体遺伝子の多様性をもたらしたり，細胞のガン化の原因となったりする場合がある。

(5) 一方，生殖細胞に起こる突然変異は接合(受精)を通じて子孫に伝えられるので，**遺伝的変異**となる。

参考 p.355で学習した形質転換もその変化が子孫に伝わるが，突然変異とは次のような点が異なっている。
1. 突然変異が「ある生物の細胞内にもとから存在している染色体やDNAの一部が変化すること」によって生じる現象であるのに対して，形質転換は，「ある系統の生物(細胞)が他系統の生物(細胞)のDNAを受け取ること」によって生じる現象である。
2. 肺炎双球菌では，突然変異が起こる頻度に比べて形質転換が起こる頻度の方が高い。

(6) 突然変異は，DNAが塩基配列のレベルで変化する**遺伝子突然変異**と，染色体が構造や数のレベルで変化する**染色体突然変異**(☞p.730)とに分けられる。染色体突然変異は，遺伝子突然変異に比べて，塩基配列が大規模に変化しており，形質に大きな影響を及ぼす場合が多い。

参考 遺伝子はいろいろな要因によって突然変異を起こす。この突然変異が進化の原動力となって生物の多様性を生み出したと考えると，遺伝子の本体であるDNAには，「自己複製する能力」，「形質発現する能力」に加えて，「突然変異を起こす能力」もあると考えることができる。

(7) DNA中のある遺伝子の塩基配列で遺伝子突然変異が起こると，その部位の遺伝暗号が変化し，対応するmRNAのコドンが変化して本来とは異なるアミノ酸を指定するようになったり，生じるアミノ酸配列の長さが本来と比べて著しく短くなったりすることがある。このような場合，合成されるタンパク質の構造や働きが変化したり失われたりして，形質が変化することがある。

(8) 遺伝子突然変異には，**置換**(ちかん)，**挿入**(そうにゅう)，**欠失**(けっしつ)などがある。

2 遺伝子突然変異の種類

1 置換

ある塩基(塩基対)が別の塩基に置き換わる変異を**置換**といい，置換はアミノ酸の変化をもたらす**非同義置換**とアミノ酸が変化しない**同義置換**に分けられる。

①非同義置換

(1) 置換が起こると，その部位に対応するコドンが，本来とは異なるアミノ酸を指定するように変化する場合(**ミスセンス突然変異**)がある。この場合，アミノ酸の変化により，合成されるタンパク質の機能が変化したり失われたりすることがある。

(2) 置換によってその部位に対応するコドンが**終止コドン**に変化した場合(**ナンセンス突然変異**)には，そこで翻訳が終了して，本来のタンパク質よりも短いポリペプチドができる。この場合，正常なタンパク質が合成されないので，形質が変化することが多い。

(3) 非同義置換は，形質や個体の生存に影響を与える場合がある。

②同義置換

(1) 1種類のアミノ酸を指定するコドンが複数存在するとき，1番目と2番目の塩基は共通している場合が多い。このため，3番目の塩基が別の塩基に置換されても，もとと同じアミノ酸が指定され，ポリペプチドのアミノ酸配列は変化せず，本来と同じタンパク質が合成される確率が高い。

(2) 同義置換は形質に現れないため，遺伝子に保存され，**遺伝的多様性**(☞p.670)をもたらす原因となる。

2 挿入と欠失

(1) もとの塩基配列に1～複数個の塩基(塩基対)が入り込む変異を**挿入**といい，もとの塩基配列から1～複数個の塩基(塩基対)が失われる変異を**欠失**という。

(2) mRNA(や遺伝子DNA)の塩基配列において，開始コドン(に対応する配列)から始まり，3塩基ずつの遺伝暗号が並び，終止コドンの手前で終わるタンパク質の情報を読み枠(フレームまたはリーディングフレーム)という。

(3) DNAの塩基配列で3の倍数ではない塩基対の挿入や欠失が起こると，対応するmRNAのコドンの読み枠(フレーム)がずれる(**フレームシフト**が起こる)ので，それ以後のアミノ酸配列が大きく変化したり，途中で終止コドンが生じて短いポリペプチドができるので，正常なタンパク質が合成されなくなる。

(4) そのため，挿入や欠失は，形質を変化させたり，個体の生存に影響を与える可能性が高い。

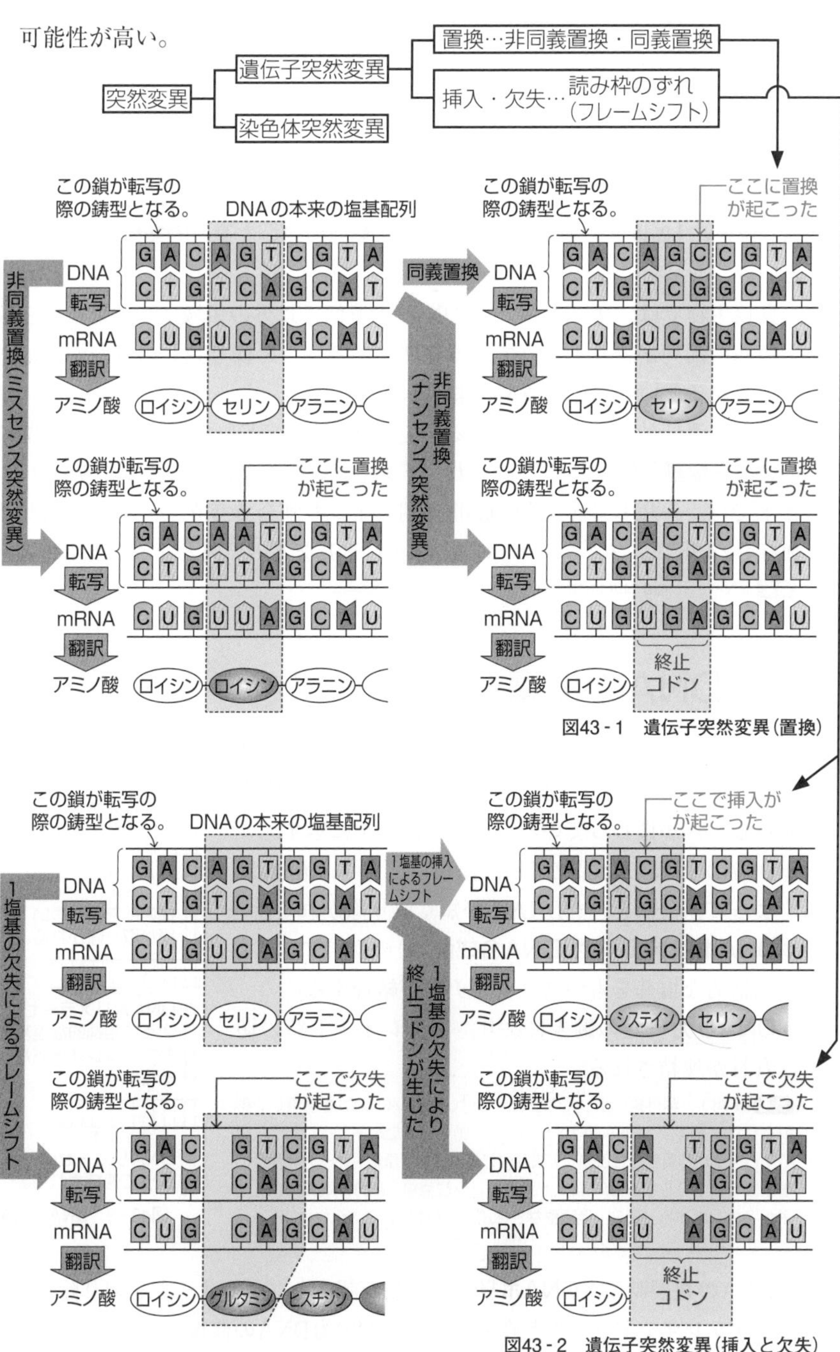

図43-1　遺伝子突然変異（置換）

図43-2　遺伝子突然変異（挿入と欠失）

❷ ▶ 遺伝子突然変異によるゲノムの多様性

(1) 同義置換のように，生存に不都合のない遺伝子突然変異はゲノム中に保存されやすい。このような変異は，同種の集団内に遺伝的多様性をもたらす。

(2) 突然変異により生じた塩基配列の変化のうち，同種個体間で，ゲノム中の同じ位置に1%以上の頻度でみられる塩基配列の違いを**遺伝的多型**(**DNA多型**)という。

(3) 真核生物では，ゲノム(ゲノムDNA)の遺伝子以外の領域に，数塩基から数十塩基の配列が繰り返されている範囲があり，この繰り返しの数が個体によって異なるという遺伝的多型がよくみられる。

(4) また，遺伝的多型のうち，ある一定範囲の塩基配列における1塩基単位の違いは**一塩基多型**(**SNP**)と呼ばれ，イントロンの塩基配列中に多くみられる。ヒトでは，一塩基多型は約1000塩基対に1つの割合で存在し，鎌状赤血球貧血症(☞p.387)，フェニルケトン尿症(☞p.389)などの原因となることもある。

参考 SNPはSingle Nucleotide Polymorphismの略である。

❸ ▶ DNAの損傷と修復

(1) 生物には，紫外線・放射線や化学物質などの影響によりDNAが損傷*を受けた場合に，その部分を修復するしくみが備わっている。その一例を次に示す。

①DNAが損傷した部位では，修復に関与する酵素によって損傷部を含むDNA鎖が短く取り除かれる。

②**DNAポリメラーゼ**(**DNA合成酵素**)の働きにより，相補的な塩基をもつヌクレオチドが結合する。

③**DNAリガーゼ**の働きにより，ヌクレオチド鎖の切れ目が連結される。

参考 *例1：紫外線により，隣り合ったピリミジン(T，C)が架橋して形成された二量体が，DNAポリメラーゼの移動をいったん停止させ，少し離れたところから再開させるので欠失が生じる。例2：原爆や原子力発電所の事故などで生じた放射線により，DNAのリン酸や糖の部分が切断され，分子がイオン化する。例3：亜硝酸などにより，Aは脱アミノ化されCと結合しやすくなる。

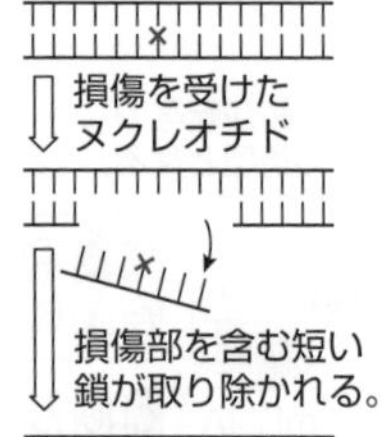

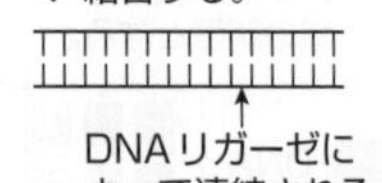

図43-3 DNAの損傷と修復

(2) DNAの複製時に，**DNAポリメラーゼ**が誤ったヌクレオチドを取り除き，正しいヌクレオチドをつなぎ直すこと(☞p.346)もDNAの修復である。

4 ▶ 遺伝子突然変異に起因するヒトの遺伝病

1 鎌状赤血球貧血症

(1) **鎌状赤血球貧血症**(鎌状赤血球症)は，ヘモグロビンを構成するポリペプチドの遺伝子に突然変異が生じて起こる劣性の遺伝病である。鎌状赤血球貧血症の患者は，低酸素濃度条件下において赤血球が鎌状(三日月形)となり，溶血が起こりやすく*1なって酸素運搬能力が低下し，貧血*2となる。また，赤血球が毛細血管につまって血行障害を起こすこともある。

参考 ＊1．正常な赤血球は比較的自由に変形できるが，鎌状赤血球は変形しにくく，ひ臓や肝臓に存在しているマクロファージやクッパー細胞による食作用を受けたり，赤血球が崩壊(溶血)したりする。

＊2．貧血(症)とは，酸素運搬を行う赤血球やヘモグロビンの，血液中の数や量が正常値以下に減少した状態であり，造血材料(鉄分やビタミン)の欠乏，造血機能の障害，出血や赤血球崩壊の亢進(鎌状赤血球貧血症)などによって起こる。なお，長時間の起立などにより，気分が悪くなることも貧血(脳貧血)と呼ばれるが，これは，脳の血液循環が一時的に悪化したことによるものである。

(2) ヒトのヘモグロビン分子は，アミノ酸数141個のポリペプチドであるα鎖(α-グロビン)が2本，アミノ酸数146個のポリペプチドであるβ鎖(β-グロビン)が2本，および4つのヘム(鉄を含む分子)から構成されている。

(3) 正常なヘモグロビンのβ鎖の遺伝子では，146個のアミノ酸のうち，6番目のアミノ酸であるグルタミン酸を指定するコドンはGAGであり，それに対応するDNAの塩基配列はCTCであるが，鎌状赤血球貧血症の患者では，その塩基配列のうちのTがAに置換してCACになっている。これにより，対応するコドンがGUGとなり，指定するアミノ酸は，グルタミン酸からバリンに変化する。このような変異が生じたβ鎖を含むヘモグロビンは繊維状となって凝集する性質があり，これにより赤血球は鎌のような形に変形する。

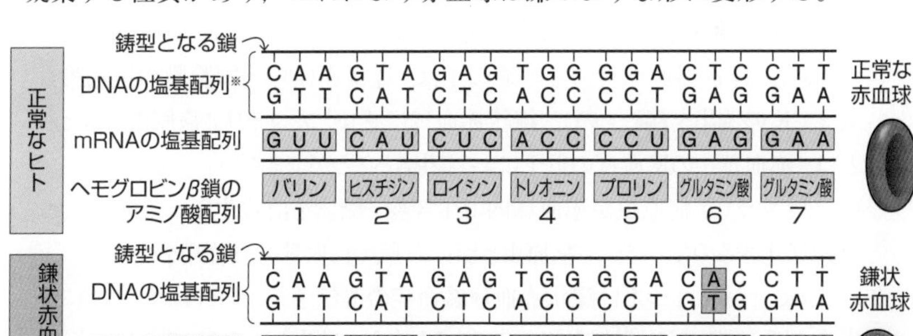

図43-4　鎌状赤血球貧血症の遺伝子突然変異

第7章

鎌状赤血球貧血症のヘモグロビンについて

〔ヘモグロビンを構成するアミノ酸の１つが変化すると，なぜ赤血球が鎌状になるのか？〕

(1)　正常なヘモグロビン（β鎖）の６番目のアミノ酸であるグルタミン酸は，負の電荷をもち，イオン化した水分子（H_3O^+オキソニウムイオン）を引きつける性質（親水性）があるので，赤血球はふっくらとした円盤状となる。

(2)　これに対して，鎌状赤血球貧血症ではヘモグロビンの６番目のアミノ酸はバリンであり，それが電気的に中性で水分子を寄せつけない性質（疎水性）をもつとともに，N末端のバリンと結合して環状構造をつくるので，赤血球はふっくらとした円盤状にはならない。

(3)　さらに，酸素が欠乏すると，鎌状赤血球のヘモグロビンは，連結して凝集反応を起こし，細長い繊維状の集合体を形成するので，赤血球膜を内側から変形させ，いわゆる鎌状化を引き起こす。

〔鎌状赤血球貧血症のヒトはなぜマラリアにかかりにくいのか？〕

(1)　鎌状赤血球貧血症の遺伝子は，サハラ砂漠以南のアフリカ諸国，地中海沿岸のヨーロッパ諸国，熱帯地域のアジア諸国などのマラリア流行地域にすんでいる人たちに多く受け継がれている。

(2)　鎌状赤血球貧血症の遺伝子を２つもつ（ホモ接合体の）患者は重症であるが，１つしかその遺伝子がない場合，つまりヘテロ接合体では軽症である。

(3)　つまり，鎌状赤血球貧血症の遺伝子がホモ接合体のヒトには，正常ヘモグロビンがないので貧血の症状が激しく現れるが，ヘテロ接合体のヒトの赤血球には，正常なヘモグロビンと異常なヘモグロビンがほぼ等量に含まれるので，通常の酸素供給状態では，赤血球の鎌状化が起こらず，症状も現れない。

(4)　しかし，鎌状赤血球貧血症の遺伝子は，鎌状赤血球の細胞膜の透過性も変えてK^+の漏出を起こすので，鎌状赤血球に感染したマラリア病原虫のほとんどは，赤血球中のK^+濃度の低下によって生きることができない。

(5)　また，マラリア病原虫が赤血球内で生き延び酸素を消費すると，その赤血球は鎌状化するので，マラリア病原虫とともにひ臓で白血球の食作用を受ける。

(6)　このことから，１つだけ鎌状赤血球貧血症の遺伝子をもつヒトはマラリアにかかりにくく，マラリア流行地域では，このような人たちは生き残るうえで有利である。実際，東アフリカでは人口の約40％がヘテロ接合体であるといわれている。

参考 ヘテロ接合体のヒトがマラリアに対して抵抗性をもつことの理由としては，上記の他にもいくつかの仮説が考えられている。

2 フェニルケトン尿症・アルカプトン尿症

(1) **フェニルケトン尿症**とアルカプトン尿症は，アミノ酸の一種であるフェニルアラニンやチロシンの代謝に関与する酵素をコードする遺伝子に変異があり，尿中に排出されるフェニルケトンやアルカプトンと呼ばれる物質の量が異常に増加する劣性の遺伝病である。

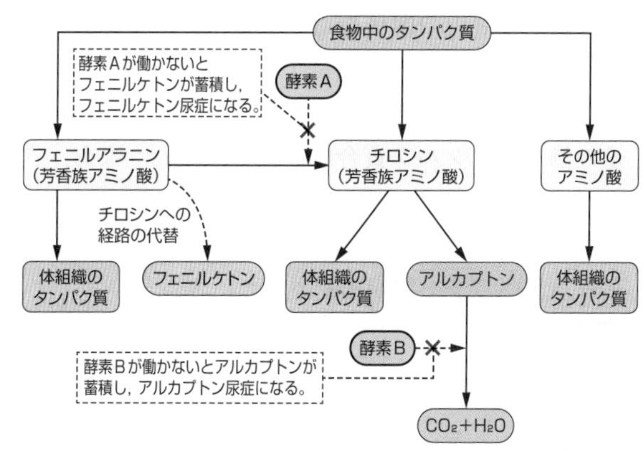

図43-5 フェニルケトン尿症とアルカプトン尿症

(2) フェニルケトン尿症では知能障害，アルカプトン尿症では関節炎などがそれぞれ起こる場合があることが知られている。

参考 1. 酵素Aはフェニルアラニン水酸化酵素（フェニルアラニン4-モノオキシゲナーゼ）を，酵素Bはホモゲンチジン酸酸化酵素（ホモゲンチジン酸1，2-ジオキシゲナーゼ）を表している。

2. チロシンの代謝経路を正確に記すと，チロシン→→ホモゲンチジン酸→①4-マレイルアセト酢酸→→（フマル酸+アセト酢酸）→（CO_2 + H_2O）となり，アルカプトン尿症の患者では①の→を触媒する酵素であるホモゲンチジン酸酸化酵素が働かないので，ホモゲンチジン酸（アルカリに親和性があるので，アルカプトン体とも呼ばれる）が尿中に出現する。

3. 図43-5には示されていないが，チロシンは種々の酵素の働きで，メラニンという黒褐色の色素に変わる。この経路で働く酵素を支配する遺伝子が欠けているために白子（しろこ）（アルビノ）になる病気を白化症（はっかしょう）という。

(3) フェニルケトン尿症の原因の一つとして，酵素Aの遺伝子DNA（センス鎖）の12番目のイントロンのはじめにあるGTという（エキソンとイントロンの境目を示す☞p.367）塩基配列がATに変化（mRNA前駆体の塩基配列ではGUがAUに変化☞p.367）することで，スプライシングの際に12番目のエキソンが除かれた結果，正常な酵素Aが合成されないことが知られている。

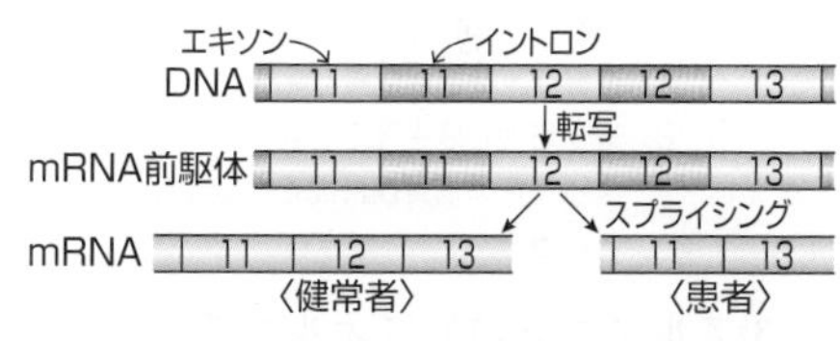

図43-6 フェニルケトン尿症の変異

参考 フェニルケトン尿症の原因は，上記のイントロンの塩基配列の突然変異の他に，酵素Aの408番目のアミノ酸がアルギニンからトリプトファンに変化する突然変異や，12番目のエキソンが指定する，413番目のアミノ酸がアルギニンからプロリンに変化する突然変異（1塩基置換）など，数百種類あることが知られている。

⑤▸一遺伝子一酵素説(遺伝情報の発現の研究史)

(1) 遺伝子と酵素の関係や遺伝子の本体がまだ解明されていない時代(1945年)に，**ビードル**と**テータム**はアカパンカビを用いた実験を行い，1つの遺伝子が1つの酵素の合成を支配するという説(**一遺伝子一酵素説**)を提唱し，遺伝子の働きをタンパク質合成に結びつけた。なお，タンパク質のなかには，ヘモグロビンのように複数種類のポリペプチドからなるものがあることから，のちに，1つの遺伝子は1種類のポリペプチドの合成を支配するという**一遺伝子一ポリペプチド説**が提唱された。

参考 アカパンカビは，パンなどに生育する子のう菌の一種であり，遺伝学の研究によく用いられる。その理由としては，世代が短い(1世代が約10日)ことや，個体(菌糸)が単相(n)のため突然変異による形質の変化が表現型にそのまま現れることなどがあげられる。

(2) ビードルとテータムの実験の概略を以下に示す。

①アカパンカビの野生株は，水，種々の無機塩類，糖，および，ビオチン(ビタミンの一種)だけを含む最少培地で生育できる。

参考 1. 微生物，動・植物などを分離して培養し，代々植え継いだ系統を株という。また，自然界における野生集団中で最も高頻度に観察される表現型を野生型といい，野生型の株を野生株という。
2. ある野生株が生育できるような最低限の養分を含む培地を最少培地という。一般に，水，無機塩類，糖(炭水化物)を混合したものであることが多い。

②この野生株にX線や紫外線を照射すると，最少培地では生育できないが，アルギニンというアミノ酸を与えると生育できる突然変異株(アルギニン要求性突然変異株)が得られた。

参考 1. 電気的な力が作用する空間と，磁力の作用する空間の変化によって形成される波を電磁波という。電磁波には長波長側から，電波，遠赤色光(赤外線)，可視光線，紫外線，X線，γ線(放射線の一種)がある。波長の短い紫外線，X線，γ線はエネルギーが大きくDNAに作用して損傷を与え，突然変異を誘発させることがある。自然に起こる突然変異(自然突然変異)に対して，人為的に誘発される変異は人為突然変異と呼ばれる。
2. 最少培地では生育できず，それに特定のアミノ酸やビタミンを加えると生育するのは，突然変異により特定の物質が合成できなくなった突然変異株である。このような株を，栄養要求性突然変異株という。

③アルギニンの他にオルニチンやシトルリンで生育できる突然変異株について，最少培地にシトルリン，アルギニン，オルニチンのいずれか1種類をそれぞれ加えた培地で生育するか否か(栄養要求性)を調べた。その結果，突然変異株は表43-1に示すように3つに分けられた。

④この結果から，アカパンカビの菌体内では，**前駆物質→オルニチン→シトルリン→アルギニン**の順に合成が進行し，変異株Ⅰでは前駆物質からオルニチンを合成する酵素Aが，変異株Ⅱではオルニチンからシトルリンを合

成する酵素Bが，変異株Ⅲではシトルリンからアルギニンを合成する酵素Cがそれぞれ働かないことがわかった。

⑤また，変異株と野生株とを交雑すると，胞子のうにおける減数分裂を経て形成された胞子(n)から，変異株と野生株が同数ずつ生じることが知られており，それぞれの変異株の性質は，いずれも1つの遺伝子の異常によって生じることが推定された。

⑥以上より，表43-1に示すように，1つの遺伝子が1つの酵素の合成を支配し，変異株Ⅰでは酵素Aの合成を支配する遺伝子aに，変異株Ⅱでは酵素Bの合成を支配する遺伝子bに，変異株Ⅲでは酵素Cの合成を支配する遺伝子cにそれぞれ変異が起こっていると結論づけた。

参考 ビードルとテータムは，実際に，変異株Ⅰ，Ⅱ，Ⅲの菌体内では，酵素A，B，Cがそれぞれ合成されていないことを確かめている。

		実験・結果				結論		
		最少培地のみ	最少培地 +オルニチン	最少培地 +シトルリン	最少培地 +アルギニン	前駆物質 →(酵素A⇧遺伝子a) オルニチン	オルニチン →(酵素B⇧遺伝子b) シトルリン	シトルリン →(酵素C⇧遺伝子c) アルギニン
野生株		+	+	+	+	○	○	○
変異株	Ⅰ	−	+	+	+	×	○	○
変異株	Ⅱ	−	−	+	+	○	×	○
変異株	Ⅲ	−	−	−	+	○	○	×

※＋はその培地で生育できることを，−は生育できないことを示す。　※○はその酵素が合成されることを，×は合成されないことを示す。

表43-1　栄養要求性突然変異株の栄養要求性とアルギニン合成経路

栄養要求性突然変異株の作製法

アカパンカビの栄養要求性突然変異株は，すべてがアルギニンを必要とするわけではなく，生育するために最少培地に加えねばならない物質により，アルギニン要求株，リシン要求株などに分けられる。

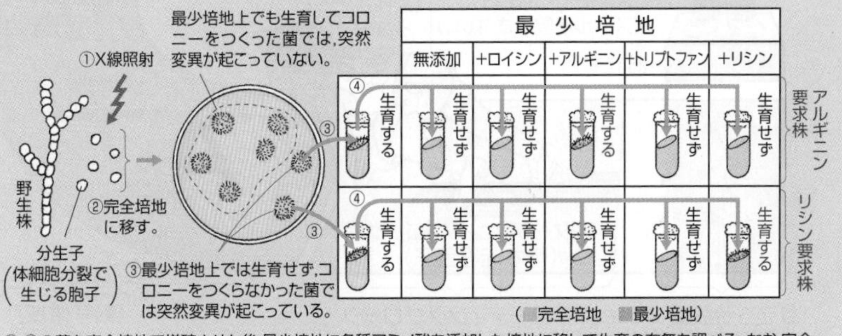

④ ③の菌を完全培地で増殖させた後，最少培地に各種アミノ酸を添加した培地に移して生育の有無を調べる。なお，完全培地とは，微生物や細胞の培養に最適な栄養素を含み，栄養要求性突然変異株の生育を可能にする培地である。

第7章

遺伝子の発現調節（1）

The Purpose of Study 到達目標

1. DNAと遺伝子の関係について説明できる。……p. 393, 394
2. DNAがどのような状態のときに転写が起こるかを言える。……p. 395
3. プロモーター・基本転写因子・転写調節領域・調節タンパク質のそれぞれの用語の意味を言える。……p. 396, 397
4. ホルモンによる遺伝子の発現調節について説明できる。……p. 398, 400
5. パフの位置の変化と遺伝子発現について説明できる。……p. 399, 400
6. RNAによる遺伝子の発現調節（RNA干渉）について説明できる。……p. 401

Visual Study 視覚的理解

真核生物の転写調節のしくみを，イメージとして頭にたたき込もう！

転写調節領域
プロモーター
遺伝子B
転写領域
非転写領域
ゴールライン
（転写終結点）
耳栓
ピストル
スターター
（調節タンパク質）
スターターはお立ち台にのって，耳栓をするとピストルを鳴らす。
（条件がそろわないと，ピストルを鳴らさない。）
ランナー
（RNA ポリメラーゼ）
スターティングブロック上で，ピストルの音を聞くと走り出す。
（条件がそろわないと走らない。）
真核
遺伝子A
お立ち台
スターティングブロック
（基本転写因子）
お立ち台設置ゾーン
（転写調節領域）
スターティングブロック
設置領域（プロモーター）
（非転写領域）
ランニングゾーン
（転写領域）
スタートライン
（転写開始点）

❶▶DNAと遺伝子

1　DNA中の遺伝子

(1) ここまでに，DNAと遺伝子(遺伝情報)について，①～③を学んだ。

①DNAは**遺伝子の本体**であり，遺伝情報を保有している。

②**遺伝情報**はDNAの塩基配列である。

③DNAの遺伝情報をもとにタンパク質やRNAが合成されることを**遺伝情報(遺伝子)の発現**という。

参考 「発現」は，「細胞Aではタンパク質Bが発現している」のように用いられることもある。

(2) (1)の②と③より，遺伝子(DNAの塩基配列)は，タンパク質のアミノ酸配列(タンパク質の一次構造)やRNAの塩基配列を決めるための情報であるとわかる。言い換えれば，**遺伝子**はDNAの塩基配列のうち，**転写される領域**(転写領域)である。

(3) ここで注意しなければならないのは，どの生物においても，DNAの全塩基配列は，そのすべてが遺伝子(転写領域)に相当するわけではなく，遺伝子の領域と遺伝子ではない領域からなっているということである。

(4) 図44-1にヒトの第22染色体における，DNA中の遺伝子の領域を模式的に示した。

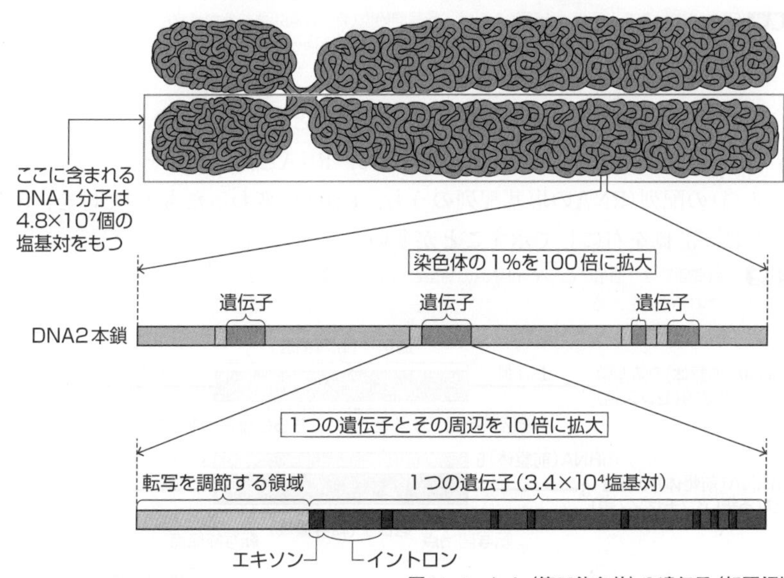

図44-1　ヒト(第22染色体)の遺伝子(転写領域)

第7章

2 遺伝子の発現と表し方

(1) ある遺伝子が，タンパク質Xのアミノ酸配列を指定する場合，「遺伝子がタンパク質Xの遺伝暗号をもつ」あるいは「遺伝子がタンパク質X を**コード**する」という。遺伝子の大部分はタンパク質をコードしているが，一部はtRNAやrRNAなど，RNA自体の情報をもつものもある。

(2) 1つの細胞内に存在しているタンパク質の種類は，遺伝子の数よりはるかに少ないことから，どの細胞においてもすべての遺伝子が常に発現しているというわけではない。

(3) 遺伝子のなかには，ATP合成反応を触媒する酵素の遺伝子のように，どの細胞においても常に発現しているものもあれば，細胞の種類や生体内の状況に応じて発現が変化する遺伝子もある。前者のような発現をする遺伝子を**ハウスキーピング遺伝子**といい，後者のような発現を**選択的遺伝子発現**という。選択的遺伝子発現では，環境や細胞の分化に応じて転写開始が調節されている例がよく知られている。

参考 代謝，遺伝子発現，細胞分裂などに関与する多くの遺伝子がハウスキーピング遺伝子として働いている。

(4) **遺伝子**(**転写領域**)は，DNA中のところどころに存在し，その上流側または下流側の転写されない領域(**非転写領域**)には，遺伝子の発現調節に関する領域が存在し，この領域により転写の開始が制御されている。

参考 DNAにおいて遺伝子の「上流側」とは，転写開始点(転写が開始される塩基)から見て転写が進行する方向(5′→3′)とは逆側を，「下流側」とは，転写終結点(転写が終結する塩基)から見て上流側とは逆側をそれぞれ指している。

(5) DNA中に存在する，ある遺伝子を塩基配列として表すときには，その遺伝子(転写領域)に対応する2本鎖DNAのうち，RNAと同じ配列をもつDNA鎖(センス鎖)の配列(RNAの塩基配列のうち，UがTに変わったもの)だけを，5′側を左に，3′側を右にして示すことが多い。

参考 入試問題では，遺伝子としてmRNAの鋳型となるDNA鎖(アンチセンス鎖)の配列が3′側を左に，5′側を右に示されることもある。

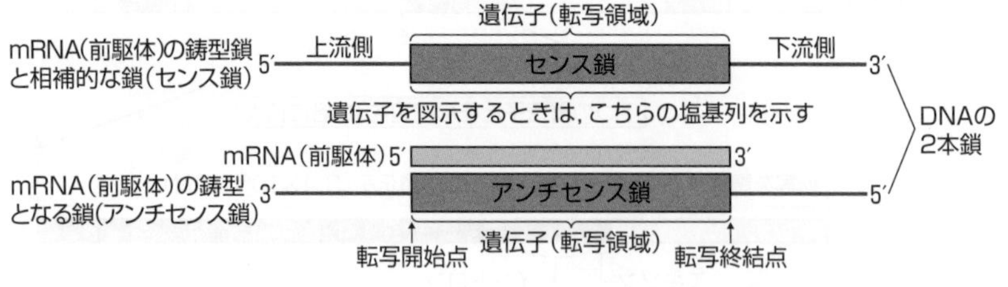

図44-2 遺伝子の表し方

②▶真核生物の遺伝子の発現調節

1 ヒストンによる遺伝子の発現調節

(1) 真核細胞内のDNAは，**ヒストン**というタンパク質とともに何重にも折りたたまれた状態(凝集した**クロマチン(繊維)**)として存在する(図44 - 3左)。このような状態のDNAには，**RNAポリメラーゼ**などの転写に関するタンパク質が結合できないので，転写が起こるためには，まずほどけた状態のクロマチン繊維になることが必要である(図44 - 3右)。

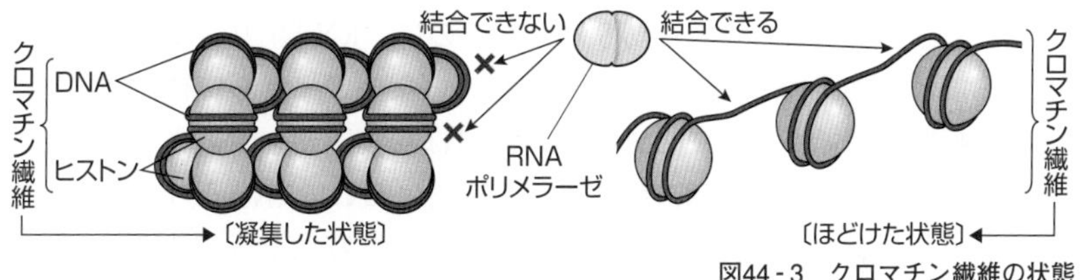

図44 - 3　クロマチン繊維の状態

(2) クロマチン繊維の状態の変化は，ヒストンやDNAにメチル基($-CH_3$)やアセチル基($-COCH_3$)などが結合する(付加される)ことによって起こり，多くの遺伝子の発現調節に関与している。例えば，ヒストンの特定のアミノ酸にメチル基が付加される(ヒストンの**メチル化**が起こる)と，クロマチン繊維の凝集が促進され，ヒストンの特定のアミノ酸にアセチル基などが付加される(ヒストンの**アセチル化**が起こる)と，クロマチン繊維の凝集が抑制される。

参考 メチル化により，ある分子中の比較的反応性の高い原子団(基)である-OHなどが$-CH_3$になると，その分子は化学変化を受けにくく安定な状態になることが多い。

(3) DNAの塩基配列中の特定の領域に存在するシトシン(C)のなかには，メチル化されているものがあり，脊椎動物のDNAにおいてメチル化されたCが多く存在する遺伝子は，その発現が抑制されていることが多い。

参考 DNAのメチル化によって次のような現象が起こる。哺乳類の雌の体細胞に2つあるX染色体のうち，一方の染色体のクロマチン繊維は初期発生の段階で凝集したままの状態が続き，その染色体上の遺伝子の発現が抑制される現象(**ライオニゼーション**☞p.403)がみられる。また，哺乳類の生殖細胞形成過程で，特定の遺伝子に「目印」がつけられ，その「目印」の有無により発現調節が異なる現象(**ゲノム刷込み**，または**ゲノムインプリンティング**☞p.402)などがみられる。

(4) DNAのメチル化とヒストンのメチル化は，互いに関連をもって生じる。

(5) メチル化やアセチル化による遺伝子の発現調節のしくみは，細胞分裂を経て受け継がれ，子孫にも伝えられることがある。このように遺伝子の変化(突然変異)をともなわずに，個体によって異なる遺伝子が発現するしくみを研究する学問をエピジェネティクスという。

2 プロモーターと基本転写因子による遺伝子の発現調節

(1) ヒストンに巻き付いていないDNAを細胞から取り出し，転写領域(遺伝子)だけを切り離したものに，RNAポリメラーゼ，ヌクレオチド，核の抽出物を加えても，転写は起こらないことから，転写開始には転写領域以外にも必要な領域があることがわかる。この領域は転写開始部位の近くに位置し，**RNAポリメラーゼ**が結合して転写の開始を促進する部分，という意味で，**プロモーター**と呼ばれている。

(2) 細胞から取り出し，ヒストンに巻き付いていないDNAから，転写領域とそのプロモーターを含む領域を切り離したものに，RNAポリメラーゼとヌクレオチドだけを加えても転写はほとんど起こらないが，さらに核の抽出物を加えると転写が開始されることから，核内には転写開始を調節する物質があることがわかる。この物質は，転写の開始段階においてRNAポリメラーゼをプロモーターに結合させる働きをもつことから，転写にとって基本的に必要な(必要不可欠な)因子という意味で，**基本転写因子**(きほんてんしゃいんし)と呼ばれる。基本転写因子は，複数のタンパク質からなるタンパク質複合体であることが多い。

(3) 転写が始まる際には，まず，基本転写因子がプロモーターに結合し(図44-4①)，次に，その位置を識別してRNAポリメラーゼが結合する(図44-4②)。

参考 RNAポリメラーゼはDNAと結合しやすい性質をもつが，プロモーターに直接結合するのではなく，まず，DNAのあらゆる場所に非特異的に結合した後，分子運動によりDNA上をスライドするうちに，プロモーターに出合うと，そこに強く結合する。

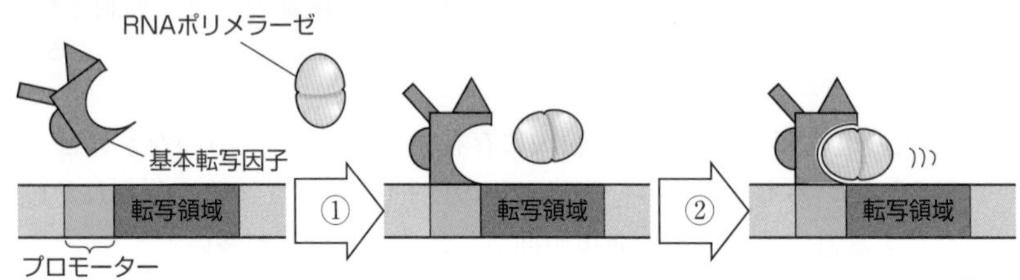

図44-4 基本転写因子による発現調節

(4) このように，基本転写因子がプロモーターと相互作用することで，RNAポリメラーゼが遺伝子に結合できるようになり，転写開始の位置が正確に決められる。また，基本転写因子とプロモーターの相互作用により，転写開始の位置が決められるだけでなく，転写されるmRNAの量や転写の時期などの決定が行われる場合があることも知られている。

参考 転写時には，DNAの複製時と同様，DNAの二重らせん構造(2本鎖)の一部がほどけ，1本ずつの鎖になる。この現象は，DNAの複製時には，複製開始点でDNAヘリカーゼによって引き起こされるが，転写時ではRNAポリメラーゼが結合したプロモーター領域で起こる。

3 調節タンパク質による遺伝子の発現調節

(1) 転写が起こるためには，プロモーターに基本転写因子やRNAポリメラーゼが結合する必要があるが，それだけではほとんど転写は起こらない。

(2) 遺伝子の周囲には，プロモーターの他に転写開始を調節(促進または抑制)する領域があり，この領域を**転写調節領域**(転写調節配列)という。

参考 転写開始を促進する転写調節領域はエンハンサーなどと呼ばれ，転写開始を抑制する転写調節領域はサイレンサーなどと呼ばれる。

(3) 核内には，基本転写因子の他に，転写調節領域に結合して転写の開始を調節するタンパク質があり，これを**調節タンパク質**という。調節タンパク質にはたくさんの種類があり，転写を促進するもの(転写活性化因子)をアクチベーター，抑制するもの(転写抑制因子)をリプレッサー(☞p.406)という。それぞれの調節タンパク質は特定の遺伝子の発現を調節する。

(4) 調節タンパク質をコードする遺伝子は**調節遺伝子**と呼ばれる。ある調節遺伝子の発現も別の調節タンパク質によって調節されている。なお，調節タンパク質以外のタンパク質(例えば酵素など)の遺伝子は**構造遺伝子**と呼ばれる。

(5) プロモーターに基本転写因子やRNAポリメラーゼが結合して複合体(転写複合体)を形成した後，調節タンパク質が転写開始を促進する転写調節領域に結合すると，転写開始が促進される。遺伝子の発現(転写開始)が促進されることを，遺伝子が活性化(転写が活性化)されるという。

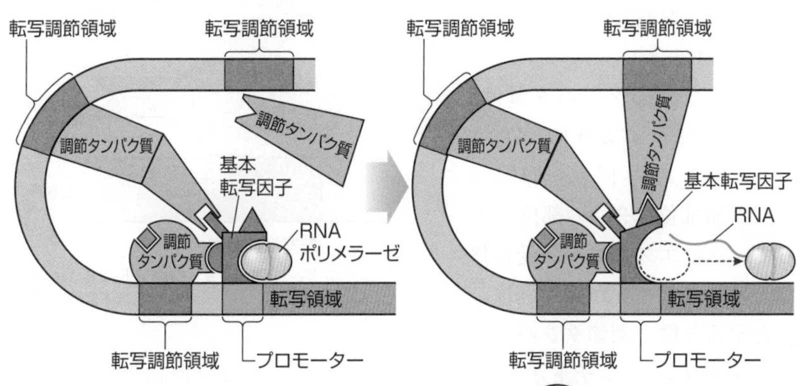

図44-5　調節タンパク質による発現調節

第7章

4 ホルモンによる遺伝子の発現調節

(1) **ホルモン**には，分泌された後に標的細胞の**受容体**と結合し，特定の遺伝子の発現調節を行うことで体内環境の調節を行うものが多い。

(2) 例えば，生殖腺ホルモン，糖質コルチコイド(ともにステロイドホルモン)やチロキシン(アミノ酸からなるホルモン)などの**脂溶性ホルモン**(☞p.197)は，細胞膜の脂質二重層に溶け込み，細胞膜を通り抜けて細胞内の受容体と結合する。これが**調節タンパク質**となって，DNAに結合して特定の遺伝子の転写を促進する。

(3) 鳥類の生殖腺ホルモンの一種であるエストロゲン(脂溶性ホルモン)は，卵巣から分泌された後，血液によって運ばれて輸卵管の細胞に到達すると，細胞膜を通過し(図44-6①)，細胞内の受容体と結合して複合体になる(図44-6②)。この複合体が核内に入り(図44-6③)，卵白アルブミンをコードしている遺伝子を活性化させた結果，卵白アルブミンが盛んに合成される(図44-6④～⑧)。

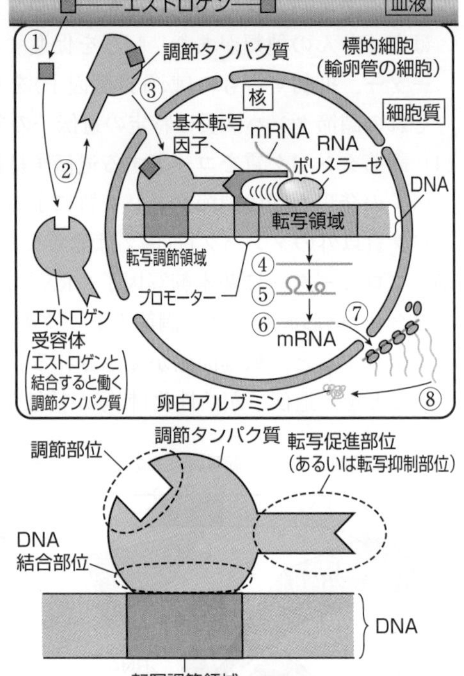

図44-6　卵白アルブミンの合成とエストロゲン受容体

(4) 一般に，調節タンパク質は，図44-6下に示すように，DNA結合部位，転写促進・抑制部位，調節部位の3つの部位をもっている。エストロゲン受容体は，エストロゲンが調節部位に結合すると働く調節タンパク質である。

(5) インスリン(ペプチドホルモン)やアドレナリン(アミノ酸由来のホルモン)などの**水溶性ホルモン**(☞p.197)は，一般に細胞膜を通り抜けることができず，細胞膜表面の受容体に結合して，細胞膜の内側でcAMPなどのセカンドメッセンジャーをつくらせる。このセカンドメッセンジャーは，特定の酵素の活性を調節することもできるが，不活性状態の調節タンパク質を活性化させることで，特定の遺伝子の転写を引き起こすこともできる。

5 パフの変化

(1) ショウジョウバエやユスリカの幼虫のだ腺細胞でみられる**だ腺染色体**(☞p.445)では，**メチルグリーン・ピロニン染色液**によく染まる多数の横じまがあり，これらの横じまがところどころで明確な輪郭を失い，細い糸状の構造体がふき出したように大きく膨らんだパフという構造が現れたり消えたりすることが観察される。

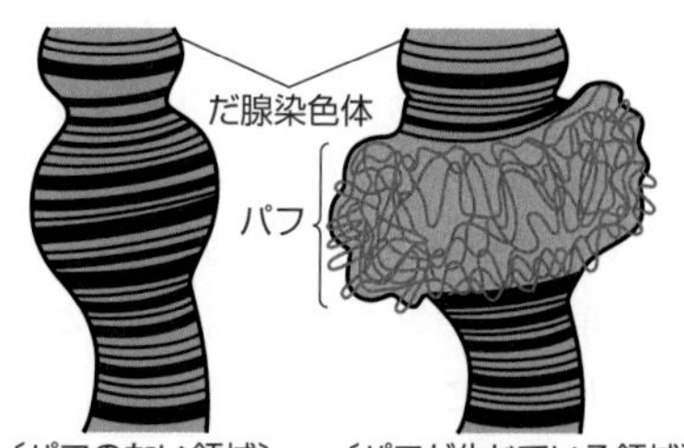

メチルグリーンはDNAを青緑色に染め，ピロニンはRNAを赤桃色に染める。

図44-7　だ腺染色体とパフ

(2) RNAの材料となるがDNAの材料にはならないウリジン(ウラシルとリボースが結合した物質)を放射性同位体の^{3}H(トリチウム)で標識し，ショウジョウバエなど双翅(そうし)類の幼虫に与えると，パフとその周辺に標識ウリジンが多く集まっているのがみられる。このことから，パフの部分では，ある特定の遺伝子が発現し，**RNA(mRNA)の合成**が活発になっていると考えられる。

(3) 染色体上でのパフの位置や大きさは，同一個体でも組織によって異なり，同じ組織であっても発生段階によって変わる。例えば，ショウジョウバエの第Ⅲ染色体上のパフの位置と大きさは，発生の進行にともなって図44-8のように変化する。これは，発生の過程では，さまざまな遺伝子がそれぞれ決まった時期に一時的に発現し，次々と異なったタンパク質が合成され，そのタンパク質の働きによりその時期に見合った形質が現れることを示している。

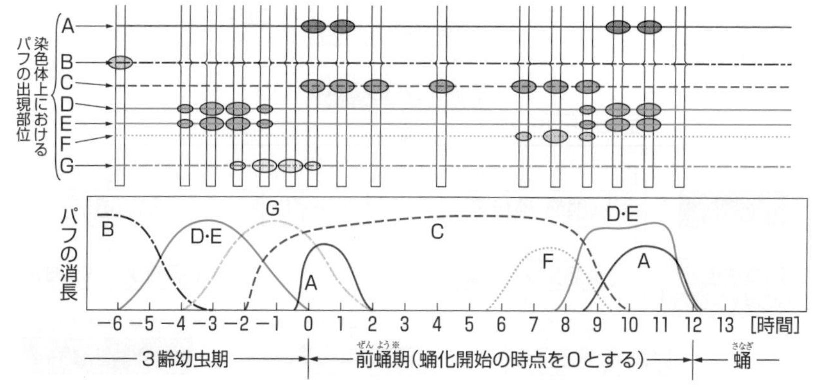

図44-8　キイロショウジョウバエの発生の進行にともなうパフの変化

※前蛹(ぜんよう)とは，完全変態をする昆虫の最終齢の幼虫が，蛹(さなぎ)になるための変態を迎えて，摂食や排便を休止して，不活発になった段階。

第7章

6 調節遺伝子による連鎖反応的調節

(1) ショウジョウバエのだ腺を取り出して培養し，**エクジステロイド**(昆虫の脱皮や変態を誘導するホルモン)を与えると，すぐに染色体の特定の位置に**パフ**(最初のパフ)が現れ，数時間後には染色体の別の位置に別のパフ(第二のパフ)が現れるが，翻訳の阻害剤を加えて同様の実験をすると，最初のパフは現れるが第二のパフは現れない。

(2) これらのことから，エクジステロイドにより，まず，ある遺伝子が活性化して転写が起こり，最初のパフが現れ，その部位で起こる転写で生じたmRNAの翻訳により特定のタンパク質が合成され，そのタンパク質が第二のパフの遺伝子発現を促進する**調節タンパク質**として働いたと考えられる。

(3) ショウジョウバエに限らず生物の発生の過程では，ある調節遺伝子が発現し，その遺伝子から合成された調節タンパク質が，単独で，または他の調節タンパク質と協働してその支配下にある多くの遺伝子を連鎖反応的に活性化させるという現象が知られている(図44-9)。

(4) 例えば，動物の発生において筋肉の筋細胞が分化する過程では，未分化な細胞では発現していなかったMyoDという調節遺伝子の転写が，発生の進行にともなって生産される因子(Mrf4と呼ばれるタンパク質など)により誘導され，MyoDタンパク質(ミオプラストD)という調節タンパク質がつくられる。MyoDタンパク質の働きにより，筋肉に必要なアクチンやミオシンなどの遺伝子が発現し，前駆細胞(筋芽細胞)となり，さらにその後さまざまな調節遺伝子が働くことにより筋細胞へと分化する。なお，MyoD自身の発現もMyoDタンパク質に調節されている。

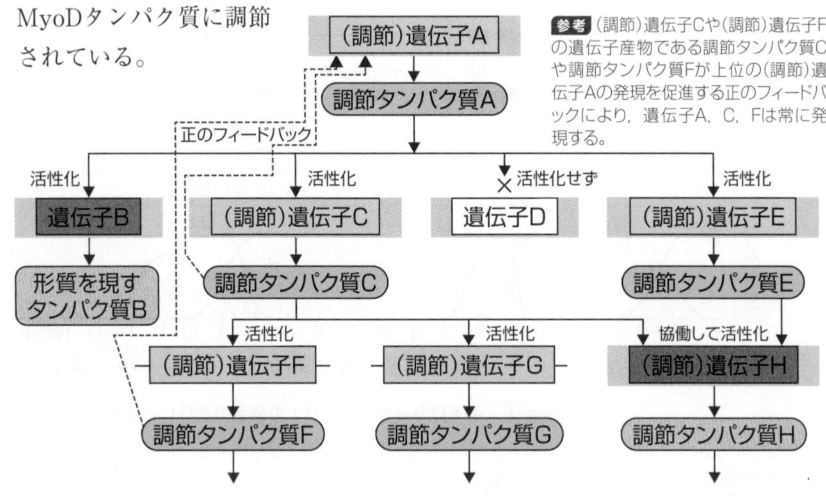

図44-9　調節遺伝子による連鎖反応的調節

7 RNAによる遺伝子の発現調節

(1) 遺伝子発現の調節は，転写段階での調節によって行われることが多いが，翻訳段階での調節も知られている。その一例を以下に示す。

(2) RNAには，mRNA，tRNA，rRNA以外のタンパク質をコードしていない遺伝子から転写される分子量の小さいRNA(マイクロRNA，miRNA)がある。この小さなRNAのなかには，図44-10①～⑥に示すように，タンパク質(アルゴノートと呼ばれる酵素など)と結合して複合体(RISC)になった後，相補的な塩基配列をもつmRNAに結合して，翻訳を阻害したりmRNAを分解したりする働きをもつものがある。このようなRNAによって翻訳が妨げられたり，mRNAが分解されたりする現象を**RNA干渉**(**RNAi**)という。

参考 RNAiはRNA interference(干渉)の略であり，この現象は1998年にA.Z.Fire(ファイアー)とC. C.Mello(メロー)によって発見された。彼らは，2006年にノーベル生理学・医学賞を受賞した。ヒトでは，全遺伝子のうち3分の1以上がRNA干渉を受けていると考えられている。

(3) RNA干渉は，図44-10⑦～⑭に示すように，外部から侵入したRNAに対してもみられる。真核生物が，1本鎖のRNAを遺伝子としてもつウイルスに感染し，細胞内に1本鎖RNAが侵入した場合，この1本鎖RNAのなかには複製時に2本鎖RNAを形成するものがある。このような2本鎖RNAは，酵素(ダイサー)によって断片に切断された後に1本鎖になり，タンパク質と結合して複合体を形成し，相補的な塩基配列をもつ外部からのRNAに結合して分解する。この現象は，菌類やペチュニアなどの植物，センチュウなどの多くの生物でみられ，これらの生物において生体防御の役割を担っていると考えられている。

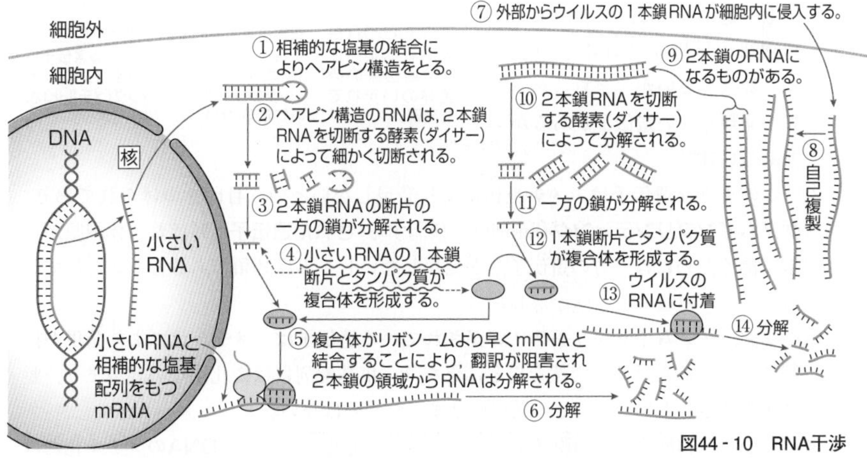

図44-10　RNA干渉

もっと広く深く DNAのメチル化(☞p.395)

1 DNAのメチル化による全能性の抑制と初期化

(1) 体細胞は受精卵と同様，すべての遺伝情報をもつが，すべてが同時に発現するのではなく，からだの部位や発生の段階により発現する遺伝子は異なっている。つまり，体細胞には発現が抑制されている遺伝子が多数ある。

(2) この遺伝子発現の抑制には，プロモーターや調節領域などによるものと，DNAの塩基(特にシトシン)の水素がメチル基に置換されることによるものがある。後者を分化にともなう**DNAのメチル化**という。言い換えれば，メチル化により，細胞の全能性が抑制されているのである。

(3) 体細胞クローンの作製では，メチル化の解除(脱メチル化)などで体細胞を未分化状態に戻す処理(**初期化**)を行い，全能性や多能性を再び獲得させる必要がある。

(4) 現在ではヒツジ以外に，ウシ，マウス，ブタ，ヤギなどの体細胞クローンが存在するが，作製の成功率は非常に低く，産まれても早期に死亡する場合が多い。これは，脱メチル化が正常に行われないためと考えられている。

2 ゲノムインプリンティング

(1) 哺乳類では，メチル化が単為発生(卵が受精せずに発生すること)を抑制していることや，精核または卵核どうしの融合で得た胚が致死となることが知られている。正常な発生には両親のゲノムが必要である。これは，哺乳類の常染色体上の遺伝子には，父親由来と母親由来の区別をされるものがあり，数は少ないが，どちらか一方しか発現しない遺伝子があるからである(右図)。

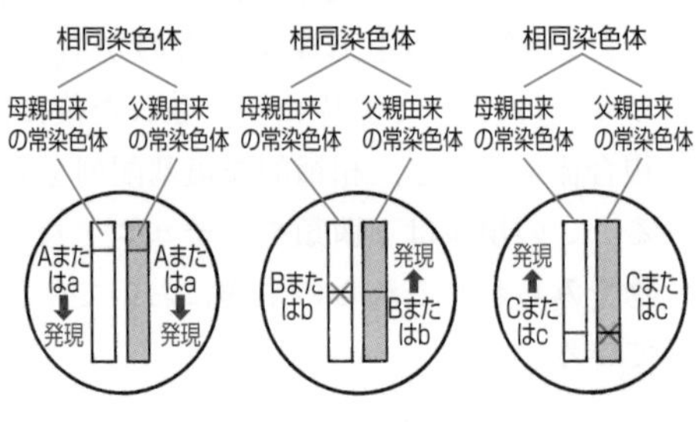

(2) このような遺伝子は，メチル化により発現しないという目印をつけられており，**ゲノムインプリンティング**(imprint＝刻印する)**された遺伝子**と呼ばれ，体細胞が正常に働くためには一方の遺伝子しか発現しないしくみは必須であると考えられている。

(3) なお，ゲノムインプリンティングされている遺伝子は，メチル化により発現が抑制されているだけで，突然変異とは異なり，塩基配列には変化がない。つまり，脱メチル化された場合にはその発現にはまったく差はない。

(4) しかし，初期化の際の脱メチル化によって，分化にともなうDNAのメチル化だけでなく，このゲノムインプリンティングの目印であるメチル化がなくなってしまうことが，体細胞クローン作製において大きな問題となっている。

3 X染色体の不活性化（ライオニゼーション）

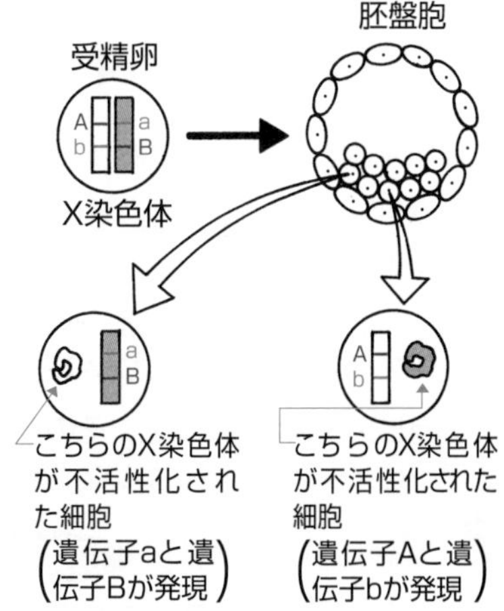

(1) 常染色体においてみられるゲノムインプリンティングに似た現象は，性染色体でもみられる。哺乳類の性決定様式はXY型で，雌にある2本のX染色体のうち，1本はメチル化により凝集した構造をとっており，ほぼ全部の遺伝子が転写されない状態（不活性化された状態）になっている。

(2) このように雌の体細胞の2本のX染色体のうち，一方が不活性化されていることを**ライオニゼーション**（Lyonization）といい，これにより，X染色体の数にかかわらず，雄も雌もX染色体上の遺伝子の発現量（mRNA量）は同じになっている。

(3) また，ライオニゼーションは，X染色体が両親のどちらに由来しているかには関係なく，発生のある時期に細胞ごとにランダムに起こる。その後，不活性化されたX染色体は変更されることなく分裂後の細胞に引き継がれる。

(4) したがって，X染色体上の対立遺伝子がヘテロ接合（上図のAaBb）である場合には，細胞によって異なる対立遺伝子が発現するモザイク状態となる。

(5) 例えば，ネコの体色に関する対立遺伝子は，X染色体上の毛色がオレンジ色になる遺伝子Oと黒色になる遺伝子o，常染色体上の白斑遺伝子Sと斑なし遺伝子sがあり，これらの組み合わせで三毛猫が生じている。

(6) つまり，雌の2本のX染色体の一方が，ライオニゼーションで不活性化されると，遺伝子型がOoの雌は，OのあるX染色体が活性をもつ部分（オレンジ色）とoのあるX染色体が活性をもつ部分（黒色）が斑となる。ここに，常染色体のSSまたはSsによる白斑が生じると，オレンジ・黒・白の三毛猫となる。

(7) なお，雄では，X染色体が1本でライオニゼーションが起こらないが，まれに起こる染色体数の異常でXXYとなった場合にのみライオニゼーションが起こって三毛猫となるので，雄の三毛猫は非常に珍しい。

第45講 遺伝子の発現調節（2）

The Purpose of Study 到達目標

1. 原核生物と真核生物における遺伝子発現の違いを言える。 p. 405
2. ラクトースオペロンと，その遺伝子発現における
ラクトースの働きについて説明できる。 p. 406, 407
3. トリプトファンオペロンと，その遺伝子発現における
トリプトファンの働きについて説明できる。 p. 408
4. アラビノースオペロンと，その遺伝子発現における
アラビノースの働きについて説明できる。 p. 409

Visual Study 視覚的理解

ラクトースオペロンによる調節をイメージしよう！

ラクトース
代謝産物が
ない場合
（グルコースはある）

私は，調節遺伝子の情報をもとにつくられました。
オペレーターの上にいる限り，RNA ポリメラーゼは通しません！

ラクトースオペロン以外のオペロン

調節遺伝子
プロモーター
遺伝子 f
遺伝子 e
遺伝子 d
オペレーター
プロモーター

あいつがいると
スタートできん。

原核

リプレッサー

プロモーター
オペレーター
遺伝子 a
遺伝子 b
遺伝子 c

RNA ポリメラーゼ

ラクトースオペロン

ラクトース
代謝産物が
ある場合
（グルコースはない）

ラクトースと結合すると，
オペレーターの上に
いられなくなるんじゃー。

リプレッサーがジャマしなければ
オペロンを構成する遺伝子(a～c)
をイッキに転写してやるぜ。
シャーァ‼

調節遺伝子
遺伝子 f
遺伝子 e
遺伝子 d

遺伝子aの mRNA
遺伝子bの mRNA
遺伝子cの mRNA

原核

プロモーター
オペレーター
遺伝子 a
遺伝子 b
遺伝子 c

1 ▶ 原核生物と真核生物の遺伝子の発現の比較

(1) 真核細胞内と同様，原核細胞内に存在しているタンパク質の種類は，遺伝子の数より少ない。

(2) これは，原核細胞内の遺伝子のなかには，呼吸におけるATP合成反応を触媒する酵素の遺伝子(ハウスキーピング遺伝子)のように，常に発現しているものと，細胞内外の環境に応じて発現が変化するものがあるからである。つまり，原核生物においても真核生物と同じように，構成的発現と調節的発現が行われている。

参考 調節的発現により合成量が変化する酵素のうち，細胞に特定の物質(誘導物質)を加えたとき，それに応答して合成速度が増加する酵素を誘導酵素または誘導性酵素といい，特定の物質の添加によって合成が抑制される酵素を抑制酵素(抑制性酵素)という。

(3) ただし，原核生物の遺伝子発現のしくみが真核生物のそれとまったく同じというわけではない。p.380表42 - 4に示した遺伝子発現の過程以外にも相違点はある。

(4) 例えば，原核生物(細菌)のDNAは**ヒストン**と結合していないので，転写開始時におけるヒストンによる調節はない。

(5) 真核生物の転写調節には**プロモーター**，**RNAポリメラーゼ**の他に**転写調節領域**などと呼ばれるDNA領域と，**基本転写因子**，アクチベーターやリプレッサーなどと呼ばれる**調節タンパク質**などが関与している。

参考 1. 真核生物のRNAポリメラーゼは基本転写因子とともにプロモーターに結合するが，原核生物のRNAポリメラーゼは単独でプロモーターに結合する。

2. 転写調節領域のうちで転写を促進するエンハンサーや転写を抑制するサイレンサーは，遺伝子より100000塩基対も上流，あるいは，遺伝子の内部や下流に存在することもあり，それ自身の塩基配列の方向性や，プロモーターからの距離や位置により，促進(抑制)作用は大きな影響を受けない。

(6) これに対して原核生物の転写調節には，プロモーター，RNAポリメラーゼ，**リプレッサー**などと呼ばれる調節タンパク質などの他に**オペレーター**と呼ばれる転写調節領域が関与している。

(7) また，多くの原核生物では，まとまって転写調節を受ける複数の遺伝子が1本のDNAに存在し，転写を調節する1つの領域に支配されている。

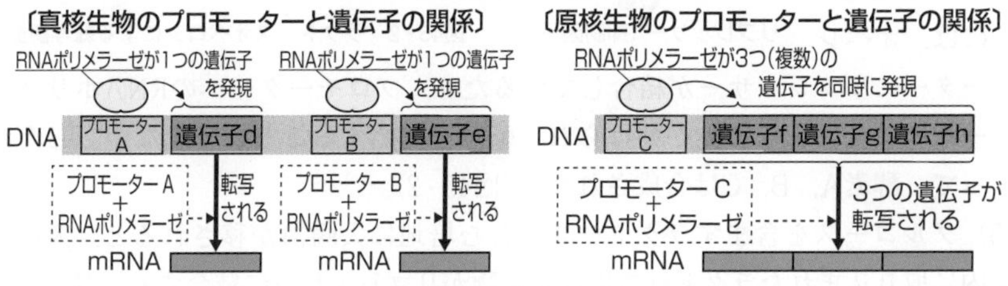

図45 - 1　真核生物と原核生物のそれぞれにおけるプロモーターと遺伝子の関係

❷ ラクトースオペロン

(1) 原核生物では，機能的に関連した複数のタンパク質の情報(遺伝子)が，DNA上に隣接して存在し，まとめて**転写**されることがある。このような複数の遺伝子(遺伝子群)からなる転写単位を**オペロン**という。オペロンを単位として転写が起こることにより，複数の遺伝子の発現が同時に調節される。

参考 まとめて転写される複数の遺伝子と，それらの遺伝子の発現を調節する部位(オペレーターやプロモーターなど)をあわせてオペロンと呼ぶこともある。

(2) 大腸菌がエネルギー源として**ラクトース**(乳糖：グルコースとガラクトースが結合した二糖類)のみを利用するときには，**ラクトース分解酵素**が必要になる。グルコースを含む培地で培養されている大腸菌は，グルコースの代わりにラクトースを含む培地に移されても，すぐにはラクトースを利用できない。しかし，やがて大腸菌はラクトースの取り込み・分解などに関与する3種類の酵素(酵素A，B，Cとする)を合成し，ラクトースを分解して利用できるようになる。このような現象を，**酵素の誘導**という。

(3) 大腸菌のラクトースの分解などにかかわる3種類の酵素の遺伝子(遺伝子a，b，cとする)は，**ラクトースオペロン**を形成し，その発現が同時に調節されている。原核生物の転写開始には，**プロモーター**，**RNAポリメラーゼ**の他に，**オペレーター**と呼ばれる塩基配列が重要な役割を果たしている。オペレーターは，転写を抑制する調節タンパク質である**リプレッサー**(抑制因子)が結合するDNA上の部位である。

参考 調節遺伝子はハウスキーピング遺伝子の一種であり，常時発現して調節タンパク質を生成している。

①ラクトースを含まない(グルコースを含む)培地の場合

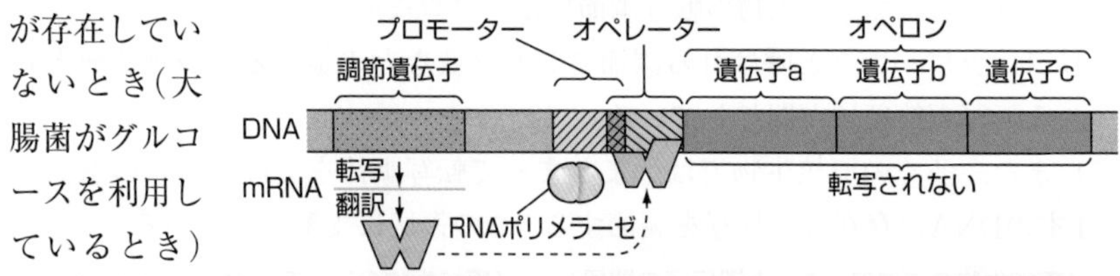

図45-2 ラクトースオペロンによる転写調節①

(4) ラクトースが存在していないとき(大腸菌がグルコースを利用しているとき)には，オペレーターにリプレッサーが結合しているため，プロモーターへのRNAポリメラーゼの結合および移動が妨げられ，転写を開始することができない。したがって，酵素A，B，Cは合成されない(図45-2)。

(5) グルコースを含まずラクトースを含む培地に大腸菌が移されると，大腸菌内に取り込まれたラクトースの代謝産物がリプレッサーに結合する。リプレッサーは，ラクトースの代謝産物の結合によって構造が変化し，オペレーターに結合できなくなる。すると，**RNAポリメラーゼ**が**プロモーター**に結合して移動できるようになり，ラクトースの分解・取り込みに関する酵素A，B，Cの遺伝子a，b，cの転写が開始され，酵素が合成されるようになる(図45-3)。

②ラクトースを含む(グルコースは含まない)培地の場合

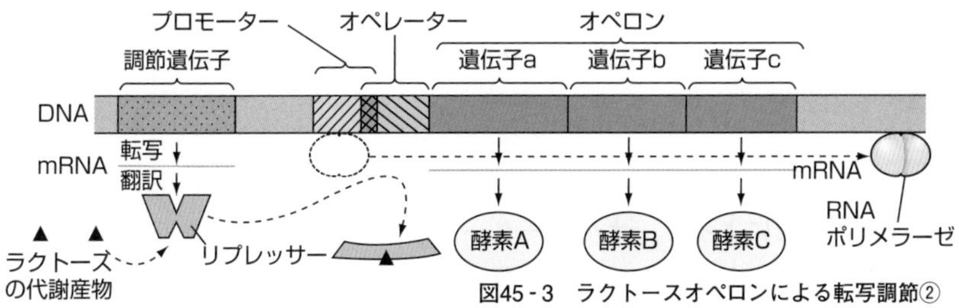

図45-3　ラクトースオペロンによる転写調節②

参考 1. 図45-3の酵素Aはラクトースを加水分解する酵素であるβ-ガラクトシダーゼ(ラクターゼ)，酵素Bは細菌の細胞膜を介したラクトース輸送に必要な酵素であるガラクトシドパーミアーゼである。酵素Cはガラクトシドアセチルトランスフェラーゼであり，ラクトースの代謝には必要ないが，ガラクトシドパーミアーゼがラクトースと一緒に運び込む有毒物質を無毒化する役割を果たすと考えられている酵素である。

2. ラクトースの代謝産物は，グルコースとガラクトースからなるが，ラクトースとは結合の仕方が異なる二糖類であり，アロラクトースと呼ばれる。アロラクトースは，β-ガラクトシダーゼによる反応の副産物であり，新たな酵素合成が起こる前から存在したわずか数分子のβ-ガラクトシダーゼによって少量生産される。

(6) オペロンを単位とする遺伝子の発現調節のしくみは，1961年，**ジャコブ**と**モノー**らによって提唱され，**オペロン説**と呼ばれている。

(7) IPTGは，ラクトースの代謝産物に類似した構造をもち，リプレッサーに強く結合してリプレッサーがオペレーターに結合することを阻害する化合物である。X-galは，β-ガラクトシダーゼに分解されると青色の物質を生じる化合物である。これらの物質を用いて，遺伝子の発現調節に関する **[実験]** を行った。

[実験] 大腸菌の生育に必要なアミノ酸・無機塩類・ビタミンなどに，①IPTGとX-galの両方，②X-galのみをそれぞれ加えた培地で大腸菌を培養すると，①を添加した培地では青色のコロニーが観察されたが，②を添加した培地では観察されなかった。

参考 IPTGはラクトースのようにβ-ガラクトシダーゼにより分解されないので，リプレッサーのオペレーターへの結合を阻害する効果は，ラクトースより長時間続く。

[考察] IPTGによりリプレッサーがオペレーターに結合できない場合に，mRNAによりラクトースオペロンが転写されβ-ガラクトシダーゼがX-galを分解して青色の物質を生じさせたことがわかる。

第7章

❸ ▶ トリプトファンオペロン

(1) 大腸菌には，酵素合成を誘導するしくみのほか，酵素合成を抑制(転写を抑制)するしくみも存在する。大腸菌のDNAには，トリプトファンというアミノ酸の合成に関与するいくつかの遺伝子(遺伝子d，e，f，g，hとする)が並列している領域(**トリプトファンオペロン**)があり，プロモーターやオペレーター，複数の遺伝子の配列はラクトースオペロンと類似している。

参考 ラクトースオペロンでは，オペレーターはプロモーターの下流側にあり，両者の領域は一部で重複しているが，トリプトファンオペロンでは，オペレーターがプロモーターの中央部にある。

(2) しかし，ラクトースオペロンとは逆に，リプレッサーにトリプトファンが結合することによって，オペレーターにリプレッサーが結合できるようになる。このため，トリプトファンがない場合には遺伝子の発現が起こり，複数の酵素(酵素D，E，F，G，Hとする)が合成されるが，トリプトファンがある場合には転写が抑制されるので，酵素は合成されない(図45-4)。

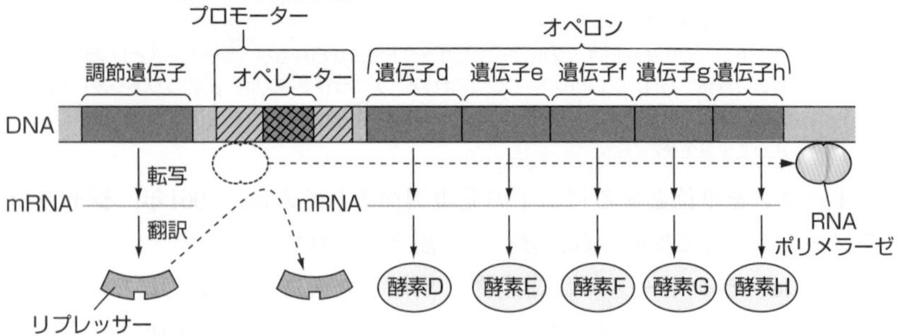

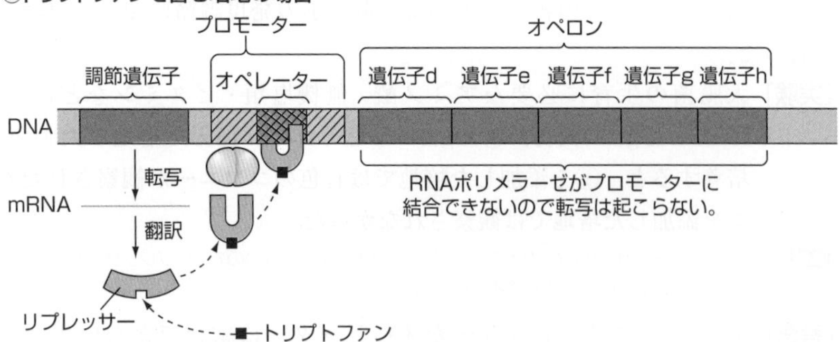

図45-4　トリプトファンオペロンによる転写調節

4 ▶アラビノースオペロン

(1) 大腸菌はアラビノースという糖(単糖類の一種)が与えられると，アラビノースの分解に関与する3種類の酵素(酵素I，J，Kとする)を合成する。アラビノースを含まずグルコースを含む培地で培養されている大腸菌では，**調節タンパク質**がプロモーターの上流側で，離れた2か所の領域(転写調節領域1と転写調節領域2)に結合して，DNAの一部をループ構造にすると，RNAポリメラーゼがプロモーターに結合できなくなるので，転写は起こらない。

(2) 大腸菌を，グルコースを含まず，アラビノースを含む培地で培養すると，調節タンパク質がアラビノースと結合し，その立体構造を変化させて，プロモーターに隣接した領域(転写調節領域3)に結合し，RNAポリメラーゼがプロモーターに結合できるようになるので，転写が起こる。このような働きをする調節タンパク質を**活性化因子**という。活性化因子が結合することによって転写が促進されるような調節を**正の調節**(正の制御)という。

(3) これに対して，大腸菌のラクトースオペロンやトリプトファンオペロンでは，リプレッサーがオペレーターに結合すると転写が抑制される。このようなリプレッサーによる調節を**負の調節**(負の制御)という。

参考 アラビノースを含まない培地で培養されている大腸菌では，調節タンパク質が転写調節領域1(オペレーター)と転写調節領域2(オペレーター)に結合して転写を抑制している。このとき，調節タンパク質はリプレッサーとして働いているので，負の調節が行われている。

①アラビノースを含まない（グルコースを含む）培地の場合

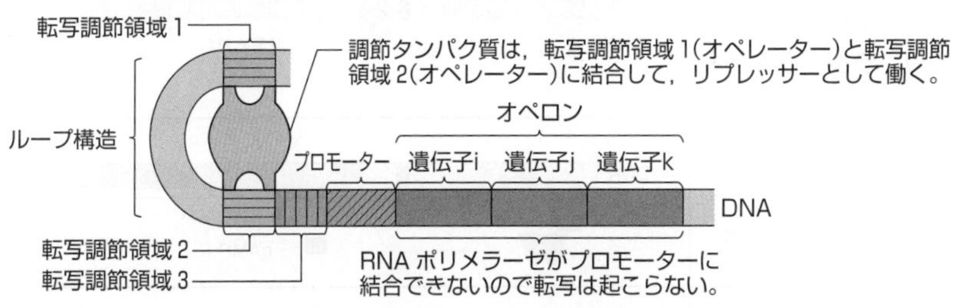

②アラビノースを含む（グルコースを含まない）培地の場合

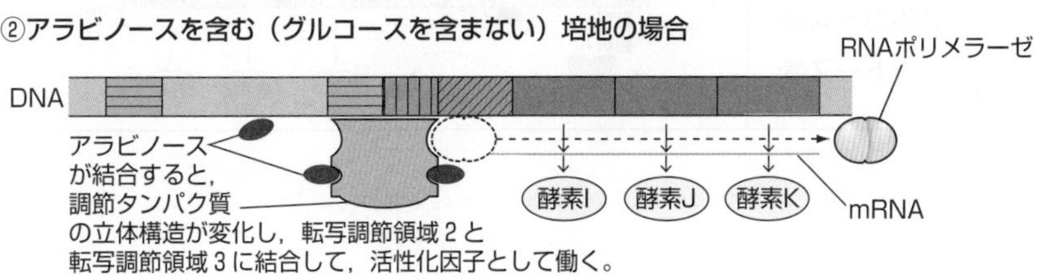

図45-5 アラビノースオペロンによる転写調節

もっと広く深く　ラクトースオペロンにおける正の調節

ラクトースオペロンのプロモーターのすぐ上流には，遺伝子発現の転写調節領域があり，**CAP結合部位**と呼ばれる。このCAP結合部位に，**CAP**(catabolite activator proteinの略)と呼ばれるタンパク質(mRNAの5′末端に付加されるキャップとは別の物質であり，CRP(cAMP receptor proteinの略)とも呼ばれるタンパク質)にcAMPが結合した**CAP－cAMP複合体**が結合すると，RNAポリメラーゼがプロモーターに結合できるようになる。なお，CAP単独ではCAP結合部位に結合できず，cAMPは，グルコース存在下の細菌では合成されないが，グルコース非存在下の細菌では盛んに合成される。したがって，大腸菌内にグルコースが存在していると，ラクトースの存在の有無にかかわらず，ラクトースオペロンの発現は抑制される。一方，大腸菌内にグルコースが存在せず，ラクトースが存在していると，ラクトースオペロンの発現は促進される。これは，cAMPを必要とする活性化因子であるCAPによる正の調節である。つまり，ラクトースオペロンは，リプレッサーによる負の調節と，活性化因子による正の調節の両方によって，遺伝子の発現が調節されているのである。細菌におけるグルコースとラクトースの存在の有無と遺伝子発現の関係を以下にまとめた。

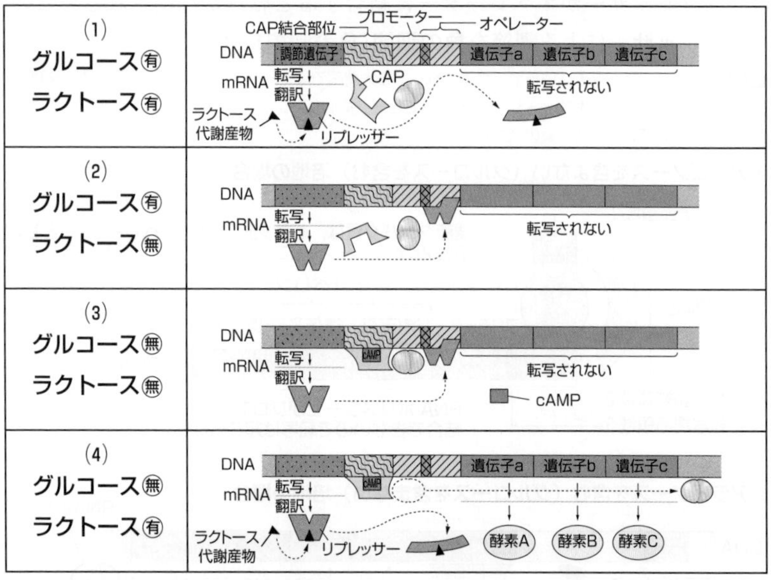

第 8 章

減数分裂と遺伝情報の分配

染色体と生殖・減数分裂

The Purpose of Study 到達目標

1. 染色体数の構成についてヒトを例に説明できる。 …… p. 413
2. 遺伝子座・対立遺伝子・遺伝子型という用語を説明できる。 …… p. 413
3. 性染色体による性決定の様式を，例をあげながら説明できる。 …… p. 414
4. 「ゲノムとは何か」と，ヒトゲノムの総塩基対数を言える。 …… p. 414, 415
5. 有性生殖と無性生殖の例（様式と生物名）を具体的にあげた後，両者の特徴を言える。 …… p. 415, 416
6. 減数分裂の過程を，簡単に図示しながら説明できる。 …… p. 417
7. 減数分裂と体細胞分裂にともなうDNA量の変化のグラフを描ける。 …… p. 418

Visual Study 視覚的理解

減数分裂の意義を正しく理解しよう！

〔減数分裂による配偶子形成と受精〕

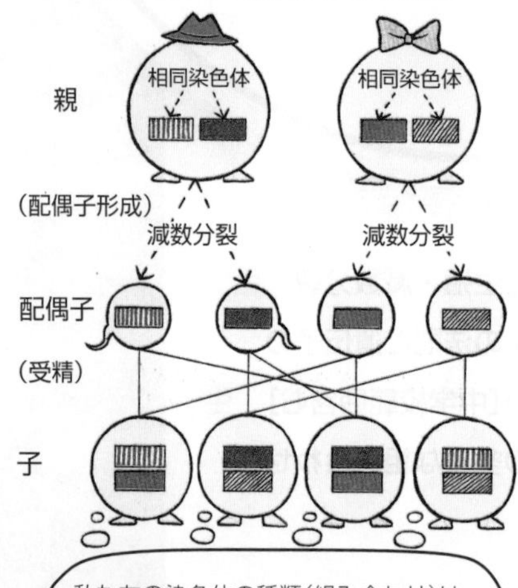

〔体細胞分裂による配偶子形成と受精が行われるとすれば〕

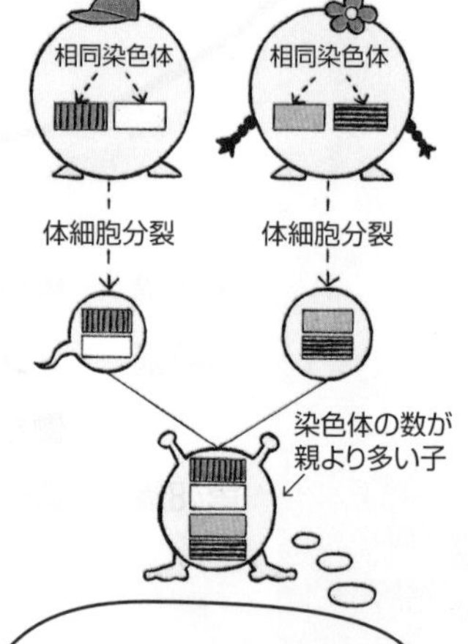

私たちの染色体の種類（組み合わせ）は，父さんとも母さんとも違ってて，遺伝的多様性が高くなってるけど，染色体の数は同じだ。ヨカッタ。これは，父さんと母さんが減数分裂によって配偶子をつくってくれたからだネ。

もし，父さんや母さんの体細胞と同じように，配偶子を体細胞分裂でつくるとすると，世代が進むに従って染色体がどんどん増えて，厄介なことになるナァ。

1 ▸ 染色体数の構成

(1) 体細胞中に対をなして存在している形と大きさが等しい染色体を**相同染色体**という。一方は母方から，他方は父方からそれぞれ受け継がれたものである。

(2) 雌雄によって組み合わせ(構成)が異なる染色体を**性染色体**といい，それ以外の雌雄で共通する染色体を**常染色体**という。

(3) ヒトの体細胞には**46本**の染色体が存在し，そのうちの44本は常染色体であり，残りの2本は性染色体である。ヒトの性染色体のうち，大きい方は**X染色体**と呼ばれ男女に共通してみられるが，小さい方は**Y染色体**と呼ばれ男性にしかみられない。

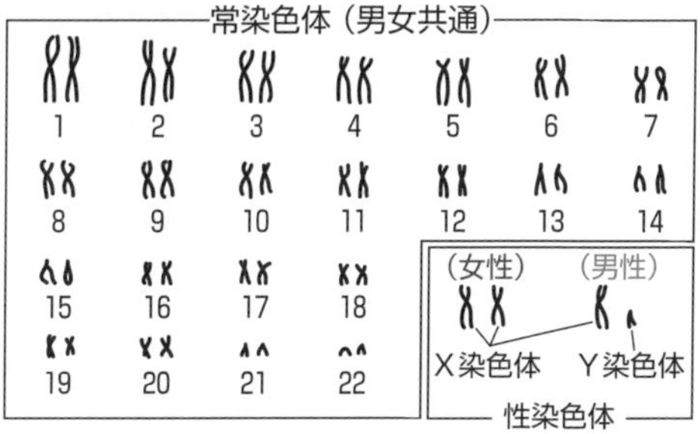

常染色体（男女共通）
1 2 3 4 5 6 7
8 9 10 11 12 13 14
15 16 17 18
19 20 21 22
（女性）（男性）
X染色体　Y染色体
性染色体

図46 - 1　ヒトの染色体

参考 キイロショウジョウバエも性染色体として大きいX染色体と小さいY染色体をもつが，図ではY染色体よりもX染色体の方が小さく描かれることも多い。

(4) 核の染色体数の構成を**核相**という。核相は，染色体(ゲノム☞p.414)のセット数で表され，体細胞のように相同染色体を2組含み，ゲノムを2セットもつ細胞の核相を**複相**(**2**n)といい，卵や精子のようにゲノムを1セットもつ細胞の核相を**単相**(n)という。ヒトの体細胞の核相は**2**n **= 46**と表される。

参考 核相が単相(n)の例として，生殖細胞のほかに，原核生物の細胞や，一部の真核生物(クラミドモナス，酵母など)の細胞がある。

2 ▸ 染色体と遺伝子

(1) ある形質に関する遺伝子が染色体の中で占めている特定の位置を**遺伝子座**といい，遺伝子座は同じ種の生物では共通である。

(2) 同じ遺伝子座に存在する複数の異なる遺伝子をそれぞれ**対立遺伝子**(アレル)という。

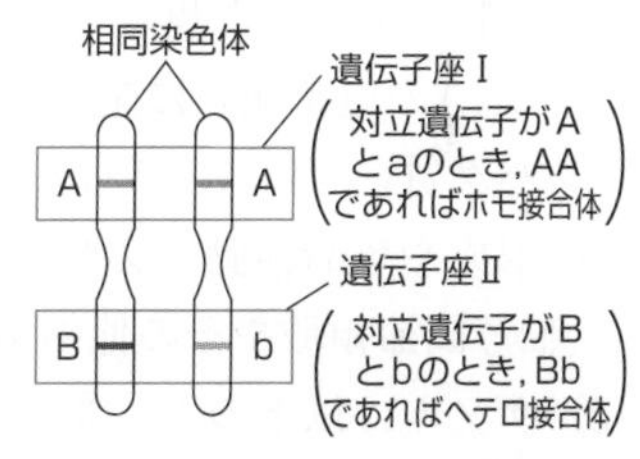

図46 - 2　染色体と遺伝子座

参考 1つの遺伝子座を占める遺伝子は1つのみだが，その遺伝子の種類は1種類とは限らず，2種類以上あることが多い。つまり，野生型遺伝子(正常遺伝子)と，野生型遺伝子に突然変異が生じた変異型遺伝子(異常遺伝子)の2種類以上があり，これらの遺伝子の総称が対立遺伝子である。

(3) 1対の相同染色体において，着目する遺伝子座の遺伝子がAAやaaのように同じである場合(どちらの遺伝子も同一の塩基配列をもつ場合)を**ホモ接合**といい，AaやBbのように異なる場合を**ヘテロ接合**という。また，その個体をそれぞれ，**ホモ接合体**，**ヘテロ接合体**という。

第8章

③ ▸ 性染色体と性決定

(1) 受精を行う多くの生物では，受精の際の**性染色体**の組み合わせによって性が決定され，その様式は表46 - 1のように分類される。

(2) 表46 - 1のどの型でも理論上，雄と雌が1：1で生まれる。

(3) ヒトのY染色体は，X染色体と大きさや形が異なるが，減数分裂の過程で対合するので，X染色体と対をなす相同染色体とみなされる。

型		配偶子形成（Aは常染色体の1組を表す。）	例
雄ヘテロ型（雌では性染色体のXがホモ）	XY型	(♀) 2A+XX → A+X (♂) 2A+XY → A+X, A+Y → 2A+XX (♀) → 2A+XY (♂)	ヒト・ネコなどの哺乳類，キイロショウジョウバエなど
	XO型	(♀) 2A+XX → A+X (♂) 2A+X → A+X, A → 2A+XX (♀) → 2A+X (♂)	トンボ・バッタ・スズムシ・コオロギなどの昆虫類，ヤマノイモなど
雌ヘテロ型（雄では性染色体のZがホモ）	ZW型	(♀) 2A+ZW → A+W, A+Z (♂) 2A+ZZ → A+Z → 2A+ZW (♀) → 2A+ZZ (♂)	ニワトリ，カイコガなど
	ZO型	(♀) 2A+Z → A, A+Z (♂) 2A+ZZ → A+Z → 2A+Z (♀) → 2A+ZZ (♂)	ドバト，トビケラ，ミノガなど

表46 - 1　性染色体による性決定の様式

参考 哺乳類では，Y染色体は，X染色体より小さく，含む遺伝子の数も少ないが，性を決める重要な遺伝子であるSRY(sex determining region Y)などを含んでいる。SRYは，発生において，生殖腺が精巣になるように働き，その個体を雄にする。SRYが働かない場合には，生殖腺は卵巣に分化し，その個体は雌となる。

④ ▸ ゲノムとは

(1) 生物のある種を規定するのに必要な遺伝情報全体を**ゲノム**という。

(2) DNAの塩基配列に記されている生物の遺伝情報のうち，遺伝子が個々のタンパク質(一部はRNA)の情報であるのに対して，ゲノムは，その生物(個体)の形成や生命活動に必要な全遺伝情報であり，遺伝子(転写領域)以外の領域(転写調節領域やその他の領域)も含んでいる。

(3) ゲノムは以下の①～③のように表されることもある。

①ある生物の体細胞内にある相同染色体の片方のセットに含まれる遺伝情報。

②ある生物の生殖細胞(卵や精子など)に含まれる遺伝情報。

③核相nの細胞がもつDNAの全遺伝情報。

(4) 真核生物では，核内の染色体(染色体ゲノム)に加えて，ミトコンドリアや葉緑体にもDNAが存在し，これらのDNAをそれぞれミトコンドリアゲノム，葉緑体ゲノムという。大腸菌では，約480万塩基対のDNAからなるゲノム(染色体ゲノム)の他にプラスミドゲノム(☞p.576)も存在している。

(5) 1つの生物種の全ゲノムを解読する試みは，**ゲノムプロジェクト**と呼ばれ，1990年代後半から盛んに行われ，2018年時点で3000種以上の生物について，ゲノムを構成するDNAのすべての塩基対数(ゲノムの大きさ，またはゲノムサイズともいう)と遺伝子数が明らかになっている。

	生物名	ゲノムの総塩基対数	遺伝子数
原核生物	大腸菌	460万～500万	4200～4500
真核生物(菌類)	酵母	約1200万	6300～7000
真核生物(動物)	センチュウ	約1億	約2万
	ショウジョウバエ	1億6500万～1億8000万	1万3600～1万4000
	ヒト	約30億	2万500～2万2000
真核生物(植物)	シロイヌナズナ	1億2000万～1億4000万	2万5000～2万7000
	イネ	4億～4億6000万	3万2000～3万7000

表46 - 2　さまざまな生物のゲノムの総塩基対数と遺伝子数

参考　1. ある生物の細胞1個に含まれる遺伝情報をゲノムと考える場合もある。
2. ヒトの体細胞($2n$)の場合，核内では46本のDNA(2本鎖)が，それぞれ染色体(22本×2組の常染色体と性によって異なる2本の性染色体)を形成しているので，22本の常染色体と1本の性染色体(X染色体またはY染色体)の情報が，ヒトゲノムの情報に相当する。

5 ▶ 有性生殖と無性生殖

1 有性生殖と無性生殖の特徴

(1) 生物が自己と同じ種類の新しい個体をつくることを**生殖**といい，生殖の方法は有性生殖と無性生殖の2つに分けられる。

(2) **卵**や**精子**などのように合体して新個体を形成する生殖細胞を**配偶子**という。

(3) 配偶子の合体による生殖を**有性生殖**といい，2個の配偶子が合体することを**接合**，接合で生じた細胞のことを**接合子**という。卵(または卵細胞)と精子(または精細胞)との接合を特に**受精**と呼び，生じる接合子を**受精卵**と呼ぶ。

(4) 配偶子によらず，生物のからだの一部が分離して，その分離したものが単独で新しい個体となる生殖を**無性生殖**という。無性生殖によって生じた遺伝的に同じ性質をもつ細胞や個体の集団を**クローン**という。

(5) 有性生殖と無性生殖の特徴をまとめると表46 - 3のようになる。

	有性生殖	無性生殖
増殖の速度	接合(受精)の過程が必要なので遅い。	1個体で増殖できるので速い。
子の遺伝子構成	親と異なる多様な遺伝子構成。	親とまったく同じ遺伝子構成。
環境への適応力	多様な個体が存在するので，環境の変化に対応しやすい。	個体の多様性が低いので，環境の変化に対応しにくい。

表46 - 3　有性生殖と無性生殖の特徴

2 有性生殖における配偶子の種類と接合

配偶子の種類		特徴	例
同形配偶子		ともに運動性があり，大きさや形が同じ。接合して接合子を形成。	アミミドロ（植物体 → 同形配偶子 → 接合 → 接合子）〔その他〕・クラミドモナス・ヒビミドロ
異形配偶子	雌性配偶子（大）	ともに運動性があるが，大きさや形が異なる。接合して接合子を形成。	アオサ（雌・雄 → 雌性配偶子㊅・雄性配偶子㊫ → 接合 → 接合子）〔その他〕・ミル（緑藻類）
	雄性配偶子（小）		
	卵〔卵細胞〕（大）	運動性がない卵（卵細胞）と運動性がある精子が受精して受精卵を形成。	カエル（雄・雌 → 卵㊅・精子㊫ → 受精 → 受精卵）〔その他〕・多くの動物
	精子（小）		
	卵細胞（大）	卵細胞と精細胞（運動性なし）が受精して受精卵を形成。	・すべての被子植物（重複受精） ・イチョウ・ソテツ（精子を形成する）以外の裸子植物
	精細胞（小）		

表46-4　配偶子の種類

3 無性生殖の種類

種類	内容	例	
分裂	からだがほぼ均等に2つに分かれ，同形・同大の子が生じる。	ゾウリムシ・ミドリムシ・プラナリア・アメーバ・大腸菌・イソギンチャクなど	ゾウリムシ 参考 ゾウリムシ・プラナリアなどは環境条件の悪化などにより有性生殖を行うこともある。
出芽	からだの一部分に生じた小さい芽のようなものが分離・成長して子になる。	酵母（単細胞生物），ヒドラ（多細胞生物）など	酵母 参考 酵母には分裂によって増殖する種類もある。
栄養生殖	植物の栄養器官（生殖器官である花以外の根・茎・葉などの器官）から子が生じる。植物でみられる「出芽」と考えてよい。	ジャガイモ（塊茎）・オランダイチゴ（走出枝）・サツマイモ（塊根）など 参考 ソメイヨシノ・バラ・ブドウなどの枝を切り取り，土に挿して根づかせ，子孫を増やす挿し木は，人工的に行う栄養生殖の一種である。	塊茎　ジャガイモ　走出枝　オランダイチゴ 参考 走出枝は，ほふく茎などともいい，ほふく（匍匐）とは「這うこと」である。

表46-5　無性生殖の種類

⑥ ▶ 減数分裂の過程

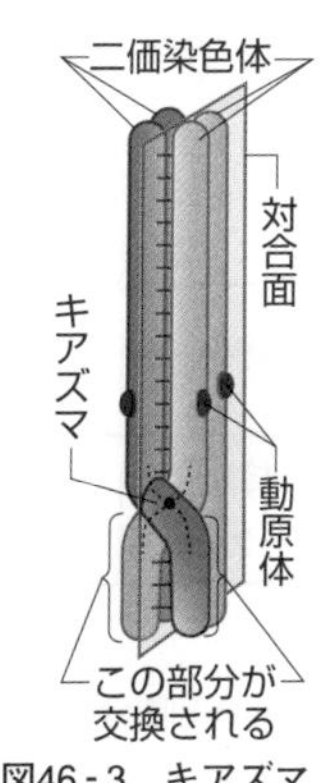

図46-3　キアズマ

(1) 生殖細胞が形成される際には，**減数分裂**が起こる。

(2) **減数分裂**は連続する2回の分裂からなり，染色体数が半減する細胞分裂である(表46-6)。1回目の分裂を**第一分裂**，2回目の分裂を**第二分裂**という。

(3) 第一分裂の前期には，二価染色体を構成する相同染色体の間で交さが起こり，染色体の一部が交換される乗換えが起こる場合がある(☞p.438)。このとき，染色体の交さが起こっているX字型の部分をキアズマという。

1個の母細胞(核相は$2n$)間期	減数分裂第一分裂〔相同染色体が対合面で分離，染色体数は半減(核相は$2n$→n)〕			
	前期	中期	後期	終期
中心体　糸状の染色体　核小体　核膜	紡錘糸　二価染色体　動原体	紡錘体　赤道面　紡錘糸		これらの細胞の核相はn
染色体の複製(動植物で共通)，中心体の複製(動物のみ)などが起こる。	太い染色体が現れ，相同染色体どうしが対合(たいごう)して，二価染色体を形成する。	二価染色体が紡錘体内を移動して，動原体が赤道面に並ぶ。	相同染色体が対合面で分離し，紡錘糸に引かれるように両極へ移動する。	染色体数が半減する(核相$2n$→n)。核分裂の終了後に，細胞質分裂が起こる。

間期はない，または非常に短い

減数分裂第二分裂〔染色体が裂け目で分離，染色体数は半減せず(核相はn→n)〕				
前期	中期	後期	終期	
中心体	赤道面　紡錘糸		核膜が現れる　核小体が現れる	4個の娘細胞(娘細胞1つ1つの核相はn)
染色体の複製を経ずに，第二分裂に入り，中心体の複製(動物のみ)が起こる。	染色体が紡錘体内を移動して，赤道面に並ぶ。	染色体が裂け目(縦裂面)で分離し，紡錘糸に引かれるように両極へ移動する。	核分裂が終了する。染色体は細くなり，核膜と核小体が出現する。	細胞質分裂が起こる。核相$2n$の母細胞1個から核相nの娘細胞が4個できる。

表46-6　減数分裂の過程

7 ▶ 減数分裂と体細胞分裂の相違点

	分裂回数	相同染色体の対合	娘細胞の数	染色体数の変化	娘細胞の種類	DNA量の変化
減数分裂	2回連続（間期は1回）	第一分裂前期に起こる	1個の母細胞から4個の娘細胞	第一分裂で半減	生殖細胞（精子・卵・胞子など）	図46 - 4の2
体細胞分裂	1回ずつ	起こらない	1個の母細胞から2個の娘細胞	変化しない	主に体細胞	図46 - 4の1

表46 - 7　減数分裂と体細胞分裂の相違点

1 体細胞分裂にともなう細胞１個当たりのDNA量の変化（$2n=2$）の場合

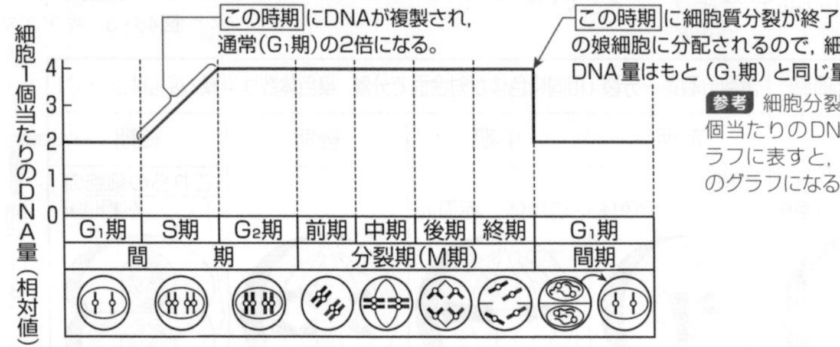

参考 細胞分裂にともなう核１個当たりのDNA量の変化をグラフに表すと，左図とほぼ同様のグラフになる。

2 減数分裂にともなう細胞１個当たりのDNA量の変化（$2n=2$）の場合

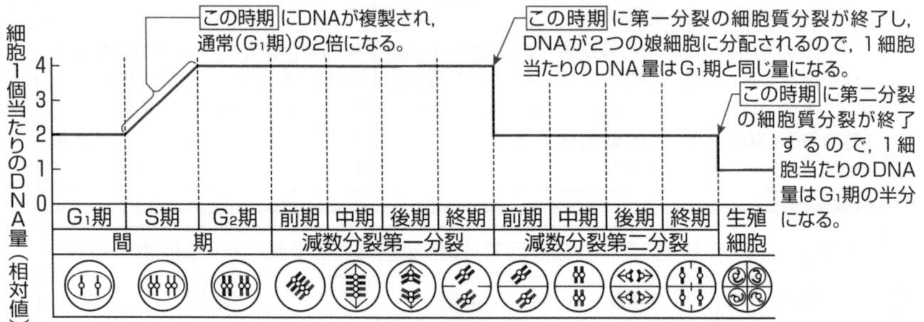

図46 - 4　細胞分裂にともなう細胞1個当たりのDNA量の変化

8 ▶ 減数分裂の観察

減数分裂の観察は，次のような材料を用いて，体細胞分裂と同様の方法で行われる。

(植物)ムラサキツユクサや**ユリ**の葯（やく）　➲理論的には胚珠でもよいが，胚珠中で減数分裂を行う細胞（生殖母細胞）は数が少ないうえに取り出しにくい。

(動物)バッタの精巣（せいそう）　➲理論的には卵巣でもよいが，成体の卵巣内では減数分裂が終了していることが多い。

もっと広く深く　コヒーシンとシュゴシン

動物の細胞周期では，体細胞分裂の分裂期に先だつS期に，染色体(DNA)の複製が起こるとともに，**コヒーシン**というタンパク質(複合体)により染色体全長にわたる接着が行われて2本の姉妹染色分体が形成される。前期から中期にかけて姉妹染色分体のそれぞれは凝縮し，両極から伸び動原体に接続した**紡錘糸**に引っ張られて**赤道面**に整列する(右図①)。この間に，染色分体の動原体が存在する部分以外の部分(腕部)のコヒーシンは，ある種の酵素(分裂期キナーゼ)により，リン酸化されて染色分体から離れるが，動原体が存在する部分のコヒーシンは，動原体に局在する**シュゴシン**というタンパク質によって保護されているので染色体にとどまる(右図②)。後期には，染色分体の動原体が紡錘糸によって両極方向へ引っ張られて(姉妹染色分体間に反対向きの張力が発生し)，シュゴシンの局在する位置が変わるとともに，コヒーシンを切断する酵素であるセパラーゼが活性化される(右図③)。その結果，動原体が存在する部分のコヒーシンが切断され，姉妹染色分体は分かれる(右図④)。

減数分裂では，第一分裂前期に相同染色体が対合して二価染色体となり，相同染色体間での**乗換え**が起こり，**キアズマ**(二価染色体に現れるX字型の部分)が形成される(右図⑤)。後期には相同染色体が紡錘糸に引っ張られて両極方向へ移動するとともに，セパラーゼが活性化されて腕部のコヒーシンが切断され，キアズマを介した相同染色体の連結は解消される。しかし，相同染色体のうちの一方を構成している姉妹染色分体のそれぞれの動原体には一方の極から伸びた紡錘糸がそれぞれ接続しており，姉妹染色分体間に反対向きの張力が発生しないので，シュゴシンの局在位置は変わらず，動原体が存在する部分のコヒーシンは切断されない(右図⑥)。第二分裂では，姉妹染色分体の動原体が紡錘糸により両極へ引っ張られて，シュゴシンの局在位置が変わり，再活性化したセパラーゼにより，コヒーシンが切断される(右図⑦)。

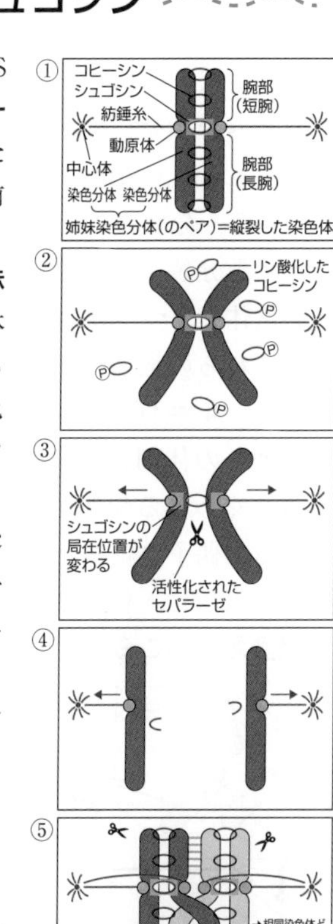

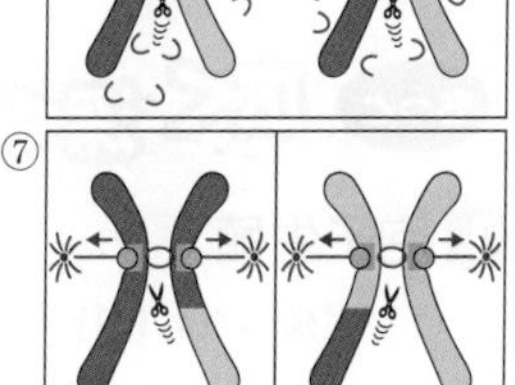

9 ▶ 減数分裂や受精などによって生じる遺伝的多様性

(1) 例えば，図46 - 5の体細胞(①)の場合，減数分裂の第一分裂では相同染色体の組み合わせには**2通り**の可能性(↗②と↘③)があるので，複数の母細胞からは，「*AA*・*BB*」「*aa*・*bb*」「*AA*・*bb*」「*aa*・*BB*」の4種類の染色体構成の細胞が第一分裂終了後に同じ割合で生じる。

(2) 減数分裂第二分裂終了後には，**2^2＝4種類**の(それぞれ*AB*，*Ab*，*aB*，*ab*の染色体をもつ)娘細胞が，配偶子(生殖細胞)として同じ割合で得られる。

(3) これらの配偶子が，別の個体で形成された4種類の配偶子と接合(受精)すると，**4^2＝16種類**の異なる染色体構成をもつ個体ができる可能性がある。

(4) ヒトの体細胞の染色体数は複相で46本($2n=46$)であるから，1人のヒトからつくられる配偶子の種類は，最大$2^{23}=8{,}388{,}608$通りになる。また，受精による配偶子の組み合わせは，最大$2^{23}\times2^{23}\fallingdotseq7\times10^{13}$通りになる。

(5) 実際には，相同染色体の対合の際に，相同染色体の**乗換え**(のりかえ)により遺伝子の**組換え**(くみかえ)が起こるので，配偶子の種類はさらに多くなる。

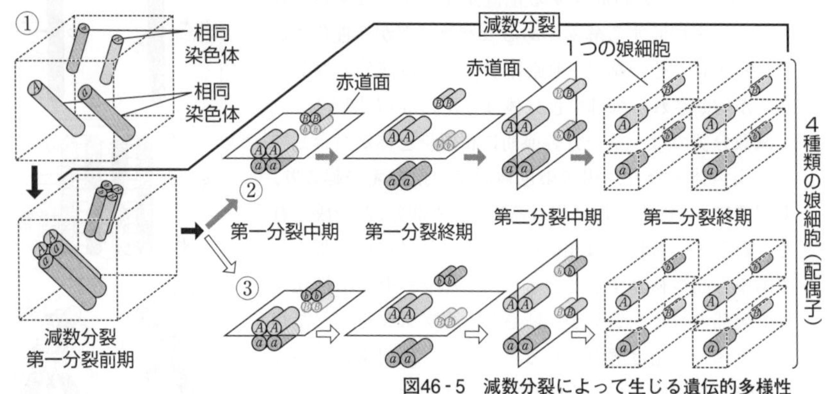

図46 - 5　減数分裂によって生じる遺伝的多様性

もっと広く深く　胞子生殖とゾウリムシの生殖など

1 胞子生殖

(1) 生殖のために特別につくられた細胞は生殖細胞と呼ばれる。

生殖細胞
- **胞　子…合体せずに新個体を形成**　例　菌類やシダ類の胞子など
- **配偶子…合体して新個体を形成**　例　動物の精子や卵など

(2) 菌類(カビやキノコの仲間)の胞子には，減数分裂でつくられるものと，体細胞分裂でつくられるもの(分生子)があり，分生子による生殖(胞子生殖)は無性生殖であるが，減数分裂でつくられた胞子による生殖(胞子生殖)は，親と，その親から生じた子の遺伝子構成が異なるので，無性生殖ではない。

2 ゾウリムシの生殖

(1) ゾウリムシは，分裂によって増殖するが，ある回数以上は分裂することができない。そこで，ゾウリムシは決まった分裂回数に達すると，動物の雄と雌に相当する接合型(O型とE型)と呼ばれる性の区別が生じ，O型とE型とが接触すると下図に示すような接合がみられる。

(2) なお，大核は生活活動に必要なタンパク質合成に関与しているので，代謝の際に生じる活性酸素により，遺伝子の損傷を受けている。一方，小核はタンパク質合成に関与せず，代謝にともなう遺伝子損傷を受けにくいので，子孫に伝達される遺伝情報を保有していると考えられている。

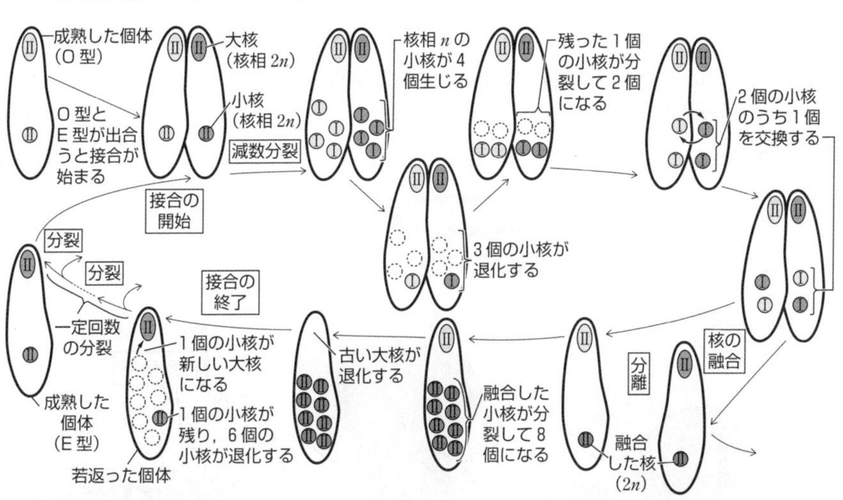

3 細胞性粘菌の生活史

キイロタマホコリカビなどの**細胞性粘菌**(ねんきん)では，一世代に**単細胞生物**として生活する時期と，これらが集合して**多細胞生物**として生活する時期とがある。

(1) 胞子から生じた粘菌アメーバはばらばらに生活し，細菌を食べて分裂により増殖する。これが，単細胞生物の時期である(下図①，②)。

(2) えさがなくなると，粘菌アメーバの一つを中心として集まり，細胞の集合体を経て(下図③，④)，ナメクジのような移動体となり移動する(下図⑤)。

(3) 移動体は移動を停止すると立ち上がり，胞子塊と柄(胞子塊柄)からなる子実体をつくり，胞子塊で体細胞分裂により胞子を形成して増殖する(下図⑥，⑦，⑧)。これが，分化した細胞からなる多細胞生物の時期である。

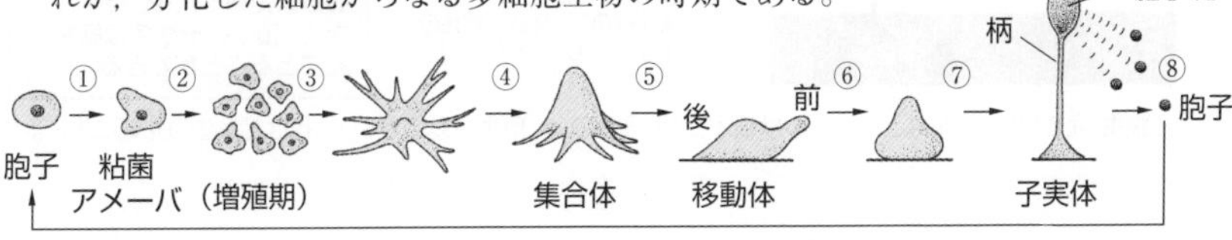

メンデルの法則と遺伝子の働き合い［中学校範囲含む］

The Purpose of Study 到達目標

1. 中学校と高校で学習する「遺伝に関する基礎用語」を正確に説明できる。 …… p. 423
2. 中学校で学習したメンデルの実験（一遺伝子雑種の実験）を復習し，「顕性の法則」と「分離の法則」について正しく説明できる。 …… p. 424, 425
3. メンデルの二遺伝子雑種の実験と独立の法則を正しく説明できる。 …… p. 426, 427
4. 伴性遺伝について例をあげて説明できる。 …… p. 434

Visual Study 視覚的理解

エンドウの花・サヤ・種子の構造

旗弁（花弁の一種）
翼弁（よくべん）（花弁の一種）
竜骨弁（りゅうこつべん）（花弁の一種）

翼弁
めしべ
おしべ
竜骨弁

▼竜骨弁の内側
自家受粉
花粉
めしべ
おしべ
子房
胚珠
拡大

❶エンドウの花は，翼弁と竜骨弁が，めしべ・おしべを閉じ込めている。

❷翼弁をつまみ上げると，竜骨弁に包まれためしべ・おしべがある。

❸めしべに他の花の花粉がつかないので，通常は自家受粉して自家受精する。

自家受精

腋生＊　頂生＊

子葉
種皮
種子
拡大
さや
種子

※子葉が緑色で，種皮が無色の種子が，「グリーンピース」として食べられている。

❹自家受精した後，種子ができる。種子の形や色は簡単に見てとることができる。

＊**腋生**（えきせい）…花などが葉のつけ根から生じるもの ⇔ **頂生**（ちょうせい）…花などが茎の先端に生じるもの

1 ▸ 遺伝に関する基礎用語［中学校範囲含む］

1 ▸ **遺伝** 親がもっている形態や性質が子に伝えられる現象。

2 ▸ **形質** 色，形，大きさ，鳴き声など，個体がもっている特徴。

3 ▸ **対立形質** 形質のうち，“草丈が高い”と“草丈が低い”のように互いに対になっていて，どちらか一方が現れると他方は現れないという関係にある形質。

4 ▸ **遺伝子** 形質を決めるもとになり，親から子へ伝えられるもの。

5 ▸ **対立遺伝子** 同じ遺伝子座に存在し，対立形質のそれぞれの形質を決定する遺伝子。

6 ▸ **遺伝子記号** 1つの形質を決定する遺伝子を記号で表したもの。対立遺伝子の遺伝子記号としては，同じアルファベットの大文字と小文字を用いる。

7 ▸ **表現型** 個体に現れている見かけ上の形質。

8 ▸ **遺伝子型** 表現型を決めるための遺伝子の組み合わせ。

9 ▸ **ホモ接合体** 対立遺伝子がAAやaaのように均一な対になっている個体。

10 ▸ **ヘテロ接合体** 対立遺伝子がAaのように不均一な対になっている個体。

11 ▸ **自家受粉** 植物のおしべでつくられた花粉が，同一個体のめしべの柱頭につく現象。

12 ▸ **自家受精** 同一個体で生じた配偶子の間で受精が起こること。自家受精は，同じ遺伝子型どうしの交配と考えてよい。

13 ▸ **交配** 遺伝子型の同異に関係なく，2個体間で受精を行うこと。

14 ▸ **交雑** 遺伝子型が異なる2個体間の交配。入試問題では，「交配」と「交雑」の正確な使い分けが行われないものも多い。

15 ▸ **純系** すべての形質についてホモ接合体の集団。純系は1種類の配偶子しかつくらず，自家受精を何代繰り返しても同じ形質の子孫しか現れない。広義では，着目する形質がホモ接合体であるときに使われる。

16 ▸ **雑種** 交雑の結果生じた子孫。交雑する両親を(ラテン語のParens「親」より)Pと表す。その子を雑種第一代といい，(ラテン語のFilius「子」より)F_1と表す。F_1どうしの交配または自家受精で生じた子を雑種第二代(F_2と表す)といい，以下同様にF_3，F_4，……，F_nのように表す。

17 ▸ **一遺伝子雑種** 1対の対立形質に着目した交雑によって生じる雑種。

18 ▸ **二遺伝子雑種** 2対の対立形質に着目した交雑によって生じる雑種。

②▸メンデルの実験［中学校範囲］

(1) **メンデル**は，エンドウを実験材料として選び，両親の形質のうちの一方しかF_1に現れない7対の**対立形質**(表47-1)に着目し，多数の個体を用いて**交雑実験**を行った。表47-1の各形質は交雑実験の結果，上段(赤文字)が顕性，下段(黒文字)が潜性であることがわかった。

できた種子でわかる形質		できた種子をまいて育てるとわかる形質				
種子の形	子葉の色	種皮の色	さやの形	さやの色	花のつき方	茎の高さ
丸形	黄色	有色	ふくれ	緑色	腋生	高い
しわ形	緑色	無色	くびれ	黄色	頂生	低い

表47-1　エンドウの対立形質

(2) メンデルは，生物には形質を伝えるものがあり，それは液体ではなく粒子であると考え，この粒子をエレメントと呼んだ(後に**遺伝子**と呼ばれるようになった)。そして，実験結果の統計的処理，記号化，数式化などによって，形質の遺伝(遺伝子の伝わり方や働き)には法則(性)があることを発見した。

(3) メンデルは，その法則を，1865年に「**植物雑種に関する研究**」として発表したが，メンデルの研究手法やこの法則の普遍性が理解できなかった当時の学者たちからは，高い評価は得られなかった。この法則性は，メンデルの死後，1900年に**ド フリース**，**チェルマク**，**コレンス**の3人の学者によって再発見され，**メンデルの(遺伝)法則**と呼ばれるようになった。

③▸一遺伝子雑種の実験［中学校範囲］

［メンデルが行った一遺伝子雑種に関する実験］

エンドウの種子には，1)丸形としわ形の対立形質がある。2)丸形としわ形それぞれの純系を3)親(P)として交雑させて雑種第一代(F_1)をつくった。4)F_1には丸形ばかりが現れた。次に，5)F_1(丸形)を自家受精させて，6)雑種第二代(F_2)をつくると，7)F_2には丸形：しわ形が3：1の割合で現れた。

1) 同じアルファベットの大文字，小文字をあてる
2) ホモ接合体とホモ接合体
3) 親→配偶子→受精→子
4) 丸形としわ形では，丸形が顕性
5) 同じ遺伝子型どうしの交配と考える
6) F_1→配偶子→受精→子
7) この結果を説明するために，分離の法則が考え出された

メンデルは，形質を決める遺伝子の存在と，この遺伝子が配偶子によって親から子に伝えられることを仮定し，左ページの実験結果を以下のように解釈した。

[実験・結果を説明する図式]

下線部1)　丸形の遺伝子を A，しわ形の遺伝子を a とおく。

下線部2)　P　（丸）AA × aa（しわ）

下線部3)　（配偶子）　Ⓐ　ⓐ

下線部4)　F_1　（丸）Aa

下線部5)　Aa × Aa

下線部6)　（配偶子）　Ⓐ　ⓐ　Ⓐ　ⓐ

下線部7)　F_2　AA ： Aa ： aa ＝1：2：1

丸形　しわ形　＝　3　：　1

※このように表現型を〔 〕を用いて表すこともある。→〔A〕　〔a〕

「自家受精」は同じ遺伝子型どうしの交配と考えてよい。

F_1の配偶子の組み合わせ表

♀は雌性，♂は雄性を表す

♂＼♀	A	a
A	AA(丸)	Aa(丸)
a	Aa(丸)	aa(しわ)

F_2

〔顕性の法則〕

下線部4)で，F_1(Aa)が丸形なのは，遺伝子Aがaより形質を現す力が強いからである。このように，対立遺伝子の現れ方に強弱があることを**顕性**(けんせい)**の法則**という。

参考 ヘテロ接合体において現れる形質を顕性形質，ホモ接合体においてのみ現れる形質を潜性形質といい，顕性形質を現す遺伝子を顕性遺伝子，潜性形質を現す遺伝子を潜性遺伝子という。旧課程では，顕性と潜性はそれぞれ優性と劣性と呼ばれたこともある。

〔分離の法則〕

下線部7)より，配偶子形成では，体細胞で対になっていた対立遺伝子は，互いに分離して別々の配偶子に入る。これを**分離**(ぶんり)**の法則**という。F_2の表現型の3：1という比は分離の法則の結果の1つにすぎないことに注意する。メンデルは，遺伝子の実体が染色体上にあることを知らなかったが，1つの形質を決めるのに関係している1対の遺伝子が，1対の相同染色体のそれぞれに存在していると考えて，分離の法則のしくみを説明した。これによると，エンドウの種子の一遺伝子雑種の実験結果は，右図のように表すことができる。

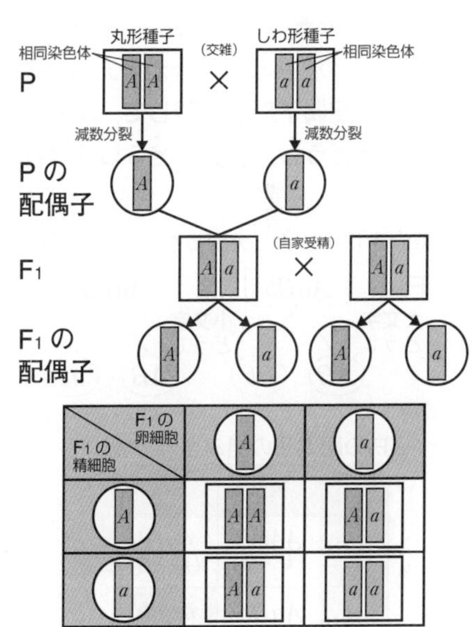

❹ ▸ 二遺伝子雑種の実験

[メンデルが行った二遺伝子雑種に関する実験]

エンドウの子葉には，1)黄色と緑色の対立形質がある。2)丸形種子で黄色子葉と，しわ形種子で緑色子葉の純系を3)親(P)として交雑させてF_1をつくった。4)F_1には丸形種子で黄色子葉ばかりが現れた。次に，5)F_1を自家受精させて，6)F_2をつくると，F_2には丸形・黄色：丸形・緑色：しわ形・黄色：しわ形・緑色が9：3：3：1の割合で現れた。

1) 同じアルファベットの大文字，小文字をあてる
2) ホモ接合体とホモ接合体
3) 親→配偶子→受精→子
4) 種子の形では，しわ形より丸形が，子葉の色では，緑色より黄色が顕性
5) 同じ遺伝子型どうしの交配と考える
6) F_1→配偶子→受精→子　この結果を説明するために，独立の法則が考え出された

[実験・結果を説明する図式]

下線部1)　黄色子葉の遺伝子をB，緑色子葉の遺伝子をbとおく。

下線部2)　純系(ホモ接合体)の親の遺伝子型は必ず(丸・黄)$\boxed{AABB}$のようにダブらせる。(丸・黄)$\boxed{AB}$としてはいけない。

下線部3)　P　(丸・黄)$\boxed{AABB}$ × $\boxed{aabb}$(しわ・緑)

分離の法則

(配偶子)　AAやBBはダメ ← AB　　ab → aaやbbはダメ

下線部4)　F_1　(丸・黄)$\boxed{AaBb}$

下線部5)　$\boxed{AaBb}$ × $\boxed{AaBb}$

下線部6)　分離の法則に従って配偶子が形成され，受精が起こる。このとき，次の2通りの場合が考えられる。

〔場合1〕　配偶子形成に際して，$A(a)$と$B(b)$の間に特別な関係(例えば，大文字どうし，小文字どうしは離れないという関係)がある場合

〔場合1〕のとき，$AaBb$からは2種類の配偶子(ABとab)しか形成されず(AbやaBのような配偶子は形成されない)，それらが受精すると，左表のようにF_2は，丸・黄：しわ・緑＝3：1となる。これでは，メンデルが行った二遺伝子雑種の実験結果である9：3：3：1を説明できない。そこで，もう一つの場合〔場合2〕を考えてみよう。

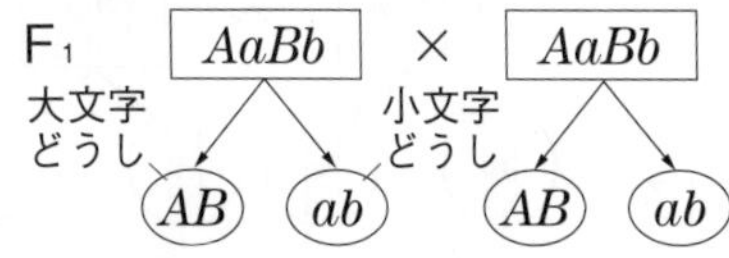

F_1の配偶子の組み合わせ表

♂＼♀	AB	ab
AB	$AABB$ (丸・黄)	$AaBb$ (丸・黄)
ab	$AaBb$ (丸・黄)	$aabb$ (しわ・緑)

〔場合2〕　配偶子形成に際して，$A(a)$と$B(b)$の間に特別な関係がない場合

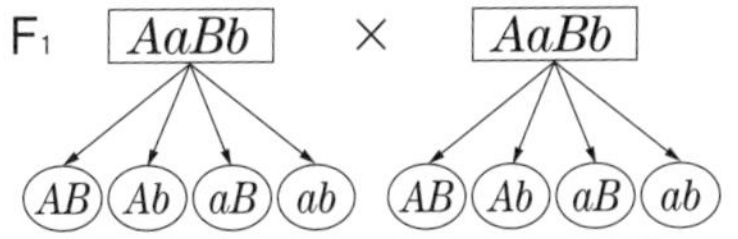

F_1　AaBb　×　AaBb

(AB)(Ab)(aB)(ab)　(AB)(Ab)(aB)(ab)

〔場合2〕のとき，上のように4通りの配偶子が同数ずつ形成され，それらが受精すると，右表のようにF_2は，丸・黄：丸・緑：しわ・黄：しわ・緑＝9：3：3：1となる。これは，メンデルの実験結果と一致する。

F_1の配偶子の組み合わせ表

♂＼♀	AB	Ab	aB	ab
AB	AABB（丸・黄）	AABb（丸・黄）	AaBB（丸・黄）	AaBb（丸・黄）
Ab	AABb（丸・黄）	AAbb（丸・緑）	AaBb（丸・黄）	Aabb（丸・緑）
aB	AaBB（丸・黄）	AaBb（丸・黄）	aaBB（しわ・黄）	aaBb（しわ・黄）
ab	AaBb（丸・黄）	Aabb（丸・緑）	aaBb（しわ・黄）	aabb（しわ・緑）

F_2

〔独立の法則〕　2対以上の対立遺伝子が，〔場合2〕のように互いに無関係に別々の配偶子に入ることを<u>独立の法則</u>（どくりつ）という。例えば，2組の夫婦（A子とB男，a美とb郎）が一緒に散歩に出て，女性と男性が腕を組んで歩く場合，夫婦でしか腕を組まないとすると，男女の組み合わせはAB，abの2通りしかない。このような場合（前述の〔場合1〕と同様）は独立の法則が成り立たないという。また，女性（A子とa美）も男性（B男とb郎）も独身の場合は，腕を組む組み合わせはAB，Ab，aB，abの4通りが考えられる。このように，**「$A(a)$と$B(b)$がお互いに，フリーに行動してペアをつくる」**場合（前述の〔場合2〕と同様）は**独立の法則**が成り立つという。

5 ▸ n遺伝子雑種（nは1以上の整数）

独立の法則が成り立つ場合に，着目する対立遺伝子の数を増やして交雑・自家受精を行った結果を，表47-2にまとめておく。

雑種の種類	F_1の遺伝子型	F_1からの配偶子の種類	F_2の遺伝子型の種類	F_2の表現型分離比
一遺伝子雑種	Aa	$2^1=2$	$3^1=3$	3：1
二遺伝子雑種	AaBb	$2^2=4$	$3^2=9$	9：3：3：1
三遺伝子雑種	AaBbCc	$2^3=8$	$3^3=27$	27：9：9：9：3：3：3：1
四遺伝子雑種	AaBbCcDd	$2^4=16$	$3^4=81$	省　略
〜	〜	〜	〜	〜
n遺伝子雑種	AaBbCcDdEe…	2^n	3^n ⇩	省　略

（F_2の遺伝子型の種類の求め方）F_2の遺伝子型の種類は，一遺伝子雑種の場合はAA，Aa，aaの3種類，二遺伝子雑種の場合は（AAかAaかaa）×（BBかBbかbb）だから3^2＝9種類である。したがって，n遺伝子雑種の場合は3^n種類となる。

表47-2　n遺伝子雑種のF_1，F_2（独立の法則が成り立つ場合）

もっと広く深く　遺伝に関する計算問題で取り扱われる内容

1 自家受精のF_3以降

①自家受粉によるF_3

［一遺伝子雑種に関する実験］で生じるF_2（AA：Aa：aa＝1：2：1）（☞p.425）のすべてが親となって，自家受精が起こり，F_3が生じると，その遺伝子型や表現型の分離比はどのようになるか考えてみよう。

親の比はAA：Aa：aa＝1：2：1だから，それぞれの自家受精で生じる子の比も1：2：1となるはずである。しかし，F_2の配偶子の組み合わせ表(1)，(2)，(3)のそれぞれのマス目の数の比は1：4：1であるから，**これを1：2：1にするための補正**が必要である。

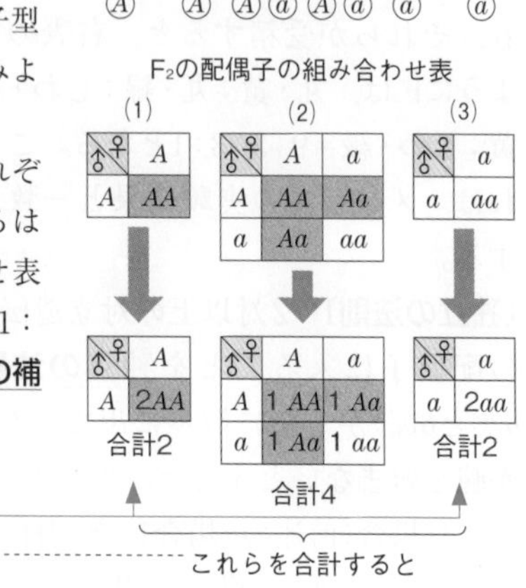

AA：Aa：aa＝3：2：3
丸形：しわ形＝5：3

②自家受精を繰り返した場合（P→F_n）

P→F_4までの分離比をもとにF_nを推定しよう。

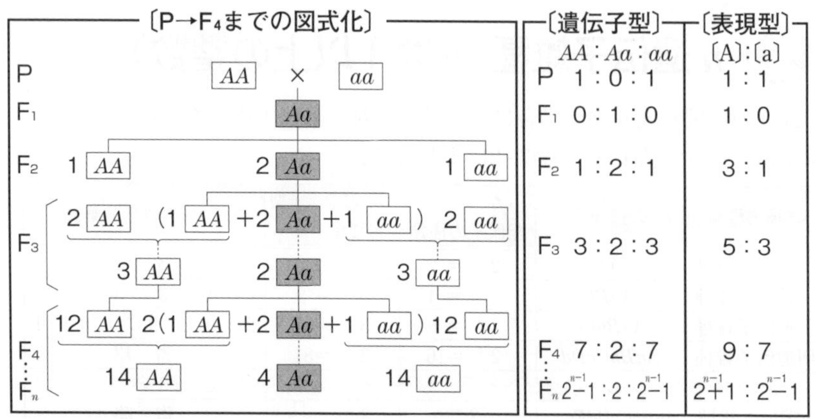

自家受精を繰り返すと，しだいにホモ接合体の割合が多くなり，ヘテロ接合体の割合が減少する。

2 一遺伝子雑種における遺伝子の働き合い

一遺伝子雑種において，F_2の表現型の分離比が3：1にならない場合がいくつか知られている。それらは，遺伝子の働き合いが起こった結果であり，メンデルの法則によって説明することができる。

①不完全顕性

(1) マルバアサガオの花の色の対立遺伝子R(赤色)とr(白色)は，顕性・潜性の関係が不完全であり，形質発現に対して，同等の働きをする。その結果，遺伝子型Rrの花の色は桃色となる。

(2) このような遺伝子間の関係を**不完全顕性**，桃色花のような中間の形質を現す個体を**中間雑種**という。

(3) **不完全顕性は，顕性の法則の例外であるが**，分離の法則には従う。

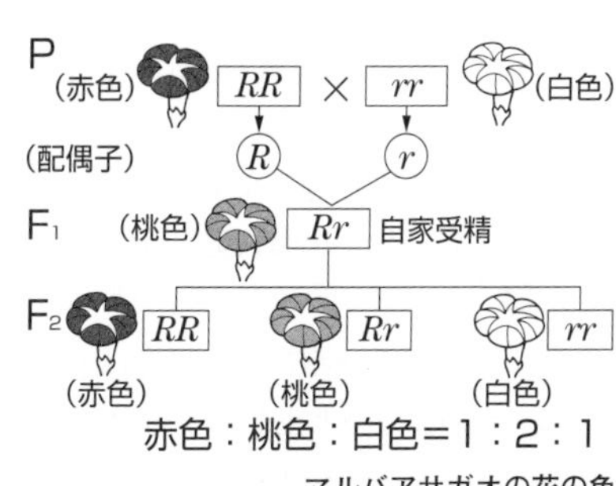

マルバアサガオの花の色

②致死遺伝子

(1) マウス(ハツカネズミ)の対立遺伝子Yとyは，体色を現す作用をもつとともに，致死作用(死に至らせる作用)にも関与している。Yは体色に関しては，y(黒色)に対して顕性で黄色を現し，生存に関しては，y(正常)に対して潜性で致死作用を現す。

(2) 一般に，遺伝子Yのように発生の過程で，または，本来の寿命以前に個体を死に至らせる遺伝子を**致死遺伝子**(ちしいでんし)という。マウスの遺伝子Yのようにホモ接合のときのみ致死作用を現す遺伝子を潜性致死遺伝子という。

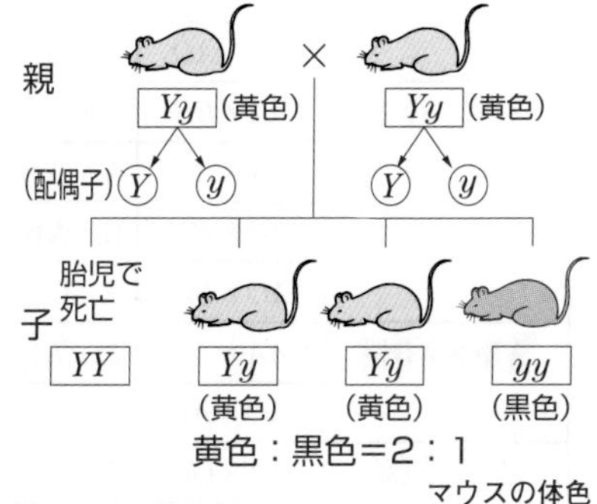

マウスの体色

参考 1. yyの個体の体色は，灰色あるいは黒褐色と表されることもある。
2. マウスの遺伝子型YYの個体は，発生の過程で胚盤胞期(カエルなどの胞胚期に相当)から原腸胚に進むことができずに死ぬことがわかっている。

(3) マウスの遺伝子Yとyと，形質との関係を整理すると下表のようになる。

遺伝子＼形質	体色に関して	生存に関して
遺伝子Y	顕性（黄色）	潜性（致死）
遺伝子y	潜性（黒色）	顕性（正常）

第8章

③複対立遺伝子

(1) ヒトの**ABO式血液型**を決める対立遺伝子には，*A*，*B*，*O*の3種類がある。

(2) このように，ある1つの遺伝子座に関して，3つ以上の遺伝子が対立関係にあるとき，これらの遺伝子を**複対立遺伝子**という。

(3) ABO式血液型を決める複対立遺伝子のうち，遺伝子*A*と遺伝子*B*は顕性・潜性の関係がないので，遺伝子型*AB*の表現型は**AB型**となる。遺伝子*O*は遺伝子*A*に対しても遺伝子*B*に対しても潜性(顕性・潜性の関係を不等号で表すと*O*<*A*，*O*<*B*)であるから，遺伝子型*AO*は**A型**，遺伝子型*BO*は**B型**になる。

参考 ABO式血液型を決める複対立遺伝子はI_A・I_B・I_Oと表される。

血液型 (表現型)	遺伝子型
A型	***AA*，*AO***
B型	***BB*，*BO***
AB型	***AB***
O型	***OO***

(4) ABO式血液型について遺伝子型と表現型をまとめると上表のようになる。

(5) 親の血液型と生じる子の血液型との関係をまとめると下表のようになる。

親の 血液型	親の 遺伝子型	子の 血液型	親の 血液型	親の 遺伝子型	子の 血液型
A型×A型	*AA*×*AA*	A	B型×B型	*BB*×*BB*	B
	AA×*AO*	A		*BB*×*BO*	B
	AO×*AO*	A，O		*BO*×*BO*	B，O
A型×B型	*AA*×*BB*	AB	B型×AB型	*BB*×*AB*	B，AB
	AA×*BO*	A，AB		*BO*×*AB*	A，B，AB
	AO×*BB*	B，AB	B型×O型	*BB*×*OO*	B
	AO×*BO*	A, B, O, AB		*BO*×*OO*	B，O
A型×AB型	*AA*×*AB*	A，AB	AB型×AB型	*AB*×*AB*	A，B，AB
	AO×*AB*	A，B，AB	AB型×O型	*AB*×*OO*	A，B
A型×O型	*AA*×*OO*	A	O型×O型	*OO*×*OO*	O
	AO×*OO*	A，O	※「*AA*×*AO*」と「*AO*×*AA*」は同じ組み合わせ		

参考 仮に各遺伝子間に*O*>*B*>*A*のような顕性・潜性の関係がある複対立遺伝子が存在するとしたら，遺伝子型と表現型の関係は，*AA*→A型，*AO*→O型，*AB*→B型，*BB*→B型，*BO*→O型，*OO*→O型となる。

(6) ABO式血液型以外の複対立遺伝子の例としては以下のようなものがある。

(7) ヒトの主要組織適合性遺伝子複合体(MHC)であるHLAの遺伝子は，6つの遺伝子座からなり，各遺伝子座には非常に多くの対立遺伝子が存在している。(☞p.230)

(8) キイロショウジョウバエの眼の色を決める遺伝子座には赤眼の遺伝子*W*と白眼の遺伝子*w*があるが，この遺伝子座には*W*と*w*の他にアンズ色眼の遺伝子やハチミツ色眼の遺伝子など，15以上の対立遺伝子の存在が知られている。

3 二遺伝子雑種における遺伝子の働き合い

二遺伝子雑種において，F_2の表現型分離比が9：3：3：1にならない場合がいくつか知られている。それらは，2組の対立遺伝子が互いに働き合って，1つの形質を現した結果であり，メンデルの法則によって説明することができる。

①補足遺伝子

(1) **スイートピーの花の色**は2組の対立遺伝子（Cとc，Pとp）によって決められている。

(2) Cは色素原をつくる遺伝子，Pは色素原を紫色の色素に変え，花弁を紫色に発色させる遺伝子であり，この2つの遺伝子が共存すると紫色花になるが，少なくとも一方を欠くと白色花になる。

(3) 遺伝子cは遺伝子Cに対して潜性であり，色素原をつくらない。また，遺伝子pは遺伝子Pに対して潜性であり，色素原を発色させる働きをもたない。

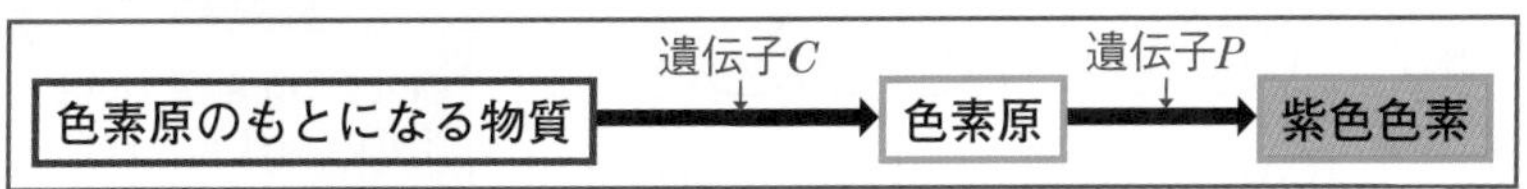

このように，2つの遺伝子が互いに補足的に働き合い，単独では現すことのできない1つの形質を現すとき，これらを互いに**補足遺伝子**（ほそく）という。

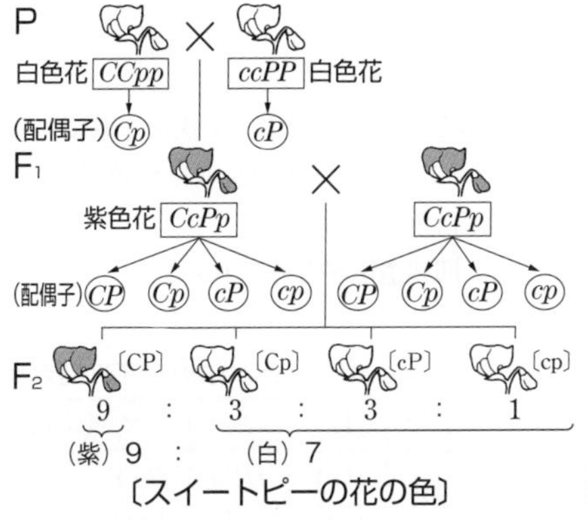

〔スイートピーの花の色〕

F_1の配偶子の組み合わせ表

♂＼♀	CP	Cp	cP	cp
CP	$CCPP$〔紫〕	$CCPp$〔紫〕	$CcPP$〔紫〕	$CcPp$〔紫〕
Cp	$CCPp$〔紫〕	$CCpp$〔白〕	$CcPp$〔紫〕	$Ccpp$〔白〕
cP	$CcPP$〔紫〕	$CcPp$〔紫〕	$ccPP$〔白〕	$ccPp$〔白〕
cp	$CcPp$〔紫〕	$Ccpp$〔白〕	$ccPp$〔白〕	$ccpp$〔白〕

(4) スイートピーの花の色という1つの形質は，一見，1組の対立遺伝子で決まる（一遺伝子雑種）と考えられるが，F_2の表現型の分離比の合計が16となるので，F_1から4種類の配偶子が生じる遺伝（$4\times4=16$），つまり，独立の法則が成り立つ二遺伝子雑種と考えてよい。

②条件遺伝子

(1) **カイウサギの毛の色**は，2組の対立遺伝子（Cとc，Aとa）によって決められている。

(2) 遺伝子Aがなく，毛を黒色にする遺伝子Cをもつ個体は黒色になり，遺伝子Cと遺伝子Aをもつ個体は灰色になり，遺伝子Cをもたない個体は白色になる。

(3) 遺伝子Aは，遺伝子Cという条件が存在すると働けるようになるので，**条件遺伝子**と呼ばれる。

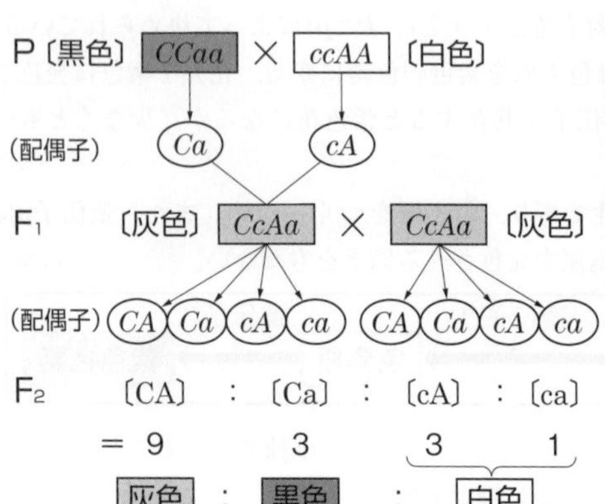

F_1の配偶子の組み合わせ表

♂＼♀	CA	Ca	cA	ca
CA	$CCAA$〔灰〕	$CCAa$〔灰〕	$CcAA$〔灰〕	$CcAa$〔灰〕
Ca	$CCAa$〔灰〕	$CCaa$〔黒〕	$CcAa$〔灰〕	$Ccaa$〔黒〕
cA	$CcAA$〔灰〕	$CcAa$〔灰〕	$ccAA$〔白〕	$ccAa$〔白〕
ca	$CcAa$〔灰〕	$Ccaa$〔黒〕	$ccAa$〔白〕	$ccaa$〔白〕

③抑制遺伝子

(1) **カイコガのまゆの色**は，2組の対立遺伝子（Iとi，Yとy）によって決められている。

(2) 遺伝子Iをもたず，まゆを黄色にする遺伝子Yをもつ個体のまゆは黄色になるが，遺伝子Yと遺伝子Iをともにもつ個体のまゆは白色になる。

(3) 遺伝子Iは遺伝子Yの働きを抑えているので**抑制遺伝子**（よくせい）と呼ばれる。

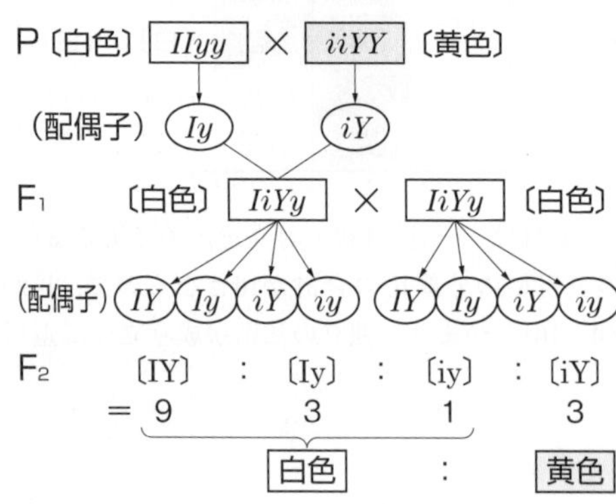

F_1の配偶子の組み合わせ表

♂＼♀	IY	Iy	iY	iy
IY	$IIYY$〔白〕	$IIYy$〔白〕	$IiYY$〔白〕	$IiYy$〔白〕
Iy	$IIYy$〔白〕	$IIyy$〔白〕	$IiYy$〔白〕	$Iiyy$〔白〕
iY	$IiYY$〔白〕	$IiYy$〔白〕	$iiYY$〔黄〕	$iiYy$〔黄〕
iy	$IiYy$〔白〕	$Iiyy$〔白〕	$iiYy$〔黄〕	$iiyy$〔白〕

④二遺伝子雑種のまとめ（遺伝子をすべてA, a, B, bとおく）

F_2の分離比 ／ 相互作用	1	2	2	4	1	2	1	2	1
	$AABB$	$AABb$	$AaBB$	$AaBb$	$AAbb$	$Aabb$	$aaBB$	$aaBb$	$aabb$
	〔AB〕				〔Ab〕		〔aB〕		〔ab〕
相互作用なし	〔エンドウの種子〕丸・黄(9)				丸・緑(3)		しわ・黄(3)		しわ・緑(1)
補足遺伝子	〔スイートピーの花の色〕紫色花(9)				白色花(7)				
条件遺伝子	〔カイウサギの毛の色〕灰　色(9)				黒　色(3)		白　色(4)		
抑制遺伝子	〔カイコガのまゆの色〕白　色(13)						黄　色(3)		

「遺伝子の働き合い」のF_2分離比のまとめ

⑤二遺伝子雑種における遺伝子の働き合いに特徴的な表現型

p.431, 432に示した交雑における，親(P)の表現型や遺伝子型の組み合わせは，二遺伝子雑種における遺伝子の働き合いを明確にするための組み合わせの一つにすぎない。例えば，p.431に示すようにスイートピーでは，白色花$CCpp$と白色花$ccPP$との交雑で生じるF_1($CcPp$で紫色花)を自家受精して得られるF_2の表現型分離比が紫色花：白色花＝9：7となることから，花色に関する補足遺伝子の存在を知ることができる。しかし，スイートピーの紫色花$CcPp$と白色花$ccpp$を交雑し，子(F_1)に紫色花：白色花が1：3で生じることを示しても，補足遺伝子の存在を明らかにできる。

大切なことは，F_2の表現型とその分離比を丸暗記するのではなく，そのような数値になる理由として，どのような遺伝子の働き合いがあるのかを正しく理解したうえで覚えることである。その際，次の2点に注意しよう。

(1) 補足遺伝子や条件遺伝子の遺伝では，純系の両親から生まれる子に，両親のいずれにもない形質が現れることがある。例えば，補足遺伝子の例であるスイートピーの花色では，白色親どうしの交雑で紫色のF_1が生じ，条件遺伝子の例であるカイウサギの体色では，黒色親と白色親の交雑で灰色のF_1が生じる。このような交雑結果に対しては，一遺伝子雑種や，その働き合い(不完全優性や致死遺伝子など)ではなく，二遺伝子雑種による説明を考えよう。

(2) 抑制遺伝子の遺伝では，カイコガのまゆの色の遺伝のように発色が抑制される場合が多いので，F_2における白色の割合が多くなる傾向(白色：黄色＝13：3)がある。

6 ▸ 伴性遺伝

(1) 性染色体には，性の決定に関する遺伝子だけでなく，その他の形質に関する遺伝子も存在しており，このような遺伝子による形質が，性と深い関係をもって遺伝する現象を**伴性遺伝**(ばんせい)という。

(2) 一般に伴性遺伝というときは，**X染色体**(あるいは**Z染色体**)上に遺伝子が存在し，**Y染色体**(あるいは**W染色体**)上に遺伝子が存在しない場合を指す。

参考 性決定の様式がXY型のグッピーという魚では，背びれの大きな黒い斑点は，雄にのみ生じ，雌には生じない。これは，背びれに大きな黒斑をつくる遺伝子がY染色体上のみに存在し，X染色体上には存在しないと考えることによって説明できる。このように，XY型のY染色体上あるいはZW型のW染色体上に存在する遺伝子による形質が，雌雄のいずれか一方の性にのみに現れる遺伝を**限性遺伝**という。

(3) したがって，XY型の雄のX染色体上にある遺伝子は，潜性であってもその形質が現れる(ZW型では，Z染色体上にのみ遺伝子が存在するので，雌のZ染色体上にある遺伝子は潜性であってもその形質が現れる)。

(4) 伴性遺伝では，形質の異なる雌と雄との交雑の結果と，その雌と雄の形質を逆にした交雑(相反交雑・正逆交雑)の結果とが異なるのが特徴である。

(5) 伴性遺伝の例としては，ヒトの赤色光から緑色光の波長を識別しにくいという形質(赤緑色覚多様性(せきりょくしきかく た ようせい))，血友病，キイロショウジョウバエの眼の色などの遺伝が知られている。

(6) ヒトの赤緑色覚多様性の遺伝子(遺伝子記号をaとする)は，X染色体上に存在し，赤緑色覚多様性でない対立遺伝子(遺伝子記号は+とする)に対して潜性である。これらの遺伝子記号を性染色体の右肩にのせることによって表すと，両親と生まれる子の遺伝子型および表現型の関係は図47 - 1のようになる。

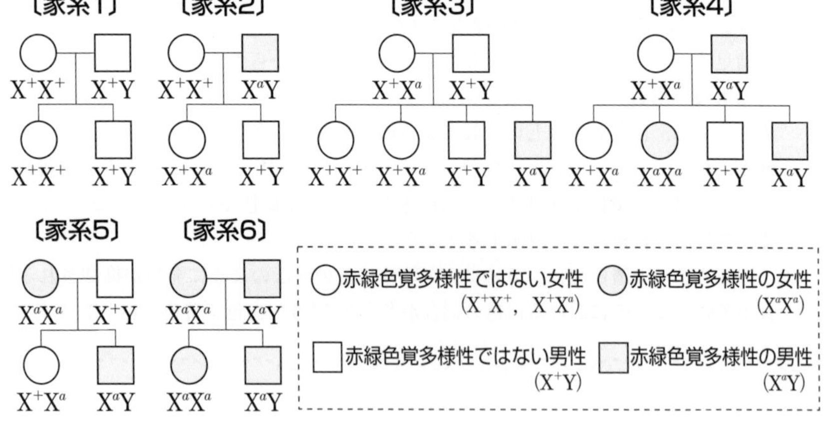

図47 - 1　ヒトの赤緑色覚多様性の遺伝

もっと広く深く キイロショウジョウバエの眼の色の遺伝

(1) キイロショウジョウバエの野生型の眼の色は赤色(赤眼)だが，突然変異によって白色の潜性形質(白眼)が現れることがある。赤眼と白眼について，雌親と雄親の形質を入れ替えて交雑をした結果を以下に示す。

> **[キイロショウジョウバエの眼の色に注目した交雑実験]**
>
> **交雑 1**　赤眼の雌に白眼の雄を交雑すると，F_1はすべて赤眼となり，F_1どうしの交雑により得られたF_2では，雌はすべて赤眼，雄は赤眼と白眼が1：1に現れた(雌雄を区別しなければ，F_2は赤眼：白眼が3：1となる)。
>
> **交雑 2**　白眼の雌に赤眼の雄を交雑すると，F_1では，雌はすべて赤眼，雄はすべて白眼であった。この両者を交雑して得られたF_2では，雌雄ともに赤眼：白眼が1：1であった。

(2) キイロショウジョウバエの赤眼と白眼の遺伝では，雌親と雄親の形質を逆にした交雑の結果に違いがみられる(今までに学習した遺伝現象の解明においても，雌親と雄親の形質を逆にした交雑は行われているが，結果に違いがみられなかったので，その交雑についてはあえて言及していないのである)。

(3) これは，下図(W：赤眼の遺伝子　w：白眼の遺伝子)に示すように赤眼と白眼の遺伝子がX染色体上に存在しており，伴性遺伝をすると考えると説明がつく。

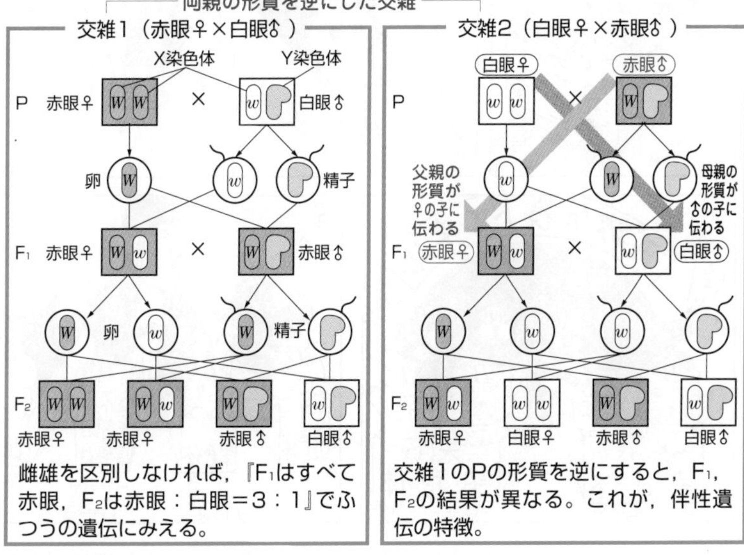

遺伝子の多様な組み合わせ

The Purpose of Study 到達目標

1. 染色体上に遺伝子を図示しながら,「独立」について説明できる。……p. 438
2. 染色体上に遺伝子を図示しながら,「連鎖」について説明できる。……p. 438, 439
3. 組換え価について説明できる。……p. 441
4. 検定交雑の結果から，組換え価を求める方法を説明できる。……p. 442
5. 連鎖群・染色体地図について説明できる。……p. 444, 445
6. だ腺染色体の観察手順を説明できる。……p. 445, 446

Visual Study 視覚的理解

減数分裂と連鎖・組換えの関係をイメージしよう！

1 ▶ 遺伝子の存在部位に関する研究史

(1) 19世紀中頃　**メンデル**は，遺伝のしくみを説明するために遺伝子の存在を仮定したが，それが細胞のどの部分に含まれているかは知らなかった。

(2) 19世紀後半　受精や細胞分裂の研究を通して，遺伝子が核内に含まれていることが明らかになった。体細胞には相同染色体が2本ずつ存在し，それらが減数分裂によって1本ずつ配偶子に分配され，受精によって受精卵で集合するので，子の体細胞では再び2本ずつになることがわかった。

(3) 1903年　**サットン**らは，染色体の分配と集合は，メンデルが仮定した対立遺伝子の伝わり方と一致すると考えて，「遺伝子は染色体上に存在する」という説(**染色体説**)を提唱した。

(4) 1926年　**モーガン**らは，**三点交雑**(☞p.445)などの実験を行い，「遺伝子は染色体上に存在し，しかも，一定の順序で配列している」という説(**遺伝子説**)を提唱した。こうして，遺伝子と染色体との関係が明らかになった。

もっと 広く 深く　トランスポゾン

(1) 20世紀前半に，サットン(染色体説)やモーガン(遺伝子説)により「遺伝子は染色体上に存在し，一定の順序で配列している」ことが解明された。

(2) 20世紀の中頃，アメリカの女性研究者マクリントックは，トウモロコシ粒の斑の入り方がメンデルの法則に従っていないことに注目し，変異の研究を行った。また，染色体の観察を行い，小さな環状の染色体が消えたり現れたりすることを見つけた。これらの結果から，彼女は「動く遺伝子がある」という仮説を発表した。

参考 バーバラ・マクリントックが実験に用いた材料は「インディアンコーン」と呼ばれ，黄色，紫色，白色などの粒が混ざったトウモロコシである。

(3) 当時，この仮説は遺伝子説と相容れなかったためほとんど認められなかった。しかし，その後の分子生物学の進歩により，大腸菌やショウジョウバエにおいて，染色体上のある位置から別の位置に移動したり，同じ塩基配列を染色体上の他の位置につくる(これを転移するという)ことによって，その位置を変えることのできる「動く遺伝子(DNA)」の存在が確認され，トランスポゾンと名付けられた。現在ではトウモロコシやヒトなど，多くの生物でトランスポゾンが確認されている。彼女は「動く遺伝子がある」という仮説の発表後も地道に研究を続け，約40年後に，ノーベル生理学・医学賞を受賞した。

②▶配偶子の形成と遺伝子の組み合わせ

(1) 2組の対立遺伝子が別々の相同染色体上に存在している場合を**独立**しているといい，独立している遺伝子は，減数分裂の際に互いに無関係に組み合わされて配偶子をつくる。これを**独立の法則**という。

(2) 2組の対立遺伝子が同じ染色体上にあるとき，これらの遺伝子は**連鎖**（れんさ）しているという。連鎖している2つの遺伝子の間には独立の法則が当てはまらない。

参考 連鎖は1905年イギリスのベーツソンとパネットによって明らかにされた。

(3) 2組以上の対立遺伝子の染色体上の位置とその挙動を知るために3種類の植物を用意し，それぞれ2組の対立遺伝子（Aとa，Bとb）に着目して，表現型が〔AB〕の純系（遺伝子型は$AABB$）と〔ab〕の純系（遺伝子型は$aabb$）をPとして交雑し，生じたF_1を自家受精してF_2をつくり，その表現型の分離比を調べると，独立の場合と連鎖の場合では異なる結果が得られる。

1 遺伝子が独立している場合

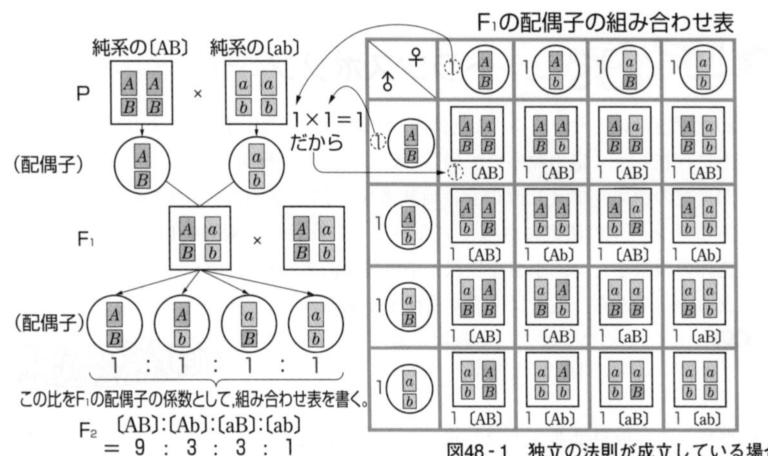

図48-1 独立の法則が成立している場合

2 遺伝子が連鎖している場合

(1) 遺伝子が連鎖している場合，減数分裂第一分裂で，対合した相同染色体がその一部を交換することがある。

(2) このような染色体の交換を**乗換え**（のりかえ）といい，乗換えの結果，染色体上の遺伝子が交換されることを**組換え**（くみかえ）という。

(3) 染色体で乗換えが起こらず，組換えが起こらない場合と，乗換えが起こり，組換えが起こる場合とでは，生じる配偶子の種類やそれらの受精で生じるF_1

を自家受精してつくられたF_2の表現型の分離比が異なる。

参考 染色体の乗換え（遺伝子の組換え）が起こらず，2対以上の対立形質が常に同じ組み合わせで遺伝する現象を完全連鎖といい，遺伝子の連鎖が不完全で，組換えをともなう遺伝現象を不完全連鎖ということがある。

1 乗換えが起こらない場合

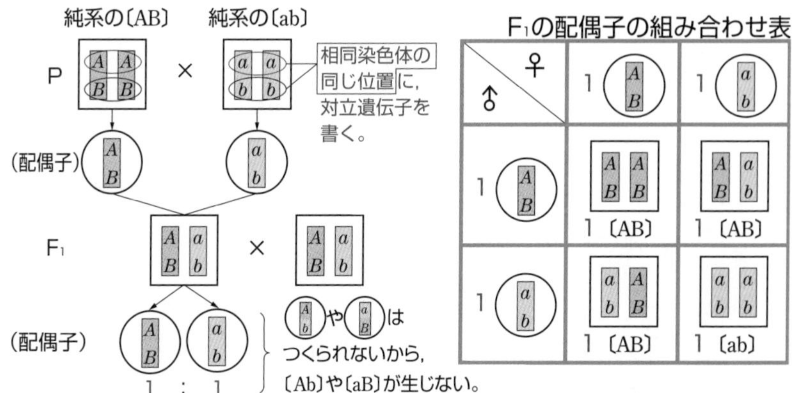

図48-2　乗換えが起こらない場合

2 乗換えが起こる場合

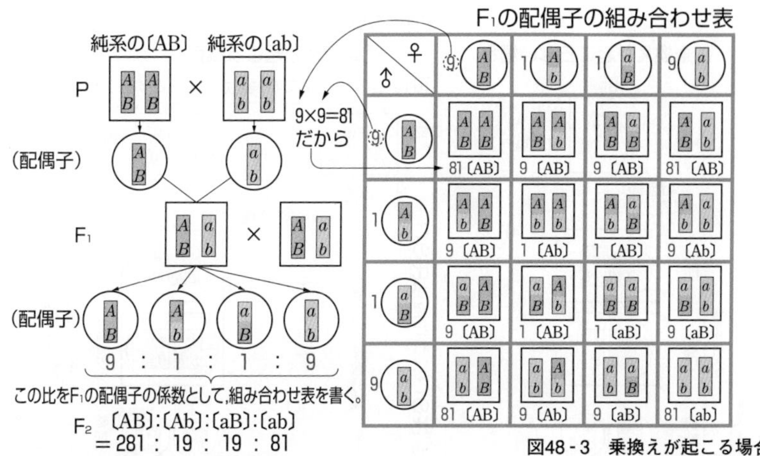

図48-3　乗換えが起こる場合

3 F_2の表現型分離比からわかること

F_2の表現型分離比の一般形は〔**AB**〕:〔**Ab**〕:〔**aB**〕:〔**ab**〕＝$x:y:y:z$と表すことができる。この分離比の値から次のようなことがわかる。

①x=9，y=3，z=1なら独立である。

②x=3，y=0，z=1ならA–B，a–bが連鎖し乗換えが起こっていない（A–b，a–Bが連鎖だとx=2，y=1，z=0となる）。

③その他の値なら乗換え・組換えが起こっている。

F_1の配偶子の遺伝子型の分離比（理論比）

(1) 例えば，10個の母細胞$AaBb$が，減数分裂によって40個の配偶子になるとき，独立，連鎖のそれぞれでは，次のように配偶子が生じる。

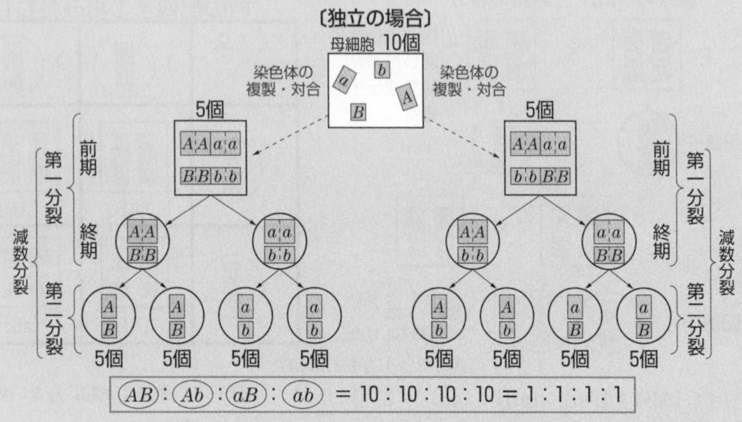

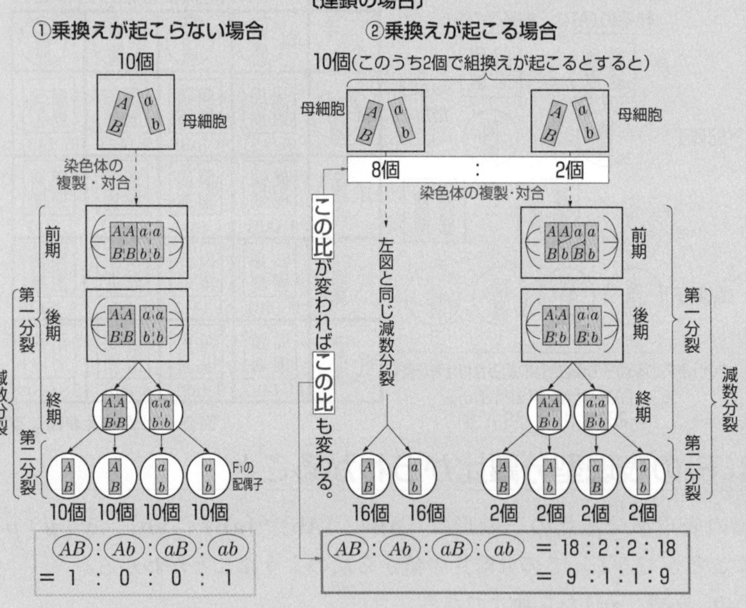

(2) まとめると，配偶子の遺伝子型の分離比は以下のようになる。

	AB	Ab	aB	ab
〔独立の場合〕	1	1	1	1
〔連鎖(乗換えなし)の場合〕	1	0	0	1
〔連鎖(乗換えあり)の場合〕	9	1	1	9

いずれの場合でも，$AaBb$からつくられる配偶子の分離比の一般形(理論値)は $\boldsymbol{AB}:\boldsymbol{Ab}:\boldsymbol{aB}:\boldsymbol{ab}=\boldsymbol{m}:\boldsymbol{n}:\boldsymbol{n}:\boldsymbol{m}$と表せる(独立の場合は$m=n$と考える)。

❸ ▶ 組換え価

(1) 連鎖している2組の対立遺伝子間で組換えが起こる割合(頻度)は**組換え価**(か)と呼ばれ，上の式で表される。

$$\text{組換え価}(\%)=\frac{\text{組換えの起こった配偶子数}}{\text{全配偶子数}}\times100$$

(2) 組換え価は，遺伝子型が$AaBb$の個体がつくる全配偶子(分離比が$AB:Ab:aB:ab=m:n:n:m$)に占める少数派配偶子の割合と考えてもよい。

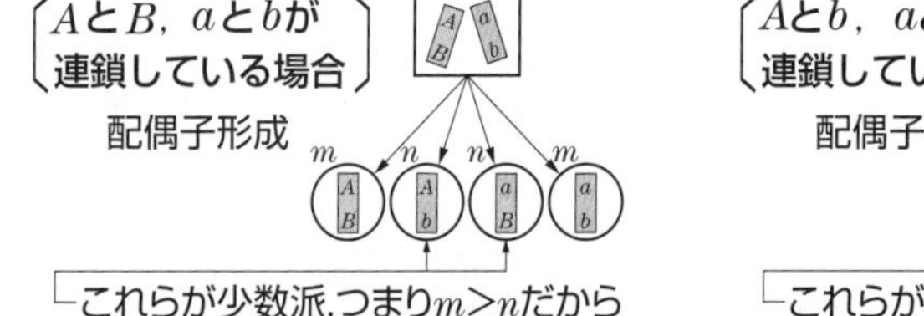

$$\text{組換え価}(\%)=\frac{n+n}{m+n+n+m}\times100$$

分子には少数派の配偶子数(比)を書く

図48-4　遺伝子AとB（aとb）が連鎖している個体の配偶子形成

〔AとB，aとBが連鎖している場合〕

配偶子形成

これらが少数派，つまり$m<n$だから

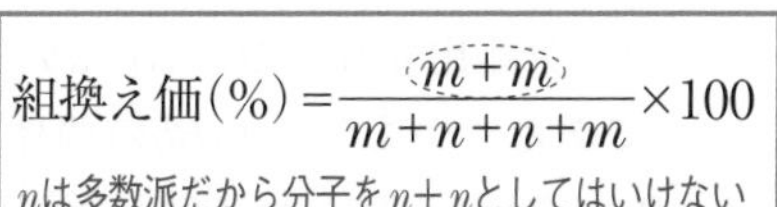

図48-5　遺伝子Aとb（aとB）が連鎖している個体の配偶子形成

(3) 組換え価の値から，次のようなことがわかる。

①**組換え価が50%** ⇨ $\left(\dfrac{1+1}{1+1+1+1}\times100=50\%\right)$ ⇨ **独立**

②**組換え価が0%** ⇨ $\left(\dfrac{0+0}{1+0+0+1}\times100=0\%\right)$ ⇨ **連鎖**（**乗換え・組換えなし**）

③**組換え価が0%より大きく50%より小さい** ⇨ **連鎖**（**乗換え・組換えあり**） ⇨ 組換え価の大小は染色体の乗換えの結果，遺伝子の組換えが起こった割合の大小

参考 減数分裂第一分裂の前期に相同染色体の対合と乗換えが起こる。このとき，田部の裏ワザの〔連鎖の場合〕②の図のように，対合した4本の染色体(染色分体)のうち，乗換えは2本の染色体間のみで起こり，他の2本の染色体間では起こらない。したがって染色体の乗換えの結果，遺伝子の組換えを起こす配偶子の割合，すなわち組換え価の最大値は理論的に50%を超えない。

第8章

④▶組換え価の求め方

(1) 組換え価を求めるためには，組換えの起こった配偶子の数や，配偶子の遺伝子型の分離比($AB：Ab：aB：ab=m：n：n：m$)を知る必要があるが，実際には配偶子に，遺伝子暗号のアルファベットが記されているわけでもなければ，配偶子自体に遺伝子型に従った表現型が現れているわけでもないので，配偶子の観察からはそれらの数や比を直接調べることはできない。

(2) そこで，検定交雑(けんていこうざつ)の結果から，組換え価を間接的に求める。

(3) 検定交雑とは，遺伝子型や遺伝子間の関係が不明な個体と，**潜性遺伝子をホモでもつ個体**(ホモ接合体)の交雑である。潜性遺伝子のホモ接合体から生じる配偶子は潜性遺伝子だけをもつので，交雑の結果得られる子の表現型には影響を与えない。したがって，**検定交雑で得られる子の表現型の種類とその分離比は，検定される個体から生じる配偶子の遺伝子型の種類とその分離比に一致する。**

(4) 例えば，遺伝子型が*AaBb*の個体を*aabb*の個体と交雑(検定交雑)して得られる子の表現型の分離比が〔AB〕:〔Ab〕:〔aB〕:〔ab〕=7：1：1：7であったとすると，*AaBb*の個体がつくった配偶子の遺伝子型の分離比も*AB*：*Ab*：*aB*：*ab*=7：1：1：7である。つまり，*AaBb*の個体では，*A*と*B*，*a*と*b*がそれぞれ連鎖し，配偶子形成時に組換えが起こり，*Ab*と*aB*という配偶子が生じたので，

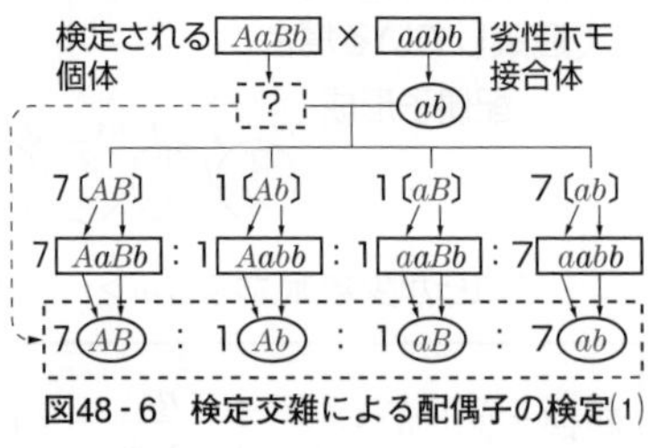

図48-6 検定交雑による配偶子の検定(1)

$$\underline{A}\text{と}\underline{B}(\underline{a}\text{と}\underline{b})\text{の間の組換え価}=\frac{1+1}{7+1+1+7}\times 100=12.5(\%)\text{となる。}$$

(5) (4)と同様の検定交雑を行った結果，得られた子の表現型の分離比が〔AB〕:〔Ab〕:〔aB〕:〔ab〕=1：4：4：1であったとすると，*AaBb*の個体では*A*と*b*，*a*と*B*がそれぞれ連鎖し，配偶子形成時の組換えにより*AB*と*ab*という配偶子が生じたので，

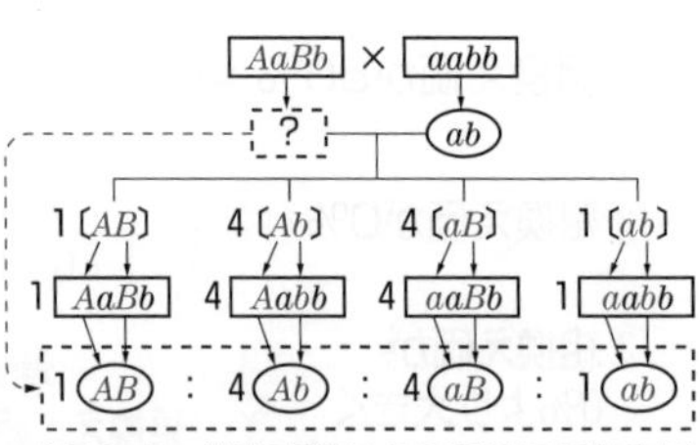

図48-7 検定交雑による配偶子の検定(2)

$$\underline{A}\text{と}\underline{b}(\underline{a}\text{と}\underline{B})\text{の間の組換え価}=\frac{1+1}{1+4+4+1}\times 100=20(\%)\text{となる。}$$

もっと広く深く　自家受精の結果の表現型の分離比から組換え価を求める

[交雑と自家受精によってF_2をつくる実験]

遺伝子型*AABB*の個体と*aabb*の個体を交雑すると，F_1の遺伝子型はすべて*AaBb*（表現型は〔AB〕）であった。このF_1を自家受精させて得たF_2の表現型とその分離比は〔AB〕：〔Ab〕：〔aB〕：〔ab〕＝177：15：15：49であった。

以上の実験結果から，*A*(*a*)と*B*(*b*)は連鎖しており，組換えが起こったことがわかる。それでは，*A*(*a*)と*B*(*b*)の間の組換え価は何%だろうか。

組換え価(%)＝$\frac{n+n}{m+n+n+m}$×100の式に177：15：15：49を代入して，

$\frac{15+15}{177+15+15+49}$×100=11.7(%)と答えてもダメ。

なぜなら，*m*：*n*：*n*：*m*は，F_1(*AaBb*)がつくる配偶子の遺伝子型の分離比(*AB*：*Ab*：*aB*：*ab*)を表している（もちろん，177：15：15：49は*m*：*n*：*n*：*m*ではない）ので，F_2の表現型分離比の177：15：15：49は代入できない。

遺伝子*A*(*a*)と*B*(*b*)の関係が独立であろうと連鎖であろうと，生じる配偶子の遺伝子型の分離比の一般形は*AB*：*Ab*：*aB*：*ab*=*m*：*n*：*n*：*m*と表せることを思い出そう（☞p.441）。これにより，F_1の自家受精では，以下の表のように配偶子に係数をつけることができる。

♂＼♀	m AB	n Ab	n aB	m ab
m AB	m^2 *AABB*〔AB〕	*mn AABb*〔AB〕	*mn AaBB*〔AB〕	m^2 *AaBb*〔AB〕
n Ab	*mn AABb*〔AB〕	n^2 *AAbb*〔Ab〕	n^2 *AaBb*〔AB〕	*mn Aabb*〔Ab〕
n aB	*mn AaBB*〔AB〕	n^2 *AaBb*〔AB〕	n^2 *aaBB*〔aB〕	*mn aaBb*〔aB〕
m ab	m^2 *AaBb*〔AB〕	*mn Aabb*〔Ab〕	*mn aaBb*〔aB〕	m^2 *aabb*〔ab〕

上の表を整理すると以下のようになる。

〔AB〕＝$3m^2+4mn+2n^2$，〔Ab〕＝n^2+2mn，〔aB〕＝n^2+2mn，〔ab〕＝m^2

上記 **[実験]** のF_2の分離比の，〔ab〕＝49より，49=m^2　m=±7（－7は不適）
〔Ab〕＝〔aB〕＝15より，15=n^2+2mnにm=7を代入して解くと　n=1
したがって，F_1(*AaBb*)のつくる配偶子の分離比は*AB*：*Ab*：*aB*：*ab*=7：1：1：7となるので，組換え価は　$\frac{1+1}{7+1+1+7}$×100＝12.5(%)である。

第8章

5 ▸ 染色体地図

1 連鎖群

(1) 同一染色体上にあって，互いに連鎖している遺伝子群を**連鎖群**という。

(2) 連鎖群の数は，その生物の相同染色体の組の数，つまり，体細胞の染色体数の半数に等しいので，キイロショウジョウバエ($2n$=8)では**4**，エンドウ($2n$=14)では**7**，ヒト($2n$=46)では**23**である。

2 染色体上の遺伝子の位置(遺伝子座)と組換えの有無

(1) 染色体の両端に近い位置の1か所で乗換えが起こる場合と，染色体の中央に近い位置の1か所で乗換えが起こる場合のそれぞれにおける配偶子の種類と組換えの有無をみると表48-1のようになる。

	①	②	③	④
二価染色体で乗換えの起こる部位(→)	A A a a B B b b C C c c	A A a a → B b B b C c C c	A A a a B B b b → C c C c	A A a a B B b b → C c C c
配偶子の種類	ABC abc	ABC Abc aBC abc	ABC ABc abC abc	ABC ABc abC abc
組換え	A−B間 なし B−C間 なし A−C間 なし	A−B間 あり B−C間 なし A−C間 あり	A−B間 なし B−C間 あり A−C間 あり	A−B間 なし B−C間 あり A−C間 あり

表48-1 染色体上の遺伝子の位置と組換えの有無

(2) 遺伝子間の距離が大きい$A-C$間は，②・③・④のような乗換えのいずれにおいても組換えが起こるが，遺伝子間の距離が小さい$A-B$間は，②のような乗換えのときだけ組換えが起こる。また，$A-C$間の距離より小さく，$A-B$間の距離より大きい$B-C$間では，③・④のような乗換えで組換えが起こる。

(3) つまり，**遺伝子間の距離が大きいほど，組換えが起こりやすい。**

(4) 染色体の2点間で乗換えが2回起こるような現象を**二重乗換え**という。

(5) 例えば，図48-8のように，$A-C$間で二重乗換えが起こる($A-B$間や$B-C$間のように遺伝子間の距離が小さいところでは，二重乗換えは起こりにくい)と，$A-B$間や$B-C$間では組換えが起こるが，$A-C$間では起こらないので，AcやaCの配偶子はつくられない。したがって，$A-C$間の組換え価は，$A-B$間の組換え価と$B-C$間の組換え価の和よりも少し小さい値になる。

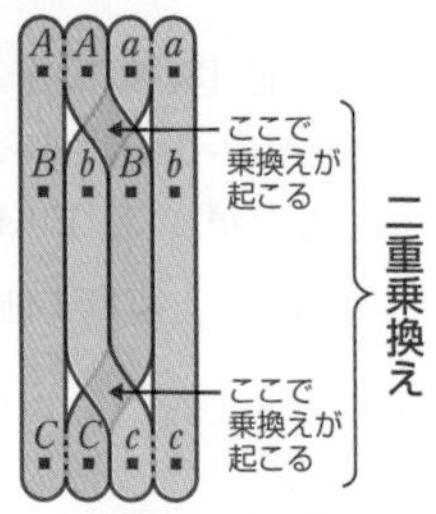

図48-8 二重乗換え

3 組換え価の大小と遺伝子間の距離の大小

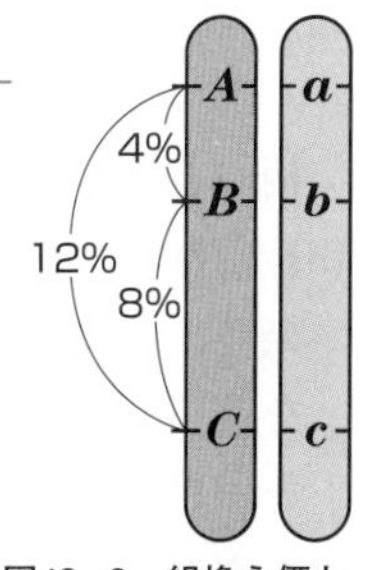

図48 - 9　組換え価と遺伝子の位置

(1) 一般に，**連鎖している遺伝子間の距離が大きいほど，組換えの起こる割合は高くなる**ので，組換え価の値は同一染色体上の遺伝子間の相対的な距離を示している。

(2) 例えば，互いに連鎖している遺伝子A，B，Cの組換え価が，$A-B$間4%，$B-C$間8%，$A-C$間12%なら，これら3つの遺伝子の位置は右図のように推定される。このように，連鎖している3つの遺伝子に着目して，相互の組換え価を求め，遺伝子の相対的な位置を調べる方法を**三点交雑**という。

4 キイロショウジョウバエの染色体地図

(1) **モーガン**らは，キイロショウジョウバエ($2n=8$)を用いて三点交雑を繰り返し行い，染色体上の遺伝子の相対的位置を調べ，その配列状態を示す**染色体地図**(図48 - 10)を作製した。このような方法でつくられたキイロショウジョウバエの染色体地図を，**遺伝学的地図**(**連鎖地図**)という。

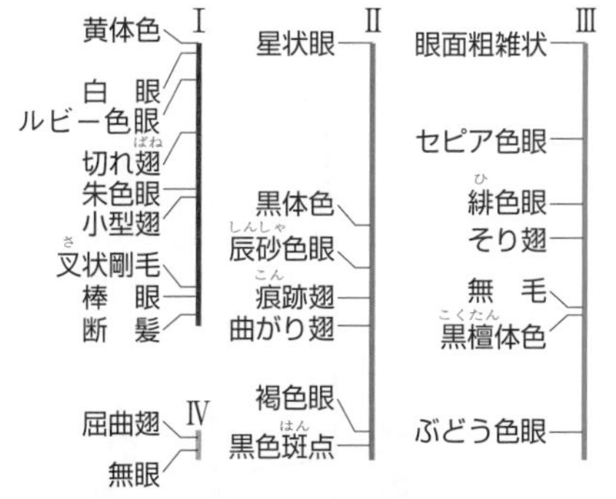

図48 - 10　三点交雑によってつくられた染色体地図(一部のみ表示)

(2) さらに，モーガンらは，キイロショウジョウバエのだ腺染色体の顕微鏡観察により染色体地図と実際の遺伝子の位置とを対応させた。

参考 現在では，調べたい遺伝子と相補的な塩基配列をもつヌクレオチド鎖を，蛍光色素で標識した後，染色体の目的の遺伝子の塩基配列に結合させることで，遺伝子座を決定し，正確な染色体地図を作成することが可能となっている。このような方法をFISH法(fluorescence in situ hybridizationの略)という。

5 だ腺染色体の観察

(1) ほとんどの生物では，染色体は分裂期の細胞でしか観察できず，また，染色体と遺伝子の位置関係を，直接知ることもできない。しかし，昆虫(ふつう4枚の翅をもつ)のうち，双翅類(翅を2枚しかもたない)に属するハエやカの幼虫のだ腺細胞(だ液腺細胞)に，分裂期，間期を問わず常にみられる巨大な(ふつうの染色体の200倍程度の太さと長さの)染色体(**だ腺染色体**)では，染色体と遺伝子の関係や，遺伝子の発現の様子を観察することができる。

参考 キイロショウジョウバエのだ腺染色体は，細胞分裂をともなわずにDNAの複製のみが行われるという現象(エンドレプリケーション)が10回程度繰り返されて，倍数化した結果，生じた1000本以上のDNAが束になっているので太く，ゆるく凝縮しているので長い。

(2) ユスリカのだ腺染色体を観察する場合には，1匹のユスリカの幼虫をスライドガラスの上にのせ，ピンセットでからだの一部(第5節付近)を押さえ，柄つき針で頭部を引き抜き，頭部に付着している**だ腺**を摘出する。

(3) だ腺に**メチルグリーン・ピロニン染色液**(メチルグリーンはDNAを青緑色に染色，ピロニンはRNAを赤桃色に染色)などを滴下し，約10分間放置した後カバーガラスをかけ，その上にろ紙をかぶせて親指で押しつぶして検鏡すると，染色体のところどころに横じま(横しま，横縞)が観察できる。これらの横じまの位置関係(順番と距離)は，遺伝子の位置関係を表していると考えられている。

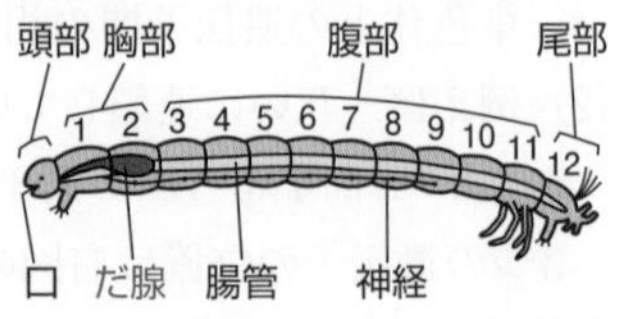

図48 - 11　ユスリカの幼虫

参考 1．核やふつうの染色体の染色に用いる酢酸カーミンでだ腺染色体を染色すると，横じまは濃い赤紫色に，パフはぼやけた赤紫色にみえる。

2．だ腺染色体の染色によく用いられるメチルグリーンとピロニン(ピロニンには複数の種類があり，ここではピロニンGが用いられる)はともに核酸(DNAとRNA)のリン酸基に結合する塩基性色素であり，メチルグリーンは高度に重合した巨大分子であるDNAと結合する性質をもち，ピロニンは比較的低分子のRNAと結合する性質をもつ。

3．染色体の横じまの部分はバンドと呼ばれ，DNAの凝縮が進んで密度が高くなっているためメチルグリーンで濃く染まる。横じまと横じまの間はインターバンドと呼ばれ，DNAの凝集が進まず密度が低いのでメチルグリーンで染まりにくい。

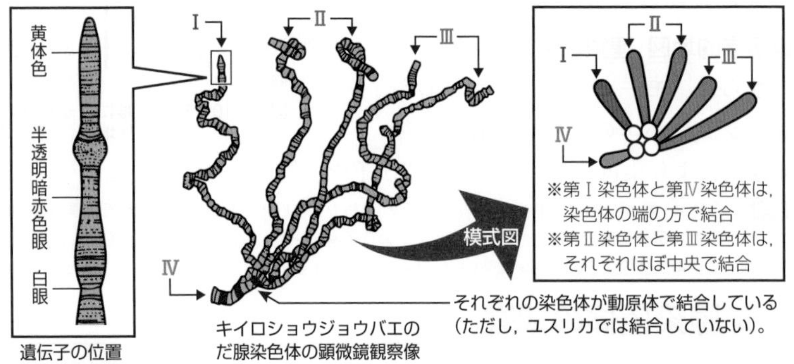

図48 - 12　キイロショウジョウバエのだ腺染色体の顕微鏡観察像

(4) 染色体の一部が欠けると，その部分の横じまも欠ける。このように横じまに変化のある個体は形質も変化しているので，その形質を決める遺伝子の位置がわかる。こうしてつくった染色体地図(図48 - 12左)は**細胞学的地図**と呼ばれ，三点交雑によってつくられた遺伝学的地図(☞p.445 図48 - 10)と遺伝子の配列順序が一致する。

参考 遺伝学的地図と細胞学的地図では，遺伝子の配列順序は一致するが，遺伝子間の距離は必ずしも一致していない。

第9章

動物の配偶子形成・受精・発生

第49講 動物の生殖

The Purpose of Study 到達目標

Visual Study 視覚的理解

卵と精子の特徴をイメージしておこう！

❶ ▸ 動物の配偶子形成

配偶子(卵や精子)をつくるもとになる細胞は，**始原生殖細胞**(核相2*n*)と呼ばれ，発生の初期(ヒトでは受精後約3週間の胎児期)に一部の細胞から分化し，生殖巣原基(精巣や卵巣に発達する予定の細胞群☞p.459)に移動する。

1 精子形成の過程

(1) 体細胞分裂によって増殖した始原生殖細胞の一部が**精巣**内で**精原細胞**(核相2*n*)となり，精原細胞は**体細胞分裂**を繰り返して増殖し，一部が成長して**一次精母細胞**(核相2*n*)になって，減数分裂を開始する。

(2) 1個の一次精母細胞は，**減数分裂**により2個の**二次精母細胞**(核相*n*)を経て4個の**精細胞**(核相*n*)となる(図49 - 1左)。

(3) 精細胞は変形(変態)して細胞質の大部分を失い，運動性があり(鞭毛をもち)，**頭部**，**中片部**(中片)，**尾部**からなる**精子**となる。精子の頭部には**先体**(ゴルジ体由来の膜に囲まれた袋状構造)と核があり，先体内にはタンパク質分解酵素などが，中片部には中心体(中心粒)とミトコンドリアが含まれる。尾部は中心体から伸びた**鞭毛**からなる(図49 - 1右)。

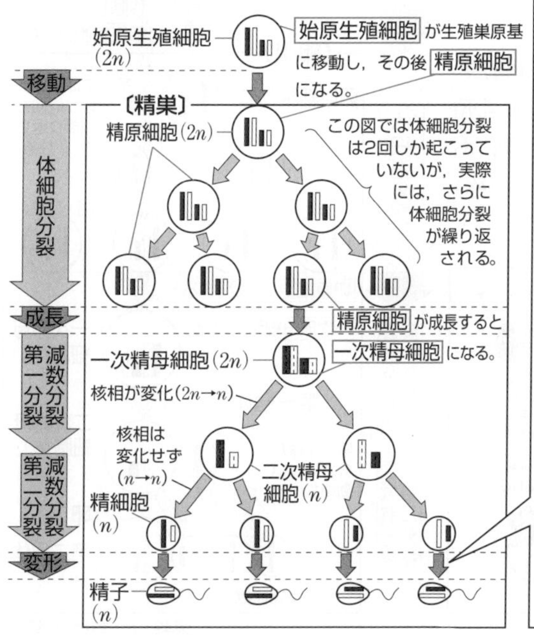

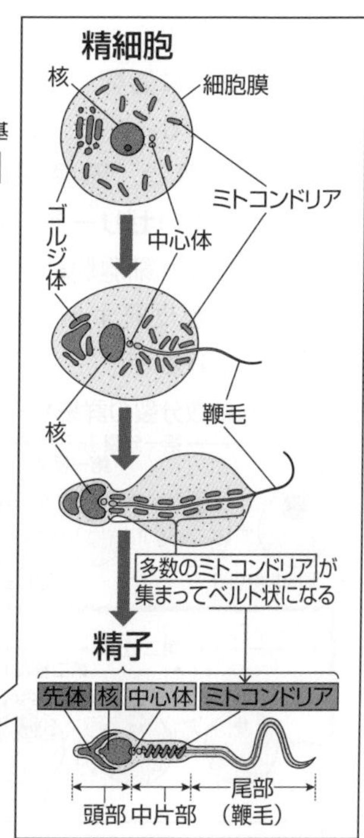

図49 - 1　動物の精子形成

2 卵形成の過程

(1) 体細胞分裂によって増殖した始原生殖細胞の一部が**卵巣**内で**卵原細胞**(核相2*n*)となり，卵原細胞は**体細胞分裂**を繰り返して増殖し，一部が成長して**一次卵母細胞**(核相2*n*)になって，減数分裂を開始する。

(2) 一次卵母細胞は**ろ胞細胞**に囲まれ，**減数分裂第一分裂前期**の状態で減数分裂を停止し，卵黄やリボソーム，mRNAなどを蓄積し，将来形成される卵とほぼ同じ大きさにまで肥大成長する。

(3) ろ胞細胞から分泌されるホルモンの作用により，一次卵母細胞は減数分裂を再開し，**第一分裂**を行って**第一極体**(小形の細胞)を放出し，細胞質の大部分を受け継いだ**二次卵母細胞**になる。このとき，染色体数が半減し，複相(2*n*)から単相(*n*)になる。

(4) 二次卵母細胞は，**第二分裂**を行って**第二極体**を放出し，**卵**となる(図49-2)。極体は，のちに崩壊・消失する。なお，多くの脊椎動物では，**第二分裂中期**の状態で減数分裂が停止し，その後受精により減数分裂が再開する。

(5) 卵には，卵黄，RNA，タンパク質などの**母性因子**(☞p.475)や細胞小器官など，初期発生のエネルギー源や胚の発生運命に影響を与えるものが多く含まれる。

(6) 卵の細胞膜は，**卵膜**(**卵黄膜**，ウニ・カエルの**ゼリー層**，哺乳類の**透明帯**など，細胞膜の外側にあり，卵を包む皮膜すべての総称)に覆われている。

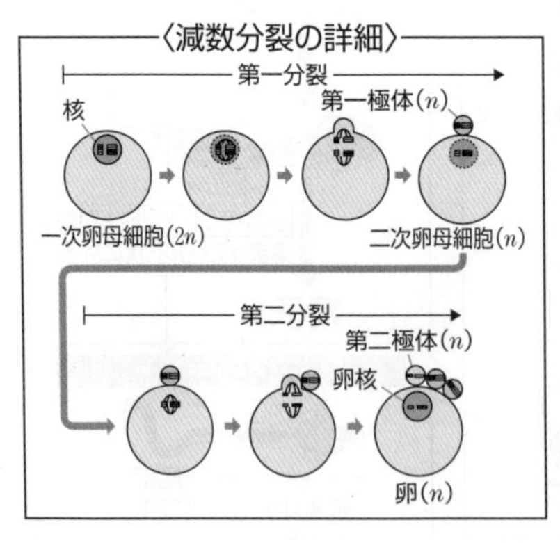

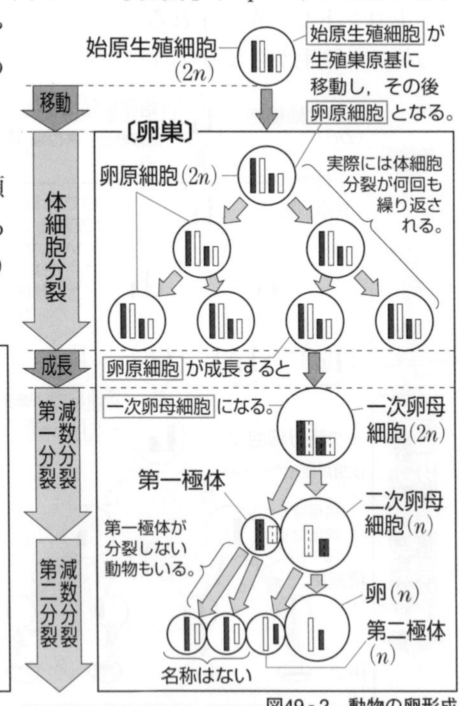

図49-2 動物の卵形成

卵形成に関する疑問

1 極体はなぜ小形か？

(1) 一次卵母細胞や二次卵母細胞の細胞質分裂は，細胞の中央ではなく細胞膜に近い部位で起こるので，多量の細胞質と卵黄を含む大形の細胞(一次卵母細胞からは二次卵母細胞，二次卵母細胞からは卵)と，細胞質や卵黄をほとんど含まない小形の細胞(極体)が生じる。この不均等な分裂により，一次卵母細胞に蓄積された卵黄のほとんどが，卵のみに受け渡される。

(2) なお，細胞分裂の進行をコントロールするのは細胞質であるので，細胞質をほとんど含まない第一極体が分裂することは実際にはほとんどない。したがって，第一極体の分裂で生じる(はずの)2個の極体には名称がない。

2 卵形成過程で減数分裂の一時停止が起こるのはなぜか？

(1) 多くの動物では，卵形成における減数分裂の過程で，一時停止が2回起こる。哺乳類(ヒトなど)や両生類(カエルなど)では，1回目の一時停止は**第一分裂前期**に起こる。この停止の期間は長く，卵黄の蓄積や，初期発生に必要なRNAの合成などが行われ，卵が未成熟な状態での受精を防ぐ。

(2) 2回目の一時停止は，**第二分裂中期**に起こる。ヒトではこの状態で排卵され，精子の進入が起こると第二分裂が再開される。このときの一時停止は，未受精卵の単為(たんい)発生(受精しない卵単独での発生)を防ぐために起こる。一般に哺乳類では，単為発生した卵は胎生致死となることが知られている。また，両生類・哺乳類ともに，第二分裂中期以降は精子の進入なしには進行せず，受精しなかった卵母細胞は，第二分裂中期の状態で死滅する。

3 卵に中心体(中心粒)はあるのか？

(1) 卵内にも**中心体**(**中心粒**)は存在するが，それは，受精前に消失するので，受精後の細胞分裂(卵割)には，精子がもち込む中心粒が重要な役割を果たす。

(2) 精子に2つ含まれる中心粒の1つは，受精によって精子の核(雄性のゲノム)とともに卵内にもち込まれ1つの星状体になり，さらに1組の分裂装置(両極に染色体を分離する紡錘体)となる。他の1つは精子の鞭毛の起点(基部)となって，片方の末端から直接鞭毛を形成しており，受精によって卵内にもち込まれる。

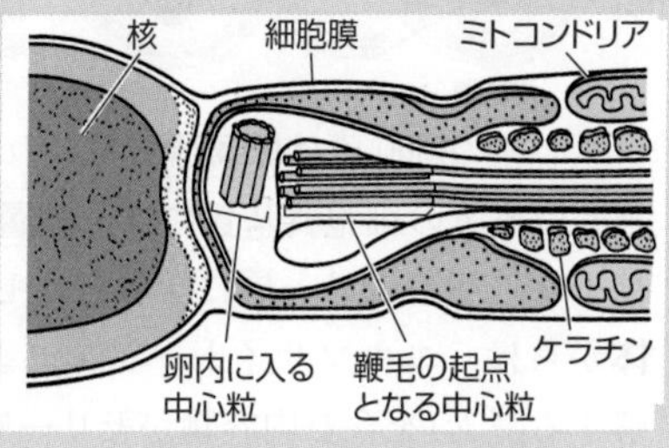

②▶動物の受精

1 受精の種類

精子と卵が合体する現象を**受精**(じゅせい)といい，その過程は精子と卵が接触してから精子の核と卵の核が融合するまでを指し，受精した卵を**受精卵**という。受精は，卵を刺激して発生を開始させる(**賦活化**(ふかつか)の)働きをもつ現象であり，体外受精と体内受精とに大別される。

①**体外受精**…水中に放出された卵と精子が体外で合体する受精。水中で生活するウニや多くの魚類，カエルなどの両生類は体外受精を行う。

②**体内受精**…交尾により雌の体内で卵と精子が合体する受精。精子は輸卵管(ゆらんかん)内の体液中を泳いで卵に到達する。爬虫類，鳥類，哺乳類や，昆虫などの陸上で生活する動物の多くは体内受精を行う。

2 ウニの受精の過程(図49 - 3中の①～⑦は説明文①～⑦に対応)

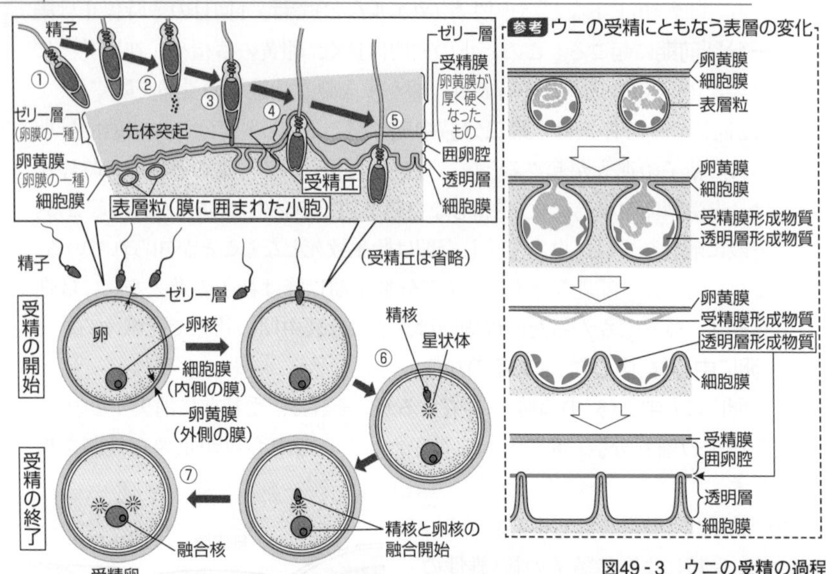

図49 - 3 ウニの受精の過程

①ウニの卵の細胞膜は**卵黄膜**で覆われ，さらに**ゼリー層**に包まれている。また，細胞膜直下の細胞質基質には，**表層粒**(ひょうそうりゅう)が分布している。

②精子が，卵のゼリー層に接触し，ゼリー層に含まれる糖類を受容すると，**先体**からは，エキソサイトーシスにより，タンパク質分解酵素(ゼリー層を分解する酵素)を含む内容物がゼリー層に放出される。

参考 ウニなどの精子は，卵が分泌する種特異的な物質に誘引されるので，同種の卵とだけ受精する。

③精子頭部の核と先体の間ではアクチンフィラメントの束が生じ，細胞膜や先体の膜とともに伸長して**先体突起**(せんたいとっき)を形成する。この現象を**先体反応**という。先体突起がゼリー層を貫通し，先体突起のタンパク質(バインディン)が卵黄膜の受容体に結合すると，先体突起は卵黄膜を通過して卵の細胞膜に達する。
④精子が卵の細胞膜に接した部分では，**受精丘**(じゅせいきゅう)と呼ばれる小さな膨らみが生じる。精子と卵の細胞膜が融合し，精子の頭部が卵内に進入する。
⑤卵の細胞質内ではCa^{2+}濃度が上昇し，エキソサイトーシスにより表層粒の内容物が卵の細胞膜と卵黄膜の間に放出される。これを**表層反応**(ひょうそうはんのう)という。放出された内容物により，細胞膜と卵黄膜をつなぐ構造物が分解され，卵黄膜は細胞膜から離れてもち上がり，卵全体を覆う厚く硬い**受精膜**となる。受精膜の内側には海水が流入し，受精膜がもち上がり囲卵腔(いらんくう)が生じるとともに，表層粒の内容物の働きによって卵の細胞膜の外側に**透明層**が形成される。
⑥卵内では，精子の核は膨らんで**精核**となる。精子によってもち込まれた中心体(粒)からは微小管が放射状に伸びて**星状体**(せいじょうたい)(**精子星状体**)が形成される。
⑦星状体の働きによって精核(雄性前核)は卵核に近づき，精核と卵核が合体(融合)して受精卵の核(融合核)($2n$)となることで受精が完了する。

3　多精拒否

(1) 受精時に精子を1個のみ進入させ，複数の精子の進入(多精または多精受精)を防ぐ現象を**多精拒否**という。多精が起こると，1つの卵内に複数の精子の核と複数の分裂装置が存在することになり，このような受精卵は核相異常になるとともに，卵割も異常になる。多精拒否は，受精卵の核相と卵割(発生)を正常に保つしくみであり，速い反応(下記(2)受精電位の発生)と，遅い反応(下記(3)受精膜の形成)の2段階からなる。

(2) ウニ卵の膜電位は通常，負(約 −70 mV)であるが，精子が卵に接触すると，細胞膜のナトリウムチャネルが開き，海水中のNa^+が卵内に流入して正(0mVより大)に逆転する。このような電位変化は**受精電位**(じゅせいでんい)と呼ばれ，他の精子の卵内への進入を電気的に阻止するが，その継続時間は短く，数分で膜電位はもとに戻る。

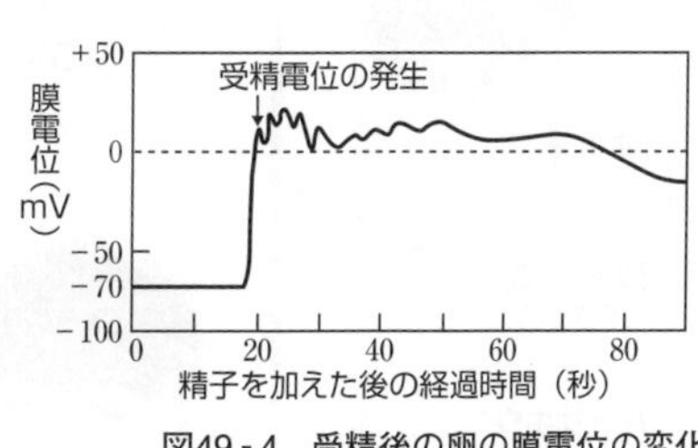

図49-4　受精後の卵の膜電位の変化

(3) 受精電位が生じている間に形成される厚く硬い**受精膜**は，精子の進入を機械的(物理的)に阻止する働きをもつとともに，卵や胚を保護する働きももつ。

第9章

③ ▶ウニの受精の観察

ウニの卵と精子の採取と受精の観察方法を以下に示す(図49 - 5の①～⑧と対応)。

①ウニを繁殖期(バフンウニは12～4月，ムラサキウニは6～8月)に採取し，体表面に付着した精子による受精を防ぐために，淡水で洗う。

②ウニの口の部分(口器)をピンセット(またははさみ)で切除する。

③卵の放出(放卵)・精子の放出(放精)を行わせるために，4～5%**塩化カリウム**(KCl)(または0.2%**塩化アセチルコリン**)水溶液を，口器を切除した部分に入れる。

参考 KClのK^+は，生殖腺刺激ホルモン(ゴナドトロピン)の分泌を促進することにより，塩化アセチルコリンは，卵巣や精巣の周辺の筋肉を直接収縮させることにより，放卵・放精を促進する。

④ウニは外見で雌雄を区別することは難しいが，③の処理の後に，白色の精子が口の反対側の殻の表面ににじんだら雄，黄色の粒状の卵が放卵されたら雌とわかる。

⑤雄を乾いた時計皿に移して放精させる。この状態で精子を保存できる。

参考 この状態で保存されたものは無水精子(ドライスパーム)と呼ばれ，鞭毛運動によるエネルギー消費がおさえられるので，高い受精能力を持続させることができる。

⑥精子をビーカーに移し，きれいな海水で薄める。

⑦塩化カリウムを取り除くために，上澄み液を捨て，卵をきれいな海水で洗う。

⑧卵を含む海水をペトリ皿に移し，薄めた精子を入れて受精のようすを観察する。

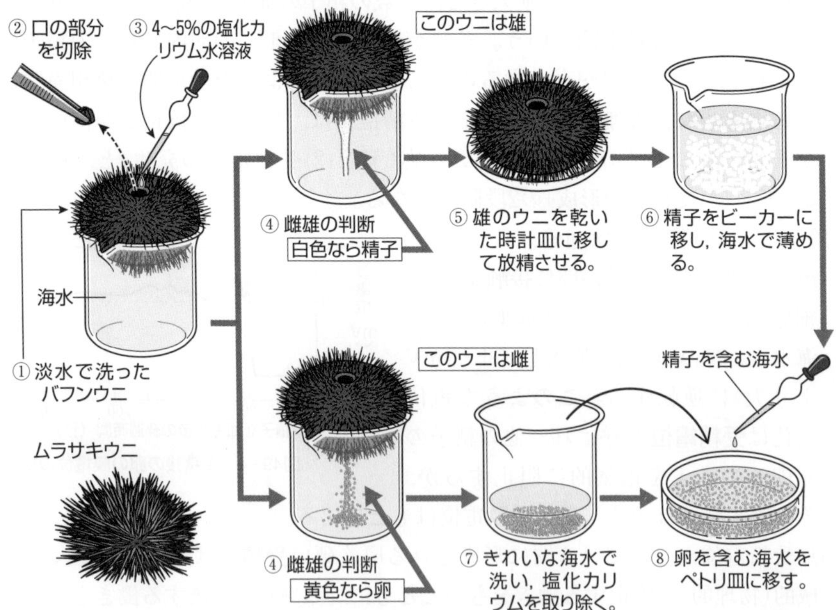

図49 - 5　ウニの精子と卵の採取と受精の観察

4 ▶ ヒトの卵形成・受精・初期発生

(1) ヒトでは，胎児のときに卵原細胞の増殖・成長によって生じた**一次卵母細胞**は，ろ胞に包まれて**減数分裂第一分裂前期**の状態で休止している。

(2) 思春期になると，一次卵母細胞の一部は減数分裂を再開し，**第二分裂中期**の状態で卵巣から卵巣外に放出される。この現象を**排卵**(はいらん)という。

(3) 排卵された二次卵母細胞は**輸卵管**に入り，子宮(しきゅう)へと移動する。その途中で二次卵母細胞に精子が進入すると，第二分裂が再開し，第二極体が放出された後，精核と卵核が合体して受精が完了(終了)する。

(4) 受精後，発生が始まり，受精卵，2細胞期，4細胞期，8細胞期，桑実胚期と進み，その次の段階である**胚盤胞期**(はいばんほうき)※になる頃に子宮内膜に着床(ちゃくしょう)する。その後の発生は子宮内で進行する。

※哺乳類では，胞胚に相当する胚を胚盤胞と呼ぶ。胚盤胞は，1層の細胞からなり将来胎盤などに分化する栄養外胚葉と，将来胎児となる内部細胞塊(かい)からなる。

図49-6　ヒトの卵形成・受精・初期発生の過程

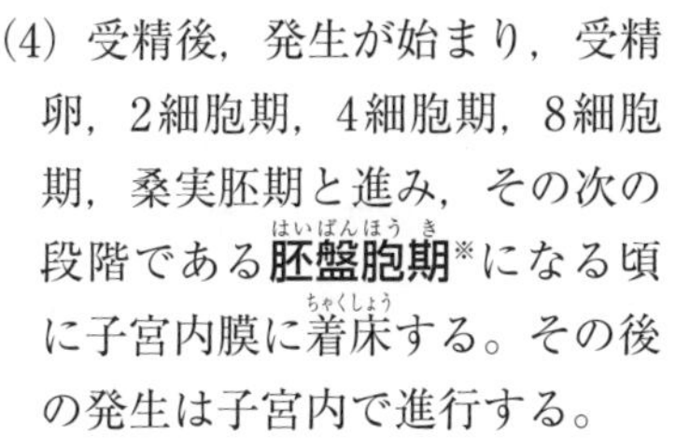

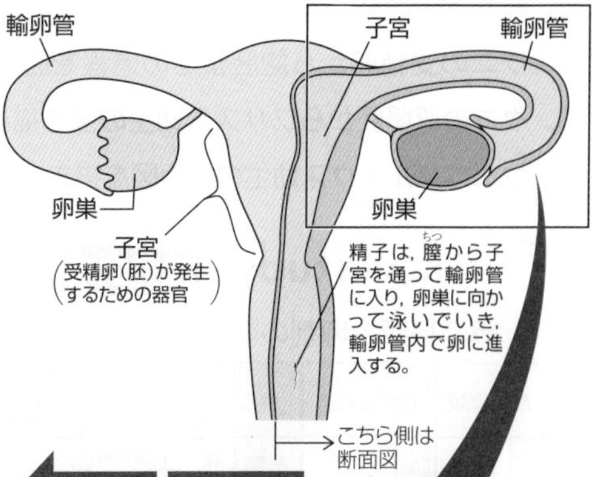

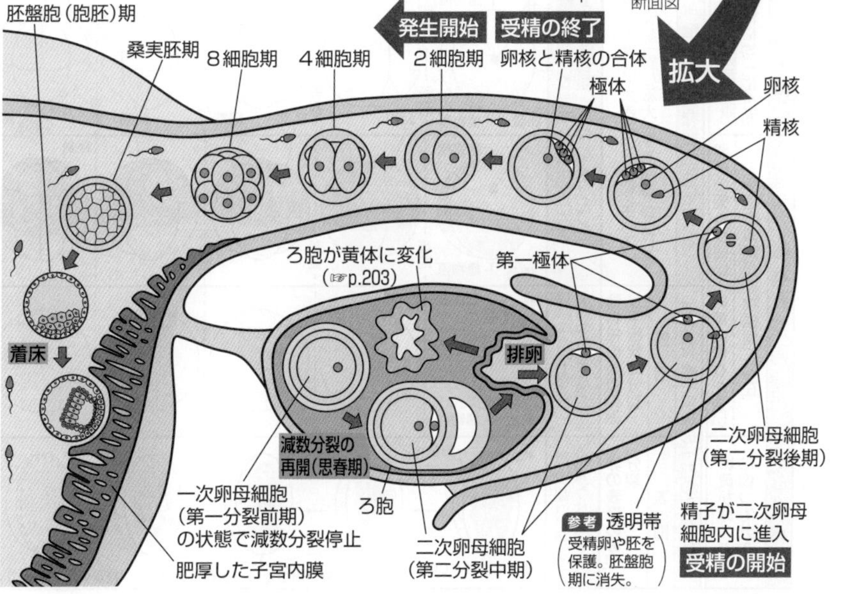

第50講 動物の発生

The Purpose of Study 到達目標

1. 卵黄の分布をもとに，卵を大きく3種類に分け，それぞれの卵割の様式と生物例を言える。……p. 456, 457
2. 卵割の様式を4つあげ，それぞれの第1卵割から第4卵割までを図示できる。……p. 456
3. 卵割と通常の体細胞分裂との違いを説明できる。……p. 458
4. ウニの受精卵から胞胚までの過程を図示して説明できる。……p. 456, 459
5. ウニの原腸胚からプリズム幼生の図を描き，その特徴を説明できる。……p. 460
6. ウニのプルテウス幼生の断面図を描き，その特徴を説明できる。……p. 460

Visual Study 視覚的理解

卵の種類と卵割の関係を正しく理解しよう！

卵の種類		卵割の様式		例	卵割の過程（表割以外は第１卵割から第４卵割まで）受精卵(断面)	第1卵割	2細胞期	第2卵割	4細胞期	第3卵割	8細胞期	第4卵割	16細胞期
等黄卵	少量の卵黄が卵全体に均一に分布	全割（卵割面が卵全体に生じる）	等割（等しい大きさの割球が生じる）	棘皮動物（ウニなど）・哺乳類	核 動物極 卵黄 植物極	等割	経割	等割	経割 経割	等割	緯割	不等割	中割球 経割 大割球 小割球 緯割
端黄卵 多量の卵黄が植物極側に偏在	卵黄の偏りが弱い	全割（卵割面が卵全体に生じる）	不等割（異なる大きさの割球が生じる）	両生類（カエル，イモリなど）	核 動物極 卵黄 植物極	等割		等割		不等割			経割
端黄卵 多量の卵黄が植物極側に偏在	卵黄の偏りが強い	部分割（卵や割球の一部のみが分裂）	盤割 動物極の周辺のみが平板状に分裂	鳥類（ニワトリなど），魚類（メダカなど）	核 動物極 卵黄 植物極								
心黄卵	卵黄が卵の中央に偏って分布	部分割（卵や割球の一部のみが分裂）	表割 卵の表層のみが分裂	昆虫類（ショウジョウバエなど）	核 卵黄（動植物極はない）	→	核のみが分裂を繰り返し，多核体となる	→	核のみが分裂を繰り返し，多核体となる	→	核のみが分裂を繰り返し，多核体となる	→	核が表層に移動する

1 ▸ 卵割

1 卵割・割球・卵割面

(1) 多細胞生物において，受精卵が成体へと変化する過程を**発生**(はっせい)という。

(2) 動物の受精卵が発生の初期(胞胚(ほうはい)まで)に行う体細胞分裂を**卵割**(らんかつ)，卵割によって生じた娘細胞を**割球**(かっきゅう)という。また，受精卵が卵割を始めてから，独立した個体になるまでを**胚**(はい)という。

参考 受精卵から胞胚までを卵割期ということもある。

(3) 卵の各部の名称は，地球にたとえて表されることが多く，卵の表面のうち**極体**が放出される部位(極)を**動物極**(どうぶつきょく)，反対側の部位(極)を**植物極**(しょくぶつきょく)という。また，初期の卵割には，地球の経線(けいせん)に相当する線を含む面(動物極と植物極を通る卵割面)で起こる**経割**(けいかつ)と，緯線(いせん)に相当する線を含む面(赤道面またはそれに平行な卵割面)で起こる**緯割**(いかつ)がある。

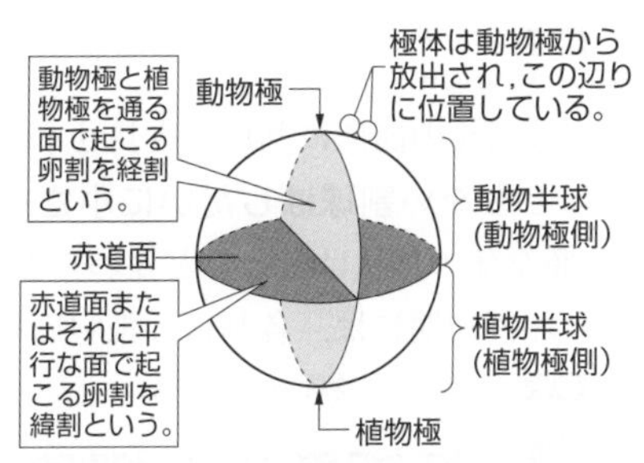

図50-1　卵の各部の名称

2 卵の種類と卵割の様式 (☞p.456 Visual Study)

(1) 卵に含まれる**卵黄の量や分布**は，動物の種類によって異なっている。卵黄は粘り気が強く，卵割の際に細胞質分裂の妨げとなるため，卵割は，卵黄が多い部分を避けるように起こる。このため，卵割の様式は動物の種類により異なる。

(2) 哺乳類の卵割はウニと同様，8細胞期までは等割によりほぼ同じ大きさの割球が生じる全割であるが，図50-2のように，第2卵割ではウニと異なり，左右の割球での卵割面が互いに直交し，経割と緯割が行われる。

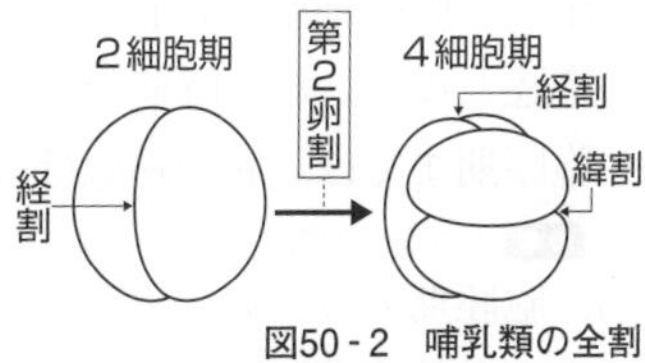

図50-2　哺乳類の全割

参考 1. 等割と不等割は，1回の卵割後に生じる2個の割球の大きさがそれぞれ等しいか，異なるかを表す用語であるが，棘皮動物のように，8細胞期までほぼ同じ大きさの割球を生じる卵割を等割といい，両生類のように，8細胞期以降動物極側と植物極側とで異なる大きさの割球を生じる卵割を不等割ということもある。

2. p.456 Visual Study の表の生物例以外に，等黄卵で全割の例では原索動物(ホヤなど)，端黄卵で全割の例では環形動物やタコ・イカ以外の軟体動物，端黄卵で盤割の例では爬虫類，タコ・イカなどの軟体動物，心黄卵の例では甲殻類(エビ・カニ)などが知られている。

3 卵割の特徴

卵割には，通常の体細胞分裂に比べて，次の(1)～(3)のような特徴がある。

(1) **細胞周期**が短い(分裂速度が大きい)。受精卵内には卵割初期に必要なタンパク質やmRNAが既に存在するので，間期のDNA合成準備期(G_1期)や分裂準備期(G_2期)がないか，短いことが多い。

参考 DNAの複製開始点が通常の体細胞分裂より多いため，S期の長さも短い。

(2) 分裂後の間期に割球が成長せず，卵割にともない**割球はしだいに小さくなる**(胚全体の体積はほとんど変わらない)。

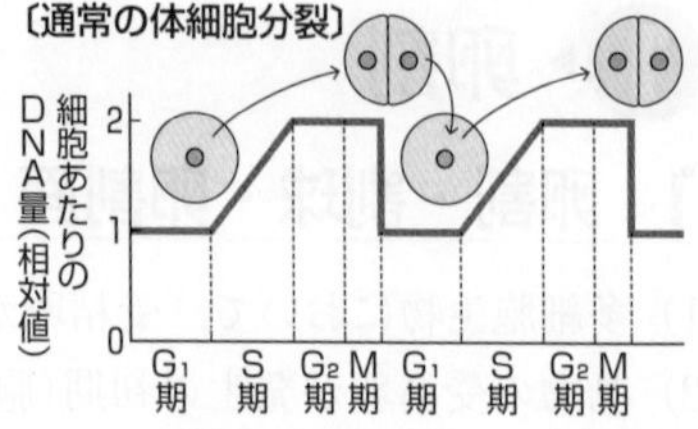

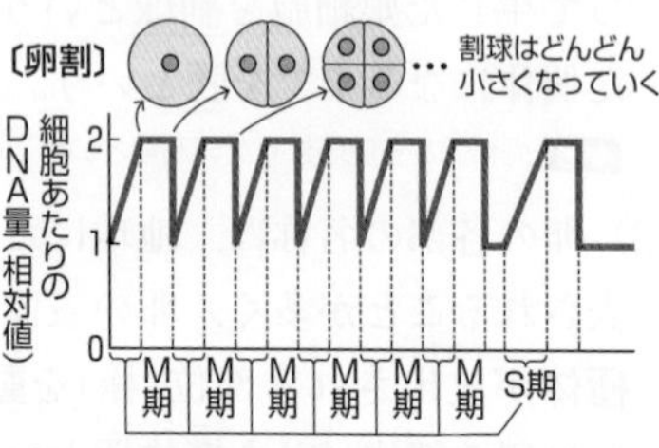

図50-3 通常の体細胞分裂と卵割におけるDNA量変化の比較

(3) 卵割初期には，各割球の細胞周期がそろっている(同調分裂が起こる)。

参考 卵割後期には同調は崩れている。

2 ▸ 初期発生の概略

(1) 受精から胚葉(はいよう)の分化に至るまでの過程を初期発生といい，ウニや両生類(カエルなど)，哺乳類(ヒトなど)の初期発生は，一般に次の過程で進行する。

受精卵 —卵割の繰り返し→ 桑実胚 —卵割の繰り返し→ 胞胚 —細胞の陥入・原腸形成／形態形成・胚葉の分化— 原腸胚

(2) 受精卵から胞胚までは卵割の繰り返しであり，割球(細胞)の数が増加するに従って，胚の中心部に**卵割腔**(らんかつこう)と呼ばれる空所を形成した桑実胚(そうじつはい)になる。やがて，胚の細胞の細胞周期が長くなり，比較的均一で小形の細胞が集まった**胞胚**となる。この時期(胞胚期)には卵割腔が大きくなり，**胞胚腔**(ほうはいこう)と呼ばれる。胞胚期までは，胚の細胞はほとんど移動せず，形態形成は起こらない。

参考 ショウジョウバエなどの昆虫の胚には，卵割腔も胞胚腔も生じない。

(3) 胞胚期の後，胚の表面または表面に近い場所にあった細胞群(層)が内側にもぐり込み(**陥入**(かんにゅう))，胚の内側に**原腸**(げんちょう)と呼ばれる空所が形成される。細胞群の陥入から原腸が形成されるまでの胚を**原腸胚**といい，この時期(原腸胚期)以降は，時間経過にともなう特定の遺伝子の発現の促進や抑制により，新たな固有の形態が次々と形成される**形態形成**(けいたいけいせい)(☞p.475)が起こる。

(4) 原腸胚期の形態形成によって生じる層状の構造を**胚葉**という。胚葉は，位置や細胞の大きさなどにより**外胚葉**(がいはいよう)・**中胚葉**(ちゅうはいよう)・**内胚葉**(ないはいよう)に区別され，それぞれ特定の器官の原基(げんき)を形成する。なお，細胞や細胞の集団が特定の形や働きをもつように変化することを**分化**(**細胞分化**)という。また，ある組織や器官が形成されるとき，その組織や器官に発達する予定の細胞の集合体を**原基**といい，動物では胚葉から区別することができるようになった細胞群を指す。

③ ▸ ウニの発生の過程

(1) p.456 ★ Visual Study の表の最上段の図に示すように，ウニの受精卵は卵割を繰り返して個々の割球が小さくなる。やがて桑の実のような外観の**桑実胚**となり，その内部には，**卵割腔**が生じる(図50 - 4❶)。

(2) さらに卵割が進むと，1層の細胞からなり胚表面がなめらかな**胞胚**になる。卵割腔は大きく発達して**胞胚腔**になる。胞胚はやがて表面に多数の繊毛を生じ，受精膜を破って**ふ化***し，海中を泳ぎ始める(図50 - 4❷・❸)。

参考 *一定の発生段階に達した動物の胚が，それまで胚を保護していた種々の膜や殻などから抜け出し，自由生活を始めることをふ化(孵化)という。棘皮動物(ウニなど)・両生類(カエルなど)・魚類などのように卵膜(受精膜)から抜け出すタイプ，鳥類・爬虫類などのように卵殻から抜け出すタイプなど，ふ化の方法や時期は動物によってさまざまである。ふ化は自由生活の他に，捕食・摂食のような新しい機能を営むために必要であり，またふ化による幼生の分散が，天敵による被食の軽減や，周囲の(水)環境中のO_2濃度の維持に通じるという考え方もある。

(3) 胞胚期の後期になると，植物極側から小さな細胞(16細胞期の小割球に由来する細胞)が胞胚腔内に遊離する。この細胞は**一次間充織**と呼ばれ，最初にできる**中胚葉**である(図50 - 4❹)。

参考 成体において，特定の機能をもつ組織がその機能を果たすために，栄養供給・老廃物除去・構造的支持などを行う組織を間質という。発生途中の胚において生じ，成体の間質に相当する機能をもつ中胚葉性の組織を間充織または，間葉という。間充織は細胞間の接着があまりない繊維芽細胞などからなり，脊椎動物では血液の細胞・骨芽細胞・筋細胞などへも分化する。

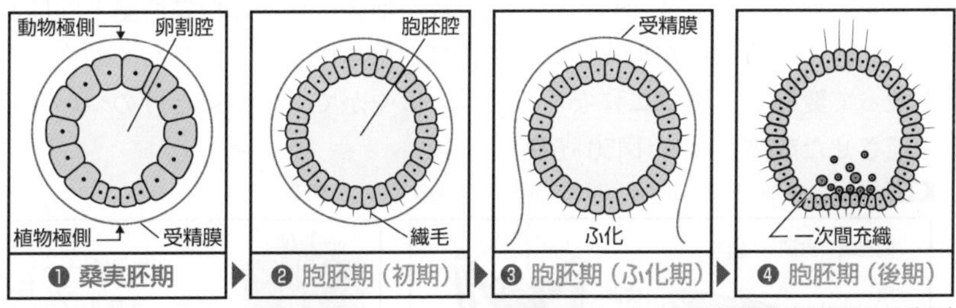

図50 - 4　ウニの発生過程（桑実胚から胞胚）

田部の裏づけ

桑実胚と胞胚

桑実胚と胞胚は，いずれも単純な袋状の構造であるが，両者には大きな違いがある。桑実胚では，細胞接着が弱く，胚の内外の環境が分かれていない。一方，胞胚では，細胞接着により最外層の細胞どうしが上皮細胞のように密着しており，胚の内外の環境が明確に分かれているので，胞胚期後には，陥入により，胚の内部の安定した環境で発生(分化や形態形成など)を進行させることができる。

(4) 植物極側の細胞層が内部に向かって**陥入**し，陥入によって**原腸**ができる。また，原腸の入り口は**原口**(げんこう)と呼ばれる。この時期の胚を**原腸胚**と呼び，原腸胚では，原腸の先端部分から**二次間充織**が遊離する。また，一次間充織からは**骨片**(こっぺん)が形成され，二次間充織は胚の内部のすき間を埋める組織となる。原腸胚を構成する細胞は，胚の外側を覆う**外胚葉**，内側の原腸をつくる**内胚葉**，その中間に存在する**中胚葉**の3種類に分かれる(図50-5❶・❷)。

(5) 原腸の先端が曲がって外胚葉に接し，胚の形は三角錐状(さんかくすい)になる。この胚を**プリズム幼生**(ようせい)(プリズム胚)と呼ぶ(図50-5❸)。

参考 胚と成体の中間期にあり，成体とは形態が異なり，独立生活を送る個体を**幼生**という。

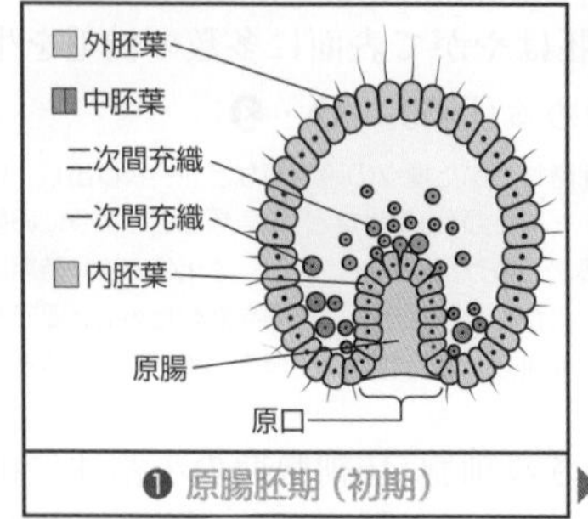

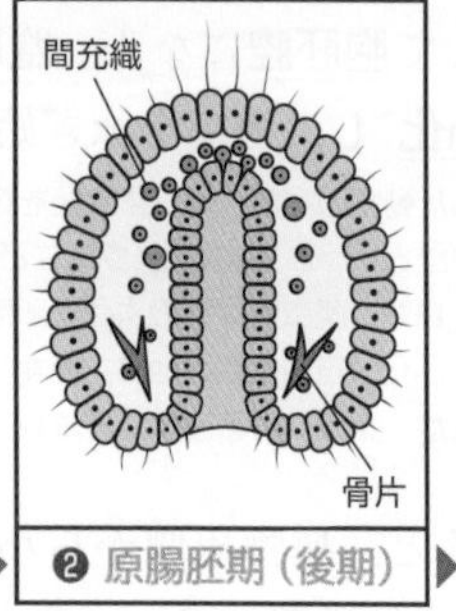

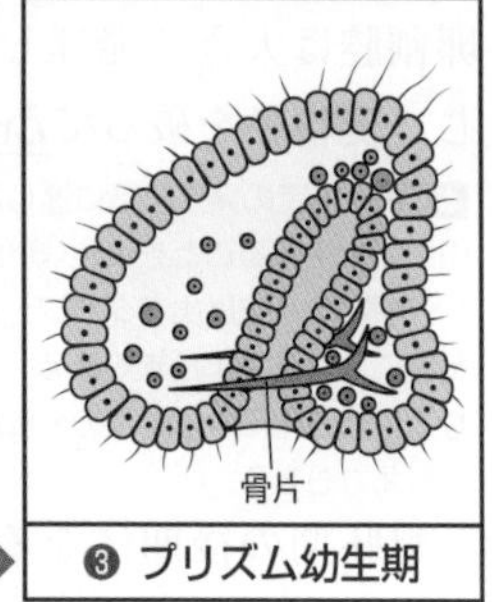

図50-5 ウニの発生過程（原腸胚からプリズム幼生）

(6) プリズム幼生は，骨片(骨格)を伸ばして腕(うで)を形成し，**プルテウス幼生**となる。また，原腸は消化管(食道・胃・腸)に，原口は肛門(こうもん)に，原腸が外胚葉に接した部分は口になり，食物をとり始めるようになる(図50-6❶)。

(7) プルテウス幼生では，しだいに腕の数が増え，体内に**ウニ原基**と呼ばれる将来成体になる部分が形成される。後に，ウニ原基は，成長して幼生の表皮を破って**変態**し，**稚ウニ**(ち)になる。稚ウニはやがて，外側にとげのついた殻を発達させた**成体**となる(図50-6❷)。

参考 孵化した子が，成体になるまでに大きな形態変化をすることを**変態**という。

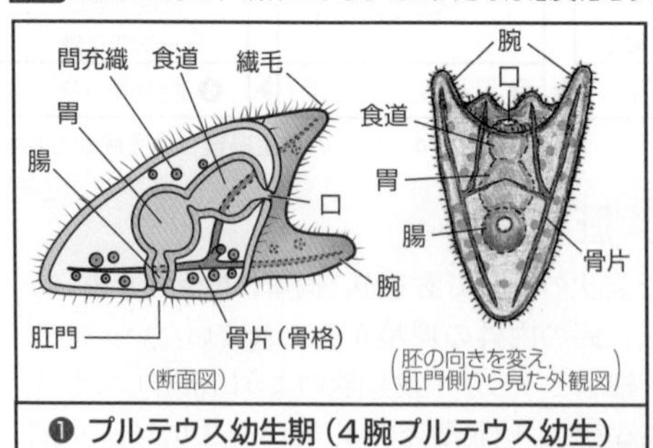

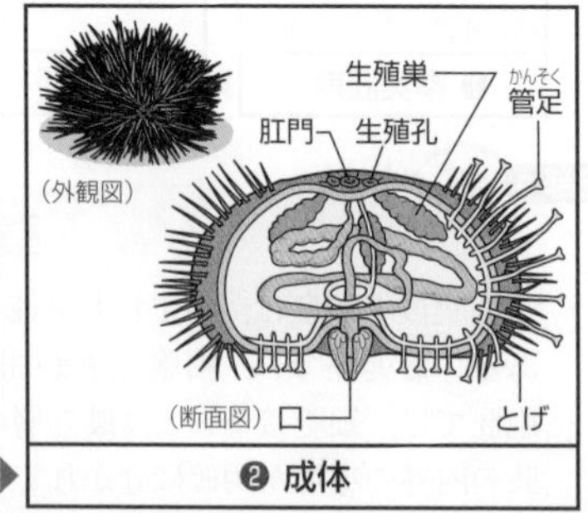

図50-6 ウニの発生過程（プルテウス幼生から成体）

ウニの変態

ウニは，発生過程で何回か体制(☞p.475)が変わる。ウニの初期胚は放射相称であるが，プリズム幼生となる過程で，体制が変わり左右相称になる。プリズム幼生からプルテウス幼生になる過程では，腕と呼ばれる複数の突起と，その突起に囲まれたくぼみに口が形成されるが，体制は変わらず左右相称のままである。プルテウス幼生は，4腕幼生→6腕幼生→8腕幼生のように変化し，最終的に形態などが大きく変化する変態を経て成体となる。その過程を以下に記す。

4腕プルテウス幼生から6腕プルテウス幼生になると，消化管の両側に体腔のうと呼ばれる構造が形成され(右図①)，さらに8腕プルテウス幼生になると，片側(左側)の体腔のうが大きく成長してウニ原基となる(右図②，このときの体制は左右非対称である)。発生の進行にともない，ウニ原基の中には，成体のウニのとげ(棘)や管足，殻をつくる板などがつくられる(右図③)。

ウニでは受精から約1か月前後で，8腕プルテウス幼生の体内に十分に成長したウニ原基が形成され，変態が近づくとウニ原基がある側の腕が短くなり始める。変態の準備ができたプルテウス幼生は，岩などに付着している食物になる藻類からの刺激により，脇腹に開いた穴から管足を伸ばし，ウニ原基がある側を下側にして岩などに定着し(右図④)，短時間で殻の上にとげのある小さい稚ウニに姿を変える。変態直後の稚ウニのなかには，背中に幼生の腕をつけて這っているもの(右図⑤)もみられるが，最後にはこれらの腕も含めて，幼生は稚ウニに取り込まれる。また，変態直後の稚ウニではまだ口も肛門も開いていないが，やがて稚ウニの下側につくられる口と食道が幼生の胃とつながり，上側につくられる肛門が幼生の腸と連絡する(右図⑥)。

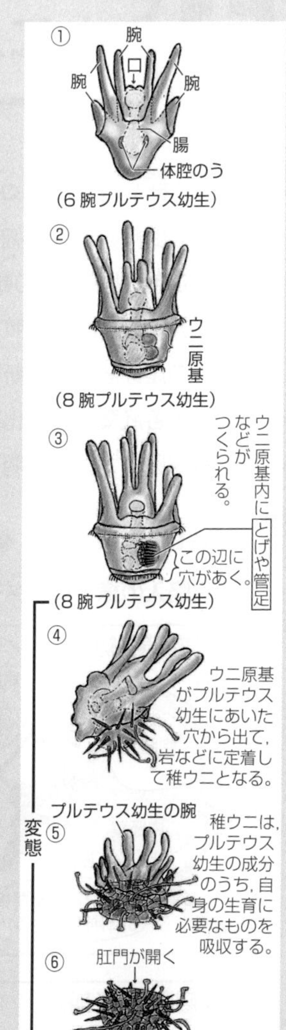

ウニは成長するときには殻も大きくなるのだが，硬い殻は同じ形のまま脱皮することなくどのように大きくなるのだろうか。ウニの殻はいくつもの小さな板が組み合わさってできている。変態直後の稚ウニにはわずかな数の板しかないが，成長とともにしだいに板が増え，板の大きさは下の方が大きく上にいくほど小さくなっている。また，小さなウニと大きなウニで板の大きさを比べると，大きなウニの方がそれぞれの板が大きい。つまり，殻の上部で新しく板がつくられて板の数が増加することと，それぞれの板が大きくなることによりウニは大きくなっていることがわかる。

第51講 カエルの発生

The Purpose of Study 到達目標

Visual Study 視覚的理解

原腸陥入の様子をイメージしよう！

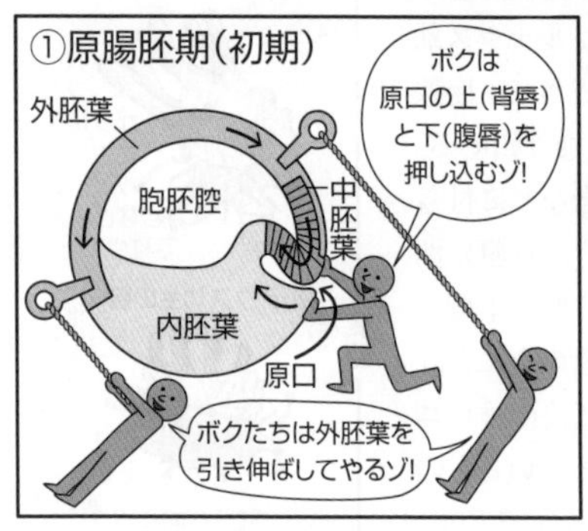

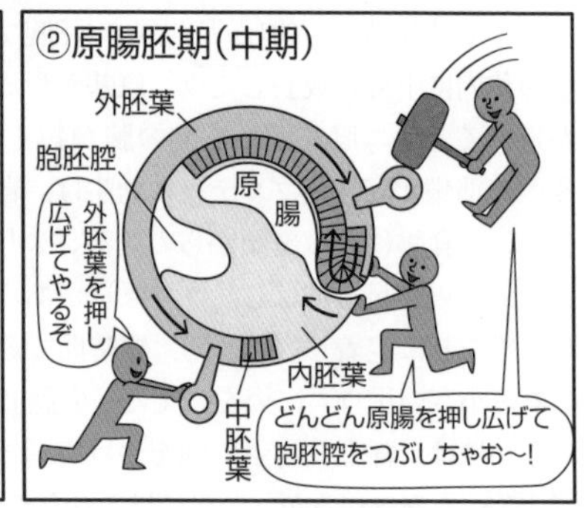

1 ▶ カエルの発生過程

1 受精卵

カエルの卵では，色素粒の多い動物極側は黒く，卵黄の多い植物極側は乳白色にみえる。受精の際に，精子は動物極側の半球から進入し，その反対側の卵表面に，灰色の三日月状の模様が現れる。この模様を**灰色三日月環**(はいいろみかづきかん)(灰色三日月)といい，これが生じた側は将来の**背側**となる。

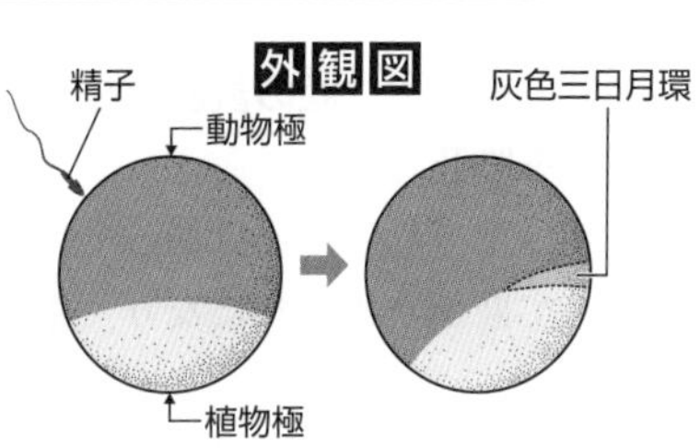

2 受精卵から8細胞期

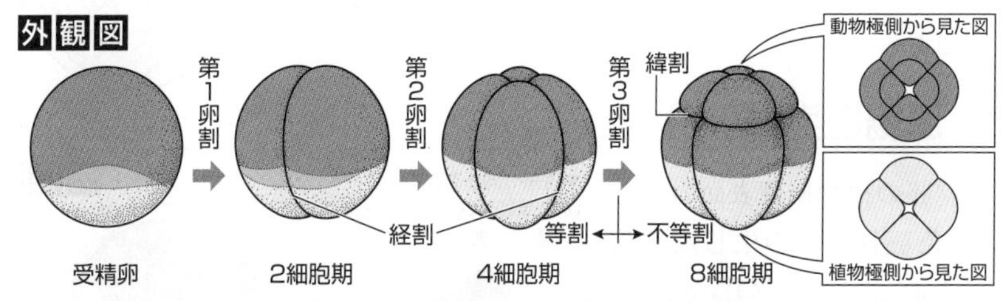

通常，第1卵割は，動物極・植物極・精子進入点付近を通る面で起こり，灰色三日月環が二分される。この卵割面は，将来の胚の正中面(せいちゅうめん)(左右の中心をなす面)と一致する。第2卵割までは**等割**が起こる。第3卵割は動物極側に偏った位置で起こる**不等割**であり，植物極側の割球が動物極側の割球よりも大きくなる。

3 16細胞期から桑実胚期

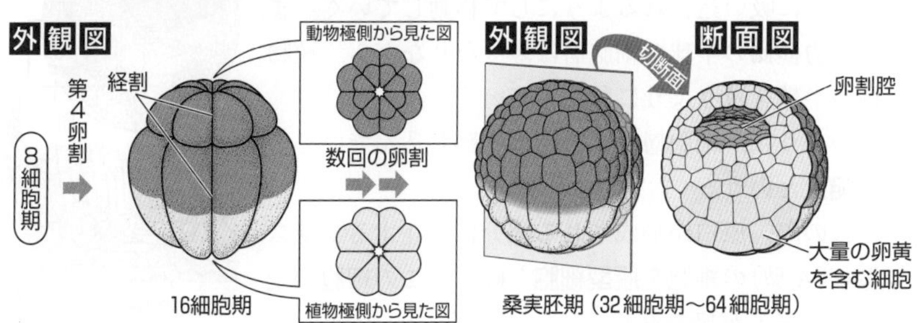

卵割が繰り返されると，動物極側の内部に生じた**卵割腔**が発達して大きくなる。割球の数がしだいに増加し，細胞表面が桑(くわ)の実状の**桑実胚**(そうじつはい)になる。

4 胞胚期

(1) 桑実胚以降の胚でも卵割が起こり，割球は増える。割球数の増加にともない1つ1つの割球は小さくなるので，やがて，**胚の表面がなめらか**になる。この時期の胚を**胞胚**という。

(2) 胚内部の動物極側に偏って存在している**卵割腔**は拡大して断面が半月状になり，**胞胚腔**と呼ばれるようになる。

(3) なお，ウニの胞胚腔の動物極側は1層の細胞に囲まれているのに対して，カエルの胞胚腔は多層(3層)の細胞に囲まれている。

(4) その後さらに発生が進み，**原口**ができるまでは胞胚期である。

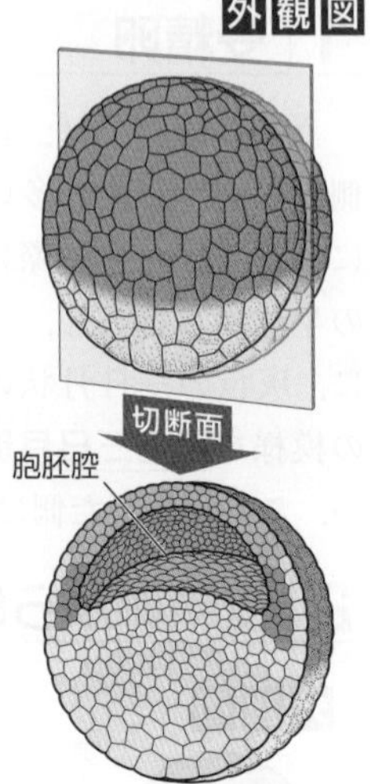

5 原腸胚期(初期)

(1) 胞胚の植物極側表面の一部(灰色三日月環の生じた領域の表面)に，水平の溝ができる。この溝を**原口**という。

(2) 原口ができた胚は**原腸胚**と呼ばれ，初期の原腸胚ではまだ細胞分裂が起こっており，**原口背唇(部)**(げんこうはいしん(ぶ))などの原口の周囲に配列している細胞層が，原口の中に吸い込まれるようにして移動していく。また，動物極側の半球の細胞層は薄くなりながら，植物極側の半球を覆うように移動していく。

(3) このように，細胞層が胚の内部へ落ち込んでいくことを**陥入**という。

(4) 陥入の際，原口が形成される部分に存在するフラスコ型(びん型)の細胞を**瓶型細胞**(びんがた細胞)と呼び，この細胞の変形により陥入が起こる。

▼将来の向きを表した図
(おたまじゃくしになったときの向き)

背
頭
右
左
尾
原口
同じ図

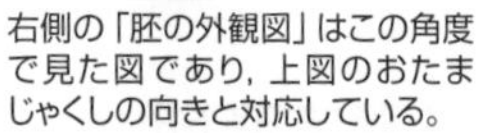
右側の「胚の外観図」はこの角度で見た図であり，上図のおたまじゃくしの向きと対応している。

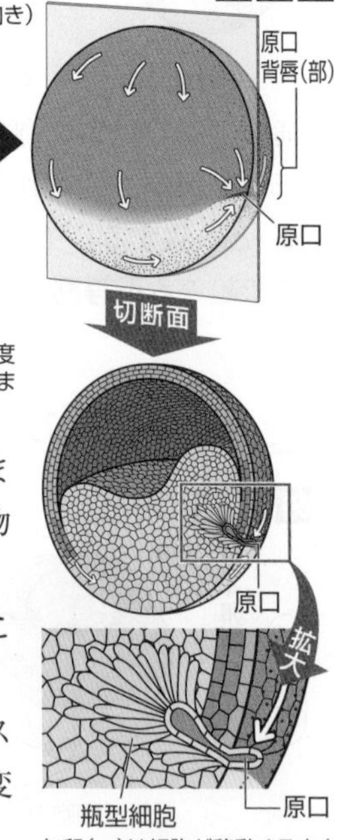

※原腸胚期初期から，■外胚葉・■中胚葉・□内胚葉がわかりやすいように色分けしているが，実際の細胞の色はすべて同じである。

6 原腸胚期（中期）

(1) この時期の胚では，原口背唇の陥入は続き，また，原口の下側にあり卵黄を多く含む細胞群や，原口の左右両側の細胞群も原口の中に落ち込んでいき，陥入がさらに進行する。

おたまじゃくしになったときの向きは，左右軸と背腹軸はp.464の図と同じであるが，頭尾軸はp.464の図より20〜30°ほど頭上がり（尻下がり）になる。

(2) その結果，陥入により胚の内部に新たな空間ができる。この空間を**原腸**という。

(3) **胞胚腔**は，原腸が拡大・発達するにつれて，押しつぶされて原口の反対側に追いやられ，しだいに小さくなる。

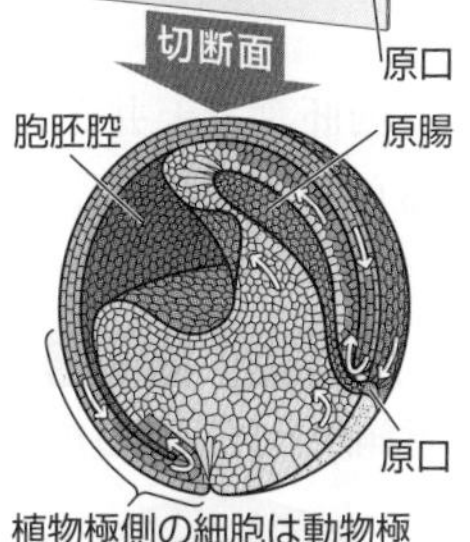

◀胚の内部の細胞の動き（原腸胚期初期〜原腸胚期後期）

7 原腸胚期（後期）

(1) 原口の周囲全体の細胞群がさらに陥入していくと，水平だった溝（原口）は，両端がつながって**円形の溝**になり，**卵黄栓**となる。

おたまじゃくしになったときの向きは，左右軸と背腹軸はp.464の図と同じであるが，頭尾軸はp.464の図より40〜50°ほど頭上がり（尻下がり）になる。

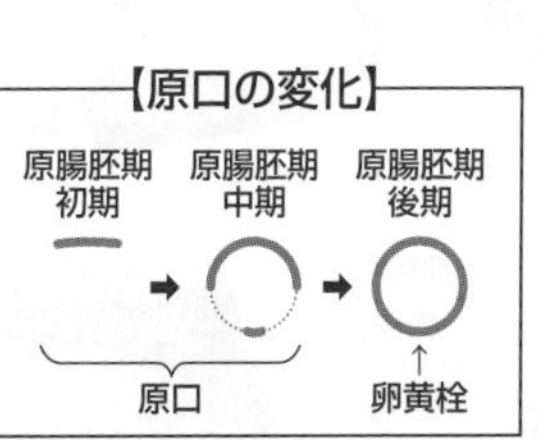

(2) **原腸**は発達し，胞胚腔を押しつぶして動物極側全体に広がる。

(3) この時期の胚では，細胞層は，外側の**外胚葉**，内側の**内胚葉**，その中間にある**中胚葉**の3層に分かれる（卵黄栓は，外側から見える唯一の内胚葉である）。

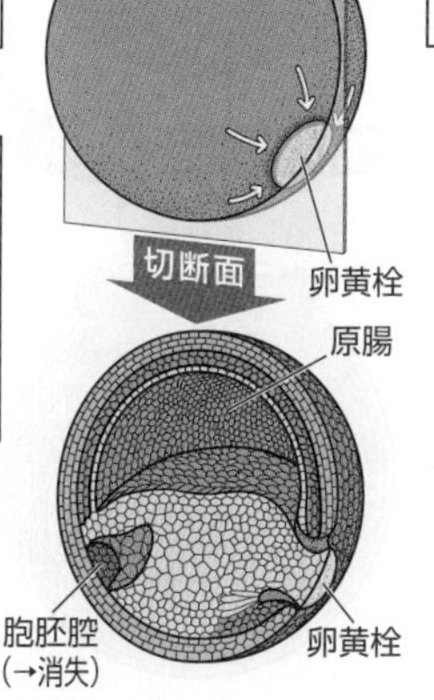

参考 卵黄栓は両生類の原腸形成の過程のみでみられる。

(4) 胞胚期後期から原腸胚期後期にかけての胚の外観と内部の関係を示した図はp.472, 473にある。

第9章

8 神経胚期(初期)

(1) 胚の背側にある外胚葉の一部が平たくなり，分化して**神経板**になる。神経板ができ始めた胚を**神経胚**と呼ぶ。

(2) 神経胚では，神経板の端が，相撲の土俵の周囲にある俵のように盛り上がって神経板をとり囲むようになる。この盛り上がった部分を神経褶という。

参考 褶(しゅう)は衣服が折りたたまれたときにできる「ひだ」の意である。

(3) 神経胚では，原腸の天井側(背側)と神経板の内側に接する中胚葉から**脊索**ができる。

(4) 原腸は，内胚葉で天井が覆われると管状(パイプ状)になるため，名前が**腸管**に変わる(中は空洞)。

参考 腸管は神経胚期「中期」に形成されるとする考え方もある。

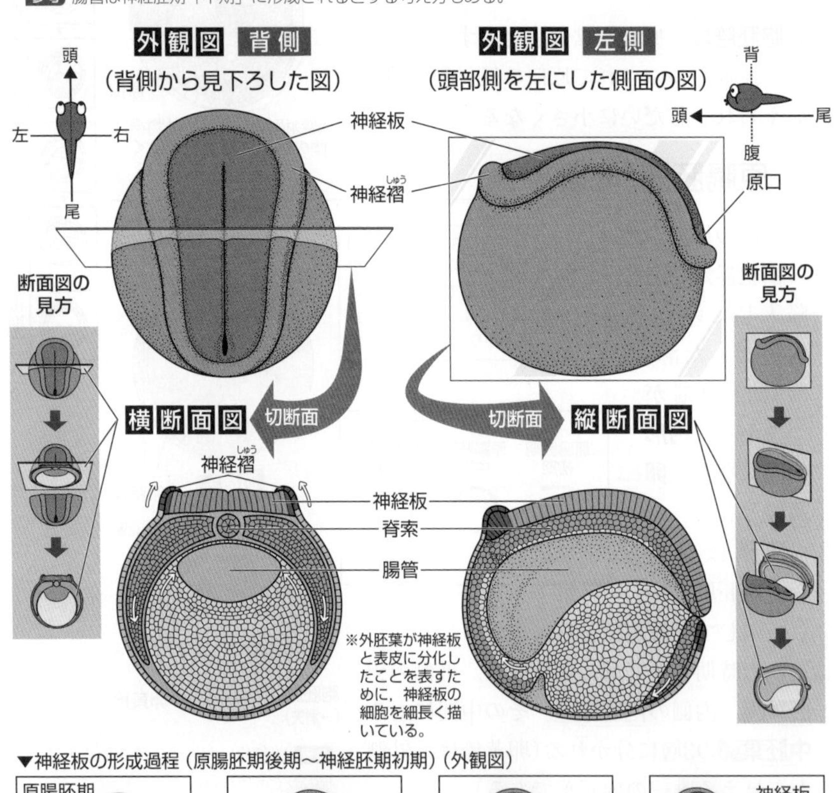

9 神経胚期(中期)

(1) 神経板の両側の細胞群である神経褶が盛り上がり，神経板が正中線を支点として屈曲することで，中央にU字状の溝ができる。この溝のことを**神経溝**(しんけいこう)という。

参考 神経板の屈曲は，神経上皮細胞の表層部でアクチンフィラメントが収縮することによって起こると考えられている。

(2) 神経溝の内側にできる**脊索**は，神経溝が変化して生じる**神経管**(将来神経になる)を保護・支持する「添え木(そえぎ)」としての役割をもち，「**棒**(ぼう)」状であり，中は空洞ではない。

(3) 植物極側(腹側)でも，**外胚葉**と**内胚葉**の間に**中胚葉**がもぐり込んでいき，3つの胚葉が明瞭に区別できるようになる。

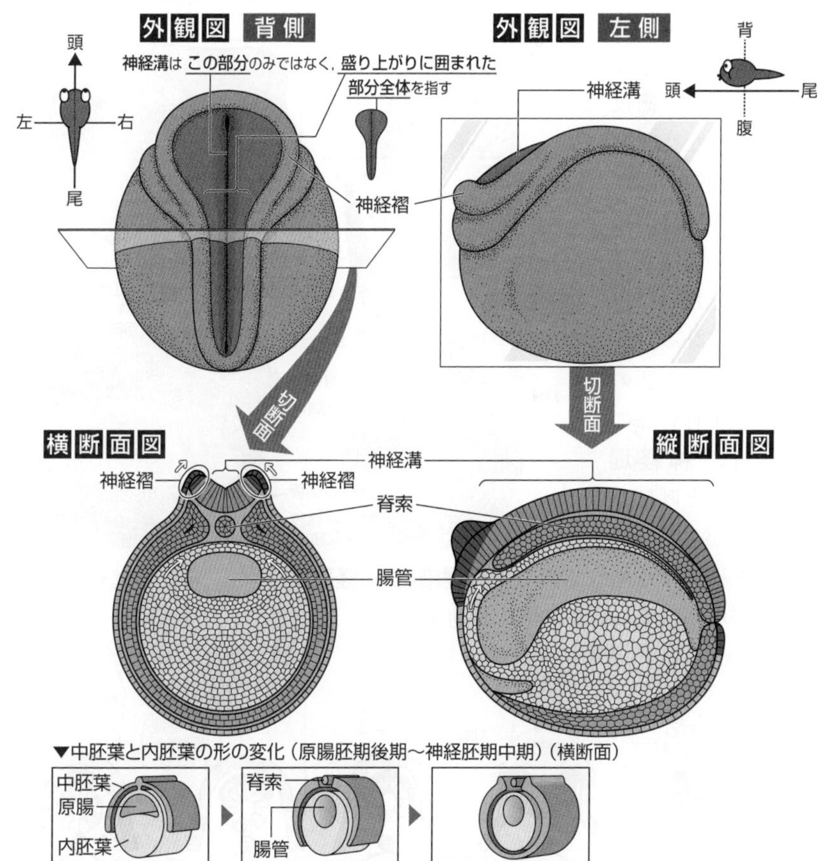

10 神経胚期(後期)

(1) 左右から盛り上がった神経褶が正中線で接着して，内部に空洞のある**神経管**を形成し，表皮になる予定の外胚葉が神経管の上部に移動して接着し，神経管を覆う。つまり，胚表面にあった外胚葉の一部が胚の内部に移動する。

(2) 神経管の形成過程では，細胞接着(固定結合)に関与するタンパク質であるカドヘリンが重要な役割を担っている。表皮になる部分と神経板になる部分は，いずれも外胚葉由来であるが，前者はE型カドヘリンを，後者はN型カドヘリンをつくっている。カドヘリンは，カルシウムイオン(Ca^{2+})存在下において同じ種類(型)どうしが結合するので，神経板の端どうしが接着して神経管になり，端どうしが接着した表皮から切り離される。

(3) また，**脊索**以外の**中胚葉**から，**体節**，**側板**，腎節などが生じる。側板に囲まれた空所は**体腔**と呼ばれる。この頃の胚は前後に伸び，側面から見るとしだいにだるま形になる。

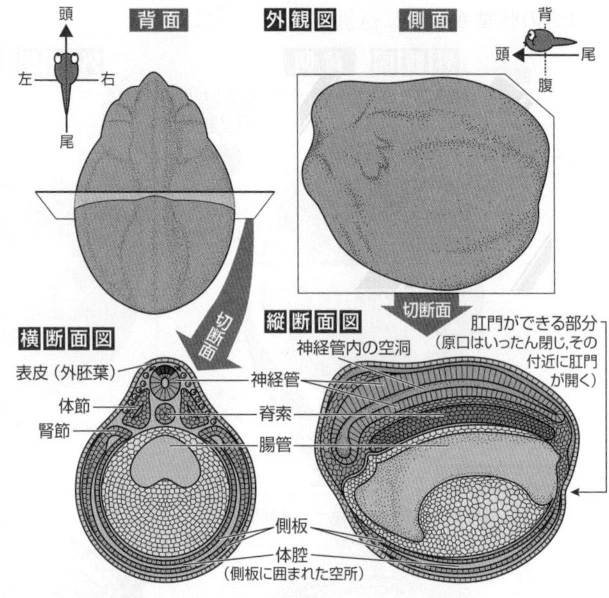

(4) だるま形の胚の表皮と神経管との間には，**神経堤**(**神経冠**)と呼ばれる組織が生じ，神経堤を構成する細胞である**神経堤細胞**(**神経冠細胞**)は，発生の進行にともない神経堤から離れて各部位に移動する。

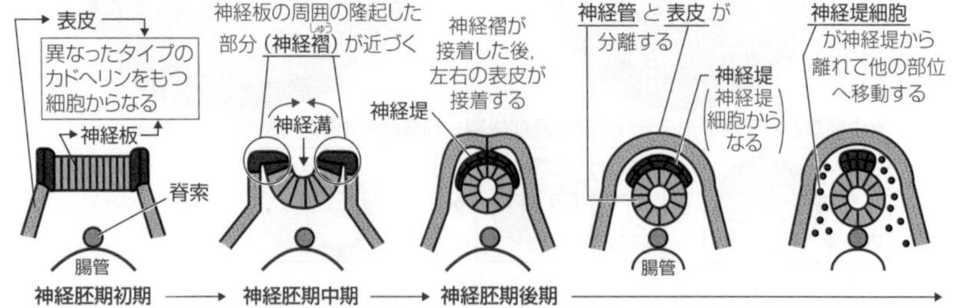

参考 1. 神経褶と神経板は神経管を構成するが，神経褶を構成する細胞群の一部は神経堤(神経冠)と呼ばれ，神経管形成時には，神経管の一部とならず，神経管と背側表皮(外胚葉)との間に存在する。その後，神経堤の細胞は分離・移動し種々の細胞に分化する。
2. 神経堤細胞では，E型とN型のカドヘリンはつくられない。

11 尾芽胚期

(1) 神経胚の後端が伸びて，将来おたまじゃくしの尾になる**尾芽**(びが)という突起(尾の原基)ができる。この時期の胚を**尾芽胚**といい，尾芽胚になると，胚が周囲の膜を溶かして破り，**ふ化**する。

(2) また，この時期，中胚葉の体節と側板の間に新しく**腎節**(じんせつ)(前腎)ができる。

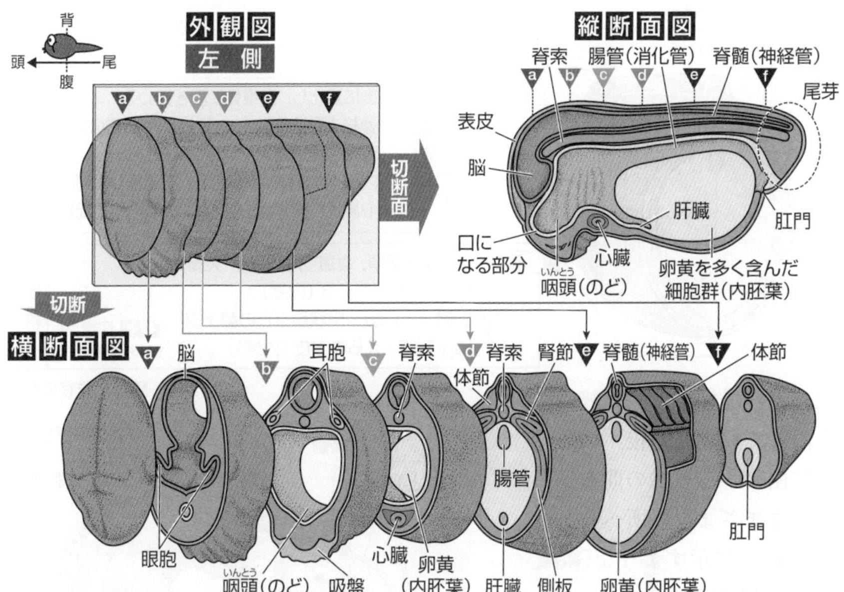

※断面図は，将来分化していく器官とその場所を示している。神経管の前方は脳になり，後方は脊髄になる。体節は，その名称が示すように，複数の節からなっている。

参考 右図のようにカエル(無尾両生類)の幼生(おたまじゃくし)の腹側には，あごの下の表皮から吸盤(粘着器)と呼ばれる器官が形成され，幼生が水中の植物や藻類に付着するために使われる。

吸盤
えら
あご

12 幼生〜成体

尾芽胚からさらに発生が進むと，各胚葉からさまざまな器官が分化し，**幼生**(おたまじゃくし)となる。おたまじゃくしは，やがて後肢，次に前肢が形成され，尾が退化してえら呼吸から肺呼吸に変化し，成体であるカエルになる(変態)。

参考 おたまじゃくしがカエルになるときにみられる尾の退化・消失は，アポトーシスによるプログラム細胞死によって引き起こされる。近年，このアポトーシス(☞p.486)を誘導するしくみとして，自己免疫反応が重要な役割を果たしていることがわかった。

❷ ▶ 胚葉からの器官形成

(1) 尾芽胚以降に外・中・内の各胚葉から種々の組織や器官が形成される。

参考 動物の発生では，まず外・中・内の三胚葉が分化し，その後，各胚葉から特定の組織が形成されると考えられてきたが，近年，鳥類や哺乳類では，まず，神経系と中胚葉の共通の前駆体(これを体軸幹細胞と呼ぶ)と，神経系以外の外胚葉，内胚葉および中胚葉の一部が分化し，その後，体軸幹細胞から神経系と骨格筋・骨格(中胚葉)が分化するという考え方が提唱された。

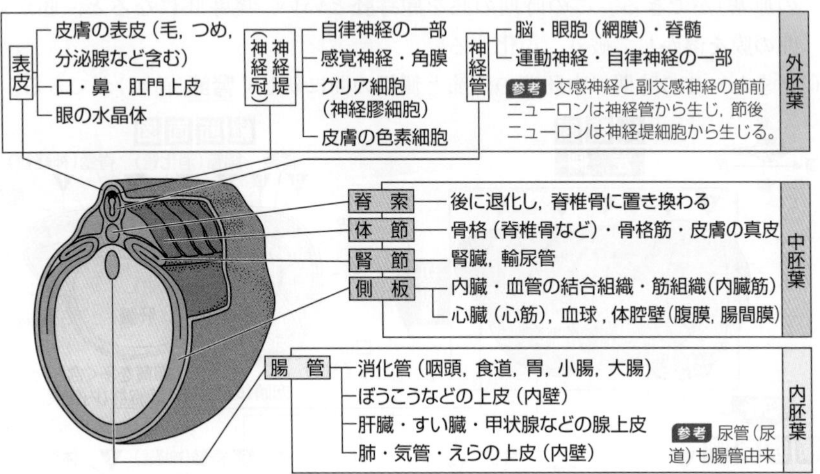

図51-1 胚葉と器官の分化

(2) 神経堤細胞は，神経管に沿って移動した後，中胚葉に由来する組織の間を通ってさまざまな場所へ移動し，図51-2に示すような(組織の)細胞に分化する。

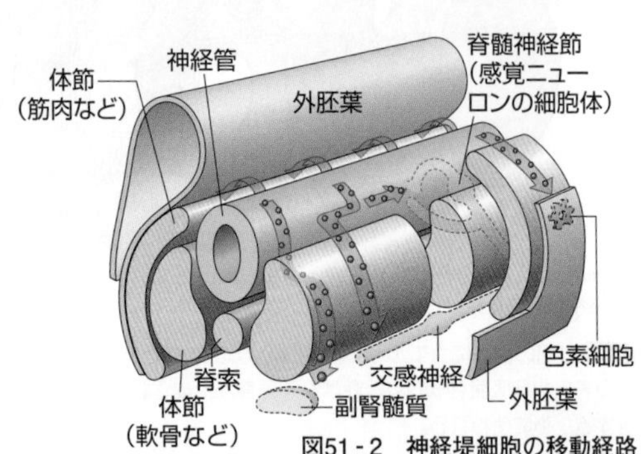

図51-2 神経堤細胞の移動経路

参考

1. 右図は神経堤細胞の主な移動経路(青色矢印と●)と，移動先で分化した細胞からなる組織や器官の一部(⬭)を表したものである。
2. 神経堤(細胞)は脊椎動物の発生において，神経管形成時に出現する。
3. 外胚葉の表皮(上皮組織)から生じた神経堤細胞は，脱上皮(脱分化(☞p.508)の一種)し，一定の経路を通って胚内を移動し，定着先で多様な種類の細胞・組織に分化する。このことから，神経堤細胞は高い自己複製能と多分化能をもつ細胞，つまり一種の幹細胞(☞p.501)とみなすことができる。
4. 神経堤細胞の移動に関しては，フィブロネクチンをはじめとする種々の細胞外基質などがかかわっている。
5. 神経堤細胞が神経管の前後(頭尾)のどこに由来するかにかかわらず，神経堤細胞からは図51-1，2に示すような組織や細胞が分化する。一方，その他の組織や細胞への分化は神経堤細胞の由来(神経管の前後の位置)によって異なる。例えば頭部側の神経堤細胞からは，顔面部の骨・軟骨・血管の平滑筋，脳のくも膜・軟膜・硬膜，眼の角膜，甲状腺のカルシトニン(ホルモンの一種)産生細胞などが，胸部・腹部側の神経堤細胞からは，副腎髄質の一部などが分化する。

③▶予定運命(原基分布図)

(1) **フォークト**は，1926年に，生体に無害な色素である**ナイル青**や**中性赤**を用いてイモリの胞胚の表面を部分的に染め分けた(図51-3左)。このような染色法を**局所生体染色(法)**という。これによって，胚の各部が将来どのような組織や器官に分化するかという**予定運命**(**発生運命**)を調べ(図51-4)，**原基分布図**(予定運命図)を作成した(図51-3右)。

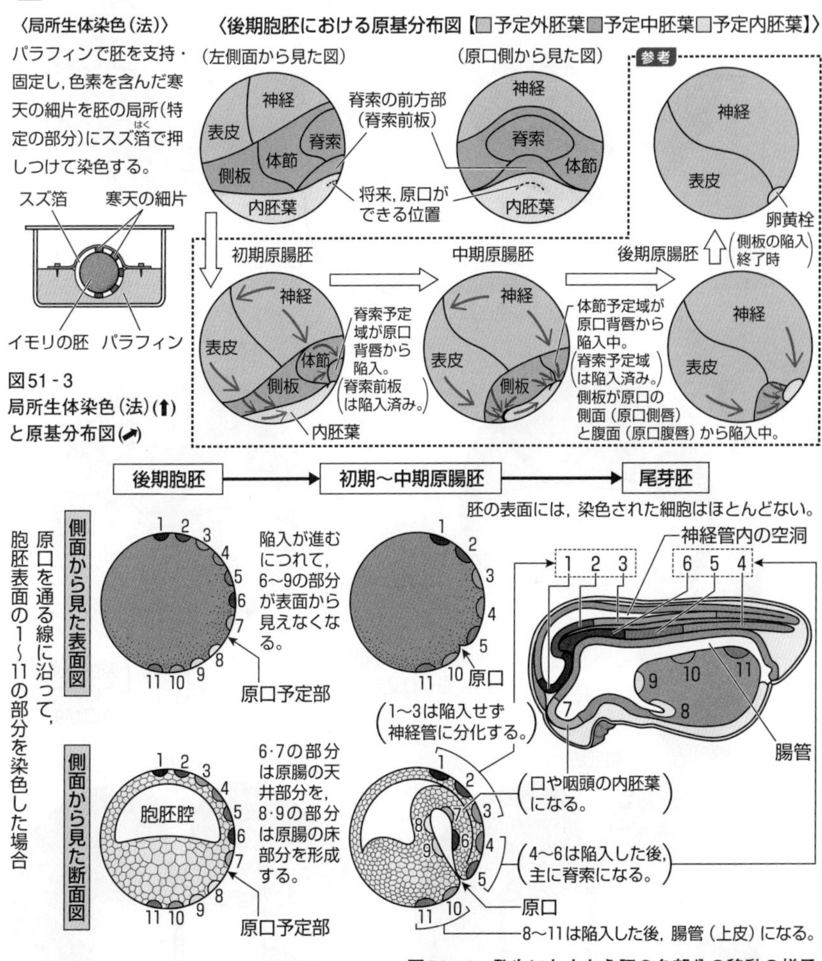

図51-3 局所生体染色(法)(⬆)と原基分布図(⬈)

図51-4 発生にともなう胚の各部分の移動の様子

(2) 胞胚期(後期)から原腸胚期(後期)にかけての原基分布図と，胚の内部の関係を示した図をp.472, 473に示した。

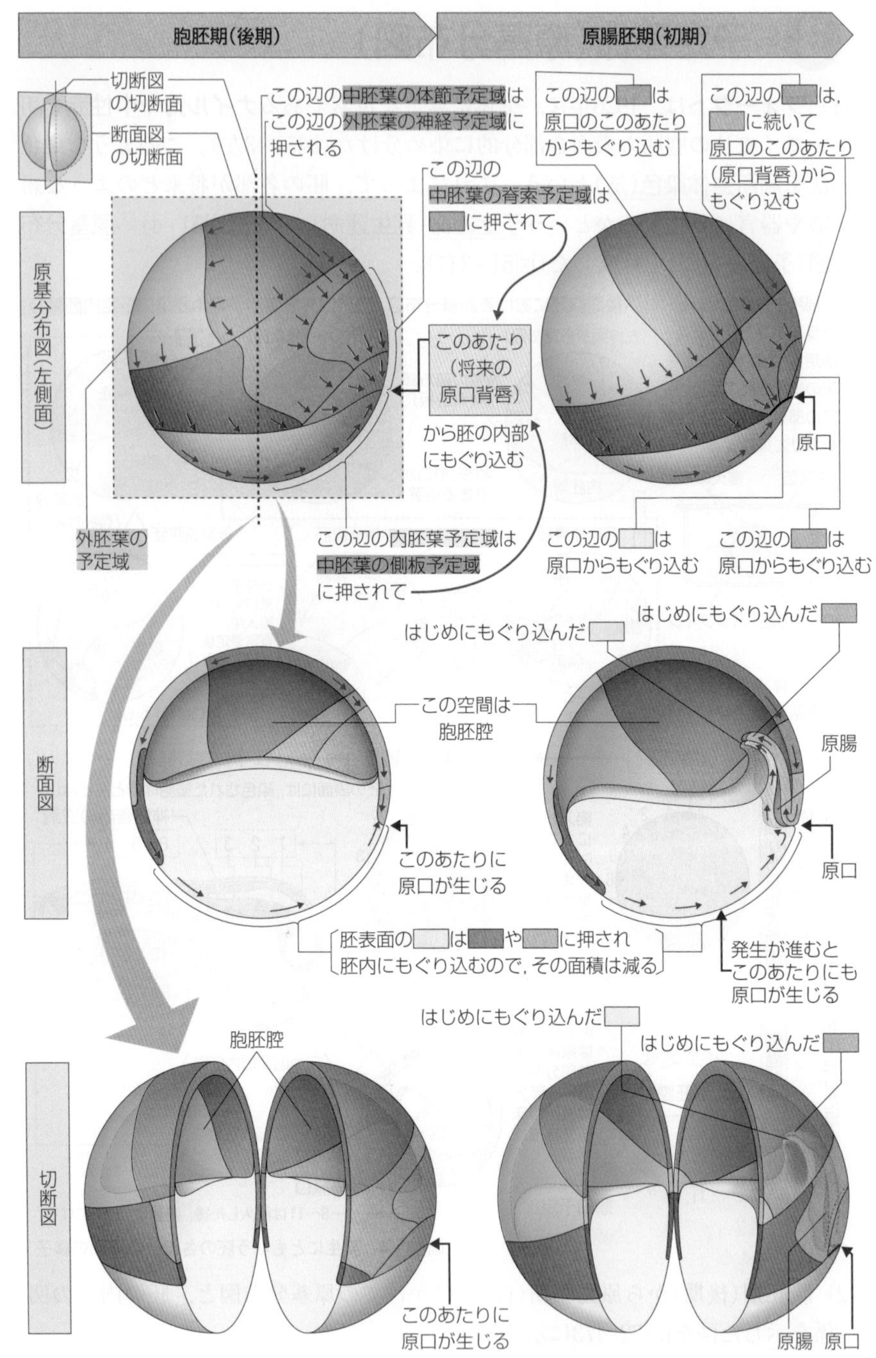
胞胚期(後期)
原腸胚期(初期)
切断図
の切断面
断面図
の切断面
この辺の中胚葉の体節予定域は
この辺の外胚葉の神経予定域に
押される
この辺の
中胚葉の脊索予定域は
に押されて
このあたり
(将来の
原口背唇)
から胚の内部
にもぐり込む
この辺の　は
原口のこのあたり
からもぐり込む
この辺の　は,
に続いて
原口のこのあたり
(原口背唇)から
もぐり込む
原基分布図(左側面)
原口
外胚葉の
予定域
この辺の内胚葉予定域は
中胚葉の側板予定域
に押されて
この辺の　は
原口からもぐり込む
この辺の　は
原口からもぐり込む
はじめにもぐり込んだ
はじめにもぐり込んだ
この空間は
胞胚腔
原腸
断面図
このあたりに
原口が生じる
原口
胚表面の　は　や　に押され
胚内にもぐり込むので,その面積は減る
発生が進むと
このあたりにも
原口が生じる
はじめにもぐり込んだ
はじめにもぐり込んだ
胞胚腔
切断図
このあたりに
原口が生じる
原腸
原口

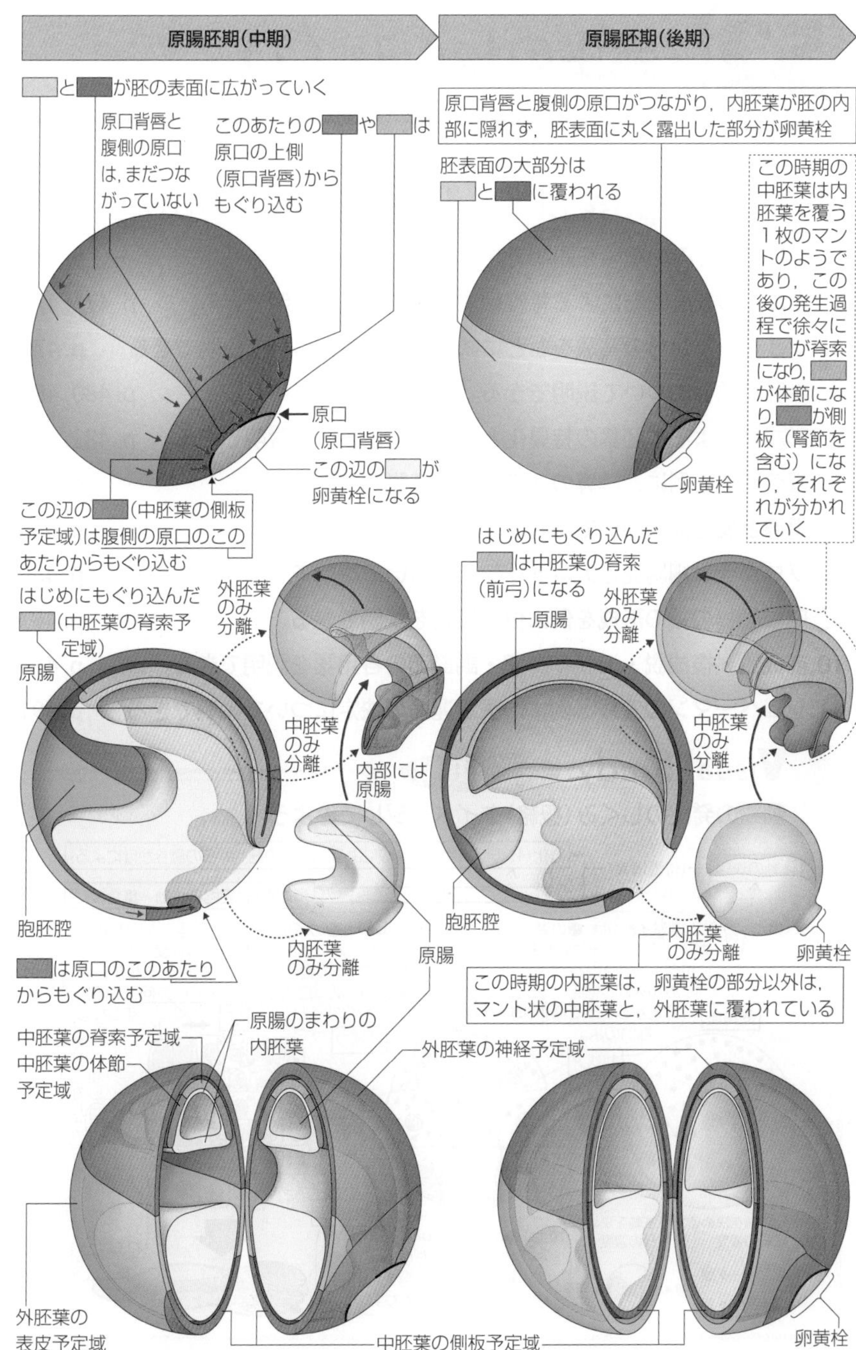
原腸胚期(中期)
原腸胚期(後期)
と　が胚の表面に広がっていく
原口背唇と腹側の原口は,まだつながっていない
このあたりの　や　は原口の上側(原口背唇)からもぐり込む
原口
(原口背唇)
この辺の　が卵黄栓になる
この辺の　(中胚葉の側板予定域)は腹側の原口のこのあたりからもぐり込む
原口背唇と腹側の原口がつながり，内胚葉が胚の内部に隠れず，胚表面に丸く露出した部分が卵黄栓
胚表面の大部分は　と　に覆われる
卵黄栓
この時期の中胚葉は内胚葉を覆う１枚のマントのようであり，この後の発生過程で徐々に　が脊索になり,　が体節になり,　が側板（腎節を含む）になり，それぞれが分かれていく
はじめにもぐり込んだ　(中胚葉の脊索予定域)
原腸
外胚葉のみ分離
中胚葉のみ分離
内部には原腸
胞胚腔
内胚葉のみ分離
原腸
は原口のこのあたりからもぐり込む
はじめにもぐり込んだ　は中胚葉の脊索(前弓)になる
原腸
外胚葉のみ分離
中胚葉のみ分離
胞胚腔
内胚葉のみ分離
卵黄栓
この時期の内胚葉は，卵黄栓の部分以外は，マント状の中胚葉と，外胚葉に覆われている
中胚葉の脊索予定域
中胚葉の体節予定域
原腸のまわりの内胚葉
外胚葉の神経予定域
外胚葉の表皮予定域
中胚葉の側板予定域
卵黄栓

発生のしくみ（1）

The Purpose of Study 到達目標

Visual Study 視覚的理解

動物の発生のしくみ（概略）をイメージしてみよう！

①▶発生のしくみに関する基本的な考え方

1 多細胞生物（動物）の体軸

(1) 外形や器官の配置など，生物体の構造の基本的な様態を**体制**（たいせい）という。ある分類群の生物の体に共通する基本的な体制は，ボディプランとも呼ばれる。

(2) 生物において，体の方向性を示す線のことを**体軸**（たいじく）といい，多くの動物（左右相称（さゆうそうしょう）の体制をもつ動物）には，頭と尾を結ぶ軸（**前後軸**または**頭尾軸**（とうびじく）），左と右を結ぶ軸（**左右軸**），背中と腹を結ぶ軸（**背腹軸**（はいふくじく））の3つの体軸がある。多くの動物の未受精卵（卵母細胞）では，卵形成の過程で母親の遺伝子をもとに合成され発生過程の初期に影響を及ぼすmRNAやタンパク質が蓄えられている。これらを**母性因子**（ぼせいいんし）といい，母性因子の遺伝子を**母性効果遺伝子**という。受精卵に含まれる母性因子の偏りや働きによって，動物の体軸はすでに受精卵の段階である程度決定されている。

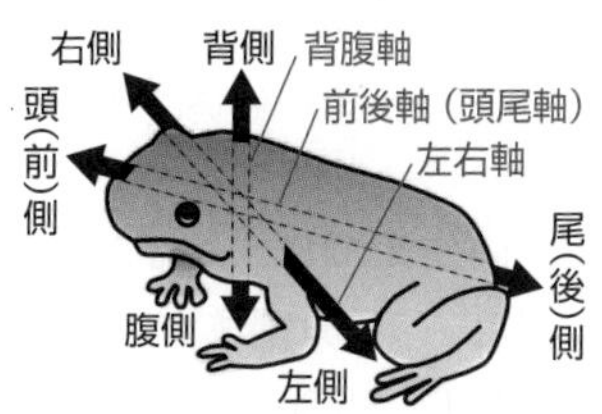

図 52-1　動物の体軸

参考　1. 卵割において不均等に分配され，割球を互いに異なる細胞に分化させるようなタンパク質やmRNAが細胞質に多数存在しており，これらは細胞質決定因子と呼ばれる。母性因子も細胞質決定因子に含まれる。

2. 母性効果遺伝子に対して，受精卵に存在し，胚自身が発現する遺伝子を胚性遺伝子（接合体性遺伝子）といい，胚性遺伝子をもとに合成されるmRNAやタンパク質を胚性因子という。

2 発生のしくみの概略

(1) 多細胞生物の体を構成する多数の多様な細胞のすべては，たった1つの**受精卵**に由来する。もし，発生の過程で受精卵が体細胞分裂を繰り返すだけであるなら，多数の細胞からなるかたまりができるだけであって，多細胞生物の体は形成されない。したがって，発生の過程では，体細胞分裂による細胞数の増加とともに，細胞の**分化**が起こることが必要である。

(2) 多細胞生物の発生過程では，多数の細胞がランダムに混在するのではなく，分化しながら，または分化した後で増殖・変形・移動・死・接着などを起こすことで組織や器官が形成される。このような過程を**形態形成**という。

(3) 胚を構成する各細胞の分化と形態形成は，その細胞が胚の中で占める空間的位置に応じた情報（3つの体軸による3次元の座標のような情報）をもとに行われる。このような情報を**位置情報**といい，胚の各細胞がそれぞれの位置情報に応じた反応をすることで，調和のとれた分化や形態形成が起こる。

(4) つまり，発生は，母性因子などにより決定した体軸に応じた位置情報をもとに分化や形態形成が起こり，個体の体が形成される過程ととらえられる。

② 表層回転による背腹軸の決定

(1) カエルやイモリなどの両生類の卵(未受精卵)には動物極と植物極を結ぶ軸(動植物軸)があり，この軸に沿って細胞質中の物質(母性因子)の偏りがある。卵の動植物軸は幼生の前後軸(頭尾軸)とほぼ一致するので，両生類では受精以前に前後軸が決定しているといえる。それでは，他の体軸(背腹軸や左右軸)はどのように決まるのだろうか。以下に背腹軸決定のしくみについて説明する。

(2) 両生類では，精子は卵の**動物半球**側の一定の領域(図52 - 2の⬚内)から進入し，第1卵割までの間に，卵の表層(表面に近い部分)が，その下の細胞質に対して約30°回転する。これを**表層回転**(ひょうそうかいてん)という。

(3) 表層回転の方向は，精子の進入点側では植物極側に向かって，精子の進入点の反対側では動物極側に向かって動くように決まっている。

(4) 卵の動物半球側には色素が多く含まれ，植物半球側には色素が少ないため，表層回転により，精子進入点の反対側では，表層の下にあって外側からは見えなかった細胞質が**灰色三日月環**として見えるようになる。

参考 灰色三日月環は，トノサマガエルの仲間(*Rana*属)や，イモリ，サンショウウオの仲間でみられる。アフリカツメガエルでも表層回転は起こるが，灰色三日月環は現れない。

(5) 卵の植物極側の表層に局在する**母性因子**である**ディシェベルド**と呼ばれるタンパク質は，表層回転により灰色三日月環のできる領域に移動し，そこに存在しているβカテニンと呼ばれるタンパク質の分解を抑制する。

(6) βカテニンとそのmRNAは，未受精卵では細胞質全体に存在する母性因子である。βカテニンは，mRNAから合成されるとただちに分解されるので，細胞質中に低濃度で均一に存在するが，受精後の表層回転により移動したディシェベルドなどによって分解が抑制されると，灰色三日月環のある側でその濃度が上昇する。

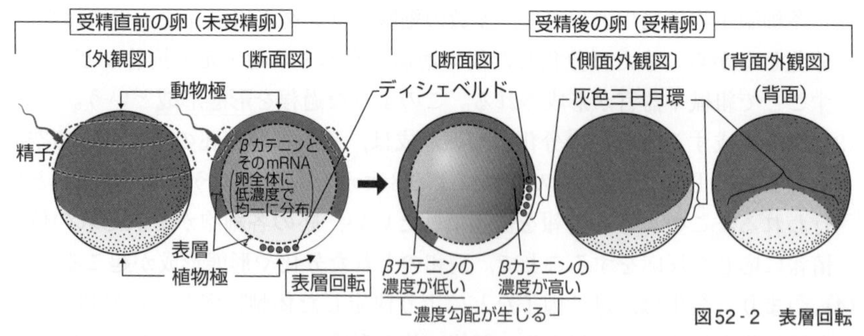

図52 - 2　表層回転

(7) その後の卵割で生じる複数の割球のうち，灰色三日月環側の割球では，細胞質に多量に含まれるβカテニンが核内に移動して調節タンパク質として働き，背側に特徴的なタンパク質である**コーディン**(☞p.482)などの遺伝子を発現させる。一方，灰色三日月環の反対側の割球では細胞質にβカテニンが含まれず，BMPと呼ばれるタンパク質(☞p.482)が働いている。BMPの遺伝子は胚全体で発現するが，BMPは主に腹側で働く。このようにしてカエルなどの両生類では，受精卵の段階で生じたβカテニンの偏りにより**背腹軸**が決定(形成)される。

もっと広く深く　カエルの背腹軸決定に関与する物質

(1) 受精により，卵内に入った精子に由来する中心体から微小管が生じ，表層に沿って伸びて植物極に達し，さらに動物極に向かって伸びていく。このような微小管の伸長にともない，表層は約30°回転し，植物極側にあったディシェベルドは約60°～90°(表層の回転角より大きく)移動し，灰色三日月環のできる領域まで運ばれる。

(2) 卵の細胞質全体に分布し，βカテニンの分解に関係する酵素はグリコーゲン合成酵素キナーゼ(GSK)と呼ばれる。

(3) 植物極付近の表層には，ディシェベルドの他に，GSK結合タンパク質(GBP)やWnt(ウィント)と呼ばれるタンパク質のmRNAが局在している。

(4) 未受精卵の植物極付近の表層に局在していたGBPとディシェベルドの複合体(この時点ではGSKを抑制する活性はない)は，受精後，微小管上を移動するキネシンによって灰色三日月環付近に素早く運搬される。

(5) WntのmRNAは，表層回転により，GBPとディシェベルドの複合体の移動にやや遅れて灰色三日月環付近に運搬され，そこでWntに翻訳される。

(6) GBPとディシェベルドの複合体はWnt存在下でGSKの働きを抑制するので，灰色三日月環側でβカテニンの分解が抑制されてβカテニンが蓄積して，濃度勾配が形成される。

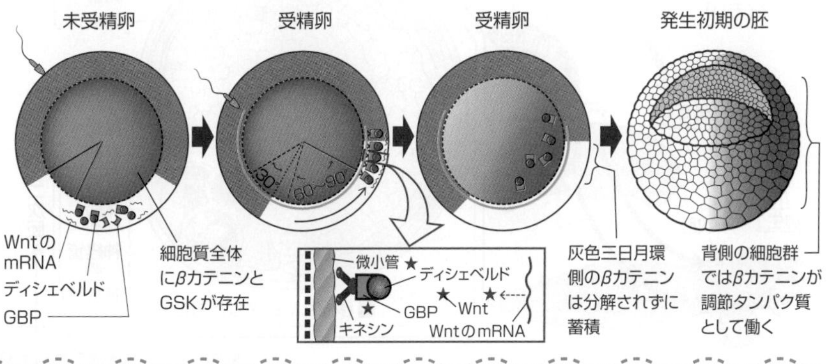

❸ ▸ 誘導と形成体

(1) **シュペーマン**と弟子の**マンゴルド**は，色の異なる2種類のイモリを用いて次に示すような**原口背唇(部)の移植実験**(1920年頃)を行った(図52-3)。

(2) クシイモリの初期原腸胚の原口背唇を切り取り，これを同じ時期のスジイモリの胚(宿主胚)の腹側の予定表皮域(赤道部)に移植した。その結果，移植した原口背唇は，自身の発生運命に従って，主に**脊索**に分化した。さらに，そのまわりの外胚葉は**神経管**などに分化し，前後軸と背腹軸を備え，ほとんど完全な構造をもつもう1つの胚(**二次胚**(にじはい))が生じることを発見した(1921年)。二次胚を調べてみると，脊索，神経管の腹側の一部，体節の一部が移植片(■)から生じ，残りの部分は宿主胚に由来することがわかった。

(3) この結果から，二次胚の宿主胚に由来する組織は，移植した原口背唇からの働きかけによりつくられることに気付いたシュペーマンらは，胚のある領域が隣接する他の領域に作用して，分化の方向を決める現象を**誘導**(ゆうどう)と呼び，初期原腸胚において，隣接する予定外胚葉に働きかけ，中枢神経系を誘導する働きをもつ原口背唇を**形成体**(けいせいたい)(**オーガナイザー**)※と名付けた(1924年)。

※形成体は，広義には，接触している他の胚域に働きかけて，誘導作用を引き起こすことができる胚域を指す。これに対して，シュペーマンが，誘導能力をもつことを発見した原口背唇は，狭義の形成体であり，シュペーマン-オーガナイザー(またはシュペーマン・マンゴルド-オーガナイザー)と呼ばれる。1935年，シュペーマンは形成体の発見を認められてノーベル賞を受賞したが，マンゴルドは論文発表前の1924年に事故によって死去した。

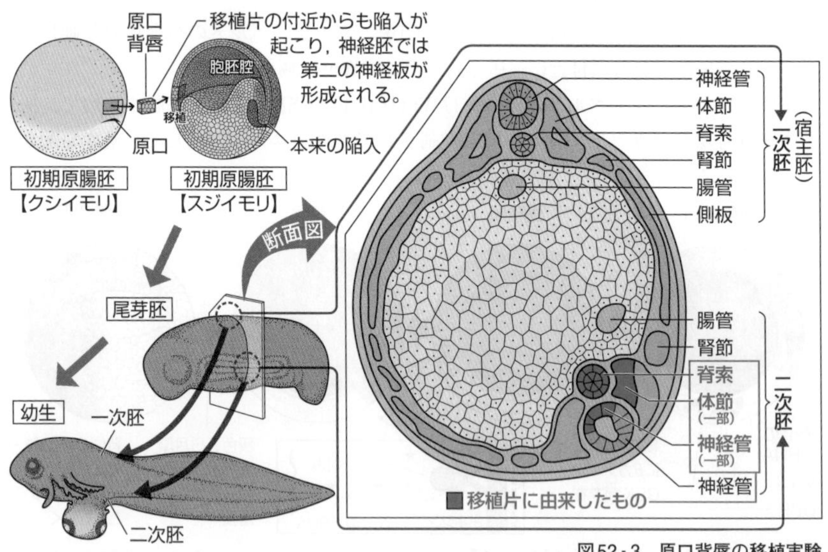

図52-3　原口背唇の移植実験

参考 二次胚では，宿主胚に由来した体節がある。これは，原口背唇が，外胚葉から神経管を誘導するとともに，中胚葉から体節を誘導したからである。なお，腎節は，原口背唇の誘導によるのではなく，体節と側板の相互作用により生じる。

分化に関する理解

(1) 多細胞生物の発生において，分化は1個の細胞に由来する同質の細胞集団が特殊化し，形態的・機能的に差別化され，2つ以上の型の細胞に分かれる過程であり，かつては細胞・組織における形・色・働きの違いとして考えられていた。

(2) しかし，今日(こんにち)では遺伝子の発現やタンパク質の機能などの面から，「(分化の)原因(引き金)」，「(分化の)進行」，「(分化の)結果」を平行して分化という現象を把握することが重要であると考えられている。

(3)「分化の進行」は，細胞ごとに特定の選択的遺伝子発現が起こることであり，「分化の結果」は，細胞ごとに特定の遺伝子が発現し，特定のタンパク質が合成されることにより，細胞や組織の形態や機能が差別化されることである。

(4)「分化の原因(引き金)」は何か？どのように細胞に作用することで「分化の進行」を開始させ，特定の遺伝子発現を起こすのだろうか？

(5) 現在，分化の引き金は，細胞自身の内部の環境に由来する内因性の原因(例えば卵細胞内の母性因子の偏りなど)と，細胞の外部の環境に由来する外因性の原因(例えば誘導など)の2つに大きく分けられる。

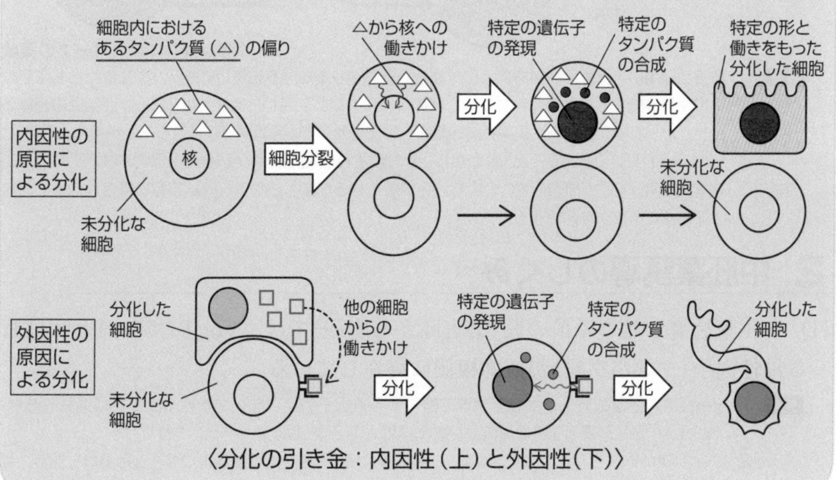

〈分化の引き金：内因性（上）と外因性（下）〉

4 ▶ 中胚葉誘導

1 ニューコープの実験

(1) **ニューコープ**は，メキシコサンショウウオの胞胚を用いて誘導に関する以下のような実験を行い，**中胚葉誘導**（ちゅうはいようゆうどう）という現象を明らかにした(1969年)。

①メキシコサンショウウオの胞胚を，図52-4のように3つの領域(A，B，C)に切り分けて培養した。その結果，領域A(アニマルキャップと呼ばれる)は外胚葉性の組織に，領域Bは内胚葉性・中胚葉性・外胚葉性の組織のすべてに，領域Cは内胚葉性の組織にそれぞれ分化した。

②アニマルキャップと予定内胚葉域を接触させて培養すると，アニマルキャップ中の予定内胚葉域が接している部分に中胚葉性の組織が分化した。

(2) 上記の①，②から，『予定内胚葉域は，予定外胚葉域に働きかけて，予定外胚葉を中胚葉に分化させる(**中胚葉誘導**)働きをもつ』ことと，『動物極側の予定外胚葉域は，外胚葉以外の組織に分化することができる』ことがわかる。

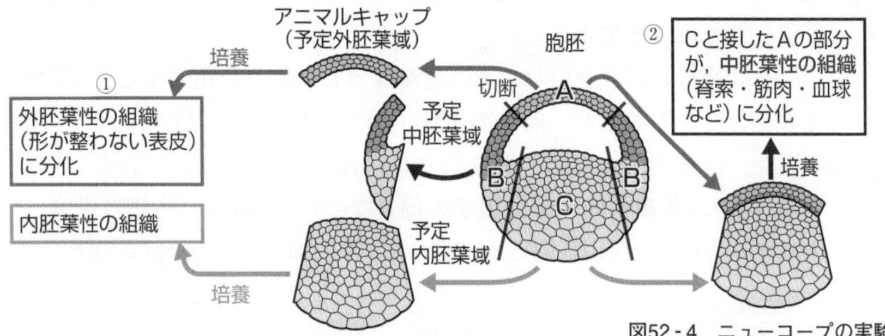

図52-4　ニューコープの実験

参考　1. 桑実胚を用いて，図52-4のように分離し，それぞれを単独で培養しても，どの部分からも中胚葉性の組織は分化しなかった。しかし，図のように，胞胚を用いた実験ではBから中胚葉性の組織の分化がみられることから，桑実胚から胞胚への発生過程で中胚葉誘導が起こることが考えられる。

2. 図52-4の実験において，AとCが接した部分に生じた中胚葉性の組織がAとCのいずれの細胞に由来するかは，胚の切断後，AとCの部分を接触させる前に，それぞれ異なる色の無害な色素で染色しておくことにより判明する。

2 中胚葉誘導のしくみ

(1) 中胚葉誘導が起こる前の胚(桑実胚から胞胚)では，VegT，Vg-1と呼ばれる母性因子(タンパク質)が植物極側に局在している。

参考　1. VegTは内胚葉の分化や中胚葉誘導に関与する遺伝子の発現を促進する調節タンパク質であり，Vg-1は中胚葉誘導の際に情報伝達物質(シグナル分子)として働くタンパク質である。

2. VegTのmRNAとVg-1のmRNAは，ともに卵母細胞の植物極側表層につなぎとめられており，受精時に翻訳が始まるので，VegTとVg-1は初期胚の植物極側に局在するようになる。

(2) 表層回転により移動したディシェベルドなどの働きによって，胞胚の背側（灰色三日月環が形成された領域）には，**βカテニン**が蓄積している。

(3) VegTとVg-1はβカテニンと協調的に働き，予定内胚葉域の細胞内で**ノーダル**と呼ばれるタンパク質の遺伝子の転写を促進する。これにより，予定内胚葉域で腹側から背側にかけて合成された**ノーダル**の濃度勾配（低濃度→高濃度）が形成される。

(4) ノーダルは，動物極側に働きかけ，予定外胚葉域から背腹軸に沿って**帯域**（たいいき）（動物半球と植物半球の中間帯（赤道付近）の領域）に中胚葉を誘導する。

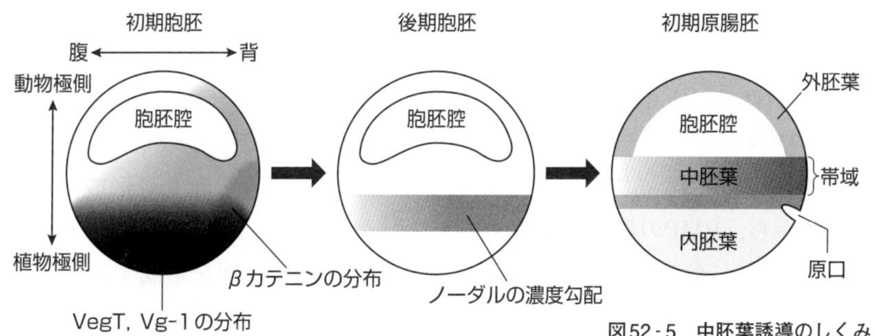

図52-5　中胚葉誘導のしくみ

(5) ノーダルは，高濃度でも低濃度でも帯域に働きかけて中胚葉を誘導する能力をもつが，高濃度では背側の中胚葉を，低濃度では腹側の中胚葉を誘導する。図52-5は，中胚葉誘導において働くタンパク質や，形成される胚葉にだけ注目して描いた概念図である。

中胚葉性組織の特定化の入り口

p.480の図52-4の予定内胚葉域**C**をさらに切り分け，将来の**背側**に位置する部分を**C_1**と，**腹側**に位置する部分を**C_2**として，それぞれを**A**に接触させて培養すると，中胚葉誘導によって**A**から**中胚葉性の組織**が分化するが，分化する組織が異なる。この結果は，予定内胚葉域の背側（C_1）と腹側（C_2）では，外胚葉に働きかける誘導の能力に違いがあることを示している。この違いは，図52-5のノーダルの濃度勾配などによってもたらされる。

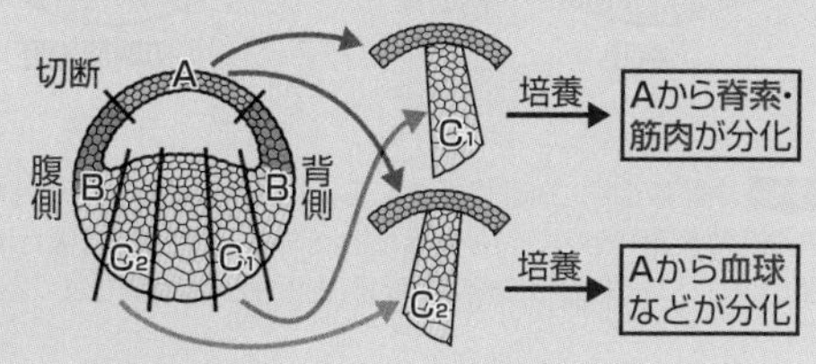

❺▸中胚葉性組織の特異化のしくみ

(1) 中胚葉誘導はノーダルによって引き起こされるが，誘導される中胚葉が背側の組織になるか，腹側の組織になるか(中胚葉性組織の特異化(特定化))には，ノーダル以外のタンパク質がかかわっている。

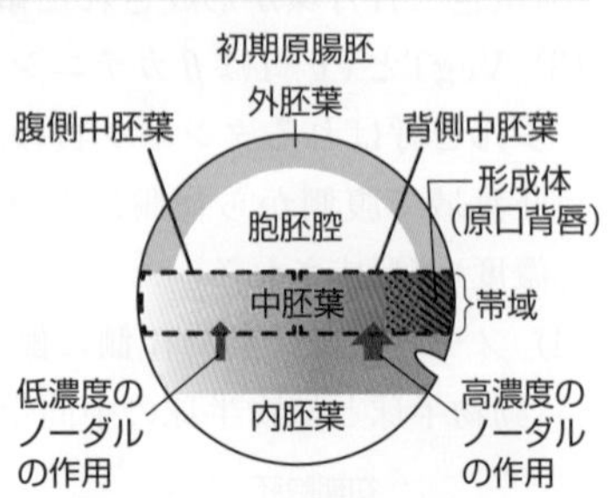

図52-6　ノーダルによる中胚葉誘導

(2) 胞胚では，**BMP**(Bone Morphogenetic Protein：骨形成因子)と呼ばれ，胚を腹側化させる働きをもつタンパク質が胚全体(特に予定外胚葉域と中胚葉域)で分泌されている(図52-7①)。

参考 BMPは，シグナル分子として働く胚性因子であり(母性因子ではなく)，その分泌は胞胚期後期まで続く。

(3) 初期原腸胚になると，βカテニンなどの働きにより分化した**形成体**(**原口背唇**)から，BMPの働きを阻害するタンパク質である**ノギン**や**コーディン**などが細胞外に分泌され，帯域で背腹軸に沿って濃度勾配を形成する(図52-7②)。

参考 ノギンとコーディンは，いずれも胚性因子であり(母性因子ではなく)，組織外に分泌されたBMPと結合することで，BMPがその受容体と結合することを阻害する。

(4) ノギンやコーディンの濃度勾配に従ってBMPの働きが阻害される度合いが異なるので，将来の中胚葉では，背腹軸に沿ってノギンやコーディンの濃度の高い側から低い側に向かって，脊索・体節・腎節・側板などが形成される(図52-7③)。

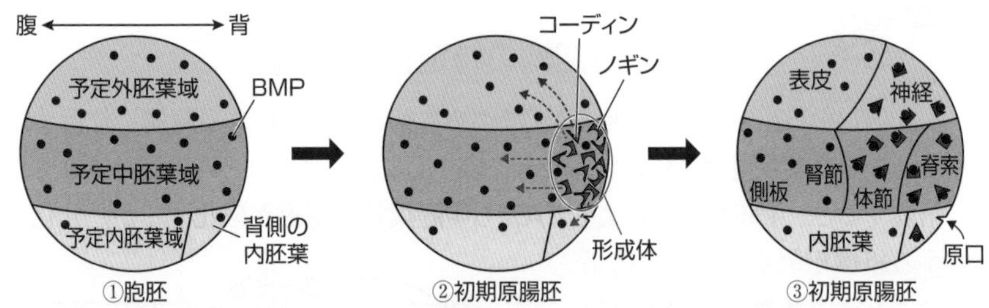

図52-7　中胚葉性組織の特異化のしくみ

参考 中胚葉では，BMPの活性に応じて異なる遺伝子発現が誘導される。つまり，BMPの活性がない場合は，背側の中胚葉(脊索など)が特異化され，弱い活性がある場合は胚の側面部の中胚葉(体節など)が特異化され，強い活性がある場合は腹側の中胚葉(側板など)が特異化される。

6 ▶ 神経誘導のしくみ

(1) BMPは腹側の中胚葉を特異化する働きの他に，外胚葉からの神経の誘導にも大きくかかわっている(図52 - 8)。

(2) BMPが胚の全域で分泌されている胞胚において，動物極側の予定外胚葉域であるアニマルキャップの細胞にはBMP受容体があり，BMPが受容されると表皮への分化を引き起こす遺伝子の発現が促進され，BMPが受容されないと神経への分化を引き起こす遺伝子の発現が促進される。

(3) 初期原腸胚では，形成体(原口背唇)の細胞は，BMPの働きを阻害する(BMPと受容体の結合を妨げる)**ノギン**や**コーディン**などを，隣接している外胚葉(初期原腸胚の原基分布図で予定神経域に相当する領域)の細胞に分泌する。

(4) さらに，原腸胚において原口背唇やその周辺の中胚葉の陥入が進行すると，中胚葉は，外胚葉を裏打ちするようになる過程でノギン，コーディンなどを分泌する。その結果，中胚葉に裏打ちされた外胚葉から神経組織が誘導される。このような現象を**神経誘導**という。

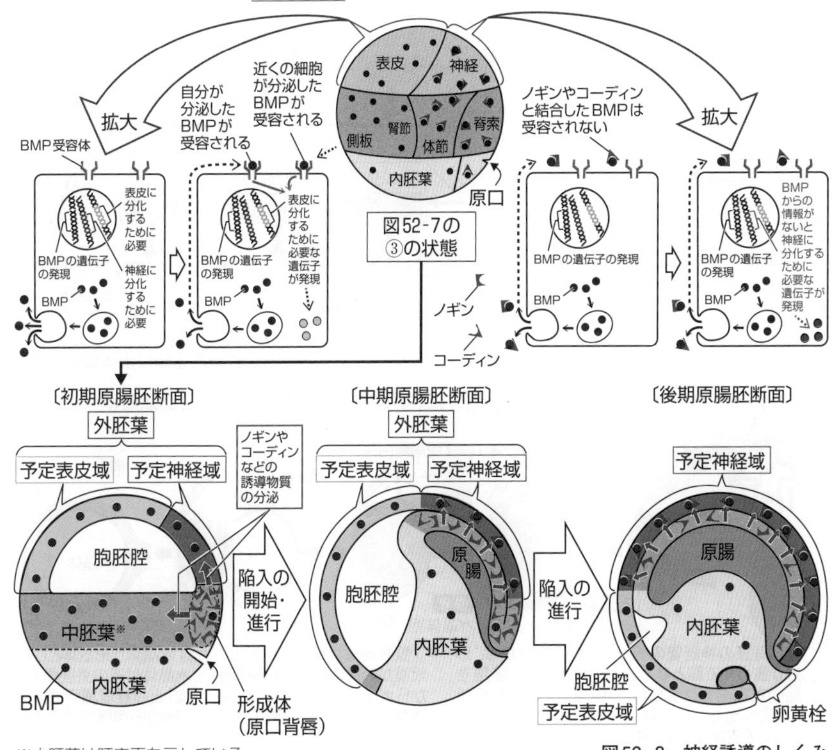

※中胚葉は胚表面を示している。

図 52 - 8　神経誘導のしくみ

7 ▶ 誘導の連鎖

(1) 発生の段階に応じて胚の各部分が形成体として働き，連鎖的に誘導が起こることでさまざまな組織・器官が形成される。これを，**誘導の連鎖**(ゆうどうのれんさ)という。

(2) 誘導の連鎖の例として，脊椎動物の眼の形成過程を以下に示す。

1. 予定内胚葉域が，動物極側の予定外胚葉域から**原口背唇**(中胚葉)を誘導する。原口背唇が**形成体**として働き，外胚葉から**神経管**を誘導する。原口背唇は後に**脊索**に分化する(図52-9①)。
2. 神経管の前方部は**脳**に分化し(図52-9②)，脳の一部(前脳)が左右に膨らんで**眼胞**(がんぽう)(図52-9③)となる。やがて，眼胞の先端がくぼんで杯(さかずき)状の**眼杯**(がんぱい)になる(図52-9④)。眼胞および眼杯は形成体として働き，表皮から**水晶体**を誘導し(図52-9⑤)，眼杯は後に**網膜**に分化(図52-9⑥)する。
3. さらに，水晶体は形成体として働き，外胚葉から**角膜**を誘導する(図52-9⑦)。

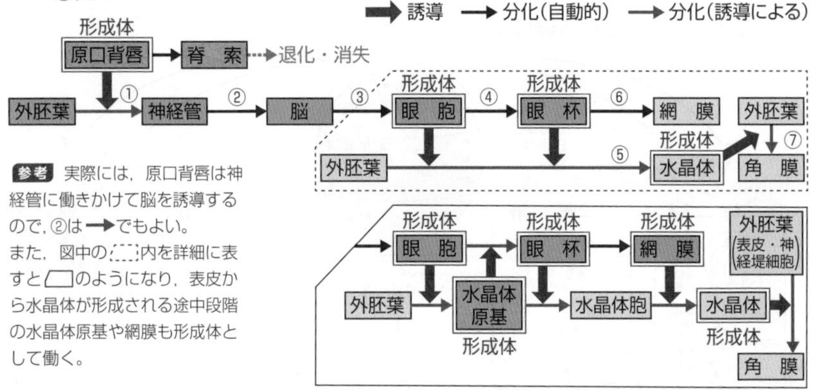

図52-9 誘導の連鎖による眼の形成過程

(3) イモリの眼の形成過程を模式的に図示すると以下のようになる。

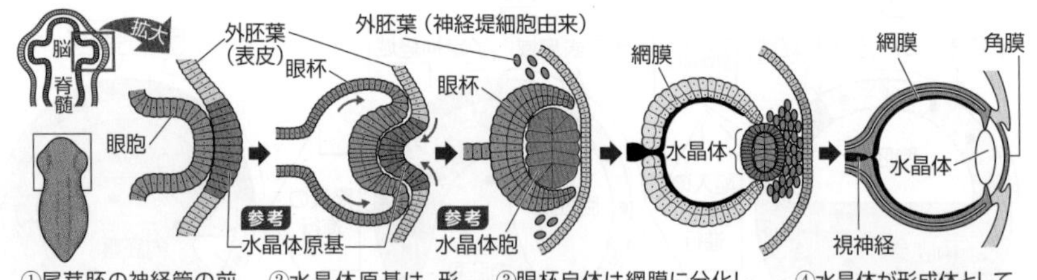

図52-10 イモリの眼の形成過程

8 ▸ 誘導と反応能

(1) ニワトリの皮膚は主に**表皮**と**真皮**からなり，背中の皮膚は**羽毛**を，肢(あし)の皮膚は**うろこ**を形成している。

(2) ニワトリの胚の背中と肢から皮膚を取り出し，表皮と真皮に分離する。分離した表皮と真皮をそのまま再結合させて培養すると，それぞれ羽毛とうろこが形成された。次に，背中と肢の表皮と真皮の組み合わせを交換して結合させ，これらを培養したところ，肢の真皮に背中の表皮を結合させた場合にはうろこが形成され，背中の真皮に肢の表皮を結合させた場合には羽毛が形成された(図52-11)。

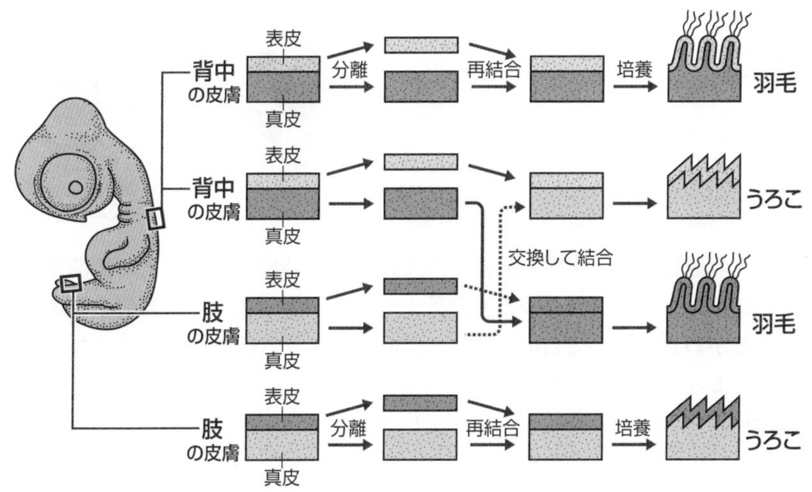

図52-11　ニワトリの羽毛とうろこの形成

(3) この結果から，皮膚の分化を決定しているのは**真皮**であり，肢の真皮は表皮からうろこを誘導し，背中の真皮は表皮から羽毛を誘導することがわかる。

(4) 次に，(2)の背中と肢の表皮と真皮の組み合わせを交換して結合させる実験を，13日目の胚の肢の真皮と，5日目および8日目の胚の背中の表皮を用いて行うと，5日目の胚の背中の表皮は真皮からの誘導によりうろこに分化したが，8日目の胚の背中の表皮は自身の予定運命に従って羽毛に分化した。

(5) この結果から，肢の真皮からの誘導に対する背中の表皮の**反応能**(誘導に反応する能力)は，5日目の胚には存在するが，8日目の胚では失われていることがわかる。正常な組織・器官の形成には，形成体からの誘導だけでなく，誘導を受ける部位の反応能が必要である。

⑨ ▶ 器官の形成と細胞死

(1) 発生の過程において，決められた時期にあらかじめ死ぬようにプログラムされている細胞死を**プログラム細胞死**という。

例 ヒトの手足やニワトリの後肢の指と指の間の組織の消失(図52 - 13)
おたまじゃくしの尾の消失

(2) 細胞膜や細胞小器官が正常な形態を保ちながら，核が崩壊してDNAが断片化し，まわりの細胞に影響を与えることなく縮小・断片化して死んでいくような細胞死を**アポトーシス**という。

参考 細胞死の形態としては，アポトーシスの他に，壊死(ネクローシス)やオートファジー(自食作用☞p.29)などがある。ネクローシスは，主に外傷や熱などの予期せぬ外的要因によってもたらされることが多く，細胞小器官や細胞が膨張・破裂し，細胞の内容物が周囲に放出され拡散する。このようにして放出された物質によって周囲の組織に炎症などが起こる場合もある。

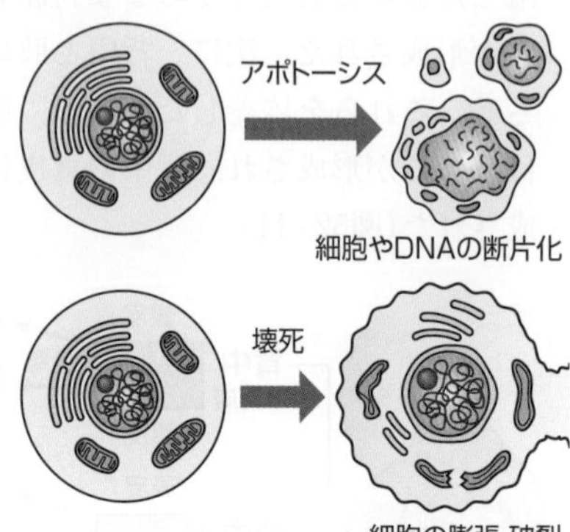

図52 - 12　アポトーシスと壊死

(3) 発生の過程では，細胞の**分化**のみではなく，特定の時期にある細胞群が自発的に死んでいく**プログラム細胞死**が起こることによっても器官が形成されることがわかっている(図52 - 13)。このプログラム細胞死は，主にアポトーシスによって引き起こされる。

参考 1. アポトーシスによるプログラム細胞死の他の例として，自己に反応するT細胞やB細胞の死(免疫寛容の獲得過程で起こる)，正常細胞の交替(脳・心臓・骨格・神経細胞などが形成されるときにみられる)などがあげられる。

2. プログラム細胞死にはオートファジーによるものもあり，ショウジョウバエの変態時に消失する幼虫のだ腺や中腸などでみられる。また近年，壊死によってもプログラム細胞死が起こることが明らかとなってきたが，そのような場合を調節型壊死(ネクロトーシス)と呼び，予期せぬ外的要因による壊死と分けることもある。

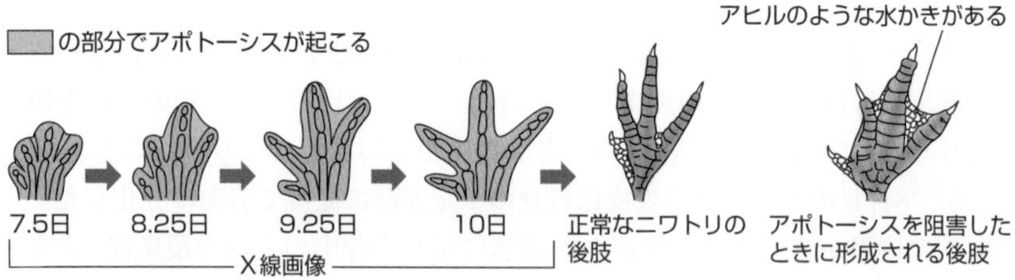

の部分でアポトーシスが起こる
アヒルのような水かきがある
7.5日　8.25日　9.25日　10日　正常なニワトリの後肢　アポトーシスを阻害したときに形成される後肢
X線画像

図52 - 13　プログラム細胞死によるニワトリの後肢の指の形成

10 ▶ 脊椎動物の胚の位置情報と手・あしの形成

(1)「動物のからだの分かれた部分」を「肢」といい，脊椎動物の魚類のひれ(2つの胸びれと2つの腹びれ)を起源とする4つの肢(四肢)をもつ脊椎動物(両生類，爬虫類，鳥類，哺乳類)を四肢動物(四肢類)という。

(2) マウスの四肢の形成は，発生の過程において胚の側方から芽が出るようにして始まる。この芽のような部分は**肢芽**と呼ばれ，発生にともない伸長した後，その先端で**アポトーシス**による切れ込みが生じ，指が形成される。

(3) 胚に生じた4つの肢芽のそれぞれは，体軸に沿った**位置情報**により，手(前肢)ができる領域では手のもとになり，あし(後肢)ができる領域ではあしのもとになる。

(4) また，1つの肢の5本の指の異なった性質も位置情報をもとに形成される(図52 - 14)。

(5) 肢芽の先端部の外胚葉性頂堤(AER)から分泌されるFGFタンパク質が，隣接する中胚葉組織からなる進行帯の細胞の増殖を促進して，肢芽を伸長させる。

(6) 進行帯の後方(極性化活性帯〔zone of polarizing activity：略してZPA〕)の細胞では，*shh*(ソニックヘッジホッグ)遺伝子が発現し，合成されたSHHタンパク質は細胞外に分泌されることで，肢芽の後方から前方にかけての濃度勾配を形成する。このSHHタンパク質の濃度勾配が位置情報となり，形成される指が決定する。

参考 SHHタンパク質のように，発生過程において，一定空間内の一部の領域から拡散し，濃度勾配を形成することで周辺の領域に位置情報を与える分子の総称をモルフォゲンという。

(7) マウスでは，5本のうち最も前方の指(第1指・親指)は，SHHタンパク質の誘導を受けずに形成され，続く第2指(人差し指)と第3指(中指)は，SHHタンパク質の濃度勾配によって誘導される。さらに後方にある第4指(薬指)と第5指(小指)は，発生過程で*shh*遺伝子を発現したことのある細胞から形成される。

(8) 進行帯の前方の細胞群で人為的に*shh*遺伝子を発現させると，肢芽の先端とつけ根を結ぶ中央の軸に対して鏡像対称となるように指が形成される。

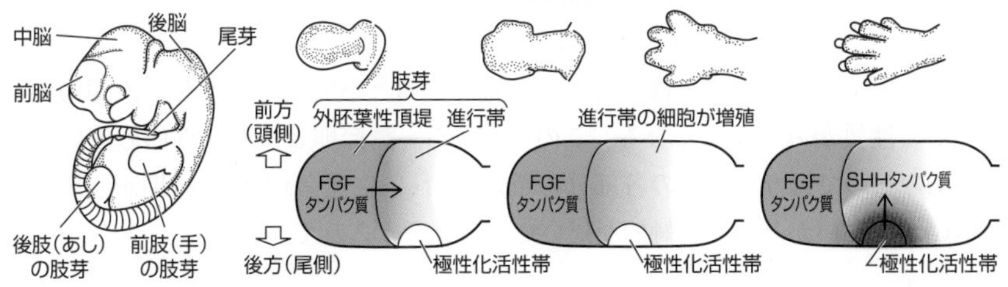

図52 - 14　脊椎動物の肢に決まった指がつくられるしくみ

11 ▸ 発生に関するさまざまな研究

1 前成説と後成説

(1) 卵や精子の中に生物体のひな型(ミニチュア)があり，発生のときにこれが展開・拡大して個体になるという考えを**前成説**(ぜんせいせつ)という。

(2) ドイツの**ルー**は，カエルの2細胞期の胚を用いて，割球の一方を熱した針で焼き殺す実験を行い，生き残った方の割球がからだの半分に相当する胚にしか発生しないという結果を得て，前成説を支持した。

(3) 動物のからだは，発生の進行にともない単純なものからしだいに複雑な構造がつくられていくことで形成されるという考えを**後成説**(こうせいせつ)という。

(4) アメリカの**モーガン**は，ルーと同じ実験を行い，焼き殺した割球を取り除いた結果，生き残った割球からほぼ完全な胚が発生したことから，分離した2細胞期の割球には完全な胚をつくる能力があると考え，後成説を支持した。

(5) **ドリーシュ**は，ウニの2細胞期の割球を分割すると，それぞれの割球から完全な幼生が形成されることを示し，後成説の正当性を決定づけた。

2 モザイク卵と調節卵

(1) 胚の一部の割球が発生初期に失われた場合に，残った割球が失われた部分を回復させる能力をもたない卵を**モザイク卵**という。例クシクラゲの卵

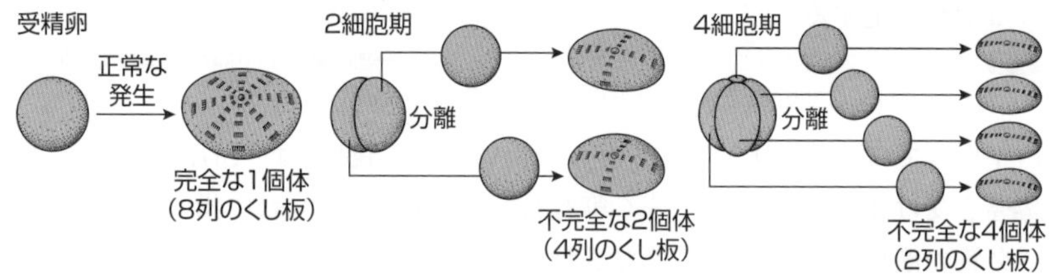

図52-15　クシクラゲの胚の割球分離実験

(2) 発生初期に分離した割球が，欠けた部分の割球を補って完全な胚を発生させる能力(調節能)をもつ卵を**調節卵**という。

例ウニ，カエル，イモリ，ヒトなどの卵

(3) 調節卵でも，割球を分離する時期を遅くすると不完全な胚が生じ，調節卵としての性質がみられなくなる。このことから，調節卵とモザイク卵の違いは絶対的なものではなく，胚の各部分の予定運命(発生運命)の決定時期が，比較的早いか，遅いかという相対的な違いであると考えられている。

3 卵の細胞質の働き

1 ウニの卵の細胞質の働き

(1) 後成説を支持したドリーシュは，以下の実験を行った。

[実験①] ウニの未受精卵を動物極と植物極を通る面で2つに分け，生じたそれぞれの卵片を受精させたところ，2個体の正常な幼生となった(図52 - 16①)。

[実験②] ウニの未受精卵を赤道面で2つに分け，生じたそれぞれの卵片を受精させたところ，どちらも正常な幼生にはならなかった(図52 - 16②)。

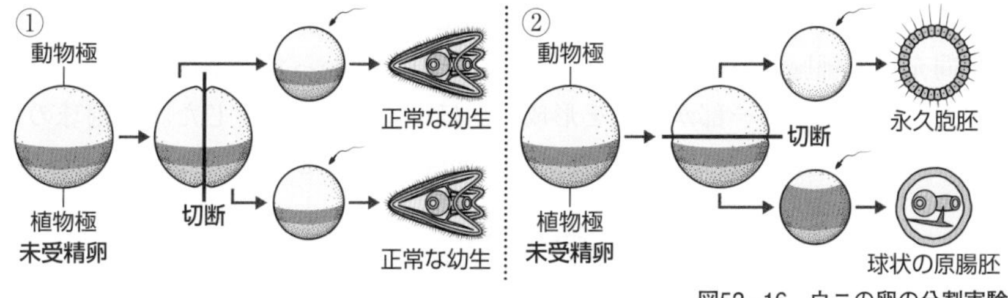

図52 - 16 ウニの卵の分割実験

(2) 実験①・②の結果から，卵にはその部位により細胞質の成分に違いがあり，ウニが正常に発生するためには，動物極側と植物極側の両方の細胞質が必要であることがわかった。これは，未受精卵において，**母性因子**などの物質が不均等に分布しており，動物極側と植物極側においてその物質の濃度が異なるために起こったと考えられている。

2 イモリの卵の細胞質の働き

20世紀前半，ドイツの**シュペーマン**は，イモリの受精卵を髪の毛で強くしばって2細胞期に2つに分け，**灰色三日月環**が両方の割球に入るように分けた場合と一方の割球のみに入るように分けた場合について観察した。その結果，灰色三日月環を含む胚は正常な幼生にまで発生したが，灰色三日月環を含まない胚は未分化な細胞のかたまりとなった。灰色三日月環を含む細胞質がその後の発生に重要な役割を担っていることがわかった。

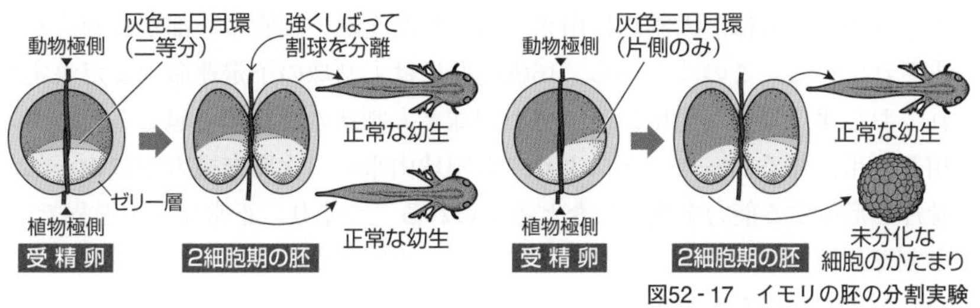

図52 - 17 イモリの胚の分割実験

第9章

4 細胞間の相互作用

(1) ウニの16細胞期胚は，8個の**中割球**，4個の**大割球**，4個の**小割球**からなる。正常に発生が進行すると，中割球からは外胚葉性の細胞が生じ，大割球からは外胚葉性の細胞・原腸・二次間充織の細胞が生じ，小割球からは骨片が生じることがわかっている。

(2) この16細胞期胚から，中割球のみ，中割球と大割球，小割球のみをそれぞれ分離して培養する実験を行った。その結果，中割球のみの胚からは，外胚葉性の細胞のみからなる永久胞胚が生じた。中割球と大割球の胚からは，一次間充織の細胞は形成されなかったが，それに代わって大割球に由来する二次間充織の細胞の一部が骨片を形成し，ほぼ正常な胚が生じた。小割球のみからは，一次間充織のみが分化し，骨片が形成された。

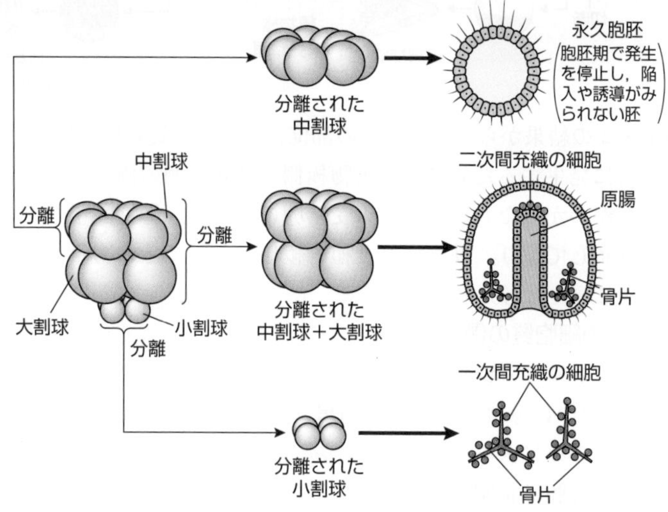

図52-18　ウニの胚の割球分離実験

(3) 正常な発生では，大割球から骨片は形成されないが，分離された中割球と大割球の胚からは，大割球に由来する二次間充織の細胞の一部から骨片が形成されている。このことから，16細胞期には大割球の予定運命はまだ決定されておらず，正常な発生において小割球と大割球の細胞間で起こる何らかの相互作用がなくなったことにより，大割球由来の二次間充織の細胞の一部が骨片を形成する能力を獲得したと考えられる。つまり，正常な発生過程では，小割球は接している大割球に働きかけて，大割球から骨片が形成されることを抑制する作用をもつと考えられる。

5 シュペーマンによる交換移植実験(1921年)

(1) **シュペーマン**は，**初期原腸胚**を用いて，スジイモリの予定神経域とクシイモリの予定表皮域の一部をそれぞれ切り出し，互いに交換して移植した。その結果，どちらの移植片も，移植された場所の予定運命に従って分化した。

(2) 同様の実験を**初期神経胚**で行うと，移植片はもともとの予定運命に従って，神経板域に移植された表皮域の移植片は**表皮**に分化した後に脱落し，表皮域に移植された神経板域の移植片は**神経組織**に分化した。

(3) (1),(2)の実験結果から，イモリの胚では，外胚葉の各部分の予定運命は，初期原腸胚では変更が可能であるが，初期神経胚では変更できない，つまり決定されていることがわかった。

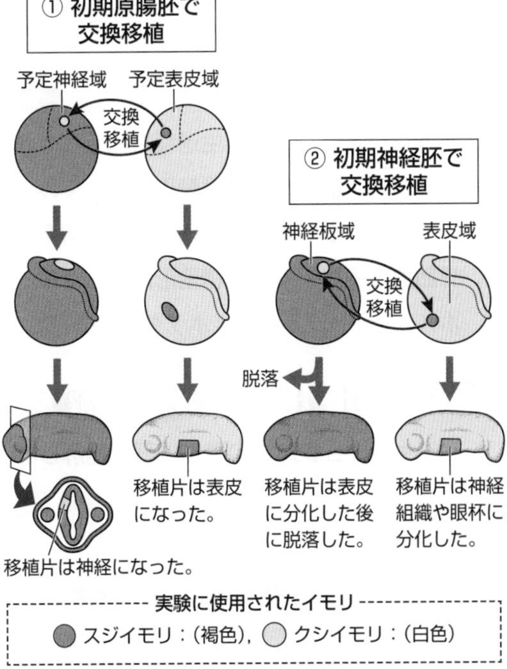

① 初期原腸胚で交換移植
予定神経域　予定表皮域
交換移植
② 初期神経胚で交換移植
神経板域　表皮域
交換移植
脱落
移植片は神経になった。
移植片は表皮になった。
移植片は表皮に分化した後に脱落した。
移植片は神経組織や眼杯に分化した。
実験に使用されたイモリ
スジイモリ：(褐色)，クシイモリ：(白色)

図52-19　イモリの胚の交換移植実験

第9章

シュペーマンの交換移植実験が成功した理由

シュペーマンは，胚の色が異なる2種類のイモリ(スジイモリとクシイモリ)を用いて交換移植を行った。この“天然局所生体染色法”ともいえる交換移植実験は，局所生体染色法や同位体を用いる方法が普及していなかった当時の背景を考えると，まさに，アイデアの勝利であった。

また，異種動物間における組織や器官の移植では，拒絶反応(免疫)により移植片が脱落することが多いが，この時期の胚では免疫に関与する細胞(リンパ球など)が分化していないので，異種間での移植が成功した。

発生のしくみ（2）

The Purpose of Study 到達目標

1. ショウジョウバエの発生過程を図示しながら説明できる。……… p. 492, 493
2. ショウジョウバエの前後軸形成のしくみを説明できる。………… p. 494, 495
3. ショウジョウバエの体節構造形成の概要を説明できる。…………………… p. 495
4. 分節遺伝子による体節構造形成のしくみを説明できる。…………………… p. 496
5. ホメオティック遺伝子とホックス遺伝子について説明できる。… p. 497～499

Visual Study 視覚的理解

ショウジョウバエの発生過程を理解しよう！

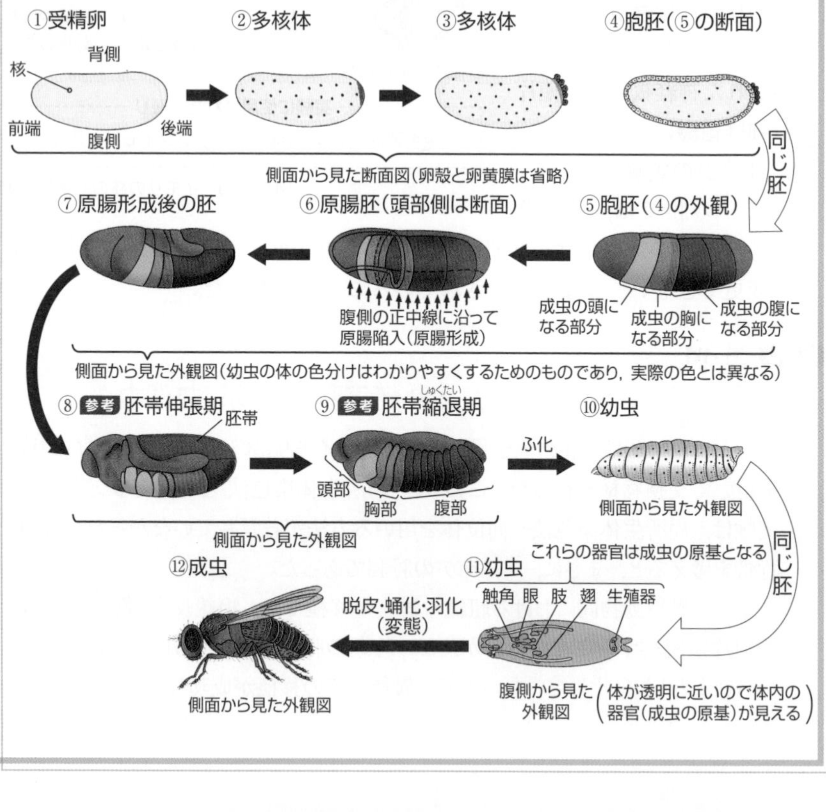

①受精卵
核
背側
前端
後端
腹側
②多核体
③多核体
④胞胚（⑤の断面）
側面から見た断面図（卵殻と卵黄膜は省略）
同じ胚
⑦原腸形成後の胚
⑥原腸胚（頭部側は断面）
腹側の正中線に沿って原腸陥入（原腸形成）
⑤胞胚（④の外観）
成虫の頭になる部分
成虫の胸になる部分
成虫の腹になる部分
側面から見た外観図（幼虫の体の色分けはわかりやすくするためのものであり，実際の色とは異なる）
⑧ 参考 胚帯伸張期
胚帯
⑨ 参考 胚帯縮退期
頭部
胸部
腹部
側面から見た外観図
ふ化
⑩幼虫
側面から見た外観図
同じ胚
⑫成虫
側面から見た外観図
脱皮・蛹化・羽化（変態）
⑪幼虫
これらの器官は成虫の原基となる
触角 眼 肢 翅 生殖器
腹側から見た外観図（体が透明に近いので体内の器官（成虫の原基）が見える）

1 ▶ ショウジョウバエの発生過程

ショウジョウバエの発生は，以下の①～⑫のように進行する（それぞれは Visual Studyの図①～⑫に対応している）。

①ショウジョウバエの卵は中央に卵黄が集まっている**心黄卵**であり，その卵割様式は**表割**である。受精卵は，卵殻(らんかく)に包まれた状態で発生する。

②・③卵割の初期では，細胞質分裂は起こらずに核分裂だけが進行し，1つの細胞内に多数の核がある**多核体**(たかくたい)と呼ばれる状態になる。

④・⑤核が胚の表面近くに移動し（多核性胞胚期），核の周囲に細胞膜が形成されて胚は1層の細胞で覆われた**胞胚**（細胞性胞胚）になる。中央部は，卵黄が多く多核の1個の細胞になる。この時期の胚ではおおまかな発生運命が決定する。

参考 Visual Study の図③の右端にある「足の指」状の突起（極細胞芽という）が，④の右端にある細胞（極細胞と呼ばれる昆虫の始原生殖細胞）になる。これらの細胞は，卵母細胞の段階で，将来胚の後端部になる部分に存在していた細胞質（極細胞質といい，生殖細胞決定因子を含んでいる）に，多核体の核が移動してくることで生じる。このように，ショウジョウバエでは，胞胚になる前に体細胞と生殖細胞の分化がみられる。

⑥・⑦腹側の正中線に沿って表面の細胞が胚の内部に入ることにより，胚が内側に折れ込むような原腸陥入が起こり，**原腸胚**となる。

⑧原腸陥入が終わる頃，胚の後方が伸びるが，胚は卵殻で囲まれているために，後端部の**胚帯**と呼ばれる領域は背側に曲がって伸長する。体節がみられ始める。

⑨背側に伸長した部分が縮む。各体節の形が変化し，胚の表面にほぼ等間隔で溝ができ，14個の体節ができる。頭部，胸部，腹部が区別できるようになる。

⑩～⑫胚はふ化し，幼虫になる。幼虫は脱皮して蛹(さなぎ)となり（蛹化(ようか)），蛹は変態して（体内の成虫原基(せいちゅうげんき)が成体の触角・翅(はね)・肢などになる）成虫になる（羽化(うか)）。

もっと広く深く　ショウジョウバエの卵

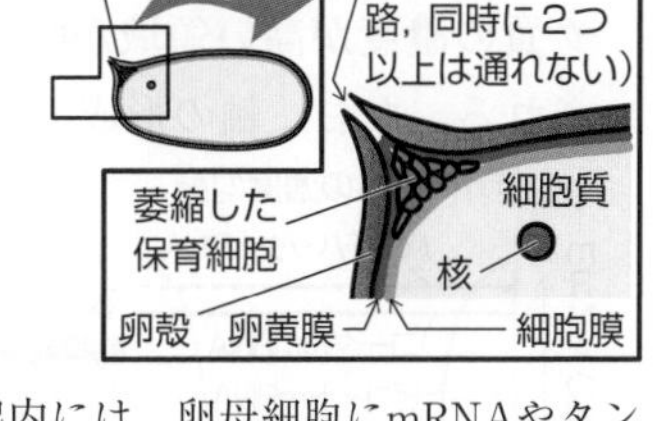

(1) ショウジョウバエの卵を，Visual Studyのようにだ円に近い形で描く場合と，右図のように最外層に突起をつけて描く場合がある。これは卵黄膜や卵殻などの有無の違いである。

(2) 排卵時にろ胞細胞から卵の周囲に分泌される卵殻（主成分はキチン質）と卵黄膜では，将来胚の前端背側になる部分が突起状になる。この突起内には，卵母細胞にmRNAやタンパク質などを供給して萎縮した保育(ほいく)細胞（☞p.495）もある。

② ▸ ショウジョウバエの前後軸(頭尾軸)の形成

(1) ショウジョウバエでは，3つの体軸のすべてが未受精卵の段階で決定している。ショウジョウバエの前後軸決定のしくみについて以下に述べる。

(2) ショウジョウバエの卵形成の過程でそのmRNAが卵に蓄積し，受精直後から機能する遺伝子は**母性効果遺伝子**(ぼせいこうかいでんし)と呼ばれ，**母性因子**の情報をコードしている。ショウジョウバエの母性効果遺伝子には，**ビコイド遺伝子**(*bicoid*)，**ナノス遺伝子**(*nanos*)，**ハンチバック遺伝子**(*hunchback*)，**コーダル遺伝子**(*caudal*)などがある。

参考 ハンチバック遺伝子は，頭部や胸部などの胚の前方構造の形成に関与し，コーダル遺伝子は，腹部形成に重要な*Kni*や*gt*などのギャップ遺伝子(☞p.496)の活性化に関与する。

(3) ショウジョウバエの未受精卵では，母性効果遺伝子である**ビコイド遺伝子**のmRNA(ビコイドmRNA)が前方(前端)に，**ナノス遺伝子**のmRNA(ナノスmRNA)が後方(後端)に局在している。また，ハンチバック遺伝子とコーダル遺伝子のmRNAは卵に均等に分布している(図53-1①)。

(4) 受精後，受精卵内の前方ではビコイドmRNAが翻訳される。合成されたビコイドタンパク質は，拡散して卵の前方から後方へ濃度勾配を形成する。また，受精卵内の後方ではナノスmRNAが翻訳される。合成されたナノスタンパク質は，拡散して卵の後方から前方へ濃度勾配を形成する(図53-1②)。

参考 ショウジョウバエは受精後しばらくの間，核のみが分核する多核体の状態なので，胚内で母性因子(タンパク質)が拡散して濃度勾配が形成される。その後の細胞質分裂により，初期胚の前方から後方に向かって異なる濃度の母性因子を含む細胞が並ぶことになる。

(5) ビコイドタンパク質は，コーダルmRNAの翻訳を阻害し，ハンチバック遺伝子の転写を活性化させるが，ナノスタンパク質は，ハンチバックmRNAの翻訳を阻害する。

参考 ビコイドタンパク質は，翻訳の調節を行うことに加えて調節タンパク質としても機能するが，ナノスタンパク質は，翻訳の調節のみを行う。

(6) ビコイドタンパク質の濃度が高い領域が**頭部**(前方)になり，ナノスタンパク質の濃度が高い領域が**腹部**(後方)になる。このようにして，前後軸が形成される。なお，軸の形成の初期の段階を軸の決定と呼ぶ(図53-1③)。

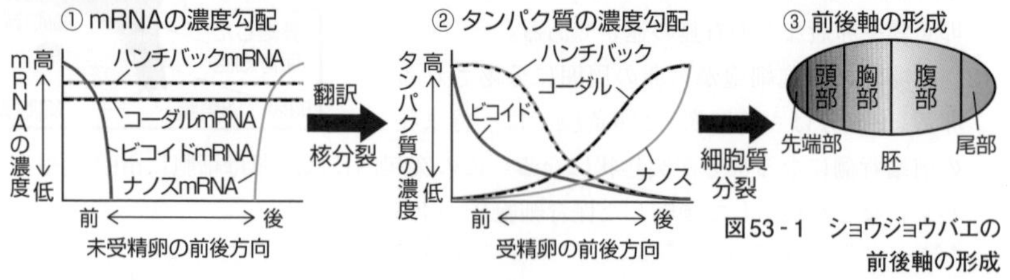

図53-1 ショウジョウバエの前後軸の形成

参考 1. 先端部，尾部の形成にはこれらの遺伝子以外の働きが重要であることが知られている。
2. 背腹軸の決定に重要な役割を果たすのは，卵母細胞がつくるドーサルという調節タンパク質の濃度勾配である。

(7) 正常な受精卵の後端部に，別の受精卵の前端部の(ビコイドmRNAを含む)細胞質を注入すると，後端部に頭部が形成される。

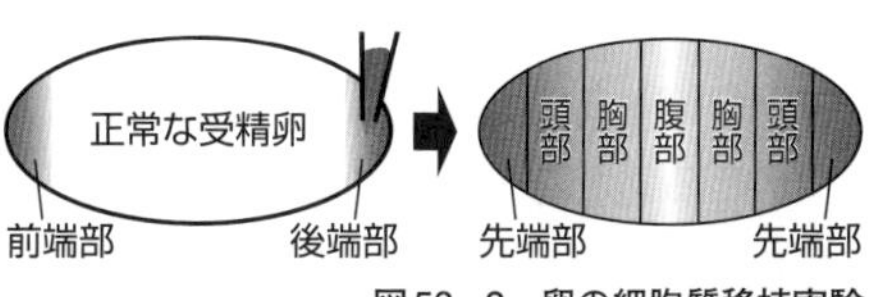

図53-2　卵の細胞質移植実験

卵母細胞内の物質の偏り

①ショウジョウバエの雌の体内にある卵母細胞は，保育細胞やろ胞細胞に囲まれている。
保育細胞では，胚の前後軸の決定に重要な役割を果たすビコイド遺伝子やナノス遺伝子が転写され，それらのmRNAが存在している。

②卵母細胞の両端に接する細胞（ボーダー細胞）の働きにより，卵母細胞内に形成される微小管の+端と−端の方向がそろい，卵母細胞内に方向性（極性）が生じる。

③ビコイドmRNAは保育細胞から卵母細胞内に分泌されると，モータータンパク質の働きにより微小管の−端に運搬されるので，この部分に蓄積する。
ナノスmRNAは保育細胞から卵母細胞内に分泌されると，モータータンパク質の働きにより微小管の+端に運搬されるので，この部分に蓄積する。

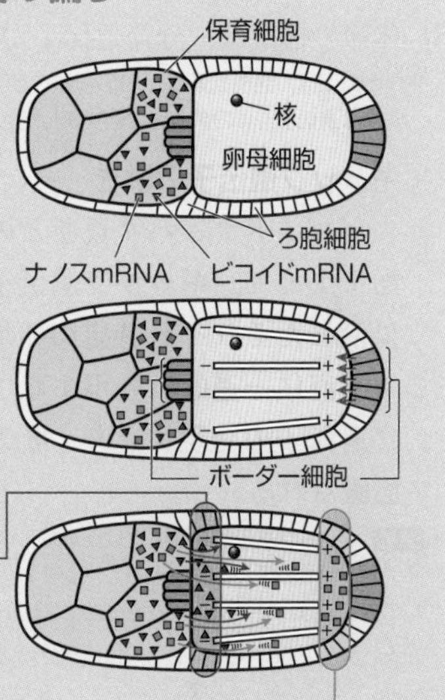

③ ショウジョウバエの体節構造形成の概要

受精後，細胞数の増した胚は，体軸に沿って細胞群ごとに区画化されていく。この現象では，母性効果遺伝子から合成された**母性因子**が，ある**調節遺伝子**の発現を制御し，その調節遺伝子から合成される**調節タンパク質**が次の段階の調節遺伝子の発現を制御するように，段階的に調節遺伝子が働いている。

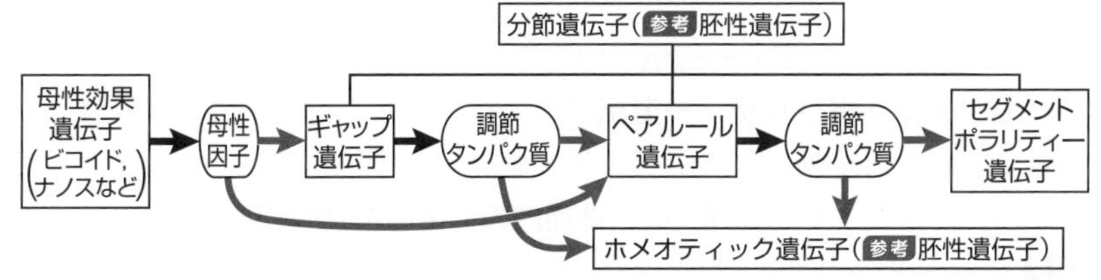

4 ▶ショウジョウバエの体節構造の形成

(1) ショウジョウバエの体節の形成に関与する遺伝子群を**分節遺伝子**(ぶんせつ)と呼ぶ。

(2) 分節遺伝子は母性効果遺伝子とは異なり，父方由来の遺伝子からも転写が起こる遺伝子(胚性遺伝子)であり，ギャップ遺伝子，ペアルール遺伝子，セグメントポラリティー遺伝子の3つのグループ*に分けられる。

参考 *これらのグループには，それぞれ複数の遺伝子があり，ギャップ遺伝子とペアルール遺伝子はすべて調節タンパク質をコードし，セグメントポラリティー遺伝子には，調節タンパク質をコードするものとそうでないものが存在する。

(3) 体節の構造は，分節遺伝子が次(図53-3※)のように働くことで形成される。

※図53-3は，発現する遺伝子の種類を色分けして表したものであり，各色は遺伝子自体の色や胚の色を表したものではない。

①主なギャップ遺伝子のmRNAの分布

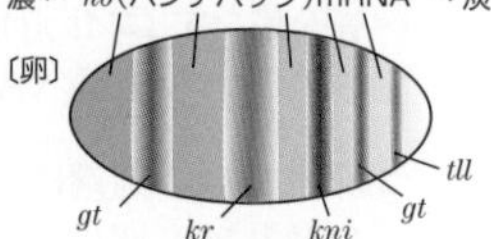

②ペアルール遺伝子である eve(イーブンスキップト)と ftz(フシタラズ)の mRNA の分布

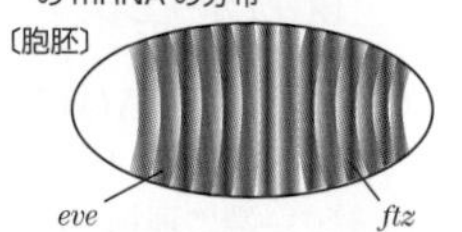

③セグメントポラリティー遺伝子の1つである en(エングレイルド)のmRNA の分布

図53-3 分節遺伝子の発現

①ギャップ遺伝子の働き

ビコイドタンパク質などの母性因子の濃度勾配によって，**ギャップ遺伝子**(数種類)が前後軸に沿ったそれぞれ特定の領域で，前後軸に対して垂直に一過的に発現する(図53-3①)。ギャップ遺伝子の発現により，**胚のおおまかな領域が区画**される。

参考 ギャップ遺伝子には，クリュッペル(*kr*)，クニルプス(*kni*)，ジャイアント(*gt*)，テイルレス(*tll*)，ハンチバック(*hb*)などがあり，それぞれの遺伝子は，将来形成される体節の3〜5体節分に相当する領域で発現する。また，ハンチバック(*hb*)には母性効果遺伝子と胚性遺伝子がある。

②ペアルール遺伝子の働き

母性因子や，ギャップ遺伝子から合成された調節タンパク質によって，複数の**ペアルール遺伝子**が発現する。各ペアルール遺伝子は，将来の2体節ごとに，前後軸に沿ってしま状に一過的に発現し，**7つの帯状のパターン**がつくられる(図53-3②)。ペアルール遺伝子から合成されるタンパク質も調節タンパク質として働く。

参考 ペアルール遺伝子には，イーブンスキップト(*eve*：偶数番目の(擬)体節で発現)，フシタラズ(*ftz*：奇数番目の(擬)体節で発現)，ヘアリー(*h*)，run(*runt*)などがある。

③セグメントポラリティー遺伝子の働き

セグメントポラリティー遺伝子は，ペアルール遺伝子に引き続き，1体節ごとに，前後軸に沿ってしま状に発現する(図53-3③)。これによって，からだを構成する**14体節(の各体節内の前後など)が決定**される。

参考 この段階で決定された体節構造は擬(ぎ)体節と呼ばれ，本来の体節の区画とは少しずれている。

5 ▸ ホメオティック遺伝子の働きと各体節の分化

(1) 各体節を特有の形態へと分化(特徴化・個性化・特異化)させる一群の調節遺伝子を**ホメオティック遺伝子(群)**といい，ショウジョウバエの代表的なホメオティック遺伝子群には，**アンテナペディア遺伝子群**(**アンテナペディア複合体**)と**バイソラックス遺伝子群**(**バイソラックス複合体**)の2つがある。

(2) アンテナペディア遺伝子群は，頭部から中胸部の構造を決定し，バイソラックス遺伝子群は，後胸部から尾部の構造を決定する。

(3) ペアルール遺伝子やセグメントポラリティー遺伝子の働きにより区画化された14体節では，体節ごとに発現するホメオティック遺伝子が異なっており，各遺伝子から合成される調節タンパク質は，それぞれ異なる遺伝子の発現を調節する。このような調節により，各体節は特有の形態へと分化していく。

(4) ホメオティック遺伝子の突然変異によって，触角や肢など，からだのある一部の構造が，本来形成されるべき位置に形成されず，別の構造に置き換わる(これを**ホメオーシス**という)ような突然変異を**ホメオティック突然変異**という。

参考 もともとは，ホメオティック突然変異の原因遺伝子のことをホメオティック遺伝子と呼んだ。

(5) アンテナペディア遺伝子群の1つであるアンテナペディア遺伝子(*Antp*)に突然変異が起こると，触角が形成される位置に肢が形成された**アンテナペディア突然変異体***となる(図53 - 4②)。

参考 ＊アンテナペディア遺伝子は，本来胸部で発現し，成虫の頭部で働く触角などの遺伝子が胸部で発現することを抑制し，胸部の特徴を維持する働きをもつが，この遺伝子の優性突然変異体では，逆位によりコード領域が別のプロモーターの抑制下に置かれているため，正常な発現域である胸部に加えて，頭部でも発現するので，頭部に触角が形成されず肢が形成される。この変異体は，頭部に形成された肢を使って歩行することはできない。

(6) バイソラックス遺伝子群の1つであるウルトラバイソラックス遺伝子(*Ubx*)に突然変異が起こると，胸部の第3体節(後胸)が第2体節(中胸)に置き換わり，2対の翅が生じた**バイソラックス突然変異体***となる(図53 - 4③)。

参考 ＊この変異体は，第3体節が置き換わることで生じた第2体節内に筋肉をもたないので，うまく飛べない。

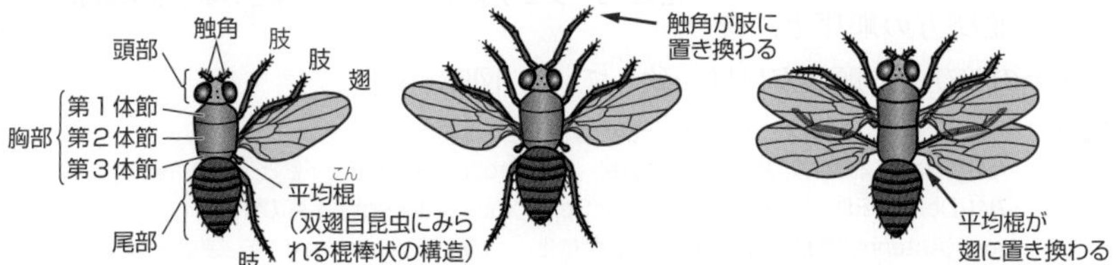

①正常なショウジョウバエ（左側の肢・翅・平均棍は省略）
②触角が肢に変異したアンテナペディア突然変異体
③胸部第３体節が第２体節へ変異したバイソラックス突然変異体

図53 - 4　ホメオティック突然変異体

⑥ ▸ 動物の発生とホックス遺伝子

(1) **ホメオティック遺伝子**や**分節遺伝子**には，180塩基対からなる相同性の高い塩基配列がみられ，これを**ホメオボックス**という。

(2) ホメオボックスを含む遺伝子から合成されるタンパク質のうち，ホメオボックスにコードされるタンパク質領域を**ホメオドメイン**という。ホメオドメインは，60個のアミノ酸からできており，**調節タンパク質**として働く。

(3) ホメオボックスをもち，染色体上に一列に並んで存在し，からだの前後軸形成に関与する調節遺伝子群を**ホックス**(*Hox*)**遺伝子群**といい，ホックス遺伝子群を構成している遺伝子を**ホックス遺伝子**という。

(4) 動物の形態は種によって多様であるが，発生の基本的なしくみには，動物全体で共通性がみられる。

(5) **ホックス遺伝子群**は，ショウジョウバエだけではなく脊椎動物を含めたほとんどすべての動物に存在し，前後軸に沿った形態形成に必要な遺伝子群であり，中心的な役割を果たしている。

(6) ショウジョウバエのホックス遺伝子群(ホメオティック遺伝子)は，第3染色体に一列に並んだ8つの遺伝子からなる。一方，哺乳類では，4本の染色体上に存在する。また，いずれにおいても，前後軸に沿った発現領域の並び方の順序と，染色体上の並び方の順序がほぼ一致している(図53-5)。

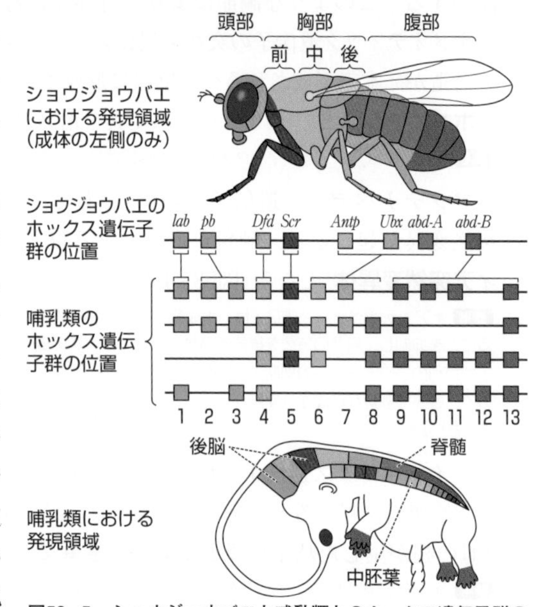

図53-5　ショウジョウバエと哺乳類とのホックス遺伝子群の比較

参考 1．ショウジョウバエのホックス遺伝子群の遺伝子記号と働き

- *lab*(labial)：前頭部での下唇形成を抑制
- *pb*(proboscipedia)：下唇と上顎の特徴化
- *Dfd*(Deformed)：口部の特徴化
- *Scr*(Sex combs reduced)：下唇の特徴化
- *Antp*(Antennapedia)：胸部第2体節の特徴化
- *Ubx*(Ultrabithorax)：胸部第3体節の特徴化
- *abd-A*(abdominalA)と*abd-B*(AbdominalB)：腹部体節の特徴化

2．ショウジョウバエに関する遺伝学では，ある遺伝子の変異が優性の場合，その遺伝子の頭文字を大文字で表記し，変異が劣性の場合は頭文字を小文字で表記する。

(7) マウスでは*Hox*6～9の発現部位に胸椎が，*Hox*10の発現部位に腰椎がそれぞれ形成されるが，*Hox*10欠損マウスでは，本来腰椎が形成される部位が胸椎に変化するような突然変異が起こることが知られている。

もっと広く深く 「ホメオティック～」，「ホメオボックス」，「ホックス～」などの用語整理

1 ホメオティック突然変異と遺伝子名の関係

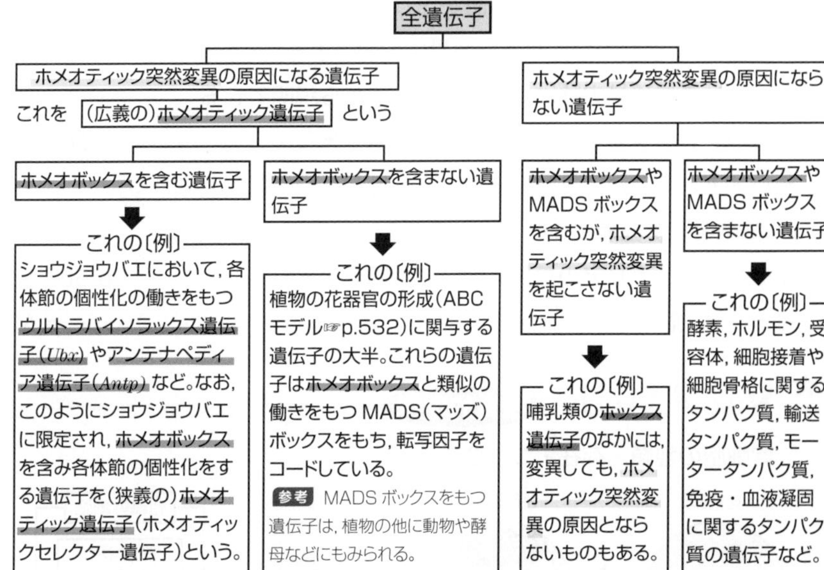

2 ホックス遺伝子（群）とホメオティック遺伝子の関連性

(1) ショウジョウバエのウルトラバイソラックス遺伝子（*Ubx*），アンテナペディア遺伝子（*Antp*）は，ホメオボックスを含み，他の複数の遺伝子とともに染色体上に一列に並び，体節の個性化に関与する遺伝子群（*Ubx*はバイソラックス遺伝子群[*1]，*Antp*はアンテナペディア遺伝子群）をそれぞれ形成している。

(2) (1)のような遺伝子群は，ショウジョウバエ（節足動物）以外の他の動物（棘皮動物，原索動物，脊椎動物など[*2]）にも広く分布しており，ホックス（*Hox*）遺伝子群と呼ばれ，ホックス遺伝子群を構成している遺伝子は，ホックス遺伝子と呼ばれる。

(3) なお，ショウジョウバエの*Ubx*や*Antp*はホメオティックセレクター遺伝子であり，ホックス遺伝子でもある。また，ホックス遺伝子のすべてがホメオティック突然変異の原因となるわけではない。

参考 ＊1. （狭義の）ホメオティック遺伝子の一つであるウルトラバイソラックス遺伝子（*Ubx*）の属するホックス遺伝子群（ホメオティック遺伝子群）は，バイソラックス遺伝子群（「ウルトラ」がつかない）という。
＊2. ショウジョウバエ（節足動物）以外の動物（例えば哺乳類）のホックス遺伝子をホメオティック遺伝子と呼ぶこともある。

発生のしくみ（3）

The Purpose of Study 到達目標

Visual Study 視覚的理解

幹細胞の種類・存在・つくり方

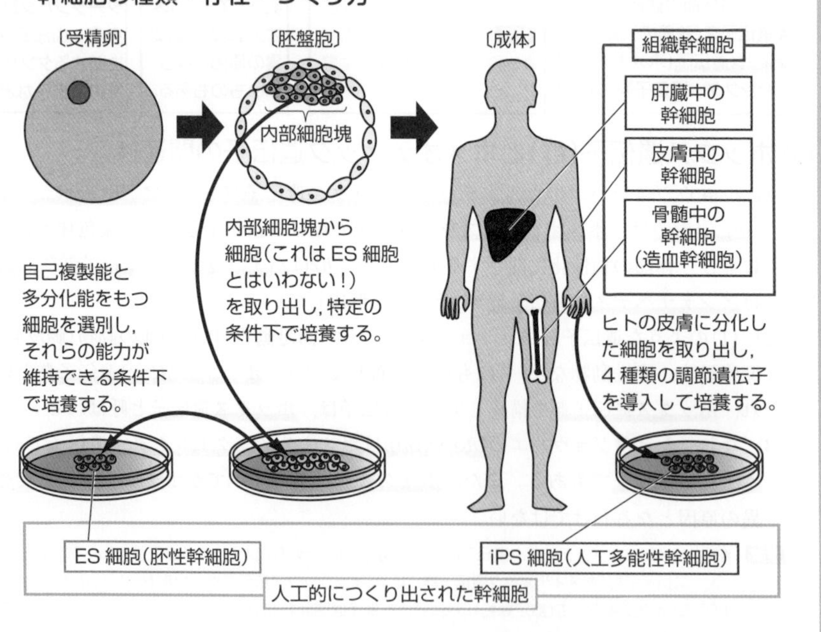

1 ▶ 分化の能力と幹細胞

(1) 多細胞生物のからだは，1つの細胞(受精卵)が体細胞分裂を繰り返して多数の細胞になり，それらの細胞が分化することによって形成される。つまり，受精卵は，多細胞生物のからだを構成する多種多様な細胞のすべてに分化する能力をもち，このような能力を**全能性**(ぜんのうせい)(分化全能性，全分化能)という。

(2) 全能性のようにすべての種類の細胞に分化することはできないが，複数の種類の細胞に分化する能力を**多能性**(たのうせい)または**多分化能**(たぶんかのう)という。

(3) 特定の組織や器官に分化した細胞(細胞周期のG_0期にある細胞)は，通常，細胞分裂を行って増殖する能力(自己複製能，自己増殖能)や，別の種類の細胞に分化する能力をもたないが，組織や器官には，自己複製能と多分化能をともにもち，**幹細胞**(かんさいぼう)と呼ばれる未分化な細胞も含まれている(図54-1)。

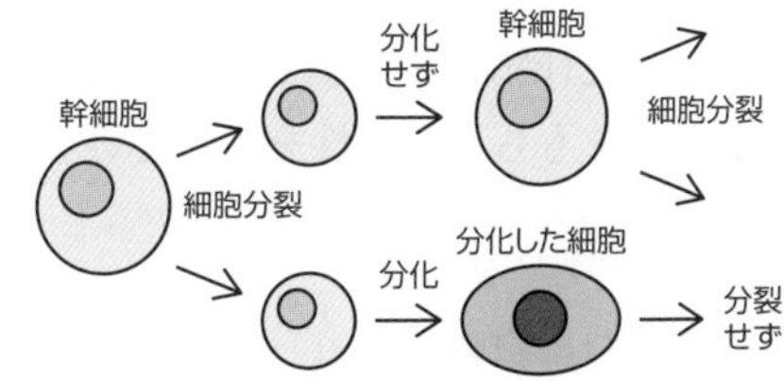

図54-1 幹細胞の分裂と分化

参考 幹細胞は英語でstem cellという。

(4) 動物の成体の組織に存在し，その組織の細胞などに分化できる幹細胞を**組織幹細胞**といい，ヒトの成体では，皮膚，肝臓，骨髄などに組織幹細胞が存在する。骨髄中にある幹細胞は**造血幹細胞**(ぞうけつ)と呼ばれ，細胞分裂と分化により，新たな血球やリンパ球をつくり，血液中に供給する役割を担っている。

参考 ヒトでは，小腸上皮，乳腺，脂肪組織，神経組織などにも幹細胞が存在している。

(5) 幹細胞は，発生初期の胚にも存在する。例えば，哺乳類の**胚盤胞**の**内部細胞塊**の細胞は，胎児のからだを構成するほとんどすべての細胞に分化できる幹細胞である。

(6) そこで，哺乳類の胚盤胞から内部細胞塊の細胞を取り出し，特定の条件下で培養することで，自己複製能と広い多分化能を維持した培養細胞が選別され，**ES細胞**(**胚性幹細胞**(はいせい)の英語「embryonic stem cell」の略)と名付けられた(☞★ Visual Study)。

(7) 2006年に，山中伸弥(やまなかしんや)は，マウスの胎児の皮膚に分化した細胞に，4つの特定の調節遺伝子を導入することによって，分化した細胞の核を発生初期の状態にまで戻すこと(**初期化**)に成功し，このようにして得られた全能性に近い多能性をもつ細胞を特定の条件下で培養することで，幹細胞を作製した。この幹細胞は**iPS細胞**(**人工多能性幹細胞**の英語「induced pluripotent stem cell」の略で，「アイピーエス細胞」という)と名付けられ，その後ヒトでも作製された(☞★ Visual Study)。

②▸分化した細胞の全能性と初期化

1 アフリカツメガエルを用いた核移植実験

1961年，イギリスのガードンは，ある系統のアフリカツメガエルの未受精卵に紫外線を照射し，卵内の核を不活性化した(図54-2Ⓐ)後，未受精卵とは異なる系統のアフリカツメガエルのいろいろな発生段階にある胚の細胞や，おたまじゃくしの小腸上皮細胞のそれぞれから核を取り出し，核を不活性化した未受精卵に移植して発生を観察する(図54-2Ⓑ)実験を行い，その実験の結果から以下のような結論(①，②)を導き出した。

①核移植された卵のうちの一部は，正常に発生して核を取り出した系統の成体になった(図54-2Ⓒ)。このことから，分化した細胞の核も，発生に必要な全遺伝子をもち，全能性を失っていないことがわかる。

参考 この実験で生じた成体は，核を取り出されたカエルの遺伝情報をそのまま受け継いでいるのでクローンガエルとも呼ばれる。

②分化した細胞の核も，未受精卵に移植されると全能性を示すことから，核を取り囲む細胞質によって発現する遺伝子群を変化させ，**初期化**できるとわかる。なお，移植する核を細胞から取り出す時期が遅いものほど，成体にまで発生する割合が低い(図54-2Ⓒ)のは，発生が進むにつれて全能性の維持に関わる遺伝子がより強く抑制されるためであると考えられている。

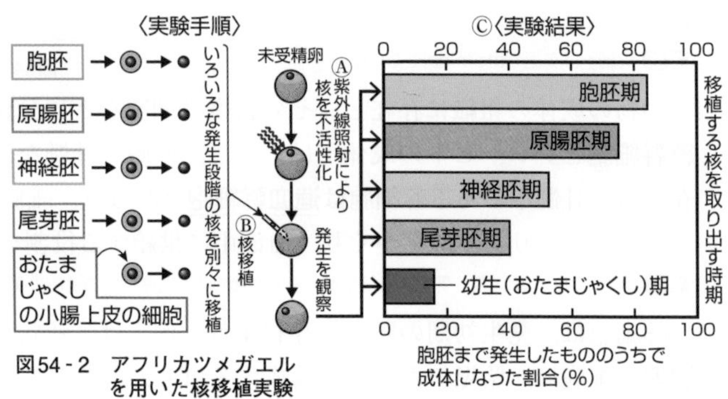

図54-2　アフリカツメガエルを用いた核移植実験

参考 アフリカツメガエルを用いて核移植実験を行ったジョン・ガードンと，iPS細胞を初めて作製した山中伸弥の両氏は，体細胞の初期化(リプログラミング)による多能性獲得の発見が評価され，2012年にノーベル生理学・医学賞を受賞した。

2 核移植によるクローンヒツジの作製

(1) 1996年，イギリス(スコットランド)の研究所*が，次に示すような方法でクローンヒツジを作製した。

参考 ＊イギリスのロスリン研究所のイアン・ウィルマットとキース・キャンベルら。

(a)　雌ヒツジ(羊A)の乳腺から採取した乳腺細胞を，適当な条件で培養して初期化したもの(全能性をもつ細胞)から核を抜き取る(図54-3①～③)。

(b)　別の雌ヒツジ(羊B)の卵巣から採取した未受精卵から，核を除去する(図54-3④～⑥)。

(c)　(a)で抜き取った核を，(b)の未受精卵の中に移植する(図54-3⑦)。

(d)　(c)の核移植を受けた未受精卵を，さらの別の雌ヒツジ(羊C)(代理母)の子宮に入れて，発生させる(図54-3⑧)。その結果，子(羊D)が誕生した。

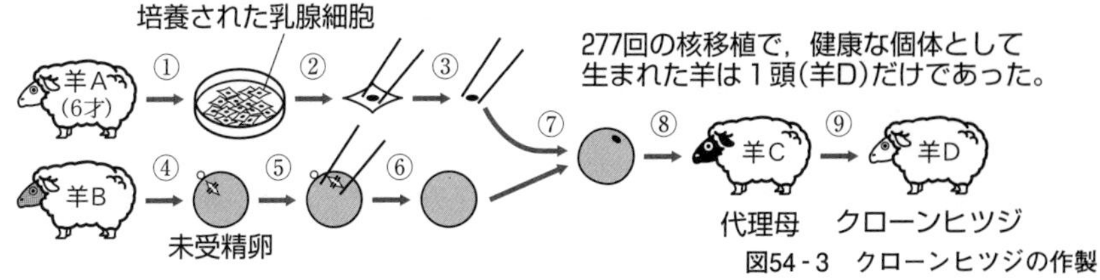

図54-3　クローンヒツジの作製

(2) 細胞(核)の初期化と核移植によって最初につくられたヒツジ(図54-3の羊D)は，ドリーと呼ばれた。

参考 1. ドリーは健康に育ち，1998年には「ボニー」と呼ばれる雌の子ヒツジを出産し，2003年に死亡した。ドリーの剥製(はくせい)は，スコットランド博物館に展示されている。

2.「ドリー」という名は，このクローンヒツジが羊Aの乳腺細胞に由来しているので，豊満な胸をもつカントリー&ウェスタンの歌手であるドリー・パートンにちなんで名付けられたものである。ちなみに，ドリー・パートンが作詞・作曲した「I Will Always Love You」は，アメリカ映画「ボディガード」のテーマ曲として，ホイットニー・ヒューストンにカバーされた。

(3) ドリーは，その体細胞の核内DNAの塩基配列が，核を供与した羊Aのそれとまったく同じなので，羊Aのクローンヒツジ*であることが確認された。

参考 ＊このような個体は体細胞クローンとも呼ばれ，体細胞クローンのミトコンドリアDNAは，核を供与した個体ではなく，卵を供与した個体(羊B)と同じものである。

(4) ドリーは，6歳(通常のヒツジの平均寿命は11～15歳)で死亡したが，生存中に「ドリーは核内の染色体の**テロメア**が短くなっていることが原因で，生まれつき老化している」という研究が発表されていた。

参考 ドリーは，進行性の肺疾患の回復が見込めないことから安楽死させられたので，本来の寿命は不明であるが，4歳頃から高齢のヒツジに特徴的な関節炎を発症するなどの老化現象がみられていたという説がある。一方，ドリーの体細胞からつくられたクローンヒツジでは，テロメアは短くなっておらず，老化の過程や寿命は，通常のヒツジと差がなかったことから，「テロメアの長さが個体の寿命を決める」や「クローン動物は短命である」などを否定する考え方もある。

(5) テロメアとは，真核生物の染色体の両末端に存在し，特定の塩基配列(TTAGGGなど)の繰り返している領域であり，DNAの複製のたびに短くなり，テロメアの長さが一定より短くなると細胞分裂が停止することから，細胞の分裂回数を決める回数券のような役割を果たしていると考えられている。

もっと広く深く　テロメアの構造・機能・短縮

1 テロメアの構造

テロメアは下図に示すように，真核生物の染色体の両末端部にある特定の塩基配列(脊椎動物ではTTAGGG)の繰り返し領域(数千～一万塩基)であり，3′末端側の鎖が5′末端側の鎖に対して突出している。

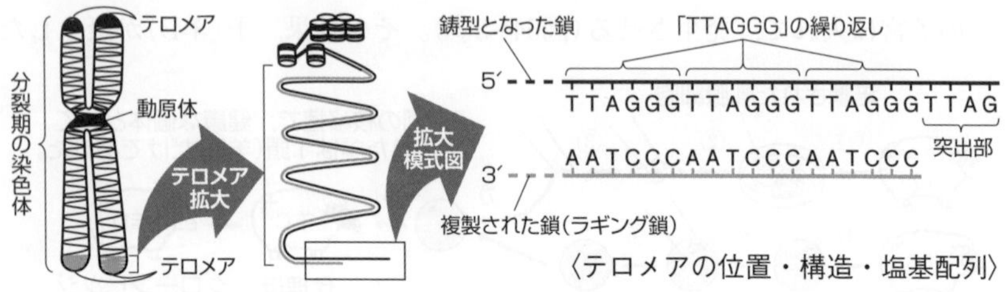

〈テロメアの位置・構造・塩基配列〉

2 テロメアの末端部で3′末端側の鎖が突出するしくみ

(1) 細胞内のDNA複製におけるラギング鎖の合成では，DNAポリメラーゼがDNA鎖を伸長させるときの足場として働く**プライマー**(RNAプライマー)は，隣(5′末端側)の**岡崎フラグメント**を伸長させてきたDNAポリメラーゼによって除去され，その後にDNA鎖で埋められる。しかし，ラギング鎖(DNA)の5′末端に位置するプライマーの隣(下図Ⓐの★)には岡崎フラグメントが存在しないので，そのプライマーはDNAポリメラーゼによって除去されずに残る(下図Ⓑ)。

(2) その後，DNAリガーゼにより，隣り合う岡崎フラグメントどうしが連結し，1本の長い鎖(ラギング鎖)となるが，5′末端に残ったプライマーは，RNA分解酵素によって分解される。このため，

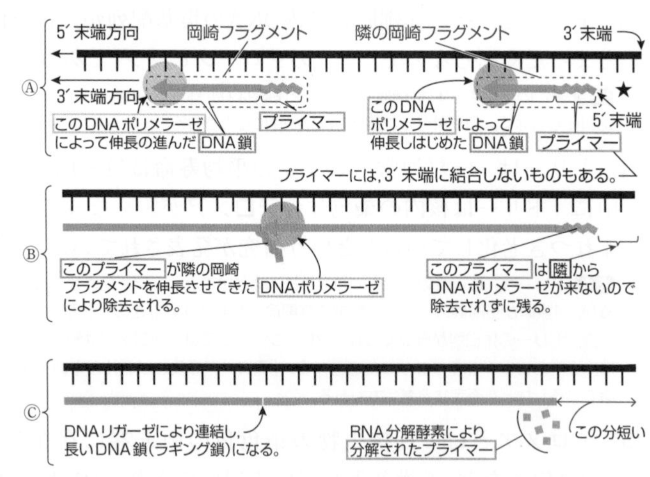

ラギング鎖は，その鋳型となった鎖よりもやや短くなり，鋳型となった鎖の3′末端が突出した1本鎖になる(上図Ⓒ)。このように不完全なDNAの複製は末端複製問題と呼ばれ，真核生物の線状DNAにみられるが，原核生物などの環状DNAにはみら

れない。

3 染色体の両端のテロメアが短縮するしくみ

(1) 2で説明したDNAの複製により，ラギング鎖の5′末端のテロメアの長さが少し短くなる(右図①～④)。

(2) DNA鎖の5′末端側の一部を分解する酵素の働きで鋳型鎖の5′末端のテロメアが少し短くなる(右図⑤)。

(3) このようなDNAの複製が繰り返されると，染色体の両端にある3′末端側が突出したテロメアの長さがどんどん短くなっていく(右図⑥～⑨)。

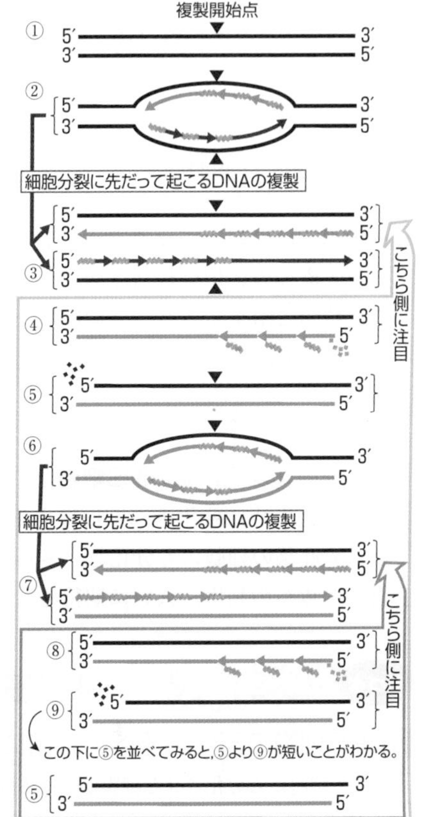

4 テロメアと細胞分裂

(1) 染色体末端部の2本鎖DNAのうち，一方が突出した構造(═)をしていると，他の染色体のDNAと連結したり，分解されやすくなる。

(2) 一定以上の長さのテロメアでは，1本鎖部分が2本鎖部分に入り込み，特異的なタンパク質と結合してループ構造をつくり(下図①)，染色体両末端部の安定性を保っている。

(3) テロメアが一定の長さより短くなり，ループ構造を形成できなくなると，DNAの末端が露出し(下図②)，複製が行われなくなって細胞分裂が停止する。

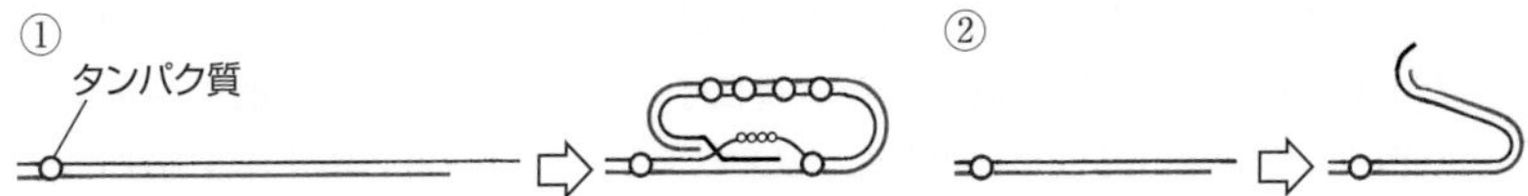

(4) 細胞分裂で短くなったテロメアを伸長させるテロメラーゼという酵素がある。ヒトでは，ほとんどの体細胞でテロメラーゼ活性がないが，生殖細胞や一部の幹細胞ではテロメラーゼの遺伝子が発現しているので，子孫に一定の長いテロメアを伝えることができる。また，がん細胞は高いテロメラーゼ活性をもち，無限に細胞分裂を繰り返すことができることと関係があると考えられている。

3 人工的に作製した幹細胞と再生医療

(1) 生物の体の一部が失われたとき，その部分が復元される現象を**再生**という。

(2) 培養した組織や器官などの移植により，事故や病気で傷んだ組織や器官の機能を回復させる医療は**再生医療**(再生医学)と呼ばれる。

(3) 再生医療のうち，白血病治療のための骨髄移植と，重度の火傷治療のための培養した皮膚の移植などは，すでに実用化されている。

(4) ES細胞やiPS細胞のように人工的に作製した幹細胞を再生医療に利用する研究も行われている。

(5) 1980年代に初めてマウスの胚盤胞から**ES細胞**がつくられた後，ES細胞の再生医療への応用が検討されたが，ヒトのES細胞は将来1人の人間になり得る受精卵に由来するという倫理的な問題や，自分の細胞由来ではないES細胞を用いると，移植時に拒絶反応が起こるなどの問題を解消できなかった。

参考 ES細胞やiPS細胞ではテロメラーゼが合成されており，テロメアの短縮した分がつけ足されているので，これらの細胞は増殖を繰り返すことができる。

(6) 自分の体細胞由来の**iPS細胞**は，上記(5)のようなES細胞がもつ問題をもたず，発生時に分化誘導を促進する物質の作用を受けると，内・中・外のいずれの胚葉の細胞にも分化し，さらに多種多様な組織や器官を形成するので，再生医療への利用が大いに期待されている。

もっと広く深く iPS細胞の医学への応用

1 iPS細胞の再生医療への応用に関する問題点

a. iPS細胞から分化させた細胞からなる特定の組織のなかには，未分化細胞が混在しており，その未分化細胞ががん化する危険性がある。

b. 遺伝子の異常により，ある組織や器官の機能が欠損(低下)する疾患(病気)がある。この病気の患者のiPS細胞から作製した組織や器官は，その機能が欠損しているので，そのまま患者に移植しても，治癒や病状改善は期待できない。そこで，患者から得たiPS細胞に機能欠損の原因となる遺伝子(DNAの一部)を人工的に除去する処理(DNA分解酵素の働きを利用したクリスパーキャスシステムと呼ばれる方法など)を施した後で組織や器官を形成させ，それを患者に移植する方法が考えられている。このとき，人工的な除去処理により，DNAの正常な部分が傷つき，それが原因で細胞ががん化する危険性がある。

c. 上記bの危険性を排除するためには，多くの時間と費用(2016年時点で，約1年・数千万円)をかけてiPS細胞のゲノムDNAを徹底的に調べる必要がある。

2 1の問題点に対する現在(2016年時点で)の対策

①aに対しては，分化した細胞には存在しないが，未分化細胞の細胞膜に存在するタンパク質に注目し，このタンパク質と特異的な免疫反応を利用して，未分化細胞を除去する方法などが検討されている。

②bに対しては，cに示したようにゲノムDNAの全塩基配列を徹底的に調べることが必要不可欠であると考えられる。

③cに対しては，患者のiPS細胞から作製した組織や器官を患者自身に移植(自家移植)するのではなく，健康な他者(ドナー)のiPS細胞から作製した組織や器官を患者に移植(他家移植)する方法が考えられている。具体的には，ヒトのMHC分子であるHLAの型を決める遺伝子に注目し，拒絶反応を起こす確率が低い遺伝子型(HLAホモ接合体)をもつさまざまなタイプのドナーの細胞から作製した多種類のiPS細胞(これをiPS細胞ストックという)を用意しておく。このiPS細胞ストックの中から患者(通常，HLAヘテロ接合体)の遺伝子と異なる遺伝子をもたないものを選んで他家移植する(下図)。これにより，時間と費用を大幅に削減できる。

〔HLAをつくる遺伝子群のうち，拒絶反応に強く関与する3つの遺伝子座(A, B, DR)に注目〕

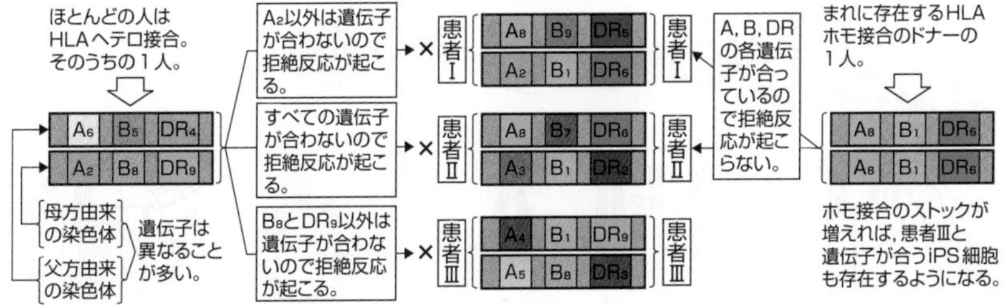

3 iPS細胞と創薬

新しい種類の医薬品を開発することを創薬(そうやく)という。現在，iPS細胞の創薬への利用が盛んに行われている。

例えば，ある種の脳の疾患について，創薬や発症メカニズムの研究を行う際には，患者の脳の一部を取り出して実験材料とすることが理想だが，実際に患者の脳から組織を取り出すことには大きな危険をともなうので，実験動物の脳などが代用されてきた。その結果，実験動物では認められた効果がヒトでは認められないことがしばしばあったが，患者由来のiPS細胞を脳の組織(細胞)に分化させたものを実験材料として用いることにより，効果が高く副作用の少ない個人個人に合った薬の開発が進んでいる。

❸▶再生

1 イモリの再生

脊椎動物のうち，イモリなどの有尾(ゆうび)両生類は，成体でも高い再生能力を示す。

① イモリの水晶体の再生

イモリの眼から水晶体を除去すると，虹彩の上縁(じょうえん)部の細胞が色素を失い未分化な細胞になる。このように分化した細胞がその特徴を失い未分化状態になる現象を**脱分化**(だつぶんか)といい，脱分化した細胞は，再び水晶体に分化(**再分化**(さいぶんか))する(図54-4)。これより，イモリの脱分化した細胞には多能性があることがわかる。

参考 1. 自然界では，イモリの水晶体を食べる寄生虫が存在する。この寄生虫が水晶体を食べ尽くしてイモリから離れると，水晶体の再生が起こる。
2. 脊椎動物の水晶体の主成分であるクリスタリン(タンパク質の一種)の遺伝子は通常，虹彩上縁部では発現していないが，水晶体が失われると脱分化が起こり，その結果，クリスタリンの遺伝子が発現するようになる。

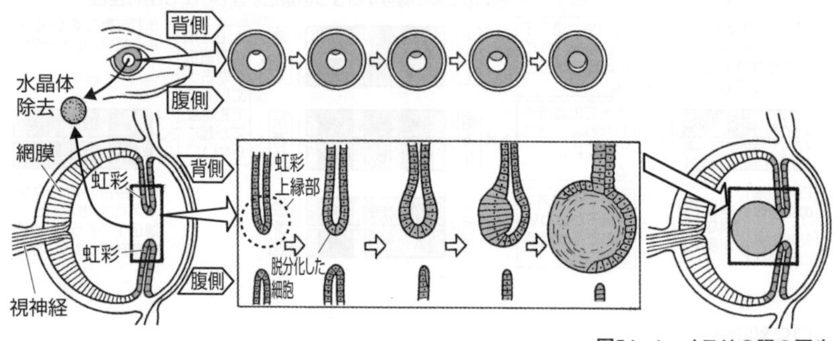

図54-4　イモリの眼の再生

② イモリの肢の再生

イモリでは，前肢と後肢を切断すると，切り口の細胞が**脱分化**してそれぞれの切り口に白い細胞の集団である**再生芽**(さいせいが)が形成され，前肢の切り口からは前肢が，後肢の切り口からは後肢がそれぞれ再生する(図54-5)。なお，前肢と後肢の再生芽を交換移植すると，再生芽が位置情報を認識し，前肢の切り口に移植された後肢の再生芽からは前肢が再生し，後肢の切り口に移植された前肢の再生芽からは後肢が再生する。

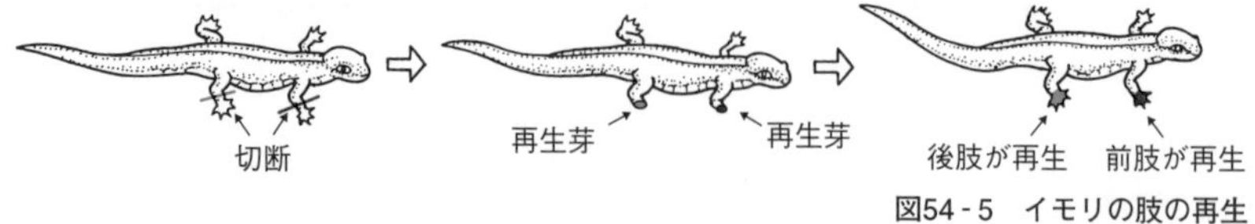

図54-5　イモリの肢の再生

2 プラナリアの再生

(1) プラナリアは，その体内に全能性をもつ幹細胞が多数散在しており，体の切断時に非常に高い再生能力を示す動物として知られている。

(2) 例えば，プラナリアを前後半分ずつに切断すると，全身に散在していた幹細胞の一部が切断部に集まり，再生芽が形成される。この再生芽と体内に散在している幹細胞の働きにより，頭部(前部)からは尾部(後部)が，尾部からは頭部がそれぞれ再生される(図54-6)。

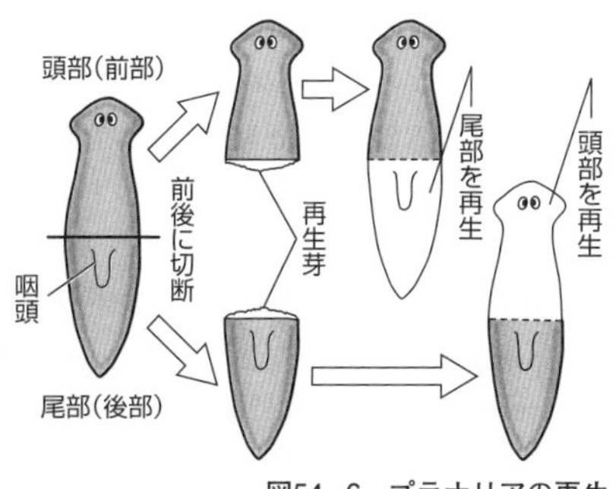

図54-6　プラナリアの再生

もっと広く深く　プラナリアにおける再生芽の働き

(1) プラナリアを頭部から尾部にかけてa～fの6つの領域に分け，dとeの境界を切断し，eとfを除去すると，その切断部に形成された再生芽が失われたeとfのみを再生するのではなく，残ったa～dの領域と再生芽が，改めてa～fの各領域になるように再編成された後，体全体が成長してもとの大きさに戻る。

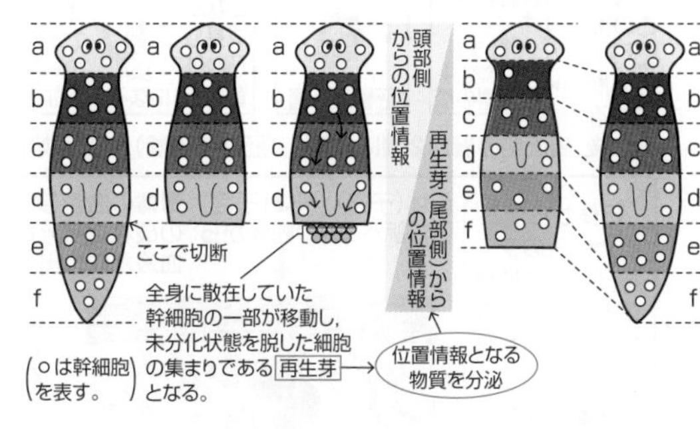

(2) このとき，プラナリアの全身に散在し，全細胞数の10%以上にも達する幹細胞の一部は，未分化状態を脱して再生芽となり，尾部側から頭部側への位置情報となる物質を分泌する。

(3) 再生芽によって再編成された位置情報に従い，残った部分(a～d)がa～fに振り分けられる。

参考 プラナリアの前後軸(頭尾軸)の位置情報は，頭部側から尾部側へ濃度が低下するERKと呼ばれるタンパク質と，尾部側から頭部側へ濃度が低下するβカテニン(☞p.476)によって決められている。この位置情報を制御する遺伝子にnou-darake(「ノウダラケ」と読み，*ndk*と略す)があり，この遺伝子が欠損すると，前後軸に沿った位置情報が乱れ，脳が頭部以外の各所にもできる。

もっと広く深く　ヒトの発生

(1) 胚盤胞の内部細胞塊は，受精後約10日目に扁平な胚盤を形成し，その後胚や羊膜に分化する。受精後約2週間目には，胚盤胞の外側の細胞からは柔毛膜が形成され，胚盤胞内の腔所(胚盤胞腔)は卵黄のうに裏打ちされる。

(2) 受精後約4週間頃の胚ではおおまかなからだの構造が形成されており，受精後約9週間の胚は手足が分化して胎児と呼ばれるようになる。

(3) 胚盤胞の栄養外胚葉は，母体の組織とともに胎盤(たいばん)を形成する。

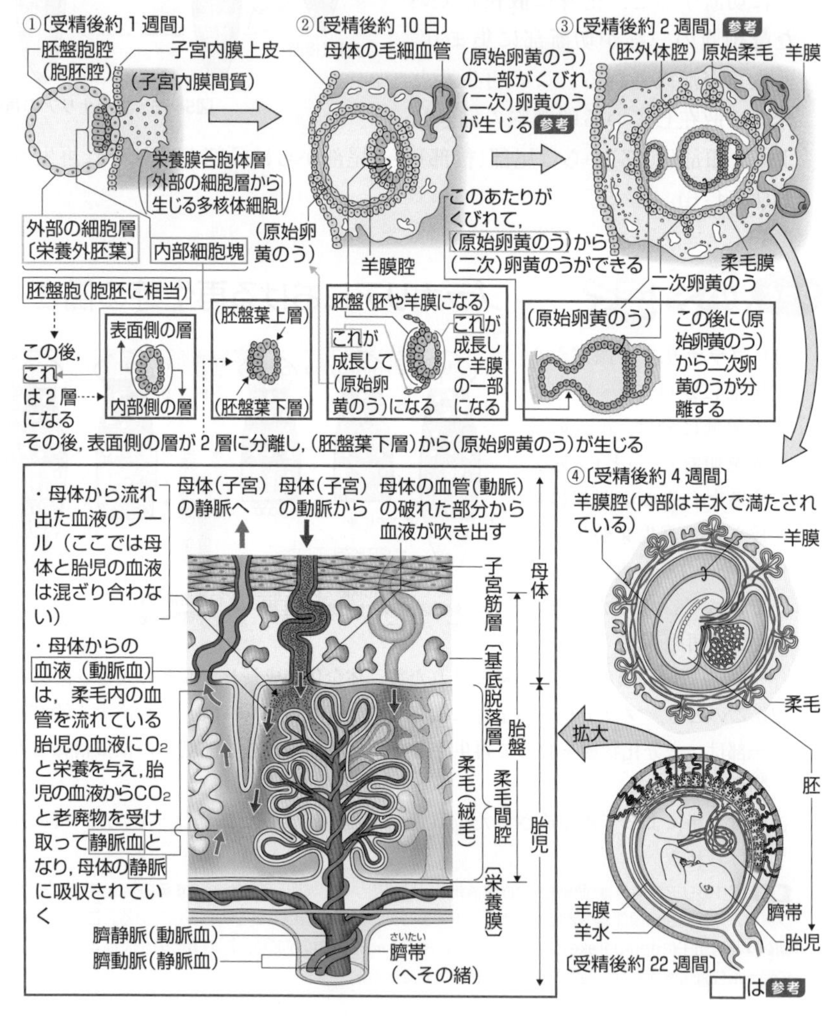

第10章

植物の配偶子形成・受精・発生と環境応答

植物の組織

The Purpose of Study 到達目標

1. 植物の体制と階層性について説明できる。……… p. 513
2. 分裂組織の働きと，存在部位を言える。……… p. 513
3. 植物の組織系を 3 つあげ，それぞれの働きを言える。……… p. 514
4. 葉・茎・根の断面(模式)図を描きながら，それらを構成する組織の名称と働きを説明できる。……… p. 514, 515

Visual Study 視覚的理解

植物の器官の断面図(3つの組織系)

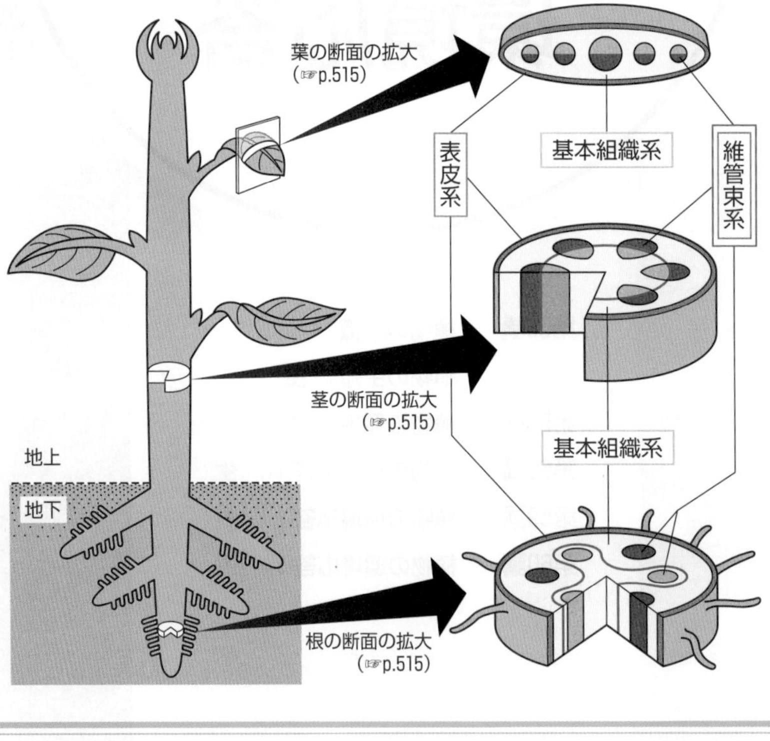

葉の断面の拡大
(☞p.515)
表皮系
基本組織系
維管束系
茎の断面の拡大
(☞p.515)
基本組織系
地上
地下
根の断面の拡大
(☞p.515)

1 ▸ 植物の体制

1 植物の体制と階層性

(1) 種子植物のからだ(**体制**)は，**栄養器官**である**葉・茎・根**や，特定の時期に形成される**生殖器官**である**花**などからなる。

(2) 植物の**器官**は**組織系**から構成され，組織系は**組織**から構成される。組織には，細胞分裂を盛んに行う細胞(幹細胞)からなる**分裂組織**と，分化した細胞からなる組織がある。

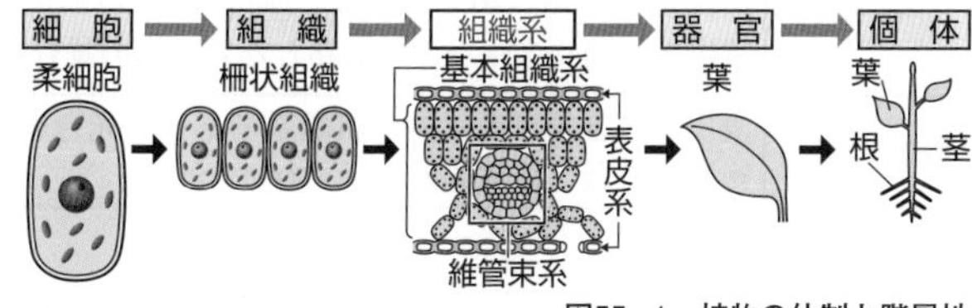

図55-1　植物の体制と階層性

参考 分化して分裂能力を失った植物組織を永久組織というが，この用語は近年使われなくなりつつある。

2 分裂組織

(1) 種子植物では，胚発生時と異なり，発芽後の植物体の中で細胞分裂が盛んに行われている領域はごく一部に限られており，**分裂組織**と呼ばれる。

(2) 分裂組織は**頂端分裂組織**(ちょうたん)や**形成層**(けいせいそう)などに分けられ，頂端分裂組織は，茎の先端にある**茎頂分裂組織**(けいちょう)と，根の先端付近にある**根端分裂組織**(こんたん)とに分けられる。

(3) 植物体に局在している分裂組織では，幹細胞の細胞分裂で生じた多くの細胞のうちの一部は分裂組織に留まり分裂を続けていくが，残りの細胞は特定の働きをもつ組織へと分化する。

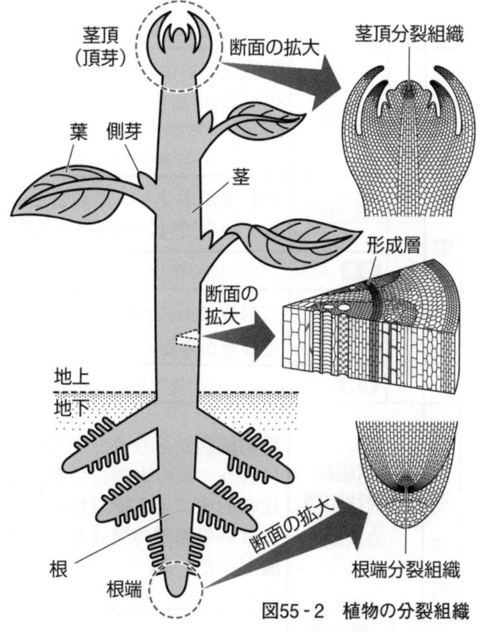

図55-2　植物の分裂組織

(4) 植物が茎や根を伸ばし，葉を形成しながら成長していくことを**栄養成長**という。栄養成長を続けていた植物が，ある環境条件下や成長段階に，花芽(かが)を分化させて生殖器官である花を形成する(☞p.555)ことを**生殖成長**という。

第10章

2 ▶ 植物の組織系と組織

植物の各器官は，いずれも表55-1に示す表皮系・維管束系・基本組織系の3つの組織系(働きのうえからの分類)から成り立ち，各組織系は表55-2に示す組織から構成されている。

表皮系	植物体の表面を覆い，内部の保護や，外界との物質の出入りの調節を行う。
維管束系	表皮系の内側にあり，**木部**と**師部**の2つの部位(維管束)からなる。水・無機塩類・同化産物などの通路となり，葉の維管束系は特に**葉脈**と呼ばれる。
基本組織系	表皮系，維管束系以外の組織系であり，光合成，呼吸などの代謝や，同化産物の貯蔵，植物体の支持を行う。

表55-1　植物の3つの組織系

<table>
<tr><th></th><th colspan="2">組織</th><th colspan="2">特徴・機能</th></tr>
<tr><td rowspan="2">表皮系</td><td colspan="2">表皮</td><td colspan="2">外面を保護する。葉の表側は裏側より厚いクチクラ層をもつ。葉緑体をもたず，根では一部の細胞が変形して根毛を生じる。</td></tr>
<tr><td colspan="2">気孔</td><td colspan="2">孔辺細胞は葉緑体をもち，膨圧運動によって気孔の開閉を調節する(☞p.565)。の前に: 気体の出入りの調節を行う。</td></tr>
<tr><td rowspan="6">維管束系</td><td rowspan="3">木部</td><td>道管</td><td colspan="2">細胞壁が木化*し，上下の隔壁，原形質を失った死細胞からなる管状の組織(構造体)。水・無機塩類の通路となり，被子植物のみに存在。
参考 *細胞壁の主成分のセルロースのネットワークにリグニンという物質がたまって厚くなった状態を木化という。</td></tr>
<tr><td>仮道管</td><td colspan="2">細胞壁が木化し，原形質を失った死細胞からなる(上下の隔壁は残っている)管状の組織(構造体)。水・無機塩類の通路となる。</td></tr>
<tr><td colspan="3">参考 木部という組織は道管・仮道管のほか，木部繊維，木部柔組織からなる。</td></tr>
<tr><td rowspan="2">師部</td><td>師管</td><td colspan="2">原形質はあるが核がなく，上下の隔壁が多くの小孔をもつ師板で，生細胞からなる管状の組織(構造体)。同化産物の通路となる。</td></tr>
<tr><td colspan="3">参考 師部という組織は師管のほか，伴細胞，師部繊維，師部柔組織からなる。</td></tr>
<tr><td rowspan="5">基本組織系</td><td colspan="2">柵状組織
海綿状組織
(柔組織)</td><td>葉肉細胞からなり，光合成を盛んに行う。葉の表側には葉肉細胞が比較的密に並ぶ柵状組織が，裏側には細胞間隙の発達した海綿状組織が存在する。</td><td rowspan="3">参考
1. 植物において，うすい細胞壁と大きな液胞をもつ生細胞を柔細胞といい，柔細胞からなる組織を柔組織という。葉の柔組織は，柵状組織と海綿状組織(あわせて葉肉)からなり，光合成を行う。根や茎の柔組織では皮層や髄を構成し，同化産物の貯蔵を行う。
2. 髄は，茎の中心柱(☞p.517)の維管束よりも内側の部分である。</td></tr>
<tr><td>髄</td><td>柔組織</td><td rowspan="2">茎・根に存在し，同化産物の貯蔵を行う。</td></tr>
<tr><td rowspan="3">皮層</td><td>柔組織</td></tr>
<tr><td>厚壁組織</td><td colspan="2" rowspan="2">茎・根に存在する。細胞壁は厚く木化し，主に原形質を失った死細胞からなる。植物体の機械的支持を行う。</td></tr>
<tr><td>繊維組織</td></tr>
</table>

表55-2　植物の各組織系を構成する組織の特徴・機能

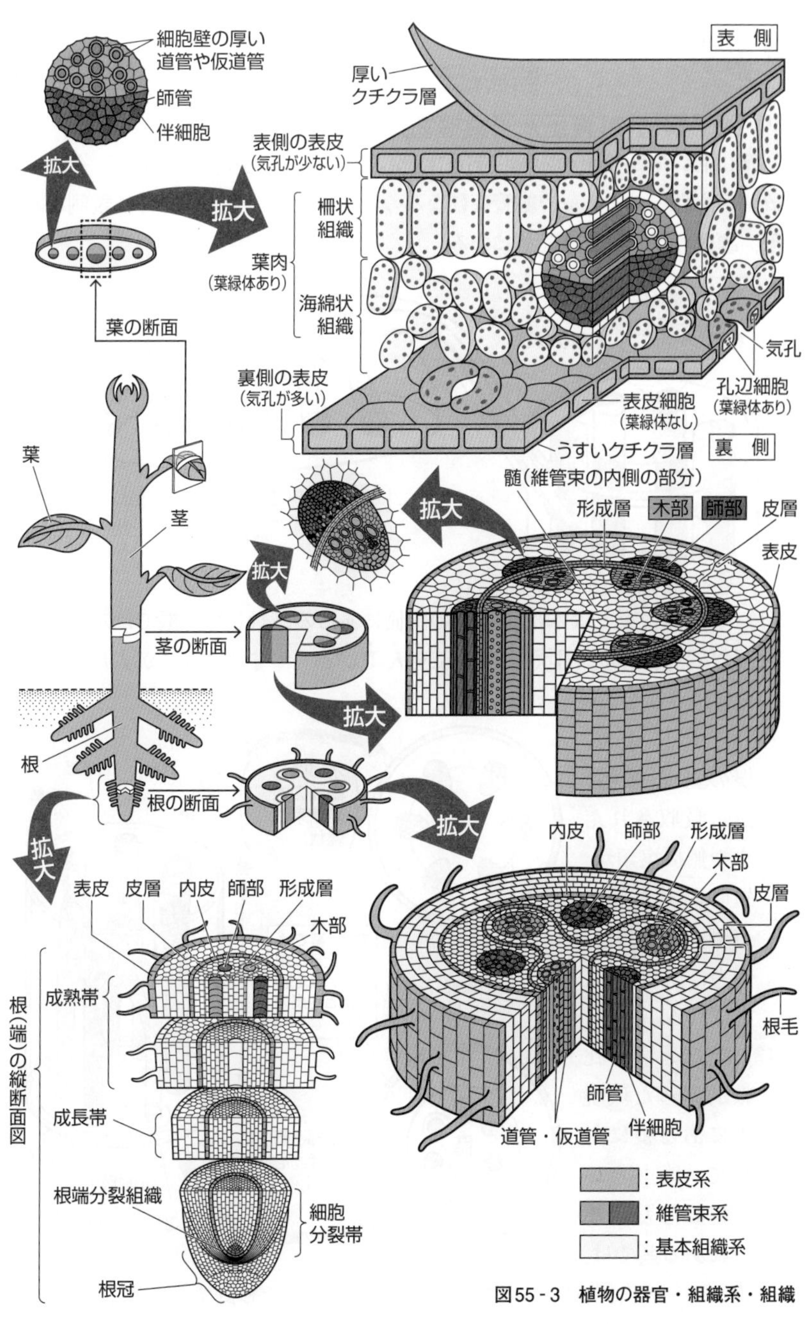

図55-3　植物の器官・組織系・組織

器官どうしのつながり

1 双子葉植物（真正双子葉植物）の葉と茎のつながり

茎において維管束の**内側にある木部**（●）と**外側にある師部**（●）が，その位置関係を保ったまま葉の維管束になるので，葉の維管束（葉脈）では**表側が木部**，**裏側が師部**という配置になる。

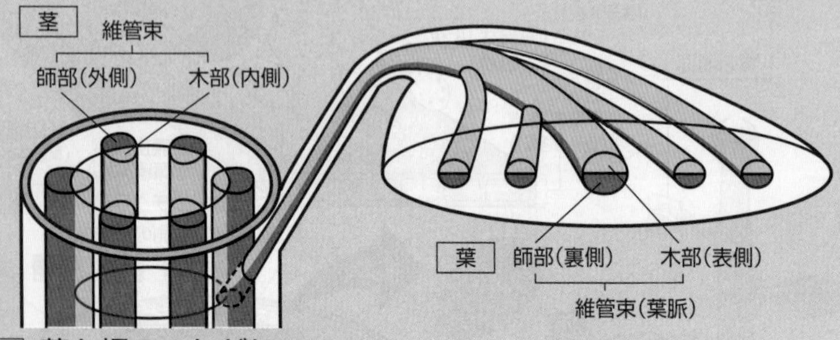

2 茎と根のつながり

(1) 茎の維管束では木部が師部の内側にあるのに対して，根では**木部と師部が円形に（同心円状に）交互に並んでいる**。つまり，木部が表皮に近い位置に存在している。

(2) これにより，根の表皮（**根毛**）から吸収された水や無機塩類が，短時間で木部の道管や仮道管に入り，上部へと運ばれる。

(3) 土壌という比較的湿った環境中にある根に対して，地上という乾燥した環境中にある茎では，水が師部の内側にある木部の道管内や仮道管内を移動することで，蒸発が抑制されている。

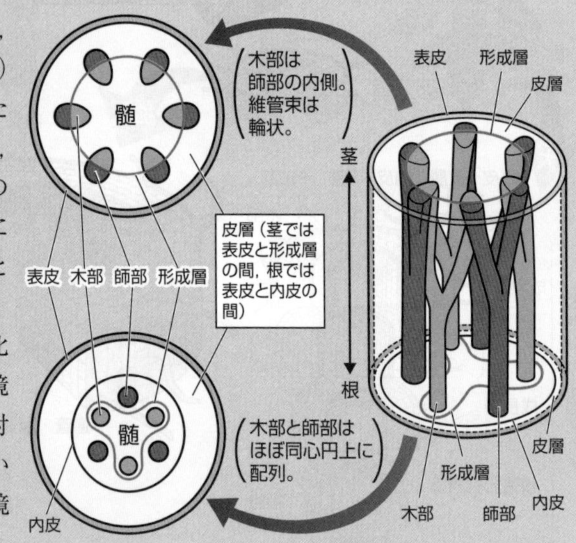

もっと広く深く　中心柱と維管束系の主な組織の特徴

1 中心柱

植物の組織系は，構造のうえから表皮・皮層・中心柱の3つに分けることもできる。中心柱は茎や根の内皮(種子植物の茎では不明瞭)よりも内側の部分であり，皮層は表皮と中心柱の間の部分である。

2 道管，仮道管，師管の特徴の比較

	道管	仮道管	師管
模式図 参考 以前は，師管を篩(「ふるい」という道具を表す漢字)を用いて篩管と書いていた。	断面 仕切りがない	断面 壁孔 仕切りがある	断面 伴細胞 師板という仕切りがある 核
役割	水・無機塩類の通路	水・無機塩類の通路	同化産物の通路
細胞の生死	死細胞	死細胞	生細胞(核はない)
細胞壁の厚さ	非常に厚く，木化	非常に厚く，木化	うすい
存在	被子植物のみ	被子・裸子・シダ植物	被子・裸子・シダ植物
細胞上下の隔壁	ない	ある	ある(小孔のある師板)
その他の特徴	細胞壁が部分的に肥厚し，種々の模様となる。	細胞壁に多数の壁孔があり，ここを通じて水の移動が起こる。	伴細胞をともなう。師板にある師孔を通じた原形質連絡がある。

3 道管の形成過程と道管内壁にみられる模様

水の通路である道管は，道管要素の細胞壁の肥厚と，プログラム細胞死により形成され，水もれを防ぎ，水圧に耐えられる厚い細胞壁をもっている。

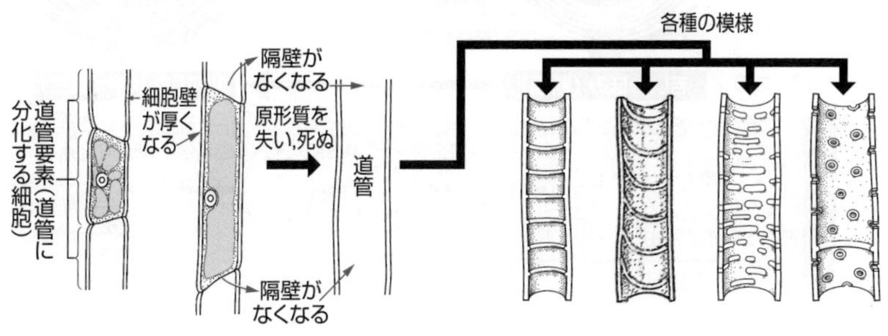

第56講 植物の生殖

The Purpose of Study 到達目標

1. 被子植物の配偶子の形成過程を図示して説明できる。 …… p. 518, 519
2. 重複受精の過程を図示して説明できる。 …… p. 520
3. 花粉管の伸長と誘引について簡単に説明できる。 …… p. 521
4. 胚と種子の形成過程を図示して説明できる。 …… p. 521, 522, 528
5. 有胚乳種子と無胚乳種子のそれぞれの特徴と例を言える。 …… p. 523
6. 種子と果実の関係を図示して説明できる。 …… p. 523

Visual Study 視覚的理解

植物の生殖細胞形成過程

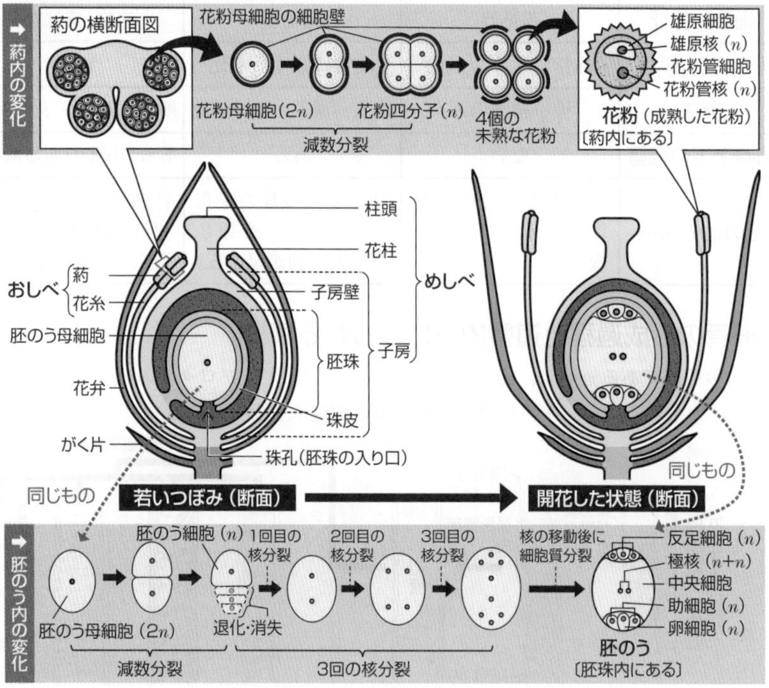

1 ▶ 被子植物における配偶子の形成過程

被子植物の配偶子は**卵細胞**と**精細胞**であり，卵細胞はめしべ(雌ずい)の**子房**内にある**胚珠**の中で形成され，精細胞はおしべ(雄ずい)の**葯**の中で形成される。

1 卵細胞の形成過程

(1) **胚珠**中で**1個**の**胚のう(嚢)母細胞**($2n$)が**減数分裂**を行い，**4個**の娘細胞(n)が生じ，このうち小さな3個は退化・消失して大きな**1個**が**胚のう細胞**(n)として残る。

(2) 胚のう細胞は，3回の**核分裂**を行い，**8個**の**核**(n)が生じる。

(3) 8個の核のうち，3個は胚珠の入り口(**珠孔**)側に移動した後，核の周囲が仕切られて**1個**の**卵細胞**(n)と**2個**の**助細胞**(n)になる。さらに，別の3個の核は珠孔の反対側に移動した後，核の周囲が仕切られて**3個**の**反足細胞**(n)になる。残りの2個の核は中央で**極核**($n+n$)になり，これを中心に**中央細胞**を形成する。このような8つの核と7つの細胞の集まりを，**胚のう**という。

参考 珠孔は，珠皮の端が閉じないでつくられるトンネル状の構造である。植物によって，珠孔の位置(向き)や，1つの子房内の胚珠の数が異なっているが，いずれの場合でも，胚のう内において珠孔側に卵細胞が存在し，その横に助細胞が位置する。

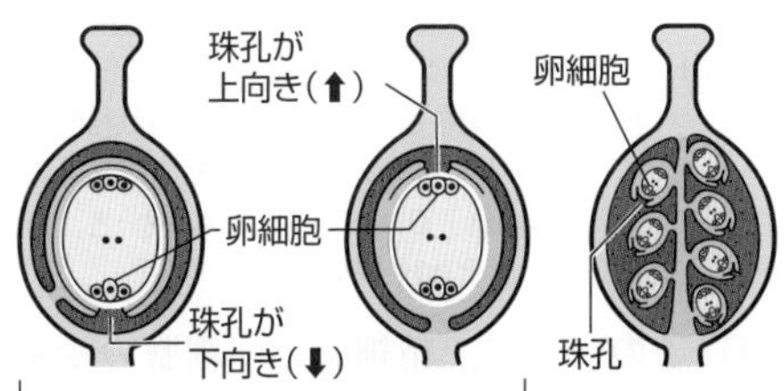

(4) 発達した胚珠では，胚のうは複数の細胞層で包まれており，このうち外側の1～2層を**珠皮**という。

2 精細胞の形成過程

(1) おしべの葯の中で，**1個**の**花粉母細胞**($2n$)が**減数分裂**を行い，**4個**の細胞(n)が生じる。これらの4個の細胞は，花粉母細胞の細胞壁に包まれており，**花粉四分子**と呼ばれる。花粉四分子は花粉母細胞の細胞壁を破り，互いに離れて4個の未熟な花粉となる。それぞれの未熟な花粉では，細胞壁が肥厚し，内部で不均等な体細胞分裂(不等分裂)が起こる。

(2) 不等分裂により，**花粉管核**(n)をもつ**花粉管細胞**と，その内部の**雄原核**(n)をもつ**雄原細胞**(n)が形成され，やがて成熟した**花粉**となる。

(3) 昆虫や風などによって運ばれた花粉は，めしべの**柱頭**につく(**受粉**する)と発芽して**花粉管**を伸ばす。雄原細胞(n)は花粉内または花粉管の中でさらに体細胞分裂を行い，**2個**の**精細胞**(n)になる(☞p.520図56 - 1①・②)。

参考 花粉は，柱頭につき水分や養分を吸収すると，細胞壁が薄くなった部分から花粉管を伸ばす。

②▸重複受精

1 重複受精の過程

(1) 花粉から伸びた**花粉管**は，花柱内を通ってさらに伸長する。このとき，**花粉管核**と**2個**の**精細胞**は，花粉管の伸長とともに花粉管内を運ばれる(図56-1②)。

参考 1. 花粉管は，柱頭内の細胞間隙や花柱内の通路(花柱溝)を通って伸長する。
2. 花粉管核と精細胞の細胞表面には，モータータンパク質の一種であるミオシンが付着しており，アクチンフィラメントに沿って花粉管内を移動していくと考えられている。

(2) 花粉管が**珠孔**に達すると，花粉管は1個の助細胞を破壊して胚のう内へ進入する。花粉管核は消失し，2個の精細胞が花粉管から放出される(図56-1③)。

(3) **1個**の**精細胞**(**核相*n*の精核**(せいかく))は**卵細胞**(**核相*n*の卵核**(らんかく))と**受精**(じゅせい)(融合)して**受精卵**(じゅせいらん)(2*n*)となり，残りの1個の**精細胞**(**精核**)は**2個**の**極核**※1をもつ**中央細胞**と融合※2して**胚乳核**(はいにゅうかく)(3*n*)をもつ**胚乳細胞**(はいにゅうさいぼう)となる(図56-1④・⑤)。

※1. 胚のう細胞の分裂によって生じる8核のうち，珠孔側の4核のうち1核(核相*n*)と，反対側の4核のうち1核(核相*n*)の2核が極核となり，花粉管が胚のうに入る時点で2核(*n*+*n*)は合体して中心核(核相2*n*)となる。中心核は重複受精により核相3*n*の胚乳核となる。

※2. 受精とは配偶子である卵(または卵細胞)と，精子(または精細胞)が合体することであり，精細胞と中央細胞の融合(合体)を受精とはいわない。

(4) このように，精細胞と卵細胞の受精と，精細胞と中央細胞の融合がほぼ同時に起こる現象を**重複受精**(じゅうふくじゅせい)という。重複受精は，種子植物のうち被子植物のみでみられる現象であり，裸子植物ではみられない。

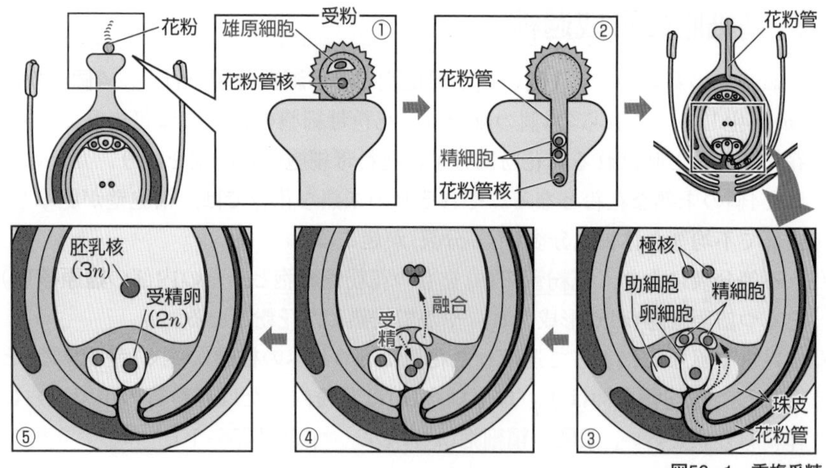

図56-1 重複受精

2 花粉管の伸長

(1) 花粉は柱頭につき，吸水すると発芽して花粉管を伸ばすが，花粉管の伸長に水以外の物質が必要かどうかを調べるために，複数のツバキの花粉を種々の濃度(0%, 3%, 7%, 10%)のスクロースを含む寒天培地上に置き，一定時間(3時間)後の花粉管の長さ(平均値)を測定する実験を行った。その結果を表56-1に示す。

スクロースの濃度(%)	0	3	7	10
花粉管の長さ(mm)	0.10	0.25	0.35	0.30

表56-1　花粉管の伸長

参考 花粉管の伸長を調べる実験には，入手や観察がしやすい種の成熟花粉を用いる。ツバキの他には，花粉の伸長速度の大きいアフリカホウセンカや，花粉が大きく観察に適しているテッポウユリなどもよく用いられる。

(2) この結果より，花粉管の伸長には，水分の他にスクロース(エネルギー源)が必要であり，スクロースの最適濃度は7%前後であることがわかる。

参考 花粉管は花粉管細胞の一部が伸長して形成された構造である。その伸長部分では，分泌小胞が細胞膜と融合し，細胞膜に存在している酵素により細胞壁が合成されることで，細胞膜と細胞壁の成分が供給される。これらのような合成の際に多くのエネルギーが用いられる。

(3) 花粉は，低濃度のスクロース水溶液中では破裂し，高濃度では原形質分離が起こって発芽が阻害されるため，花粉管は伸長できない。

3 花粉管の誘引

(1) 受粉後，花粉から伸びた**花粉管**は，**助細胞**が分泌する化学物質に誘引されて伸長する。このことは，トレニアという園芸植物を用いた東山哲也らの研究によって解明された。

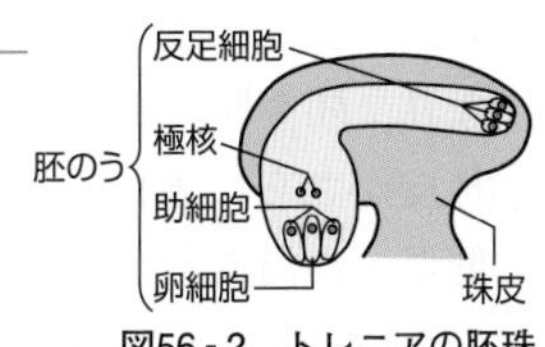

図56-2　トレニアの胚珠

(2) トレニアは，胚のうの一部が珠皮から裸出している(図56-2)。これを利用し，受精前に助細胞をレーザーで破壊すると花粉管が誘引されなくなるが，卵細胞をレーザーで破壊しても花粉管は誘引されることがわかった。また，その後，花粉管を誘引する物質が明らかにされ，魚を誘う疑似餌(ぎじえ)にちなんで**ルアー**と名付けられた。

参考 ルアーによる花粉管の誘引は，花柱を通り抜けた後の花粉管が胚珠内を通って珠孔にたどりつくまでのしくみである。

3 ▸ 胚と種子の形成

1 胚と種子の形成過程

被子植物では，重複受精が行われた後，胚と種子の形成は次のように進行する。

①**受精卵**(2*n*)は不等分裂を行い，大きな基部細胞と小さな頂端細胞になる。

参考 卵細胞は，受精後に基部側(珠孔側)に液胞を発達させ，核を頂端側に押しやり，伸長した後，不等分裂を行う。

②頂端細胞は分裂を繰り返して増殖し，細胞塊を形成する。基部細胞は胚珠(母体植物)に接しており，数回の分裂により細胞が縦一列に並んだ**胚柄**が形成される。その後，細胞塊と胚柄の上部の細胞から**胚球**(球状胚)が形成される。

参考 胚柄は，隣接する組織(母体植物の維管束系)から胚に栄養分を運ぶ通路として働くとともに，胚球を胚のうの中央に押し出す役割をもち，後に退化・消失する。

③胚球はさらに分裂を繰り返し，子葉，幼芽，胚軸，幼根からなる胚に分化して，幼芽の先端には茎頂分裂組織，幼根の先端には根端分裂組織が生じる。
上記①～③の詳細をp.528に示す。

参考 子葉は発芽後の最初の葉になる部分であり，幼芽は胚に形成される芽である。発芽後に幼芽の一部である茎頂分裂組織から茎と葉(本葉，幼葉)が形成される。幼根は胚球の下部(頂端細胞由来の細胞と，基部細胞由来の細胞からなる部分)から形成される根であり，発芽後は主根として伸長することが多い。胚軸は胚の子葉と幼根との間の部分である。

④**胚乳核**(3*n*)は**核分裂**を繰り返して多核になった後，細胞質分裂により多数の細胞からなる胚乳になる。胚乳の各細胞は養分を蓄え，発芽の際のエネルギー源の役割をもつ。また，珠皮がしだいに発達・肥厚する。

参考 胚乳の形成に必要な物質や栄養分が，反足細胞を介して母体植物から運び込まれる植物もいる。

⑤胚乳の発達にともない珠孔は消失し，珠皮はしだいに発達・肥厚して**種皮**となり，胚や胚乳が種皮で包まれた**種子**が形成される。

⑥種皮がさらに硬化すると，種子は休眠状態に入り，胚や胚乳が乾燥や著しい低温・高温などから保護された状態になる。

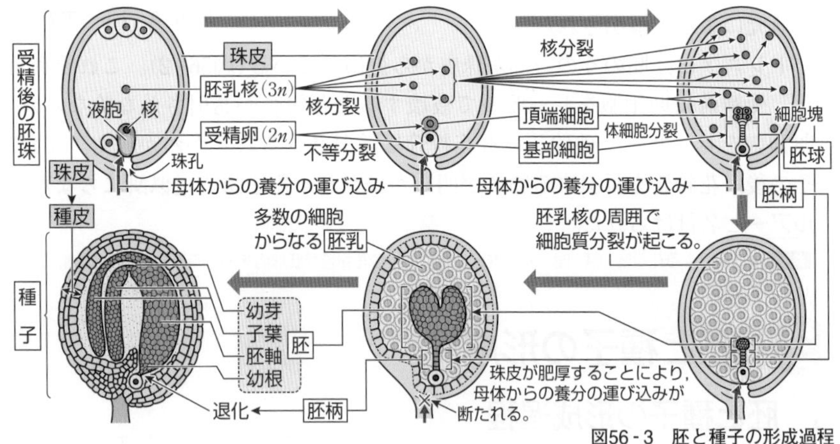

図56-3 胚と種子の形成過程

2 有胚乳種子と無胚乳種子

胚乳は，胚の成長や発芽に必要な栄養分を貯蔵する組織である。胚乳の有無により，種子は**有胚乳種子**と**無胚乳種子**に分けられる。

<table>
<tr><th colspan="2">有胚乳種子</th><th colspan="2">無胚乳種子</th></tr>
<tr><td colspan="2">胚乳が発達して，胚と種皮の間を満たし，種子が成熟した段階でも胚乳に栄養分を貯蔵している種子</td><td colspan="2">胚乳の発達が途中で停止し，胚乳中の貯蔵栄養分が子葉に吸収されて蓄積され，胚乳が退化する種子</td></tr>
<tr><td>イネ科(イネ，コムギ，トウモロコシなど)，カキノキ科(カキなど)
参考 イネ科(オオムギ)，トウダイグサ科(トウゴマ)</td><td colspan="2">種皮
胚乳
子葉
幼芽
胚軸
幼根
胚</td><td>マメ科(ソラマメ，インゲンマメ，エンドウなど)，アブラナ科(ナズナ，シロイヌナズナなど)，ブナ科(クリなど)
参考 マメ科(ダイズ)，ヒルガオ科(アサガオ)</td></tr>
</table>

表56 - 2　有胚乳種子と無胚乳種子

3 種子と果実の関係

種子を包む組織のうち，子房壁が発達して形成される組織を**果皮**といい，果皮によって種子が包まれた状態の全体を**果実**という。なお，食用イチゴ(オランダイチゴ)は花床(花を支える柄である花柄の上端部)が成長したものである。

参考 1. 果皮は外果皮，中果皮，内果皮に分けられる。外果皮は果皮の最外層であり，ふつう，クチクラで覆われており，カキ・ブドウ・モモなどの「果物の皮」の部分である。中果皮は果皮の中層であり，ふつう水分に富み，厚い層をなし，上記の果物では「果肉」の部分である。内果皮は果皮の最内層で種子を包み，カキ・ブドウなどではやわらかいが，モモなどでは硬く，俗に「たね」と呼ばれる部分である。

2. カキ・ブドウ・モモ・ウメなどの果実は，子房のみが肥大したものであり，真果と呼ばれる。これに対して，子房以外の部分も肥大したものは偽果と呼ばれる。偽果には，花床が肥大したオランダイチゴの他に，イチジク・ナシ・リンゴなどがある。

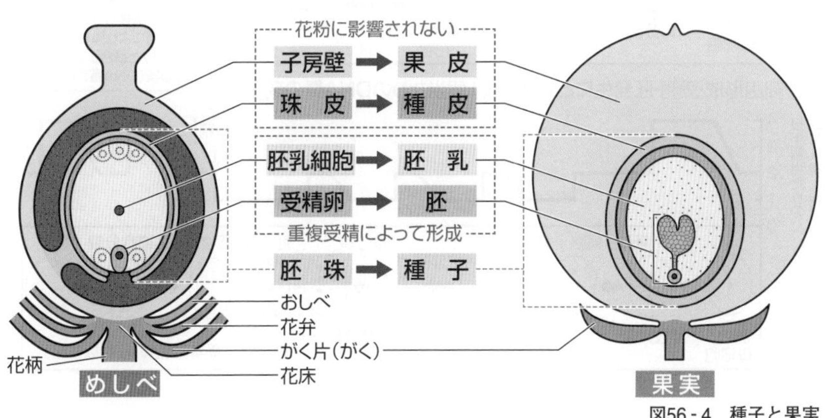

図56 - 4　種子と果実

もっと広く深く 植物の生殖について

1 「未熟な花粉 → 花粉管伸長」の過程（詳細）

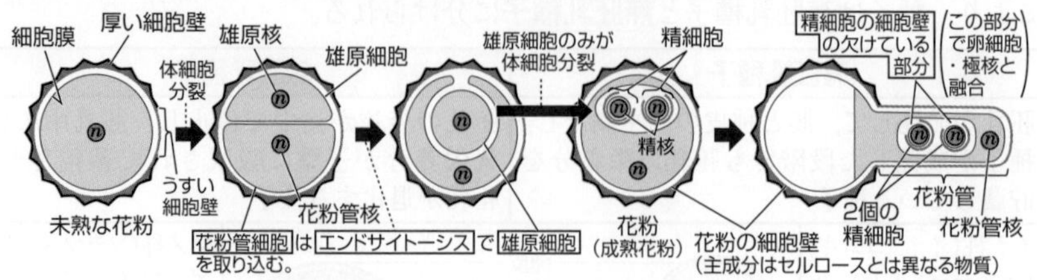

2 「胚のう母細胞 → 胚のう」の形成過程（詳細）

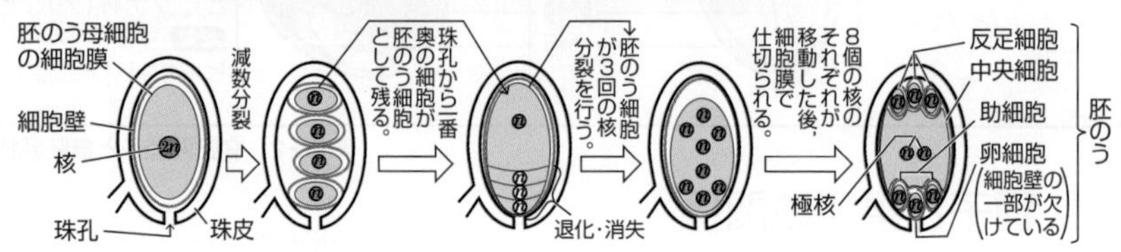

3 植物の生殖（と発生）にともなうDNA量の変化

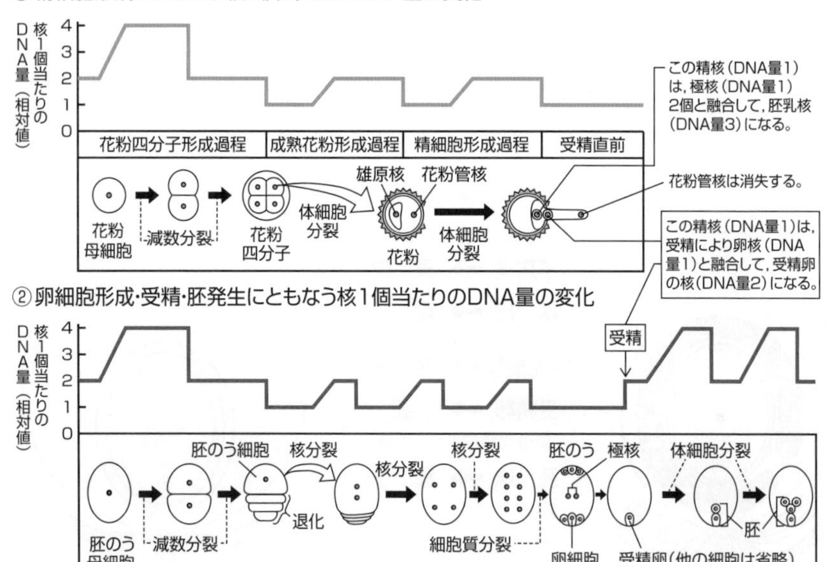

4 自家不和合性

(1) 被子植物において，自家受粉は起こるにもかかわらず，花粉の発芽，花粉管の伸長などが正常に行われず，受精が成立しない性質を自家不和合性という。自家不和合性は，多くの被子植物の種に認められ，近交弱勢(☞p.682)の回避や，種多様性や遺伝的多様性(☞p.669, 670)の維持に役立つと考えられている。

(2) 自家不和合性は，雄性側(花粉や葯)で発現する遺伝子と，めしべで発現する遺伝子が原因であり，これらの原因遺伝子は1つの遺伝子座(S遺伝子座)に近接して存在し，あたかも1つの遺伝子のようにふるまい，1セット(このような遺伝子のセットをハプロタイプという)で次代に伝えられる。これらの原因遺伝子には，少しだけ塩基配列が異なる多くの対立遺伝子(複対立遺伝子)が存在し，同じセット(型)の遺伝子をもつ花粉とめしべの間で自家不和合性がみられる。

(3) 自家不和合性は，雄性側の原因遺伝子の発現様式により2つに分けられる。

[配偶体型不和合性(ナス科やバラ科など)] 花粉(n)とめしべ($2n$)のそれぞれで発現する原因遺伝子の型が同じ場合，花粉管の伸長が阻害される。

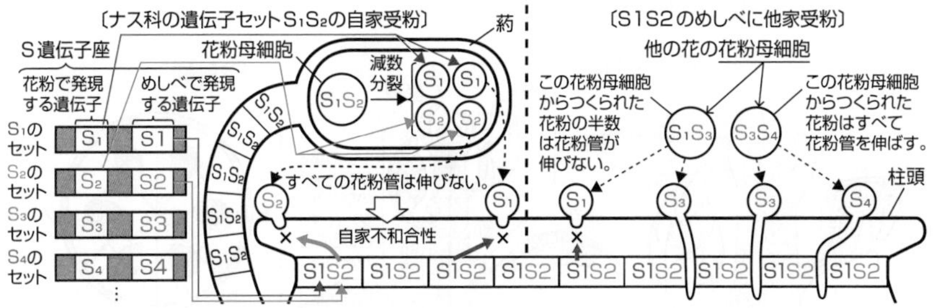

[胞子体型不和合性(アブラナ科など)] 葯($2n$)で発現して花粉表面に移動する特定のタンパク質(S_1, S_2, S_3, S_4からそれぞれつくられる●，▲，▜，◆など)と，めしべ($2n$)の柱頭の細胞膜にある特定のタンパク質(S1, S2からそれぞれつくられる◖，◗など)が同じ型の原因遺伝子に由来する場合，花粉の発芽が阻害される。

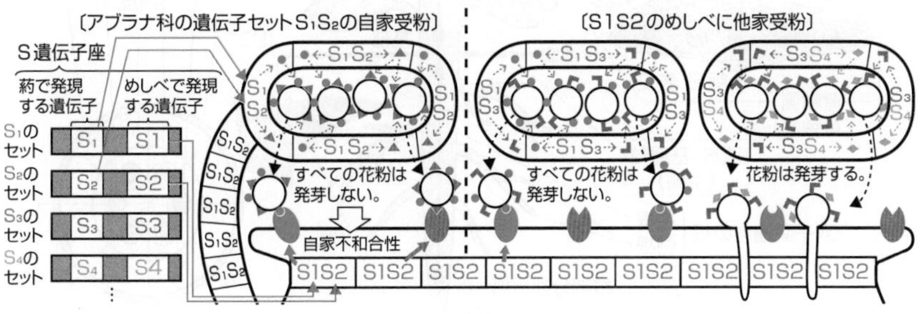

第57講 植物の発生

The Purpose of Study 到達目標

1. 植物の体制を図示し，各部の名称を言える。……p. 526
2. 植物の体軸を3種類あげ，それぞれの形成について説明できる。……p. 527
3. 茎頂分裂組織の構造・働き・維持について説明できる。……p. 529, 531
4. 根端分裂組織の構造・働き・維持について説明できる。……p. 530, 531
5. 花器官の形成をABCモデルで説明できる。……p.532, 533

Visual Study 視覚的理解

植物の体制と体軸を理解しよう！

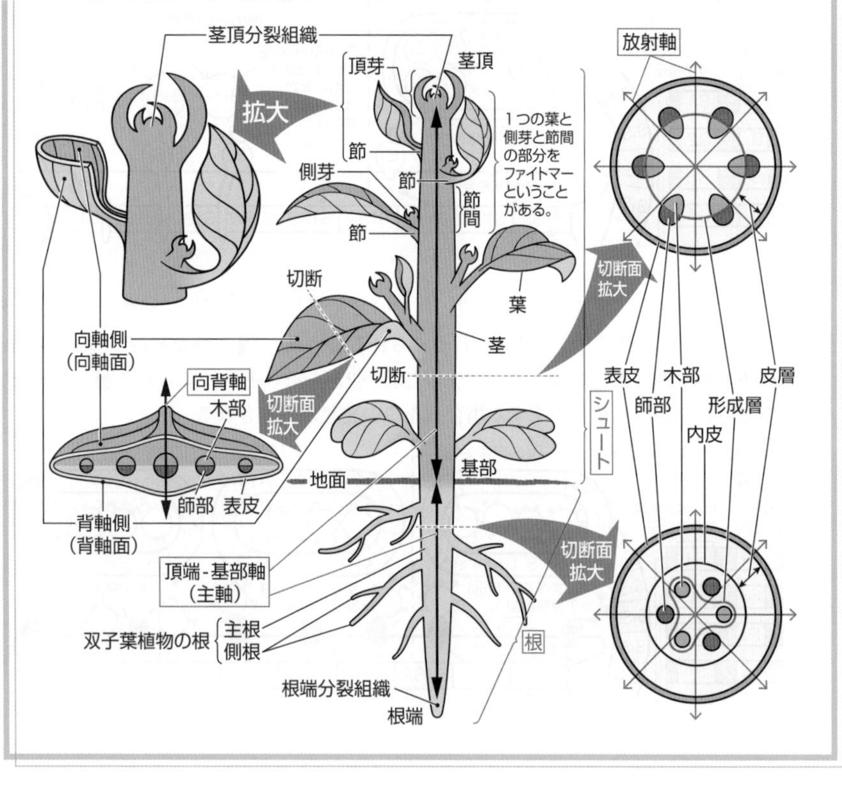

茎頂分裂組織
拡大
頂芽
茎頂
節
1つの葉と側芽と節間の部分をファイトマーということがある。
側芽
節
節間
節
放射軸
切断
葉
切断面拡大
向軸側（向軸面）
茎
切断
向背軸
木部
切断面拡大
シュート
表皮
木部
皮層
師部
形成層
内皮
地面
基部
師部
表皮
背軸側（背軸面）
切断面拡大
頂端-基部軸（主軸）
双子葉植物の根｛主根 側根
根
根端分裂組織
根端

1 ▶ 種子植物の体制

(1) 種子植物は，**葉**，**茎**，**根**からなる体制をもつ。葉と茎は**茎頂分裂組織**から形成され，1つの茎頂分裂組織から生じた茎と葉はまとめて**シュート**と呼ばれる。植物のシュートにおいては，葉が茎につく位置を節(せつ)といい，節と節の間を節間という。

(2) 地下部の根(根系(こんけい))は，幼根が成長した主根と，主根から発生した側根からなる。

参考 1つの節と，節につく葉および側芽，節の下の節間(茎)からなる単位を**ファイトマー**といい，被子植物の地上部は，ファイトマーが繰り返し規則的に積み重なった構造をとるという考え方もある。被子植物は，ファイトマーの形状(節間の長さや節の位置など)，ファイトマーの形成回数，葉や側芽の形態をさまざまに変化させることで多様性を獲得している。

2 ▶ 植物の体軸

(1) 植物の体軸には，以下の3つがある。

①**頂端(ちょうたん)－基部(きぶ)軸**…茎や根の頂端と基部を結ぶ軸で，植物体の基本となる主軸。

②**放射(ほうしゃ)軸**…頂端－基部軸に直交する面(横断面)の中心から同心円状に外側に向かう軸。

③**向背(こうはい)軸**…葉の表(上)側と裏(下)側を結ぶ軸。主軸に対する方向性を示し，葉の表側は向軸側，裏側は背軸側に相当する。

(2) 植物の体軸の形成について以下に記す。

①被子植物では，受精卵の不等分裂により頂端細胞と基部細胞が生じることで，将来の頂端－基部軸の方向性が決まる。その後，胚球が子葉，幼芽，胚軸，幼根からなる**胚**に分化する際に，幼芽の先端には**茎頂分裂組織**，幼根の先端には**根端分裂組織**が生じ，**頂端－基部軸**が形成される(☞p.528)。

②頂端－基部軸の形成とともに，将来の表皮や維管束となる細胞群が頂端－基部軸に対して放射状に位置するようになり，**放射軸**が形成される(☞p.530)。

③**向背軸**は，胚の子葉や，頂芽の葉原基(ようげんき)(葉のもとになる組織)が生じる際(☞p.529)に形成される。

参考 1. 葉原基が生じる際には，向軸側ではHD-Zipと呼ばれる調節遺伝子群が発現して向軸側の性質が獲得され，背軸側ではYABBY遺伝子群とKANADI遺伝子群と呼ばれる遺伝子群がともに働き，背軸側の性質の獲得に関与すると考えられている。

2. 葉原基は，はじめ全体が背軸側(裏側)になろうとする性質をもっているが，茎頂分裂組織からの作用により，茎頂に向いた面が向軸側(表側)の性質を現すようになる。その後，葉では向軸側と背軸側の境界部位で成長が促進され，平ら(扁平)で左右相称な形状が形成されると考えられている。

3 ▶植物の(胚)発生

胚珠内の受精卵は，細胞分裂を繰り返して胚を形成し，胚珠は発達して種子となる。シロイヌナズナの胚発生(胚形成)の過程を図57-1に示す。

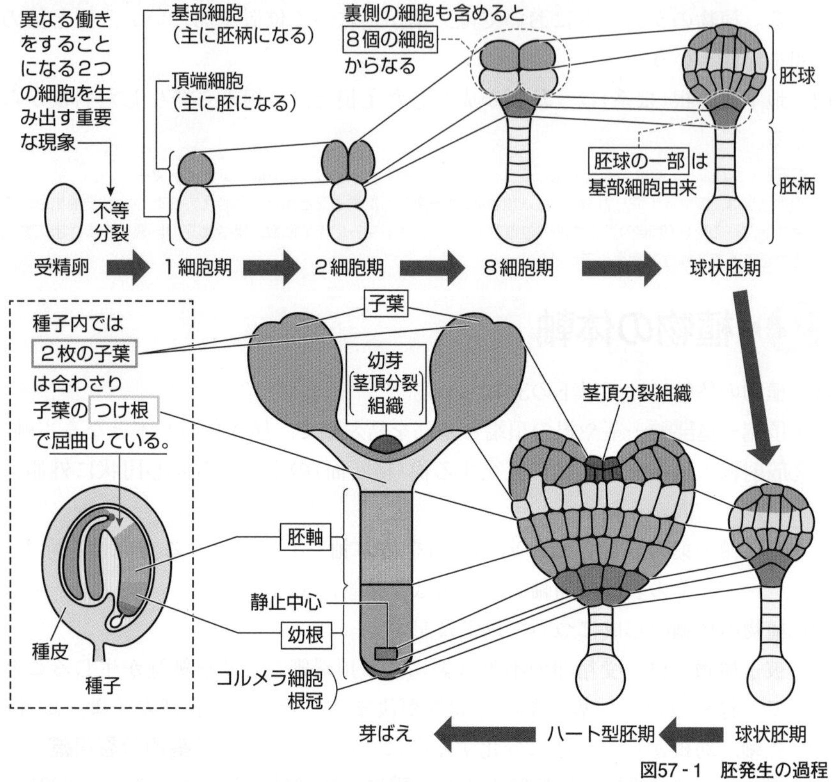

異なる働きをすることになる2つの細胞を生み出す重要な現象
基部細胞（主に胚柄になる）
頂端細胞（主に胚になる）
裏側の細胞も含めると
8個の細胞
からなる
胚球
胚球の一部は基部細胞由来
胚柄
不等分裂
受精卵
1細胞期
2細胞期
8細胞期
球状胚期
種子内では
2枚の子葉
は合わさり
子葉の つけ根
で屈曲している。
種皮
種子
子葉
幼芽（茎頂分裂組織）
茎頂分裂組織
胚軸
静止中心
幼根
コルメラ細胞
根冠
芽ばえ
ハート型胚期
球状胚期

図57-1　胚発生の過程

もっと広く深く　植物の(胚)発生とオーキシンの流れ

オーキシン(☞p.535)は右図に示すように，植物の位置情報を伝達する物質であり，その濃度勾配(■の濃淡)や流れ(↑や↓など)が，頂端－基部軸の形成や，基部領域(根端分裂組織を含む部分)の形態形成に関与している。

この部分に基部領域が形成される
この流れに沿って維管束が形成される
1細胞期
8細胞期
球状胚期
ハート型胚期

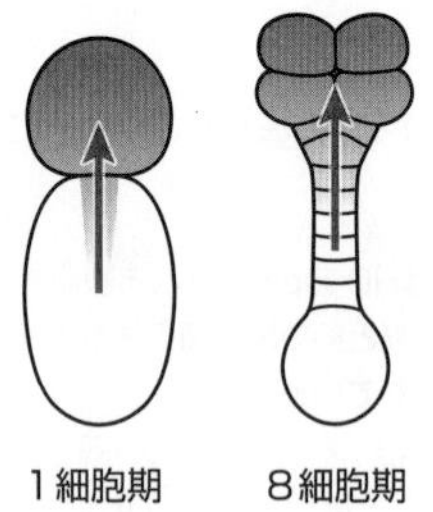

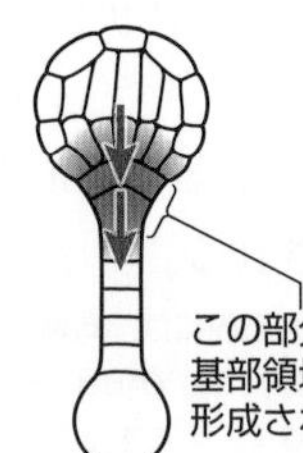

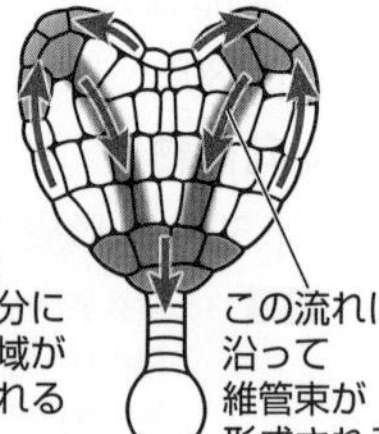

4 ▶ 茎頂分裂組織と茎・葉の形成

(1) 種子の発芽後，芽ばえの茎頂分裂組織では茎と葉がつくられる。**茎頂分裂組織**が若い葉に囲まれたものは芽(め)と呼ばれ，茎の先端の芽を**頂芽**(ちょうが)という。

(2) 茎頂分裂組織の側面の領域(周辺帯)では表面付近の細胞層が隆起して葉原基がつくられ，成長して葉になる。葉の表側(向軸側)のつけ根には**側芽**(そくが)が形成され，側芽の中の茎頂分裂組織からはさらに枝(えだ)(側枝(そくし))と葉が形成される。

参考 頂芽と側芽をあわせて定芽といい，これ以外の部位に生じる芽を不定芽という。

(3) 茎を構成する組織は，茎頂分裂組織の基部側の領域から形成され，生じた組織の細胞がそれぞれ伸長成長することで茎が伸長する。これが繰り返されることで，茎と葉からなる繰り返し構造がつくられていく。

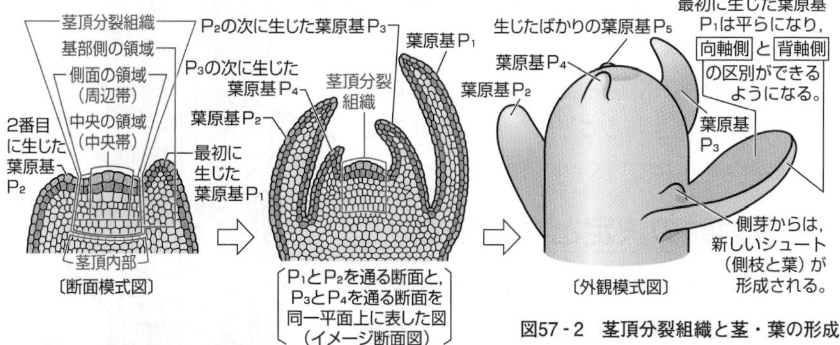

図57-2　茎頂分裂組織と茎・葉の形成

もっと広く深く　頂芽における細胞分裂の様式と葉原基の形成

頂芽の茎頂分裂組織では，細胞が複数の層状構造(下図□の層，□の層，□の層，□の層など)をとり，それぞれの層における細胞分裂や成長の方向が決まっており，葉原基が形成され，茎が伸長する。また，葉原基が形成される位置は種ごとに遺伝的に決まっている。

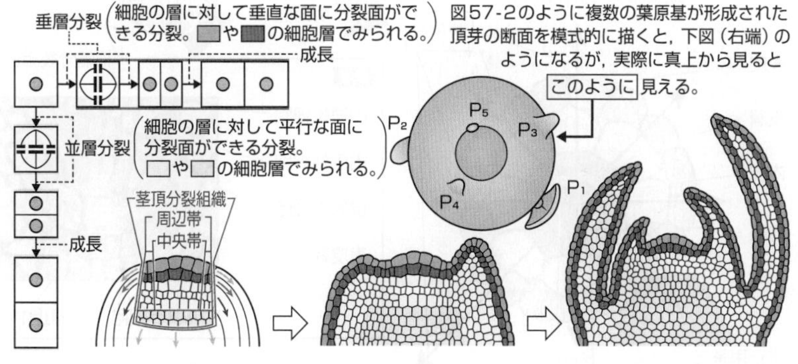

5▶根端分裂組織と根の形成

1 根の分化

(1) 種子の発芽後，幼根が成長して**主根**になる。**根端分裂組織**において細胞分裂で生じた新しい細胞は，基部側の成長帯(伸長域)に付加され，やがて細胞分裂を停止して根の組織を形成する。その後，個々の細胞が伸長成長することで根が伸長する。

(2) また，根端分裂組織の先端部分で生じた細胞からは，**根冠**が形成される。

(3) 主根の内部の組織からは，側根の根端分裂組織がつくられる。側根からは，さらに二次的な側根の根端分裂組織がつくられる。これが繰り返されることで，根の繰り返し構造がつくられていく。

2 放射軸の決定と根の形成

シロイヌナズナの根では，放射軸の外側から表皮，皮層，内皮，内鞘の細胞がそれぞれ1層に並び，それらの細胞層が維管束を含む中心柱の周りの放射軸に沿って存在する。このような放射軸は，胚発生の段階でほぼ決定する。

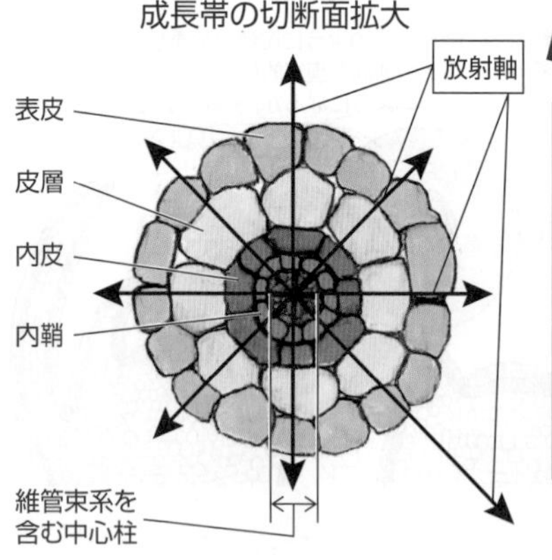

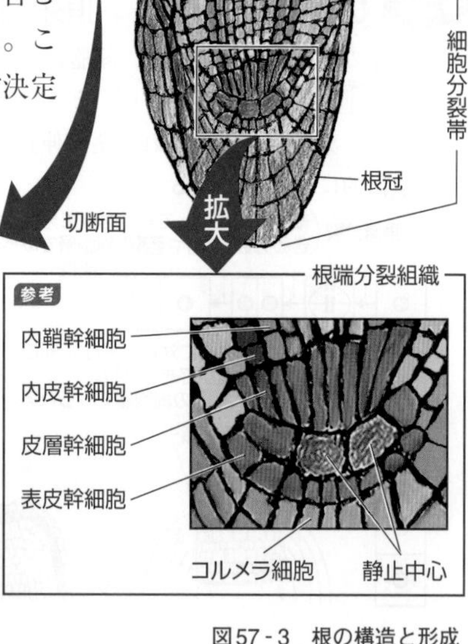

図57-3　根の構造と形成

6 ▶ 分裂組織の維持

分裂組織は，植物の発生・成長にとって非常に重要な領域であるが，その領域は大きすぎても小さすぎても，正常な発生・成長の妨げとなる。

1 茎頂分裂組織の維持

(1) 図57 - 4に示すように，茎頂分裂組織は，茎頂中央部の幹細胞が存在する中心領域( )，茎頂内部の髄状領域( )，それらを取り巻く周辺領域( )の3つに区分され，髄状領域の一部には形成中心と呼ばれる部分( )がある。形成中心では，WUSCHELと呼ばれる遺伝子(WUS遺伝子)が発現し，中心領域における幹細胞の分化を抑制する調節遺伝子として働く。

(2) 一方，幹細胞では，WUS遺伝子の働きによりCLAVATAと呼ばれる遺伝子群(CLV遺伝子群)の発現が誘導される。

(3) WUS遺伝子の発現は，CLV遺伝子の働きによって抑制される。このようなフィードバック調節により，茎頂分裂組織の肥大化が防がれ，領域は一定の大きさに保たれる。

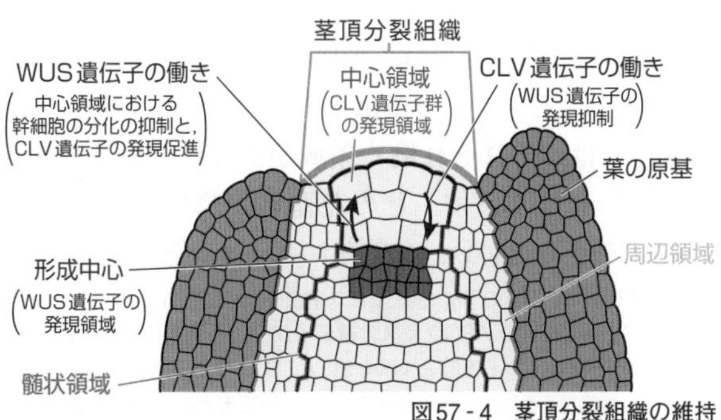

図57 - 4　茎頂分裂組織の維持

2 根端分裂組織の維持

(1) 根端分裂組織には，分裂と分化の両方の能力をもち，盛んに細胞分裂を行う幹細胞が多く存在する一方，中央部には，細胞分裂をほとんど行わない数個(シロイヌナズナでは4個)の細胞からなる**静止中心**と呼ばれる部位がある。

(2) シロイヌナズナの根の静止中心をレーザーで破壊すると，隣接する幹細胞がその分裂能力を失ってコルメラ細胞(☞p.547)に分化することから，静止中心は，周囲の分裂組織の幹細胞の分化を抑制する働きをもつことがわかる。

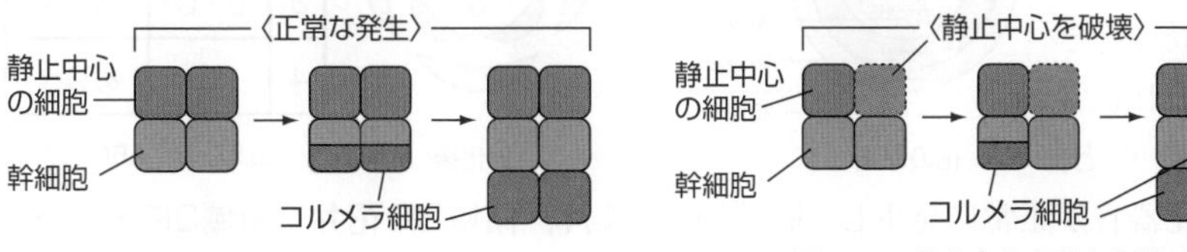

図57 - 5　静止中心の働きを調べる実験

7 ▶ 植物の花器官の形成

被子植物の花は，基本的にめしべ・おしべ・花弁・がく片(がく)の4種類の部分からなる。これらの部分の1つ1つは，器官に相当するので**花器官**と呼ばれ，花は複数の器官が集まった複合器官ということになる。花器官は**花芽**から分化し，花芽は**葉芽**が変化したものである。

参考 花器官は，葉が進化して生じた器官(葉的器官)とみなされ，花葉と呼ばれることがある。また，一つの花の花弁(花びら)の集まりを花冠といい，がく片は花葉の中で最外部で花冠の下方にあり，花芽の保護の役割をもつ。

1 ABCモデル

(1) シロイヌナズナの花(1つの花におしべとめしべがある両性花)は，外側からがく片，花弁，おしべ，めしべが同心円状に配列しており，花の原基は，同心円状に4つの領域(外側から順に領域1・2・3・4)に分けることができる。

参考 花を上方から見て，それぞれの花器官の配置を示したものを花式図(図57-6中央下の図)という。

(2) 各領域からの花器官の形成は，3種類の調節遺伝子A～C(それぞれAクラス，Bクラス，Cクラスの遺伝子と呼ばれる)の働きによって制御され，これらの遺伝子は，それぞれ働く領域が決まっている。この3種類の調節遺伝子の組み合わせによって，どの花器官が形成されるかが決まる。この考え方を，**ABCモデル**といい，1991年にコーエンとマイエロビッツによって提唱された。

参考 近年，花器官の形成にはEクラス遺伝子も必要であることがわかった。つまり，Eクラス遺伝子のつくる調節タンパク質は，ABCクラスの遺伝子がつくる調節タンパク質と複合体をつくって機能する。そこで，ABCモデルは，A・E遺伝子はがくを，A・B・E遺伝子は花弁を，B・C・E遺伝子はおしべを，C・E遺伝子はめしべをつくるために必要であるというABCEモデルへとリニューアルされている。

(3) Aクラスの遺伝子が領域1と2で，Bクラスの遺伝子が領域2と3で，Cクラスの遺伝子が領域3と4でそれぞれ正常に働くと，

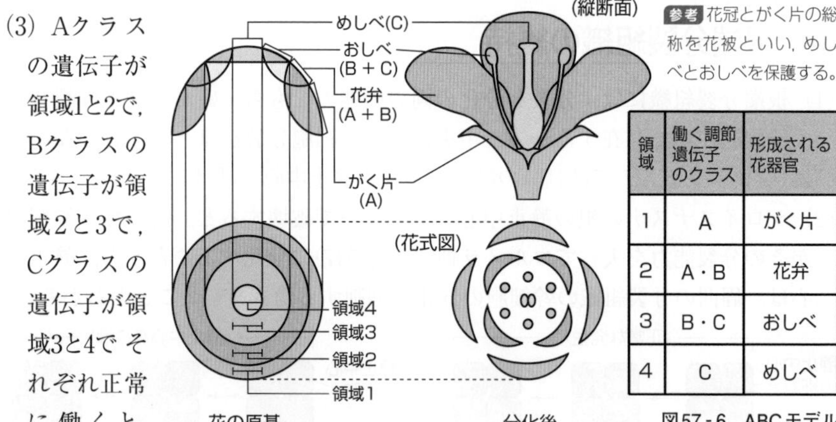

参考 花冠とがく片の総称を花被といい，めしべとおしべを保護する。

領域	働く調節遺伝子のクラス	形成される花器官
1	A	がく片
2	A・B	花弁
3	B・C	おしべ
4	C	めしべ

図57-6 ABCモデル

各花器官が正常に発生し，**領域1にがく片，領域2に花弁，領域3におしべ，領域4にめしべ**が形成される(図57-6)。

2 ABCモデルとホメオティック突然変異

(1) A～Cの各クラスの遺伝子は**ホメオティック遺伝子**であり，A～Cの各クラスの遺伝子それぞれが突然変異によりその働きを失うと，本来形成されるはずの花器官が，別の花器官に変化する**ホメオティック突然変異**がみられる。

(2) Aクラスの遺伝子とCクラスの遺伝子は互いの働きを抑制する作用をもち，Aクラスの遺伝子が働かないとCクラスの遺伝子が領域1～4のすべての領域で働き，Cクラスの遺伝子が働かないとAクラスの遺伝子が領域1～4のすべての領域で働くようになる(図57-7)。

参考 Cクラスの遺伝子の機能が欠損した変異体は，花弁やがく片の数が増え何重にも重なって見える花，いわゆる「八重咲き」と呼ばれる花をつける。

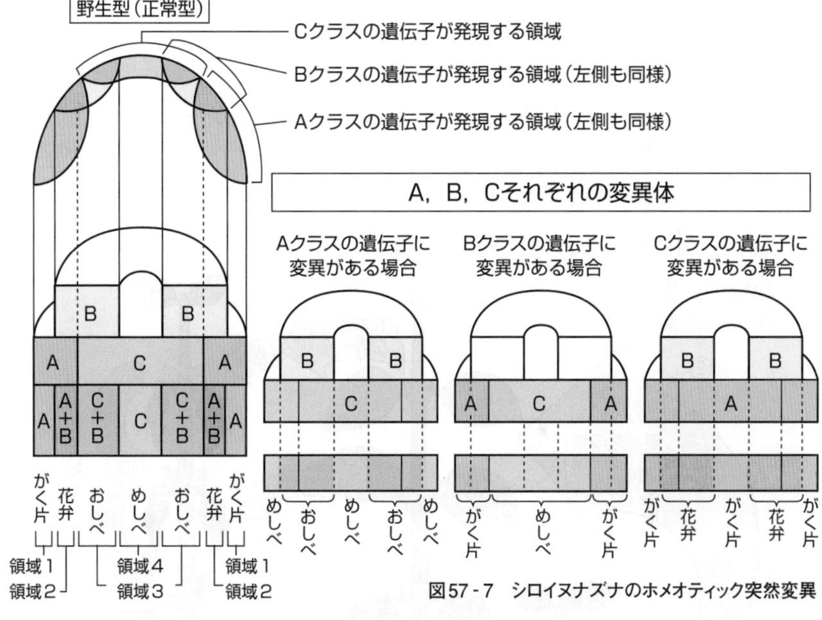

図57-7 シロイヌナズナのホメオティック突然変異

(3) A～Cの各クラスの遺伝子には，**MADS**(マッズ)**ボックス**と呼ばれる共通の塩基配列がみられるものも多い。MADSボックスは，180個の塩基配列からなり，60個のアミノ酸の配列を指定する。また，MADSボックスをもつ遺伝子はMADSボックス遺伝子と呼ばれ，調節タンパク質をコードしている。

参考 シロイヌナズナでは，Aクラスの遺伝子としてAPETALA(アペタラ)1(略号はAP1)とAPETALA2(AP2)の2種類，Bクラスの遺伝子としてAPETALA3(AP3)とPISTILLATA(ピスティラータ)(PI)の2種類，Cクラスの遺伝子としてAGAMOUS(アガモス)(AG)などが知られており，AP1，AP3，PI，AGはMADSボックス遺伝子である。これらの遺伝子の発現パターンや遺伝子産物の相互作用の観点から，ABCモデルの詳細な研究が進んでいる。

植物の環境応答（1）

The Purpose of Study 到達目標

1. 植物の一生を栄養成長と生殖成長に分けて説明できる。…… p. 535
2. 植物ホルモンを7種類，光受容体を3種類言える。…… p. 535
3. 植物の環境応答を具体的に9個あげ，それぞれに関与する植物ホルモンと光受容体の名称を言える。…… p. 534, 536
4. 種子の休眠の維持と解除について，植物ホルモンの名称を具体的にあげて説明できる。…… p. 538
5. 発芽におけるジベレリンの働きを説明できる。…… p. 539
6. 光発芽種子をフィトクロムとジベレリンの働きの観点から説明できる。…… p. 540, 541
7. 光による発芽調節の意義を説明できる。…… p. 541

Visual Study 視覚的理解

植物の一生

（☞p.536の表58 - 1）

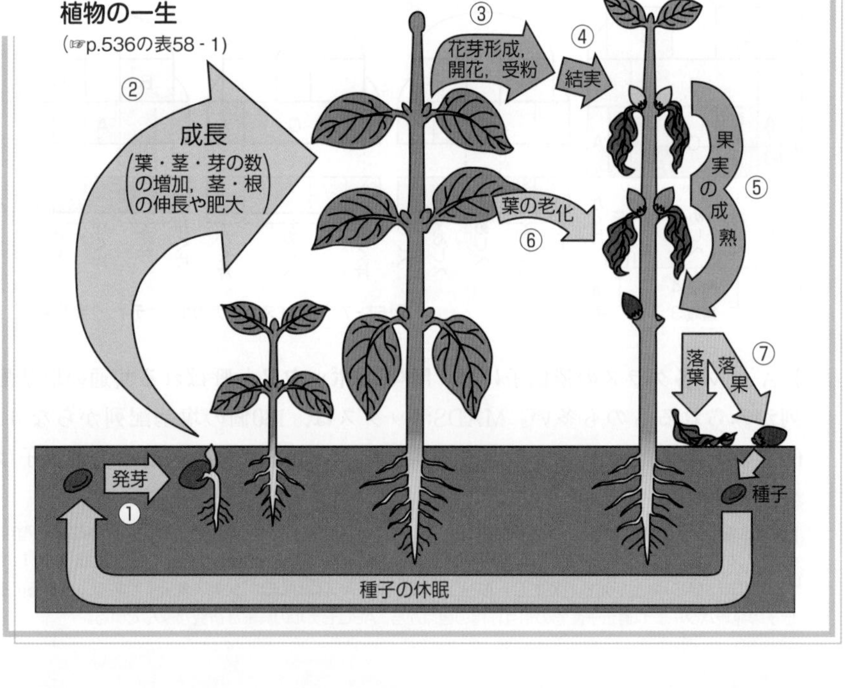

②
成長
（葉・茎・芽の数の増加，茎・根の伸長や肥大）
③
花芽形成，開花，受粉
④
結実
⑤
果実の成熟
⑥
葉の老化
⑦
落葉
落果
①
発芽
種子
種子の休眠

1 ▶ 植物の一生と環境応答に関与する物質

(1) 植物の一生は，Visual Study の①～⑦のように表すことができ，発芽して植物体が葉・茎・芽を増やしていく過程を**栄養成長**と呼び，花芽を形成し，開花・受粉を経て種子を形成する過程を**生殖成長**と呼ぶ。

(2) 植物は，一生を通じて，光，温度，水(湿度)，他種生物などのさまざまな環境要因の刺激を受け，それに応じた応答(**環境応答**)を示す。また，環境要因によって植物体の生育に支障が出るような状態(ストレス)に対する応答(ストレス応答)がみられることがある。

(3) 植物の環境応答には**植物ホルモン**や**光受容体**(ひかりじゅようたい)が大きな役割を果たしている。

(4) **植物ホルモン**は，植物体内でつくられた後，別の部位に運ばれて，微量で成長や分化などの生理作用を引き起こす物質である。植物ホルモンには，**オーキシン**，**ジベレリン**，**サイトカイニン**，**アブシシン酸**，**エチレン**，**ブラシノステロイド**，**ジャスモン酸**などがある。

参考　1. アブシシン酸・エチレン・ジャスモン酸は特定(単一)の化合物名であるが，オーキシン(IAA(インドール酢酸)，NAA(ナフタレン酢酸)，2,4-D(2,4-ジクロロフェノキシ酢酸)など)，ジベレリン(GA_1,GA_3,GA_4など)，サイトカイニン(カイネチン，ゼアチンなど)，ブラシノステロイド(ブラシノライドなど)は，それぞれ(　)内に示したような類似の働きと構造をもつ物質群の総称である。なお，ジャスモン酸と構造が似ている化合物はジャスモン酸類と呼ばれ，ジャスモン酸と同様の生理活性をもつものがある。

2. 植物ホルモンの多くは，分子量数十～数百の低分子有機化合物であり，それらの化学構造は以下のとおりである。

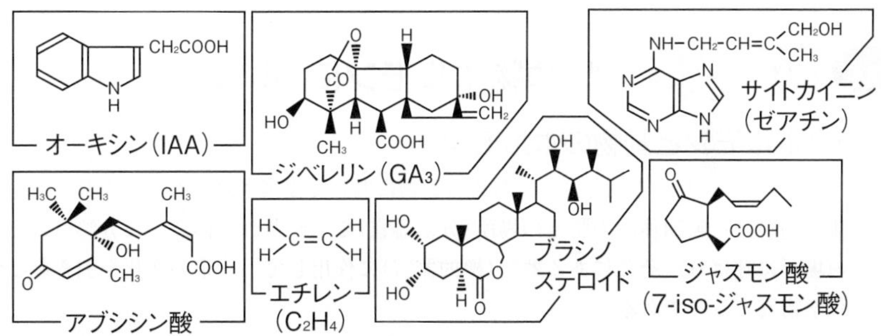

(5) **光受容体**は，光エネルギーを吸収して他のエネルギーに変換し，生物に一定の作用を及ぼす色素タンパク質(色をもつ有機化合物と結合したタンパク質)の総称である。植物に含まれる光受容体のうち，光センサーとシグナル伝達の機能をあわせもち，環境応答に関与するものは**フィトクロム**，**フォトトロピン**，**クリプトクロム**である。なお，光合成で働くクロロフィルも光受容体の一種である。

(6) 植物の環境応答と，それに関与する生理活性物質と光受容体を表58-1にまとめて示した。表中の①〜⑦は Visual Study の①〜⑦に対応している。

<table>
<tr><th colspan="2"></th><th>植物ホルモン(生理活性物質)</th><th>光受容体</th></tr>
<tr><td colspan="2">①種子の発芽</td><td>ジベレリン，アブシシン酸</td><td>フィトクロム</td></tr>
<tr><td rowspan="4">②成長</td><td>伸長成長</td><td>オーキシン,ジベレリン,ブラシノステロイド</td><td>フィトクロム,クリプトクロム</td></tr>
<tr><td>肥大成長</td><td>オーキシン，エチレン</td><td></td></tr>
<tr><td>屈性</td><td>オーキシン</td><td>フォトトロピン</td></tr>
<tr><td>頂芽優勢</td><td>オーキシン，サイトカイニン</td><td></td></tr>
<tr><td colspan="2">③花芽形成</td><td>フロリゲン(花成ホルモン),ジベレリン</td><td>フィトクロム,クリプトクロム</td></tr>
<tr><td colspan="2">④果実の形成(結実)・成長</td><td>ジベレリン
オーキシン</td><td></td></tr>
<tr><td colspan="2">⑤果実の成熟</td><td>エチレン</td><td></td></tr>
<tr><td colspan="2">⑥葉の老化</td><td>アブシシン酸，エチレン
ジャスモン酸，サイトカイニン</td><td>フィトクロム</td></tr>
<tr><td colspan="2">⑦落葉・落果</td><td>エチレン，オーキシン，
ブラシノステロイド</td><td></td></tr>
<tr><td colspan="2">⑧気孔の開閉</td><td>アブシシン酸</td><td>フォトトロピン</td></tr>
<tr><td colspan="2">⑨ストレス応答</td><td>アブシシン酸，エチレン，ジャスモン酸</td><td></td></tr>
</table>

表58-1　さまざまな応答に関与する植物ホルモン(生理活性物質)と光受容体

参考 1. ジベレリンは，**黒沢英一**によってイネの背丈が異常に高くなる**イネ馬鹿苗病**の病原菌(ジベレラ)から発見され，**藪田貞治郎**によって単離・結晶化された。

2. フロリゲンは，植物ホルモンには含めないことがある。

もっと広く深く　植物ホルモンについて

1 植物ホルモンと動物のホルモン

(1) 「ホルモン」という概念は，はじめに動物に関して提案されたものであり，その意味(定義)は，動物体内の特定の場所(分泌器官)で生産され，体液中に分泌されて他の場所に運ばれ，そこにある器官(標的器官)に作用して，一定の変化を引き起こす化学物質のことである。

(2) 今日では，ホルモンのように「微量で情報伝達の作用を示し，それ自体は代謝における酵素反応の基質とはならない調節物質」のことを「生理活性物質」,「情報伝達物質」,「シグナル分子」などと呼ぶことがある。

(3) 植物ホルモンとされる物質には，動物のホルモンとは異なり，分泌器官や標的器官が明確ではないものや，分泌器官からの移動がほとんどなく，周辺で働くものも含まれることから，植物ホルモンは，『植物自身がつくり出し，微量で作用する生理活性物質・情報伝達物質で，植物に普遍的に存在し，その物質の化学的実体と生理作用が明らかにされたもの』と定義されている。

2 植物ホルモンの種類

(1) 現在では，表58-1中の7種類の物質(フロリゲンを除く)以外に，ストリゴラクトン(ある種の植物では菌根菌の菌糸を誘引する働きをもち，多くの植物では枝分かれを抑制するホルモン)，サリチル酸(病原体に対する抵抗性を誘導するホルモン)，比較的短鎖のペプチドホルモン(約200個以下のアミノ酸からなるペプチドであり，多種類ある。システミンもここに含まれる)なども植物ホルモンに含まれる。

(2) フロリゲン(花成ホルモン)の実体(本体)であるFTタンパク質は，種によって異なる種類のタンパク質であり，広く植物に共通した物質ではないことから，植物ホルモンには該当しないと考えられることがある。

3 植物ホルモンと細胞内の伝達経路

(1) 植物ホルモンの多くは，その濃度に応じて特定の遺伝子(植物ホルモン応答遺伝子)の発現を調節することにより，さまざまな生理作用を現す。

(2) しかし，それぞれの植物ホルモンの受容体が存在する場所や，受容体に結合した後の細胞内での伝達の経路は植物ホルモンの種類によってさまざまである。

(3) 以下に，植物ホルモンの伝達経路の一例を示す。

①**オーキシン**　オーキシン応答遺伝子の発現は，通常，転写を抑制する因子(AUX/IAAタンパク質)により抑えられている。オーキシンが細胞膜にある輸送体などにより細胞内に取り込まれ，細胞内に存在する受容体に結合すると，転写を抑制する因子が分解されるので，オーキシン応答遺伝子が発現する。

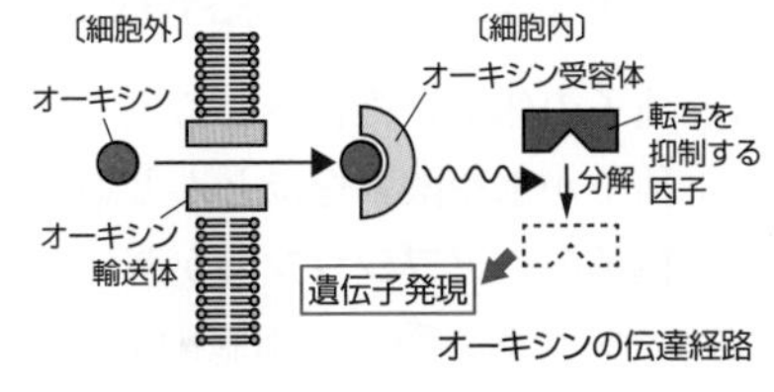

オーキシンの伝達経路

②**エチレン**　エチレン応答遺伝子は，その転写を促進する調節タンパク質(EIN3タンパク質)が恒常的に分解されているので，転写が抑えられている。エチレンが，輸送体を介さずに細胞膜を透過し，細胞内の小胞体の膜にある受容体と結合すると，調節タンパク質の分解が抑制され，エチレン応答遺伝子が発現する。

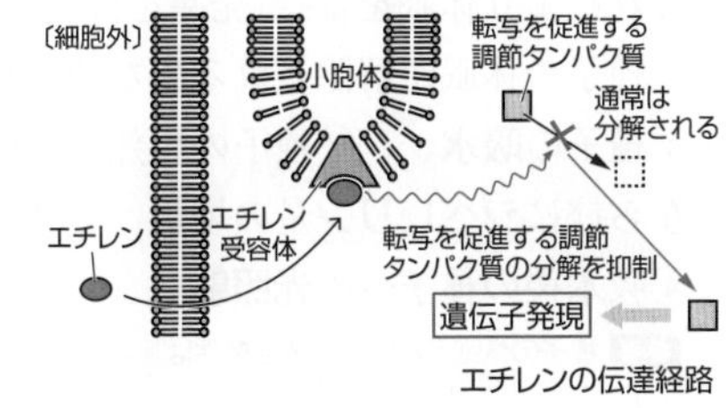

エチレンの伝達経路

参考 サイトカイニンの受容体は細胞膜に存在し，細胞の外側でサイトカイニンと結合すると，細胞内の特定の物質(因子)が次々とリン酸化される。最終的に，遺伝子の転写を促進する調節タンパク質(AHPタンパク質)が活性化され，核内に入り，サイトカイニン応答遺伝子が発現する。

❷ ▸ 種子の発芽の調節

1 種子の休眠

(1) 生物の発生・成長過程で起こる活動や成長の一時的停止状態を**休眠**(きゅうみん)という。

参考 休眠はさまざまな生物(種)にみられる現象であり，哺乳類の冬眠，昆虫の休眠，植物の種子・側芽の休眠などがあげられる。

(2) 植物の種子は，形成後の一定期間，水分・酸素・温度などの環境が適した条件になっても発芽しない。これを**種子の休眠**という。休眠中の種子は乾燥耐性をもち，胚の成長が停止している。

参考 休眠は，発生・成長過程における遺伝的プログラムによって誘導される自発的休眠(一次休眠)と，不適当な環境条件下で起こる強制休眠(二次休眠または誘導休眠)に大別される。種子における自発的休眠は，植物ホルモンなどの発芽抑制因子の蓄積，胚の未成熟，種皮の肥厚などにより起こり，強制休眠は，水分・酸素・温度などの環境条件が不適当な場合に起こる。

(3) 発芽抑制因子の減少，または，発芽抑制因子と拮抗する作用をもつ因子の増加などにより，休眠(自発的休眠)は終了する。

参考 休眠期間は，大気中の湿度，温度，適当な植物ホルモンの投与，物理的な力による種皮の損傷などにより著しく短縮できる。このように，何らかの要因により休眠期間が短縮されることを休眠打破という。

2 種子の休眠の維持と解除

(1) 種子の休眠が維持される主な要因には，以下の①・②がある。
①種子が水や酸素をほとんど通さない**種皮**(しゅひ)や**果皮**(かひ)に包まれている。
②種子内に**アブシシン酸**が蓄積している。

(2) アブシシン酸は，細胞内でLEAタンパク質(種子の休眠状態の維持や乾燥耐性の保持に関与するタンパク質)の遺伝子などの発現を誘導する働きをもち，これにより休眠を維持(発芽を抑制)する働きをもつ。

(3) 種子の休眠が解除される主な要因には，以下の①～④がある。
①種子の**吸水**　②種子の成熟の進行による種子内の**アブシシン酸**量の減少，ならびに**ジベレリン**量の増加　③種子が一定期間の**低温**を経験すること
④吸水後の種子への**光照射**

参考 種子の休眠の解除に必要な条件は植物によって異なる。

(4) ジベレリンは，アブシシン酸の働きを抑制する作用をもち，アブシシン酸はジベレリンの働きを抑制する作用をもつ。ジベレリンとアブシシン酸の作用のバランスにより休眠と発芽が調節される。

(5) (3)の③や④のような温度や光などの環境要因は，ジベレリンやアブシシン酸の量を変化させることで休眠の解除に働く。

3 発芽におけるジベレリンの働き

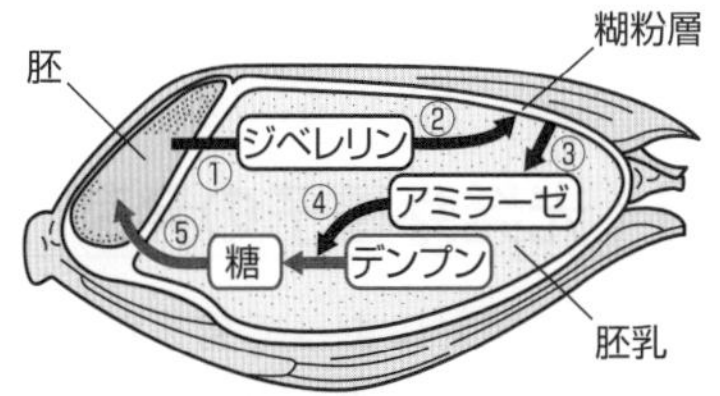

図58 - 1　発芽の過程におけるジベレリンによるアミラーゼ合成の誘導

オオムギやイネなどの穀類の種子では，以下の①～⑤(図58 - 1①～⑤に対応)の過程で発芽が起こる。

①種子が吸水すると，**胚**で**ジベレリン**が合成される。

②合成されたジベレリンは，種皮のすぐ内側の**糊粉層**（こふんそう）へ移動し，糊粉層の細胞内でアミラーゼ遺伝子の発現を誘導する。

参考 オオムギの種子の糊粉層では，ジベレリンによってアミラーゼ遺伝子の発現が誘導される前に，タンパク質分解酵素の合成が促進される。この酵素の働きによって生じたアミノ酸は，アミラーゼなどの発芽や胚の成長に必要なタンパク質合成の材料になったり，浸透圧を上昇させて発芽時の吸水を促進したりする。

③合成された**アミラーゼ**が**胚乳**に分泌される。

④アミラーゼにより胚乳中の(貯蔵)**デンプン**が**糖**に分解される。

⑤生じた糖は，**胚**に吸収されて細胞内の浸透圧を上昇させ，吸水を促進するとともに，胚の成長のエネルギー源や植物体の構成成分として利用される。

4 ジベレリンによるアミラーゼ遺伝子の発現誘導のしくみ

(1) アミラーゼ遺伝子の近くにある転写調節領域に，転写を促進する調節タンパク質が結合すると，アミラーゼの合成が促進される。

(2) ジベレリンがない場合，転写を促進する調節タンパク質を合成する調節遺伝子の転写を抑制する**DELLAタンパク質**が働くので，アミラーゼの合成は起こらない。

(3) ジベレリンがある場合，ジベレリンがDELLAタンパク質の分解を促進することにより，アミラーゼ遺伝子の転写を促進する調節タンパク質の合成が促進されるので，アミラーゼの合成が促進される。

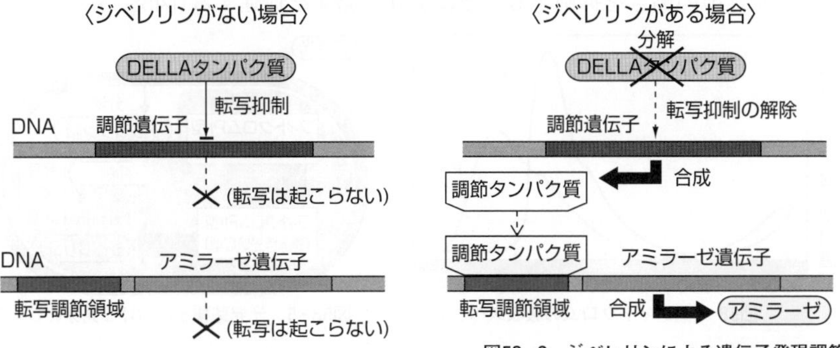

図58 - 2　ジベレリンによる遺伝子発現調節

③ ▶ 発芽における光受容体の働き

環境応答のうち，光刺激によって生物の発生や分化の過程が調節される現象を**光形態形成**(ひかりけいたいけいせい)という。

1 光発芽種子の発芽

(1) 光の照射によって発芽が誘起または促進される種子を**光発芽種子**(ひかりはつがしゅし)という。

例 レタス，タバコ，マツヨイグサ，シソ，シロイヌナズナ，オオバコなど

(2) 光発芽種子に波長が660nm付近の**赤色光**(R)を照射すると発芽が促進されるが，その直後に730nm付近の**遠赤色光**(FR)を照射すると発芽は抑制される。交互に照射すると，最後に照射した光が赤色光の場合は発芽が**促進**され，遠赤色光の場合は発芽が**抑制**される(図58 - 3)。

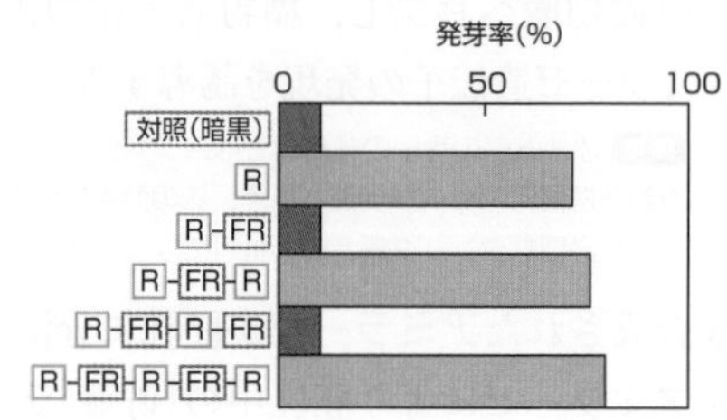

図58 - 3　光照射に対するレタスの発芽率

2 フィトクロムの働き

(1) 光発芽種子の発芽には，光受容体である**フィトクロム**が関わっている。フィトクロムは色素タンパク質であり，異なる吸収スペクトルを示す**Pr型**(P_R型，**赤色光吸収型**)と**Pfr型**(P_{FR}型，**遠赤色光吸収型**)の2つの型をとる(図58 - 4)。

(2) これらのフィトクロムは，それぞれ赤色光と遠赤色光を吸収することによって相互に変換する。赤色光の受容により種子内でPfr型が増加すると，ジベレリンの合成が誘導される。

(3) ジベレリンは，種皮から分泌され種子内に蓄積して発芽を抑制しているアブシシン酸の働きを抑制することにより，発芽を促進する(図58 - 5)。

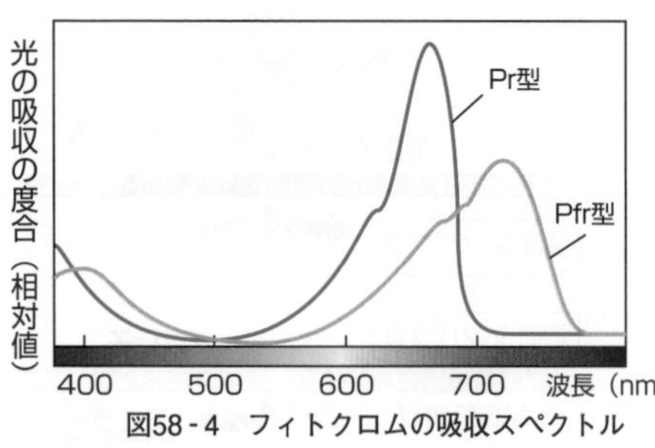

図58 - 4　フィトクロムの吸収スペクトル

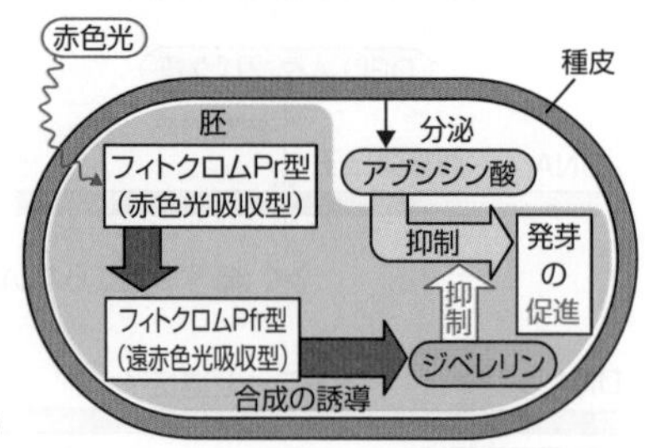

図58 - 5　光発芽種子における発芽のしくみ

もっと広く深く　ジベレリンによる発芽促進のしくみ

(1) 光発芽種子ではPfr型フィトクロムにより合成が誘導された**ジベレリン**は，アブシシン酸の発芽抑制作用を抑制するとともに，グルタミン合成酵素の遺伝子の発現を誘導する。種子中に蓄えられていたタンパク質がタンパク質分解酵素により分解されて生じたアミノ酸のアミノ基は，グルタミン合成酵素の働きによってグルタミンとなった後，さらにさまざまなアミノ酸になる。

(2) このようにして生じた多数のさまざまなアミノ酸は，胚の細胞内の浸透圧を上昇させ，胚の吸水量を増大させるとともに，胚の成長に必要なタンパク質合成の材料となることで，発芽を促進すると考えられている。

3　光による発芽調節の意義

(1) 植物の葉の**クロロフィル**は，青色光や赤色光をよく吸収し，遠赤色光はあまり吸収しないので，葉の上部の光(林冠での光)と比べて，葉を通過した光(林床での光)では，**遠赤色光**の割合が高くなっている(図58-6)。

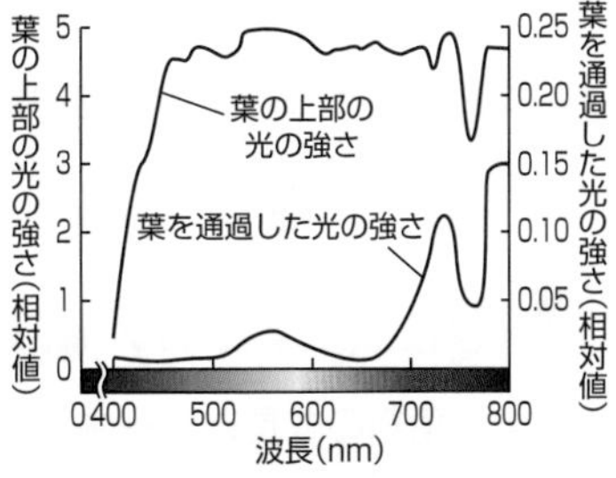

図58-6　葉の上部(林冠)の光と葉を通過した(林床)光の波長と強度

(2) 光発芽種子では，遠赤色光の照射で発芽が抑制され，赤色光の照射で発芽が促進される。これにより光発芽種子は，上部が他の植物の葉で覆われており，葉を通過した光が当たっている森林の林床のような環境では発芽が抑えられ，上部が開けて光合成に適した環境になってから発芽する。

参考 光発芽種子は，一般に小形で貯蔵物質が少ないので，太陽光の当たらない(光合成のできない)環境で芽ばえの成長を続けることができない。このため，光の当たらない地中深くでは発芽しない。また，光発芽種子が地表近くに存在し，光を受けたとしても，その光が主に遠赤色光の場合は，上部に植物が繁茂しており，光合成には適さない環境なので発芽しない。

4　暗発芽種子

発芽に光の作用を必要としない種子は**暗発芽種子**(あんはつがしゅし)と呼ばれる。暗発芽種子には，光によって発芽が抑制されるもの(カボチャ，キュウリ，ケイトウ，トマトなど)と，暗所で発芽し，発芽が光の影響をほとんど受けないもの(イネ，エンドウなど)があるが，前者のみを暗発芽種子ということもある。

参考 暗発芽種子をつくる植物は，乾燥地に分布するものが多く，生存には水の確保が重要である。暗発芽種子が地表近くに存在している場合，発芽すると乾燥による水分不足で生存が困難となるので，それを防ぐために光(赤色光)により発芽しない。

第59講 植物の環境応答（2）

The Purpose of Study 到達目標

Visual Study 視覚的理解

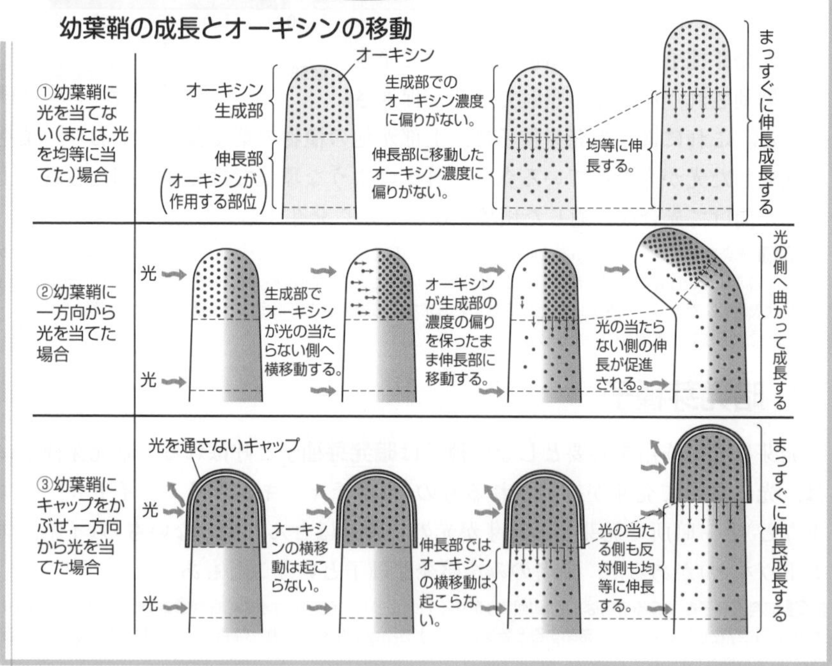

1 ▸ 成長の調節

1 伸長成長と肥大成長

(1) 植物の茎や根の成長は，特定の部位の個々の細胞が成長することで起こる。

(2) 細胞の成長は主に**吸水**によって起こり，成長には，縦(長軸に平行)方向の**伸長成長**と，横(長軸に垂直)方向の**肥大成長**がある。

2 植物の成長運動

(1) 植物の成長にともない植物体の部分的な成長速度の差によって起こる運動を**成長運動**※という。成長運動には，屈性や傾性がある(表59 - 1)。

※成長運動により変化(屈曲・開閉)した部位の細胞は，もとの状態(長さ・大きさ)に戻ることはできないので，成長運動は不可逆的な変化である。

(2) 植物が刺激の方向に応じて一定の方向に屈曲する反応を**屈性**という。刺激の方向に屈曲する場合を**正(＋)の屈性**，刺激の反対方向に屈曲する場合を**負(－)の屈性**と呼ぶ。

(3) 植物が刺激の方向とは無関係に一定の方向に屈曲する反応を**傾性**※という。

※傾性には，オジギソウの接触傾性(☞p.566)のように膨圧運動によって起こるものもある。

	成長運動	刺激源	例
屈性	光屈性	光	茎または幼葉鞘(正)，根(負)
屈性	重力屈性	重力	茎または幼葉鞘(負)，根(正)
屈性	接触屈性	接触	キュウリなどの巻きひげ(正)
屈性	水分屈性	水	根(正)
屈性	化学屈性	化学物質	花粉管(正)
傾性	温度傾性	温度	チューリップの花(図59 - 1)
傾性	光傾性	光	タンポポ，スイレンの花

表59 - 1　植物の成長運動

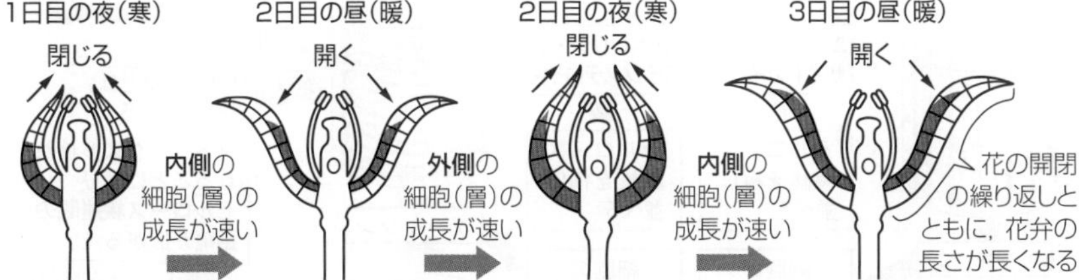

図59 - 1　チューリップの花弁の温度傾性（■部は成長の速度の大きい方）

3 植物細胞の成長における植物ホルモンの働き

(1) 植物の細胞壁は，主にセルロース繊維(セルロースが束ねられた構造)と，セルロース繊維どうしをつなぐ物質(マトリックス多糖)からなる(☞p.32)。

(2) セルロース繊維は非常に伸びにくいため，細胞壁は，セルロース繊維間(セルロース繊維どうしの間)を引き離すような方向に伸びやすい。

(3) セルロース繊維が頂端-基部軸と平行な縦方向(垂直方向)に並んでいる場合には，セルロース繊維間が離れると細胞は肥大成長し，セルロース繊維が頂端-基部軸と直交する横方向(水平方向)に並んでいる場合には，セルロース繊維間が離れると細胞は伸長成長する。セルロース繊維の並び方は，植物細胞の表面近くに存在する**微小管**の方向によって決められる。

(4) エチレンと**サイトカイニン**は，セルロース繊維が縦方向に並ぶように微小管の方向を制御することにより，細胞の**肥大成長**を促進する働きをもつ。

(5) ジベレリンとブラシノステロイドは，セルロース繊維が横方向に並ぶように微小管の方向を制御することにより，細胞の**伸長成長**を促進する働きをもつ。

(6) オーキシンは，以下の①，②のしくみ(酸成長説)により植物全体の成長を促進する働きをもつ。

①オーキシンは，細胞膜の水素イオン(H^+)の輸送を行うポンプ(プロトンポンプ)を活性化させる。これにより，細胞外にH^+が排出されて細胞壁を含む細胞外のpHが低下する(酸性化する)。

②細胞壁に存在し，酸性条件下でマトリックス多糖の分解を促進する酵素の働きにより多糖が分解され，細胞壁が緩み，植物が吸水してセルロース繊維間が離れる方向に細胞が成長し，茎全体の成長が促進される。

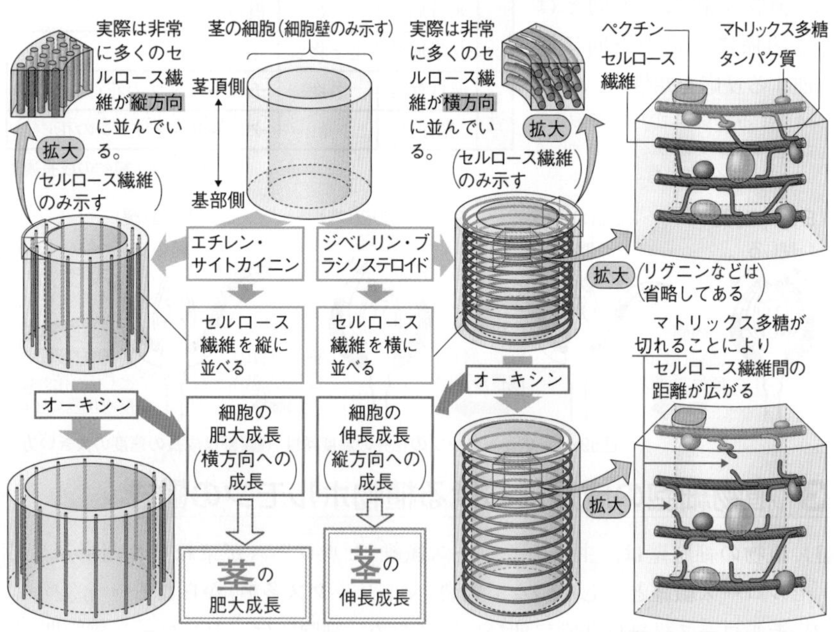

図59-2 植物細胞の伸長成長と肥大成長

4 茎の伸長成長と光受容体

(1) 植物の茎の伸長成長は，一般に**赤色光**や**青色光**で抑制され，**遠赤色光**で促進される。赤色光と遠赤色光は**フィトクロム**によって受容され，青色光は**クリプトクロム**によって受容される。

(2) 植物に光を照射すると，オーキシン，ジベレリン，ブラシノステロイドの量の減少や作用の低下がみられることが知られている。また，暗所で植物を生育させると，植物体が黄白色で細長い「もやし」状になる。

(3) もやし状の植物に光が照射されクリプトクロムが青色光を受容すると成長は停止し，茎頂分裂組織において光形態形成が誘導され，葉が形成される。

参考 植物が「もやし」状に成長することは，暗形態形成と呼ばれ，多数の遺伝子の働きによる暗所における成長への適応と考えられている。

② 屈性とオーキシンの性質

1 植物体内におけるオーキシンの移動方向を確かめる実験

(1) マカラスムギの幼葉鞘(ようようしょう)の断片と，オーキシンをしみ込ませた寒天片A，何もしみ込ませていない寒天片Bを用意し，図59-3の①～④のように置いた。

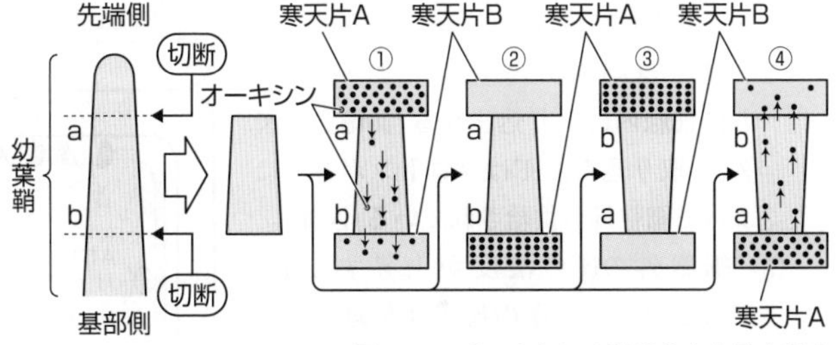

図59-3　オーキシンの移動方向を示す実験

(2) 幼葉鞘の先端側(a)にオーキシンを含む寒天片Aを置いた①と④の場合のみ，オーキシンは茎の内部を移動し，基部側(b)の寒天片Bで検出された。

参考 下図に示すようにイネ科植物の芽ばえでは，子葉の一部が第一葉(幼葉)を覆っている。幼葉を刀に見たてて，幼葉を覆う子葉を，刀をおさめる鞘(さや)という意味で，幼葉鞘という。

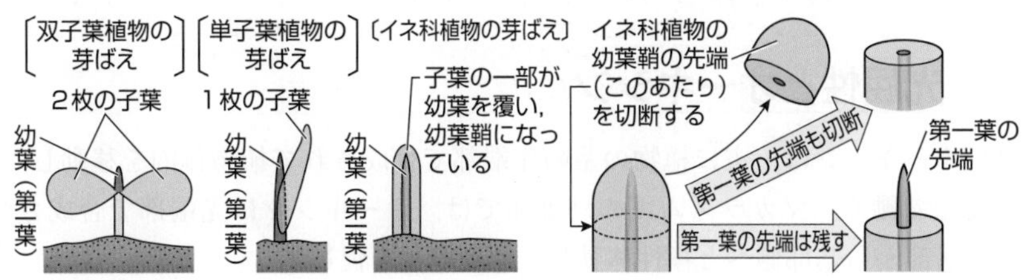

2 オーキシンの極性移動

(1) 生物のからだがもつ方向性(**極性**)に従った物質の移動を**極性移動**という。オーキシンは，幼葉鞘または茎の先端(茎頂)側から基部(根端)側の方向に極性移動する。

(2) この移動は，オーキシンを細胞からくみ出す**PINタンパク質**という輸送タンパク質(オーキシン排出輸送体)が，基部側の細胞膜に局在することによって起こる。

(3) くみ出されたオーキシンは，次の細胞の細胞膜全体に存在するAUX(AUX1)タンパク質という輸送タンパク質(オーキシン取り込み輸送体)によって細胞内に取り込まれる。

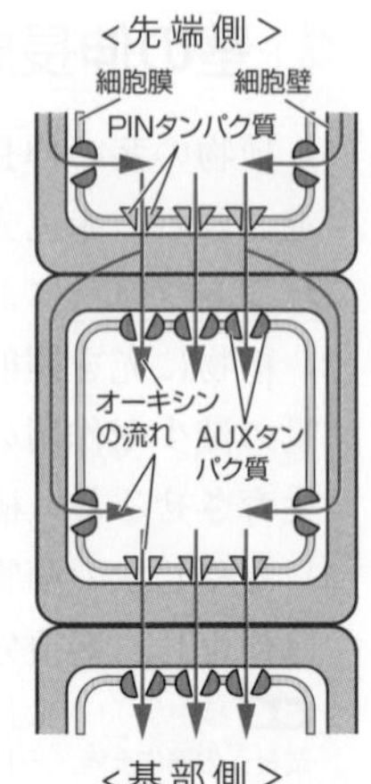

図59-4 極性移動

もっと広く深く オーキシンの極性移動にかかわる輸送体

(1) PINタンパク質は，イオン化したオーキシン(IAA^-)を受動輸送により細胞外へくみ出している(図①)。

(2) IAA^-はAUXタンパク質によりH^+とともに細胞内に取り込まれる(共輸送，図②)。取り込んだH^+はプロトンポンプによって細胞外へ供給されている(図③)。

(3) 細胞外のH^+の濃度が上昇すると，$IAAH \rightleftarrows IAA^- + H^+$の反応は左向きに進み，IAAの濃度が上昇する。

(4) IAAHは拡散により細胞内に入る(図④)と，IAA^-とH^+に変化する(図⑤)。

(5) なお，ABCと呼ばれる膜タンパク質(右図では省略)も，オーキシンを細胞外へくみ出している。

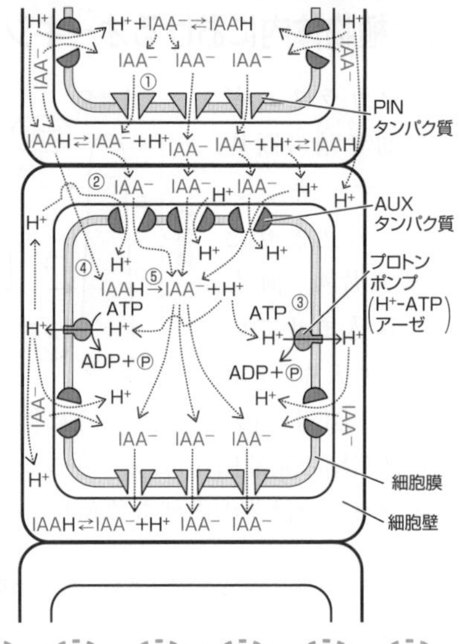

3 光屈性とオーキシン

(1) オーキシンは，主に植物の茎の先端部で合成されて植物体内を移動し，移動先で働く。マカラスムギの幼葉鞘では，オーキシンは先端部で合成され，先端部から基部側へと極性移動し，伸長成長を促進する。

(2) 幼葉鞘に片側から光を当てると，オーキシンは光の当たらない側に移動し，さらに下方(基部側)に極性移動して移動先の伸長部で伸長成長を促進する。これにより，光が当たらない側の成長速度の方が大きくなり，幼葉鞘は光の方向に屈曲する**正の光屈性**を示す(☞p.542 Visual Study)。このようなオーキシンの移動は，光受容体の**フォトトロピン**が青色光を受容し，**PINタンパク質**の細胞膜上での分布を変化させることによって起こる。

4 重力屈性とオーキシン

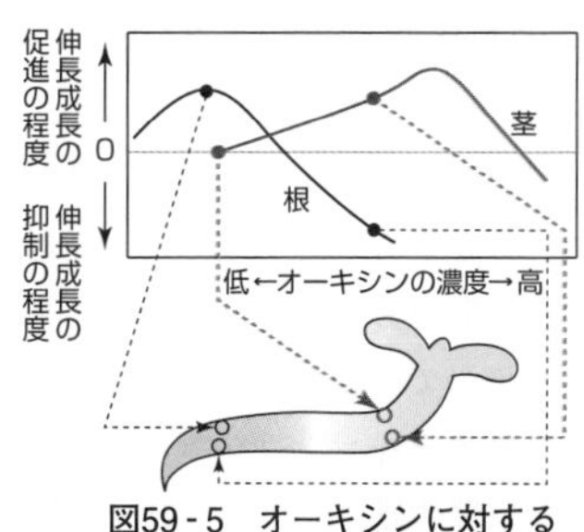

図59-5 オーキシンに対する感受性の違い

(1) 植物の芽ばえを水平に置くと，茎は**負の重力屈性**(重力方向と反対方向への屈曲)を示し，根は**正の重力屈性**(重力方向への屈曲)を示す。

(2) 重力屈性は，オーキシンが重力によって下側に移動し，その結果，茎では下側の伸長成長が促進され，根では下側の伸長成長が抑制されることにより起こる。なお，図59-5の縦軸の伸長成長の促進あるいは抑制の程度は，芽ばえを水(オーキシン濃度0の溶液)に浸した場合(—)と比べた値である。

(3) 茎と根でオーキシンに対する反応が異なるのは，植物体の部位によってオーキシンに対する感受性(最適濃度)が異なるためである。

5 重力刺激によるオーキシンの移動のしくみ

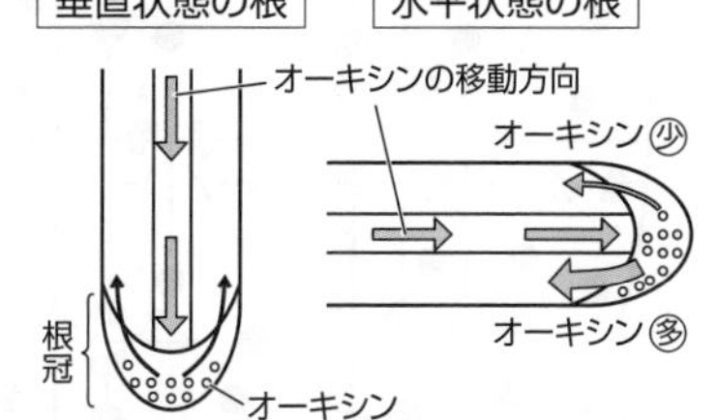

図59-6 根でのオーキシンの移動

(1) 根の**根冠**(こんかん)には，移動してきた**オーキシン**を反転させ，伸長域に分配する働きがある。

(2) 根が垂直状態にある場合，オーキシンは中心柱の柔組織を通って根冠まで極性移動した後，反転して皮層や表皮を通って伸長域の方向へ移動する。

(3) 根を水平状態にすると，オーキシンは中心柱を通って根冠まで極性移動する。根冠には，**アミロプラスト**(デンプン粒を蓄積した白色体)が発達した**コルメラ細胞**(平衡細胞)が集中して存在しており，アミロプラストは細胞内で下(重力)方向に移動する。これにより，根冠の細胞での**PINタンパク質**の配置が変化し，オーキシンは根冠で下側に移動する。その後，オーキシンは根冠での濃度差が保たれた状態で皮層や表皮を通って伸長域へ移動する。

(4) 茎でも，皮層の内側にある内皮細胞内において，アミロプラストが下方向に移動することにより，オーキシンが下側の皮層や表皮に輸送される。

もっと広く深く　根におけるオーキシン輸送

1 PINタンパク質とAUX1タンパク質の働き

根におけるオーキシンの輸送には，3種類のPINタンパク質（P1タンパク質，P2タンパク質，P3タンパク質）とAUX1タンパク質（☞p.546）が関与している。

〔根を垂直に置いた場合〕

オーキシン
極性移動
（中心柱）
極性移動
（皮層・表皮）
反転（根冠）

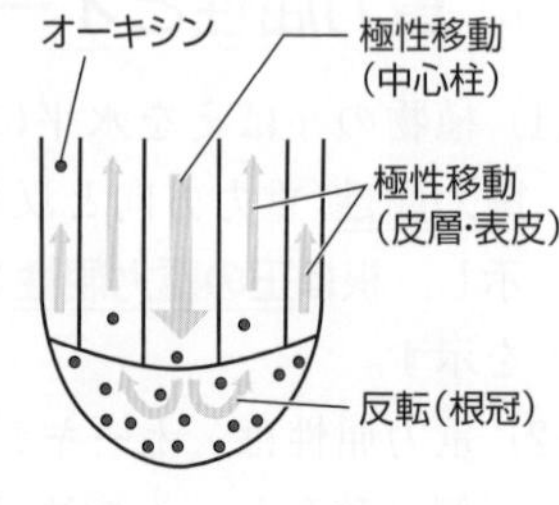

根冠の細胞では，P3タンパク質は局在を示さず，皮層細胞・表皮細胞では，茎頂側の細胞膜にP2タンパク質が局在している。またAUX1タンパク質は中心柱の細胞以外では局在せず，細胞膜上に一様に分布しているので，極性移動により中心柱を通って根端に運ばれたオーキシンは，根冠でP3タンパク質と拡散により表皮側の細胞に分配され，皮層と表皮の細胞内に入ると，P2タンパク質により茎頂側の方向に運ばれるので，根冠を経ることで，オーキシンの輸送が反転することになる。

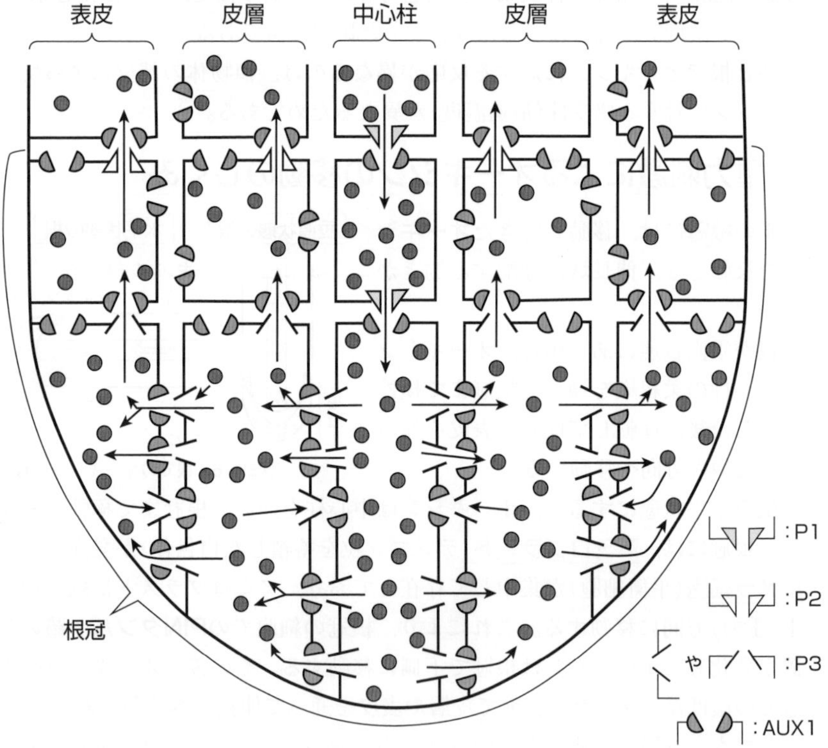

表皮
皮層
中心柱
皮層
表皮
根冠
：P1
：P2
や
：P3
：AUX1

〔根を水平に置いた場合〕

根を水平に置くと，根冠のP3タンパク質は下側(重力方向)の細胞膜の表面に多く分布するようになり，根冠内において，オーキシンは下側に輸送され，さらに皮層・表皮でP2タンパク質により茎頂側に輸送される。これにより，根では，下側でのオーキシン濃度が高まり，上側でのオーキシン濃度が低くなるので，根のオーキシンの最適濃度により下側の成長は抑制され，上側の成長は促進される(または下側より抑制の度合いが小さくなる)結果，正の重力屈性が起こる。

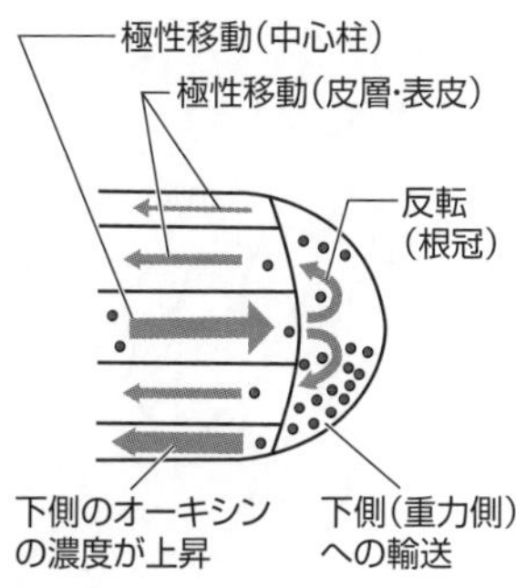

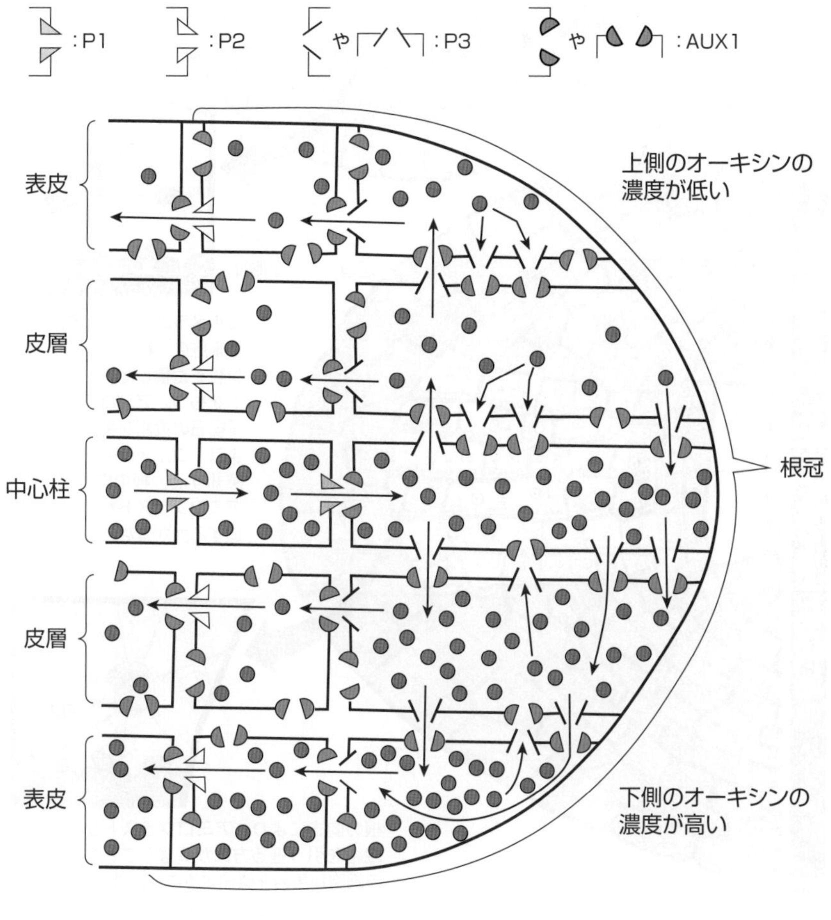

：P1　：P2　や　：P3　や　：AUX1

表皮
皮層
中心柱
皮層
表皮
上側のオーキシンの
濃度が低い
根冠
下側のオーキシンの
濃度が高い

2 コルメラ細胞とアミロプラストの働き

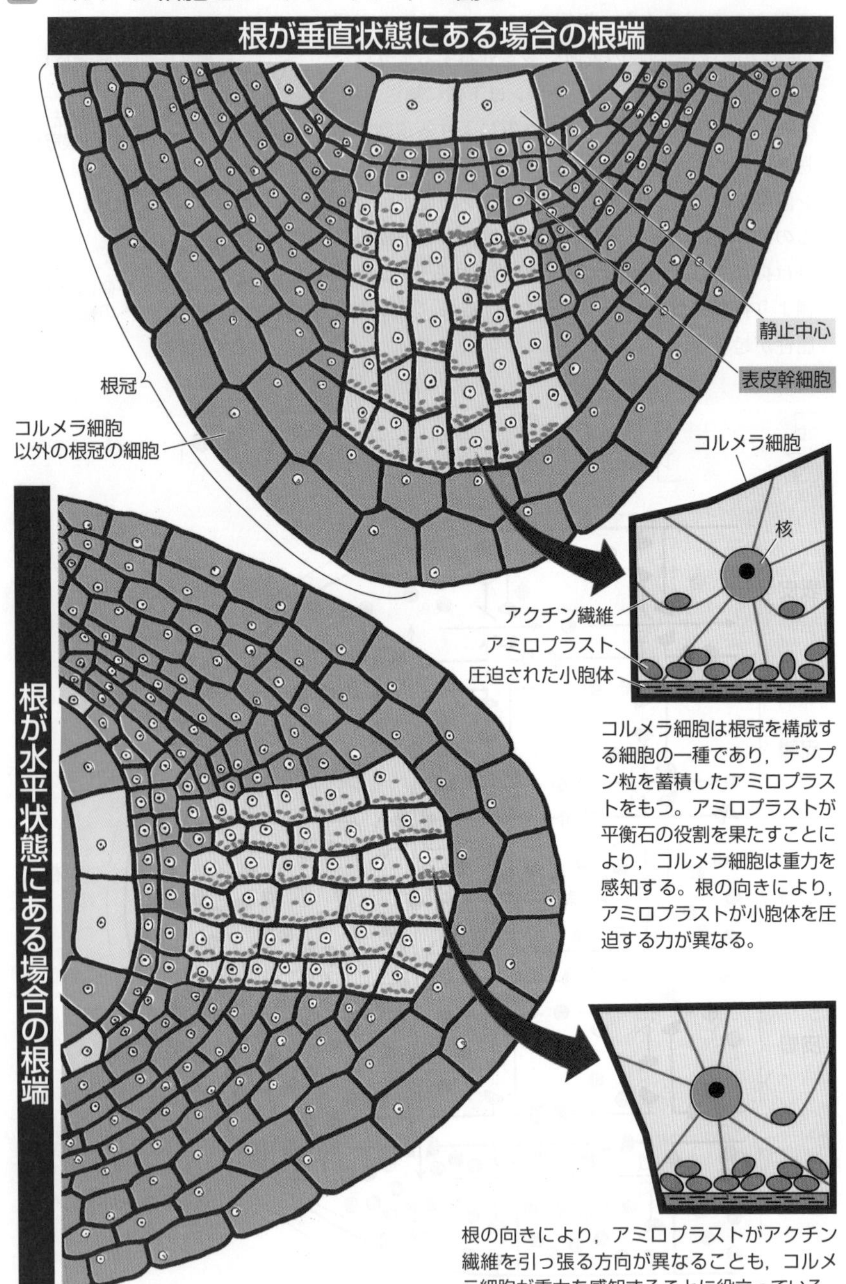

コルメラ細胞は根冠を構成する細胞の一種であり，デンプン粒を蓄積したアミロプラストをもつ。アミロプラストが平衡石の役割を果たすことにより，コルメラ細胞は重力を感知する。根の向きにより，アミロプラストが小胞体を圧迫する力が異なる。

根の向きにより，アミロプラストがアクチン繊維を引っ張る方向が異なることも，コルメラ細胞が重力を感知することに役立っている。

③ 芽の成長と植物ホルモン

(1) 茎の先端の芽（頂芽）が成長しているときに，下方の葉のつけ根にある芽（側芽）の成長が抑制される現象を**頂芽優勢**という（図59 - 7①）。頂芽優勢がみられる植物の頂芽を切除すると，側芽が成長して新たな頂芽となる（図59 - 7②）。

(2) 頂芽優勢は，光を獲得する競争において，また食害などで頂芽が失われても側芽がすみやかに成長することで個体としての成長を続けられるという点で有利に働く性質であると考えられている。

(3) 頂芽切除後の部位に**オーキシン**を与えると，側芽は成長しない（図59 - 7③）。

参考 頂芽を切除後の部位（切り口）にオーキシンを与えず，側芽に直接オーキシンを与えると側芽は成長し始める。この実験結果と(3)の結果より，先端部から極性移動するオーキシンが側芽の成長を直接抑制するのではなく，間接的に抑制していることが示唆された。

(4) 頂芽が存在している状態で側芽に**サイトカイニン**を与えると，側芽は成長する（図59 - 7④）。

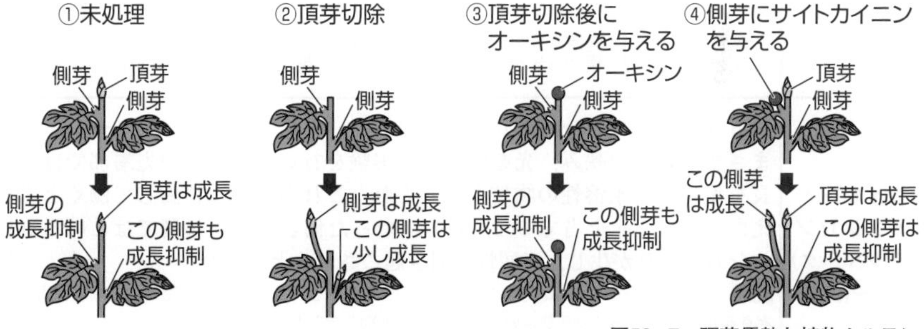

図59 - 7　頂芽優勢と植物ホルモン

(5) (1)～(4)より，側芽の成長は**サイトカイニン**によって促進されるが，頂芽でつくられたオーキシンが，茎の側芽周辺でのサイトカイニンの合成を抑制することによって，側芽の成長が抑制されると考えられている。

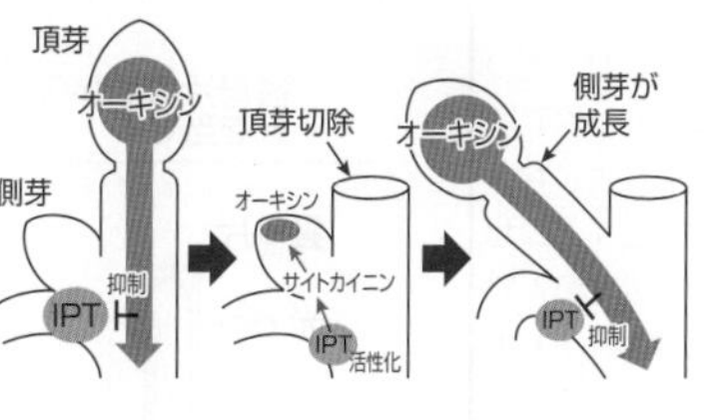

参考 1. 現在では，頂芽が存在すると極性移動によるオーキシンの流れにより，側芽周辺の組織におけるIPT遺伝子（サイトカイニン合成酵素であるイソペンテニル基転移酵素をコードする遺伝子）の発現が抑制されることがわかっている。

2. 近年，シュートの枝分かれが過剰に形成される突然変異体の解析から，枝分かれを抑制する植物ホルモンが見いだされ，ストリゴラクトンと名付けられた。ストリゴラクトンは，オーキシンとサイトカイニンとは別の系で，側芽の成長を抑制する働きがあることがわかった。

第10章

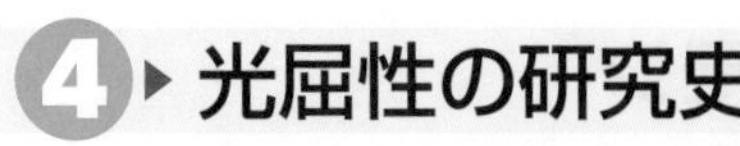

4 ▶ 光屈性の研究史

植物の光屈性に関する研究からは，成長促進物質(**オーキシン**)の存在が予想され，後に植物の組織中から**インドール酢酸**(**IAA**)が単離されてその存在が確かめられた。

研究者名	実験と結果
ダーウィン父子 (イギリス) 1880年 参考 「自然選択説」で有名なチャールズ・ダーウィンと息子のフランシス・ダーウィン	クサヨシ(カナリアソウ)の芽ばえの幼葉鞘を用いて，先端に光を当てた場合，先端を切り取った場合，先端に覆いをした場合などの実験を行い，光の刺激は先端で受容されること，その刺激が下部に伝わって屈曲が起こることを示した。 屈曲する 光 光 光 先端に横から光を当てる 屈曲せず 光 光 先端を切り取り，横から光を当てる 屈曲する 光 光 光 透明なキャップをかぶせ，横から光を当てる 屈曲せず 光 光 光 不透明なキャップをかぶせ，横から光を当てる
ボイセン・イェンセン (デンマーク) 1910〜1913年 参考 ボイセン・イェンセン(ボイセン＝イェンセンやボイセン イェンセンとも書く)は，イェンセン家のボイセン君ではなく，ボイセンさんとイェンセンさんの2人でもなく，1人の(1つの)名字である。	マカラスムギ(アベナ)の幼葉鞘を用いて，先端に雲母片やゼラチンをさまざまな角度で挟み，光を照射する実験を行い，幼葉鞘の先端部では成長を促進する水溶性の物質がつくられ，これが下部に移動して働くと考えた。また，光を当てると，光の当たった側とその反対側ではこの物質の分布に偏りが生じ，光屈性が引き起こされると考えた。 参考 コラーゲンを煮沸して変性させたタンパク質をゼラチンといい，動物の骨・腱・皮膚などを構成するコラーゲンを熱湯処理して得た不純物を含むゼラチンを膠という。 屈曲する 光 雲母片 雲母片の側から光を当てる 屈曲せず 光 雲母片 雲母片の反対側から光を当てる 屈曲せず 光 雲母片 雲母片を光と垂直に差し込む 屈曲する 雲母片 光 雲母片を光と平行に差し込む 屈曲する 光 ゼラチン ゼラチンを挟む

参考 パール （ハンガリー） 1913～1914年	暗黒下でマカラスムギの幼葉鞘から先端部を切り取り(このとき，第一葉は切り取らず)，切り取った先端部を，基部側の切り口の片側にずらし，半分のみが接触するように置くと，先端部を置いた側の基部の成長が促進され，先端部を置いた側の反対側に屈曲する。
ウェント （オランダ） 1928年	マカラスムギの幼葉鞘の先端部を切り取って寒天片の上に置き，一定時間後，暗所でこの寒天片を，先端部を切り落とした幼葉鞘の片側に置くと，置いた側の反対側に屈曲が起こることを示し，成長促進物質の存在を示した。このとき屈曲する角度の大きさは，寒天片中の成長促進物質(オーキシン)の濃度が高いほど大きいので，後にオーキシンの定量に用いられるようになった。これを**アベナ屈曲試験法(アベナテスト)**と呼ぶ。 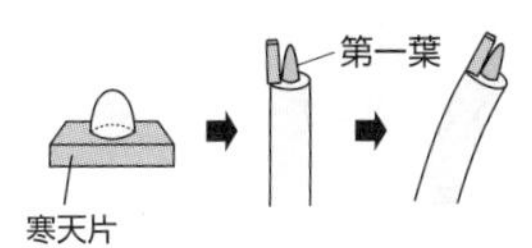 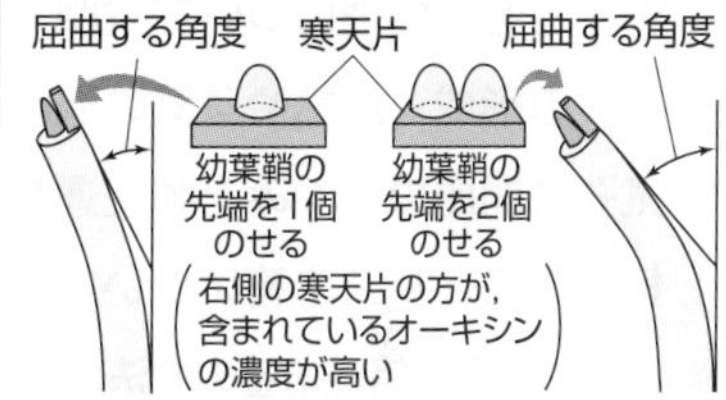 参考 1. その後，機器を用いた，感度や精度の高いオーキシン定量法が開発されたので，アベナ屈曲試験法によるオーキシンの濃度の測定は，現在ではほとんど行われていない。 2. アベナ(Avena)は，(イネ科)カラスムギ属の属名である。オートムギやエンバクとも呼ばれるマカラスムギの学名は，*Avena sativa*である。 3. 紅藻類に属するテングサの細胞壁を構成しているマトリックス多糖は，寒天と呼ばれ，ところてんやゼリーなどの食品の材料として用いられるほか，生物学では固形培地(☞p.355)，局所生体染色法(☞p.471)，オーキシンの極性移動を確認する実験(☞p.545)などに用いられる。
参考 ブリッグス	幼葉鞘から先端部を切り取り，切り取った先端部の下部と寒天片に雲母片を差し込み，片側から光を当てる。その後，雲母片で分けられた寒天(光側と陰側のそれぞれ)を，暗黒下で先端を切り取った幼葉鞘の切り口の片側に置くと，陰側の寒天片を置いた方が光側の寒天片を置いた方より大きく屈曲した。 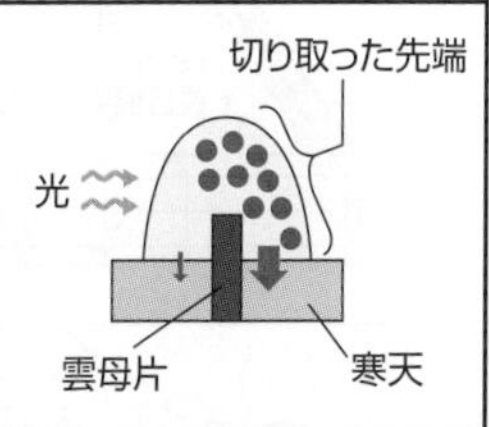
ケーグル	植物の成長を促進する物質をヒトの尿中から分離し，オーキシンと名付けた。また，その物質がインドール酢酸であることを確認した。 参考 オーキシン(auxin)は，「成長」を意味するギリシア語の「auxein」にちなんだ名称である。

表59-2　光屈性の研究史

植物の環境応答（3）

The Purpose of Study 到達目標

Visual Study 視覚的理解

長日植物と短日植物を人間にたとえてみよう！

長日植物は，限界暗期以下の暗期で花芽形成する。

短日植物は，限界暗期以上の暗期で花芽形成する。

1 ▸ 花芽形成

1 光周性と花芽形成

(1) 種子植物(花を咲かせる植物)の若い個体では，茎頂分裂組織から**葉芽**(ようが)が分化し，葉と茎が形成される。

(2) **栄養成長**(茎・葉・根の成長)がある程度進んだ個体では，環境条件や植物体内の条件が整うと，茎頂分裂組織から葉芽ではなく**花芽**(かが)が分化し，**花**(器官)が形成されて**生殖成長**への移行がみられる。茎頂分裂組織から花芽が分化する過程を花芽形成という。

参考 花芽形成の開始を花成という。

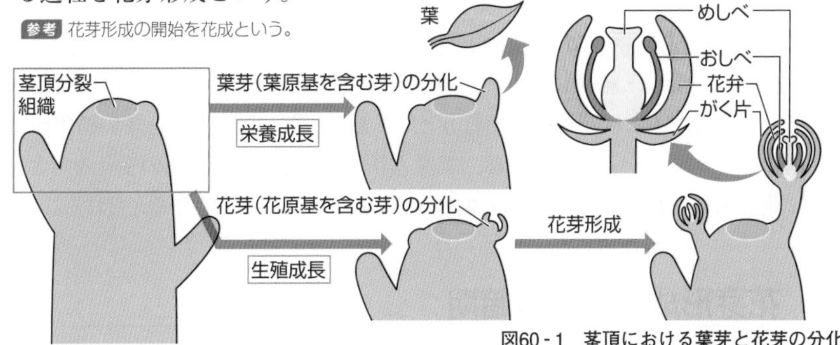

図60-1　茎頂における葉芽と花芽の分化

(3) 生物が，明期の長さ(昼の長さ・日長(にっちょう))，または，暗期の長さ(夜の長さ・夜長(やちょう))の変化に対して反応を示す性質を光周性(こうしゅうせい)という。

(4) 多くの植物は，花芽形成において日長に応じた光周性を示すので，花芽形成の時期に基づき，**長日植物**(ちょうじつ)・**短日植物**(たんじつ)・**中性植物**(ちゅうせい)の3つに分けられる(表60-1)。

	特徴・花芽形成(開花)の時期	例
長日植物	日長が一定時間以上になると花芽形成する植物。春から初夏(夏至)に向かって夜が短くなる時期に花芽形成(開花)するものが多い。	アブラナ，コムギ，ホウレンソウ，カーネーション，シロイヌナズナ，アヤメ，ダイコン，ライムギなど(高緯度・寒冷地の植物に多い)
短日植物	日長が一定時間以下になると花芽形成する植物。夏から秋に花芽形成(開花)するものが多い。	アサガオ，キク，オナモミ，イネ，ダイズ，コスモス，サツマイモなど(温帯の植物に多い)
中性植物	日長に関係なく，ある一定の大きさに成長すると花芽形成する植物。	エンドウ，トウモロコシ，トマト，キュウリなど(栽培植物に多い)

表60-1　光周性による植物の分類

第10章

光周性による花芽形成の意義は？

[1] 寒冷地では，主に長日植物が生育している。これはなぜか？

高緯度地方や高山などの寒冷地では，夏が短く冬の訪れが早い。したがって，日長が長くなる時期(春から初夏)に花芽形成する長日植物は，受粉・結実に適した温度条件の時期(夏)に開花することができるので，繁殖可能である。しかし，短日植物は日長が短くなる時期(夏から秋)に花芽形成するので，開花するころには昆虫(変温動物)による受粉や，種子や果実の形成には適さない低温となっており，受粉・結実が起こらず繁殖できないのである。

[2] 花芽形成を誘起する環境要因は，なぜ気温ではなく日長なのか？

植物は，受粉・結実に適した時期に合わせて花芽形成するが，不安定な気温の変化をもとに花芽形成を行うと，季節はずれに開花してしまい結実が起こらない場合がある。植物は，気温よりも安定している日長の変化をもとに花芽形成を行うことで，繁殖(生殖)の確実性を高めていると考えられる。

2 花芽形成における暗期

(1) 図60 - 2に示すように，明期の長さ，暗期の長さ，明期と暗期の長さの比率を変えて花芽形成の有無を調べる実験を行った。明期の長さが同じ①と③(または②と④)の結果が異なることから，花芽形成に重要な条件は明期の長さではなく，明期と暗期の比率が同じ③と④の結果が異なることから，明期と暗期の長さの比率でもない。それに対して，②と③(①と④)のように暗期の長さが同じであれば結果も同じになることから，花芽形成にとって重要な条件は暗期の長さである。

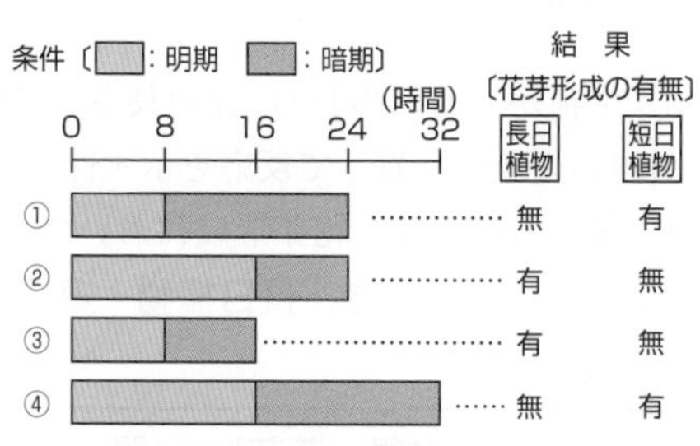

図60 - 2　明期と暗期の比率と花芽形成の有無

(2) (1)より，光周性を示す植物が実際に感知しているのは日長ではなく夜長であり，花芽形成には暗期の長さが重要であるとわかる。

(3) 花芽形成を行うか否かの境界となる連続暗期の長さを**限界暗期**(げんかいあんき)といい，長日植物は，連続暗期が限界暗期以下の条件(長日条件)で花芽形成し，短日植物は，連続暗期が限界暗期以上の条件(短日条件)で花芽形成するといえる。

(4) 長日植物と短日植物のそれぞれに，限界暗期よりも短い暗期を与える**長日処理**(図60 - 3①)と限界暗期よりも長い暗期を与える**短日処理**(図60 - 3②)を行って栽培すると，花芽形成は図60 - 3の結果のようになる。

参考 短日植物であるキクを，本来の開花時期である秋の日没後にも，人工的な光照射を行い長日条件にして栽培すると，花芽形成が起こらず開花が抑制される。その後，短日条件に戻すと花芽形成が起こり，花の種類が少ない冬にキクを開花させ出荷することができる。このように栽培されたキクを電照菊という。

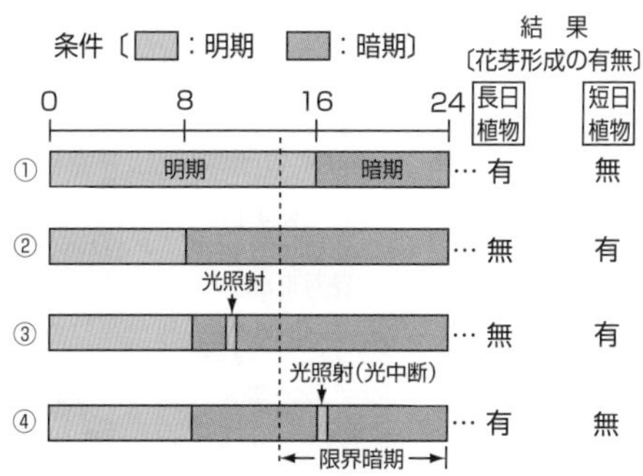

図60 - 3　光中断の実験

(5) 短日処理を行って栽培している植物に対して，暗期の途中で短時間の光照射(図60 - 3③・④)を行うと，短日植物は花芽を形成せず，長日植物は花芽を形成する場合(図60 - 3④)がある。これは，短時間の光照射で暗期が中断された結果，連続暗期の長さがその植物の限界暗期よりも短くなるためであり，このときの光照射を**光中断**という(図60 - 3③の光照射は光中断とはいわない)。

参考 図60 - 3では長日植物と短日植物の限界暗期が同じ長さになっているが，実際には，限界暗期は植物によって異なり，長日植物では12～14時間，短日植物では9～11時間であることが多い。

(6) 短日植物に対する光中断には，**赤色光**が特に有効であり，光受容体として**フィトクロム**が働いている。赤色光の効果は**遠赤色光**によって打ち消される。

限界暗期の長さ

下図は，長日植物，短日植物，中性植物のそれぞれを，明期と暗期の長さ(明暗周期)を変えて栽培したときに，これらの植物が播種(種まき)後から花芽形成するまでにかかる日数を表したグラフである。花芽形成までの日数が短いほど花芽形成に適した日長条件であると考えられ，その日数が長くなるに従い，日長条件が花芽形成に適さなくなることを示している。したがって，花芽形成がみられなくなる(花芽形成に無限の時間がかかる)ときの暗期が**限界暗期**であり，右図の長日植物の限界暗期は約14時間，短日植物の限界暗期は約11時間である。中性植物は，日長に関係なく播種後一定の日数(図の中性植物は約25日)で花芽形成する。

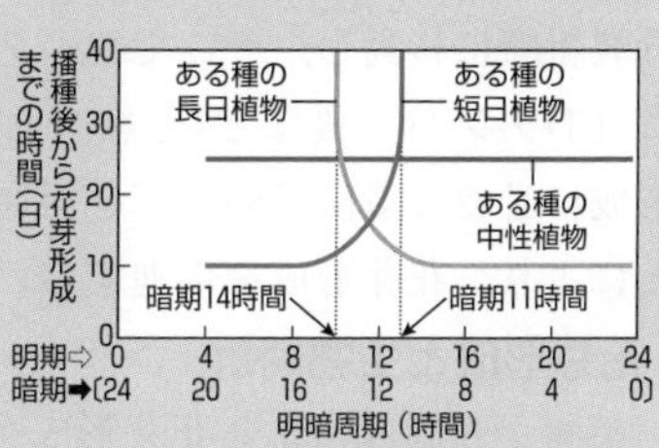

第10章

3 花芽形成のしくみ

1 花芽形成のしくみを調べる実験

花芽形成のしくみについて知るために，短日植物であるオナモミの枝が二又になっている個体を用いて，以下のような実験が行われた。

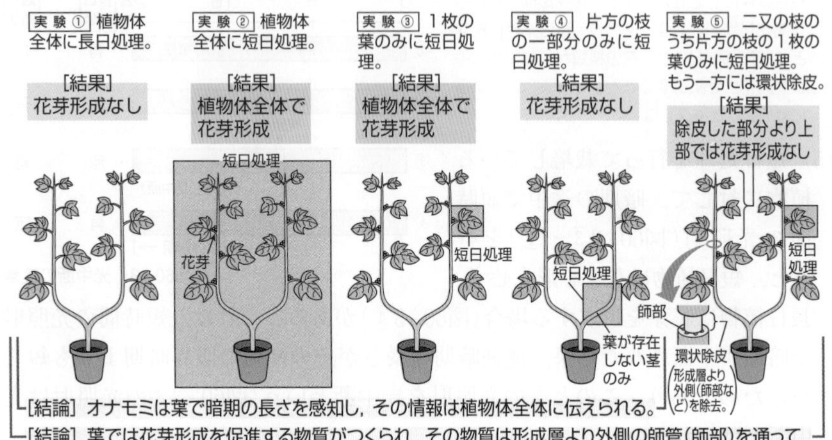

図60-4　オナモミを用いた花芽形成の実験

2 フロリゲンの実体とその働き

(1) 1の実験より，花芽形成を促進する物質の存在が示唆され，その物質はチャイラヒャン(ソ連(現在のロシア))によって<u>フロリゲン</u>(花成(かせい)ホルモン)と名付けられた。

参考 フロリゲンの実体は，2007年に判明するまでの約70年間不明のままであった。

(2) 長日植物であるシロイヌナズナでは，フロリゲンの実体は**FT**と呼ばれるタンパク質であり，長日条件下に置かれた葉で合成される。

(3) 短日植物であるイネでは，フロリゲンの実体は**Hd3a**と呼ばれるタンパク質であり，短日条件下に置かれた葉で合成される。

(4) 葉で合成されたFTタンパク質やHd3aタンパク質は，師管(師部)を通って茎頂分裂組織に移動し，そこで他のタンパク質(FDタンパク質など)と結合して花芽形成に必要な遺伝子の転写を促進することにより，花芽形成を促進する。

師管を通って移動してきたFTタンパク質が茎頂分裂組織で他のタンパク質(FDタンパク質)と結合して，花芽形成に必要な遺伝子の転写を促進する。

長日条件下に置かれた葉で，FTタンパク質が合成される。

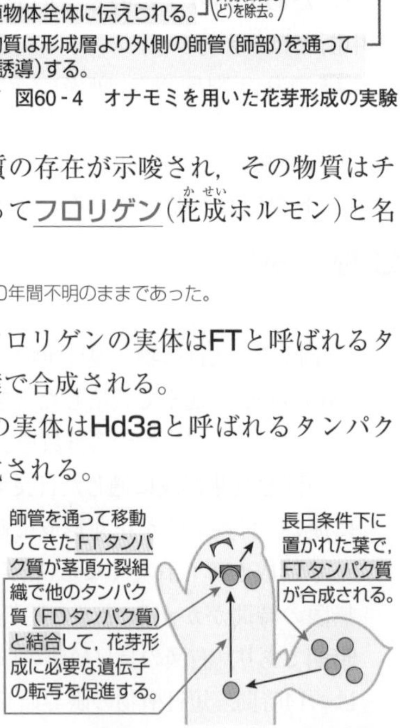

図60-5　シロイヌナズナにおけるFTタンパク質の働き

3 花芽形成と生物時計

(1) 植物が光周性による花芽形成を行うことは，植物には暗期の長さを測るしくみが備わっていることを示している。

(2) 暗期の長さを測るしくみには，**生物時計**(☞p.143)がかかわっており，明暗が切り替わるときに生物時計が調整され，**概日リズム**(☞p.143)の特定の時間帯における光の受容の有無や遺伝子の発現が花芽形成に影響すると考えられている。

4 花芽形成と温度

(1) 秋に発芽して越冬し，翌年の春～初夏に開花する長日植物である秋まきコムギやダイコン，ライムギなどでは，花芽形成に一定期間の**低温**にさらされることを必要とする。これにより，生殖に適さない冬に花芽形成が行われてしまうことを防ぐ。

参考 秋まきコムギ，ライムギ，ダイコンなどは越年生植物である。

(2) 秋まきコムギなどの植物では，種子を春にまくと成長はするが花芽形成は起こらない。しかし，春にまいて発芽した種子や若い苗を一定期間0～10℃の低温下に置く処理を行うと，花芽形成が起こり，その年の初夏に開花する。

(3) 一定期間の低温によって花芽形成が促進される現象を**春化**(しゅんか)といい，春化のために種子や植物体を人為的に低温下に置く処理を**春化処理**という。

参考 1. 春化を英語ではバーナリゼーション(vernalization)という。
2. 秋まきコムギでは，花芽形成を促進するVRN3遺伝子の発現が，VRN2遺伝子によって抑制されているが，冬の一定期間の低温によってVRN2遺伝子の発現が抑制される。その後，VRN3遺伝子が発現し春になり暗期の長さが一定以下になると，花芽が形成される。
3. シロイヌナズナも春化(応答)を示すことが知られている。シロイヌナズナでは，春から秋にかけてFLC遺伝子が発現し，FLCと呼ばれるタンパク質が合成され，FT遺伝子の転写を抑制する調節タンパク質として働いている。シロイヌナズナが冬季に長期の低温を経験すると，FLC遺伝子の発現が抑制され，この抑制は春以降も続くので長日条件になるとFT遺伝子が発現し，花芽が形成される。

(4) 一部の植物では，春化処理は，ジベレリン処理で代替できることから，ジベレリンには花芽形成を促進する働きもあることがわかる。

春化の意義

春化は，秋に発芽して翌春に花芽形成する長日植物にみられる現象である。これらの植物では，発芽した時期(秋)の日長条件が，限界暗期以下になっていることがあるので，そのまま光周性に従って花芽形成すると，発芽したばかりの植物が結実に適さない冬に開花する可能性がある。しかし，実際には，発芽したばかりの幼植物では日長(長日条件)に対する応答性が抑制されており，花芽形成が起こらないようになっている。春化は，冬の低温を経験する過程でこの抑制が徐々に解除される現象であると考えられる。

もっと広く深く　花芽形成のしくみ

1 フロリゲンの合成と作用

〔長日植物の場合〕

(1) フロリゲンとしてFTタンパク質をつくる長日植物が長日条件下に置かれると，葉内でCO遺伝子の発現が促進されるので，COタンパク質の濃度が上昇する。

(2) COタンパク質は，FT遺伝子の発現を促進する調節タンパク質(転写活性化因子)なので，COタンパク質の濃度が上昇するとFTタンパク質の合成が促進される。

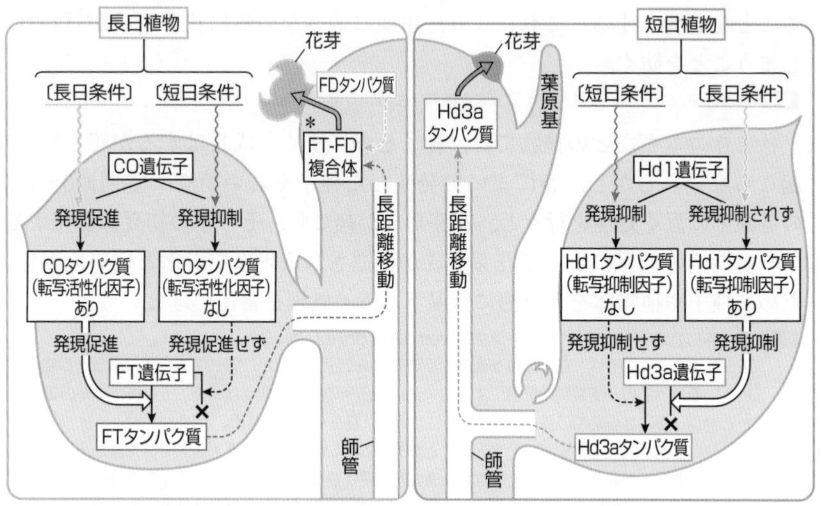

(3) 短日条件下に置かれた長日植物では，COタンパク質が蓄積しないので，FTタンパク質は合成されず，花芽は形成されない。

(4) 合成されたFTタンパク質は師管を通って茎頂まで運ばれ，茎頂分裂組織の細胞の細胞膜を通って細胞内に入り，細胞質に存在しているフロリゲン受容体と結合した後，核内に入ってFDタンパク質(DNAの特定の領域と結合する調節タンパク質)と結合してFT - FD複合体となる。この複合体が花芽形成に関与するいくつかの遺伝子に働きかけることにより，花芽が形成される。

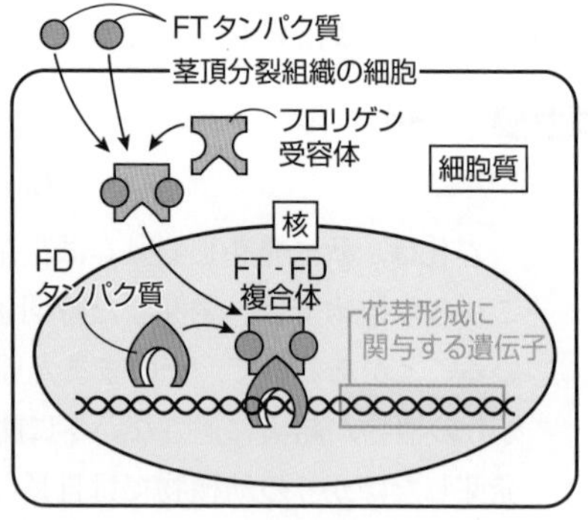

〔短日植物の場合〕

(1) フロリゲンとしてHd3aタンパク質をつくる短日植物が短日条件下に置かれると，葉内でHd1遺伝子の発現が抑制されるので，Hd1タンパク質の濃度が低下する。

(2) Hd1タンパク質は，Hd3a遺伝子の発現を抑制する調節タンパク質(転写抑制因子)なので，Hd1タンパク質の濃度が低下するとHd3aタンパク質の合成が促進される。

(3) 合成されたHd3aタンパク質が長日植物のFTタンパク質とほぼ同様の過程を経て花芽形成に関するいくつかの遺伝子に働きかけることにより，花芽が形成される。

(4) 長日条件下に置かれた短日植物では，Hd1タンパク質の濃度が低下しないのでHd3aタンパク質は合成されず，花芽は形成されない。

2 花芽形成に関与する遺伝子とタンパク質

(1) 葉から茎頂に運ばれたFTタンパク質の作用(左ページの図の＊部分)について，模式的に図示すると，右図のようになる。

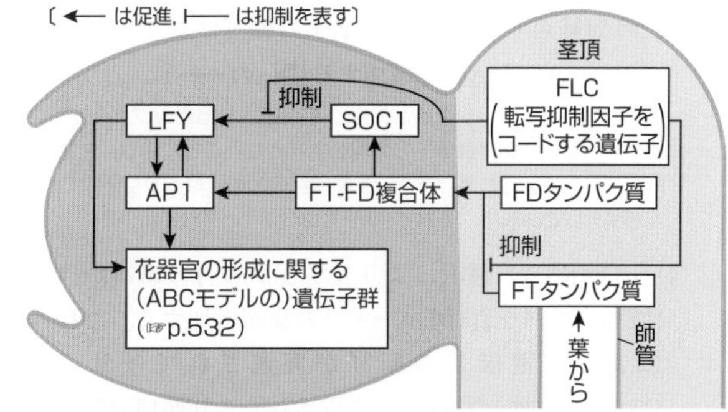

(2) 花芽形成(葉原基をつくるものから花原基をつくるものへの変換)の最終段階は，花器官の形成に関与するホメオティック遺伝子群の発現調節による。これらの遺伝子群に働きかける調節タンパク質としてLFYやAP1などがあり，LFYやAP1の発現調節に関与する調節タンパク質としてSOC1やFT - FD複合体などがある。

3 花芽形成の調節に関する遺伝子群のまとめ

花芽形成の調節は，光周性(明暗周期→生物時計→CO)を介したフロリゲンによる制御の他にも，複数のしくみがある。これらのしくみをシロイヌナズナの花芽形成を例に，下図(←は促進，⊢は抑制)にまとめておく。

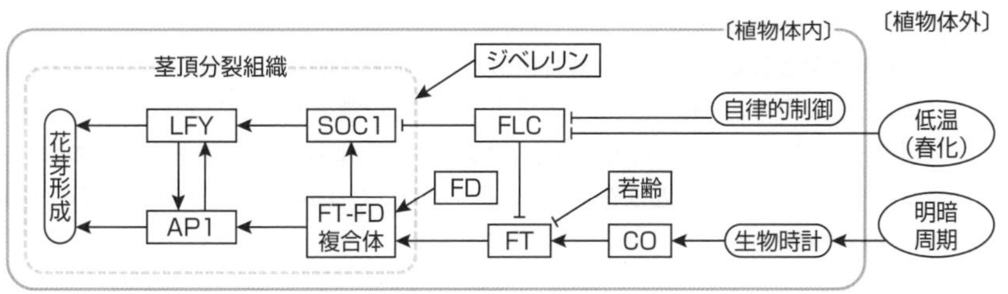

4 花芽形成における生物時計の役割

(1) 長日条件下のシロイヌナズナ(長日植物)では，FTタンパク質の合成量が夕方から夜にかけて増加することにより花芽が形成されるが，短日条件下では，FTタンパク質の合成量は一日中増加せず，花芽は形成されない。

(2) これは，長日条件下の昼すぎから夜(宵の口)にかけての限られた時間においてのみ，FT遺伝子の転写活性化因子であるCOタンパク質の量が増加するからである。このCOタンパク質の量の変化に，生物時計による概日リズムと日長条件(明暗周期)が重要な役割を果たしている。

(3) 細胞内にあり，24時間を計測できる生物時計は，毎日(長日条件でも短日条件でも)，夜明けの光によってリセット(時間合わせ)され，その夜明けから約12時間経過すると，CO遺伝子の転写が促進されるので，COmRNA量が増加する(図aの——)。

参考 夜明けにフィトクロムによって受容された光シグナルが，種々の生物時計関連遺伝子の発現を上昇させることにより，生物時計がリセットされる。また，生物時計の制御にはクリプトクロムも関与している。

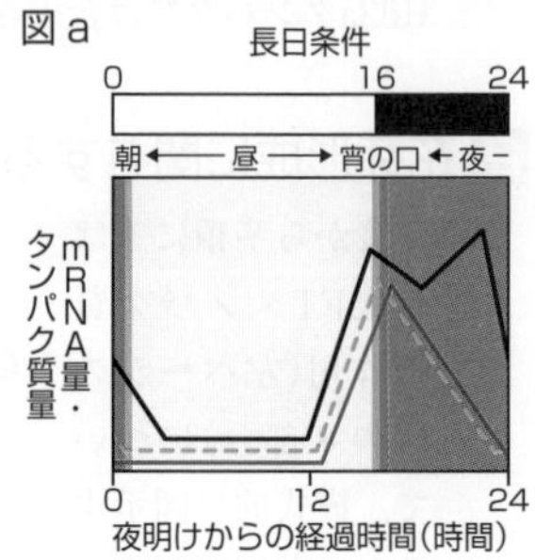

(4) COmRNAの翻訳により昼すぎから宵の口にかけてCOタンパク質(図aの---)の量が増加する。これによりFT遺伝子の転写が促進されて多量のFTmRNA(図aの——)が合成され，これが翻訳されることにより，FTタンパク質の量が増加する。夜になるとCOタンパク質を分解するシステムの活性が上昇するのでCOタンパク質の量は減少する。

参考 COタンパク質の分解や安定化には，フィトクロムやクリプトクロムなども関与している。

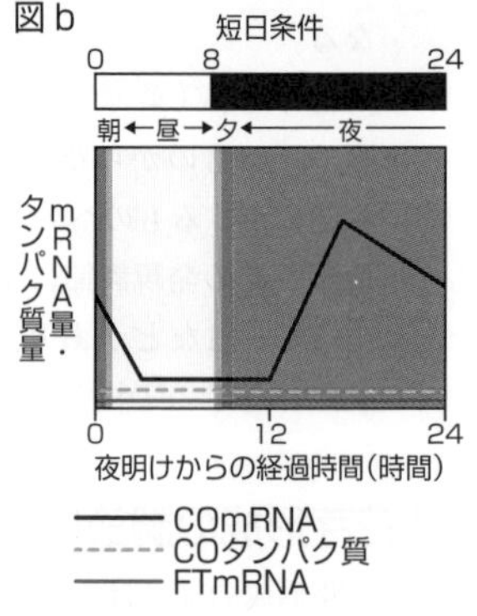

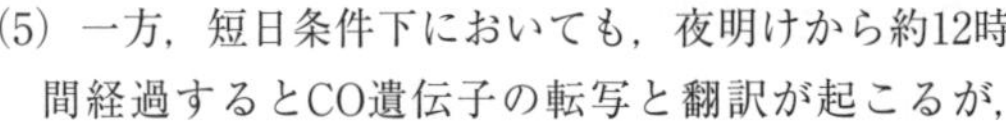

(5) 一方，短日条件下においても，夜明けから約12時間経過するとCO遺伝子の転写と翻訳が起こるが，そのときはすでに夜間になっており，活性が上昇している分解システムによりCOタンパク質はすぐに分解されるので，COタンパク質の量は増加せず，FTmRNAやFTタンパク質の合成も促進されない(図b)。

(6) フロリゲンとしてHd3aをもつ短日植物であるイネにおいても，生物時計による概日リズムと日長条件が，Hd3a遺伝子の発現に重要な役割を果たしている。しかし，イネの場合，COタンパク質に相当するHd1タンパク質によるHd3a遺伝子の制御のしくみはシロイヌナズナのそれとは異なっており，別のいくつかの遺伝子がHd3a遺伝子の発現に関与している。

②▶果実の形成・成長・成熟

1　果実の形成と成長

(1) 受精後に種子が形成されると，種子内の胚や胚乳では**オーキシン**やジベレリンが合成され，これらの作用により子房(ブドウなど)や花床(イチゴなど)の肥大成長が促進され，果実の形成・成長が起こる。

(2) ジベレリンを利用した種子(たね)なしブドウ(種なしブドウ，たねなしブドウ)の生産方法は，ブドウの花を開花前(つぼみの時期)と開花後に1回ずつジベレリン水溶液に浸すものである。開花前の処理では受精(種子形成)が阻害され，開花後の処理では子房の肥大成長が促進される(図60-6)。

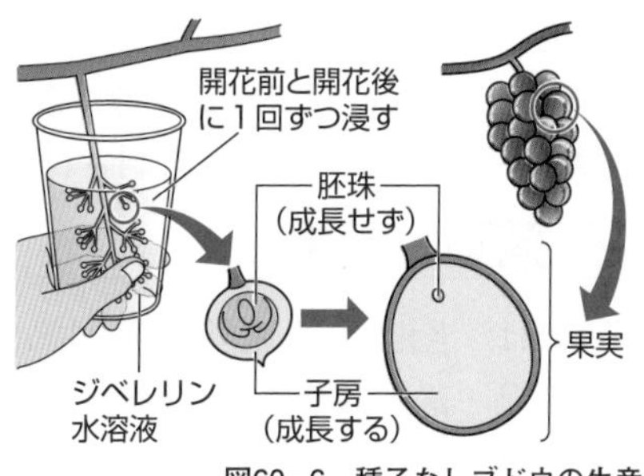

図60-6　種子なしブドウの生産

参考　1. 受精なしに果実を形成する現象を**単為結実**(たんいけつじつ)(単為結果)という。
2. ジベレリンにより種子なしブドウを作製する技術は，20世紀中頃，日本人によりデラウェアという品種を用いて開発されたが，現在では巨峰やピオーネなどの品種にも応用されている。
3. 種子なしブドウは，種子ができないだけでなく，成長が早く，果実は粒が大きく数も多く，落ちにくいという長所もあるが，品種によっては種子なしにならないものや果実の落ちが早いという短所もある。

2　果実の成熟

(1) 果実の成熟は，果皮の変色や軟化，糖類の蓄積などが起こることであり，動物による摂食と，その結果起こる種子散布を促進する効果がある。

(2) 果実が一定の大きさになると，エチレンが生成される。エチレンは，細胞壁の主成分であるセルロースを分解する酵素(セルラーゼ)などの遺伝子の発現を誘導し，生じた酵素の働きによって果実の成熟が促進される。

(3) 果実の成熟とともにエチレンの生成量は増大する。また，生成されたエチレンは植物体から放出されて他個体にも作用する。

(4) 未成熟な果実にエチレンを与えると，成熟が促進される。成熟した果実の近くに未成熟な果実を置いておくと，成熟した果実から放出されるエチレンによって未成熟な果実の成熟が早まる(図60-7)。

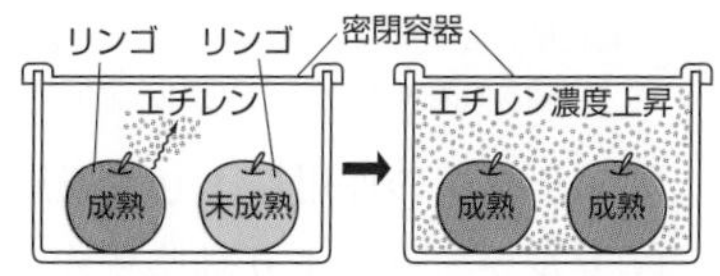

図60-7　エチレンによる成熟

第10章

③ ▸ 葉の老化と落葉・落果

1 葉の老化

(1) 葉がある一定の齢に達すると，葉内のタンパク質などが分解され，生じたアミノ酸などがより若い葉に**転流**されるとともに，クロロフィルが分解される。このような現象を，葉の**老化**という。

(2) 老化の時期は，光，温度などの影響も受ける。

(3) 葉の老化は，**アブシシン酸**，**エチレン**，**ジャスモン酸**によって促進され，**サイトカイニン**によって抑制される。

2 落葉・落果

(1) 葉は，老化すると脱離(落葉)する。また，果実は，成熟後に脱離(落果)する。

(2) 落葉・落果の際には，葉柄や果柄のつけ根に，小さい柔細胞からなる**離層**と呼ばれる特殊な細胞層が形成される(図60 - 8)。

参考 離層は葉の発生初期に形成され，落葉・落果前に発達する場合もある。

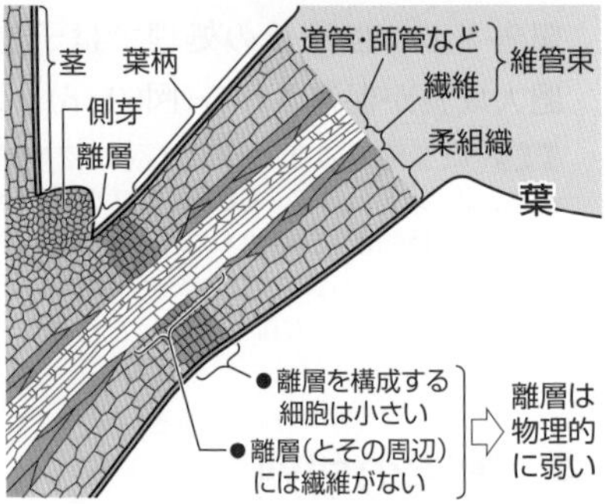

図60 - 8　離層

(3) 落葉・落果は，**エチレン**によって促進され，**オーキシン**や**ブラシノステロイド**によって抑制される。

(4) 落葉の過程は以下のとおりである。

①若い葉では，オーキシンの生成量が多く，そのオーキシンにより葉柄でのエチレンに対する感受性が抑えられている。

②落葉期になると，葉でのオーキシンの生成量が減少し，葉柄でのエチレンに対する感受性が上昇するとともに，離層付近の細胞でのエチレン生成量が増加する。

参考 20世紀中頃，ワタ(被子植物の一種)の果実の落果を促進する物質が見いだされ，その物質は，abscission(脱離)を促す物質の意でアブシシン酸と名付けられた。しかし，その後の研究により，アブシシン酸には直接離層形成を促進したり，器官の脱離を促進する働きはなく，葉などの器官の老化を促進し，オーキシン輸送の阻害やエチレン合成の促進を介して，器官の脱離を間接的に促進していることがわかった。

③エチレンの作用により，離層の細胞でセルラーゼが合成される。

④セルラーゼにより細胞壁が分解され，離層の細胞どうしの分離や細胞の崩壊が起こり，葉が脱離する。

4 ▸ 気孔の開閉と膨圧運動

1 気孔の開閉のしくみ

(1) **気孔**は，呼吸・光合成・蒸散（気化熱による植物体の温度調節）にともなう気体の出入り口であり，その開閉は，光の強さや水分量に応じて調節されている。

(2) 気孔は，1対（2個）の**孔辺細胞**で囲まれた小孔である。孔辺細胞は，表皮細胞にはない**葉緑体**をもち，孔辺細胞の細胞壁は，内側（気孔側）の方が外側（気孔と反対側）よりも厚いという特徴をもつ。このため，外側の細胞壁の方が内側の細胞壁よりも変形しやすい（伸びやすい）。

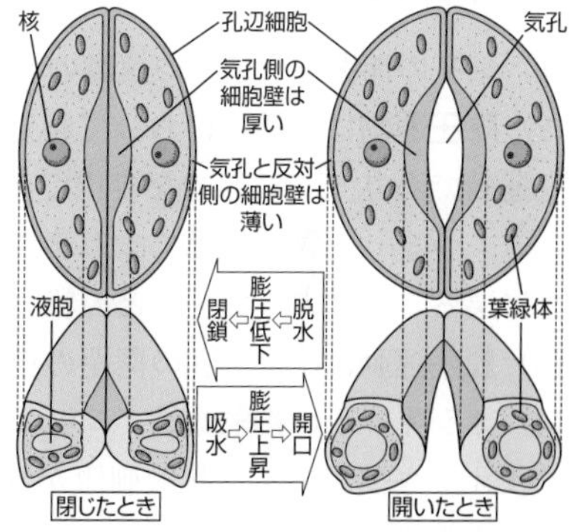

図60-9　気孔の開閉

(3) 葉に光が当たると，**フォトトロピン**によって青色光が受容され，孔辺細胞のカリウムチャネルが開くことによって細胞内にK^+が流入し，浸透圧が上昇する。これにより，周囲の細胞から孔辺細胞に水が入り，孔辺細胞の膨圧が上昇すると，孔辺細胞の外側の細胞壁が，内側の細胞壁よりも伸長する。その結果，孔辺細胞は湾曲し，気孔が開口する。

参考 1. 孔辺細胞のフォトトロピンは青色光を感知すると，いくつかの反応を介して，細胞膜にあるプロトンポンプを活性化する。このプロトンポンプは，ATPのエネルギーを利用してH^+を細胞外に輸送する。これにより細胞膜内外の電位差（細胞内の負電荷）が増大すると，電位依存性カリウムチャネルが開き，大量のK^+が細胞内に流入して，細胞内の浸透圧が上昇する。

2. サイトカイニンにも気孔を開かせる働きがあるという考えもある。

(4) 植物体が水分不足の状態になると，葉では**アブシシン酸**の濃度が上昇する。アブシシン酸の作用により，孔辺細胞のカリウムチャネルが開いて細胞内からK^+が流出し，**浸透圧が低下**する。これにより，孔辺細胞から水が流出して**膨圧が低下**するので，孔辺細胞はもとの形に戻り，気孔が閉鎖する。

参考 1. 気孔の開閉はCO_2濃度によっても調節され，濃度が高いと気孔は閉じ，低いと開く。CO_2濃度の変化による気孔開閉も，孔辺細胞の内外へのイオン輸送により，浸透圧・膨圧が変化することによって起こり，イオン輸送の調節は，気孔に存在するCO_2センサーによると考えられている。

2. アブシシン酸の濃度が上昇すると，孔辺細胞の細胞質中のCa^{2+}濃度が一過的に上昇する。このCa^{2+}濃度の上昇により，孔辺細胞の細胞膜にあるプロトンポンプの阻害などが起こる。その結果，孔辺細胞の膜電位が変化して，K^+取り込みのチャネルの阻害とK^+放出のチャネルの活性化が起こる。なお，アブシシン酸の濃度が低下すると，プロトンポンプが働くようになる。

もっと広く深く　気孔に葉緑体がある理由

一般に，葉の表皮系では，発達した葉緑体が表皮細胞には存在せず，孔辺細胞のみに存在している。孔辺細胞の葉緑体は，葉肉細胞に存在する通常の葉緑体とは異なり，光合成の反応系のうち，カルビン・ベンソン回路の働き(活性)が非常に低いため，チラコイドで進行する反応によって生じるATPが，ストロマで消費されずに余り，葉緑体から細胞質基質に運び出される。このATPは，気孔の開閉に重要な役割を担うプロトンポンプ(☞p.565(3) 参考 1.)が働くために必要なエネルギーとして使われる。

2 膨圧運動

(1) 気孔の開閉は，植物の運動の一種であり，膨圧運動と呼ばれる。

(2) **膨圧運動**は，植物において特定の部位の細胞の膨圧の変化によって起こる運動であり，不可逆的な変化である**成長運動**とは異なり，可逆的な変化である。つまり，膨圧運動により変化した部位は，その部位の細胞の膨圧がもとに戻ることによって，もとの状態に戻る。

(3) 膨圧運動には，気孔の開閉の他に，以下のような例が知られている。

(4) オジギソウの**接触傾性**(せっしょくけいせい)

①オジギソウの葉に接触刺激が与えられると，葉柄の基部にある組織(葉枕(ようちん))の下側の細胞から上側の細胞に水が移動する。その結果，葉枕の上側の細胞の体積が増加して膨圧が上昇(下側の細胞の体積が減少して膨圧が低下)し，葉柄が短時間で垂れ下がる(図60 - 10①)。

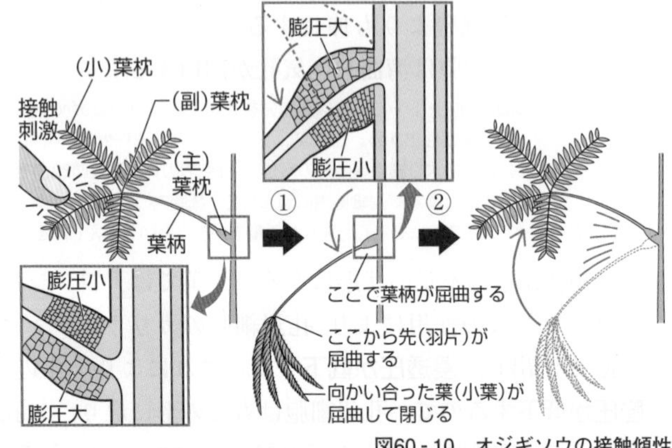

図60 - 10　オジギソウの接触傾性

②その後，しだいに葉枕の上側の細胞から下側の細胞に水が移動するので，下側の細胞の体積が増加して膨圧が上昇(上側の細胞の体積が減少して膨圧が低下)し，葉はもとの状態に長時間かけて戻る(図60 - 10②)。

(5) マメ科植物(オジギソウを含む)の葉は，一日のうちの昼と夜に応じて開閉運動(上下運動)を繰り返しており，起床・就眠(しゅうみん)しているようにみえる。このような運動は**就眠運動**と呼ばれ，温度や光，概日リズムなどにより起こる。

参考 1. オジギソウは葉柄の基部にある葉枕(主葉枕という)の他に，羽片の基部と小葉の基部にも接触傾性や就眠運動に関与している膨らみをもっている。羽片の基部の膨らみは副葉枕，小葉の基部の膨らみは小葉枕と呼ばれる。

2. 成長運動によるチューリップの花の開閉も就眠運動であるが，その要因は主に温度であり，概日リズムではないと考えられている。

(6) 植物の運動を，運動のしくみと反応性により分類したものを表60-2に示す。

		運動のしくみ	
		成長運動	膨圧運動
反応性	屈性	・光屈性……茎(正)，根(負) ・重力屈性…茎(負)，根(正) ・接触屈性…巻きひげ(正) ・水分屈性…根(正) ・化学屈性…花粉管(正)	参考 ・側面光屈性 (マメ科やカタバミ科の植物の葉の表面が，光の入射方向を向くように，葉が動く屈性)
	傾性	・温度傾性…チューリップの花の開閉 ・光傾性……タンポポの花の開閉 参考 ・接触傾性…巻きひげ ・接触傾性，化学傾性…モウセンゴケの触毛	・接触傾性…オジギソウの葉 ・光傾性……気孔の開閉 ・就眠運動……マメ科植物の葉など 参考 ・接触傾性…ハエトリグサ

表60-2 植物の運動(まとめ)

オジギソウの接触傾性と就眠運動の意義

1 オジギソウの接触傾性の意義

オジギソウを食害する昆虫が葉に触れると，葉柄が急速に垂れ下がるので，オジギソウから振り落とされる。

2 就眠運動の意義

オジギソウやネムノキなどは，昼間に葉を開くことにより光合成に必要な光をよく吸収することができる。一方，夜間に葉が閉じることの意義としては，夜間の低温から身を守るため，あるいは，月光による生物時計のリセット(誤作動)を防ぐためなどという説があるが定説とはなっていない。しかし，マメ科植物を実験的に就眠させないようにすると，その植物は枯死してしまうことから，夜に葉を閉じることに重要な意味があると考えられている。

5 ▸ ストレス応答

植物の成長や働きを妨げる種々の有害な環境要因，または，その環境要因によって生じる植物体内部の変化や状態をストレスという。植物は，動物と異なり自力で移動することができないので，これらの環境要因や変化を敏感に感知し，ストレスに対してさまざまな応答を示す。

1 非生物的ストレスに対する応答

1 乾燥・高塩分濃度に対する応答

(1) 陸上植物は，葉の表面をクチクラ層で覆うことにより，葉の表面からの**蒸散**を最小限にとどめ，気孔の開閉により蒸散量の調節を行っている。

(2) 植物は，乾燥により水分不足の状態になると，**アブシシン酸**を合成し，気孔を閉鎖して蒸散を抑制する。また，乾季に落葉する植物は，乾燥条件になると**エチレン**を合成し，落葉を促進して蒸散を抑制する。

(3) 植物は，乾燥などによって土壌中の塩分濃度(浸透圧)が上昇すると，細胞内で糖やアミノ酸を合成・蓄積し，細胞内の浸透圧を上昇させて吸水する。

2 高温・低温に対する応答

(1) 温度が急激に上昇すると，酵素などを熱による変性から保護する働きをもつシャペロンなどのタンパク質(熱ショックタンパク質)が合成される。

(2) 低温は生体膜の流動性を低下させ，膜の働きを阻害する。植物は低温にさらされると，徐々に低温への耐性を獲得し(低温順化)，膜の性質を変化させる。細胞が凍結すると，細胞の構造や機能の維持が困難になるので，植物は低温にさらされると，糖やアミノ酸の濃度を上昇させ，凝固点を降下させることで，氷点下でも細胞内が凍らない性質(耐凍性)を獲得する。

(3) 低温ストレスを受けた植物では，**アブシシン酸**の含有量が増加する。

3 強光に対する応答

葉の柵状組織の細胞内の葉緑体は，光の強さによって存在部位(位置)が変化する(光定位運動)。細胞膜に存在する**フォトトロピン**が弱光を受容すると，葉緑体は細胞の上面や下面に移動し，フォトトロピンが強光を受容すると，葉緑体は光による傷

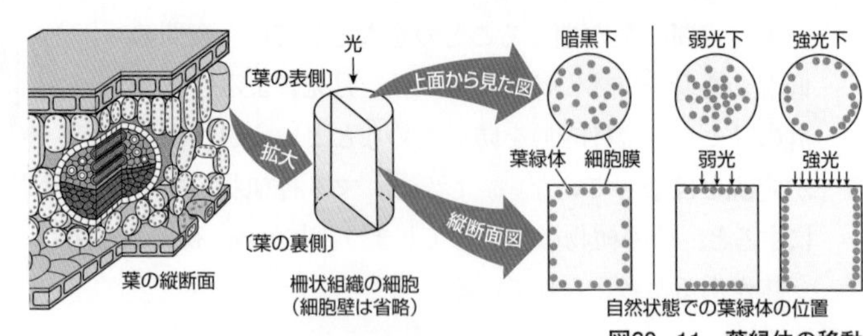

図60-11 葉緑体の移動

害を避けるために細胞の側面に移動する(図60 - 11)。

4 酸素不足に対する応答

多くの植物では，土壌中の酸素が不足すると，**エチレン**の生成量が増加し，伸長成長が抑制される。トウモロコシでは，根が酸素不足になると，根の皮層の細胞が崩壊し，茎まで縦につながった通気組織が生じる。

2 生物的ストレスに対する応答

1 食害に対する応答

(1) 植物の葉では，昆虫による食害を受けると，**ジャスモン酸**が合成される※。

※トマトの葉では，食害によりジャスモン酸の合成を促進する**システミン**(ペプチド)が合成される。

(2) ジャスモン酸は，食害部位などでタンパク質分解酵素を阻害する物質の合成を促進するので，この阻害物質を多く含む部位を摂食した昆虫は，タンパク質の消化が阻害され，成長が抑制される。

(3) ジャスモン酸は，食害した昆虫の天敵となる生物を誘引する物質の合成や，食害部位で粘性の高い物質を分泌して傷口を保護する反応を促進する。

2 病原菌に対する応答

(1) 植物体では，表皮やクチクラ層は，細菌・菌類などの病原菌(病原性微生物)やウイルスなどの病原体に対する物理的防御の働きをもつ。

(2) 病原菌に感染した植物では，病原菌の細胞表層物質や分泌物，感染された植物自身の細胞壁断片が生じる。これらの物質は師管を通って植物体の各部位に移動し，植物の細胞膜上の受容体で受容される。

参考 植物の感染部位で生じ，病原菌に対する応答を引き起こす病原菌由来の物質や細胞壁断片などをエリシターという。

(3) 病原菌由来の物質などを受容した細胞は，以下のような応答を示す。

①感染部位とその付近では，**過敏感反応**(かびんかん)と呼ばれる自発的な細胞死が起こる。これにより病原菌を感染部位に閉じ込め，植物体全体への感染を防ぐ。

②**ファイトアレキシン**と呼ばれ，病原菌の成長および増殖を妨げる抗菌物質を合成する。この反応には，ジャスモン酸がかかわっている。

③感染部位とその周辺ではリグニンが合成され，蓄積される。リグニンは細胞壁を機械的(物理的)かつ生物的に強固にし，未感染の部位への病原菌侵入の障壁となる。感染部位では，植物ホルモンの一種である**サリチル酸**が合成され，これが揮発性物質に変化して拡散し，感染部位以外の部位や周囲の植物に受容されると，その部位で病原体の繁殖を抑える物質が合成され，病原体に対する抵抗性を生じる。

6 ▶ 器官分化と植物ホルモン

(1) 多細胞生物の個体から取り出した組織片や細胞群を，適当な条件下で生かし続ける技術を組織培養という。

(2) タバコの葉や茎の一部を無菌的に取り出し(図60 - 12①)，糖や無機塩類などの栄養や，細胞の分化や発根を促進する作用がある**オーキシン**(インドール酢酸)，細胞分裂や細胞の分化を促進する作用がある**サイトカイニン**(カイネチン)を含む培地で培養すると，細胞が分裂し始め，カルスと呼ばれる不定形で未分化な細胞塊が形成される(**脱分化**)(図60 - 12②)。

(3) 培地中のオーキシンとサイトカイニンの濃度比を変えてカルスを培養すると，カルスから芽や根が形成される現象を再分化という(図60 - 12③)。

参考 動物の場合，一度分化した細胞は簡単には脱分化しないが，植物の場合は，細胞を取り巻く環境を変えると，比較的簡単に脱分化が起こる。なお，オーキシンとサイトカイニンは，受容体と結合した後，調節タンパク質の量や働きを調節することにより細胞を脱分化状態にしていると考えられているが，詳細については不明な点も多い。

(4) タバコの組織培養では，オーキシンに対するサイトカイニンの濃度が低い場合には根(不定根)が分化し，オーキシンに対するサイトカイニンの濃度が高い場合には芽(茎や葉，シュート，不定芽)が分化する(図60 - 12④・⑤)。

参考 1. 発生過程において，幼根の発達によって生じた主根や側根(これらの根を定根という)に対して，茎や葉などから不規則に出る根を**不定根**という。また頂芽や側芽(これらの芽を定芽という)に対して，それ以外の部位から不規則に出る芽を**不定芽**という。
2. 植物によって，カルス形成や再分化の際の植物ホルモンの要求は異なる。

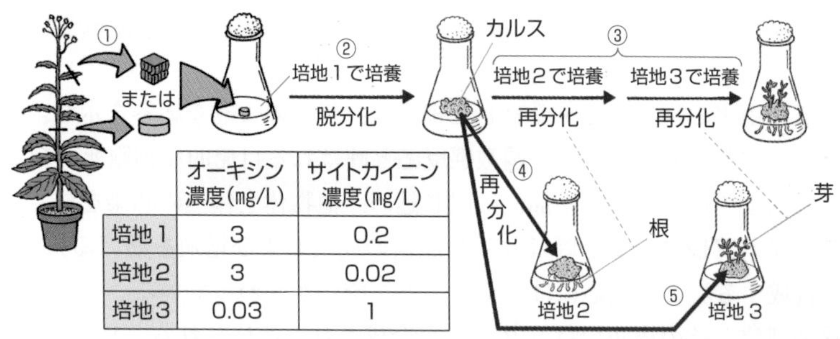

	オーキシン濃度(mg/L)	サイトカイニン濃度(mg/L)
培地１	3	0.2
培地２	3	0.02
培地３	0.03	1

図60 - 12　タバコの組織培養

(5) このように，脱分化した植物細胞は，その種のすべての組織や器官を分化させて完全な個体を形成する能力である全能性をもつといえる。

参考 茎頂分裂組織にはウイルスがほとんど存在していないので，この組織を用いた組織培養によりウイルスに感染していない苗を得ることができる。このような組織培養は成長点培養と呼ばれ，ラン・ユリ・カーネーションなどの園芸植物やイチゴなどの農作物を，無菌的に大量に増殖させることができる。

7 ▶ 植物の環境応答に関する光受容体

植物の環境応答に関与する光受容体の特徴などを表60 - 3にまとめた。

	主な働き（参照ページ）	吸収スペクトル	参考 その他
フィトクロム	・光発芽，暗発芽 (p.540) ・茎の伸長成長の抑制 (p.545) ・光周性 (p.557) 参考 ・生物時計の制御 (p.562)	吸収（相対値） フィトクロム Pr 型 Pfr 型	・植物と藻類にのみ存在。 ・シロイヌナズナには 5 種類のフィトクロムが含まれる。 ・光発芽と暗発芽では異なるフィトクロムが働く。
フォトトロピン	・光屈性 (p.547) ・気孔の開口 (p.565) ・葉緑体の移動 (p.568)	吸収（相対値） フォトトロピン	・植物にのみ存在。 ・フォトトロピンには 2 種類あり，葉緑体の移動（光定位運動）では 1 種類のみ，他では 2 種類がともに働く。
クリプトクロム	・茎の伸長成長の抑制，葉の光形態形成 (p.545) 参考 ・光周性に関与，生物時計の制御 (p.562)	吸収（相対値） クリプトクロム 300　400　500　600　700 光の波長 (nm)	・シアノバクテリア，藻類，植物，ショウジョウバエ，魚類，哺乳類などに広く存在。 ・シロイヌナズナには 2 種類のクリプトクロムが含まれている。

表60 - 3　植物の環境応答に関与する光受容体（まとめ）

もっと広く深く　光受容体による遺伝子発現の調節

植物の環境応答に関与する光受容体の光受容や細胞内へのシグナル伝達のしくみは，まだ明らかにされていないことが多いが，フィトクロムによるジベレリン合成に関与する遺伝子発現の調節についてはある程度わかっており，その概略を下図に示す。

フィトクロムは，遠赤色光照射下あるいは暗黒下では，Pr型（赤色光吸収型）として細胞質基質内に存在するが，Pr型が赤色光を受容してPfr型（遠赤色光吸収型）に変化すると，核内に移動する。核内に入ったPfr型は，PIFと呼ばれる調節タンパク質の分解を促進し，遺伝子発現の調節を行うと考えられている。

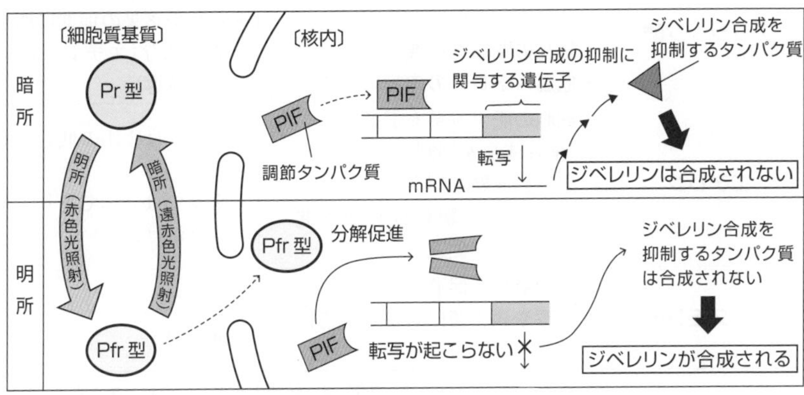

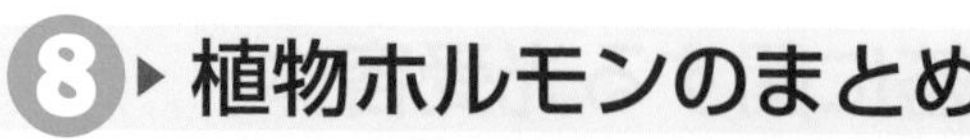

8 ▸ 植物ホルモンのまとめ

主要な植物ホルモン(7種類)の主な働きを表60 - 4に示す。なお，この表に示したものは，あくまでも各ホルモンの代表的な働きのうちごく一部であり，実際には植物の種類や時間，場所，環境に応じたさらに多彩な働きが知られている。また，複数のホルモンが複雑に働き合って植物の成長・分化を制御することも多い。

植物ホルモン名	働き	その他の特徴
オーキシン ［天然オーキシンのインドール酢酸(IAA)や，人工オーキシンの2, 4-D，ナフタレン酢酸(NAA)などの総称］	・細胞の成長を促進 ・光屈性，重力屈性の主要因 ・頂芽優勢の主要因 ・果実の成長(子房の成長)を促進 ・落葉や落果(離層形成)を抑制 ・細胞の分化を促進 ・発根を促進	・1931年に単離・命名。 ・極性移動する。 ・光の反対側に移動する。 ・植物体の部位により感受性が異なる。 ・植物の組織培養に用いられる。
ジベレリン	・種子の発芽を促進(休眠を解除) ・細胞の成長(伸長成長)を促進 ・花芽形成に関与 ・果実の形成・成長(子房の成長)を促進	・黒沢英一がイネ馬鹿苗病菌から発見(1926年)。 ・Pfr型のフィトクロムにより合成が誘導される。 ・種子なしブドウ生産に利用。
サイトカイニン ［カイネチン，ゼアチンなどの総称］	・側芽の成長を促進 ・葉の老化を抑制 ・細胞分裂を促進 ・細胞の分化を促進	・DNAの熱分解産物から単離。 ・植物の組織培養に用いられる。
ブラシノステロイド	・細胞の成長(伸長成長)を促進 ・落葉や落果を抑制	・脂質の一種であるステロイド化合物である。
アブシシン酸	・種子の休眠を維持(発芽を抑制) ・葉の老化を促進 ・気孔の閉鎖を促進 ・低温ストレスの応答に関与	・1961年に単離・命名。 ・落葉や落果の促進に間接的に関与(エチレンの合成を誘導)。
エチレン	・細胞の肥大成長を促進(伸長成長を抑制) ・果実の成熟を促進 ・落葉や落果(離層形成)を促進 ・葉の老化を促進	・分子式はC_2H_4の低分子有機物。 ・常温では気体であり，水には溶けにくい。
ジャスモン酸	・葉の老化を促進 ・食害や病原菌に対する応答に関与	・1980年代末期から研究が進んだ。

表60 - 4　植物ホルモンの名称と働きなど(まとめ)

第11章

バイオテクノロジー

第61講 バイオテクノロジー

The Purpose of Study 到達目標

Visual Study 視覚的理解

遺伝子組換えの手順の概略を頭に入れよう！

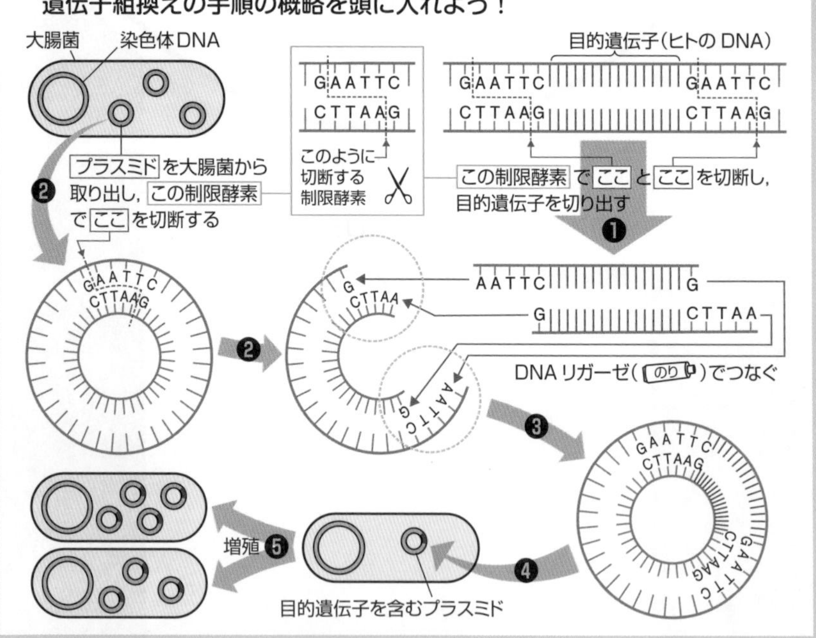

①▶遺伝子組換えによる遺伝子増幅

(1) 生物のもつ機能や生体内で行われている化学反応を直接または間接的に利用・応用する技術を**バイオテクノロジー**という。バイオテクノロジーには，遺伝子を扱う技術や細胞を扱う技術などがある。

(2) 遺伝子を扱う技術のうち，ある生物から取り出した遺伝子(DNA断片)を別の生物のDNA中につなぎ込む技術を**遺伝子組換え**(遺伝子組換え技術)という。

(3) ある生物のゲノムから，特定の遺伝子を含む塩基配列を選び出し，その塩基配列をもつDNA断片を増幅させる操作は**クローニング**と呼ばれ，遺伝子組換えによる方法や，PCR法(☞p.578)によるものなどがある。

(4) 遺伝子組換えにより，ヒトの特定の遺伝子(DNA断片)をクローニングする方法の概略を以下に示す(①～⑤は Visual Study の❶～❺に対応する)。

①DNAの特定の塩基配列を識別して切断する酵素である**制限酵素**を用いて，ヒトのDNAから特定の遺伝子(目的遺伝子)を含む配列を切り出す。

②大腸菌の細胞内に存在する小形の環状DNAである**プラスミド**(☞p.576)を大腸菌から取り出し，①で用いたものと同じ制限酵素で切断する。

③②で切断したプラスミドを①で切り出したDNA断片と混合し，DNAの切断部分をつなぐ働きをもつ酵素である**DNAリガーゼ**を作用させると，目的遺伝子がプラスミド中につなぎ込まれる。

④目的遺伝子がつなぎ込まれたプラスミドを大腸菌に導入する。

参考 特定の遺伝子(群)を，生きた細胞に人為的に導入し発現させる，あるいは特定の遺伝子(群)を生きた細胞に導入し，その細胞のゲノムに付加する操作を遺伝子導入という。遺伝子導入法のいくつかを以下に示す。

a. エレクトロポレーション法(電気穿孔法)：遺伝子を組み込んだプラスミドと細胞の懸濁液に短時間の高圧電流(電気パルス)を与えると，細胞膜に一時的に小孔があくので，この小孔を通して，DNA断片を組み込んだプラスミドを取り込ませる方法。細菌や酵母などのほか，動物細胞や細胞壁を除去した植物細胞にも用いられている。

b. パーティクルガン法(遺伝子銃法)：目的の遺伝子を組み込んだプラスミドやDNAなどを付着させた金属粒子を高圧のヘリウムガスを用いて細胞に打ち込む方法。

c. マイクロインジェクション法(顕微注入法)：顕微鏡下で細胞に微細なガラス管を差し込み，DNAなどを細胞に注入する方法。

d. ヒートショック法：塩化カルシウム($CaCl_2$)などで処理した細胞に熱を加えて，目的の遺伝子を組み込んだプラスミドなどを取り込ませる方法。大腸菌へのプラスミドの導入によく用いられる。

e. リン酸カルシウム法：リン酸緩衝生理食塩水中で，DNA(負電荷をもつ)とカルシウムイオン(正電荷をもつ)を混合すると，リン酸カルシウムーDNA複合体の沈殿物が形成される。この沈殿物を培養細胞のエンドサイトーシスにより，細胞内に取り込ませる方法。

その他：超音波照射により細胞膜に一時的に小孔をあけて遺伝子を導入する方法，動物に感染するウイルス(アデノウイルス，レンチウイルスなど)をベクター(☞p.576)として用いて動物細胞内に遺伝子を導入する方法，アグロバクテリウム(☞p.590)を用いて植物細胞内に遺伝子を導入する方法などもある。

⑤プラスミドは大腸菌内で自律的に複製されることに加え，大腸菌の増殖により目的遺伝子を含むDNA(断片)のクローニングが行われる。

2 ▶ 遺伝子組換えに用いる『道具』

(1) **制限酵素**は，DNAの特定の塩基配列(多くは4～6塩基対)を識別して2本鎖(DNA)を切断する酵素であり，遺伝子組換えにおいて，DNA断片を切り出す際の「はさみ」の役割をする。制限酵素は多種類あるが，3種類の制限酵素について記す(表61-1)。

	識別配列と切断位置(｜)	切断後の末端部分
エコアールワン *Eco*R I	G｜AATTC CTTAA｜G	G　AATTC CTTAA　G
ピーエスティーワン *Pst* I	CTGCA｜G G｜ACGTC	CTGCA　G G　ACGTC
アルワン *Alu* I	AG｜CT TC｜GA	AG　CT TC　GA

表61-1　制限酵素の例

参考 1. 制限酵素は細菌から発見された酵素であり，本来，ファージなどの外来の遺伝子が菌体内にもち込まれた場合，これを識別して切断し，その働きを制限することから名付けられた。なお，細菌のDNAはメチル化などの修飾により，制限酵素により分解されることはない。

2. 制限酵素の種類は数百種類が知られているが，それらは大きく3つの型(Ⅰ型，Ⅱ型，Ⅲ型)に分けられ，Ⅱ型は表61-1に示すような特定の配列(3～6塩基対の回転対称構造であることが多い)を識別して切断するので，遺伝子組換えに用いられる。

3. 表61-1には示していないⅠ型は特定の配列を識別するが切断位置が一定せず，Ⅲ型は識別する配列から数十塩基離れた位置を切断する。

(2) **DNAリガーゼ**は，DNAの主鎖の切れ目をつなぐ(リン酸基とデオキシリボースを結合する)酵素であり，遺伝子組換えにおいては「のり」の役割をする。

参考 DNAリガーゼは，DNAの複製の際には岡崎フラグメントどうしを結合する役割をもつ。

(3) 遺伝子組換えの際に目的遺伝子を組み込み，特定の細胞へ遺伝子を導入する，DNAの運び手(運び屋)となるプラスミドのようなDNAを**ベクター**といい，ベクターには，プラスミドのほかにウイルスのDNAなども用いられる。

参考 プラスミドによる大腸菌への組換え遺伝子の導入は形質転換の一種である。

(4) **プラスミド**は，細菌などの細胞内において，その細菌自身のゲノムDNA(染色体DNA)とは別に存在し，独立して増殖する小形の核酸分子であり，環状2本鎖DNAであることが多い。

参考 プラスミドには，直鎖状のDNAなどの例も知られている。

もっと広く深く　実際の遺伝子組換えによるクローニング

(1) ある生物においてクローニングで増やしたい特定の遺伝子(目的遺伝子)の両端にのみ作用する制限酵素はない。したがって，ある制限酵素をヒトの染色体DNAに作用させると，多数存在する切断箇所のすべてが切断されて多数のDNA断片が生じる(次図(1))。これらと同じ制限酵素で切断したプラスミドを混合してDNAリガーゼを作用させる。

(2) 制限酵素によって生じた多数のDNA断片のうち，プラスミドに組み込まれたもの

(次図中b，c)のみが，大腸菌に導入される。また，何も組み込まずに，DNAリガーゼによって閉じてしまったプラスミド(次図中a)も大腸菌内に入る(次図(2))。

(3) なお，プラスミドが入った大腸菌とプラスミドが入らなかった大腸菌は，2種類の抗生物質AとTに耐性を示す遺伝子(A遺伝子とT遺伝子，これらをもたない大腸菌は抗生物質を含む培地では増殖できずに死ぬ)をもつプラスミドを用いることによって区別可能となる(下図(3))。

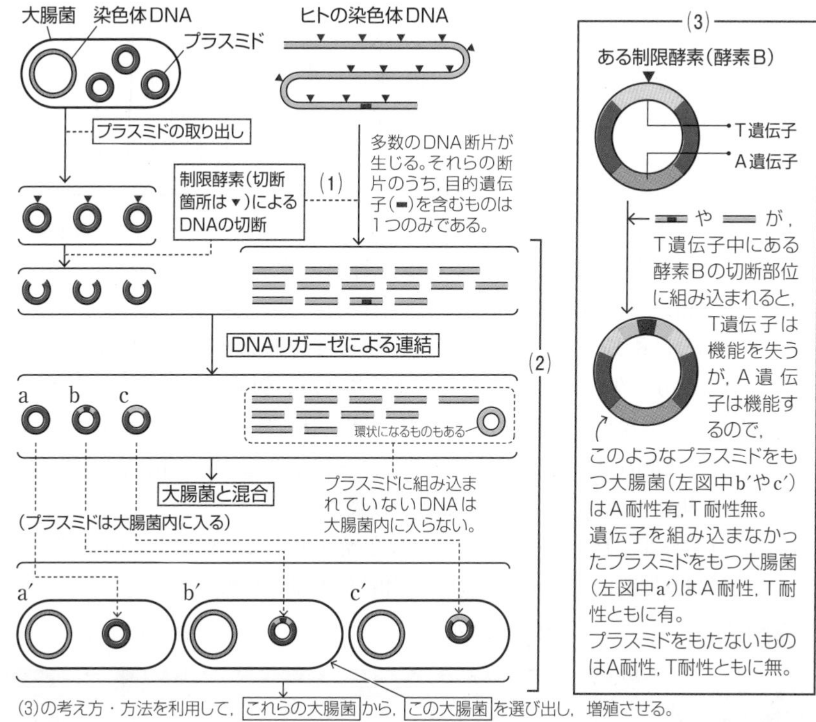

③ ▸ cDNA

(1) 遺伝子組換えにより真核生物由来の目的遺伝子を原核生物に入れても，原核生物では真核生物のようなスプライシングは起こらないので，正常なタンパク質は合成されない。したがって，真核生物のタンパク質を原核生物につくらせるためには，目的遺伝子のmRNAを鋳型とし，**逆転写酵素**を用いて合成したDNAが必要になる。

(2) このようなDNAを**cDNA**(complementary「相補的な」DNA)といい，cDNAを用いた遺伝子組換えにより，糖尿病の治療に欠かせないインスリンなど，体内でしか合成されなかったタンパク質*が大量に生産できるようになった。

参考 ＊成長ホルモン，インターフェロンなど多くのタンパク質が生産されている。

④▶ DNA断片の増幅：PCR法(ポリメラーゼ連鎖反応法)

(1) クローニングのうち，**DNAポリメラーゼ**による反応を繰り返すことでDNA断片を多量に増幅させる方法を**PCR法**(**ポリメラーゼ連鎖反応法**)(Polymerase Chain Reactionの略)といい，その手順を次に示す(図61-1・2)。

(2) 増幅したい目的遺伝子を含む2本鎖DNAに，4種類のヌクレオチド，耐熱性のDNAポリメラーゼ※，**プライマー**(☞p.346)を加えた反応液をつくり，以下のような条件で反応させる。

※温泉や熱水噴出孔などの高温環境に生息する好熱菌(好熱性細菌)から単離されたものであり，高温でも失活しない。

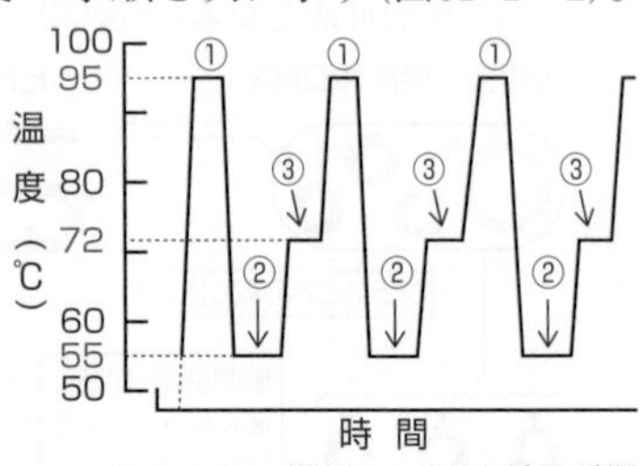

図61-1　PCR法の手順

①約95℃に加熱する。これにより塩基対間の水素結合が切れ，2本鎖DNAが1本鎖DNAに解離する。

②50～60℃に冷却する。これにより，**プライマー**はDNAが1本鎖から2本鎖に戻るよりも先に，1本鎖DNAの増量させたい領域の3′末端に結合する。

③約72℃(この温度は耐熱性DNAポリメラーゼの最適温度)に加熱する。これにより，**DNAポリメラーゼ**がプライマーに結合し，1本鎖DNAを鋳型にして新生鎖が合成され，2本鎖DNAが複製される。

(3) (2)の①～③を1サイクルとしてこれを繰り返すことにより，目的遺伝子は指数関数的(理論的にはnサイクルで2^n倍)に大量に増幅される。

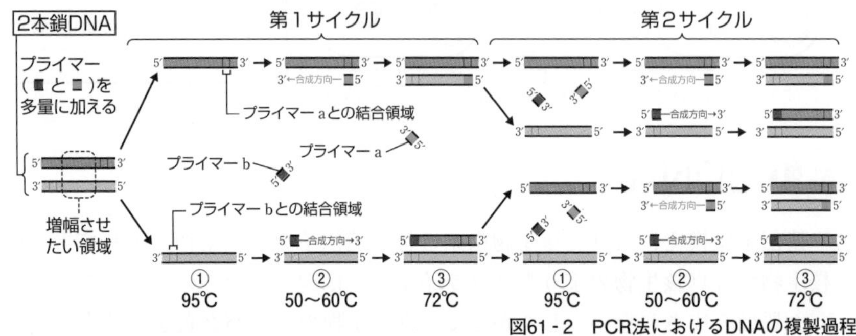

図61-2　PCR法におけるDNAの複製過程

⑤▶ 電気泳動法

(1) 帯電した物質(DNA・RNA・タンパク質など)を電流が流れる寒天ゲルなどの液中で分離する現象(方法)を**電気泳動(法)**といい，この方法の原理と手順を次に記す。

(2) DNAは，1ヌクレオチド当たりに1つ含まれるリン酸が電離し，負の電荷をもつため，電圧を加えると＋極に向かって移動する。これを利用し，電気泳動によりDNAを長さ(塩基対数)ごとに分離することができる。

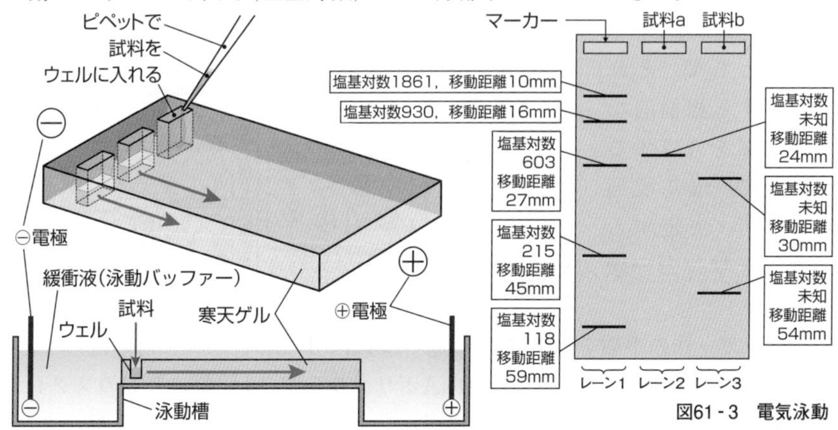

図61-3 電気泳動

(3) 複数のDNA断片の混合液から，特定の塩基対数のDNA断片を電気泳動法で分離する際には，まず，泳動槽に寒天ゲル(アガロースゲル)と電極(両端に＋と－)を入れ，周りを緩衝液(かんしょうえき)(泳動バッファー)で満たす。

(4) 寒天ゲルのくぼみ(ウェル)に，試料(DNAの混合液)を入れ，くぼみがある方を－電極側にして通電する(図61-3左)。寒天ゲルの繊維は網目構造を形成しており，長いDNA断片ほど，その網目に引っかかりやすいので，移動距離が短くなる。このとき，1つのウェルには塩基対数が判明している数種類のDNA断片をマーカー(基準となる目印)として入れておく。

(5) 電気泳動終了後にDNAを染色すると，各レーン(泳動により試料が移動する範囲)に短い帯(バンド)が現れる(図61-3右)。

(6) まずそれぞれのマーカーの移動距離を測定し，縦軸(対数目盛)に塩基対数，横軸に移動距離(mm)をとってプロットすると，直線のグラフ(**検量線**・標準曲線)が描ける。

(7) 次に，塩基対数が未知のDNA断片の移動距離を測定し，グラフ上でその移動距離に相当する塩基対数を読めばよい(図61-4)。

(8) 目的とする塩基対数に相当するバンドの部分の寒天ゲルを切り出すことにより，目的とするDNAを得ることができる。

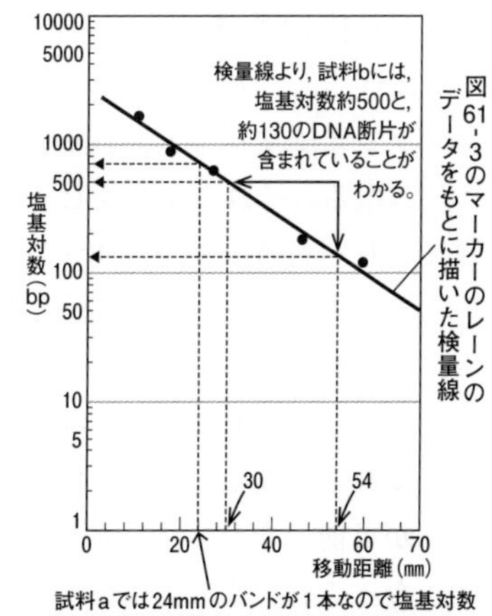

図61-4 電気泳動の結果

6 ▸ 塩基配列の解析：サンガー法

(1) 2本鎖DNAのうちの一方のDNA鎖を鋳型として，それに対する相補的なDNA鎖を合成することで，塩基配列を解析・決定する方法を**サンガー法**という。

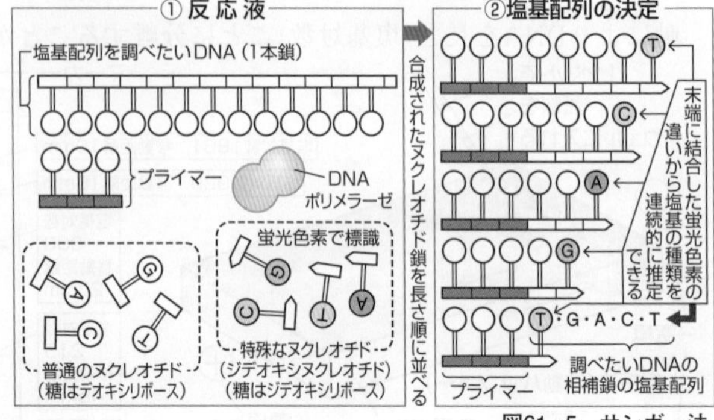

図61-5　サンガー法

(2) サンガー法の手順を以下に示す(①・②は図61-5の①・②に対応)。

①塩基配列不明の1本鎖DNA，DNAポリメラーゼ，4種類の普通のヌクレオチド，4種類の特殊なヌクレオチド(デオキシリボースより酸素原子が1つ少ないジデオキシリボースを糖にもつのでジデオキシヌクレオチドと呼ばれる)，プライマーを加えた反応液をつくる。

②反応液中ではDNAの複製が起こり，その複製過程で特殊なヌクレオチドが取り込まれると，そこでDNAの合成が停止するので，4種の蛍光色素のいずれかで標識され，2本鎖になっている部分の長さがさまざまな部分的2本鎖ヌクレオチド鎖が合成される。合成された部分的2本鎖を1本鎖にした後，塩基配列を解析する装置(**シーケンサー**)を用いて塩基配列を読み取る。

(3) DNAの塩基配列決定には長らくサンガー法が用いられてきたが，近年，新しい技術・装置が開発された。それについて次に記す。

①長いDNAを多数の短い1本鎖の断片にし，ガラスや金属表面にスポット状に固定した後，4種類の塩基のそれぞれに対応させた蛍光色素をつけたヌクレオチドを与え，DNA合成によって取り込まれた塩基を，1塩基ずつ読み取る。それらをコンピューターで解析し，DNA全体の情報に再構築する。

②これを行うシーケンサーとして，現在では，塩基配列をより高速に，より安価に解析できる装置(次世代シーケンサー)が開発されており，約20年前には数年もかかった1個人の全塩基配列の決定も，1日以内で可能になった。

③また，次世代シーケンサーを用いて，大腸・口腔や，土壌・海洋などに含まれる膨大な種類の生物のゲノムをまとめて読み取ること(**メタゲノム解析**)が可能になり，生物の集合体全体の情報を明らかにすることが可能になった。これにより，医学や生態学が大きく前進する可能性がある。

もっと広く深く DNAの複製とプライマー

1 プライマーの種類

(1) DNAポリメラーゼは，ある程度の長さをもったヌクレオチド鎖のみに作用し，それをさらに伸長させることはできるが，ゼロから新生鎖を合成することはできない。したがって，複製開始時には，まずプライマーが鋳型鎖に結合し，DNAポリメラーゼがプライマーにつなげて新生鎖を伸長していく。

(2) 細胞内でDNAが複製される際のプライマーはRNAであり，このRNAはプライマーゼ(DNAプライマーゼ)と呼ばれる酵素によって合成される。一方，PCR法やサンガー法などでDNAを増幅させる際のプライマーには，増幅させたい領域の3′末端に結合するように人工的に設計・合成したDNAを用いる。

(3) 下記の塩基配列のDNA断片をPCR法で増幅させる場合を考える。

5′−TCCGCATTTGAACGCTAACCTGTCTAGATCGCTATAAGTCTTA−3′
3′−AGGCGTAAACTTGCGATTGGACAGATCTAGCGATATTCAGAAT−5′

DNAの転写や複製では，新たなヌクレオチド鎖の合成は5′ → 3′の方向にのみ進行するので，プライマーは2本鎖それぞれの3′末端側に結合するよう設計しなければならない。そこで，3′− ATTC − 5′，5′ − GCAT − 3′という2種類のプライマーを設計したとすると，次のように複製が行われ，2種類のプライマーで挟まれた領域のみが増幅される。

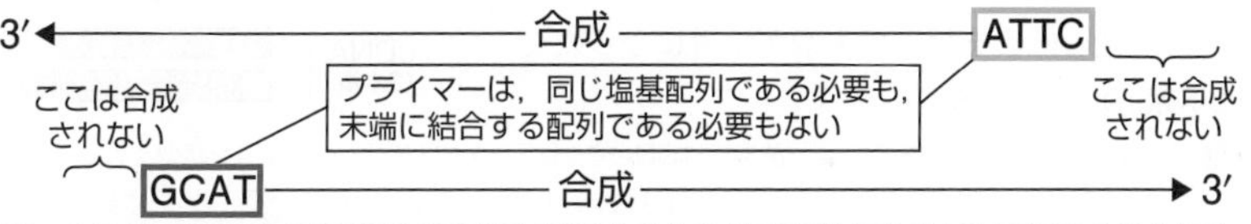

2 プライマーのサイズ

(1) PCR法では，プライマーは20塩基程度のものを使うことが多い。これは，せっかく設計したプライマーが，増幅させたい領域の他の部分とも相補的に結合してしまう可能性を低くするためである。もし，プライマーがATTCの4塩基からなるとすると，これに相補的に結合するTAAGの配列が鋳型となるDNAに現れる確率はどのくらいだろうか。

(2) 4種類の塩基から1つ選ぶ確率は $\frac{1}{4}$ なので，TAAGとなる確率は $\left(\frac{1}{4}\right)^4=\frac{1}{256}$ となる。つまり，256塩基に一度TAAGが現れることになり，目的遺伝子とは関係のない領域が増幅される可能性が高くなる。

(3) 20塩基であれば，任意の部位に結合する確率は $\left(\frac{1}{4}\right)^{20}=\frac{1}{1099511627776}$ となるため，目的の場所以外にプライマーが結合するという可能性は極めて低くなる。

3 cDNAの合成方法とプライマー

(1) 細胞内に存在する全RNAからcDNAをつくると，大量に存在するtRNAやrRNA由来のcDNAだけが主にできてしまうため，mRNA由来のcDNAを得るためには，mRNAの精製が必要となる。mRNAは，3′末端に**ポリA尾部**(5′末端には**キャップ**)をもつので，ポリA尾部のついたRNAのみを短いデオキシチミジン鎖(**TT…T**)のついたセルロースに結合させて集める。

(2) 短いデオキシチミジン鎖をプライマーに，mRNAを鋳型として，レトロウイルス由来の逆転写酵素を用いて1本鎖cDNAを合成する。逆転写酵素はRNA分解酵素の活性ももつので，DNA合成反応にともなって，鋳型となったmRNAは切断・分解されていく。

(3) 断片化されて1本鎖cDNA上に残ったRNA断片をプライマーに，1本鎖cDNAを鋳型として，大腸菌のDNAポリメラーゼを用いて2本目のDNA鎖を合成する。

(4) プライマーとなったRNA断片は，反応の過程で除かれる。5′末端側のRNAが除かれた部分はそのままとなり，途中のRNA断片が除かれた部分はDNAポリメラーゼとDNAリガーゼの働きで埋められる。

(5) ある種の酵素を用いて末端が平滑になった2本鎖cDNAを得る。

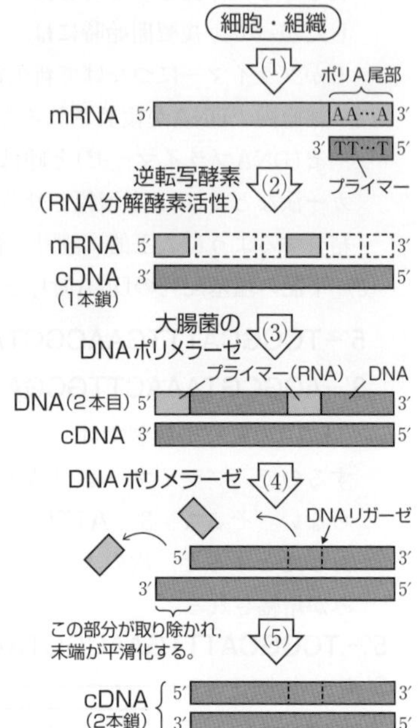

参考 1. レトロウイルス由来の逆転写酵素にはDNA依存性DNAポリメラーゼ(DNAを鋳型としてDNAを合成する酵素)の活性もあるが，その活性は弱い。したがって，(3)において，短い2本鎖cDNAを合成する場合は逆転写酵素を用いてもよい。

2. 遺伝子1つを1冊の本にたとえるなら，1本の染色体は1つの書棚(本箱)であり，その生物の染色体全体は図書館である。しかし，染色体を構成しているDNA分子は，ある1つの遺伝子の解析や同定を行うには大きすぎて扱いづらいので，ある生物の全染色体のDNAを適当な制限酵素によって断片化し，ベクターにつなげてクローニングした集合体(全体)を遺伝子ライブラリー(ゲノムDNAライブラリー)という。これに対して，生物のある組織や細胞などから抽出したすべてのmRNAを鋳型にして合成したcDNA(2本鎖)をベクターにつなげてクローニングした集合体(全体)をcDNAライブラリーという。

7 ▶ 遺伝子の機能を解析する方法

1 DNAマイクロアレイ

(1) 塩基配列が明らかになっており，それぞれ異なる配列をもつ多数の1本鎖

DNAを，プラスチックなどの基板上に規則的に配置する。この基板上のDNAに，ある特定の組織(細胞)から抽出したmRNA(または，そのmRNAをもとに合成したcDNA)に蛍光標識をつけたものを反応させ，反応後にDNAと結合していないmRNAを洗い流した後，(蛍光)顕微鏡で観察し，相補的結合の有無を見る。このような手法あるいは装置を，**DNAマイクロアレイ(解析)**(DNA microarray,「array」は「配列」の意)といい，ある条件下の細胞内で発現している遺伝子を全体的にとらえることができる。

(2) DNAマイクロアレイは多様であり，cDNAをガラス面に固着させて配列させる場合や，半導体技術を応用して数十塩基からなるヌクレオチド鎖をシリコン薄膜の表面上で合成し，配列させる場合（DNAチップ）などがある。

(3) 例えば，図61-6に示すように，正常細胞とがん細胞からそれぞれ抽出したmRNAを，異なる色の蛍光色素で標識し，DNAマイクロアレイにのせ，発現パターンの違いを見る。この結果から，●の遺伝子と●の遺伝子のそれぞれについて，がん細胞と正常細胞のいずれにおいて発現しているかを判定することができる。

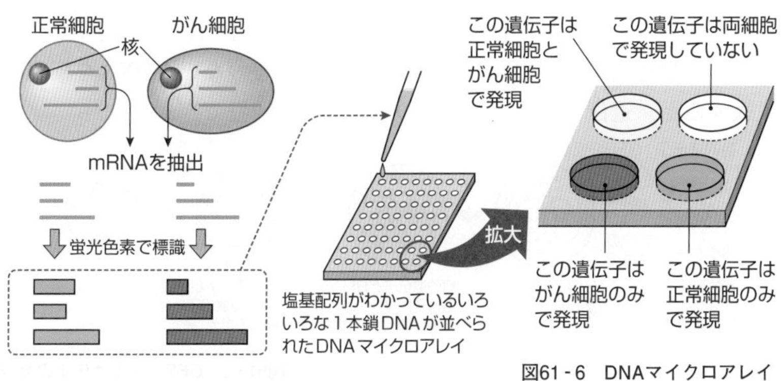

図61-6 DNAマイクロアレイ

2 トランスジェニック技術

(1) ある生物から単離した遺伝子(外来遺伝子)は，別の生物の細胞に注入されても，その細胞のDNAに取り込まれないとやがて脱落する。

(2) 外来遺伝子を受精卵などの核のDNAに組み込むと，その受精卵が発生してできる個体のすべての細胞は外来遺伝子をもつようになる。

(3) 本来,その生物にはない外来遺伝子を導入する技術を**トランスジェニック技術**といい,この技術でつくられた生物個体を**トランスジェニック生物***という。

参考 ＊遺伝子導入生物・遺伝子組換え生物・形質転換生物などとも呼ばれる。

(4) トランスジェニック技術は農畜産物の改良に応用されており，農薬や害虫に対する抵抗遺伝子の導入が実用化されている。トランスジェニック生物が食品として利用される場合，それらは一般に**遺伝子組換え食品**と呼ばれる。

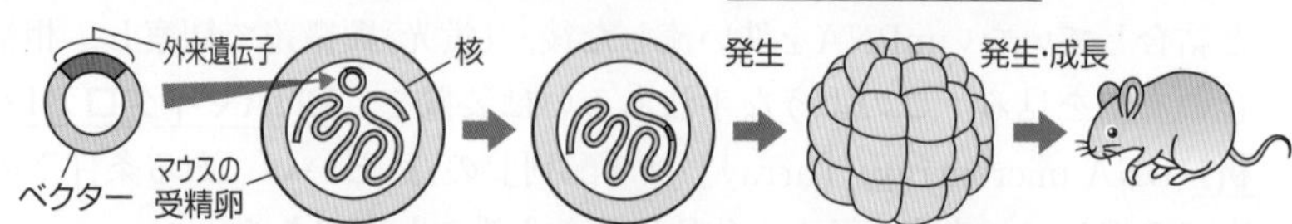

図61-7 トランスジェニックマウスの作製

3 細胞内の遺伝子の発現に関する技術

(1) 細胞の中で遺伝子が発現するようすは，以前は細胞を破壊してmRNAやタンパク質の量や質を解析して調べていたが，**GFP***(Green Fluorescent Protein(**緑色蛍光タンパク質**(りょくしょくけいこう)))と呼ばれる蛍光を発するタンパク質の発見により，生きた細胞の中で遺伝子の発現を確認することができるようになった。

参考 *下村脩(しもむらおさむ)博士は，オワンクラゲの発光器官からGFPを発見・単離した業績で，2008年にノーベル化学賞を受賞した。

(2) 発現の部位・時期・程度などを調べたい遺伝子(目的遺伝子)や，目的遺伝子の発現を制御する配列の後にGFPの遺伝子をつないだDNAを細胞の中に導入すると，遺伝子の発現がGFPの蛍光として観察できる。

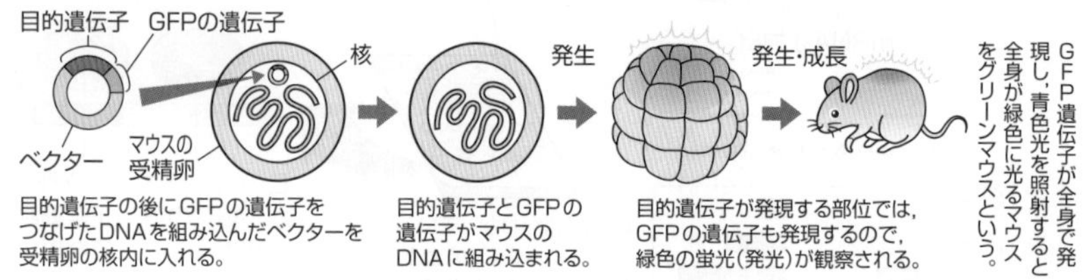

図61-8 GFPによる遺伝子の発現の観察

参考 発光とは，ある物質が外部から一時的にエネルギーを吸収してエネルギーの高い不安定な状態(励起(れいき)状態)になり，それがエネルギー的に最も安定な状態(基底状態)に戻るときに余分なエネルギーを光として放出する現象である。発光には，化学エネルギーの吸収によって起こる化学発光や，光エネルギーの吸収によって起こる蛍光(蛍光発光)などがある。オワンクラゲの体内のGFPは，イクオリンと呼ばれるタンパク質がCa^{2+}と結合して励起状態になった後，基底状態に戻る際，青色に化学発光する瞬間に，その青色光のエネルギーをGFPが吸収して励起状態になった後，基底状態に戻る際に緑色の蛍光を発する。

4 マーカー遺伝子とレポーター遺伝子

(1) 遺伝子組換え実験において，導入したい遺伝子が目的の細胞に導入されたかどうかを確認するために用いられる遺伝子は**マーカー遺伝子**と呼ばれ，この遺伝子として薬剤耐性遺伝子などが用いられる。

(2) 遺伝子組換え実験において，導入した遺伝子が発現しているかどうかを確認するために用いられる遺伝子は**レポーター遺伝子**と呼ばれ，この遺伝子としてGFPのように定量的な解析に適した遺伝子が用いられる。

5 さまざまなトランスジェニック生物

(1) ヒトの成長ホルモン遺伝子を組み込んだことにより，多量の成長ホルモンを分泌し，その作用によって大きくなったマウスを**スーパーマウス**という。

(2) 病気の原因遺伝子の導入などで病的異常を示すマウスを**疾患モデルマウス**という。疾患発症のしくみや，予防法・治療法の研究に応用される。

(3) トランスジェニック技術により，ある特定の遺伝子を破壊したマウスは**ノックアウトマウス**と呼ばれ，その遺伝子本来の働きの解明に用いられたり，疾患モデルマウスとして利用されたりする。

6 ゲノム編集

(1) ゲノムの特定の部分(標的となる塩基配列)を認識して切断する酵素を用いて，標的となる塩基配列に欠失・挿入・置換などを起こす技術が近年開発された。これを**ゲノム編集**という。

(2) ゲノム編集技術には複数の種類があるが，以下にCRISPR/Cas9システム(クリスパー/キャスナインシステム)と呼ばれる技術について記す。

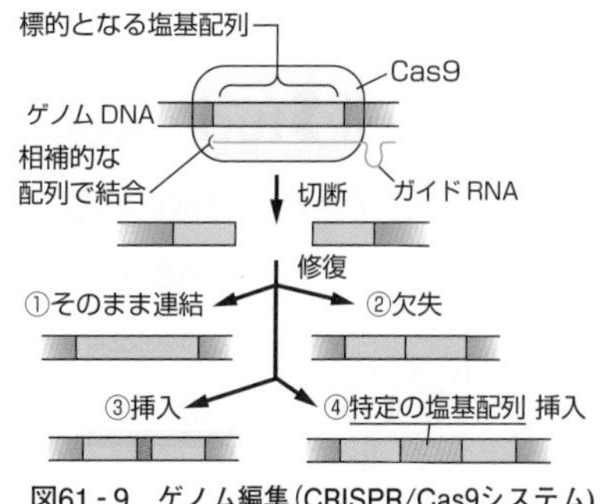

図61-9 ゲノム編集(CRISPR/Cas9システム)

(3) このシステムではCas9というDNA分解酵素を，標的となる塩基配列に相補的なガイドRNAとともに細胞で働かせると，ゲノムDNAのうち，標的となる塩基配列をもつ部分が切断され，その後，図61-9に示すような修復が見られる。修復の際には，そのまま連結(①)する場合もあるが，このときにエラーが起こってその連結場所に欠失(②)や塩基の挿入(③)が起こる場合もあり，この反応を利用すると，従来より簡単に遺伝子を破壊(ノックアウト)することができる。さらに，修復の際に特定の塩基配列の挿入(④)が起こる反応を利用すると，特定の遺伝子を，切断された部位に挿入することも可能になり，トランスジェニック生物を作製することができる。このゲノム編集は，マウスのみならず，サル，線虫，植物などさまざまな生物や培養細胞にも適用可能で，品種改良も手軽に行えるようになる。しかし，従来の方法と違い，切断された部位に特定の遺伝子が挿入された場合を除いて，人為的な操作をした痕跡がゲノム上に残らない。

バイオテクノロジーの応用

The Purpose of Study 到達目標

Visual Study 視覚的理解

バラの花色色素合成の経路

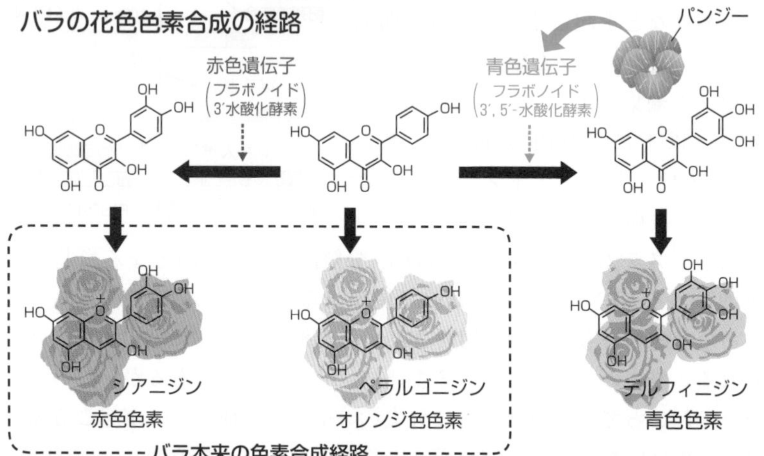

花や果実などの色は，液胞内の細胞液内に含まれているアントシアン*（赤色･青色･紫色などの色を示す色素の総称）に由来する。一般に，赤いバラには主に赤色色素が含まれ，オレンジ色のバラには主にオレンジ色色素が含まれている。

*アントシアンは，発色団部分（色素部分）のアントシアニジンと，それに糖が結合したアントシアニン（配糖体と呼ぶ）の総称であり，植物細胞では，ほとんどがアントシアニンとして存在している。アントシアニンは，シアニジン（赤色色素），ペラルゴニジン（オレンジ色色素），デルフィニジン（青色色素）の3系統に分類される。これらの3系統の色素は同じ物質から合成される。

1 ▶ヒトゲノム計画

(1) **ゲノム**は，生物が生命活動を行うために必要な最小限の遺伝情報であり，卵や精子に含まれ親から子に伝えられる遺伝情報に相当する。

(2) ヒトゲノムを構成するDNAは，**約30億塩基対**からなる。**ヒトゲノム計画**(**ヒトゲノムプロジェクト**，ヒトゲノム解読計画)は，この全塩基配列を解読する国際的プロジェクトであり，1990年頃に始まり，2003年に終了した。その結果，以下のようなことがわかった。

参考 2018年時点で，ゲノムが解読されている生物は3000種以上に及んでいる。

①ヒトゲノム中には**約22000個**(約20500〜25000個)の遺伝子がある。

②イントロン(約24%)や，tRNA，rRNAの情報をもつ配列が多く，アミノ酸を指定している配列は全塩基配列中の約1.5%である。

③すべてのヒトで99.9%の塩基配列が共通である。一方，個人差として**SNP**(一塩基多型)が200万個以上存在する。

④反復配列(数個〜数十個の塩基配列が繰り返される配列)が多く，約53%を占める。また，その繰り返し回数には個人差がある。

(3) 現在は，ポストゲノム時代とも呼ばれ，解読されたゲノムの情報を活用する時代であり，以下のような活用が考えられる。

①プロテオーム解析と呼ばれる手法を用いて細胞内のすべてのタンパク質の量や質的な違いを解析し，正常細胞と疾患をもつ細胞の状態を比較することで，疾患に関係するタンパク質の推測や病気の診断を行う。

②病気へのかかりやすさや，薬の効きやすさなどの個人差と，SNPとの関係を解析し，個人の体質にあわせた病気の予防や薬の処方などを行う。

2 ▶バイオテクノロジーの医療への応用

1 医薬品の生産

遺伝子組換えの技術は，以下にあげるような医薬品の生産に応用されている。

(1) **糖尿病の治療に用いるインスリンの生産**

ヒトのインスリン遺伝子をプラスミドにつなぎ込み，それを大腸菌や酵母に導入して増殖させると，ヒトのインスリンが大量に生産される。

(2) **B型肝炎ワクチンに含まれる抗原タンパク質の生産**

B型肝炎ウイルスの抗原タンパク質の遺伝子をプラスミドにつなぎ込み，それを酵母に導入して増殖させると，抗原タンパク質が大量に生産される。

(3) **インターロイキン，インターフェロン(抗がん剤)の生産**

2 遺伝子診断

遺伝病は，DNAの塩基配列の変化(異常)によって起こる。特定の遺伝病をもつ人の遺伝子と健康な人の遺伝子との比較により，病気の原因となる遺伝子(の塩基配列)を特定することができる。このような診断を**遺伝子診断**という。

参考 1. 遺伝子診断では，特定の遺伝病に関与しているタンパク質の構造遺伝子，調節遺伝子およびイントロンなどの塩基配列を調べ，必要に応じてmRNAの分析も行う。
2. 塩基配列の変化が病気に直結しないこともあるので，特定の塩基配列の変化が病気と密接に結びついていることを科学的に証明することが，遺伝子診断を行ううえで必須である。

3 オーダーメイド医療(テーラーメイド医療)

(1) 遺伝子診断で得られた患者の遺伝情報をもとに行われる個人に合った医療(治療や投薬など)を，**オーダーメイド医療**(**テーラーメイド医療**)という。

(2) シーケンサー，DNAマイクロアレイなどによるゲノムの情報の解読・解析の技術がさらに進めば，遺伝子レベルの検査が，人間ドックや学校・職場における定期健診などで普及するようになる。それにより，生活習慣病やがんなどに対するリスク判定や，それらの病気の発症予防，早期発見，適切な治療，SNPによる薬剤の効果や副作用の大小の違いを考慮したうえでの医薬品の開発(**ゲノム創薬**(そうやく))や投薬などが可能になると考えられている。

参考 オーダーメイド医療の一種にプレシジョン・メディシン(Precision Medicine「精密医療」)と呼ばれる医療がある。これは，患者の細胞を遺伝子レベルで分析し，適切な投薬や治療を行うことである。例えばがん治療において，従来は臓器ごとに「肝臓がんなら薬A，甲状腺がんなら薬B」が投薬されていたが，プレシジョン・メディシンでは，がんの原因となる遺伝子変異や，その遺伝子由来のタンパク質を見つけ，それだけを抑える薬を使う。ある肝臓がんの患者の遺伝子変異が，甲状腺がんの患者で多くみられる遺伝子変異と同じ場合は，「肝臓がんだが薬B」が投薬される。

4 遺伝子治療

遺伝子の先天的な欠損による遺伝病やがんを発症(病)した人(患者)に対し，欠損した遺伝子(正常な遺伝子)を導入する治療法を**遺伝子治療**という。

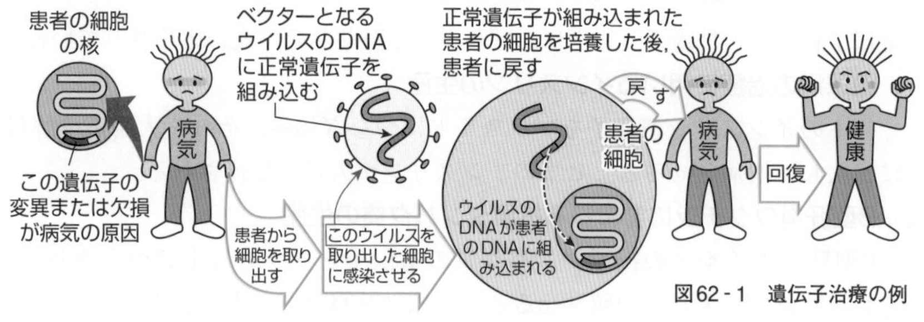

図62-1 遺伝子治療の例

もっと広く深く 遺伝子治療

遺伝子治療の例としては，以下のようなものがある。

1 アデノシンデアミナーゼ欠損症(重症複合免疫不全症候群)

(1) アデノシンデアミナーゼ(ADA)は，リンパ球の増殖に必要な酵素である。ADA欠損症は，ADA遺伝子の変異によりADAが合成できず，その結果リンパ球が著しく欠乏した状態になり，重い免疫不全になる疾患である。

(2) この疾患に対して，患者から採取した白血球にベクターを用いて正常なADA遺伝子を導入する治療が行われている。この治療においては，成熟白血球を用いるとその細胞が生存している期間でしか効果が得られない。そこで，体内で正常遺伝子をもつ白血球が永続的に供給されるようにするために，骨髄幹細胞を用いた臨床試験が行われている。

2 がん治療

(1) がんは，遺伝子の異常によって細胞が無秩序に増殖して起こる病気で，がん原遺伝子やがん抑制遺伝子などに異常が積み重なって発症する。

(2) p53遺伝子は，がん抑制遺伝子の一つであり，多くのがんでは，p53遺伝子が変異し，活性を失っていることが知られている。p53タンパク質は，がん化した細胞にアポトーシスを起こさせる働きをもつと考えられている。

(3) がんに対する遺伝子治療としては，がん細胞に正常なp53遺伝子を導入し，がん細胞のアポトーシスを引き起こす試みがなされている。ただし，すべてのがん細胞に遺伝子導入を行うことは困難であることなど，まだ多くの問題が残っている。

3 組換えワクチン

(1) 遺伝子治療ではないが，遺伝子組換え技術で作製されたワクチンは，組換えワクチンと総称され，感染症の予防に役立つ。例えば，ヘルペスウイルスや肝炎ウイルスの表面タンパク質の遺伝子を含むDNAの一部を切り出し，無害なワクシニアウイルス(牛痘ウイルス)から切り出したDNAに組み込む。このDNAをワクシニアウイルスに入れる(戻す)と，ヘルペスや肝炎のウイルスの表面タンパク質をもつが無害なワクシニアウイルスとなる。この無害なウイルスをヒトに接種すると，ヒトの体内にヘルペスや肝炎のウイルスの表面タンパク質に対する抗体ができる。

(2) 組換えワクチンは，病原体の一部の遺伝子を用いるため感染性はなく，従来のワクチン(生ワクチンや不活性化ワクチン)の作製手法では困難な場合や，感染症予防に対してより有効なワクチンの開発にとって有力な武器になると考えられている。

③▶バイオテクノロジーの農業への応用

1 植物への遺伝子導入

(1) トランスジェニック生物のうち，植物を**トランスジェニック植物**という。また，人為的に遺伝子を操作して得られた作物を遺伝子組換え作物(GM作物)という。

(2) 植物に感染し，自身のプラスミドに含まれる遺伝子を，宿主である植物細胞のDNAに組み込み，クラウンゴール(crown gall)と呼ばれる腫瘍を形成させる細菌を**アグロバクテリウム**という。

(3) アグロバクテリウムを用いたトランスジェニック植物の作製方法(アグロバクテリウム法)のおよその手順は以下のとおりである(図62-2)。

①アグロバクテリウムからプラスミドを取り出し，目的遺伝子を組み込む。目的遺伝子としては，除草剤や害虫に対する抵抗性を高めるタンパク質の遺伝子や，果実の日もちをよくするタンパク質の遺伝子，βカロテン(ビタミンAの前駆体)など特定の成分の合成に関与する遺伝子などがある。

②目的遺伝子に隣接させて抗生物質耐性遺伝子を組み込んだプラスミドをアグロバクテリウムに戻し，このアグロバクテリウムを植物の葉から切り出した組織片とともに通常の(抗生物質を含まない)培地で培養する。

③組織片からカルスが生じたら，カルスを抗生物質を含む培地に移して培養し，枯死せずに生き残ったもののみを再分化用の培地に移し，植物体(トランスジェニック植物)にまで成長させる。

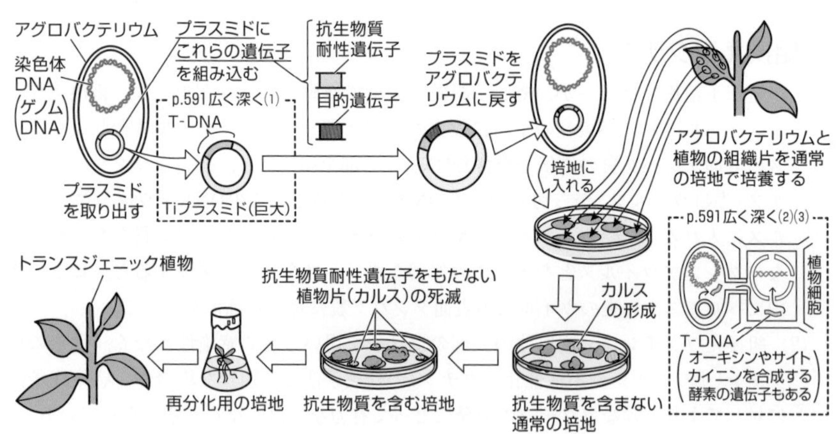

図62-2　アグロバクテリウム法

2 青いバラ

(1) トランスジェニック植物の例としては，青いバラ，ゴールデンライス（βカロテンの合成に関与する遺伝子を導入した米），害虫抵抗性をもつトウモロコシやワタ，ウイルス耐性や低温耐性をもつイネ，除草剤耐性をもつダイズ，日もちのよい実をつけるトマトなどがある。これらのうち，青いバラの作出について，以下に述べる。

(2) 花の色は，Visual Study (☞p.586)に示したように，赤色，オレンジ色，青色の色素のうち，どの色素が含まれるかにより異なる。

(3) バラの栽培の歴史は長く，さまざまな組み合わせの交配により，世界中で非常に多くの品種がつくり出されてきた。

参考 地球上に存在する野生種のバラは100～150種しかないが，それらの一部は数千年前から栽培されてきた。約800年前には品種改良が始まり，約200年前からは世界各地の野生種を人為的に交配することが盛んに行われ，約30000種のバラの品種が作出された。

(4) しかし，バラには青色遺伝子（フラボノイド3′, 5′-水酸化酵素と呼ばれ，もとの色素を水酸化（−OHと結合）して青色色素にする反応を触媒する酵素の遺伝子）がないため，交配により青いバラを作出することはできなかった。

(5) 近年，日本で，アグロバクテリウム法によりバラにパンジーの青色遺伝子のcDNAを導入し，花びらで青色色素を合成させて，青いバラが作出された。

参考 1990年代に入り，リンドウやペチュニアの青色遺伝子のcDNAの導入が試みられたが，バラの細胞内ではうまく発現しなかった。1996年にパンジーの青色遺伝子を導入し，発現させることに成功し，その後，青色色素であるデルフィニジンがより蓄積し，青みを帯びたバラが得られ，2004年に遺伝子組換えによる「青いバラ」の誕生として発表された。

もっと広く深く　アグロバクテリウムの性質

(1) 植物への遺伝子導入に利用されるプラスミドは，巨大でTiプラスミドと呼ばれ，導入する目的遺伝子は，Tiプラスミドの一部のT-DNA（転移DNA）と呼ばれる領域に組み込まれる。

(2) これは，感染したアグロバクテリウムは，TiプラスミドからT-DNAを切り出して植物細胞に注入する性質をもつためであり，注入されたT-DNAは植物細胞のゲノムに組み込まれ，細胞内でT-DNAの遺伝子が発現することになる。

(3) なお，T-DNAには，オーキシンやサイトカイニンの合成酵素の遺伝子が含まれているため，T-DNAが発現するとこれらの植物ホルモンが過剰に合成されるので，細胞分裂が促進され，カルスや腫瘍の形成が促進される。

もっと広く深く 細胞融合と突然変異(倍数性)の利用

有用生物の遺伝的性質を，人間の希望するように改良することを，品種改良または育種という。

1 細胞融合

(1) 2個以上の細胞が合体して1個の細胞になることを**細胞融合**という。

(2) 自然界では，**受精**のときなど限られた場合にのみ細胞融合がみられる。

(3) 人工的な細胞融合は，異種の細胞をただ混合しただけでは起こらないが，**ポリエチレングリコール**(PEG)という薬品や**電気的ショック**(高電圧ショック)を与えることによって起こる。

(4) 動物細胞の場合は，**センダイウイルス**と呼ばれるウイルスに感染させることでも細胞融合が起こる。

(5) 細胞融合は，抗体・医薬品の生産や，品種改良などに利用されている。

(6) 動物細胞の細胞融合とその利用の一例を以下に示す。

①1種類のB細胞から分化した抗体産生細胞は1種類の抗体をつくるが，分裂・増殖しない。がん細胞は抗体をつくらないが，盛んに分裂・増殖する。

②特定の抗体を産生する抗体産生細胞と，がん細胞を融合させると，特定の抗体を合成しつつ増殖する細胞(**ハイブリドーマ**)が生じる(下図)。

③1種類のハイブリドーマを培養することで多量に得られる1種類の抗体(モノクローナル抗体※)は，免疫学的実験や，病気の診断，がんの治療などに用いられる。

※単一の抗原に反応する複数の抗体の混合物を，ポリクローナル抗体(多クローン抗体)といい，モノクローナル抗体に対する語として用いられる。

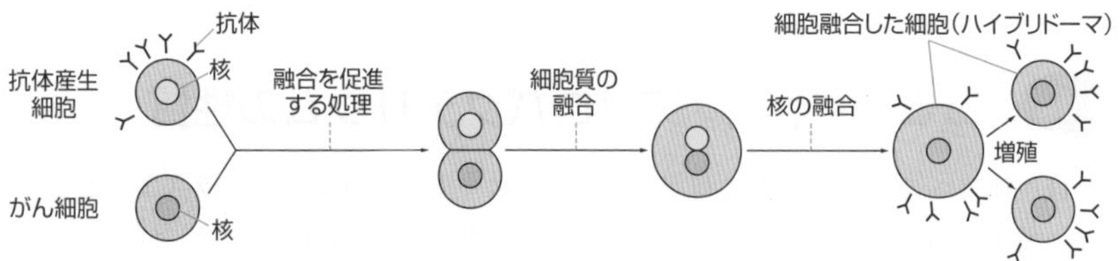

(7) 植物細胞の細胞融合とその利用の一例を以下に示す。

①植物細胞は，細胞膜の外側に細胞壁があるので，そのままでは1の(3)の処理を行っても融合しない。そこで，細胞壁の主成分であるセルロースを分解する酵素(セルラーゼ)で細胞壁を分解して，細胞膜を露出させた細胞(**プロトプラスト**)をつくり，それらを融合させる(次図)。なお，細胞壁の分解や細胞融合などの処理は，細胞壁のないプロトプラストが低張液中で吸水・破裂しないように等張液かやや高張液中で行う。

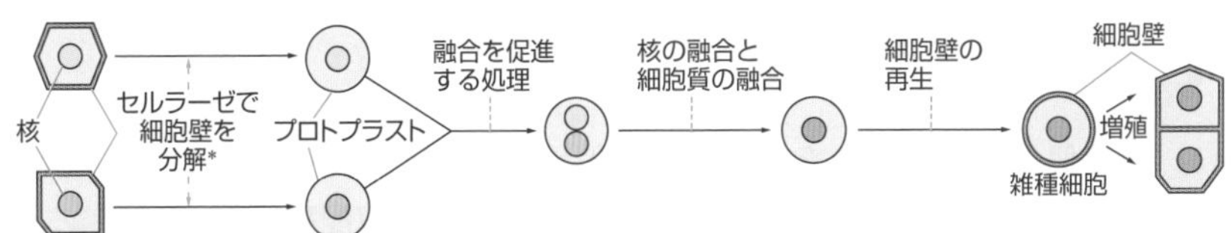

参考 ＊実際には，セルラーゼが細胞壁に作用しやすいように，まず植物細胞どうしを接着させているペクチンという物質を分解して細胞をばらばらにするために，ペクチナーゼという酵素で処理しておく。

②雑種細胞は，細胞壁を再生した後，増殖して**カルス**となる。このカルスから器官を分化させて植物体にしたものが，**雑種植物**である。

③このような方法を用いると，交配による雑種の形成が不可能な植物間でも，雑種植物をつくることができ，品種改良につながる。

④細胞融合によってつくられた雑種植物には，ハクサイと紫キャベツ(アカカンラン)の雑種「バイオハクラン」や，オレンジとカラタチの雑種「オレタチ」，ヒエとイネの雑種「ヒネ」，ジャガイモ(ポテト)とトマトの雑種「ポマト」などがある。

2 染色体突然変異を利用した技術

(1) 染色体の変化による突然変異を利用した品種改良も，確立した技術として利用されている。例えば，細胞を**コルヒチン***という薬品で処理すると，染色体の両極への移動が起こらなくなり染色体数が倍加した**倍数体**をつくることができる。下図は，この方法を利用した**種子**(たね)**なしスイカ**のつくり方を示したものである。

参考 ＊コルヒチンは，イヌサフランという植物の地下茎に含まれているアルカロイドの一種であり，紡錘糸を構成する微小管の崩壊の促進や，微小管の形成を阻害する働きをもつ。アルカロイドとは，植物中に含まれる塩基性窒素を含む有機化合物の総称であり，その多くは比較的少量でヒトや動物に顕著な薬理作用や毒性を示す。コルヒチンの他に，ニコチン，カフェイン，モルヒネもアルカロイドに含まれる。

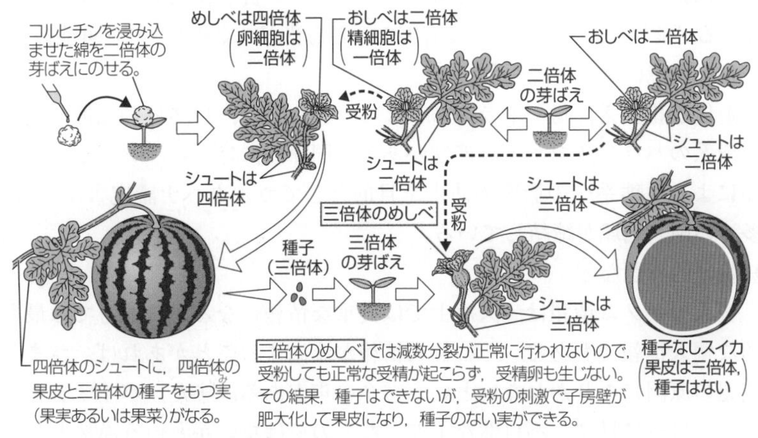

(2) また，魚類では，高い圧力をかけて正常な生殖細胞の形式を妨げることで，三倍体($3n$)の個体をつくることも可能となった。

第11章

4 ▸ DNA型鑑定

(1) 同種個体のゲノムにみられる個体差(多型)には，よく知られているSNPの他に，決まった塩基配列が繰り返し現れる領域(反復配列)がある。

(2) 反復配列はゲノム中に複数存在し，反復配列中の塩基配列の繰り返し(反復)回数には多様性があり，1個体内においても，父親由来のDNAと母親由来のDNAを比べると，特定の反復配列中の反復回数は異なっていることが多い。

(3) このような反復配列のうち，**マイクロサテライト***と呼ばれる配列は，数個の塩基配列の繰り返しの単位がゲノム中に数個～数十個直列に並んでおり，この反復回数が変化する突然変異率が高いので，複数箇所で反復配列中の反復回数を比較することにより，個体の識別などに応用されている。

参考 ＊マイクロサテライトDNAまたは，**短鎖縦列反復配列**(たんさじゅうれつはんぷくはいれつ)(STR)とも呼ばれる。

(4) このようなDNAの反復配列中の反復回数(反復配列の現れ方)を調べて個体を識別する方法は，**DNA型鑑定**(がたかんてい)と呼ばれ，刑事捜査や血縁鑑定のほか，食品表示の偽装検査などにも応用されている。

5 ▸ 近年急速に発達したバイオテクノロジーの課題

(1) 安全性についての課題

遺伝子組換え作物を食品とした場合，導入した遺伝子産物のタンパク質自体には毒性がなかったとしても，そのタンパク質が体内でアレルギーの原因となる可能性や，人体にとって有害な別の物質がつくり出される可能性がある。

(2) 自然環境に対する課題

遺伝子組換え作物やトランスジェニック生物が，自然界に拡散，定着して生態系のバランスを乱す可能性がある。国際的には，トランスジェニック生物による生態系への影響の防止を目的としてカルタヘナ議定書が採択され，多くの国・地域が締結している。

(3) 倫理的課題など

個人のゲノム情報は，医療上では貴重な情報となるが，他方では最も基本的な個人情報でもある。その個人情報が流出することがあれば，さまざまな問題の原因になりかねないという懸念の声がある。また，バイオテクノロジーが，自然に対する不自然な干渉となるのではないかという漠然とした不安を抱く人々が少なからず存在しており，そのような人々の不安を解消する努力なしには，バイオテクノロジーのさらなる発達は望めないかもしれない。

第12章

生態と環境

環境に対する生物の適応と個体群

The Purpose of Study 到達目標

Visual Study 視覚的理解

気温に対する哺乳類の適応を正しく理解しよう！

（寒い）低い ← 気温 → 高い（暑い）

〔クマのからだの大きさ〕

ホッキョクグマ（北極）

ヒグマ（シベリア）

ツキノワグマ（日本）

マレーグマ（マレーシア）

〔ウサギの耳の長さ〕

ホッキョクウサギ（寒帯）

カワリウサギ（温帯）

サバクジャックウサギ（熱帯）

〔キツネの耳の長さ〕

ホッキョクギツネ（寒帯）　アカギツネ（温帯）　フェネックギツネ（熱帯）

1 ▸ 環境に対する生物の適応

(1) 多様な環境下で生活している生物は，自分が生活している環境に対して，形態的・機能的に適した**形質**を備えている。このような現象，または生物がこのような形質をもつようになることを**適応**(てきおう)という。

(2) 適応は，どのような生物にもみられるが，乾燥・高温・低温など，特殊な状態の環境で生活する生物において，特にはっきりとみることができる。

(3) 哺乳類のからだや，耳・鼻・尾などの突出部の大きさは，生活環境の気温と関係がある。例えば，クマの仲間のからだの大きさを比較すると，北極地方に生息するホッキョクグマ，シベリアに生息するヒグマ，日本の本州に生息するツキノワグマ，東南アジアに生息するマレーグマの順に小さくなる。ウサギやキツネでは，気温の違いにより耳の長さが異なっている(★ Visual Study)。

(4) これは，からだを大きくしたり，耳などの突出している器官を小さくしたりすることにより，体重当たりの体表面積が小さくなり，熱放散が抑制されるので，気温に対する適応であると考えられている。

(5) 一般に，哺乳類では，同一種や近縁種どうしを比べると，高緯度地方(寒冷地)に生息する個体や種の方が，低緯度地方(温暖な地方)に生息する個体や種よりも，大形化する傾向がある。この傾向を**ベルクマンの法則**という。また，高緯度地方の種の方が耳・鼻・尾などの突出部が小さく，その表面積も小さくなる傾向もみられる。このような傾向は**アレンの法則**と呼ばれる。

寒冷地にすむ動物ほどからだが大きい理由

動物では，体内の熱は体表(正確には皮膚の血管の表面を経て皮膚)から体外へ逃げる。からだが大きくなるほど，「体重当たりの体表面積」の値が小さくなり，体重当たりの放熱量は低下することになる。例えば1辺の長さが1cmで比重が1.0の立方体Aでは，その表面積は6cm^2，重量は1gである。これに対して1辺の長さが立方体Aの2倍の2cmである立方体B(比重は1.0)では，その表面積は4倍の24cm^2，重量は8倍の8gであり，重量当たりの表面積は24cm^2/8g＝3cm^2/gとなり立方体A(6cm^2/g)よりも小さい。もう少しわかりやすく話すと，大きなビーカーに入れた50Lの90℃のお湯は約1時間後にも温かさは残るが，同量のお湯を500mLずつ100個の小さなビーカーに分けて置くと，30分ももたずに冷えてしまうのと同じである。

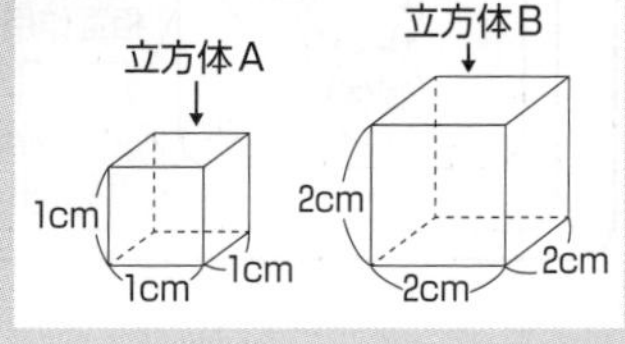

❷ 個体群・生物群集・生態系

(1) 生物を取り巻く環境は，**生物的環境**と**非生物的環境**に分けられ，それらの環境を構成(規定)する要素を**環境要因**という。

(2) 非生物的環境が生物に影響を与えることを**作用**といい，生物が非生物的環境に影響を与えることを**環境形成作用**(反作用)という。

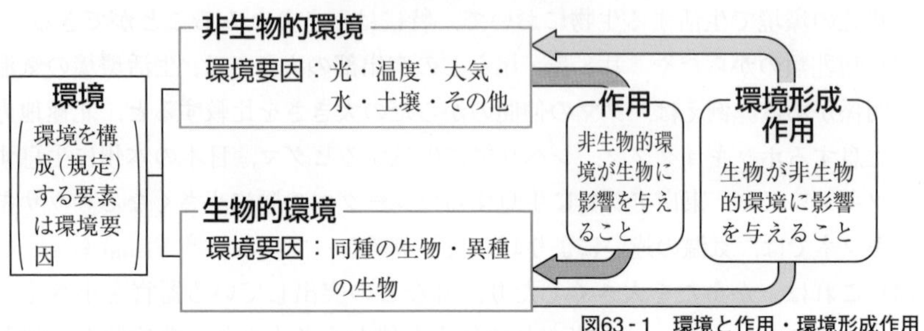

図63-1　環境と作用・環境形成作用

(3) ある地域にすむ**同種**の個体の集まりを**個体群**(こたいぐん)といい，個体群内の個体どうしの間には，相互の関係性(交配，子育てにおける協力，食物をめぐる争いなど)がみられる。このような生物間の関係(働き合い)を**相互作用**(そうごさよう)という。

参考　個体群とは，ある空間を占める同種の個体の集まりであり，同種の他の個体群とは，何らかの形(例えば山や川など)で隔離された地域に存在する集団であると定義されることが多い。また，空間の規模に制限をつけず，例えばモンシロチョウという種について，“あるキャベツ畑の個体群”，“長野県内の個体群”，“本州全域の個体群”などと用いられることもある。

(4) ある一定の地域に生息する複数種の個体群の集合を**生物群集**(せいぶつぐんしゅう)という。生物群集においては，ある個体群と別の種の個体群との間(異種個体群間)にも相互の関係性(競争，捕食，被食など)がみられ，このような関係も**相互作用**という。

(5) ある地域の生物群集と非生物的環境をあわせたものを**生態系**(せいたいけい)という。

(6) 個体群・生物群集・生態系の関係をまとめると，図63-2のようになる。

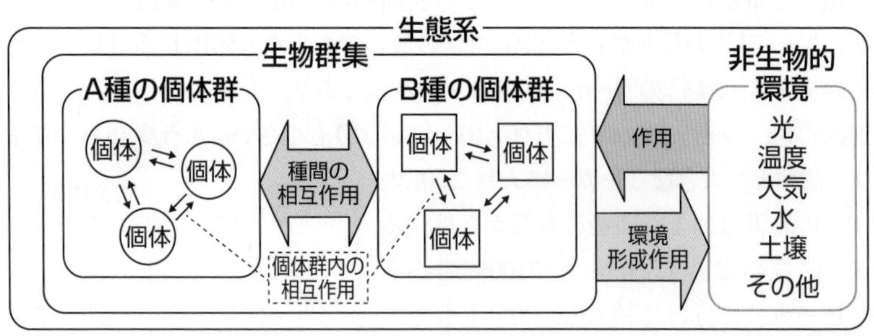

図63-2　個体群・生物群集・生態系の関係

③▶個体群の構造と成長

1 個体群の大きさ

(1) 個体群において，単位空間(面積または体積)当たりの個体数を**個体群密度**(こたいぐんみつど)という。個体群の大きさは，個体群の総個体数，重量(現存量)，個体群密度などを用いて表す。

(2) 個体数を推定する方法には，**区画法**(くかくほう)と**標識再捕法**(ひょうしきさいほほう)がある。

1 区画法

〔対象〕 植物，動かない動物(フジツボなど)

〔手順〕 ある地域に一定面積の区画を複数つくり，その中の個体数の平均を求め，区画の面積と生息地全体の面積の比をもとに求める。なお，個体の分布(☞p.600)様式が集中分布の場合は，密度の高い場所と低い場所のそれぞれで複数の区画を調査し，密度のバラツキを補正して個体群の大きさを推定する。

参考 区画法は，方形枠法またはコドラート法とも呼ばれ，生物の個体数の他に，生物体量，種数，分布様式などの調査にも用いられる。また，1区画の面積は調査目的により異なり，植物の種数を調べる場合，草原では $1m^2$ 前後であることが多く，森林では $100m^2$ 以上に及ぶ場合もある。

2 標識再捕法

〔対象〕 行動範囲が広く，見つけにくい動物

〔手順〕 ①個体群のうちから任意のある数(M)の個体を捕獲する。

②捕獲した個体に標識をつけて，もとの個体群に放す。

③個体が十分に混じり合ったあと，再び任意のある数(n)の個体を捕獲する。その中の標識された個体数(m)と個体群の総個体数(N)の間には $N : M = n : m$ の関係が成立すると考えられるので，総個体数(N)は以下の式で求められる。

$$\text{個体群の総個体数}(N) = \text{はじめに標識をつけた個体数}(M) \times \frac{\text{再捕獲された全個体数}(n)}{\text{再捕獲された標識個体数}(m)}$$

〔標識再捕法を用いる際の主な前提条件〕

①1回目と2回目の捕獲の間において，個体の出生・死亡や，移出・移入による個体数の変動がないこと。

②調査期間中，標識の脱落・消失がないこと。

③標識個体と非標識個体の生存率や行動に差がないこと。

④標識個体と非標識個体が自由に移動し，入り混じることができること。

⑤1回目と2回目の捕獲を同じ条件下(時刻や場所など)で行うこと。

2 個体群内の個体の分布

個体群内では，個体間の相互作用や非生物的環境の影響などを反映して，図63-3に示すような個体の分布がみられる。

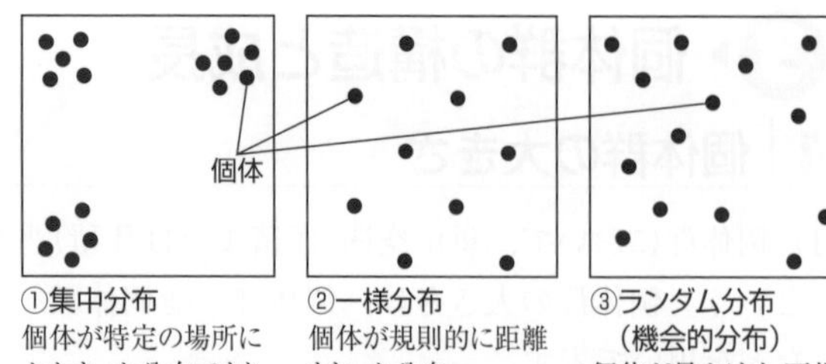

図63-3　個体群内の個体の分布

3 個体群の成長

(1) 個体群の全個体数が増加し，個体群密度が上昇することを**個体群の成長**という。時間経過にともなう個体群の成長の様子を表した図63-4のようなグラフを**成長曲線**（せいちょうきょくせん）という。

(2) 食物や生活場所など，個体の存在や個体数の増加に役立つものを**資源**という。資源に制限がなく，個体群の成長を妨げる要因（食物・生活空間の不足，排出物の蓄積など）がないときには，図63-4Aのような成長曲線（指数関数的な曲線）を示す。

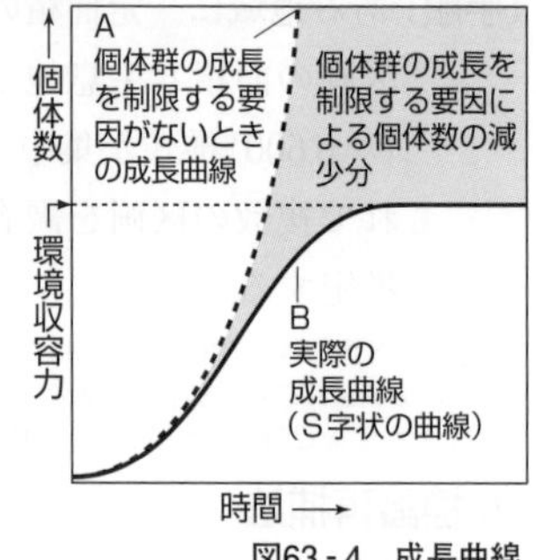

図63-4　成長曲線

(3) 個体数の増加により個体群密度が高くなると，個体群内では，食物や生活空間をめぐる競争（**種内競争**）の激化や，排出物の蓄積による生活環境の悪化が起こる。すると，死亡率の上昇や成長速度の低下，出生率の低下などが起こり，個体数の増加が抑制されるので，図63-4Bのような成長曲線（**S字状**（S字型）の曲線）を示す。このときの最大の個体数を**環境収容力**（かんきょうしゅうようりょく）という。

参考 容器内で飼育したショウジョウバエ，培養したゾウリムシ，水槽で生育させたウキクサなどの成長曲線はS字状になるが，自然環境下における個体群の成長曲線がS字状になる例はあまり知られていない。

4 密度効果

個体群密度の変化にともない，個体群の成長や，個体の発育速度・形態・生理などが変化することを**密度効果**（みつどこうか）という。個体群密度が上昇すると，例えば，ショウジョウバエでは雌1匹当たりの産卵数が減少し，アズキゾウムシでは次世代の羽化個体数が減少する。また，次の[1]・[2]も密度効果の例である。

[1] 植物の形態や収量の変化

(1) 植物の個体群密度が増大すると，光や栄養分をめぐる種内競争が激化し，個体の成長速度が低下する。

(2) 例えば，ダイズの種子をいろいろな個体群密度で蒔いて育てると，蒔いたときの種子の重量が同じでも，45日後には，低密度で栽培した個体の重量は，高密度で栽培した個体の10倍程度になる(図63-5左)。これは，**密度効果**によって，高密度で栽培した個体の成長が抑制されたためと考えられる。

(3) このため高密度になるほど個体の小形化や，枯死が起こり，最終的な収量(植物体の単位面積当たりの重量)はどの密度区でも一定になる(図63-5右)。これは**最終収量一定の法則**と呼ばれる。

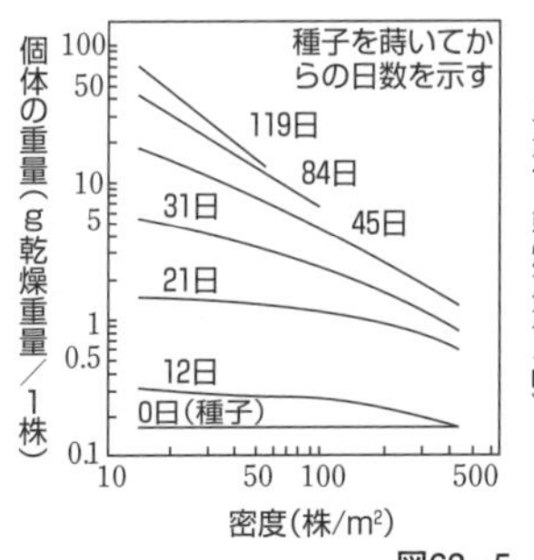

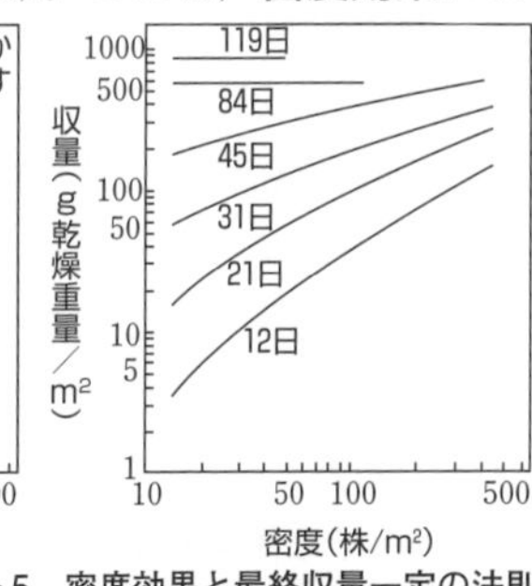

図63-5　密度効果と最終収量一定の法則

(4) 同種や近縁種，または生活形の類似した植物の種のみを高密度で成長させると，小さな個体は枯れ，残った個体が成長を続ける。このような種内競争(競り合い型の競争)により個体群密度が低下することを**自己間引き**(**自然間引き**)という。自己間引きが起こらないと，各個体の幹が細くなり，強風などによって共倒れして枯れる(共倒れ型の競争が起こる)こともある。

2 昆虫の相変異

(1) 個体群密度によって，昆虫の形態，色，生理，行動など，個体の形質がまとまって変化することを**相変異**という。相変異は，トノサマバッタ・アブラムシ・ヨトウガなど，自然界でしばしば大発生する昆虫にみられる。

参考 トノサマバッタのように大群で移動するバッタの仲間をワタリバッタ(トビバッタ)という。

(2) 低密度で出現する個体を**孤独相**，高密度で出現する個体を**群生相**という。

参考 ヨトウガの群生相は，孤独相に比べて体色が暗色化し，群れをつくって移動するようになる。

	孤独相	群生相
出現	幼虫期に低密度で育った個体	幼虫期に高密度で育った個体
形態	飛翔能力低い／空気抵抗大きい／胸厚い　後肢長い／体長に対して前翅短い／緑褐色　脂肪少ない	飛翔能力高い／空気抵抗小さい／胸薄い　後肢短い／体長に対して前翅長い／暗褐色　脂肪の蓄積多い
活動性	低い	高い(飛翔力・移動力が大きい)
集合性	ない(単独生活)	強い(大集団形成)
産卵	小さい卵を多数産む	大きい卵を少数産む
食性	主にイネ科の植物	すべての植物。共食いをすることもある

表63-1　トノサマバッタの孤独相・群生相

トノサマバッタの相変異の意味

群生相の個体は，胸が薄く，後肢が短くなることで空気抵抗を減らし，前翅が長くなることで高い飛翔能力をもつとともに，単位重量当たりの熱量が高い脂肪を体内に蓄えることで，長時間の飛行が可能になる。

ある高密度の個体群内のトノサマバッタが，群生相の個体となり，他の地域に集団で移動し，そこで大きな卵を産み，増殖することにより，新たな生息地が確保される可能性がある。一方，残った個体群では，増殖をはばんでいた高密度による食物不足や生活空間の不足が緩和される可能性がある。

草地にすむトノサマバッタは，孤独相では体色が緑褐色をしているが，群生相では体色が暗褐色をしている。群生相における体色の役割については諸説あるが，そのうちの一つは，「変温動物であるトノサマバッタが，日の出とともに太陽の幅射熱を効率よく吸収して，夜間の外気によって低下した体温を素早く上昇させ活発に動けるようにするため」というものである。このような体色変化は，コラゾニンと呼ばれるホルモンの働きで，トノサマバッタの体表のクチクラに，メラニンという黒褐色の色素が蓄積することによる。

4 ▶ 個体群の齢構成と生存曲線

1 生命表と生存曲線

(1) 卵または子として生まれた個体が死亡するまでの時間を**寿命**という。

(2) 食物不足や捕食などの死亡要因がない理想的な条件下における平均的寿命を**生理的寿命**という。自然界では，多くの生物は生理的寿命をまっとうすることはできず，自然界における平均的寿命を**生態的寿命**という。

(3) 同時に出生した一定数の卵や子が，成長過程において，どの時期にどれだけ死亡し，減少したか(どれだけ生存しているか)を示した表を**生命表**(せいめいひょう)という。

参考 個体群の大きさ(総個体数)は，毎年さまざまな要因により変動する。この個体群の個体数変動に最も大きな影響を及ぼす要因を推定するために考案された方法を**基本要因分析(法)**という。例えば，ある昆虫について，10年間以上における生命表をもとに，卵から成虫が羽化するまでの総死亡率の年変動と，各発育段階の死亡率の年変動とを比較する。これにより，総死亡率の変動と最も近い変動を示す死亡率の発育段階における死亡要因が，その昆虫の個体群の個体数変動の主要因であると推定できる。

(4) 生命表の生存数の時間的変化をグラフにしたものを**生存曲線**(せいぞんきょくせん)という。生存曲線のグラフでは，横軸の相対年齢は生理的寿命を100として表し，縦軸の生存数は出生数を一定数(例えば1000)に置き換え，対数目盛とすることで，グラフの傾きが**死亡率**を表すようにしたものが多い。

(5) アメリカシロヒトリ(昆虫のガの一種)の生命表と生存曲線を次に示す。

発育段階	初めの生存数	期間内の死亡数	期間内の死亡率(%)
卵	4287	134	3.1
ふ化幼虫	4153	746	18.0
一齢幼虫	3407	1197	35.1
二齢幼虫	2210	333	15.1
三齢幼虫	1877	463	24.7
四～六齢幼虫	1414	1373	97.1
七齢幼虫	41	29	70.7
前蛹	12	3	25.0
蛹	9	2	22.2
羽化成虫	7	7	100.0

表63-2　アメリカシロヒトリの生命表

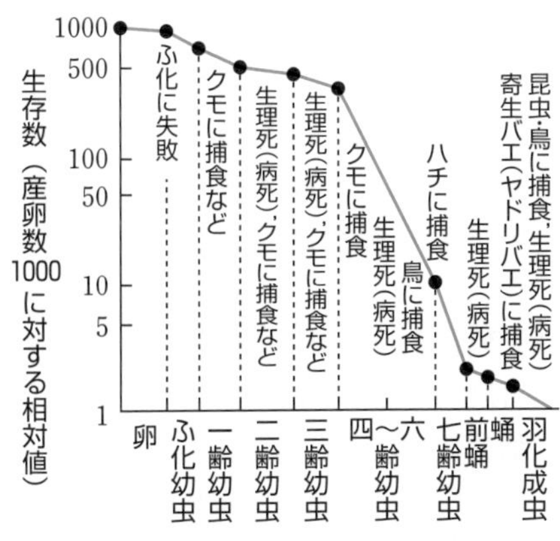

図63-6　アメリカシロヒトリの生存曲線

(6) 生存曲線には，以下に示すような型がある。

①**晩死型**：初期死亡率が低く，産子(卵)数が少ない。子に対する親の保護が強い(図63-7A)。

例 多くの哺乳類，社会性昆虫(ミツバチ)

②**平均型**：死亡率が全期間で一定。子に対する親の保護は晩死型と早死型との中間(図63-7B)。

例 爬虫類，小形の鳥類，小形の哺乳類

③**早死型**：初期死亡率が高く，産子(卵)数が多い。子に対する親の保護が弱い(図63-7C)。

例 多くの無脊椎動物(貝類，昆虫類)，多くの魚類

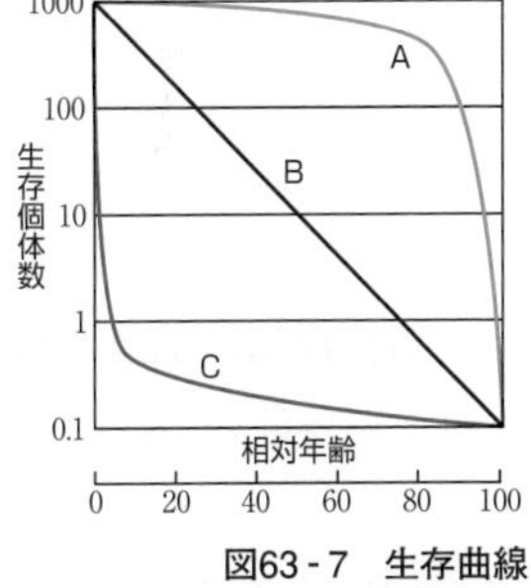

図63-7　生存曲線

参考 縦軸の生存個体数は，図63-7のように対数目盛で表す場合と，右図のように整数目盛で表す場合とがある。右図のグラフでは，右下がりの直線は，時間当たりの死亡個体数が一定である(晩死型に近い)ことを表し，平均型と早死型のグラフが縦軸と横軸に接近していて区別しにくい。一般に生存曲線の比較では，死亡率が一定の平均型を基準とするため生存個体数を対数目盛で表すグラフを用いることが多い。

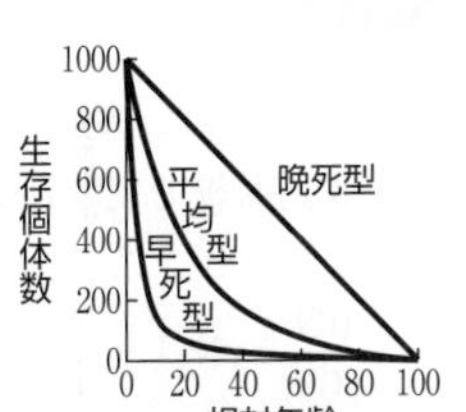

(7) 昆虫類の多くの種の生存曲線は，早死型になることが多いが，アメリカシロヒトリでは，卵から三齢幼虫までの死亡率が低い(図63-6)。これは，個体群が三齢まで巣網(糸を張りめぐらせた巣)をつくってその中で生活していることによる。その後は，巣網から出て徐々に分散していくため，鳥などによる捕食や，寄生バチ・寄生バエの寄生などが増加し，大半が成虫になる前に死亡することがわかる。

2 個体群の齢構成と年齢ピラミッド

(1) 個体群における発育段階(齢階級，または年齢層)ごとの個体数の分布を**齢構成**(れいこうせい)という。

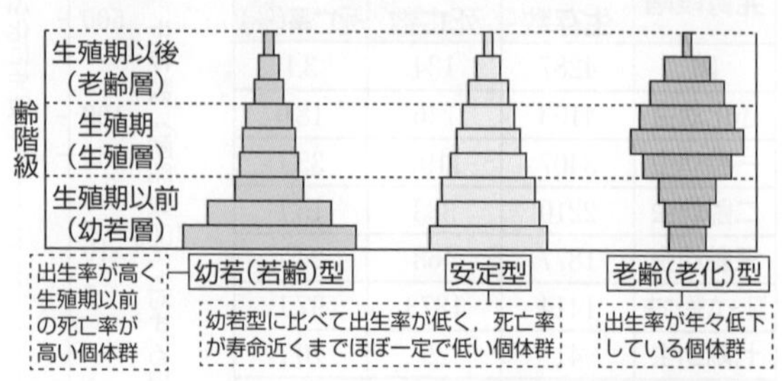

図63-8　年齢ピラミッド

(2) 個体群の各個体を発育段階ごとに分け，総個体数に対する各段階の割合を積み重ねて齢構成を図示したものを**年齢ピラミッド**(**齢構成のピラミッド**)という(図63-8)。

(3) 年齢ピラミッドにおける幼若(ようじゃく)(若齢(じゃくれい))型，安定型，老齢(老化)型それぞれの生殖期以前の死亡率が一定である場合，**幼若型**の個体群は，生殖期以前の個体数が多いため，それらの成長によって生殖期の個体数が増加して個体群が大きくなると考えられる。また，**安定型**の個体群は，生殖期の個体数が大きく変動しないため，将来も個体群の大きさは変わらないと考えられる。一方，**老齢型**の個体群は，生殖期以前の個体数が少ないため，生殖期の個体数が減少して将来個体群(の大きさ)は衰退すると考えられる。

もっと広く深く　r戦略者とK戦略者

(1) 自然界における個体群の成長は右図のようなS字状の成長曲線で表される。この曲線はロジスティック曲線と呼ばれ，以下の式で表すことができる。

$\frac{dN}{dt}=rN(1-\frac{N}{K})$，Nは個体数，tは時間，$\frac{dN}{dt}$は個体数の増加率，rは内的自然増加率(個体群の成長初期の増加率，指数関数的な増加率)，Kはロジスティック曲線の漸近線の値(漸近値)であり，ここでは環境収容力を表す。

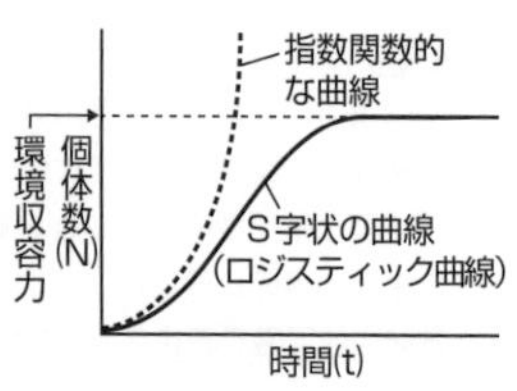

(2) 生物が何らかの資源をめぐって競争している場合の対処法のうち，自然選択(☞p.734)によって進化してきたものを戦略という。

(3) 一般に，気候や資源量などが安定し，幼若期の個体の死亡率が低い環境において子孫を残す生物の個体群では，個体数が増加してKに近づくことで，rが低下する。その結果，個体群の成長はS字型(ロジスティック)になる。このような成長曲線を示し，個体数がKに近い状態を維持できる生物は，環境収容力を表すKをとってK戦略者と呼ばれる。

(4) 一方，気候や資源量などの変動(攪乱)が激しく，幼若型の個体の死亡率が高い環境において子孫を残し，指数関数的な成長を示す生物は，内的自然増加率のrをとってr戦略者という。

(5) 個体数はあまり多くないがKに近い状態にある個体群において，個体数の減少は絶滅につながるので，できるだけ多くの個体を生息させるような自然選択が起こることが考えられる。このような自然選択をK選択(K淘汰)といい，K選択によって得られた形質がK戦略であり，K戦略をもつ種がK戦略者である。

(6) 一方，成長初期にある個体群において，何らかの理由による個体数の急激な減少は絶滅につながるので，rを大きくして個体数をもとに戻すような自然選択が起こることが考えられる。このような自然選択をr選択(r淘汰)といい，r選択によって得られた形質がr戦略であり，r戦略をもつ種がr戦略者である。

(7) 動物と植物のいずれにもr戦略者とK戦略者は存在している。それらの特徴をまとめると下表のようになる。

		r戦略者	K戦略者
動物	体の大きさ・成長	小さく，成長は早い。	大きく，成長は遅い。
動物	世代期間・寿命	ともに短い。	ともに長い。
動物	卵(あるいは子)の大きさ・数・子の生存	小さな卵(子)を多数産み，広く分散させることにより，小さく弱い子でも生き残る確率を高める(小卵多産型)。	大きな卵(子)を少数産み，保護して大きな個体に育てることにより，子に強い競争力をもたせる(大卵少産型)。
動物	生存曲線(例)	早死型(小形昆虫・小形魚類)	晩死型(大形鳥類・哺乳類)
動物	個体群密度	大きな変動がみられ，しばしば大発生が起こる。	変動は小さくほぼ一定であり，大発生は起こらない。
植物	植生の遷移過程における出現	遷移(☞p.647)の初期に出現する一年生草本など。	極相林を構成する木本植物(陰樹など)。
植物	成長・寿命	発芽後急成長するが短命。	成長期間・寿命ともに長い。
植物	生存戦略	連続的な種子生産が可能であり，環境条件の好転による種子生産量増加も可能。	高い競争力をもち，特定の場所を長期間占有し，最大限の資源を獲得する。

5 ▸ 個体群の動態

1 メタ個体群

(1) ある1つの個体群の生息地がモザイク状に分断されて複数の個体群となり，それらの複数の個体群はある程度独立しているが互いに個体の移入・移出もみられる場合，このような複数の個体群の集合を**メタ個体群**という。

(2) 北アメリカにすむヒョウモンモドキ(昆虫のチョウの一種)では，各個体群の大きさは大きく変動するが，メタ個体群の大きさは比較的安定する(図63-9)。メタ個体群では，ある個体群が**絶滅**(☞p.682)しても，他の個体群からの個体の移動によって再び新たな個体群が形成される場合がある。

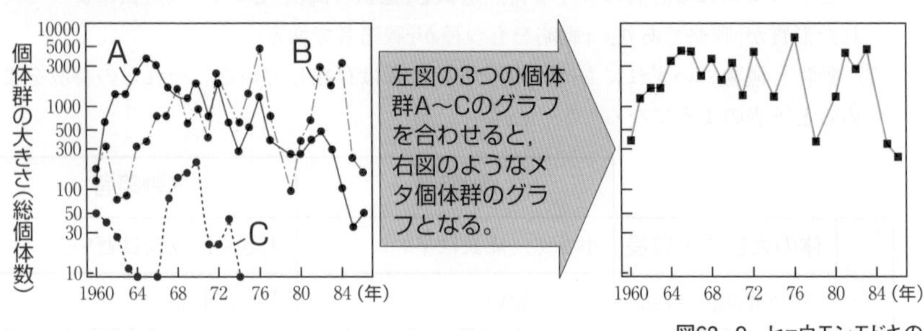

図63-9　ヒョウモンモドキの個体群とメタ個体群の動態

2 植物プランクトンの季節変動

(1) **植物プランクトン**は，光合成に必要な強さの光が届く水深(水界の表層付近)でしか増殖できない。また，増殖のためには，**光**とともに**栄養塩類**(無機塩類)も必要である。

(2) ある湖の植物プランクトンの個体数は，水温・光の強さ・栄養塩類の量の季節変動にともない変動する(図63-10)。

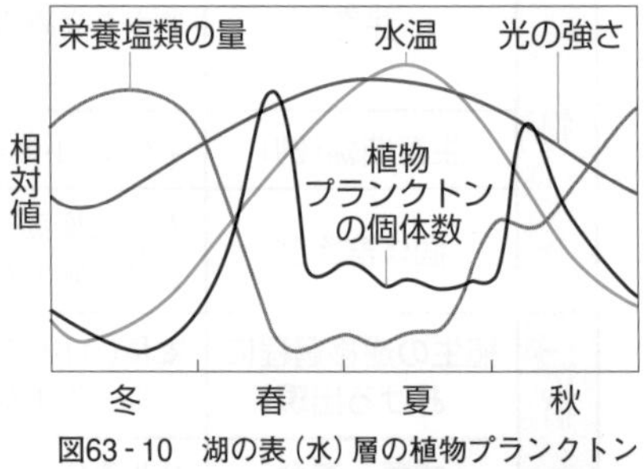

図63-10　湖の表(水)層の植物プランクトンや非生物的環境の季節変動

(3) 冬には栄養塩類の量は多いが，光が弱く水温も低いので，植物プランクトンは十分な光合成を行えず個体数は少ない。

(4) 冬から春にかけて，水温が上昇し，光が強くなると，植物プランクトンは十分な光合成を行えるようになり，大増殖するが，やがて，栄養塩類が植物プランクトンに取り込まれて急激に減少するので，植物プランクトンの個体数も急激に減少する。

(5) 水温の高い夏には，プランクトンの遺体などが微生物により分解され，湖の下層には栄養塩類が生じている。しかし，大気に近い湖の表層は下層より高温になり，密度が小さくなる(軽くなる)ので，水の上下の移動が起こらず，下層から栄養塩類が運ばれないため，植物プランクトンの増加はみられない。

参考 夏の湖は，水深によって表水層(外気によって暖められた層)，変温層(表水層の下で，水深が増すにつれて急激に水温が低下する層)，深水層(変温層の下で，冷たく温度変化の少ない層)の3層に分かれている。

(6) 秋になると，気温の影響を受けやすい湖の表層では，下層に比べて水温が早く低下し，密度が大きくなる(重くなる)ので，表層の水が下層に移動し，下層の水が表層に移動することによる対流が起こる。これにより，下層の栄養塩類が表層へ運ばれ，植物プランクトンは増加する。さらに水温が低くなり，光が弱くなると，植物プランクトンは減少し，それにともなって栄養塩類が使われなくなるので，結果的に表層で栄養塩類が増加する。

3 季節変化と春植物の生活

(1) 落葉樹林では，林床(☞p.645)に達する光量が季節によって著しく変動する。落葉樹林内の林床がまだ明るい3月から5月にかけて葉を伸ばし，花をつける一群の植物がある。このような植物を**春植物**という。

(2) カタクリやイチリンソウ，エンゴサクなどの春植物は，樹木の葉が茂るまでのごく短い期間に葉を広げて盛んに光合成を行い，地下にある茎や根などの貯蔵器官に光合成産物を蓄える。そして，林床が薄暗くなる初夏には，春植物の地上部は枯れ，翌年の早春まで，見かけの活動を休止する。これは，樹木との光をめぐる競争を回避するための**適応**と考えることができる。

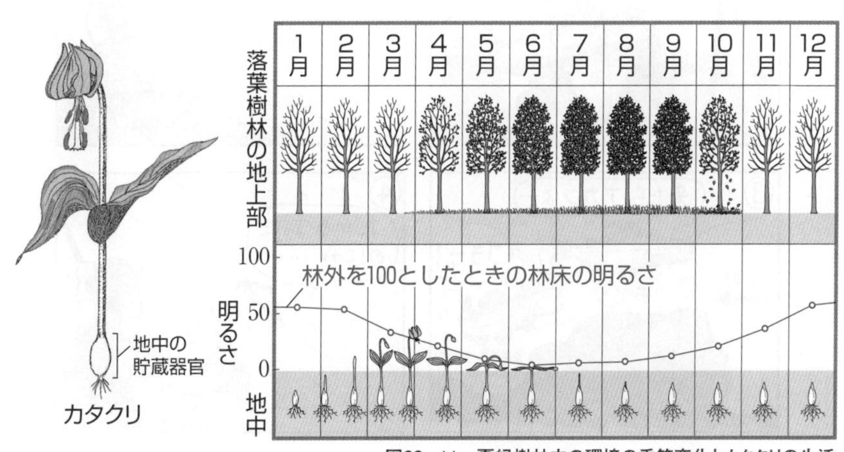

図63-11　夏緑樹林内の環境の季節変化とカタクリの生活

第64講 個体群内の相互作用

The Purpose of Study 到達目標

1. 群れや縄張りの最適な大きさについて，グラフを描いて説明できる。 p. 609〜611
2. 順位制とリーダー制について，それぞれ説明できる。 p. 612
3. つがい関係を3つに分類して，それぞれの特徴を説明できる。 p. 613
4. 社会性昆虫と共同繁殖・ヘルパーについて，それぞれ説明できる。 p. 614, 615
5. 血縁度について，ミツバチを例に説明できる。 p. 616〜618
6. 包括適応度について，簡単に説明できる。 p. 618

Visual Study 視覚的理解

アユの友釣り(ともづり)を考え出した人は，エライッ！

縄張りの主に，釣り針をつけたおとりのアユ(生きている)を近づけると，縄張りの主はおとりを攻撃しようとして，釣り針にひっかかる。

1 ▶ 動物の社会

(1) 動物の個体間の相互関係に重点をおいてみた場合の個体群を，社会という。

参考 基本的にすべての動物には繁殖行動などの社会(的)行動があり，社会が認められることから，動物の行動を研究する学問(動物行動学)では，集合して生活する動物を社会的行動の適応的意義の観点から研究することも多い。このような動物行動学を社会生物学という。

(2) **資源**(食物，生息場所，配偶者などの生物の生存と繁殖に必要となる要素)をめぐる相互作用を**競争**(きょうそう)といい，同種個体間での競争を**種内競争**(しゅない)，異種個体群間での競争を**種間競争**(しゅかん)という。

1 群れ

(1) **同種**の個体どうしが集まり，統一的な行動をとる集団を**群れ**(む)という。

例 ニホンザル・シマウマ・スズメなどの群れ，サンマ・マアジなどの遊泳群

(2) 動物は群れをつくることにより，食物獲得の効率の向上，敵に対する警戒能力・防御能力の向上，繁殖活動(求愛，交尾，子育てなど)の容易化などの利益を得ることができる。一方，個体群密度の上昇により，食物不足，排泄物による生活場所の汚染，捕食者から発見されやすくなることのほか，種内競争の激化，病気の伝染などの不利益もある。

(3) ハトなど鳥類の群れによる集団行動は，捕食者(天敵)をより早く発見することに役立っている。ハトの群れがタカの攻撃を受けた場合，群れが大きいほどタカの攻撃成功率は低くなる(図64-1①)。これは，大きい群れほど，より遠距離にいるタカを発見できる(図64-1②)ためであり，群れの中の1羽だけでもタカの接近に気がつけば，群れ全体が逃げることができる。

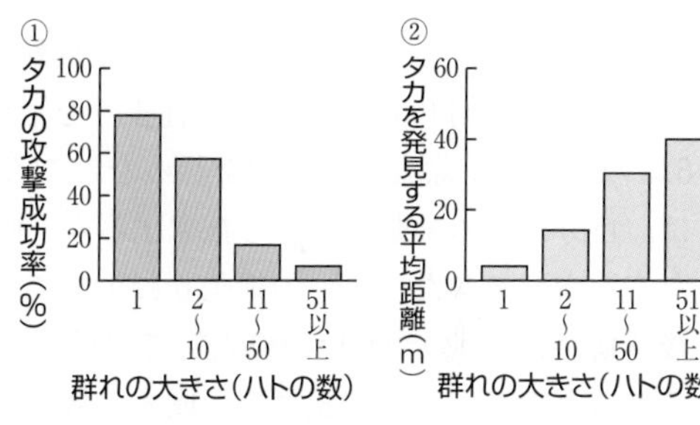

図64-1　ハトの群れの大きさと捕食回避の関係

(4) 群れが大きくなると，食物などをめぐる種内競争が激しくなるため，最適な群れの大きさは，見張りや争いに費やす時間の合計が最小となり，結果として採食(さいしょく)に最も多くの時間を費やせる大きさである(図64-2)。

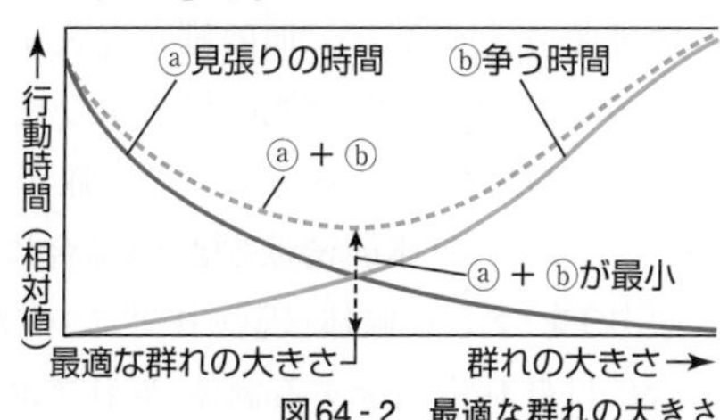

図64-2　最適な群れの大きさ

第12章

2 縄張り

(1) 動物が日常的に行動する範囲は，他者に対して防衛行動をとる空間かどうかにかかわらず，**行動圏**(こうどうけん)と呼ばれる。行動圏のうち，個体や群れが，同種の他個体や他の群れからの侵入を防衛する空間を**縄張り**(なわばり)(**テリトリー**)という。

(2) 縄張りは，哺乳類，鳥類，魚類，昆虫類などでみられ，繁殖場所を確保する**繁殖縄張り**や，食物を確保する**採食縄張り**などに分けられる。動物は縄張りをもつことにより，食物の確保，繁殖場所・配偶者の確保，卵や子の保護などの利益を得ることができるので，子孫を残す可能性が高まる。

(3) 一般に，縄張りが大きくなるほど縄張りから得られる**利益**は大きくなるが，一方で，縄張りを維持するための音声，マーキング行動，見回り(パトロール行動)や闘争などの**労力**(**コスト**)も大きくなる。最適な縄張りの大きさは，利益と労力との差が最大となる大きさと考えられており，個体群密度の大きさによっても異なる(図64-3)。

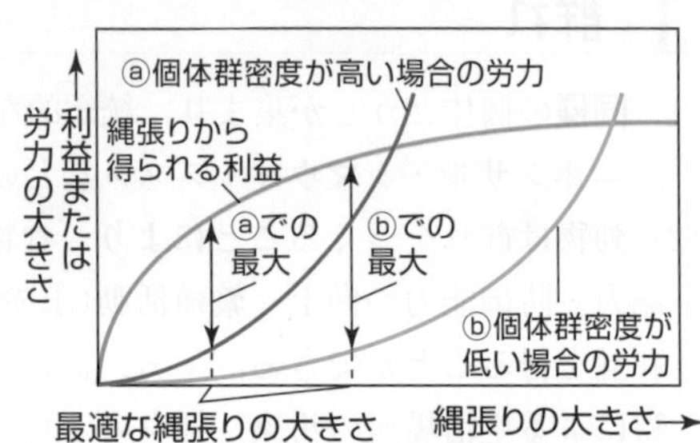

図64-3　最適な縄張りの大きさ

(4) シジュウカラは，繁殖期につがいで繁殖縄張りを形成する。ある森林で，それぞれほぼ同じ大きさの16の縄張りを形成している16組のつがいのうち，6組のつがいを除去する実験を行ったところ，残された10組のつがいの一部は，自分たちの縄張りを少し拡大するが，除去されたつがいの縄張りであった空間が残されたつがいの縄張りによって埋めつくされることはなく，その後，新たに4組のつがいが侵入して同様な大きさの4つの縄張りを形成した。このことから，繁殖縄張りを形成する個体群では，縄張りをもつ一定数の個体のみが繁殖でき，結果として個体群の大きさが一定に保たれると考えられる。

(5) カワトンボやシオカラトンボの雄は，川や池などの産卵に適した場所に繁殖縄張りをつくり，他の雄が侵入すると追い払い，雌が縄張りに入ると交尾する。その後，雌が他の雄と再び交尾すると自分の精子が卵の受精に使われる可能性が低くなるので，その雌がその場で産卵を終えるまで警護する。

(6) アユは，個体群密度が低い場合には縄張り(食物の藻類を確保する採食縄張り)をつくる個体(縄張りアユ)の割合が大きくなり，個体群密度が高い場合には群れ生活をする個体(群れアユ)の割合が大きくなる(図64-4)。これは，個体群密度が高くなると，縄張りに他個体が侵入する頻度が高くなり，縄張りを維持する労力が，縄張りから得られる利益を上回る場合が多くなるためと考えられる。また，個体群密度が低い場合，縄張りアユの方が，群れアユより体長の大きい個体の割合が大きい。これは，縄張りアユは縄張り内の食物を独占できるためであると考えられる。p.608の ★ Visual Study に示したアユの友釣りは，縄張りをもつアユが，縄張りに侵入した他個体を攻撃する習性を利用したものである。

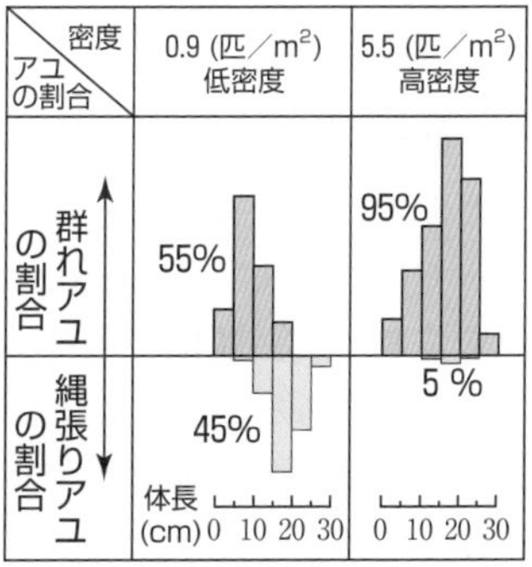

図64 - 4 群れアユと縄張りアユの割合

もっと広く深く 縄張りをもつ動物について

1 アユの生活史

アユは，秋に河川の中流から下流域でふ化し，食物の豊富な海へ移動する。沿岸域で冬を過ごし，体長6～8cmほどに成長した稚アユは，春になると群れで河川を遡上する。この間に，食物は昆虫から，川底の石などに付着する藻類に変わる。川の中流や上流に到着したアユは群れをつくるようになるが，何割かのアユは瀬(河川の中で水深が浅く，流れが速く，川底の石が砂に埋もれず重なり合っていることが多い場所)に縄張りを形成し，縄張り内の食物を独占できるため，大きく成長する。縄張りを形成できなかったアユは淵(河川の中で水深が深く，流れが緩やかで，川底の砂地にアユの食物となる藻類が付着しにくい場所)に集まる。アユがつくる卵や精子の量はからだの大きさに比例するので，縄張りアユは，縄張りを形成できなかったアユより多くの子を残す可能性がある。

夏を過ぎると，アユは産卵のために川を下り始める。中流から下流域で砂や小石の川底が産卵場所となり，繁殖行動を終えたアユは1年間の生涯を閉じる。

2 縄張りの意味と縄張りをもつ動物の特徴

ある個体群にとって，限られた資源をめぐり全個体で争い，その結果，各個体の取り分が生存可能な最小限にも足りず，全個体が共倒れする可能性がある種内競争に比べ，一部の個体が優位となる縄張りや順位制(☞p.612)の方が，その個体群の存続に有利である。しかし，縄張りや順位制には個体間の識別・記憶などの能力が必要とされるので，すべての生物(動物)にみられるわけではなく，比較的神経系の発達した動物に多くみられる。

3 順位制

(1) 群れ内では，個体間で力の強弱の差があることが多く，その場合，闘争などによって優劣関係ができる。このような優劣関係を**順位**といい，順位によって群れが秩序立てられていることを**順位制**と呼ぶ。順位制では，順位が上であることを優位といい，順位が下であることを劣位という。

①
優位
劣位

(2) 順位制がある個体群では，劣位の個体は優位の個体との争いを避け，相手の攻撃性を和らげる行動(ニホンザルのプレゼンティング(尻をつき出す姿勢)やマウンティング(背乗り行動，図64-5①)，ニワトリのつつき(図64-5②)，オオカミの服従姿勢，チンパンジーの毛づくろいなど)をすることがある。このような行動などにより，無駄な争いが緩和され，群れのまとまりが維持されたり，より多くのエネルギーを採餌や繁殖に費やすことが可能となる。

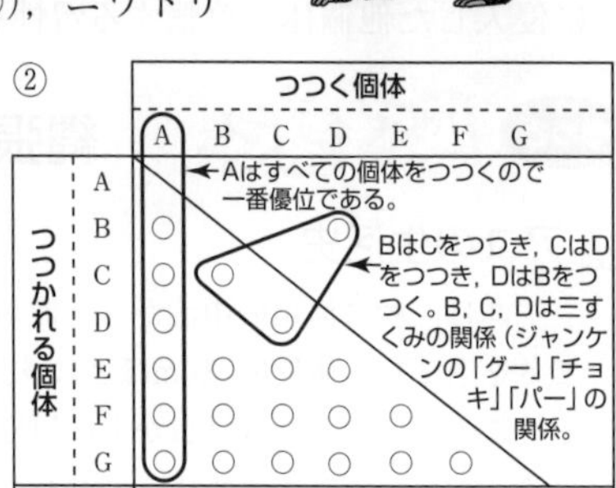

○は，つつく，つつかれるの関係が成立していることを示す。

図64-5　順位制（①ニホンザルのマウンティング，②ニワトリのつつき）

(3) 順位制は，群れに属している個体間の関係を認識できる能力をもつ哺乳類や鳥類などで多くみられるが，魚類や，アシナガバチやアリなどの社会性昆虫(☞p.614)でも見つかっている。

4 リーダー制

(1) 順位制で順位の高い個体は，群れを外敵から守ったり，採食場所へ移動させたりと，群れ全体を統率する行動を行うほか，優先的に交尾をしたり，食物や営巣場所を選んだりすることができる。このような個体を**リーダー**といい，リーダーによって群れが組織立てられていることを**リーダー制**と呼ぶ。

(2) リーダー制をもつ例としては，オオカミや，ニホンザルの群れなどがある。餌付けされたニホンザルの群れでは，社会性が発達しており，年齢や性別，経験，力の差などによって群れの中での生活場所や役割が異なる。また，おおよその年齢に基づく個体間の順位がみられ，第1位の雄がリーダーとなって群れをまとめている。

参考 リーダーが雌である動物は，ゾウ，ハイエナ，ワオキツネザルなど。リーダーが雄である動物は，ニホンザル，ゴリラ，チンパンジー，インパラなど。

5 つがい関係

動物の**つがい**※**関係**は，獲得する配偶者数の違いによって，一夫一妻制，一夫多妻制，乱婚制などに分けられる。これらのつがい関係の形成には，繁殖に必要な資源の種類(食物，営巣場所など)やその資源の防衛手段，つがい関係によって得られる利益の種類などさまざまな要因が影響することが知られており，卵・子に対する親の保護や世話の度合いと関連性をもつ場合もある。

※つがいとは，「動物の雌雄の1対」という意味である。

1 一夫一妻制

(1) 雌雄の体格差が小さく，雌が単独で子育てすることが困難な種では，雄雌1個体ずつがつがいとなり，共同で子を育てる**一夫一妻制**になりやすい。

(2) 一夫一妻制の種では，子育ての負担が大きくなるほど，1回当たりの産子数は減少し，生存曲線は晩死型や平均型になる。

例 タンチョウヅル，ペンギンなど鳥類の多くの種

タンチョウヅル

コウテイペンギン

図64-6　一夫一妻制

参考 鳥類の種のうちの約９割は，一夫一妻制であるが，DNAによる父子鑑定の結果，数～数十%の種で，夫以外の相手との交尾(つがい婚外交尾)によって生まれたひなが認められている。つがい婚外交尾は，雄にとっては交尾相手を増やすことで繁殖成功率を高める利益があると考えられている。一方，雌にとっての利益は未確定であるが，受精確率の上昇，遺伝的多様性の確保などが考えられている。

2 一夫多妻制

(1) 雌雄の体格差が大きい種において，体格の大きい雄が，雌や子，資源を守る場合，1個体の雄に複数個体の雌がつがいとなる**一夫多妻制**となりやすい。

(2) 一夫多妻制のうち，雄により雌の防衛が行われる群れを**ハレム**という。ハレムは，1個体の優位な雄と多数の雌からなり，順位制の極端な例ともいえる。

例 ゾウアザラシ，ライオン，チンパンジーなど哺乳類の多くの種

3 乱婚制

(1) アゲハチョウのように，産卵後の卵や幼虫が保護されることがなく，生存曲線が早死型を示す種では，雌雄とも複数の異性と交尾する**乱婚制**になりやすい。

(2) 子や幼虫の死亡率が高い種では，乱婚制をとり一生の間に何回も異なる相手と交尾することで，生存に有利な形質の遺伝子を残す確率を高めている。

(3) 一夫多妻制をとるニホンザルなどの霊長類やライオンなどの群れ内において，雌の個体数が多くなると，1個体の雄が集団全体を防衛できなくなり，複数の雄が入り込み，複数の雌との間での交尾が行われ，乱婚制になりやすい。

②▸動物の社会でみられる利他行動

ある個体において自己にとっては不利益となるにもかかわらず，他個体にとっては利益となる行動を**利他行動**(りたこうどう)という。

1 社会性昆虫

(1) 昆虫のうち，ミツバチ，アリ，シロアリ，アシナガバチ，アブラムシなどは，同種の個体が密に集合した集団(**コロニー**)をつくって生活している。これらの昆虫では，集団内の個体間に形態や役割などの違いがみられ，各個体の協力によってその集団が維持されているので，**社会性昆虫**(しゃかいせいこんちゅう)と呼ばれる。

参考 上記の昆虫のうち，シロアリとアブラムシは不完全変態(蛹の時期がない)昆虫である。

(2) 社会性昆虫の個体群では，生殖活動を行う女王，生殖活動を行わず食物の採取・育児・巣作りを行う**ワーカー**，防衛を行う**ソルジャー**(兵隊)などの分業がみられる。このような分業を**カースト制**という。

例 ヤマトシロアリ(図64-7)，セイヨウミツバチ

図64-7 ヤマトシロアリのカースト制

(3) 自己の繁殖を放棄して女王の繁殖を手伝うワーカーやソルジャーの行動は利他行動といえるが，社会性昆虫の集団は，女王が産んだ個体が集まった血縁者の集団であるため，ワーカーやソルジャーは血縁者を多く育てることで自分と共通の遺伝子を多く残すことになる。

(4) 社会性昆虫の集団(個体群)を構成する個体間では，フェロモンや視覚，触覚などを用いた**コミュニケーション**の手段が発達しており，複雑な集団行動を行うことができる。なお，大多数の個体は，単独生活ができない。

参考 カースト制は，ハダカデバネズミ(哺乳類)やエビ(甲殻類)の一種などでもみられ，これらの動物と社会性昆虫は総称して真社会性動物と呼ばれ，次の①～③の特徴をもつ。

①2世代以上の成熟世代が共同生活している。

②成熟個体が未成熟個体を保護・保育する。

③生殖を行わないカーストが存在する。

①～③のうち，③が最重要である。つまり，生物の共通性の一つである「DNAを遺伝情報として，自分と同じ特徴をもつ個体をつくり，形質を子孫に伝える」ことなく他個体の世話をする個体が存在するか否かが真社会性か否かを決める。

田部の裏づけ

社会性の発達

単独性の動物	→	亜社会性の動物	→	真社会性の動物
単独生活をする親が卵を生み，放置する。		複数の世代が同一の巣内で重複して生活する。		他者の生んだ子も含めて共同で育児し，繁殖における分業(カースト制)がみられる。

2 共同繁殖・ヘルパー

(1) 一夫一妻制の鳥類や哺乳類において，自分のではない子の世話をする個体が存在する繁殖様式を**共同繁殖**(きょうどうはんしょく)という。このとき，他者の子の世話をする個体は，**ヘルパー**と呼ばれ，子の血縁者(兄，姉，おじ，おばなど)である場合が多い。

例 エナガ・オナガ・ヒメヤマセミなど一部の鳥類，アフリカゾウ，イルカ

(2) ヘルパーがいる巣では，巣立つ子の数が多くなることが知られている。このため，ヘルパーが子の血縁者である場合，自らの子を残せなくても，弟や妹の世話をすることで，自分と共通の遺伝子を多く残すことができる。

(3) ヒメヤマセミのヘルパーには，血縁のない個体も存在する。このような個体は，世話をしている子の親が死んだ後に縄張りを引き継ぎ，翌年には自らが繁殖することができる。

(4) ハダカデバネズミは，東アフリカのサバンナ地帯の地中に生息している。1つの集団の個体数は100頭を超えることもあるが，生殖する個体は雌が1頭のみで，雄も1～数頭しかいない。残りの大多数は**ヘルパー**となり，巣穴掘り，食物の採取，ときには防衛などの利他行動に従事する(図64 - 8)。これは，アリやシロアリにみられる社会とよく似ている。

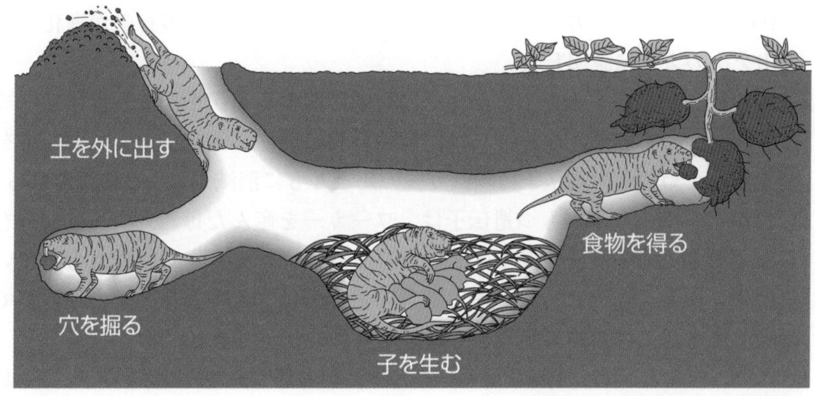

図64 - 8　ハダカデバネズミの社会

3 血縁度・包括適応度

(1) 自然選択(☞p.734)に対する個体の有利・不利を表す度合は，**適応度**(てきおうど)と呼ばれ，次世代に残す繁殖可能な子の数で表すことができる。ワーカーやヘルパーなどの利他行動を行う個体は，繁殖を行わないため，適応度が低くなり，最終的には消滅するように思われるが，利他行動を行う個体が集団内で一定数存在し続けている生物種が存在する。この理由を説明するために提唱された考え方として，血縁度と包括適応度がある。

(2) イギリスのハミルトンは，個体が生殖によって増やそうとしているのは，自分の子というより，自分のもっている遺伝子であると考え，個体間の遺伝的近縁度を表す指標として，**血縁度**※という概念を提唱した。

※自分のもつある遺伝子が自分の子や他の血縁者の中にも存在する確率を血縁度という。

(3) 血縁度とは，個体間で共通の祖先から由来する特定の遺伝子をともにもつ確率のことである。例えば，有性生殖を行う二倍体の生物では，ある個体(子供)が，ある特定の遺伝子を1つだけもつ場合，その母親または父親は，その遺伝子の半分を共有するため，親子間の血縁度は0.5である。同様に，共通の父親と母親をもつ兄弟姉妹間の血縁度も0.5である。

(4) ハチやアリなどでは，雌が二倍体($2n$)，雄が一倍体(n)であり，ワーカーなど，血縁集団内で生殖しない個体が存在していることを血縁度のみで説明することには無理がある。そこで，自分の子に限定せず，共通の遺伝子をもつ血縁者も含めて，残す遺伝子の数によって適応の度合を考えた**包括適応度**という概念が提唱された。

4 ミツバチの血縁度

(1) 1964年，イギリスのハミルトンは，ミツバチのワーカーの行動が進化した理由を次のように説明した。

(2) ある行動が進化するためには，その行動に関する遺伝子が後の世代で広まらなければならない。ワーカーは，利他行動に関する遺伝子をもつが，子を産まないため，その遺伝子はワーカーの死とともに消滅するように思われる。

(3) しかし，ワーカーがもつ遺伝子は，ワーカーを産んだ母親，つまり女王ももっており，その女王が産む子，つまりワーカーが養育する弟妹ももっているはずである。このように，ある個体の遺伝子は，その個体の子を通してではなくても，弟妹，甥，姪などを通じて残すことができる。

(4) ミツバチの集団は，1匹の女王バチと，多数の雌ワーカー(働きバチ)，少数の雄バチで構成されている。女王バチと雄バチは生殖能力をもつが，ワーカーは女王の雌の子であるが，生殖能力がなく，食物の採取，巣の清掃，自分の弟妹の養育をする。ミツバチの雌は，両親から遺伝子を受け継ぎ2組の染色体をもつ二倍体であるが，雄は，女王バチの卵の単為生殖(雌が雄とは関係なく単独で新個体を生じる生殖法)によって未受精卵から発生するので，染色体を1組しかもたない一倍体である(右図)。

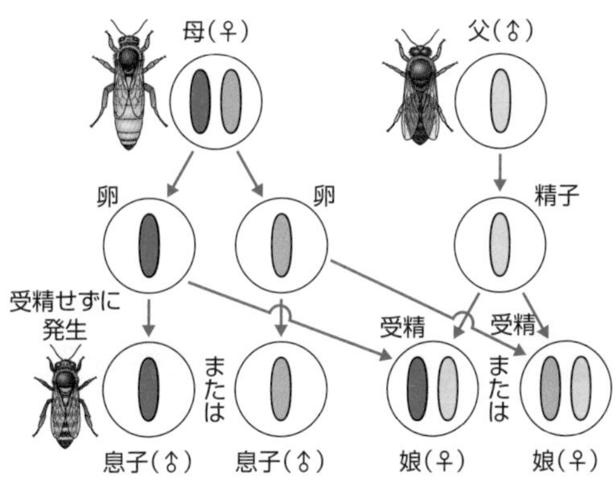

図64-9　ミツバチにおける遺伝子の伝わり方

(5) ミツバチの血縁度について考える。雄(息子)は全遺伝子を女王バチ(母)から受け継ぐので，息子のある特定の遺伝子を母がもつ確率(息子に対する母の血縁度)は1(息子にとって母の血縁度は1)である。また，母のもつ2組の染色体のうち，息子は1組しか受け継がないので，母のある特定の遺伝子を息子がもつ確率(母に対する息子の血縁度)は，$\frac{1}{2}=0.5$である。

(6) ミツバチの雌(娘)は，受精によって生じるので，父のもつ1組の染色体はすべて娘に受け継がれる。したがって，父のある遺伝子を娘がもつ確率，つまり父に対する娘の血縁度は1である。これに対して，娘のある特定の遺伝子を父がもつ確率，つまり娘に対する父の血縁度は0.5である。また，母のもつ2組の染色体のうち，娘は1組しか受け継がないので，母に対する娘の血縁度は0.5である。同様に，娘に対する母の血縁度も0.5である。

参考 ミツバチの親に対する子の血縁度(親→子)と，子に対する親の血縁度(子→親)をまとめると以下のようになる。

母→娘 0.5　娘→母 0.5　母→息子 0.5　息子→母 1
父→娘　1　娘→父 0.5　父→息子　0　息子→父 0

(7) ミツバチの姉妹の血縁度について，一方を「私」，もう一方を「妹」として考える。「私」のある特定の遺伝子が，母由来の遺伝子である確率は0.5であり，その遺伝子を「妹」がもつ確率は0.5である。「私」のある特定の遺伝子が，父由来の遺伝子である確率は0.5であり，「妹」がその遺伝子をもつ確率は1である。よって，(「私」に対する「妹」の血縁度)$=0.5\times0.5+0.5\times1=0.75$となる。

(8) ここで，「私」が，ワーカーであり，自分の子を残すと仮定した場合，「私」

に対する子の血縁度は，母に対する娘または息子の血縁度であるから0.5となり，子より血縁度の高い妹を養育した方が，集団内で自分の遺伝子が広まる確率が高くなるので，ワーカーの行動が進化してきたと考えられる。

参考 ハミルトンの説明(仮説)は，女王バチが他の群れ(集団)に属していた1匹の雄バチとしか交尾しないことを大前提としており，複数の雄と交尾した場合には，ワーカーに対する弟妹の血縁度が大幅に下がってしまうので，成り立たない。実際には，マルハナバチのように女王バチが1回しか交尾しない種もあるが，ミツバチでは女王バチが複数の雄バチと交尾する。それにもかかわらず，ミツバチのワーカーは，マルハナバチのワーカーより積極的に弟妹を養育することが知られている。このような現象を説明する仮説(ワーカーポリシング)もある。

もっと広く深く　包括適応度・ゲーム理論

1 包括適応度

(1) 一倍体はミツバチなど一部の動物に限られており，多くの動物は雌雄ともに二倍体であるので，血縁度のみで利他行動の進化を説明することには無理がある。そこで，**包括適応度**の概念が重要になってくる。

(2) 包括適応度とは，「自分の子の数×血縁度」と，「自分が利他行動を行うことにより増加する血縁者の数×血縁度」の合計とみなすことができる。

(3) 例えば，ある人(Aさん)が，自分の子3人の他に，兄夫婦の子2人を引き取って育て，さらに弟夫婦の子育てを手伝った(子を引き取って育てるより労力は小さい)ので，弟夫婦は1人余分に子育てができたとする。このときの包括適応度は次のように求める。

(4) 包括適応度は，自分の行動(繁殖や他の子の世話)により増加した，残せる遺伝子の合計である。Aさんは，自分の子1人につき0.5の遺伝子を残すことができる。また，Aさんに対する兄または弟の血縁度は0.5であり，兄または弟のある遺伝子をそれぞれの子がもつ確率は0.5であるから，Aさんに対する兄または弟の子の血縁度は$0.5 \times 0.5 = 0.25$である。したがって，兄夫婦，弟夫婦の子を1人育てることで，Aさんは0.25の遺伝子を残すことができる。これより，Aさんの包括適応度は$0.5 \times 3 + 0.25 \times 2 + 0.25 \times 1 = 2.25$となる。

(5) 現代の生物学(動物行動学)では，一般的に個体は，包括適応度が最大になるような行動をとると考えられ，利他行動の進化は**血縁選択**と呼ばれている。

2 ゲーム理論

(1) 利害が必ずしも一致するわけではない複数の主体(意思をもち，他者に影響を与える動作や作用を行う者)が存在するとき，それぞれの主体がどのような行動をとるようになるかを分析する数学的理論の一つに**ゲーム理論**と呼ばれるものがある。

(2) ゲーム理論では，利害の対立する複数の主体(「プレイヤー」という)が，各プレイヤーの選択できる行動(「戦略」という)に従って，共通の価値観(「戦争に勝ちたい」

や「利益を得たい」など）を共有してゲーム（「囚人のジレンマゲーム」や「タカ・ハトゲーム」など，詳細は省略）をすると，結果が得られる。この結果を数値化したものを**利得**または**効用**という。

(3) 20世紀中頃にフォン・ノイマンとモルゲンシュテルンが経済学の新しい考え方を目指してゲーム（の）理論を完成させた。その後，ゲーム理論は，心理学や政治学においても活用され，1973年に（ジョン・）メイナード・スミスらによって生物の進化理論（進化ゲーム理論）に応用された。進化ゲーム理論は，自然選択（自然淘汰）（☞ p.727, 734）を数理的に表現し，利得を適応度に対応させることで，動物の闘争行動や親による子の世話，性比などの問題の解釈に応用され，行動生態学を発展させた。

3 個体の適応度と集団の適応度

(1) 1970年代までは，個体が犠牲になっても，集団が利益を得れば種が存続するとされ，遺伝子の存続ではなく，集団や種の利益・存続という観点で動物の行動が説明されていた。当時は，このように，個体の適応度が下がっても，集団や全体の適応度が上がる行動は進化するという群淘汰の考え方が主流であり，利他的な個体を含む集団と含まない集団では平均適応度が異なるので，絶滅率に差が生じ，最終的には利他的な個体を含む集団が広がっていくと考えられた。

(2) しかし，同時に集団内には遺伝的多様性（個体間の多型）が存在しており，その適応度の差によりどの型の遺伝子が広まるかが決まる遺伝子淘汰も働いている。集団間の絶滅率の差よりも，世代ごとに現れる遺伝子による適応度の差による遺伝子淘汰の効果がはるかに大きく，実際には群淘汰の効果はほとんど無いことがわかった。

(3) では，遺伝子レベルで働く自然選択のもとで，利他行動は進化するのだろうか。ハミルトンは血縁の個体間でみられる利他行動に注目し，自分は繁殖できなくとも自分と同じ遺伝子をもつ他個体を助けることで，自分の遺伝子を増やすのが血縁度に基づく利他行動であるとした。

(4) つまり，自然選択によって選ばれるのは，個体や個体を単位とした集団ではなく，遺伝子型つまり遺伝子そのものである。これにより，近縁の個体間でみられる利他的行動は，個体レベルで見れば利他的だが，遺伝子レベルから見れば，結果的に同じ遺伝子が増えていく，つまり，遺伝子はあくまでも自分のコピーをたくさん残すように振る舞う（そのような性質をもった遺伝子が選択されてきた）のである。ドーキンスは，このような遺伝子を利己的遺伝子と呼び，「生物は遺伝子を運ぶための乗り物であり，遺伝子のために進化した」という概念を発表し，脚光を浴びた。

(5) しかし，この利己的遺伝子の概念は進化論における一つの見方であり，現在では，「利己的遺伝子」とは個体の利益とは無関係に自らゲノム上で増幅できるトランスポゾンなどのようなDNAを意味するようになった。

第65講 生物群集と個体群間の相互作用

The Purpose of Study 到達目標

Visual Study 視覚的理解

日本の森林における食物網

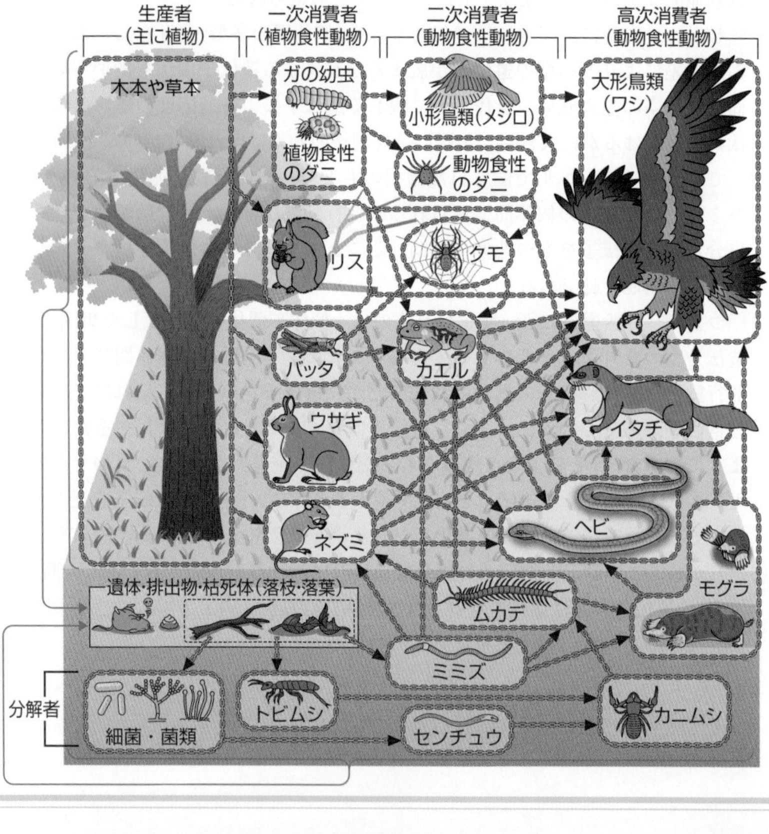
生産者
(主に植物)
一次消費者
(植物食性動物)
二次消費者
(動物食性動物)
高次消費者
(動物食性動物)
木本や草本
ガの幼虫
植物食性のダニ
小形鳥類(メジロ)
動物食性のダニ
大形鳥類(ワシ)
リス
クモ
バッタ
カエル
ウサギ
イタチ
ネズミ
ヘビ
遺体・排出物・枯死体(落枝・落葉)
ムカデ
モグラ
ミミズ
分解者
細菌・菌類
トビムシ
センチュウ
カニムシ

1 ▶ 生物群集と生態的地位

(1) ある一定地域に生息する複数種の個体群からなる**生物群集**のうち，動物個体群の集合を**動物群集**，植物個体群の集合を**植物群集**(植物群落，群落)という。

(2) ある種が生態系や生物群集の中で占める一定の地位を**生態的地位**(せいたいてきちい)(**ニッチ**)といい，ニッチは，その種が生存に必要とする食物，生活空間，活動時間などの資源の範囲であるともいえる。

(3) 異なる地域において同じような生態的地位を占める種を**生態的同位種**(せいたいてきどういしゅ)という。

例 1. アフリカのコビトカバと南アメリカのカピバラ
　2. アフリカのダチョウとオーストラリアのエミュー

どちらも形態が似ており，水辺にすみ，周辺の植物を食べる

コビトカバ (ウシに近い)
(体長 150〜175cm)

カピバラ (ネズミに近い)
(体長 100〜130cm)

図65 - 1　生態的同位種

(4) 生物群集を構成する生物は，大きく**生産者**と**消費者**に分けられる。

(5) 炭酸同化(光合成，化学合成)を行う能力をもつ植物，藻類，光合成細菌，化学合成細菌などの**独立栄養生物**を**生産者**という。生産者は，生態系において，無機物から有機物を合成する役割をもつ。

(6) 有機物を外界から取り入れ，それをエネルギー源として利用している動物などの**従属栄養生物**を**消費者**という。消費者は，生態系において，有機物をつくりかえて移動させる役割をもつ。生産者を摂食する植(物)食性動物は**一次消費者**，一次消費者を捕食する動物食性(肉食性)動物は**二次消費者**と呼ばれ，さらに二次消費者などを捕食する**高次消費者**(こうじ)(**三次消費者**など)が存在する。

(7) 消費者のうち，生物の枯死体・遺体・排出物中の有機物を摂取し，呼吸により分解してエネルギーを得る細菌や菌類に属する生物を**分解者**※という。分解者は，生態系において，有機物を生産者が利用できる無機物に戻す役割をもつ。

※分解者は，一般に細菌や菌類を指す用語であるが，トビムシ，ミミズなどの土壌動物も分解者に含まれることがある。

(8) 生物が他者を，食べることを**捕食**※，食べる方を**捕食者**，食べられる方を**被食者**生態系内における捕食者と被食者の一連のつながりを**食物連鎖**(しょくもつれんさ)という。

※捕食は，広義には「ある生物が他の生物を食べること」であるが，狭義には「ある動物が他種の動物を捕らえ，殺して食べること」である。したがって，植物食性動物が植物を食べることや，同種個体間の共食いなどは，捕食とはいわず，摂食ということがある。

(9) 自然界では，生物の種数は非常に多く，捕食者に対する被食者，および被食者に対する捕食者の関係は1：1とは限らず複数：複数が多いため，食物連鎖は，実際には複雑な網目(あみめ)状になっており，これを**食物網**(しょくもつもう)という。

第12章

(10) 生きている植物から始まる食物連鎖は，**生食連鎖**と呼ばれる。生食連鎖における動物の摂食・捕食活動は被食者の個体数の増減に影響を与えている。一方，生きている生物ではなく，落葉・落枝，動物の遺体・排出物などから始まる食物連鎖は，**腐食連鎖**と呼ばれ，生食連鎖とともに，生態系の物質循環に重要な役割を担っている。

2 ▶ 異種個体群間の相互作用

生物群集では，異種個体群間(種間)において，種間競争，被食者－捕食者相互関係，寄生，共生などの**相互作用**がみられる。

1 種間競争

(1) 共通の資源(食物，生活空間，光など)をめぐって起こる異種個体群間の競争を**種間競争**という。種間競争は，相互に不利益を与える相互作用である。

(2) ニッチが近い種どうしでは，生活上の要求が類似し，共通の資源を利用するため，その資源をめぐって**種間競争**が起こる。このように，種間競争はニッチが重なり合うところで起こり，ニッチの重なりが大きい(ニッチが近い)ほど，競争の程度が大きくなる傾向がある。種間競争には，生息場所・営巣場所・縄張りなどの資源の獲得をめぐって直接争う干渉型競争と，一方の種が資源を消費することで他方の種の資源が減少する消費型競争がある。

参考 消費型競争は，2種の取り合い型競争とも呼ばれ，この競争関係にある2種の間では直接的な争いは起こらない。例えば，ハエが肉塊に多数の卵を産みつけ，孵化した多数の幼虫によりその肉塊が消費されていくと，食物不足となって死亡する個体が出る場合などがある。

(3) 種間競争の結果，どちらか一方の種が競争に負けて排除される現象を**競争的排除**(**競争排除則**)という。

(4) **ゾウリムシの種間競争**

①3種のゾウリムシ(ゾウリムシ，ヒメゾウリムシ，ミドリゾウリムシ)にそれぞれ食物として細菌と酵母を与え，単独で飼育すると，いずれもS字状の**成長曲線**を示す(図65 - 2左)。

②同じ容器内でゾウリムシとヒメゾウリムシ(ゾウリムシよりも小形で，細菌を効率よく摂食することができる)を混合飼育すると，消費型競争によりゾウリムシはしだいに減少して死滅する(**競争的排除**される)(図65 - 2中央)。

③同じ容器内でゾウリムシとミドリゾウリムシを混合飼育すると，ゾウリムシは主として飼育容器の上部で細菌を摂食し，ミドリゾウリムシは容器の底部で酵母を摂食して生活するので両種は共存する(図65 - 2右)。

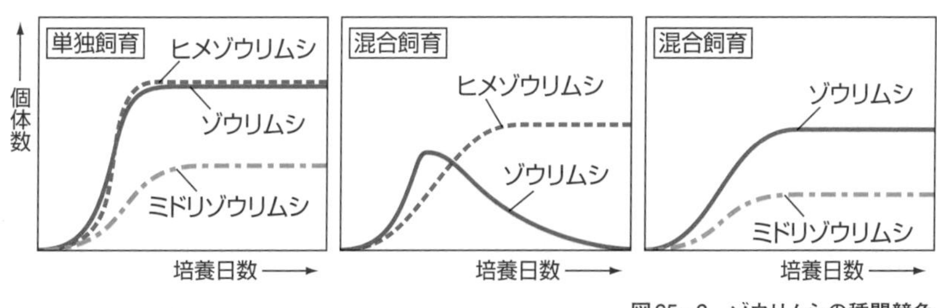

図65-2　ゾウリムシの種間競争

参考 1. ミドリゾウリムシは，細胞質内に取り込んだクロレラ(単細胞緑藻類の一種)と相利共生(☞p.624)し，クロレラには二酸化炭素や窒素源などを与え，クロレラからは酸素や糖(マルトース)などの光合成産物を受け取ることができる。ミドリゾウリムシは，クロレラと相利共生せずに単独で増殖することも可能である。

2. ゾウリムシとヒメゾウリムシの混合飼育では，ヒメゾウリムシが生き残り，ゾウリムシが絶滅するが，ふつう，ゾウリムシがそこまで急激に餓死することはない。この実験には，毎日10%の培養液を生物ごと取り除き，食物としての細菌などを供給する手順が含まれていたので，環境収容力付近の個体群サイズ(個体数)でも1日当たり10%の速度で増殖できるヒメゾウリムシは，1日当たり1.5%の速度でしか増殖できないゾウリムシとの競争に勝ったのである。

3. ゾウリムシとミドリゾウリムシの混合飼育では，両種とも絶滅せず共存したが，それぞれの環境収容力が単独培養の場合より低いことは，この2種の間に競争が起こっていたことを示している。ミドリゾウリムシは，細胞内のクロレラが行う光合成で生じる酸素により，酸素濃度の低い飼育容器底部(培養液下部)でも，酵母を摂食して生活することができた。これに対して，ゾウリムシは，比較的上部の培養液中に懸濁している細菌を摂食して生活していた。つまり，両種は空間的にも食物的にも，分かれて生活していた。

(5) ソバとヤエナリの種間競争

植物の異種個体群間では，特に光合成量に影響する光をめぐる競争が激しい。

①ソバとヤエナリ(マメ科植物の一種)をそれぞれ単独で植える(単植する)と，50日目では，ソバの方がヤエナリよりも葉が上方につく(図65-3①)。

②2種を一緒に植える(混植する)と，ソバは伸長成長速度が速く，ヤエナリの上に葉を繁らせるので，ソバは上層，ヤエナリは下層という明瞭な階層構造ができあがり，下層に葉を広げるヤエナリは暗い光条件下に置かれる。その結果，ヤエナリでは，葉の光合成速度が著しく低下するので，成長がしだいに遅くなり，やがて停止する。したがって，50日目のソバの葉量は単植した場合とほぼ等しいが，ヤエナリの葉量は著しく少なくなる(図65-3②)。

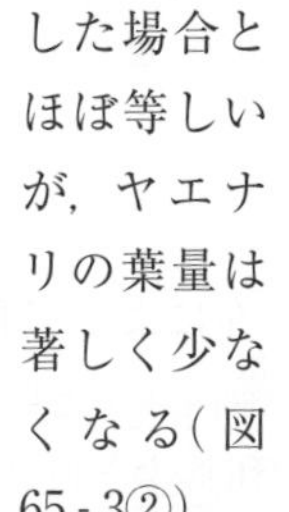

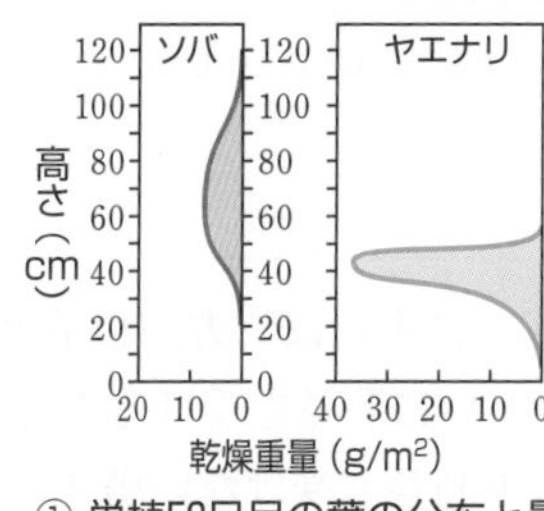

① 単植50日目の葉の分布と量

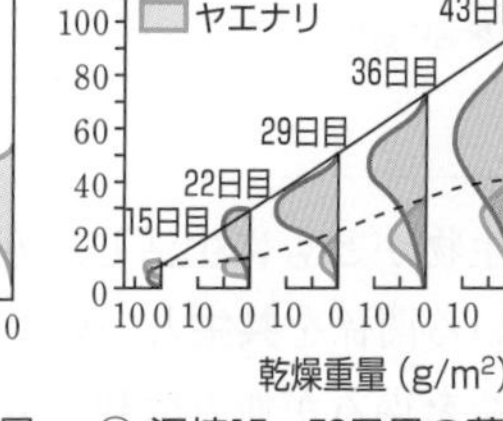

② 混植15〜50日目の葉の分布と量

図65-3　ソバとヤエナリの種間競争

2 被食者－捕食者相互関係

(1) 被食者と捕食者の関係は，被食者－捕食者相互関係，**捕食者－被食者相互関係**，**捕食・被食の関係**，**食う食われるの関係**などと呼ばれる。

(2) 一般に，捕食者と被食者が1種対1種のとき，捕食者が被食者を食いつくすことのないように環境を設定すれば，両種は個体数の周期的変動を繰り返しながら共存するが，捕食者の個体数は被食者の個体数より著しく少なく，捕食者の変動は被食者の変動より少し遅れる(図65 - 4左)。

参考 多くの生物にとっての天敵は，捕食者であるが，生物種によっては寄生者(捕食寄生者)や病原体などが天敵となる。

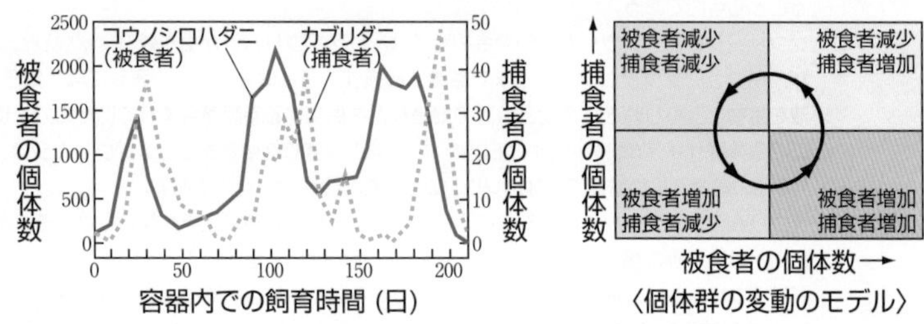

図65 - 4 被食者－捕食者相互関係でみられる個体数の変動

3 寄生

(1) 異種の生物がともに生活し，一方がすみ場所および栄養を他方に依存することで利益を受け，他方が不利益を受ける関係を寄生(きせい)という。利益を受ける方を**寄生者**，不利益を受ける方を**宿主**(しゅくしゅ)または寄主(きしゅ)という。

(2) 寄生の例を以下に示す。

①ヒルやダニは，ヒトなどの動物の体表に寄生する外部寄生者である。

②カイチュウ，サナダムシ，マラリア病原虫は，ヒトなどの体内に寄生する内部寄生者である。

③モンシロチョウの幼虫に寄生するアオムシコマユバチは捕食寄生者と呼ばれ，終齢幼虫から脱出して幼虫を殺す。

参考 広義の寄生には，死んだ生物が宿主である場合(死物寄生，腐生という)も含めるので，生きている生物が宿主の場合を活物寄生という。

4 共生

(1) 異種の生物がともに生活し，互いにまたは一方が相手の存在によって利益を受けている関係を共生(きょうせい)といい，互いに利益を受ける場合を相利共生(そうり)と呼び，一方は利益を得るが他方は利益も不利益も受けない場合を片利共生(へんり)と呼ぶ。

(2) 相利共生の例を以下に示す。

①**マメ科植物**は，原核生物である**根粒菌**からアンモニウムイオンの供給を受け，根粒菌はマメ科植物から有機物の供給を受ける。

②植物の根に共生して**菌根**(きんこん)を形成する菌類(真核生物)は，**菌根菌**と呼ばれ，植物から有機物を受け取り，植物にリンや窒素を供給する。

参考 菌根にはグロムス菌などによる内生菌根と，子のう菌や担子菌による外生菌根がある(☞p.750)。

③アリはアブラムシ(アリマキ)から蜜(尾部から分泌される分泌物)の供給を受け，アブラムシはアリによって外敵(テントウムシなど)から保護される。

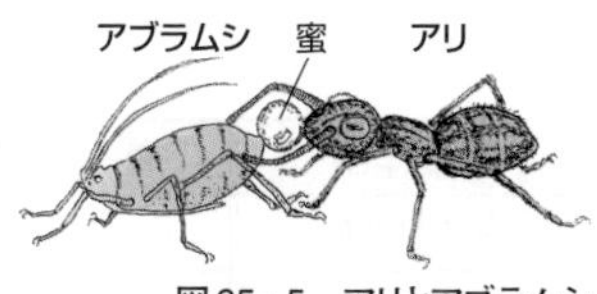

図65-5　アリとアブラムシ

参考 エンドウヒゲナガアブラムシ(カラスノエンドウなどのマメ科植物の害虫)は，体内に生息するブフネラ(細菌類)からアミノ酸やビタミンの供給を受け，ブフネラはアブラムシの体内のみで生存できる。

④シロアリ腸内の微生物は，シロアリが摂食する木材の成分であり，シロアリが分解できないセルロースなどを分解し，生じた炭水化物をシロアリに提供し，シロアリは微生物に生息場所を提供している。

⑤マルハナバチは植物から栄養分(蜜や花粉など)の提供を受け取り，植物はマルハナバチにより受粉を行う。受粉を媒介する動物(送粉者)のなかには蜜や花粉を受け取れないものや，動物が花粉を運ばずに蜜だけを得るものもいる。

⑥クマノミはイソギンチャクの毒のある触手により外敵から保護され，イソギンチャクは触手の間で摂食するクマノミから食べ残しを得る。

参考 1. イソギンチャクは，隣り合った触手が接触したときに，刺細胞(☞p.44)内から刺糸が発射されるのを防ぐために，粘液で覆われている。イソギンチャクの触手間にいるクマノミは，イソギンチャクから分泌される粘液に包まれることにより，イソギンチャクの刺糸に刺されることから免れている。
2. クマノミは近づいてくる他の魚を攻撃するが，その中にはイソギンチャクをえさとする魚も含まれていることも，イソギンチャクにとっての利益となる。

⑦サンゴ礁を形成するサンゴの細胞内には褐虫藻(かっちゅうそう)が共生している(☞p.672)。

⑧地衣類(☞p.648)において，菌類は緑藻類やシアノバクテリアから光合成産物の提供を受け，緑藻類やシアノバクテリアは菌類の菌糸によってつくられた構造体の内部に蓄えられた水分中で生息する。

(3) 片利共生の例を以下に示す。

①コバンザメは，サメやエイなどの大形魚類に密着して生活することによって，大形魚類から移動の労力の軽減や食物の提供，ならびに外敵からの保護を受けるが，大形魚類には利益も不利益も生じない。

②カクレウオ(成魚)はナマコの消化管内にすむことによって外敵から身を守っているが，ナマコには利益も不利益も生じない。

5 利益・不利益の観点からみた異種個体群間の相互作用

2種(A種・B種)の個体群間でみられる相互作用は，それぞれの種が利益を受ける(＋で表記する)，不利益を受ける(－で表記する)，利益も不利益も受けない(0で表記する)のいずれかによって，表65-1のようにまとめることができる。なお，相互作用において受ける利益・不利益は，相手がいない場合との比較である。

相互作用	A種	B種	特　徴
相利共生	＋	＋	両方の種(A種とB種)がともに利益を受ける。
片利共生	＋	0	一方(A種)は利益を受け，他方(B種)は利益も不利益も受けない。
寄　生	＋	－	寄生者(A種)は利益を受け，宿主(B種)は不利益を受ける。
被食者－捕食者相互関係	＋	－	捕食者(A種)は利益を受け，被食者(B種)は不利益を受ける。
種間競争	－	－	両方の種(A種とB種)がともに不利益を受ける。
参考 中立	0	0	両方の種(A種とB種)がともに利益も不利益も受けない。例 ダチョウとシマウマ
参考 片害作用	0	－	一方(A種)は利益も害も受けないが，他方(B種)は害を受ける。例 アオカビ(菌類の一種)がペニシリン(抗生物質の一種)を分泌して，周囲に存在する一部の細菌(グラム陽性菌)を殺す。

表65-1　異種個体群間の相互作用のまとめ

6 相互作用における利益と不利益

(1) 植物と菌根菌は，土壌中のリン(P)濃度が低い場合には，相利共生の関係にある。

(2) しかし，リン濃度が高い場合には，植物が自分でリンを吸収するため，菌根菌から受け取る利益(リンの量)は減少する一方，菌根菌が植物から受け取る利益(有機物量)は変化しないため，菌根菌が植物に寄生する関係になる(図65-6)。

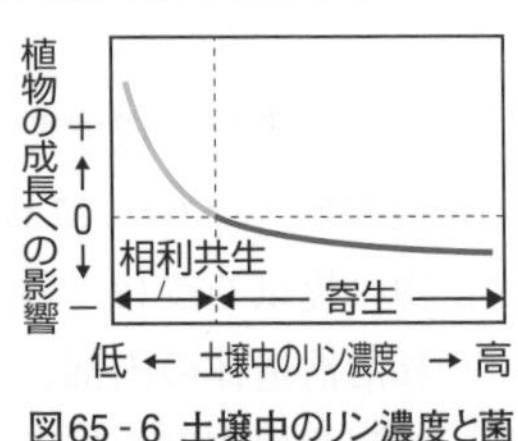

図65-6 土壌中のリン濃度と菌根菌と植物の相互作用

参考 寄生において，宿主が受ける不利益(有害性)は，相対的な概念であり，宿主の栄養状態や，他種の寄生者との種間競争などによって変化するため，相利共生や片利共生との区別が困難になることも多い。例えば，ヒト(宿主)が，マラリヤ病原虫(寄生者)に感染すると死亡する(不利益を受ける)こともあるが，この疾病にともなう発熱が，ある種の感染症(梅毒など)の病原体を殺す役割を果たす(利益を受ける)ことがある。

7　擬態（捕食者に対する被食者の適応）

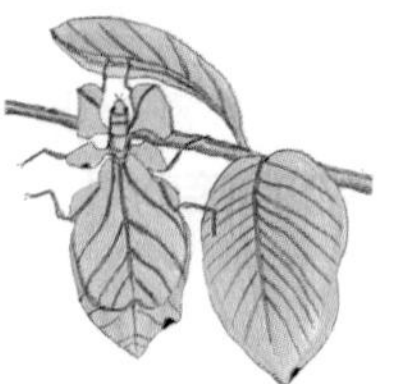

図65-7　コノハムシ(左)とコノハチョウ(右)

(1) 生物が自身の形態や色を，周囲の環境や他の生物に似せることを**擬態**という。

(2) 生物が周囲の環境と同様の色(保護色)や模様をもつことを隠蔽的擬態(カモフラージュ型の擬態)といい，コノハムシやコノハチョウは葉に酷似した模様と色をしており，捕食者である鳥やトカゲなどに見つかりにくくなっている(図65-7)。

(3) 鳥などの捕食者は，学習により毒針をもつハチ(スズメバチなど)や，毒があり味の悪いチョウ(マダラチョウやベニモンアゲハなど)を襲わなくなる。これらのハチやチョウには，同じような鮮やかな色彩(警告色)をもつものが多い。

(4) 毒針もなく，味も悪くないが，(3)のハチやチョウの形や色に似せて，捕食者から逃れる昆虫がいる。このような擬態を標識的(標識型の)擬態という。

(5) 隠蔽的擬態が他者に見つけられないようにするための擬態であるのに対し，標識的擬態は見つけられるようにするための擬態であると考えられる。

もっと広く深く　擬態について

擬態は次のように分類されることが多い。

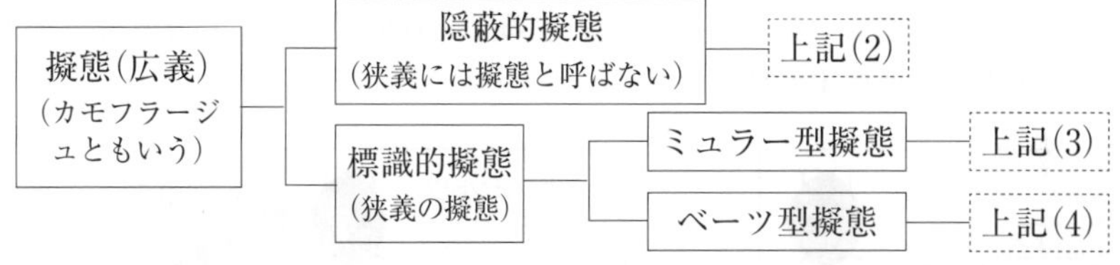

ミュラー型擬態の利点について補足しよう。毒針をもつハチ(多くの種が，似たような黄色と黒色の縞模様をもつ)のように，高い攻撃力をもつものどうしが，形・色・模様などを似せて，鳥などの捕食者から逃れる。毒針をもつある種のハチ(A種)が，ある鳥に「針で刺す危険な存在」と学習させるためには，自分または自分以外の1匹が捕食されなければならない。A種のある個体群(100匹)では，少なくとも1匹が犠牲になる必要があるが，A種を含めて毒針をもつ5種のハチ(各個体群は100匹)が同じ色と模様であれば，500匹中の1匹のみが犠牲になり，499匹がその鳥に襲われなくてすむ。

参考 擬態には，目立つ花などに形と色を似せたハナカマキリが，えさとなる昆虫を待ち伏せするような攻撃的擬態(ペッカム型擬態)なども含まれる。ハナカマキリは周囲の環境(花など)に合わせた隠蔽的擬態をするとともに，匂いも花に似せて昆虫をおびき寄せているので，標識的擬態をしているともいえる。

8 間接効果

捕食，競争，共生などの2種の個体群間の相互作用の程度が，その2種以外の生物によって変化する場合の影響を**間接効果**(かんせつこうか)という。

1 捕食者が生産者に及ぼす間接効果

(1) ナナホシテントウがアブラムシを捕食し，アブラムシがソラマメを摂食する場合，ナナホシテントウによるアブラムシの捕食(図65 - 8①)は，アブラムシによるソラマメの過剰な摂食を抑える(図65 - 8②)。

(2) オオカミがアメリカアカシカを捕食し，アメリカアカシカが植物を摂食する場合，オオカミによるアメリカアカシカの捕食は，アメリカアカシカによる植物の過剰な摂食を抑える。

(3) ラッコがウニを捕食し，ウニがコンブの一種であるジャイアントケルプを摂食する場合，ラッコによるウニの捕食は，ウニによるジャイアントケルプの過剰な摂食を抑える。

(4) 魚類(オオクチバスの仲間)がトンボの幼虫(ヤゴ)を捕食し，トンボがハナアブを捕食し，ハナアブが植物(オトギリソウの仲間)の花粉を媒介する場合，魚類によるヤゴの捕食は，ハナアブによる植物の受粉頻度を高める。

2 捕食者が被食者の競争相手に及ぼす間接効果

食物のヨモギの摂食に関してアブラムシとヨモギハムシが**種間競争**の関係にある場合，一般に両種の個体数は種間競争の影響を強く受けるが，ナナホシテントウがアブラムシを捕食(図65 - 8③)すると，種間競争が緩和されてヨモギハムシの個体数は増加する(図65 - 8④)。

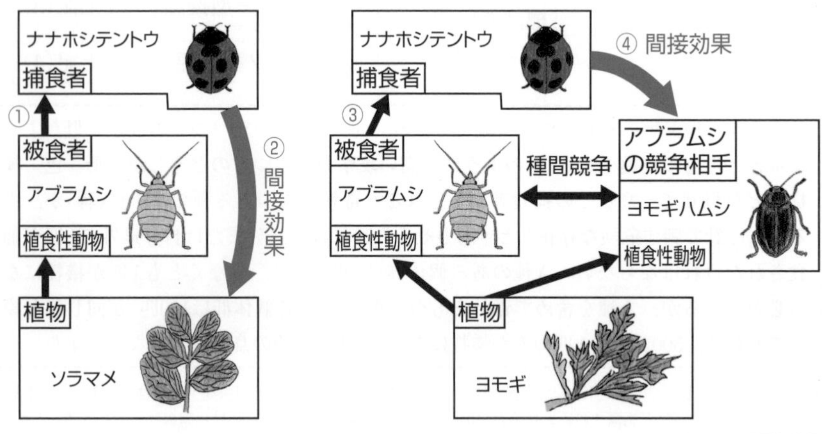

図65 - 8　間接効果

3 ▶ 生物群集における共存

1 共存と種間関係

(1) 複数の種が同一群集内で長期間，それぞれの個体群を維持し続けることを**共存**という。p.622で示したゾウリムシとヒメゾウリムシのように，ニッチが同じ，あるいは非常によく似ている2種間では激しい競争が起こり，どちらか一方が消滅してしまう(競争的排除が起こる)ので共存できない。

(2) しかし，培養液の下部を好み，沈殿している酵母を摂食できるミドリゾウリムシと，培養液の上部を好み，浮遊している細菌を摂食するゾウリムシのように，ニッチがある程度異なる2種間では，競争が緩和され共存が可能になる。

(3) このように競争関係にある2種が生活場所(生活時間)，あるいは食物を分け合って共存することを，**すみわけ**あるいは**食いわけ**といい，それらを総称して**ニッチの分割**(分化)という。多様な種の共存に必要な種間競争の緩和は，ニッチの分割による場合の他に，ニッチの分割によらない場合(p.632, 633)もあるが，いずれも種間競争の結果として起こる。

2 ニッチの分割による共存

自然界におけるニッチの分割による共存の例としては次のようなものがある。

(1) 針葉樹林で生息するアメリカムシクイ属の仲間(複数種の鳥類)は，いずれも昆虫などを食物とするが，採食場所を木の上部・中部・下部のように違えること(すみわけ)で共存している。また，くちばしの形状にも差があり，食物の種類も分けること(食いわけ)により共存していると考えられる。

(2) モンシロチョウとスジグロシロチョウは，ともに幼虫がアブラナ科の植物を摂食するが，成虫になると，日なたで暖かいキャベツ畑付近に生息するモンシロチョウと，やや日かげで涼しい林縁などに生息するスジグロシロチョウは，すみわけることにより共存している。

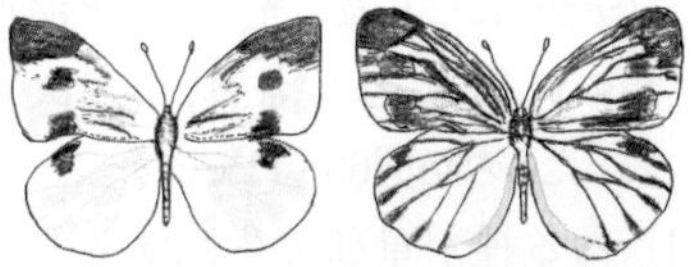

図65-9　モンシロチョウ(左)とスジグロシロチョウ(右)

参考 モンシロチョウの幼虫は，同じアブラナ科でもキャベツなどを食べ，スジグロシロチョウの幼虫はイヌガラシなどを食べる。

第12章

(3) 鳥類のヨーロッパヒメウとカワウは，それぞれが異なった水域で単独の個体群として生活するときは，共通の魚類や甲殻類を食物としているが，両種が同じ水域で生活すると，ヨーロッパヒメウは主にニシン・イカナゴなどの魚類(浅瀬や水面近くの生物)を，カワウは主にヒラメ・ハゼなどの魚類やエビなど(川底・海底の生物)を食物とすること(食いわけ)で共存している。

(4) マレーシアの熱帯多雨林の樹上には複数種のツパイ(☞p.712)が生息しているが，これらのうちのある種は昼間に活動し，別の種は夜間に活動することで共存している。これは(時間的)すみわけによる共存である。

(5) アメリカの乾燥地域の一つであるソノラ砂漠に生息するトビネズミ科の生物群集は，からだの大きさが異なる多くの種(最小種の平均体重は約7g，最大種の平均体重は約120g)から構成されている。これらの種は，からだが大きいほど大きい種子を食物としており，からだの大きさにより異なる食物を利用すること(食いわけ)により多くの種が同じ地域に共存している。

3 基本ニッチと実現ニッチ

(1) ある2種の生物について，食物，生活空間，活動時間などのうちから，どれか1種類の資源に着目して，その利用の頻度を表した図65-10のようなグラフを**資源利用曲線**と呼ぶ。資源利用曲線において，2種の重なりの程度が大きいほど，**種間競争**は強くなり，**競争的排除**が起こりやすくなる。

(2) 競争的排除が起こる2種間は，図65-10の左のような状態にあり，ニッチの分割により共存している2種間は，図65-10の右のような状態にあると推測できる。

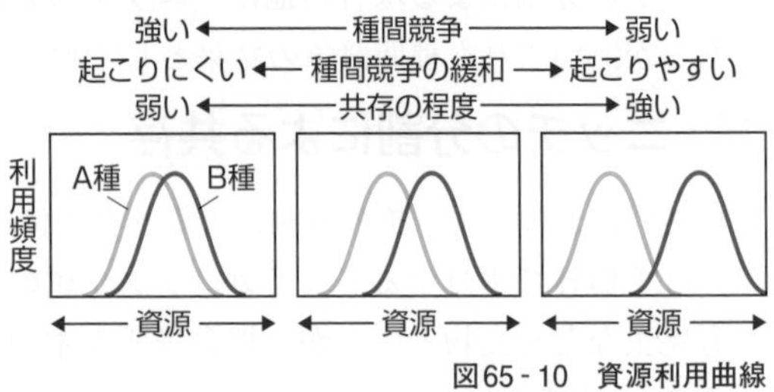

図65-10　資源利用曲線

(3) 実際には，ニッチとなる資源は1種類ではなく複数種類である。モンシロチョウとスジグロシロチョウについて，光の強さと温度という2種類の資源(要因)に注目して二次元のグラフで表したものが図65-11である。

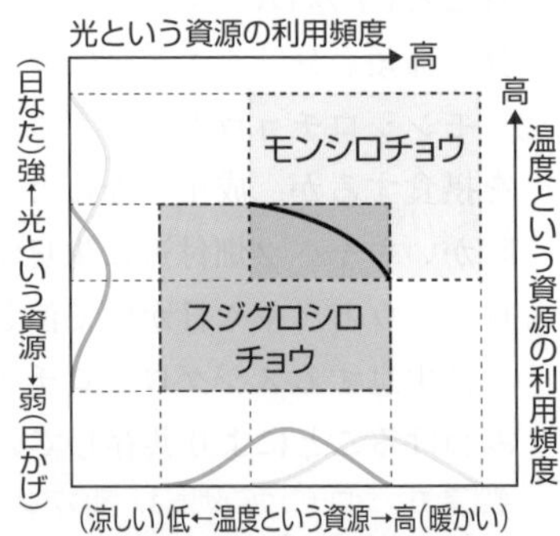

図65-11　二次元で表したニッチ

(4) ある種が単独で生息する場合のニッチを**基本ニッチ**(スジグロシロチョウでは ，モンシロチョウでは)といい，ある種が他種と共存する場合のニッチを**実現ニッチ**(スジグロシロチョウでは と実線より左下の ，モンシロチョウでは と実線より右上の)という。

(5) 重複した部分(緑色部)の資源の分け合い(資源や競争する種ごとに異なる)により，実現ニッチが決まる。実現ニッチと基本ニッチを比較することにより，種間競争の有無やその程度を知ることができる。

4 共存が種間競争の結果であることの証拠

これまでの例では，共存が種間競争の結果であるか，もともとニッチが似ていない2種が，たまたまその地域の環境に適応した結果であるのかがわからないが，次の1・2では共存が種間競争の結果であることの証拠が示されている。

1 ニッチの拡大

(1) ニッチが似ているイワナとヤマメ(昆虫や小魚を食物とし，清涼な渓流に生息)は，同じ川(渓流)では夏期の平均水温が13℃～15℃のところを境にすみわける(図65-12①)。この場合，イワナとヤマメの実現ニッチはそれぞれの基本ニッチよりも小さい範囲になる。

(2) 滝などによりヤマメが上流に侵入できない場合，イワナの生息域は下流側に拡大し，実現ニッチは基本ニッチに近くなる(図65-12②)。

(3) イワナが生息していない渓流では，ヤマメは生息域を上流側に拡大し，その生息範囲がヤマメの基本ニッチである(図65-12③)。

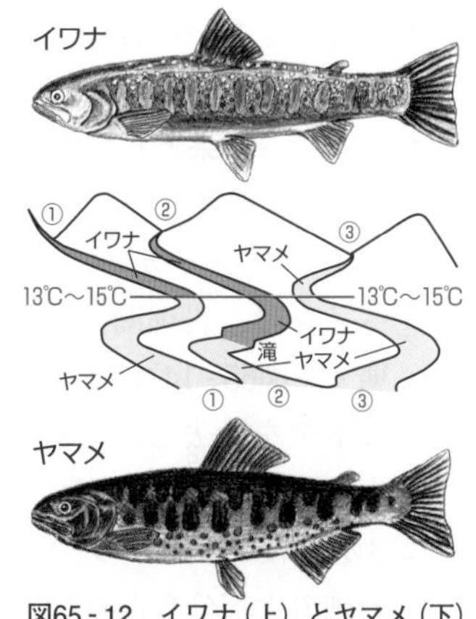

図65-12　イワナ(上)とヤマメ(下)

2 形質置換

(1) ガラパゴス諸島には多種のダーウィンフィンチが生息している。このうち異なる島で単独で生息するA種とB種は，同じような大きさのくちばし(くちばしの大小は主に摂食する種子の大小と相関関係をもつ)をもっている。

(2) A種とB種が共存する島で，くちばしを調べると，A種のみが生息する島よりも小さく(図65-13①と③の比較より)，B種のみが生息する島よりも大きかった(図65-13①と②の比較より)。

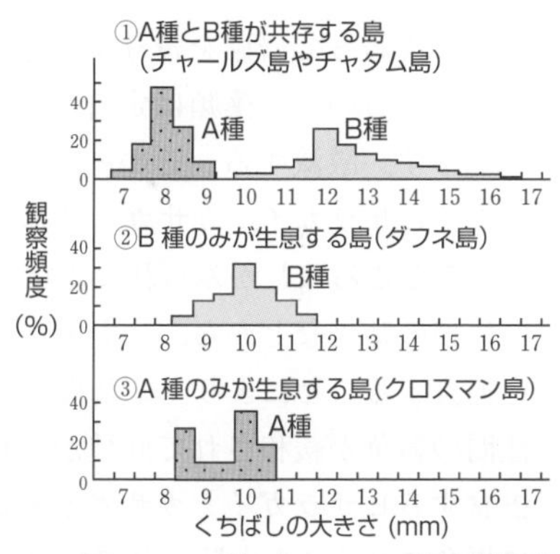

図 65-13　ダーウィンフィンチの形質置換

(3) これは，A種とB種の資源(種子)をめぐる種間競争の結果，異なる大きさの種子を摂食し，くちばしの大きさが変化した(ニッチが実現ニッチに移行した)ことを示している。このように，種間競争の結果，形質に違いが生じる現象を**形質置換**(けいしつちかん)※という。

※形質置換は共進化(☞p.734)の一種である。

第12章

5 ニッチの分割によらない共存

似たニッチをもつ複数種の生物が，ニッチの分割によらずに同所・同時間で共存している場合もある。このような共存例として次の1・2が知られている。

1 捕食者がもたらす共存

(1) **捕食者**の存在により，被食者の競争的排除が妨げられる場合がある。捕食者が存在しない場合には，競争に強い種が他の種を排除するが，その競争に強い種の捕食者が存在すると，競争に強い種の個体群密度があまり高くならないので，結果として競争に弱い種も共存することができる。

例 ヒトデ(捕食者)とムラサキイガイ・フジツボ(被食者)

(2) ペイン(アメリカ)による実験

①ペインは，岩礁潮間帯(がんしょうちょうかんたい)の生態系(図65-14)において，ヒトデを除去し，その後の生態系の構成者を観察した。

②3か月後には，フジツボが岩礁の大部分を占めた。

③1年後には，種間競争に強いムラサキイガイがフジツボに代わって岩礁を覆うようになるので，藻類は定着できず，激減する。その結果，ヒザラガイ，カサガイはみられなくなった。フジツボとイボニシはところどころにしかみられなくなった。

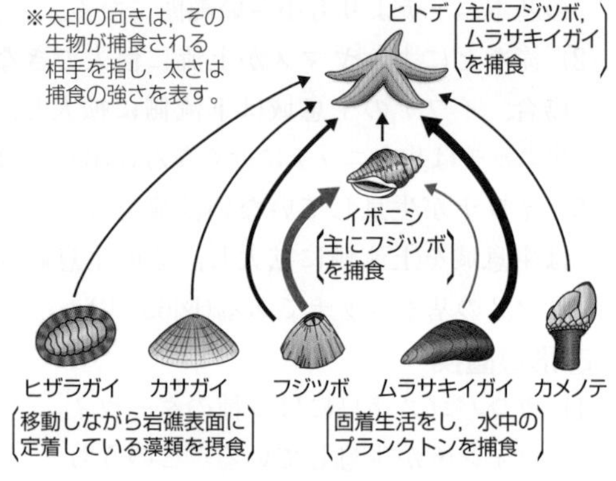

図65-14 潮間帯の岩礁でみられる食物網

(3) 観察の結果などから，ヒトデが種間競争に強いムラサキイガイやフジツボを捕食することにより，これら2種の個体数が抑えられる。その結果，この2種間の競争が緩和されて両種が共存できていたと考えられる。また，藻類を摂食するヒザラガイとカサガイをヒトデが捕食することにより，藻類が過剰に摂食されることが防がれていた。

(4) この岩礁のヒトデのような種は，**キーストーン種**と呼ばれ，生態系において食物網の上位にあり，その生態系のバランスに大きな影響を与えている。

2 攪乱がもたらす共存

(1) 自然状態を乱し，生態系に影響を及ぼす外部的要因を**攪乱**(かくらん)(攪乱)という。攪乱には，火山の噴火，山火事，台風，洪水などの自然に生じるものの他に，森林伐採，宅地造成，外来生物の侵入など人為的に生じるものもある。

(2) 攪乱が起こると，その直接の影響で優占種(競争に強い種)の個体数が減少したり，新たな環境が生じたりすることにより，種間競争に弱い種が生息できるようになることがある。

(3) 熱帯・亜熱帯(オーストラリア)の浅い海域でサンゴ礁を形成する多種のサンゴでは，光と生息場所(付着する岩盤)をめぐって種間競争が起こる。サンゴ礁では，台風の波浪による被害が中程度の場所(攪乱を適度に受ける場所)でサンゴの種数が多くなることが知られている。

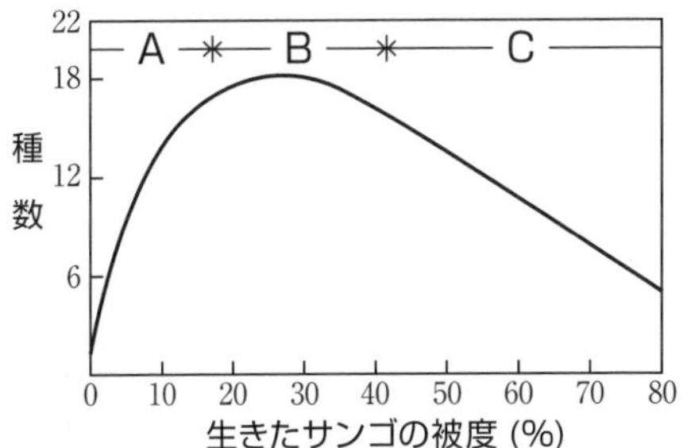

図65-15 サンゴ礁における生きたサンゴの被度(攪乱の程度)とサンゴの種数との関係

①台風による攪乱を受けにくい場所では，生きたサンゴの被度は高いが，種間競争に強い少数の種のみが生息する(図65-15C)。

②台風による攪乱を受けやすい場所では，攪乱の直接の影響で絶滅する種が多くなるため，生きたサンゴの被度が低く，攪乱に強い少数の種のみが生息する(図65-15A)。

③台風による中規模の攪乱を受ける場所では，種間競争に弱い種も含め，ニッチの似た多種のサンゴが共存できる(図65-15B)。

(4) 一般に，攪乱の規模(大きさ・頻度・継続時間など)が大きすぎる場合(図65-15A)と小さすぎる場合(図65-15C)のいずれにおいても，種の多様性は著しく減少するが，攪乱の規模が中程度の場合では比較的高く保たれると考えられている。このような考えを**中規模攪乱(仮)説**という。

参考 自然界では，資源(生活空間・食物など)の需要と供給がほぼつり合った平衡状態にあり，余剰分はないので，競争関係にある種間ではニッチの分割による競争の緩和が起こり，競争的排除が避けられて多様な種の共存が可能になっている，という考え方を**群集理論**という。これに対して，自然界においては，敵による捕食や気候の変動によって，多くの種は種間競争が強く効果を現すよりもはるかに低い個体群密度に抑えられているので，ニッチの分割によらなくても多様な種の共存が可能になっている，という考え方を**非平衡共存説**という。

(5) 極相林におけるギャップ(☞p.653)の規模と植生を構成する植物種数との関係も中規模攪乱(仮)説によって説明することができる。

①ギャップ形成がほとんど起こらない場合(攪乱の規模が小さく，図65-15Cに相当)，極相林内の光環境下で種間競争に強い陰樹のみが生き残る。

②山火事などで大きなギャップが形成された場合(攪乱の規模が大きく，図65-15Aに相当)，地上部の植物の多くが焼失し，火に強い種のみが残る。

③中規模のギャップ形成や，さまざまな規模や場所でのギャップ形成が起こった場合(図65-15Bに相当)は，さまざまな環境が形成され，極相種以外の多数の種が生育できる。

第66講 バイオーム

The Purpose of Study 到達目標

1. 植生・相観・優占種・バイオームという語を説明できる。 p. 635
2. 植物を生活形によって分類できる。 p. 636
3. 世界の各バイオームの特徴・分布域を説明できる。 p. 636〜639
4. 日本のバイオームを水平分布と垂直分布の観点から説明できる。 p. 640, 641
5. 暖かさの指数の計算方法を説明できる。 p. 642

Visual Study 視覚的理解

世界のバイオーム

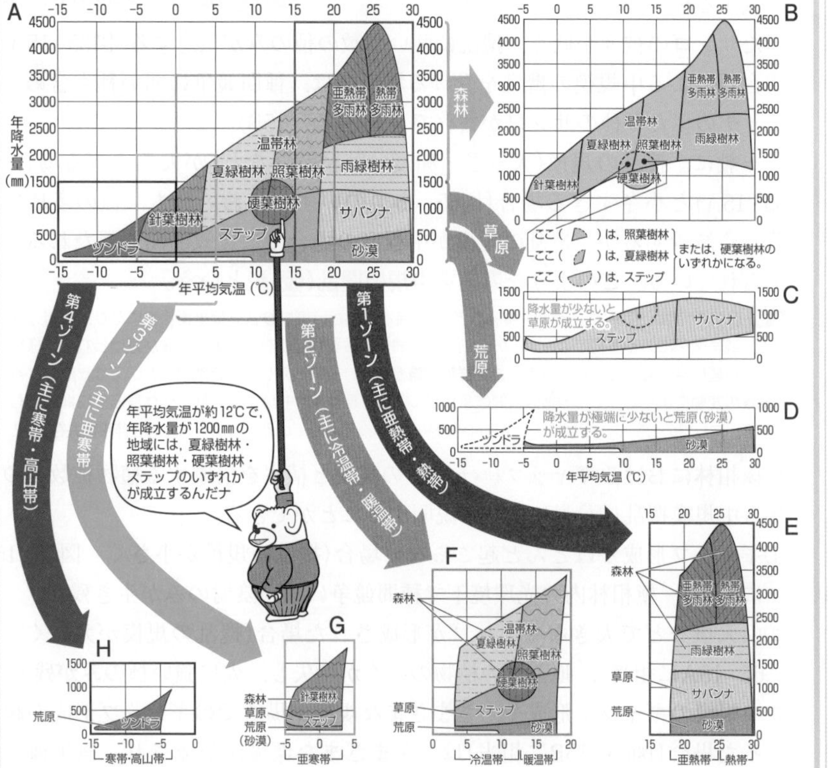
A
年降水量（mm）
年平均気温（℃）
亜熱帯多雨林
熱帯多雨林
温帯林
夏緑樹林
照葉樹林
雨緑樹林
硬葉樹林
針葉樹林
サバンナ
ステップ
ツンドラ
砂漠
森林
草原
荒原
B
ここ（ ）は，照葉樹林
ここ（ ）は，夏緑樹林
ここ（ ）は，ステップ
または，硬葉樹林のいずれかになる。
C
降水量が少ないと草原が成立する。
D
降水量が極端に少ないと荒原（砂漠）が成立する。
第4ゾーン（主に寒帯・高山帯）
第3ゾーン（主に亜寒帯）
第2ゾーン（主に冷温帯・暖温帯）
第1ゾーン（主に亜熱帯・熱帯）
年平均気温が約12℃で，年降水量が1200㎜の地域には，夏緑樹林・照葉樹林・硬葉樹林・ステップのいずれかが成立するんだナ
E
F
G
H
寒帯・高山帯
亜寒帯
冷温帯
暖温帯
亜熱帯
熱帯
荒原（砂漠）

1 ▶ バイオーム

1 植生とバイオーム

(1) ある地域に生育している植物の集まりを**植生**(しょくせい)という。

(2) 植生には，植物の種や地域の広さなどの基準はない。

例 森林(常緑樹林，落葉樹林，雑木林など)の植生，草原の植生，河川敷の植生，公園の植生，海岸の植生，水辺の植生など

(3) 植生の成立は，特にその地域の気候的要因(主に**気温**，**降水量**)に影響される。また，光条件や土壌の状態などの影響も受ける。

(4) 植生全体の外観，様相を**相観**(そうかん)といい，相観は**優占種**(ゆうせんしゅ)によって決定づけられる。優占種とは，植生を構成する種のうち，地面を覆う割合(被度または植被率(しょくひりつ))が最も高い種のことである。

(5) 植生を基盤としてその地域に生息している動物・菌類・細菌を含めたすべての生物のまとまりを**バイオーム**(**生物群系**)という。なお，「バイオームは，植生の相観によってまとめられる地理的広がりである」と言い換えることもできる。また，植生が異なればそこにすむ動物種も異なるので，バイオームとは，植生とそこに生息する動物，ならびに熱帯や温帯などのような広域的な気候パターンによって，陸上生態系を大区分したものである。

(6) バイオームは植生の**相観**によって分類され，その相観をもつ地域全体に存在するすべての生物(これを**生物群集**という)の最も大きな単位である。

(7) 陸上(地球表面の約30%)のバイオームは，次のように分類される。

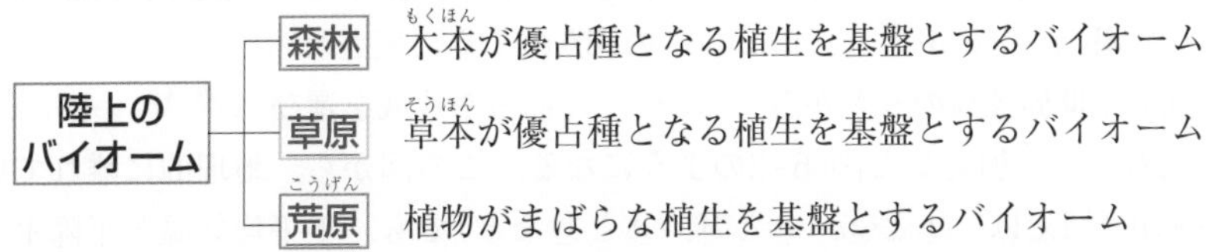

参考 1. 木本(木本植物または樹木)とは，木部が発達した植物，いわゆる「木」のことである。
2. 草本(草本植物)とは，木部があまり発達しない植物，いわゆる「草」のことである。

(8) 海洋(地球表面の約70%)のバイオームは，次のように分類される。

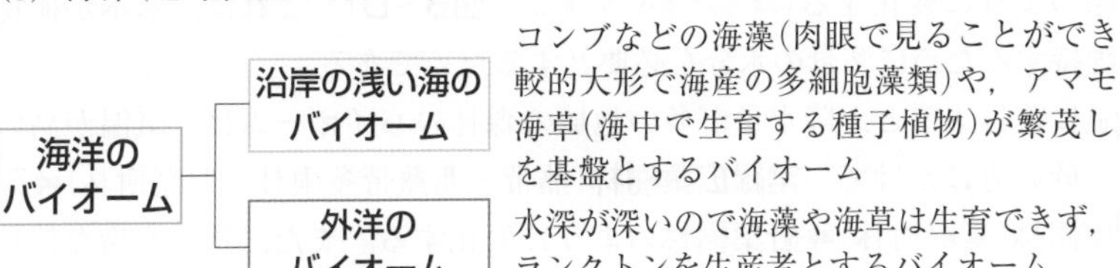

2 生活形による植物の分類

(1) 生物の生活様式を反映した形態のことを<u>生活形</u>という。

(2) 植物の生活形は，葉や茎などの形態によって特徴づけられる。

(3) 植物は生活形で分類することができ，広葉樹と針葉樹，落葉樹と常緑樹，木本と草本など，さまざまな分類法がある。

(4) 葉の形態により木本を分類すると，**広葉樹**(例 スダジイ，ミズナラ，オリーブ，チーク類など)と**針葉樹**(例 アカマツ，エゾマツ，カラマツ，トウヒなど)に分けられる。

(5) 落葉の有無により木本を分類すると，**常緑樹**(例 スダジイ，オリーブ，アカマツ，エゾマツ，トウヒなど)と**落葉樹**(例 ミズナラ，チーク類，カラマツなど)に分けられる。

(6) 乾燥地域に生育し，柔組織や表皮に多量の水分を蓄えることができる肥厚した葉や茎をもつ植物(草本)を<u>多肉植物</u>という。

図66-1 多肉植物の形態

参考 サボテン科の植物はアメリカ大陸(北米，中南米)原産の多肉植物であり，およそ105属2000種からなる。ベンケイソウ科の植物は，世界の乾燥地帯や岩上に生育し，トウダイグサ科の植物は，世界の熱帯から暖温帯に広く生育している。

2 ▶ 世界のバイオーム

1 気候とバイオームの分布

(1) 世界各地には，その地域の気候に応じた**バイオーム**が成立する。

(2) 一般に，成立するバイオームと，<u>降水量</u>(**年降水量**)および<u>気温</u>(**年平均気温**)との関係は，p.634 Visual Study の図Aのように表される。

(3) また，世界各地のうちから，いくつかの都市や地域を選び，Visual Study の図Aに書き加えると図66-2のようになる。この図から，地理的に離れている都市(例えば，①と②，⑬と⑭，⑱と⑲など)でも，年平均気温と年降水量が同じような地域には，同じようなバイオームが成立することがわかる。

(4) 降水量に着目すると，降水量が多い方から少ない方にかけて，**森林➡草原➡荒原**のように変化する(☞ Visual Study 図B〜D)。これは，木本が植物体を維持するために多量の水分を必要とするためである。

(5) 気温に着目すると，降水量が多い地域の森林のバイオームは，気温が高い方から低い方にかけて，**常緑広葉樹林**(熱帯・亜熱帯多雨林，照葉樹林)➡**落葉広葉樹林**(夏緑樹林)➡**針葉樹林**のように変化する。また，特に寒冷な地域では，森林が成立せず，**ツンドラ**となる(☞ Visual Study 図E〜H)。

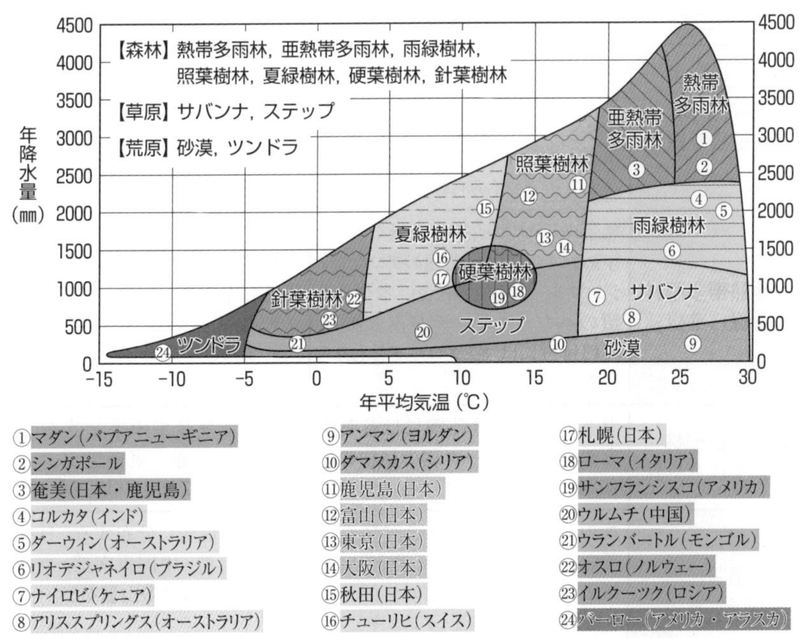

図66-2　世界の気候・都市とバイオームの分布

2　世界のバイオームの主な分布

世界のバイオームの主な分布地域(比較的，知名度の高い地域・国・都市などに限定)と，それぞれのバイオームの特徴を図66-3と表66-1に示す。

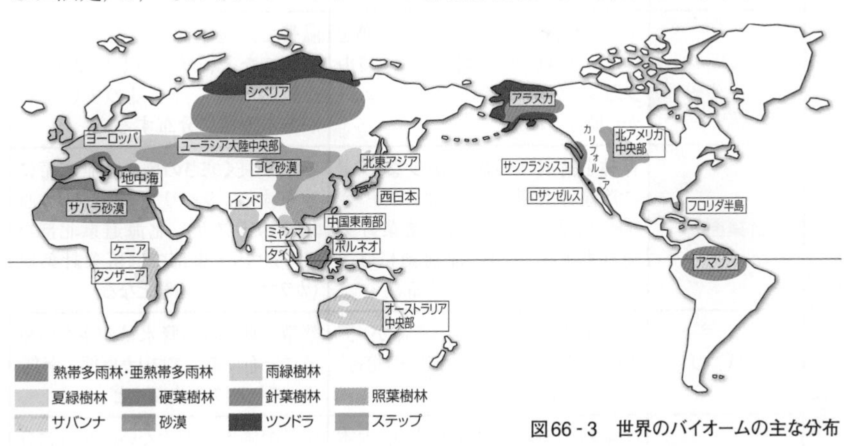

図66-3　世界のバイオームの主な分布

バイオーム		特徴	分布地域
森林	熱帯多雨林 (常緑広葉樹林)	樹高が高く,階層構造が発達しており,森林を構成する樹種が非常に多い。ラン類・つる植物・着生植物もみられる。河口付近にはマングローブ林もみられる。	熱帯の降水量が多い地域に分布する。東南アジア(特に樹高が高いフタバガキ類(フタバガキ科の植物の総称)が多い),中南米,アフリカ中央部など。
	亜熱帯多雨林 (常緑広葉樹林)	熱帯多雨林よりも樹高が低く,樹種も少ない。常緑広葉樹のアコウ・ガジュマル・シイ類のほか,木生シダ類のヘゴ・マルハチがみられる。河口付近にはマングローブ林もみられる。	熱帯よりも高緯度で,やや気温の低い時期があり,降水量が多い亜熱帯に分布する。沖縄,東南アジア,ブラジル北部など。
	雨緑樹林 (落葉広葉樹林)	雨季に葉をつけ乾季には落葉するチーク類(チーク属の植物の総称)などから構成される。	熱帯・亜熱帯で雨季と乾季のある地域に分布。東南アジア,アフリカの熱帯多雨林周辺など。
	照葉樹林 (常緑広葉樹林)	葉の表面のクチクラ層が発達し,硬くて光沢(照り)のある葉をもつ常緑広葉樹(スダジイなどのシイ類・アラカシなどのカシ類・クスノキ・タブノキなど)から構成される。	多雨の暖温帯に分布する。日本西南部や台湾・中国東南部,東南アジアからヒマラヤの山麓など。
	夏緑樹林 (落葉広葉樹林)	冬季に落葉する(夏季に緑の葉をつける)落葉広葉樹(ブナ・ミズナラなど)から構成される。春には林冠の葉が広がる前に開花するカタクリなども林床に生育する。	多雨で冬季の気温が低くなる冷温帯に分布する。日本の東北部を含む東アジア,北アメリカ東岸,ヨーロッパなど。
	硬葉樹林 (常緑広葉樹林)	クチクラ層が厚く,硬くて小さい葉をつける常緑広葉樹(オリーブ・コルクガシ・ゲッケイジュ・ユーカリなど)から構成される。	温帯で,地中海沿岸やカリフォルニアなど乾燥の激しい夏季と,比較的温暖で降水量の多い冬季がある地域に分布する。
	針葉樹林	森林を構成する樹種が少なく,主に常緑針葉樹(トウヒ・コメツガ・シラビソなど)からなるが,落葉針葉樹林もある。なお,北海道にはエゾマツ・トドマツが分布する。	冬季が長く寒さの厳しい亜寒帯に分布する。シベリア,北アメリカ西北部(アラスカ),北海道東北部など。シベリア東部では落葉針葉樹(カラマツ)が優占種となる。
草原	サバンナ	主にイネ科の草本からなるが,アカシア類(アカシア属の植物の総称)などの木本も点在する。	熱帯・亜熱帯の降水量が少ない地域に分布する。アフリカ東部・南部,オーストラリア中央部など。
	ステップ	イネ科の草本が中心であり,木本はほとんど存在しない。	温帯の降水量が少ない内陸部に分布する。ユーラシア大陸中央部,北アメリカ中央部など。

バイオーム		特徴	分布地域
荒原	砂漠	サボテン類(サボテン科の植物の総称)やトウダイグサ類(トウダイグサ科の植物の総称)などの多肉植物や，種子で乾燥に耐え，降雨の後だけに発芽して開花する一年生草本がまばらにみられる。	熱帯や温帯などの降水量が極端に少ない地域に分布する。アフリカ北部(サハラ砂漠)，アラビア半島，アジア内陸部(ゴビ砂漠)，オーストラリア内陸部，北アメリカ南部など。
	ツンドラ	低温のため土壌中の微生物による落葉・落枝の分解速度が小さく，土壌中の栄養塩類が非常に少ない。地衣類・コケ植物，コケモモなどの小低木，草本がみられる。	地下に永久凍土※の層が存在する。冬季の寒さが非常に厳しく，年平均気温が約－5℃以下になる北極圏などの寒帯に分布する。アラスカ，シベリア，カナダ北部など。

※永久凍土…1年中温度が0℃以下で，含まれている水が氷結し，夏季にも融解しない土壌。

表66 - 1　世界のバイオームの特徴と分布地域

オヒルギ

マングローブ林は，熱帯や亜熱帯の海岸や河口の汽水域(海水と淡水が混じり合う水域)の沿岸に帯状に分布する森林であり，その構成樹種にはオヒルギ(下図)のように，支柱根，呼吸根，胎生種子，余分な塩分を液胞中に蓄積した後に落葉する葉などをもち，潮が満ちると海水に浸る軟らかい泥質土壌上での生育に適応しているものが生育している。

なお，支柱根とは，地上の茎(幹)から出て空中に露出し，地面に達して茎を支える形をした根のことであり，呼吸根とは，地下を伸びる根の一部が地上に突出した根(これにより水中の酸素不足を補える)のことである。また，胎生種子とは，果実が親木についたまま，中の種子が発芽し，胚軸が長く伸びた種子のことである。胎生種子は親木から離れて泥質土壌に突きささり，海水に流されることなく，そこに根づくことができる。

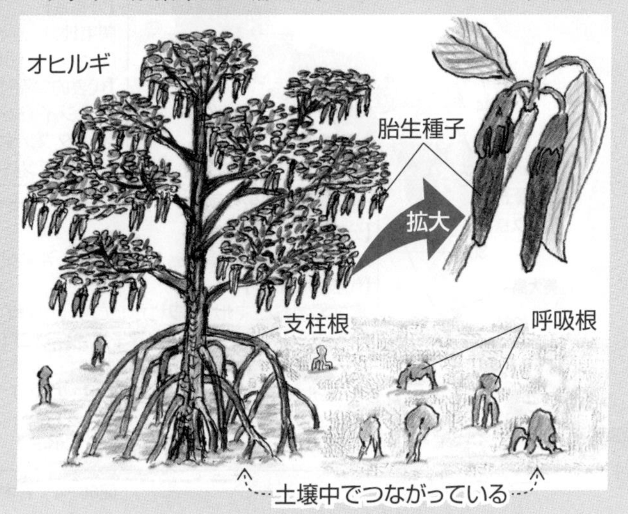

③ ▶ 日本のバイオーム

1 水平分布

(1) 緯度の違いによって生じる水平方向のバイオームの分布を**水平分布**(すいへいぶんぷ)という。一般に，気温は緯度が高いほど低下するので，各バイオームの分布は気温の変化にともない帯状となる。

(2) 南北に長い日本列島では，亜熱帯から亜寒帯の気候帯が存在するが，降水量が多いので通常は**森林**が成立し，気候帯にともなった水平分布がみられる。

(3) 日本では，亜熱帯(南西諸島※，小笠原諸島，九州南部の低地など)には**亜熱帯多雨林**，暖温帯(九州，四国，中国地方から関東地方の低地など)には**照葉樹林**，冷温帯(中部地方内陸部，東北地方，北海道西南部の低地など)には**夏緑樹林**，亜寒帯(北海道東北部の低地など)には**針葉樹林**が分布している。

図66-4 日本のバイオームの水平分布

2 垂直分布

(1) 標高に応じた垂直方向のバイオームの分布を**垂直分布**という。

(2) 垂直分布は，同じ緯度でも標高(海抜)が高くなるほど気温が低下する(100m上昇につき，**0.5～0.6℃低下**する)ことにより生じる。

(3) 本州中部では，標高およそ500(～700)mまでの**丘陵帯**(低地帯)には照葉樹林，500(～700)～1700mの**山地帯**には夏緑樹林，1700～2500mの**亜高山帯**には針葉樹林が分布する。亜高山帯の上限は**森林限界**と呼ばれ，それ以上の高所では森林は成立せず，森林限界よりも上の地域は**高山帯**と呼ばれ，夏には**高山草原**(**お花畑**)などもみられる。垂直分布の下限は，緯度が高くなるに従い低下する。

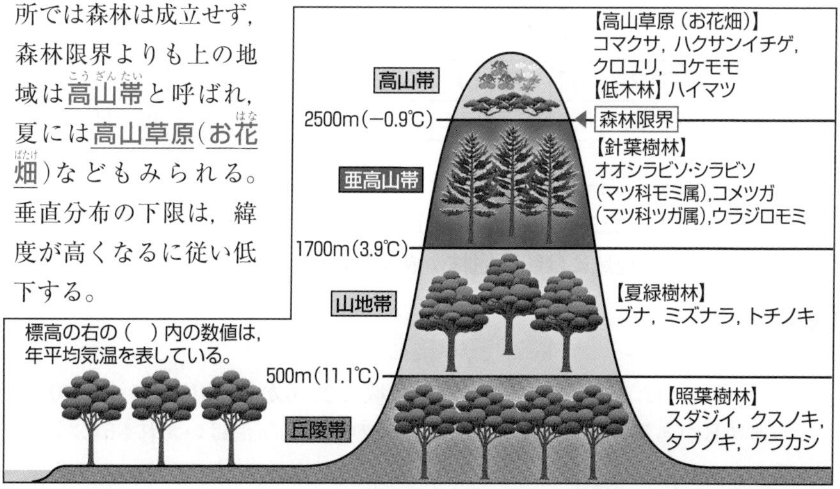

高山帯
【高山草原（お花畑）】
コマクサ，ハクサンイチゲ，
クロユリ，コケモモ
【低木林】ハイマツ
2500m(−0.9℃)
森林限界
亜高山帯
【針葉樹林】
オオシラビソ・シラビソ
(マツ科モミ属),コメツガ
(マツ科ツガ属),ウラジロモミ
1700m(3.9℃)
山地帯
【夏緑樹林】
ブナ，ミズナラ，トチノキ
標高の右の(　)内の数値は，
年平均気温を表している。
500m(11.1℃)
丘陵帯
【照葉樹林】
スダジイ，クスノキ，
タブノキ，アラカシ

図66-5　本州中部の垂直分布

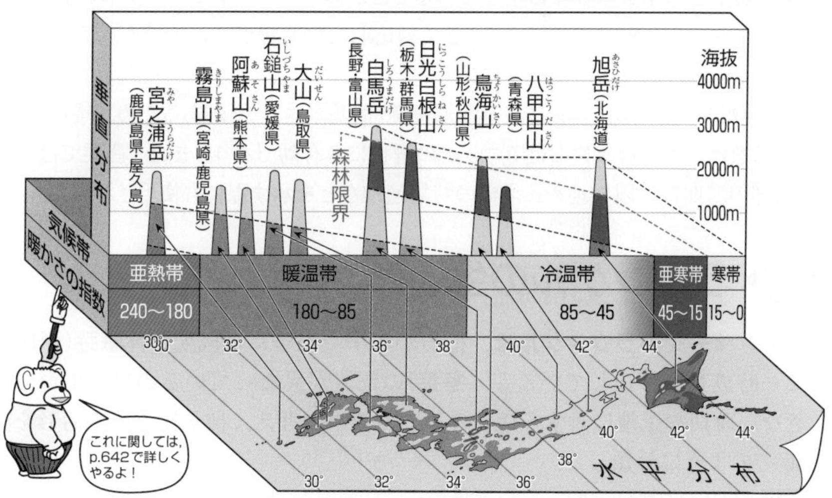

図66-6　日本のバイオームの分布(まとめ)

3 暖かさの指数

(1) 1年間のうち月平均気温が5℃以上の各月について，月平均気温から5℃を引いた値の合計値(積算温度)を**暖かさの指数**(しすう)という。一般に，植物の生育には，5℃以上の月平均気温が必要とされている。

(2) ある地域における暖かさの指数と成立するバイオームには，表66-2のような関係がある。

(3) 次の月別平均気温から暖かさの指数を求める。

暖かさの指数	バイオーム
240以上	熱帯多雨林
180～240	亜熱帯多雨林
85～180	照葉樹林
45(～55)～85	夏緑樹林
15～45(～55)	針葉樹林
0～15	ツンドラ

表66-2　暖かさの指数とバイオーム

月	1月	2月	3月	4月	5月	6月	7月	8月	9月	10月	11月	12月
平均気温(℃)	2.7	3.0	6.3	12.1	17.0	20.9	24.9	26.6	22.3	16.4	10.8	5.7

暖かさの指数＝(6.3－5)＋(12.1－5)＋(17.0－5)＋(20.9－5)＋(24.9－5)
＋(26.6－5)＋(22.3－5)＋(16.4－5)＋(10.8－5)＋(5.7－5)＝113.0となる。

これより，この地域には**照葉樹林**が成立する。

暖かさの指数の使用法

1年のうち12か月間毎月平均5℃の地域Aと，6か月間0℃，6か月間10℃の地域Bがあると仮定した場合，両地域の年平均気温はいずれも5℃だが，暖かさの指数はAが0(ツンドラ)，Bが30(針葉樹林)であるから，年平均気温と暖かさの指数は異なる指標であることがわかる。日本では，樹木の分布などにおいて，年平均気温よりもよく対応している暖かさの指数が広く用いられている。

植物には種ごとに生育に最適な温度範囲(基本ニッチ)があるため，暖かさの指数は，生物群集におけるニッチの解析にも有効であり，また，農業では，水稲の二期作の限界地や，果樹の栽培適地などを示す際にも使用される。

4 ラウンケルの生活形

(1) デンマークの**ラウンケル**は，植物が冬季や乾季に形成する**休眠芽**(きゅうみんが)(形成後に一時成長を停止している芽，**冬芽**)の位置が異なっているのは，生育に適さない時期や土地に対する植物の適応の結果と考え，種子植物の生活形を図66-7のように分類した。

参考　ラウンケルは種子植物を地上植物・地表植物・半地中植物・地中植物・一年生植物の5つに類型化した。

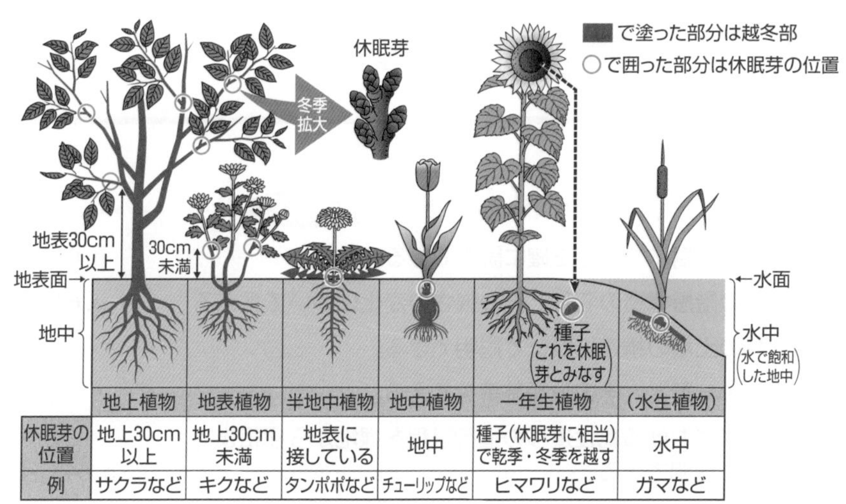

	地上植物	地表植物	半地中植物	地中植物	一年生植物	（水生植物）
休眠芽の位置	地上30cm以上	地上30cm未満	地表に接している	地中	種子（休眠芽に相当）で乾季・冬季を越す	水中
例	サクラなど	キクなど	タンポポなど	チューリップなど	ヒマワリなど	ガマなど

図66-7　ラウンケルの生活形

(2) 世界の植物を調べた結果，砂漠では，固い種皮に覆われた種子で乾燥に耐える一年生植物が多い。また，気温が低いツンドラ(冬期に地上部は著しい低温にさらされ，地下は凍結する環境)では，草丈が低く，休眠芽を地表付近に形成し，休眠芽を極寒から守る地表植物や半地中植物が多いことがわかった。

(3) また，一次消費者(植物食性動物)が地上に多い熱帯多雨林では，休眠芽が一次消費者に摂食されにくい地上植物が多い。

(4) 植物は，植物体の生存の長さにより，表66-3のようにも分類される。

参考 草本では，下記の分類による区別が曖昧であり，たとえ同種であっても，温度や栄養などの生育環境によっては，二年生植物が一年生植物の性質を示したり，多年生植物(草本)が一年生植物や二年生植物の性質を示すこと，また，その逆を示すこともあるので，これらの性質は種に固定された本来の性質ではないと考えられている。

分類	生活史	例	区分
一年生植物	種子→(冬)越冬→(春)発芽→(夏・秋)成長→開花・結実→種子	シロザ・ヒマワリ・ブタクサ・イネ・カボチャ・アサガオ	草本
越年生植物	種子→(秋)発芽→ロゼット葉※など→(冬)越冬→(春・夏)成長→開花・結実→種子	ダイコン・ニンジン・シロイヌナズナ・ハルジオン	草本
二年生植物	種子→(秋)発芽→ロゼット葉など→(冬)越冬→(春・夏・秋)成長→(冬)越冬→(春・夏)成長・開花・結実→種子	オオマツヨイグサ(ここに，越年生植物を含めることもある)	草本
多年生植物	(春)(夏)(秋)根・茎・葉→成長→(冬)地上部枯死→根・地下茎→越冬	ススキ・タンポポ・カタクリ・イタドリ	草本
	(春)(夏)(秋)根・茎・葉→成長→(冬)地上部・根・地下茎→越冬	ブナ・サクラ(落葉性) シイ・アカマツ(常緑性)	木本

※茎が短くなり，根もとや地下茎から直接地上に出て，地表面に沿って放射状に広がった葉。

表66-3　植物体の生存の長さによる植物の分類

植生の遷移

The Purpose of Study 到達目標

Visual Study 視覚的理解

森林の階層構造と光の強さ

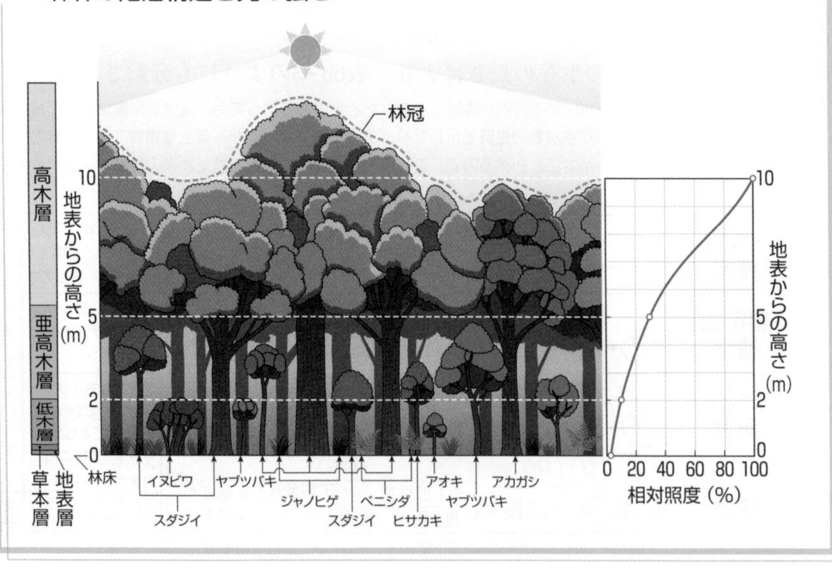

❶ 森林の構造

1 陽樹と陰樹

(1) **陽葉**のみをもち，明るい環境でよく生育する樹木を**陽樹**(ようじゅ)という。

例 〔暖温帯〕アカマツ，クロマツ，コナラ，ハコネウツギ，ヤシャブシ，ヤマグワなど 〔冷温帯・亜寒帯〕シラカンバなど

(2) 芽ばえの時期は**陰葉**しかもたないが，成長すると**陽葉**もつけるようになるため，芽ばえや幼木の時期は耐陰性が高く日陰の環境でも成長でき，ある程度成長すると，光環境が明るいほど成長がよくなる樹木を**陰樹**(いんじゅ)という。

例 〔暖温帯〕タブノキ，アラカシ，シラカシ，スダジイなど 〔冷温帯〕ブナ，モミなど 〔亜寒帯〕エゾマツ，トドマツなど

2 森林の階層構造

(1) 発達した森林は，植物の高さによって，上から**高木層**(こうぼく)・**亜高木層**(あこうぼく)・**低木層**(ていぼく)・**草本層**(そうほん)・**地表層**(ちひょう)(コケ層)などのいくつかの層に分けることができる(☞p.644 Visual Study)。

(2) このような，植生が鉛直(垂直)方向に示す層構造を**階層構造**という。

(3) 階層構造は，熱帯・亜熱帯・暖温帯の森林のように，構成する樹種が多い植生でよく発達し，熱帯の森林では7～8層が認められることもあるが，亜寒帯の針葉樹林では階層構造が比較的単純で，2層しか認められないこともある。

(4) 人工林や草原でも階層構造はみられるが，比較的単純な構造となる。

(5) 森林の最上層にある葉と枝の集まりを**林冠**(りんかん)といい，林冠は，最上層を構成する各樹木の樹冠(じゅかん)※がつながって形成される。これに対して，森林の最下層の地表面付近を**林床**(りんしょう)という。

※1本の樹木において，葉と枝が生い茂る先端部分を樹冠という。

3 森林の階層構造と光の強さ

(1) 階層構造が発達した森林では，光・温度・湿度などの環境が場所によって異なり，特に光環境は，高さによって大きく異なる。林冠の照度(光の強さ)を100%としたときの**相対照度**は，亜高木層を通過する頃には約10%になり，林床では数%以下になる(☞p.644 Visual Study)。これは，森林による**環境形成作用**である。

(2) 一般に，林冠や高木層には**陽葉**をもつ樹木が存在し，低木層や林床には**陰葉**をもつ樹木(低木，芽ばえ，幼木など)や**陰生植物**(草本)が存在する。

4 森林の土壌の構造

(1) 地球の最表層に存在し，植物の根が伸長できる部分を**土壌**(どじょう)という。土壌は，地殻表面の母岩[*1]が**風化**[*2]して生じた砂や粘土，火山灰などと，生物の遺体や動物の排出物などが分解されて生じた有機物との混合物である。

参考 ＊1．地球の表層付近にあり，風化する前の岩石のこと。
＊2．岩石(母岩)が，風・氷雪・温度変化・水などの物理的・化学的作用によってしだいに破壊されていくこと。風化により生じた破片(粒子)のうち，比較的小さいもの(粒子径が約0.075～2.0mm)を砂といい，非常に小さいもの(粒子径が約0.005mm未満)を粘土という。

(2) 土壌は，草本や木本が根を伸ばし，植物体を支持し，水分や養分を吸収する場となり，温暖な地域の森林の土壌では，**落葉・落枝**(らくし)**層**＊，**腐植**(ふしょく)**層**(腐植土層)，**岩石が風化した層**(母材)の3つの層がよく発達した構造がみられる(図67-1)。

参考 ＊落葉・落枝層は，リター層とも呼ばれ，落葉・落枝，動物の遺体や排出物などからなる。

(3) 草原では，層状の構造があまりみられない。また，荒原では，落葉・落枝層と腐植層がほとんど発達しない。

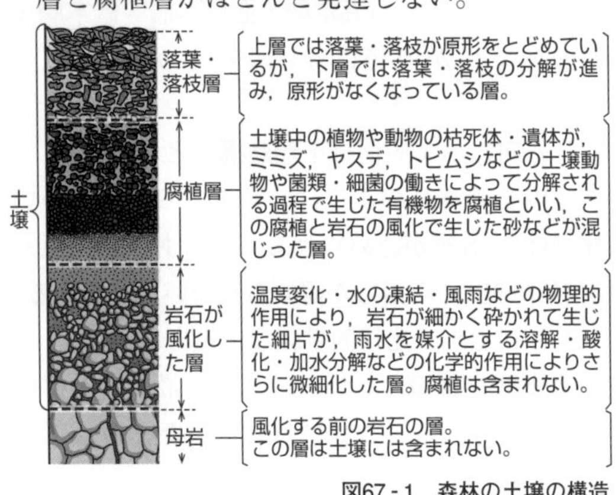

図67-1　森林の土壌の構造

参考 種々の土壌粒子からなる集合体(団粒)を主要な構成要素とする土壌構造を団粒構造という。団粒構造は保水力が高く，間隙が多いので通気性が高く，根の発達に適している。

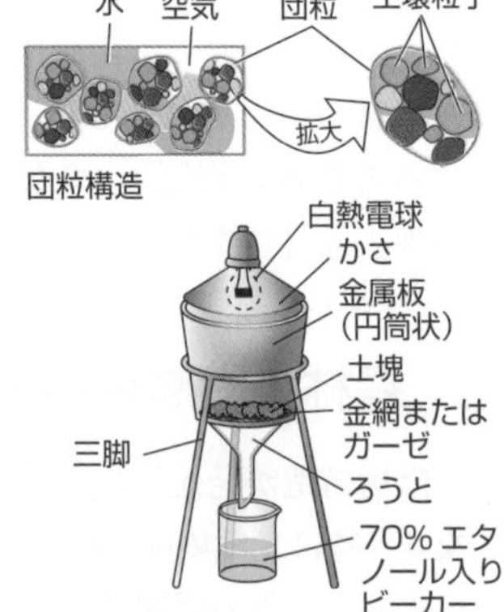

図67-2　ツルグレン装置

(4) 土壌動物を調査する際には，まず調査地の土壌を白い布の上やバット内に広げ，ピンセットなどを使って分けながら，動物を探す(ハンドソーティング)。次に，図67-2に示すような装置(ツルグレン装置)に調査地の土壌を入れ，白熱電球を点灯(24時間)すると，土壌動物は熱と光から遠ざかるように下へ移動し，やがて金網(ガーゼ)を通ってエタノール入りのビーカーに落ちる。このようにして採集した土壌動物を双眼実体顕微鏡で観察する。

2 ▶ 植生の遷移

1 遷移の種類

(1) ある場所において，植生が形成され，時間とともに移り変わっていく現象を**遷移**(**植生遷移**)といい，遷移は，安定した状態に向かって進行する。なお，注意しなければならないのは，遷移が季節によって周期的に毎年繰り返される変化ではなく，一方向への不可逆的な変化であるということである。

(2) 遷移が進行して植生が安定した状態を**極相**(**クライマックス**)といい，極相は，その地域の気候や土壌の条件などによって，特定の状態に決まる。

(3) 土壌が存在しない場所(火山の噴火で生じた溶岩台地，海洋上に出現した新島，鉱山の廃土の堆積地，新しくできた湖沼など)から始まる遷移を**一次遷移**という。

(4) 既存の植生が破壊された場所(山火事・洪水の跡地，森林の伐採跡地，農耕放棄地など)から始まる遷移を**二次遷移**といい，二次遷移が始まる場所には，種子や地下茎などを含む土壌が存在する。

(5) 一次遷移のうち，陸上の裸地から始まる遷移を**乾性遷移**という。

(6) 一次遷移のうち，湖沼などの水中から始まる遷移を**湿性遷移**という。

(7) 遷移の分類と，その基準をまとめると以下のようになる。

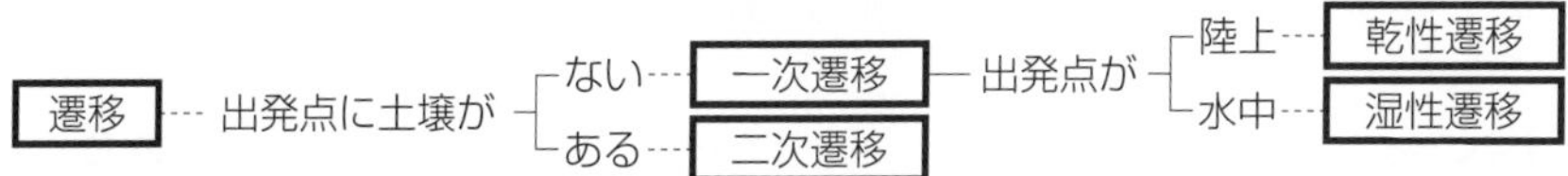

2 乾性遷移

(1) 遷移は，単に環境の変化に応じた植生の変化ではなく，ある時期に存在する植生が**環境形成作用**によって環境を変化させ，その変化した環境が**作用**して新しい植生が形成される，というような作用と環境形成作用の繰り返しによって進行する。

(2) 日本においては，乾性遷移の進行にともなって以下の順で植生が変化する。

①裸地 → ②荒原 → ③草原 → ④低木林 → ⑤陽樹林 → ⑥混交林 → ⑦陰樹林(極相)

(3) 世界中のどの地域でも遷移は起こるが，その極相はすべて陰樹林というわけではなく，温度や降水量の条件により，荒原や草原の場合もある。世界のバイオームの分布は，それぞれの地域での極相を基盤としたものである。

(4) 日本の暖温帯における乾性遷移の過程を次ページ以降で詳しく説明する。

3 暖温帯における乾性遷移の進行過程

【①裸地→②荒原】

(1) 火山活動で生じた溶岩台地は，土壌がない裸地であり，保水力や，窒素・リンなどの栄養塩類が乏しく，生物体などの**有機物**もほとんど存在しない。

(2) 溶岩が冷えて固まった母岩や岩片(「礫(れき)」と呼ばれる)からなる場所では，草本や木本の種子が周囲から運ばれてきたとしても，発芽・生育することができず，厳しい環境下でも生育できる**地衣類(ちいるい)**※1や**コケ植物**※2が最初に侵入して定着する場合が多い。また，軽石(浮石)や火山灰などの火山噴出物が，母岩の上に積もった場所では多年生草本のイタドリやススキのほか，低木のオオバヤシャブシ※3などのハンノキ類が侵入することもある。

(3) このような遷移の初期段階に侵入して定着する種を**先駆種(せんくしゅ)**(パイオニア種)※4といい，そのうち植物を**先駆植物**(**パイオニア植物**)※4という。乾性遷移では先駆種が生育・成長すると島状(パッチ状)の植生の広がる**荒原**が形成される。

※1. チズゴケやキゴケなどの地衣類は，水分を確保できるが光合成能力がない**菌類**と，光合成能力をもつが水分確保ができない**藻類**または**シアノバクテリア**とが共生したものである。

※2. コケ植物は，仮根と呼ばれる組織をもち，岩に付着し，仮根からではなく，体の表面全体から水を吸収することができるので，荒原で生育することができる。

※3. オオバヤシャブシは乾燥に強く，根に共生させた細菌(☞p.325)から生育に必要な窒素源を得ることができるので，遷移初期の栄養塩類が乏しい乾燥した場所でも生育することができる。

※4. 先駆種にはシアノバクテリアが，先駆植物には地衣類が含まれることがある。

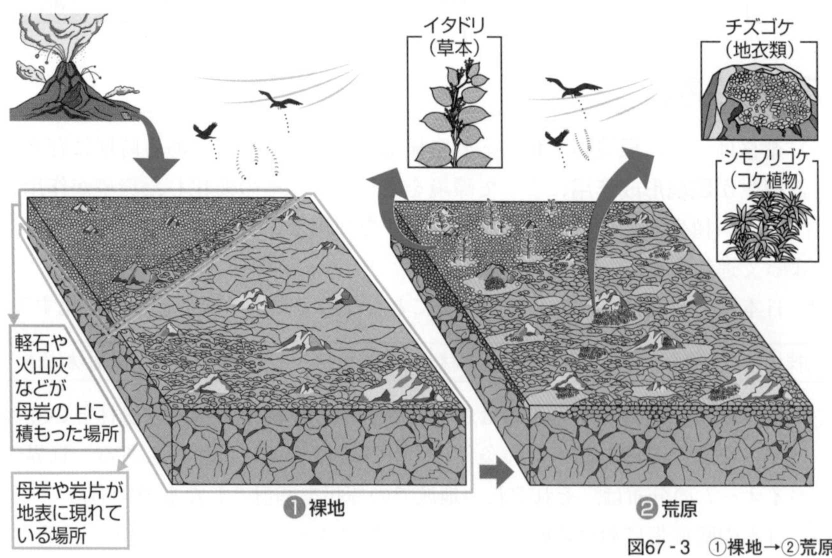

図67-3 ①裸地→②荒原

田部の裏づけ

地衣類が遷移の初期に生育する理由

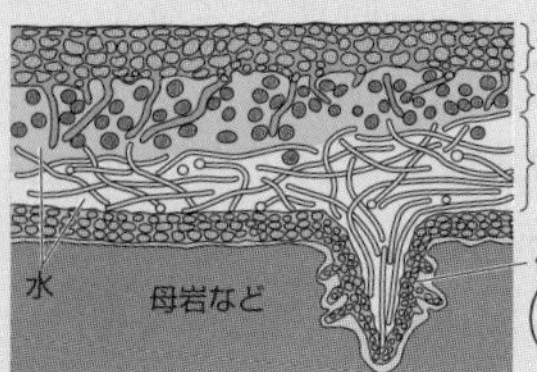

地衣類は，右の模式図のように，子のう菌類の上下の層が藻類をはさんだ構造をしている。子のう菌類は，雨を受けると膨潤して内部に水分を取り込み，乾燥すると菌糸がしまって水分蒸発を防ぐ。その結果，藻類は子のう菌類によって確保された水中で光合成を行うことができ，子のう菌類は藻類から同化産物を受け取ることができるので，一次遷移の初期のように，保水力がなく有機物の乏しい土地でも地衣類は生育できる。

【②荒原→③草原】

風雨などの作用や，植物の根の侵入により岩石の**風化**が進むと，生じた砂や粘土が，先駆種の枯死体などの分解で生じた**有機物**と混ざり合い，薄い土壌が形成される。これによって，地中に水分や有機物，栄養塩類が保たれるようになる。土壌の発達にともない，ススキなどの**草本**からなる島状の植生が大きくなり，数が増えると荒原から草原へと植生が移り変わる。

また，草本の成長にともない，落葉・落枝や脱落した根の量が増加し，養分を多く含んだ土壌が形成され，植生や土壌の変化にともない，そこに生息する動物などの種類や数も変化し，さまざまな生物の遺体や排出物が分解されることで，地中の有機物や栄養塩類の量が増加し，土壌の発達がさらに進む。

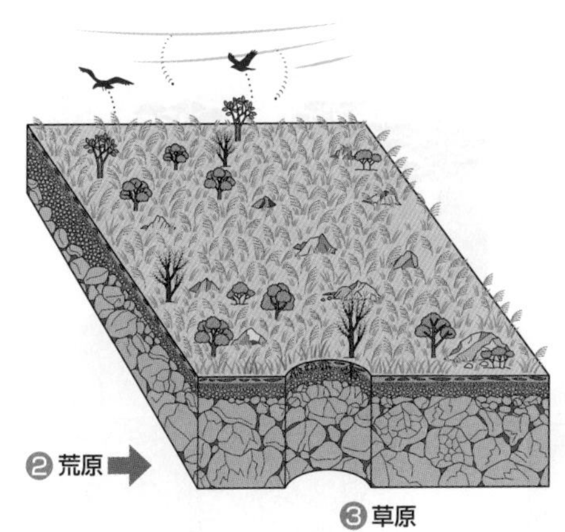

図67-4　②荒原→③草原

参考　1. 植物の種子の形態と散布様式は，植生の遷移に大きく関係している。遷移の早い段階で出現することが多い植物の種子(小形のもの，ススキのように冠毛(かんもう)をもつもの，イタドリのように翼(よく)をもつものなど)は風散布型(かぜさんぷがた)であり，風によって遠くまで運ばれやすい。

2. 土壌が形成されてまもない頃は土壌が薄く保水力が小さいので，種子で越冬する一年生草本が生育する。しかし，秋に発芽して翌春に成長を開始する越年生草本は一年生草本より翌春の成長が速いので，ここに侵入すると，一年生草本との光をめぐる競争に勝ち，やがて越年生草本の植生になる。土壌が厚くなると根や地下茎で越冬する多年生草本が生育するようになる。多年生草本は，毎年成長を続けるので，光の獲得は年ごとに有利になり，植生は多年生草本へと変わっていく。

【③草原→④低木林】

草原が形成される時期になると，光補償点の高い陽葉のみをもち，明るい環境で速く成長する陽樹に属する**木本**(先駆樹種)が侵入し，やがて，土壌が厚くなり，木本の生育を維持できる程度にまで保水力が増加すると，ヤシャブシ・ヤマツツジなどの低木やアカマツ・クロマツ・ヤマザクラなどの**陽樹**が成長して**低木林**が形成される。この時期に出現する植物の種子には，動物散布型もみられる。

参考 低木林の形成時期に出現する植物が生産する動物散布型の種子のうち，ヤマザクラ(高木)は動物に果実が食べられて運ばれ，オナモミは動物に付着することによって散布される。なお，鳥類に食べられて分布を広げるもののなかには，遷移の早い時期に侵入するものもある。

【④低木林→⑤陽樹林】

その後，アカマツやクロマツなどの陽樹がさらに成長して高木(成木)になり，陽樹林が形成される。冷温帯ではシラカンバやダケカンバなどの陽樹が優占種となる。

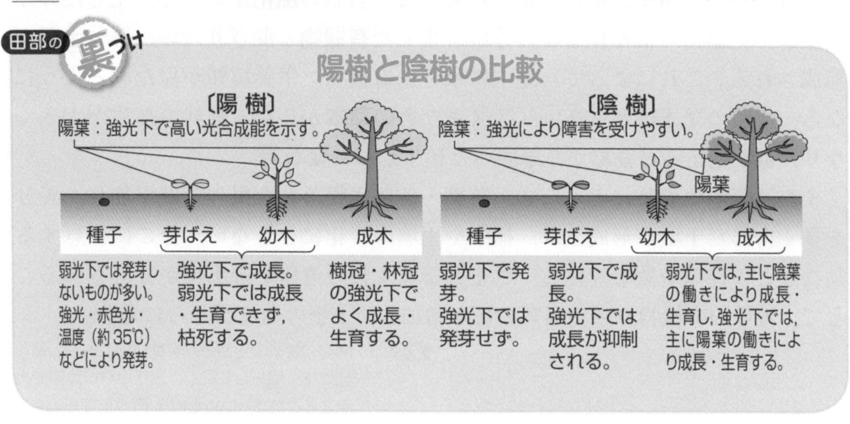

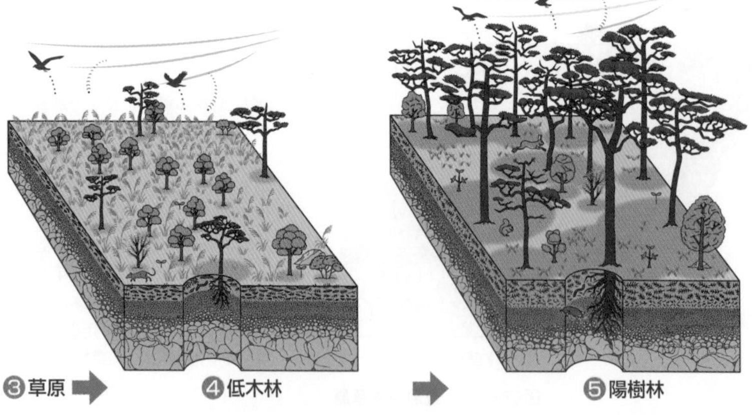

図67-5 ③草原→④低木林→⑤陽樹林

【⑤陽樹林→⑥混交林】

　陽樹林が成立すると，その林床は，林冠によって光が遮られ照度が低くなる。このため，光補償点が高い陽葉のみしかもたない陽樹の芽ばえは生育できず，生産された種子は発芽しても枯れたり，発芽せずに土壌中に保持される。一方，光補償点が低い陰葉のみをもつ陰樹の芽ばえは生育・成長できるため，陽樹林の林床では**陰樹**の芽ばえや幼木が生育するようになる。スダジイやアラカシなどの陰樹は，陽樹林の内部でゆっくりと成長し，しだいにアカマツなどの陽樹の高木に混ざるようになり，**混交林**(こんこうりん)が形成される。冷温帯でもダケカンバなどの陽樹とエゾマツなどの陰樹からなる混交林がみられる。

【⑥混交林→⑦陰樹林】

　混交林では，陽樹の高木が寿命や病気で枯死したり，台風で幹が折れたりするにつれて，陰樹に置き換わっていく。その結果，陰樹が優占する**陰樹林**が形成され，林床の照度が低い陰樹林内では，陽樹は生育できず，陰樹の芽ばえや幼木のみが生育する。このため，陰樹林が安定した状態の**極相林**となる。

　極相林を構成する樹木を**極相種**(極相樹種)という。暖温帯の照葉樹林ではシイ類(スダジイ)・カシ類(アラカシ，シラカシ)・クスノキ・タブノキなど，冷温帯の夏緑樹林ではブナ・ミズナラなど，亜寒帯の針葉樹林ではシラビソ・コメツガ・エゾマツ・トドマツなどが代表的な極相種である。この時期に出現する植物の種子には，重力散布型が多くみられる。

参考　ブナ科(シイ類，カシ類など)の植物が生産する重力散布型の種子(果実)は，一般にドングリと呼ばれ，散布のための特別な構造をもたず，比較的重いため移動性が低く，分布を広げる速度も遅い。

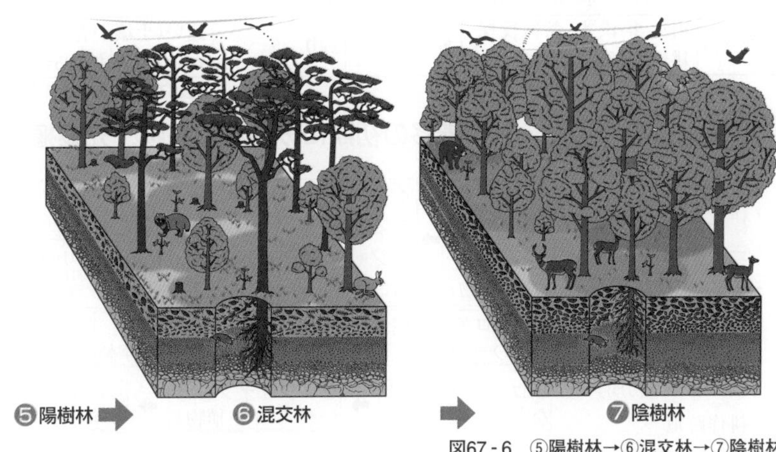

図67 - 6　⑤陽樹林→⑥混交林→⑦陰樹林

4 島で観察できる一次遷移(乾性遷移)の例

植生の遷移は，進行に時間がかかるので，初期から極相までを実際に観察・調査することは難しい。しかし，伊豆大島のように噴火年代のわかっている地域では，流出した溶岩の年代順に，その上に成立した植生を調査することで，遷移のおおよその過程を推測できる(図67-7)。

調査地	裸地	荒原・草原	低木林	落葉・常緑混交林	落葉広葉樹林
種 ＼ 噴火のあった時代	1986年	1950年	1778年	684年	B.C.2000年頃
シマタヌキラン ハチジョウイタドリ					
オオバヤシャブシ ハコネウツギ					
ミズキ オオシマザクラ					
ヒサカキ ヤブツバキ					
スダジイ タブノキ					

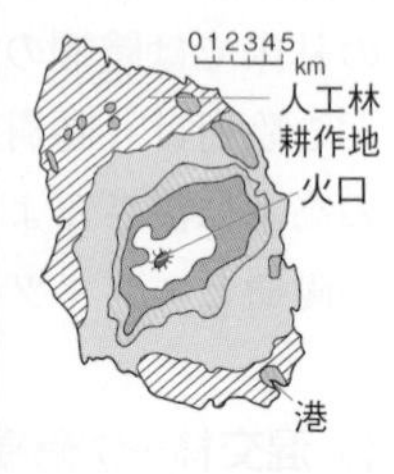

図67-7　伊豆大島における遷移

5 二次遷移

二次遷移は，**土壌が存在する場所**から始まるので，土壌形成にかかる時間は必要ない。土壌中には，有機物や栄養塩類が含まれており，植物の根や，地下茎，**埋土種子**(まいどしゅし)という発芽可能な休眠状態の種子などが残っている場合も多いので，シロザ(アカザ科)，ブタクサ・オオアレチノギク(ともにキク科)などの一年生草本や低木が先駆種として侵入しやすいが，間を置かずに高木が侵入・定着することも多い。また，切り株から萌芽(ほうが)(新しい芽，☞p.671)が生じることもあるので，一次遷移よりも遷移が速く進行する。

	始まる場所	土壌	保水力	種子・根・地下茎	遷移が進行する速さ
一次遷移	溶岩台地，海洋上の新島	なし	低い	なし	遅い(土壌形成が必要)
二次遷移	山火事・洪水・森林伐採・耕作放棄等の跡地	あり	高い	あり	速い(土壌が存在し，切り株からの萌芽もみられるため)

表67-1　一次遷移と二次遷移

もっと広く深く　遷移の初期にみられる生物，先駆植物

〔一次遷移の初期〕
・伊豆大島(東京都)…
・三宅島(東京都)　…
・桜島(鹿児島県)　…

キゴケ(地衣類)　スナゴケ(コケ植物) ➡ イタドリ(ハチジョウイタドリ)・タマシダ・ススキ(ハチジョウススキ)などの多年生草本，ヤシャブシ(オオバヤシャブシ)・ノリウツギ・ハコネウツギなどの低木など

・筑豊炭田(ちくほうたんでん)〔ボタ山〕…(福岡県)
エノコログサ・メヒシバ・オヒシバなどの一年生草本 ➡ ススキ(多年生草本)

〔二次遷移の初期〕…
・耕作跡地
シロザ・ブタクサなどの一年生草本 ➡ ヒメジョオンなど(一～二年生植物) ➡ ヨモギなどの多年生草本

❸ ▶ ギャップ更新

(1) 森林において，さまざまな**攪乱**によって倒木や枝の落下などが起こり，林冠にすき間(穴)が生じ，光が差し込む場所を**ギャップ**という。ギャップにおいて樹木が入れ替わり，森林が再生される過程を**ギャップ更新**(こうしん)という。

参考 次世代の幼木が倒木を土台にして生育し，ギャップを埋めることを倒木更新という。

(2) ギャップには，多数の樹木の消失による大規模なものと，1～数本の樹木の消失による小規模なものがあり，大規模なギャップでは，森林内に差し込む光の量が著しく増加するので，陽樹の種子(埋土種子)の発芽・成長が促進され，ギャップは陽樹によって埋められる。その後，陽樹は再び陰樹に置き換わっていく。山火事や森林伐採などにより非常に大きな規模のギャップが形成された場合には，**二次遷移**が始まる場合もある。

(3) 小規模なギャップのうち，差し込む光の増加量がそれほど大きくない場合には，陽樹よりも陰樹の幼木や芽ばえの方が速く成長し，ギャップは陰樹によって埋められることもある。

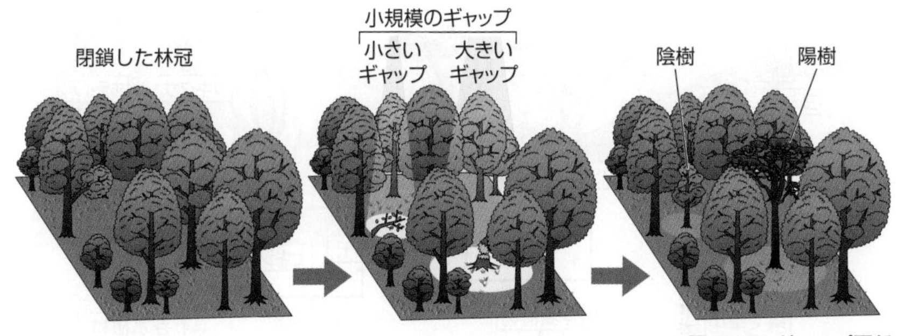

図67-8　ギャップ更新

(4) 極相林では，さまざまな規模のギャップの形成と更新※が起こることにより，優占種の陰樹以外にも多様な種が生育し，多様性が保たれている。

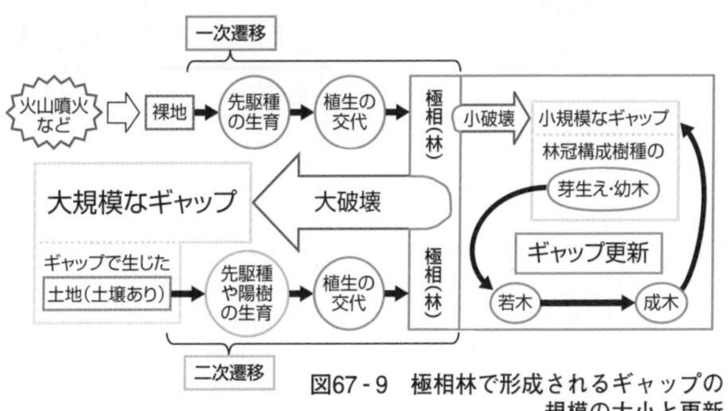

図67-9　極相林で形成されるギャップの規模の大小と更新

※森林におけるギャップ形成とその更新にかかわる動的な過程を**ギャップダイナミクス**という。

④ ▸ 湿性遷移

1 水辺の植生

植物は，生育地の水分条件によって，**水生植物**(一生の間に，植物体全体あるいは一部の器官が水中に存在する時期がある植物)と陸上植物に分けられる。水辺の植生を構成する水生植物には，以下のようなものがある(図67-10)。

①**抽水植物**：根は水底に固着し，一部の茎や葉が水面上に出ている植物。
②**浮葉植物**：根は水底に固着し，葉が水面に浮かんでいる植物。
③**沈水植物**：根は水底に固着し，植物体のすべてが水面下にある植物。
④**浮水植物**：水面の直上や直下を浮遊している植物。

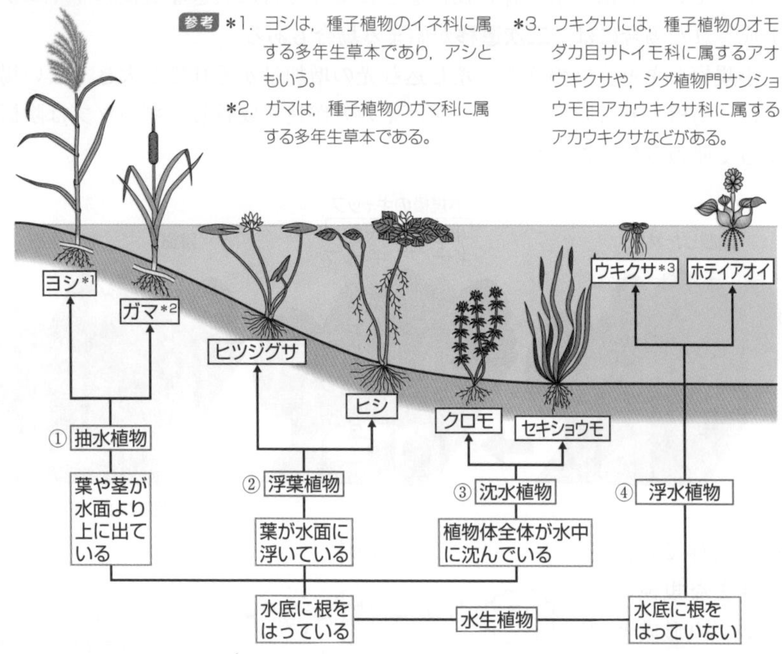

図67-10　水生植物

参考 1. 海水中に生育する緑藻類(アオサ・アオノリなど)，褐藻類(コンブ・ワカメなど)，紅藻類(アサクサノリ・テングサなど)は水生植物ではなく，藻類(海藻)と呼ばれる。
2. 種子植物のオモダカ目に属するアマモなどは，海水中に生育する水生植物(沈水植物)であり，海藻と区別するために海草と呼ばれる。
3. 浮葉植物のヒツジグサ(スイレン科)，ヒシ(ヒシ科)，沈水植物のクロモ(トチカガミ科)，セキショウモ(トチカガミ科)，浮水植物のホテイアオイ(ミズアオイ科)はいずれも種子植物・被子植物に属している多年生草本である。

2 湿性遷移の過程

湿性遷移は，一般に以下の①～⑤のような過程で進行する。番号は図67-11の①～⑤にそれぞれ対応している。

①火山の噴火による溶岩流などにより河川がせき止められると，新しい**湖沼**(こしょう)が生じる。新しい湖沼では，栄養塩類は乏しいが，やがて**植物プランクトン**が繁殖し，次いで動物プランクトンや魚類などが繁殖するようになる。

参考 水生動物は，その生活様式の違いから，ミジンコ・ワムシなどのように，遊泳能力が低い浮遊性のプランクトン，コイやゲンゴロウなどの遊泳能力が高いネクトン，タニシやカニなどのように，遊泳能力がほとんどなく，底生性のベントスなどの生活形に分けられる。

②プランクトン・魚類の遺体や湖沼の周囲から入り込む土砂の堆積により水深がしだいに浅くなる。すると，クロモなどの**沈水植物**が繁殖するようになる。

③水生植物の種類が増え，ウキクサなどの**浮水植物**やヒツジグサなどの**浮葉植物**が繁殖するようになると，それらによって光が遮られ，水面下に届く光の量が減少する。その結果，沈水植物は生育できなくなり，枯死する。この過程で，植物の枯死体が水底に堆積して**腐植層**を形成するようになる。

④腐植層が厚くなるにつれて水深はさらに浅くなり，ヨシなどの**抽水植物**が繁殖するようになる。植物の枯死体や周囲の土砂によって腐植層がさらに厚くなり，湖沼はやがて湿原となる。湿原には，**草本**が侵入するようになる。

参考 1. 湿原とは，土壌が低温・過湿・低酸素濃度のため，植物の枯死体の分解が妨げられ，堆積して土塊状になったもの(「泥炭」という)と，その上に発達する草原のことである。
2. 寒冷地(高地)の湿性遷移では，植物の枯死体が分解されずに湖底に堆積し，さらにその上で水生植物が生育するので，もとの湖面があった位置(層)より高い位置(層)に湿原が形成される。このような湿原を高層湿原という。

⑤湿原はしだいに乾燥し，やがて草原になる。その後は，乾性遷移と同様に，**草原→低木林→陽樹林→混交林→陰樹林**と遷移が進行し，安定する。

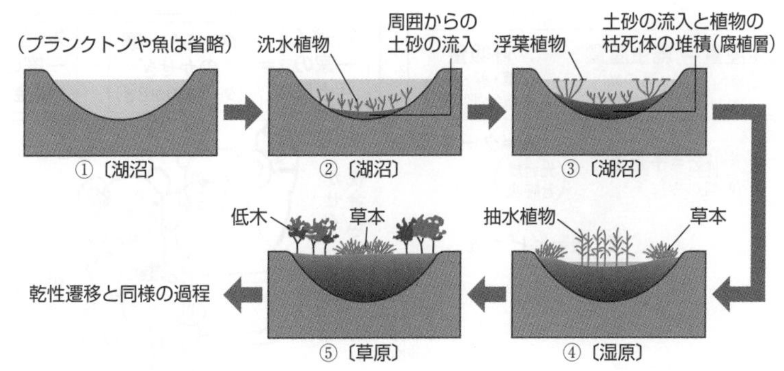

図67-11　湿性遷移

生態系の物質生産とエネルギーの流れ

The Purpose of Study 到達目標

Visual Study 視覚的理解

生産者の物質収支をターさん一家の収支に当てはめて理解してみよう！

葉 を 独身時代のターさん（自分でかせいで，自分で税金払って，自分で使う） にたとえる

見かけの光合成量＝光合成量－呼吸量

手どり＝かせぎ－税金

生産者 を ターさん一家 にたとえる

純生産量＝総生産量（葉の光合成量）－呼吸量（葉・幹・根・枝の呼吸量）

ターさん一家の手どり＝ターさん一家のかせぎ（ターさんのかせぎ）－ターさん一家の税金

葉＝ターさん（光合成と呼吸）

枝＝子ども（呼吸のみ）

幹・根＝ビビさん（呼吸のみ）

かせぐ・税金払う

ビビさん

税金払う（専業主婦）

税金払う

＊日本では，専業主婦や子どもには税金（消費税は除く）はかからないが，ターさんの国ではかかるのです。

1 ▶ 生態系の物質収支

1 生産者の物質収支

(1) 生産者が，光合成などにより有機物を合成することを**物質生産**(ぶっしつせいさん)という。

(2) 物質生産でつくられた有機物は，消費者に流れ，その生活にも利用される。生産者・一次消費者・高次消費者の間における炭素や窒素などの物質の供給，取り込み，放出などの量的なバランスを**物質収支**(ぶっしつしゅうし)という。

(3) ある特定の時点における単位面積内の生物量(集団全体の生物体の量)は**現存量**(げんぞんりょう)と呼ばれ，重量またはエネルギー量で表される。

(4) 単位面積内の生産者によって一定期間内に合成された有機物の総量を**総生産量**(そうせいさんりょう)といい，総生産量から**呼吸量**(こきゅうりょう)を差し引いたものを**純生産量**(じゅんせいさんりょう)という。

(5) 純生産量から摂食された量(**被食量**(ひしょくりょう))や**枯死量**(こしりょう)を差し引いたものは，生産者の**成長量**(せいちょうりょう)といい，一定期間での現存量の増加分とみなすこともできる。

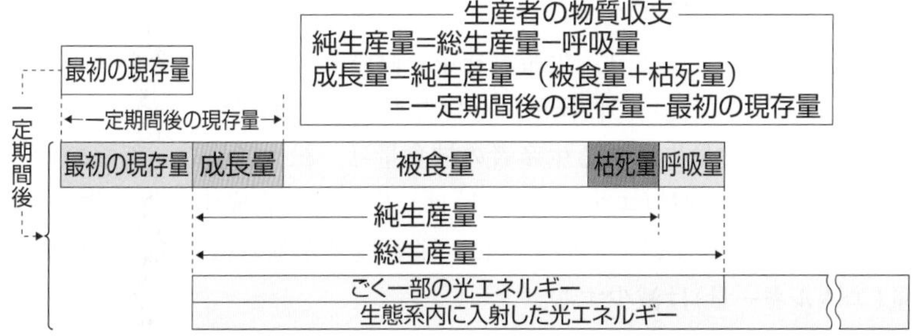

図68-1　生産者の物質収支

2 消費者の物質収支

消費者が摂食した量(**摂食量**(せっしょくりょう))から，消化されずに排出された量(**不消化排出量**)を差し引いたものを**同化量**(どうかりょう)といい，同化量から**呼吸量**を差し引いたものを**生産量**という。また，消費者が捕食された量(**被食量**)や病気などによる**死滅量**(しめつりょう)(**死亡量**(しぼうりょう))を，生産量から差し引いたものを消費者の**成長量**という。

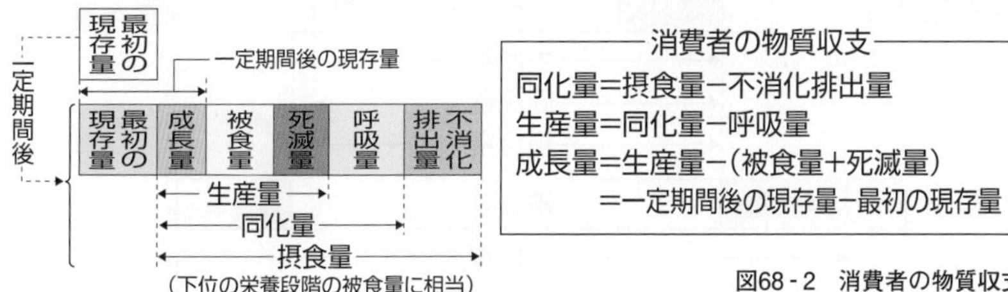

図68-2　消費者の物質収支

参考 生産量は，呼吸量のほか，老廃物排出量(代謝の結果生じる尿素や尿酸などの排出量)や脱落量(成長過程で生じる毛や皮膚などの脱落量)を同化量から差し引いた量として表されることもある。

消費者の同化量は生産者の純生産量には相当しない！

消費者の同化量が「摂食量－不消化排出量」で求められることと，生産者の純生産量が「総生産量－呼吸量」で求められることを混同して，消費者の同化量を生産者の純生産量に相当すると考えてはいけない。生産者は，生態系に入射した光のすべてを光合成に利用しているのではなく，**「(入射した全光エネルギー量)－(反射・透過した光エネルギー量)」**を吸収し，光合成に利用している。これが，生産者の総生産量になる。したがって，消費者の摂食量を入射した全光エネルギー量に相当する量，不消化排出量を反射・透過した光エネルギー量に相当する量と考えれば，消費者の同化量は生産者の総生産量に相当し，消費者の生産量は生産者の純生産量に相当すると考えられる。

3 生態系の物質収支

食物連鎖の各段階，つまり，生産者を第一段階として，生態系を構成する生物を栄養分のとり方に従って段階的に分けたものを**栄養段階**という。

一次消費者の摂食量にあたる生産者の被食量は，総生産量の一部なので，一次消費者が得る有機物量(エネルギー量)は，生産者が合成する有機物量(中のエネルギー量)より少ない。このように，栄養段階が進むごとに，移行する有機物量(エネルギー量)は減少する。

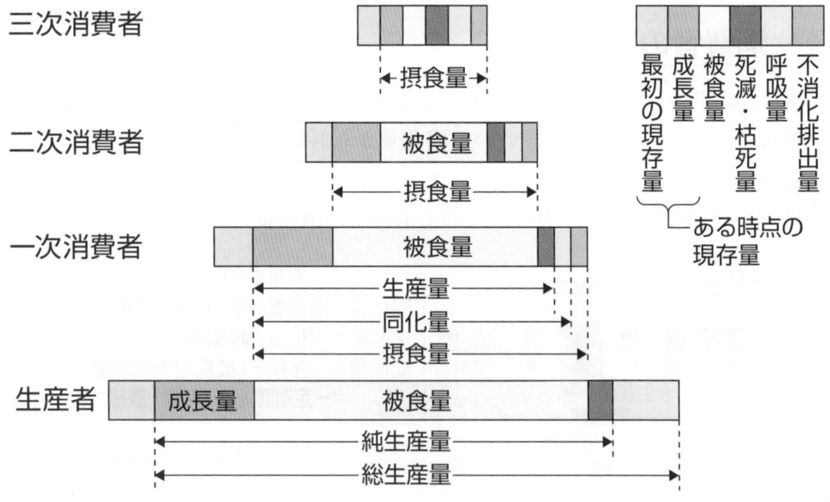

図68-3　生態系の物質収支

4 生態ピラミッド

(1) 各栄養段階ごとに，生物量(現存量)，個体数，生産量を生産者から順に積み重ねてピラミッド状に表したものを，それぞれ**生物量ピラミッド**(**現存量ピラミッド**)，**個体数ピラミッド**，**生産量ピラミッド**といい，これらを総称して生態ピラミッドという。

(2) 生物量は，ある地域の生物体の量を表し，現存量と同義である。生物量ピラミッドは，一般にはピラミッド形になる。例えば，図68-3の生態系について生物量ピラミッドを描くと，図68-4(a)のようになる。また，ある海洋生態系についての生物量ピラミッドは図68-4(b)のようになる。一方，プランクトンのように，被食者の一世代の長さが，捕食者の一世代の長さより極端に短い特殊な場合には，図68-4(c)のように逆ピラミッド形になることもある。

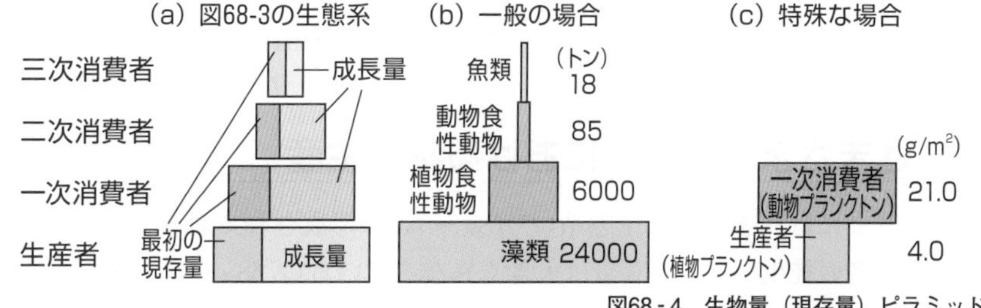

図68-4　生物量（現存量）ピラミッド

(3) 個体数ピラミッドは，一般にはピラミッド形(図68-5(a))になるが，寄生などの特殊な場合は逆ピラミッド形になることもある。例えば，1株のキャベツを多数のチョウの幼虫が摂食し，それらの幼虫の体内に多数の寄生バチが寄生している場合には，図68-5(b)のようになる。

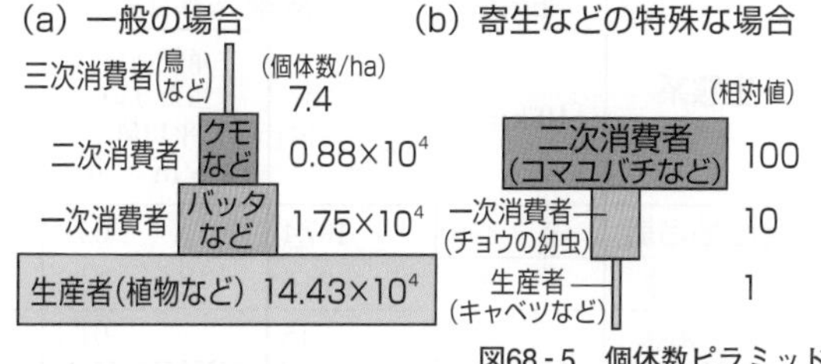

図68-5　個体数ピラミッド

(4) 一定期間中に獲得するエネルギー量である物質生産量(総生産量や同化量など)を生産量といい，各栄養段階の生産量を積み重ねた生態ピラミッドを生産量ピラミッドという。生産量ピラミッドは，**生産速度ピラミッド**，**生産力ピラミッド**，**エネルギーピラミッド**とも呼ばれ，必ずピラミッド形で，逆ピラミッド形にならない。

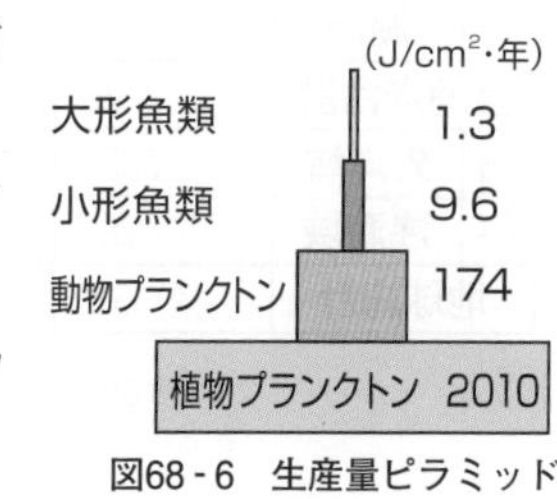

図68-6　生産量ピラミッド

第12章

5 森林生態系の物質量の変化

(1) 極相が森林となる生態系では，遷移の進行とともに，生態系の物質量は変化する。遷移の初期から森林形成初期の段階までは，生態系を構成する植物の葉量の増加によって**総生産量**が**呼吸量**を上回り，**純生産量**も増加するので，**生物量**(現存量)は増加する。しかし，森林が極相に近づくに従い，生態系を構成する植物の葉量はほぼ一定となり，樹木の根・茎(幹)・枝の呼吸量が増加するので，純生産量はしだいに小さくなり，生物量の増加率も低下する。

(2) 極相に達した森林では，総生産量と呼吸量がほぼ等しい値で平衡状態となり，生態系を循環する物質量や移動するエネルギー量が安定する。

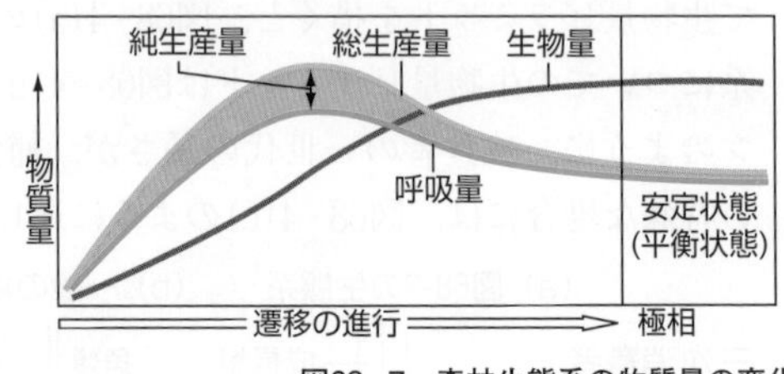

図68-7　森林生態系の物質量の変化

6 さまざまな生態系における物質生産

(1) 地球上にはさまざまな生態系(バイオーム)が形成されており，生態系ごとに生産者の純生産量や現存量は大きく異なっている(表68-1)。

生態系		面積	純生産量(乾燥重量)		現存量(乾燥重量)		
		〔10^6km^2〕	地球全体〔10^{12}kg/年〕	単位面積当たりの平均値〔kg/m^2・年〕	地球全体〔10^{12}kg〕	単位面積当たりの平均値〔kg/m^2〕	純生産量/現存量〔/年〕
全陸地合計		149	107.4	0.72	1836	12.3	0.06
内訳	森林	56.5	74.6	1.32	1698	30.0	0.04
	草原	24.0	15	0.63	74.4	3.1	0.20
	荒原	50.0	2.5	0.05	17.9	0.36	0.14
	農耕地	14.0	9.1	0.65	15.4	1.1	0.59
	湿原	2.0	5	2.5	30	15.0	0.17
	湖沼	2.5	1.3	0.5	0.05	0.02	25.00
全海洋合計		361	56.7	0.16	3.9	0.01	14.5
内訳	外洋域	332.4	43.4	0.13	1	0.003	43.2
	浅海域	28.6	13.3	0.46	2.9	0.1	4.59
地球総計		510	164	0.32	1840	3.61	0.09

表68-1　地球上の主な生態系の面積および生産者の純生産量と現存量(推定値)

(2) **森林生態系**では，他の生態系に比べて生産者の単位面積当たりの現存量が非常に大きいが，純生産量はそれほど大きくなく，現存量当たりの純生産量は最も小さい。これは，森林を構成する主な生産者は**木本**(樹木)であり，有機物の蓄積量が多いこと，また，木本は植物体における**非同化器官**(幹，枝，根などの非光合成器官)の割合が**同化器官**(光合成器官である葉)に比べて大きいため，光合成量に対する呼吸量の割合が大きくなることなどによる。

(3) **草原**と**農耕地**を比較すると，純生産量や現存量は草原の方が大きいが，現存量当たりの純生産量は，施肥(せひ)が行われている農耕地の方が大きい。

(4) **海洋**は，水平方向では**外洋域**(がいよういき)と**浅海域**(せんかいいき)(大陸棚外縁より陸側の海洋の部分全体，沿岸域と同じ)に分けられ(図68-8)，浅海域は，水界の主な生産者である植物プランクトンの生育に必要な栄養塩類が陸(河川)から流入するため，面積当たりの純生産量は，外洋域よりも大きくなる。なお，外洋域では，海底から表層に向かって上昇する海水の流れ(**湧昇**(ゆうしょう)または**湧昇流**)によって栄養塩類が海底付近から表層に供給される湧昇域の純生産量が大きい。

(5) 海洋は，垂直方向では生産層と分解層に分けられる(図68-8)。

(6) 外洋域では，プランクトンの存在量が少ないので，深い部分まで光が届きやすいが，水は光の吸収率が高く，透明な水でも水深100mまでの間に99%の光が吸収されるため，光合成に必要な十分量の光が届くのは表層に限られる。植物プランクトンなどの生産者が光合成を行うことのできる表層を**生産層**といい，それより深い部分は**分解層**と呼ばれる。また，水中で生育する生産者の純生産量が0になる深さを**補償深度**(ほしょうしんど)といい，生産層と分解層の境界に相当し，透明度の高い外洋では約100mとされている。

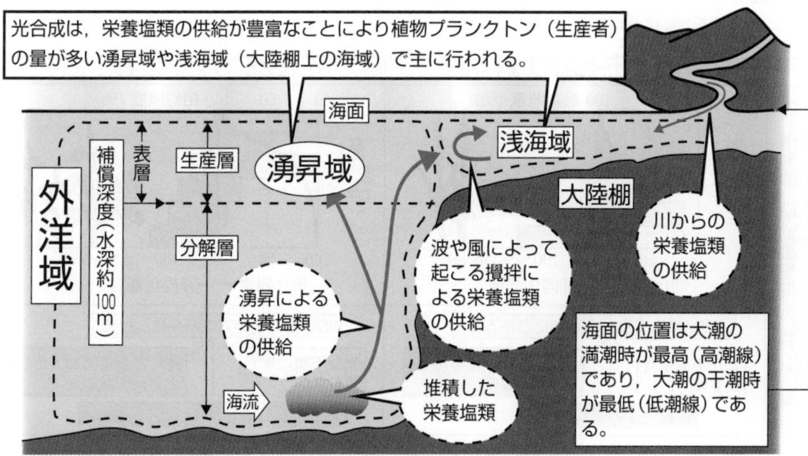

図68-8　海洋

❷ ▶ 生産構造図

(1) 植生(植物群集あるいは植物個体群)の生産量は，同化器官(葉)の量と，茎へのつき方や，同化器官と非同化器官の比率などの影響を受ける。このように，物質生産に影響を与える植生の構造を**生産構造**(せいさんこうぞう)という。

(2) 草本の植物群集の生産構造を知るためには，一定面積に生育する植物の地上部を，一定の高さ(ふつう10 cmか20 cm)ごとに刈り取り，同化器官と非同化器官に分けて乾燥重量または生重量を測定する。このような測定法を**層別刈取法**(そうべつかりとりほう)といい，この測定の結果と，各層ごとの**照度**(自然光を100とした場合の相対照度)とともに図示したものを**生産構造図**(表68-2)という。

(3) 植物の高さによる照度の変化(生産構造図の━)から，葉の重なりの程度の影響がわかる。例えば，個体群密度が高い場合，チカラシバのように葉が斜めにつく植物の方が，アカザのように葉が水平につく植物よりも，受光量は全体として大きくなる。チカラシバのような生産構造は**イネ科型**(**イネ科草本型**)，アカザのような生産構造は**広葉型**(こうようがた)(**広葉草本型**)と呼ばれる。

参考 葉の重なりの程度は，ある植生のすべての葉の合計面積をその植生が占めている土地面積で割った数値(葉面積指数(ようめんせきしすう))で示され，一定の土地面積に葉をすき間なく敷きつめたときに，何層になるかを示した値に相当する。

(4) イネ科型の植物群集では，葉が垂直に近い斜めについているので光が下層まで届きやすく，物質生産の層は厚い。また，上部につく葉の量が広葉型に比べて少ないので，葉を支えるために必要な茎の重量が少ない。一方，広葉型では，上部の多量の葉を支えるために多量の茎を必要とする。

参考 広葉型の植物は，茎の発達によってより高い位置に葉がつき，異種間で光を奪い合う種間競争の際には，イネ科型の植物に比べて有利となる。

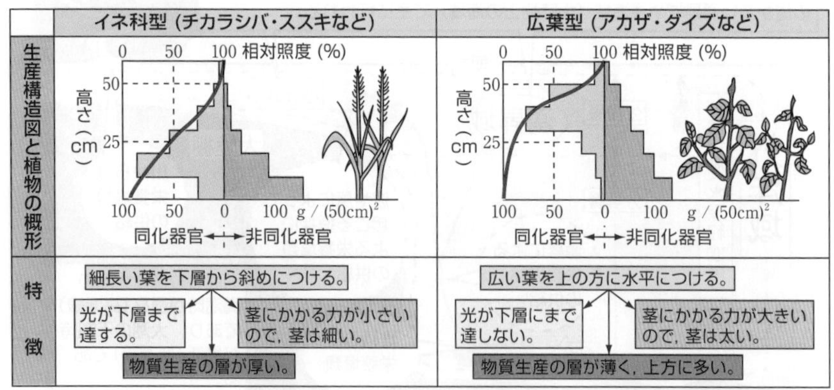

表68-2 生産構造図の比較

イネ科型の葉と広葉型の葉

(1) 葉原基では，茎頂分裂組織が活発に細胞分裂し，一定の大きさに達すると，先端－基部軸に沿って役割の分化が生じる。つまり，葉身の基部側では盛んに細胞分裂が起こり，先端部では細胞の伸長と分化が起こるのである。

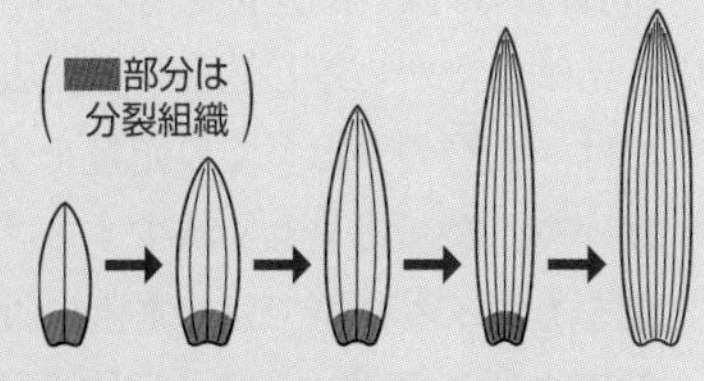

この先端－基部の分化は，単子葉植物(イネ科型)で特に顕著であり，細胞分裂をする領域が，葉原基の基部付近に偏在している結果，葉の横方向への新たな細胞の供給が限定されるため，通常，均一な幅のリボン状の葉になる(上図)。一方，単子葉植物以外の被子植物(広葉型)では，細胞分裂が盛んな領域が葉の先端側にまで広がっており，葉の横方向へ新たな細胞が供給され，その供給パターンに多様性があるため，さまざまな形の幅広の葉が存在する。

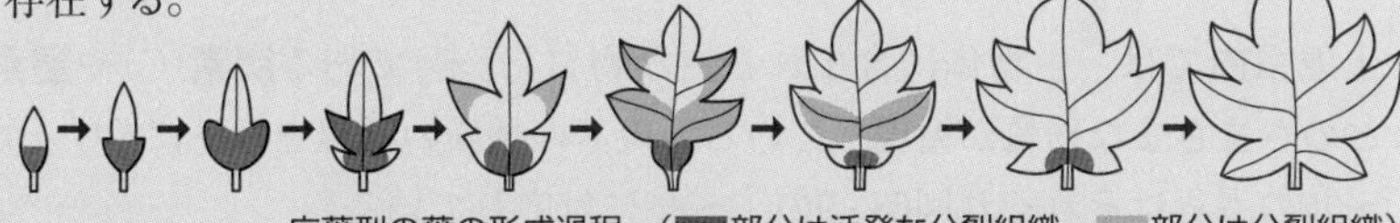

広葉型の葉の形成過程　（■部分は活発な分裂組織　■部分は分裂組織）

(2) 第57講で学習したように，頂芽の葉原基が生じる際に葉原基に形成される向背軸により，葉に表と裏が存在するようになる。これは，葉の表側と裏側では異なる機能分担が必要となるからである。つまり，葉の表側には，光合成に必要な光エネルギーをできるだけ効率よく受けとめる柵状組織が分化しており，葉の裏側には，光合成の原料である二酸化炭素の吸収と光合成の産物である酸素や水蒸気の放出を行うための気孔と，それにつながる空隙をもつ海綿状組織が分化している。

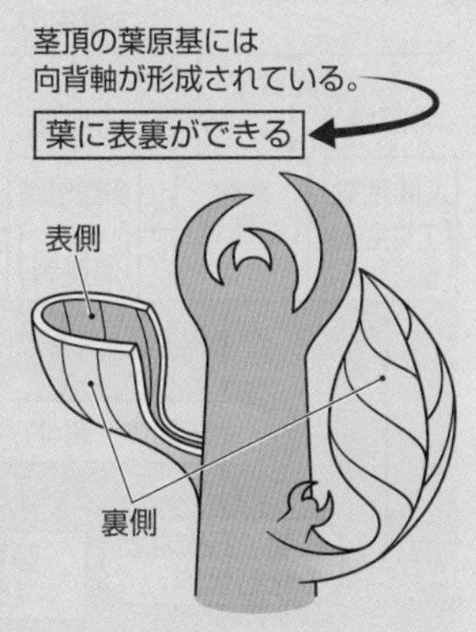

このような葉の表側と裏側の分化は，幅の広い葉が水平に茎につく広葉型では必要性が高いが，細長い葉が垂直に近い斜めに茎につくイネ科型では必要性が低い。実際，イネの葉では海綿状組織と柵状組織の分化が乏しいことが知られている。したがって，植物の葉が細長いリボン状と，幅広のいず

れに分化するかという性質(平面性)と，表裏を分化させるか否かという性質(向背性)は強い関連性をもっている。

(3) 光は上空から差し込むので，広葉型のように幅広い葉を水平につける植物では，上層の葉は多くの光量を受け取ることができるが，下層では葉の受光効率や，葉量は著しく減少する。一方，表裏の分化が明瞭ではなく，細長い葉をもつイネ科型では，垂直に近い斜めに葉がつくことで，下層の葉の受光効率の低下が抑えられ，単位面積当たりの葉量を高く保つことができる。

(4) したがって，物質生産においてイネ科型と広葉型はどちらが有利・不利ということはない。

③ 物質循環とエネルギーの移動

1 炭素の循環

生態系内では，生物体に含まれる主な物質(元素)である**炭素**(C)や**窒素**(N)などのさまざまな物質が循環している。炭素の循環の過程を以下に示す。なお，①～⑯の過程はそれぞれ図68 - 9の①～⑯に対応している。

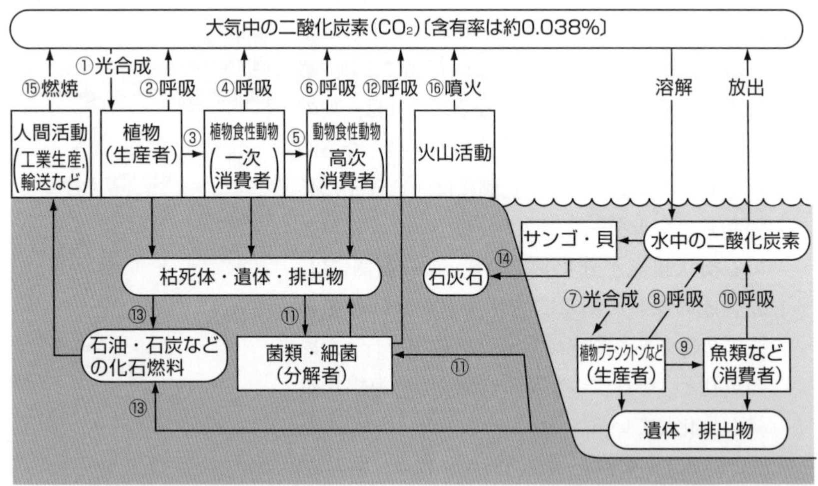

図68 - 9　生態系での炭素の循環

①・②大気中の**二酸化炭素**が**生産者**に吸収され，光合成によって有機物になり，その一部は植物の呼吸の材料となり，残りは植物のからだの成分になる。

③植物の体成分のうち，一部は**一次消費者**である植物食性動物に摂食される。

④植物食性動物の体内に取り込まれた有機物は，その動物の**呼吸**の材料やからだの成分となる。
⑤一次消費者のからだの成分の有機物は，より高次の消費者に取り込まれる。
⑥動物食性動物の体内に取り込まれた有機物は，その動物の**呼吸**の材料やからだの成分となる。
⑦水中に溶けている二酸化炭素は，**生産者**である植物プランクトンや藻類に吸収され，**光合成**によって有機物になる。
⑧生産者によって合成された有機物の一部は，生産者の**呼吸**の材料となり，分解されて，二酸化炭素として水中に放出される。
⑨植物プランクトンなどは，動物プランクトンや魚類などの消費者に摂食される。
⑩消費者の体内に取り込まれた有機物の一部は**呼吸**の材料になり，残りは消費者のからだの成分となり，より高次の消費者に捕食される。
⑪・⑫植物や動物をはじめとする，すべての生物の枯死体・遺体や排出物中の有機物は，菌類や細菌などの**分解者**に取り込まれ，分解者の**呼吸**の材料やからだの成分となる。すべての生物において，呼吸の材料として用いられた有機物は分解されて二酸化炭素になり，大気中や水中に放出される。
⑬・⑭生物の遺体や排出物に含まれる炭素は，地中で石油や石炭などの化石燃料になる。また，炭酸カルシウム($CaCO_3$)としてサンゴの骨格を経て，石灰石になることにより，食物連鎖を通した炭素の循環からはずれることもある。
⑮・⑯化石燃料を燃焼させるなどの人間活動や，噴火などの火山活動によっても，大気中に二酸化炭素が放出されている。

化石燃料について

化石燃料とは，動物や植物の遺体・枯死体が地中に堆積し，長い年月の間に変成してできた有機物からなる燃料を指す用語であり，主なものに，石炭，石油，天然ガスなどがある。石炭は古生代の石炭紀に生育していた植物の枯死体などが地中に埋没し，炭化したものであり，石油はプランクトンなどが地下の高圧で変化したものと考えられている。天然ガスは石油採掘時に副産物として得られるか，ガス油田から得られる。主成分はメタンで，他にエタン，プロパン，ブタンなどを含み，過去に地中に埋もれた有機物がバクテリアによって分解されて生じたと考えられている。この他に，まだ実用的採掘の段階には至っていないが，メタンハイドレートと呼ばれる氷状の化石燃料が大量に海底中に存在している。

2 窒素の循環

生態系における窒素の循環の過程を以下に示す。なお，①～⑩の過程はそれぞれ図68 - 10の①～⑩に対応している。

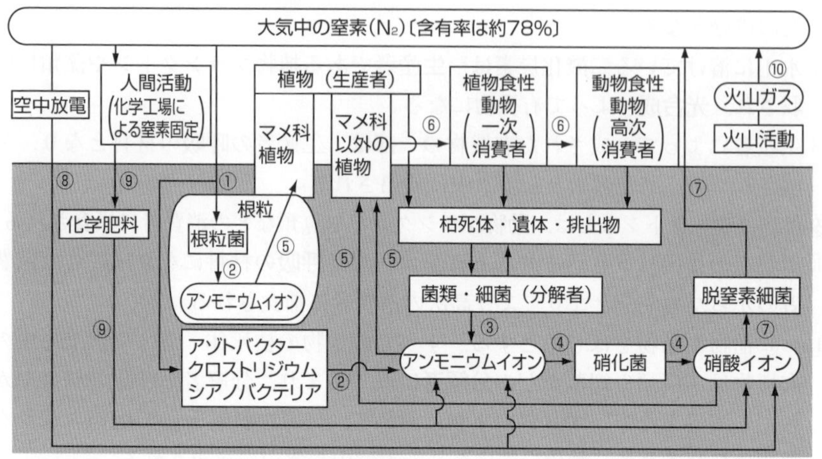

図68 - 10　生態系での窒素の循環

①・②**アゾトバクター・クロストリジウム・根粒菌**などの細菌や，**ネンジュモ・**アナベナなどの**シアノバクテリア**など，ごく一部の生物(**窒素固定細菌**)は，大気中の体積の約78%を占めている窒素(N_2)を体内に取り込み，エネルギーを使って**窒素固定**を行い，**アンモニウムイオン**(NH_4^+)をつくる。

参考　アンモニウムイオン(NH_4^+)は，硫酸イオン(SO_4^{2-})や塩化物イオン(Cl^-)などと結合して，硫酸アンモニウム($(NH_4)_2SO_4$)や，塩化アンモニウム(NH_4Cl)のような塩になることもある。

③生物の枯死体・遺体や排出物が土壌中で菌類や細菌に分解されると，無機窒素化合物であるアンモニウムイオンになる。

④アンモニウムイオンは，**硝化菌**(☞p.321)によって，**亜硝酸イオン**(NO_2^-)を経て**硝酸イオン**(NO_3^-)に変化する。

⑤植物は，無機窒素化合物としてN_2を体内に吸収できないが，土壌中の硝酸イオンやアンモニウムイオンを根から吸収し(マメ科植物は根粒内の根粒菌が放出したアンモニウムイオンも吸収し)，それらを用いて**窒素同化**を行う。

⑥動物は，植物の有機窒素化合物を直接的・間接的に取り込み，自分のからだに必要な有機窒素化合物をつくり出す**窒素同化**を行う。

⑦土壌中にある硝酸イオンなどは，空気と遮断された条件下においては，**脱窒素細菌**の働きによって気体の窒素(N_2)に変換され，大気中に戻される(**脱窒**)。

参考 土壌中では，微生物により以下に示す順で窒素化合物の還元反応が進む。
NO_3^-（硝酸イオン）→NO_2^-（亜硝酸イオン）→NO（一酸化窒素）→N_2O（一酸化二窒素）→N_2
このうち，NO_3^-やNO_2^-が還元され窒素の気体分子（NO，N_2O，N_2）を生じる反応を脱窒という。

⑧・⑨・⑩なお，雷による空中放電や工場での化学肥料（窒素肥料）の製造などにより空気中のN_2がNO_3^-やNH_4^+に変化し，土壌中に入ることや，火山ガスの成分として大気中にN_2が放出されることもある。

3 生態系におけるエネルギーの流れ

(1) 太陽の**光エネルギー**の一部は，光合成によって有機物中の**化学エネルギー**に変えられ，生態系に取り込まれる。

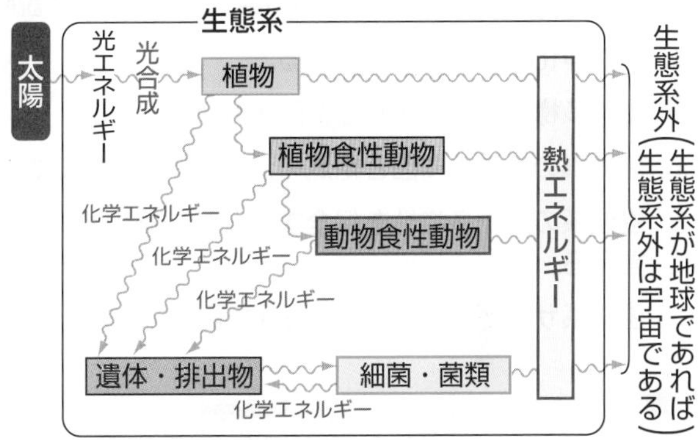

図68 - 11　エネルギーの流れ

(2) 有機物中の**化学エネルギー**は，食物連鎖を通して各栄養段階の生物間を移動し，生命活動に利用されるごとに一部が**熱エネルギー**となる。

(3) 炭素や窒素などの物質は生態系内を循環するが，エネルギーは生態系内を循環せずに移動し，最終的には**熱エネルギー**として生態系外へ放出される。

(4) 一段階前の栄養段階のエネルギー量（同化量）に対する，ある栄養段階のエネルギー量（総生産量，同化量）の割合は，エネルギー効率と呼ばれ，以下の式①・②で求められる。

式①　$$\text{生産者のエネルギー効率(\%)} = \frac{\text{総生産量}}{\text{生態系に入射した太陽光のエネルギー量}} \times 100$$

式②　$$\text{消費者のエネルギー効率(\%)} = \frac{\text{その栄養段階の同化量}}{\text{1つ下位の栄養段階の同化量}} \times 100$$

参考 消費者による摂食，同化，生産の3つの過程でエネルギー量が変化する。例えば，二次消費者では摂食によって一次消費者の生産量の一部を体内に取り込んだ量が摂食量であり，その量から不消化排出量を差し引いた残りが同化量である。同化量からさらに呼吸量を引いた残りが生産量である。このような過程において，エネルギーが伝わる効率をそれぞれ**摂食効率**，**同化効率**，**生産効率**という。これらは，まとめて**生態系**のエネルギー効率という。

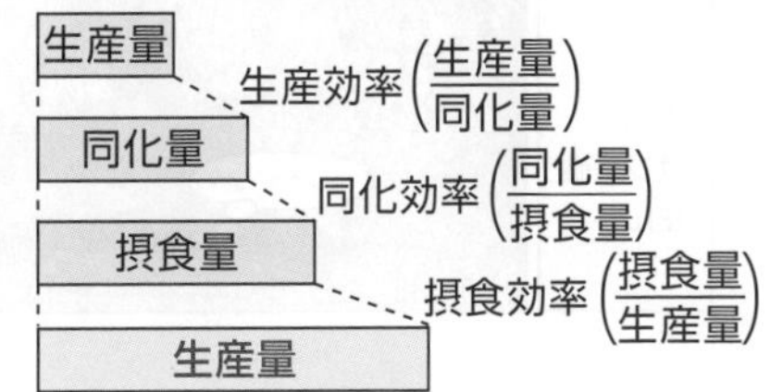

生物多様性と生態系の保全

The Purpose of Study 到達目標

1. 生物多様性を大きく3つに分けて，それぞれを説明できる。…… p. 669, 670
2. 里山・干潟・サンゴ礁・深海の各生態系について説明できる。…… p. 670〜673
3. 自然浄化について説明できる。…… p. 674, 675
4. 生物多様性を低下させる要因を10個言える。…… p. 675〜681
5. 個体群の絶滅の要因と絶滅の渦について説明できる。…… p. 682, 683
6. 生態系の生物多様性を保全するための条約や法律を5つ以上言える。…… p. 684〜686
7. 生態系サービスの例を4つあげて説明できる。…… p. 686

Visual Study 視覚的理解

生物多様性の3つの階層(遺伝的多様性・種多様性・生態系多様性)をイメージしよう！

1 ▶ 生物多様性

生物が多様であることを**生物多様性**(せいぶつたようせい)といい，生物多様性は**遺伝子**，**種**，**生態系**の3つの階層(段階)の多様性を包括する概念である。

参考 生物多様性条約(☞p.684)では，「生物多様性とは，すべての生物の間にみられる変異性をいうものとし，種内の多様性，種間の多様性及び生態系の多様性を含む」としている。

1 種多様性

(1) ある生態系における種の多様さを**種(の)多様性**(しゅ)という。

(2) もともと生物多様性は，特に種多様性を指す語として用いられた。

(3) 種多様性の主な指標には，生態系内の種数とそれらが相対的に占める割合(優占度)などがあり，一般に，種数が多く，優占度が均等であるほど種多様性が高いといえる。

(4) 生息地の環境条件と，種多様性の主な指標の1つである種数との関係には，一般に次のような傾向がみられる。

①種数は低緯度地方(熱帯など)では多く，高緯度地方ほど少ない。これは，低緯度地方ほど高温・強光条件下になりやすく，生産者である植物の種数と生物量が多くなる結果，栄養段階の多い生態系が成立しやすいためである。

②水分不足の条件下では植物の種数が極端に少なくなるため，降水量が少ない地域(砂漠など)では種数が少ない。

③同じ地域内では，生息地の面積が大きいほど種数は多くなる(図69 - 1)。これは，生息地の面積が大きいほど環境が多様になり，ニッチも多様になる可能性が高いためである。

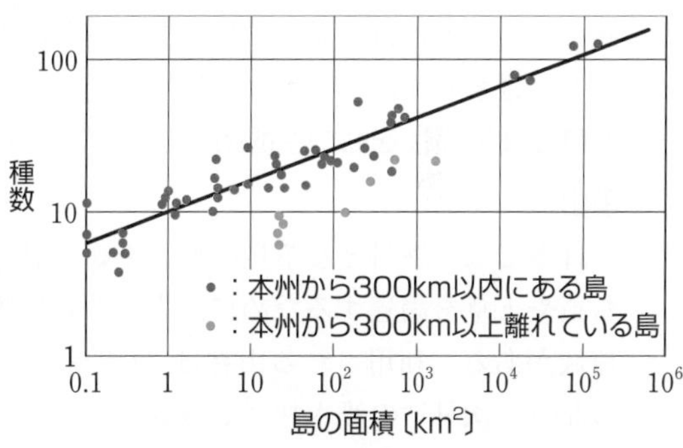

図69 - 1　日本列島における島の面積とそこで繁殖する鳥類の種数の関係

④他の生息地から孤立した生息地では，外部から新たな種が侵入する可能性が低いため，生息地の面積が同じ2つの島を比べた場合，大陸や大きな島などの他の生息地からより遠く離れて孤立している島の方が，種数は少なくなる(図69 - 1)。

2 遺伝的多様性

種内における遺伝子の多様さを遺伝的多様性(遺伝子の多様性)といい，遺伝的多型(☞p.386)などによりもたらされる。遺伝的多様性には，次の2つがある。

①個体群内の遺伝的多様性

個体群内の個体間でみられる遺伝的多様性(遺伝子の多様性)は，個体群や種の維持にとって重要である。例えば，この多様性が高い個体群では，生息環境が変化しても，その変化に対応できる個体が存在する可能性が高いが，遺伝的多様性が低い個体群では，環境の変化に対応できず，個体数が減少する可能性が高い。

②個体群間の遺伝的多様性

個体群間の遺伝的多様性が高まることは，新たな**種分化**(☞p.738)を引き起こす可能性を高め，**種多様性**につながる。例えば，山地や海洋などによって隔てられた地域で生息する同種の個体群間では，それぞれの個体群の遺伝子構成(遺伝子プール)が異なっていることが多い。

参考 同一種が異なる環境に適応することで遺伝子構成が変化し，それにより異なる性質を獲得した個体群を生態型(エコタイプ)と呼ぶ。

3 生態系多様性

(1) さまざまな環境に存在する生態系の多様さを生態系(の)多様性といい，地球上の多様な生態系は，物質や生物の移動を通して相互に関係している。

(2) 異なる生態系には，異なる個体群からなる生物群集が存在するため，ある地域の生態系多様性の高さは，その地域全体での**種多様性**につながる。

(3) **独自の種多様性をもつ生態系**として，次の①～④などがある。

①里山

日本では，燃料となる炭の原料や薪，農作業に必要な有機肥料となる落ち葉や下草を調達するために，古くから集落の背後の山林を利用してきた地域がある。利用される山林は，コナラ，クヌギ※1，アカマツなどの陽樹からなる二次林※2の雑木林※3であることが多く，このような山林と，集落を取り巻く水田，畑，小川やため池などとを合わせた地域一帯は里山*と呼ばれる。

※1．クヌギの樹液には，カブトムシ・クワガタムシ・オオムラサキなどの昆虫が集まる。

※2．原始的森林(原生林・自然林)が攪乱を受けて，もとの植生が破壊された後に形成される森林を二次林という。

※3．雑木林とは，建築材料としては不適当で，炭や薪の材料にしかならない樹種の広葉樹からなる二次林の呼び方の一つである。

参考 ＊山林のみを里山といい，山林以外の場所(水田・畑など)を里地ということもある。

里山にはさまざまな生態系が入り組んで存在するため，それぞれの生態系で主に生息する生物のほか，幼生や幼虫期には水田などの水辺の生態系を必要とし，成体になると森林や草原で生活するカエルやトンボのような，複数の生態系を利用する生物など，多様な種がみられる。

一般に里山では，炭や薪にするために10～20年に一度の割合で繰り返されてきた高木の伐採(ばっさい)*は，里山全域で一斉に行われるのではなく，毎年一定面積ずつ順番に行われ，細い木は太くなるまで伐採されない。また，林内では樹林の下枝を切り取ったり，肥料(堆肥(たいひ))にするための下草刈りや落ち葉かきも行われるため，里山の林内は比較的明るく，陽樹的な樹種が多く生育し，遷移が途中の段階で停止している状態が維持されている。

参考　*クヌギやコナラなどの高木が伐採されると，その切り株から多数の芽ばえ(これを萌芽という)が伸び，5～20年経過すると成熟した樹木になる。年を経たクヌギの樹木などを伐採し萌芽を育てることにより，雑木林の若返りを図ることは萌芽更新と呼ばれ，かつては炭や薪の材料となる細い木材を多量に生産するための里山管理の手法として盛んに行われていた。

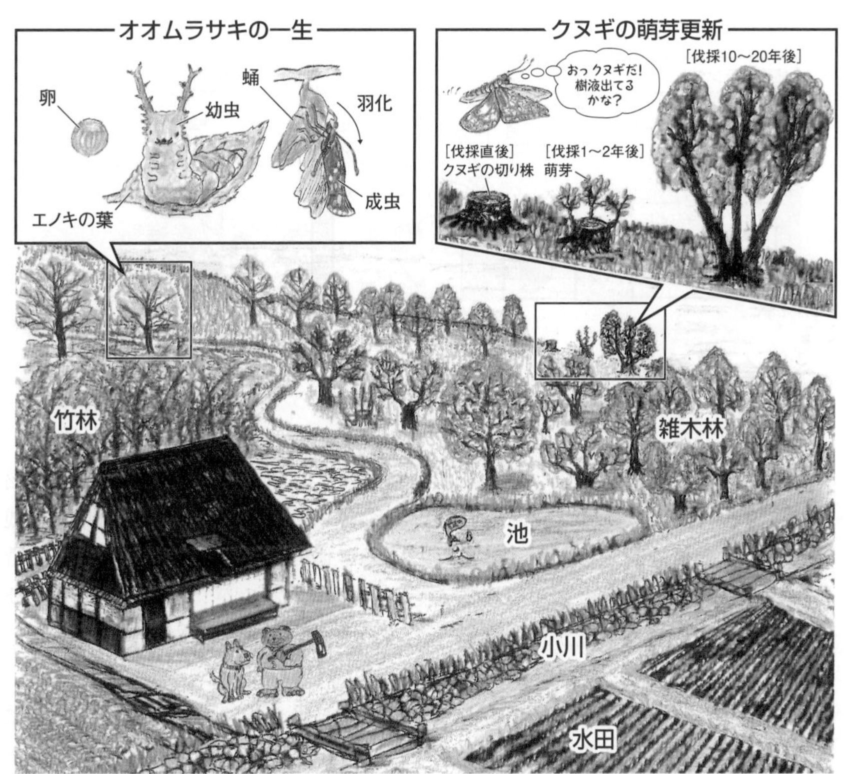

図69-2　里山の生態系

②干潟(ひがた)

干潟とは，満潮時には海面下にあり，干潮時には陸地になる砂泥地帯のことであり，河口や内湾において，河川によって運ばれてきた土砂が堆積してできている。干潟には，多くの小形の藻類や，それらを摂食する生物など，さまざまな種が生息している。特に渡り鳥などの鳥類にとって，干潟は重要なえさ場であり，シギ類などの渡来地になっている。

河川によって干潟に運ばれてきた有機物や栄養塩類は，食物連鎖により生物間を移動する。食物連鎖の最上位にいる鳥類は，渡りなどにより他の地域に移動するので，これによって干潟の有機物は除去され，水質浄化が行われる。

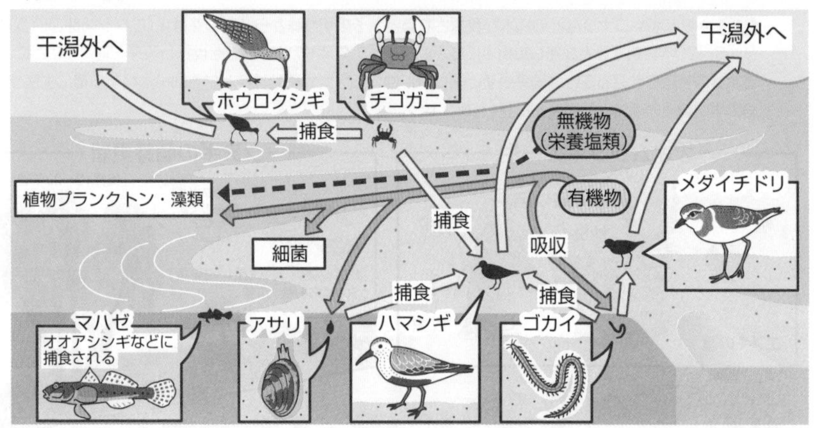

図69 - 3　干潟の生態系

③サンゴ礁(しょう)

サンゴ礁は，サンゴの骨格部分が結合し合って集積することで形成される地形であり，主に熱帯・亜熱帯の浅い海域に分布する。

サンゴ礁を形成しているサンゴ(刺胞(しほう)動物)は，細胞内に共生させている褐虫藻(かっちゅうそう)(渦鞭毛藻類(うずべんもうそう))がつくり出す光合成産物の一部を呼吸や成長に利用し，残りは体内に貯蔵するほか，粘液などの形で体外に分泌する。熱帯・亜熱帯の浅い海域は，一般に栄養塩類が乏しい環境であるが，サンゴ礁では，サンゴが分泌する粘液が他の生物の栄養分として利用されるので，サンゴは生産者としての役割を担っているといわれている。

また，サンゴ礁では，結合したサンゴの骨格が複雑な形状をとることによって多様な生活場所や隠れ場所をつくり出すので，多種多様な生物が生息でき，サンゴ礁は「海の熱帯多雨林」と呼ばれている。

④深海

深海には光は届かず光合成を行う生産者は生存できないので，多くの深海生態系は，海洋表層から沈降してくる有機物をエネルギー源として成立している。沈降してくる有機物はプランクトンの遺体などが凝集してできたものであり，雪のようにみえるためマリンスノーと呼ばれている。

深海底には，地熱(地球内部の熱)によって熱された水が噴き出している割れ目があり，このような割れ目は**熱水噴出孔**と呼ばれる。海面下数百～数千mの海底にある熱水噴出孔では，噴き出す熱水に硫化水素などが含まれていて，独自の生態系が形成されることがある。

その生態系では，硫化水素などをエネルギー源として有機物を合成することができる硫黄細菌などの化学合成細菌が生産者となっている。消費者としては，硫黄細菌と共生しており，硫黄細菌がつくった有機物を利用して生活するシロウリガイ[*1]やハオリムシ[*2](チューブワーム)など，他の生態系ではみられない動物が生息している。

参考　＊1. シロウリガイ類は，殻長が3～30cmの二枚貝であり，その消化管は退縮しているが，えらは肥大化し，血液中に多量のヘモグロビンを含んでいる。シロウリガイは，マグマ由来の硫化水素と底層水中の酸素を，体内に共生させている化学合成細菌に届け，からだを構成している有機物と生活のためのエネルギーの大部分を，化学合成細菌に依存している。

＊2. ハオリムシ(チューブワーム)類の細長いチューブ状のからだは数十cm～3mに達し，その先端にある赤色のえら(と血管系)と，白色(黄色)の栄養体と呼ばれる部分からなっている。ハオリムシは，口や消化器官をもたないが，特殊なヘモグロビンをもち，からだの先端の赤色部分から硫化水素と酸素を取り込み，体内に共生させている化学合成細菌に届け，その細菌から有機物を受け取ることで生活している。ハオリムシはトロコフォア幼生期をもつことから環形動物門の有鬚(ゆうしゅ)動物類に分類されている。

図69-4　熱水噴出孔の生態系

第12章

②▸生態系のバランス・復元力と攪乱

1 生態系のバランスと復元力

(1) 多くの生態系は，自然災害や人間活動による**攪乱**によって常に変動しているが，生態系がもつもとの状態に戻ろうとする**復元力**(ふくげんりょく)(レジリエンス)により，その変動幅は一定の範囲内に保たれている。これを**生態系のバランス**と呼ぶ。

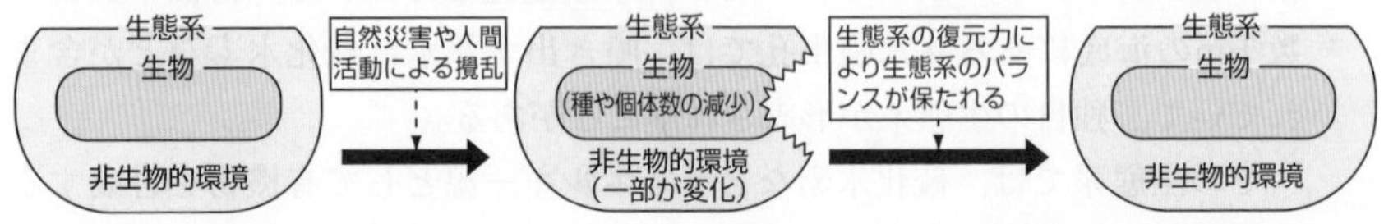

図69-5　生態系のバランス

(2) 生態系の復元力を超えるような規模の攪乱が起こると，生態系のバランスが崩れ，以前とは異なる状態の生態系に移行する。

2 自然浄化

(1) 水域に流入した有機物が，水による希釈(きしゃく)，岩・泥などへの吸着・沈殿，微生物による分解などの作用により，減少する現象を**自然浄化**(しぜんじょうか)という。

(2) 河川に汚水が流入した場合の自然浄化の過程(図69-6)を以下に説明する。

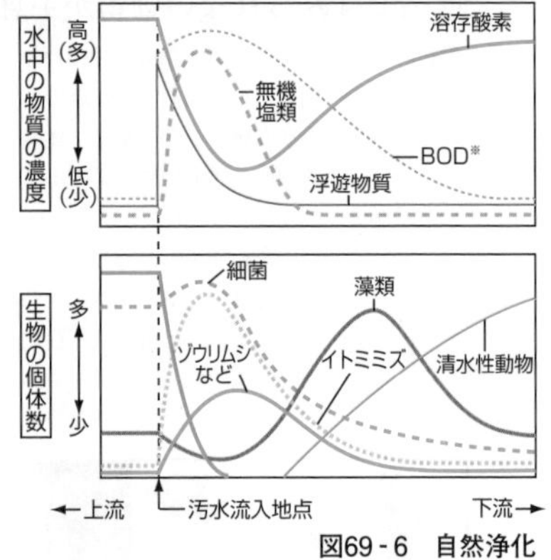

図69-6　自然浄化

①多量の浮遊物質を含む汚水が流入する地点では，浮遊物質濃度が急増し，透明度と光の透過度が低下するので藻類がしだいに減少する。また，汚水中には有機物が多量に含まれているので，BOD※が急増する。

※BOD(生物学的酸素要求量，Biochemical Oxygen Demandの略)は，微生物が特定の温度で一定期間中に水中の有機物を分解するときに消費する酸素量であり，この値が大きいほど水質汚染(☞p.678)が進んでいることを示す。なお，水質汚染の程度を表す指標の一つであるCOD(化学的酸素要求量，Chemical Oxygen Demandの略)は，過マンガン酸カリウムなどの酸化剤を水中に加え，特定の温度で一定時間反応させたときに消費される酸素量である。CODはBODに比べて短時間で測定できるが，水中の有機物の分解の他に無機物の酸化に必要な酸素量も含んでいる。

②汚水流入地点付近では，細菌やイトミミズなどが汚水に多量に含まれる有機物を栄養源として取り込み，増殖する。細菌の増殖にともない，有機物が分解されて無機塩類(NH_4^+など)が増加する。続いて，細菌を捕食するゾウリムシなども増殖する。これにより，溶存酸素濃度が低下する。

③下流にいくと浮遊物質が希釈され，透明度と光の透過度が回復するので，

無機塩類を栄養塩類として取り込んだ藻類が光合成を行って増殖する。それに従い溶存酸素濃度が上昇し，サワガニなどの清水性動物※も増加する。

※清水性動物とは，清澄な水域にのみ生息する動物のことであり，サワガニの他にカワゲラ類・カゲロウ類・トビケラ類・ヘビトンボ類などの昆虫の幼虫，カワニナ類（貝類），イモリ（両生類）などがよく知られている。

3 ▸ 生物多様性を低下させる要因

1 生息地の分断化

(1) ある連続した生息地が小さな生息地に分かれていくことは，**生息地の分断化**と呼ばれ，宅地開発や道路建設などの土地の改変により引き起こされる。

(2) 例えば，1つの広大な森林（図69-7a）が，道路などで，複数の小さな森林（図69-7b）に分断化されると，森林の面積の減少，森林内の環境の変化，森林の周辺部（林縁部）の増加などが起こる。林縁部では，森林内部に比べ，温度・湿度・風などの変動が大きく，また，捕食者による食害や病原菌の侵入を受けやすくなり，死亡率が高い。

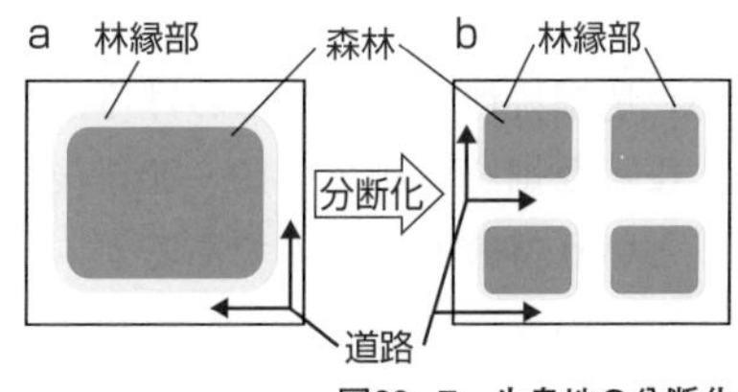

図69-7　生息地の分断化

(3) 生息地の分断化が起こると，広い行動圏を必要とする動物や高次消費者など，生息に一定以上の大きさの生活空間を必要とする種が生存できなくなり，生態系のバランスが崩れる可能性がある。また，ニッチ（資源）の変化や減少が起こり，動植物ともに種多様性が低下する原因となる可能性もある。

(4) 生息地の分断化は，生物の移動を妨げ，生存に有益なさまざまな生物間，個体群間の相互作用を遮断する可能性がある。

植物の生息地の分断化

種子植物の個体群は，分断化によって次にあげるような影響を受ける。

1. 昆虫は視覚や嗅覚により花を探索するので，分断化により植物の個体群の個体数（花の数）が減少すると，虫媒が不十分になり，種子生産量が減少する。
2. 林縁部（エッジ）は，隣り合う森林外部の環境（道路など）の影響を強く受けるため，気温・湿度・風速などの条件が森林内部とは異なる（エッジ効果）。森林の分断化により，異なった環境にさらされるエッジが増加すると，植物の発芽率の減少や，発芽後の成長低下などにより，個体の定着率が減少する。
3. 個体群が小さくなると，近親交配が増加し，対立遺伝子数やヘテロ接合体の割合が減少する。この結果，個体の生存や繁殖に悪影響を与える。

2 森林の破壊

(1) **熱帯多雨林**には，地球上の生物種の半数以上が生息していると推定されている。20世紀以降，熱帯多雨林を中心に，大量の森林伐採や焼き畑(焼畑耕作)，過放牧などが行われて，2000年には約40億ha(陸地の約30%)あった世界の森林が，2010年までに年平均約520万ha(日本の国土面積の14%)ずつ減少した。

(2) 熱帯多雨林には，多様な植物に生活場所・食物などを依存している多様な動物・菌類・細菌が生息しているので，熱帯多雨林の減少は，植物の消失だけではなく，多くの種の生活場所や食物などの消失につながり，トラ，ゾウ，オランウータン，サイなど多くの生物が**絶滅**の危機に瀕している。

(3) 焼畑耕作は，熱帯における伝統的な農法であり，数年間の耕作で貧栄養となった畑を休耕し，10〜20年後に，成長した森林を再び焼いて，耕作を行うという持続的なものであるが，同じ場所で焼畑を繰り返すと，土壌流出や土壌中の養分の消失などが起こり，作物も森林も育たない土地になる。

参考 大規模な森林伐採や焼き畑によって，ある植生が分布していた地域から消失し，不毛な土地になる(土壌の生産力が失われる)現象を**砂漠化**という。砂漠化は，生物多様性の大幅な低下をもたらす。

3 地球温暖化

(1) 大気中の気体が，地表から放射される赤外線(熱)を吸収し，その一部を地表に再放射し，地表や大気の温度を上昇させることを**温室効果**(おんしつこうか)という。

参考 ガラス張りの温室内では，太陽の光エネルギーを吸収して地表面の温度が上昇し，そこからの熱伝導により空気が暖められる。ガラスによって温室外への拡散が妨げられるので，温室内の気温が上昇する。大気の中の気体が，温室のガラスのように働くことによって起こる(ただし，地表面からのエネルギーの移動は温室内のような空気の対流・拡散ではなく赤外線による)地球の温度上昇は温室効果と呼ばれる。

(2) **二酸化炭素**，**フロン**，**メタン**，亜酸化窒素(一酸化二窒素，N_2O)，水蒸気などは，温室効果の原因となる気体であり，**温室効果ガス**と呼ばれる。

(3) 大気中の二酸化炭素濃度は，石油や石炭などの**化石燃料**の大量燃焼や，大規模な森林破壊が原因となり，18世紀以降上昇し続けている。

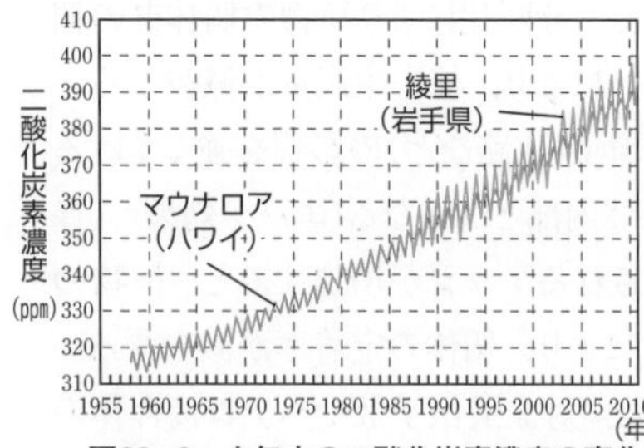

図69-8 大気中の二酸化炭素濃度の変化

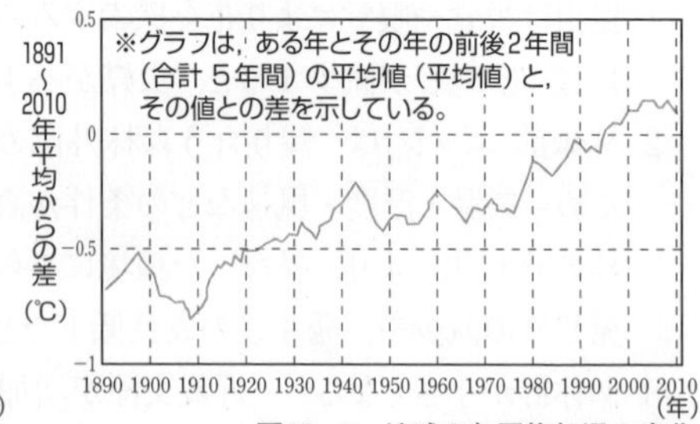

図69-9 地球の年平均気温の変化

(4) **地球温暖化**は，二酸化炭素やフロンなどの温室効果ガスの大気中濃度が上昇し，温室効果が増大することによって引き起こされていると考えられている。

(5) 地球温暖化は，異常気象や海水温度の上昇，砂漠化，海水面の上昇による陸地の減少などを引き起こし，その環境の変化に適応できない生物の**絶滅**を引き起こすなど，**種多様性**を低下させる原因になると考えられている。

(6) 近年，地球温暖化の影響によってサンゴ礁周辺の海水温度が上昇し，サンゴの白化(サンゴの細胞内に共生している褐虫藻が失われてサンゴが白くみえる状態)が大規模に起こり，大量のサンゴが死滅している。その結果，サンゴ礁において絶滅する種が増加し，種多様性が低下すると考えられる。

もっと広く深く　サンゴの白化

サンゴと共生している褐虫藻は単細胞生物であり，1個体が，鞭毛をもち活発に遊泳する遊泳細胞と，鞭毛がなく遊泳能力をもたない球形細胞の2つの形態を交互に繰り返しとることができる。サンゴと褐虫藻の共生の維持には，サンゴ内でつくられるレクチンと呼ばれるタンパク質が関与していることが示唆されている。レクチンは，褐虫藻を球形細胞の形態に維持し，その増殖を抑える働きをもつが，海水温度が上昇すると，サンゴ内のレクチン量が減少するため，遊泳細胞の形態に変化する褐虫藻が多くなる。その結果，褐虫藻がサンゴの体外へ出ていくことで白化が起こる。

通常，熱帯に生息する生物はかなりの高温に耐性をもつのに対し，サンゴと褐虫藻の共生体は，海水温度の上昇や紫外線などのストレスに弱く，海水温度がサンゴの生息に適した温度から1～2℃上回っただけで，白化が起こる。部分的な白化は過去にも起こっていたが，白化したサンゴに褐虫藻が戻って回復する場合もあり，サンゴの白化自体が珍しい現象であったわけではない。しかし，近年地球温暖化の影響によって海域全体の海水温度が上昇し，サンゴの白化が大規模に起こり，その状態が長期間継続することによって栄養不足となり，大量のサンゴが死滅している。

なお，最近の研究では，高温下において，サンゴが褐虫藻の色素を分解していることも，白化が起こる原因の一つであるといわれている。温度上昇により，サンゴが大きな利益を得ている褐虫藻をあえて手放す理由として，高温下では褐虫藻の光合成系が破壊され，サンゴ内に有害な活性酸素がつくられるためであると考えられている。

4　酸性雨・酸性霧

工場などから排出された窒素酸化物(NO_x)や硫黄酸化物(SO_x)は，大気中の水や酸素と反応して硝酸や硫酸に変化し，雨や霧に溶けて，自然状態よりも酸性度の強い**酸性雨**(さんせいう)や**酸性霧**(さんせいむ)となり，樹木の枯死による森林破壊や湖沼の酸性化による魚類の死滅などを引き起こし，生物多様性を低下させる場合がある。

5 水質汚染

(1) 水域で，窒素(N)，リン(P)，カリウム(K)などを含む栄養塩類の濃度が上昇することを**富栄養化**(ふえいようか)という。富栄養化は湿性遷移の過程で自然に起こる現象であり，平野部の湖沼は，周囲からの栄養塩類の流入で富栄養化し，**富栄養湖**(栄養塩類が多く生産量が多い湖)※になりやすい。

※栄養塩類が少なく生産量の少ない湖は貧栄養湖(ひんえいようこ)と呼ばれ，山間部の深い湖に多い。

(2) 生活排水や産業廃水などの大量排出により，水域に自然浄化の範囲を超える量の有機物が流入すると，栄養塩類が増加して**富栄養化**が進むとともに，分解者が分解しきれない有機物が水中に蓄積して**水質汚染**(水質汚濁)が進む。水質汚染の程度は，BOD・COD・指標生物※などで表される。

※ある環境中での生息の有無が，特定の環境要因と関連づけられるような生物を指標生物という。

参考 環境中に存在し動物の体内に取り込まれて微量でホルモンの作用を攪乱する物質を内分泌攪乱物質(環境ホルモン)という。内分泌攪乱物質は，陸上，船舶，大気などから水界に入り魚介類やワニなどの爬虫類の生殖能力に異常を引き起こしていると考えられている。

(3) 内湾(奥行きのある湾)，内海(陸地に囲まれ，海峡によって外海と連絡している海)や湖沼などで富栄養化が極端に進むと，**赤潮**(あかしお)や**アオコ**(**水の華**(みずのはな))が生じることがある。赤潮は，渦鞭毛藻類などのプランクトンが大発生して水面が赤色になり，アオコは，シアノバクテリアなどのプランクトンが大発生して水面が青緑色になる現象である。赤潮やアオコが発生すると，プランクトンによる魚類のえらの閉塞や，プランクトンの死骸が好気性細菌などの呼吸基質となって分解されることで生じる酸素不足や，プランクトンがつくる毒素などにより魚介類が大量死して，生態系のバランスが大きく崩れることがある。また，酸素不足により，嫌気性細菌などによる有機物の不完全な分解や過度の発酵が起こり，さらに水質汚染が進むことになる。

参考 赤潮と水の華，アオコについては統一した定義がなく，以下のような異なる用法もある。
〔発生場所による用法〕赤潮：プランクトンの増殖により**海洋**が呈色する現象。プランクトンの種類によって赤色，赤褐色，緑色，青色などになる。水の華：湖沼などの**淡水**が呈色する現象。このうちシアノバクテリアの増殖により水が青緑色になる場合をアオコ，渦鞭毛藻類の増殖により水が赤褐色になる場合を淡水赤潮，これら以外の藻類による場合を(狭義の)水の華と呼ぶ。
〔増殖速度と季節性の有無による用法〕赤潮：プランクトンの爆発的な増殖現象。増殖速度が非常に大きく，季節的な周期をもたず，局所的に起こる場合を指す。水の華：水界での水の循環などにともなう季節的な広範囲でのプランクトンの増殖現象。水域が富栄養化するほど顕著に現れる。

6 オゾン層の破壊

(1) 大気の上層(高度約20～30km)にある**オゾン層**は，生物にとって有害な紫外線を多く吸収する。冷蔵庫やエアコンなどに使用されていた**フロンガス**は，オゾン層を破壊する作用をもつ。南極や北極の上空には，オゾン層のオゾン濃度が非常に低くなった部分があり，**オゾンホール**と呼ばれている。

(2) オゾン層が破壊され，地表に届く量が増加した紫外線は，DNAに影響を及ぼし，皮膚がんや白内障(眼の病気の一種)の原因となる可能性や，植物の光合成能力を低下させ，生態系のバランスに影響を与える可能性がある。

参考 紫外線により，大気中の炭化水素などが窒素化合物と反応してできた有毒物質(オキシダント)が高濃度になると，眼や呼吸器などに障害をもたらす光化学スモッグが発生する。

7 生物濃縮

(1) 特定の物質が，外部環境より高濃度で生物体内に蓄積する現象を**生物濃縮**(せいぶつのうしゅく)という。生物濃縮は，生物体内で分解されにくい物質や，生物体内から排出されにくい物質で起こりやすく，このような物質は，**食物連鎖**の過程を通して，**栄養段階**が高い生物ほど体内に高濃度で蓄積される。

(2) 生物濃縮されやすい物質には，PCB(ポリ塩化ビフェニール)やカドミウム(イタイイタイ病の原因物質)，有機水銀(水俣病の原因物質)，ダイオキシン，DDT，クロルデン(殺虫剤や農薬として使用)などがある。これらの物質は，現在環境中へ排出することが厳しく規制されている。

(3) PCBは，絶縁剤(ぜつえんざい)や熱媒体(ねつばいたい)などとして広く使用されてきた物質であるが，発がん性などの有害性が明らかになったため，日本では1974年までに製造・使用・輸入が禁止された。しかし，ホッキョクグマなどの脂肪からは，現在でも高い濃度で検出されている。

(4) 1960年代，アメリカやイギリスでは，食物連鎖の最上位の猛禽類(もうきん)(ミサゴ，ワシなど)が激減した。これは，農薬として大量に使用されたDDTが生物濃縮により猛禽類の体内に高濃度で蓄積したことにより，卵殻が薄くなり，卵が割れやすくなったことが原因で起こった。高次消費者の激減は，被食者の増加などを引き起こし，さらに生態系のバランスを崩す原因となる。ロングアイランドにおけるDDTの生物濃縮(1961年)の程度を以下に示す。

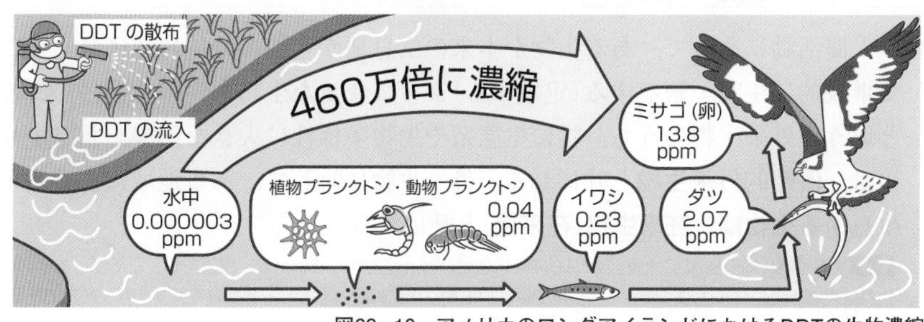

図69-10 アメリカのロングアイランドにおけるDDTの生物濃縮

第12章

8 攪乱の減少

(1) 里山では毎年行われる燃料や肥料などの調達が手入れの役割を果たしていたが，近年，燃料の変化や化学肥料への移り変わりにともなって，里山には手入れされずに放置された雑木林が目立つようになった。このような雑木林では，林床は暗いため，陽樹は生育できず，陰樹の芽ばえが成長し，植生はその地域の気候に応じた極相林へ向かって遷移していく可能性がある。

(2) 遷移が進行した場合，里山に生息していたさまざまな種が，それによって生息地を失い，絶滅する可能性がある。例えば，遷移が進行してクヌギやコナラなどが減少すると，その樹液を食物としていたオオムラサキなどが生息できなくなる場合がある。また，里山が放置され，林床にササや竹が侵入して藪になると，もともと生息していたカタクリやスミレなどの多くの草本類やキノコ類などが生育できなくなることもある。

オオムラサキ

(3) 里山では，定期的に行われる手入れが攪乱(人為攪乱)となって環境が維持されていたため，この攪乱が減少することにより，**生物多様性**が低下する可能性がある。このように，一定の大きさと頻度で起こる攪乱が生物多様性の保全に必要な場合もある。

9 乱獲・過剰採集

食糧確保のための漁獲・狩猟のほか，装飾や観賞，収集などの目的で，乱獲・過剰採集されてきた野生生物のなかには，絶滅した種や絶滅のおそれがある**絶滅危惧種**が多く存在する。

例 クマ・サイ(漢方薬の材料)，アフリカゾウ(象牙)，ウミガメの一種のタイマイの甲羅(めがね・くし)，コンゴウインコ(ペット)，ラン類(観賞)など

コンゴウインコ

10 外来生物の侵入

(1) 人間活動によって，ある生物が本来の生息地から他の地域に運ばれ，そこで継続的に生存・繁殖する(定着する)ようになった生物を**外来生物**(外来種)という。外来生物のうち，特に生態系や生物多様性に大きな影響を及ぼすものは，**侵略的外来生物**と呼ばれる。外来生物に対して，ある地域に古くから生息する生物は，**在来生物**(**在来種**)と呼ばれる。

参考 外来生物(外来種)のことを，かつては帰化生物(帰化種)と呼んでいたが，最近では，この語はあまり使われなくなった。外来生物に関して，日本では江戸末期以降に外国から入ってきた種を指すのが一般的である。

(2) 外来生物の生態系への侵入と個体数増加は，種間競争や病原体のもち込みなどにより在来生物の減少や絶滅を引き起こし，生物多様性を減少させる要因の一つとなる。外来生物は，外来生物との相互作用(**捕食**や**種間競争**)に対する防衛手段をもたない在来生物に対して，特に大きな影響を与える。

例 1. ハブなどの駆除を目的にもち込まれたフイリマングースは，沖縄固有の種のヤンバルクイナ(鳥類)や奄美大島の希少種のアマミノクロウサギなどを捕食し，それらの個体数を減少させている。

2. 湖沼などにもち込まれたオオクチバスやブルーギルは，ゲンゴロウブナなどの在来の魚類や水生昆虫を捕食し，それらの個体数を激減させている。

3. 河原に生育する草本のカワラノギク(在来生物)は，シナダレスズメガヤ(南アフリカ原産の外来生物)との種間競争に敗れて排除される可能性がある。

4. ニホンザルとタイワンザルのように，近縁の種間で交雑が起こることにより，雑種が増えて在来生物に固有の遺伝的多様性が低下する可能性がある。また，1940年代に移入された中国原産のタイリクバラタナゴと，日本産であるニッポンバラタナゴとの間で交雑が進んだ結果，両種の雑種が増加し，ニッポンバラタナゴが激減した。このように，外来生物と在来生物との交雑により，在来生物に固有の遺伝子構成が変化したり失われることを**遺伝子汚染**または**遺伝的攪乱**という。

(3) 日本では，2004年に制定され，2005年に施行された**外来生物法**(特定外来生物による生態系等に係る被害の防止に関する法律)により，侵略的外来生物のうち，特に生態系や人の生命・身体，農林水産業へ被害を及ぼす，または及ぼす可能性のある外来生物が**特定外来生物**に指定され，それらの飼育や輸入などが禁止されている。

(4) よく知られている侵略的外来生物(**太字**は特定外来生物)を以下にまとめる。

動物	[哺乳類]	**アライグマ**, **ヤギ**, **ジャワマングース**, **フイリマングース**, **タイワンザル**
	[爬虫類]	**カミツキガメ**, **アノールトカゲ**(グリーンアノール), **タイワンハブ**
	[両生類]	**ウシガエル**
	[魚類]	**オオクチバス**(ブラックバス), **コクチバス**, **ブルーギル**, アメリカナマズ, タイリクバラタナゴ, **カダヤシ**
	[節足動物]	**セイヨウオオマルハナバチ**, アメリカザリガニ, **チチュウカイミドリガニ**, **セアカゴケグモ**, **ヒアリ**
	[軟体動物]	ムラサキイガイ
植物		セイヨウタンポポ, **オオハンゴンソウ**, **ボタンウキクサ**, **ナガエツルノゲイトウ**, オオアレチノギク, セイタカアワダチソウ, シナダレスズメガヤ, **ミズヒマワリ**,

表69-1　侵略的外来生物

4 ▶ 個体群の絶滅を加速させる要因

(1) ある生物種が，進化の途上において，子孫を残さずに滅びること，または，特定の地域において，ある生物種の個体群が滅びることを**絶滅**という。

(2) 生息地が分断されてできた個体群は，**局所個体群**と呼ばれ，もとの個体群よりも個体数が少なくなる。生息地の分断化によりそれぞれの局所個体群が離れて生物の交流がない状態になることを**孤立化**という。

(3) 自然界では，ある地域で局所個体群が絶滅しても，その後に他の地域の同種の個体群からの移入が起こり，その種の個体群が回復するということが繰り返し起こる場合がある※。

※このとき，多数の局所個体群を合わせた全体は，**メタ個体群**(☞p.606)である。

(4) しかし，**局所個体群の孤立化**が進み，他の個体群との交流がなくなると，個体群の個体数の減少が進む。さらに，個体数が少ないこと自体により，以下の①～⑤のような新たな要因が生じ，個体群の絶滅が加速することになる。この現象は，「**絶滅の渦**」(図69 - 12)と呼ばれる。

①近交弱勢

個体群で個体数が少なくなると，血縁の近い個体どうしが交配する**近親交配**が起こるようになる。近親交配が続くと，ホモ接合の遺伝子座が増加し，劣性の**有害遺伝子**(生存にとって不利となる遺伝子)の形質が表現型として現れる確率が高くなる。このことなどが原因となって，個体に，大きさや耐性，多産性などの低下が生じる現象を**近交弱勢**と呼ぶ。近交弱勢は，出生率や生存率の低下(死亡率の上昇)をまねき，さらに個体数を減少させる原因となる。

参考 近交弱勢の例としては，動物園で飼育している哺乳類において近親交配による子の死亡率の上昇が知られている。また，伝染病で個体数が激減したタンザニアのライオンの個体群において，精子の奇形率が上昇し，産子数が減少したことも近親交配の結果であると考えられている。これらの現象は，雑種強勢とは対照的な現象であるとみなされている。

②遺伝的多様性の低下

個体数が少なくなると，近親交配などの影響により，個体群内の**遺伝的多様性が低下**する。遺伝的多様性が低下すると，病原体や環境の変化などの撹乱に対応できる個体が存在する可能性が低くなる。

③有害遺伝子の蓄積

個体数の少ない個体群では，突然変異で生じた有害遺伝子が，**遺伝的浮動**(☞p.736)によって集団内に蓄積しやすくなる。

④人口学的確率性

個体数が少ないと，まったくの偶然で，大多数の個体が死亡したり，生まれた子の性比(雄：雌)が大きく偏る場合がある。これを**人口学的(な)確率性**という。これは，出生率の低下をまねき，個体数が激減する原因となる。

⑤アリー効果の低下

個体群密度が高まることにより，その個体群に属する個体の**適応度**が高まることを**アリー効果**という。アリー効果の例としては，1か所に集中して生育する植物の個体群では，受粉の効率が高まることなどがある。個体群では，ある一定限度までは，個体群密度が高いほどアリー効果により個体群の成長が促進されることが知られている。また，個体数が少ないほど，死亡率が高くなる傾向がある(図69-11)。したがって，個体群の個体数が少なくなると，アリー効果が低下することになり，個体群を維持するためには，ある一定以上の個体数が必要である。

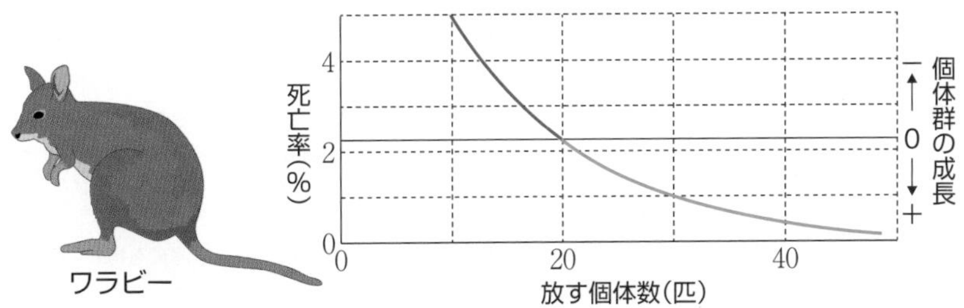

オーストラリアでコシアカウサギワラビー(ワラビーの一種)を一定数自然界に放ち，一定期間経過後の死亡率を調べる実験を行った。その結果を示す上図より，放す個体数が20匹以下の場合，個体群の成長はマイナス(グラフの＼部分)になり，絶滅に向かうことがわかる。なお，死亡率は，週当たりに換算した値を表す。

図69-11　コシアカウサギワラビーの個体数と死亡率および個体群の成長の関係

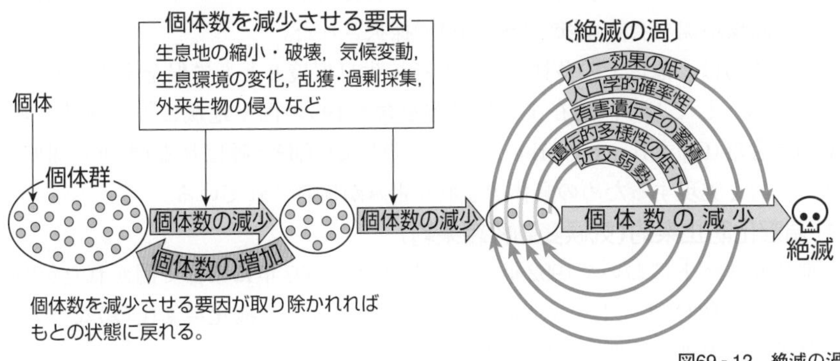

図69-12　絶滅の渦

5▶生態系・生物多様性の保全の取り組み

生物多様性が高い生態系は，生命活動が豊かであり，バランスがとれた持続可能な生態系と考えられている。しかし，現在では絶滅のおそれのある種数が急激に増加しており，生物多様性の低下が危惧されている。このため，絶滅危惧種の保護や地球環境全体の保全のための取り組みが世界各国でなされている。

1 生態系・生物多様性を保全するための条約

1 ラムサール条約(特に水鳥の生息地として国際的に重要な湿地に関する条約)

渡り鳥が中継地や生息地とする湿地の保全や利用を目的として1971年に採択された。ラムサール条約に基づき登録された日本の湿地(湿原，湖沼，干潟，河川，海域，水田などを含む)は，釧路湿原(北海道)，尾瀬(おぜ)(福島・群馬・新潟)，藤前(ふじまえ)干潟(愛知)，琵琶湖(滋賀)，慶良間(けらま)諸島海域(沖縄)などである。

2 ワシントン条約(絶滅のおそれのある野生動植物の種の国際取引に関する条約)

絶滅のおそれのある生物の国際取引を禁止し，乱獲などによる種の絶滅を防ぐ目的で1973年にワシントン条約が採択された。

参考 1. 日本ではワシントン条約と呼んでいるが，この名称は国際的には通用せず，CITES(Convention on International Trade in Endangered Species of Wild Fauna and Floraの略で「サイテス」と読む)が正式略称である。日本がワシントン条約を批准(国家として条約を締結する意思を最終的に決定すること)したのは1980年であった。

2. 採択とは，国家間における条約締結を促す決定のことであり，通常，条約が国家間を拘束する効力を発揮するためには，採択のほかに署名や批准が必要になる。

3. 締結とは，国家間の合意を形成し，条約を結ぶことであり，締約ともいう。条約を締結する者(国家の代表)がお互いに書面に署名することにより，条約が締結される。

3 生物多様性条約(生物の多様性に関する条約)

ワシントン条約やラムサール条約を補い，世界的に生物の多様性を保全し，持続可能な生物資源の利用を目的として，1992年にリオデジャネイロで開催された国際環境開発会議(**地球サミット**)で採択された。

この条約は，地球上の多様な生物をその生息環境とともに保全することを第一の目的としており，現在までに日本を含む193の国や地域により締結され，**締約国会議**(Conference Of the Partiesを略して**COP**と呼ばれる)が毎年開催され，目的を実現するための具体的な取り組みが検討されている。

4 温暖化防止条約(気候変動枠組条約)

地球サミットにおいて1992年に採択された。1997年に京都で開かれた第3回締約国会議(COP3)では，京都議定書*が採択され，二酸化炭素(CO_2)などの温室効果ガスの排出量削減の目標が定められた。

参考 ＊京都議定書は，温暖化防止条約に付属する条約の一種である。京都議定書の採択時には，CO_2の最大排出国であったアメリカが議会の承認を得られず後に離脱し，CO_2削減を義務付けられなかった発展途上国のうち，中国やインドが後にCO_2排出国の上位を占めるようになった。このような問題点を解消し，地球温暖化対策の実効性を高めることを目的として，第21回締約国会議(COP21)が2015年末にフランスのパリで開催され，2020年以降に，すべての締約国がCO_2などの温室効果ガス削減に取り組むための法的枠組を定めたパリ協定が採択されたが，2017年，アメリカはパリ協定からの脱退(正式離脱は2020年11月以降)を宣言した。

2 国内の法律など

1 レッドデータブック

絶滅のおそれのある野生生物について，絶滅の危険性の高さを判定して分類したものを**レッドリスト**という。レッドリストに基づき，その生物の分布や生息状況，絶滅の危険度を具体的に記したものを**レッドデータブック**という。

日本では，環境省や各都道府県などにより各種のレッドデータブックが作成されており，絶滅危惧種は，絶滅する確率が高い順に，絶滅危惧Ⅰ類，絶滅危惧Ⅱ類，準絶滅危惧に区分して記載されている。

例 **絶滅種**：ニホンオオカミ，ニホンカワウソなど

絶滅危惧種(絶滅危惧Ⅰ類)：

〔哺乳類〕イリオモテヤマネコ，アマミノクロウサギなど

〔鳥類〕オオタカ，アホウドリ，ヤンバルクイナなど

〔種子植物〕アツモリソウなど

イリオモテヤマネコ

2 種の保存法(絶滅のおそれのある野生動植物の種の保存に関する法律)

1992年に，**絶滅危惧種**の保護を目的として制定され，1993年に施行された。この法律により，国内外の野生生物について，希少動植物種が指定された。

①**国外の指定種**：ワシントン条約などで取り上げられた生物。これらの販売や譲渡が原則的に禁止されている。

②**国内の指定種**：レッドデータブックに記載された種のうち人為的な影響で絶滅が危惧されている種。これらの販売や譲渡，捕獲は原則として禁止されている。

3 生物多様性ホットスポット

生育している維管束植物のうち1500種以上が固有種であり，自然植生の70％以上が失われている地域を，**生物多様性ホットスポット**という。国際的な環境保護団体であるコンサベーション・インターナショナルによって，世界中で36の地域が生物多様性ホットスポットに選定(2017年時点)され，日本もその一つである。地域の面積が地球の地表面積の2.3％程度しかないこれらの地域に，維管束植物種の約50％と陸上脊椎動物種の約42％が，また，哺乳類・鳥類・両生類の絶滅危惧種の約77％が生息している。このような地域を優先的に保全することで，種の多様性を効率よく保全できると考えられている。

4 持続的開発と環境アセスメント

近年，人間活動による天然資源の枯渇や自然破壊などが，環境への負荷となり，さまざまな問題を引き起こしているので，天然資源の大量採取・消費と物品の大量生産・破棄で，最終的に環境に廃棄物を蓄積させるという一方通行の社会から，環境への負荷が少ない持続可能な「循環型社会の形成」や「持続可能な開発」が提唱されている。

我が国では，一定規模以上の開発を行う際には，生態系に与える開発の影響を事前に予測・評価することが求められている。この事前の予測・評価を**環境アセスメント**（**環境影響評価**）という。これによって開発計画の変更や開発そのものの中止も検討される。なお，事前予測と結果は異なることがあるので，開発後の監視（モニタリング）が求められることが多い。

6 ▶ 生物多様性の重要性

(1) 生物多様性は，地球全体に生存している生物の生命維持や進化に役立ち，人間にとっては生物資源の持続可能な利用に役立つ。また，生物多様性が高い生態系では，攪乱に対する安定性や物質生産が高まると考えられている。

(2) 生態系から人間に対してもたらされる恩恵は，**生態系サービス**と呼ばれ，以下のように分類されており，これらの生態系サービスを持続的に受けるためには，生物多様性の保全が必要であると考えられている。

サービスの種類	例	生物多様性の保全の意義
供給サービス（人間の生活に重要な資源を供給するサービス）	食料，木材，繊維，化石燃料，医薬品，水など	生物多様性の保全は，現在利用している資源の持続利用，および，現時点では発見されていない有用な資源の利用の可能性を高めることにつながる。
調節サービス（環境を制御するサービス）	気候変動の緩和，洪水・土壌流出の抑制，害虫の大発生の制御，水質の浄化，汚染物質の分解など	生物多様性が高いことは，気候変動，洪水の発生，土壌流出，害虫の大発生などの攪乱要因に対する生態系の安定性や復元力を高めることにつながる。
文化的サービス（文化的，精神的な面で人間生活を豊かにするサービス）	レクリエーション，美術，宗教，社会制度の基盤，教育など	生物多様性の低下は，ある地域に固有の生態系や生物種によって支えられているその地域固有の文化や宗教を失うことにつながる可能性がある。
基盤サービス（他のサービスの基盤となるサービス）	植物などの生産者による物質生産，光合成による酸素の放出，分解者による有機物の分解，土壌形成，栄養塩類の循環，水循環など	

表69 - 2　生態系サービス

第13章

生物の進化と系統

第70講 生命の起源

The Purpose of Study 到達目標

Visual Study 視覚的理解

地球での進化の様子を，イメージでつかもう！

【原始大気】
二酸化炭素，水蒸気，
窒素，一酸化炭素など

メタン，アンモニア，
硫化水素，水素など
【熱水噴出孔周辺】

熱（高温）・高圧・放電（雷）・紫外線など

化学進化

【分子量の小さい有機物】
アミノ酸，ヌクレオチド，
単糖類，リン脂質など

化学進化

【分子量の大きい有機物】
タンパク質，核酸，
多糖類など

生命の誕生

【原始生命体】
・代謝能力の獲得
・自己複製（増殖）能力の獲得
・膜の形成
（・恒常性の獲得
・進化する性質の獲得）

生物の進化

【多様な生物】

シアノバクテリア
大腸菌

1 ▶ 原始地球の環境

(1) 地球は，**約46億年前**，太陽系誕生とともに生じた微惑星が衝突や合体を繰り返して生まれた。誕生直後の地球は，多数の隕石の衝突により，表面が高温(1000℃)のマグマで覆われ，生命(生物)が誕生する環境ではなかった。

(2) やがて，隕石の衝突が減り表面が冷えると，大気中の水蒸気が雨となって降り注ぎ，44億～40億年前の地球表面には原始海洋と広大な原始大陸が形成され，原始大気の主成分は，火山活動によって放出された二酸化炭素(CO_2)，水蒸気(H_2O)，窒素(N_2)，一酸化炭素(CO)などであったと推定される。

(3) 原始大気には，まだ遊離の酸素(O_2)はなかったのでオゾン層も形成されず，太陽からの紫外線が大量に直接地表に降り注いでいた。また，火山の噴火や，水蒸気が冷えて生じた雲による雷(自然放電現象)などが頻発していた。

2 ▶ 化学進化

(1) 化石などの研究から，生命は**約40億～38億年前**に誕生したと考えられている。それ以前には，地球(原始地球)には生物の体の材料となる有機物(タンパク質・核酸・炭水化物・脂肪，またはそれらの材料)が存在していなかった。これらの有機物の生成については現在でもいくつかの説がある。

(2) 原始地球上では，高温・高圧・紫外線などにより無機物から低分子有機物(アミノ酸やヌクレオチドなど)がつくられ，次にその有機物から複雑な高分子有機物(タンパク質や核酸など)が合成され，さらに，それらの高分子有機物から原始生命体が誕生した。このような，生命が誕生する前の有機物の生成過程は**化学進化**(かがくしんか)と呼ばれ，高温・高圧で熱水を噴き出し，メタン(CH_4)，アンモニア(NH_3)，硫化水素(H_2S)，水素(H_2)などが高濃度で存在する海底の**熱水噴出孔**(☞p.673)付近や，原始大気で起こったと推定されている。

(3) 海底の熱水噴出孔付近や原始大気などを想定した実験が行われ，さまざまな条件下で無機物から有機物が合成されることが示されている。

参考 有機物合成の場としては，熱水噴出孔付近であるという説のほか，無機物から有機物の合成には加水分解や脱水縮合などの反応が必要であることから，乾燥状態と湿潤状態が繰り返されるような干潟や間欠泉(一定の時間をおいて周期的に湯やガスを噴き上げる温泉)で有機物が合成されたという説など，いくつもの説がある。

(4) また，隕石からアミノ酸や塩基などが検出されることもあるので，有機物の起源を地球外に求める説もある。

③▸ミラーの実験

(1) 1953年，**ミラー**は原始地球の環境で有機物が生成される可能性があったかどうかを確かめるために，次のような実験を行った。

①当時，原始大気の成分と考えられていた，水素(H_2)，水蒸気(H_2O)，アンモニア(NH_3)，メタン(CH_4)の還元的な物質からなる混合気体をガラス容器に封入して，高圧電流を流して放電した(図70-1上)。

②その結果，ガラス容器内の液体中から，アミノ酸などの有機物が検出された(図70-1下)。

参考 1. この実験から，メタンとアンモニアが反応してシアン化水素(HCN)という中間生成物を経て，アミノ酸が生じることがわかる。

2. この実験では，アラニン・アスパラギン酸・グリシンなどの複数種類のアミノ酸や，乳酸・コハク酸などの複数種類の有機酸などが生じる。

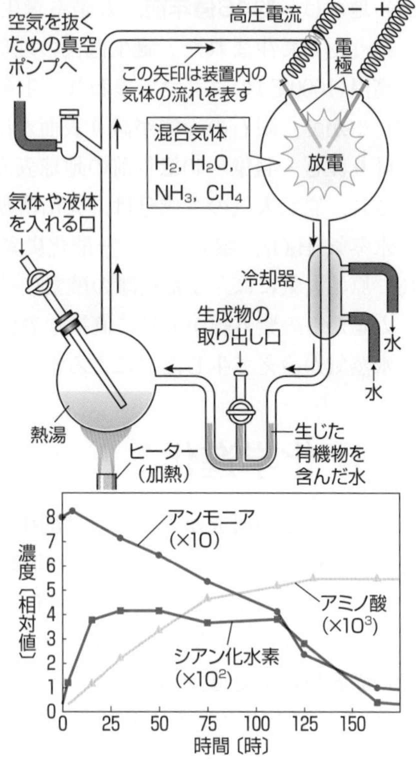

図70-1　ミラーの実験

③この実験より，無機物にエネルギーを与えると，生命体の構成成分となる分子量の小さい有機物が無生物的に合成されることが実証され，化学進化による生命誕生の可能性が示された。

参考 化学進化の考え方に関して，①原始地球の大気の組成や海水の組成が未確定なこと，②リボースの合成・蓄積様式が不明なこと，③鏡像異性体(L型とD型のアミノ酸)のうち一方(D型)のみが選択されたしくみが不明なこと，などの問題が残っている。

(2) 今日では，原始大気は二酸化炭素(CO_2)，水蒸気(H_2O)，窒素(N_2)，一酸化炭素(CO)などの酸化的な物質を主成分とするという考えや，原始生命の誕生に必要な有機物は，地球外から供給されたという考えがあり，ミラーの実験が原始地球で起こった有機物の生成過程を再現しているとは確定していない。

(3) しかし，有機物は，無生物的に比較的簡単に生成されることを示したミラーの実験の意義は大きい。

もっと広く深く　自然発生説の否定

(1) 近世まで，「生物は土・水・空気などの無生物から自然に発生する」という考え方が信じられていた。このような考え方を**自然発生説**という。

(2) 1861年，**パスツール**は，首を細く伸ばしてS字状に曲げたフラスコ(白鳥の首フラスコ)を考案し，下図に示すような実験を行った。その結果，煮沸後にフラスコへ空気は出入りできても，微生物は自然発生しないことを確かめた。

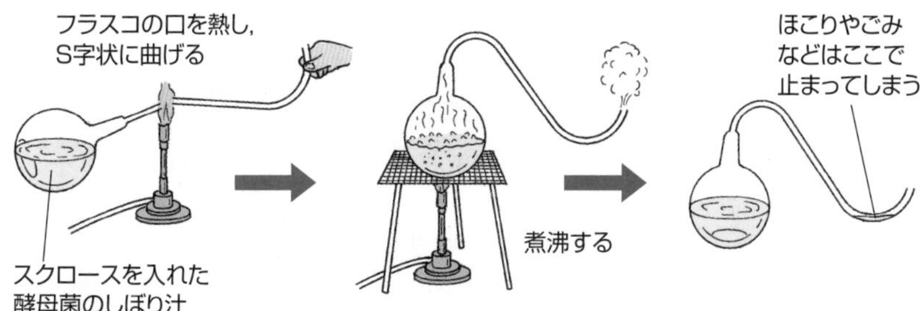

(3) 19世紀後半，パスツールらによって自然発生説は否定され，現在では「地球上の生物は，すべて生物から生まれる」と考えられている。生命の起源の説明には新たな考え方が必要になった。

(4) しかし，生物が1個体も存在しなかった原始地球においては，最初の生物(生命)は，無生物から誕生したはずであり，その誕生の過程(生命の起源)には種々の説が唱えられている。

(5) 生物の自然発生を否定したパスツールの実験と自然発生の可能性を示したミラーの実験は，一見矛盾するようにみえるかもしれない。

(6) 両実験をよくみてみよう。パスツールは，現在の地球上の種々の生態系を構成している生物個体が自然発生したものではないことを示したのであり，ある特殊な環境下で原始的な生命が自然発生することを否定してはいない。

(7) 一方，ミラーもある特殊な環境下では生命の素材となる物質の合成が非生物的に起こり得ることを示したのであり，現在の地球上に存在している生物が自然発生により誕生することを肯定したわけではない。したがって，両実験は矛盾するわけではない。

(8) なお，現在の地球上のどこかで自然発生によって生命が誕生している可能性はゼロではないが，自然発生した生物は，地球上の至る所に存在している生態系の消費者により，捕食されてしまう可能性が高い。

4 ▸ 有機物から生命の誕生まで

1 生命誕生の条件

化学進化によって蓄積した有機物から最初の生命体が誕生するまでには，次の①～③などが必要であったと考えられている。

①**代謝能力**の獲得
②**自己複製（自己増殖）能力**の獲得
③**細胞の起源となる膜をもつ構造**（まとまり）の形成

2 コアセルベート

(1) タンパク質などの高分子有機物の混合物は，ある条件下で膜状の境界面で囲まれた**コアセルベート**と呼ばれる液滴（えきてき）（直径数～数百μm）を形成（図70-2）することがある。

(2) コアセルベートは流動性をもち，外界との間で膜を通して物質を出入りさせることができる。

(3) さらに，コアセルベートのなかには，他のコアセルベートと融合するものや分裂するものがある。

(4) これらのことから，1936年にオパーリンは，原始海洋中に種々の有機物を含むコアセルベートが形成され，これが生成と消滅を繰り返すうちに，そのなかから物質の出入りがつり合い安定したものが生じ，それが原始的な細胞，つまり生命体へと発展していったという説を提唱した。

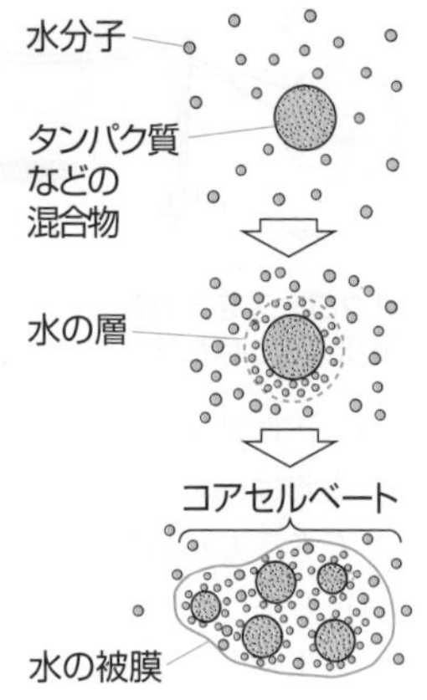

図70-2　コアセルベートの形成

(5) コアセルベートは，アラビアゴム（多糖類の一種）とゼラチン（タンパク質の一種）の溶液を混合してつくることができる。

(6) コアセルベートは，基質と酵素が加えられると，内部で活発な化学反応を起こすことから，代謝の原型を示すモデルとも考えられるが，その構造は細胞と大きく異なっていることから，現在では細胞の直接の祖先とは考えられていない。

参考 1976年，柳川弘志と江上不二夫は，各種アミノ酸を含む混合物を原始海洋を想定した溶液に入れ，それを高温に保って反応させることで，タンパク質からなる細胞状の構造を生成し，その構造をマリグラヌールと命名した。

3 RNAワールドからDNAワールドへ

(1) 原始海洋中で，有機物からまとまりのある，代謝を行うことができる構造が形成されたとしても，それが原始生命体となるためには，自己複製能力も獲得する必要がある。

(2) 現生の生物の自己複製は，遺伝子の本体である**DNA**と，酵素として触媒作用をもつ**タンパク質**によって起こるものである。言い換えれば，現生の生物では，DNAは自己の塩基配列を鋳型として，DNAポリメラーゼ(DNA合成酵素)という酵素の触媒作用によって複製されるが，酵素などのタンパク質はDNAの遺伝情報をもとにつくられている。それでは原始生命体が誕生する際には，DNAとタンパク質のどちらが先につくられたのだろうか。

(3) このような疑問に対して近年，酵素のような触媒作用をもつある種のRNA(リボザイム)が発見されたことから，原始生命体の遺伝子は，DNAではなく，**遺伝情報と酵素の働きをあわせもつRNA**であった，つまり，原始生命体のRNAは，自己の塩基配列を鋳型として，自己のもつ触媒作用によって自己複製を行っていたと考えられるようになった。

(4) さらに，RNAは酵素タンパク質を合成するようになり，遺伝子の複製や代謝などの触媒作用を，RNAより立体構造などの多様性が高い酵素タンパク質に担わせるようになった，と考えられた。

(5) その後，原始生命体は，RNAよりも構造が安定なDNAを遺伝子としてもつようになり，からだの構造や働きが複雑になるとともに，さまざまな種類の生物に分かれていったと考えられている。

(6) 原始地球において，生物の基本的な活動が，RNAだけによって支配されていたと考えられる時代を**RNAワールド**といい，現在のようにDNAによって支配されるようになってからの時代を**DNAワールド**という(図70-3)。

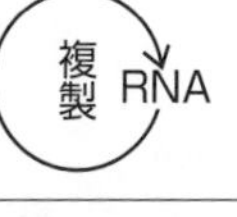

複製 RNA	複製 RNA →(翻訳) タンパク質	複製 DNA →(転写) RNA →(翻訳) タンパク質
RNAが遺伝子であり触媒(機能集中)	RNAが遺伝子，タンパク質が触媒（一部機能分担）	DNAが遺伝子，タンパク質が触媒，RNAはDNAとタンパク質の仲介（完全に機能分担）
RNAワールド	RNAワールド	DNAワールド

図70-3 RNAワールドとDNAワールド

もっと広く深く RNAワールドを支持する根拠

原始生命体の「DNA(タマゴ)が先かタンパク質(ニワトリ)が先か」という問題を解く鍵が，1960年以降徐々に見つかってきた。

1960年頃，DNAをもたずRNAを遺伝子とする**RNAウイルス**が発見され，1970年頃には，RNAウイルスのうち，**逆転写酵素**をもち，RNAを鋳型としてDNAを合成できる**レトロウイルス**が発見された。

1982年，テトラヒメナという単細胞生物のRNAが，RNA自身をスプライシング(自己スプライシング)する触媒作用(酵素活性)をもつことが発見された。このような酵素として働くRNAには，「RNA(リボ核酸)＋酵素(酵素は英語で「エンザイム」という)」から「リボザイム」という名前が付けられた。しかし，自己スプライシングでは，反応の前後で自身が変化してしまうので，厳密な意味では「RNAのなかには触媒作用をもつものがある」とはいえなかった。

しかし，1998年，生体内で最も多量に存在する**rRNA**がペプチド結合反応を触媒する酵素のような作用をもつこと(☞p.374 参考)が確かめられたことなどから，現在では，原始生命体の最初の遺伝物質はDNAでもタンパク質でもなくRNAであるという「RNAワールド」の考え方が有力である。

参考 現在広く受け入れられているRNAワールドの考え方には，次のような問題点もある。①原始地球において無生物的にRNAが合成された筋道が見つかっていない。②RNAは不安定で，触媒機能が低く，特異性がほとんどない。

4 原始細胞モデル

(1) 原始海洋中で核酸やタンパク質が合成されても，それらの物質は水中で直ちに拡散するので，生命が誕生したとはいえない。初期の生命も，現生の生物の細胞のように，膜構造をもち，区画されていたと考えられている。

(2) 水にリン脂質などを加えると，リポソームと呼ばれる構造(小胞)をつくることができる。リポソームは，細胞膜の脂質二重層(☞p.63)に似た構造の膜をもち，内部に水・核酸・タンパク質などを含ませることができる。

(3) 原始生命体の構造(原始細胞)は，選択的透過性をもつリポソームのような構造に，自己複製を行うRNAが包み込まれることにより生じたという説が提案されている。

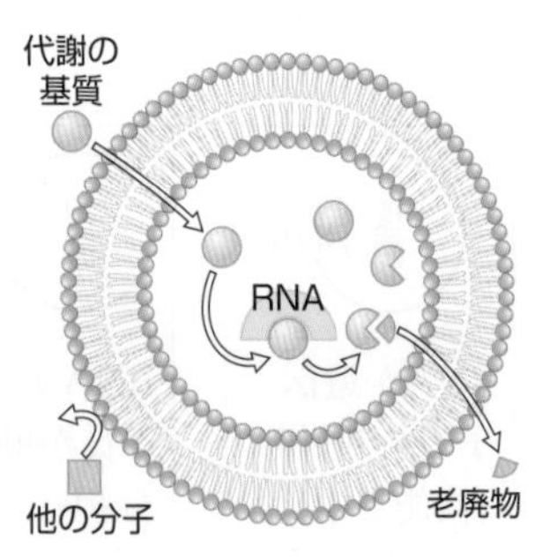

図70-4　原始細胞のモデル

もっと広く深く　「RNAにはU」「DNAにはT」はなぜか？

自然界では，シトシン(C)は，その分子中の-NH_2が比較的簡単に-OHに置換することにより，ウラシル(U)に変化(変異)する(☞p.329)ので，RNAワールドでは，遺伝子であるRNAのUが，もともとのUなのか，Cが変化したUなのか見分けられず，修復もされないので，遺伝情報の伝達の正確性は高くなかった。

その後，DNAワールドになり，遺伝子の働きをRNAから引き継いだDNAでは，Uの代わりにチミン(T)が用いられており，Cから変化したUがあれば，もともとDNAには存在していない塩基を見分けて修復する酵素によってCに戻されるので，遺伝情報の伝達の正確性はRNAより高くなった。

TはUのメチル化(エネルギーを必要とする反応)によってつくられるが，遺伝子としての正確性や安定性が要求されるDNAでは，エネルギーを消費してでもUをTに変える必要があり，合成と分解が頻繁に行われるRNAでは，Uをそのまま用いる方がエネルギー的に有利であると考えられている。

5 ▶ 進化

(1) 原始生命体が地球に誕生してから現在に至るまで，生物は多様な環境に**適応**しながら変化してきた。生物の遺伝的性質が世代を経るに従って変化することを生物の**進化**(しんか)※という。「進化」は生物がもつ共通性の一つである。

※進化の定義は1つに限定されておらず，「集団内の遺伝的な変化」や，「集団内の遺伝子頻度の変化」も進化と呼ばれる。単に「進化」といった場合は生物の進化を指すことが多い。

(2) 現存する生物に**共通性**と**多様性**がみられるのは，地球上に出現した生物が，共通性は残しながらも多様な進化をとげてきた結果と考えられる。

(3)「進化」を，「時間の経過にともなって生物のもつ機能が変化し，その変化が遺伝していくこと」と考えると，RNAワールドの生物からDNAワールドの生物が進化してきたということができる。

(4) タンパク質合成のしくみや，生物体を構成している有機物の特徴(下記①～③)は，すべての生物でほぼ共通しているので，現在の地球上に存在する生物は，単一の共通の祖先*から由来したと考えられている。

①タンパク質が20種類のアミノ酸からなる。

②核酸(DNAあるいはRNA)は4種類のヌクレオチドからなる。

③3塩基からなる遺伝暗号は，すべての生物で共通のアミノ酸を指定する。

参考 ＊原始地球では，複数の(非常に多くの)場所で，複数回(数え切れないほど)原始生命体が誕生したが，それらの生物のうちの1個体が現在の多様な生物の共通の祖先となったと考えられている。

生物の変遷1（生物の上陸まで）

The Purpose of Study 到達目標

1. 始原生物からシアノバクテリア出現までの代謝系の進化について説明できる。……p. 697
2. 共生説について根拠をあげながら説明できる。……p. 698, 699
3. 地質時代と生物の変遷を具体的に説明できる。……p. 699, 700
4. エディアカラ生物群とバージェス動物群について説明できる。……p. 701, 702
5. 大気組成の変化と陸上植物の出現について説明できる。……p. 703
6. 魚類の進化について説明できる。……p. 704, 705
7. 両生類の出現について説明できる。……p. 705

Visual Study 視覚的理解

浅海域に形成されたストロマトライトとその断面

1 ▶ 原核生物の時代

1 代謝系の進化

(1) 過去に発見された化石(☞p.699)から，地球上に最初に出現した生物(始原生物)は，細菌に似た原核生物であったと推定されている。原核生物の時代(**約40億～21億年前**)に，生物は代謝系を進化させ，生物による有機物の生産と物質の循環が開始された。

(2) 代謝系の進化に関しては，種々の事実をもとに次のように考えられている。

①最古の生物化石は，オーストラリアの**約35億年前**の地層(岩石)から発見された原核生物と考えられる化石*である。また，グリーンランドの**約40億～38億年前**の地層からは，生物を構成していた炭素の痕跡が発見されている。

参考 ＊発見された岩石にみられる幅約10μmの微細な糸状構造は，その外見が現生のシアノバクテリアに酷似していること，その化学組成が生物由来と考えられることから，化石であるという説と，一部の糸状構造にシアノバクテリアには存在しない分岐構造がみられることから，この糸状構造は化石ではなく無生物(鉱物)由来であるという説があり，いまだに結論は出ていない。

②その当時の大気中には酸素(O_2)が存在しなかったので，始原生物は，呼吸を行わず，海洋中で無生物的に合成・蓄積された有機物を**発酵**によって不完全に分解してエネルギーを得る従属栄養生物か，または，火山活動により放出されたメタンや水素などを用いて有機物を合成する独立栄養生物(酸素を必要としない化学合成細菌や，酸素を放出しない光合成細菌)であり，**約40億年前**に出現したと考えられている。

③その後(**約27億～25億年前**)，地球上に豊富にある水を還元剤として用いて光合成を行うシアノバクテリアが現れ，現生の植物と同様に，**酸素**を放出する**光合成**を行って，水中や大気中に酸素を蓄積させ，有機物の増加と二酸化炭素の減少をもたらしたと考えられている。

④酸素は，水中に多く存在した鉄イオンなどと結合して酸化鉄として海底に沈殿し，大規模な**縞状鉄鉱層**(しまじょうてっこうそう)を形成した。

参考 当時の海水に大量に存在していたFe^{2+}は，酸素によって溶解度の低い(海水に溶けない)Fe^{3+}となり，縞状鉄鉱層を形成した。

⑤なお，シアノバクテリアの痕跡は，約27億年前の地層からストロマトライトという層状構造をもつ岩石として発見されている。

⑥**約22億～20億年前**から大気中や水中の酸素濃度が上昇し始め，その後酸素のもつ強い酸化作用を利用して，細胞内で有機物を二酸化炭素と水に完全に分解して多量のエネルギーを得る好気性の生物(細菌)が出現した。

ストロマトライトって何だ！？

ストロマトライトは，シアノバクテリアの死骸と，複屈折*率が極めて大きい方解石(ほうかいせき)などの微結晶がランダム方向に組み合わされ，ドーム状に何層も堆積した岩石である(☞p.696 ★ Visual Study)ので，太陽光を乱反射させ，面積あたりの紫外線照射量を減少させる。

したがって，光合成を行うために浅海で生育するシアノバクテリアは，ストロマトライト中で生活することにより紫外線から身を守ることができた。

ストロマトライトは，約27億〜数億年前には世界的に広く分布していた(ので多くの化石が見つかる)が，古生代以降はその分布が大きく減少した。

現在では，シアノバクテリアは世界中の浅海に生育しているが，ストロマトライトは海水中の塩類組成などの条件により，西オーストラリア(シャーク湾)などの限られた地域(水域)にしかみられない。

参考 ＊結晶などに光が入射して２つの屈折光線が現れる現象を複屈折という。

2 真核生物の誕生と共生説

(1) 真核生物の化石として最も古いものは，北アメリカで発見された**約21億〜19億年前**の藻類と考えられるものであり，真核生物は，細胞壁を失った大形の原核生物の細胞膜が内部に入り込んで，DNAを包み込む**核膜**をもつことで，誕生したと考えられている。

(2) 真核生物の細胞小器官のうち，**ミトコンドリア**は原始的な**好気性細菌**が，**葉緑体**は原始的な**シアノバクテリア**が別の細胞に共生してできたと考えられている。このような考え方を**細胞内共生説**(さいぼうないきょうせいせつ)(**共生説**(きょうせいせつ))といい，マーグリスらによって提唱された。細胞内共生説の根拠には，以下のようなものがある。

①ミトコンドリアや葉緑体には，核内のDNAとは異なり，原核生物にみられるような**独自の環状２本鎖DNA**が含まれている。

②ミトコンドリアや葉緑体は，分裂して独自に増殖する。

参考 これらの分裂の周期は体細胞分裂の周期とは異なっている。ただし，ミトコンドリアや葉緑体は，核の遺伝子による支配も受けているので，細胞から取り出されると，単独で分裂することはない(半自律的増殖という)。

③ミトコンドリアと葉緑体は，**二重膜**で包まれている。

参考 最近は，葉緑体の二重膜は両方ともシアノバクテリア由来と考えられている。

④ミトコンドリアのDNAの遺伝子の塩基配列は好気性細菌の遺伝子の塩基配列に類似し，葉緑体のDNAの遺伝子の塩基配列はシアノバクテリアの遺伝子の塩基配列に類似している。

(3) 細胞内共生説に基づいて，ミトコンドリアと葉緑体の形成過程を模式的に表すと図71 - 1のようになる。

参考 二重膜で包まれている核も細胞内共生によって形成されたという説がある。

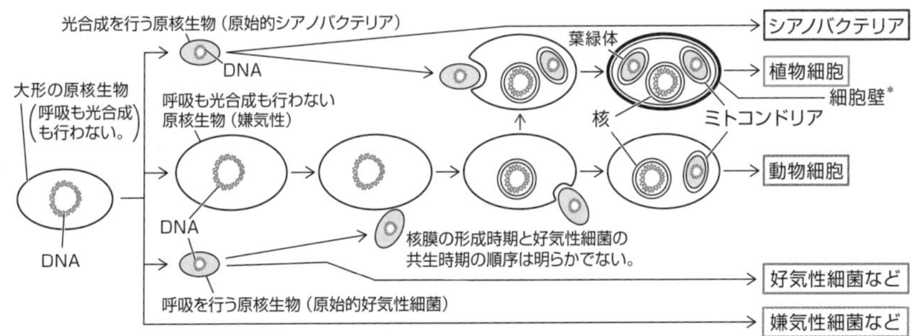

*好気性細菌やシアノバクテリアの細胞壁は細胞内共生のいずれかの段階で消失し，シアノバクテリアをとり込んだ大形の原核生物は，植物になる際に新しく細胞壁をつくったと考えられている。

図71 - 1　細胞内共生説によるミトコンドリアと葉緑体の起源

2 ▸ 真核生物の時代

1 地質時代と化石

(1) 地球誕生後，最古の岩石や地層が形成されてから現在までの期間(のうち有史以後を除いた期間)を**地質時代**といい，地質時代に生存していた生物の有形の遺物(遺骸および生活の痕跡)が地層中に残されたものを**化石**という。

(2) 放射性同位体が，放射線を出して別の物質に変化していき，残った量がもとの半分になるまでの時間(**半減期**)は同位体ごとに決まっているので，化石やその周辺の地層に含まれる放射性同位体の量や割合を測定することにより，化石となった生物が生存していたおよその年代を推定することができる。

参考 1. 化石とは，地質時代に生存していた生物(古生物)の遺物のうち，石油や石炭などのように，もとの生物の形がわからなくなったものではなく，有形のものを指す。

2. 遺物が地質時代のものであることを証明するには，地層中に含まれるという条件が必要となる。地層とは堆積物が長い年月で堆積岩となり，しま模様を示すようになったものであり，現在形成されつつある堆積層(地層とは呼ばない)が地層となるのには，約1万年以上の時間が必要であるから，一般には，化石は約1万年以上の古さをもつものに限られる。

(3) 地質時代は，約5億4千万年前を境に大きく区分され，その境界以前の**微化石**(顕微鏡で観察するような小さな化石)が主に産出される時代は**先カンブリア時代**と呼ばれる。それ以降の時代は，大きな区分として，**古生代**，**中生代**，**新生代**の「**代**」に分けられ，代はさらに「**紀**」に区分される。

2 地質時代と生物の変遷

地質時代 代	地質時代 紀	生物の変遷		動物	植物
新生代	第四紀 (260万年前)	•ヒト(ホモ・サピエンス)の出現		哺乳類時代	被子植物時代
	新第三紀 (2300万年前)	•類人猿・人類の出現			
	古第三紀 (6600万年前)	•哺乳類の繁栄，鳥類・昆虫類の多様化	•被子植物の繁栄		
中生代	白亜紀 (1億4600万年前)	•アンモナイト(類)・恐竜(類)の絶滅	•被子植物の出現	爬虫類時代	
	ジュラ紀 (2億年前)	•アンモナイト・恐竜の繁栄，鳥類の出現	•裸子植物の繁栄		裸子植物時代
	三畳紀 (トリアス紀) (2億5100万年前)	•爬虫類の繁栄，恐竜・哺乳類の出現			
古生代	ペルム紀 (二畳紀) (2億9900万年前)	•三葉虫類・フズリナ(紡錘虫類)の絶滅	•シダ植物の衰退	両生類時代	
	石炭紀 (3億5900万年前)	•爬虫類の出現，両生類の繁栄 •フズリナの出現・繁栄	•木生シダ植物の繁栄		シダ植物時代
	デボン紀 (4億1600万年前)	•アンモナイト・昆虫類・両生類の出現 •魚類の繁栄	•裸子植物の出現 •大形シダ植物の出現	魚類時代	
	シルル紀 (4億4400万年前)	•サンゴの繁栄	•シダ植物の出現		
	オルドビス紀 (4億8800万年前)	•魚類(有顎類)の出現 •三葉虫類の繁栄	•陸上植物の出現 •藻類の繁栄	無脊椎動物時代	藻類時代
	カンブリア紀 (5億4200万年前)	•カイメン・クラゲなど多種の無脊椎動物の繁栄(カンブリア(紀の)大爆発) •三葉虫類・脊椎動物(無顎類)の出現 •バージェス動物群・チェンジャン動物群の出現			
先カンブリア時代	全球凍結 7億年前 ➡ 全球凍結 23億年前 ➡	•エディアカラ生物群の出現(約6億年前) •多細胞生物の出現(15億〜10億年前) •真核生物の出現(21億〜19億年前) •始原生物(原核生物)の出現(約40億年前) •地球の誕生(約46億年前)	•藻類の出現 •シアノバクテリアの出現 (約27億〜25億年前)		

表71-1 地質時代と生物の変遷

参考 1. 有顎類の出現，陸上植物の出現をシルル紀，裸子植物の繁栄を三畳紀とする記述もある。

2. 地質時代は，冥王代(約46億〜40億年前)，太古代(約40億〜25億年前)，原生代(約25億〜5.4億年前)，顕生代(約5.4億年前〜現在)の4つに区分されることもある。

3. カンブリア紀以降の紀の名称は，ヨーロッパの地名・部族名・地層などに由来している。

4. かつて(18世紀)，地質時代は第一紀(化石を含まない岩石からなる地層)，第二紀(現在ではみられないような生物の化石を含む地層)，第三紀(18世紀より後に区分され，現在の生物と似ているが，相違点もある生物の化石を含む地層)，第四紀のように区分されていた。

3 水生生物の繁栄

1 多細胞生物の出現(先カンブリア時代)

(1) 約15億～10億年前の**先カンブリア時代**には，最初の多細胞生物が現れたと考えられている。

(2) 約7億年前には，大気中の二酸化炭素などの温室効果ガスが減少して寒冷化し，極地域の氷河が低緯度地域まで広がって地球全体が氷河で覆われた状態(**全球凍結**(ぜんきゅうとうけつ)(**スノーボール・アース**))であったと考えられている。

参考 全球凍結は，約23億年前と，約7億～6億年前の2回あったと考えられている。

(3) この全球凍結によって生物の多くは絶滅したが，一部の生物は絶滅を免れ，気候が温暖化していくと，大形の多細胞生物へと進化した。

(4) 約6億5千万年前の先カンブリア時代末期の地層からは，海生の多細胞生物の化石が多く発見されている。

(5) 例えば，オーストラリアのエディアカラで発見された化石から復元された多細胞生物群は，**エディアカラ生物群**(図71-2)と呼ばれ，からだがやわらかく扁平であごのないものが多く，体表面から酸素などを吸収していたと考えられている。

(6) この生物群は，身を守るための硬い組織(骨格や殻など)をもたないことから，当時は動物食性動物が存在していなかったと考えられている。

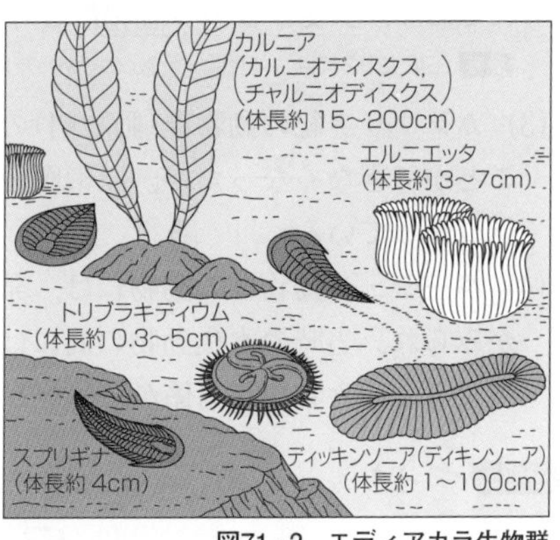

図71-2 エディアカラ生物群

田部の裏づけ

エディアカラ生物群に大形生物がいた理由

エディアカラ生物群には，地球史上初めて出現した大形生物(体長約1m)が含まれていた。骨格や殻をもたないこの大形生物のからだを支えていたのは，細胞外基質の一種であるコラーゲンであったと考えられている。コラーゲンは，分子中の酸素原子の割合が多いアミノ酸(グリシンやヒドロキシプロリン)を多く含むタンパク質であるので，コラーゲン合成のためには高濃度の酸素が必要である。このことから，全球凍結が終わって酸素濃度が急激に増加したこの時代に，エディアカラ生物群が出現したと考えられている。

2 無脊椎動物の繁栄（古生代）

(1) およそ5億4千万年前から始まる古生代の**カンブリア紀**には，海中で多様な無脊椎動物が誕生し，現生のほとんどの動物門を含んだ多数の動物が出現した。この時期の無脊椎動物の急速な多様化は，**カンブリア（紀の）大爆発**と呼ばれている。

(2) カナダのロッキー山脈のバージェス峠近くからは，**バージェス動物群**と呼ばれる水生の動物群（図71-3）の化石が多数発見されている。また，中国のチェンジャン（澄江）からも，カンブリア紀の動物群の化石が発見されており，**チェンジャン動物群**と呼ばれている。

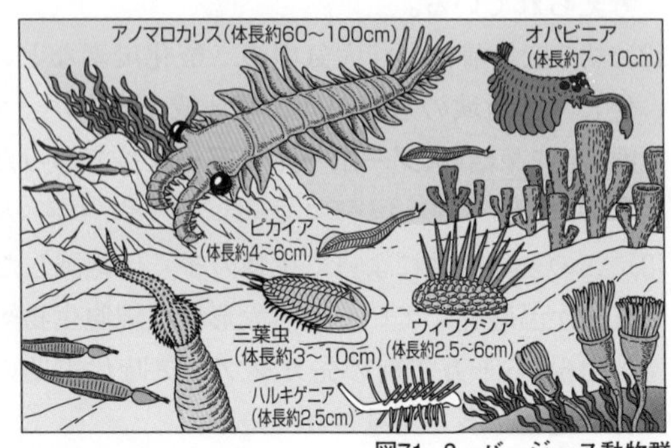

図71-3　バージェス動物群

参考　三葉虫の多くは，体長数～十数cmであったが，なかには体長が1m近くになる種も存在した。

(3) カンブリア紀の動物群（動物門）の多くは絶滅し，現生の動物門中にはみることができなくなったが，原索動物や初期の脊索動物と思われる化石なども見つかっている。

(4) バージェス動物群の動物には，発達した触手や口器，硬い組織をもつものがみられ，当時の水生動物の間には，先カンブリア時代にはみられなかった被食者－捕食者相互関係があったと推測される。

カンブリア大爆発

カンブリア紀の初期には，大陸移動による浅海の増加，高い（約20%）酸素濃度，温暖な気候などの環境的背景により，生物が爆発的に増加した。

カンブリア大爆発で出現した多様な動物には種々の特徴があるが，多くの生物に共通した大きな特徴として，外骨格や殻などの硬い組織と，比較的発達した視覚器である複眼をそれぞれもつようになったことがあげられる。

被食者は，複眼により捕食者を見つけ，逃げたり海底に潜り込んで隠れたり，硬い外骨格・殻・とげで身を守ったりしていた。一方，捕食者は外骨格内に発達した筋肉と複眼により被食者に素早く近づき，触手などで捕獲していた。このような被食者－捕食者相互関係に基づいた生態系の頂点（高次消費者）には巨大化した節足動物であるアノマロカリス類（体長最大2m）がいた。

4 大気組成の変化と生物の陸上への進出

(1) 光合成生物の出現以前は大気中にオゾン層が存在せず，DNAや細胞などを傷つける**紫外線**が降り注ぐ陸上は，生物にとって危険な場所であった。

(2) シアノバクテリアや藻類などが行う光合成により，大気中の酸素濃度が徐々に上昇し，約8億年前に，現在の大気中の濃度の約10%の濃度になった。オルドビス紀までには，**オゾン**（O_3）**層**が地球を取り巻き，紫外線を吸収するようになり，生物が陸上で生存できるようになった。

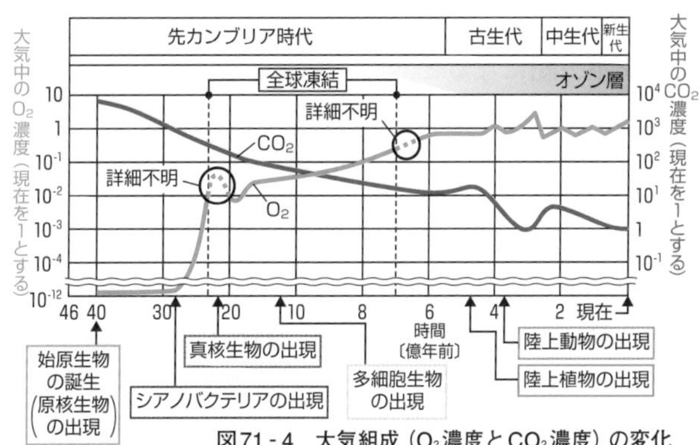

図71-4　大気組成（O_2濃度とCO_2濃度）の変化

5 陸上植物の出現

(1) **古生代オルドビス紀**の地層から，植物の胞子（☞p.754）の化石が発見されていることより，この時期にはすでに植物の陸上進出が始まっていた。また，光合成色素の比較などから，陸上植物は，時々干上がるような場所で生育していた**緑藻類**の一部から**シャジクモ類**（☞p.749）を経て進化したと考えられている。

(2) **古生代シルル紀**に，維管束はなく，胞子で増える**クックソニア**（図71-5）が出現した。クックソニアは，発見されている化石のうち最古の陸上植物であり，コケ植物ともシダ植物とも区別できない形態をしていた。

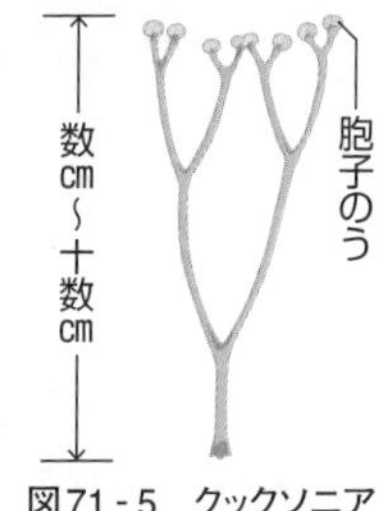

図71-5　クックソニア

6 脊椎動物の出現

古生代**カンブリア紀**の海中に出現した最初の脊椎動物は**無顎類**（むがく）（次ページの図71-6①）と呼ばれ，軟骨からなる脊椎をもっていたが，上下に動く顎（あご），うきぶくろ，対になるひれはもたなかったので（狭義の）魚類ではない。このような無顎類の特殊化した生き残りが現生のヤツメウナギ（次ページの図71-6②）である。

参考 古生代の海中で出現し，海に残った無顎類の子孫としてはヌタウナギ（海水生）などがおり，海から淡水中に進出した無顎類の子孫としてはヤツメウナギ（海水でも淡水でも生息可）などがいる。

7 魚類と両生類の進化

1 魚類の進化(古生代カンブリア紀～新生代)

(1) **オルドビス紀**の海中では，原始的な有顎類(図71-6③)が出現した。

参考 軟骨からなる未発達な脊椎をもつ原始的な有顎類は，顎のある口をもっていたので魚類に含まれるが，内骨格が未発達で体表がよろいのような骨板(装甲)で覆われていたので，これらの特徴をもたない軟骨魚類と硬骨魚類のいずれにも含まれない。なお，無顎類の仲間にも装甲で覆われていたものがいた。

(2) **デボン紀**になると，海中では現生のサメ(図71-6④)などの祖先にあたる軟骨魚類が出現し，浅海域または汽水域では，咽頭の奥に原始的な肺をもつ原始的な硬骨魚類(図71-6⑤)が出現した。

参考 軟骨魚類は軟骨からなる脊椎を，硬骨魚類は硬骨からなる脊椎をそれぞれもち，どちらの魚類も装甲はもたず，発達した内骨格と筋肉によって素早く泳ぐことができる。

(3) 原始的な硬骨魚類のうちの一部が，淡水域に進出して条鰭類(鰭の内部に骨や筋肉のない魚類)の淡水生硬骨魚(図71-6⑥)になり，淡水生硬骨魚のうちの一部が海に戻って，条鰭類の海水生硬骨魚(図71-6⑦)になったと考えられている。また，原始的な硬骨魚類には，淡水域に進出せず海中に残って肉鰭類(鰭の内部に骨や筋肉のある魚類)に属するシーラカンス類(総鰭類，図71-6⑧)に進化したものや，淡水域に進出して肉鰭類に属するハイギョ(肺魚，図71-6⑨)類に進化したものも存在した。なお，原始的な硬骨魚類の原始的な肺は，肉鰭類ではさらに発達し，現生の硬骨魚類ではうきぶくろに変化した。

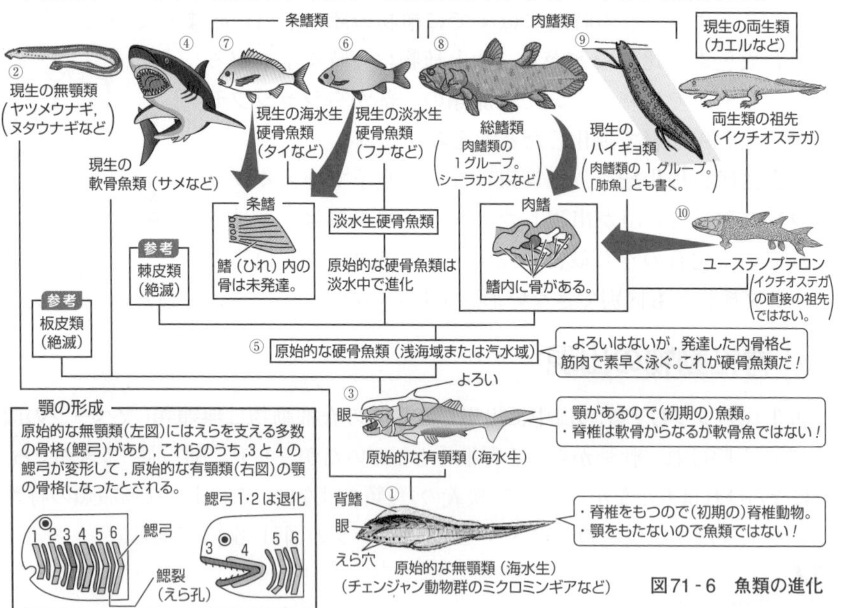

図71-6 魚類の進化

(4) ハイギョから進化したユーステノプテロン(肉鰭類，図71-6⑩)は，鰭の内部に四肢の起源となる太い骨を発達させ，湿地を這うように歩いたり，水中を泳いだりして，浅瀬に適応していたと考えられている。

2 両生類の出現(古生代デボン紀)

(1) **デボン紀末期**になると，肉鰭類のなかまから，主に淡水中で生活するが四肢をもつアカンソステガのような原始的な両生類(りょうせい)(最初の四肢(足)動物)が進化した。このような動物は，植物が陸上に進出して繁栄し，大気中の酸素濃度が上昇したことなどにより陸上進出したと考えられている。

参考 2010年時点で，骨格化石が得られている最古の四肢動物は，アカンソステガより以前に出現したと考えられているエルギネルペトンである。

(2) その後出現した両生類である**イクチオステガ**は，陸上でも生活しており，肺と四肢，ならびに，水中より重力の影響が大きい陸上で内臓を支える発達した肋骨(ろっこつ)をもっていた。

(3) 両生類はさらに進化し，**石炭紀**には全盛期を迎え，ペデルペスなどが進化した。このような両生類は，アカンソステガやイクチオステガに比べて，陸上適応がより進んではいるが，体表(皮膚)を通しての酸素吸収を盛んに行うので，また体表からの水分蒸発を防ぐための厚いうろこで体表を覆うことができず，受精と胚発生を水中で行うため，生活の場は水辺に限られていた。

参考 原始両生類のおよその出現順は，エルギネルペトン→アカンソステガ→イクチオステガ→ペデルペスであるが，→のような直接の進化が起こったわけではない。

魚類への進化・魚類からの進化について

1 無顎類から進化した有顎類の利点

最も原始的な脊椎動物である無顎類は，顎がないので獲物にかみつくことができず，水中のプランクトンを水とともに口から取り込み，えらでろ過して摂食していたので，えらを呼吸器官というよりプランクトンなどのろ過器官として用いていた。これに対して，有顎類は，顎で獲物にかみつけるようになり，えらを呼吸器官専用とすることができるようになり，活発に泳ぐことができるようになった。

2 魚類が水中から陸上へ進出した理由(仮説の一つ)

デボン紀の海で生活していた魚類のうちの一部は，競争の激化や，強い魚による捕食の増加などにより，浅水域(川や湖など)に進出した(逃げ込んだ)。

浅水域では，周辺の陸地から多量に供給される植物の落葉や枯死体が，微生物の呼吸によって分解されるので，しばしば酸素不足になる。その結果，大気中の酸素を利用できる肺魚が出現し，オゾン層の形成により紫外線量が減少したうえに，捕食者が少なく，昆虫などの食物が豊富な陸上への進出を果たした。

生物の変遷2（生物の陸上適応と進化）

The Purpose of Study 到達目標

1. シダ植物・裸子植物・被子植物それぞれの出現と繁栄について，およその時代を明示しながら説明できる。 …… p. 707, 708
2. 昆虫類・爬虫類・哺乳類・鳥類それぞれの出現と繁栄について，およその時代を明示しながら説明できる。 …… p. 708, 709
3. 大陸移動の観点から生物の進化を説明できる。 …… p. 710, 711
4. 大量絶滅の観点から生物の進化を説明できる。 …… p. 711
5. 霊長類の進化・分類・各グループの特徴について説明できる。 …… p. 712, 713
6. 人類の進化について，猿人・原人・旧人・ヒトそれぞれの推定出現年代，進化にともなって変化した特徴について説明できる。 …… p. 713～716
7. ヒトの特徴と分布について説明できる。 …… p. 717

Visual Study 視覚的理解

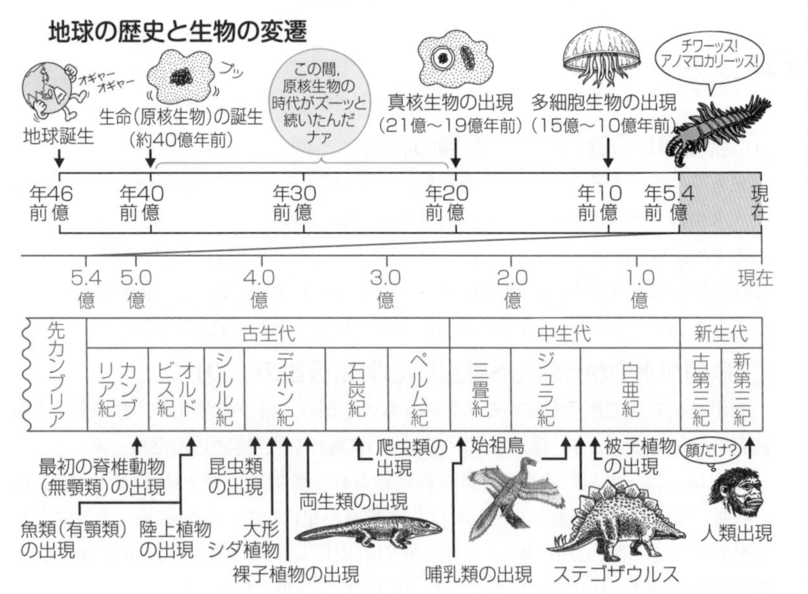

1 ▶ 植物の陸上進出

1 シダ植物の出現と繁栄

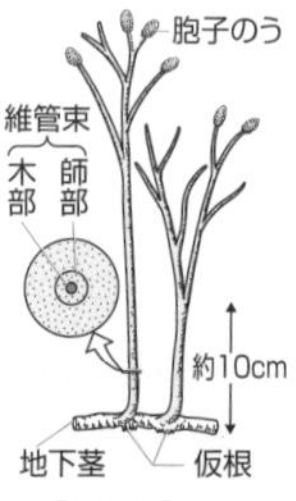

(1) **古生代デボン紀**には，現在の**シダ植物**の祖先（古生代マツバラン類）であるリニア（図72-1上図）などが出現した。リニアでは，茎と根の分化はないが，維管束が形成されたので，水分供給が安定し，機械的強度が増加した。また，クチクラ層の発達により，体内の水分の蒸発を防げるようになった。

胞子のう
維管束
木部　師部
約10cm
地下茎
仮根
［リニア］

参考 デボン紀には，コケ植物の通道組織に似た組織（維管束ではない）をもつアグラオフィトンも出現した。

(2) **古生代石炭紀**には，温暖で湿潤な気候のもとでシダ植物は巨大化し，高さ数十mにもなる大形シダ植物（ロボク，フウインボク，リンボク（図72-1下図）などの木生シダ類）が大森林を形成した。しかし，シダ植物の配偶体（前葉体）は小さく，受精に水を必要とすることなどから，乾燥に弱く，主に河口付近の湿地に生育していた。その後，シダ植物の森林は古生代ペルム紀の寒冷化によって衰退した。

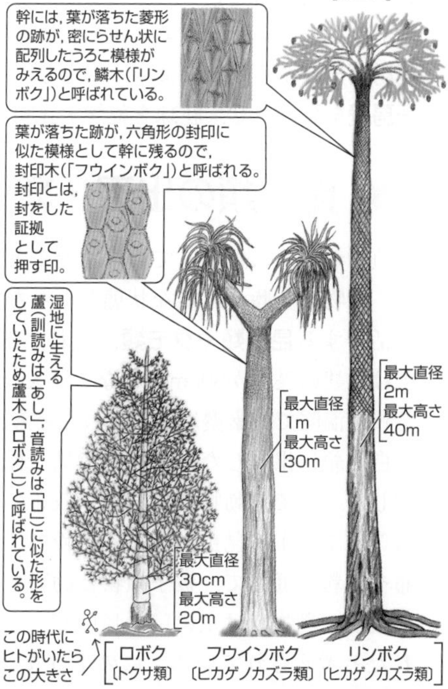

幹には，葉が落ちた菱形の跡が，密にらせん状に配列したうろこ模様がみえるので，鱗木（「リンボク」）と呼ばれている。

葉が落ちた跡が，六角形の封印に似た模様として幹に残るので，封印木（「フウインボク」）と呼ばれる。封印とは，封をした証拠として押す印。

湿地に生える蘆（訓読みは「あし」，音読みは「ロ」）に似た形をしていたため蘆木（「ロボク」）と呼ばれている。

最大直径2m　最大高さ40m
最大直径1m　最大高さ30m
最大直径30cm　最大高さ20m
この時代にヒトがいたらこの大きさ
ロボク〔トクサ類〕　フウインボク〔ヒカゲノカズラ類〕　リンボク〔ヒカゲノカズラ類〕

図72-1　リニア（シダ植物）と木生シダ類

2 裸子植物の出現と繁栄

(1) **古生代デボン紀後期**には，種子植物のうち，まず**裸子植物**（ソテツ，イチョウなど）が出現した。

参考 デボン紀には，シダ種子類（ソテツシダ類）と呼ばれ，シダ植物と同じような葉・茎をもち，かつ裸子植物のソテツに似た種子をつける植物が出現した。これにより，シダ植物から種子植物への進化が示唆されている（☞p.721）。

(2) 古生代の末期の地球では，パンゲアと呼ばれる巨大な大陸が形成され，石炭紀の後半からペルム紀にかけて寒冷化が起こった。このような気候の変化が，シダ植物に代わって裸子植物が繁殖するきっかけとなった。**中生代ジュラ紀**になると，種子をつくって乾燥から胚を保護し，受精過程を外界の水から独立させる（花粉管内を雄性配偶子である精子が移動して受精する）ことによって，裸子植物は内陸の乾燥地帯へも分布を拡大していった。

③ 被子植物の出現と繁栄

中生代白亜紀初期に出現した**被子植物**(ひし)は，胚珠が子房(子房壁)で包まれているので，種子が乾燥や昆虫などから保護されている点で裸子植物よりも陸上に適応しており，白亜紀中期から急速に繁栄して森林を形成するとともに，乾燥地や寒冷地に草原を広げた。中国の白亜紀初期の地層からは，最古の被子植物(アルカエフルクトゥスなど)の化石が発見されている。

④ 植物の陸上への適応

①**維管束**を発達させ，全身への水分の供給と機械的支持を行った。
②**クチクラ層**を発達させ，無駄な蒸散を防止した。
③**種子**を形成し，種皮により胚を乾燥から保護した。
④**花粉管**を介する受精により，水なしで受精が可能となった。
⑤**子房壁**を発達させ，胚珠を乾燥・昆虫などから保護した。

2 ▸ 昆虫類の出現・繁栄と植物との関係

(1) 植物が陸上に進出して繁栄したことで，大気中の酸素濃度はさらに高くなり，動物の上陸が可能な状態となった。古生代デボン紀末期になると，陸上生活をする**昆虫類**や**クモ類**が現れ，**古生代石炭紀**の地層からはゴキブリや，広げた翅(はね)の長さが80cmにもなる巨大なトンボの化石も見つかっている。この時代は温暖で酸素濃度が高かったと考えられている。

(2) 白亜紀に出現した**被子植物**では，種子を包み込む構造，すなわち果実が発達したことで，動物による種子散布の可能性が広がり，花の構造が複雑化することで，主に昆虫類による花粉の運搬(送粉(そうふん))のしくみが発達した。種子散布や送粉を通じて，被子植物と動物との間で相互関係が生じ，植物では花や果実が，動物では主に口の形態が，互いにより密接な関係になるように変化したと考えられている。このような2種の生物が協調的に進化する現象は**共進化**(☞p.734)と呼ばれ，被子植物の花の多様化に大きな役割を果たした。

3 ▸ 脊椎動物の陸上適応

① 爬虫類の繁栄(中生代ジュラ紀)

(1) **古生代石炭紀**に両生類から進化した**爬虫類**(はちゅう)は，**中生代**になると大繁栄した。

(2) 爬虫類は，体表が厚いうろこで覆われており，体内受精を行い，卵を卵殻と**胚膜**(はいまく)(**しょう膜**・**尿膜**(にょうまく)・**羊膜**(ようまく))で保護し，羊膜内の羊水中で胚を育てるので，水辺から離れて生活できるようになった。

参考 胚膜は，広義には動物の胚の時期にのみ形成される細胞性の膜であり，しょう膜・羊膜・尿膜・卵黄のうの膜を指すが，狭義には陸上で発生する動物(爬虫類・鳥類・哺乳類など)の胚に付属する膜であり，魚類や両生類にも存在する卵黄のうの膜は胚膜に含めない。

(3) 陸上または母体内で発生する脊椎動物(爬虫類・鳥類・哺乳類)は，発生の過程で羊膜を形成するので**羊膜類**と呼ばれ，以下の①～③の**胚膜**を形成して胚を物理的な衝撃や乾燥から守っている(図72-2)。

①しょう膜：胚の保護

②羊膜：内部の羊水が胚の生育環境となる

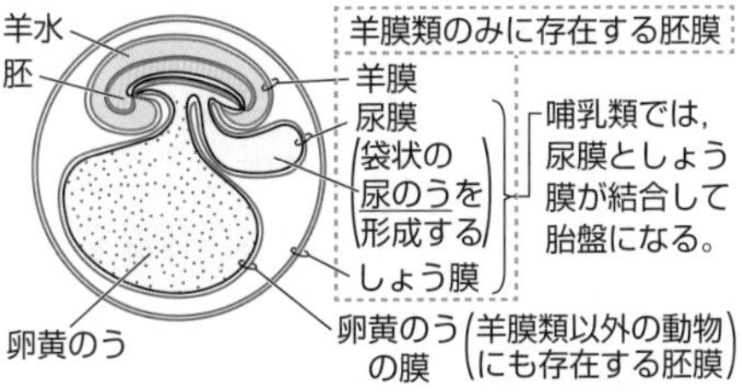

③尿膜(尿のう)：老廃物の貯蔵とガス交換

羊水
胚
羊膜類のみに存在する胚膜
羊膜
尿膜
（袋状の尿のうを形成する）
しょう膜
哺乳類では，尿膜としょう膜が結合して胎盤になる。
卵黄のう
卵黄のうの膜（羊膜類以外の動物にも存在する胚膜）

図72-2　爬虫類と鳥類の胚膜

(4) 爬虫類は，多様化・大形化して地球上のさまざまな環境に進出し，地上で繁栄し，丈夫な四肢をもち直立歩行する**恐竜**，四肢がひれに変化して水中で生活する**魚竜**，皮膚から翼が生じて空中に生活圏を広げた**翼竜**などに進化した。

(5) **中生代白亜紀末**になると，大形爬虫類はほとんど絶滅した。

参考 絶滅の原因として，地球に衝突した巨大隕石による地球環境の大変動などがあげられている。

2 哺乳類の繁栄(新生代)

(1) **哺乳類**の祖先は，爬虫類とは別の羊膜類*から進化し**中生代三畳紀**に出現した。**中生代白亜紀**になると，**単孔類**(カモノハシなど)，**有袋類**(カンガルーなど)，**真獣類**(有胎盤類：単孔類と有袋類以外の哺乳類)の祖先が出現した。

参考 ＊石炭紀には両生類から羊膜類が出現し，その後，羊膜類は恐竜・ワニなどの爬虫類や鳥類の祖先になるグループ(現生の爬虫類と同様の形質を多くもち，双弓類と呼ばれる)と，双弓類とは別のグループ(現生の爬虫類と多くの点で異なり，単弓類と呼ばれる)に分かれた。この単弓類から哺乳類が出現した。

(2) **中生代白亜紀末**に大形爬虫類が絶滅し，新生代に入ると，哺乳類は地球のさまざまな環境に適応していった。

(3) 新生代に被子植物と鳥類や哺乳類などの動物の多様化が進んだ理由の一つとして，被子植物と鳥類・哺乳類の共進化が重要であったと考えられている。

3 鳥類の繁栄(新生代)

鳥類は，小形の肉食恐竜から進化し，**中生代ジュラ紀**に出現したと考えられている。なお，中生代ジュラ紀の化石として発見された始祖鳥(図72-3，☞p.721)は，現生鳥類の直接の祖先ではない。**新生代**になると，鳥類は哺乳類とともに，中生代白亜紀末に絶滅した大形爬虫類(翼竜など)が占めていた生態的地位を受け継いだ。

図72-3　始祖鳥

4 動物の陸上への適応

(1) **乾燥に対する適応**

①体表を**鱗**(うろこ)や**キチン質**で覆い，水分の蒸発を防止した。
②卵や胚を**胚膜**や硬い**卵殻**で覆い，水分を保持した。
③**腎臓**(再吸収能力など)の発達により，体内の水分を保持した。
④アンモニアを**尿素・尿酸**に変えて排出し，体内の水分を節約した。

(2) **温度変化に対する適応**

①体表を**羽毛**や**毛**で覆い，体温を一定に保つ性質を獲得した。
②肝臓での**代謝**や**発汗**などにより，体温を調節した。

(3) **重力に対する適応**

四肢の骨格・筋肉・神経節が発達した。

4 ▶ 大陸移動と生物の進化

(1) 大陸と海洋は，地質時代を通して大規模な変遷を遂げてきた。

(2) 古生代には，パンゲアと呼ばれる1つの大きな大陸と海からなっていた地球が，中生代のジュラ紀から白亜紀にかけて，ゴンドワナ大陸とローラシア大陸という南北2つの大陸に分かれた。その後，ゴンドワナ大陸は5つに分かれて，現在の南アメリカ，アフリカ，オーストラリア，南極の各大陸とインドになり，また，ローラシア大陸は2つに分かれて，北アメリカ大陸とインドを除くユーラシア大陸になったと考えられている(図72 - 4)。

(3) 上記の(2)の考え方は**大陸移動説**(たいりくいどうせつ)と呼ばれ，ドイツの**ウェゲナー**(気象学者)によって1912年に提唱され，生物の分布などのさまざまな証拠により現在も支持されている。例えば，大形の飛べない鳥である走鳥類(そうちょう)が，アフリカ(ダチョウ)，オーストラリア(エミュー)，南アメリカ(レア)に分布していることは，これらの大陸がもともと1つだったことを示している。

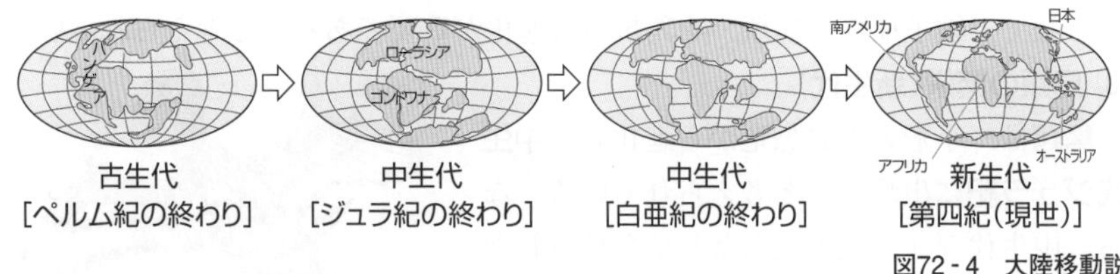

図72 - 4　大陸移動説

(4) ある地域の生物群が地理的に隔離(☞p.738)されると，その生物群では独自の進化が起こると考えられているので，生物の分布は進化の証拠となる。

(5) 主にオーストラリアに生息しているカンガルーやコアラなどの哺乳類は，**胎盤**が発達せず子を未熟な状態で出産し，その後母親の育児のう内で育てるので**有袋類**と呼ばれ，胎盤の発達した哺乳類(**真獣類**)より原始的とされている。有袋類は，かつてヨーロッパやアジアなどにも広く分布していたが，これらの地域では，後に出現した真獣類との競争に負けて絶滅したと考えられている。

(6) しかし，真獣類の出現以前に大陸移動によって他の陸地から隔離されたオーストラリア大陸では，真獣類が出現(あるいは，出現しても繁栄)せず，有袋類がさまざまに**適応放散**(☞p.722)していろいろな種が生じたと考えられている。

5 ▶ 大量絶滅

化石生物の研究から，古生代以降に少なくとも5回(オルドビス紀末，デボン紀末，ペルム紀末，三畳紀末，白亜紀末)は，当時生きていた生物の**大量絶滅**が起こっていることが知られている。このような大量絶滅が起こった後は，絶滅を免れた生物群がさまざまな環境に適応することで，新たな生物種が急速に増加し，大量絶滅の前後では**生物相**(せいぶつそう)(ある地域に生息する全種の生物)が激変した。ペルム紀と白亜紀のそれぞれで起こった大量絶滅について以下に説明する。

1 古生代ペルム紀末(古生代と中生代の境界)に起こった大量絶滅(2億5100万年前)

(1) 過去に起こった最も大きな規模の大量絶滅であり，**三葉虫**をはじめ古生代を代表する多くの生物種が絶滅した。

(2) この絶滅は，大気中の酸素濃度の低下*が原因であると考えられている。

参考 ＊地球内部のマントル(地殻の下の層)内での大規模な上昇流(スーパープルーム)によって引き起こされた地球規模の火山活動により放出された大量の微粒子が太陽の光を遮り，光合成が抑制されたことが原因であるという仮説が出されている。

2 白亜紀末(中生代と新生代の境界)に起こった大量絶滅(6600万年前)

(1) **恐竜**などの大形爬虫類や海中の**アンモナイト**，多くの**裸子植物**が絶滅した。

(2) この絶滅の原因としては，巨大な隕石が地球に衝突し，火災と粉塵で太陽光が遮られたことで，気温低下が起こったためという説が有力である。

(3) その根拠としては，白亜紀と古第三紀の地層の境界から，イリジウム(隕石に多く含まれるが地殻にはほとんど含まれない物質)を高濃度に含む層が全世界的に発見されていることや，メキシコのユカタン半島で，約6500万年前の隕石あるいは小惑星の衝突により生じたと考えられる巨大なクレーターが発見されたことなどがある。

6 ▸ 霊長類の進化

現生人類であるヒトは，**霊長類**(霊長目，サル目)の**ホモ・サピエンス**と呼ばれる種に分類されている。霊長類の系統分類(主な種類)を図72-5に示す。

図72-5 霊長類の分類と進化

(1) 霊長類の祖先

中生代の白亜紀末(約6500万年前)に現れたツパイ(キネズミ)に似た動物が，樹上生活へ適応した結果，霊長類の祖先になったと考えられている。

参考 ツパイは，登攀(とうはん)目に属する動物であり，かつては霊長類の原始的なグループであるとされたが，化石や分子系統学的データから，初期の霊長類より新しい時期に繁栄したことから，霊長類の直接の祖先ではない。また，食虫目というグループに属していたが，その後食虫目はいくつかのグループに解体され，現在では正式な分類群として使われていない。

(2) **曲鼻猿類**(キツネザルのなかま)

新生代に現れた曲鼻猿類は，両眼が顔の前面につき，**立体視**(☞p.92)できる範囲が広がったこと(図72-6)や，指の爪が，かぎ爪から扁平で枝などをつかみやすい平爪に変化したこと(図72-7)などにより，樹上生活に適応した。

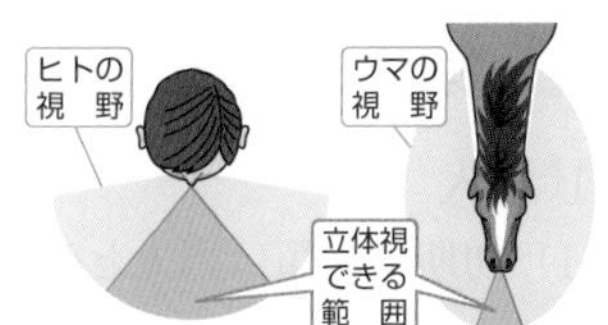

図72-6　立体視の範囲の比較

図72-7　平爪(左)とかぎ爪(右)

(3) **広鼻猿類**(オマキザル，オナガザルなど)

その後現れた広鼻猿類では，親指が小形化し，他の4本の指と向かい合うこと(**拇指対向性**)で，枝をにぎりやすくなった(図72-8)。

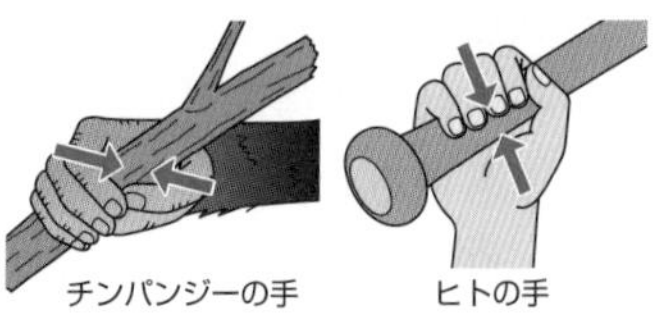

図72-8　霊長類の拇指対向性

(4) **類人猿**(ゴリラ，チンパンジーなど)

新生代新第三紀初期には，テナガザル，オランウータン，ゴリラ，チンパンジー，ボノボなどの**類人猿***の祖先が現れた。樹上で生活する大形の類人猿は，肩の関節の可動範囲が大きくなり，長い腕を使って枝から枝へと渡り歩くことが可能になり，腰も伸びるようになっていった。チンパンジーやゴリラは地上で四足歩行(前肢の指関節の背側を地面につけた四足歩行)も行い，生活空間を広げていった。

参考 ＊類人猿は，分類学上の正式な名称ではないが，人類に最も近縁で腕が長く尾をもたない，人類以外の霊長類のこと。テナガザル科(4属)を含めず，オランウータン・ゴリラ・チンパンジー・ボノボの大形霊長類(3属4種)のみを指す場合もある。

7 ▶ 人類の進化

1 類人猿から猿人への進化

新生代新第三紀に，気候の乾燥化が進み，食糧の豊富な森林が縮小したことにより，類人猿のあるものが生活圏を森林から草原に移行し，地上での生活に適応した**直立二足歩行**をするようになり，**人類**へ進化したと考えられている。

直立二足歩行を始めた理由

人類が直立二足歩行をするようになったことの理由について，さまざまな説が提出されているが，まだ決定的な説はない。代表的な説をみてみよう。

直立二足歩行が可能になった初期人類の雄は，視野が広がり危険の早期察知が可能になり(視野拡大説)，自由になった手で多くの食糧を育児中の雌のもとに運搬可能になった。雌はこのような雄を好むことにより，子育ての効率が上がった(食糧提供仮説)。直立二足歩行は四足歩行より体重当たりの酸素消費量が少ない，つまり移動効率が上がり多くの食糧を獲得できるようになった(エネルギー効率説)。

2 猿人からヒトへの進化

1 猿人

(1) 初期の人類は**猿人**(えんじん)と呼ばれ，その化石はすべてアフリカで発見されている。最古の人類の化石は，アフリカのチャドにある約700万年前の地層から発見されたサヘラントロプス・チャデンシスである。約580万～440万年前の地層からは，**ラミダス猿人**(アルディピテクス・ラミダス)のほぼ全身に近い化石が発見された。また，約420万～150万年前の地層からは，**アウストラロピテクス(属)**の化石が多数発見されている。

(2) 猿人は，**大後頭孔**(だいこうとうこう)(頭骨と脊椎をつなぐ位置にある脊髄の通り道)が類人猿よりも前方に位置するようになるとともに，骨盤が横に広がっていることから，直立二足歩行をしていたと考えられている。

(3) 脳容積*は約550mLで現生のヒト(ホモ・サピエンス)の約3分の1である。

参考 *頭蓋腔容量のこと。大脳や小脳などの脳全体の大きさよりも大きな値となる。

(4) 犬歯が退化し，歯列(歯の並び方)が放物線に近く，ヒトに近い特徴をもつ。

2 原人

(1) 約240万～180万年前に，ホモ属の**ホモ・ハビリス**や**ホモ・エレクトス***などの原人(化石はアジアやヨーロッパなどで発見)が出現した。

参考 *アジアに分布を広げたホモ・エレクトスは，北京原人やジャワ原人と呼ばれる。

(2) 様式のはっきりした石器を使っており，火を使用していた。

(3) 脳容積は約1000mLで，猿人よりも拡大した。

3 旧人

(1) 約60万～25万年前に，ホモ・ハイデルベルゲンシスなどの旧人が出現し，そのなかから約30万～20万年前に，**ネアンデルタール人**(ホモ・ネアンデルターレンシス)が出現した。ネアンデルタール人の化石は，中近東やヨーロッパで発見されているが，それらの地域の寒冷化やホモ・サピエンスの影響により，約3万年前に絶滅したと考えられている。

参考 現在では，ネアンデルタール人の核のDNA分析が可能である。それによると，アフリカ以外の現生のヒトの一塩基多型の1～4%が，ネアンデルタール人由来であることがわかった。

(2) 複雑な石器技術をもっていた。

(3) 身長が高く骨格が頑丈で，脳容積は約1500mLで現生のヒトと変わらない。

4 ヒト(ホモ・サピエンス)

(1) 現生のヒトの直接の祖先(新人(しんじん))は，約20万年前にアフリカで出現した。

(2) ヒトとネアンデルタール人は同属であるが別種である(亜種ではない)。

参考 ネアンデルタール人は，かつてはヒトの祖先と考えられることもあったが現在では否定する研究者が多い。

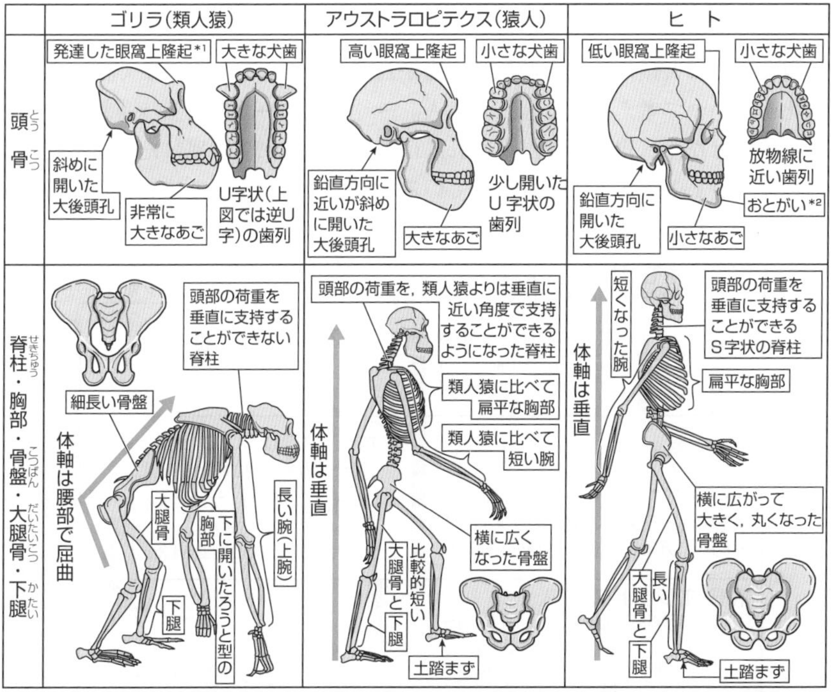

	ゴリラ(類人猿)	アウストラロピテクス(猿人)	ヒト
頭骨	発達した眼窩上隆起*1 大きな犬歯 斜めに開いた大後頭孔 非常に大きなあご U字状(上図では逆U字)の歯列	高い眼窩上隆起 小さな犬歯 鉛直方向に近いが斜めに開いた大後頭孔 大きなあご 少し開いたU字状の歯列	低い眼窩上隆起 小さな犬歯 放物線に近い歯列 おとがい*2 鉛直方向に開いた大後頭孔 小さなあご
脊柱・胸部・骨盤・大腿骨・下腿	頭部の荷重を垂直に支持することができない脊柱 細長い骨盤 体軸は腰部で屈曲 大腿骨 下腿 下に開いたろうと型の胸部 長い腕(上腕)	頭部の荷重を，類人猿よりは垂直に近い角度で支持することができるようになった脊柱 類人猿に比べて扁平な胸部 類人猿に比べて短い腕 体軸は垂直 横に広くなった骨盤 大腿骨と下腿 比較的短い 土踏まず	短くなった腕 体軸は垂直 頭部の荷重を垂直に支持することができるS字状の脊柱 扁平な胸部 横に広がって大きく，丸くなった骨盤 長い大腿骨と下腿 土踏まず

表72-1 類人猿・猿人・ヒトの主な形態的特徴の比較

参考 ＊1. 眼窩上隆起は，眼窩(眼球がおさまるくぼみ)の上の隆起であり，外力から眼球を保護し，そしゃく時に頭蓋にかかる力を緩和している。化石人類では発達していた眼窩上隆起は，硬い食物をかみ切ったり，かみつぶしたりしなくなったヒトでは退化して目立たなくなっている。

＊2. ヒトにみられる下あごの先端の突出部をおとがいという。ヒトは直立二足歩行により自由になった手で食物をちぎって口に運ぶことができるため，口で直接食物をかみ切ることがなくなった。また，道具や火を利用してやわらかい食物を得られるようになったので，そしゃく能力が退化したため，歯が小さくなり，口が後退してあごが小さくなったが，下あごの先端のみ残されたので，おとがいが生じたと考えられる。

3 人類の進化にともない変化した特徴

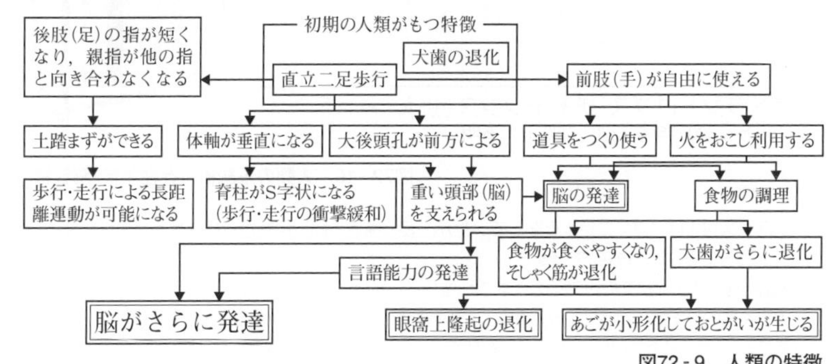

図72-9 人類の特徴

4 人類の系統樹

現在までに人類の系統樹が数多く描かれてきたが，それらの多くは，人類の進化が，かつて考えられてきた「猿人」→「原人」→「旧人」→「新人」という単線ではなく，複数の種が生まれては消え，現代に生き残った，たった一つの種(枝)がヒトであることを示している。人類の進化を正確に表した系統樹として確定したものはないが，一例を図72-10に示す。

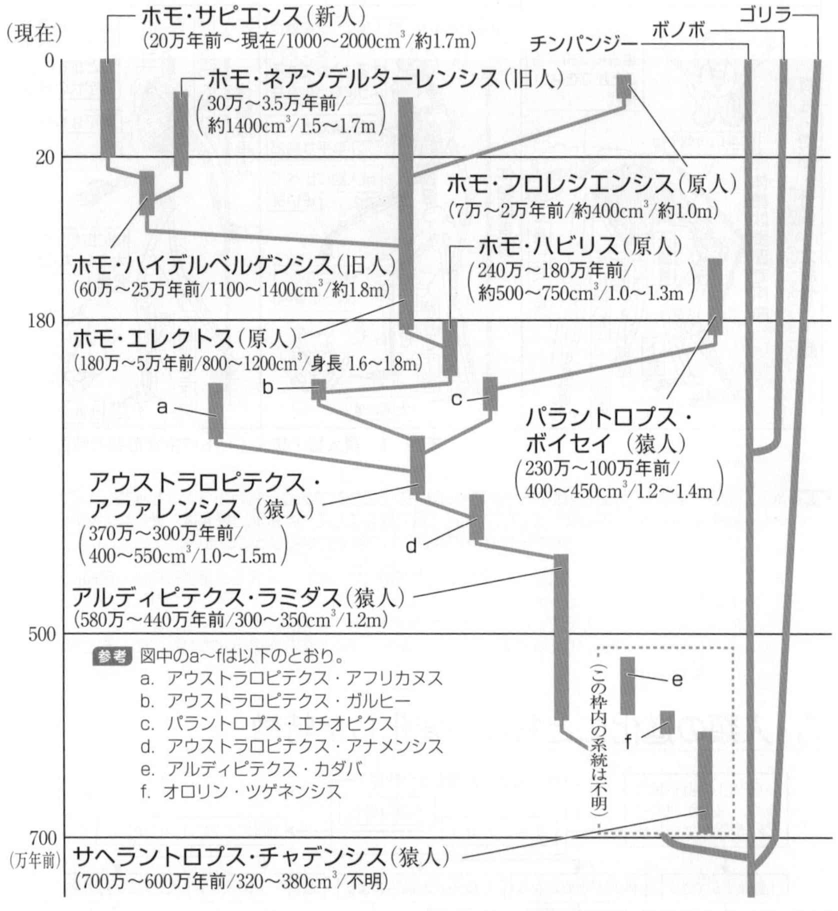

図72-10　人類の系統樹（存在年代/脳容積/身長）

参考 1. ラミダス猿人は，直立二足歩行をしていたが，足の構造や同じ地層から見つかる動物化石などから，樹上生活をしていたと推測される。

2. 1974年，エチオピアの約320万年前の地層から，雌(女性)の猿人化石が見つかった。この化石は，全身の約4割の骨を含んでおり，研究者に多くの情報を提供した。この雌の猿人化石には「ルーシー」という愛称と，「アウストラロピテクス・アファレンシス」という学名が与えられた。

8 ▶ ヒトの特徴と分布

(1) **約20万年前**に**アフリカ**で出現したヒトは，約10万年前*にアフリカから出てアラビア半島に進出し，その後，約6万年前以降の海水面が低下していた氷期に全世界に広がったと考えられている(図72 - 11)。

参考 ＊アフリカで出現したヒトがアフリカから出たのは，約7万～5万年前という説もある。

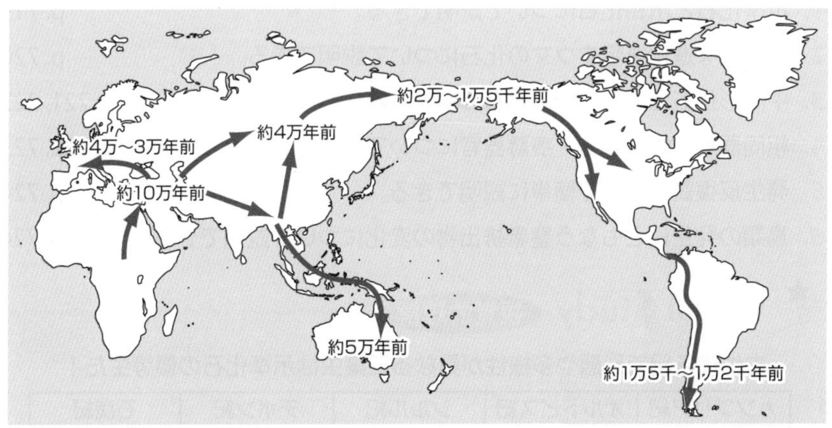

図72 - 11　ヒトの分布拡大経路

(2) ヒトは分布を広げ，用途の異なる精巧な石器を使用し，言語を用いて他者とのコミュニケーションをとり，洞窟内に動物や人間の壁画を描いていた。

参考 人類の進化において，言語の使用が始まった時期はよくわかっていない。原人は発声にかかわる胸部の神経が発達していたとされるが，彼らが言語を使用していたかどうかは不明である。

もっと広く深く　アフリカ単一起源説（イブ仮説）

1987年，米国カリフォルニア大学のアラン・ウィルソンらは，世界各地の人たち(アジア・アフリカ・ヨーロッパ・オーストラリア・ニューギニアの5地域・147人の女性)のミトコンドリア中のDNAの塩基配列の分析結果をもとに系統樹をつくった。これによると，ミトコンドリアのDNAは約29万～14万年前のアフリカの１人の女性（仮にイブと呼ぶ)にまで辿ることができ，現代人の直接の祖先は原人ではなく旧人であると考えられた。さらに個人間の塩基の異なる割合を調べると，アフリカで最も大きく，他の地域ではそれに比べて小さい。この結果は，現代人の祖先がアフリカで数を増やし，長い年月をかけて遺伝的多様性を蓄積した後，そのうちの一部の集団が他の地域に移動することが繰り返されたこと，また，アフリカ以外の地域での人類は，一部の集団をもとに形成されたので，遺伝的な差が小さいことを示している。

第73講 進化の証拠

The Purpose of Study 到達目標

Visual Study 視覚的理解

古生代各紀で形態や多様性が異なる三葉虫は示準化石の優等生だ！

カンブリア紀	オルドビス紀	シルル紀	デボン紀	石炭紀
形態の多様性が比較的低い。	種と形態の多様性が高い。	種と形態の多様性が低い。	形態の多様性が高い。	種と形態の多様性が著しく低い。
ボクの体長は約3cm。ボクやボクの仲間（下図）の化石があったら，そこはカンブリア紀の地層だ。	私は体長11cm。私や私の仲間（下図）の化石があったら，そこはオルドビス紀の地層ヨ。	オイラは体長15cm。オイラやオイラの仲間（下図）の化石があったら，そこはシルル紀の地層だぜ。	ワテは体長7cm。ワテやワテの仲間（下図）の化石があったら，そこはデボン紀の地層やで。	仲間が減ってサビシイー。
				ペルム紀
				この紀に全滅する。 バイバイ。

1 ▶ 進化の証拠

現代の生物学では，化石にみられる形態の比較，現生生物にみられる形態の比較，現生生物間の分子レベル(核酸，タンパク質，代謝産物)の比較などを進化の証拠として，進化の過程やしくみについての研究がなされている。

2 ▶ 示準化石と示相化石

(1) 代や紀などの特定の地質時代に限って産出され，その時代を特徴づける(地質時代の代や紀を推定する手がかりとなる)化石を**示準化石**(しじゅんかせき)という。

例　三葉虫➡古生代，リンボク➡石炭紀，フズリナ➡石炭紀・ペルム紀，アンモナイト・恐竜➡中生代，ヌンムリテス(貨幣石)➡古第三紀，哺乳類➡新生代

参考　筆石(ふでいし)類➡カンブリア紀・オルドビス紀・シルル紀・デボン紀・石炭紀，クサリサンゴ➡オルドビス紀・シルル紀，ビカリア(巻貝の仲間)➡古第三紀・新第三紀，マンモス・ナウマンゾウ➡第四紀，なども示準化石である。

(2) ある地層に含まれている化石のうち，その地層が堆積した当時の気候や環境条件を知る手がかりとなるものを**示相化石**(しそうかせき)という。

例　サンゴ・ウミユリ➡温暖な気候の浅い海，ブナ➡温帯のやや寒冷な土地，シジミ・カキ➡河口などの汽水域，ビカリア➡熱帯・亜熱帯の汽水域

田部の裏づけ

示準化石

1. 次の(a)～(d)の特徴をもつ生物の化石は，示準化石としての価値が高い。
(a) 存在期間が短く，ある時代に限られている。(b) 地理的分布が広い。
(c) 個体数が豊富である。(d) 種(形態)の区別が容易である。

2. フズリナは，紡錘虫(ぼうすいちゅう)とも呼ばれ，石炭紀からペルム紀にかけて生きていた原生動物(単細胞)である。フズリナは，その形態が小さく単純なものから大きく複雑なものに変化し，1種の生存期間が短いため，石灰岩に多数含まれているフズリナの化石を調べれば，その石灰岩の年代推定ができる。

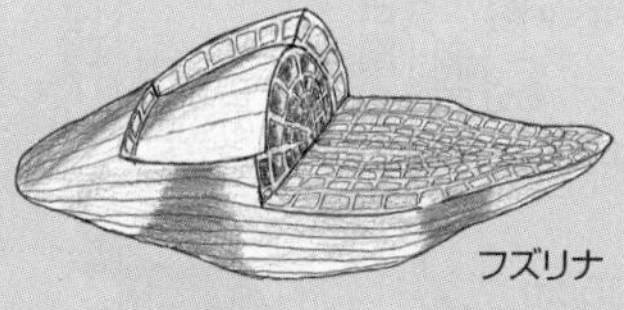
フズリナ

3. アンモナイトは，古生代のデボン紀前期に出現し，中生代の白亜紀に絶滅した軟体動物であり，生存した時代により，殻の形や大きさの多様性が高い。古生代に出現したアンモナイト(古生代型アンモナイト)はペルム紀末期に絶滅したが，その後出現したアンモナイト(中生代型アンモナイト)は中生代の示準化石としての価値が高い。

第13章

③ 化石にみられる形態の比較

1 連続的な進化を示す化石

(1) 最古(約5,500万～5,000万年前)のウマの化石として知られているヒラコテリウムは，4本指(前肢は4本指，後肢は3本指)をもったキツネくらいの大きさの動物であり，森に生息し，木の葉を食べていた。

(2) イネ科草本からなる草原の拡大にともなって出現したメソヒップスは，木の葉を食べていたが，草原を走ることに適応する過程で，前肢の指が3本に減った。

(3) メリキップスは，肢の指は3本のままだが，そのからだは大形化し，木の葉とイネ科草本の両方を食べていた。

(4) その後，ウマの仲間のからだはさらに大形化し，肢の指は1本となった。また，硬いイネ科の草本をかみくだくようになったウマでは，臼歯のかみ合わせ面は複雑になったが，すり減りの程度が増すので臼歯は長くなった。

(5) 現生するウマ属(エクウス)は，約300万～100万年前に出現した。

参考 新生代新第三紀(約1300万年前)の地層からは，エクウスに近い形態(前肢・後肢はともに1本指)のプリオヒップスの化石が見つかっている。

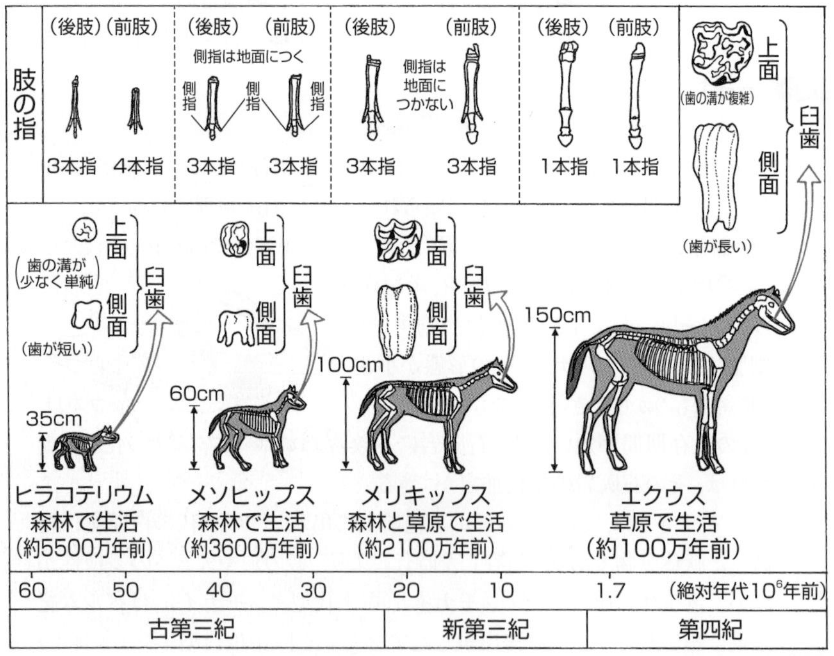

図73-1 ウマの進化

2 中間形化石

図73-2　シダ種子類

(1) 化石のなかには，進化の過程における中間段階を示すものがある。このような化石は，**中間形化石**と呼ばれ，進化が連続的に起こったことを示す証拠であると考えられる。

(2) 古生代に繁栄した**シダ種子類**(ソテツシダ類)は，シダ植物に似た葉や茎をもつ一方で種子をつけるので，シダ植物から種子植物へ進化する移行形態の一つと考えられている(図73-2)。

(3) **始祖鳥**はジュラ紀の生物であり，爬虫類と鳥類の特徴をあわせもつ。

(4) 始祖鳥と現生鳥類の一種であるハトの形態を比較すると(図73-3)，始祖鳥は以下の①〜③の特徴をもつことから，爬虫類と鳥類の中間的な形態をもっていたと考えられている。

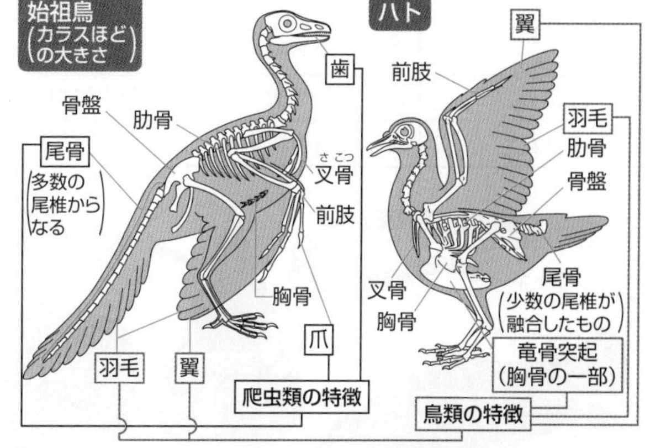

図73-3　始祖鳥とハトの形態の比較

①鳥類の特徴である翼や羽毛をもつ。
②爬虫類の特徴である両顎の歯，多数の尾椎からなる長い尾骨，前肢のかぎ爪をもつ。
③鳥類の特徴である歯のない(真の)くちばしをもたない。また，強力な翼筋をつけるための幅広く大きな胸骨(胸骨下部の突起を竜骨突起という)をもたないため，飛翔能力は高くなかったと考えられている。

3 生痕化石

(1) 化石は地質時代に生存していた生物の有形の「遺物」であるから，生物そのものが石と化したものである必要はない。

(2) 三葉虫の這(は)い跡(あと)や，カニの穴(巣)，恐竜の足跡，食痕(しょくこん)，糞化石，さらに，骨格に残された病変や骨折，さらにそれらの治癒の跡なども，その生物の生活状況を表す証拠，あるいは進化を裏づける有力な証拠となる。

(3) 生物が残した生活の跡が化石化したものを**生痕化石**(せいこんかせき)という。

 ▶ 現生生物にみられる証拠

1 生きている化石

化石として発見されている生物に近い特徴を現在まで保っている生物のことを**生きている化石**といい，進化途上の移行形態を示すものが多い。

生物例	特徴
ヤツメウナギ	脊索と脊椎骨をもつ。原索動物と脊椎動物の中間形質。
シーラカンス	内部に骨のある肉質の鰭をもつ。魚類と両生類の中間形質。
カモノハシ	卵生だが，乳で育児。体毛あり。爬虫類と哺乳類の中間形質。
ソテツ・イチョウ	精子と花を形成。シダ植物と裸子植物が近縁であることを示す。
メタセコイア	白亜紀に出現し新生代古第三紀に繁栄した種。化石として発見されたため絶滅種とされたが，後に現存することがわかった。
カブトガニ	古生代に繁栄。幼生は三葉虫に似ている。
オウムガイ	古生代前半に繁栄。アンモナイトと共通の祖先をもつとされる。

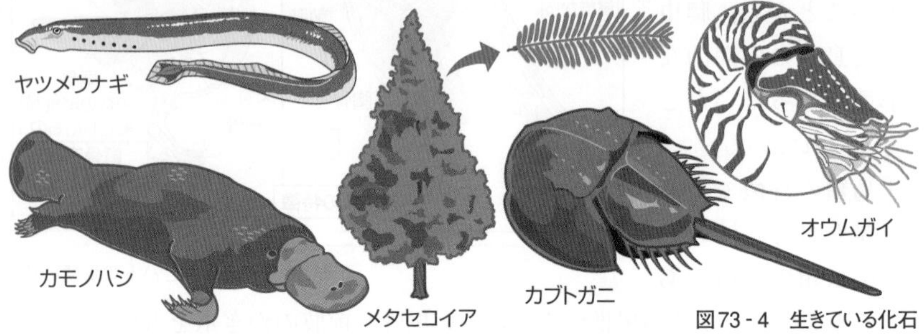

図73-4　生きている化石

2 現生生物の形態にみられる進化の証拠

進化の証拠は，化石だけではなく現生の生物の形態(器官)からも見いだすことができる。

[1] 適応放散と相同器官

(1) 共通の祖先をもつ生物群がさまざまな環境に適応して多様な種に分化し，多数の異なる系統に分岐することを**適応放散**という。

(2) 基本的な構造や発生の起源が同じ器官を**相同器官**という。別種の生物どうしが相同器官をもつ場合，それらの生物は，共通の祖先から進化したと考えられる。相同器官は**適応放散**の証拠の一つである。

(3) 植物の相同器官の例として，サボテンのとげとエンドウの巻きひげ(ともに葉が変化したもの)がある。

(4) ヒトの腕，クジラの胸びれ，コウモリの翼，鳥類の翼，ワニの前肢の外観や働きはそれぞれ大きく異なるが，骨格を調べるといずれも基本的に同じ構造をもっており，これらは前肢が変化した相同器官である(図73-5)。

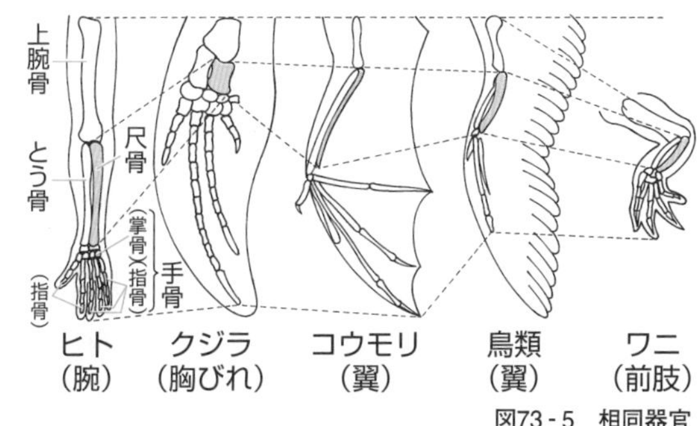

図73-5　相同器官

2 収れんと相似器官

(1) 系統の異なる種が同じような環境に適応することによって，よく似た形質をもつようになることを**収れん**という。

(2) 形態や働きは似ているが，発生の起源が異なる器官を**相似器官**という。相似器官は収れんの証拠の一つである。

(3) 相似器官の例としては，以下の①～③などがある。

①昆虫類の翅(表皮が起源)と鳥類の翼(前肢が起源)(図73-6)

②コウモリの翼(前肢が起源)と昆虫類の翅(表皮が起源)

③エンドウの巻きひげ(葉)とブドウの巻きひげ(茎)

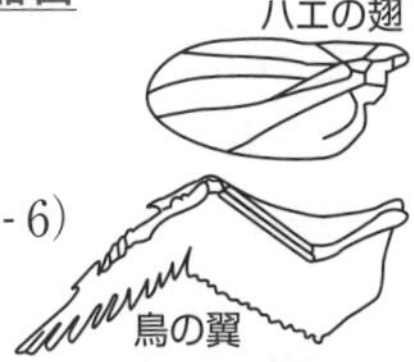

ハエの翅

鳥の翼

図73-6　相似器官

3 痕跡器官

(1) 祖先の生物や近縁の生物では発達して器官としての働きをもっていたが，その生物では進化の過程で退化し，ほとんど働きを失った器官は，**痕跡器官**と呼ばれる。

(2) 痕跡器官の例としては，クジラやニシキヘビの後肢，ヒトの結膜半月ひだ，耳を動かす筋肉(前耳筋・耳筋・後耳筋)，犬歯・第三大臼歯(親知らず)，虫垂や，少数の尾椎が融合した尾骨などがある。

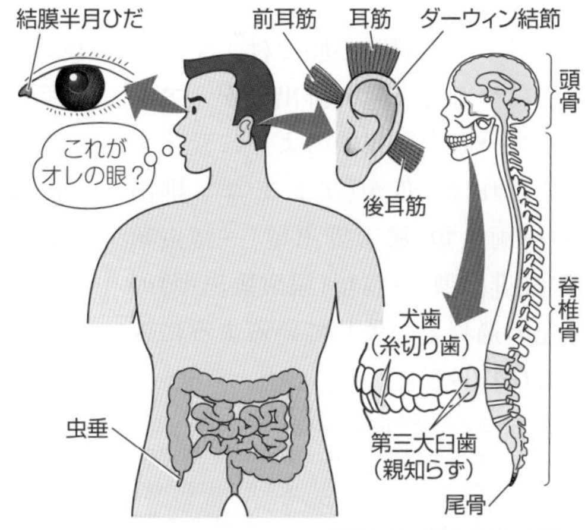

図73-7　ヒトの痕跡器官

4 脊椎動物の発生過程の比較

(1) 脊椎動物の発生初期の胚は，どれも同じような形態であり，陸生の**爬虫類**以上の動物でも，**えら**のような構造(図73-8中の◯)が現れる。これは，すべての脊椎動物が，水生の祖先から進化したことの名残と考えられている。

(2) ヒトの胎児期には，心臓は1心房1心室(魚類型)→2心房1心室(両生類型)→心室に不完全な隔壁をもつ2心房1心室(爬虫類型)→2心房2心室(哺乳類型)という過程を経て形成される。

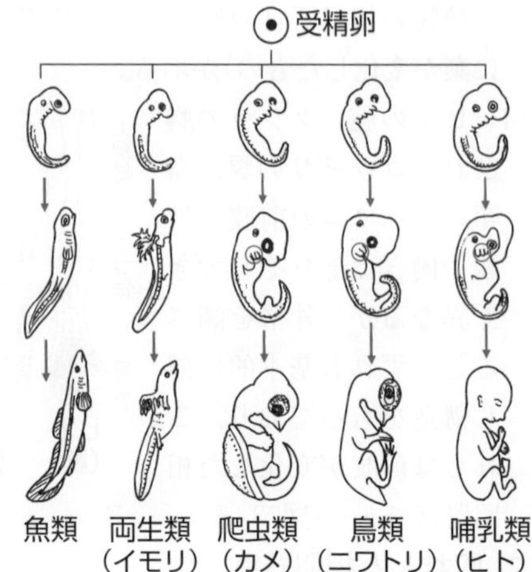

図73-8 脊椎動物の個体発生の比較

(3) 1866年，**ヘッケル**は，脊椎動物の発生過程の類似性に注目して，「**個体発生**(受精卵が発生して個体になるまでの過程)は，**系統発生**(進化の過程)の短縮された，かつ，急速な反復である」という**発生反復説**を提唱した。発生反復説は，すべての生物に当てはまるわけではないが，個体発生の過程に進化の証拠が含まれる場合があることを示した。

参考 発生反復説は「生物発生原則」「ヘッケルの反復説」「反復説」などと呼ばれることもある。

3 現生生物の代謝産物の変化にみられる証拠

ニワトリ(鳥類)の胚では，発生が進むにつれて，窒素排出物が，アンモニア→尿素→尿酸のように変化する。これは，魚類(アンモニア排出型)→両生類(尿素排出型)→爬虫類(尿酸排出型)→鳥類(尿酸排出型)の進化の過程と一致しているようにみえる(図73-9)。

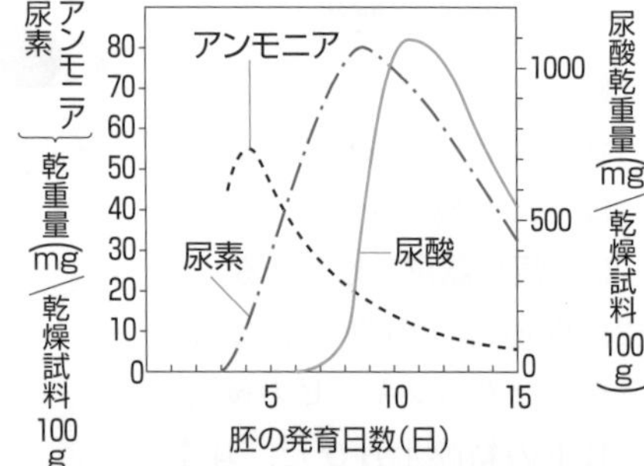

図73-9 ニワトリ胚の窒素排出物の変化

参考 1. 上記の窒素排出物の変化は，卵殻内での発生が浸透圧の変化による影響を受けないための適応とみなされ，発生反復説の例とされることもある。

2. 窒素排出物として主に尿素を排出する哺乳類は，アンモニア排出型の魚類→尿素排出型の両生類→尿酸排出型の爬虫類(双弓類)→尿素排出型の哺乳類のような進化の過程を経て出現したのではなく，尿素排出型の両生類から尿素排出型の羊膜類(単弓類と呼ばれるグループであり，すでに絶滅)を経て進化したと考えられている。

もっと広く深く タコの眼とヒトの眼

1 タコの眼とヒトの眼の比較

(1) 軟体動物の頭足類(とうそく)に属するタコやイカの眼は，大きく，頭部の両側に位置しており，脊椎動物(カエルやヒトなど)の眼と次にあげるような点で非常によく似ている。透明な角膜，瞳孔の大きさを変えて眼に入る光量を調節する虹彩，毛様筋で支えられている水晶体，および眼底にあって視細胞のある網膜などから構成され，高い結像能力をもつ。

(2) しかし，近くにあるものを見るときには，毛様筋が弛緩するが，遠くにあるものを見るときには毛様筋を収縮させて水晶体を後方へ網膜に近づくように引っ張ることで行う遠近調節は，ヒトなどとは異なっている。

(3) また，下図に示すように，タコの眼の発生様式は脊椎動物(ヒト・カエルなど)の眼の発生様式とは異なっており，タコの眼の視細胞の光感受性領域は直接光源方向に向いているが，脊椎動物の眼の網膜は裏返しの位置にあり，視細胞の光感受性領域は光源とは反対方向を向いている。さらに，脊椎動物の眼では，光源側に位置している神経繊維が脳に向かう出口に相当する盲斑が存在するが，タコやイカの眼には盲斑は存在しない。

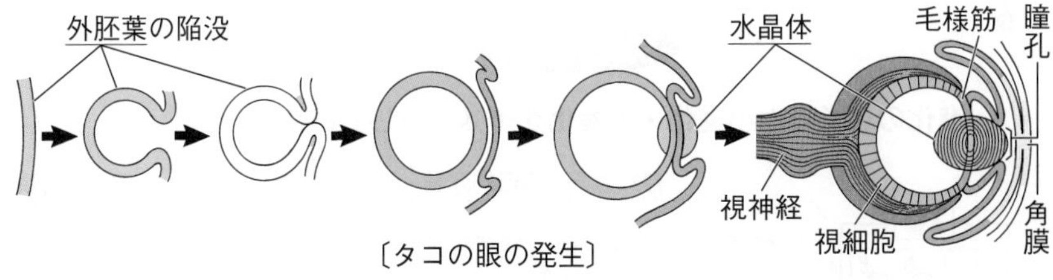

〔タコの眼の発生〕

2 タコの眼とヒトの眼は相似器官といわれているが…

(1) 動物ではさまざまな種類の眼が知られているが，これらの眼はそれぞれが独立に進化したものであるので，タコの眼とヒトの眼の構造と機能がどんなに似ていても，両者の眼は収束進化の結果として生じた相似器官であると考えられていた。

(2) しかし，分子生物学と発生学の進展が著しい最近になり，異なる種類の眼の発生にも，共通の調節遺伝子(Pax6)が関与していることがわかってきた。つまり，種々の動物の眼は，その共通の祖先がもっていた原始的な光受容器が，共通の遺伝子が関与する発生システムをそれぞれ変化させることによって進化してきたものと考えられるようになった。

参考 種々の動物の発生に関する遺伝子の発現システムを比較することによって進化を理解しようとする生物学の一分野は「進化発生生物学(Evo Devo「エボデボ」)」と呼ばれることもある。

進化のしくみ

The Purpose of Study 到達目標

Visual Study 視覚的理解

進化のしくみと小進化・大進化をイメージしてみよう！

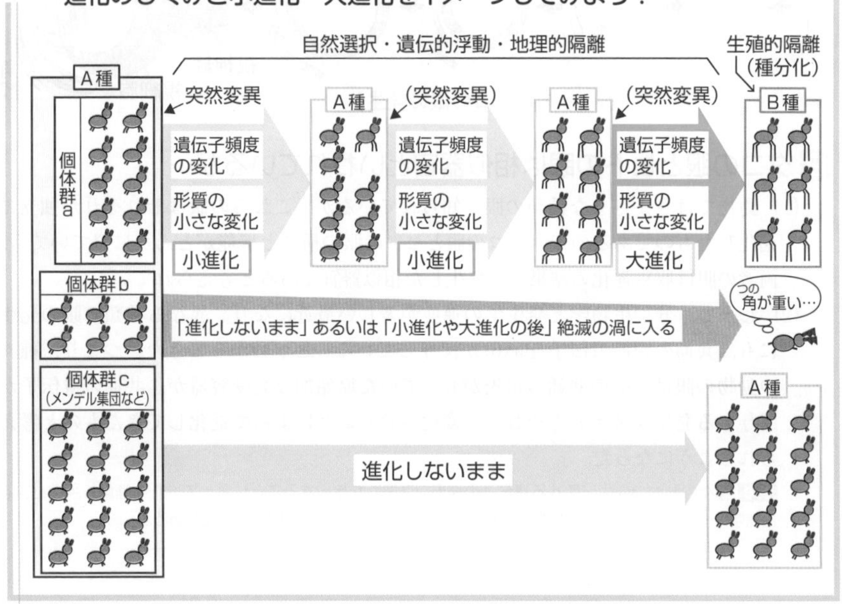

1 ▶ 進化とは

(1) 生物の遺伝的性質(遺伝情報や表現型(形質))が世代を経るに従って変化していくことを**進化**という。

(2) 以下のような内容も進化と呼ばれる。

①生物の集団内の遺伝子構成が世代とともに変化していくこと。

②ある集団から遺伝子頻度の異なる集団が形成されること。

(3) 生物を分類する際の基本的単位(階級)は**種**(☞p.11, 743)であり，同種の個体どうしは交配して子孫を残すことができる。

(4) 進化において1つの種から新たな種が生じたり，1つの種が複数の種に分かれるような変化を**種分化**という。

(5) 個体群や種内で起こる遺伝的変化や，個体の形質の小さな変化など，種分化には至らない変化を**小進化**という。

参考 生物の分類において，種よりも一段低い階級を亜種という。同種内の異なる亜種は，それぞれ同種としての固有の特徴を共有しているが，互いに重なり合わない分布域を占めるので，通常は交配しないが，交配によって子孫をつくることは可能である。動物の分類では，種よりも下位の階級として亜種のみがあるが，藻類・菌類・植物の分類では，種よりも下位の階級として，亜種の他に変種や品種などがある。

(6) 種分化が起こって新しい種が誕生したり，魚類の祖先から陸上に進出する生物が生まれたりといった，種以上の階級(☞p.743)でみられる表現型の大きな変化を**大進化**という。

2 ▶ 進化の要因

進化が起こる要因には，突然変異，自然選択，遺伝的浮動，隔離などがある。このうち隔離(地理的隔離，生殖的隔離)は，**種分化**が起こる要因となる。

①**突然変異**：同種の個体間にみられる違いを**変異**という。そのうち，遺伝するもの(遺伝的変異)の原因となるもの(☞p.730)。

②**自然選択**：集団内の個体のうち，生存や繁殖のうえで有利な形質をもつものが，次世代の個体を多く残すこと(☞p.734)。

③**遺伝的浮動**：集団内の**遺伝子頻度**(☞p.728)が，世代間で偶然によって変動すること(☞p.736)。

④**隔離**：同種の集団間で交配や個体の移動による遺伝子の交流が妨げられること。地理的な障壁(山・川・谷など)や，生殖の時期のずれなどが原因となる(☞p.738)。

③ 進化と遺伝子頻度

1 遺伝子プールと遺伝子頻度

(1) 有性生殖を行う同種の生物集団(個体群)がもつ遺伝子全体は，**遺伝子プール**と呼ばれ，すべての個体の全遺伝子座の全対立遺伝子で構成される。

(2) 遺伝子プールにおいて，ある遺伝子座における対立遺伝子のそれぞれが集団中で占める頻度(割合)を**遺伝子頻度**という。

例 ある遺伝子座の1組の対立遺伝子Aとaについて，集団内の個体の遺伝子型の比が$AA:Aa:aa=1:2:2$であったとする。この集団を遺伝子プールでとらえると，遺伝子Aとaの数の比は$A:a=4:6=2:3$となる。このとき，

遺伝子Aの遺伝子頻度は，$\dfrac{\text{遺伝子}A\text{の数}}{\text{遺伝子}A\text{と}a\text{の総数}}=\dfrac{2}{2+3}=0.4$,

遺伝子aの遺伝子頻度は，$\dfrac{\text{遺伝子}a\text{の数}}{\text{遺伝子}A\text{と}a\text{の総数}}=\dfrac{3}{2+3}=0.6$ となる。

(3) 個体群における遺伝子構成の変化は，**遺伝子プール**における**遺伝子頻度**の変化で表すことができる。

2 ハーディ・ワインベルグの法則

(1) 自然界における生物の集団の遺伝子頻度は，さまざまな要因によって変化する。その要因すべてを把握することは非常に困難であるため，要因を単純化し，次の①～⑤のような条件を備えた集団が仮定された。

①**突然変異**が起こらない。
②**自然選択**が働かない(個体の生存力や繁殖力に有利・不利がない)。
③集団を構成する個体数が非常に多い(集団が十分に大きい)。
④他の集団との間で，個体の移入や移出が起こらない(遺伝子流動※がない)。
※遺伝子流動とは，「ある生物集団から別の集団へ遺伝子が移動すること」である。
⑤集団を構成する個体が任意(自由)に交配する。

(2) これらの条件をすべて満たす集団では，集団内の遺伝子頻度は世代を経ても変化しない。これを，**ハーディ(ー)・ワインベルグの法則**という。ハーディ・ワインベルグの法則が成り立つ集団(メンデル集団とも呼ばれる)は，**遺伝子平衡**(ハーディ・ワインベルグ平衡)にあるといい，**進化が起こらない**集団である。

(3) 自然状態における生物の集団では，これらの条件のいずれかが成り立たない(突然変異が起こる，自然選択が働く，集団が小さい，遺伝子流動がある，任意交配が起こらない)ことにより，世代を経て集団内の遺伝子頻度が変化する(進化が起こる)と考えられている。

3 ハーディ・ワインベルグの法則が成り立つ集団の遺伝子頻度

(1) ハーディ・ワインベルグの法則が成り立つ集団内のある遺伝子座の1組の対立遺伝子A，aの遺伝子頻度をそれぞれp，q($p+q=1$)とする。

(2) 集団内の個体の遺伝子型は，雌雄いずれもAA，Aa，aaの3種類である。これらの個体から生じる配偶子の遺伝子は，A，aの2種類のみであり，それぞれの遺伝子をもつ配偶子の割合は，集団内の遺伝子A，aの遺伝子頻度と同じである。つまり，Aをもつ配偶子の割合はpであり，aをもつ配偶子の割合はqである。

(3) この集団内で任意交配が起こると，その配偶子の組み合わせと次世代集団の遺伝子型頻度(遺伝子型の割合)は，表74-1のようになる。なお，計算式では，$(pA+qa)^2=p^2AA+2pqAa+q^2aa$となる。

♂(雄性配偶子) / ♀(雌性配偶子)	pA	qa
pA	p^2AA	$pqAa$
qa	$pqAa$	q^2aa

表74-1　任意交配における次世代の遺伝子型頻度

この集団のAA個体(遺伝子Aを2つもつ個体)に含まれる遺伝子Aの割合(数)は$2\times p^2=2p^2$である。Aa個体(遺伝子Aと遺伝子aを1つずつもつ個体)に含まれる遺伝子Aの割合(数)は$2pq$である。同様に，aa個体に含まれる遺伝子aの割合(数)は$2\times q^2=2q^2$であり，Aa個体に含まれる遺伝子aの割合(数)は$2pq$である。

したがって，次世代集団における遺伝子Aの遺伝子頻度(p')は，

$$p'=\frac{\text{遺伝子}A\text{の数}}{\text{遺伝子}A\text{と}a\text{の総数}}=\frac{2p^2+2pq}{2p^2+4pq+2q^2}=\frac{2p(p+q)}{2(p+q)^2}=\frac{p}{p+q}=p\ (p+q=1\text{より})$$

となる。

一方，遺伝子aの遺伝子頻度(q')は，

$$q'=\frac{\text{遺伝子}a\text{の数}}{\text{遺伝子}A\text{と}a\text{の総数}}=\frac{2q^2+2pq}{2p^2+4pq+2q^2}=\frac{2q(p+q)}{2(p+q)^2}=\frac{q}{p+q}=q\ (p+q=1\text{より})$$

となる。

以上より，ハーディ・ワインベルグの法則が成り立つ集団では，世代を経ても遺伝子頻度が変化しないことがわかる。

4 ▸ 突然変異

1 変異の種類

(1) 変異は，遺伝しない**環境変異**と，遺伝する**遺伝的変異**に分けられるが，進化に関係するのは遺伝的変異のみである。

(2) **環境変異**は，同じ遺伝情報をもつ個体間において，生育過程での環境の違いによって現れる形質の違いであり，遺伝子の変化ではないため遺伝せず，進化には関係しない。

(3) 遺伝的変異は生殖細胞に**突然変異**が起こることで生じ，突然変異は**遺伝子突然変異**と**染色体突然変異**に分けられる。

もっと 広く 深く　環境変異と変異曲線

(1) ヨハンセンは，市販の多数のインゲンマメの種子の重さを測定し，それらの重さが平均値を中心とした連続的な変化を示すことを明らかにした(右図①)。このような変異の状態を表したグラフを**変異曲線**という。

(2) 種子を重さの違いで3つのグループに分け，それぞれを蒔いて成長後に自家受精を行うと，重いグループからは重い種子，軽いグループからは軽い種子が得られた(上図②)。

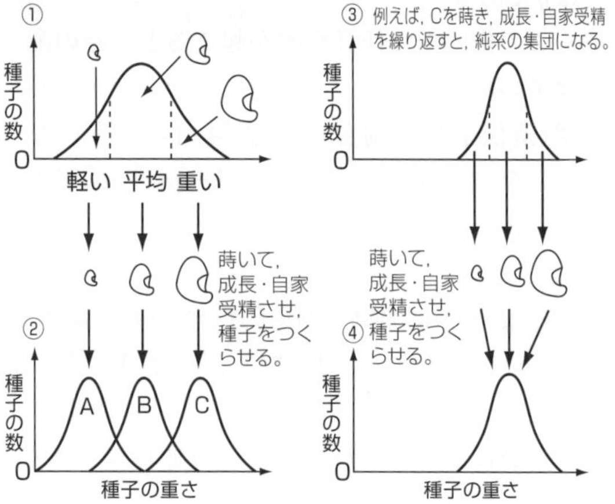

変異曲線

(3) グループ分けと自家受精を何代も繰り返すと，それぞれが遺伝的に純系になり(上図③)，それぞれのグループから得られる種子の変異曲線はほぼ同じになる(上図④)。このときにみられる種子の重さのばらつきが，環境変異である。

2 遺伝子突然変異と染色体突然変異

(1) **遺伝子突然変異**には，**置換**，**挿入**，**欠失**などがある(☞p.384, 385)。

(2) **染色体突然変異**には，染色体数の変化によるものと，染色体の構造の変化によるものがある。

(3) 染色体数の変化は，**倍数性**(ばいすうせい)と**異数性**(いすうせい)に分けられる。倍数性は，染色体数nを単位(**基本数**)としたとき，同種や近縁の種の間に基本数の整数倍の増減がみられる現象であり，倍数性を示す個体を**倍数体**(ばいすうたい)といい，nの個体は**一倍体**または**半数体**，$2n$の個体は**二倍体**，$3n$の個体は**三倍体**…のように呼ばれる。

(4) コムギの進化では，まず二倍体の一粒(ひとつぶ)コムギ($2n=14$)と品種未確定の野生型コムギ($2n=14$)の間に雑種*が生じ，この中から突然変異により染色体が倍加した四倍体の二粒(ふたつぶ)コムギ(マカロニコムギ)($2n=28$)が生じた。さらに，二粒コムギとタルホコムギ($2n=14$)の間に生じた雑種から，再び染色体の倍加によって六倍体のパンコムギ($2n=42$)が生じたと考えられている(図74-1)。

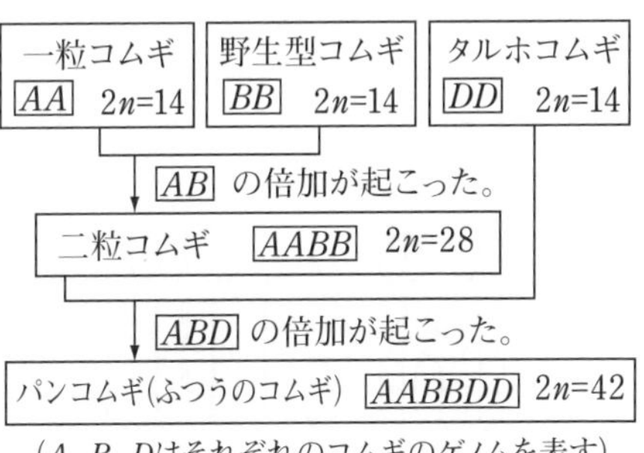

図74-1　コムギの進化

参考 上記＊の雑種は，一粒コムギ($2n=14$)から生じた配偶子($n=7$)と，野生型のコムギ($2n=14$)から生じた配偶子($n=7$)の受精によって生じた二倍体であるが，異種間の交雑であり，対合できない染色体(非相同の染色体)が含まれるので，異質倍数体と呼ばれる。同種間の交雑で生じた雑種は，同質倍数体(二倍体)と呼ばれ，核相は「$2n=$～」と表されるが，異質倍数体(二倍体)の場合は「$2x=$～」と表されることが多い。

したがって，＊の雑種の核相は$2x=14$であり，自身の生存には不都合はないが，このままでは，対合が起こらず減数分裂が進行しないので子孫をつくることはできない。しかし，倍数化が起こり四倍体($4x=28$)となると，減数分裂により核相が$2x=14$の配偶子をつくることができ，それらの受精により子孫をつくることができるようになる。なお，異質倍数体中の染色体上の遺伝子は，時間経過にともない，変異や移動により，交雑前の種における働きや機能とは異なったものとなるので，$4x=28$の異質倍数体(四倍体)は$2n=28$の同質倍数体(「二粒コムギ」)となる。

(5) 異数性は，染色体数が基本数の整数倍よりも1～数本増減する($2n\pm1$，2，3…のように表す)現象であり，異数性を示す個体を**異数体**(いすうたい)という。

(6) 染色体の構造の変化には，染色体の一部が繰り返す**重複**(じゅうふく)，染色体の一部が切れて失われる**欠失**(けっしつ)，染色体の一部が切れて逆向きにつながる**逆位**(ぎゃくい)，染色体の一部が別の染色体に移動してつながる**転座**(てんざ)がある(図74-2)。

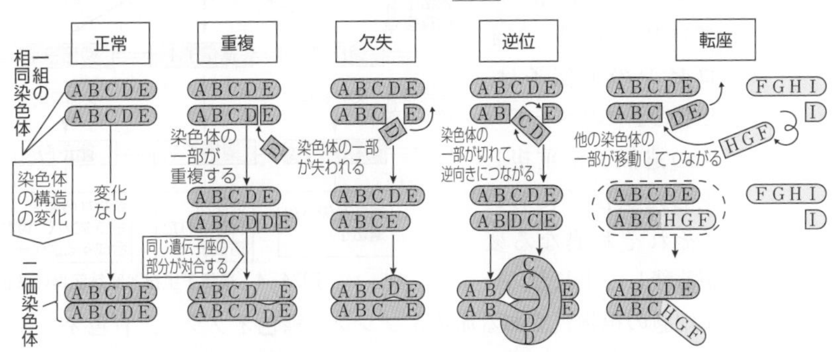

図74-2　構造の変化による染色体突然変異(A～Iは染色体上の領域を表している)

3 遺伝子重複

(1) 減数分裂の第一分裂前期に相同染色体がきちんと並ばなかった場合には，最終的にできる染色体上の配列に不均衡が生じる。これを**不等交差**といい，これによって，まれに同じ遺伝子を2つもつ染色体と，その遺伝子を欠く染色体とが生じる。同一のゲノム内で同じ遺伝子が2つになることを**遺伝子重複**という(図74-3)。

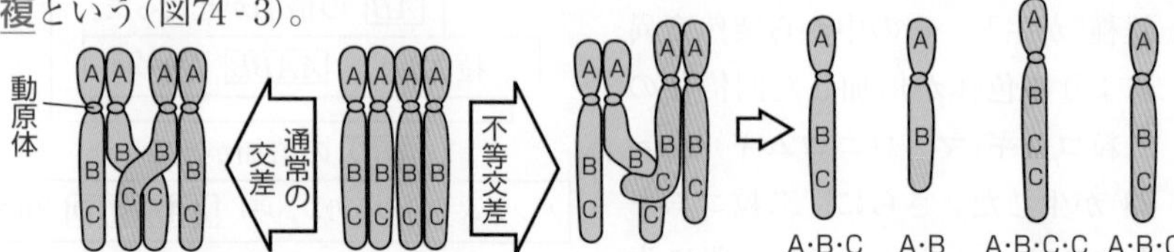

図74-3　不等交差による遺伝子重複

(2) **ホックス遺伝子(群)**は，遺伝子重複の一例である。一般には，遺伝子突然変異は，遺伝子の機能を失わせ，個体の生存に不利に作用することが多いため，自然選択により集団から排除されやすい。しかし，ある遺伝子が複数存在すると，そのうちの1つが突然変異によって機能を失っても，正常な別の遺伝子が働くため，そのような突然変異は個体の生存にとって有利でも不利でもなく中立的となる。したがって，重複した遺伝子で生じた変異は自然選択で除かれず，**遺伝的浮動**によって集団内に広まることがある。

(3) 1つの遺伝子に変異が蓄積すると，機能を失うことが多い。しかし，変異によっては，もとの機能とは異なる新たな機能をもつタンパク質をコードする遺伝子が生じることもある(図74-4)。このため，遺伝子重複は，進化の過程で重要な役割を果たしてきたと考えられており，重複で生じた遺伝子群のように，同じ遺伝子に由来し，互いに類似した塩基配列をもつ遺伝子群を**遺伝子ファミリー**と呼ぶ。

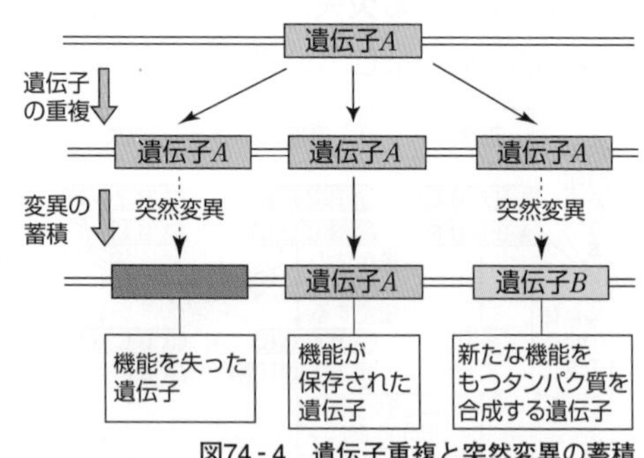

図74-4　遺伝子重複と突然変異の蓄積

例 1. ヘモグロビンα鎖・ヘモグロビンβ鎖・ミオグロビンの遺伝子は，もともと1つのヘモグロビンの遺伝子が重複して生じた遺伝子において，それぞれ異なる変異が蓄積して生じた。

2. 錐体細胞の視物質である赤色オプシン，緑色オプシン，青色オプシンのうち，緑色オプシンの遺伝子(図74-4では下段右端の遺伝子Bに相当)は，赤色オプシンの遺伝子(図74-4では上段の遺伝子Aに相当)が重複して生じた遺伝子(図74-4では中段右端の遺伝子Aに相当)において突然変異が起こることで生じた。

(4) からだの形態形成に関与するホックス遺伝子群を構成する各遺伝子は，類似した塩基配列をもつことから，祖先型の生物の遺伝子が重複することによって生じたと考えられている。

(5) 遺伝子重複は，1つの遺伝子だけではなく，染色体の一部や染色体全体に存在している複数の遺伝子で，まとまって起こることもある。ホックス遺伝子群の数(セット数)は，原索(げんさく)動物のナメクジウオでは1セット，無顎類(むがくるい)(最初に出現した脊椎動物)のヤツメウナギでは2セット，一部の魚類や四足動物(両生類，爬虫類，哺乳類など)では，4セットが存在している。

参考 複数のセットがあるホックス遺伝子群は，それぞれが別々の染色体に存在しており，それらの染色体では，ホックス遺伝子群以外の遺伝子も重複していることがわかっている。なお，無顎類のホックス遺伝子群の数は，2セットと記したが，未確定である。

(6) これらのことから，ホックス遺伝子群は原索動物から無顎類への進化の過程で1回重複して2セットになり，これらが無顎類から魚類への進化の過程でさらに1回重複して4セットになったと考えられている。

参考 原索動物→無顎類→魚類→四足動物の進化の過程における遺伝子重複は，特定の染色体のみで起こったのではなく，全染色体で起こったもの(倍数化，全ゲノム重複)と考えられている。

田部の裏づけ

4セットのホックス遺伝子群はところどころが欠けている

四足動物などでは，ホックス遺伝子群を4セットもつようになったことで，形態形成に関して複雑かつ微妙な調節が可能となった。なお，4セットのホックス遺伝子群の各セットを構成する遺伝子の種類や数は，完全に同じではない。これは，多数の同じ遺伝子の存在・機能が生物にとって不都合となる場合があり，その場合に，同じ遺伝子のうちのいくつかが変異して機能を失ったり，別の機能をもつ遺伝子になったりしたからと考えられている。

4 異種間にみられる遺伝子の水平移動

(1) 遺伝子は，ふつう親から子へ伝えられるが，個体間や種間でも伝わることがある。これを遺伝子の**水平移動**という。原核生物では，ファージやプラスミドなどによって，他の生物のDNA断片が比較的容易に移動する。

(2) 水平移動の例としては，ある細菌のもつ薬剤耐性に関する遺伝子が異なる種の細菌に伝わることや，細胞内共生した好気性細菌のDNAの一部が宿主である細胞のDNAに移動したため，真核生物の核のDNAに，ミトコンドリアに関する遺伝子が存在していることなどがある。

5 ▸ 自然選択

1 自然選択と進化

(1) 自然界で起こる個体間の変異に応じた選択であり，集団内の個体のうち，生存や繁殖のうえで有利な形質をもつものが次世代の個体を多く残すことを**自然選択**(自然淘汰)という。

(2) 自然選択は，集団内の突然変異によって生じた遺伝子のうち，生存や繁殖の上で有利な形質を現す遺伝子の遺伝子頻度が，次世代の集団内で(確率的割合よりも大きく)上昇することともいえる。なお，このとき，相対的に不利な遺伝子の遺伝子頻度は低下することになる。

(3) 自然選択を引き起こす要因を**選択圧**という。選択圧には，生息地における温度・光・水などの環境要因や，捕食による被食・競争などの相互作用，配偶者の選択などさまざまな要因がある。

(4) 自然選択により進化が起こる条件としては，次の①～③などがあげられる。
①集団内に**変異**が存在すること。
②変異に応じて生存や繁殖に有利・不利がある(**適応度**に差がある)こと。
③変異が遺伝する(**遺伝的変異**である)こと。

(5) 自然選択の結果，**適応**(生物が生存や繁殖に有利な形質を備えていること)をもたらす進化が起こることがある。これを**適応進化**という。

2 適応進化の例

(1) **共進化**
①異なる種の生物どうしが，生存や繁殖に影響を及ぼし合いながら協調的に進化する現象を**共進化**という。
②被子植物の花の形態と，その花の蜜を吸う昆虫類の口器の形態には，受粉や送粉(花粉の運搬)において，互いに利益を得られるような方向への共進化がみられる場合がある(図74 - 5)。
③このような共進化は，被子植物の花の多様化に大きな役割を果たしたと考えられている。

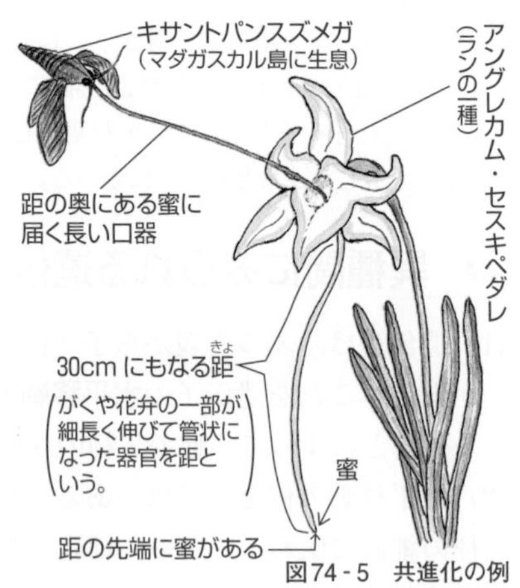

図74 - 5　共進化の例

(2) **擬態**

動物のなかには，擬態により，ある動物の警告色(☞p.627)に似せた色彩をもつことで，捕食者から逃れたり，保護色をもつことで，被食者としては捕食者から，捕食者としては被食者から見つかりにくくなるものが多い。

(3) **工業暗化**

①ガの一種であるオオシモフリエダシャクには，翅の色が白っぽい明色型と黒っぽい暗色型があり，イギリスでは，産業革命以降の工業地帯で，暗色型の割合が増加していった。この現象は**工業暗化**(こうぎょうあんか)と呼ばれる。

②イギリスの産業革命以降の工業地帯では，工場の煤煙や樹木の幹に生育する地衣類の枯死による影響で，樹木の幹が黒っぽく変化した。このため，オオシモフリエダシャクが幹にとまっていると，明色型は鳥に見つかって捕食されやすいが，暗色型は目立たないため鳥に捕食されにくい。

③一方，田園地帯では，地衣類が生育し樹木の幹が白っぽいため明色型は目立たないが，暗色型は目立つので，鳥に見つかって捕食されやすい。

④このように，田園地帯では生存に不利な暗色型の形質は，工業化によって樹木の幹が黒っぽくなることで生存に有利な形質となり，暗色型の個体が自然選択により生き残り，子孫をより多く残していった結果，工業地帯で暗色型の割合が増加していった(表74 - 2)と考えられている。

	明色型	暗色型	
田園地帯	12.5%	6.3%	田園地帯と工業地帯のそれぞれで，明色型と暗色型の両方について多数(ほぼ同数)の個体に目印をつけて放し，数日後に再捕獲したときの，目印がついていたガの割合。
工業地帯	25.0%	53.2%	

表74 - 2　オオシモフリエダシャクの再捕獲率

(4) **性選択**

配偶行動において，個体が獲得する配偶者数または受精数の違いが選択圧となる自然選択を**性選択**(せいせんたく)(**性淘汰**)という。

コクホウジャクなどの鳥類の雄の長い尾羽(おばね)や，シカの雄の大きな角(つの)などの形質は，捕食者に見つかりやすく，また捕食者から逃れにくいなど，個体の生存に有利ではない形質といえるが，雌(長い尾羽や大きな角を好む性質をもつ)が配偶者を選択する際に有利な形質として発達したと考えられている。

(5) 自然選択はヒトにも働いてきた。鎌状赤血球貧血症の原因遺伝子をホモ接合でもつ人は，悪性の貧血となり死亡することも多いが，ヘテロ接合でもつ人は，貧血が軽度でマラリアにかかりにくい。このため，マラリアが多発するアフリカなどでは，鎌状赤血球貧血症の原因遺伝子の頻度が他の地域と比べて高い。これは，マラリアの流行という選択圧が働いた結果，ヘテロ接合体が選択されて集団内に広まりそのまま保持されてきたからであると考えられる。

6 ▶ 遺伝的浮動

1 遺伝的浮動と中立進化

(1) ハーディ・ワインベルグの法則が成り立つ集団(メンデル集団)のように個体数が十分に多い集団では，配偶子が遺伝子頻度に見合った割合で形成され，親の集団から確率どおりに取り出され(抽出され)，受精によって組み合わされるので，次世代の遺伝子頻度(遺伝子構成)は変化しないと考えられる。

(2) しかし，実際には集団の個体数は有限であり，個体数があまり多くない集団で任意に交配が行われる場合，親の集団からの配偶子の取り出しは，確率どおりにはいかず，**偶然**によってバラツキが生じるので，次世代(子)の遺伝子頻度が変動する(図74-6)。これを**遺伝的浮動**という。

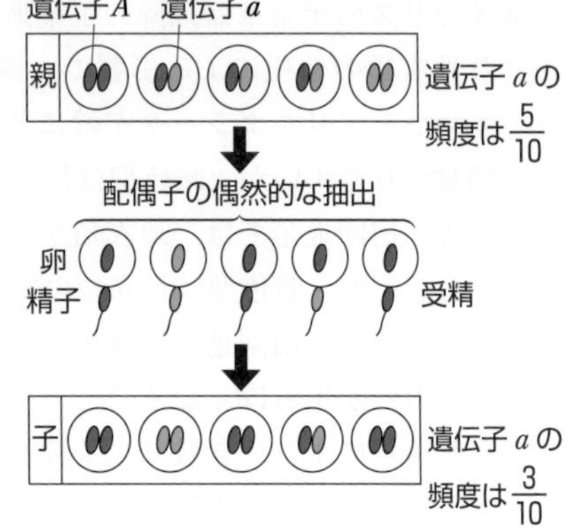

図74-6　遺伝的浮動による遺伝子頻度の変化

(3) 対立遺伝子間で，生存や繁殖に有利・不利の差があるときには，自然選択により，有利な遺伝子は集団内に広まりやすく，不利な遺伝子は集団から排除されやすい。一方，対立遺伝子間で有利・不利のいずれでもない中立な遺伝子の場合には，自然選択は無関係であり，遺伝的浮動によって遺伝子頻度が増減する。

参考 遺伝的浮動により，環境に適応した形質の遺伝子(有利な遺伝子)が消失していく場合もある。

(4) このような，自然選択を受けない進化を**中立進化**(ちゅうりつしんか)という。中立進化には，個体の生存や繁殖にとって有利でも不利でもない中立な突然変異遺伝子(突然変異によって，塩基配列に変化が生じた遺伝子)の遺伝子頻度の増加や，形質に影響を与えないアミノ酸配列の変化の蓄積，生存に影響しない形質の変化などが含まれる。

(5) 集団が大きければ，配偶子の取り出し方の偏り(かたよ)は小さくなるので，遺伝的浮動の影響は小さくなる。したがって，ある集団での遺伝子頻度の変化に対する遺伝的浮動の効果(影響)は，大きい集団よりも小さい集団において強く現れる。また，小さい集団でも，他の集団との間で個体の移出入がある場合には，遺伝的浮動の効果は小さくなる。

2 びん首効果

(1) 大集団から少数の個体が出ていったり，大集団の一部が地理的な障壁などにより隔離されたり，集団内の多くの個体が病死して一部が残されたりすることによって，小集団が形成されることがある。

(2) これらの小集団では，集団の遺伝子頻度が，もとの集団の遺伝子頻度とは大きく異なる場合がある。

(3) このように，個体数の減少にともなって遺伝子頻度が大きく変化し，遺伝子構成の偏りが生じることを**びん首効果**(くびこうか)と呼び，広義の遺伝的浮動に含める場合がある。

参考 大集団(メンデル集団)を構成する個体の数が，ある短期間にわたって減少することをびん首効果ということもある。

(4) びん首効果は，白黒の碁石(ごいし)を同数入れた首の細いびんの中から，少数の碁石を取り出す場合に，偶然どちらか一方の碁石が極端に多くなる場合があることと同じである。

(5) アメリカ先住民では，O型の血液型の割合が高い。これは，約2万年前の氷期に陸続きだったベーリング海を渡ってアメリカ大陸に移動した祖先(☞p.717)の集団でO型の割合が高かったためであり，びん首効果の例の一つと考えられている。

3 自然選択と遺伝的浮動による遺伝子頻度の変化

(1) ある集団の遺伝子プール内に突然変異遺伝子が生じた場合，その遺伝子が生存に有利であれば**自然選択**によって遺伝子頻度がしだいに増加し(図74 - 7①)，生存に不利であれば自然選択によって排除される(図74 - 7③)可能性が高い。また，中立な遺伝子であれば，**遺伝的浮動**によって遺伝子頻度が増加したり(図74 - 7①)，ある値で安定したり(図74 - 7②)，減少したり(図74 - 7③)する。

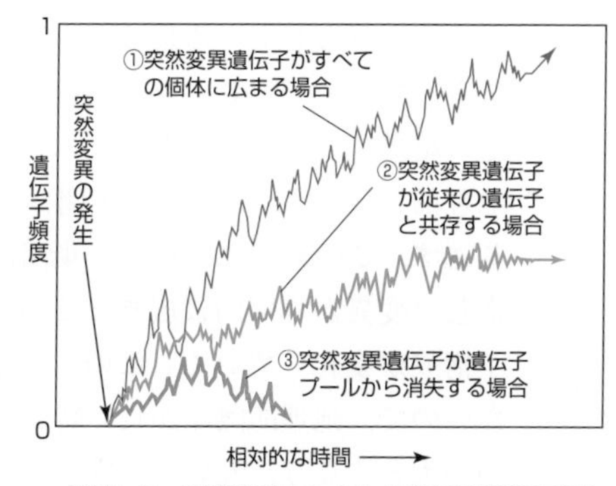

図74 - 7　時間経過にともなう遺伝子頻度の変化

(2) 突然変異遺伝子には，集団中に固定される(遺伝子頻度が1になる)ものもある。固定されるまでにかかる時間は，一般に集団が小さいほど短い。

7 ▶ 隔離と種分化

1 隔離

(1) 同種の集団(個体群)の間で交配や移動による遺伝子流動が妨げられることを**隔離**といい，山・川・谷などの地形上の障壁によって起こり，集団間での個体の移動ができなくなる隔離を**地理的隔離**という。

参考 1868年に，ワグナーは「地殻変動などによって山や谷ができたり，新しく島ができることによって，そこに生息する集団が地理的・地形的障壁によって隔てられ(**地理的隔離**)，その集団内で新しい形質が生じると，やがて新しい種が分化する。」という隔離説を提唱した。

(2) 集団間の遺伝的な差異や交配時期・開花時期のずれが原因となり，交配ができなくなる，または交配しても生殖能力のある子ができない状態となる隔離を**生殖的隔離**という。2つの個体群間において，生殖的隔離の有無が別種か同種かの判断基準の一つとなる。

2 種分化

種分化は，同種の集団間で生殖的隔離が生じ，1つの種から新たな種が生じたり，1つの種が複数の種に分かれることである。

(1) **異所的種分化**

①もとの種と新たに生じる種との間，または，新たに生じる複数の種間に，地理的な分布の違いがみられる場合の種分化を**異所的種分化**という。

②異所的種分化が起こるしくみは，以下のように考えられている。

ⓐある種が分布している地域が，物理的な障壁(海・山脈・川・砂漠など)によって2つの地域へと分割されて**地理的隔離**が起こる(図74-8(i)・(ii))。その結果，この種の集団は2つの集団に分かれる。

ⓑ地理的に隔離された2つの集団はそれぞれの集団内で繁殖し，世代を繰り返す。この過程において，集団内に生じた突然変異のうち，環境に適応した変異が集団内に広まっていくとともに，遺伝的浮動によって遺伝子構成が変化していく。このような変化は互いに他方の集団には伝わらないので，地理的隔離が長い時間継続すると，2つの集団間の遺伝的な違いが大きくなり，互いに正常な繁殖ができない集団*となる(図74-8(iii))。この時点で，2つの集団の間に**生殖的隔離**が成立し，**種分化**に至る。

参考 *正常な繁殖ができないということは，個体どうしが交配できない，もしくは交配できてもその子が不稔(植物では次代の植物として発達できる種子が形成されないこと。動物では生殖細胞が正常に形成されない，正常な受精が起こらないなどの理由により，子が生じない現象)となることなどによって，子孫が残せなくなることである。

③種分化に至ると，両者を隔てていた地理的な障壁が消失して2つの集団が再び接触したとしても，これらの集団が混じり合って繁殖が可能な1つの集団となることはない(図74 - 8(iv))。

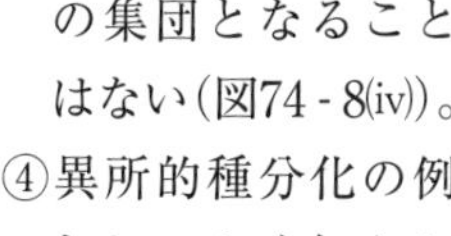

(i)同種の植物が，地域A･Bに生育。

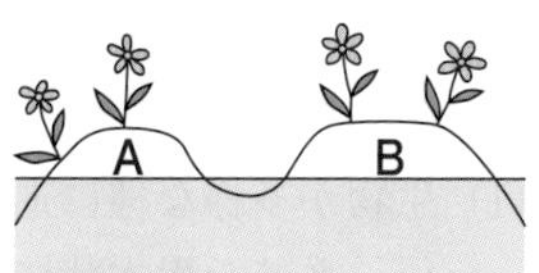

(ii)水面の上昇によって地域Aと地域Bが隔てられる（地理的隔離）。

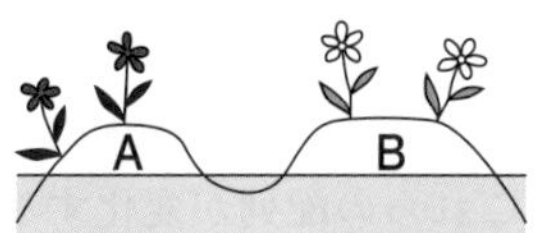

(iii)地域A･Bのそれぞれの環境に適応した植物の集団が生じ，互いに正常な繁殖ができなくなる（生殖的隔離）。

(iv)水面が下がり，地理的な障壁がなくなっても，両集団の個体間では子孫ができなくなっている。

図74 - 8　異所的種分化

④異所的種分化の例としてよく知られている次のⓐ～ⓒなどのように，大陸から離れた島などでは集団が小さいので，遺伝的浮動の影響が大きくなり，他の地域とは異なる固有種が生じやすいと考えられている。

ⓐガラパゴス諸島には島ごとに異種のダーウィンフィンチが生息している。

ⓑオーストラリア大陸には，固有の有袋類が多数生息している。

ⓒマダガスカル島には，固有の原猿類やカメレオンが多数生息している。

(2) 同所的種分化

①地理的に隔離されていない集団内で起こる種分化を**同所的種分化**(どうしょてき)という。

②同所的種分化では，突然変異により，形態の小さな差異や生殖行動・繁殖時期などに違いが生じ，これがきっかけとなり，生殖的隔離が起こる。

③例えば北アメリカで見られるサンザシミバエは，もともとサンザシ(バラ科の低木)の果実を摂食し，産卵していたが，17世紀中頃からリンゴが植えられるようになると，リンゴを摂食し，産卵する集団(これをリンゴミバエという)が現れた。リンゴはサンザシよりも早く熟すために，リンゴを摂食するリンゴミバエの集団はサンザシを摂食するサンザシミバエの集団よりも早く発生するようになった。その結果，これらの集団間では，時間的な隔離によって交配が行われず，個体間に遺伝的な区別がつくようになっていることから，種分化が起きることがあると考えられている。

(3) 隔離によらない種分化

コムギの進化(☞p.731)にみられるように，植物では，染色体突然変異による染色体数の変化や種間の交雑により，短期間に種分化が起こることがある。

参考 この種分化を同所的種分化に含めることもある。

第13章

8 ▸ 分子進化

(1) 生物が多様な種に進化する道筋とそれによって示される類縁関係を**系統**(けいとう)といい，系統を樹木状に表した図を**系統樹**(けいとうじゅ)という。系統樹の幹は共通の祖先を示し，根元に近い枝ほど古い時代に分岐したことを表す。また，近い枝の生物は類縁関係が近く，離れている枝の生物ほど進化的隔たりがある。

(2) DNAの塩基配列やタンパク質のアミノ酸配列の変化など，分子にみられる変化を**分子進化**(ぶんししんか)といい，これらの配列が変化する速度を**分子時計**(ぶんしどけい)という。中立的な突然変異は，自然選択を受けず，ほぼ一定の速度で蓄積する。このような考え方をもとに，種間の類縁関係や種が分かれた時期などを推測できる。

9 ▸ 分子系統樹

(1) 複数種の生物が共通してもつタンパク質のアミノ酸配列の違いや，DNAの塩基配列の違いからそれらの種の系統関係を推定し，その結果を系統樹として表したものを**分子系統樹**という。

(2) 分子系統樹をつくる場合には，分子時計が一定であるという仮定で，塩基配列やアミノ酸配列の比較を行う。例えば，ヘモグロビンα鎖におけるアミノ酸の違いの数の比較をもとに分子系統樹を作成すると以下のようになる。

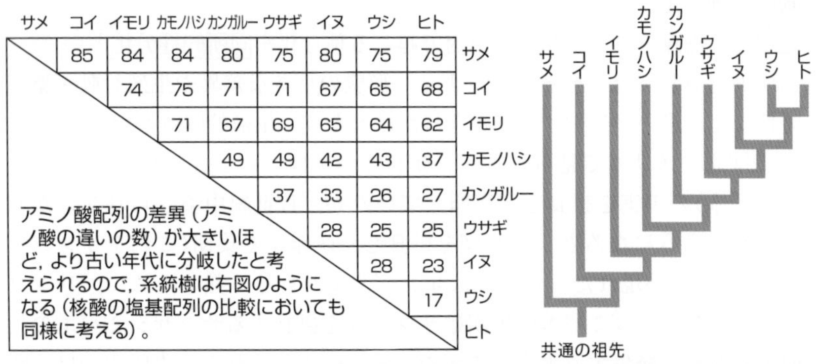

	サメ	コイ	イモリ	カモノハシ	カンガルー	ウサギ	イヌ	ウシ	ヒト
サメ		85	84	84	80	75	80	75	79
コイ			74	75	71	71	67	65	68
イモリ				71	67	69	65	64	62
カモノハシ					49	49	42	43	37
カンガルー						37	33	26	27
ウサギ							28	25	25
イヌ								28	23
ウシ									17
ヒト									

図74-9　ヘモグロビンα鎖のアミノ酸配列の差異と分子系統樹

(3) 分子進化の速度は，分子によって異なる。タンパク質やDNAにおいて，機能的に重要でない分子または分子内の領域ほど，重要な部分よりもアミノ酸や塩基に生じた変異が排除されずに残る場合が多い。生体で重要な機能を果たしている遺伝子は変異が起こると排除されるので大きく変化しない。これを機能的制約という。機能的制約が大きい遺伝子(ヒストンの遺伝子など)では，変異速度は小さくなる。

10 ▸ さまざまな進化論

名称	提唱者(提唱年)	内容
用不用説	ラマルク(1809年)	著書(『動物哲学』)で「個体がよく使う器官は発達し，使わない器官は退化する。このような個体が獲得した形質の変化(**獲得形質**(かくとくけいしつ))が子孫に遺伝し，これが繰り返されることで新しい種が生じる。」と提唱。 用不用説は，個体の生存中に生じた変化である獲得形質が遺伝するとした点で，現在では否定されている。
自然選択説	ダーウィン(1859年) 1830年代前半に，ビーグル号による航海で立ち寄ったガラパゴス諸島の生物や，飼育していたハトの観察をもとに提唱した。	ガラパゴス諸島での生物相，特にフィンチという鳥類の観察からのひらめきや，同じ頃，東南アジアの生物の調査・研究をしていた探検家のウォーレスから，進化の考え方を記した手紙を受け取ったダーウィンは，これらを一つにまとめ，1859年に**『種の起源』**として出版した。この中で，「それぞれ形質の違い(**変異**)がみられる個体間において，食物や生活空間をめぐる競争(**生存競争**)が起こった結果，環境に適した個体だけが生き残り(**適者生存**)，生き残った個体の形質が次代に伝えられる(**遺伝**)。これが繰り返されることによって変異が積み重ねられ，生物はその適応した方向に進化していく。」と提唱。 1850年代までは，変異が起こるしくみがわからず，環境変異も含めたすべての変異が遺伝すると考えられていた。その後，さまざまな進化論や，遺伝のしくみの解明などによって，自然選択説は広く支持されるようになり，現在の進化の考え方の基礎の一つとなっている。
参考		ドフリースは，オオマツヨイグサの観察を行い，突然変異体の形質が次世代に受け継がれることを発見し，1901年に「新しい種は突然変異によって生じ，進化は，このような突然の大きな変化が主要な要因となって起こる。」という突然変異説を提唱した。
中立説	木村資生(1968年)	「ある遺伝子の塩基配列に生じる突然変異には，環境に適し，生存に有利となるものは非常に少なく，不利なものや，有利でも不利でもない**中立的**なものがほとんどである。このうち，環境に適さず，生存に不利な突然変異体は自然選択によって集団から排除される。一方，生存に有利でも不利でもない中立な突然変異には自然選択が働かず，集団から排除されずに残る場合が多いので，中立な突然変異は**遺伝的浮動**によって広まっていき，そのことが分子進化の原動力となる。」という中立説は，主に突然変異と遺伝的浮動から**分子進化**の傾向を説明した学説であり，現在の進化の考え方の基礎の一つとなっている。

表74-3　さまざまな進化論

生物の分類・系統

The Purpose of Study 到達目標

1. 分類階級と学名についてヒトを例に説明できる。……p. 743, 744
2. 五界説と3ドメイン説について図示しながら説明できる。……p. 744, 745
3. 細菌と古細菌の特徴を比較しながら言える。……p. 746
4. 原生動物について例をあげながら説明できる。……p. 747
5. 藻類を7つのグループに分けて，それぞれ説明できる。……p. 748, 749
6. 菌類を5つのグループに分けて，それぞれ説明できる。……p. 750, 751

Visual Study 視覚的理解

ネコ科を例に生物の分類階級と分類名をみてみよう。

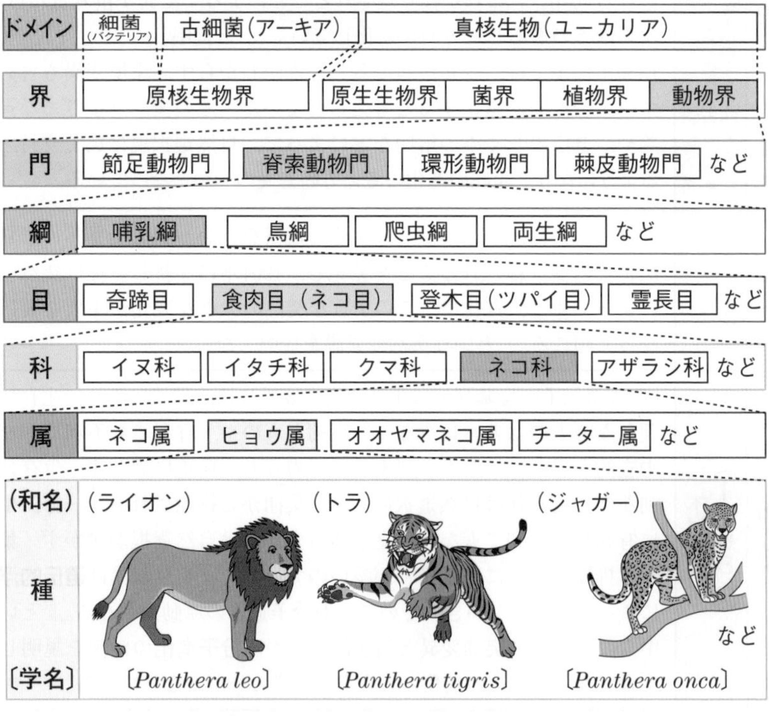

分類階級	分類名
ドメイン	細菌（バクテリア）／古細菌（アーキア）／真核生物（ユーカリア）
界	原核生物界／原生生物界／菌界／植物界／**動物界**
門	節足動物門／**脊索動物門**／環形動物門／棘皮動物門　など
綱	**哺乳綱**／鳥綱／爬虫綱／両生綱　など
目	奇蹄目／**食肉目（ネコ目）**／登木目（ツパイ目）／霊長目　など
科	イヌ科／イタチ科／クマ科／**ネコ科**／アザラシ科　など
属	ネコ属／**ヒョウ属**／オオヤマネコ属／チーター属　など
種（和名）	（ライオン）／（トラ）／（ジャガー）　など
〔学名〕	〔*Panthera leo*〕／〔*Panthera tigris*〕／〔*Panthera onca*〕

①▸生物の分類法

1 系統分類

(1) 生物を，類似点・相違点とその程度によって分けることを**分類**（ぶんるい）といい，分類は**人為分類**（じんい）と**自然分類**に大きく分けられる。

(2) 人為分類は，人間が識別しやすい形質や特徴(「食用か薬用か」「無毒か有毒か」など)を基準として便宜的に分類する方法である。自然分類は，生物の形質や特徴を総合し，類縁関係を重視して分類する方法である。自然分類という語は，人為分類の対語である。

(3) 生物の系統(☞p.12)をもとにして分類する方法を**系統分類**といい，ダーウィンの研究以降，系統分類が自然分類とされている。系統分類に基づいて，生物の進化の道筋を図示したものが**系統樹**である。

(4) 系統分類を行うためには，種々の形質に注目し，それらの共通性を比較することにより，生物どうしの系統関係を推定する必要がある。

(5) 生物の形質にはさまざまなものがあるが，次のような系統の推定方法がある。まず，祖先から受け継がれてきた原始的な形質(祖先形質)と，分化にともなって新たに派生した形質(子孫形質)に注目し，それぞれの形質の共有の度合を比較する。そのとき，その割合が大きいものほど新しく分化した系統群であると判断して，系統樹を作成するのである。

(6) DNAの塩基配列をもとに系統樹を作成する方法の一つに，**最節約法**（さいせつやくほう）がある。最節約法は，塩基配列にみられる突然変異の回数が最も少ない系統樹を選択する方法である。

2 分類の単位と階級

(1) 生物を分類する基本単位を**種**という。種は，以下のように定義される。

①共通する性質や形態をもつ個体の集まり。

②自然状態で互いに交配し，子孫を残すことができる個体の集まり(**生物学的種(の)概念**と呼ばれ，無性生殖のみで増殖する生物には適用不可能)。

(2) 生物は，互いに形質がよく似た種どうしをまとめて**属**（ぞく）に，いくつかの近縁の属をまとめて**科**（か）に，科の上位を**目**（もく）・**綱**（こう）・**門**（もん）・**界**（かい）・**ドメイン**というように，集団のもつ共通性に従い，各階級(段階・階層)に分けて分類する。

参考 1. 間の階級として，「亜〜」(亜門・亜目・亜科など)や，「上〜」(上科など)，「下〜」(下綱など)が，種の下位の階級として，「亜種」，「変種」，「品種」が用いられることがある。

2. 「〜類」は，正式な分類階級ではないが，それぞれの階級において，「あるグループ」を便宜的に表す用語としてよく用いられる。

第13章

3 学名と二名法

(1) 生物分類の基礎は，18世紀中頃に**リンネ**によって確立された。リンネは，種を**属名**(ぞくめい)と**種小名**(しゅしょうめい)の2語(主にラテン語)の組み合わせで命名する**二名法**(にめいほう)を考案した。

学名			
属名	種小名	命名者名	
Homo	*sapiens*	*Linné*	＝ヒト（和名）
（ヒト*）	（賢い）	（リンネ）	

＊*Homo*はラテン語では「ヒト」を意味し，ギリシア語では「同じ」を意味する。

(2) 二名法による種の正式な表記を**学名**(がくめい)といい，種小名の後に**命名者名**を付すこともある。これに対して「ヒト」のように，日本で一般的に用いている表記を**和名**(わめい)(標準和名)という。

❷ 生物界の分類の歴史

1 二界説と三界説

(1) 生物を植物界と動物界に分ける考え方を**二界説**(にかいせつ)という。

(2) 二界説では，動物(原生動物も含まれる)以外の生物(原核生物・菌類・藻類・植物)は，すべて植物界に含まれていた。

(3) **ヘッケル**(ドイツ)は，植物界・動物界・原生生物界(植物界にも動物界にも属さないゾウリムシなどの単細胞生物)からなる**三界説**(さんかいせつ)を提唱した。

2 五界説

20世紀の後半に，**ホイタッカー**(ホイッタカー)や**マーグリス**，シュバルツらは，生物を**原核生物界**(**モネラ界**)・**原生生物界**・**菌界**・**植物界**・**動物界**に分ける**五界説**(ごかいせつ)を提唱した。

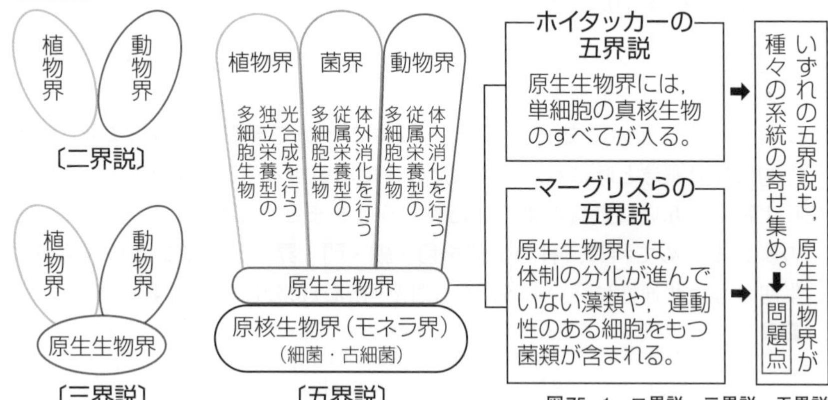

図75-1　二界説・三界説・五界説

3 3ドメイン説(三ドメイン説)

(1) 1990年に，ウーズらは，すべての生物がもつrRNAの塩基配列を調べ，生物全体を細菌(バクテリア)・古細菌(アーキア)の2つのグループからなる原核生物と，1つのグループの真核生物(ユーカリア)，つまり3グループに分け，これらのグループを界より上位の分類としてドメインと呼ぶという考え方を提唱した(「**3ドメイン説**」)。

参考 生命活動の基本となるタンパク質の合成を担っているrRNA(リボソームRNA)の遺伝子(DNA)は，1つの塩基置換速度(分子時計)が非常に遅いので，約40億年といわれる生物の歴史で，進化し大きく離れた分類群の系統関係の研究に使うことができる。

(2) メタン菌(メタン産生菌)・超好熱菌・高度好塩菌などのrRNA遺伝子(DNA)の塩基配列は，通常の環境に生息する細菌や真核生物のいずれとも大きく異なる。これらの生物は，その生息環境が原始地球の環境に近いと考えられたので，**古細菌**と呼ばれるようになった。

(3) しかし，図75-2に示すように，細菌より古細菌の方が真核生物に近縁であると考えられ，古細菌という名称が適切でないとも考えられている。

(4) 細菌ドメインや古細菌ドメインをそれぞれいくつの界に分けるかについては，種々の意見がある。

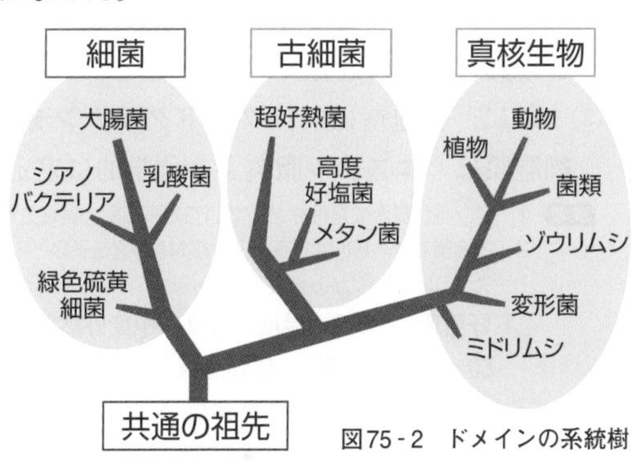

図75-2　ドメインの系統樹

3 ▶ 原核生物

ここからは，マーグリスらの五界説に基づき，各界の生物の特徴について記す。まずは，原核生物から解説する。

(1) **原核生物の特徴**

①核がなく，DNAは細胞質基質中に存在している。

②ミトコンドリア，葉緑体などの細胞小器官がない。それらの細胞小器官の代わりに細胞膜を利用して，呼吸や光合成を行うものもいる。

③通常，分裂(無性生殖)によって増えるが，まれに接合(有性生殖)を行うものもいる。

(2) 細菌(バクテリア)

①現在知られている原核生物の大半を占める。

②多様な種が多様な環境で独立生活や寄生生活をしている。

③細胞壁はペプチドグリカンを含み，細胞膜がエステル脂質からなる。

例 大腸菌，乳酸菌，アゾトバクター，根粒菌など－**従属栄養生物**

光合成細菌(紅色硫黄細菌，緑色硫黄細菌など)
化学合成細菌(硝酸菌，亜硝酸菌，硫黄細菌など)
シアノバクテリア(ネンジュモ，イシクラゲなど)
}**独立栄養生物**

参考 細菌では，tRNAやタンパク質をコードしている遺伝子などでイントロンが存在し，自己スプライシングがみられる。

(3) 古細菌(アーキア)

①下記の例に示したように，極限環境に生息する種(極限環境生物)が含まれるが，海水中や土壌中などの身近な環境に生息する種も数多くいる。

②ヒストンをもつことや，遺伝子の塩基配列の比較などから，古細菌は細菌より真核生物に近縁である。

③一般に，細胞壁は，ペプチドグリカンを含まず，細菌の細胞壁より薄い。細胞膜は，エステル脂質より化学的に安定なエーテル脂質からなる。

参考 1. タンパク質合成過程などについても古細菌と真核生物には高い共通性がみられる。
2. 古細菌では，tRNAの遺伝子，rRNAの遺伝子などにイントロンが存在し細菌とは異なったしくみのスプライシングがみられる。

例 好熱菌(生育最適温度により，中度好熱菌〔約60℃以上でも生息可〕，高度好熱菌〔約60～80℃で生育〕，超好熱菌〔80℃以上で生育〕に分けられる。)
好塩菌(生育に必要な食塩〔NaCl〕の濃度により，低度あるいは中度好塩菌〔7～15%〕，高度好塩菌〔15%以上〕に分けられる。)
メタン菌(メタン生成(産生)菌，無酸素に近い環境で生息)など

(4) 細菌・古細菌・真核生物の比較

<table>
<tr><th colspan="2"></th><th>細菌</th><th>古細菌</th><th>真核生物</th></tr>
<tr><td colspan="2">生体膜の脂質</td><td>エステル脂質</td><td>エーテル脂質</td><td>エステル脂質</td></tr>
<tr><td colspan="2">ペプチドグリカン</td><td>細胞壁にあり</td><td>なし</td><td>なし</td></tr>
<tr><td colspan="2">ヒストン</td><td>なし</td><td>あり</td><td>あり</td></tr>
<tr><td rowspan="3">参考</td><td>イントロン</td><td>特定の遺伝子にあり</td><td>特定の遺伝子にあり</td><td rowspan="2">ほとんどの遺伝子(配列)にあり</td></tr>
<tr><td>スプライシング</td><td colspan="2">真核生物とは異なった様式で起こる</td></tr>
<tr><td>キャップ・ポリA尾部付加</td><td>なし</td><td>mRNAに対してあり</td><td>mRNAに対してあり</td></tr>
<tr><td colspan="2">RNAポリメラーゼ</td><td>1種類</td><td>数種類</td><td>数種類</td></tr>
</table>

表75-1 細菌・古細菌・真核生物の比較

好熱菌について

多くの原核生物(生育最適温度は30℃～40℃)が生育できない約60℃以上でも生育できる生物は，**好熱菌**という。好熱菌には，古細菌と細菌がいる。

従来，超好熱菌は，DNA中にA－Tより水素結合が多いG－Cの塩基対を多く含むことで高い熱安定性(耐熱性)をもつと考えられてきたが，近年，リバースジャイレースという酵素がDNAのらせん構造の安定性に関与することで，耐熱性が保たれることがわかった。

古細菌に属する超好熱菌のDNAは，ヒストン(様タンパク質)に巻きつくことで高い熱安定性をもつ。一方，細菌に属する超好熱菌は，エステル脂質より化学的に安定なエーテル脂質からなる生体膜や，イオン結合や水素結合などの割合が一般のタンパク質より多い酵素などをもつことにより耐熱性をさらに上昇させていると考えられている。

参考 1. PCR法によく用いられるDNAポリメラーゼの一つであるTaq DNAポリメラーゼは，*Thermus aquaticus*という細菌(超好熱菌)から得られたものである。
2. 細菌に属する超好熱菌のなかには，エーテル脂質をもつものもいる。

4 ▸ 原生生物

1 原生生物の特徴

①原生生物には，真核生物のうちの単細胞生物や，からだの構造(体制)が簡単で組織が未発達な多細胞生物が含まれる。
②原生生物界には，植物界・菌界・動物界に属さない生物が含まれ，それらの生物の形態，栄養摂取法，運動様式，生殖様式は多種多様である。
③原生生物は，起源の異なるいくつかのグループに分けられる。

2 原生動物

原生動物は，単細胞の従属栄養生物であり，細胞壁をもたないが，発達した収縮胞や食胞などをもち，繊毛，仮足，鞭毛によって運動する。

例 **繊毛虫類**(せんもうちゅう)(ゾウリムシ・ツリガネムシなど)，**アメーバ類**(アメーバなど)，**えり鞭毛虫類**(べんもうちゅう)(カラエリヒゲムシなど)，放散虫

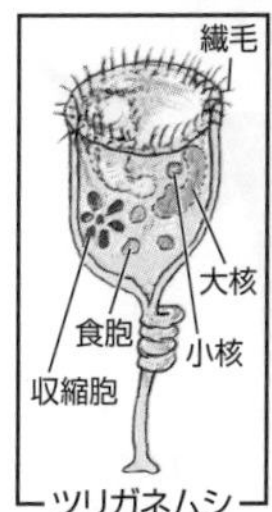

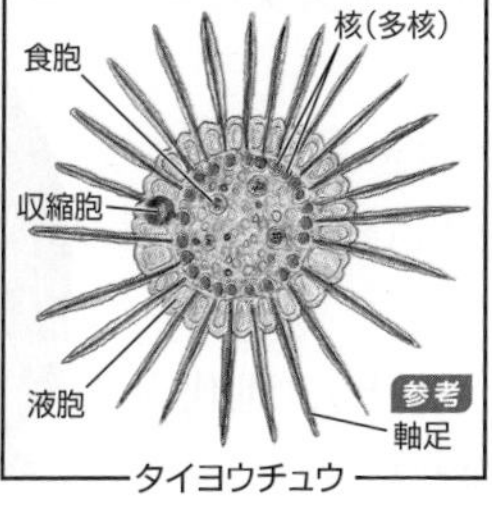

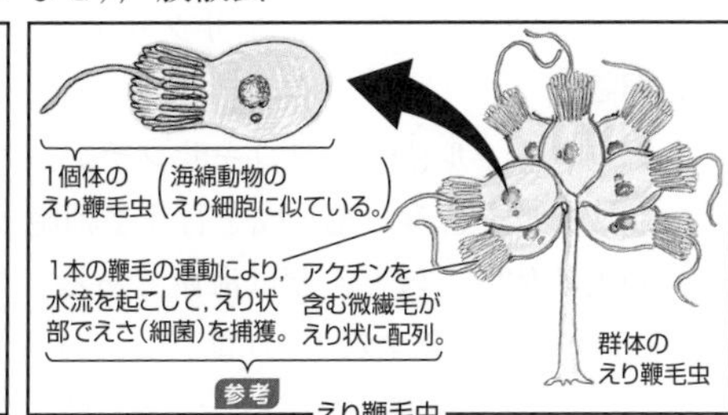

図75-3 ツリガネムシ・タイヨウチュウ・えり鞭毛虫

3 藻類

(1) **藻類**は葉緑体をもつ**独立栄養生物**であり，多くは多細胞であるが，単細胞のものもいる。単細胞の藻類としては，以下の①〜③がよく知られている。

①渦鞭毛藻類

クロロフィルa・c，キサントフィルをもち，光合成を行う単細胞生物である。細胞壁をもたず，2本の鞭毛(1本は中央に巻きついている)をもち，渦を巻いて進む。大繁殖すると赤潮の原因となる。

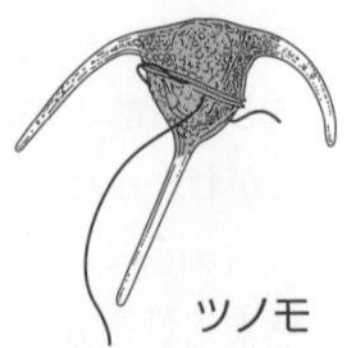
ツノモ

例 ツノモ，ムシモ，ヤコウチュウなど

②ミドリムシ類(ユーグレナ(藻)類)

クロロフィルa・bをもち，光合成を行う単細胞生物であり，細胞壁をもたず，収縮胞や眼点をもち，1本の鞭毛で運動する。 例 ミドリムシ

参考 1. ミドリムシには2本の鞭毛があるが1本は退化しているものが多い。
2. ミドリムシを独立栄養生物の原生動物に含めることもある。

③ケイ藻類

クロロフィルa・c，フコキサンチンをもち，光合成を行う主に単細胞生物である。鞭毛をもたず，細胞壁に相当する構造として，ケイ酸からなる2枚の固い殻をもつ。 例 ハネケイソウ，オビケイソウなど

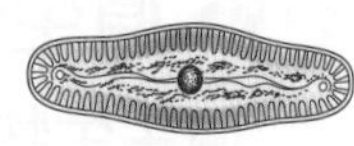
ケイソウ
(フナガタケイソウ)

参考 ケイ藻の葉緑体は，フコキサンチンを含むので褐色に見える。

(2) 多細胞の藻類は，以下の④〜⑦に分類される。

④紅藻類

クロロフィルa，多量のフィコエリトリン，少量のフィコシアニン，カロテン，キサントフィルを含み，光合成を行う多細胞生物であり，世代交代(☞p.753)を行う。葉状体(茎と葉の区別のないからだのこと)はふつう紅色であり，ほとんどは海産である。

アサクサノリ

例 テングサ(マクサ)，アサクサノリ，カワモズクなど

⑤褐藻類

クロロフィルa・c，フコキサンチン，カロテン，キサントフィルを含み，光合成を行う多細胞生物である。褐色の葉状体で，ほとんどは海産である。

例 世代交代をするもの(コンブ，ワカメなど)，世代交代しないもの(ヒジキ，ホンダワラなど)

コンブ

⑥緑藻類

クロロフィルa・b，カロテン，キサントフィルを含み，光合成を行う単細胞や細胞群体または多細胞の生物である。海産も淡水産もあり，体制(からだの基本構造)は複雑である。葉状体の緑藻は世代交代を行う。

例 アオサ(アナアオサ)，アオノリ(葉状体)，アオミドロ(糸状体)，クロレラ，クラミドモナス(単細胞)，オオヒゲマワリ(ボルボックス)(細胞群体)

アオサ

⑦シャジクモ類

クロロフィルa・b，カロテン，キサントフィルを含み，光合成を行う多細胞生物である。スギナ(シダ植物)に似た形をしているが維管束はなく，淡水産である。世代交代は行わない。クロロフィルa・bを共通にもつことから，緑藻類からシャジクモ類を経て，植物(陸上植物)が進化したと考えられている。 例 シャジクモ(車軸藻)，フラスコモなど

シャジクモ

参考 進化の過程で，ある原生動物がシアノバクテリアを捕食によって取り込むことによって葉緑体を獲得(一次共生)したことで，緑藻類や紅藻類が誕生した。また，原生動物が，一次共生で誕生した紅藻類などをさらに取り込むことによって葉緑体を獲得(二次共生)したことで，ケイ藻類や褐藻類が誕生した。なお，渦鞭毛藻類のなかには，二次共生で生じたケイ藻類などがさらに三次共生することによって生じた葉緑体をもつものもいる。このように，藻類はいろいろな組み合わせの細胞内共生を経てその多様性を獲得したと考えられている。

4 卵菌類・粘菌類

(1) 卵菌類

従属栄養生物であり，運動性が低い。菌糸は，細胞を仕切る隔壁がなく多核体である。鞭毛をもち，水中を移動する胞子(**遊走子**)をつくる。細胞壁の主成分(セルロース)などから，系統的には菌類より植物に近いと考えられる。 例 ミズカビ，ワタカビなど

遊走子

ミズカビ

(2) 変形菌類(真正粘菌)・細胞性粘菌類

従属栄養生物であり，運動性が低い。変形菌類は，大きな原形質の中に多数の核をもつ変形体の時期に，枯木や枯葉上を移動しながら栄養をとって成長し，乾燥すると柄をもつ**子実体**をつくり，減数分裂により多数の**胞子**を形成する。細胞性粘菌類には，アメーバ状の単細胞の時期と多細胞(子実体)の時期がある。変形菌類も細胞性粘菌類も細胞壁はもたない。

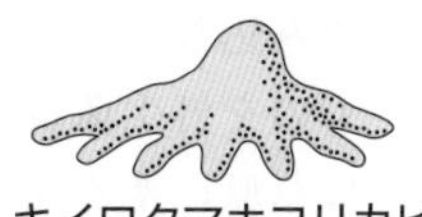
キイロタマホコリカビ

例 ムラサキホコリ，モジホコリ(変形菌類)，キイロタマホコリカビ(細胞性粘菌類)

5 ▸ 菌類

1 菌類の特徴

菌類は，菌糸(糸状体)や，その菌糸が集まった**子実体**からなり，細胞にはキチンを主成分とする細胞壁がある。クロロフィルをもたず，光合成を行わず，体外消化を行う。運動性のない胞子による生殖と，接合を行うものが多い。古くは植物界に属したが，現在では植物より動物に近い系統群とされている。

参考 消化は，動物が摂取した食物を吸収可能な形態にまで変化させる生理作用であり，その進行部位により，体外消化と消化管内消化とに大別される。菌類は動物ではないが，菌糸外に加水分解酵素(消化酵素)を分泌し，菌糸周辺の有機物を吸収可能な形態にまで分解する体外消化を行う。

2 菌類の分類

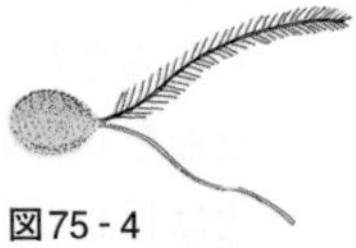

図75-4 ツボカビ類の胞子

(1) **ツボカビ類**(鞭毛菌類)

構造は比較的単純で，鞭毛をもつ胞子(遊走子)を形成する。カエルツボカビは両生類に感染し，感染すると皮膚呼吸を阻害する。

(2) **接合菌類**

菌糸には隔壁がなく多数の核があるが，接合を行うときには，接合部位の菌糸にだけ隔壁がつくられて配偶子のうを形成し，配偶子のうどうしの接合によって接合胞子がつくられる。 例 クモノスカビ，ケカビなど

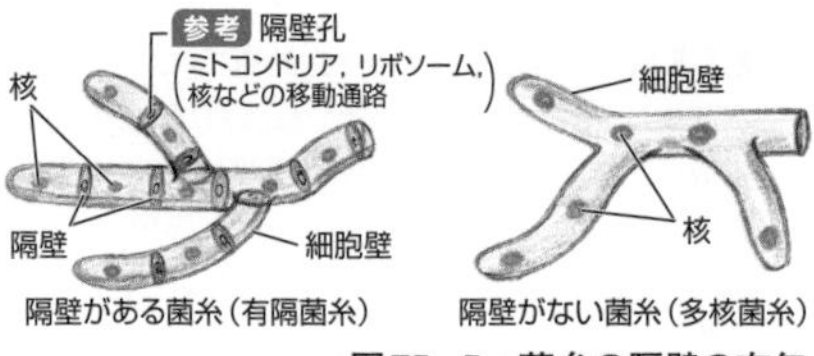

図75-5 菌糸の隔壁の有無

(3) **グロムス菌類**

①菌糸には隔壁がなく，多数の核をもつ内生菌根菌である。

②菌類が相利共生している植物の根を菌根という。菌糸が根の細胞内に侵入したものを内生菌根，皮層細胞を包み込むように細胞間隙に侵入したものを外生菌根という。グロムス菌は草原に多く存在し，アーバスキュラー菌根と呼ばれる内生菌根を形成し，リンなど無機物を植物に提供し，根から光合成の同化産物を得ている。

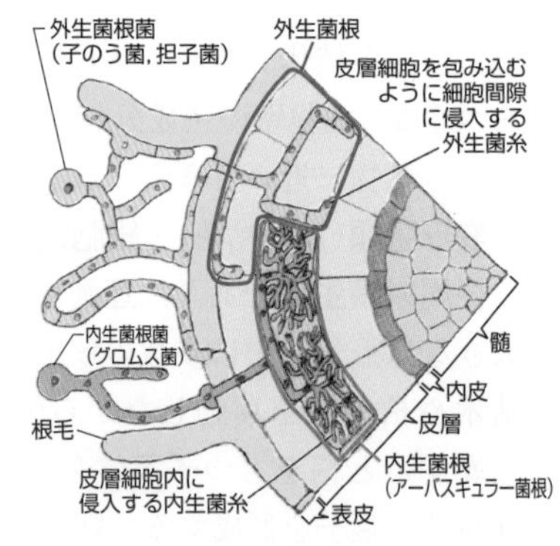

図75-6 内生菌根(菌)と外生菌根(菌)

参考 1. 長い進化の過程で有性生殖を喪失し，無性生殖(胞子生殖)のみで繁殖する。
2. 外生菌根菌である子のう菌や担子菌の多くは森林に存在し，外生菌根を形成して樹木と共生している。

(4) **子のう菌類**

①菌糸(ⓐ)の細胞間には隔壁(ⓑ)があり，菌糸の先端に多数の分生子(胞子)(ⓒ)が生じる。一部の菌糸が他の菌糸と接合(ⓓ)すると，その接合した細胞のうちの一部からは，細胞に核を2つもつ2核性($n+n$)の菌糸(ⓔ)が生じ，接合していない菌糸(n)(ⓕ)とともに子実体(ⓖ)をつくる。

②子実体の中の子のう内では，接合(ⓓ)した菌糸のうちの一部で，核の合体(有性生殖)(ⓗ)と減数分裂(ⓘ)が起こり，8個の子のう胞子(n)(ⓙ)が形成される。例 酵母，アカパンカビ，アオカビなど

参考 酵母とは，子のう菌類と担子菌類のうち，一生を単細胞生物として過ごすものの総称であり，正式な分類群の名称ではない。

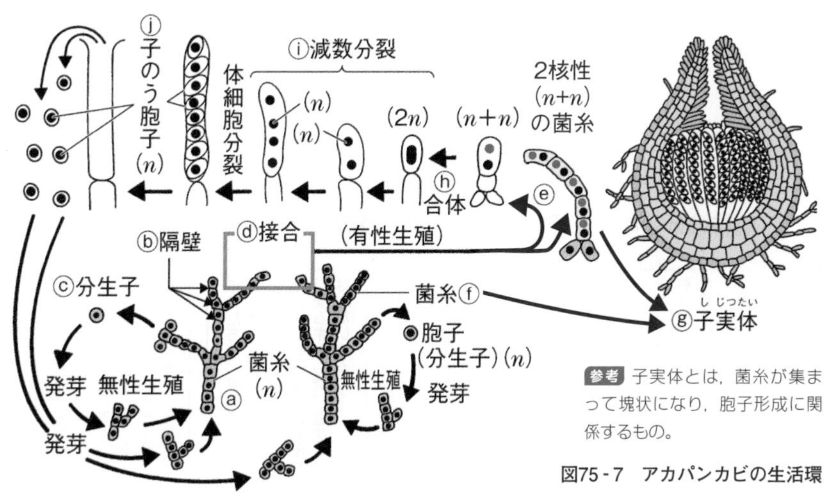

参考 子実体とは，菌糸が集まって塊状になり，胞子形成に関係するもの。

図75-7 アカパンカビの生活環

(5) **担子菌類**

①菌糸の細胞間には隔壁がある。

②接合して2核($n+n$)となった細胞が連なった菌糸はやがて，子実体をつくり，子実体のひだの部分にある担子器の先端では，核の合体(有性生殖)に続いて減数分裂が起こり，4個の担子胞子(n)が形成される。担子菌の子実体は，キノコと呼ばれる大形のものが多いがその形はさまざまである。例 シイタケ，マツタケ，シメジ，エノキダケ，酵母など

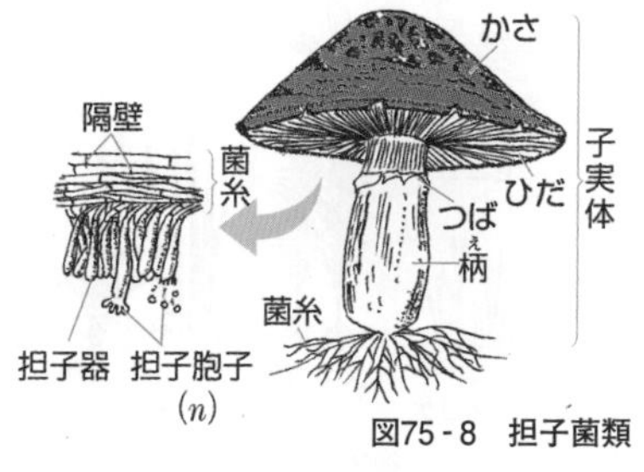

図75-8 担子菌類

(6) 子のう菌や担子菌のなかには，緑藻類またはシアノバクテリアと共生体をつくるものがあり，**地衣類**(ウメノキゴケ，リトマスゴケなど)と呼ばれる。

植物の分類

The Purpose of Study 到達目標

Visual Study 視覚的理解

植物の分類とそれぞれのグループの特徴

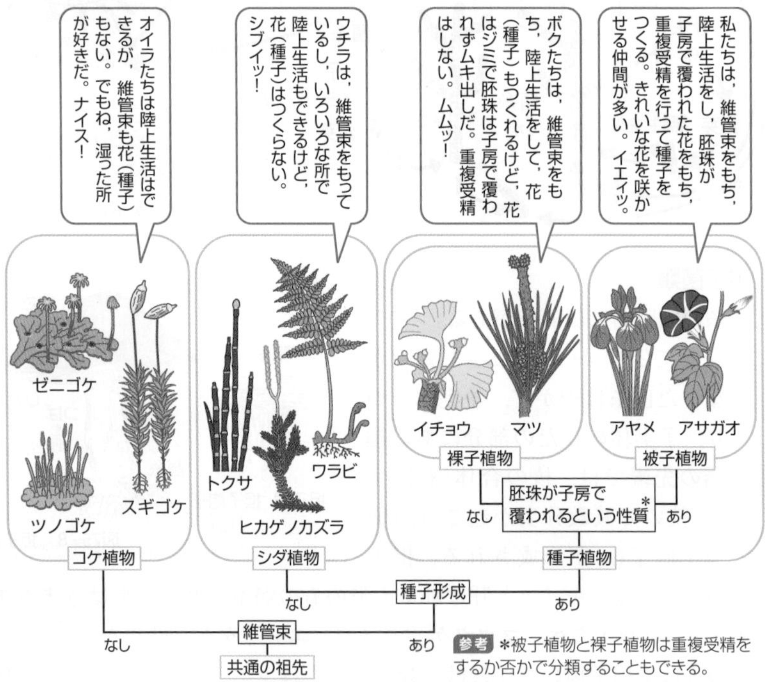

オイラたちは陸上生活はできるが，維管束も花(種子)もない。でもね，湿った所が好きだ。ナイス！

ウチラは，維管束をもっているし，いろいろな所で陸上生活もできるけど，花(種子)はつくらない。シブイッ！

ボクたちは，維管束をもち，陸上生活をして，花(種子)もつくれるけど，花はジミで胚珠は子房で覆われずムキ出しだ。重複受精はしない。ムムッ！

私たちは，維管束をもち，陸上生活をし，胚珠が子房で覆われた花をもち，重複受精を行って種子をつくる。きれいな花を咲かせる仲間が多い。イエィッ。

ゼニゴケ
スギゴケ
ツノゴケ
コケ植物

トクサ
ワラビ
ヒカゲノカズラ
シダ植物

イチョウ
マツ
裸子植物

アヤメ
アサガオ
被子植物

なし 胚珠が子房で覆われるという性質* あり

種子植物

なし 種子形成 あり

なし 維管束 あり

共通の祖先

参考 ＊被子植物と裸子植物は重複受精をするか否かで分類することもできる。

①▸植物の特徴

(1) 光合成を行い，主に陸上で生活する多細胞生物は**植物**に分類される。

(2) 植物は，からだが**クチクラ(層)**で覆われるなど，水中とは異なり乾燥・温度変化・重力の影響を強く受ける陸上に適応した種々の特徴をもち，種子形成や維管束の有無，生活環の様式などにより，**コケ植物**・**シダ植物**・**種子植物**の3つに大別され，シダ植物と種子植物はまとめて**維管束植物**と呼ばれる。

コケ植物			シダ植物		種子植物	
花をつくらず，**胞子**により繁殖					花が咲き，**種子**などにより繁殖	
維管束(明瞭な茎)なし			維管束(木部と師部からなる組織系をもつ明瞭な茎)あり			
			(木部)：道管なし・仮道管あり　(師部)：師管あり			道管・仮道管・師管あり
(ツノゴケ類) ツノゴケ・ ニワツノゴケ	(タイ類) ゼニゴケ	(セン類) スギゴケ・ ヒョウタンゴケ	(ヒカゲノカズラ類) ヒカゲノカズラ・ クラマゴケ	(シダ類) ワラビ・ゼンマイ・スギナ・ トクサ・〔化石〕ロボク	**(裸子植物)** ソテツ・イチョウ・ マツ・シラビソ	**(被子植物)** アサガオ・サクラ・ アヤメ・イネ・ユリ

参考 シダ植物は，シダ類(ワラビ・ゼンマイなど)，トクサ類(トクサ・スギナ・ロボク(化石)など)，マツバラン類(マツバランなど)，ヒカゲノカズラ類の4つに大別されることもある。

表76-1　植物の分類と特徴

②▸生活環

1 生活環に関する基礎用語

(1) **生活環**…生物の一生を生殖細胞を仲立ちとして環状に表したもの。

(2) **世代交代**…生活環の中で異なった生殖法をもつ世代が交互に現れる現象。

(3) **核相交代**…生活環の中で複相世代($2n$)と単相世代(n)が交互に現れる現象。

参考 核相交代をともなう世代交代は，多くの菌類・藻類・植物でみられるが，動物ではほとんどみられない。

(4) **配偶子**…合体して新個体を形成する生殖細胞。動物では減数分裂でできる卵・精子，植物では体細胞分裂でできる卵細胞・精子(精細胞)。

(5) **胞子**…合体せずに新個体を形成する生殖細胞。植物では減数分裂でつくられるが，菌類では減数分裂でつくられるもの(子のう胞子や担子胞子など)と，体細胞分裂でつくられるもの(分生子)がある。

(6) **配偶体**…配偶子を形成する世代の生物体。一般に，配偶体の核相は，動物では**$2n$**，植物では**n**である。

(7) **造卵器**…植物の配偶体の一部。雌性配偶子(卵細胞)を形成する袋状の器官。

(8) **造精器**…植物の配偶体の一部。雄性配偶子(精子や精細胞)を形成する器官。

(9) **胞子体**…減数分裂により胞子を形成する世代の生物体で，核相は**$2n$**である。胞子体の一部が，胞子のう(胞子を形成する袋状の器官)になる。

2 植物の基本的生活環

(1) 一般に，植物は**配偶体**(n)が，配偶体の一部である造卵器，造精器の中で**体細胞分裂**によって**配偶子**(n)をつくり(図76 - 1①)，配偶子は合体して**接合子**(受精卵)($2n$)となり(図76 - 1②)，接合子が体細胞分裂によって，成長して**胞子体**($2n$)となる(図76 - 1③)。胞子体は，**胞子のう**(胞子体の一部)の中にある**胞子母細胞**※($2n$)の**減数分裂**によって**胞子**(n)をつくり(図76 - 1④)，胞子は合体せず**体細胞分裂**によって単独で発芽・成長して次世代の配偶体(n)となる(図76 - 1⑤)。

※胞子のう内にあり，減数分裂を行って胞子になる細胞を胞子母細胞という。

(2) このように，植物では，受精を行う世代(核相n)と，胞子による生殖を行う世代(核相$2n$)とが交互に出現する**世代交代**と**核相交代**がみられる。

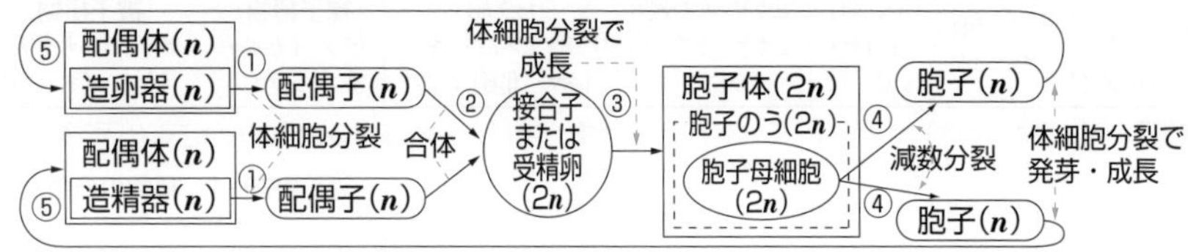

図76 - 1　植物の基本的生活環

3 コケ植物の生活環

(1) コケ植物の生活環(図76 - 2)を，植物の基本的生活環と対応させて説明する。

(2) 多くのコケ植物は，雌雄異株(しゆういしゅ)※であり，ふつうに見かける植物体(これらの植物体は大きく目立つため，「本体」とも呼ばれる)は，雄株(おかぶ)・雌株(めかぶ)と呼ばれ，それぞれ**雄性配偶体**・**雌性配偶体**に相当し，**光合成**を行う(図76 - 2①・②)。

※めしべかおしべのどちらか一方だけをもつ花を単性花という。めしべだけの花を**雌花**(めばな)，おしべだけの花を**雄花**(おばな)という。単性花をつける植物は，雌花と雄花が同一の個体につく**雌雄同株**(しゆうどうしゅ)と，別の個体につく**雌雄異株**(しゆういしゅ)とに分けられる。コケ植物は花をつけないが，造精器と造卵器が別の個体に形成されるので雌雄異株という。

(3) 雄株と雌株は，それぞれ**造精器**と**造卵器**の中で体細胞分裂によって**配偶子**(**精子**と**卵細胞**)をつくる。造精器でつくられた精子は，雨の日などに造精器から出て，水中を泳いで雌株の造卵器に達し，卵細胞と受精する(図76 - 2③)。

(4) 接合子に相当する受精卵は，造卵器内で発生・成長してさく(**胞子のう**に相当)と柄(え)になる。さくと柄をあわせたものが**胞子体**に相当する(図76 - 2④・⑤)。

(5) **胞子体は，光合成ができず**，雌株から養分を吸収して生活し，胞子のう内の胞子母細胞の減数分裂によって**胞子**をつくる(図76 - 2⑥)。

(6) 胞子は，胞子のうから散布された後，発芽・成長して若い**配偶体**に相当する**原糸体**(げんしたい)になる(図76 - 2⑦)。

(7) 原糸体が成長すると，雄株・雌株になる(図76 - 2①・②)。

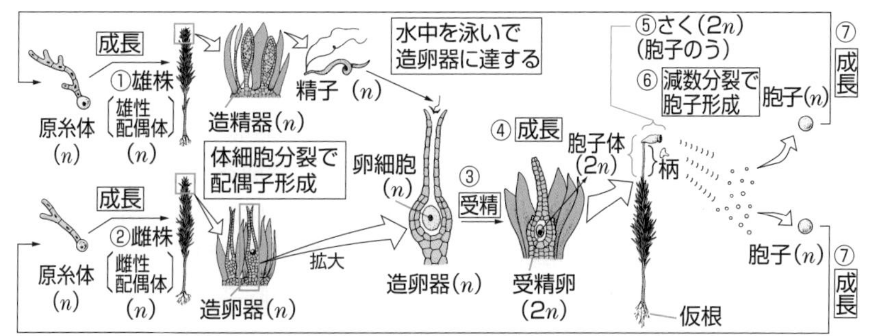

図76 - 2　コケ植物(スギゴケなど)の生活環

4 シダ植物の生活環

(1) シダ植物の生活環(図76 - 3)を，植物の基本的生活環と対応させて説明する。

(2)「本体(シダ植物の葉・茎・根)」は**胞子体**に相当し，**光合成を行う**(図76 - 3①)。

(3) 胞子体は，葉の裏面にある**胞子のう**内で胞子母細胞の減数分裂によって，**胞子**をつくる(図76 - 3②)。

(4) 胞子は，成長すると**前葉体**(ぜんようたい)と呼ばれる**配偶体**になる(図76 - 3③)。

(5) 前葉体は維管束をもたず，仮根をもつ。また，前葉体は約5mmと小さく，分化した葉と茎をもたないが，**光合成を行い独立して生活**し，造精器，造卵器の中でそれぞれ**精子**と**卵細胞**と呼ばれる配偶子をつくる(図76 - 3④・⑤)。多くのシダ植物の「前葉体」は雌雄同株であり，その造精器中でつくられた精子が雨の日などに水中を泳いで造卵器に達し，造卵器中で受精が起こり，発生が進行して，胞子体に相当する「本体」になる(図76 - 3⑥・⑦)。

参考 スギナはシダ植物であり，ツクシ(ンボ)の先端はその胞子のうである。

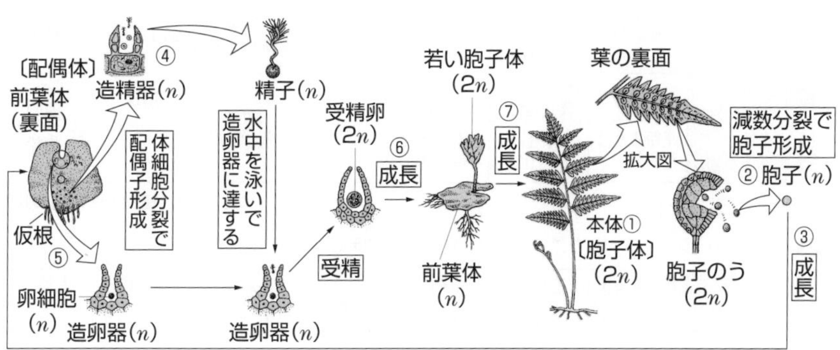

図76 - 3　シダ植物(ワラビなど)の生活環

5 種子植物の特徴と生活環

(1) 種子植物は，種子を形成することにより胚を乾燥から保護するとともに，胚乳などに栄養分を蓄えている。また，発芽に適さない乾燥条件下や低温条件下では，休眠して過ごせるため，最も陸上生活に適応している。

(2)「本体(葉・茎・根など)」は**胞子体**に相当し，**光合成を行うことができる。**

(3) 葯と胚珠は胞子体の一部であり，減数分裂が行われる部位であるから**胞子のう**に相当する。葯内と胚珠内では，それぞれ**胞子母細胞**に相当する花粉母細胞$(2n)$と胚のう母細胞$(2n)$の減数分裂によって，**胞子**に相当する花粉四分子(n)と胚のう細胞(n)がつくられる。

(4) 花粉四分子と胚のう細胞がそれぞれ成長して生じた花粉(正確には成熟した花粉，あるいは花粉管を伸ばしている花粉)(n)と胚のう(n)は**配偶体**に相当するが，**光合成はできない。**

(5) 成熟した花粉(花粉管)と胚のうで，**体細胞分裂**によってそれぞれつくられる精細胞(n)と卵細胞(n)は**配偶子**に相当する。

(6) 胚珠内に生じた受精卵が成長すると，胞子体に相当する「本体」になる。

6 植物の生活環の比較

植物＼生活環		単相世代(n)			複相世代$(2n)$			単相世代(n)
		配偶体	**造卵器**／**造精器**	**雌性配偶子**／**雄性配偶子**	(受精) **受精卵**	**胞子体**	**胞子のう** (減数分裂)	**胞子**
コケ植物	スギゴケ・ゼニゴケ	原糸体→**本体**(雌株)	造卵器	卵細胞	受精卵	雌株に寄生	さく	胞子
		原糸体→**本体**(雄株)	造精器	精子				
シダ植物	スギナ・ワラビ・ゼンマイ	前葉体	造卵器	卵細胞	受精卵	**本体**(茎・葉・根)	胞子のう	胞子
			造精器	精子				
種子植物	イチョウ(裸子植物)	胚のう	(裸子)造卵器 (被子)退化	卵細胞	受精卵	**本体**(茎・葉・根)	胚珠	胚のう細胞
	イネ(被子植物)	花粉または花粉管	(裸子・被子)退化	精細胞(ソテツとイチョウは精子)			葯	花粉四分子

■は独立栄養を行う

表76-2 植物の生活環の比較

参考 シダ植物の，クラマゴケ(ヒカゲノカズラ類)やサンショウモ(シダ類)の生活環を以下に示す。

シダ植物	クラマゴケ・サンショウモ	雌性前葉体	造卵器	卵細胞	受精卵	**本体**(茎・葉・根)	大胞子のう	大胞子
		雄性前葉体	造精器	精子			小胞子のう	小胞子

3 ▸ 種子植物の受精の様式

1 裸子植物

(1) 裸子植物では，胚のう細胞は多細胞の胚のうを形成し，胚のう内の一部の細胞から造卵器が形成され，それ以外の細胞はすべて胚乳(n)になる。

(2) 花粉は珠孔から出入りする液滴に付着して胚珠内に引き込まれて受粉し，花粉管を伸ばす。

(3) イチョウとソテツでは，4～5月頃に受粉後に伸びた花粉管は胚珠に寄生して生活し，8～9月頃に破れて精子を放出する。精子は胚珠内の液体中を泳いで造卵器内に進入し，卵と受精する。

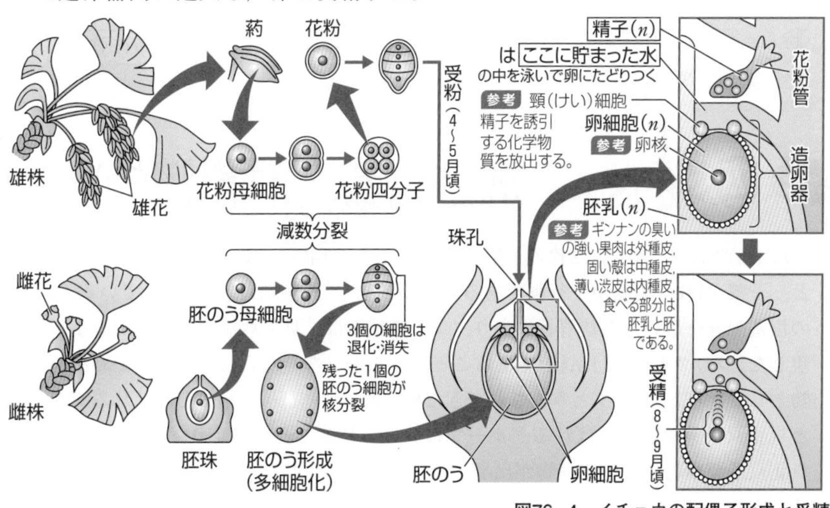

図76-4　イチョウの配偶子形成と受精

(4) 針葉樹類(マツ・スギなど)では，花粉管は造卵器内へ進入し，遊泳能力のない精細胞が花粉管を移動して卵に達し受精する。

(5) 裸子植物の受精では雨水などの外部の水が不要になり，針葉樹類の一部の受精では胚珠内の液体も不要になった。

2 被子植物

(1) 被子植物では，**重複受精**(じゅうふくじゅせい)の結果，$3n$の胚乳ができるが，受精なしには胚乳が形成されないので，胚のうがそのまま胚乳になる裸子植物とは異なり，胚乳形成のエネルギーを無駄にしないしくみを獲得したと考えられている。

(2) また，花の大形化・花色の多様化にともなう昆虫による送受粉(虫媒)や，果実の形成にともなう動物などによる種子散布のしくみが発達した。

被子植物が裸子植物との競争に勝った理由

右に示したように，被子植物は，裸子植物にはない重複受精を行う能力や，被子性(ひしせい)(子房が胚珠を覆い乾燥や昆虫から守っている)をもつことにより，無駄なエネルギーの消費を抑えることができたので，裸子植物との競争に勝ち，現在の地球上で大いに繁栄している。

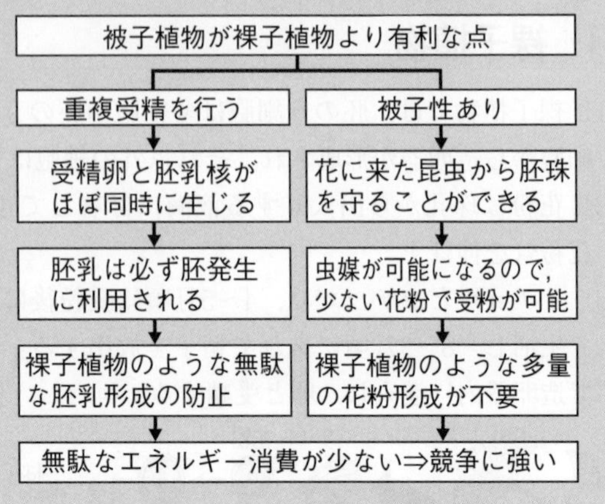

もっと広く深く　現代の分類学では双子葉植物というグループは認められていない

被子植物は，一般的に2枚の子葉をもち，葉脈が網状脈である双子葉植物(双子葉類)と，子葉が1枚，葉脈が平行脈である単子葉植物(単子葉類)に分類されている。DNAの塩基配列を用いた系統解析により，単子葉植物は，双子葉植物が進化するなかで出現した1つのグループ(1系統)であることが明らかになった。しかし，今まで双子葉植物として1つのグループとみなされてきた植物群は，基部被子植物と呼ばれるグループと真正双子葉植物と呼ばれるグループに分けられることがわかり，基部被子植物は，真正双子葉植物や単子葉植物が出現する以前に多様化したグループであるとされている。

つまり，共通の祖先から同じ系統として出現したと考えられてきた双子葉植物は，単子葉植物が出現する以前に出現していた系統の子孫と，その後に出現した系統の子孫を混合した架空の植物群であった。したがって，現在の植物分類学では，双子葉植物というグループは認められていないのである。

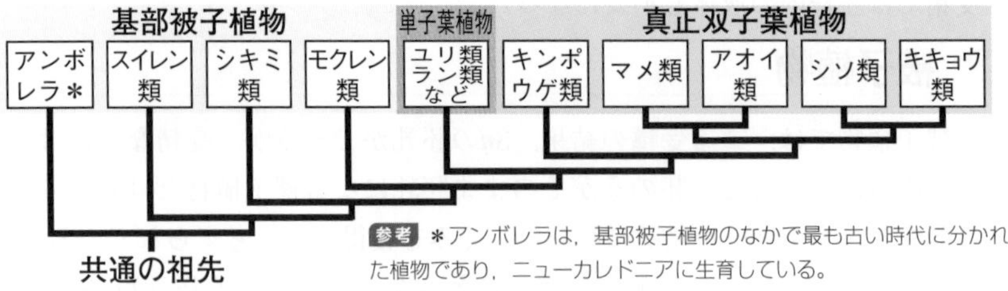

参考　＊アンボレラは，基部被子植物のなかで最も古い時代に分かれた植物であり，ニューカレドニアに生育している。

4 ▶ 原核生物・原生生物の独立栄養生物と植物の分類

	分類群	生物例	形態	生殖・生活環	細胞壁など	主な光合成色素
原核生物	化学合成細菌	亜硝酸菌, 硝酸菌, 硫黄細菌, 鉄細菌, 水素細菌	単細胞・細胞群体	主に分裂（接合することもある）	ペプチドグリカン	なし
	光合成細菌	緑色硫黄細菌, 紅色硫黄細菌				バクテリオクロロフィル,(カロテン)
	シアノバクテリア類	ユレモ, ネンジュモ, イシクラゲ, アオコ				クロロフィルa, フィコシアニン
原生生物(水中で生活)	渦鞭毛藻類	ツノモ, ムシモ	単細胞	分裂・接合	セルロース(細胞内の鎧板)	クロロフィルa・c, キサントフィル
	ミドリムシ類(ユーグレナ類)	ミドリムシ		分裂	なし	クロロフィルa・b, カロテン
	ケイ藻類	ハネケイソウ, オビケイソウ		分裂・接合	セルロースなど	クロロフィルa・c, フコキサンチン
	紅藻類	アサクサノリ, テングサ	多細胞(根・茎・葉の分化みられず)	生活環は多様 参考 褐藻類でも, コンブ, ワカメは世代交代(2n世代がn世代より大きい)するが, ホンダワラは世代交代しない(受精のみ)。	セルロースなど	クロロフィルa, フィコエリトリン
	褐藻類	コンブ, ワカメ, ホンダワラ				クロロフィルa・c, フコキサンチン
	緑藻類	アオサ, ミル				クロロフィルa・b, カロテン, キサントフィル
		クラミドモナス, カサノリ	単細胞			
	シャジクモ類	シャジクモ, フラスコモ	多細胞(根・茎・葉の分化みられず)	受精		
植物(主に陸上で生活)	コケ植物	ツノゴケ類		世代交代あり(配偶体が胞子体より大きい)／重複受精ではない	セルロースなど	クロロフィルa・b, カロテン, キサントフィル 参考 光合成色素の共通性から, 緑藻類, シャジクモ類, コケ・シダ・種子植物をまとめて緑色植物ということもある。
		タイ類(ゼニゴケなど)				
		セン類(スギゴケなど)				
	シダ植物	ヒカゲノカズラ類	多細胞・維管束あり(根・茎・葉の分化あり)	配偶子は精子／世代交代あり(胞子体が配偶体より大きい)／重複受精ではない	セルロースとリグニンなど	
		シダ類(ゼンマイ・ワラビ・スギナなど)				
	種子植物 裸子植物	イチョウ, ソテツ				
		マツ, シラビソ		配偶子は精細胞		
	種子植物 被子植物	ブナ, キク, アサガオ		重複受精		
		アヤメ, トウモロコシ				

表76-3　独立栄養生物のまとめ

動物の分類

The Purpose of Study 到達目標

1. 動物の分類基準を3つ以上あげ，説明できる。……p. 761
2. 三胚葉性ではない動物門を2つあげ，それぞれ説明できる。……p. 763
3. 冠輪動物の動物門を4つあげ，それぞれ説明できる。……p. 764, 765
4. 脱皮動物の例を2つあげ，それぞれを説明できる。……p. 765, 766
5. 新口動物について例をあげながら説明できる。……p. 767

Visual Study 視覚的理解

分子レベルの系統解析に基づく系統樹

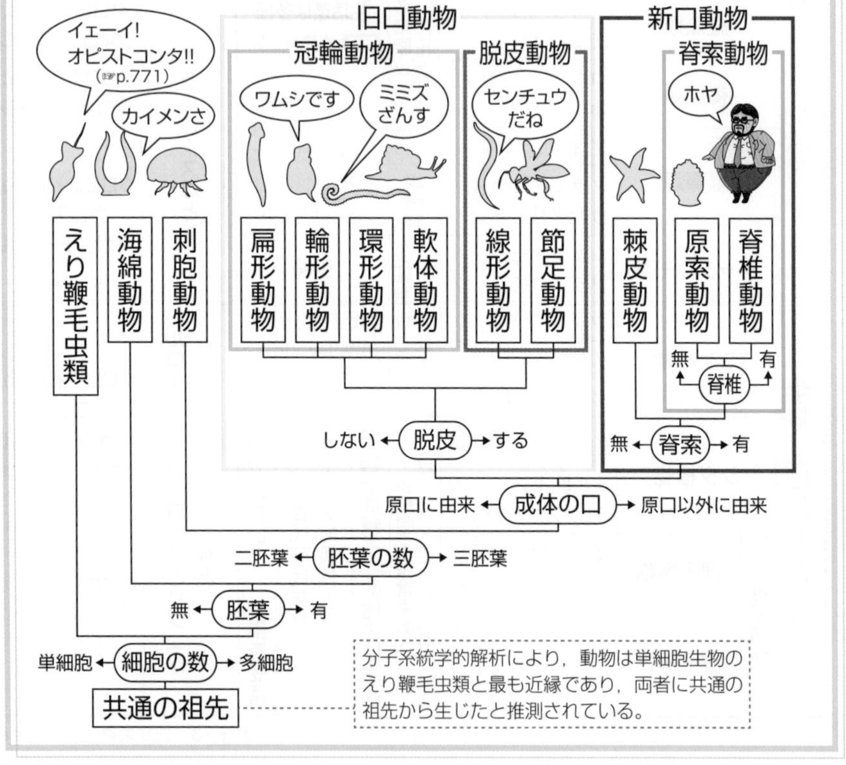

旧口動物
冠輪動物
脱皮動物
新口動物
脊索動物

イェーイ！
オピストコンタ!!
（☞p.771）
カイメンさ
ワムシです
ミミズ
ざんす
センチュウ
だね
ホヤ

えり鞭毛虫類
海綿動物
刺胞動物
扁形動物
輪形動物
環形動物
軟体動物
線形動物
節足動物
棘皮動物
原索動物
脊椎動物

無 ← 脊椎 → 有
無 ← 脊索 → 有
しない ← 脱皮 → する
原口に由来 ← 成体の口 → 原口以外に由来
二胚葉 ← 胚葉の数 → 三胚葉
無 ← 胚葉 → 有
単細胞 ← 細胞の数 → 多細胞
共通の祖先

分子系統学的解析により，動物は単細胞生物のえり鞭毛虫類と最も近縁であり，両者に共通の祖先から生じたと推測されている。

1 ▸ 動物の分類基準

(1) **動物**は多細胞で，運動性のある従属栄養生物である。単細胞である原生動物に対して後生動物と呼ばれる場合もある。

(2) 動物の系統分類は，以下の①~③の比較をもとに行われ，特に20世紀末までは，主に発生過程における形態の比較が重視されてきた。

①発生過程における形態の比較

ⓐ卵割の様式

放射卵割(図77 - 1(i))は，刺胞動物・棘皮動物・脊椎動物の両生類などでみられ，らせん卵割(図77 - 1(ii))は，軟体動物・環形動物などでみられる。

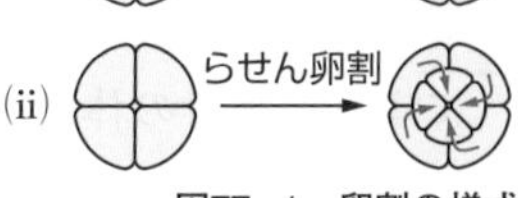

図77 - 1　卵割の様式

参考 らせん卵割は，卵割面が動物極と植物極を通る軸に対して斜めに傾くことで，割球が特徴的な配列になる卵割様式であり，軟体動物に属する巻貝の仲間では，胚発生**初期のらせん**卵割様式と貝の巻き方の向き(右巻と左巻)が一致している。この卵割では，細胞骨格であるアクチン(アクチンフィラメント)とチューブリン(微小管)が重要な役割を担っている。

ⓑ胚葉の生じ方

胚葉が生じない動物は**無胚葉性動物**(むはいよう)，外胚葉と内胚葉が分化する動物は**二胚葉動物**(にはいよう)，外・中・内胚葉が分化する動物は**三胚葉動物**(さんはいよう)と呼ばれる。

ⓒ口のでき方

三胚葉動物のうち，原口が口になる動物を**旧口動物**(きゅうこう)といい，原口(原口付近)が肛門になり，別の位置に口が形成される動物を**新口動物**(しんこう)という。

ⓓ中胚葉の起源と体腔のでき方(☞p.762)

②体節・脊索・脊椎などの有無やその形態の比較

③核酸の塩基配列やタンパク質のアミノ酸配列など，分子レベルでの比較

2 ▸ 動物の系統分類

1 分子系統学的解析に基づく系統分類

(1) 従来から示されてきた系統樹は，上記の動物の分類基準①・②などの形態比較をもとに作成されていた(☞p.762 図77 - 2)。

(2) 近年，動物の分類基準③の分子レベルの系統解析が進み，それに基づく系統樹(☞p.760 ★Visual Study)が作成されている。この系統樹では，成長にともなう**脱皮**(だっぴ)(外骨格や皮膚を脱ぎ捨てる現象)の有無によって，旧口動物を**冠輪動物**(かんりん)(☞p.764)と**脱皮動物**(☞p.765)の2系統に分けている。

2 動物の形態に基づく系統分類

(1) 胚葉の分化の程度，成体の口や体腔のでき方，体節や外骨格の有無などに基づいて動物の系統樹を作成すると図77-2のようになる。

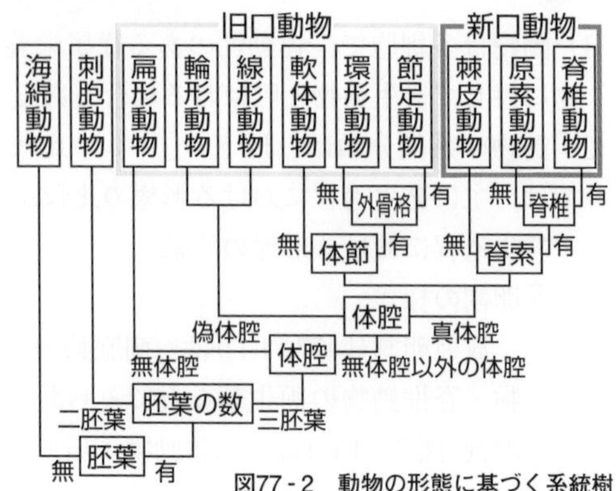

図77-2 動物の形態に基づく系統樹

(2) 環形動物と節足動物は，体節をもつことから近縁とされてきたが，分子系統学的解析により，両者の体節構造はその起源が異なっており，収れんの結果であると考えられるようになった。

(3) 体腔のでき方

①三胚葉動物にみられる体壁と内臓との間の空所を**体腔**(たいこう)という。

②三胚葉動物のうち，扁形動物では，胞胚腔が中胚葉の細胞で埋めつくされ，体腔としての空所がほとんどできない。このような状態を**無体腔**という。

③輪形動物と線形動物では，胞胚腔がそのまま体腔になる**偽体腔**(ぎ)を生じる。

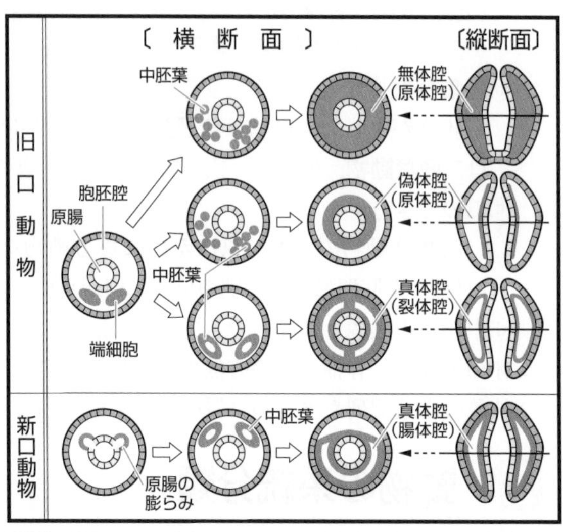

参考 旧口動物の真体腔は裂体腔とも呼ばれ，その内壁が端細胞と呼ばれる細胞から形成される。一方，新口動物の真体腔は腸体腔と呼ばれ，原腸の膨らみから形成される。

図77-3 中胚葉の起源と体腔のでき方

④無体腔や偽体腔は原体腔と呼ばれることもある。

⑤これに対して体腔の内壁が中胚葉の細胞で覆われたものは**真体腔**(しん)と呼ばれ，旧口動物に属する節足動物，環形動物，軟体動物と新口動物に属する脊椎動物，原索動物，棘皮動物にみられる。

3 ▶ 胚葉のない動物(側生動物)・二胚葉(性の)動物

多くの動物は，外胚葉，内胚葉，中胚葉の3つの胚葉からなる三胚葉動物であるが，海綿(かいめん)動物のように胚葉のない無胚葉性動物や，刺胞(しほう)動物のように外胚葉と内胚葉の2つの胚葉からなる二胚葉動物もいる。これらの動物に属する主な(動物)門の特徴を以下に説明する。

1 海綿動物門 (例 カイメン，カイロウドウケツ)

(1) 海綿動物では，胚葉の分化がみられず，神経や筋肉，排出器などの組織・器官の分化もない。

参考 海綿動物は放射卵割を行う。

(2) 海綿動物には，体制が不規則なものが多い。

(3) 海綿動物は，口・消化管・肛門のいずれももたず，**えり細胞**の鞭毛の運動による水流によって，水とともに入水口(小孔)から入ってきた食物を細胞内の食胞に取り込んで消化する。また，体内には多数の微小な骨片がある。

参考 海綿動物は「原生動物が後生動物に進化する間に，側道にそれて発達した動物」という意味で側生動物(古い呼称)と呼ばれた。

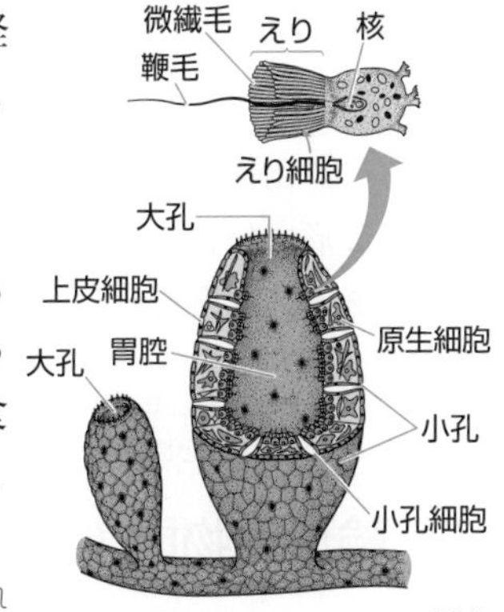

図77-4　カイメンの構造

2 刺胞動物門 (例 ヒドラ，クラゲ，イソギンチャク，サンゴ)

(1) 刺胞動物では，放射卵割が行われ，内胚葉と外胚葉の分化がみられるが，中胚葉は生じない(二胚葉動物)。

(2) 刺胞動物は，放射相称の体制をもつ。胃腔(腔腸)はつぼ状で，食物の出入口は1つしかない。多数の触手(しょくしゅ)をもち，刺糸をもつ刺細胞(刺胞)がある。神経系は散在神経系である。

参考 相称とは，一般に1つの線または面を境にした両側が同形であることであり，生物学では，個体がある軸や面で互いに同等な部分に区切られていることである。放射相称とは，生物のからだの中心軸を通る相称面が3個以上ある場合である。

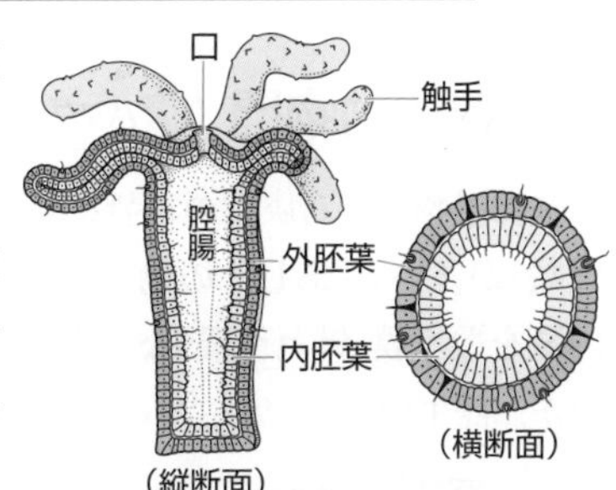

図77-5　ヒドラの構造

(3) いずれの種も水中生活を行うが，クラゲは浮遊生活を行い，ヒドラやイソギンチャクは固着生活をする。

参考 刺胞がなく，くし板をもつクシクラゲなどの有櫛(ゆうしつ)動物は，体制の類似から刺胞動物とともに腔腸(こうちょう)動物と呼ばれることもある。

④ 三胚葉動物の冠輪動物

(1) 三胚葉動物は，**旧口動物**と**新口動物**に分けられ，旧口動物は成長にともなう脱皮の有無によって**冠輪動物**(脱皮はしない)と**脱皮動物**(脱皮する)に分けられる。

(2) 冠輪動物には扁形(へんけい)動物，輪形(りんけい)動物，軟体(なんたい)動物，環形(かんけい)動物などの門が属する。

参考 冠輪動物には，箒虫動物(ホウキムシ)，腕足動物(シャミセンガイ)，苔虫動物(コケムシ)，星口(ほしくち)動物(ホシムシ)，紐形動物(ヒモムシ)などの動物門も含まれる。

1 扁形動物門（例 プラナリア，コウガイビル，サナダムシ）

扁形動物は，左右相称の体制をもち，扁平な筒状である。消化管はあるが，体腔と肛門がない。神経系はかご形に分布した集中神経系で，水生または寄生性である。排出器として**原腎管**(げんじんかん)をもつ。

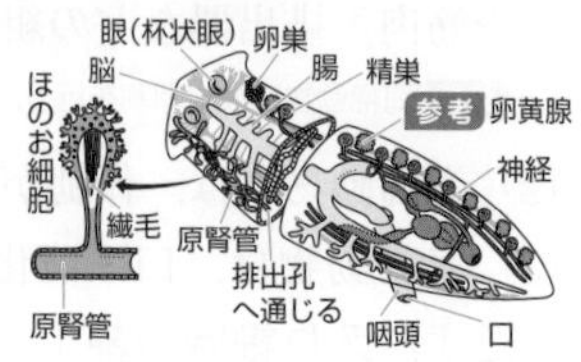

図77-6　プラナリアの構造

参考 扁形動物や輪形動物にみられる原腎管は，体内に樹枝状に伸びた細い管からなり，その末端には繊毛の束が炎のように動くほのお細胞がある。老廃物は，ほのお細胞から原腎管に取り込まれ，排出孔から体外へ排出される。

2 輪形動物門（例 ワムシ）

輪形動物は，偽体腔をもつ。口の先端に環状に並ぶ繊毛が波打ち，食物を集める。口と肛門があり，左右相称の体制をもち，円筒形である(図77-9左)。

参考 神経系は，神経節がはしご形に連結した集中神経系で，原腎管をもつ。ワムシは，繊毛の運動により口の先端の繊毛環が車輪が回っているようにみえるので，ワムシと呼ばれる。

3 軟体動物門（例 ハマグリ・シジミ(二枚貝類)，サザエ(巻貝類)，イカ・タコ(頭足類)）

軟体動物は，石灰質の貝殻をもつもの(**二枚貝類**，**巻貝類**)が多い。「あし」の働きをするやわらかな筋肉や内臓を覆う膜(**外とう膜**(がい))などをもつ。水生のものが多いが，陸生のもの(カタツムリなど)もいる。

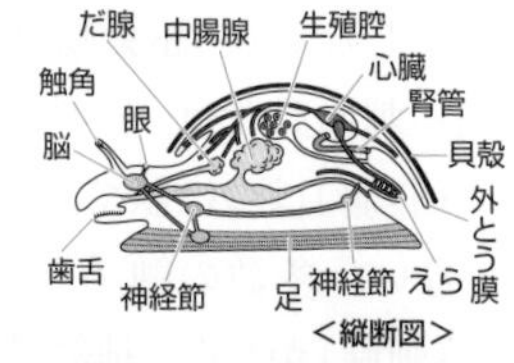

図77-7　軟体動物の構造

4 環形動物門（例 ゴカイ，ミミズ，ヒル）

(1) 環形動物は，体が細長く，多数の体節をもつ(**体節構造**)。神経系は神経節がはしご形に連結した集中神経系であり，閉鎖血管系で各体節に排出器官(**腎管**)をもつ。らせん卵割である。

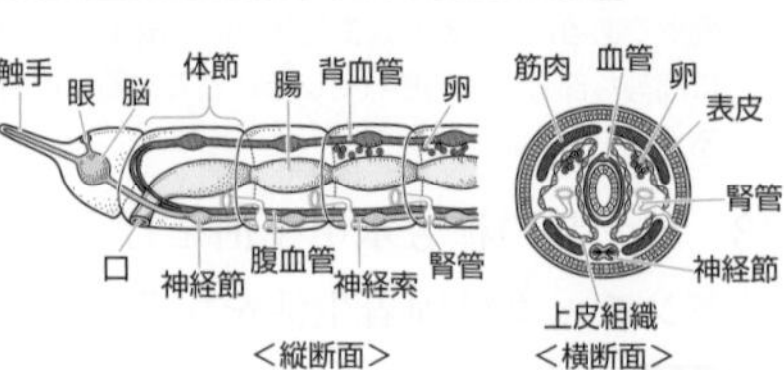

図77-8　ゴカイの構造

(2) ゴカイなどの環形動物と，ハマグリ(二枚貝)などの軟体動物を比べると，成体の形態はまったく異なるが，幼生はどちらも**トロコフォア**(担輪子)と呼ばれ，輪形動物の成体に似ている。このことから，環形動物と軟体動物は共通の祖先をもち，それは，現生の輪形動物に近いものであったと考えられる。

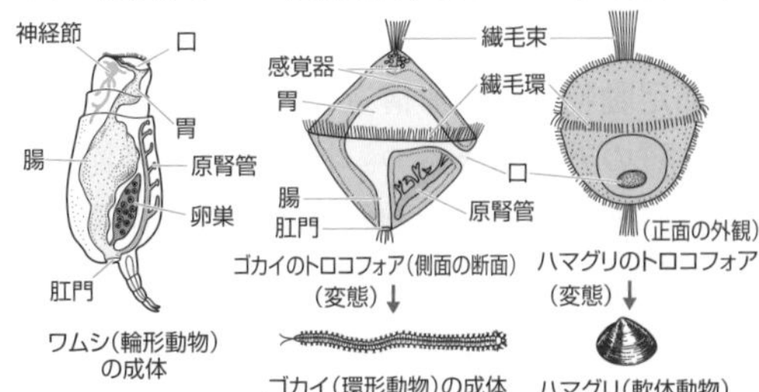

図77-9　環形動物と軟体動物の幼生

もっと広く深く　幼生の比較

(1) 棘皮動物のナマコとヒトデを比べると，その成体は異なった形態だが，その幼生は，それぞれ**アウリクラリア**，**ビピンナリア**と呼ばれ，よく似た形態をしている(右図)。なお，棘皮動物のウニの幼生のプルテウスも，アウリクラリアとビピンナリアほどではないが，これらの幼生と似ている。

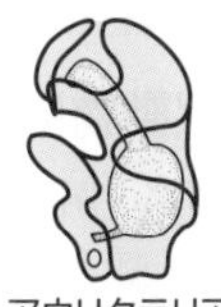
アウリクラリア
(ナマコの幼生)

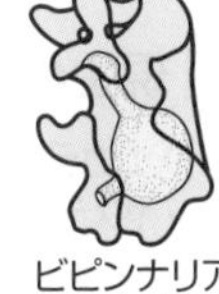
ビピンナリア
(ヒトデの幼生)

(2) 節足動物の甲殻類のカニ・エビ・ミジンコ・フジツボなどの成体は異なった形態だが，最初の幼生はすべて，**ノープリウス**(**ナウプリウス**)と呼ばれ，よく似た形態である(右図)。カニはノープリウス→ゾエア→メガロパの順に幼生を経て成体になる。

5 三胚葉動物の脱皮動物

脱皮動物には，線形動物，節足動物などの門が属する。

参考 脱皮動物には，緩歩動物(クマムシ)，有爪動物(カギムシ)なども含まれる。

1 線形動物門 (例 カイチュウ，センチュウ)

線形動物は，円筒形のからだに偽体腔をもち，体節構造をもたず，脱皮によって成長する。土壌中や水中などのさまざまな環境に生息するほか，寄生性のものも多い。体はクチクラに覆われている。

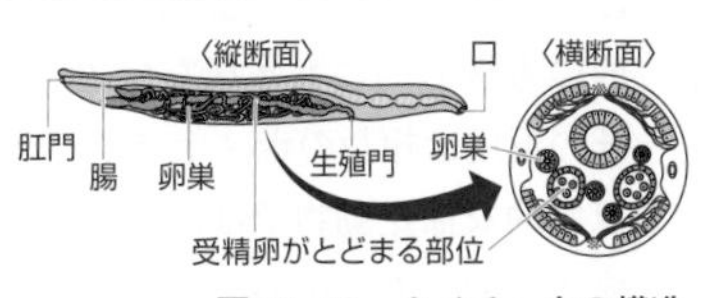

図77-10　カイチュウの構造

第13章

参考 アフリカでは，オンコセルカと呼ばれる線形動物に寄生され，失明する人が多い。日本の大村智は，土壌中の微生物から抗生物質を発見し，オンコセルカ症の治療薬(イベルメクチン)を開発したことが認められて，2015年にノーベル生理学・医学賞を受賞した。なお，この治療薬は，イヌの心臓に寄生する線形動物であるフィラリアの駆除薬としても非常に有効であり，この薬のおかげで日本では犬の寿命が5～10年延びたといわれている。

2 節足動物門（例 エビ，クモ，トンボ）

節足動物は，体節構造と肢をもち，体表にキチン質の外骨格をもつ。神経系は神経節がはしご形に連結した集中神経系であり，循環系は開放血管系である。動物のなかで最も種類が多い分類群であり，甲殻類，クモ類，昆虫類，ヤスデ類，ムカデ類などが含まれる。

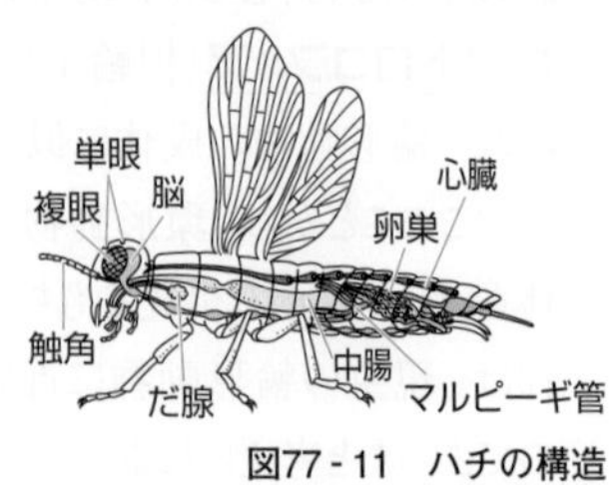

図77-11　ハチの構造

もっと広く深く　節足動物

1 現生の節足動物に属する4つのグループ（類または亜門）

①ムカデ・ヤスデ類（多足亜門）	頭部・胴部に分かれる。胴部は1対または2対の肢をもつ多数の体節からなり，頭部には1対の触角がある。一部の種が複眼をもつ以外は単眼または無眼である。
②甲殻類（甲殻亜門）	頭部・胸部・腹部または頭胸部・腹部に分かれる。頭部には2対の触角と1対の複眼。淡水生の一部の生物を除いて変態する。触角腺（腎管の一種）と呼ばれる排出器をもつ。エビ・カニ・ミジンコ・オキアミ・フジツボなど。
③クモ・ダニ類（鋏角亜門）	頭胸部・腹部に分かれる。眼は単眼，呼吸器は書肺，気管またはえら。変態せず。基節腺（腎管の一種）と呼ばれる排出器をもつ。クモ・ダニ・サソリ・カブトガニなど。
④昆虫類（六脚亜門）	頭部・胸部・腹部に分かれる。頭部には1対の複眼と3個の単眼，1対の触角。胸部には3対の肢と2対の翅（双翅目は1対の翅）。変態する。マルピーギ管と呼ばれる排出器と気管と呼ばれる呼吸器をもつ。トンボ・チョウ・ホタル・バッタ・ハエなど。

2 節足動物の付属肢

節足動物において，原則的に各体節に1対ずつ付属する突起を付属肢と呼ぶ。付属肢には，肢の他にも，触角，あご，ハサミなどがあり，種やからだの部位によって構造的にも機能的にも多様な分化がみられる。これらの付属肢の発生起源は同一であり，その形成は複数のホメオティック遺伝子からなるホックス遺伝子群に制御されている。原始的な節足動物では，ホックス遺伝子群がからだの前から後ろまで同じように発現するので，ムカデのように前から後ろまで同じ形の肢が形成されている。しかし，進化の過程で複数のホメオティック遺伝子が体節の異なる部位で発現し，異なる形質が現れるようになり，甲殻類やクモ類，昆虫類のように，それぞれの付属肢に多様性が生じたと考えられている。

6 ▶ 新口動物

新口動物には，棘皮動物，脊索動物などの門が属する。

1 棘皮動物門（例 ウニ，ヒトデ，ナマコ）

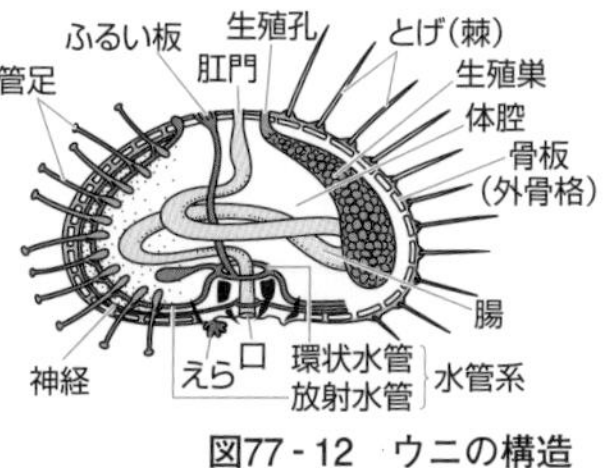

図77 - 12　ウニの構造

棘皮動物は，成体は五放射相称の体制をもつ海水生動物で，体壁に石灰質の骨板がある。体内には水の通る独特の管(**水管系**)があり，水管系から体外に多数の細い管(**管足**)が伸び出る。

2 脊索動物門（例 原索動物：ホヤ，ナメクジウオ　脊椎動物：トカゲ，ヒト）

脊索動物門には，原索動物と脊椎動物が属する。

(1) **原索動物**

原索動物は，海水生動物で固着生活や遊泳生活をするものがあり，尾索動物(ホヤ)と頭索動物(ナメクジウオ)に分けられる。えらあなをもち，少なくとも幼生期には(ナメクジウオは終生)からだの支持組織としてひも状の**脊索**をもつ。

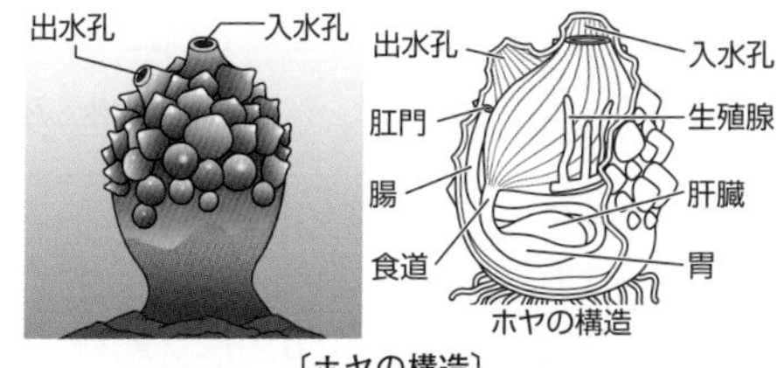

〔ホヤの構造〕

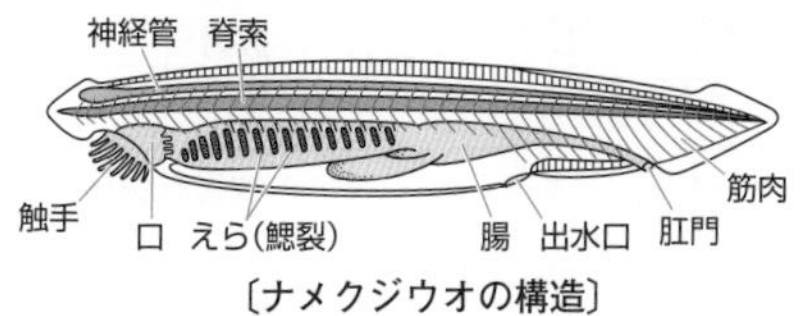

〔ナメクジウオの構造〕

(2) **脊椎動物**

脊椎動物※は，からだの中心骨格として**脊椎**をもち，背側に太くて長い中枢神経がある管状神経系をもつ。水中生活をする**無顎類**・**魚類**，水中と陸上の両方を生活の場とする**両生類**，主に陸上を生活の場とする**爬虫類**・**鳥類**・**哺乳類**に分けられ，それぞれ生活の場に適したからだの特徴をもつ。無顎類以外はまとめて**顎口類**と呼ばれ，顎口類のうちの**魚類**以外は，まとめて**四足動物**と呼ばれる。また，爬虫類・鳥類・哺乳類は，発生において羊膜を形成するため，羊膜類と呼ばれる。

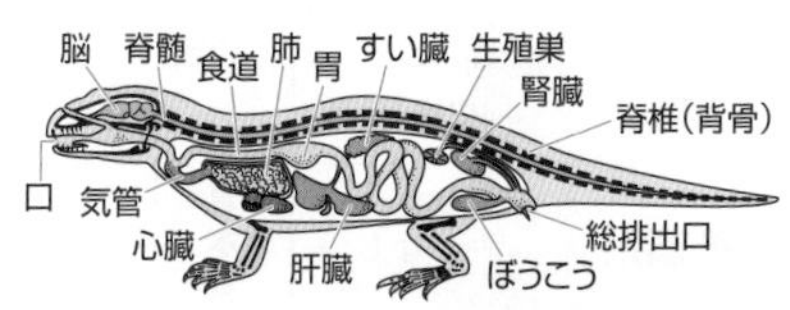

〔トカゲの構造〕

図77 - 13　原索動物・脊椎動物の構造

※脊椎動物は，発生の途中で原索動物と共通した3つの組織(脊索，えらあな，神経管)が生じることから，両者が系統的に近縁であることが明らかである。なお，脊椎をもたない動物は，まとめて無脊椎動物と呼ばれる。

<table>
<tr><th colspan="2" rowspan="2">分類
項目</th><th rowspan="2">海綿動物門</th><th rowspan="2">刺胞動物門</th><th rowspan="2">扁形動物門</th><th rowspan="2">輪形動物門</th><th colspan="3">軟体動物門</th><th rowspan="2">環形動物門</th><th rowspan="2">線形動物門</th></tr>
<tr><th>二枚貝綱(斧足類)</th><th>マキガイ綱(腹足綱)</th><th>イカ綱(頭足綱)</th></tr>
<tr><td colspan="2">例</td><td>(海水生)カイメン・カイロウドウケツ</td><td>(淡水生)ヒドラ (海水生)サンゴ・イソギンチャク</td><td>プラナリア・サナダムシ</td><td>(淡水生が多い)ワムシ・イタチムシ</td><td>アサリ・カキ</td><td>(水生)タニシ・ウミウシ
(陸生)カタツムリ</td><td>(海水生)イカ・タコ・オウムガイ</td><td>(陸生)ミミズ・ヒル (水生)ゴカイ</td><td>カイチュウ・センチュウ</td></tr>
<tr><td rowspan="7">発生・形態</td><td>卵割</td><td colspan="2">放射卵割</td><td colspan="4">らせん卵割</td><td>盤割</td><td colspan="2">らせん卵割</td></tr>
<tr><td>卵生・胎生, 羊膜</td><td colspan="9">卵生・胚膜の一種である羊膜がない</td></tr>
<tr><td>胚葉</td><td>胚葉なし</td><td>二胚葉</td><td colspan="7">三胚葉</td></tr>
<tr><td>口</td><td>なし</td><td>あり</td><td colspan="7">旧口動物</td></tr>
<tr><td>体腔</td><td colspan="2">なし</td><td>無体腔</td><td>偽体腔</td><td colspan="4">真体腔〔裂体腔〕</td><td>偽体腔</td></tr>
<tr><td rowspan="2">体制，脱皮，冠輪動物</td><td rowspan="2">不規則</td><td rowspan="2">放射相称</td><td colspan="7">左右相称</td></tr>
<tr><td colspan="6">冠輪動物(脱皮せずに成長)</td><td>脱皮動物</td></tr>
<tr><td colspan="2">体温</td><td colspan="9">変温動物(外界の温度によって体温が変化する動物)</td></tr>
<tr><td colspan="2" rowspan="3">消化</td><td rowspan="3">細胞内消化〔えり細胞〕</td><td colspan="8">細胞外消化</td></tr>
<tr><td colspan="2" rowspan="2">消化管末貫通〔肛門なし〕</td><td colspan="6">消化管貫通〔口も肛門もある〕</td></tr>
<tr><td></td><td colspan="2">中腸腺(肝すい臓)</td><td>肝臓・すい臓</td><td colspan="2"></td></tr>
<tr><td colspan="2">呼吸</td><td>皮膚(体表)</td><td rowspan="4">胃水管系</td><td colspan="3">皮膚(体表)</td><td>肺 えら</td><td>えら</td><td>えら(体表)</td><td>体表</td></tr>
<tr><td colspan="2" rowspan="2">循環系</td><td rowspan="2">なし</td><td colspan="2" rowspan="2">なし</td><td colspan="2" rowspan="2">開放血管系</td><td colspan="2">閉鎖血管系</td><td rowspan="2">なし</td></tr>
<tr><td>2心房
1心室</td><td></td></tr>
<tr><td rowspan="2">排出</td><td>器官</td><td>なし(体表)</td><td colspan="2">原腎管(ほのお細胞)</td><td colspan="3">腎管(頭足類の腎管を腎のうという)</td><td>腎管</td><td>排出細胞</td></tr>
<tr><td>物質</td><td colspan="9">アンモニア</td></tr>
<tr><td colspan="2" rowspan="2">神経</td><td rowspan="2">なし</td><td rowspan="2">散在神経系</td><td colspan="7">集中神経系</td></tr>
<tr><td>かご形の中枢(かご形神経系)</td><td>はしご形の中枢(はしご形神経系)</td><td colspan="3">複数の神経節をもつ神経系(頭足綱は発達した脳をもつ)</td><td>はしご形の中枢</td><td>かご形の中枢</td></tr>
<tr><td colspan="2" rowspan="2">その他</td><td rowspan="2">側生動物</td><td rowspan="2">刺胞細胞</td><td rowspan="2">からだは扁平</td><td rowspan="2">からだは袋状</td><td colspan="4">トロコフォア幼生</td><td rowspan="2">体節なし</td></tr>
<tr><td colspan="3"></td><td>体節構造</td></tr>
</table>

<table>
<tr><td rowspan="4"></td><td colspan="4">節足動物門</td><td rowspan="4">棘皮動物門</td><td colspan="10">脊索動物門</td></tr>
<tr><td rowspan="3">甲殻類（甲殻亜門）</td><td rowspan="3">クモ・ダニ類（鋏角亜門）</td><td rowspan="3">ムカデ・ヤスデ類（多足亜門）</td><td rowspan="3">昆虫類（六脚亜門）</td><td rowspan="3">頭索動物亜門</td><td rowspan="3">尾索動物亜門</td><td colspan="8">脊椎動物亜門</td></tr>
<tr><td rowspan="2">無顎上綱</td><td colspan="7">有顎上綱（あごをもつ，顎口類ともいう）</td></tr>
<tr><td>軟骨魚綱（軟骨魚類）</td><td>肉鰭綱</td><td>条鰭綱</td><td>両生綱</td><td>爬虫綱</td><td>鳥綱</td><td>哺乳綱</td></tr>
<tr><td></td><td>エビ・カニ・フジツボ・ミジンコ</td><td>クモ・ダニ・サソリ・カブトガニ</td><td>ムカデ・ヤスデ・ゲジ</td><td>トンボ・ハエ・チョウ・バッタ</td><td>ウニ・ヒトデ・ナマコ・ウミユリ</td><td>ナメクジウオ</td><td>ホヤ・サルパ</td><td>ヤツメウナギ・ヌタウナギ</td><td>サメ・エイ</td><td>シーラカンス・ハイギョ</td><td>(海水生)アジ・タイ
(淡水生)コイ・フナ</td><td>カエル・イモリ・サンショウウオ</td><td>ヘビ・ヤモリ・カメ・ワニ</td><td>スズメ・ワシ・ニワトリ</td><td>ヒト・ネズミ・ウシ・クジラ・(卵生)カモノハシ</td></tr>
<tr><td></td><td colspan="4">表割</td><td colspan="3">放射卵割</td><td>全割・盤割</td><td>盤割</td><td>不明</td><td>盤割</td><td>放射卵割</td><td colspan="2">盤割</td><td>放射卵割</td></tr>
<tr><td colspan="13" rowspan="2">卵生・胚膜の一種である羊膜がない</td><td colspan="3">羊膜あり（羊膜類）</td></tr>
<tr><td colspan="2">卵生</td><td>胎生</td></tr>
<tr><td colspan="16">三胚葉</td></tr>
<tr><td colspan="5">旧口動物</td><td colspan="11">新口動物</td></tr>
<tr><td></td><td colspan="4">真体腔〔裂体腔〕</td><td colspan="11">真体腔〔腸体腔〕</td></tr>
<tr><td colspan="5">左右相称</td><td rowspan="2">五放射相称</td><td colspan="6" rowspan="2">左右相称</td><td colspan="4"></td></tr>
<tr><td colspan="5">脱皮動物</td><td colspan="4">四肢をもつ（四足動物）</td></tr>
<tr><td colspan="14">変温動物（外界の温度によって体温が変化する動物）</td><td colspan="2">恒温動物</td></tr>
<tr><td colspan="16">細胞外消化</td></tr>
<tr><td colspan="16">消化管貫通〔口も肛門もある〕</td></tr>
<tr><td></td><td colspan="4">中腸腺（肝すい臓）</td><td></td><td>肝臓</td><td></td><td colspan="8">肝臓・すい臓区別あり</td></tr>
<tr><td></td><td>えら</td><td>クモ 書肺／ダニ</td><td colspan="2">気管</td><td rowspan="5">水管系</td><td colspan="5">えら／肺</td><td colspan="5">えら／肺</td></tr>
<tr><td rowspan="2"></td><td colspan="4" rowspan="2">開放血管系</td><td rowspan="2">閉鎖血管系</td><td rowspan="2">開放血管系</td><td colspan="8">閉鎖血管系</td></tr>
<tr><td colspan="4">1心房1心室</td><td colspan="2">2心房1心室</td><td colspan="2">2心房2心室</td></tr>
<tr><td rowspan="2"></td><td rowspan="2">触角腺</td><td colspan="3" rowspan="2">マルピーギ管</td><td colspan="2" rowspan="2">腎管</td><td colspan="8">腎臓</td></tr>
<tr><td>（前腎）</td><td colspan="4">（中腎）</td><td colspan="3">（後腎）</td></tr>
<tr><td></td><td>アンモニア</td><td colspan="3">尿酸</td><td colspan="4">アンモニア</td><td>尿素</td><td colspan="3">アンモニア／尿素</td><td colspan="2">尿酸（尿素排出のカメなどもいる）</td><td>尿素</td></tr>
<tr><td colspan="16">集中神経系</td></tr>
<tr><td rowspan="2"></td><td colspan="4" rowspan="2">はしご形の中枢</td><td rowspan="2">放射状の神経系</td><td colspan="10">管状の中枢（管状神経系）</td></tr>
<tr><td colspan="2">脳未発達</td><td colspan="4">運動に関する中枢である中脳・小脳が発達</td><td>小脳が未発達</td><td>小脳が未発達</td><td>小脳が発達</td><td>大脳が発達</td></tr>
<tr><td rowspan="2"></td><td colspan="4">種々の体節構造</td><td>骨板</td><td colspan="7" rowspan="2">体外受精</td><td colspan="3" rowspan="2">体内受精</td></tr>
<tr><td colspan="4">体外受精／体内受精</td><td></td></tr>
</table>

表77-1　動物の分類

第13章

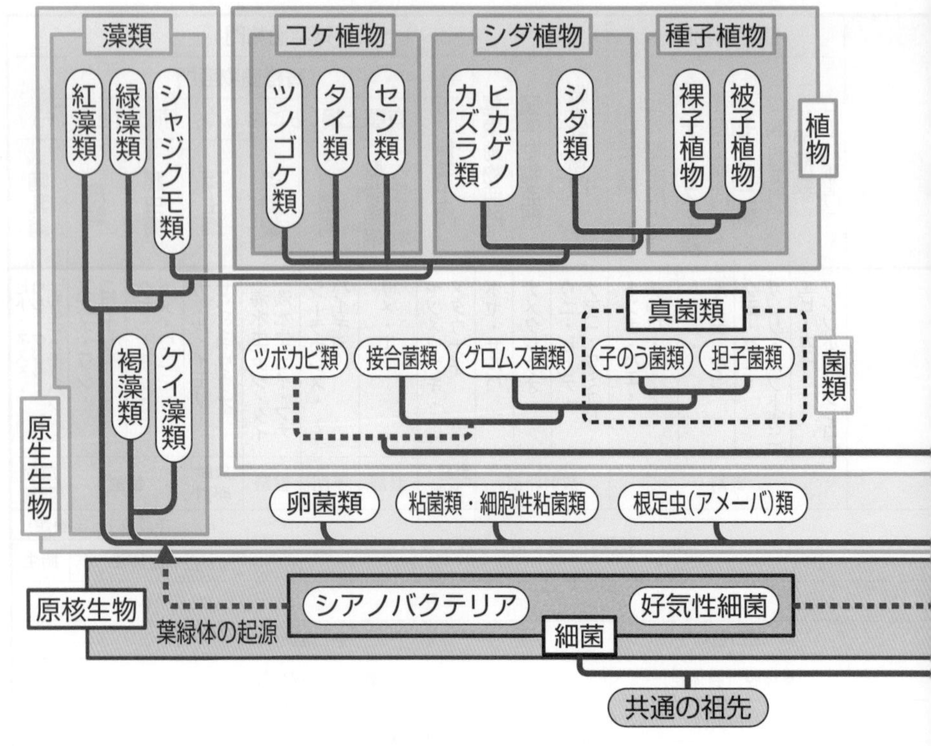

もっと広く深く「真核生物の系統分類」の新しい流れ

五界説においては，上の図77-14に示したように，真核生物は，動物界，植物界，菌界ならびに原生生物界の4つの界(グループ)に分けられてきた。しかし，原生生物界は，他の真核生物の界との境界があいまいであり，多様な系統を含んでいることなどから，原生生物の分類が，分子系統学的解析の観点から見直されつつある。そして，真核生物は右ページの下図に示すように8つの主要な系統群(スーパーグループ)に分けられるという考え方(これを大系統分類という)が提唱されている。大系統分類では，これまで，真核生物の主流と考えられてきた動物・植物・菌類は，原生生物が分岐していった枝葉の一部に過ぎず，8つの系統群のうちの2群に属するだけであり，それを上回る多様性が原生生物には存在していると考えられている。

例えば，水中生活を行う光合成生物である藻類は，1つのまとまった系統群ではなく，異なる系統に属することがわかってきた。今から数十億年前，真核生物誕生時に，細胞内共生によりミトコンドリアと葉緑体が生じた。このようにして生じた葉緑体(一次共生葉緑体)のみをもつ藻類群(緑藻類，紅藻類など)は植物とともに1つの系統にまと

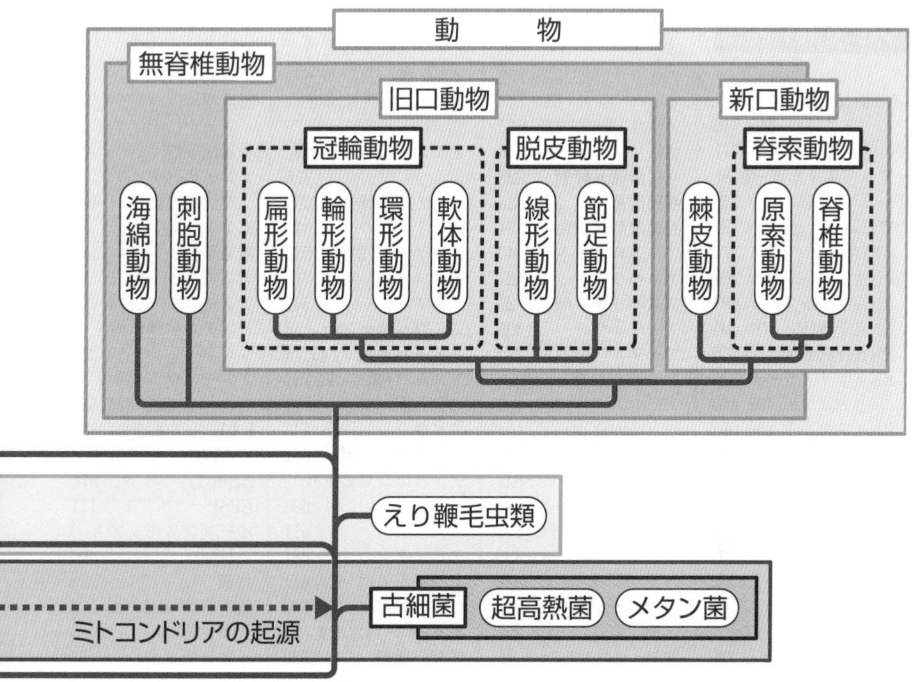

図77 - 14　真核生物の系統分類

められ，「アーケプラスチダ」と呼ばれ，紅藻類の葉緑体を起源とする葉緑体(二次共生葉緑体)をもつ褐藻類は，卵菌類とともに「ストラメノパイル」に属し，渦鞭毛藻類は，ゾウリムシやマラリア原虫などと同じ「アルベオラータ」に属する。

オピストコンタ	アメーボゾア	エクスカバータ	アーケプラスチダ	ハクロビア	アルベオラータ	ストラメノパイル	リザリア
えり鞭毛虫類，真菌類，動物	アメーバの仲間，粘菌類，細胞性粘菌類	ミドリムシ，原生動物の仲間の一部	紅藻類，緑藻類，シャジクモ類，植物	ハプト藻類（海産の植物プランクトンなど）	渦鞭毛藻類（ツノモなど），繊毛虫類（ゾウリムシなど）	卵菌類，ケイ藻類，褐藻類，原生動物の仲間	海産のアメーバ，有孔虫類，放散虫類

共通の祖先

光合成生物を含む系統群は□

さくいん

う

え

き

す

せ

そ

た

ち

MEMO

◀訂正のお知らせ

本書に訂正箇所がございました場合は，東進WEB書店の本書ページにて，随時ご報告申し上げます。恐れ入りますが，ご確認の程何卒宜しくお願い致します。

生物合格 77 講【完全版】2nd edition

発行日　2020 年 7 月 3 日　初版発行
2024 年 11 月 20 日　第 6 版発行

著者　**田部眞哉**
発行者　**永瀬昭幸**

編集担当　和久田希
発行所　株式会社ナガセ

〒 180-0003　東京都武蔵野市吉祥寺南町 1-29-2
出版事業部（東進ブックス）
TEL：0422-70-7456　FAX：0422-70-7457
URL：http://www.toshin.com/books/（東進 WEB 書店）
※本書を含む東進ブックスの最新情報は，東進 WEB 書店を御覧ください。

校閲協力　中井邦子　針ヶ谷和花子
校正・制作協力　太田萌　小川怜花　加藤碧子　戸枝達紀　古川香織
ブックデザイン　Riccio58
イラスト・図版　田部眞哉　青木隆　犬伏昇　坂本亜紀子
新谷圭子　橋本紫光　原田敦史
印刷・製本　シナノ印刷株式会社

ISBN 978-4-89085-846-0　C7345

合格の秘訣1

全国屈指の実力講師陣

東進の実力講師陣
数多くのベストセラー参考書を執筆!!

東進ハイスクール・東進衛星予備校では、そうそうたる講師陣が君を熱く指導する！

　本気で実力をつけたいと思うなら、やはり根本から理解させてくれる一流講師の授業を受けることが大切です。東進の講師は、日本全国から選りすぐられた大学受験のプロフェッショナル。何万人もの受験生を志望校合格へ導いてきたエキスパート達です。

英語

本物の英語力をとことん楽しく！日本の英語教育をリードするMr.4Skills.

安河内 哲也先生
[英語]

100万人を魅了した予備校界のカリスマ。抱腹絶倒の名講義を見逃すな！

今井 宏先生
[英語]

爆笑と感動の世界へようこそ。「スーパー速読法」で難解な長文も速読即解！

渡辺 勝彦先生
[英語]

雑誌『TIME』やベストセラーの翻訳も手掛け、英語界でその名を馳せる実力講師。

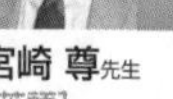

宮崎 尊先生
[英語]

いつのまにか英語を得意科目にしてしまう、情熱あふれる絶品授業！

大岩 秀樹先生
[英語]

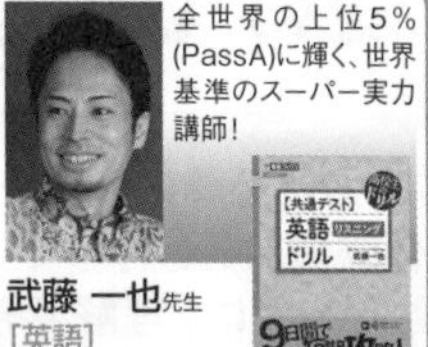

全世界の上位5%(PassA)に輝く、世界基準のスーパー実力講師！

武藤 一也先生
[英語]

関西の実力講師が、全国の東進生に「わかる」感動を伝授。

慎 一之先生
[英語]

数学

数学を本質から理解し、あらゆる問題に対応できる力を与える珠玉の名講義！

志田 晶先生
[数学]

論理力と思考力を鍛え、問題解決力を養成。多数の東大合格者を輩出！

青木 純二先生
[数学]

「ワカル」を「デキル」に変える新しい数学は、君の思考力を刺激し、数学のイメージを覆す！

松田 聡平先生
[数学]

明快かつ緻密な講義が、君の「自立した数学力」を養成する！

寺田 英智先生
[数学]

WEBで体験

東進ドットコムで授業を体験できます！
実力講師陣の詳しい紹介や、各教科の学習アドバイスも読めます。
www.toshin.com/teacher/

国語

「脱・字面読み」トレーニングで、「読む力」を根本から改革する！

輿水 淳一先生
［現代文］

明快な構造板書と豊富な具体例で必ず君を納得させる！「本物」を伝える現代文の新鋭。

西原 剛先生
［現代文］

東大・難関大志望者から絶大なる信頼を得る本質の指導を追究。

栗原 隆先生
［古文］

ビジュアル解説で古文を簡単明快に解き明かす実力講師。

富井 健二先生
［古文］

縦横無尽な知識に裏打ちされた立体的な授業に、グングン引き込まれる！

三羽 邦美先生
［古文・漢文］

幅広い教養と明解な具体例を駆使した緩急自在の講義。漢文が身近になる！

寺師 貴憲先生
［漢文］

小論文、総合型、学校推薦型選抜のスペシャリストが、君の学問センスを磨き、執筆プロセスを直伝！

正司 光範先生
［小論文］

文章で自分を表現できれば、受験も人生も成功できますよ。「笑顔と努力」で合格を！

石関 直子先生
［小論文］

理科

正しい道具の使い方で、難問が驚くほどシンプルに見えてくる！

宮内 舞子先生
［物理］

化学現象を疑い化学全体を見通す"伝説の講義"は東大理三合格者も絶賛。

鎌田 真彰先生
［化学］

「なぜ」をとことん追究し「規則性」「法則性」が見えてくる大人気の授業！

立脇 香奈先生
［化学］

「いきもの」をこよなく愛する心が君の探究心を引き出す！生物の達人。

飯田 高明先生
［生物］

地歴公民

歴史の本質に迫る授業と、入試頻出の「表解板書」で圧倒的な信頼を得る！

金谷 俊一郎先生
［日本史］

つねに生徒と同じ目線に立って、入試問題に対する的確な思考法を教えてくれる。

井之上 勇先生
［日本史］

"受験世界史に荒巻あり"と言われる超実力人気講師！世界史の醍醐味を。

荒巻 豊志先生
［世界史］

世界史を「暗記」科目だなんて言わせない。正しく理解すれば必ず伸びることを一緒に体感しよう。

加藤 和樹先生
［世界史］

どんな複雑な歴史も難問も、シンプルな解説で本質から徹底理解できる。

清水 裕子先生
［世界史］

わかりやすい図解と統計の説明に定評。

山岡 信幸先生
［地理］

政治と経済のメカニズムを論理的に解明しながら、入試頻出ポイントを明確に示す。

清水 雅博先生
［公民］

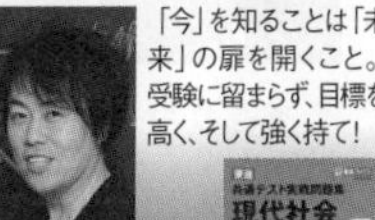

「今」を知ることは「未来」の扉を開くこと。受験に留まらず、目標を高く、そして強く持て！

執行 康弘先生
［公民］

※書籍画像は2024年10月末時点のものです。

合格の秘訣2

ココが違う 東進の指導

01 人にしかできないやる気を引き出す指導

夢と志は志望校合格への原動力！

夢・志を育む指導

東進では、将来を考えるイベントを毎月実施しています。夢・志は大学受験のその先を見据える、学習のモチベーションとなります。仲間とワクワクしながら将来の夢・志を考え、さらに志を言葉で表現していく機会を提供します。

一人ひとりを大切に君を個別にサポート

担任指導

東進が持つ豊富なデータに基づき君だけの合格設計図をともに考えます。熱誠指導でどんな時でも君のやる気を引き出します。

受験は団体戦！仲間と努力を楽しめる

チーム制

東進ではチームミーティングを実施しています。週に1度学習の進捗報告や将来の夢・目標について語り合う場です。一人じゃないから楽しく頑張れます。

現役合格者の声

東京大学 文科一類
中村 誠雄くん
東京都 私立 駒場東邦高校卒

林修先生の現代文記述・論述トレーニングは非常に良質で、大いに受講する価値があると感じました。また、担任指導やチームミーティングは心の支えでした。現状を共有でき、話せる相手がいることは、東進ならではで、受験という本来孤独な闘いにおける強みだと思います。

02 人間には不可能なことを AI が可能に

学力×志望校 一人ひとりに最適な演習をAIが提案！

AI演習

東進のAI演習講座は2017年から開講していて、のべ100万人以上の卒業生の、200億題にもおよぶ学習履歴や成績、合否等のビッグデータと、各大学入試を徹底的に分析した結果等の教務情報をもとに年々その精度が上がっています。2024年には全学年にAI演習講座が開講します。

AI演習講座ラインアップ

高3生 苦手克服＆得点力を徹底強化！

「志望校別単元ジャンル演習講座」
「第一志望校対策演習講座」
「最難関4大学特別演習講座」

高2生 大学入試の定石を身につける！

「個人別定石問題演習講座」

高1生 素早く、深く基礎を理解！

「個人別基礎定着問題演習講座」 2024年夏 新規開講

現役合格者の声

千葉大学 医学部医学科
寺嶋 伶旺くん
千葉県立 船橋高校卒

高1の春に入学しました。野球部と両立しながら早くから勉強をする習慣がついていたことは僕が合格した要因の一つです。「志望校別単元ジャンル演習講座」は、AIが僕の苦手を分析して、最適な問題演習セットを提示してくれるため、集中的に弱点を克服することができました。

「遠くて東進の校舎に通えない……」。そんな君も大丈夫！ 在宅受講コースなら自宅のパソコンを使って勉強できます。ご希望の方には、在宅受講コースのパンフレットをお送りいたします。お電話にてご連絡ください。学習・進路相談も随時可能です。 **0120-531-104**

03 本当に学力を伸ばすこだわり

楽しい！わかりやすい！そんな講師が勢揃い

実力講師陣

わかりやすいのは当たり前！おもしろくてやる気の出る授業を約束します。1・5倍速×集中受講の高速学習。そして、12レベルに細分化された授業を組み合わせ、スモールステップで学力を伸ばす君だけのカリキュラムをつくります。

英単語1800語を最短1週間で修得！

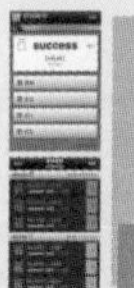

高速マスター

基礎・基本を短期間で一気に身につける「高速マスター基礎力養成講座」を設置しています。オンラインで楽しく効率よく取り組めます。

本番レベル・スピード返却学力を伸ばす模試

東進模試

常に本番レベルの厳正実施。合格のために何をすべきか点数でわかります。WEBを活用し、最短中3日の成績表スピード返却を実施しています。

パーフェクトマスターのしくみ

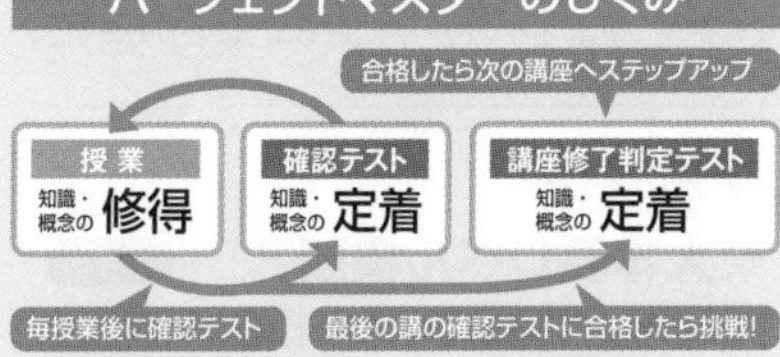

現役合格者の声

早稲田大学 基幹理工学部
津行 陽奈さん
神奈川県 私立 横浜雙葉高校卒

私が受験において大切だと感じたのは、長期的な積み重ねです。基礎力をつけるために「高速マスター基礎力養成講座」や授業後の「確認テスト」を満点にすること、模試の復習などを積み重ねていくことでどんどん合格に近づき合格することができたと思っています。

ついに登場！

君の高校の進度に合わせて学習し、定期テストで高得点を取る！

高校別対応の個別指導コース

目指せ！「定期テスト」20点アップ！学年順位も急上昇!!

楽しく、集中が続く、授業の流れ

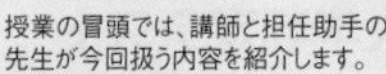

1. 導入

授業の冒頭では、講師と担任助手の先生が今回扱う内容を紹介します。

2. 授業

約15分の授業でポイントをわかりやすく伝えます。要点はテロップでも表示されるので、ポイントがよくわかります。

3. まとめ

授業が終わったら、次は確認テスト。その前に、授業のポイントをおさらいします。

合格の秘訣3

東進模試

申込受付中

※お問い合わせ先は付録7ページをご覧ください。

学力を伸ばす模試

本番を想定した「厳正実施」

統一実施日の「厳正実施」で、実際の入試と同じレベル・形式・試験範囲の「本番レベル」模試。
相対評価に加え、絶対評価で学力の伸びを具体的な点数で把握できます。

12大学のべ42回の「大学別模試」の実施

予備校界随一のラインアップで志望校に特化した"学力の精密検査"として活用できます(同日・直近日体験受験を含む)。

単元・ジャンル別の学力分析

対策すべき単元・ジャンルを一覧で明示。学習の優先順位がつけられます。

最短中5日で成績表返却

WEBでは最短中3日で成績を確認できます。※マーク型の模試のみ

合格指導解説授業

模試受験後に合格指導解説授業を実施。重要ポイントが手に取るようにわかります。

2024年度

東進模試 ラインアップ

共通テスト対策

- 共通テスト本番レベル模試……全4回
- 全国統一高校生テスト〈全学年統一部門〉〈高2生部門〉〈高1生部門〉……全2回

同日体験受験

- 共通テスト同日体験受験……全1回

記述・難関大対策

- 早慶上理・難関国公立大模試……全5回
- 全国有名国公私大模試……全5回
- 医学部82大学判定テスト……全2回

基礎学力チェック

- 高校レベル記述模試〈高2〉〈高1〉……全2回
- 大学合格基礎力判定テスト……全4回
- 全国統一中学生テスト〈全学年統一部門〉〈中2生部門〉〈中1生部門〉……全2回
- 中学学力判定テスト〈中2生〉〈中1生〉……全4回

※ 2024年度に実施予定の模試は、今後の状況により変更する場合があります。
最新の情報はホームページでご確認ください。

大学別対策

- 東大本番レベル模試……全4回
- 高2東大本番レベル模試……全4回
- 京大本番レベル模試……全4回
- 北大本番レベル模試……全2回
- 東北大本番レベル模試……全2回
- 名大本番レベル模試……全3回
- 阪大本番レベル模試……全3回
- 九大本番レベル模試……全3回
- 東工大本番レベル模試[第1回] 東京科学大本番レベル模試[第2回]……全2回
- 一橋大本番レベル模試……全2回
- 神戸大本番レベル模試……全2回
- 千葉大本番レベル模試……全1回
- 広島大本番レベル模試……全1回

同日体験受験

- 東大入試同日体験受験……全1回
- 東北大入試同日体験受験……全1回
- 名大入試同日体験受験……全1回

直近日体験受験……各1回

- 京大入試 直近日体験受験
- 北大入試 直近日体験受験
- 阪大入試 直近日体験受験
- 九大入試 直近日体験受験
- 東京科学大入試 直近日体験受験
- 一橋大入試 直近日体験受験

2024年 東進現役合格実績

受験を突破する力は未来を切り拓く力！

東大現役合格実績日本一[※1] 6年連続800名超！

※1 2023年東大現役合格実績をホームページ・パンフレット・チラシ等で公表している予備校の中で最大（2023年JDnet調べ）。

東大834名

文科一類 118名　理科一類 300名
文科二類 115名　理科二類 121名
文科三類 113名　理科三類 42名
学校推薦型選抜 25名

東進生現役占有率 834/2,284 **36.5%**

全現役合格者に占める東進生の割合

2024年の東大全体の現役合格者は2,284名。東進の現役合格者は834名。東進生の占有率は36.5%。現役合格者の2.8人に1人が東進生です。

学校推薦型選抜も東進！

東大25名

学校推薦型選抜 現役合格者の27.7%が東進生！

推薦入試でも東進生現役占有率 27.7%

法学部 4名　工学部 8名
経済学部 1名　理学部 4名
文学部 1名　薬学部 2名
教育学部 1名　医学部医学科 1名
教養学部 3名

京大493名 昨対+21名

総合人間学部 23名　医学部人間健康科学科 20名
文学部 37名　薬学部 14名
教育学部 10名　工学部 161名
法学部 56名　農学部 43名
経済学部 49名　特色入試（上記に含む）24名
理学部 52名
医学部医学科 28名

早慶5,980名 昨対+239名

早稲田大 3,582名 史上最高！※2
政治経済学部 472名
法学部 354名
商学部 297名
文化構想学部 276名
理工3学部 752名
他 1,431名

慶應義塾大 2,398名 史上最高！※2
法学部 290名
経済学部 368名
商学部 487名
理工学部 576名
医学部 39名
他 638名

医学部医学科 1,800名 昨対+9名

国公立医・医 1,033名 防衛医科大学校を含む
私立医・医 767名 史上最高！※2

国公立医・医 1,033名 防衛医科大学校を含む

東京大 43名　名古屋大 28名　筑波大 21名　横浜市立大 14名　神戸大 30名
京都大 28名　大阪大 23名　千葉大 25名　浜松医科大 19名　その他
北海道大 18名　九州大 23名　東京医科歯科大 21名　大阪公立大 12名　国公立医・医 700名
東北大 28名

私立医・医 767名 昨対+40名 史上最高！※2

自治医科大 32名　慶應義塾大 39名　東京慈恵会医科大 30名　関西医科大 49名　その他
国際医療福祉大 80名　順天堂大 52名　日本医科大 42名　私立医・医 443名

旧七帝大＋東工大・一橋大・神戸大 4,599名

東京大 834名　東北大 389名　九州大 487名　一橋大 219名
京都大 493名　名古屋大 379名　東京工業大 219名　神戸大 483名
北海道大 450名　大阪大 646名

上理明青立法中 21,018名

上智大 1,605名　青山学院大 2,154名　法政大 3,833名
東京理科大 2,892名　立教大 2,730名　中央大 2,855名
明治大 4,949名

国公立大16,320名

※2 史上最高…東進のこれまでの実績の中で最大。

国公立 総合・学校推薦型選抜も東進！

旧七帝大＋東工大・一橋大・神戸大 434名

東京大 25名　大阪大 57名
京都大 24名　九州大 38名
北海道大 24名　東京工業大 30名
東北大 119名　一橋大 10名
名古屋大 65名　神戸大 42名

国公立医・医 319名

国公立大学の総合型・学校推薦型選抜の合格実績は、指定校推薦を除く、早稲田塾を含まない東進ハイスクール・東進衛星予備校の現役生のみの合同実績です。

関関同立 13,491名

関西学院大 3,139名　同志社大 3,099名　立命館大 4,477名
関西大 2,776名

日東駒専 9,582名

日本大 3,560名　東洋大 3,575名　駒澤大 1,070名　専修大 1,377名

産近甲龍 6,085名

京都産業大 614名　近畿大 3,686名　甲南大 669名　龍谷大 1,116名

ウェブサイトでもっと詳しく　東進　検索

2024年3月31日締切

各大学の合格実績は、東進ネットワーク（東進ハイスクール、東進衛星予備校、早稲田塾）の現役生のみ、高3時在籍者のみの合同実績です。一人で複数合格した場合は、それぞれの合格者数に計上しています。